Grimsehl · Lehrbuch der Physik

BAND 3

Grimsehl
Lehrbuch der Physik

BAND 3

Optik

19. Auflage mit 614 Abbildungen

BEGRÜNDET VON PROF. E. GRIMSEHL
WEITERGEFÜHRT VON PROF. DR. W. SCHALLREUTER
NEU BEARBEITET VON PROF. DR. H. HAFERKORN

BSB B. G. TEUBNER VERLAGSGESELLSCHAFT
1988

Grimsehl, Ernst:
Lehrbuch der Physik / Grimsehl. – Leipzig : BSB Teubner
Bd. 3. Optik / begr. von E. Grimsehl, weitergef. von W. Schallreuter, neu bearb. von H. Haferkorn. – 19. Aufl. – 1988. – 302 S. : 614 Abb.

ISBN 978-3-322-96432-8 ISBN 978-3-322-96431-1 (eBook)
DOI 10.1007/978-3-322-96431-1

Softcover reprint of the hardcover 19th edition 1978
19. Auflage
VLN 294-375/84/88 · LSV 1164
Lektor: Dipl.-Met. Christine Dietrich

Gesamtherstellung: Grafische Werke Zwickau III/29/1
Bestell-Nr. 666 621 1
02400

Geleitwort

Seit Jahrzehnten gibt der „Grimsehl“ aufgrund seines bewährten didaktischen Aufbaues, durch eine ausführliche und gut faßliche Behandlung des Gesamtgebietes der Physik, dank vieler Hinweise auf Zusammenhänge zwischen den einzelnen Teilgebieten der Physik und besonders durch zahlreiche anschauliche Beispiele wertvolle Unterstützung bei der Grundlagenausbildung von Physikern, anderen Naturwissenschaftlern, Lehrern und Ingenieuren. Auch die Absolventen dieser Fachrichtungen verwenden dieses Werk oft zum Nachschlagen einzelner Abschnitte.

In allen Stellungnahmen und Einschätzungen von wissenschaftlichen Institutionen und Hochschullehrern, von seiten der Lehrmittelkommission Physik, des Ministeriums für Hoch- und Fachschulwesen und der Physikalischen Gesellschaft der DDR wurde übereinstimmend zum Ausdruck gebracht, daß der „Grimsehl“ als bedeutendes Standardwerk weitergeführt werden sollte. Dank der aktiven Einflußnahme der Lehrmittelkommission Physik auf die nach dem Ableben von Herrn Prof. Dr. W. Schallreuter, dem langjährigen Herausgeber dieses Lehrbuches, entstandenen Probleme konnten für die völlige Neubearbeitung Herr Prof. Dr. Altenburg (Band 1: Mechanik, Akustik, Wärmelehre), Herr Prof. Dr. Gradewald (Band 2: Elektrizitätslehre), Herr Prof. Dr. Haferkorn (Band 3: Optik) und Herr Prof. Dr. Lösche (Band 4: Struktur der Materie) gewonnen werden.

In Verbindung mit der Modernisierung der Buchgestaltung erfolgte eine grundlegende inhaltliche und stilistische Überarbeitung. Dabei wurden die Grundsubstanz des Werkes und seine charakteristischen Eigenschaften, speziell Faßlichkeit und Anschaulichkeit, beibehalten.

Durch kompaktere Darstellung und Umstellung der Stoffanordnung konnte Platz gewonnen werden für die Neuaufnahme von wesentlichen modernen Gebieten der Physik und für die Darstellung von aktuellen Zusammenhängen zwischen theoretischen Erkenntnissen und praktischen Anwendungen. Bei der Überarbeitung erfolgte eine inhaltliche Anpassung an die Lehrprogramme für die Physikausbildung an Universitäten und Hochschulen. Das Niveau der mathematischen Betrachtungsweise der Physik sollte angehoben werden. Wenn der „Grimsehl“ auch kein Lehrbuch der Theoretischen Physik werden soll, so ist jedoch eine mathematische Beschreibung der Naturbeobachtung notwendig. Die SI-Einheiten und IUPAP-Empfehlungen wurden konsequent angewandt.

Leipzig, im September 1977

BSB B. G. Teubner Verlagsgesellschaft

Vorwort zur 16. Auflage

Hiermit wird die 16., völlig neu bearbeitete Auflage des „Grimsehl", Bd. 3: Optik, vorgelegt. Bei der Aktualisierung sind ein großer Teil der Abbildungen erneuert und die Gliederung umgestellt worden.
Die Entscheidung, was an historisch und methodisch Wesentlichem beibehalten, was gestrichen werden sollte, war nicht leicht zu treffen. Trotzdem konnte genügend Platz für neue Probleme geschaffen werden. Einzelne Teile, wie z. B. die Molekülspektren, sind dem Bd. 4 vorbehalten. Dafür sind einige für die Optik wichtige Teile des Bd. 4 – wie der Quantencharakter des Lichtes, Masse und Impuls der Lichtstrahlung, Materiewellen, einschließlich der Schrödinger-Gleichung und der Heisenbergschen Unschärferelation – in den Bd. 3 übernommen worden. Der Autor hofft, dadurch die Wissenschaftsdisziplin Optik systematischer dargestellt und deutlicher in das Gesamtgebiet der Physik eingeordnet zu haben.
Der Autor ist sich bewußt, daß in den im wesentlichen neuen Abschnitten zur nichtlinearen Optik, zur wellenoptischen Abbildung, zur Holographie, zur Übertragungstheorie und – trotz eines größeren Abschnitts – zur Laserphysik vieles nur angedeutet oder knapp behandelt werden mußte. Es sind aber auch Zusätze über Lichtleitkabel, spezielle Linsen, Interferenzfilter und bezüglich der Formelableitungen im Kap. 5 entstanden. Alle diese Teile sollen in erster Linie zum weiteren Studium der Spezialliteratur anregen.
Auf eine Besonderheit sei noch hingewiesen. Kap. 2 enthält die geometrische Optik in etwas veränderter Form. Der Autor vertritt die Meinung, daß es keine sachlichen Gründe dafür gibt, in einem Lehrbuch der Physik die bewährten und standardisierten Formelzeichen und Vorzeichenregeln der technischen Optik nicht zu verwenden. Außerdem erscheint es unbedingt notwendig, die geometrisch-optische Abbildung exakt in ihrem Näherungscharakter darzustellen. Diese Fragen sind naturgemäß auch im Kap. 4 zu beachten.
Der Autor dankt dem Verlag besonders für die Möglichkeit, stärkere Veränderungen vornehmen zu können, und für die neue Gestaltung des Bandes. Herrn Dipl.-Math. Neubert sei für die verständnisvolle Zusammenarbeit gedankt. Die Herren Professoren Wilhelmi und Gradewald haben in ihren Gutachten wertvolle Hinweise gegeben. Herr Dipl.-Ing. Herrig hat die neuen photographischen Abbildungen hergestellt; zwei Bilder wurden freundlicherweise von der IHS Dresden zur Verfügung gestellt. Das Manuskript wurde von Frau Mudra, Frl. Koch und meiner Frau geschrieben. Ihnen allen sei hiermit nochmals herzlich gedankt.

Ilmenau, im September 1977 H. Haferkorn

Inhalt

1. Licht

1.1. Lichtmodelle

1.1.1. Lichtstrahlen

Als Gegenstand der Optik sehen wir zunächst die Naturerscheinung an, auf die das menschliche Auge anspricht und die wir als sichtbares Licht bezeichnen können. Damit wird der Begriff Licht an die Wahrnehmung durch ein menschliches Sinnesorgan gebunden, analog zur primären Verknüpfung des Schalls mit dem Gehörsinn oder der Wärme mit dem Wärmesinn.
Licht ist aber eine Erscheinung der materiellen Welt, die unabhängig von der menschlichen Wahrnehmung existiert. Wir werden deshalb mit objektiven Methoden Gesetze und Eigenschaften des Lichtes finden, die über den Begriff des sichtbaren Lichtes hinausgehen.
Die unbefangene Beobachtung des Lichtes legt den Schluß nahe, daß es sich längs von Gesamtheiten aus Lichtstrahlen ausbreitet. Diesen Eindruck haben wir bei den Sonnenstrahlen, wenn das Sonnenlicht an feinen Wasserteilchen gestreut wird, oder beim Durchgang des Lichtes durch stauberfüllte Luft hinter einer feinen Öffnung in einem sonst dunklen Raum (Abb. 1.1). Wir können versuchen, die Naturbeobachtung experimentell zu bestätigen, indem wir mittels kleiner Öffnungen in einem undurchsichtigen Schirm enge Strahlenbündel ausblenden. Die Erwartung, daß wir uns mit abnehmendem Durchmesser der Öffnungen Einzelstrahlen annähern, bestätigt sich jedoch nicht.

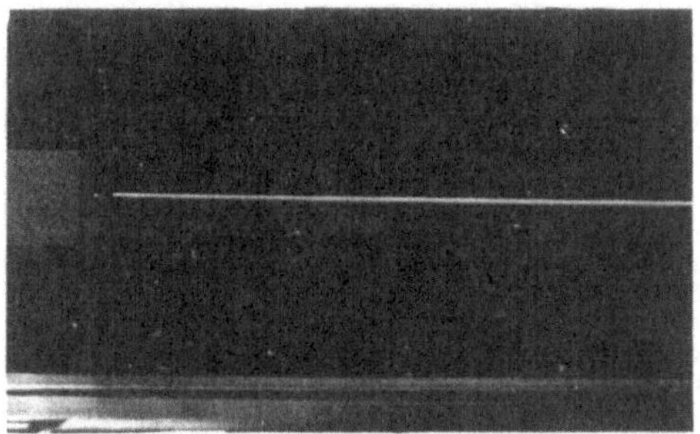

Abb. 1.1. Streuung eines feinen Lichtbündels an Staub

Bei sehr kleinen Öffnungen tritt eine deutliche Aufweitung des Lichtbündels ein (Abb. 1.2). Damit erweist sich die anschauliche Vorstellung der Lichtstrahlen als physikalisch unvollkommen. Trotzdem läßt sich ein Teil der Ausbreitungseigenschaften des Lichtes elementar behandeln, wenn der Lichtweg durch Lichtstrahlen modelliert wird. Wir erfassen aber mit dem Strahlenmodell nur einen sehr geringen Teil der Eigenschaften des Lichtes, und zwar nur die, die sich aus einer später zu präzisierenden geometrischen Näherung des Lichtwegs ergeben. Bei der Beschränkung auf das Strahlenmodell sprechen wir deshalb von *geometrischer Optik*.

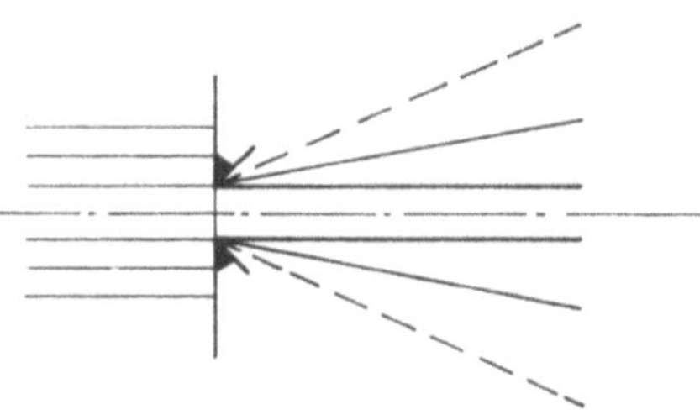

Abb. 1.2. Aufweitung eines Lichtbündels beim Durchgang durch eine enge Öffnung

1.1.2. Lichtwellen

Wir haben in der Elektrizitätslehre kennengelernt, daß das Licht zu den elektromagnetischen Wellen gehört, deren Frequenzintervall fast 100 Oktaven umfaßt (Abb. 1.3). Das sichtbare Licht ist nur der Bruchteil von etwa einer Oktave des gesamten elektromagnetischen Spektrums (Wellenlängen etwa 400 bis 800 nm).
Die Gesetze bei der Ausbreitung elektromagnetischer Wellen im Vakuum und teilweise auch in Stoffen sind im gesamten Spektrum prinzipiell ähnlich. Deshalb ist es nahegelegt, daß wir den Begriff Licht von der Bindung an das menschliche Auge befreien. Die an das sichtbare Gebiet angrenzenden Bereiche des elektromagnetischen Spektrums bezeichnen wir ebenfalls als Licht, und zwar als ultraviolettes bzw. infrarotes Licht. Je weiter wir uns vom sichtbaren Gebiet entfernen, desto weniger sinnvoll ist es jedoch, den Begriff Licht zu verwenden. Die Methoden der Erzeugung und zur Untersuchung der Wellen sind im sehr langwelligen und kurzwelligen Bereich nicht spezifisch optisch. Das hängt damit zusammen, daß im sehr kurzwelligen Bereich die Wellenlänge klein gegenüber den atomaren Dimensionen ist und im sehr langwelligen Bereich

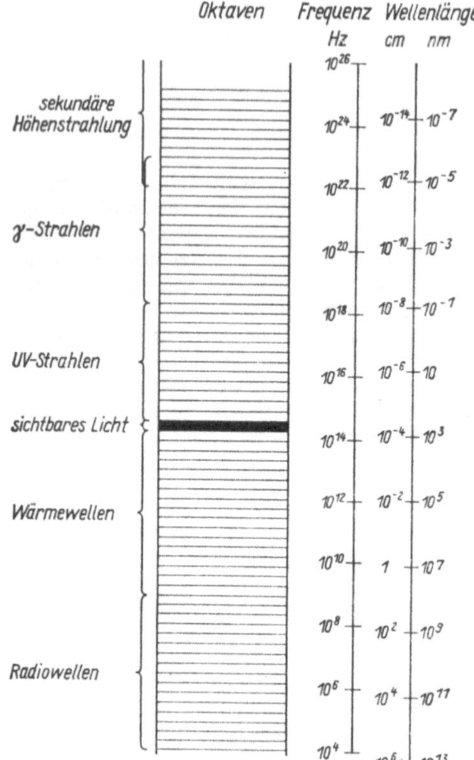

Abb. 1.3. Elektromagnetisches Spektrum

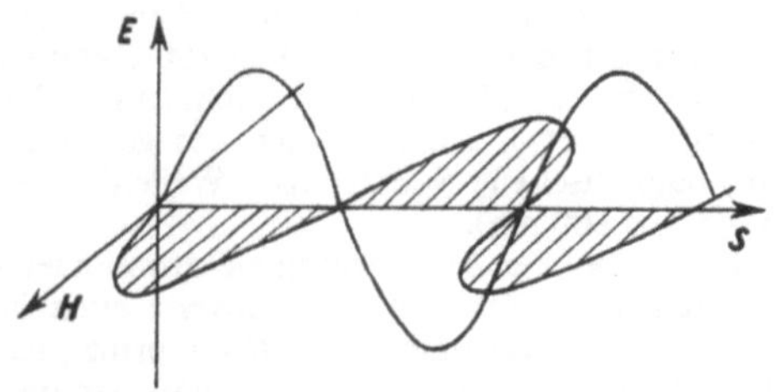

Abb. 1.4. Feldstärken in einer elektromagnetischen Welle

die Abmessungen der meisten Körper gegenüber der Wellenlänge vernachlässigt werden können.
Der *Wellencharakter* des Lichtes läßt sich experimentell mittels Interferenz-, Beugungs- und Polarisationsversuchen bestätigen. Es ist also folgende Aussage experimentell gesichert:

Eine wesentliche Seite des Lichtes ist sein Charakter als elektromagnetische Welle.

Die theoretische Behandlung der optischen Erscheinungen mit Hilfe des *Wellenmodells* führt auf die *Wellenoptik*.
Die Energiestromdichte der elektromagnetischen Welle wird mit dem Poyntingvektor

$$\boldsymbol{S} = (\boldsymbol{E} \times \boldsymbol{H}) \tag{1.1}$$

berechnet (Grimsehl, [5], Band II). Beobachtbar ist wegen der hohen Frequenzen nur der Betrag des Zeitmittelwerts des Poyntingvektors, der im allgemeinen als Intensität bezeichnet wird.
Die Richtung des Poyntingvektors fällt mit der Ausbreitungsrichtung der Lichtenergie, der Strahlrichtung, zusammen. Das Strahlenmodell wird aus dem Wellenmodell erhalten, wenn die Wellenlänge gegen Null geht.

Die geometrische Optik ist die Näherung der Wellenoptik für sehr kleine Wellenlängen ($\lambda \to 0$).

Innerhalb der elektromagnetischen Welle stehen die elektrische Feldstärke ***E*** und die magnetische Feldstärke ***H*** senkrecht aufeinander und senkrecht auf der Strahlrichtung (Abb. 1.4). Die Flächen gleicher Schwingungsphase stehen senkrecht auf den Strahlrichtungen (Abb. 1.5).

1.1.3. Lichtquanten

Bereits im Altertum wurden Überlegungen über das Wesen des Lichtes angestellt. So hat ALHAZENI um das Jahr 1000 herum den Gedanken ausgesprochen, daß sich von einem leuchtenden Objekt aus nach allen Richtungen Lichtstrahlen ausbreiten. Einige Jahrhunderte später wurde z. B. von KEPLER und GASSENDI die Korpuskulartheorie weiterentwickelt. Durch das wissenschaftliche Ansehen NEWTONS, der ebenfalls die Korpuskulartheorie vertrat, hat diese Jahrhunderte lang das wissenschaftliche Denken beherrscht.
Die Wellentheorie des Lichtes wurde von HUYGENS bereits zu NEWTONS Zeiten aufgestellt. Sie konnte sich aber nur langsam durchsetzen, obwohl sich auch EULER, YOUNG und FRESNEL dafür einsetzten. Die Theorie der Ausbreitung von Lichtwellen benötigte einen Träger, dessen Teilchen die Schwingung ausführen. Dafür führte schon HUYGENS den sog. elastischen Äther ein. FRESNEL konnte die Grundgleichungen der Doppelbrechung auf die Theorie des elastischen Äthers aufbauen.
Die elektromagnetische Lichttheorie MAXWELLS wurde von H. A. LORENTZ, DRUDE, KETTLER und HELMHOLTZ weiterentwickelt. Mit der späteren Klärung, daß in der Lichtwelle die elektromagnetische Feldenergie schwingt, wurde auch die Ätherhypothese überflüssig. Es schien damit um 1900 herum endgültig gesichert zu sein, daß das Licht eine elektromagnetische Welle ist. Alle Gesetze und Eigenschaften des Lichtes ließen sich damit widerspruchsfrei erklären.

Im Jahre 1900 erkannte MAX PLANCK, daß die Emission und die Absorption des Lichtes, also die Erscheinungen bei der aktiven Wechselwirkung des Lichtes mit atomaren Systemen, nicht mit dem Wellenmodell verstanden werden können. Bei der Temperaturstrahlung zeigte sich,

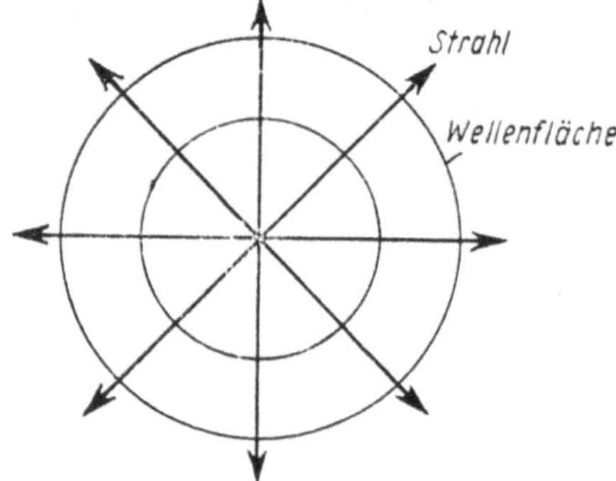

Abb. 1.5. Wellenflächen und Strahlrichtung

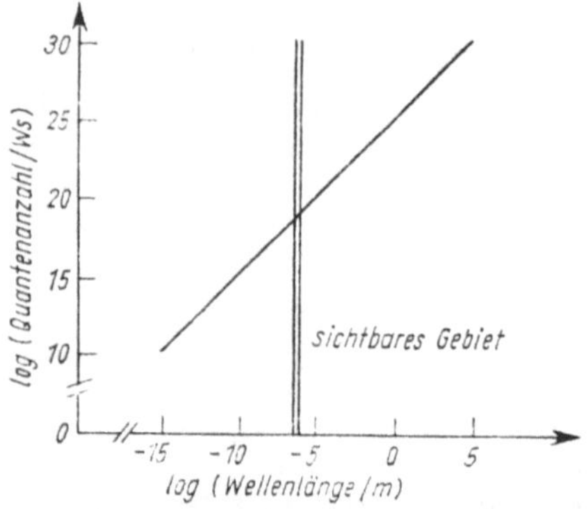

Abb. 1.6. Anzahl der Quanten pro Energieeinheit als Funktion der Wellenlänge

daß die Lichtenergie nicht stetig, sondern in Form von Vielfachen der elementaren Energiequanten

$$W = h\nu \tag{1.2}$$

mit atomaren Systemen ausgetauscht wird. In (1.2) ist ν die Frequenz des Lichtes, h das *Plancksche Wirkungsquantum*

$h = 6{,}6262 \cdot 10^{-34}$ Js.

Kurze Zeit später gelang es EINSTEIN, die auf der Basis des Wellenmodells nicht verständlichen experimentellen Befunde beim lichtelektrischen Effekt mit Hilfe der *Lichtquanten* zu deuten. Mit dem Comptoneffekt konnte nachgewiesen werden, daß für den Zusammenstoß von Elektronen und Lichtquanten der Energie- und Impulserhaltungssatz gilt.
Die Gesetze für die Temperaturstrahlung, für den lichtelektrischen Effekt und für den Comptoneffekt beweisen, daß Licht bei der aktiven Wechselwirkung mit Stoffen *Quantencharakter* hat. Es gilt also ebenfalls als experimentell gesichert:

Eine wesentliche Seite des Lichtes ist sein Quantencharakter.

Die Lichtquanten stellen nicht Teilchen im klassischen Sinne dar. Sie haben keine Ruhemasse und sind als Elementarteilchen anzusehen, die auch als *Photonen* bezeichnet werden. Mit der Quantentheorie des Lichtes wird also nicht die Korpuskulartheorie rehabilitiert, sondern eine zweite wesentliche Seite des Lichtes neben der wesentlichen Seite der elektromagnetischen Welle im Bilde der modernen Physik entwickelt.
Das Licht als eine Erscheinung der materiellen Welt hat also vom heutigen Standpunkt aus zwei wesentliche Seiten, die sich im Rahmen der klassischen Physik ausschließen. Jede Seite läßt sich mit einem entsprechenden Modell, dem Wellen- bzw. Quantenmodell, beschreiben. Grundsätzlich gilt, daß im elektromagnetischen Spektrum der Quantencharakter mit wachsender Frequenz deutlicher hervortritt, weil die Energie eines Quants mit der Frequenz wächst (Abb. 1.6). Der Bereich des sichtbaren Lichtes zeichnet sich durch seine Mittelstellung aus, d. h., Wellen- und Quantencharakter haben gleichen Rang.

1.1.4. Gliederung der Optik

Die Optik können wir nach dem verwendeten Lichtmodell in geometrische Optik, Wellenoptik und Quantenoptik einteilen.
Die geometrische Optik erfaßt nur die Erscheinungen, die sich auf den Strahlenverlauf auswirken, also den Lichtweg beeinflussen, und die daraus abzuleitenden Folgerungen, unter der Voraussetzung, daß die Lichtbündel unabhängig voneinander sind. Sie bedient sich des Strahlenmodells.
Die Wellenoptik beruht auf dem Wellenmodell des Lichtes. Mit ihr lassen sich Erscheinungen, die mit der Ausbreitung des Lichtes zusammenhängen, wie Reflexion, Brechung, Interferenz, Polarisation und Beugung auf eine physikalisch reale Eigenschaft des Lichtes zurückführen. Stoffkonstanten gehen als empirische Größen, die Beschreibung der Stoffeigenschaften geht in Form einer klassischen Näherung ein.
Die Quantenoptik erklärt die aktive Wechselwirkung des Lichtes mit Stoffen, also z. B. die Lichtemission und -absorption bzw. die Eigenschaften der Strahlungsquellen und -empfänger. Das Quantenmodell spiegelt ebenfalls eine physikalisch reale Eigenschaft des Lichtes wider.
Nach dem Zweck der Beschäftigung mit der Optik ist die Unterscheidung von physikalischer und technischer Optik möglich. Es sei hier besonders betont, daß die Aussage „physikalische Optik

ist Wellenoptik, technische Optik ist geometrische Optik" heute überholt ist. In beiden Disziplinen sind die verschiedenen Lichtmodelle anzuwenden, wenn auch mit unterschiedlichen Gewichten.

Die physikalische Optik dient der Erkenntnis und der Bereitstellung neuer Effekte für die technische Anwendung und für andere Wissenschaftsdisziplinen bzw. für andere Teilgebiete der Physik.

Die technische Optik wendet optische Wirkprinzipien in technischen Systemen an, die vorwiegend Aufgaben der Informationstechnik lösen. Infolgedessen ist die technische Optik eine wichtige Grundlage der Gerätetechnik.

Unter den Geräten spielen die Meßgeräte eine hervorragende Rolle. Optische Meßverfahren zeichnen sich durch hohe Genauigkeiten aus, weil die Wellenlänge des Lichtes als Vergleichsnormal dient.

Optische Untersuchungen bestimmen wesentlich die Fortschritte mit, die wir bei der Erkenntnis der realen Welt erzielen. Die Informationen über das Weltall sind vorwiegend auf optischem Wege gewonnen worden, sei es mit Fernrohren, Astrokameras oder Astrospektrographen. An die Beziehung der Relativitätstheorie zur Lichtgeschwindigkeit und Lichtausbreitung sei nur erinnert.

Über Mikroobjekte vermittelt uns die mikroskopische Abbildung genauere Vorstellungen. Die Entwicklung der Atomphysik ist eng mit den Experimenten zur Lichtausstrahlung verbunden. Mit der Laserspektroskopie werden gegenwärtig völlig neue Möglichkeiten der Mikrostrukturuntersuchung erschlossen.

Auch in der Biologie, der Medizin und in technischen Wissenschaften sind optische Geräte im Einsatz.

Die Optik hat in den vergangenen Jahrzehnten eine stürmische Weiterentwicklung erfahren. Die Anwendung der Informationstheorie, die Erfindung des Lasers, der Einsatz elektronischer Rechenanlagen und die Koppelung mit elektronischen Geräten haben daran hervorragenden Anteil. So entwickelten sich z. B. die optische Informationsverarbeitung und -übertragung, die Laserphysik, die nichtlineare Optik, die Holographie sowie die Methoden zur rechnergestützten Analyse und Synthese optischer Systeme. Auch neue optische Bauelemente, Strahlungsquellen und -empfänger konnten entwickelt werden.

1.2. Ausbreitung des Lichtes

1.2.1. Lichtquellen

Selbstleuchter und Nichtselbstleuchter. Einige Körper sind selbstleuchtend, z. B. die Sonne, die Fixsterne, Glühlampenfäden, Kerzenflammen; sie werden *Lichtquellen* genannt. In ihnen wird die Lichtenergie durch Umwandlung anderer Energieformen erzeugt.

Nichtselbstleuchter strahlen nur das Licht wieder ab, das sie von anderen Körpern empfangen haben, und sind dadurch sichtbar. Dazu gehören der Mond, die Planeten, Wolken und die meisten Gegenstände auf der Erdoberfläche.

Punktförmige Lichtquellen. Jede Lichtquelle ist räumlich ausgedehnt. Zuweilen ist es nützlich, den Grenzfall der punktförmigen Lichtquelle zu betrachten. Diese wird durch eine Wolframbogen- oder Punktlichtlampe angenähert. Auch das Reflexbild einer kleinen Lichtquelle hoher Leuchtdichte, wie z. B. eines Lichtbogens, das an einer polierten konvexen Kugelfläche entsteht, nähert die punktförmige Lichtquelle gut an.

Von einer punktförmigen Lichtquelle, die sich in einem homogenen Stoff befindet, gehen die Lichtstrahlen gleichmäßig nach allen Richtungen aus. Wir erhalten ein divergentes Strahlenbündel. In sehr großer Entfernung von der Lichtquelle sind die Strahlen nahezu parallel, so daß oftmals parallele Strahlenbündel angenommen werden. So können wir die Sonnenstrahlen auf der Erdoberfläche als Parallelstrahlen ansehen.

Dem Parallelbündel sind ebene Wellenflächen, dem von einem Punkt ausgehenden divergenten Bündel sind kugelförmige Wellenflächen zugeordnet. Im allgemeinen sind die von verschiedenen Lichtquellen ausgehenden Strahlenbündel unabhängig voneinander. Sie durchkreuzen sich, ohne sich gegenseitig zu beeinflussen. Diese Erscheinung stellt ein Axiom der geometrischen Optik dar.

Durchsichtige und undurchsichtige Körper. Körper, die das Licht nahezu vollständig absorbieren, werden als *undurchsichtig* bezeichnet.

Ein Körper heißt *durchscheinend*, wenn das hindurchgehende Licht gestreut wird.

Beim *durchsichtigen* Körper geht das Licht hindurch, ohne wesentlich geschwächt und gestreut zu werden. In der Natur gibt es keine scharfen Grenzen zwischen durchsichtig, durchscheinend und undurchsichtig. Selbst Wasser wird in dicken Schichten undurchsichtig. Schon in etwa 400 m Meerestiefe dringt kein Sonnenlicht mehr. Dicke Metallschichten sind undurchsichtig. Dünne Silberblattfolien sehen im durchscheinenden Licht blau, dünne Goldfolien grün aus.

Die Durchsichtigkeit eines Körpers ist demnach auch wellenlängenabhängig. Zum Beispiel ist Pech im sichtbaren Gebiet undurchsichtig, für langwellige elektromagnetische Wellen jedoch „durchsichtig". Fensterglas läßt das ultraviolette Licht nicht hindurch, dagegen einen Teil des infraroten Lichtes, der als Wärmestrahlung in Erscheinung tritt.

Weißes und farbiges Licht. Die Strahlung einer Lichtquelle erscheint weiß, wenn in ihr sämtliche Wellenlängenintervalle des sichtbaren Gebietes in ähnlicher Energieverteilung wie im Sonnenlicht enthalten sind.

Die Gesamtheit der in einem Lichtbündel enthaltenen Frequenzen ist das Spektrum des Lichtes.

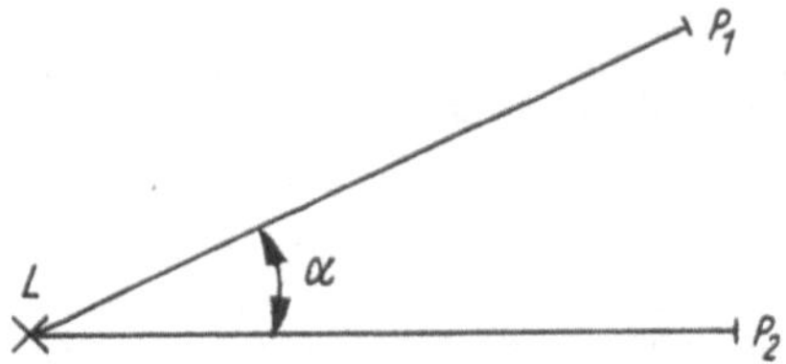

Abb. 1.7. Bestimmung des Ortes einer Lichtquelle

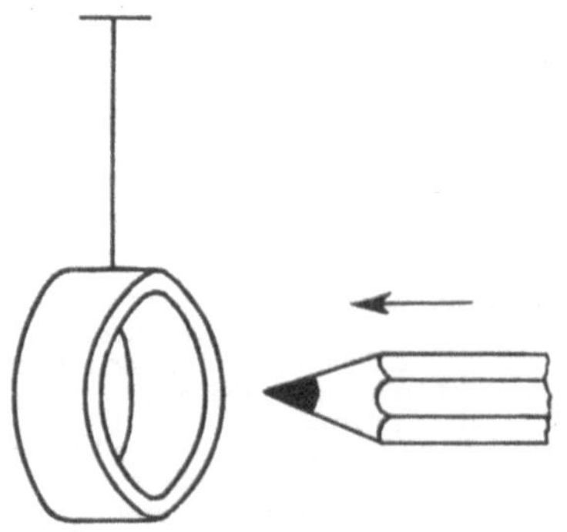
Abb. 1.8. Demonstration der Entfernungsschätzung bei Beobachtung mit beiden Augen

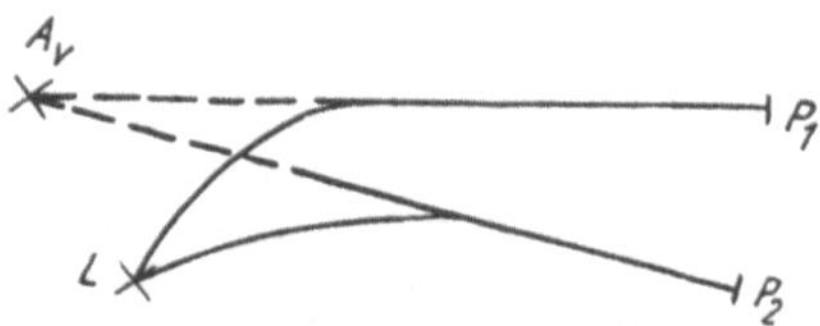

Abb. 1.9. Virtuelles Bild einer Lichtquelle

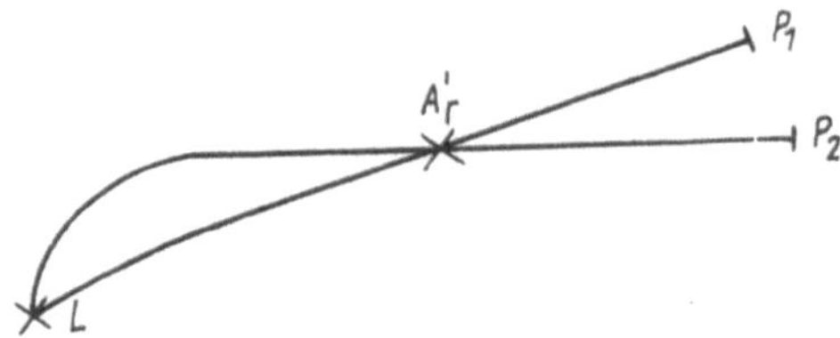

Abb. 1.10. Reelles Bild einer Lichtquelle

Fehlen im Spektrum des Lichtes Frequenzintervalle, so erscheint das Licht gefärbt. Ein sehr schmales Frequenzband wird als *quasimonochromatisches* Licht bezeichnet. Es realisiert einfarbiges Licht. Der nur theoretisch zu behandelnde Fall einer einzigen Frequenz bzw. Wellenlänge liegt bei *monochromatischem* Licht vor.

Schwarzer Körper. Ein Körper, der das Licht unabhängig von dessen Wellenlänge vollständig absorbieren würde, wäre undurchsichtig und auch im auffallenden Licht schwarz. Der absolut schwarze Körper stellt einen theoretischen Grenzfall dar, dessen experimentelle Annäherung später beschrieben wird.

Ort der Lichtquelle. Das Licht breitet sich im homogenen Stoff geradlinig aus. Auf Grund dieser Erfahrungstatsache nehmen wir die Lichtquelle stets in Richtung der in das Auge gelangenden Lichtstrahlen an, d. h., wir glauben den Ausgangspunkt der Lichtstrahlen stets in deren rückwärtiger Verlängerung zu finden. Von einer Stelle aus mit einem Auge betrachtet läßt sich die Entfernung der Lichtquelle nicht bestimmen.

Betrachten wir mit beiden Augen oder nacheinander von zwei verschiedenen Orten aus, dann können wir den Ort der Lichtquelle im Schnittpunkt zweier Strahlen fixieren (Abb. 1.7). Je größer der Winkel zwischen den Visierlinien ist, desto genauer ergibt sich die Entfernung der Lichtquelle vom Beobachter.

Dazu ist folgende Demonstration möglich (Abb. 1.8): Versuchen wir, mit einem zugehaltenem Auge einen Bleistift seitlich in einen Ring zu schieben, so gelingt dies im allgemeinen erst nach mehreren Versuchen. Mit beiden Augen schätzen wir die Entfernung des Rings richtig ein, so daß der Versuch sofort gelingen wird.

Virtuelle und reelle Bilder. Kennen wir den Weg der von der Lichtquelle ausgehenden Lichtstrahlen nicht und verlaufen diese nicht geradlinig, so werden wir über Richtung und Entfernung, in der die Lichtquelle liegt, getäuscht.

In der Abb. 1.9 werden die Strahlen so abgelenkt, daß sie divergent in die beiden bei P_1 und P_2 angenommenen Augen eintreten, ohne sich vorher zu schneiden. Die Lichtquelle wird im Schnittpunkt A_v' der rückwärtigen Verlängerungen der Strahlen vermutet. Wir nennen A_v' das virtuelle oder scheinbare Bild der Lichtquelle L.

In der Abb. 1.10 schneiden sich die divergent in die Augen P_1 und P_2 gelangenden Strahlen vorher im Punkt A_r'. Im Punkt A_r' scheint die Lichtquelle L zu liegen; er wird reelles oder wirkliches Bild der Lichtquelle L genannt. Das reelle Bild kann auf einem Schirm erzeugt werden.

Ein *virtuelles Bild* ist ein Schnittpunkt von geradlinigen Verlängerungen der Strahlen.
Ein *reelles Bild* ist ein Schnittpunkt von Strahlen.

1.2.2. Schatten und Blenden

Schatten. Hinter einem undurchsichtigen Körper, der von einer punktförmigen Lichtquelle beleuchtet wird, entsteht der lichtlose Raum, den wir *Schatten* nennen (Abb. 1.11). Bei zwei punktförmigen Lichtquellen können wir drei Gebiete unterscheiden, den *Kernschatten*, in den kein Licht gelangt und die beiden *Halbschatten*, die jeweils nur von einer Lichtquelle Licht erhalten (Abb. 1.12). Eine ausgedehnte Lichtquelle kann

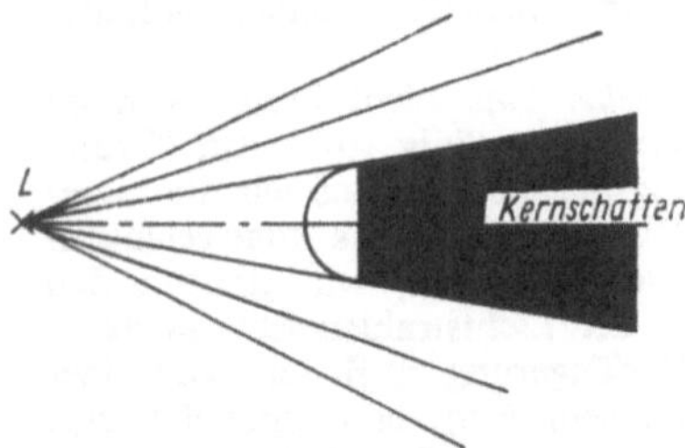

Abb. 1.11. Schattenbildung bei einer punktförmigen Lichtquelle

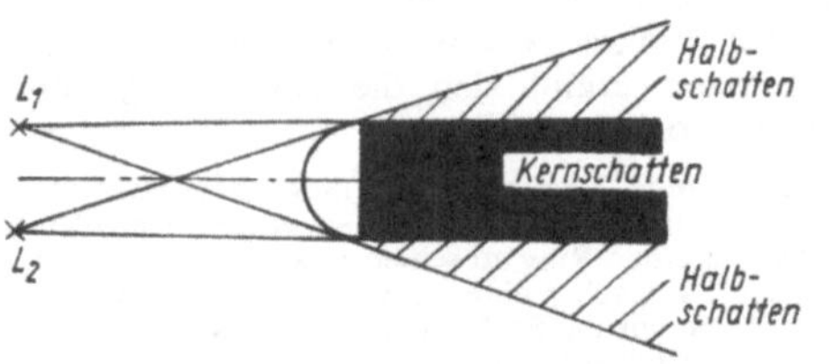

Abb. 1.12. Kern- und Halbschatten bei zwei punktförmigen Lichtquellen

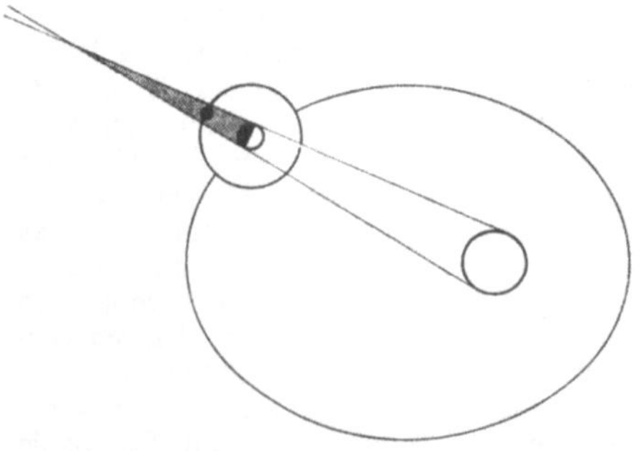

Abb. 1.13. Totale Mondfinsternis

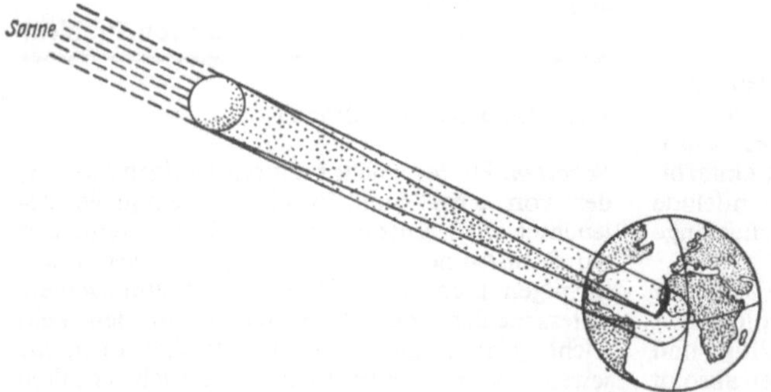

Abb. 1.14. Weg des Mondschattens bei einer totalen Sonnenfinsternis

als Gesamtheit von leuchtenden Punkten, von denen Strahlenbündel ausgehen, angesehen werden. Hinter einem undurchsichtigen Körper bilden sich der Kernschatten und die beiden Halbschatten, aber die Schattengebiete sind nicht scharf abgegrenzt. Die Helligkeit wächst stetig vom Kernschatten bis zum vollbeleuchteten Raum an. Es entstehen verschwommene Schatten.

Sonnen- und Mondfinsternisse. Die Planeten führen mächtige Schattenkegel mit sich. Tritt der Mond eines Planeten in dessen Schattenkegel, so wird er verfinstert. Dabei handelt es sich um ein kosmisches Ereignis. Eine *Mondfinsternis* ist für alle irdischen Beobachter gleichzeitig sichtbar, für die der Mond überhaupt am Himmel steht. Sie wäre auch vom Mars aus zu beobachten (Abb. 1.13). Auch der Mond führt einen Schattenkegel mit sich. Die Länge des Kernschattens ist ungefähr gleich der mittleren Entfernung des Mondes von der Erde. Fällt der Schattenkegel des Mondes auf die Erde, was stets nur für einen kleinen Bereich vorkommen kann, so herrscht für die betroffenen Gebiete eine *vollständige Sonnenfinsternis.* Eine Sonnenfinsternis ist total, wenn der Kernschatten des Mondes die Erde streift, partiell, wenn die Erde nur in den Halbschatten des Mondes eintritt. Eine *ringförmige Sonnenfinsternis* entsteht, wenn die Entfernung des Mondes von der Erde so groß ist, daß der Kernschatten-Kegel mit seiner Spitze die Erde nicht berührt (Abb. 1.14). Eine Sonnenfinsternis ist demnach ein örtlich begrenztes Ereignis.

Abbildung mit feinen Öffnungen. Die dem Schatten entgegengesetzte Erscheinung tritt ein, wenn Lichtbündel durch eine kleine Öffnung gehen.

Wie Abb. 1.15 zeigt, entsteht hinter dem Schirm ein kegelförmiger Raum, der von Lichtenergie erfüllt ist und der seine Spitze in der punktförmigen Lichtquelle hat. Ist diese ausgedehnt, so überlagern sich die von den einzelnen Punkten ausgehenden Lichtkegel. In der Abb. 1.16 sind mehrere leuchtende Punkte angenommen, die eine geometrische Figur darstellen. Auf dem Schirm hinter der Öffnung entsteht eine ähnliche Figur aus Zerstreuungskreisen. Auf Grund des Strahlenverlaufs ist das Bild zweiseitig vertauscht. Vom Standpunkt der geometrischen Optik aus werden die Zerstreuungskreise kleiner, wenn die

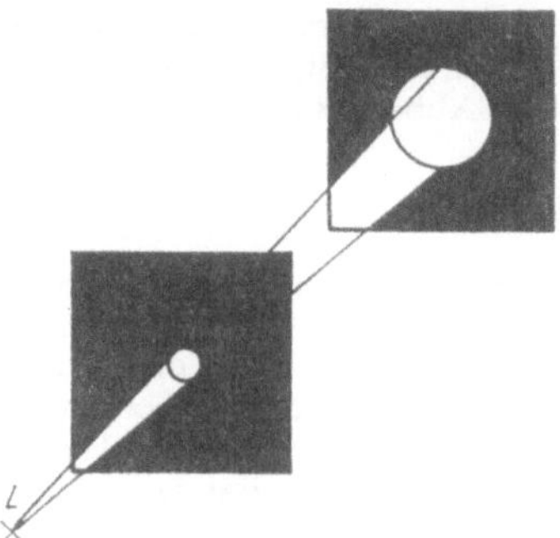

Abb. 1.15. Strahlenkegel hinter einer Öffnung bei einer punktförmigen Lichtquelle

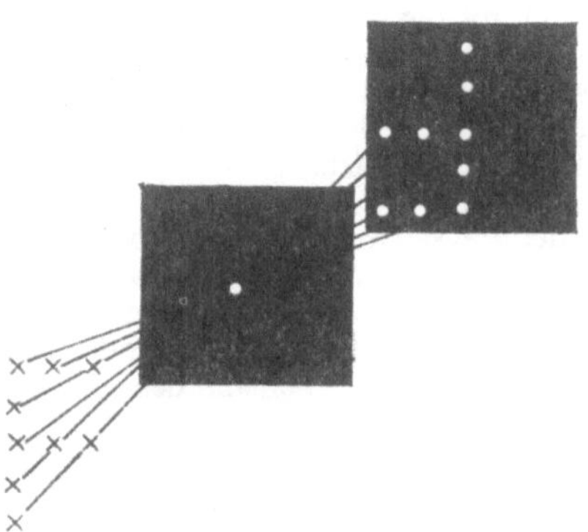

Abb. 1.16. Projektion von leuchtenden Punkten durch eine enge Öffnung

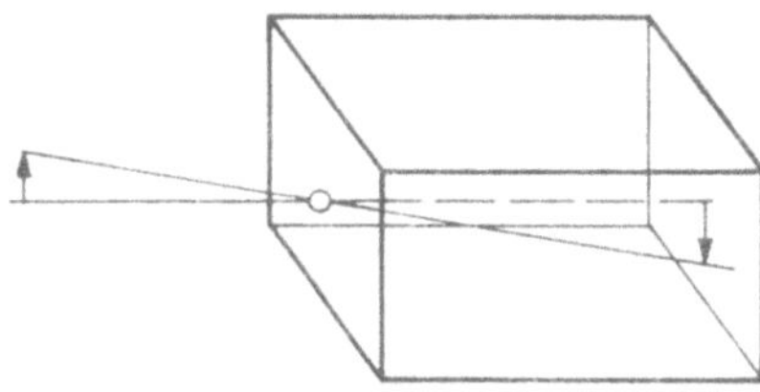

Abb. 1.17. Lochkamera

Öffnung kleiner wird, das Bild wird also schärfer. Auf dem in Abb. 1.17 dargestellten Prinzip beruht die *Lochkamera*, bei der die feine Öffnung in einer Fläche eines lichtdichten Kasten enthalten ist. Auf einer Mattscheibe, oder auch einem Planfilm, wird das Bild aufgefangen.
Aus der Tatsache, daß alle Strahlenbündel, die das Bild aufbauen, durch die feine Öffnung gehen, kann man nochmals auf die Unabhängigkeit verschiedener Strahlenbündel schließen.

1.2.3. Messung der Lichtgeschwindigkeit im Vakuum

Die Lichtgeschwindigkeit ist eine Naturkonstante von grundlegender Bedeutung. Der zur Zeit genaueste Wert beträgt

$$c = (299\,792\,458 \pm 1{,}2)\ \frac{\mathrm{m}}{\mathrm{s}}\,.$$

Wir behandeln im folgenden die geschichtlich wichtigsten Verfahren zur Bestimmung der Lichtgeschwindigkeit.
Methode nach Olaf Römer.

OLAF RÖMER (1644 bis 1710, in Aarhuus, Dänemark, geboren), war von 1669 bis 1675 Assistent des Direktors DOMENICO CASSINI an der Sternwarte in Paris. Beide ergänzten in dieser Zeit die von CASSINI seit 1660 angelegte Tabelle der Verfinsterungen der Jupitermonde. Die Wahrnehmung der Verzögerung der Verfinsterung und seine Erklärung dafür teilte RÖMER am 22. 11. 1675 der Pariser Akademie mit; doch diese verhielt sich ebenso wie CASSINI ablehnend gegen die Erklärung durch eine endliche Ausbreitungsgeschwindigkeit des Lichtes. RÖMER entdeckte auch die Epizykloide und deren Vorteile für Zahnräder.

Die Geschwindigkeit des Lichtes wurde erstmalig durch OLAF RÖMER im Jahre 1673 bestimmt. Er beobachtete, daß der Zeitpunkt der Verfinsterung des ersten Jupitermondes vom Ort der Erde in ihrer Bahn abhängt. In Opposition (kleinste Entfernung Erde–Jupiter) tritt die Verfinsterung früher ein als in der ein halbes Jahr später vorhandenen Konjunktion (größte Entfernung Erde–Jupiter). In Konjunktion muß das Licht zusätzlich den Durchmesser der Erdbahn durchlaufen.
Die von OLAF RÖMER gemessene Verzögerung betrug etwa 1000 s. Daraus berechnete er $c = 214\,000$ km/s. Das ist die richtige Größenordnung, der Fehler beruht auf der damals ungenauen Kenntnis des Erdbahndurchmessers.
Methode nach Bradley. (BRADLEY, J., 1693 bis 1762, Prof. der Astronomie in Oxford, seit 1742 Direktor der Sternwarte Greenwich.) OLAF RÖMERs Aussage einer endlichen Ausbreitungsgeschwindigkeit des Lichtes wurde zunächst nicht allgemein anerkannt. Erst die Messungen von BRADLEY (1727) führten zur Bestätigung der Messungen OLAF RÖMERs.
BRADLEY beobachtete, daß die Fixsterne ihren scheinbaren Ort am Himmel im Laufe eines Jahres ändern. Sterne in der Nähe des Himmelspols beschreiben kleine Kreise, Sterne in der Nähe der Ekliptikebene kleine gerade Strecken, alle übrigen Sterne kleine Ellipsen. Die Ursache ist die endliche Lichtgeschwindigkeit.
Bei einer Relativgeschwindigkeit v zwischen dem Fernrohr, mit dem der Fixstern beobachtet wird, und dem vom Stern kommenden parallelen

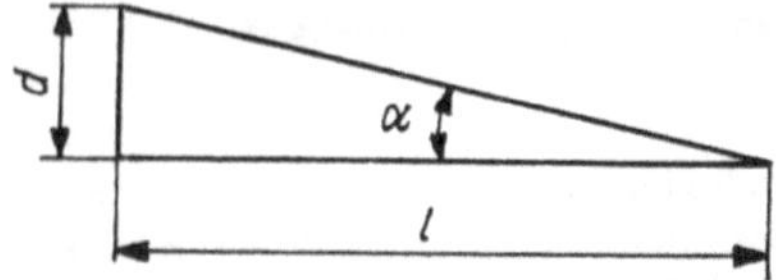

Abb. 1.18. BRADLEYS Bestimmung der Lichtgeschwindigkeit

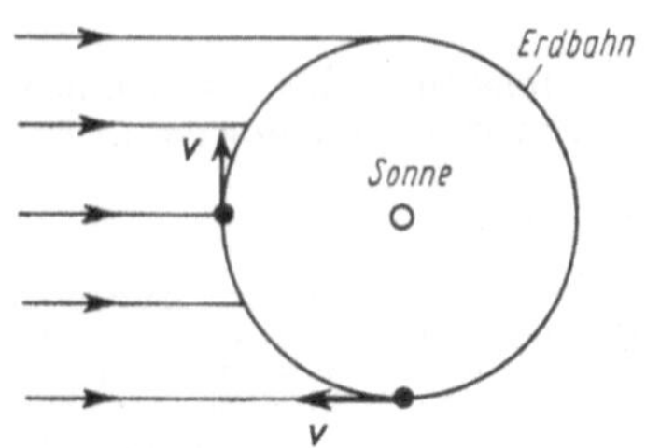

Abb. 1.19. Aberration bei einem Stern in der Ekliptikebene

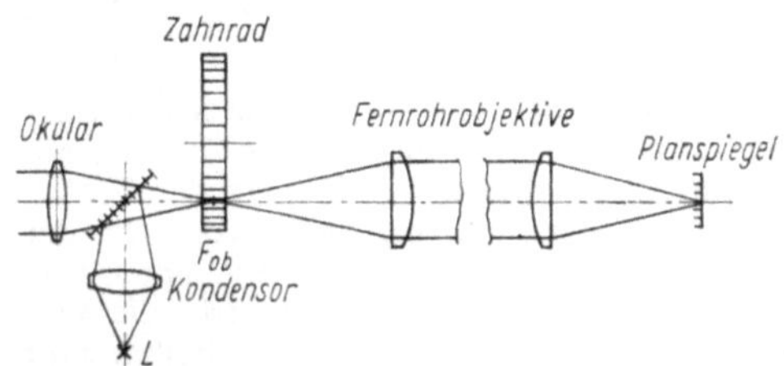

Abb. 1.20. FIZEAUS Anordnung zur Messung der Lichtgeschwindigkeit

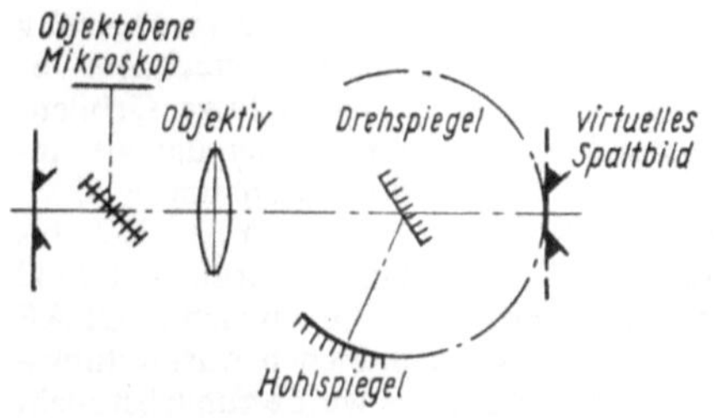

Abb. 1.21. Foucaultsche Anordnung

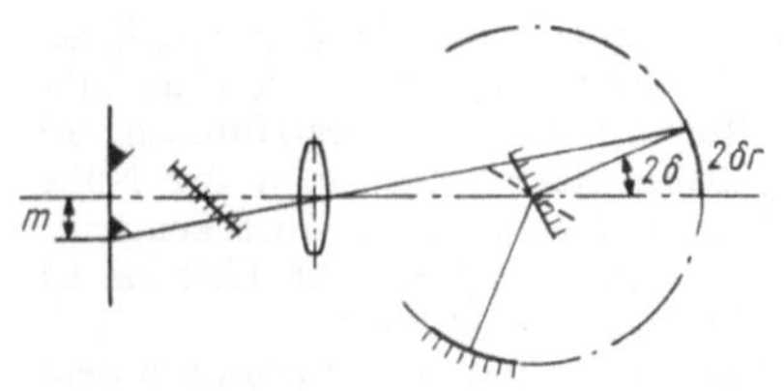

Abb. 1.22. Messung der Lichtgeschwindigkeit mit dem Drehspiegel

Lichtbündel tritt eine Aberration ein. Diese äußert sich in einer winkelmäßigen Versetzung α des Sternortes. Nach Abb. 1.18 gilt

$$\tan \alpha = \frac{\mathrm{d}}{l} = \frac{vt}{ct} = \frac{v}{c}. \tag{1.3}$$

t ist die Zeit, die das Licht zum Durchlaufen des Fernrohrs benötigt.

Abb. 1.19 läßt erkennen, daß sich die Querkomponente der Bahngeschwindigkeit bei einem Stern, der in der Ekliptik liegt (Zeichenebene), zwischen Null und der gesamten Bahngeschwindigkeit ändert.

Für einen Stern, der im Himmelspol liegt (senkrecht zur Zeichenebene), ist ständig die gesamte Bahngeschwindigkeit der Erde wirksam.

Damit wird die oben beschriebene Auswirkung der Aberration auf die scheinbare jährliche Fixsternbewegung durch das Zusammenspiel der Lichtgeschwindigkeit und der Bahngeschwindigkeit der Erde erklärt. Die Lichtgeschwindigkeit läßt sich aus (1.3) berechnen.

Methode von Fizeau. (H. FIZEAU, 1819 bis 1896, Prof. der Physik in Paris, hat bedeutende optische Untersuchungen angestellt.) Von FIZEAU wurde 1849 erstmalig die Lichtgeschwindigkeit mit einer terrestrischen Methode gemessen. Abb. 1.20 zeigt das Schema der Fizeauschen Anordnung.

Die Lichtquelle wird über eine teildurchlässige Platte in die Brennebene eines Fernrohrobjektivs und von diesem in das Unendliche abgebildet. Ein zweites Fernrohrobjektiv bildet die Lichtquelle in seine bildseitige Brennebene ab, in der ein Planspiegel steht. Das reflektierte Licht verläuft den gleichen Weg zurück. Ein Teil geht jedoch durch die teildurchlässige Platte hindurch und wird mittels des Okulars beobachtet.

In der Brennebene des ersten Fernrohrobjektivs rotiert ein Zahnrad. Bei einer bestimmten Drehzahl trifft das durch eine Lücke gegangene Licht auf dem Rückweg auf einen Zahn und wird gesperrt. Bei einer größeren Drehzahl kann es auf dem Rückweg durch die nächste Lücke des Zahnrades gehen. Mit wachsender Drehzahl erscheint das Feld des Okulars abwechselnd dunkel und hell.

FIZEAU wählte die Strecke zwischen Zahnrad und Planspiegel zu 8633 m und ein Zahnrad mit 720 Zähnen.

Erstmals trat bei der Drehzahl 12,6 s^{-1} die Verdunklung ein. Die Zeit für das Drehen des Zahnrades von einer Lücke zu einem Zahn betrug

$$t = \frac{1}{2 \cdot 720 \cdot 12{,}6}\,\mathrm{s}.$$

Das Licht hatte in dieser Zeit die Meßstrecke zweimal durchlaufen. Die Lichtgeschwindigkeit ergibt sich damit zu

$$c = 313\,350\,\frac{\mathrm{km}}{\mathrm{s}}.$$

Mit verbesserten Hilfsmitteln und einer größeren Standstrecke von 46 km erhielt PERROTIN 1901

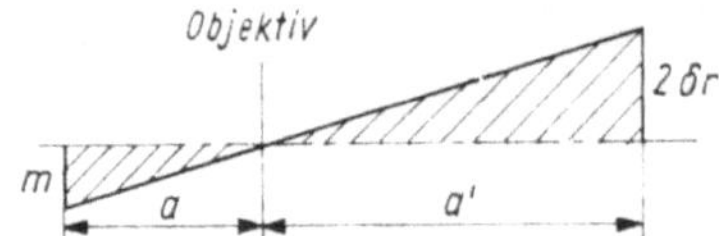

Abb. 1.23. Zur Berechnung der Lichtgeschwindigkeit beim Drehspiegel

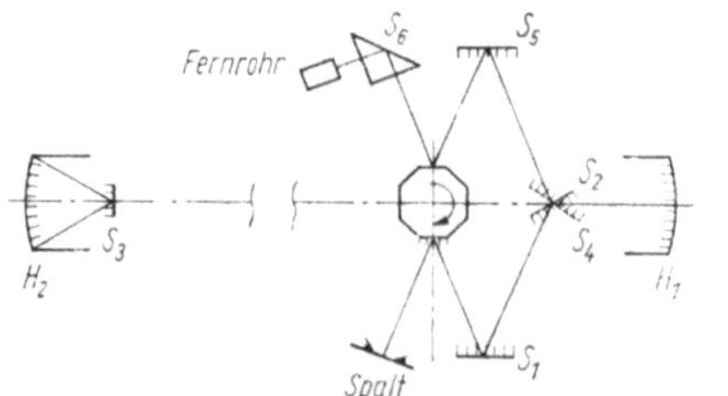

Abb. 1.24. MICHELSONS Anordnung zur Messung der Lichtgeschwindigkeit

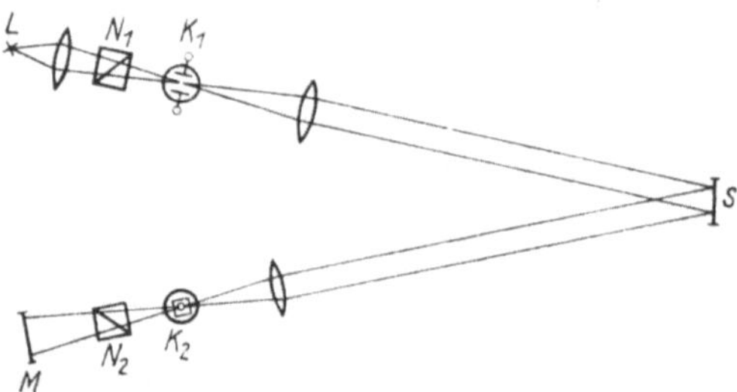

Abb. 1.25. Prinzip der Lichtgeschwindigkeit mit Kerrzellen

den auf das Vakuum umgerechneten Wert

$$c = (299860 \pm 80)\,\frac{\text{km}}{\text{s}}.$$

Methode von Foucault. (LEON FOUCAULT, 1819 bis 1868, von Haus aus Mediziner, Mitglied der Akademie in Paris.) Im Jahre 1862 veröffentlichte FOUCAULT Meßergebnisse, die er mit der Drehspiegelmethode gewonnen hatte. Abb. 1.21 enthält das Schema der Foucaultschen Anordnung.

Der beleuchtete Spalt wird mit einem Objektiv über den Drehspiegel auf den Hohlspiegel abgebildet. Dessen Krümmungsmittelpunkt liegt auf der Drehachse des Drehspiegels, so daß der Hohlspiegel das vom Mittelpunkt des Drehspiegels ausgehende Licht stets in sich reflektiert. Bei zunächst ruhendem Drehspiegel bildet die gesamte Anordnung den Spalt wieder in die Spaltebene ab. Über die teildurchlässige Platte wird ein zweites Bild in der Objektebene eines Mikroskops erzeugt. Dieses enthält ein Okularmikrometer, mit dem die Verschiebung des Spaltbildes gemessen werden kann.
Bringen wie den Spiegel in langsame Umdrehung, dann ist der Spalt im Mikroskop nur sichtbar, wenn das am Drehspiegel reflektierte Licht auch am Hohlspiegel reflektiert wird. Das Spaltbild erscheint und verschwindet periodisch. Bei Vergrößerung der Drehzahl flimmert das Spaltbild zunächst, aber bereits bei 10 Umdrehungen in der Sekunde erscheint es dem Auge als stehendes Bild.
Wir steigern die Drehzahl so weit, bis das vom Hohlspiegel reflektierte Licht den Drehspiegel nach einer meßbaren Verdrehung δ trifft (Abb. 1.22). Das vom Drehspiegel erzeugte virtuelle Bild des Spaltes ist seitlich verschoben. Der Hauptstrahl geht schräg durch das Objektiv, so daß in der Objektebene des Mikroskops ein verschobenes Spaltbild entsteht. Die Verschiebung wird mit dem Okularmikrometer ausgemessen.
Die Winkelgeschwindigkeit ω des Drehspiegels mit der sekundlichen Drehzahl n beträgt $\omega = 2\pi n$. Das Licht legt den Weg $2r$ zwischen Drehspiegel und Hohlspiegel in der Zeit $t = 2r/c$ zurück. Der Drehspiegel hat sich in dieser Zeit um den Winkel

$$\delta = \omega t = \frac{4\pi n r}{c} \tag{1.4}$$

gedreht. Das reflektierte Licht wird am Drehspiegel wegen des Reflexionsgesetzes um den doppelten Winkel 2δ abgelenkt. Wegen der Kleinheit des Winkels δ kann in der Abb. 1.23 an den schraffierten ähnlichen Dreiecken

$$\frac{a'}{a} = \frac{2\delta r}{m} \tag{1.5}$$

abgelesen werden. (Die Ablenkung in der Spaltebene ist dieselbe wie die in der Objektebene des Mikroskops.) Daraus geht mit (1.4)

$$c = \frac{8\pi n r^2 a}{m a'} \tag{1.6}$$

hervor.

FOUCAULT hat als Ergebnis seiner Messungen den Wert

$$c = 298000\,\frac{\text{km}}{\text{s}}$$

angegeben.

Methode von Michelson. Durch eine sinnreiche Abwandlung der Drehspiegelmethode gelang es, die Helligkeit und Ruhe des Bildes so zu steigern, daß ein Lichtweg von etwa 70 km möglich wurde.

Abb. 1.24 zeigt das Schema der Anordnung. Kernstück ist ein achtflächiges Prisma aus Glas oder Nickelstahl, dessen Flächen sehr gut reflektieren und Winkel miteinander bilden, die bis auf ein Millionstel ihres Betrages einander gleich sind. Das Spiegelprisma ist um eine zur Zeichenebene senkrechte Achse drehbar und wird durch ein Gebläse angetrieben.
Wir nehmen das Prisma zunächst als ruhend an. Der mit einer Bogenlampe beleuchtete Spalt wird über das Spiegelprisma, die beiden feststehenden Planspiegel S_1, S_2 und den Hohlspiegel H_1 mit 60 cm Öffnung ins Unendliche abgebildet (d. h. die vom Spalt ausgehenden Lichtbündel werden in Parallelbündel verwandelt, der Spalt muß also in der Brennebene des Hohlspiegels stehen). Von dem etwa 35,4 km entfernten System aus Hohlspiegel H_2 und Planspiegel S_3 in der Brennebene wird das Licht in sich reflektiert. Es wird dann über die Planspiegel S_4, S_5, S_6 und das Spiegelprisma in das mit Okularmikrometer ausgerüstete Beobachtungsfernrohr F gelenkt (S_4 und S_2 sind senkrecht zur Zeichenebene versetzt). Wird der Polygonspiegel gedreht, so verschwindet das Spaltbild im Fernrohr, weil sich die gegenüberliegenden Spiegelflächen, an denen das Licht reflektiert wird, in der Zeit, in der das Licht die Strecke von ca. 70 km zurücklegte, um einen kleinen Winkel gedreht haben. Das Spaltbild

ist wieder sichtbar, wenn die Drehzahl so groß ist, daß die nächstfolgende Prismenfläche in der Laufzeit des Lichtes die Stellung einnimmt, in der das Licht in dieselbe Richtung wie beim ruhenden Spiegelprisma reflektiert wird. Bei dem Lichtweg von 70,8 km ist dies bei etwa 528 Umdrehungen pro Sekunde der Fall.
Die Messung besteht darin, die Drehzahl des Spiegels durch Vergleich mit der Frequenz einer elektrisch betriebenen Stimmgabel so einzustellen, daß die Nullage des Spaltbildes gesichert ist. Die Basislinien wurden von einem Stab erfahrener Geometer mit einer Genauigkeit von 1 zu 5 Millionen gemessen. Die Stimmgabel wurde mit einer Normaluhr bei gleicher Genauigkeit geeicht.

MICHELSON gab 1927 als Ergebnis seiner Messungen die auf das Vakuum umgerechnete Lichtgeschwindigkeit (299796 ± 4) km/s an.
Bei einer nach dem gleichen Grundgedanken durchgeführten Meßreihe verlief der Lichtweg in einem Stahlrohr von 1,6 km Länge und 1 m Durchmesser. Das Rohr war bis auf einen Druck von 0,5 Torr ausgepumpt. Durch mehrfache Reflexion wurde der gesamte Lichtweg auf das Zehnfache der Rohrlänge erhöht. Die meisten der 2885 Messungen wurden nach dem Tode MICHELSONs 1931 von PEASE und PEARSON gemacht. Sie gaben schließlich den Wert $c_0 = (299774 \pm 11)$ km/s an.
Die Methode von Karolus und Mittelstaedt beruht auf demselben Grundgedanken wie die von FIZEAU, aber das Licht wird statt mit einem Zahnrad durch eine Kerrzelle unterbrochen. Diese besteht im Prinzip aus einem Plattenkondensator, zwischen dessen Platten eine dielektrische Flüssigkeit vorhanden ist.
Im elektrischen Feld wird die Flüssigkeit doppelbrechend.
Abb. 1.25 zeigt die Versuchsanordnung. Sie enthält zwei gleiche Kerrzellen K_1, K_2 in gekreuzter Stellung und zwei Nicolsche Prismen N_1, N_2 in gekreuzter Stellung. Die Schwingungsrichtung steht unter 45° zu den Feldlinien des elektrischen Wechselfeldes in den Kerrzellen. (Es wird eine Wechselspannung angelegt, die einer Gleichspannung überlagert ist. Die Frequenz läßt sich bei 10^7 Hz auf ±200 Hz konstant halten.)
Ist der Lichtweg zwischen den Kerrzellen klein, dann ist das Feld des zweiten Nicolschen Prismas dunkel, weil sich die Polarisationsänderung des Lichtes in den Kerrzellen aufhebt. Dauert es aber längere Zeit, bis das Licht von der ersten Zelle zur zweiten gelangt, so ist die angelegte Spannung in der zweiten Zelle bereits in einer anderen Phase. Das Feld wird aufgehellt. Durch Frequenzänderung der Wechselspannung in der zweiten Zelle läßt sich die Phase wieder derjenigen gleich machen, die beim Lichtdurchgang durch die erste Zelle dort vorhanden war. Das Feld ist dann wieder dunkel. Beim Lichtweg s zwischen den Kerrzellen beträgt die notwendige Frequenz $\nu = c/s$ oder allgemeiner $\nu = kc/s$, worin k eine ganze Zahl ist. Bei den Messungen lag k zwischen 4 und 8, der Lichtweg wurde durch mehrfache Reflexion auf $s \approx 300$ m gebracht. Die Lichtgeschwindigkeit ergab sich zu (299778 ± 20) km/s.
Die elektrooptische Methode wurde durch ANDERSON (1937, 1941), KAROLUS und HÜTTEL (1940) und BERGSTRAND (1950) vervollkommnet. Der damit ermittelte Wert der Lichtgeschwindigkeit $c = 299793$ km/s galt bis zur Einführung der Lasermethoden als der genaueste.

Methode von Kohlrausch und Weber. Man kann eine elektrische Größe, wie z. B. die Stromstärke, die Kapazität oder den Widerstand, in verschiedenen sogenannten „absoluten" Maßsystemen messen (Band 2). Sie erhält dann unterschiedliche Dimensionen. Das Verhältnis der elektrischen Stromstärke im elektrostatischen Maßsystem I_s und im magnetostatischen Maßsystem I_m ist gleich der Lichtgeschwindigkeit $c = I_s/I_m$. Auch für die elektrische Ladung gilt $c = Q_s/Q_m$. KOHLRAUSCH und WEBER haben Q_s und Q_m gemessen und daraus $c = 310800$ km/s erhalten. Ihre Messungen können vom heutigen Standpunkt aus nicht mehr als Präzisionsmessungen angesehen werden.
Im Jahre 1937 haben ROSA und DORSEY durch genauere elektrische Messungen an Kapazitäten innerhalb der Fehlergrenzen den Wert der Lichtgeschwindigkeit erhalten.

Bestimmung aus Frequenz und Wellenlänge. Auch mittels der Beziehung $c = \nu\lambda$ kann man die Lichtgeschwindigkeit sehr genau bestimmen. Wir haben diese Methode bereits mit Erfolg zur Ermittlung der Schallgeschwindigkeit benutzt (Kundtsches Rohr). Im Band 2 wurde darauf hingewiesen, daß HEINRICH HERTZ als erster aus der gemessenen Wellenlänge bei bekannter Frequenz die Ausbreitungsgeschwindigkeit der elektrischen Wellen bestimmte. Sie ergab sich gleich der Lichtgeschwindigkeit. Auch mit dem Lechersystem (Band 2) lassen sich derartige Messungen ausführen. Jedoch konnte bei der Unsicherheit der Frequenzberechnung nach der Formel $T = 1/\nu = 2\pi\sqrt{LC}$ und der Wellenlängenmessung in solchen Systemen die Genauigkeit nicht groß werden (L = Induktivität, C = Kapazität).
In neuerer Zeit haben L. ESSEN und K. BOL (1950) Hohlraumresonatoren benutzt, und es ist ihnen gelungen, Präzisionsmessungen auszuführen. Der von BOL angegebene beste Wert ist $c = 299789{,}3$ km/s.
Mit einem Mikrowelleninterferometer hat K. D. FROOME (1952) die Geschwindigkeit elektromagnetischer Wellen in Luft gemessen. Mit Hilfe des Funkmeßverfahrens (Band 2) wurde die Zeit bestimmt, die ein Signal benötigt, um eine gegebene Strecke zurückzulegen. Die Wellenlänge wurde interferometrisch bestimmt. FROOME erhielt den Wert $c = 299792{,}6$ km/s.
Bei allen in Luft ausgeführten Messungen wurden die erhaltenen Werte auf den leeren Raum umgerechnet.

1.2.4. Messung der Lichtgeschwindigkeit in Stoffen

Messung im Wasser. FOUCAULT setzte zwischen Dreh- und Hohlspiegel eine mit Wasser gefüllte Röhre ein (Abb. 1.21). Auf diese Weise konnte er die Lichtgeschwindigkeit im Wasser messen. Die Foucaultschen Messungen ergaben: Das Licht breitet sich im Wasser mit einer Geschwindigkeit aus, die drei Viertel der in Luft gemessenen Geschwindigkeit beträgt. Das Verhältnis der Lichtgeschwindigkeiten stimmt mit dem reziproken Verhältnis der Brechzahlen überein.

Gruppen- und Phasengeschwindigkeit. Die beschriebenen Methoden, die Geschwindigkeit des Lichtes zu bestimmen, messen nicht alle dieselbe Größe. Die Methoden von FIZEAU und RÖMER liefern die Geschwindigkeit, mit der sich ein abgeschnittener Wellenzug, eine Wellengruppe, bewegt. Auch die Methode von FOUCAULT ergibt den Wert der Gruppengeschwindigkeit (Grimsehl [4], Band I). Nur die Methode der Aberration nach BRADLEY führt zur Phasengeschwindigkeit des Lichtes.

Im Vakuum hängt die Geschwindigkeit des Lichtes nicht von der Wellenlänge ab, es tritt keine Dispersion auf. Deshalb haben im Vakuum die Gruppen- und die Phasengeschwindigkeit den gleichen Wert (Band I). Das ändert sich in Stoffen, in denen Dispersion vorhanden ist. Ein Stoff mit hoher Dispersion ist z. B. Schwefelkohlenstoff. In ihm sind die Phasen- und die Gruppengeschwindigkeit merklich verschieden. In der Tat bestimmte A. MICHELSON (1884) nach der Methode von FOUCAULT die Lichtgeschwindigkeit in Schwefelkohlenstoff zu $c'' = c/1{,}77$, während aus der Brechzahl $c' = c/1{,}64$ folgt (c = Geschwindigkeit in Luft). Nach Band I gilt für die Gruppengeschwindigkeit

$$c'' = c' - \lambda \frac{\mathrm{d}c'}{\mathrm{d}\lambda} \tag{1.7}$$

(c' ist die im dispergierenden Stoff von der Wellenlänge abhängige Phasengeschwindigkeit). Für Schwefelkohlenstoff ergibt sich aus den Dispersionsmessungen $(\lambda/c')(\mathrm{d}c'/\mathrm{d}\lambda) = 0{,}075$. Damit wird die Gruppengeschwindigkeit $c'' = c' - c' \cdot 0{,}075$. Setzen wir $c' = c/1{,}64$ ein, so folgt $c'' = c/1{,}77$, in Übereinstimmung mit der Messung durch MICHELSON. Die Berücksichtigung der Dispersion erklärt also den scheinbaren Widerspruch der Experimente. Sehr genaue Messungen durch GUTTON (1911) führten zum gleichen Ergebnis.

Bestimmung der Lichtgeschwindigkeit aus der Wellenlänge. Auch durch direkte Wellenlängenmessungen kann man die unterschiedliche Lichtgeschwindigkeit in Stoffen verschiedener Brechzahlen zeigen.

Ersetzt man beim später zu behandelnden Versuch mit den Newtonschen Interferenzringen den Luftraum zwischen der Linse und der Planplatte durch Wasser, so rücken die Ringe enger aneinander. Der Radius jedes Ringes schrumpft auf $^{13}/_{15}$ des ursprünglichen Wertes zusammen. Da die Frequenz des Lichtes unverändert bleibt, kann die Ursache für die Radienänderung nur die Wellenlängenänderung sein. Folglich beträgt die Wellenlänge des Lichtes nur etwa drei Viertel der Wellenlänge des gleichen Lichtes in der Luft, denn die Wellenlänge ist dem Quadrat des Ringradius proportional, und es ist $(^{13}/_{15})^2 \approx {}^3/_4$. Aus $c = \nu\lambda$ folgt, daß die Geschwindigkeit des Lichtes im Wasser nur $^3/_4$ derjenigen in Luft ist. Sie beträgt demnach etwa 225000 km/s.

Demonstration mit dem Beugungsgitter (GRIMSEHL). Ein rechteckiger Behälter trägt an der einen Stirnseite ein Beugungsgitter, an der anderen Stirnseite eine Mattscheibe. Geeignete Maße sind z. B. eine Behälterlänge von 1 m und eine Gitterkonstante $g = 0{,}05$ mm. Der Behälter ist bis zur Hälfte mit Wasser gefüllt (Abb. 1.26). Das Gitter wird mit einem Parallelbündel aus einfarbigem Licht beleuchtet. Auf der Mattscheibe entstehen zwei Streifensysteme. Das obere wurde durch die Interferenz von Lichtwellen erzeugt, die durch Luft gegangen sind; das untere durch die Interferenz von Lichtwellen, die durch Wasser gegangen sind.

Wegen $c_{\text{Wasser}} \approx (^3/_4)\, c_{\text{Luft}}$ und damit $\lambda_{\text{Wasser}} = (^3/_4)\, \lambda_{\text{Luft}}$ kommen auf drei Streifenabstände in Luft vier im Wasser.

Ausführliche Darstellungen der verschiedenen Methoden zur Messung der Lichtgeschwindigkeit sind in [1] und [2] enthalten. In [2] findet man auch die Originalarbeiten von MICHELSON, PEASE und PEARSON, von ESSEN und CORDON-SMITH sowie von BERGSTRAND.

1.3. Physiologische Optik

1.3.1. Der Sehvorgang

Anatomie des Auges. Vorausgeschickt seien einige Angaben über die Anatomie des menschlichen Auges und über die Namen seiner wichtigsten Teile. Der Augapfel (Abb. 1.27) besteht aus einer fast kugelförmigen, von vorn nach hinten etwas zusammengedrückten Kammer, die mit einem abbildenden System aus brechenden Substanzen ausgerüstet ist. Er ist durch sechs Muskeln in der Augenhöhle wie in einem Kugelgelenk nach allen Richtungen drehbar.

Die äußere Hülle des Augapfels ist die weiße *Lederhaut* (*Sclerotica*) *L*, die sehr fest ist und das Auge vor Verletzungen schützt.

Die Lederhaut ist in ihrem vorderen Teil durchsichtig und heißt hier *Hornhaut* (*Cornea*) *H*. Im Inneren ist sie mit der *Aderhaut* (*Chorioidea*) *A* ausgekleidet, die gleichzeitig die das Auge ernährenden Blutgefäße und die das Augeninnere vor zerstreutem Licht schützende dunkle Pigment-

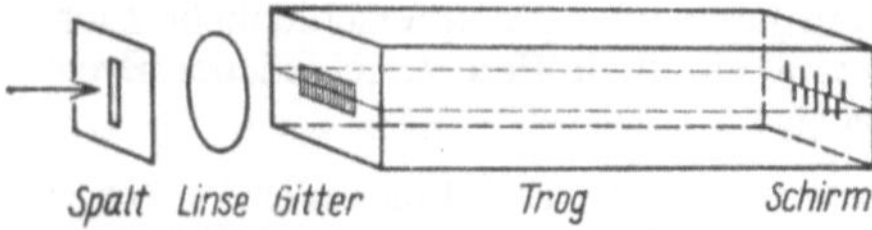

Abb. 1.26. Demonstration der unterschiedlichen Geschwindigkeiten des Lichtes in Luft und Wasser nach GRIMSEHL

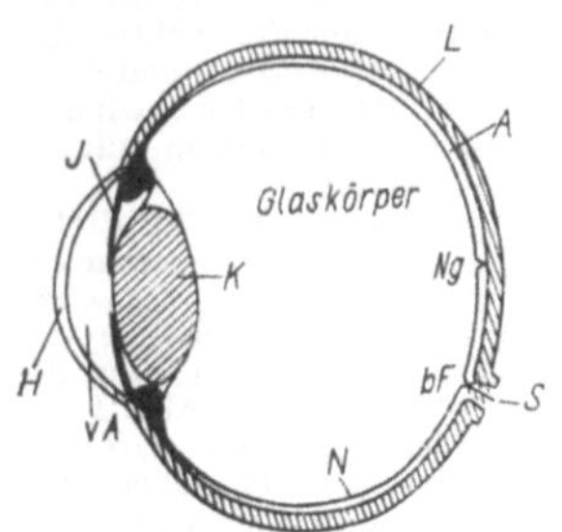

Abb. 1.27. Waagerechter Schnitt durch das Auge

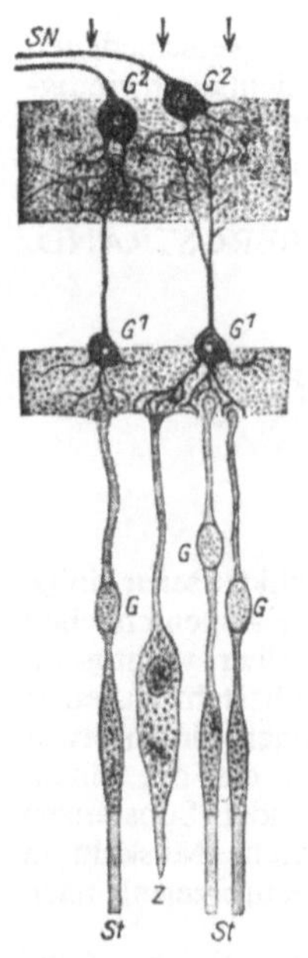

Abb. 1.28. Schnitt durch die Netzhaut (*G* = Ganglienzellen)

Abb. 1.29. Figur zur Demonstration des blinden Fleckes

schicht enthält. Die Aderhaut geht in ihrem vorderen Teil in die mit einem Loch (*Pupille*) versehene *Regenbogenhaut* (*Iris*) *J* über. An die Aderhaut schließt sich nach innen die rosa gefärbte *Netzhaut* (*Retina*) *N* an, die aus den Verzweigungen und Endigungen des Sehnervs besteht. Abb. 1.28 zeigt in einem stark vergrößerten Schnitt den sehr verwickelten, geschichteten Bau der Netzhaut. Die durch die Pfeile bezeichnete Seite ist dem Licht zugewandt. Als eigentlich lichtempfindlicher Teil wird eine Schicht angesehen, die aus einer sehr großen Zahl *Stäbchen St* und *Zäpfchen Z* zusammengesetzt ist, die merkwürdigerweise dem Licht abgewandt sind.

Die der Pupille gegenüberliegende Stelle der Netzhaut enthält die größte Zahl der Zäpfchen, sie ist die Stelle der Netzhaut mit dem größten Auflösungsvermögen. Sie wird *Netzhautgrube* (*Ng*) genannt. Ihre Umgebung heißt wegen ihrer Farbe *gelber Fleck*. Dort, wo der Sehnerv in das Augeninnere eintritt, befinden sich keine Nervenenden. Diese Stelle (*bF*) ist für Licht unempfindlich, sie wird *blinder Fleck* genannt. Der blinde Fleck liegt vom gelben Fleck aus der Nase zugekehrt.

Vom Vorhandensein des blinden Fleckes kann man sich überzeugen, wenn man das Kreuz von Abb. 1.29 mit dem linken Auge fixiert, während man das Bild etwa 20 cm vom Auge entfernt hält. Der kreisförmige Fleck verschwindet dann, weil sein Bild auf den blinden Fleck fällt (Abbn. 1.30 und 1.31). Daß wir gewöhnlich vom Vorhandensein des blinden Fleckes nicht gestört werden, beruht vorwiegend darauf, daß wir alle Objekte gleichzeitig mit beiden Augen betrachten.

Hinter der Iris liegt die *Kristallinse K* (Abb. 1.27), ein durchsichtiger, hornartiger Körper, dessen Brechzahl von außen nach innen zunimmt. Führt man eine mittlere Brechzahl ein, so beträgt diese 1,408 5. Die Kristallinse hat angenähert die Form eines verkürzten Rotationsellipsoids, dessen hintere Fläche etwas stärker gekrümmt ist als die vordere. Sie teilt den Innenraum des Auges in zwei ungleich große Räume. Die *vordere Augenkammer vA* zwischen Kristallinse und Hornhaut ist mit einer farblosen Flüssigkeit, dem Kammerwasser, gefüllt, deren Brechzahl mit der des Wassers übereinstimmt. Der Raum zwischen Kristalllinse und Netzhaut enthält einen gallertartigen durchsichtigen Stoff, den *Glaskörper*, dessen Brechzahl der des Wassers fast gleich ist. Die Verbindungslinie der Mitte der Pupille oder des Hornhautscheitels mit der Mitte der Netzhautgrube heißt die Augenachse. Diese steht auf allen Flächen senkrecht, die die brechenden Stoffe des Auges begrenzen.

Der Augenspiegel. Die Erfindung des Augenspiegels durch HELMHOLTZ im Jahre 1851 ermöglichte die Untersuchung der Netzhaut und war die Grundlage für die Entwicklung einer wissenschaftlichen Augenheilkunde. In seiner ursprünglichen Gestalt (Abb. 1.32) besteht er aus einer schräg gestellten Glasplatte, die einen Teil des von der Lichtquelle L ausgehenden Lichtbündels in das zu untersuchende Auge reflektiert. Um möglichst viel Licht in das beobachtete Auge gelangen zu lassen, legte HELMHOLTZ drei Platten aufeinander. Die heute meist gebräuchliche Form wird durch die Abb. 1.33 dargestellt. Ein kleiner im Scheitel durchbohrter Hohlspiegel beleuchtet das Innere des Auges, das durch die Öffnung beobachtet werden kann.

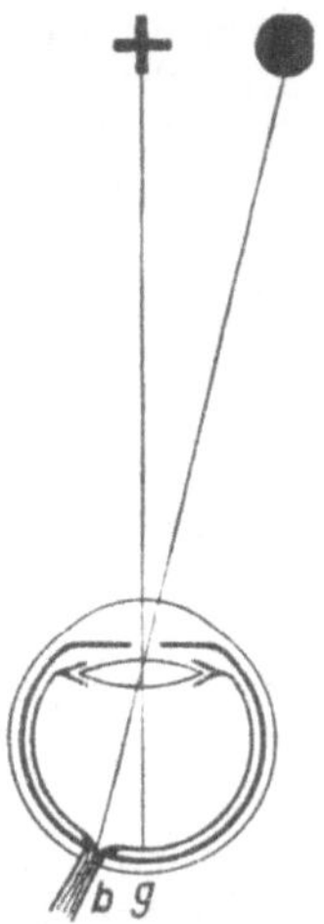

Abb. 1.30. Blinder und gelber Fleck

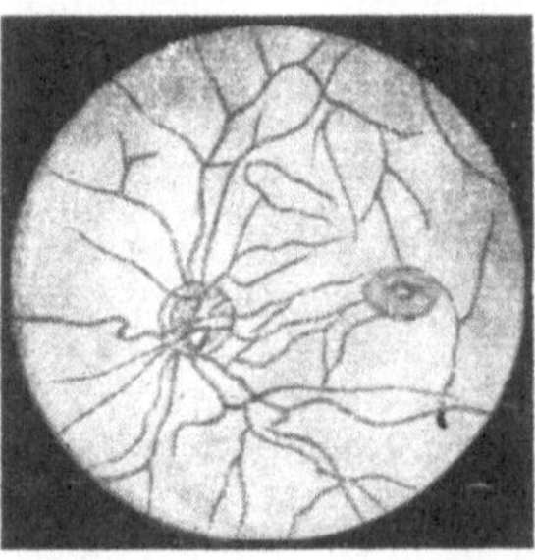
Abb. 1.31. Augenhintergrund mit blindem und gelbem Fleck

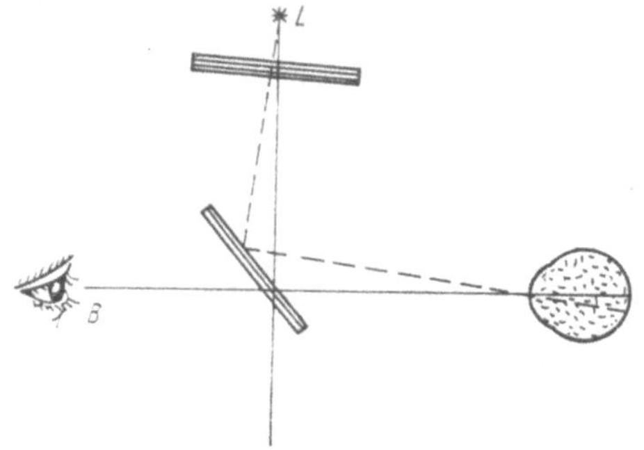

Abb. 1.32. Augenspiegel nach HELMHOLTZ

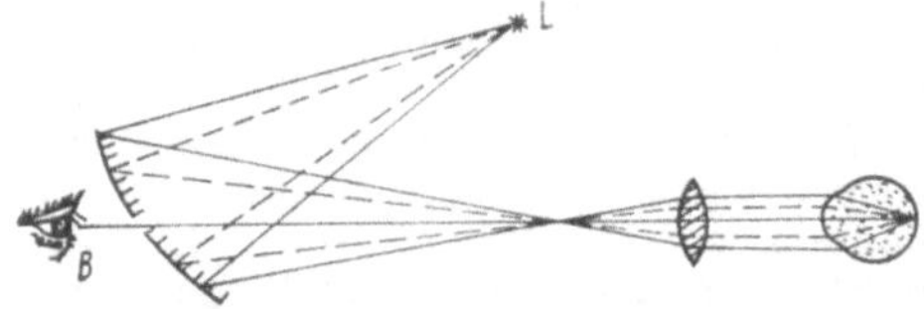

Abb. 1.33. Heutige Ausführung des Augenspiegels

Die Empfindlichkeit des Auges. Die lichtempfindliche Netzhaut des Auges dient als Auffangschirm für die vom optischen System entworfenen Bilder. Nicht mit allen Teilen der Netzhaut sind wir in gleicher Weise befähigt, einerseits geringe Lichtreize wahrzunehmen, andererseits an einem betrachteten Objekt feinere Einzelheiten zu erkennen. Beide Arten von Empfindungen sind an verschiedene Teile der Netzhaut gebunden.

Die Fähigkeit, möglichst viele Einzelheiten an einem betrachteten Objekt zu erkennen, ist in anderer Ausdrucksweise das Vermögen, zwei nahe beieinander stehende punktförmige kleine Objekte noch als getrennt zu erkennen. Das Maß dieser Fähigkeit nennt man *Sehschärfe.*

Wird beim Sehen nur ein Zäpfchen erregt, so haben wir die Empfindung eines leuchtenden Punktes. Ist das Objekt so klein oder so weit entfernt, daß sein Bild auf der Netzhaut nicht gleichzeitig auf mehrere Zäpfchen fällt, so können wir keine Einzelheiten des Objektes erkennen. Die Größe des Netzhautbildes eines leuchtenden Objektes hängt von seiner Größe und seiner Entfernung ab. In der Netzhautgrube stehen die Zäpfchen am dichtesten; in ihr beträgt deren Abstand nur etwa 0,004 mm. Ein Netzhautbild von dieser Größe kommt zustande, wenn durch den Knotenpunkt des Auges zwei Strahlen eintreten, die einen Winkel von etwa 1′ einschließen. Das gilt beispielsweise für zwei Lichtstrahlen, die von zwei 0,2 mm voneinander entfernten Punkten ausgehen, die vom Auge 1 m entfernt sind. Sind zwei Punkte in der Entfernung von 1 m mehr als 0,3 mm voneinander entfernt, so fällt ihr Bild auf zwei verschiedene Zäpfchen; sie werden daher getrennt wahrgenommen. Die Verschiebung zweier gerader Linien gegeneinander ist noch zu bemerken, wenn sie etwa 10″ beträgt (Noniussehschärfe).

HOOKE fand 1674 für die Grenze des Auflösungsvermögens den Sehwinkel von 1′. Es ist bemerkenswert, daß die Begrenzung der Sehschärfe durch die Netzhautstruktur gerade so groß ist wie die Unschärfe der Netzhautbilder infolge der Beugung beträgt. Eine feinere Struktur der Netzhaut ergäbe keinen Gewinn mehr.

Die Sehschärfe ist in der Netzhautgrube am größten; nach dem Rande der Netzhaut zu nimmt sie stark ab. Deshalb wird durch Augen- und Kopfbewegungen das Auge so gerichtet, daß das Objekt, das die Aufmerksamkeit in Anspruch nimmt und „scharf" ins Auge gefaßt wird, in die Netzhautgrube abgebildet wird (direktes

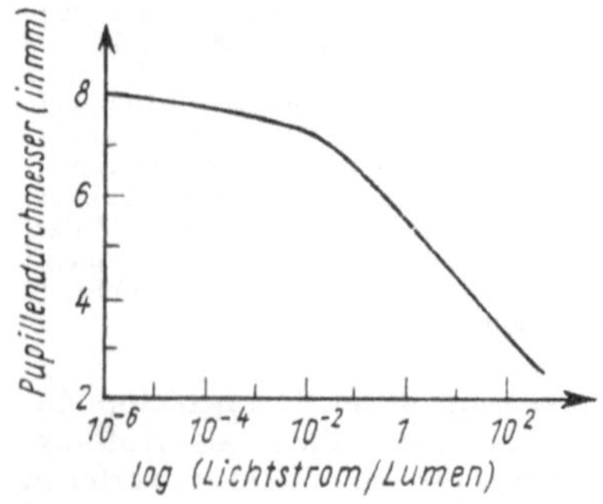

Abb. 1.34. Abhängigkeit des Pupillendurchmessers vom Lichtstrom

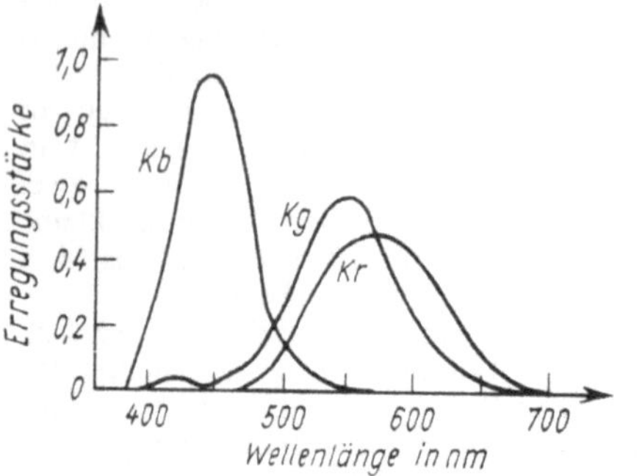

Abb. 1.35. Die Königschen Grundempfindungskurven

Sehen). Liegt das Bild außerhalb der Netzhautgrube, so spricht man vom indirekten Sehen.
Wollen wir ein ausgedehntes Objekt überblicken, so drehen wir mit großer Geschwindigkeit das Auge in seiner Höhlung. Die Hauptachse durchläuft nacheinander die einzelnen Bereiche des durchmusterten Objektes, und die Aufeinanderfolge der scharf gesehenen Teilbilder liefert uns die genauere Anschauung des Objektes. Beim bewegten Auge schneiden sich die Sehstrahlen in den aufeinander folgenden Stellungen des Auges im Augendrehpunkt. Man nennt diese Strahlen die ***Blicklinien***. Der Mittelpunkt der Blicklinien, also der Augendrehpunkt, ist das Zentrum der für unsere Raumwahrnehmung maßgebenden räumlichen Perspektive.

Das Auge hat die Fähigkeit, durch Verengung oder Erweiterung der Pupille den in das Auge tretenden Lichtstrom zu regeln (Abb. 1.34).
Unter Empfindlichkeit des Auges schlechthin versteht man die Fähigkeit, durch einen bestimmten Lichtstrom so gereizt zu werden, daß der Reiz als Helligkeit einer bestimmten Stärke empfunden wird. Die Empfindlichkeit der Zäpfchen, die für Blau, Grün und Rot empfindlich sind, als Funktion der Wellenlänge geht aus Abb. 1.35 hervor. Als Maß für den Schwellenwert des Lichtstroms, der gerade noch eine Lichtempfindung hervorruft, kann der reziproke Wert der Lichtmenge genommen werden, die ein punktförmiges Objekt, z. B. ein Stern, in das Auge senden muß, um gerade noch bewußt zu werden. Je nach den Umständen ist dieser Schwellenwert sehr verschieden. Vor allem ist er von der Farbe des Lichtes abhängig. Die geringste wahrnehmbare Energie beträgt $2 \cdot 10^{-17}$ J, wenn das Auge lange Zeit vorher im Dunkeln ausruhen konnte (Dunkeladaption). (Die Empfindlichkeit des Auges ist etwas besser als die des Ohres mit 10^{-16} J).
Es hat sich herausgestellt, daß die Netzhautgrube keineswegs die lichtempfindlichste Stelle der Netzhaut ist. Davon kann man sich überzeugen, wenn man versucht, am nächtlichen Himmel sehr lichtschwache Sterne zu erkennen. Man findet dabei, daß man schwache Sterne beim direkten Sehen nicht entdeckt, sie aber indirekt sieht, wenn man dicht an ihnen vorbeiblickt. Die Netzhautteile neben der Netzhautgrube sind also für die schwächsten Lichtreize empfindlicher als die Netzhautgrube selbst. Diese Eigentümlichkeit dürfte ihren Grund darin haben, daß die Netzhautgrube eines rechtsichtigen Auges einen Mangel an Stäbchen aufweist. Die Stäbchen sind wahrscheinlich die lichtempfindlichsten Elemente.
Bei geringer Helligkeit sehen wir ausschließlich mit den Stäbchen, also indirekt; die Objekte erscheinen farblos (Dämmerungssehen). Das Auge paßt sich der Dunkelheit durch Steigerung der Empfindlichkeit an. Beim Fehlen solcher Anpassung spricht man von Nachtblindheit. Je größer der gereizte Bezirk des Auges ist, um so geringere Helligkeiten sind noch wahrnehmbar. Für kleine Objekte ist bei Stäbchensehen der Schwellenwert $S = C/\varphi^2$, C ist eine Konstante und φ der Blickwinkel. Hierauf beruht die Möglichkeit, das Sehen in der Dämmerung durch ein Fernglas zu verbessern.
Erregung der Netzhaut. Die Lichtempfindlichkeit ist primär durch komplizierte physikalisch-chemische Vorgänge in der Netzhaut bedingt.
Die Betrachtung der Netzhaut eines längere Zeit im Dunklen gehaltenen Auges mit dem Augenspiegel bei schwacher Beleuchtung zeigt, daß sie purpurrot gefärbt ist. Die rote Farbe rührt her von dem in den Außengliedern der Stäbchen enthaltenen *Sehpurpur* (*Rhodopsin*). Durch stärkere Lichtwirkungen wird dieser Sehpurpur mit von der Intensität und der Wellenlänge des Lichtes abhängiger Geschwindigkeit ausgebleicht; am raschesten wirkt Gelbgrün, am langsamsten Rot. Außerdem findet infolge einer Lichtwirkung eine Pigmentverschiebung innerhalb der fadenförmigen Fortsätze statt, die aus den Pigmentzellen zwischen den Sehzellen entspringen. Ferner entstehen elektrische Ströme innerhalb der Netzhaut. Die Entstehung des Bildes auf der Netzhaut des Auges ist ein rein physikalischer Vorgang, bei dem die brechenden Stoffe des Auges wie eine

Sammellinse wirken. Über die Vorgänge, die uns das Netzhautbild zum Bewußtsein bringen, wissen wir sehr wenig; wahrscheinlich verursacht im Augenhintergrund eine chemische Wirkung des Lichts einen Reiz der Nervenendigungen. Das schließen wir besonders aus den positiven und negativen Nachbildern.

Positive Nachbilder. Die Lichtempfindung verschwindet nicht sofort, nachdem der Lichtreiz aufgehört hat, sondern sie dauert noch eine Weile an. Aus diesem Grunde kommen uns bei einem raschen Wechsel der Bilder diese nicht mehr getrennt zum Bewußtsein, sondern das eine verschwimmt mit dem nächsten. Eine im Kreis geschwungene glühende Kohle erscheint unserem Auge nicht mehr punktförmig, sondern zu einer Lichtlinie, bei rascher Bewegung zu einem vollständigen Lichtkreis auseinandergezogen.
Von dieser Tatsache wird beim Kinofilm Gebrauch gemacht, bei dem in einer gewissen Zeitfolge getrennte Bilder desselben Bewegungsvorganges vorgeführt werden (etwa 16 Bilder in einer Sekunde), die infolge der positiven Nachbilder zu einer ununterbrochenen Empfindungsreihe, also zur Empfindung des gesamten Bewegungsvorganges, zusammenfließen. Die Bildgeschwindigkeit ist so bemessen, daß der letzte Rest des positiven Nachbildes eines Bildes noch nicht vollständig verschwunden ist, wenn dem Auge das nächste Bild dargeboten wird.
Negative Nachbilder. Unmittelbar nach der Einwirkung des Lichtes auf die Netzhaut büßt diese an der erregten Stelle infolge der chemischen Veränderung des Sehpurpurs an Sehkraft ein. Wenn das Auge einen hellbeleuchteten Gegenstand längere Zeit „fixiert" und dann eine gleichmäßige schwach beleuchtete Fläche betrachtet wird, so wird als Nachbild ein Bild gesehen, bei dem die Helligkeitswerte umgekehrt sind. Als Nachbild des dunklen Fensterkreuzes mit hellen Fensterscheiben sieht man ein helles Fensterkreuz mit dunklen Scheiben. Beim positiven Nachbild sind die chemischen Veränderungen so stark gewesen, daß sie nach Aufhören des Lichtreizes nicht sofort durch den ernährenden Blutstrom rückgängig gemacht werden konnten. Negative Nachbilder kommen zustande durch eine Ermüdung der getroffenen Netzhautstellen, infolge deren die nicht veränderten Stellen stärker lichtempfindlich sind als die durch den längeren Lichtreiz ermüdeten Stellen. Durch den Blutstrom wird die Ermüdung erst nach längerer Zeit, manchmal erst nach Minuten, vollständig beseitigt.

1.3.2. Die Farbempfindung

Die farbenempfindlichen Elemente der Netzhaut sind die Zäpfchen. Die Stäbchen sind nur helligkeitsempfindlich. Da die Stäbchen lichtempfindlicher sind als die Zäpfchen, sieht man bei schwacher Beleuchtung (z. B. bei Mondschein) nur mit den Stäbchenorganen und nimmt deshalb keine Farbe wahr (Stäbchensehen, Dämmerungssehen).

Auch die sog. Grauglut ist auf Stäbchensehen zurückzuführen. Ein elektrisch erhitzter Draht z. B. scheint in einem eigentümlichen farblosen Licht zu leuchten, ehe dann bei höherer Temperatur die Rotglut wahrnehmbar wird.

Dreifarbentheorie. Eine vollständig befriedigende Erklärung der Farbempfindung unseres Auges gibt es noch nicht. Eine schon 1807 von TH. YOUNG aufgestellte, dann 1867 von HELMHOLTZ neu entwickelte und später von anderen Forschern ergänzte Anschauung nimmt an, daß wir in der Netzhaut drei verschiedene Arten von farbempfindlichen Organen auf den Zäpfchen haben, von denen eine Art empfindlich ist für ein in Purpur spielendes Rot, die zweite für ein Grün, die dritte für ein Blau an der Grenze von Violett (trichromatisches Sehen, Abb. 1.36).
Trifft Licht einer homogenen Spektralfarbe die Netzhaut, so erregt es alle drei Organe auf den Zäpfchen, aber je nach der Art seiner Farbe in verschiedenem Maße: Rotes Licht erregt vorwiegend die rotempfindlichen Organe, während die beiden anderen Arten nur schwach erregt werden. Wenn das Rot einen Stich ins Gelbliche oder ins Bläuliche hat, dann werden grünempfindliche oder blauempfindliche Organe mit erregt. Gelbes Licht wird empfunden, wenn etwa in gleichem Maße die grünempfindlichen und die rotempfindlichen Organe erregt werden, die blauempfindlichen in geringem Maße. Die Weißempfindung kommt dadurch zustande, daß alle drei Arten in gleichem Maße erregt werden.

Gegenfarbentheorie (auch Vierfarbentheorie genannt). Eine andere Theorie, die von einer mehr psychologischen Betrachtungsweise ausgeht, hat HERING entwickelt. Er nimmt vier Grundfarben an, nämlich Rot, Gelb, Grün und Blau und außerdem noch die Empfindungen Schwarz und Weiß als Grundempfindungen. Ferner teilt er die Empfindungsqualitäten in drei Gruppen, und zwar in die rot-grüne, die gelb-blaue und die weiß-schwarze. Jedes dieser Paare soll eine von drei in der Netzhaut vorhandenen Sehsubstanzen erregen, derart, daß jeweils die eine Komponente des Paares einen Assimilationsvorgang, die andere Komponente einen Dissimilationsvorgang verursacht.

Körperfarben. Etwas wesentlich Verschiedenes von den Spektralfarben sind die Körperfarben oder Pigmente. Ein rotes Tuch kann unserem Auge nur dadurch rot erscheinen, daß es hauptsächlich rotes Licht aussendet. Da das Tuch selbst aber keine Lichtquelle ist, so muß es Licht zurückstrahlen, das von einer Lichtquelle kommt, die selbst rotes Licht enthält. Daher erscheint das rote Tuch sowohl im Tageslicht als auch bei gewöhnlichem Lampenlicht rot. Bringen wir aber das rote Tuch in das Spektrum des Sonnenlichtes, so erscheint es nur in dem roten Teil des Spektrums rot, dagegen in den übrigen Teilen des Spektrums schwarz, sofern es eben nur rotes Licht reflektiert. Meist ist aber das rot aussehende Tuch nicht einfarbig; dann strahlt es außer dem roten Licht auch noch anders gefärbtes Licht zurück, wenn auch schwächer. Hält man ein größeres Stück gefärbten Tuches in das gesamte Spektrum, so überblickt man mit einem Mal, welche Teile des Spektrums von dem Tuch absorbiert, welche reflektiert werden. Man erkennt, daß Körperfarben, die dem Auge gleichfarbig erscheinen, oft ganz verschiedene Teile des Spektrums, manchmal nur schmale Gebiete, mit

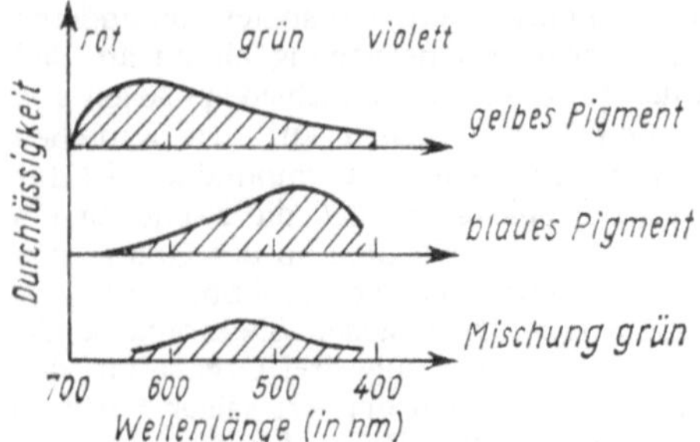

Abb. 1.36. Durchlässigkeit von Pigmenten

verschiedener Stärke reflektieren bzw. absorbieren. Körper sehen rot aus, wenn von dem auffallenden weißen Licht das die Komplementärfarbe zu Rot bildende Blaugrün mehr oder weniger stark absorbiert wird; ebenso entstehen blaugefärbte Pigmente durch Absorption von Gelb und umgekehrt.

Gemischte Pigmente. Durch Vermischung von blauem und gelbem Pigment (z. B. Ölfarben oder Wasserfarben) entsteht meist ein grünes Pigment, nicht aber, wie man nach dem Verhalten der Spektralfarben erwarten sollte, die Farbe Weiß. Die Ursache für diese Abweichung ist folgende: Die gelben Pigmente absorbieren fast alle Spektralfarben, die dem blauen Ende des Spektrums angehören, dagegen lassen sie die dem roten Ende des Spektrums angehörenden Strahlen (bis grün) hindurch oder sie reflektieren sie. Die blauen Pigmente absorbieren alles Licht, das dem roten Ende des Spektrums angehört, dagegen lassen sie die dem blauen Ende des Spektrums angehörenden Strahlen (meist schon von grün an) hindurch oder reflektieren sie.

Lagern nun in einem Pigmentgemisch beide Pigmente dicht neben- und übereinander, so fällt das von einem blauen Pigmentteil reflektierte oder hindurchgelassene Grün, Blau und Violett auf ein benachbartes gelbes Pigmentteilchen; dieses aber absorbiert von dem Lichtgemisch die blauen und violetten Strahlen, daher verlassen nur die grünen Strahlen das Gemisch ohne Veränderung (*subtraktive Farbenmischung*, vgl. Abb. 1.36). Die grüne Farbe ist jedoch niemals so leuchtend hell wie bei einer Pigmentfarbe, die ohne Mischung schon grün aussieht, denn das gelbe und blaue Pigment der Mischung verschlucken stets auch einen Teil des grünen Lichtes, während bei einer einheitlichen grünen Pigmentfarbe der grüne Anteil des auffallenden weißen Lichtes ziemlich ungeschwächt bleiben kann.

Farbenphotographie. In entsprechender Weise kann man auch farbige Bilder projizieren. Man nimmt das Bild dreimal auf, je mit einem Rot-, Grün- und Blaufilter (Dreifarben-Photographie nach MAXWELL und IVES). Stellt man von drei Aufnahmen Diapositive her und projiziert diese drei Aufnahmen durch drei Projektionsobjektive auf dieselbe Stelle des Schirmes, wobei vor die Objektive dieselben Filter wie bei der Aufnahme gesetzt werden, so gibt die Überlagerung der drei farbigen Projektionen recht gut den ursprünglichen Gegenstand wieder. Bei dieser Projektion wird die Farbe Gelb (additiv) durch Mischung von rotem und grünem Licht erzielt. Das ist für den an den Umgang mit Pigmentfarben gewöhnten Maler überraschend, weil eine rote und eine grüne Pigmentfarbe nicht gelb ergeben.

Die neuere Farbenphotographie arbeitet teils nach additiven, teils nach subtraktiven Verfahren.

Als Filterfarben verwendet man: Rot, Grün, Blauviolett.

Additive Verfahren. Das Farbrasterverfahren (LUMIÈRE, Agfa) arbeitet mit einem mosaikartigen Filter (z. B. gefärbte Harzkörnchen) in der Schicht. Durch jedes Filterkörnchen wird nach geeigneter Entwicklung (Umkehrungsprozeß) der entsprechende Anteil des Lichtes einer Farbe hindurchgelassen, wie er bei der Aufnahme auf das betreffende Element fiel. Das Bild erscheint also in der Durchsicht farbig. Die Filterelemente sind so klein, daß sich die Lichtbündel benachbarter Filterelemente im Auge durch die Unschärfe der Abbildung und die begrenzte Auflösungsfähigkeit des Auges überdecken und so additiv den Eindruck der der Bildstelle zukommenden Farbe erwecken. Im farbigen Buchdruck benutzt man ebenfalls ein in der Hauptsache additives Verfahren, indem die Rasterpunkte (gelb, blaugrün, purpur) in verschiedener Größe nebeneinander gedruckt werden, so daß sich ihre Bilder im Auge überlagern und die additive Farbmischung geben. Durch teilweises Übereinanderdrucken der Rasterpunkte entstehen aber auch subtraktive Effekte. Die subtraktiv entstehenden Farbpunkte wirken mit den benachbarten additiv zusammen, so daß (mit Schwarz und Weiß) insgesamt 8 Farben zur Verfügung stehen.

Subtraktive Verfahren. Die neuen Verfahren der Farbphotographie (Orwocolor, Agfacolor, Kodachrom, ferner alle Verfahren, die farbige Papierbilder erzielen, wie Farbentiefdruck, Pinatypie) verwenden die subtraktive Methode.

Sie hat den Vorteil der größeren Helligkeit, weil Weiß bei ihr ohne Filter erzielt wird, während es beim additiven Verfahren durch Mischung der Farben entsteht, dem hindurchgehenden Licht also in jedem Bildelement bereits Energie entzogen wird.

Das subtraktive Verfahren besteht darin, daß die Filter hintereinandergeschaltet sind und jedes Filter, je nach der auftretenden Farbe, eine verschiedene Flächenkonzentration des Farbstoffes an den einzelnen Stellen aufweist. Die Bildsubstanz ist also gefärbt, während sie beim additiven Verfahren schwarz ist.

Bei der neueren Mehrschichtenphotographie werden drei Schichten, jeweils für Rot, Grün und Blau, aufeinandergegossen, und die Platte wird durch diese drei Schichten hindurch belichtet. Je nach der Farbenzusammensetzung des Gegenstandes aus den drei Grundfarben wirkt das betreffende Licht mehr oder weniger auf die unter den Farbschichten empfindliche Bromsilberschicht ein. Das entwickelte Bild ist, wie Abb. 1.37 (im Anhang Tafel II) erkennen läßt, ein Farbnegativ, d. h. ein Bild in den Komplementärfarben. Will man Positive von diesem Negativ herstellen, so wird eine gleichartige Platte durch das Negativ hindurch belichtet. Man erhält dann, wie aus der Abb. 1.37 hervorgeht, ein Bild in den naturgetreuen Farben.

Farbenblindheit. Störungen des normalen Farbempfindens heißen Farbenblindheit, deren verbreitetste die Rot-Grün-Blindheit ist. Sie äußert sich darin, daß die damit Behafteten Rot und Grün nicht unterscheiden können, eine reife Erdbeere z. B. in derselben Farbe wie das grüne Erdbeerlaub sehen. Eine zweite, sehr viel seltenere Farbenblindheit ist das Unvermögen, Blau von Gelb zu unterscheiden. Sehr selten tritt schließlich der Fall der totalen Farbenblindheit auf, bei der überhaupt keine Farben empfunden werden.

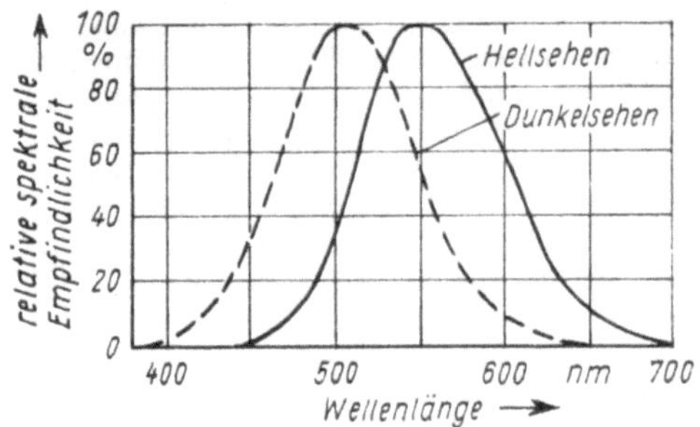

Abb. 1.38. Relative spektrale Empfindlichkeit des Auges

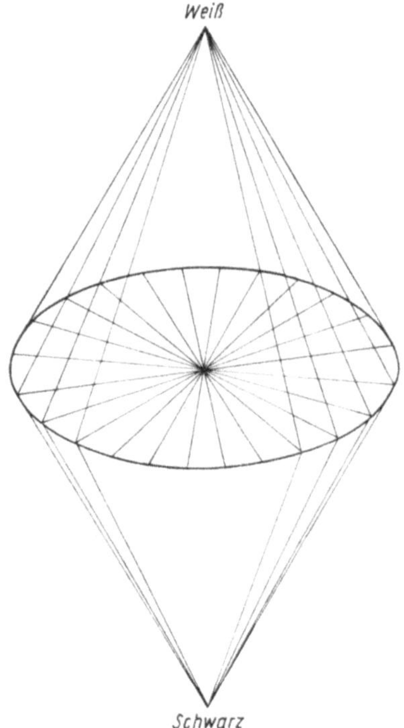

Abb. 1.39. Ostwaldscher Farbenkegel

Störungen des Farbsinnes sind häufiger unter den Männern als unter den (auch sonst scharfsichtigeren) Frauen. Es sollen etwa 4% der Männer farbuntüchtig sein, bei Frauen beträgt der Anteil nur 0,4%.
Nach der Dreifarbentheorie von YOUNG-HELMHOLTZ würde die partielle Farbenblindheit darin bestehen, daß die Empfindung für eine der drei Grundfarben ausfällt. Die farbigen Empfindungen entstehen dann nur aus den Erregungen, die von den beiden übrigen Grundfarben herrühren. Nach der Gegenfarbentheorie von HERING hingegen müßte sie bedingt sein durch das Fehlen einer der durch farbiges Licht erregbaren Sehsubstanzen.
Farbenempfindungen der Tiere. Durch scharfsinnig ausgedachte Dressurversuche hat man zu ergründen versucht, ob auch die Tiere Farbenempfindungen haben. Die Amphibien, Reptilien, Vögel und Säugetiere scheinen ähnliche oder gleiche Sehqualitäten zu besitzen wie wir. Über das Farbensehen der Fische und der Insekten sind die Ansichten noch geteilt. Jedoch bestehen kaum Zweifel über die Farbentüchtigkeit der Bienen, die zwar unempfänglich für Rot zu sein scheinen, die anderen Farben aber, und insbesondere auch Ultraviolett, wahrzunehmen vermögen.

Die relative spektrale Empfindlichkeit des Auges ist für das Sehen bei hoher Intensität (Zäpfchensehen) und das Dämmerungssehen (Stäbchensehen) unterschiedlich (Abb. 1.38). Die relative spektrale Hellempfindlichkeit V_λ ist für gelbgrünes Licht der Wellenlänge 555 nm am größten. Es ist entwicklungsgeschichtlich interessant, daß diese Wellenlänge an der Oberfläche der Erde im Sonnenlicht am intensivsten ist. Als Folge des anderen Verlaufs der relativen spektralen Dämmerungsempfindlichkeit tritt das Phänomen von PURKINJE auf, das sich z. B. folgendermaßen äußert:
Verschwindet am Abend bei sinkender Sonne allmählich die Farbenempfindung, so sieht man den Himmel noch deutlich blau, obwohl man keine andere Farbe mehr erkennen kann. Auch sonst hört die Blauempfindlichkeit bei abnehmender Beleuchtung später auf als die Empfindlichkeit für andere Farben. Mit steigender Helligkeit gehen alle Farbempfindungen in die Empfindung Weiß über. Die Qualitätsempfindung für Farben ist also von der Intensität des Reizes abhängig.

Farbige Nachbilder. Fixiert man ein auf einem gleichmäßig grauen Hintergrund liegendes grellfarbiges Bild, z. B. einen rot gefärbten Papierstreifen, etwa 10 bis 20 Sekunden lang, ohne das Auge von der Stelle zu bringen, und zieht man dann den roten Papierstreifen rasch fort, so erscheint als Nachbild an derselben Stelle ein blaugrün gefärbter Streifen derselben Form. Infolge der Ermüdung der rotempfindlichen Zäpfchen tritt bei der gleichmäßig grauen Beleuchtung die Rotempfindung zurück, und das subjektiv empfundene Blau-Grün wird durch die beiden stärker wirkenden (weil auf nicht ermüdete Zäpfchen fallenden) Komponenten Grün und Blau hervorgerufen.

Farbmerkmale. Wir unterscheiden die *unbunten* und die *bunten* Farben. Erstere umfassen die ganze Skala der Grautöne zwischen vollkommenem Weiß und vollkommenem Schwarz und lassen sich in eine eindimensionale stetige Reihe ordnen (Grauleiter). Letztere haben als zusätzliches Merkmal den Farbton, der ihnen den Charakter des eigentlich Farbigen (z. B. rot, grün, orange) verleiht. Durch das Hinzutreten der Buntheit ergeben sich die mannigfaltigen Abwandlungsmöglichkeiten einer Farbe. Eine Farbe kann dunkler oder heller sein, also ihre Helligkeit ändern. Sie kann auch ohne Änderung ihrer Helligkeit ihren bunten Charakter verlieren. Endlich kann sie, ohne ihre Helligkeit oder die Ausgeprägtheit ihres bunten Charakters zu ändern, ihren Farbton ändern.

Eine Farbe wird dunkler z. B. durch einen Schwarzanteil im Farbenkreisel oder durch eine Verringerung der Beleuchtungsstärke. Dies gibt für jede bunte Farbe eine Farbreihe, die beim Schwarz endigt.

Die Abb. 1.39 zeigt den *Ostwaldschen Farbenkegel*. Der Grundkreis ist von den 24 reinen Vollfarben des Ostwaldschen Farbenkreises ausgefüllt, die obere Spitze ist weiß, die untere schwarz. Daher liegen im oberen Kegelmantel die hellklaren, im unteren die dunkelklaren Farben und im Kegelinneren die trüben Buntfarben.
Der bunte Charakter einer Farbe kann sich ändern ohne Änderung ihrer empfindungsmäßigen Helligkeit durch Zumischung von Weiß bis zum vollständigen Verblassen. Auch dies gibt eine Reihe zwischen zwei Endpunkten. Änderungen des Farbtons ergeben sich z. B. bei der Mischung zweier Farben mit verschiedenen Anteilen im Farbkreisel; so kann etwa eine Farbe rötlicher oder grünlicher werden. Durch Änderung des Farbtons entsteht ebenfalls eine kontinuierliche Reihe, die jedoch in sich zurückläuft. Man nennt diese geschlossene Reihe den Farbtonkreis. Die Anordnung der Farben im Farbtonkreis führt für alle Normalsichtigen von Gelb über Orange, Rot, Violett, Ultramarinblau, Eisblau, Seegrün, Laubgrün wieder zu Gelb zurück derart, daß eben jede Farbe ihren beiden benachbarten ähnlicher ist als allen anderen. Die Farbenbezeichnungen sind allerdings nicht einheitlich (statt Orange Kreß, statt Blaugrün Seegrün usw.), und auch die Zahl der Farbtöne wird verschieden gewählt. Meist unterteilt man die obigen 8 Farbtöne (nach OSTWALD) noch in je drei und erhält so im ganzen 24 Farbtöne, aber auch eine noch feinere Unterteilung in 100 Tönungen wird benutzt. Der Farbton „Braun" wurde gelegentlich als außerhalb der obigen Anordnung stehend als eine besondere Qualität bezeichnet. Verdunkelung von Gelb gibt zwar Olivgrün, aber Verdunkelung von ungesättigtem Orange z. B. durch Zumischung von Schwarz liefert Braun, so daß diese Farbe also in den Farbtonkreis als ein Orange einzuordnen wäre.
Die Einteilung der Farben nach den Grundtönen des Spektrums: rot, orange, gelb, grün, blau, indigo, violett ist für die praktischen Bedürfnisse nicht mannigfaltig genug, und vor allem besteht zwischen den Enden kein stetiger Übergang. Deshalb schaltet man in die Reihe der Spektralfarben oder auch nur in die Farbenfolge gelb, rot, blau zwischen violett bzw. blau und rot noch purpur ein und erhält somit eine lückenlose stetig in sich zurücklaufende Reihe, den *Farbenkreis*. Alle anderen Farben lassen sich dann als Übergangsfarben in diesen Kreis einordnen. Sie erscheinen als Mischfarben (TOBIAS MAYER).

Während sich die unbunten Farben zu einer eindimensionalen Reihe ordnen lassen, benötigt man für die bunten Farben ein dreidimensionales Ordnungsschema entsprechend den drei bereits erwähnten Abwandlungsmöglichkeiten:
Eine Farbe läßt sich durch drei Merkmale definieren:
Als solche benutzt man fast durchweg den *Farbton* ≙ Qualität, die *Sättigung* ≙ Weißlichkeit, die *Helligkeit* ≙ Intensität ≙ Quantität.
Farbdreieck. Eine anschauliche Darstellung der Farbreize erfordert, wie bereits betont wurde, eine dreidimensionale Darstellung, in der die drei Merkmale Farbton, Sättigung und Helligkeit als die voneinander unabhängigen Bestimmungsgrößen für die Stelle dienen, die man einer Farbe zuzuordnen hat. Wenn man die Helligkeit, die als photometrische Größe für sich betrachtet werden kann, zunächst wegläßt, erhält man eine zweidimensionale Darstellung. Trägt man die Helligkeit in der geometrischen Darstellung als Höhenkoordinate auf, so kann die zweidimensionale Darstellung in Ebenen erfolgen, die auf der Höhen-Helligkeitsachse senkrecht stehen. Man zerlegt auf diese Weise das räumliche Modell in ebene Schnitte. In jeder ebenen Schnittfigur handelt es sich also um die Kennzeichnung einer Farbe durch den Farbton und durch die Sättigung. Diese Aufgabe läßt sich deshalb lösen, weil jede Farbmischung aus drei Grundfarbreizen hergestellt werden kann. Die „Grundfarben" wählt man je nach der theoretischen Ansicht über die Physiologie des Farbensehens oder nach gewissen praktischen Gesichtspunkten. Die gebräuchlichste Darstellung ist die durch das Maxwell-Helmholtzsche Dreieck. Man legt die drei Grundfarben, jede mit einem gewissen Gewicht versehen, in die Ecken eines gleichseitigen Dreiecks und ordnet in geeigneter Weise jeder Mischfarbe eine Stelle im Dreieck zu.
Auf den Dreiecksseiten selbst liegen die Mischfarben aus jeweils den beiden Eckfarben der betreffenden Seite. Einem Punkt im Inneren des Dreiecks kommt die Farbe Weiß zu; meist wird dieser Weißpunkt in den Mittelpunkt des Dreiecks gelegt. In diesem Fall liegen die gesättigten Farben in den Randgebieten und eine Farbe ist um so ungesättigter, je weiter innen sie ihren Ort hat.

Man verfährt bei der Darstellung des Dreiecks folgendermaßen: In den Ecken eines gleichseitigen Dreiecks (Abb. 1.40) liegen die drei Farben F_α, F_β, F_γ, die im Mengenverhältnis $\alpha : \beta : \gamma$ gemischt werden sollen. Dann liegt die Mischfarbe auf F_α und F_β im Schwerpunkt $F_{\alpha+\beta}$ der Gewichte α und β, und die Mischfarbe aus allen drei Farben liegt im Schwerpunkt $F_{\alpha+\beta+\gamma}$ der Gewichte $(\alpha + \beta)$ und γ. Mit dieser Schwerpunktskonstruktion ist mathematisch identisch die Darstellung durch Dreieckskoordinaten (Abb. 1.41).

Die den Spektralfarben entsprechenden Reize liegen auf einer Kurve, die für das Dreieck von KÖNIG und IVES in Abb. 1.42 mit den Wellenlängen gezeichnet ist. Unten wird diese Kurve abgeschlossen durch eine Gerade, auf der die im Spektrum nicht vorkommenden Purpurfarben liegen.
Eine Verallgemeinerung des bisher beschriebenen Ordnungsschemas durch Berücksichtigung der Helligkeit als drittes Merkmal liefert, wie bereits erwähnt wurde, durch Übereinanderlegen von Farbdreiecken die Farbpyramide oder allgemein den *Farbkörper*.

Höhere Farbenmetrik. Wir haben bisher kurzweg von Farben gesprochen, statt genauer von Farbreizen. Alles bisher Gesagte bezieht sich nämlich auf die Reize, womit man die physiologischen Wirkungen bezeichnet, die eine Strahlung von sichtbarer Wellenlänge im normalen Auge

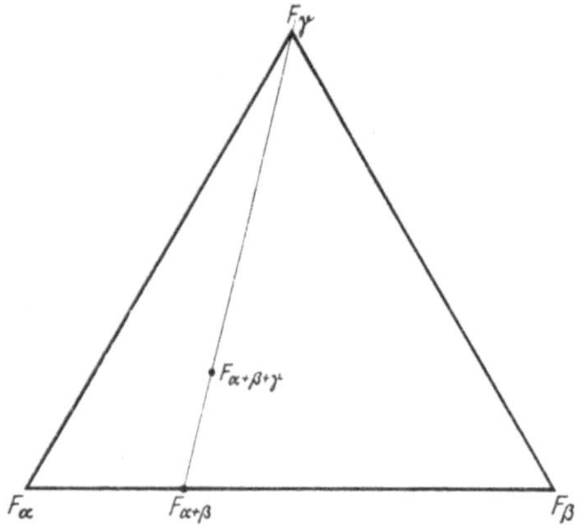

Abb. 1.40. Zur Mischfarbenkonstruktion

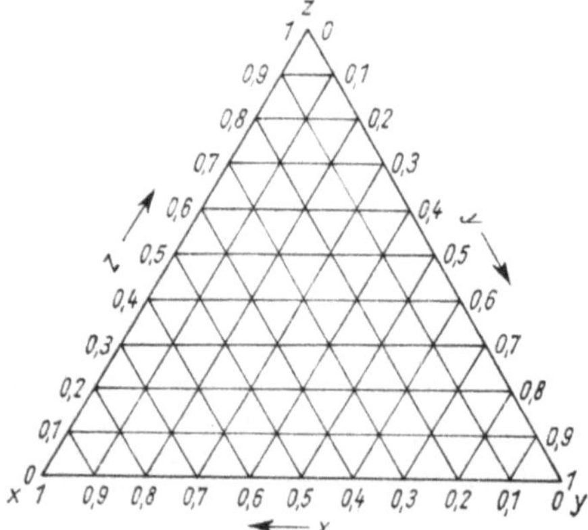

Abb. 1.41. Dreieckskoordinaten

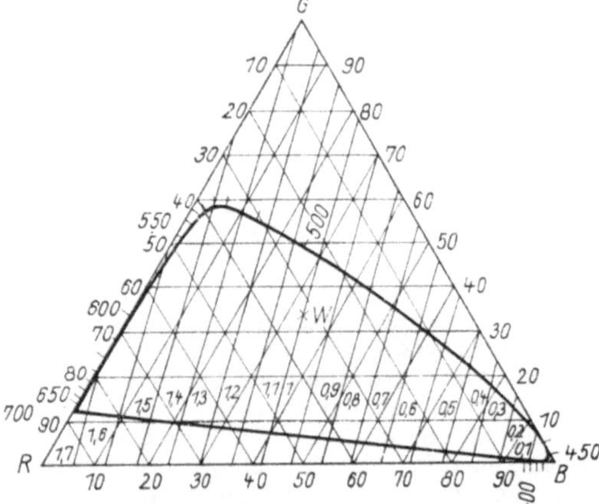

Abb. 1.42. Farbdreieck nach KÖNIG und IVES mit Linien gleicher Helligkeit

(auf der Netzhautstelle des deutlichsten Sehens) hervorruft. Nur diese Reize lassen sich messend erfassen, normen und ordnen. Was wir sehend erleben, sind nicht unmittelbar diese Reize, sondern die mit ihnen zusammenhängenden *Farbempfindungen E*, und man muß sich klarmachen, daß über diese Empfindungen zunächst nichts physikalisch Exaktes ausgesagt werden kann.
Um eine physikalische Begriffsbildung überhaupt zu ermöglichen, geht man nach YOUNG, MAXWELL und V. HELMHOLTZ von der oben betrachteten Tatsache aus, daß sich alle Farbenempfindungen (wir sind imstande, etwa 4000 verschiedene Farbtöne wahrzunehmen) durch Mischung von nur drei in gewissem Grade willkürlich wählbaren Farbreizen, Eichlichtern, herstellen lassen. Hierbei wird als Eichlicht meist die Fehlfarbe der auf zwei Farbgrundempfindungen beschränkten Farbenblinden zugrunde gelegt, d. h., als Grundmerkmal einer Farbe wählt man ihren Rot-, Grün- und Blaugehalt und leitet die Eichlichter aus der spektralen Energieverteilung des Farbenreizes ab, indem man folgende Gleichungen bildet:

$$R = \int E(\lambda)\, r(\lambda)\, d\lambda,$$

$$G = \int E(\lambda)\, g(\lambda)\, d\lambda,$$

$$B = \int E(\lambda)\, b(\lambda)\, d\lambda.$$

Die Funktionen r, g, b sind die Grundempfindungskurven, deren Verlauf in der Abb. 1.35 gestellt ist.
Haben wir z. B. die Farbtöne im Farbtonkreis geordnet, so war dies zwar hinsichtlich der Reihenfolge möglich, aber über ihre Abstände voneinander ist damit noch nichts gesagt. Man wird sie zwar empfindungsgemäß bewerten und demgemäß die Einteilung des Farbtonkreises einrichten, aber man kann hier nicht quantitativ und messend vorgehen. Die Empfindungen und die Merkmale Farbton, Sättigung und Helligkeit sind nicht wie die Reize unabhängig voneinander. Änderungen der Sättigung sind oft von Änderungen des Farbtons begleitet; einfache Gesetzmäßigkeiten lassen sich nicht aufstellen.

Weber-Fechnersches Gesetz. Ein allgemeines Gesetz, das für alle Sinne weitgehend zu gelten scheint, wurde von WEBER (1825) und FECHNER (1856) aufgestellt (Bd. I). Es verknüpft einen Reiz mit der durch ihn ausgelösten Empfindung. Sind E_1 und E_2 die Empfindungen, die zu zwei Reizen I_1 und I_2 gehören, so ist

$$E_1 - E_2 = C(\ln I_1 - \ln I_2). \tag{1.8}$$

Als Folge bilden die Empfindungen eine arithmetische Reihe, wenn die Reize wie in einer geometrischen Reihe aufeinanderfolgen. Man macht davon Gebrauch bei der Aufstellung der astronomischen Helligkeitsskala der Sterne nach Größenklassen. In der Farbenlehre läßt sich auf dieses Gesetz z. B. die Konstruktion einer gleichabständigen empfindungsgemäßen Graureihe gründen.

1.3.3. Optische Täuschungen

Kontrastwirkungen, bei denen ein Objekt auf hellem Grund dunkler erscheint als auf dunklem Grund, lassen sich zum Teil auf physiologische

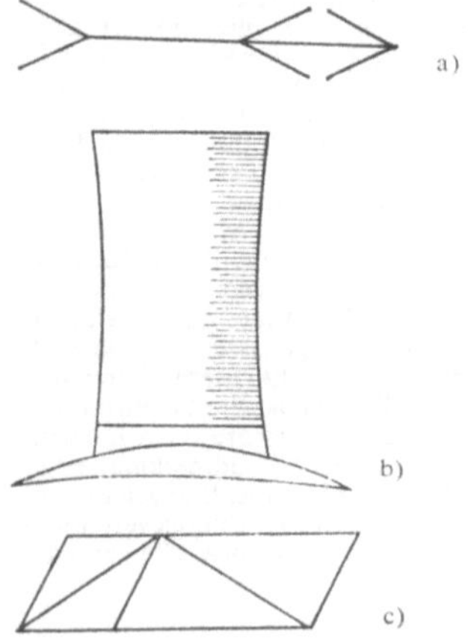

Abb. 1.43. Größentäuschungen

Abb. 1.44. Perspektivische Größentäuschung

Ursachen zurückführen. Beim Betrachten einer hellen Fläche ermüdet die gesamte Netzhaut, beim Betrachten einer dunklen Fläche nicht.

Man kann die Kontrasterscheinung gut beobachten, wenn man einen Streifen grauen Papiers auf eine schwarze und einen gleichen Streifen auf eine weiße Fläche legt; der erste Streifen erscheint heller als der zweite. Sieht man gegen einen sich vom Himmel dunkel abhebenden Waldrand und richtet alsdann die Augen ein klein wenig höher, so sieht man den Wald mit einem, dem Rande parallelen Saum umgeben, der heller als der übrige Himmel erscheint, weil von dort das Licht auf ausgeruhtere, weniger ermüdete Teile der Netzhaut fällt. Wegen ständiger geringer und unwillkürlicher Drehungen der Augäpfel erscheint ein dunkles Objekt deshalb meistens mit einem helleren, ein helles Objekt mit einem dunkleren Saum umgeben. Die Beachtung dieser Erscheinung bei der Malerei kann viel zur Natürlichkeit eines Bildes beitragen. Auch die farbigen Kontraste sind zum Teil auf dieselbe Ursache zurückzuführen. Ein auf einer roten Fläche liegendes Stück grauen Papiers erscheint grünlich; dasselbe Papier erscheint rötlich, wenn es auf einer grünen Unterlage liegt. Im ersten Fall ist eine allgemeine Ermüdung der Netzhaut für rotes Licht, im zweiten Fall für grünes Licht eingetreten. In ähnlicher Weise wie die hellen und dunklen Säume erscheinen um lebhafter gefärbte Objekte komplementär gefärbte, sie umsäumende Zonen.

Farbige Schatten. Beleuchtet man eine weiße Fläche mit rotem Licht, so erscheint der Schatten eines vor die Fläche gebrachten Stabes grünlich. Hinter den rot beleuchteten Abendwolken erscheint der Himmel grün. Bei den Kontrastwirkungen treten noch psychologische Ursachen hinzu; denn wir schätzen beim unmittelbaren Vergleichen geringer Unterschiede diese größer als sie tatsächlich sind.

Von Interesse sind noch die Größentäuschungen, die auch bei gleichen Entfernungen und Sehwinkeln zweier gleicher Objekte aus rein psychologischen Gründen eintreten (Abbn. 1.43 bis 1.46). Daß wir auch über die Form getäuscht werden können, zeigt die Abb. 1.47.

Irradiation. Helle Objekte erscheinen, besonders wenn das Auge nicht vollkommen auf sie akkomodiert ist, größer als gleichgroße dunkle Gegenstände, weil jeder leuchtende Punkt einen Zerstreuungskreis auf der Netzhaut erzeugt, der die helle Begrenzung scheinbar vergrößert. Die helle Mondsichel scheint einem größeren Kreis anzugehören als der gleichzeitig gesehene Teil der Mondoberfläche (Abb. 1.48). Der hellglühende Draht einer Glühlampe erscheint mehrmals so dick, wie er in Wirklichkeit ist (ähnlich Abb. 1.49).

Die Machsche Scheibe besteht aus einem weißen Stern auf schwarzem Untergrund (Abb. 1.50a). Bei schneller Umdrehung der Scheibe müßte man erwarten, daß der innerste Teil am hellsten, der äußerste am dunkelsten erscheint. Entgegen dieser Erwartung ist aber der weiße Grenzbezirk von einem noch helleren Kreis umgeben und der schwarze Bezirk von einem noch dunkleren (Abb. 1.50b). Bei Betrachtung der Scheibe ermüdet die Netzhaut durch die weißen Teile am stärksten. In dem grauen Übergangsgebiet ist die Netzhaut sehr viel weniger angestrengt, darum viel empfindlicher. Ebenso wird durch die nie vollkommene schwarze Färbung des Außenringes die Netzhaut etwas ermüdet und ist daher am ausgeruhtesten in dem Grenzbezirk. Diese Tatsache spielt auch für die scheinbare Schärfe der Druckbuchstaben eine Rolle.

Die Entfernungsschätzung ist mit mancherlei Täuschungen verknüpft, die meist psychologische Ursachen haben. In dunstiger Luft pflegt man wegen der Unschärfe der Umrisse die Entfernung zu überschätzen; in der klaren Luft des Hochgebirges, auch bei klarem Wetter an der Küste, erscheinen die Gegenstände näher, als sie tatsächlich sind. Die Fähigkeit, gut und zuverlässig Entfernungen zu schätzen, kann man nur durch

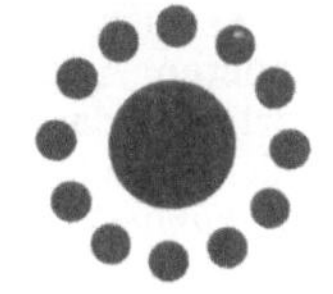

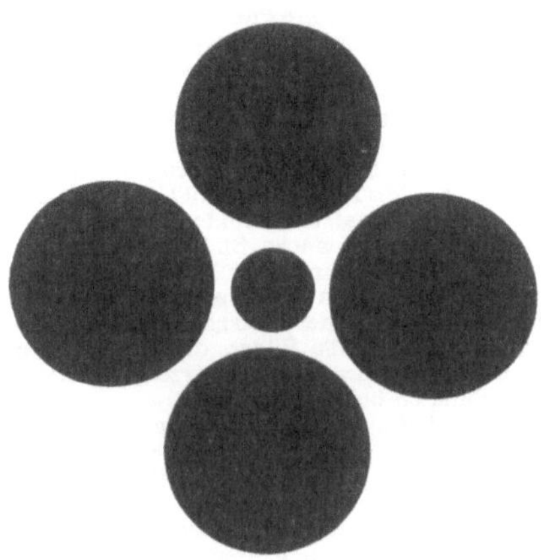

Abb. 1.45. Größentäuschung

Abb. 1.46. Größentäuschung

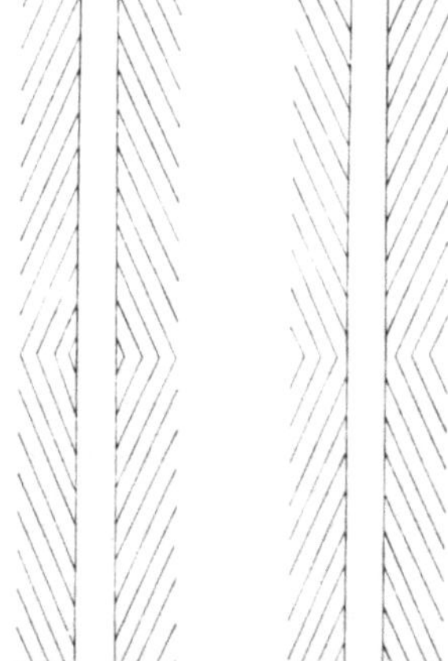

Abb. 1.47. Richtungstäuschung

systematische Übungen erwerben. Daß uns Sonne und Mond am Horizont größer erscheinen als im Zenit, wird auf die Tatsache zurückgeführt, daß uns das Himmelsgewölbe nicht als Halbkugel, sondern als eine gedrückte Kugelhaube erscheint (Abb. 1.51). Zur Erklärung hierfür können zwei Gründe angegeben werden:

1) Die weit entfernten Objekte der Erdoberfläche sehen wir immer etwas verschleiert, da die von ihnen ausgehenden Strahlen einen langen Weg durch die der Erdoberfläche anliegenden, dunstigen Luftschichten zurücklegen müssen; daher erscheinen sie uns weiter entfernt, als sie in Wirklichkeit sind (Luftperspektive). Dagegen durchsetzen die mehr oder weniger lotrecht einfallenden Strahlen nur eine dünne Schicht des dunstigen Teiles der Atmosphäre, und die in der Nähe des Zenites stehenden Gestirne erscheinen scharf begrenzt und relativ näher.

2) Die senkrechten Sehwinkel werden von uns überschätzt, vielleicht weil die Muskelanstrengung für die Bewegung der Augenachse in senkrechter Ebene größer ist als in waagerechter Ebene. Suchen wir z. B. am Himmelsgewölbe einen Punkt durch Augenmaß zu bestimmen, der vom Zenit ebensoweit entfernt ist wie vom Horizont, für den also der Höhenwinkel 45° beträgt, so verlegen wir ihn viel zu tief, etwa in 22° Höhe. Da nun unserem Auge die Entfernungen von Punkten des Himmelsgewölbes in der Nähe des Horizontes größer erscheinen als in der Nähe des Zenits, so erscheinen uns Objekte, die in Wirklichkeit gleiche Sehwinkel haben, um so größer, je näher sie dem Horizont sind.

Von untergeordneter Bedeutung für die Entfernungsschätzung ist der Umstand, daß das Auge für das scharfe Sehen auf eine bestimmte Entfernung in bestimmter Weise akkommodieren muß. Unsere Empfindung der Muskelspannung des Ziliarmuskels, durch die die Akkomodation bewirkt wird, ist nur bei sehr geringen Entfernungen (innerhalb eines Meters) für die Entfernungsschätzung mitbestimmend. Von größerer Bedeutung ist der Winkel, den die beiden Augenachsen miteinander einschließen, wenn wir ein Objekt gleichzeitig mit beiden Augen oder nacheinander von zwei verschiedenen seitlich zueinander liegenden Orten beobachten. Dabei verschieben sich die entfernten Gegenstände scheinbar weniger als die näherliegenden (sog. Parallaxe; Bd. I).

1.3.4. Beidäugiges Sehen

Beim Sehen mit beiden Augen entsteht in jedem Auge ein Netzhautbild. Die beiden Netzhautbilder erzeugen aber unter normalen Umständen in unserem Bewußtsein nur einen einfachen Sinneseindruck, besonders, wenn sie in die Netzhautgruben fallen. Dies wird dadurch erklärt, daß sich hinter den Augen die beiden Sehnerven durchkreuzen (Abb. 1.52); jede Nervenendigung in dem einen Auge gehört zu einer Nervenfaser,

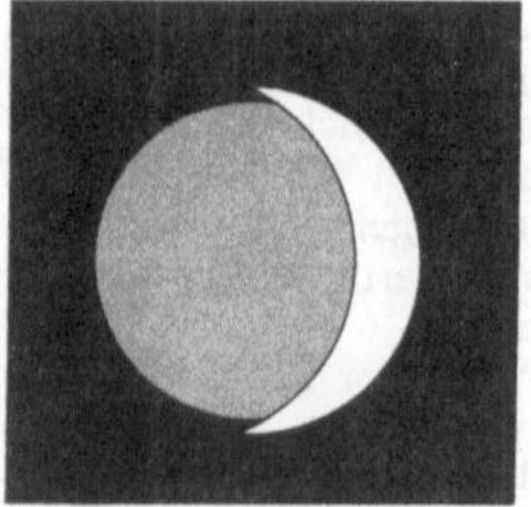

Abb. 1.48. Irradiation (Mondsichel)

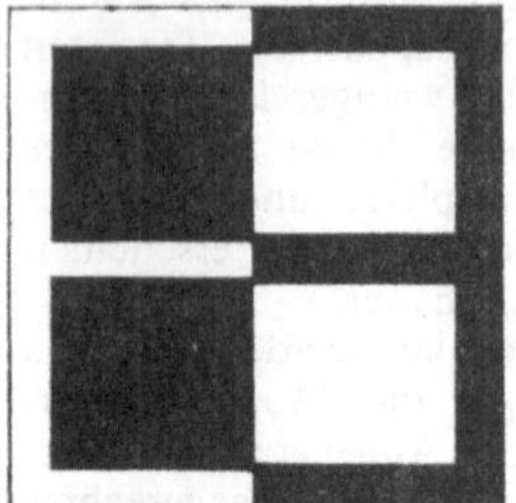

Abb. 1.49. Irradiation

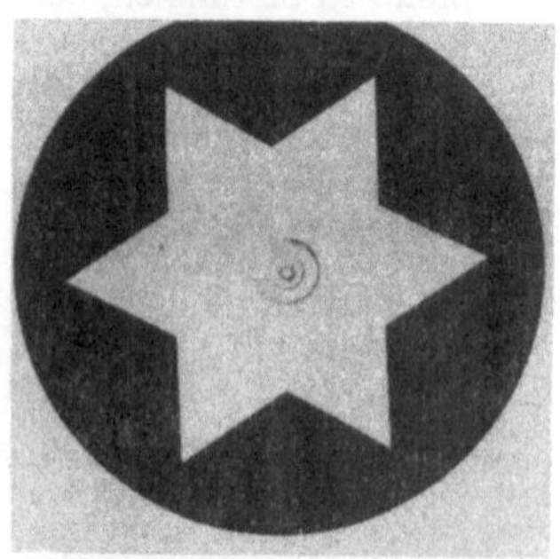

a)

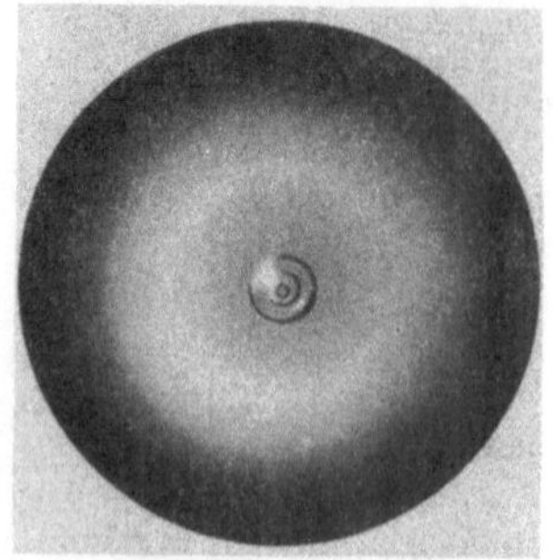

b)

Abb. 1.50. Machsche Scheibe

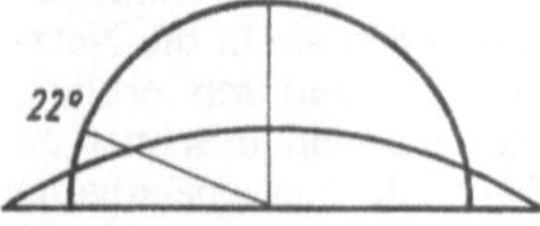

Abb. 1.51. Scheinbare Form des Himmelsgewölbes

die mit der Nervenfaser der entsprechenden Nervenendigung im anderen Auge verschmilzt. Zwei Punkte der Netzhaut, deren zugehörige Nervenfasern miteinander verschmelzen, heißen *korrespondierende* oder *konjugierte* Stellen der Netzhaut.

Beim Beobachten eines Objektes (Abb. 1.53) richten wir unwillkürlich die beiden Augäpfel so, daß der „fixierte", also besonders scharf beobachtete Punkt M des Objektes ein Bild in den Netzhautgruben g_l und g_r beider Augen erzeugt, so daß sich also der fixierte Punkt in der Richtung beider Augenachsen befindet. Ein Punkt G derjenigen Ebene, die parallel zur Verbindungslinie beider Augen gelegt ist, deren Punkte also annähernd ebensoweit von den Augen entfernt sind wie M, erzeugt im linken Auge ein Bild in c_l, im rechten ein Bild in c_r. Diese beiden Punkte sind konjugierte Punkte der Netzhaut beider Augen, denn das zweifache Bild von G erzeugt nur einen einfachen Sinneseindruck. Die konjugierten Punkte liegen in beiden Augen auf derselben Seite, beide links oder beide rechts von der Netzhautgrube aus gerechnet. Ebenso entstehen alle Bilder, die von anderen Punkten der Ebene auf der Netzhaut erzeugt werden, in konjugierten Punkten beider Augen.
Anders sind die Verhältnisse, wenn die Gegenstände so liegen wie M und N in Abb. 1.54. Wird das Objekt M mit beiden Augen fixiert, so erzeugt der näher liegende Punkt N zwei Netzhautbilder a und b, die auf verschiedenen Seiten von der Netzhautgrube beider Augen liegen. Diese Punkte sind keine konjugierten Punkte. Daher sehen wir, wenn wir einen fernen Punkt mit beiden Augen fixieren, ein näher liegendes Objekt doppelt. Ebenso erscheint uns ein fernes Objekt doppelt, wenn wir ein näher liegendes fixieren. Haben die beiden Punkte M und N keinen allzu großen Tiefenabstand (Abstand in der Sehrichtung gemessen) voneinander, so verschmelzen die verschiedenen Netzhautbilder des Punktes N beim Fixieren des Punktes M zu einem verschwommenen, einheitlichen Bild. Aus der unvollständigen Deckung der beiden Bilder a und b schließen wir, daß die Entfernung des Punktes N vom Auge anders ist als die des fixierten Dinges M. Hierin liegt die Begründung für unsere Fähigkeit, Tiefenunterschiede unmittelbar wahrzunehmen, d. h. also, Objekte in der Natur körperlich, *stereoskopisch* zu sehen.

Stereoskopisches Sehen. Die in beiden Augen gleichzeitig erzeugten Netzhautbilder desselben Objektes mit „Tiefendimension" sind voneinander verschieden. Betrachten wir daher solchen Bildern entsprechende Zeichnungen, indem wir jedem Auge nur die ihm zugehörige Ansicht darbieten, so haben wir einen körperlichen Eindruck.
Betrachten wir z. B. gleichzeitig mit dem linken Auge nur das linke Bild und mit dem rechten Auge nur das rechte Bild der Abb. 1.55 bzw. 1.56 (indem wir etwa zur Unterstützung des Sehens ein Blatt Papier senkrecht auf die Verbindungslinie der beiden Bilder stellen), so daß die beiden Teilbilder auf konjugierte Netzhautpunkte fallen, so haben wir denselben Gesamteindruck, als hätten wir ein räumliches Modell einer erhabenen bzw. vertieften Pyramide vor uns.

Das Stereoskop. Um die gleichzeitige Betrachtung der beiden getrennten Bilder mit beiden Augen zu erleichtern, sind besondere Geräte entwickelt worden. Beim Wheatstoneschen Spiegelstereoskop (1838) werden die beiden

Abb. 1.52. Verlauf der Sehnerven

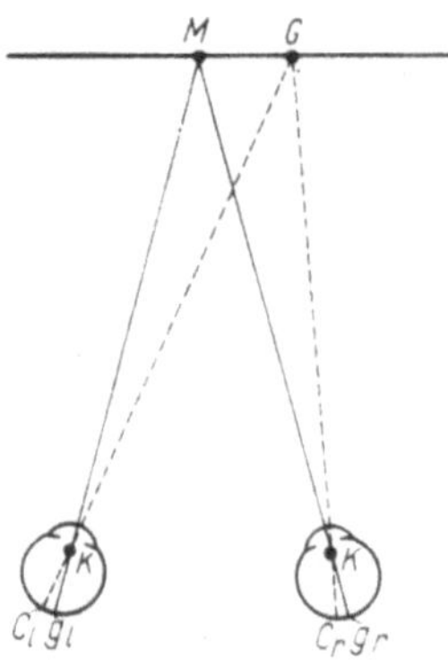

Abb. 1.53. Entstehung der konjugierten Bilder in beiden Augen

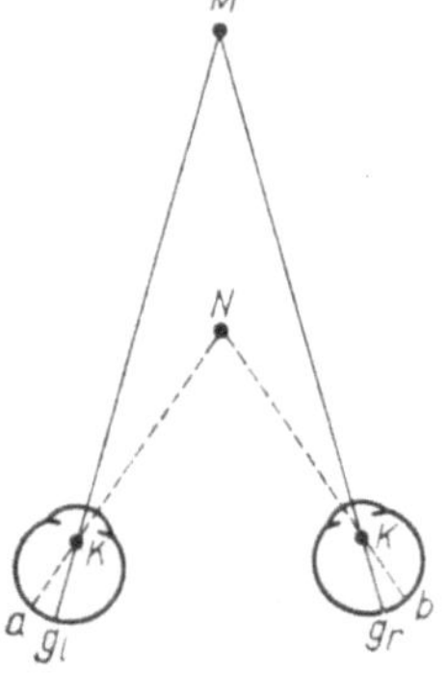

Abb. 1.54. Ein näher als das fixierte Objekt liegendes Objekt erscheint doppelt

Teilbilder seitlich von zwei unter einem rechten Winkel zueinander stehenden Spiegeln aufgestellt. Dem linken Auge und dem rechten Auge wird je ein Bild dargeboten. Die Vereinigung der beiden Teilbilder zu einem einheitlichen Deckbild wird durch den Strahlengang in Abb. 1.57 erklärt. Im Brewsterschen Prismenstereoskop (1849) (Abb. 1.58) sehen wir mit beiden Augen durch Vermittlung der beiden Prismen P_1 und P_2 die Teilbilder L und R so, als ob sie in D in Deckung wären. Zur Herstellung der beiden Prismen wird eine große Sammellinse in zwei Hälften zerschnitten, die so in das Stereoskop eingesetzt werden, daß ihre scharfen Ränder einander gegenüberstehen. Dadurch erreicht man zugleich eine Vergrößerung und bessere Perspektive der beobachteten Bilder.

Stereoskopischer Film. Um bei der Projektion in größeren Räumen einen plastischen Eindruck zu erzielen, projiziert man gleichzeitig zwei stereoskopisch aufgenommene Bilder übereinander. Um sie den Augen getrennt darzubieten, benutzt man Brillen. Entweder werden die beiden Bilder in verschiedenen zueinander komplementären Farben projiziert und die Brillen mit für jedes Auge verschiedenem Filter versehen (Anaglyphen). Die gleichfarbige Projektion erscheint hell und wird als weiß empfunden, die andersfarbige schwarz. Oder aber die beiden Bilder werden mit senkrecht zueinander polarisiertem Licht entworfen und durch Brillen mit Polarisationsfiltern, deren Schwingungsrichtungen für die beiden Augen senkrecht zueinander stehen, betrachtet. Mit jedem Auge sieht man das für dieses bestimmte Bild. Man kann so auch farbige plastische Filme vorführen. Ein Nachteil des plastischen Films ist die unnatürliche Perspektive, wenn man seitlich von der Projektionsachse sitzt.

1.4. Photometrie

1.4.1. Grundbegriffe

Die Lichtwelle transportiert elektromagnetische Feldenergie. Diese kann als Maß für die Stärke der Lichtstrahlung und die Helligkeit von Lichtquellen dienen. Die Lichtenergie ist objektiv meßbar, z. B. mit Photozellen. Dabei ist keine Beschränkung auf den sichtbaren Teil des elektromagnetischen Spektrums notwendig.

Die unabhängig vom menschlichen Gesichtssinn definierten energetischen Größen zur Beschreibung der Lichtstrahlung werden als *strahlungsphysikalische Größen* bezeichnet. Ihre Einheiten werden unmittelbar auf die bekannten energetischen Einheiten wie Nm bzw. Ws zurückgeführt.

Wegen der besonderen Bedeutung des menschlichen Gesichtssinns für die Lichtwahrnehmung werden die *lichttechnischen Größen* eingeführt. Diese berücksichtigen die relative spektrale Empfindlichkeit des Auges. Wir sprechen deshalb auch von „V_λ-bewerteten strahlungsphysikalischen Größen". Für die lichttechnischen Größen wird ein spezielles Einheitensystem verwendet.

Strahlungsfluß Φ_e und Lichtstrom Φ. Der Strahlungsfluß Φ_e ist die pro Sekunde durch eine Fläche hindurchgehende Strahlungsenergie. Er stellt also eine Strahlungsleistung dar, die in Watt gemessen wird.

Die Bewertung des Strahlungsflusses mit der relativen spektralen Empfindlichkeit V_λ des Auges führt zur lichttechnischen Größe Lichtstrom Φ. Dieser gibt also nur die vom Auge als Licht empfundene Strahlungsleistung an. Mit dem spek-

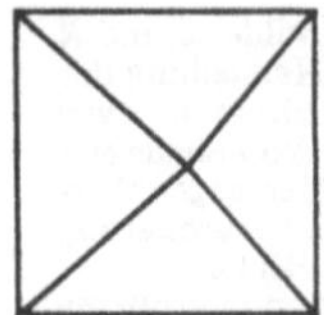
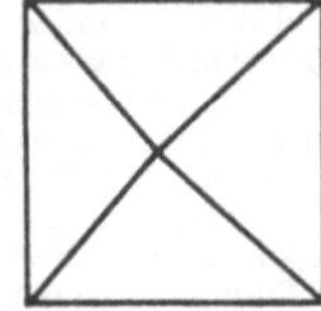

Abb. 1.55. Die beiden Bilder einer Pyramide

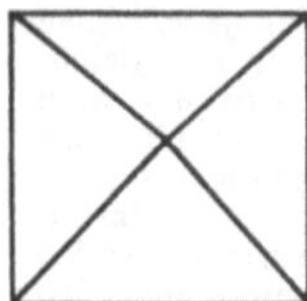
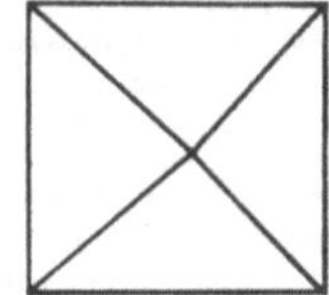

Abb. 1.56. Die beiden Bilder einer Hohlpyramide

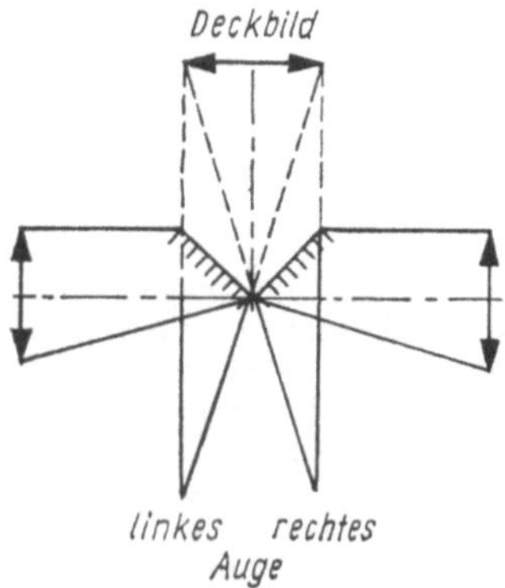

Abb. 1.57. Wheatstonesches Prismenstereoskop

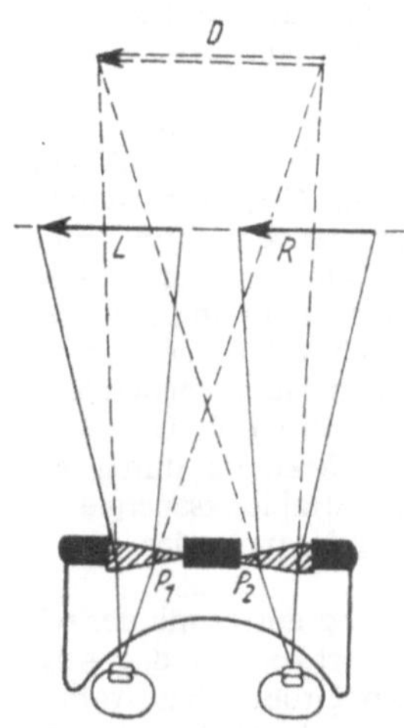

Abb. 1.58. Brewstersches Prismenstereoskop

tralen Strahlungsfluß $\Phi_{e\lambda} = \mathrm{d}\Phi_e/\mathrm{d}\lambda$ gilt (Abb. 1.59)

$$\Phi = K_m \int \Phi_{e\lambda}(\lambda)\, V_\lambda(\lambda)\, \mathrm{d}\lambda. \tag{1.9}$$

Das Integrationsgebiet erstreckt sich über den Wellenlängenbereich, in dem $V_\lambda(\lambda)$ ungleich Null ist. Für Hellsehen ist für $V_\lambda(\lambda)$ die relative spektrale Hellempfindlichkeit, für Dämmerungs- oder Nachtsehen die relative spektrale Dämmerungsempfindlichkeit V_λ' einzusetzen. Die Einheit des Lichtstroms heißt *Lumen* (lm).

Das *photometrische Strahlungsäquivalent* K_m stellt den Zusammenhang zwischen den Einheiten Lumen und Watt her. Sein Maximalwert beträgt für das Hellsehen

$K_m = 683\ \mathrm{lm\ W^{-1}}$.
Der Kehrwert $1/K_m = 0{,}001464\ \mathrm{W\ lm^{-1}}$ *ist das mechanische Strahlungsäquivalent.*

Räumlicher Winkel. Bei der Definition weiterer lichttechnischer Größen wird der Begriff des räumlichen Winkels benötigt. Der räumliche Winkel Ω ist der von einem Kegelmantel begrenzte Ausschnitt des Raumes. Sein Betrag ist durch das Flächenstück gegeben, das er aus der konzentrisch zur Kegelspitze liegenden Einheitskugel ausschneidet. Nach Abb. 1.60 ist zunächst für eine Kugel mit beliebigem Radius

$$\Omega = \frac{A}{r^2} \tag{1.10}$$

zu setzen. Der Raumwinkel nach (1.10) wäre dimensionslos. Daraus ergäben sich Komplikationen bei der Umrechnung verschiedener lichttechnischer Größen. Wir führen deshalb die Größe Ω_0 ein, deren Betrag Eins ist und deren Einheit als *Steradiant* (sr) bezeichnet wird. Damit gilt statt (1.10)

$$\Omega = \frac{A}{r^2}\,\Omega_0. \tag{1.11}$$

Steht das Flächenelement dA schräg zum Radiusvektor $\boldsymbol{r}$, dann gilt für das Raumwinkelelement (Abb. 1.61)

$$\mathrm{d}\Omega = \frac{\Omega_0}{r^3}\,(\boldsymbol{r}\,\mathrm{d}\boldsymbol{A}) \tag{1.12}$$

bzw.

$$\mathrm{d}\Omega = \frac{\Omega_0}{r^2}\cos\varepsilon\,\mathrm{d}A. \tag{1.13}$$

Für die Vollkugel ist $\Omega = 4\pi\Omega_0$, für die Halbkugel $\Omega = 2\pi\Omega_0$.

Strahlstärke I_e und Lichtstärke I. Die Strahlstärke einer punktförmigen Quelle ist der von ihr pro Raumwinkel ausgestrahlte Strahlungsfluß. Entsprechend ist die Lichtstärke der pro Raumwinkel ausgestrahlte Lichtstrom.

$$I = \frac{\mathrm{d}\Phi}{\mathrm{d}\Omega}, \quad [I] = \frac{\mathrm{lm}}{\mathrm{sr}}. \tag{1.14}$$

In den gesamten Raum wird von einer isotrop strahlenden Lichtquelle der Lichtstärke I der Lichtstrom $\Phi = 4\pi I\Omega_0$ gestrahlt. Die Einheit

Abb. 1.59. Zur Berechnung des Lichtstroms

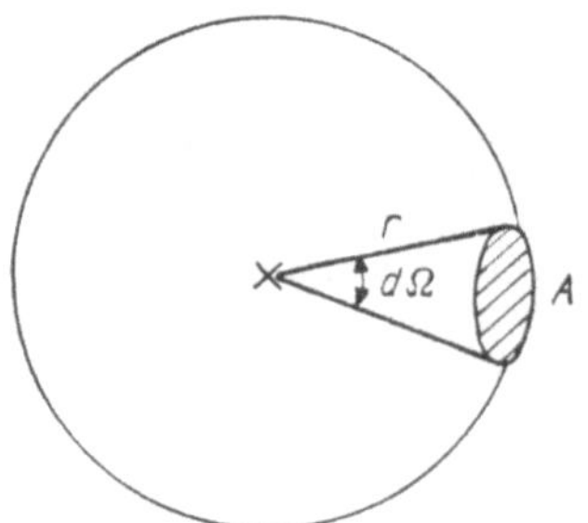

Abb. 1.60. Räumlicher Winkel

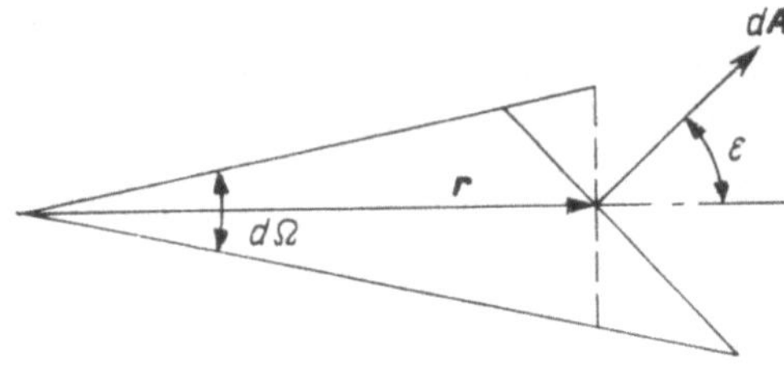

Abb. 1.61. Räumlicher Winkel

Abb. 1.62. Hefner-Lampe

der Lichtstärke, die *Candela* (cd), stellt die Grundlage für die lichttechnischen Einheiten dar. Es gilt:

Die Candela ist die in einer Richtung abgegebene Lichtstärke einer Lichtquelle, die eine monochromatische Strahlung der Frequenz 540 THz ausstrahlt und deren Strahlstärke in dieser Richtung 1/683 W sr^{-1} beträgt.

(Früher wurde die Candela als neue Kerze NK bezeichnet.) Damit ist auch die Einheit des Lichtstroms, das Lumen, durch eine Meßvorschrift realisiert.

Eine gleichmäßig strahlende Lichtquelle mit der Lichtstärke 1 cd sendet in den Raumwinkel 1 sr den Lichtstrom 1 lm aus.

Für die praktische Photometrie werden sekundäre Normale verwendet, die aus geeichten Glühlampen mit leuchtendem Wolframband bestehen.

Früher wurde in Deutschland die Hefnerkerze, die durch eine von HEFNER angegebene Normallampe realisiert wurde, verwendet. Die Hefnerlampe ist folgendermaßen gebaut (Abb. 1.62): Das aus Neusilber bestehende Dochtrohr soll die Länge 25 mm, den äußeren Durchmesser 8,3 mm, den inneren Durchmesser 8,0 mm haben und vom Docht völlig ausgefüllt sein. Wegen der ungleichmäßigen räumlichen Verteilung der Lichtstärke wird die horizontale Lichtstärke als Maß verwendet.
Nach GERLACH beträgt die Strahlungsleistung pro Flächeneinheit der Hefnerkerze in 1 m Entfernung $9{,}41 \cdot 10^{-5}$ J s^{-1} cm^{-2}.

Bestrahlungsstärke E_e und Beleuchtungsstärke E. Unter der Bestrahlungsstärke versteht man den senkrecht auf die Flächeneinheit eines bestrahlten Körpers auftreffenden Strahlungsfluß.
Die Beleuchtungsstärke ist der senkrecht auf die Flächeneinheit auftreffende Lichtstrom. Die Einheit der Beleuchtungsstärke ist das *Lux* (lx). Es ist also (Abb. 1.63)

$$E = \frac{d\Phi}{dA_2}, \quad [E] = \frac{\text{lm}}{\text{m}^2} = \frac{\text{cd sr}}{\text{m}^2} = \text{lx}. \qquad (1.15)$$

(Im folgenden unterscheiden wir beleuchtete Flächen durch den Index 2 von leuchtenden Flächen, die den Index 1 erhalten.) Als Einheit wird gelegentlich auch das *Phot* (ph) verwendet. Es gilt 1 ph = 1 lm cm^{-2}. Fällt der gleiche Lichtstrom auf eine schräg stehende Fläche, dann ist das beleuchtete Flächenelement um den Faktor $1/\cos\varepsilon_2$ vergrößert, so daß die Beleuchtungsstärke

$$E_\varepsilon = E_0 \cos\varepsilon_2 \qquad (1.16)$$

beträgt (Abb. 1.64).

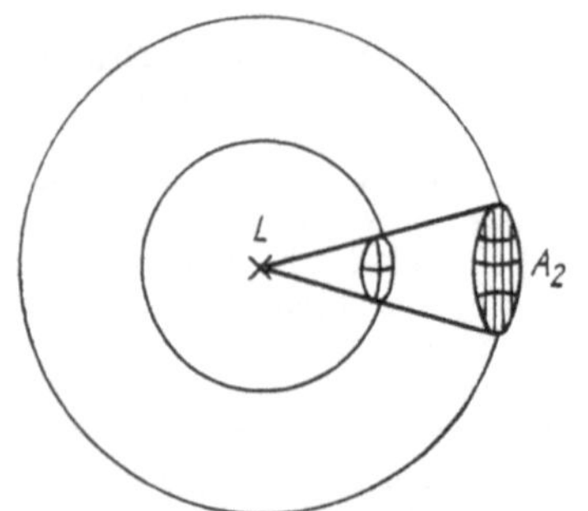

Abb. 1.63. Zur Bestrahlungs- und Beleuchtungsstärke

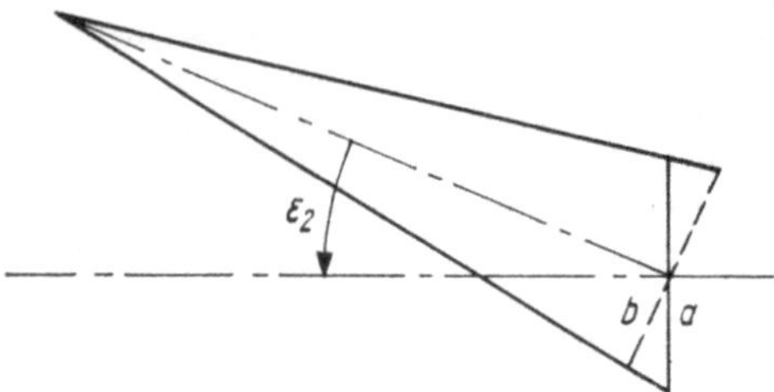

Abb. 1.64. Beleuchtungsstärke einer schräg stehenden Fläche
(elliptische Fläche $ab\pi = b^2\pi/\cos\varepsilon_2$)

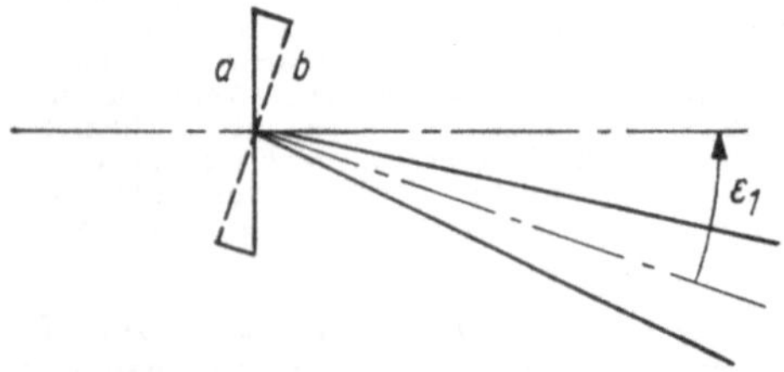

Abb. 1.65. Leuchtdichte einer schräg betrachteten Fläche (elliptische Fläche $ab\pi = a^2\pi\cos\varepsilon_1$)

Wir nehmen eine punktförmige Lichtquelle an und betrachten dA_2 als Element einer dazu konzentrisch liegenden Kugel mit dem Radius r (Abb. 1.63). Nach (1.11) ist in diesem Fall $dA_2 = (r^2\,d\Omega)/\Omega_0$. Unter Verwendung von (1.14) und $\cos\varepsilon_2 = 1$ ergibt sich aus (1.16)

$$E = \frac{I}{r^2}\,\Omega_0. \tag{1.17}$$

Daraus folgt für Flächen auf zwei konzentrisch zur punktförmigen Lichtquelle liegenden Kugeln:

Die Beleuchtungsstärken verhalten sich umgekehrt wie die Quadrate der Entfernungen der Flächen von der Lichtquelle.

Diese Aussage trifft das *Lambertsche Entfernungsgesetz*. Es gilt auch für kleine ebene Flächen und ausgedehnte Lichtquellen unter den Voraussetzungen, daß der Abstand r groß gegenüber den Abmessungen der Flächen ist und die Quelle in den betrachteten Bereich genügend gleichmäßig strahlt. Bei schräg zum Lichtstrom stehenden Flächen gilt entsprechend (1.16)

$$E = \frac{I}{r^2}\cos\varepsilon_2\,\Omega_0. \tag{1.18}$$

Arbeitsplätze müssen ausreichend beleuchtet sein, sonst treten Ermüdungserscheinungen auf. Für mäßige Ansprüche genügt die Beleuchtungsstärke 250 lx, für Lesen und Schreiben sind 500 lx erforderlich, feinere Arbeiten verlangen 1000 lx. Zum Vergleich: Bei Tageslicht werden 3000 lx erreicht.

Strahldichte L_e und Leuchtdichte L. Die Strahldichte eines flächenhaften Strahlers gibt an, wie groß die senkrecht pro Flächeneinheit wirksame Strahlstärke ist. Die entsprechende lichttechnische Größe, die Leuchtdichte, ist ein Maß für die Flächenhelligkeit einer Lichtquelle oder einer beleuchteten Fläche. Die Leuchtdichte ist die Lichtstärke pro Flächeneinheit eines Strahlers, die senkrecht zur Fläche dA_1 beobachtbar ist. Es gilt also

$$L = \frac{dI}{dA_1}, \quad [L] = \frac{\text{cd}}{\text{cm}^2} = \text{sb},$$

$$\text{bzw.} \quad [L] = \frac{\text{lm}}{\text{m}^2\,\text{sr}}. \tag{1.19}$$

Die Einheit der Leuchtdichte *Stilb* (sb) wird demnach durch den gleichen Strahler repräsentiert wie die Einheit der Lichtstärke Candela (cd). Die Leuchtdichte des zu Grunde gelegten schwarzen Strahlers beträgt 60 sb.

Steht die strahlende Fläche schräg zur Beobachtungsrichtung (Abb. 1.65), dann ist sie um den Faktor $\cos\varepsilon_1$ kleiner ($dA_{1\varepsilon} = dA_1\cos\varepsilon_1$), und die Leuchtdichte beträgt

$$L_\varepsilon = \frac{dI_\varepsilon}{dA_1\cos\varepsilon_1}. \tag{1.20}$$

Ein Strahler, der aus jeder Richtung betrachtet mit der gleichen Leuchtdichte erscheint, leuchtet vollständig diffus und wird als *Lambertstrahler* bezeichnet. Aus $L_\varepsilon = L$ folgt mit (1.11) $dI_\varepsilon = dI\cos\varepsilon_1$ bzw.

$$I_\varepsilon = I\cos\varepsilon_1. \tag{1.21}$$

Das ist das Lambertsche Kosinusgesetz.

Ein Strahler, dessen Lichtstärke kosinusförmig vom Ausstrahlungswinkel abhängt, erscheint aus jeder Richtung mit der gleichen Leuchtdichte und strahlt vollständig diffus.

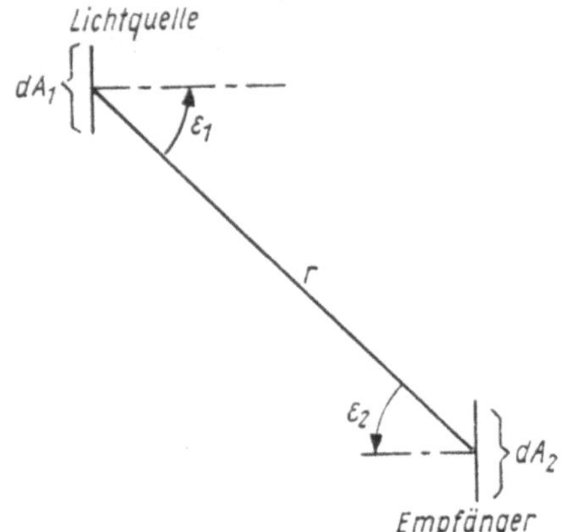

Abb. 1.66. Zum photometrischen Entfernungsgesetz

Tabelle 1.1. Leuchtdichten einiger Lichtquellen

Lichtquelle	Leuchtdichte in Stilb
Azetylenflamme	bis 9,0
Kohlefadenglühlampen	70,0
Wolframglühlampen luftleer 25 W	250
Wolframglühlampen gasgefüllt 100 W	800
Wolframglühlampen für Bildwerfer	1800 bis 3500
Reinkohlebogenlampen	bis 18000
Hochintensitäts-Beckbogen-lampen (Bd. II)	40000 bis 100000
Natriumdampflampen	12
Leuchtstofflampen (Quecksilber-Niederdruckentladung mit Leuchtstoffen)	etwa 1
Quecksilber-Hochdrucklampen für Allgemeinbeleuchtung (Betriebsdruck bis 3 at.)	200 bis 650
Quecksilber-Höchstdrucklampen (Betriebsdruck bis 75 at.)	10000 bis 100000
Sonne	120000

Als Folge des Lambertschen Gesetzes erscheint eine gleichmäßig nach allen Richtungen strahlende Kugel als ebene Fläche konstanter Leuchtdichte. Diese Aussage trifft z. B. für die Sonne zu.
Tab. 1.1 enthält Leuchtdichten, die mit Lichtquellen erreicht werden. Bei einem Scheinwerfer mit Becklampe betrug nach Angaben von G. GEHLLOFF die Lichtstärke 2 Milliarden Candela. Ein solcher Scheinwerfer würde mit bloßem Auge vom Mond aus als Stern 6ter Größe erscheinen.

Photometrisches Grundgesetz. Die leuchtende Fläche dA_1 beleuchtet die Fläche dA_2 (Abb. 1.66). Aus (1.20) folgt mit (1.14) für die Leuchtdichte

$$L = \frac{d^2\Phi}{dA_1\, d\Omega_1 \cos\varepsilon_1}. \tag{1.22}$$

Es ist $d\Omega_1 = (dA_2 \cos\varepsilon_2\, \Omega_0)/r^2$, also

$$d^2\Phi = \frac{L}{r^2}\, dA_1 \cos\varepsilon_1\, dA_2 \cos\varepsilon_2\, \Omega_0. \tag{1.23}$$

Integration führt auf das photometrische Grundgesetz

$$\Phi = \int_{A_1}\int_{A_2} \frac{L}{r^2}\, dA_1 \cos\varepsilon_1\, dA_2 \cos\varepsilon_2\, \Omega_0. \tag{1.24}$$

Mit $L = \text{const}$ (Lambertstrahler) und für so kleine parallel zueinander stehende Flächen, daß $r = \text{const}$, $\cos\varepsilon_1 = \cos\varepsilon_2 = 1$ gesetzt werden kann, geht (1.24) über in

$$\Phi = L\frac{A_1 A_2}{r^2}\,\Omega_0. \tag{1.25}$$

Die Größe $\Omega_0(A_1A_2)/r^2$ wird als *Lichtleitwert* oder *geometrischer Fluß G* bezeichnet.
Wegen der Schreibweise $\Phi = LG$, die dem Ohmschen Gesetz für elektrische Ströme formal gleich ist, wird (1.25) auch als Ohmsches Gesetz für den Lichtstrom bezeichnet. Allgemein folgt der Lichtleitwert bei Lambertstrahlern aus (1.24).
Stoffkennzahlen. Als Stoffkennzahlen werden die Verhältnisse des reflektierten, des hindurchgelassenen und des absorbierten Lichtstroms zum auftreffenden Lichtstrom Φ_0 verwendet. Entsprechend sind der

Reflexionsgrad $\varrho = \dfrac{d\Phi_\varrho}{d\Phi_0}$,

Transmissionsgrad $\tau = \dfrac{d\Phi_\tau}{d\Phi_0}$,

Absorptionsgrad $\alpha = \dfrac{d\Phi_\alpha}{d\Phi_0}$

zu unterscheiden.
Im Falle eines nicht selbstleuchtenden Körpers gilt der Energiesatz

$$\varrho + \tau + \alpha = 1. \tag{1.26}$$

Die Größen ϱ, τ und α hängen im allgemeinen von der Wellenlänge ab.

Bei einem vollständig diffus reflektierenden ebenen Körper ist die reflektierte Leuchtdichte durch

$$L_\varrho = \frac{1}{\pi}\,\varrho E\,\frac{1}{\Omega_0}, \qquad [L_\varrho] = \frac{\text{lm}}{\text{m}^2\,\text{sr}} = \frac{\text{cd}}{\text{m}^2} \tag{1.27}$$

gegeben.
Die Leuchtdichte erhalten wir in Stilb, wenn wir

$$L_\varrho/\text{sb} = \frac{10^{-4}}{\pi\Omega_0}\,\varrho E/\text{lx} \tag{1.28}$$

setzen. Früher wurde die Einheit Apostilb (asb) mittels $1\,\text{sb} = 10^4\,\pi\,\text{asb}$ eingeführt. Damit ergibt sich $L_\varrho/\text{asb} = (\varrho E/\text{lx})/\Omega_0$. Demnach wird die Leuchtdichte 1 asb durch einen vollständig diffus reflektierenden Körper mit $\varrho = 1$ und $E = 1$ lx realisiert.
Dunkelsehen. Für das Dunkelsehen, bei dem nur die Stäbchen angeregt werden, definiert man die Dunkelleuchtdichte mit der Einheit *Skot* (sk) und die Dunkelbeleuchtungsstärke mit der Einheit *Nox* (nx). Die Umrechnungsfaktoren zwischen den Hell- und Dunkel-

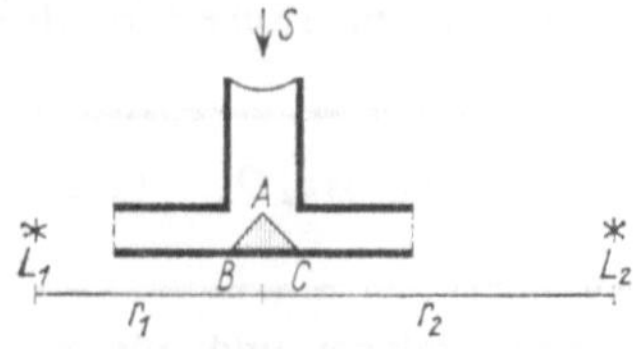

Abb. 1.67. Photometer von RITCHIE

Abb. 1.68. Zum Fettfleckphotometer von BUNSEN

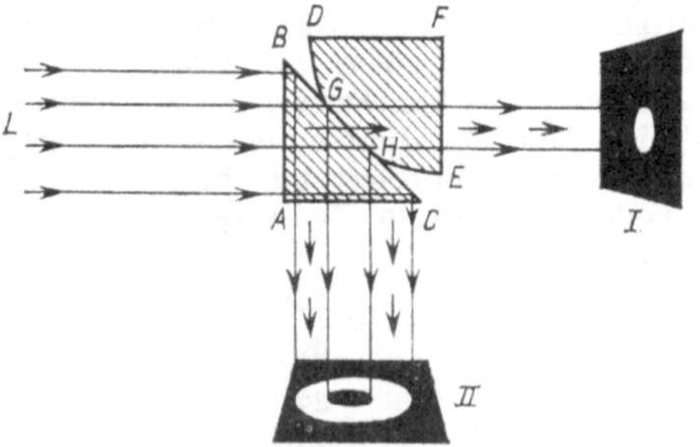

Abb. 1.69. Lummer-Brodhunscher Photometerwürfel

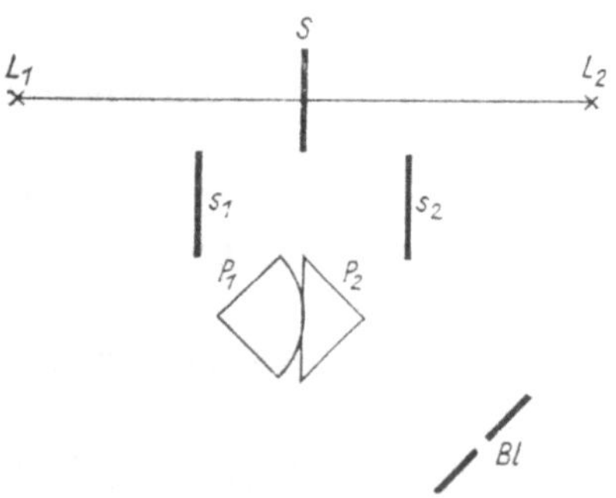

Abb. 1.70. Lummer-Brodhunsches Photometer

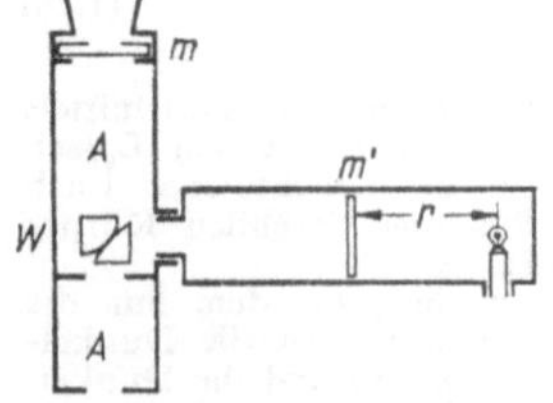

Abb. 1.71. Webersches Flächenphotometer

größen hängen von der spektralen Zusammensetzung des Lichtes ab. Sie werden deshalb für die Farbtemperatur 2042 K (früher 2360 K) festgelegt. Bei dieser ist 1 sk $= 10^{-3}$ asb und 1 nx $= 10^{-3}$ lx.

1.4.2. Visuelle Photometrie

Der messende Vergleich der Lichtstärke einer Lichtquelle mit der Lichtstärke einer Normallichtquelle heißt *Photometrie*. Die photometrischen Meßgeräte heißen *Photometer*. Meistens mißt man die Lichtstärke einer Lichtquelle, indem man die von ihr erzeugte Beleuchtungsstärke gleich der durch die Normallichtquelle erzeugten Beleuchtungsstärke macht. Wir können z. B. wegen des photometrischen Entfernungsgesetzes dieselbe Fläche oder zwei nebeneinander liegende gleiche Flächen durch zwei verschieden starke Lichtquellen gleich stark beleuchten, wenn wir die stärkere Lichtquelle weiter entfernt aufstellen als die schwächere. Die Beleuchtungsstärken einer kleinen Fläche, die nacheinander durch zwei Lichtquellen beleuchtet wird, deren Lichtströme unter dem gleichen Winkel auf die Fläche treffen, sind gleich, wenn für die Lichtstärken $I:I' = r^2 : r'^2$ gilt.

Bei Photometern soll eine möglichst scharfe Grenze zwei Bereiche trennen, die nur je von einer Lichtquelle beleuchtet werden. Bei gleicher Beleuchtungsstärke beider Bereiche soll die Grenze völlig unsichtbar sein.

Das Photometer von Ritchie (1829, Abb. 1.67) besteht aus einem dreiseitigen Prisma mit weißen Flächen *AB* und *AC*. Zu den beiden Seiten des Prismas werden die zu vergleichenden Lichtquellen L_1 und L_2 in den Entfernungen r_1 und r_2 so aufgestellt, daß dem Auge *S* das Prisma als eine einfache Fläche erscheint, in der die Prismenkante vollständig verschwindet.

Das Fettfleckphotometer von Bunsen (1843) besteht aus einem kleinen weißen Schirm aus durchscheinendem Papier mit einem Fettfleck in der Mitte.

Wird ein solcher Fettfleck einseitig beleuchtet, so erscheint er, von der Seite der Lichtquelle aus gesehen, dunkel auf hellem Grunde, von der entgegengesetzten Seite aus gesehen, hell auf dunklem Grunde. Stellt man auf beiden Seiten des Fettfleckes eine Lichtquelle so auf, daß die Beleuchtungsstärke auf beiden Seiten gleich ist, so wird er fast unsichtbar (Abb. 1.68). Mit Hilfe zweier zu beiden Seiten des Schirmes schräg aufgestellter Spiegel kann man gleichzeitig beide Seiten des Fettfleckes beobachten. Da dieser nie ganz verschwindet, verschiebt man die Lichtquelle so lange, bis er von beiden Seiten gleich hell erscheint.

Photometer von Lummer und Brodhun (1889). Die Einrichtung und die Grundlagen seiner Wirkungsweise gehen aus Abb. 1.69 hervor. *ABC* ist ein rechtwinkliges, gleichschenkliges Glasprisma mit ebenen Seitenflächen und *DEF* ein rechtwinkliges Glasprisma, dessen Hypotenusenfläche *DE* kugelförmig ist. Der mittlere Teil *GH* dieser Fläche ist eben geschliffen. Die beiden Prismen sind so aneinandergepreßt („angesprengt"), daß sie sich an der Berührungsstelle wie ein einheitlicher Glaskörper verhalten.

Fällt Licht rechtwinklig auf die Kathetenfläche *AB*, so durchsetzt es den mittleren Teil *GH* des Glaskörpers völlig ungehindert. Dort aber, wo die Grenzfläche von Glas an Luft trifft, also bei *BG* und *HC*, wird es total reflektiert und verläßt den Glaskörper durch die Kathetenfläche *AC*. Stellt man in *I* und *II* weiße Schirme auf, so entsteht die in der Abbildung dargestellte Erscheinung: Auf dem Schirm *I* entsteht ein scharf begrenzter, kreisförmiger Lichtfleck auf schwarzem Grunde; auf dem Schirm *II* dagegen ist die Mitte schwarz und von einem hellen Lichtring umgeben, der sich gegen die Mitte vollkommen scharf abhebt. Die äußere, schwarze Begrenzung des Bildes auf *II* wird durch einen undurchsichtigen Lackanstrich auf dem Rand der Kathetenfläche *AC* hervorgerufen.

Ein Photometerwürfel wird in der durch Abb. 1.70 veranschaulichten Weise mit den beiden Spiegeln s_1 und s_2 zu einer Baugruppe fest verbunden. Durch die Blende *Bl* wird beobachtet. Wird nun der Schirm *S* von den beiden Lichtquellen L_1 und L_2 beleuchtet, so sieht man durch die durchsichtige Mitte des Photometerwürfels nur die linke, von L_1 beleuchtete Seite des Schirmes *S* und gleichzeitig durch die Randpartien des Photometerwürfels nur die rechte, von L_2 beleuchtete Seite des Schirmes *S*. Da die Grenze zwischen der Mitte und den Randpartien vollkommen scharf erscheint, werden geringe Helligkeitsunterschiede mit großer Genauigkeit wahrnehmbar, während bei gleicher Beleuchtungsstärke der beiden Seiten des Schirmes *S* die Grenze vollständig verschwindet.

Der Lummer-Brodhunsche Würfel ist auch im *Flächenphotometer von Weber* angewandt, das in Abb. 1.71 schematisch dargestellt ist. Dieses Photometer dient zur Untersuchung der Beleuchtung einer Fläche. *m* und *m'* sind zwei Milchglasscheiben. *m'* wird von einer Vergleichslichtquelle beleuchtet. *m* richtet man gegen die Fläche, deren Beleuchtungsstärke gemessen werden soll. Nun verschiebt man *m'* so lange, bis für ein (in Abb. 1.71 von unten) durch den Photometerwürfel *W* blickendes Auge die Grenzfläche im Photometerwürfel verschwindet. Man eicht, indem man die Milchglasplatte *m'* einstellt, während man das Gerät nach einer Fläche mit bekannter Leuchtdichte richtet.

Rotierender Sektor. Statt die Entfernung einer Lichtquelle zu vergrößern, kann man die von ihr hervorgerufene Beleuchtung auch dadurch schwächen, daß man vor ihr eine undurchsichtige Kreisscheibe rotieren läßt, die meßbar veränderliche Sektoröffnungen hat. Ist ω die Gesamtgröße der Sektoröffnungen in Graden, so wird der Lichtstrom auf $(\Phi\omega)/360$ geschwächt. Der Sektor muß so schnell rotieren, daß kein Flimmern wahrnehmbar ist. Daß dann die Intensität der Lichtempfindung in dem angegebenen Verhältnis $\omega/360$ geschwächt wird, ist durchaus nicht selbstverständlich, jedoch immer bestätigt worden (Talbotsches Gesetz).

Andere Methoden. Sehr verbreitet ist die Messung mit Hilfe von Polarisatoren, deren Schwingungsrichtung um einen meßbaren Winkel φ gegeneinander gedreht wird. Die durchgehende Intensität ist $I = I_0 \cos^2 \varphi$. Auch gegeneinander verschiebbare Keile aus Rauchglas sind zur meßbaren Schwächung benutzbar.

Photometrie farbigen Lichtes. Durch direkten Vergleich in einem der beschriebenen Photometer ist es unmöglich, Lichtquellen verschiedener Farben zu messen. Das Auge ist nicht imstande, die Helligkeit verschiedenfarbiger Flächen mit einiger Genauigkeit und ohne Willkür zu vergleichen. Man kann versuchen, durch Filter die verschiedenfarbigen Lichtquellen einander anzupassen. Einen einwandfreien Vergleich zweier Lichtquellen von verschiedener Farbe, sog. heterochromatische Photometrie, kann man nur ausführen, indem man das Licht beider Lichtquellen spektral zerlegt und die einzelnen Komponenten des Lichtes in jedem Spektralbezirk vergleicht.

Flimmerphotometer. Wirken zwei verschiedenfarbige Lichter in periodischem Wechsel auf die gleiche Stelle der Netzhaut, so hat man bei schnellem Wechsel den Eindruck einer Mischfarbe. Bei langsamer werdendem Wechsel tritt plötzlich ein Flimmern auf. Die Flimmergrenze liegt bei gegebenem Unterschied der Farben bei um so höherer Wechselgeschwindigkeit, je größer der Helligkeitsunterschied der beiden Lichteindrücke ist. Man setzt deshalb auf die Photometerbank einen Aufsatz (Flimmerphotometer), der einen solchen periodischen Lichtwechsel hervorruft, und sucht unter Herabsetzen der Rotationsgeschwindigkeit und Bewegen des Photometers auf der Bank diejenige Stellung, bei der das Flimmern gerade aufhört und bei der geringsten Bewegung nach links oder rechts wieder auftritt.

1.4.3. Objektive Photometrie

Die bisher behandelten photometrischen Verfahren beruhen auf der Beobachtung durch das menschliche hell adaptierte Auge, es sind mit anderen Worten visuelle (subjektive) Methoden. Selbstverständlich bleiben diese Verfahren auf das sichtbare Gebiet beschränkt. Für das Infrarot-, das Ultraviolett- und das Röntgengebiet muß man zur Messung der Strahlungsleistung andere Verfahren anwenden, z. B. mit der Thermosäule, der lichtelektrischen Zelle oder der Ionisationskammer. Diese Methoden hat man auch auf das sichtbare Gebiet übertragen, wobei aber zu berücksichtigen ist, daß die Abhängigkeit der Empfindlichkeit dieser Empfänger von der Wellenlänge durchaus nicht immer mit der des Auges übereinstimmt und daher Messungen mit diesen Geräten dem Auge angeglichen werden müssen. Im Mikrowellengebiet, das heutzutage für die Forschung von großer Bedeutung ist, wird die Strahlungsleistung wie bei den längeren elektrischen Wellen ermittelt. Man benutzt also entweder thermische Empfänger, d. h. Thermoelemente bzw. Thermoresonatoren oder Bolometer (Bd. II) oder auch Mikroradiometer. Die Abb. 1.72 zeigt ein Mikroradiometer. Es besteht aus der Vereinigung eines Thermoelements *T* mit einem Drehspul-Galvanometer (*M* = Magnet, *Sp* = Spiegel, *P* = Polschuhe).

Zur Strahlungsmessung im Infraroten finden heute vorzugsweise neben Thermoelementen bzw. Thermosäulen photographische Platten bis etwa 1,1 µm, Photozellen (Cs_2O-Schicht) bis 1,2 µm und Halbleiterzellen Verwendung, und zwar mit Germanium bis 1,7 µm, mit PbS bis 3,5 µm und mit PbSe bis 5 µm.

Objektive Photometrie im Sichtbaren. Die Wirkungsweise der Photozellen ist bereits kurz im Bd. II geschildert worden. Sie beruhen darauf, daß bei Belichtung Elektronen aus einem Metall emittiert werden. Bei Photowiderständen ändert

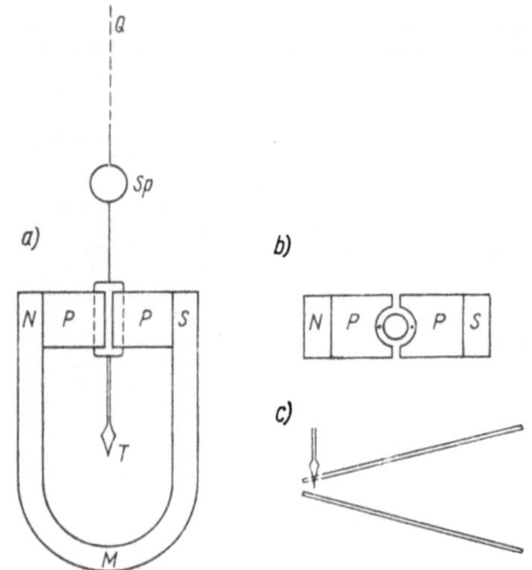

Abb. 1.72. Mikroradiometer

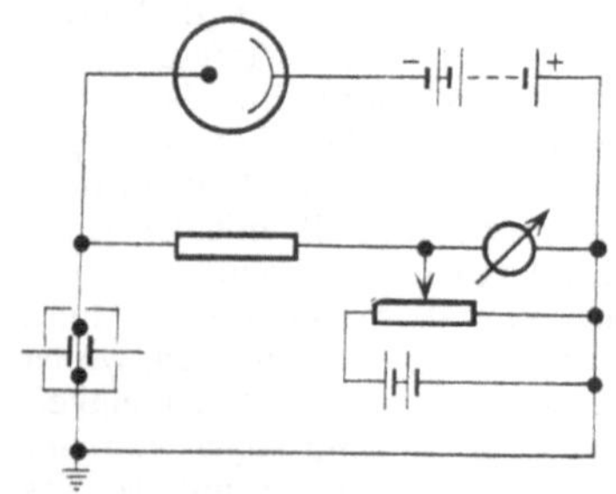

Abb. 1.73. Schaltbild einer Photozelle

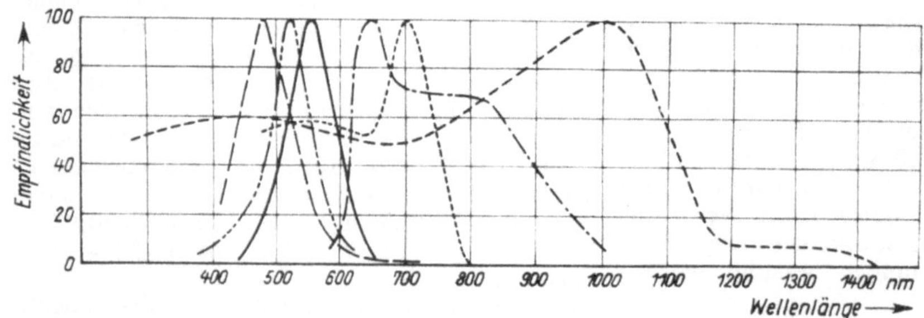

Abb. 1.74. Empfindlichkeitskurve für das menschliche Auge im Vergleich mit einigen gebräuchlichen Zellen
—— Auge, ---- Thalofid, ... Selen, -.-.- Cu-Hinterwandzelle, — — — Kalium, -...-...- Cu-Vorderwandzelle

sich der Widerstand eines Leiters bzw. Halbleiters. Das Schaltbild für eine Photozelle zeigt Abb. 1.73. In der Abb. 1.74 ist die Empfindlichkeitskurve für das menschliche Auge im Vergleich mit derjenigen für gebräuchliche Zellen angegeben. Die Abweichungen müssen bei den Messungen berücksichtigt werden. Neben der Photozelle (Cs-, Cs–Sb-, ([Ag]–Sb-, Cs–Cs-), Cs_2O-Schichten) kommt das photographische Verfahren in Betracht. Der Vorteil der Photozelle liegt darin, daß man die entstehende geringe Spannung beliebig verstärken kann. Die Abbn. 1.75 und 1.76 zeigen Schaltbilder von Photozellenverstärkern nach der Gleichlicht- bzw. Wechsellichtmethode, wobei sich die letztere durch große Nullpunktskonstanz besonders auszeichnet und daher für Halbleiterzellen und thermische Empfänger geeignet ist. Selbstverständlich können die in den Abbildungen dargestellten Alkalizellen durch Widerstandszellen oder durch Bolometerbrücken ersetzt werden.

Im Ultravioletten benutzt man neben Photozellen mit Cd- und Na-Schichten vorzugsweise die photographische Platte (für fernes Ultraviolett Schumannplatten) und ermittelt die Intensität aus der Schwärzung. Diese Methode ist besonders erfolgreich für die Ermittlung von Sternhelligkeiten und für den Vergleich der Helligkeit von einzelnen Spektrallinien.

Für Röntgenstrahlen kann man sich der photographischen Platte, zur qualitativen Messung auch eines Leuchtschirms, bedienen. Vorzugsweise benutzt man aber eine Ionisationskammer (bzw. Zählrohr oder Spitzenzähler).

1.4.4. Lichtverteilung und Lichtausbeute von Lichtquellen

Die Lichtverteilung der Lichtquellen ist nach Richtungen verschieden. Will man die Strahlung einer Lichtquelle vollständig beschreiben, so muß man ihre Lichtstärke nach den verschiedenen Richtungen gesondert untersuchen. Viele Lichtquellen sind Umdrehungskörper, und wir können uns mit der Untersuchung der Lichtverteilung in einem Meridian begnügen. Um eine anschauliche Übersicht über die Lichtverteilung zu erhalten, trägt man die in den verschiedenen Richtungen gemessenen Lichtstärken als Radien eines

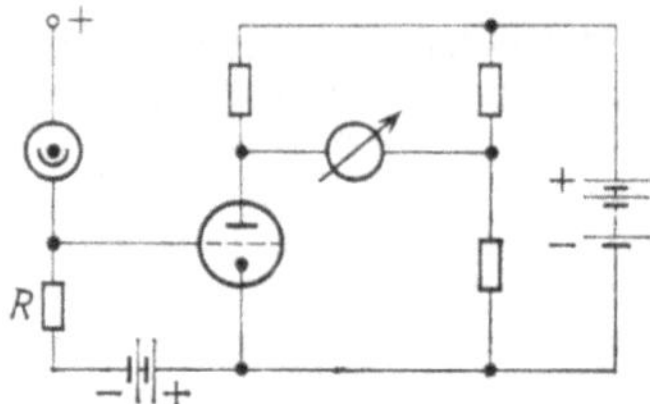

Abb. 1.75. Schaltung eines Photozellenverstärkers nach der Gleichlichtmethode

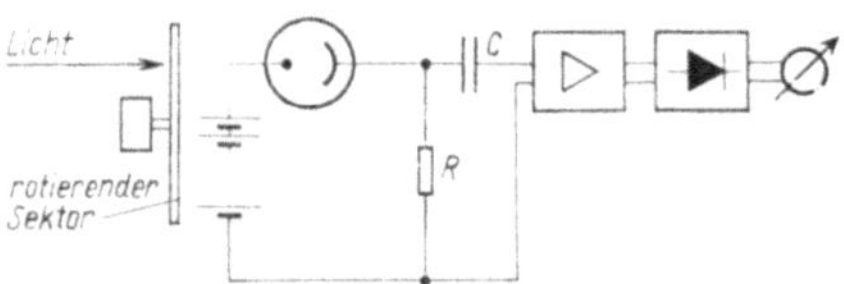

Abb. 1.76. Schaltung eines Photozellenverstärkers nach der Wechsellichtmethode

Polarkoordinatensystems ab und verbindet die Endpunkte durch eine Kurve. Abb. 1.77 zeigt die Lichtverteilung einer Glühlampe.

Aus einer solchen Verteilungskurve kann der gesamte Lichtstrom einer Lichtquelle berechnet werden. Ist die Lichtquelle L (Abb. 1.78) der Mittelpunkt der Einheitskugel, so kann man diese durch Meridiane und Breitenkreise in Flächenelemente zerlegen, die betragsmäßig dem zugehörigen räumlichen Winkel $d\Omega$ gleich sind. Der Lichtstrom auf dieses Flächenelement wird nach (1.14) durch das Produkt aus der Größe der Fläche mit der Lichtstärke I gefunden. Bildet man dieses Produkt $I\,d\Omega$ für alle Elemente des räumlichen Winkels, so erhält man den Gesamtlichtstrom Φ der Lichtquelle durch Addition aller einzelnen Lichtströme. Es ist demnach $\Phi = \int I\,d\Omega$. Dividiert man diesen Ausdruck durch 4π, so erhält man die mittlere räumliche oder mittlere sphärische Lichtstärke der Lichtquelle.
Man berechnet auch den Lichtstrom nur für die obere oder untere Hälfte des vollen räumlichen Winkels und findet dann nach Division durch 2π die mittlere obere oder untere hemisphärische Lichtstärke.

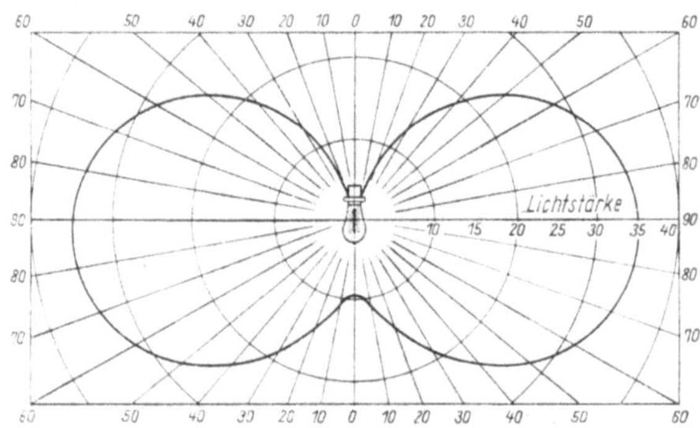

Abb. 1.77. Lichtverteilung einer Glühlampe

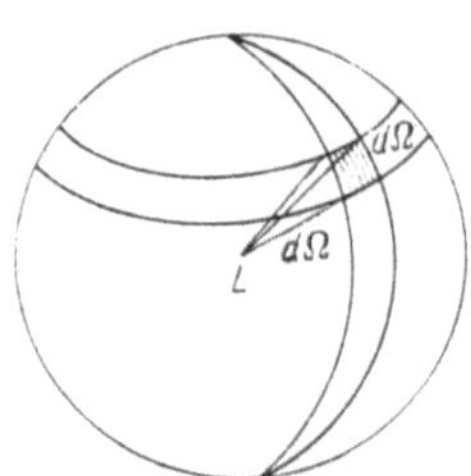

Abb. 1.78. Integraler Lichtstrom

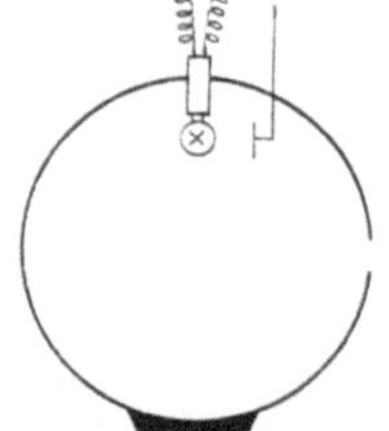

Abb. 1.79. Ulbrichtsche Kugel

Die Berechnung der mittleren Lichtstärke auf dem angegebenen Weg ist zeitraubend. Der gesamte Lichtstrom kann aber auch gemessen werden. Das ist durch die Anwendung des *Kugelphotometers von Ulbricht* möglich. Dieses besteht aus einer großen Hohlkugel von 1 bis 5 m Durchmesser (Abb. 1.79), die innen matt und reinweiß angestrichen ist. Bringt man in eine solche Kugel die zu messende Lichtquelle, so wird das nach allen Seiten ausgestrahlte Licht vielfach zerstreut reflektiert, und jedes Flächenelement der inneren Kugelfläche wird gleich stark beleuchtet. Man braucht dann nur die Leuchtdichte eines kleinen Beobachtungsfensters, das gegen die direkte Beleuchtung durch den Schirm geschützt ist, zu messen und kann hieraus einen Schluß auf den gesamten Lichtstrom ziehen. Das Kugelphotometer integriert gewissermaßen alle einzelnen Lichtströme selbständig, daher ist es ein Integralphotometer.
Von großer praktischer Bedeutung ist die Messung der von einer Lichtquelle erzeugten Beleuchtung einer gegebenen Fläche. Man kann die

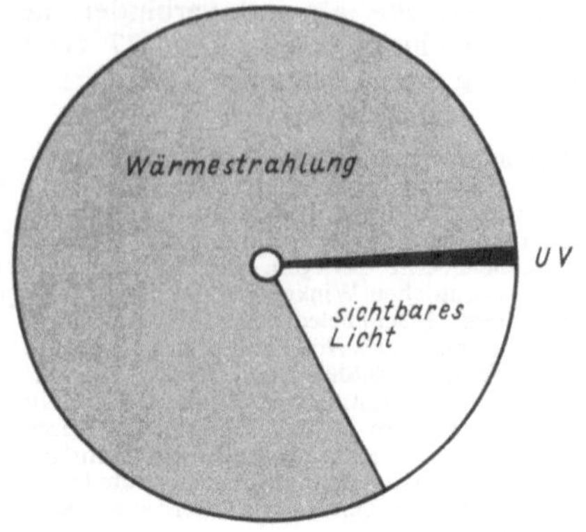

Abb. 1.80. Zur Strahlung eines Temperaturstrahlers. Die Gesamtstrahlung besteht maximal zu knapp 15% aus sichtbarem Licht. Der Anteil der Wärmestrahlung beträgt fast 85%, der Betrag der UV-Strahlung dagegen nur etwa 1%

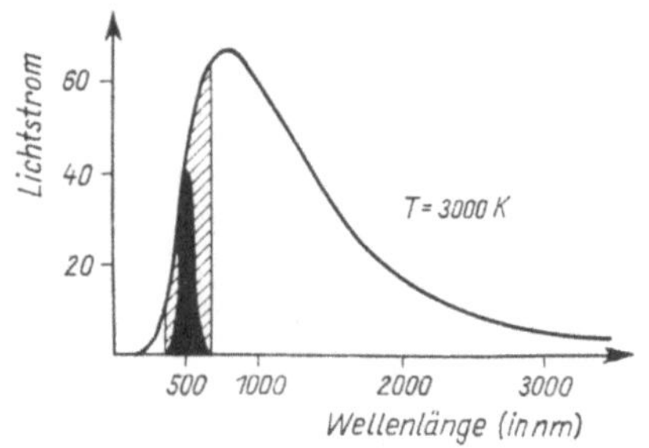

Abb. 1.81. Gesamte Strahlungsleistung im Vergleich zur Lichtleistung (schraffiert) und der vom Auge als Licht empfundenen Leistung (schwarz)

Beleuchtungsstärke entweder unmittelbar mit einem Flächenphotometer messen oder aus der Lichtverteilung nach dem Lambertschen Gesetz berechnen, wenn man Höhe und Entfernung der Lichtquelle sowie den Winkel kennt, unter dem die Lichtstrahlen die Fläche treffen. Sehr verbreitet sind heute Beleuchtungsmesser, die den auf eine bestimmte Fläche auffallenden Lichtstrom durch die von ihm erzeugte elektrische Stromstärke messen. Meist dienen Sperrschichtzellen als Auffangfläche, für genauere Messungen Alkaliphotozellen.

Lichtausbeute. Die meisten heute gebräuchlichen Lichtquellen, die auf der Erzeugung von Lichtenergie aus Wärmeenergie beruhen, senden neben dem sichtbaren Licht noch sehr große Beträge von unsichtbarer, vor allem langwelliger Strahlung aus (Abb. 1.80). Von dem sichtbaren Licht wird durch das Auge gemäß seiner Empfindlichkeitskurve nur ein Bruchteil ausgenutzt. Abb. 1.81 zeigt die Verhältnisse für einen auf 3000 K erhitzten Körper, ungefähr einer heutigen Glühlampe entsprechend. Als Ordinate ist die Energie der Strahlung des Körpers, als Abszisse die Wellenlänge aufgetragen. Die schraffierte Fläche bedeutet den Energieanteil, der als sichtbares Licht ausgestrahlt wird, die schwarze Fläche den Bruchteil davon, der der Helligkeitsempfindung des Auges entspricht. Man sieht, wie unökonomisch diese Art der Lichterzeugung ist. Durch elektrische Entladungen in Metalldämpfen (Na, Hg) oder Gasen (Xe), gelingt es, hohe Lichtausbeuten zu erreichen, die nahe an das mechanische Lichtäquivalent herankommen.

Ein Maß für die Ausbeute an Licht ist derjenige Teil der zugeführten Energie, der in sichtbares Licht umgewandelt wird, also der für je ein Watt erzeugte Lichtstrom in Lumen. Die Ausbeute wird demnach gemessen in lm/W. Der reziproke Wert W/lm gibt an, wie groß die zur Erzeugung von 1 lm zugeführte Leistung ist.

Der theoretische Höchstwert der Lichtausbeute ist 683 lm/W. Ihm ordnet man den Wirkungsgrad $\eta = 100\%$ zu.

Der theoretische Höchstwert der Lichtausbeute für weißes Licht ist ungefähr 250 lm/W, also gilt $\eta \approx 35\%$. Die günstigste Ausbeute bei Temperaturstrahlern ist $\eta \approx 15\%$.

Den Wirkungsgrad einiger Lichtquellen enthält die Tab. 1.2.

Tabelle 1.2. Wirkungsgrad von Lichtquellen

Lichtquelle	Farbtemperatur (in K)	Ausbeute (in lm/W)	Wirkungsgrad (in %)
Temperaturstrahler			
Kohlefaden im Vakuum	2088	3	0,44
Wolframfaden im Vakuum	2450	10	1,5
Wolframwendel in N_2 (Nitraphot B)	3240	24	3,5
Wolframdoppelwendel in Kr (K-Lampe)	2600	13,4	2
Kohlelichtbogen (positiver Krater)	4000	25	3,7
Effektkohlenbogenlampen	–	55	8,1
Hochstromkohlebogen	≈ 6000	90	13,2
Gerdienbogen	max. 30000	–	–
Sonne	7540	–	–
Gasentladungsstrahler			
Quecksilberhochdrucklampe	–	45	6,6
Mischlicht (Hg + Wolfram)	–	22	3,2
Hochspannungsleuchtröhren			
ohne Leuchtstoff	–	4,3 bis 18	0,63 bis 2,6
mit Leuchtstoff	–	20 bis 44	1,4 bis 6,5
Netzspannungsröhre	–	≈50	7,4
Xenon-Blitz	–	35	5,1

2. Geometrische Optik

2.1. Reflexion des Lichtes

2.1.1. Diffuse und gerichtete Reflexion

Ein vom Sonnenlicht beleuchtetes Stück Papier sehen wir von allen Seiten, weil es das Licht zerstreut reflektiert, obwohl es mit einem Parallelbündel beleuchtet wurde. Die Ursache dafür ist die Rauhigkeit des Papiers, durch die eine weitgehend unregelmäßige Reflexion an den Mikrobereichen auftritt. Wir sprechen in diesem Fall von *diffuser Reflexion.* Das Maß der diffusen Reflexion ist die *Albedo*, das Verhältnis aus dem diffus nach allen Richtungen reflektierten Lichtstrom und dem senkrecht auf die Fläche gestrahlten Lichtstrom. Die Albedo beträgt z. B. für Kreide 1,0, für Schnee 0,78. Eine vom Sonnenlicht beleuchtete polierte Glasplatte erscheint nur aus einer Richtung gesehen hell. Vom reflektierten Licht werden wir geblendet, während aus anderen Richtungen die Glasplatte fast unsichtbar ist.

Polierte Körper, sowohl nichtmetallische wie auch metallische, reflektieren das Licht gerichtet. Die gerichtete Reflexion wird auch als *Spiegelung* bezeichnet. Spiegelnde Flächen reflektieren nur einen Teil des einfallenden Lichtstroms. Das Verhältnis aus dem reflektierten Lichtstrom und dem einfallenden Lichtstrom, das Reflexionsvermögen, hängt im allgemeinen von der Richtung, der Polarisation und der Wellenlänge des Lichtes ab. Bei senkrechtem Lichteinfall kann es für Metalloberflächen 0,99, für Glasoberflächen 0,04 betragen.

Licht ist nur „sichtbar", wenn es in unser Auge gelangt. Der Weg eines Lichtbündels kann aber auch dadurch gesehen werden, daß Staub-, Rauch- oder Flüssigkeitsteilchen das Licht seitlich streuen. Dieser Möglichkeit bedient man sich in der geometrischen Optik oftmals zur Demonstration des Verlaufs von Lichtbündeln. Heute ist es möglich, mit Lasern ein enges, nahezu paralleles Lichtbündel hoher Intensität zu erzeugen. Dieses kann als grobe Annäherung eines Lichtstrahles dienen, wenn es nur auf die Veranschaulichung der Gesetze ankommt. (Ein Lichtstrahl im exakten Sinn hat keine Querausdehnung und ist eigentlich eine mathematische Abstraktion.)

Reflexionsgesetz. Wir betrachten die gerichtete Reflexion an einem kleinen ebenen Spiegel (Abb. 2.1). Die Lage des Spiegels wird durch das Einfallslot festgelegt.

Das *Einfallslot* ist die Flächennormale im Auftreffpunkt eines Lichtstrahls.

Der Winkel zwischen dem einfallenden Lichtstrahl und dem Einfallslot heißt *Einfallswinkel* ε; der Winkel zwischen dem reflektierten Lichtstrahl und dem Einfallslot heißt *Reflexionswinkel* ε'. Messungen ergeben das Reflexionsgesetz (Abb. 2.1):

Der einfallende Lichtstrahl, das Einfallslot und der reflektierte Lichtstrahl liegen in einer Ebene, der Einfallsebene.
Der Betrag des Einfallswinkels ist gleich dem Betrag des Reflexionswinkels.

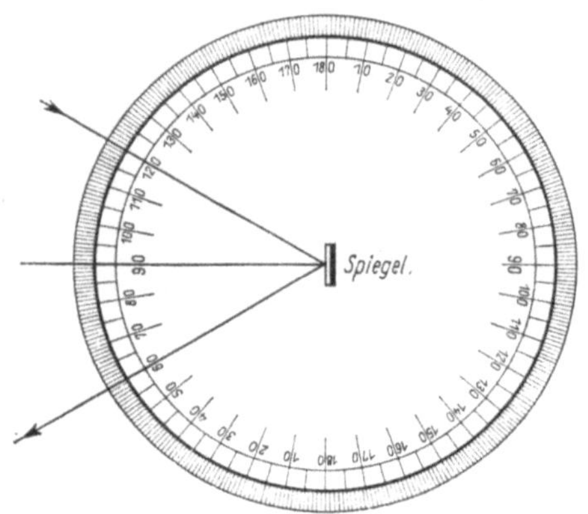

Abb. 2.1. Demonstration des Reflexionsgesetzes

Das Reflexionsgesetz wurde im frühen Altertum entdeckt. Es findet sich als Naturgesetz z. B. bei ARISTOTELES, 384 bis 322 v. u. Z., und EUKLID, etwa 300 v. u. Z.

Zur Kennzeichnung der Lage der Strahlen gegenüber dem Einfallslot verwendet man in der technischen Optik vorzeichenbehaftete Winkel. Das Vorzeichen trägt man in die Abbildungen mit ein. Es gilt (Abb. 2.2):

Kann man den Strahl durch die kürzeste Drehung im mathematisch positiven Sinne (entgegen dem Uhrzeigersinn) in das Einfallslot überführen, dann ist der Winkel positiv, sonst negativ.

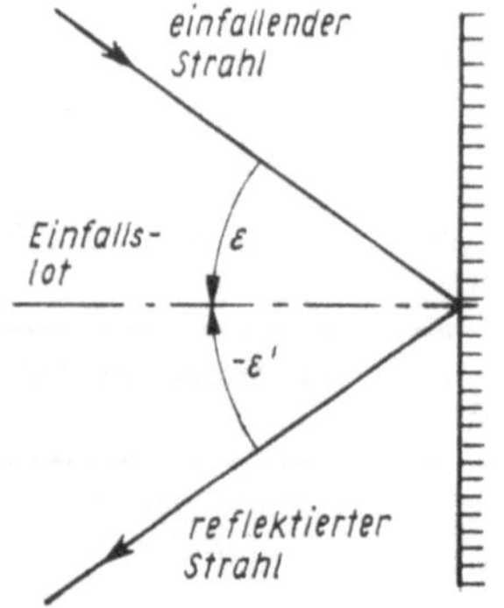

Abb. 2.2. Vorzeichen von Einfalls- und Reflexionswinkel

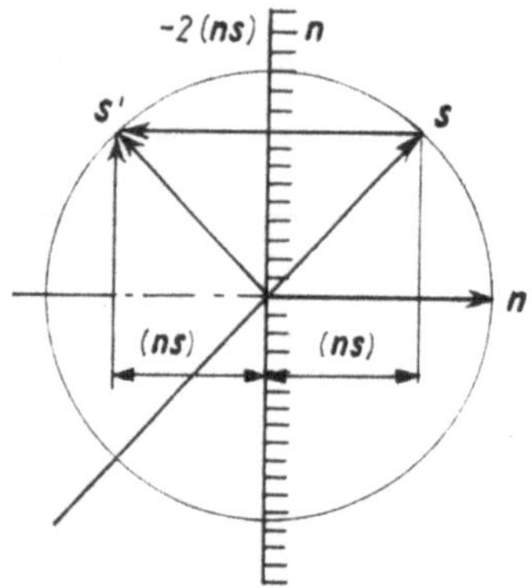

Abb. 2.3. Vektorielles Reflexionsgesetz

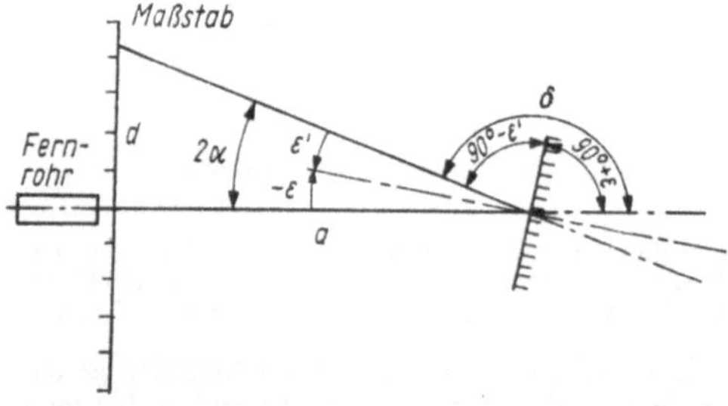

Abb. 2.4. Ablenkung durch den Planspiegel und Poggendorffsche Spiegelablesung

Der zweite Teil des Reflexionsgesetzes lautet damit:

$$\varepsilon' = -\varepsilon. \tag{2.1}$$

Bei der Lösung von Aufgaben, bei denen mehrere Spiegelflächen räumlich angeordnet sind, bewährt sich die vektorielle Form des Reflexionsgesetzes.
Es verknüpft die Einheitsvektoren in Lichteinfallsrichtung $\boldsymbol{s}$, in Reflexionsrichtung $\boldsymbol{s}'$ und in Richtung des Einfallslotes (Normalenrichtung) $\boldsymbol{n}$ miteinander. In Abb. 2.3 ist mittels der Addition von Vektoren

$$\boldsymbol{s}' = \boldsymbol{s} - 2(\boldsymbol{ns})\,\boldsymbol{n} \tag{2.2}$$

abzulesen. Bei der Anwendung wird ein geeignetes Koordinatensystem eingeführt, in dem die Komponenten der Vektoren aufgeschrieben werden.

2.1.2. Planspiegel

Unter einem Planspiegel verstehen wir die ebene polierte Oberfläche eines Körpers, deren Reflexionsvermögen hohe Werte hat. Praktisch realisiert werden die Oberflächenspiegel durch polierte Metallflächen bzw. durch polierte Glasflächen, auf die eine dünne Metallschicht oder dünne Interferenzschichten aufgetragen sind.

Reine Metallspiegel werden nur noch selten verwendet, weil der Ausdehnungskoeffizient der Metalle ziemlich groß ist. Im allgemeinen benutzt man Gläser geringer Ausdehnung oder Quarz mit chemisch oder durch Kathodenzerstäubung aufgetragenen Reflexionsschichten. Als Metalle kommen z. B. Silber oder, besonders für das Ultraviolette, Aluminium in Frage. Glasplatten mit verspiegelter Rückseite (Planspiegelplatten) haben den Nachteil, daß ein Vorderreflex und Nebenreflexe, die durch mehrmalige Reflexionen innerhalb der Platte entstehen, störende Nebenbilder erzeugen.

Ein Planspiegel lenkt das Licht um $\delta = 90° + \varepsilon + 90° - \varepsilon'$, also mit (2.1) um $\delta = 180° + 2\varepsilon$ ab (Abb. 2.4). Drehen wir den Planspiegel um den Winkel α, dann dreht sich das Einfallslot um den Winkel α, und der Einfallswinkel ändert sich um den gleichen Winkel. Die Ablenkung ändert sich um den doppelten Betrag 2α.

Bei der Drehung des Spiegels um den Winkel α dreht sich der reflektierte Lichtstrahl um den doppelten Winkel 2α.

Dieser Satz wird bei der Gauß-Poggendorffschen Spiegelablesung angewendet. Bei Galvanometern wird z. B. ein kleiner Spiegel so angebracht, daß er sich mit der Drehspule mitdreht. Ein Fernrohr wird so aufgestellt, daß die Nullmarke einer Teilung über die Reflexion am Spiegel zu sehen ist. Aus $\tan 2\alpha = d/a$ (Abb. 2.4) ergibt sich nach Messung von d und a der Drehwinkel. Für kleine Winkel 2α ist wegen $\tan 2\alpha \approx 2\alpha$ die lineare Auslenkung d dem Drehwinkel proportional.

Abbildung am Planspiegel. Vor dem Planspiegel befindet sich die punktförmige Lichtquelle L (Abb. 2.5), die ein divergentes Lichtbündel aussendet. Die Lichtstrahlen werden nach dem Reflexionsgesetz reflektiert. Blicken wir in den Spiegel, dann scheint das Licht von L' auszugehen. Die rückwärtigen Verlängerungen der reflektierten Lichtstrahlen gehen sämtlich durch den Punkt L', der dieselbe Entfernung vom

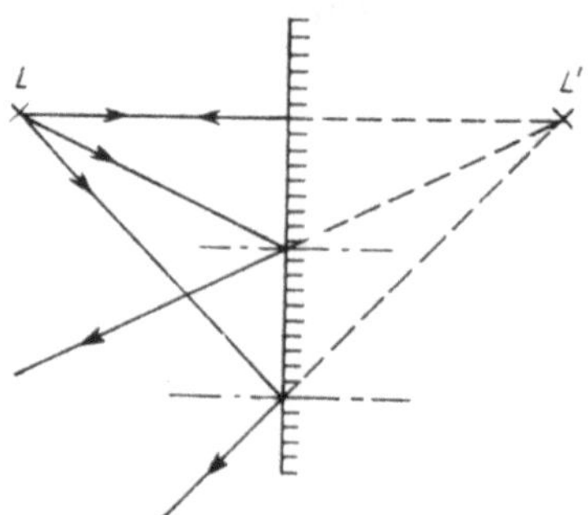

Abb. 2.5. Abbildung einer punktförmigen Lichtquelle

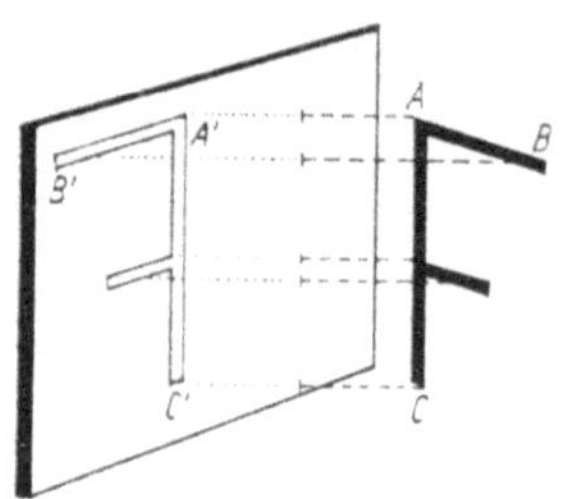

Abb. 2.6. Spiegelbild

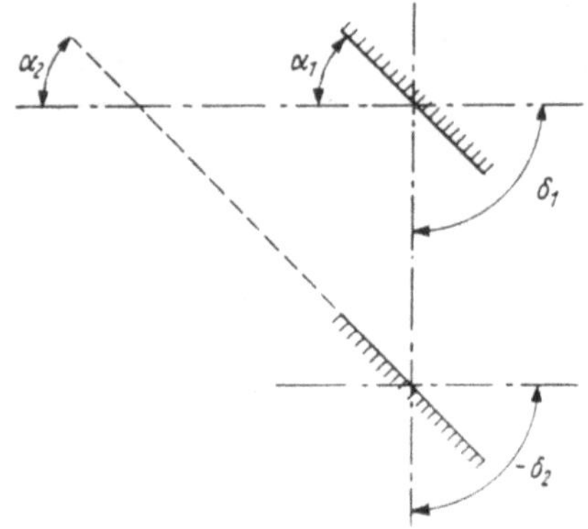
Abb. 2.7. Spiegeltreppe

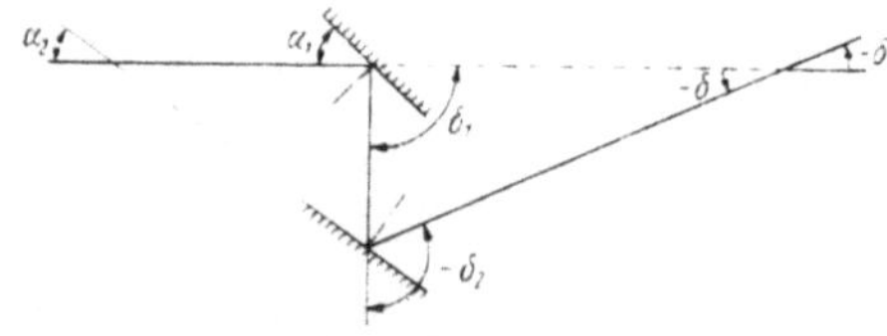
Abb. 2.8. Winkelspiegel

Spiegel hat wie die Lichtquelle L, weil jeweils die Dreiecke LB_0B_l und $L'B_0B_l$ kongruent sind.

Ein Planspiegel erzeugt von einer punktförmigen Lichtquelle ein punktförmiges virtuelles Bild. Dieses hat vom Spiegel dieselbe Entfernung wie die Lichtquelle.

Das Spiegelbild eines ausgedehnten leuchtenden Objektes setzt sich aus den Spiegelbildern seiner einzelnen Punkte zusammen (Abb. 2.6). Versetzt man sich in die Situation des Spiegelbildes, dann führt der Spiegel eine einseitige Vertauschung durch. In der Abb. 2.6 bleiben oben und unten erhalten, während rechts und links vertauscht sind.

2.1.3. Planspiegelfolgen

Die größte praktische Bedeutung haben *komplanare Planspiegelfolgen*. Bei diesen stehen alle Spiegel auf einer Ebene senkrecht. Abb. 2.7 zeigt eine sog. Spiegeltreppe. Beide Spiegel bilden mit der Lichteinfallsrichtung gleiche Winkel; sie stehen also parallel zueinander. Der zweite Spiegel hebt die Ablenkung des Lichtes durch den ersten Spiegel wieder auf. Die Gesamtablenkung ist Null. In der Abb. 2.8 bilden die beiden Spiegel den Winkel $\alpha_2 - \alpha_1 = \alpha$ miteinander. Die Ablenkung beträgt nach Abb. 2.8 $\delta = \delta_1 + \delta_2$, woraus mit $\delta_1 = 2\alpha_1$ und $\delta_2 = 2(\alpha_2 - 2\alpha_1)$

$$\delta = 2(\alpha_2 - \alpha_1) = 2\alpha \tag{2.3}$$

folgt.

Die Ablenkung durch zwei komplanare Planspiegel hängt nur vom Winkel zwischen den Spiegeln ab. Bei einer Drehung der in sich starren Planspiegelfolge um eine zu den Spiegeln parallele Achse ändert sich die Ablenkung nicht.

Die Invarianz gegenüber Drehungen gilt für komplanare Planspiegelfolgen aus einer geraden Anzahl an Spiegeln. Die Abbn. 2.9 und 2.10 enthalten zwei weitere Beispiele von Winkelspiegeln. Der 45°-Winkelspiegel wird z. B. zum Abstecken eines rechten Winkels im Freien verwendet.
Drei Spiegel, die die Ecke eines Würfels bilden, stellen einen *Tripelspiegel* dar (Abb. 2.11). Dieser hat die Eigenschaft, Licht beliebiger Einfallsrichtung parallel versetzt in die Ausgangsrichtung zu reflektieren. Tripelspiegel wurden bei Apollo-Raumflügen auf dem Mond stationiert. Aus der Laufzeit eines am Tripelspiegel reflektierten Laserimpulses konnte die Entfernung Erde–Mond sehr genau bestimmt werden.

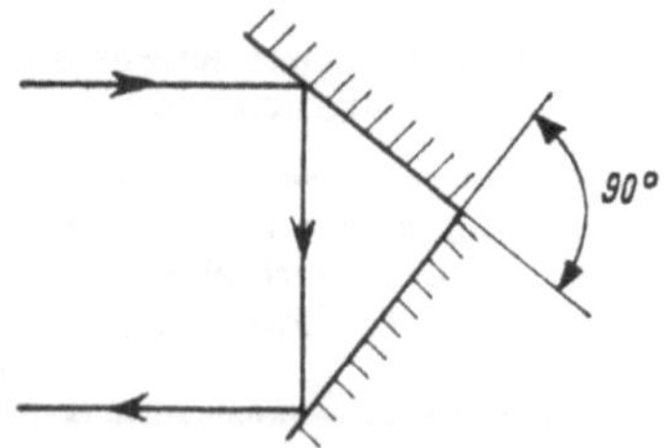

Abb. 2.9. 90°-Winkelspiegel

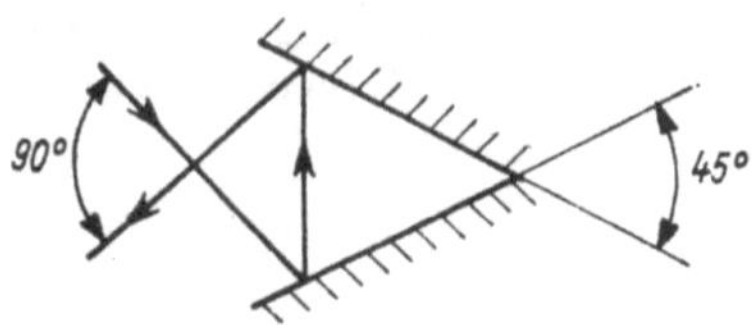

Abb. 2.10. 45°-Winkelspiegel

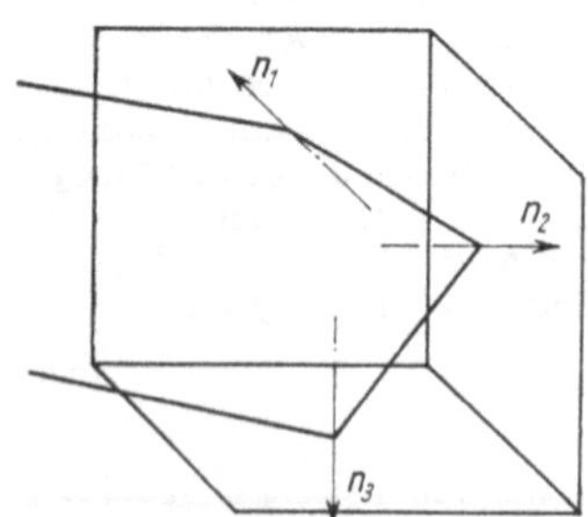

Abb. 2.11. Tripelspiegel

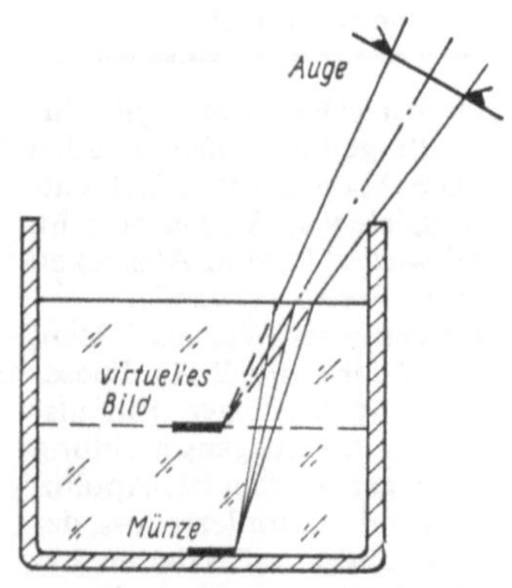

Abb. 2.12. Scheinbare Hebung durch Brechung

2.2. Brechung des Lichtes

2.2.1. Brechungsgesetz

Bereits im Band I wurde festgestellt, daß eine Welle an der Grenzfläche zweier verschiedener Stoffe eine Änderung der Geschwindigkeit erfährt und dadurch gebrochen wird. Legt man auf den Boden eines undurchsichtigen Gefäßes eine Münze, und stellt man sich so, daß die Münze gerade durch den oberen Rand des Gefäßes verdeckt wird, dann wird die Münze sichtbar, wenn Wasser in das Gefäß gefüllt wird. Sie scheint im Wasser angehoben zu sein (Abb. 2.12, der Versuch war bereits ARCHIMEDES, 212 v. d. Z., bekannt). Taucht man einen geraden Stab schräg ins Wasser, so erscheint er an der Eintrittsstelle geknickt. Da die im Wasser liegenden Körper an einer anderen Stelle erscheinen, als sie in Wirklichkeit sind, muß der Weg des Lichtes aus dem Wasser in die Luft verschieden sein von dem Wege, den das Licht zurücklegt, wenn es nur durch die Luft geht. (Wir sehen also von der Münze und von dem Stab virtuelle Bilder.)
Um das Verhalten eines Lichtstrahles beim Eintritt in Wasser zu verfolgen, machen wir folgenden Versuch: Ein zum Teil mit Wasser gefülltes Gefäß trägt an seiner Hinterwand eine weiße Scheibe, auf die ein Kreis gezeichnet ist (Abb. 2.13). Wir tauchen die Scheibe so weit ein, daß der Durchmesser des Kreises in gleicher Höhe mit dem Wasserspiegel liegt. Lassen wir ein schmales Lichtbündel schräg so auf die Wasserfläche fallen, daß es die Grenzfläche von Luft und Wasser im Mittelpunkt des Kreises trifft, so spaltet es sich in zwei Teile. Der eine Teil wird reflektiert, der andere tritt ins Wasser ein. Das ins Wasser eintretende Strahlenbündel geht aber nicht in der ursprünglichen Richtung weiter; sondern es wird zum Lot hin abgelenkt. Verändern wir die Richtung des einfallenden Strahlenbündels, so ändert sich die Richtung des durch die Wasseroberfläche gehenden Strahlenbündels.

Die Ablenkung des Lichtes beim Durchgang durch die Grenzfläche zwischen zwei Stoffen in denen das Licht unterschiedliche Geschwindigkeiten hat, heißt *Brechung*. Der Winkel, den der gebrochene Lichtstrahl mit dem Einfallslot bildet, ist der *Brechungswinkel* ε'. Wird der Lichtstrahl beim Eintritt in den zweiten Stoff zum Einfallslot hin gebrochen, dann nennen wir den zweiten Stoff optisch dichter als den ersten. Auf der Grundlage von Experimenten läßt sich das Brechungsgesetz formulieren:

Der einfallende Strahl, das Einfallslot und der gebrochene Strahl liegen in einer Ebene, der Einfallsebene. Das Verhältnis aus dem Sinus des Einfallswinkels und dem Sinus des Brechungswinkels ist konstant.

Diese Aussage wurde zuerst von SNELL aufgefunden. WILLIBRORD SNELL VAN ROYEN, latinisiert SNELLIUS, ein Holländer, 1591 bis 1626, fand das Gesetz um 1618; es wurde aber weiteren Kreisen erst durch DESCARTES bekannt, der es 1637 in seiner „Dioptrik“, wohl unabhängig von SNELL, veröffentlichte und ihm die heutige Form gab. Die ersten Versuche, ein Brechungsgesetz zu finden, gehen auf den Alexandriner CLAUDIUS PTOLEMÄUS zurück. Seine Messungen der Brechungswinkel an Wasser und Glas

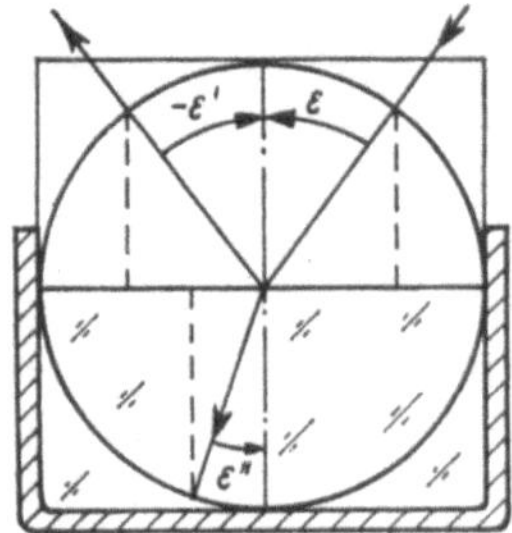

Abb. 2.13. Zur Demonstration der Brechung des Lichtes

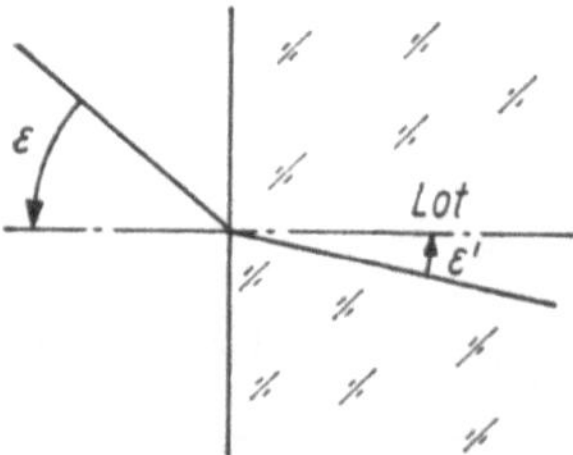

Abb. 2.14. Einfalls- und Brechungswinkel

Tabelle 2.1. Brechzahlen einiger Stoffe für die Natrium-D-Linie (λ = 589,298 nm) bei 20 °C (optische Gläser siehe Abschn. 3.4.4)

Stoff	Brechzahl
Diamant	2,4173
Flußspat	1,433830
Glyzerin	1,46949
Kanadabalsam	1,542
Kieselglas	1,45886
Schwefelkohlenstoff	1,62769
Steinsalz	1,544258
Wasser	1,332988
Zedernholzöl	1,542

sind uns überliefert und stellen wohl die älteste physikalische Experimentaluntersuchung dar.

Es ist also (Abb. 2.14):

$$\frac{\sin \varepsilon}{\sin \varepsilon'} = n_{\text{rel}}. \tag{2.4}$$

Die Konstante n_{rel} stellt die *relative Brechzahl* für den Übergang zwischen den beiden Stoffen dar.

Absolute Brechzahl. Auch an der Grenzfläche eines Stoffes gegenüber dem Vakuum wird das Licht gebrochen. Die Brechzahl für den Übergang vom Vakuum in einen Stoff wird als *absolute Brechzahl* bezeichnet. Sie kann aus dem Verhältnis der Lichtgeschwindigkeit im Vakuum c_0 und der Lichtgeschwindigkeit im Stoff c bzw. c' berechnet werden.

$$n = \frac{c_0}{c} \quad \text{bzw.} \quad n' = \frac{c_0}{c'}. \tag{2.5}$$

Damit ergibt sich für die relative Brechzahl

$$n_{\text{rel}} = \frac{n'}{n}. \tag{2.6}$$

Man kann bei Kenntnis der absoluten Brechzahl von Luft (n_{Luft} = 1,00028 bei 20 °C und 101325 Pa) die gegen Luft gemessenen relativen Brechzahlen n_{rel} in absolute Brechzahlen umrechnen. Es ist $n = n_{\text{rel}} \cdot 1{,}00028$. In der Tab. 2.1 sind einige Brechzahlen zusammengestellt.

Unter Verwendung der absoluten Brechzahlen oder der gegen denselben Stoff gemessenen relativen Brechzahlen läßt sich das Brechungsgesetz (2.4) umschreiben in

$$n \sin \varepsilon = n' \sin \varepsilon'. \tag{2.7}$$

In Worten:

Das Produkt aus der Brechzahl und dem Sinus des Winkels ist vor und nach der Grenzfläche gleich. Es ist eine Invariante der Brechung.

Fällt ein Lichtstrahl auf die Grenzflächen zweier Stoffe, deren Brechzahl gleich ist, so tritt keine Brechung ein. Der Lichtstrahl geht unabgelenkt hindurch, der Gegenstand ist unsichtbar: Zum Beispiel sehen wir einen massiven Glasstab nicht, der sich in Zedernholzöl befindet. Durch Wasserstoffperoxid gebleichte tierische Gewebe werden dadurch vollkommen durchsichtig gemacht, daß man die sorgfältig von allem Wasser befreiten Gewebe in Wintergrünöl (Salizylsäuremethylester) einbettet, das die gleiche Brechzahl hat wie die Gewebe.
Man kann die Knochen oder die mit Quecksilber gefüllten Blutbahnen innerhalb der unverletzten Gewebe beobachten.

Zeichnung des gebrochenen Strahls. Um zu einem einfallenden Lichtstrahl den zugeordneten gebrochenen Lichtstrahl durch Zeichnen zu ermitteln, verfährt man nach HUYGENS folgendermaßen (Abb. 2.15):

Man zeichnet zwei konzentrische Kreise, deren Radien sich wie die Brechzahlen verhalten. Der einfallende Strahl wird so parallel zu sich verschoben, daß er durch den Mittelpunkt der Kreise geht. Das Einfallslot wird so zu sich parallel verschoben, daß es den der Brechzahl n zugeordneten Kreis im gleichen Punkt schneidet wie der verschobene einfallende Strahl. Die gebrochene Strahlrichtung ist die Verbindungsgerade des Kreismittelpunktes und des Punktes, in dem das Einfallslot den der Brechzahl n' zugeordneten Kreis schneidet. Der Beweis ist mit dem Sinussatz möglich. Nach Abb. 2.15 gilt

$$\frac{\sin(180° - \varepsilon)}{\sin \varepsilon'} = \frac{r'}{r} = \frac{n'}{n} \quad \text{oder}$$

$$\frac{\sin \varepsilon}{\sin \varepsilon'} = \frac{n'}{n}.$$

Vektorielles Brechungsgesetz. Analog zum vektoriellen Reflexionsgesetz (2.2) läßt sich auch das Brechungsgesetz vektoriell formulieren. Die Ableitung ist etwas langwieri-

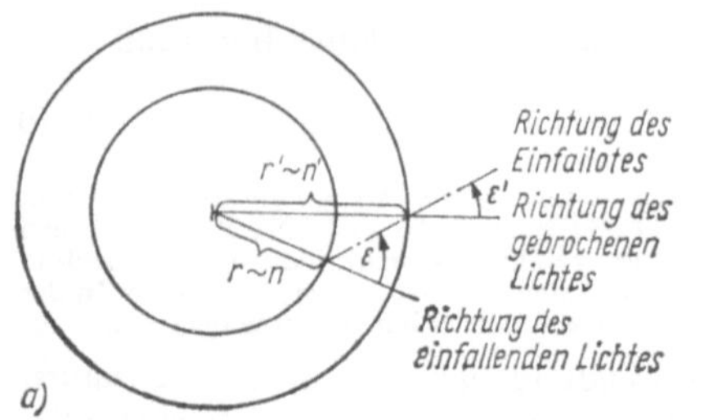

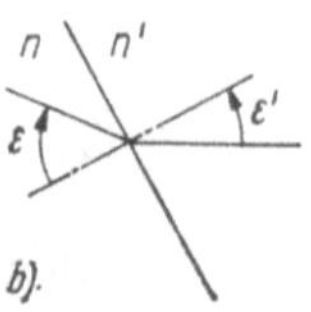

Abb. 2.15. Zeichnung des gebrochenen Strahls

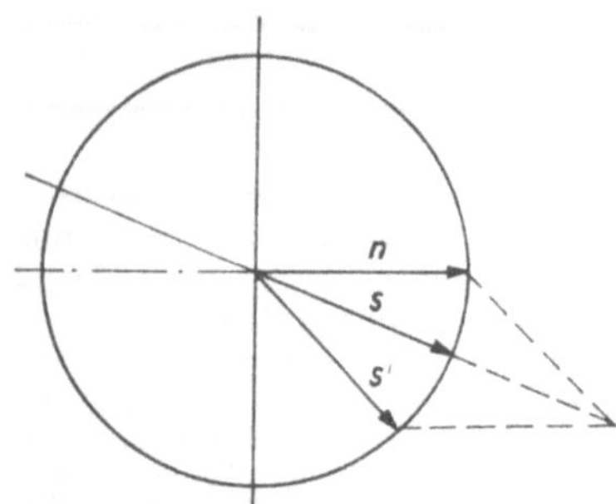

Abb. 2.16. Vektorielles Brechungsgesetz

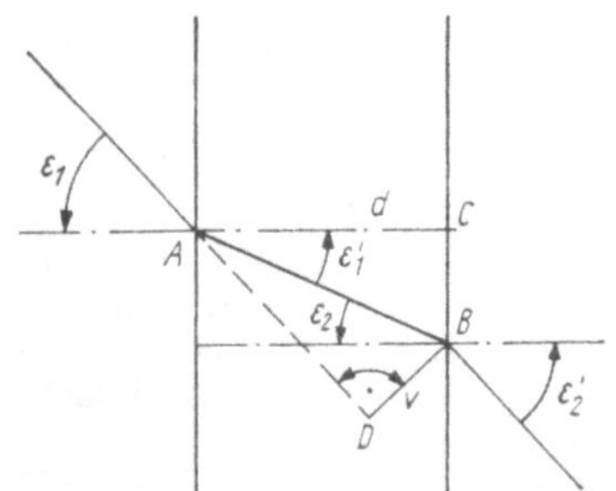

Abb. 2.17. Strahlenverlauf an der planparallelen Platte

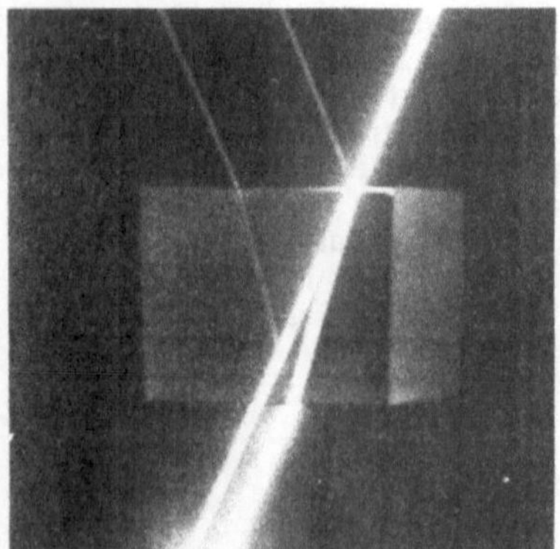

Abb. 2.18. Demonstration der Wirkung einer planparallelen Platte

ger und soll hier übergangen werden. Das Ergebnis ist (Abb. 2.16):

$$s' = \frac{n}{n'} s - n\left\{\frac{n}{n'}(ns) - \sqrt{1 - \left(\frac{n}{n'}\right)^2 [1 - (ns)^2]}\right\}. \tag{2.8}$$

2.2.2. Planparallele Platten

Eine planparallele Platte besteht aus einem optisch durchsichtigen Körper, der von zwei parallelen, ebenen polierten Flächen begrenzt ist (Abb. 2.17). Ein Lichtstrahl treffe unter dem Winkel ε_1 auf die erste Fläche auf. Er wird gebrochen, und der Brechungswinkel ε_1' ist dem Einfallswinkel ε_2 an der zweiten Grenzfläche gleich. Befindet sich hinter der Platte derselbe Stoff wie vor der Platte, dann ist der Brechungswinkel ε_2' wegen der Umkehrbarkeit des Strahlengangs gleich dem Einfallswinkel ε_1. Daraus folgt, daß der Lichtstrahl seine Richtung beibehält und parallel zu sich versetzt wird.

Im Dreieck *ABD* gilt (Abb. 2.17) $\sin(\varepsilon_1 - \varepsilon_1') = v/l$, und im Dreieck *ACB* gilt $\cos\varepsilon_1' = d/l$. Daraus folgt

$$v = d\,\frac{\sin(\varepsilon_1 - \varepsilon_1')}{\cos\varepsilon_1'}. \tag{2.9}$$

Die Versetzung ist der Plattendicke d proportional. Im Bereich $0 \leqq \varepsilon_1 \leqq 90°$ gilt $0 \leqq v \leqq d$. Die Drehung der planparallelen Platte läßt sich sehr feinfühlig in die Versetzung eines Lichtbündels umsetzen. Damit eignet sich die Platte als optisches Mikrometer.

Man kann die Wirkung einer planparallelen Platte auf ein Lichtbündel beobachten, wenn man das Bündel so leitet, daß es teilweise durch die Platte und teilweise daneben verläuft .(Abb. 218).

2.2.3. Totalreflexion

Wir betrachten den Übergang des Lichtes von einem optisch dichten in einen optischen dünnen Stoff. Ein Lichtstrahl wird vom Einfallslot weggebrochen (Abb. 2.19). Vergrößern wir den Einfallswinkel auf ε_G, dann wird der Brechungswinkel 90°, das Licht verläuft streifend zur Grenz-

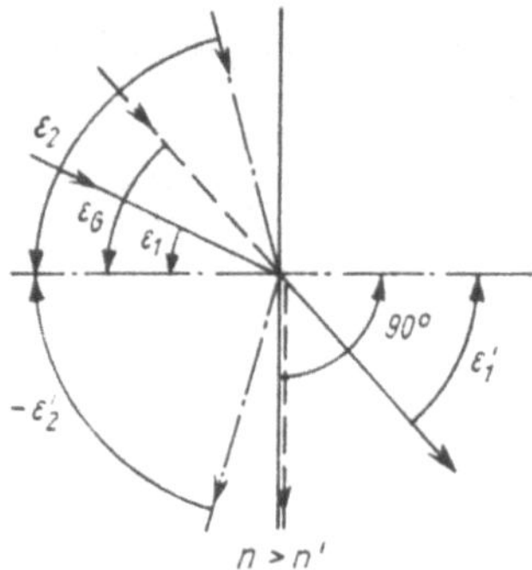

Abb. 2.19. Brechung und Totalreflexion beim Übergang vom optisch dichten zum optisch dünnen Stoff

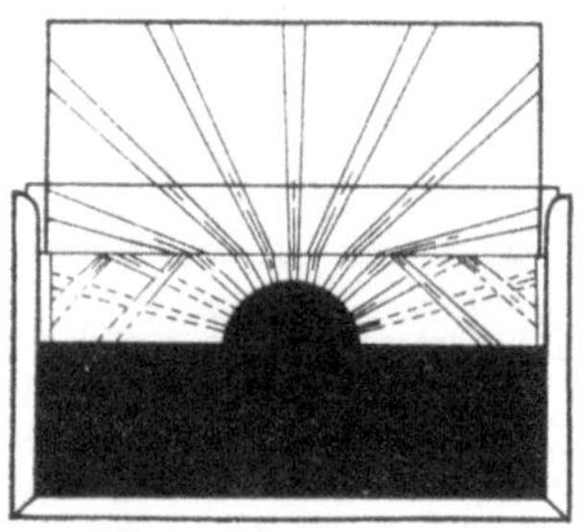

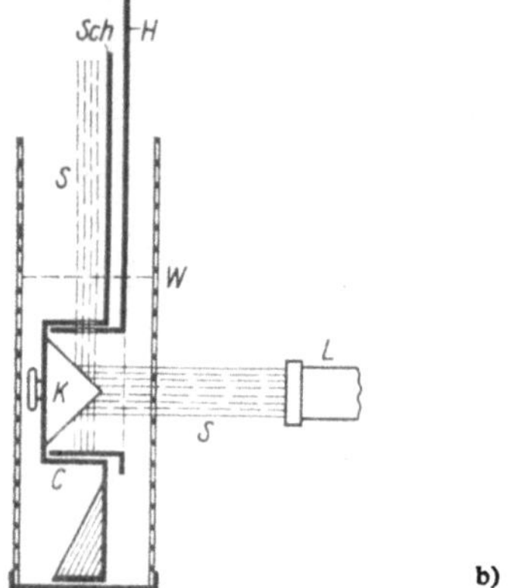

Abb. 2.20. Demonstration der Totalreflexion

fläche. Bei einer weiteren Vergrößerung des Einfallswinkels ist kein gebrochener Lichtstrahl mehr möglich. Das Experiment zeigt, daß für Einfallswinkel, die größer als ε_G sind, das Licht vollständig reflektiert wird. Diese Erscheinung wird Totalreflexion genannt; der Winkel ε_G heißt Grenzwinkel der Totalreflexion.

Totalreflexion tritt ein, wenn das Licht aus einem optisch dichteren Stoff auf die Grenzfläche zu einem optisch dünneren Stoff trifft und der Einfallswinkel größer als der Grenzwinkel der Totalreflexion ist.

Aus dem Brechungsgesetz folgt für den Grenzwinkel $n \sin \varepsilon_G = n' \sin 90°$, also

$$\sin \varepsilon_G = \frac{n'}{n}. \qquad (2.10)$$

Für den Übergang Glas–Luft mit $n'/n = 1/1{,}5$ gilt z. B. $\varepsilon_G \approx 42°$.

Man beobachtet die Totalreflexion, wenn man schräg von unten gegen die Wasserfläche eines mit Wasser gefüllten Glases blickt, an dem intensiven Glanz, der so hell ist, als ob die Reflexion an einer polierten Silberplatte stattfände. Das Verhalten eines Lichtstrahles, der aus einem optisch dichteren Stoff durch die Grenzfläche eines optisch dünneren tritt, demonstriert ein Gerät, dessen Schnitt Abb. 2.20a zeigt. Die Reflexion der mittleren Strahlen wurde nicht gezeichnet. Die beiden äußeren Strahlenbündel zeigen Totalreflexion. Zum Verständnis des Gerätes zeigt Abb. 2.20b dieses im Vertikalschnitt. Paralleles Licht S fällt auf einen Kegel K und wird nach allen Seiten reflektiert. Durch mehrere Öffnungen des Zylindermantels C werden die Strahlen ausgeblendet, die man in Abb. 2.20a sieht. Sie streifen den weißen Schirm *Sch* und werden dadurch sichtbar.

Die Totalreflexion vom Standpunkte der Wellenoptik. Nach der Wellenlehre kann die Welle nicht plötzlich an der Grenzfläche der beiden Stoffe aufhören. Auch aus dem Huygensschen Prinzip, das wir schon im Bd. I kennengelernt haben, geht hervor, daß mindestens ein Teil der Energie in den optisch dünnen Stoff übertreten muß. Dies wird auch von der elektromagnetischen Lichttheorie MAXWELLS gefordert. Aus ihr folgt, daß die Welle tatsächlich in den dünnen Stoff eindringt und sich längs der Grenzfläche ein Energiestrom ausbildet, der mit zunehmender Entfernung von der Fläche rasch absinkt, und daß andererseits die Energie wieder vollständig in den dichteren Stoff zurücktritt. Diese Erscheinung wurde sehr schön von SCHÄFER und GROSS nachgewiesen, und zwar mit kurzen elektromagnetischen Wellen. Ihre Versuchsanordnung wird durch die Abb. 2.21 dargestellt. Die Ergebnisse des Versuchs entsprachen vollständig den Erwartungen.

Für Lichtwellen haben z. B. GOOS und HÄNCHEN den Energiestrom im dünneren Stoff bestätigen können (Abb. 2.22). Man weist den in den dünneren Stoff eingedrungenen Strahl ST durch eine Verschiebung v gegen die Richtung QR nach, in der der Strahl ohne Übergang in den dünneren Stoff verliefe. Man kann den Strahl QR realisieren, indem man einen Streifen längs der Grenzfläche versilbert; dann findet an diesem Streifen Metallreflexion statt, und der Strahlengang ist durch PQR gegeben. Seitlich von dem Spiegel verläuft das Licht gemäß dem Strahlengang $PQST$, daher beobachtet man zwei etwas gegeneinander verschobene Strahlen.

2.2.4. Licht- und Bildleitkabel

Innerhalb eines in Luft stehenden Glasstabes läßt sich das Licht durch mehrfache Totalreflexion weiterleiten. Voraussetzung ist, daß die Einfallswinkel am Zylindermantel größer als der Grenzwinkel der Totalreflexion sind.

Abb. 2.23 zeigt den Schnitt durch die Achse des Glaszylinders. Es gilt $\varepsilon' - \varepsilon_G = 90°$. Das Brechungsgesetz

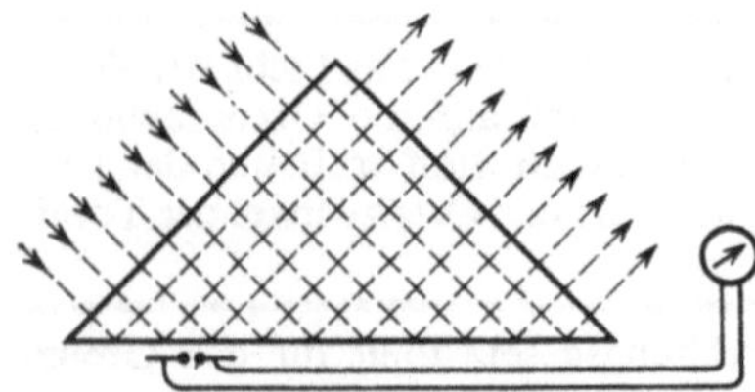

Abb. 2.21. Zur Totalreflexion elektromagnetischer Wellen

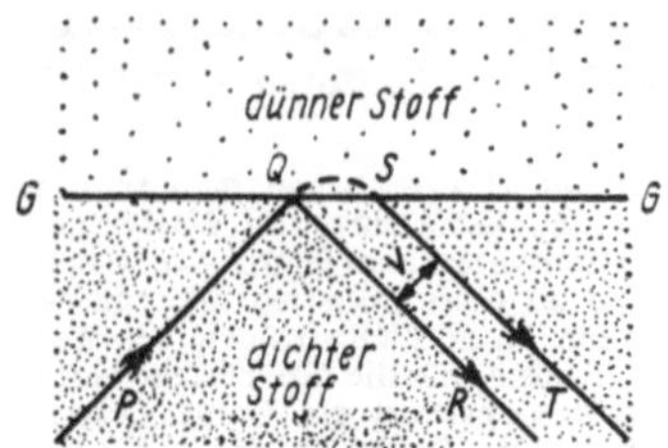

Abb. 2.22. Versuch von GOOS und HÄNCHEN

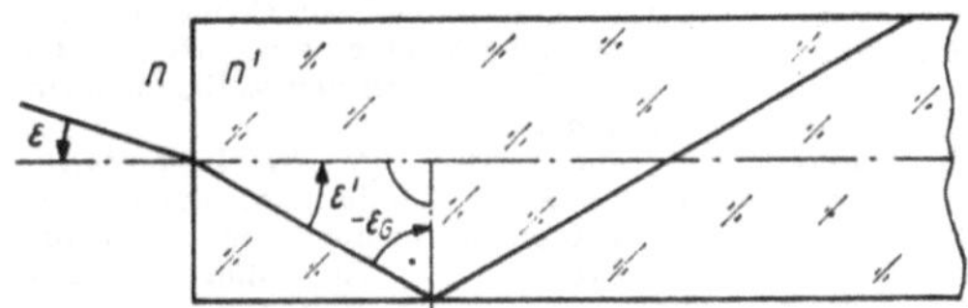

Abb. 2.23. Totalreflexion in einem Glasstab

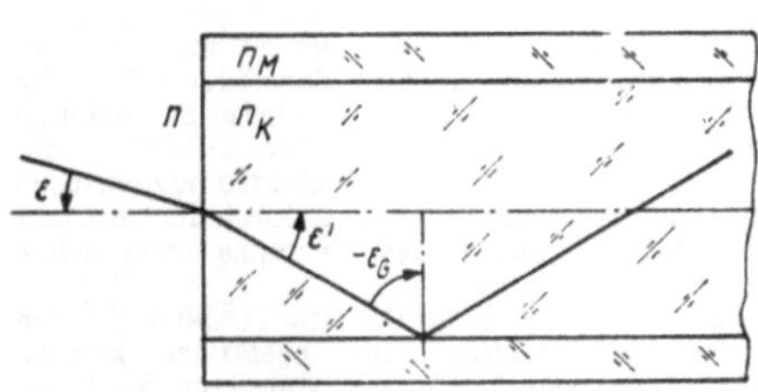

Abb. 2.24. Ummantelte Glasfaser

ergibt $n \sin \varepsilon_{max} = n' \sin (\varepsilon_G + 90°) = n' \cos \varepsilon_G = n' \sqrt{1 - \sin^2 \varepsilon_G}$. Mit $\sin \varepsilon_G = n/n'$ folgt daraus

$$n \sin \varepsilon_{max} = \sqrt{n'^2 - n^2}. \qquad (2.11)$$

ε_{max} ist der maximal zulässige Einfallswinkel und kennzeichnet den halben Öffnungswinkel des übertragbaren Lichtkegels. Auch durch gebogene Glasstäbe kann das Licht geleitet werden.

Sehr dünne „Glasstäbe" stellen die Glasfasern dar, die als biegsame Lichtleiter anzusehen sind. Ein ausreichender Lichtstrom wird übertragen, wenn eine größere Anzahl von Glasfasern zu einem Bündel zusammengefaßt wird. Auf diese Weise entsteht das biegsame *Lichtleitkabel.* An den Berührungslinien der Fasern würde die Totalreflexion gestört. Deshalb überzieht man jede Faser mit einem Mantel aus einem niedrig brechenden Stoff (Abb. 2.24). Mit der Brechzahl des Kerns n_K und der Brechzahl des Mantels n_M geht (2.11) über in

$$n \sin \varepsilon_{max} = \sqrt{n_K^2 - n_M^2}. \qquad (2.12)$$

Für $n = 1$, $n_K = 1{,}7$ und $n_M = 1{,}5$ erhält man $\sin \varepsilon_{max} = 0{,}8$. Praktisch gefertigt werden z. B. Lichtleitkabel mit $n_K = 1{,}60$, $n_M = 1{,}52$ und dem Faserdurchmesser 30 µm. Auch Fasern mit Quarz oder Plaste als Kernmaterial werden angewendet.

Der Transmissionsgrad hängt stark von der Kabellänge ab. Er kann z. B. bei 2 m Länge den Wert 0,3 haben. Ursachen für die Lichtverluste sind die Absorption des Lichtes im Glas und die nicht vollständige Totalreflexion, die sich zwar bei einer Reflexion wenig auswirkt, aber durch die große Anzahl von Reflexionen merklich ist (bei 1 m Länge kann sie in der Größenordnung 10^4 Reflexionen betragen).

Bildleitkabel. Die Bildübertragung ist möglich, wenn die Fasern an beiden Enden des Bündels die gleiche relative Lage haben, d. h., wenn sie geordnet sind. Ein Bild, das auf der Eintrittsfläche erzeugt wird, erscheint auf der Austrittsfläche gerastert wieder. Jede Faser überträgt ein Bildelement. Geordnete Faserbündel werden deshalb als *Bildleitkabel* bezeichnet.

In der Produktion befinden sich Licht- und Bildleitkabel aus inhomogenen Stoffen (*Gradientenfasern*). Bei diesen werden Fasern verwendet, in denen z. B. durch thermische Diffusion von Stoffen in die Faser hinein oder aus ihr heraus, durch Ionenimplantation, Epitaxie (Aufwachsen von Stoffen auf Trägerstoffe) u. a. eine radial veränderliche Brechzahl erzeugt wird. Die Lichtstrahlen sind gekrümmt, und es ist die gegenseitige Abbildung von Punkten an den beiden Endflächen jeder einzelnen Faser möglich.

2.2.5. Prismen

In der technischen Optik unterscheiden wir *Reflexionsprismen* und *Dispersionsprismen.* Die Hauptfunktion der Reflexionsprismen ist die Ablenkung des Lichtes oder die Umkehr von Bildern; die Hauptfunktion der Dispersionsprismen ist die spektrale Zerlegung des Lichtes. Ein optisches Prisma ist ein durchsichtiger Körper, der mindestens zwei nichtparallele ebene Grenzflächen hat. Bei einem Reflexionsprisma ist mindestens eine reflektierende, beim Dispersionsprisma mindestens eine brechende Fläche vorhanden.

Reflexionsprismen werden oftmals auch als totalreflektierende Prismen bezeichnet, obwohl nicht in jedem Falle metallbelegte Spiegelflächen zu vermeiden sind. Wir geben aus der Fülle der praktisch angewendeten Reflexionsprismen einige Beispiele an.

Der Halbwürfel mit einer Reflexion ersetzt einen Planspiegel (Abb. 2.25). Er lenkt um 90° ab und führt einseitige Vertauschung des Bildes aus. Ein Parallelbündel, das senkrecht auf die Grenzfläche trifft, wird wegen des Einfallswinkels von 45° an der Hypotenusenfläche total reflektiert.

Der Halbwürfel mit zwei Reflexionen wirkt wie der 90°-Winkelspiegel (Abb. 2.26).

Das Pentaprisma lenkt das Licht wie der 45°-Winkelspiegel um 90° ab (Abb. 2.27). Die reflektierenden Flächen müssen wegen des unterhalb des Grenzwinkels der Totalreflexion liegenden Einfallswinkels 22,5° verspiegelt sein. Das Pentaprisma ist unempfindlich gegen kleine Drehungen um eine zu den beiden Spiegelflächen parallele Achse.

Das Dovesche Umkehrprisma bewirkt die einseitige Vertauschung des Bildes bei fluchtender optischer Achse (Abb. 2.28).

Dispersionsprismen enthalten im einfachsten Fall zwei brechende Flächen, die den brechenden Winkel γ einschließen und deren Schnittlinie die brechende Kante darstellt (Abb. 2.29). Die brechende Kante braucht bei einem realen Prisma nicht materiell vorhanden zu sein. Jede Ebene, die senkrecht zur brechenden Kante steht, ist ein *Hauptschnitt* des Prismas. In diesem schneiden sich die Spurgeraden der brechenden Ebenen im Durchstoßungspunkt der brechenden Kante. Ein im Hauptschnitt auf die brechende Ebene fallender Lichtstrahl bleibt bei der Brechung innerhalb des Hauptschnittes (Abb. 2.29).

Der Strahlengang im Hauptschnitt. Wir betrachten im folgenden nur den Strahlengang im Hauptschnitt. Beim Eintritt eines Lichtstrahles aus Luft in ein Glasprisma wird der Lichtstrahl zum Einfallslot hin gebrochen. Er geht im Glas geradlinig weiter, bis er die zweite brechende Ebene trifft. An dieser wird er vom Einfallslot weg gebrochen. Infolge dieser zweifachen Brechung erfährt der Lichtstrahl eine Richtungsänderung, eine *Ablenkung*. Die Ablenkung δ ist der Winkel, den der auffallende, verlängerte Lichtstrahl mit dem austretenden, rückwärts verlängerten Strahl einschließt. Ist die Brechzahl des Prismas größer als die der Umgebung, so wird der Strahl von der Kante weg gebrochen. Nach Abb. 2.29 ergibt sich

$$\delta = -\varepsilon_1 + \varepsilon_1' + \varepsilon_2' - \varepsilon_2 \tag{2.13}$$

und

$$\gamma = \varepsilon_2 - \varepsilon_1'. \tag{2.14}$$

Die Ablenkung beträgt also

$$\delta = -\varepsilon_1 + \varepsilon_2' - \gamma. \tag{2.15}$$

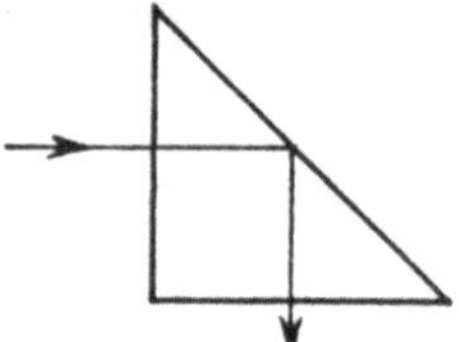
Abb. 2.25. Halbwürfel mit einer Reflexion

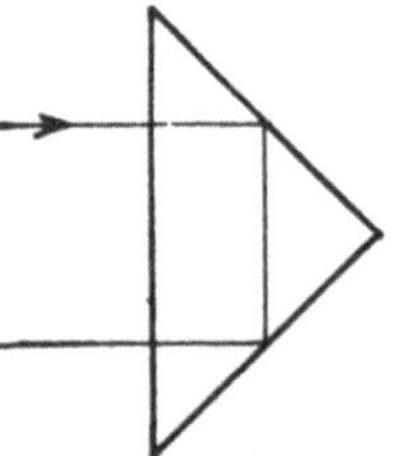
Abb. 2.26. Halbwürfel mit zwei Reflexionen

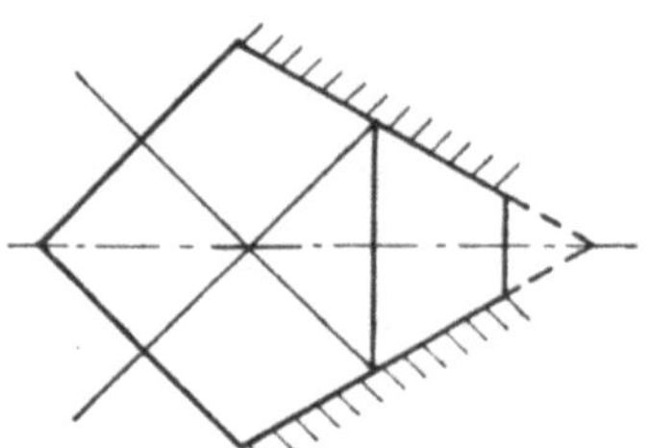
Abb. 2.27. Pentaprisma

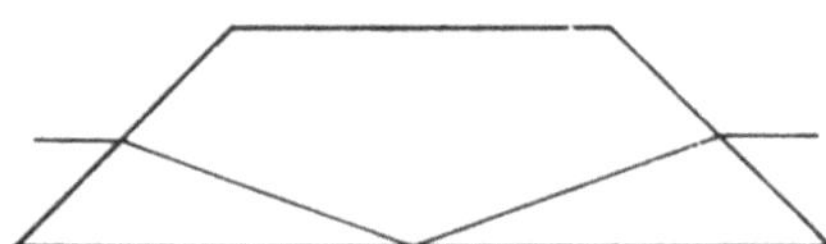
Abb. 2.28. Dovesches Umkehrprisma

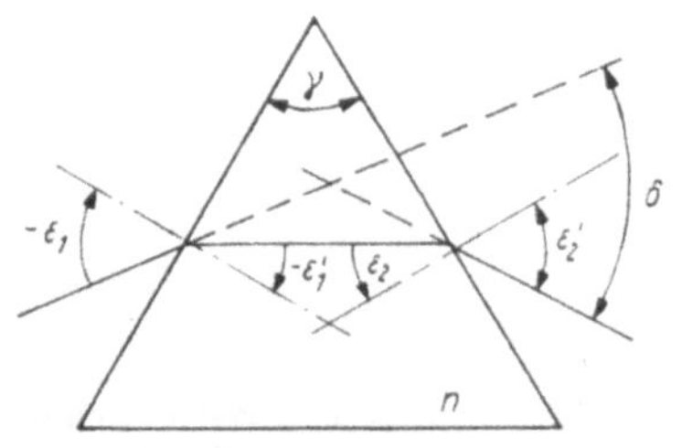

Abb. 2.29. Dispersionsprisma

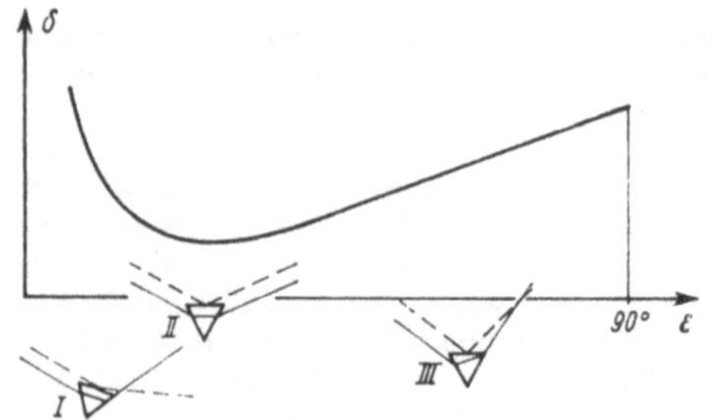

Abb. 2.30. Ablenkung am Dispersionsprisma als Funktion des Einfallswinkels

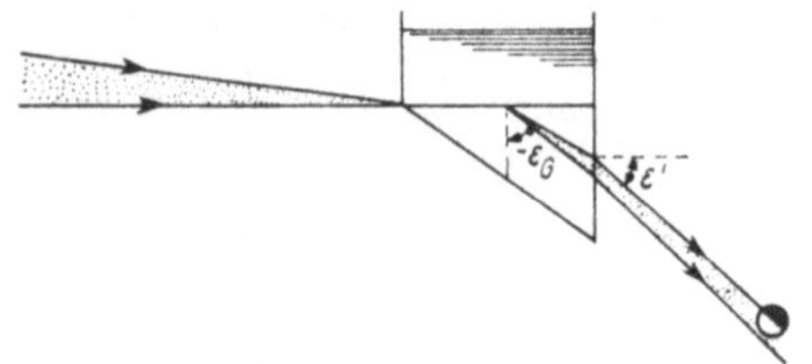

Abb. 2.31. Refraktometer nach PULFRICH

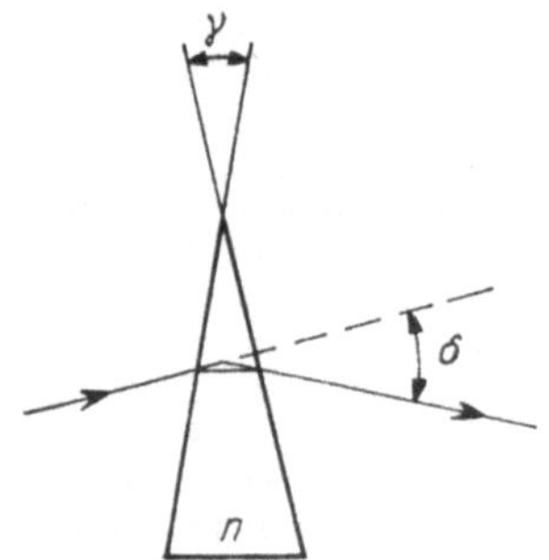

Abb. 2.32. Keil

Minimalablenkung. Es läßt sich zeigen, daß die Ablenkung für $\varepsilon_1 = -\varepsilon_2'$, d. h. für symmetrischen Strahlengang, den kleinsten Wert annimmt.

Die Ablenkung δ zeigt mit wachsendem Einfallswinkel etwa den in Abb. 2.30 dargestellten Verlauf. Zum Nachweis benutzt man ein Prisma, dessen Hauptschnitt ein gleichschenkliges Dreieck ist und bei dem auch die dritte Begrenzungsebene poliert ist. Läßt man ein paralleles Strahlenbündel auf das Prisma fallen, so wird ein Teil des Strahlenbündels von der dritten Fläche reflektiert (in der Abbildung gestrichelt gezeichnet), während ein anderer Teil durch Brechung an den beiden anderen Begrenzungsebenen abgelenkt wird (in der Abbildung als ausgezogene Linie gezeichnet). Dreht man nun das Prisma langsam aus Stellung *I* in Stellung *II* und dann in Stellung *III*, so beobachtet man, daß der gebrochene Teil des Strahlenbündels in dem Augenblick die kleinste Ablenkung erfährt, in dem er mit dem reflektierten Teil des Strahlenbündels parallel austritt; dadurch ist aber der symmetrische Durchgang gekennzeichnet.

Mit dem Refraktometer von PULFRICH (Abb. 2.31) lassen sich Brechzahlen von Flüssigkeiten und Festkörpern genau ermitteln. Ein Strahlenbündel trifft streifend auf die Oberfläche eines Prismas von bekannter Brechzahl, wird unter dem Grenzwinkel ε_G gebrochen und verläßt nach abermaliger Brechung beim Austritt in Luft das Prisma unter dem Winkel ε'. Das Bündel tritt in ein (nicht dargestelltes) Fernrohr ein. Der Winkel ε' wird mit Teilkreis und Nonius gemessen und die Brechzahl der Flüssigkeit berechnet oder angezeigt.

Bestimmung der Brechzahl aus der Minimalablenkung. Die kleinste Ablenkung läßt sich sehr scharf beobachten. Man mißt ihre Größe δ_m und den brechenden Winkel γ des Prismas. Dazu kann ein Goniometer verwendet werden. Beim symmetrischen Strahlengang ergibt sich wegen $\varepsilon_1 = -\varepsilon_2'$ aus (2.15)

$$\varepsilon_1 = -\tfrac{1}{2}(\delta_m + \gamma)$$

und wegen $\varepsilon_1' = -\varepsilon_2$ aus (2.14)

$$\varepsilon_1' = -\tfrac{1}{2}\gamma .$$

Mit der relativen Brechzahl n des Prismas gegenüber der Umgebung erhalten wir aus dem Brechungsgesetz

$$n = \frac{\sin\left[\frac{1}{2}(\delta_m + \gamma)\right]}{\sin\left(\frac{1}{2}\gamma\right)} . \tag{2.16}$$

Ein Keil ist ein Prisma mit kleinem brechenden Winkel (Abb. 2.32). Die Ablenkung durch einen Keil weicht auch bei unsymmetrischem Strahlengang wenig von der Minimalablenkung ab. Es kann die Beziehung (2.16) für so kleine Winkel verwendet werden, daß die Sinusfunktionen durch ihre Argumente ersetzbar sind (der Index bei δ_m kann wegfallen).
Es gilt $n = (\delta + \gamma)/\gamma$, also

$$\delta = (n - 1)\,\gamma . \tag{2.17}$$

Mit einem Keil ist eine kleine Ablenkung des Lichtes realisierbar.

Dispersion. Die Brechzahl in Stoffen hängt von der Wellenlänge des Lichtes ab. Diese als Dispersion bezeichnete Erscheinung werden wir später ausführlich behandeln (Abschn. 3.4). Hier sei nur darauf hingewiesen, daß als Folge davon die Ablenkung des Lichtes durch ein Dispersionsprisma von der Farbe abhängt und weißes Licht in Spektralfarben zerlegt wird.

2.2.6. Fermatsches Prinzip

Optische Weglänge. Wir wollen untersuchen, unter welcher Bedingung das Licht bei der Ausbreitung in zwei verschiedenen homogenen Stoffen die gleiche Zeit benötigt. Es soll also $t_1 = t_2$ gelten. Im homogenen Stoff breitet sich das Licht gleichförmig geradlinig aus, so daß die Laufzeit aus der zurückgelegten geometrischen Weglänge l

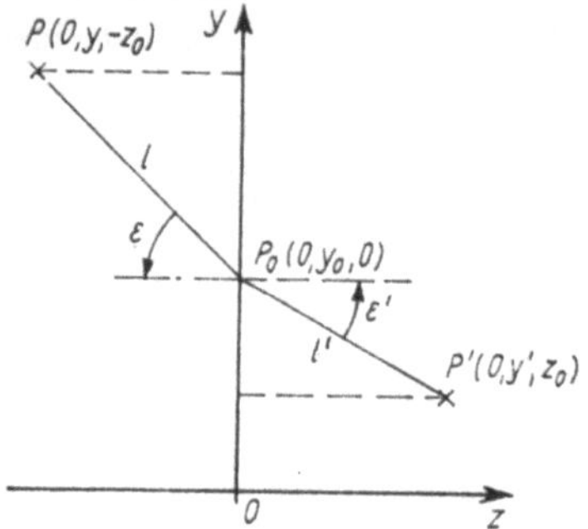

Abb. 2.33. Brechungsgesetz und optische Weglänge

und der Lichtgeschwindigkeit c mittels $t_1 = l_1/c_1$, $t_2 = l_2/c_2$ berechnet werden kann. Nach (2.5) ist $c_1 = c_0/n_1$, $c_2 = c_0/n_2$. Gleiche Laufzeit bedeutet also

$$n_1 l_1 = n_2 l_2 .$$

Die Größe

$$L = nl \tag{2.18}$$

wird als *optische Weglänge* oder auch kurz als *Lichtweg* bezeichnet.

Die optische Weglänge ist das Produkt aus Brechzahl und geometrischer Weglänge. Gleiche optische Weglängen werden in gleichen Zeiten zurückgelegt.

Brechungsgesetz und optische Weglänge. Ein Lichtstrahl gehe vom Punkt P aus, werde an der Grenzfläche zweier homogener Stoffe gebrochen und gehe im zweiten Stoff durch den Punkt P' (Abb. 2.33). Wir berechnen die optische Weglänge zwischen P und P' in einem Koordinatensystem, dessen x-y-Ebene mit der Grenzfläche und dessen y-z-Ebene mit der Einfallsebene zusammenfällt. Mit Hilfe des Satzes von Pythagoras erhalten wir nach Abb. 2.33

$$l = \sqrt{(y - y_0)^2 + z_0^2},$$
$$l' = \sqrt{(y_0 - y')^2 + z_0^2}.$$

Die optische Weglänge zwischen P und P' beträgt

$$L = nl + n'l'$$

oder

$$L = n\sqrt{(y - y_0)^2 + z_0^2} + n'\sqrt{(y_0 - y')^2 + z_0^2}. \tag{2.19}$$

Wir vergleichen den Lichtweg mit möglichen Nachbarwegen, also mit Lichtwegen, die P und P' verbinden und in der Nähe von P_0 durch die Grenzfläche führen. Die Änderung des Lichtweges bei einer kleinen Variation des Punktes P_0 längs der y-Achse ergibt sich aus

$$\frac{dL}{dy_0} = -\frac{n(y - y_0)}{\sqrt{(y - y_0)^2 + z_0^2}} + \frac{n'(y_0 - y')}{\sqrt{(y_0 - y')^2 + z_0^2}}$$

bzw. mit $(y - y_0)/l = \sin \varepsilon$, $(y_0 - y')/l' = \sin \varepsilon'$

$$\frac{dL}{dy_0} = -n \sin \varepsilon + n' \sin \varepsilon'.$$

Wegen der Gültigkeit des Brechungsgesetzes (2.7) wird

$$\frac{dL}{dy_0} = 0. \tag{2.20}$$

Daraus folgt: Bei der Brechung an einer Grenzfläche ist der Lichtweg zwischen zwei Punkten verglichen mit einem möglichen Nachbarweg ein Extremwert.

Das Reflexionsgesetz kann formal als Spezialfall des Brechungsgesetzes für $n' = -n$ aufgefaßt werden.

Deshalb gilt (2.20) auch für die Reflexion.

Fermatsches Prinzip. In der geometrischen Optik wird der Strahlenverlauf in Stoffen mit stückweise konstanter Brechzahl durch gerade Strekken, Reflexionen und Brechungen bestimmt. Deshalb ist die abgeleitete Aussage über die Extremalität des Lichtweges, die als *Fermatsches Prinzip* bezeichnet wird, ein allgemein gültiges Prinzip. Es kann umgekehrt als das grundlegende Prinzip der geometrischen Optik angesehen werden, aus dem alle weiteren Gesetze der geometrischen Optik folgen.

Das Fermatsche Prinzip lautet:

Der Lichtweg zwischen zwei Punkten hat verglichen mit möglichen Nachbarwegen einen Extremwert.

In Formeln gilt

$$\sum_i n_i l_i = \text{Extr.} \qquad \text{bzw.} \qquad \delta \sum_i n_i l_i = 0. \tag{2.21}$$

(Die erste Variation des Lichtweges verschwindet.) (2.21) wird auch als Gleichung des *Punkteikonals* bezeichnet.

Da $nl = c_0 t$ ist, lautet eine gleichwertige Formulierung

$$\sum_i t_i = \text{Extr.} \qquad \text{bzw.} \qquad \delta \sum_i t_i = 0. \tag{2.22}$$

In Worten:

Das Licht nimmt zwischen zwei Punkten denjenigen optischen Weg, der eine extremale Laufzeit erfordert.

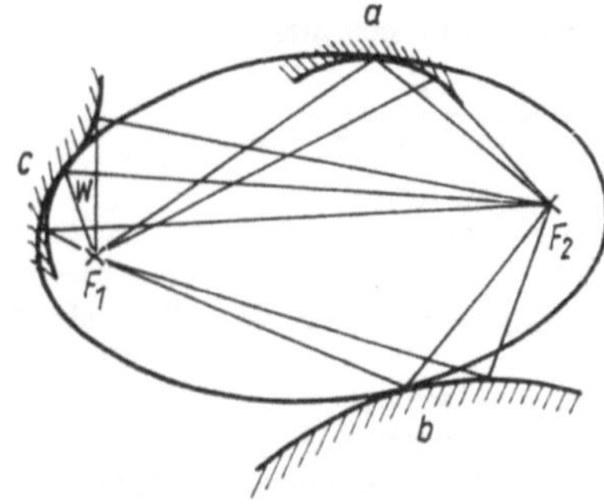

Abb. 2.34. Zum Fermatschen Prinzip am elliptischen Spiegel

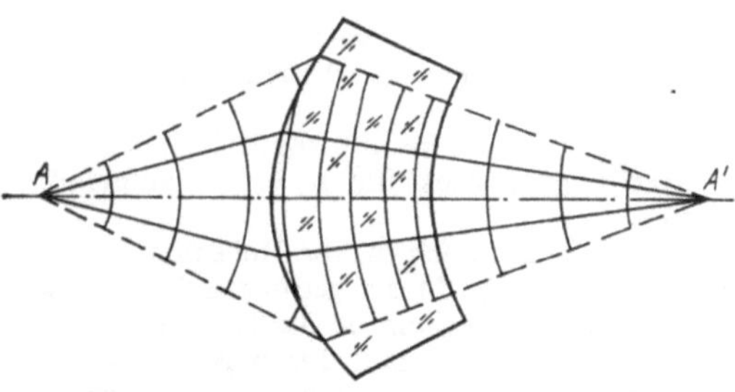

Abb. 2.35. Wellenflächen vor und nach der Brechung

Bei stetig veränderlicher Brechzahl ist der Lichtweg zwischen zwei Punkten P_1 und P_2 aus

$$L = \int_{P_1}^{P_2} n \, dl \tag{2.23}$$

zu berechnen. Das Fermatsche Prinzip nimmt die Schreibweise

$$\delta \int_{P_1}^{P_2} n \, dl = 0 \tag{2.24}$$

an.

Der Lichtweg ist in den meisten Fällen ein Minimum. Es gibt aber auch Beispiele, bei denen ein Maximum oder ein Wendepunkt vorliegt.

Abb. 2.34 soll dies für einen elliptischen Spiegel demonstrieren. Aus den geometrischen Eigenschaften der Ellipse folgt, daß die vom Brennpunkt F_1 einer elliptisch gekrümmten Fläche ausgehenden Strahlen zum anderen Brennpunkt F_2 reflektiert werden. Vergleicht man nun die Reflexion an einer stärker gekrümmten Fläche a, so erkennt man aus der Abb. 2.34, daß der wahre Lichtweg gegenüber dem benachbarten ein Maximum darstellt. Vergleicht man ihn mit einer weniger stark gekrümmten Fläche b, so hat der wahre Lichtweg ein Minimum. Würde schließlich eine Fläche c betrachtet werden, deren Meridiankurve im Punkt W einen Wendepunkt hätte, so würde der wahre Lichtweg weder ein Maximum, noch ein Minimum sein.

Die *Axiome der geometrischen Optik* lauten:

1. Im homogenen Stoff sind die Lichtstrahlen gerade.
2. Der Strahlenverlauf ist umkehrbar.
3. An einer Grenzfläche wird das Licht nach dem Reflexionsgesetz reflektiert und nach dem Brechungsgesetz gebrochen.

Diese Axiome sind offenbar eine direkte Folge des Fermatschen Prinzips.

Satz von Malus. Im homogenen isotropen Stoff breitet sich das Licht von einem Punkt in Form von Kugelwellen aus. Die Flächen konstanter Phase sind die Wellenflächen.

Nach dem Satz von Fermat sind die einem Punkt zugeordneten Wellenflächen auch unabhängig von Reflexionen, Brechungen und Krümmungen von Lichtstrahlen Flächen konstanter optischer Weglänge. Sie stehen immer senkrecht zu den Lichtstrahlen (Abb. 2.35). Daraus folgt der *Satz von Malus*:

Unabhängig von Reflexionen und Brechungen sind die Lichtstrahlen stets die Normalen zu den Wellenflächen.

Ein Strahlenbündel, das senkrecht zu einem Flächensystem steht, heißt *orthotom*. Die Orthotomie bleibt also nach dem Satz von Malus auch nach Reflexionen und Brechungen erhalten.

Gültigkeit der geometrischen Optik. Wir haben uns in der allgemeinen Wellenlehre (Bd. I) bereits mit der Ausbreitung von Wellen befaßt und gesehen, daß Hindernisse und Öffnungen nur dann von merklichem Einfluß auf die Ausbreitung sind, wenn ihre Ausmaße von derselben Größenordnung sind wie die Wellenlänge. Die Wellenlänge des sichtbaren Lichtes ist sehr klein, so daß in den allermeisten Fällen alle Hindernisse und Öffnungen als sehr groß im Vergleich zur Wellenlänge angesehen werden können. Daher haben die Grundvoraussetzungen und Grundtatsachen der geometrischen Optik einen verhältnismäßig großen Geltungsbereich. Man muß aber beachten, daß ein einzelner Lichtstrahl als mathematische Abstraktion anzusehen ist, die praktisch nicht realisierbar ist. Es ist deshalb ratsam, stets Strahlenbündel oder Strahlenbüschel, also Gesamtheiten von Lichtstrahlen zu untersuchen.

2.3. Geometrisch-optische Abbildung mit Spiegeln

2.3.1. Geometrisch-optische Abbildung

Optische Abbildung. Es gehört zu den vorrangigen Aufgaben der Optik, eine Abbildung zu realisieren. Darunter verstehen wir die Transformation von wesentlichen Eigenschaften eines Objek-

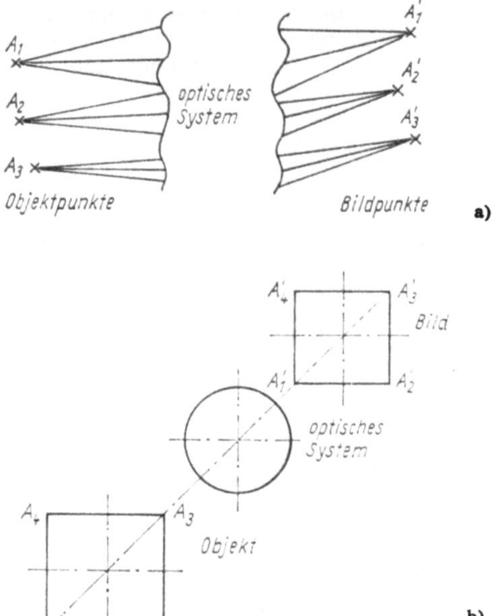

Abb. 2.36. a) Punktförmige Abbildung,
b) Ähnliche Abbildung

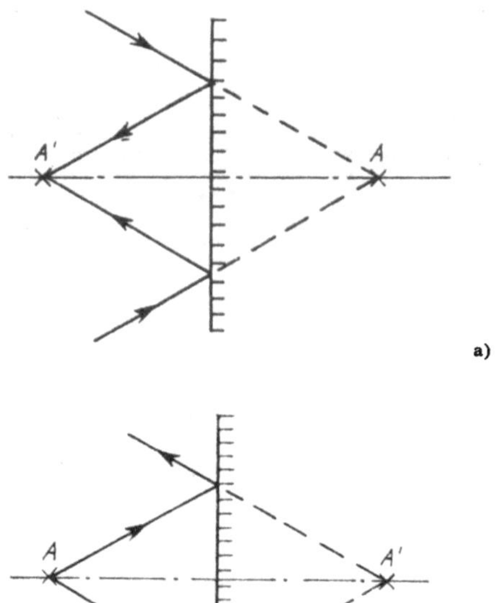

Abb. 2.37. a) Virtueller Objektpunkt, reeller Bildpunkt am ebenen Spiegel,
b) Reeller Objektpunkt, virtueller Bildpunkt am ebenen Spiegel

tes in den Bildbereich. Im allgemeinen kann damit z. B. eine Größenänderung, ein Speichern, ein Hervorheben bestimmter Objekteigenschaften, die Umwandlung von unsichtbaren Objekteigenschaften in sichtbare u. a. verbunden sein. Das Bild braucht also nicht immer dem Objekt völlig zu entsprechen. Die Forderungen an die Abbildung ergeben sich aus dem Anwendungszweck.

Die optische Abbildung wird vor allem mit *optischen Systemen* realisiert, die Bestandteil der gesamten aus dem Beleuchtungssystem, dem optischen System und dem Auffangsystem bestehenden Abbildungskette sind.

Die optische Abbildung kann mit Hilfe theoretischer Konzeptionen behandelt werden, die einem unterschiedlichen Näherungs- oder Abstraktionsgrad entsprechen. In erster Linie sind die geometrisch-optische und die wellenoptische Theorie der Abbildung zu unterscheiden. Erstere bedient sich des Strahlenmodells, letztere des Wellenmodells des Lichtes. An dieser Stelle gehen wir nur auf die geometrisch-optische Theorie ein.

Ideale geometrisch-optische Abbildung. Das Objekt wird als Gesamtheit aus leuchtenden Punkten betrachtet. Es ist unwesentlich, ob es sich um selbstleuchtende Punkte, also um Lichtquellenpunkte, oder um nicht selbstleuchtende Punkte handelt. Von jedem Objektpunkt geht ein Strahlenbündel aus.

Strahlenbündel, deren Strahlen einen Konvergenzpunkt haben, heißen *homozentrisch*.

Von den Objektpunkten gehen also homozentrische Strahlenbündel aus. Die ideale geometrisch-optische Abbildung ist punktförmig und ähnlich in folgendem Sinne:

Verwandelt ein optisches System alle objektseitig homozentrischen Strahlenbündel in bildseitig homozentrische Strahlenbündel, dann ist die Abbildung punktförmig (Abb. 2.36a).

Die Ähnlichkeit der Abbildung liegt vor, wenn geometrische Strukturen in ähnliche Strukturen abgebildet werden (Abb. 2.36b).

Die ideale geometrisch-optische Abbildung ist für den gesamten Raum nur mit ebenen Spiegeln möglich. Die punktförmige Abbildung des gesamten Raumes und die ähnliche Abbildung von Figuren, die in achssenkrechten Ebenen liegen, vermittelt die *rotationssymmetrische kollineare Abbildung*. Diese mathematische Transformation wird durch lineare gebrochene Funktionen beschrieben.

Die Gesamtheit der Objektpunkte bildet den Objektraum, die Gesamtheit der Bildpunkte den

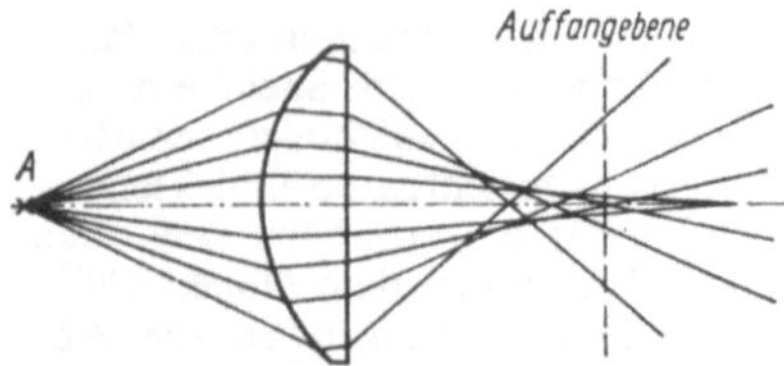

Abb. 2.38. Zerstreuungskreis als Ersatz für den Bildpunkt

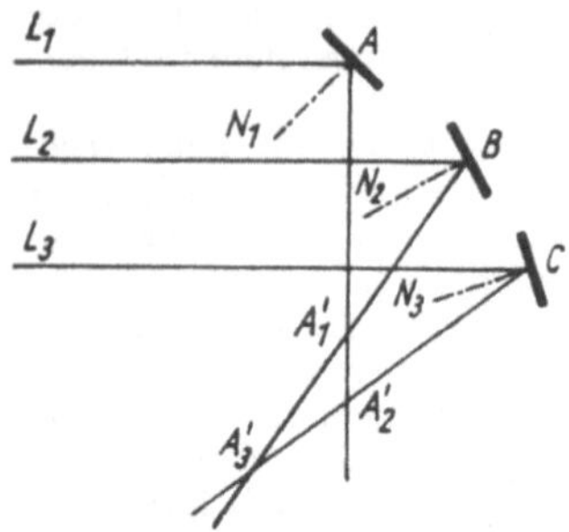

Abb. 2.39. Flächenelemente eines gekrümmten Spiegels

Bildraum. Beide Räume überdecken sich vollständig. Objekt- und Bildpunkte, die demselben Bündel zugeordnet sind (z. B. A_1 und A_1' in Abb. 2.36a), heißen zueinander *konjugiert.* Zu unterscheiden sind reelle und virtuelle Objekt- bzw. Bildpunkte.

In *reellen* Punkten schneiden sich die Strahlen, in *virtuellen* Punkten die Verlängerungen der Strahlen.

Sowohl Objektpunkte als auch Bildpunkte können reell oder virtuell sein. Abb. 2.37 demonstriert dies für den ebenen Spiegel. Vor dem Spiegel liegen die reellen Objekt- und Bildpunkte, hinter dem Spiegel die virtuellen Objekt- und Bildpunkte.

Geometrisch-optische Abbildung. Die meisten abbildenden optischen Bauelemente, wie z. B. Spiegel und Linsen, aber auch optische Systeme, wie z. B. Photoobjektive und Okulare, bilden nicht den gesamten Raum punktförmig und ähnlich ab. Die Qualität eines optischen Bildes kann aber auch den Anforderungen entsprechen, wenn Abweichungen von der kollinearen Abbildung vorliegen. Die Größe der zulässigen Abweichungen hängt vor allem vom Empfänger des Lichtes ab. So löst das Auge Zerstreuungskreise nicht auf, d. h., es nimmt sie als Punkte wahr, wenn ihr winkelmäßiger Durchmesser kleiner als 1′ ist (Abschn. 1.3.1). Zur praktischen Abbildung kann es also ausreichen, die Strahlen eines objektseitig homozentrischen Bündels bildseitig in der Umgebung eines Punktes zu konzentrieren (Abb. 2.38). Es ist auch niemals notwendig, den gesamten Raum abzubilden. Oft genügt es, die Punkte eines Ausschnitts aus einer ebenen Fläche abzubilden (z. B. bei der Projektion von Diapositiven). Es gilt also:

Die geometrisch-optische Abbildung ordnet im allgemeinen einer Objektstruktur aus leuchtenden Punkten eine Bildstruktur aus Zerstreuungsfiguren zu. Die zulässige Größe der Zerstreuungsfiguren und der Abweichungen von der geometrischen Ähnlichkeit hängen vom Anwendungszweck und vom Empfänger ab.

Experimentelle und theoretische Untersuchungen über die erforderliche Bildqualität und deren Prüfung sind das Aufgabengebiet der *Bewertung optischer Systeme.*

2.3.2. Reflektierende Rotationsflächen

Die Gesetze des ebenen Spiegels lassen sich auch auf kleine Flächenelemente von gekrümmten Flächen anwenden. Das Einfallslot eines solchen Flächenelements ist die auf ihm errichtete Normale.

Es seien in Abb. 2.39 L_1A und L_2B zwei einander sehr nahe Strahlen eines parallelen Strahlenbündels, die auf die beiden einander benachbarten Flächenelemente A und B eines gekrümmten Spiegels fallen. Die in A und B errichteten Normalen der Spiegelfläche seien AN_1 und BN_2. Die von den Spiegelelementen reflektierten Strahlen schneiden sich in A_1'. Der von einem benachbarten dritten Spiegelelement C reflektierte Strahl des parallelen Strahlenbündels schneidet im allgemeinen die beiden ersten reflektierten Strahlen in zwei Punkten A_2' und A_3', die nicht mit A_1' zusammenfallen. In dem besonderen Falle aber, daß die Spiegelelemente A, B und C Teile eines Umdrehungs-Paraboloids sind, fallen die drei Schnittpunkte A_1', A_2', A_3' mit dem Brennpunkte des Umdrehungs-Paraboloids zusammen, denn der Brennstrahl und der Durchmesser einer Parabel bilden mit der Normalen in jedem Punkte gleiche Winkel.

Hieraus folgt:

Fällt ein paralleles Strahlenbündel auf einen Parabolspiegel parallel zur Spiegelachse, so gehen alle reflektierten Strahlen durch den Brennpunkt des Parabolspiegels (Abb. 2.40).

Wegen der Umkehrbarkeit des Lichtwegs folgt:

Alle vom Brennpunkt F eines Parabolspiegels ausgehenden Strahlen (punktförmige Lichtquelle in F) und überhaupt alle durch den Brennpunkt einfallenden Strahlen werden vom Parabolspiegel parallel zur Spiegelachse reflektiert.

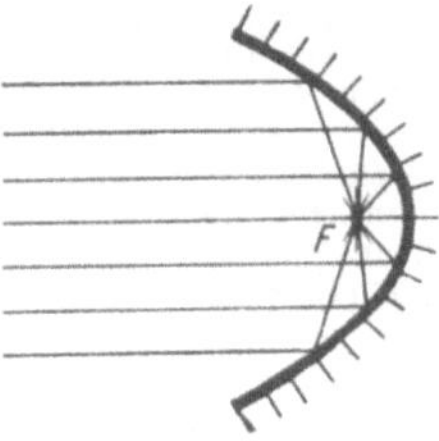

Abb. 2.40. Reflexion eines Parallelbündels am Parabolspiegel

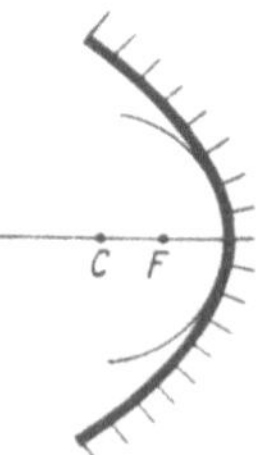

Abb. 2.41. Krümmungskreis im Scheitel eines Parabolspiegels

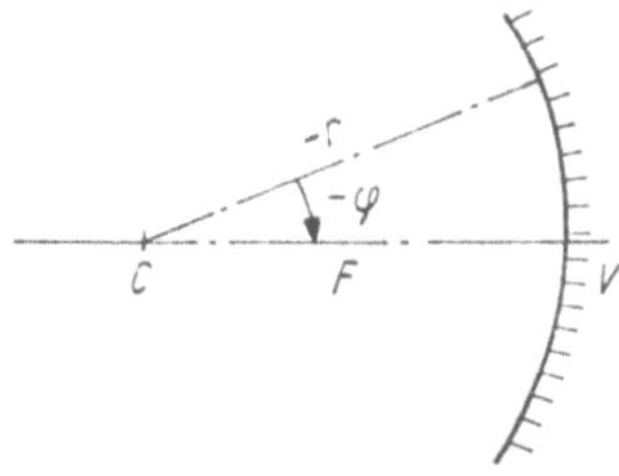

Abb. 2.42. Sphärischer Hohlspiegel

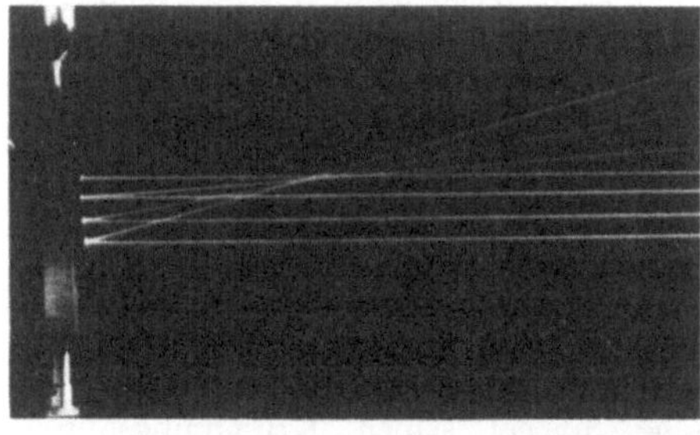

Abb. 2.43. Strahlenvereinigung am sphärischen Hohlspiegel

Der Parabolspiegel ist ein Beispiel für eine *reflektierende Rotationsfläche*. Die Rotationsachse stellt die *optische Achse* des Spiegels dar. Mit dem Parabolspiegel ist es also möglich, den unendlich fernen Achsenpunkt in den Brennpunkt und umgekehrt abzubilden. Es ist aber zu beachten, daß diese punktförmige Abbildung nur für einen einzigen Punkt vorhanden ist.

Der Halbmesser des Krümmungskreises im Scheitel einer Parabel ist gleich der doppelten Brennweite der Parabel; daher liegt der Mittelpunkt C des Krümmungskreises (Abb. 2.41) vom Scheitel V doppelt so weit entfernt wie der Brennpunkt F der Parabel. Dieser Krümmungskreis schmiegt sich der Parabel besonders eng (vierpunktig) an, so daß er in der Nähe des Scheitels statt der Parabel gesetzt werden kann. Daraus folgt, daß wir einen parabolischen Spiegel durch einen Kugelspiegel ersetzen können, wenn wir nur einen gegen die Kugeloberfläche sehr kleinen, mittleren Teil des Spiegels benutzen und wenn der Halbmesser der Kugel gleich der doppelten Brennweite des parabolischen Spiegels ist.

Ein Kugel- oder sphärischer Spiegel besteht aus einem Teil einer Kugelschale. Die optische Achse geht durch den Krümmungsmittelpunkt C und den in der Mitte der Kugelschale liegenden Flächenscheitel V (Abb. 2.42). Fallen auf einen sphärischen Spiegel mit sehr kleinem Durchmesser achsenparallele Strahlen, so vereinigen sie sich in der Umgebung eines Punktes, der in der Mitte zwischen Krümmungsmittelpunkt und Scheitel liegt. Dieser Punkt heißt *Brennpunkt* des sphärischen Spiegels. Die Entfernung des Brennpunktes vom Scheitel heißt *Brennweite* f. Ist r der Krümmungsradius des Spiegels, so gilt für die Brennweite

$$f = \frac{r}{2}. \tag{2.25}$$

Das Vorzeichen des Krümmungsradius richtet sich nach der relativen Lage von C und V. Liegt der Krümmungsmittelpunkt C von V aus gesehen entgegengesetzt zur Richtung des einfallenden Lichtes (Hohlspiegel oder Konkavspiegel), dann ist der Krümmungsradius r negativ; liegt C von V aus gesehen in Lichtrichtung (Wölbspiegel oder Konvexspiegel), dann ist r positiv. Der Hohlspiegel hat also nach (2.25) auch eine negative Brennweite. Allgemein wollen wir vereinbaren, daß möglichst in Zeichnungen die Richtung einfallender Lichtbündel von links nach rechts gewählt wird. Strecken, die rechts von ihrem als Bezugspunkt festgelegten Endpunkt liegen, werden positiv gezählt. Im Beispiel des Krümmungsradius und der Brennweite des Spiegels wird als Bezugspunkt der Flächenscheitel angenommen.

Bei größeren Durchmessern vereinigt der sphärische Spiegel die achsenparallelen Strahlen nicht in einem Punkt (Abb. 2.43). Die Schnittpunkte benachbarter Strahlen liegen auf einer in eine Spitze auslaufenden Fläche (*Brennfläche*). Die Spitze der Brennfläche ist der Brennpunkt.

Die Brennfläche sieht man, wenn Sonnenlicht auf die hohle Fläche eines versilberten Uhrglases fällt und wenn man Rauch in den Strahlengang bläst. Sie erscheint besonders hell im Vergleich zum übrigen Raum. Die eigentümlich geformte helle Linie, die man beobachtet, wenn Sonnenlicht in einen blanken Serviettenring oder Fingerring fällt, der auf einer weißen Unterlage liegt, ist der Durchschnitt der Brennfläche mit der weißen Unterlage, die *Katakaustik* (Abb. 2.44).

Konstruktion der Brennfläche. Der Kreisbogen BV (der Hohlspiegel) habe den Radius r, der konzentrische Kreis-

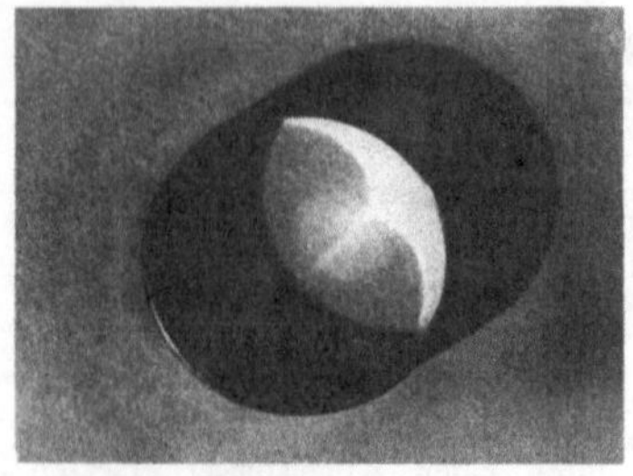

Abb. 2.44. Katakaustik

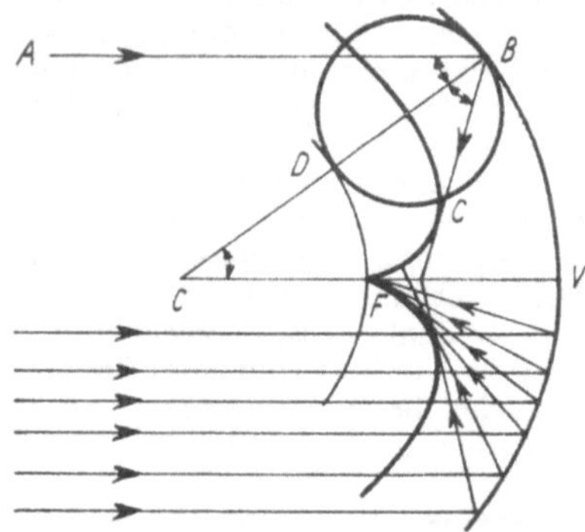

Abb. 2.45. Konstruktion der Brennfläche

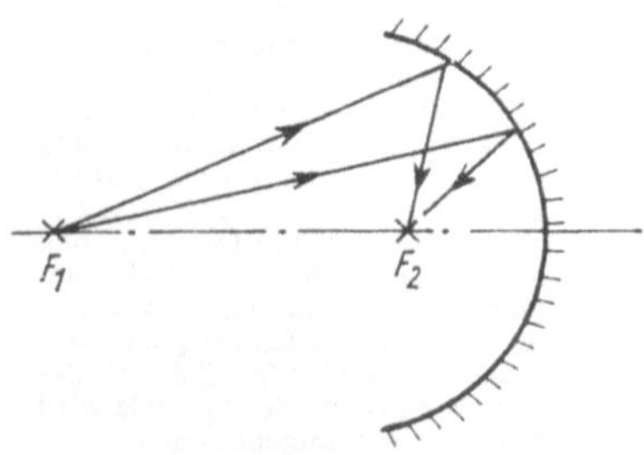

Abb. 2.46. Elliptischer Spiegel

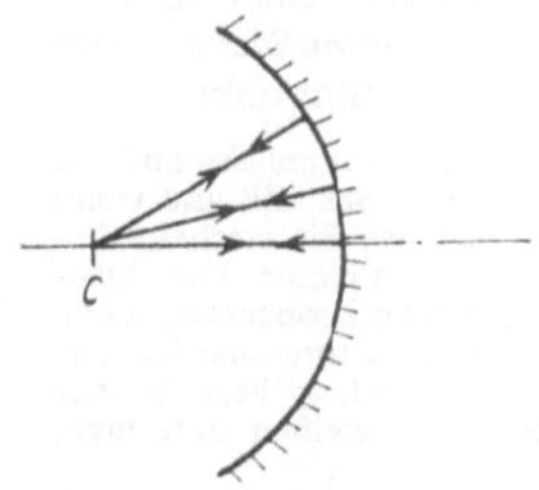

Abb. 2.47. Sphärischer Spiegel

bogen DF den Radius $\frac{1}{2}r$ und der Berührungskreis den Durchmesser $\frac{1}{2}r$ (Abb. 2.45). Der achsenparallele Strahl AB werde nach C reflektiert. Dann ist Bogen DC gleich dem Bogen DF. Verbindet man für eine Reihe von achsenparallelen Strahlen die entsprechenden Punkte C durch eine Kurve, so erhält man die Brennlinie des Spiegels, eine Epizykloide; sie wird vom Punkte C erzeugt, wenn der Berührungskreis, ohne zu gleiten, auf dem Bogen DF abrollt. Durch Umdrehung der Brennlinie um die Achse entsteht die Brennfläche.

Elliptischer Spiegel (Abb. 2.46). Die beiden Brennstrahlen eines Ellipsenpunktes bilden mit der Normalen in diesem Punkt gleiche Winkel. Stellt man eine punktförmige Lichtquelle in einem geometrischen Brennpunkt eines Spiegels von der Form eines Umdrehungs-Ellipsoides auf, so werden die Strahlen nach dem anderen geometrischen Brennpunkt reflektiert. Beide Punkte bestimmen die optische Achse des elliptischen Spiegels. Für kleine Öffnungswinkel kann man einen elliptischen Spiegel ebenfalls durch einen kugelförmigen Spiegel ersetzen, dessen Radius gleich dem Halbmesser des Krümmungskreises im Scheitel der Ellipse ist. Der Radius des Scheitelkreises beträgt $r = b^2/a$. Es ist also möglich, durch Änderung von a und b bei konstant gehaltenem b^2/a mit ein und demselben sphärischen Spiegel sehr kleinen Durchmessers einen beliebigen reellen Punkt (den einen geometrischen Brennpunkt der Ellipse) in die Umgebung eines zweiten Punktes (den anderen geometrischen Brennpunkt der Ellipse) abzubilden. Der sphärische Spiegel größeren Durchmessers als Spezialfall des elliptischen Spiegels mit im Mittelpunkt zusammenfallenden geometrischen Brennpunkten bildet den Krümmungsmittelpunkt in sich selbst ab (Abb. 2.47).

Hyperbolischer Spiegel. Dieselbe Überlegung wie beim elliptischen Spiegel läßt sich schließlich noch mit einem Rotationshyperboloid anstellen, dessen Scheitelkreis ebenfalls den Radius $r = b^2/a$ hat. Es zeigt sich dann, daß der sphärische Hohlspiegel sehr kleinen Durchmessers einen reellen Objektpunkt auch in die Umgebung eines virtuellen Bildpunktes abbilden kann (Abb. 2.48).

Zusammenfassend läßt sich also sagen: Der Parabolspiegel bildet den unendlich fernen Achsenpunkt in den Brennpunkt, der elliptische Spiegel einen reellen Objektpunkt in einen reellen Bildpunkt, der hyperbolische Spiegel einen reellen Objektpunkt in einen virtuellen Bildpunkt, der sphärische Spiegel seinen Krümmungsmittelpunkt in sich selbst ab. Besondere Bedeutung hat die Aussage:

Sämtliche reflektierenden Rotationsflächen sind in der Umgebung ihres Scheitels durch einen sphärischen Spiegel ersetzbar. Dieser bildet mit flach und achsnahe verlaufenden Lichtstrahlen beliebige Achsenpunkte ab.

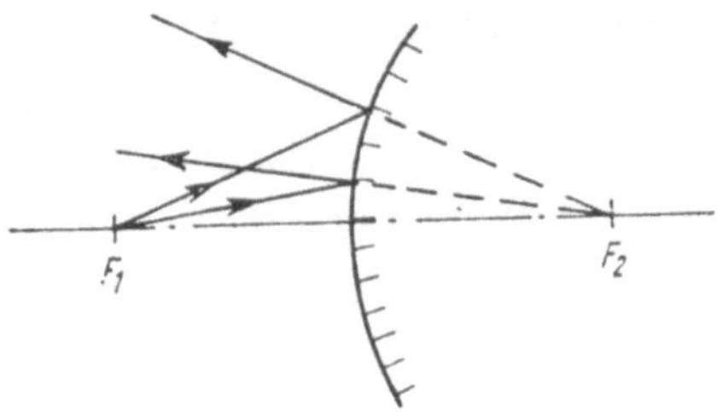

Abb. 2.48. Hyperbolischer Spiegel

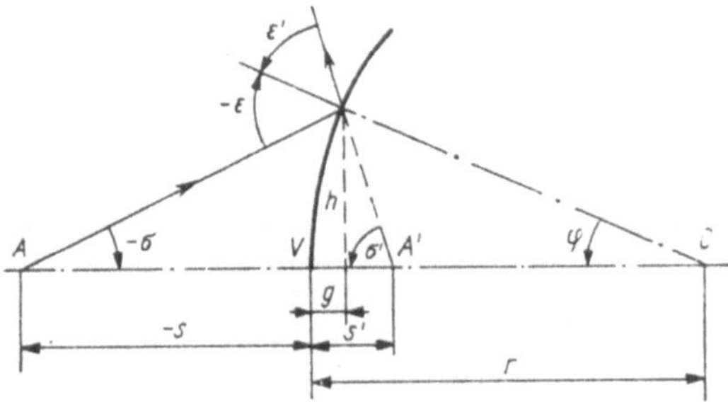

Abb. 2.49. Zur Ableitung der Abbildungsgleichung

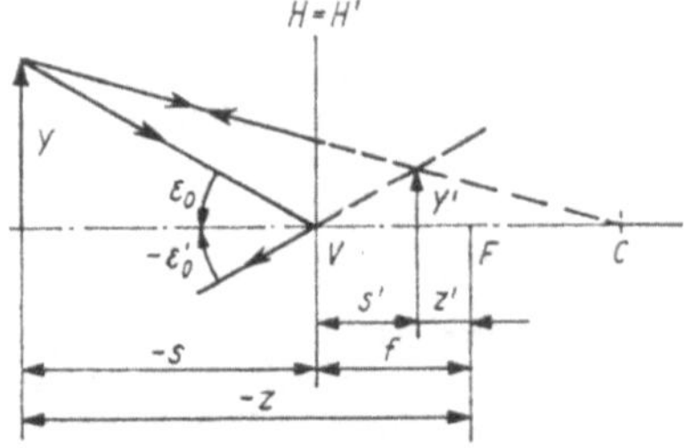

Abb. 2.50. Übergang zum Brennpunkt-Koordinatensystem

2.3.3. Abbildung im paraxialen Gebiet

Wir untersuchen die Abbildung an reflektierenden Rotationsflächen mit *flachen* und *achsnahen* Lichtstrahlen genauer. Flach nennen wir Lichtstrahlen, für die (Abb. 2.49)

$$\tan\sigma \approx \sin\sigma \approx \sigma \quad \text{und}$$

$$\tan\sigma' \approx \sin\sigma' \approx \sigma' \tag{2.26}$$

gilt. Die Achsnähe bedeutet, daß

$$\tan\varphi \approx \sin\varphi \approx \varphi \tag{2.27}$$

ist, die Strahlen also nur nahe des Scheitels auf die Fläche treffen.

Der Bereich um die optische Achse, in dem die flachen und achsnahen Lichtstrahlen, die auch Paraxialstrahlen heißen, verlaufen, ist das *paraxiale Gebiet.*

Die Einschränkung des Spiegeldurchmessers ist noch strenger als im Abschn. 2.3.2. Im paraxialen Gebiet können die Strahlen an der Tangentialebene im Scheitelpunkt des Spiegels geknickt werden. Die Strahlkonstruktionen müssen wir aber in Skizzen vornehmen, bei denen das paraxiale Gebiet mit einem sehr großen Quermaßstab gezeichnet ist.
Wir betrachten eine konvexe Spiegelfläche (Abb. 2.49). Anwenden des Sinussatzes führt auf

$$\frac{\sin\varepsilon}{\sin\sigma} = \frac{r-s}{r}, \qquad \frac{\sin\varepsilon'}{\sin\sigma'} = \frac{r-s'}{r}. \tag{2.28}$$

Die Entfernungen s und s' der Achsenpunkte A und A' vom Flächenscheitel sind die *Schnittweiten* des Strahls.

Unter Beachtung des Reflexionsgesetzes $\varepsilon' = -\varepsilon$ und (2.26), (2.27) ergibt sich durch Division der beiden Gln. (2.28)

$$-\frac{\sigma'}{\sigma} = \frac{r-s}{r-s'}. \tag{2.29}$$

Weiter ist in Abb. 2.49 abzulesen, daß

$$\tan\sigma = \frac{h}{s-g}, \qquad \tan\sigma' = \frac{h}{s'-g'}, \tag{2.30}$$

also für das paraxiale Gebiet

$$\gamma' = \frac{\sigma'}{\sigma} = \frac{s}{s'} \tag{2.31}$$

ist. Die Größe γ' heißt *Winkelverhältnis.* Aus (2.29) und (2.31) folgt

$$\frac{1}{s'} + \frac{1}{s} = \frac{2}{r} = \frac{1}{f}. \tag{2.32}$$

Das ist die Abbildungsgleichung für das paraxiale Gebiet von rotationssymmetrischen Spiegeln. Der Ursprung des Koordinatensystems liegt im Flächenscheitel.
Newtonsche Abbildungsgleichung. Die Objekt- und Bildweite können auch vom Brennpunkt aus gemessen werden. Die optische Achse wird als z- bzw. z'-Achse gewählt. Mit (Abb. 2.50)

$$s = z + f, \qquad s' = z' + f \tag{2.33}$$

ergibt sich aus (2.32)

$$zz' = f^2. \tag{2.34}$$

Diese Beziehung wird *Newtonsche Abbildungsgleichung* genannt.
In den Abbildungsgleichungen (2.32) und (2.34) kommen die Schnittwinkel der Strahlen mit der optischen Achse nicht vor. Objektseitige Par-

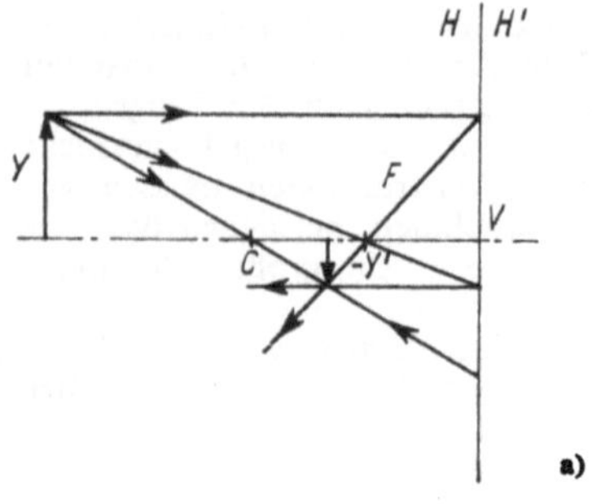

a)

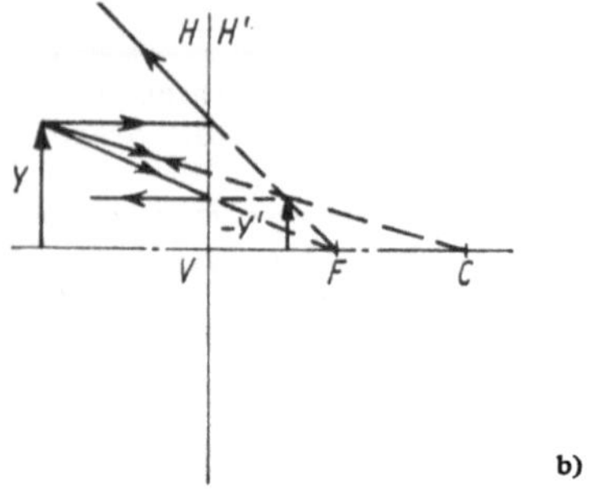

b)

Abb. 2.51. Ausgezeichnete Strahlen

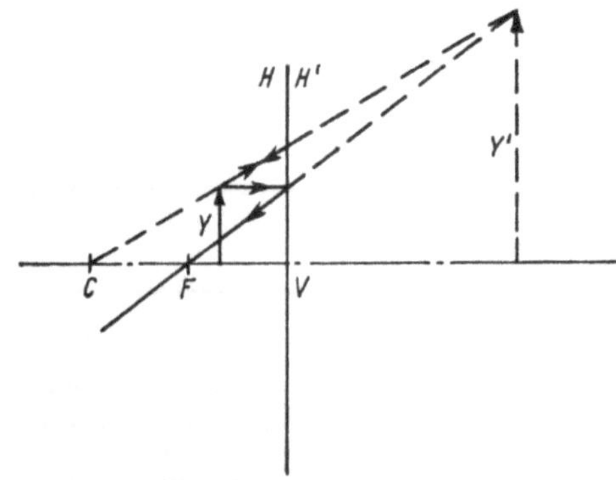

Abb. 2.52. Bildkonstruktion mit ausgezeichneten Strahlen

axialstrahlen mit dem Konvergenzpunkt A gehen alle durch den optisch konjugierten Punkt A'. Die Abbildung ist punktförmig.

Der Abbildungsmaßstab β' ist das Verhältnis aus der paraxialen Bild- und Objektgröße.

$$\beta' = \frac{y'}{y}. \tag{2.35}$$

Nach Abb. 2.47 ist

$$\beta' = -\frac{s'}{s}. \tag{2.36}$$

Zusammen mit (2.31) finden wir noch

$$\beta' = -\frac{\sigma}{\sigma'} \quad \text{oder} \quad \beta'\gamma' = -1. \tag{2.37}$$

Das Produkt aus Abbildungsmaßstab und Winkelverhältnis ist konstant.

Knotenpunkte und Hauptpunkte. Die Stellen der optischen Achse, für die das Winkelverhältnis gleich Eins wird, in denen also ein Lichtstrahl die optische Achse objekt- und bildseitig unter dem gleichen Winkel schneidet, werden Knotenpunkte N bzw. N' genannt. Aus (2.31) ergibt sich $s_N = s'_{N'}$. Das ist nur für den Krümmungsmittelpunkt erfüllt. Es gilt:

Die Knotenpunkte des Spiegels fallen mit dem Krümmungsmittelpunkt zusammen.

Entsprechend findet man die Hauptpunkte H bzw. H' als die Achsenpunkte, für die der Abbildungsmaßstab gleich Eins ist. Aus (2.37) folgt $\sigma_H = -\sigma'_{H'}$; das ist aber das Reflexionsgesetz für einen Strahl, der am Flächenscheitel reflektiert wird.

Die Hauptpunkte des Spiegels fallen mit dem Flächenscheitel zusammen.

Die achssenkrechten Ebenen, die durch die Hauptpunkte gehen, sind die *Hauptebenen.*
Die Hauptebenen des Spiegels sind mit der Tangentialebene im Flächenscheitel identisch.

Ausgezeichnete Strahlen. Das paraxiale Gebiet ist nur ein sehr kleiner Bereich um die optische Achse. Die Abbildung mit Paraxialstrahlen hat aber ihre Bedeutung vor allem in ihrem Näherungscharakter. Mit wachsender Achsnähe der Strahlen nähern sich die einzelnen Größen wie z. B. die Schnittweiten, das Verhältnis aus Bild- und Objektweite und das Winkelverhältnis den paraxialen Größen. Zu deren zeichnerischer Ermittlung ist es üblich, das paraxiale Gebiet mit einem quer zur optischen Achse sehr großen Maßstab zu strecken und die Strahlen an den Hauptebenen zu knicken.

Es gibt drei ausgezeichnete Strahlen, deren Verlauf unmittelbar durch die Lage der ausgezeichneten Punkte bestimmt ist. Diese sind (Abb. 2.51):

Der *achsparallel einfallende Strahl* geht bildseitig durch den Brennpunkt.
Der *objektseitige Brennpunktstrahl* wird zum achsparallelen Strahl.
Der *Knotenpunktstrahl* wird nicht abgelenkt.

Es ist streng zu beachten, daß die ausgezeichneten Strahlen für das paraxiale Gebiet gelten. Sie dürfen deshalb nicht an der Kugelfläche, sie müssen an den Hauptebenen geknickt werden.

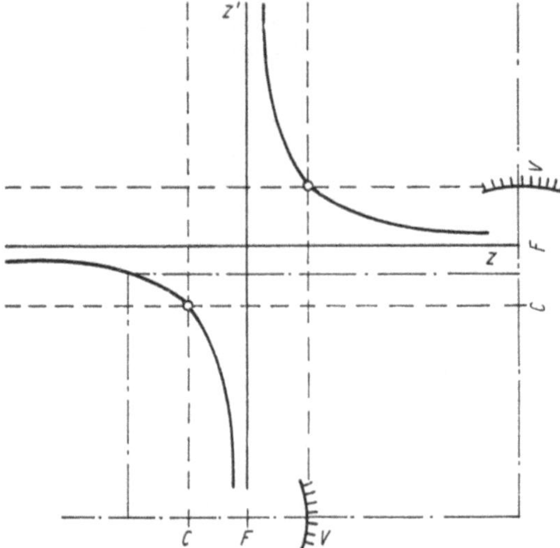

Abb. 2.53. Graphische Darstellung der Abbildungsgleichung (Hohlspiegel)

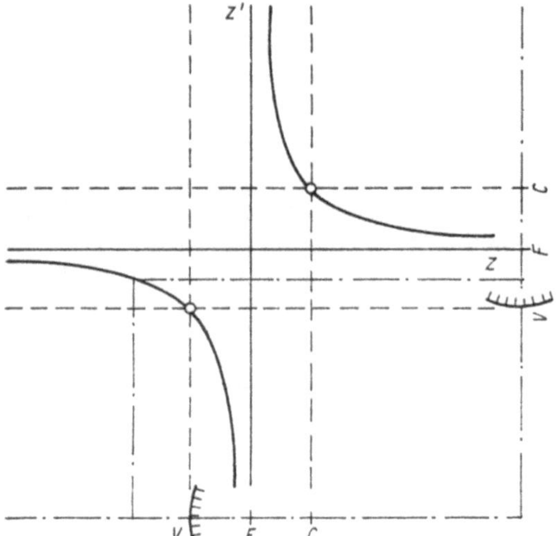

Abb. 2.54. Graphische Darstellung der Abbildungsgleichung (Wölbspiegel)

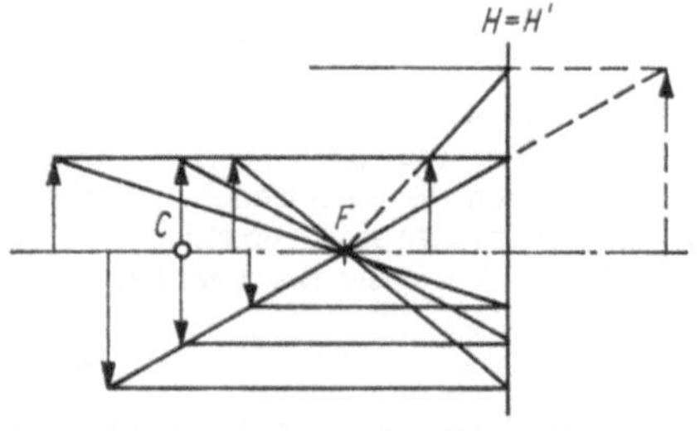

Abb. 2.55. Bildort und Abbildungsmaßstab beim Hohlspiegel

Abb. 2.52 zeigt noch ein Beispiel für die zeichnerische Ermittlung der paraxialen Bildraumgrößen.

Die Diskussion der paraxialen Abbildung soll auf zwei Wegen erfolgen. Die Abbn. 2.53 und 2.54 enthalten die graphischen Darstellungen der Newtonschen Abbildungsgleichung für den Konkav- und den Konvexspiegel. Aus ihnen ist unmittelbar die relative Lage von Objekt und Bild abzulesen (ein Beispiel wurde jeweils hervorgehoben). Für reelle Objektpunkte ist in den Abbn. 2.55 und 2.56 nochmals die Bildkonstruktion mit ausgezeichneten Strahlen bei verschiedenen Objektweiten angegeben. Grundsätzlich gilt für die Spiegel, daß die Abbildung gegenläufig ist. Verschieben wir das Objekt, dann verschiebt sich das Bild in der entgegengesetzten Richtung.

2.4. Geometrisch-optische Abbildung mit Linsen

2.4.1. Brechende Rotationsflächen

Eine zentrierte Linse ist ein aus einem durchsichtigen Stoff bestehender Körper, der von zwei brechenden Rotationsflächen begrenzt ist. Die Symmetrieachsen der beiden brechenden Flächen müssen zusammenfallen und bilden die *optische Achse* der Linse. Bei einer sphärischen Linse, die von Kugelflächen gebildet wird, stellt die optische Achse die Verbindungsgerade der Krümmungsmittelpunkte C_1 und C_2 dar (Abb. 2.57).
Linsen werden außen gefaßt, d. h., an der äußeren Berandung in einem Zylinder gehaltert. Die Symmetrieachse des äußeren Randes nennt man *Formachse*. Die Linse ist zentriert, wenn die Formachse und die optische Achse zusammenfallen (Abb. 2.58).
Die Gesetzmäßigkeiten der Linse können wir auf zwei verschiedenen Wegen gewinnen. Einmal erscheint die Linse in einem Schnitt als Anordnung aus vielen kleinen Dispersionsprismen (Abb. 2.59), zum anderen als Kombination zweier brechender Flächen (Abb. 2.60). Wir ziehen den zweiten Weg vor und gehen auf den ersten Weg später ein. Wir nehmen an, daß die Linse sehr dick ist und betrachten zunächst den Strahlenverlauf an der ersten Fläche, die ein Ausschnitt einer Kugelfläche sein soll. Die Wirkung der sphärischen Linse stellt sich dann als die Folge zweier Brechungen an Kugelflächen dar. Wir werden uns auf die Verhältnisse im paraxialen Gebiet konzentrieren. Dafür gelten die allgemeinen Bemerkungen des Abschn. 2.3.3, die wir dort für den Spiegel gemacht haben. Insbesondere sei darauf hingewiesen, daß wir im paraxialen Gebiet keinen Unterschied zwischen sphärischen Flächen und asphärischen Rotationsflächen vorfinden. Letztere denken wir uns durch den Scheitelkreis ersetzt.

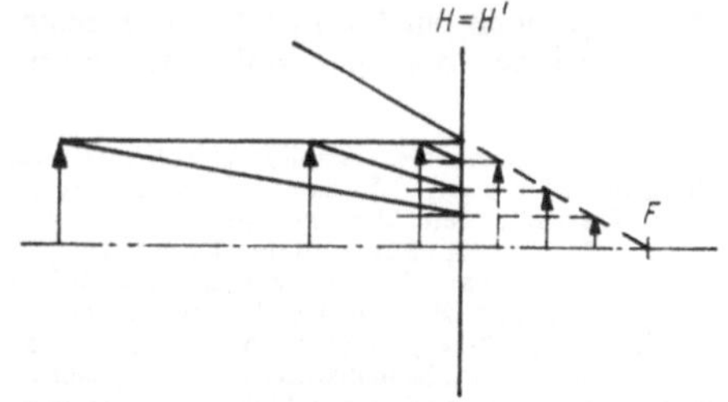

Abb. 2.56. Bildort und Abbildungsmaßstab beim Wölbspiegel

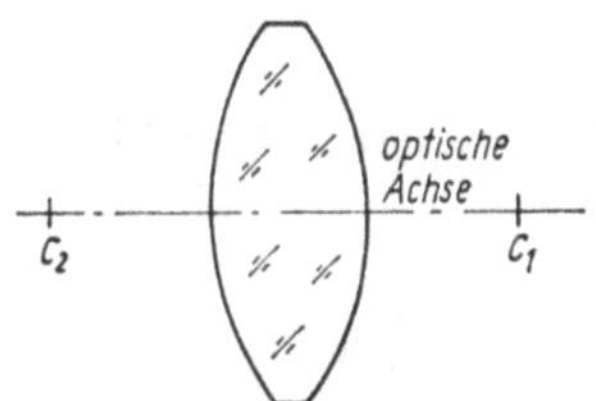

Abb. 2.57. Optische Achse

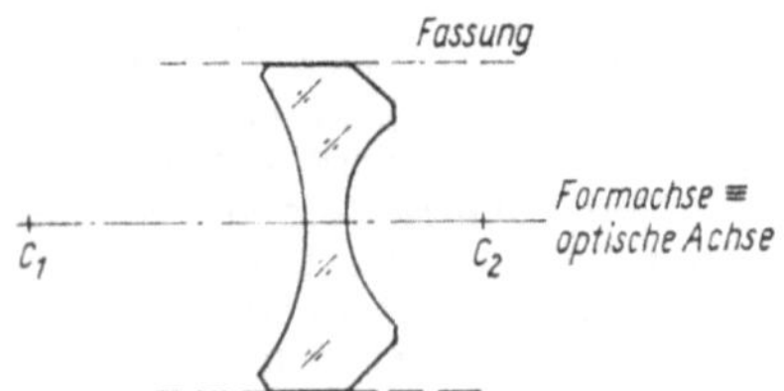

Abb. 2.58. Zentrierte sphärische Linse

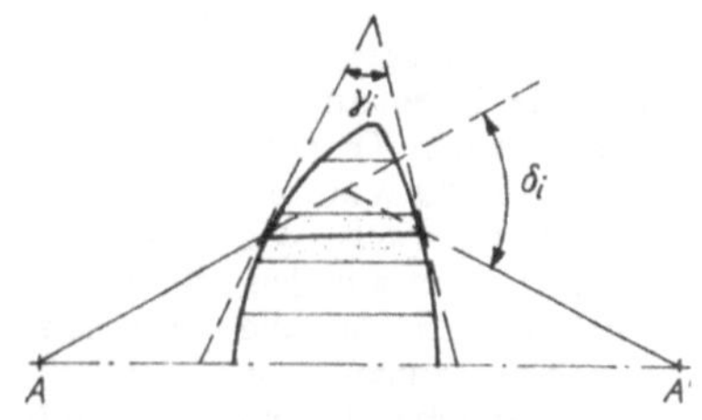

Abb. 2.59. Linse als Anordnung aus Dispersionsprismen

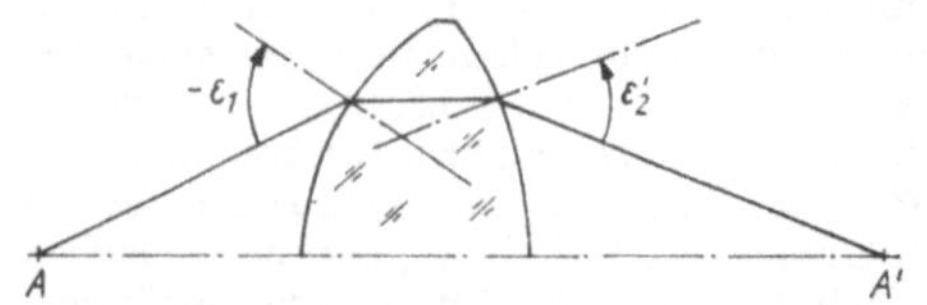

Abb. 2.60. Linse als Kombination zweier brechender Flächen

Brechende Kugelfläche. Abb. 2.61 enthält die Größen, die den Verlauf eines Lichtstrahls charakterisieren, der in der Meridionalebene der brechenden Kugelfläche verläuft. (Die Meridionalebene ist die Ebene, die den Objektpunkt und die optische Achse enthält. Sie wird im allgemeinen als y-z-Ebene verwendet und in die Zeichenebene gelegt.) Es besteht eine weitgehende Analogie zum sphärischen Spiegel (Abb. 2.49). Die dort angegebene Ableitung der Gleichung (2.29) führt wegen des Brechungsgesetzes $n \sin \varepsilon = n' \sin \varepsilon'$ bzw. in paraxialer Näherung $n\varepsilon = n'\varepsilon'$ auf

$$\frac{n'\sigma'}{n\sigma} = \frac{r - s}{r - s'}. \tag{2.38}$$

Mit der auch für die brechende Fläche gültigen Beziehung (2.31), $\sigma'/\sigma = s/s'$, ergibt sich

$$n\left(\frac{1}{r} - \frac{1}{s}\right) = n'\left(\frac{1}{r} - \frac{1}{s'}\right). \tag{2.39}$$

Die Größe $n\left(\frac{1}{r} - \frac{1}{s}\right)$ ist eine Invariante für den paraxialen Strahlenverlauf an der brechenden Rotationsfläche. Sie wird als *Abbesche Invariante* bezeichnet.

Brennweiten. Für einen im Unendlichen liegenden Objektpunkt ($s = -\infty$), also für achsparallel einfallende Paraxialstrahlen, geht die Abbesche Invariante über in

$$\frac{n}{r} = n'\left(\frac{1}{r} - \frac{1}{s'_{F'}}\right). \tag{2.40}$$

Auflösen nach $s'_{F'}$ ergibt

$$s'_{F'} = f' = \frac{n'r}{n' - n}. \tag{2.41}$$

Die Größe $s'_{F'} = f'$ ist die *bildseitige Brennweite* der brechenden Rotationsfläche. Entsprechend wird für einen im unendlichen liegenden Bildpunkt ($s' = \infty$), also für bildseitig achsparallele Paraxialstrahlen

$$s_F = f = -\frac{nr}{n' - n}. \tag{2.42}$$

Die Größe $s_F = f$ ist die *objektseitige Brennweite* der brechenden Rotationsfläche. Objekt- und bildseitige Brennweite sind verschieden; ihre Beträge verhalten sich wie die Brechzahlen:

$$\frac{f'}{f} = -\frac{n'}{n}. \tag{2.43}$$

Die um die Brennweiten vom Scheitel entfernten Achsenpunkte sind die Brennpunkte.

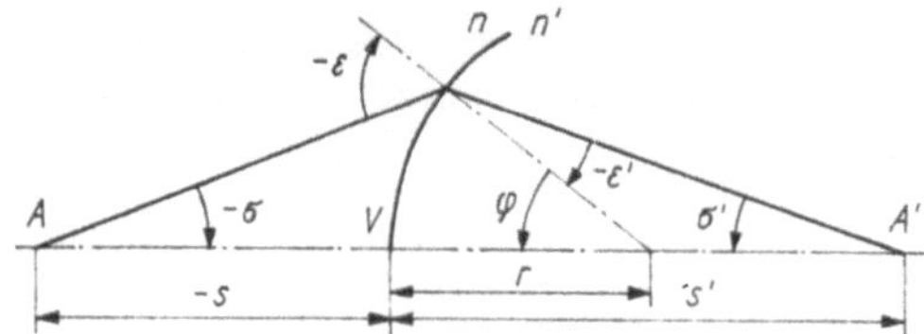

Abb. 2.61. Größen an der brechenden Kugelfläche

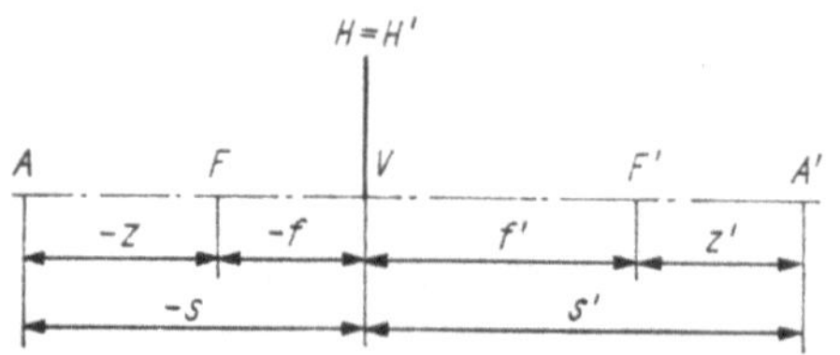

Abb. 2.62. Übergang zum Brennpunkt-Koordinatensystem

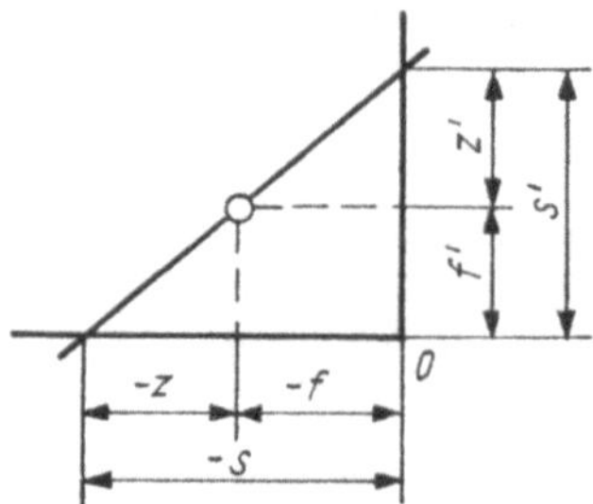

Abb. 2.63. Graphische Darstellung der Abbildungsgleichung

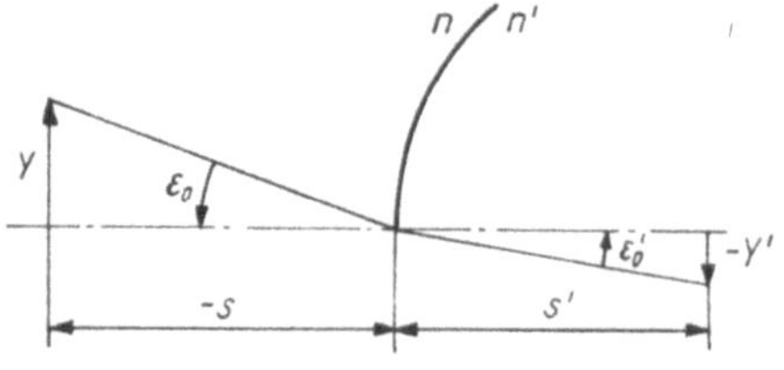

Abb. 2.64. Zur Ableitung der Helmholtz-Lagrangeschen Gleichung

Der *objektseitige Brennpunkt F* ist der Achsenpunkt, der in den unendlich fernen Achsenpunkt abgebildet wird. Der *bildseitige Brennpunkt F'* ist das Bild des unendlich fernen Achsenpunktes.

Die Brennebenen sind die achssenkrechten Ebenen, die durch die Brennpunkte gehen.
Mit den Brennweiten ist die Abbesche Invariante (2.39) in die übliche Form der Abbildungsgleichung zu bringen. Diese lautet

$$\frac{n'}{s'} - \frac{n}{s} = \frac{n'}{f'} = -\frac{n}{f} \quad \text{bzw.}$$

$$\frac{f'}{s'} + \frac{f}{s} = 1. \tag{2.44}$$

(2.44) geht mit $s = z + f, s' = z' + f'$ (Abb. 2.62) über in die Newtonsche Abbildungsgleichung

$$zz' = ff'. \tag{2.45}$$

Die Abbildungsgleichung (2.44) stellt die Gleichung einer Geradenschar im $s - s'$-Koordinatensystem dar, deren Geraden sämtlich durch den Punkt mit den Koordinaten f und f' gehen. Die Achsenabschnitte jeder Geraden geben einander konjugierte Schnittweiten an (Abb. 2.63).
Als Abbildungsmaßstab hatten wir beim Spiegel das Verhältnis aus paraxialer Bildgröße und paraxialer Objektgröße $\beta' = y'/y$ definiert. Aus Abb. 2.64 lesen wir dafür

$$\beta' = \frac{\varepsilon'_0}{\varepsilon_0} \cdot \frac{s'}{s}$$

ab, woraus mit dem Brechungsgesetz für kleine Winkel

$$\beta' = \frac{n}{n'} \frac{s'}{s} \tag{2.46}$$

hervorgeht. Nach (2.31) ist $\gamma' = \sigma'/\sigma = s/s'$. Die damit mögliche Schreibweise von (2.46)

$$ny\sigma = n'y'\sigma' \tag{2.47}$$

bedeutet:

Das Produkt $ny\sigma$ ist eine Invariante für das paraxiale Gebiet der brechenden Rotationsfläche. Es wird als *Helmholtz-Lagrangesche Invariante* bezeichnet.

Bei der brechenden Rotationsfläche gilt gemäß (2.47)

$$\beta'\gamma' = \frac{n}{n'}. \tag{2.48}$$

Haupt- und Knotenpunkte. Dieselben Überlegungen wie beim Spiegel führen zu folgenden Aussagen über die Lage der *Hauptpunkte* ($\beta' = 1$) und der *Knotenpunkte* ($\gamma' = 1$):

Die Hauptpunkte H, H' der brechenden Rotationsfläche fallen mit dem Flächenscheitel V; die Knotenpunkte N, N' fallen mit dem Krümmungsmittelpunkt C zusammen.

Abbildung im paraxialen Gebiet. Die Abbildungsgleichungen (2.44) und (2.45) enthalten als

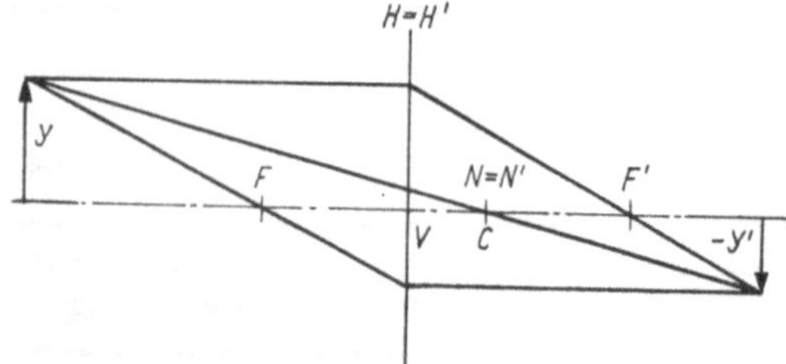

Abb. 2.65. Strahlkonstruktion an der brechenden Fläche

Strahlkoordinaten nur die Schnittweiten. Deshalb gilt wie beim Spiegel:

Im paraxialen Gebiet der brechenden Rotationsfläche liegt eine punktförmige Abbildung vor.

Zur zeichnerischen Ermittlung von Bildort und Abbildungsmaßstab stehen die ausgezeichneten Strahlen zur Verfügung.

Der achsparallel einfallende Strahl geht durch den bildseitigen Brennpunkt.
Der durch den objektseitigen Brennpunkt gehende Strahl verläuft bildseitig achsparallel.
Der Knotenpunktstrahl wird nicht abgelenkt.

Die brechende Fläche ist durch die Tangentialebene im Flächenscheitel zu ersetzen, so daß die Strahlen an den Hauptebenen zu knicken sind (Abb. 2.65).

Tiefenmaßstab. Wir wollen noch berechnen, um welchen Betrag sich das Bild verschiebt, wenn das Objekt um eine kleine Strecke parallel zur optischen Achse verrückt wird. Das Verhältnis

$$\alpha' = \frac{dz'}{dz}$$

wird als Tiefenmaßstab bezeichnet. Aus (2.45) folgt

$$\frac{dz'}{dz} = -\frac{ff'}{z^2} \quad \text{bzw.} \quad \alpha' = -\frac{z'}{z}. \tag{2.49}$$

Bei der brechenden Fläche haben z und z' stets entgegengesetztes Vorzeichen, α' ist also positiv. Daraus ist erkennbar, daß das Bild und das Objekt gleichläufig sind, d. h., die Verschiebung des Objektes nach rechts bedingt die Verschiebung des Bildes nach rechts.

Das Reflexionsgesetz $\varepsilon' = -\varepsilon$ entsteht formal aus dem Brechungsgesetz $n \sin \varepsilon = n' \sin \varepsilon'$, wenn $n' = -n$ gesetzt wird. Deshalb gehen sämtliche in diesem Unterabschnitt bereitgestellten Formeln für $n' = -n$ in diejenigen für die Spiegelfläche über.

Asphärische Flächen. Ein objektseitig homozentrisches Strahlenbündel, dessen Strahlen außerhalb des paraxialen Gebietes verlaufen, ist nach der Brechung an einer Rotationsfläche im allgemeinen kein homozentrisches Bündel mehr. Die punktförmige Abbildung erfordert nach dem Satz von Malus, daß auch bildseitig kugelförmige Wellenflächen vorliegen. Nach dem Fermatschen Prinzip muß dann der optische Weg für alle Strahlen zwischen dem Objektpunkt A und dem Bildpunkt A' gleich sein.
Es muß also

$$L = -nl + n'l' = \text{const} \tag{2.50}$$

gelten. Nach Abb. 2.66 ist der Lichtweg zwischen Achsenpunkten

$$L = -n\sqrt{h^2 + (s-g)^2} + n'\sqrt{h^2 + (s'-g)^2}. \tag{2.51}$$

Setzen wir L gleich dem Lichtweg längs der optischen Achse $L_0 = -ns + n's'$, so erhalten wir in impliziter Form

$$-ns + n's' = -n\sqrt{h^2 + (s-g)^2} + n'\sqrt{h^2 + (s'-g)^2} \tag{2.52}$$

die Gleichung für die Koordinaten h und g der asphärischen Fläche, die den Achsenpunkt A in den konjugierten Punkt A' abbildet. Flächen mit dieser Eigenschaft heißen *kartesische Flächen.*

Mit $n' = -n$ geht (2.50) über in $l + l' = \text{const}$, also in die Gleichung eines Rotationsellipsoids. Die kartesische Fläche für die Spiegelung ist, wie wir bereits in Abschn. 2.3.2. erkannten, ein Kegelschnitt.

Für die Abbildung des unendlich fernen Achsenpunktes ist l von einer beliebigen achssenkrechten Ebene (Wellenfläche) aus zu messen. Die Diskussion der Gleichung (2.52) ergibt in diesem Fall:

Der unendlich ferne Achsenpunkt wird für $n < n'$ durch ein Rotationsellipsoid, für $n > n'$ durch ein Rotationshyperboloid punktförmig abgebildet.

Zwei verschiedene Achsenpunkte werden durch unterschiedliche kartesische Flächen punktförmig abgebildet. Daraus ergibt sich umgekehrt, daß eine vorgegebene asphärische Fläche im allgemeinen nur für die punktförmige Abbildung eines Achsenpunktes verwendbar ist.

2.4.2. Flächenfolgen

Zwei brechende Flächen. Wir wollten die Linse als Folge aus zwei brechenden Flächen behandeln. Aus diesem Grunde ist es notwendig, das Zusammenwirken zweier aufeinander folgender brechender Flächen im paraxialen Gebiet zu untersuchen. Beide Flächen sind durch ihre Hauptebenen, ihre Brennpunkte und ihre Knotenpunkte zu ersetzen (Abb. 2.67). Den Ab-

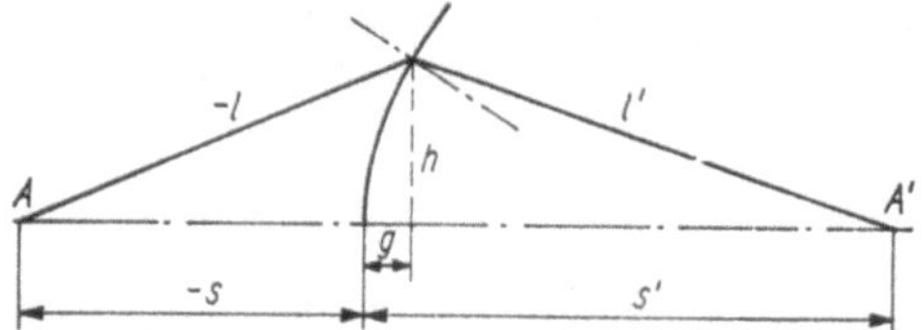

Abb. 2.66. Zur Berechnung des Lichtwegs an der brechenden Fläche

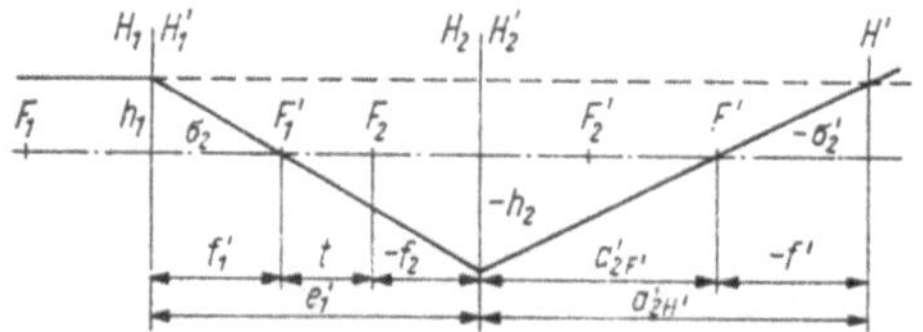

Abb. 2.67. Folge aus zwei brechenden Flächen

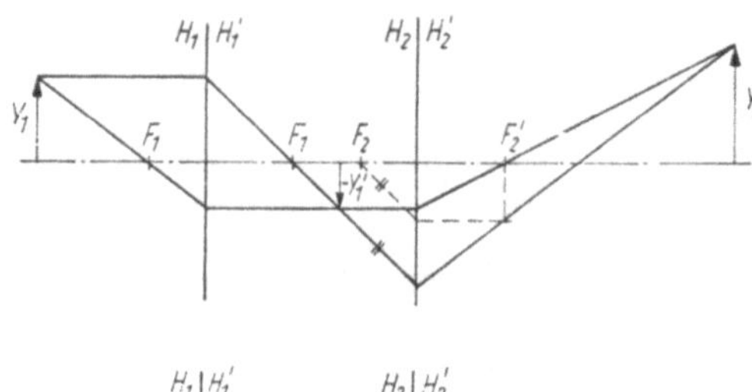

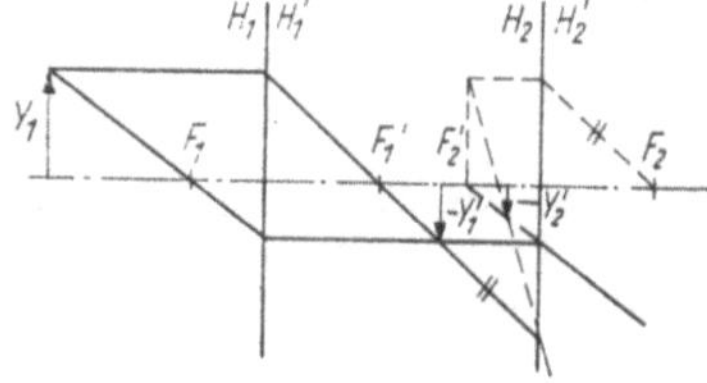

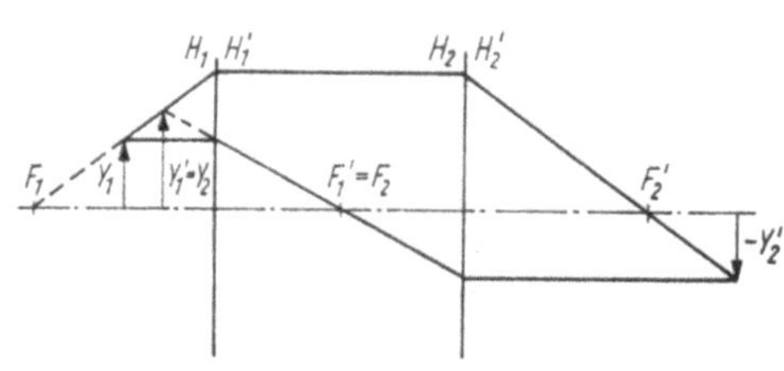

Abb. 2.68. Bildkonstruktion an zwei brechenden Flächen

stand der Hauptebene H_2 von der Hauptebene H_1' bezeichnen wir mit e_1', den Abstand des Brennpunktes F_2 vom Brennpunkt F_1' mit t.
Die Größe t wird *optische Tubuslänge* oder *optisches Intervall* genannt. Nach Abb. 2.67 gilt

$$t = e_1' - f_1' + f_2. \tag{2.53}$$

Das von der ersten Fläche erzeugte Bild wird für die zweite Fläche das Objekt. Deshalb können wir zur Ermittlung von Bildort und Abbildungsmaßstab entweder das zeichnerische Verfahren mit den ausgezeichneten Strahlen oder das rechnerische Verfahren mit den Abbildungsgleichungen an beiden Flächen nacheinander anwenden. Dabei ist wichtig, daß das Bild, das die erste Fläche erzeugt, für die zweite Fläche ein virtuelles Objekt sein kann. Außerdem sind im allgemeinen die ausgezeichneten Strahlen der ersten Fläche nicht auch ausgezeichnete Strahlen für die zweite Fläche. Wir dürfen aber stets in Zwischenbild- bzw. Zwischenobjektpunkten beliebig Strahlen zur weiteren Bildkonstruktion beginnen lassen. Die Abb. 2.68 zeigt einige Beispiele.

Es muß nun möglich sein, die zwei brechenden Flächen, also die Linse, als Ganzes zu betrachten. Mit anderen Worten: Wir suchen ein Ersatzsystem für die Folge aus zwei brechenden Flächen, mit dem wir ohne den Umweg über das Zwischenbild die Zusammenhänge zwischen dem Objekt und dem Endbild ermitteln können. Dazu ist es notwendig, die Hauptpunkte, die Brennpunkte und die Knotenpunkte des Ersatzsystems zu bestimmen, denn es gilt:

Die Haupt-, die Brenn- und die Knotenpunkte charakterisieren eine zentrierte Flächenfolge hinsichtlich ihrer Abbildungseigenschaften im paraxialen Gebiet vollständig. Die drei Punktpaare werden unter dem Begriff *Kardinalelemente* zusammengefaßt.

Der Berechnung der Brennpunkte und der Hauptpunkte des Ersatzsystems liegen deren Definitionen zu Grunde. Wir beachten:

- Der achsparallel einfallende Strahl muß nach den beiden Brechungen durch den bildseitigen Brennpunkt des Ersatzsystems gehen.
- Die bildseitig verlaufenden Strahlen werden an der bildseitigen Hauptebene geknickt. Die Verlängerung des achsparallel einfallenden Strahls und des zugeordneten bildseitigen Brennpunktstrahls schneiden sich in einem Punkt der Hauptebene.

In Abb. 2.67 lesen wir wegen der Ähnlichkeit der Dreiecke

$$\frac{h_1}{-h_2} = \frac{-f'}{f_2' + z_2'}, \qquad \frac{h_1}{-h_2} = \frac{f_1'}{t - f_2}$$

ab. Unter Beachtung von $z_2 z_2' = f_2 f_2'$ und $z_2 = -t$ ergibt sich

$$f' = -\frac{f_1' f_2'}{t}. \tag{2.54}$$

Weiter gilt für den Abstand $a'_{2H'}$ der Hauptebene H' von der Hauptebene H_2' die Beziehung $a'_{2H'} = f_2' + z_2' - f'$, woraus mit (2.54)

$$a'_{2H'} = \frac{f_2' e_1'}{t} \tag{2.55}$$

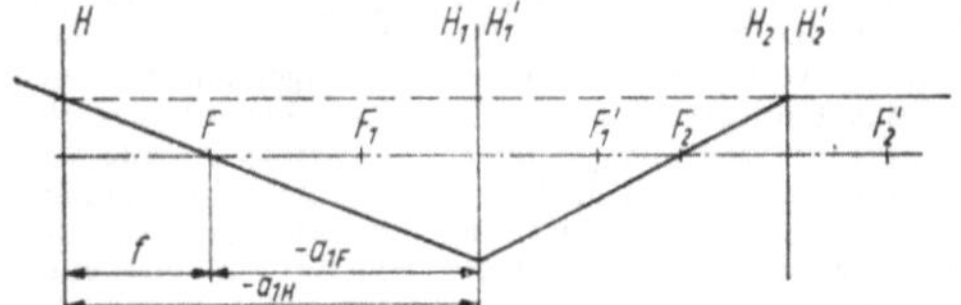

Abb. 2.69. Objektseitige Größen an der Folge aus zwei brechenden Flächen

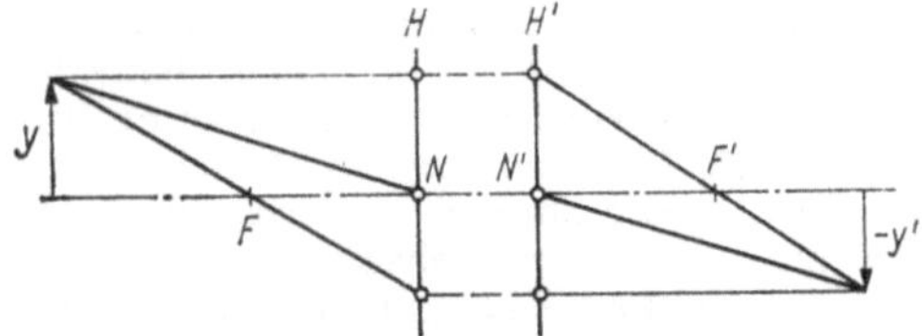

Abb. 2.70. Strahlkonstruktion am Ersatzsystem

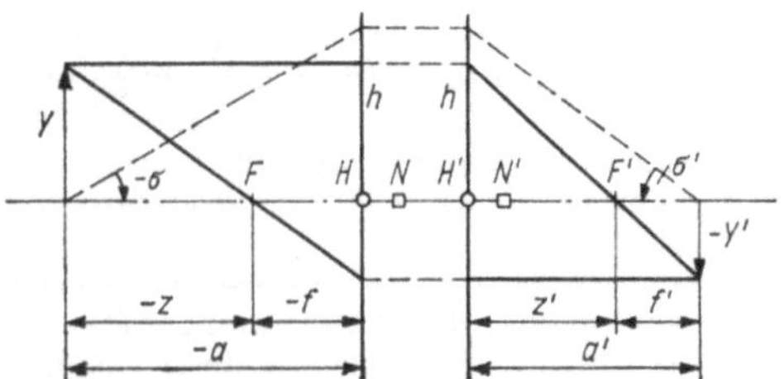

Abb. 2.71. Zur Ableitung der Abbildungsgleichung in Hauptpunkt-Koordinaten

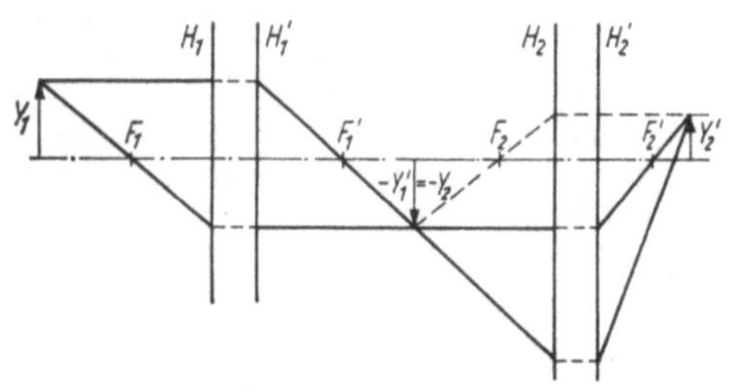

Abb. 2.72. Abbildung an vier Flächen

hervorgeht. Entsprechend erhalten wir mit Hilfe einer Skizze, in die ein achsparallel von rechts einfallender Strahl eingezeichnet ist, als objektseitige Größen (Abb. 2.69)

$$f = \frac{f_1 f_2}{t}, \qquad a_{1H} = \frac{f_1 e_1'}{t}. \qquad (2.56), (2.57)$$

Abb. 2.70 zeigt die zeichnerische Ermittlung von Bildort und Abbildungsmaßstab mit dem Brennpunkt- und dem achsparallelen Strahl für das Ersatzsystem. Es gilt der Grundsatz, daß sämtliche Strahlen bis zur objektseitigen Hauptebene H zu zeichnen sind und in der gleichen Achsentfernung bei der bildseitigen Hauptebene H' fortzuführen sind.

Die Objektweite bezeichnen wir mit a, die Bildweite mit a', wenn wir die Ursprünge der Koordinatensysteme in die Hauptpunkte legen (*Hauptpunkt-Koordinatensystem*). Im Brennpunkt-Koordinatensystem verwenden wir weiterhin die Größen z und z' (Abb. 2.71). Es gilt:

$$\frac{-y'}{y} = \frac{-f}{-a+f}, \qquad \frac{-y'}{y} = \frac{a'-f'}{f'}.$$

Daraus folgt durch Gleichsetzen und Umformen die Abbildungsgleichung in Hauptpunkt-Koordinaten

$$\frac{f'}{a'} + \frac{f}{a} = 1. \qquad (2.58)$$

Wegen $a = z + f$ und $a' = z' + f'$ gilt in *Brennpunkt-Koordinaten*

$$zz' = ff', \qquad \beta' = -\frac{f}{z} = -\frac{z'}{f'}. \qquad (2.59), (2.60)$$

Das Winkelverhältnis ist (Abb. 2.71) aus $\sigma = h/a$, $\sigma' = h/a'$ zu berechnen

$$\gamma' = \frac{\sigma'}{\sigma} = \frac{a}{a'}. \qquad (2.61)$$

Die *Knotenpunkte* des Ersatzsystems, für die definitionsgemäß $\gamma' = 1$ gilt, ergeben sich damit aus $a = a'$. Die Abbildungsgleichung führt auf

$$a_N = a'_{N'} = f + f'. \qquad (2.62)$$

(Es ist zu beachten, daß a_N von H aus, $a'_{N'}$ von H' aus zu messen ist, so daß die Knotenpunkte nicht am gleichen Ort liegen.) Im praktisch wichtigen Sonderfall mit $f = -f'$ ist $a_N = a'_{N'} = 0$, die Knotenpunkte und die Hauptpunkte fallen zusammen. Die Abbildungsgleichung läßt sich dann

$$\frac{1}{a'} - \frac{1}{a} = \frac{1}{f'} \qquad (2.63)$$

schreiben.

Mehrere Flächen werden behandelt, indem jeweils zwei davon zu ihrem Ersatzsystem zusammengefaßt werden. Abb. 2.72 veranschaulicht die Abbildung an vier Flächen, von denen die erste und die zweite sowie die dritte und die vierte je eine Linse bilden; die Linsen sind bereits mit ihren Kardinalelementen gezeichnet. In Abb. 2.73 ist eine Folge aus mehreren Flächen dargestellt. Es gilt jeweils:

$$n_{k+1} = n_k', \quad \sigma_{k+1} = \sigma_k', \quad y_{k+1} = y_k', \quad s_{k+1} = s_k' - e_k'.$$

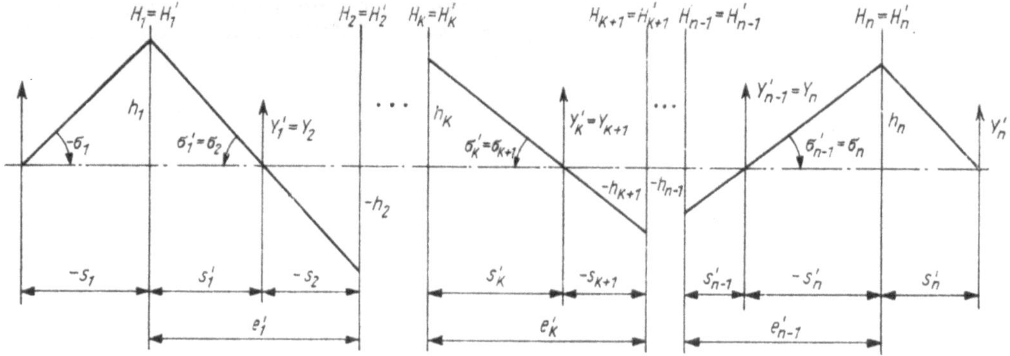

Abb. 2.73. Flächenfolge

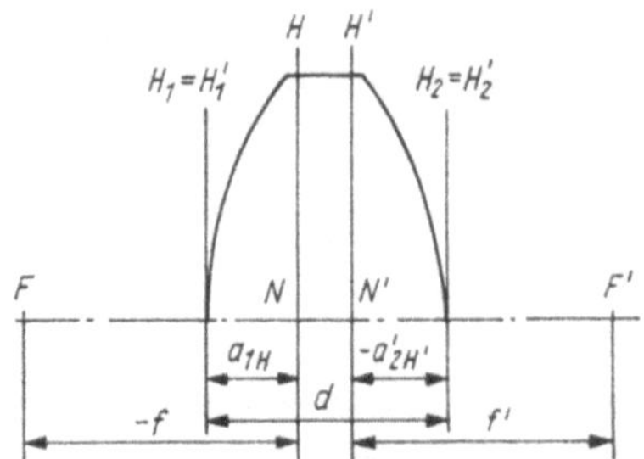

Abb. 2.74. Kardinalelemente einer Linse

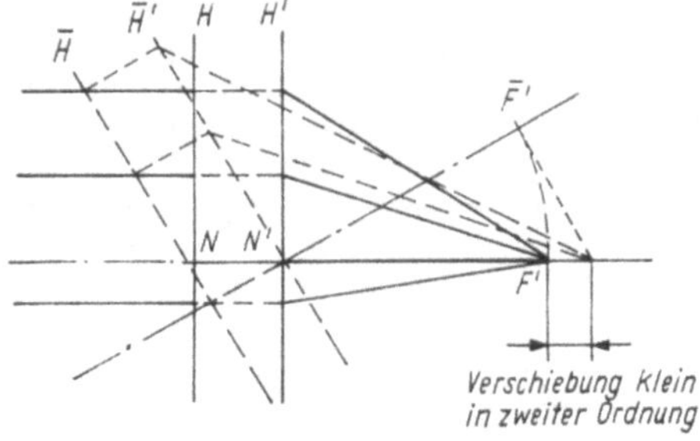

Abb. 2.75. Drehung einer Linse um den objektseitigen Knotenpunkt

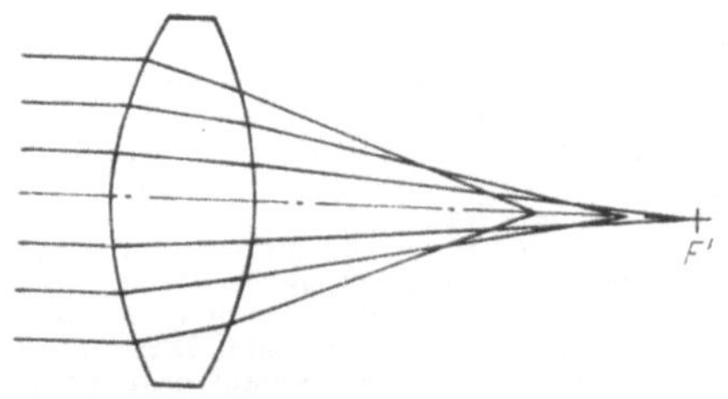

Abb. 2.76. Sammellinse

Unter Beachtung dieser Beziehungen gilt weiter:

$$n_1 y_1 \sigma_1 = n_m' y_m' \sigma_m' \text{ (Helmholtz-Lagrangesche Invariante)} \tag{2.64}$$

und

$$\beta' = \frac{n_1}{n_m'} \prod_{k=1}^{m} \frac{s_k'}{s_k}, \tag{2.65}$$

$$f' = \left[s_1' \prod_{k=2}^{m} \frac{s_k'}{s_k}\right]_{s_1 = -\infty}. \tag{2.66}$$

Die Anmerkung $s_1 = -\infty$ bedeutet, daß die Schnittweiten generell mit der Eingangsschnittweite Unendlich zu berechnen sind.

2.4.3. Zentrierte Linsen

Für eine Linse, die beiderseits an den gleichen Stoff angrenzt, sind die für eine Folge aus zwei brechenden Rotationsflächen abgeleiteten Gleichungen weiter zu spezifizieren. Die relative Brechzahl der Linse gegenüber ihrer Umgebung ist gegeben durch

$$n = \frac{n_1'}{n_1} = \frac{n_2}{n_2'}.$$

Nach (2.41), (2.42) betragen die Brennweiten der Linsenflächen

$$f_1 = -\frac{r_1}{n-1}, \qquad f_1' = \frac{n r_1}{n-1},$$

$$f_2 = \frac{n r_2}{n-1}, \qquad f_2' = -\frac{r_2}{n-1}. \tag{2.67}$$

Daraus folgt zunächst $f_1 f_2 = f_1' f_2'$ und nach (2.54), (2.56) $f = -f'$, d. h.,

Haupt- und Knotenpunkte der zentrierten Linse, die beiderseits an den gleichen Stoff angrenzt, fallen zusammen. Objekt- und bildseitige Brennweite sind entgegengesetzt gleich.

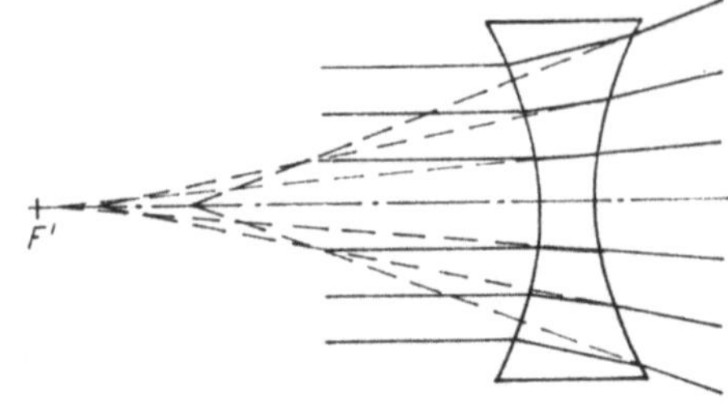

Abb. 2.77. Zerstreuungslinse

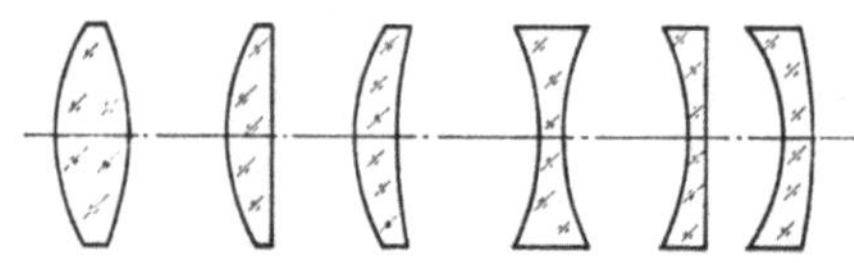

Abb. 2.78. Linsenformen

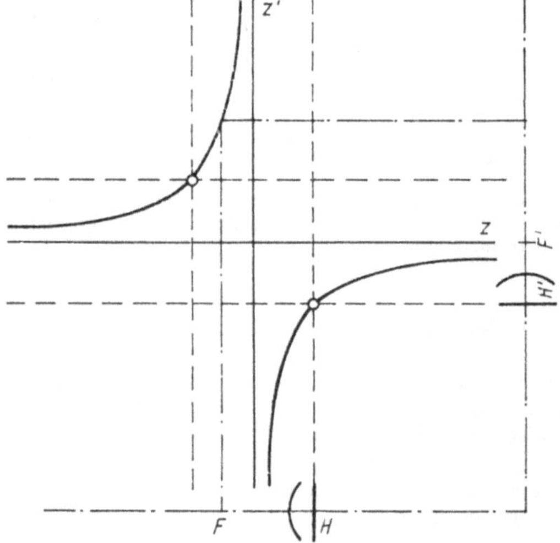

Abb. 2.79. Graphische Darstellung der Abbildungsgleichung für Sammellinsen

Wir setzen die Brennweiten aus (2.67) in (2.54) ein und erhalten

$$\frac{1}{f'} = -\frac{e_1' - f_1' + f_2}{f_1' f_2'}$$

$$= -\frac{f_2}{f_1' f_2'} + \frac{1}{f_2'} - \frac{d}{f_1' f_2'} \quad \text{bzw.}$$

$$\frac{1}{f'} = (n-1)\left(\frac{1}{r_1} - \frac{1}{r_2}\right) + \frac{(n-1)^2 d}{n r_1 r_2}. \qquad (2.68)$$

Darin ist noch die Linsendicke $e_1' = d$ eingesetzt worden (Abb. 2.74). Der in (2.68) auftretende Kehrwert der Brennweite $F' = 1/f'$ wird als *Brechkraft* der Linse bezeichnet. Mißt man die Brennweite in Metern, dann ist die Einheit der Brechkraft m^{-1}, wofür der Begriff Dioptrie (dpt) eingeführt wird.

Aus (2.55), (2.57) ergibt sich durch Elimination von t mittels (2.54), (2.56)

$$a_{1H} = (fd)/f_2 \quad \text{bzw.} \quad a'_{2H'} = (-f'd)/f_1',$$

also mit (2.67)

$$a_{1H} = \frac{(n-1)\,d}{n r_2} f, \qquad (2.69)$$

$$a'_{2H'} = -\frac{(n-1)\,d}{n r_1} f'. \qquad (2.70)$$

Mit (2.68) bis (2.70) haben wir aber die Kardinalelemente der zentrierten Linse bestimmt, so daß der paraxiale Strahlenverlauf und die paraxiale Abbildung mit Hilfe der bereits behandelten Methoden ermittelt werden können.

Eine Eigenschaft der Knotenpunkte sei noch angegeben. Wird eine Linse um den bildseitigen Knotenpunkt gedreht, dann bleibt der bildseitige Konvergenzpunkt eines objektseitig ursprünglich achsparallelen Bündels erhalten (Abb. 2.75).

2.4.4. Klassifikation der zentrierten Linsen

Sammellinsen und Zerstreuungslinsen. Wir betrachten nur die Verhältnisse im paraxialen Gebiet, so daß die Linsen durch die Krümmungsradien der Flächen, die Dicke und die Brechzahl eindeutig charakterisiert werden. Asphärische Linsen sind eingeschlossen, bei ihnen ist der Radius der Scheitelkreise zu verwenden. Von grundlegender Bedeutung ist der Unterschied zwischen Sammel- und Zerstreuungslinsen.

Die Sammellinse wandelt ein achsparalleles Parallelbündel in ein im Brennpunkt F' konvergierendes Bündel um. Sie hat eine positive bildseitige Brennweite f' und ist im allgemeinen in der Mitte (längs der optischen Achse) dicker als am Rand (Abb. 2.76).

Die Zerstreuungslinse wandelt ein Parallelbündel in ein divergentes Bündel um, das vom Brennpunkt F' auszugehen scheint. Sie hat eine negative bildseitige Brennweite f' und ist im allgemeinen in der Mitte dünner als am Rand (Abb. 2.77).

Diese Aussagen gelten für Linsen, deren Brechzahl größer ist als die Brechzahl ihrer Umgebung ($n > 1$). Luftlinsen zwischen Glasflächen ($n < 1$) haben im allgemeinen zerstreuende Wirkung, wenn die Mitte dicker ist als der Rand; sie haben im allgemeinen sammelnde Wirkung, wenn die Mitte dünner ist als der Rand.

Die Formulierung „im allgemeinen sammelnde Wirkung" deutet an, daß es Ausnahmen gibt. Diese treten bei Linsen sehr großer Dicke auf, worauf nicht näher eingegangen werden soll.

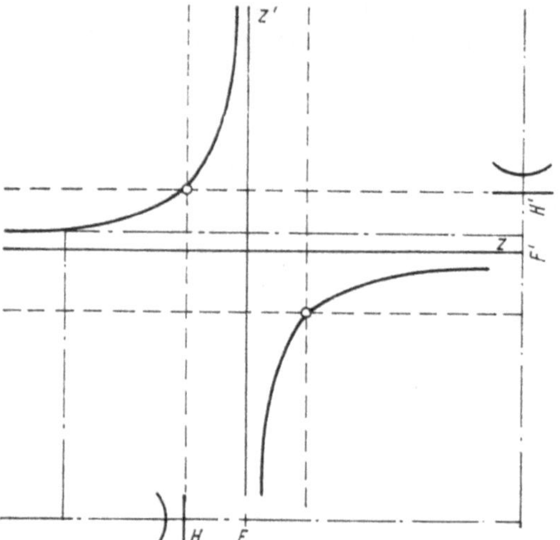

Abb. 2.80. Graphische Darstellung der Abbildungsgleichung für Zerstreuungslinsen

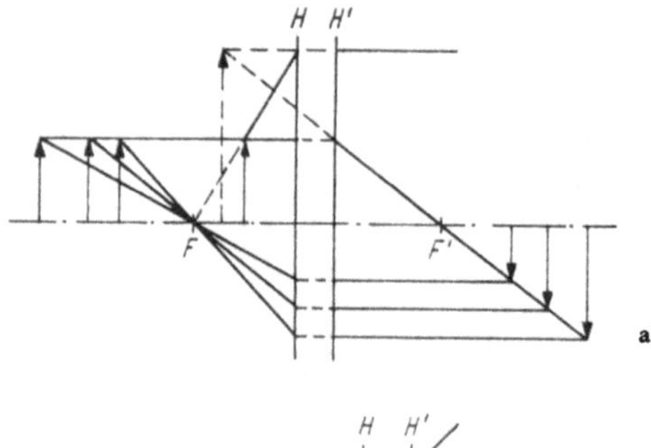

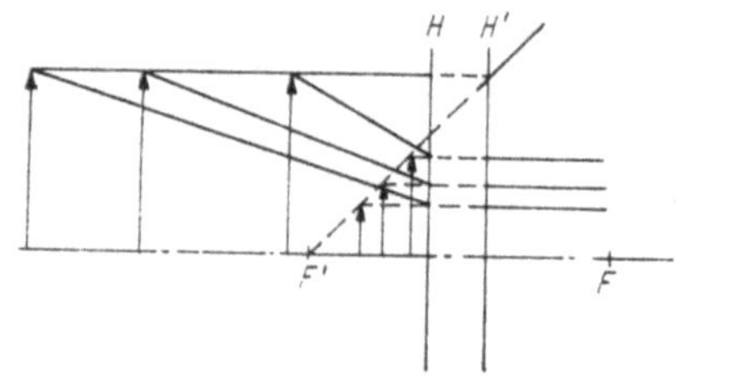

Abb. 2.81. Bildkonstruktion für Linsen

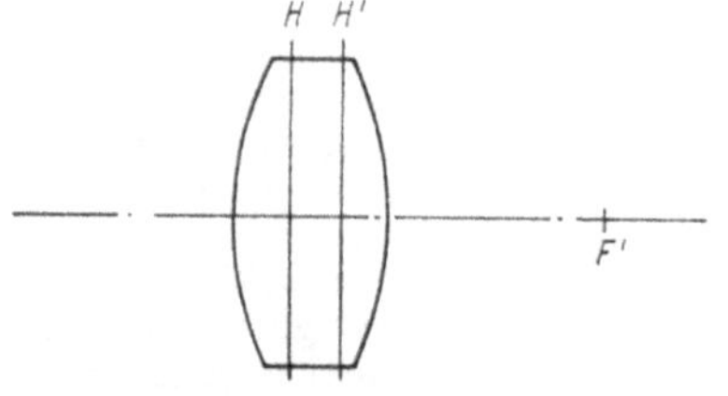

Abb. 2.82. Symmetrische Bikonvexlinse

Sammellinsen mit den verschiedenen Radienkombinationen erhalten die Endung „*-konvex*", Zerstreuungslinsen die Endung „*-konkav*". Wir unterscheiden
bikonvexe, plankonvexe, konkavkonvexe Linsen (Sammellinsen) und
bikonkave, plankonkave, konvexkonkave Linsen (Zerstreuungslinsen, Abb. 2.78).
Für Linsen gelten die Beziehungen

$$\frac{1}{a'} - \frac{1}{a} = \frac{1}{f'}, \quad \beta' = \frac{a'}{a}, \quad \gamma' = \frac{a}{a'}.$$

Die Änderung der Bildweite bei der Variation der Objektweite ist in übersichtlicher Weise der graphischen Darstellung der Abbildungsgleichung zu entnehmen (Abb. 2.79 für Sammellinsen, Abb. 2.80 für Zerstreuungslinsen). Die Abb. 2.81 enthält einige Bildkonstruktionen für Linsen.

Eigenschaften einiger Linsenformen. Die *symmetrische Bikonvexlinse* hat betragsmäßig gleiche Radien. Wir setzen $r_1 = -r_2 = r$ und erhalten aus (2.68) bis (2.70)

$$F' = \frac{n-1}{r}\left[2 - \frac{(n-1)\,d}{nr}\right],$$

$$a_{1H} = -a'_{2H'} = \frac{(n-1)\,d}{nr}\,f'.$$

Die Hauptebenen liegen symmetrisch innerhalb der Linse. Verwenden wir zur Abschätzung $n = 1{,}5$ und die Näherung $(n-1)\,d/nr \ll 2$, dann gilt $F' = 1/f' \approx 1/r$, $a_{1H} = -a'_{2H'} = d/3$. Die Linse ist sammelnd, die Brennweite ist ungefähr gleich dem Krümmungsradius einer Fläche. Die Hauptebenen „dritteln" die Linse (Abb. 2.82).
Die symmetrische Bikonkavlinse hat bis auf das Vorzeichen der Brennweite die gleichen Eigenschaften wie die symmetrische Bikonvexlinse. Sie ist zerstreuend (Abb. 2.83). *Die Plankonvexlinse* mit $r_1 = r$ und $r_2 = \infty$ hat die von der Dicke unabhängige positive Brechkraft $F' = (n-1)/r$, sie ist sammelnd. (Bei $n = 1{,}5$ gilt $F' = 1/f' = 1/2r$.) Wegen $a_{1H} = 0$ und $a'_{2H'} = -d/n$ tangiert die Hauptebene H die gekrümmte Fläche, und die Hauptebene H' liegt innerhalb der Linse (Abb. 2.84a).
Die Plankonkavlinse hat bezüglich der Hauptebenenlage dieselben Eigenschaften wie die Plankonvexlinse, sie ist aber zerstreuend (Abb. 2.84b).
Konkavkonvexlinsen sind sammelnd; *Konvexkonkavlinsen* sind bei nicht zu großen Dicken zerstreuend. Das Beispiel des sog. Hoeghschen Meniskus ($r_1 = r_2$, Abb. 2.85) zeigt, daß die Hauptebenen auch außerhalb der Linse liegen können.
Dünne Linsen, auch als *Äquivalentlinsen* bezeichnet, stellen den theoretischen Grenzfall mit

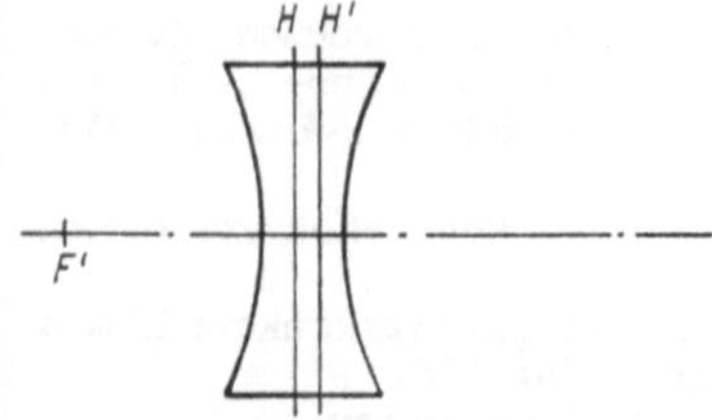

Abb. 2.83. Symmetrische Bikonkavlinse

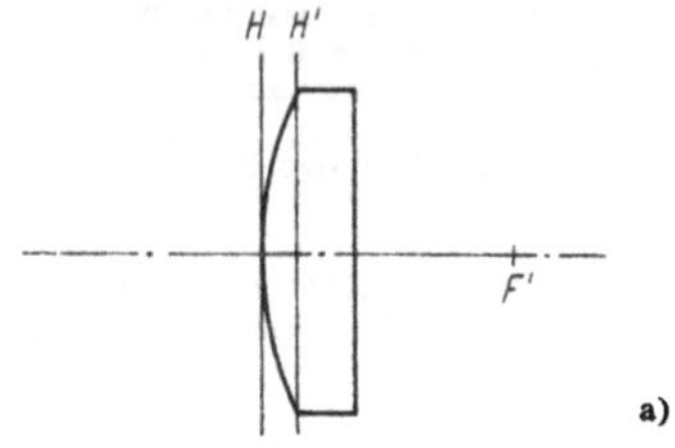

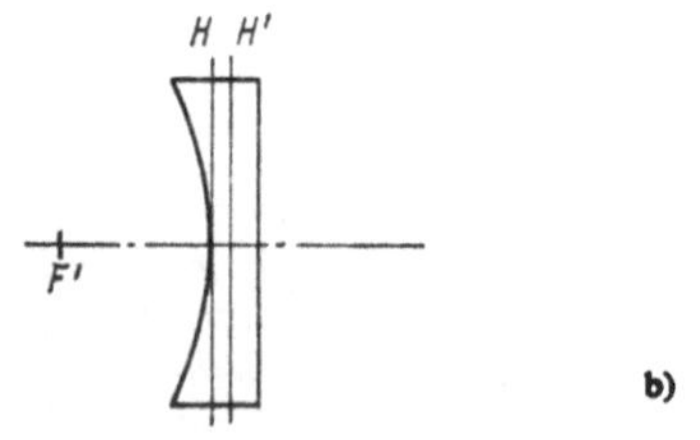

Abb. 2.84. Plankonvex- und Plankonkavlinse

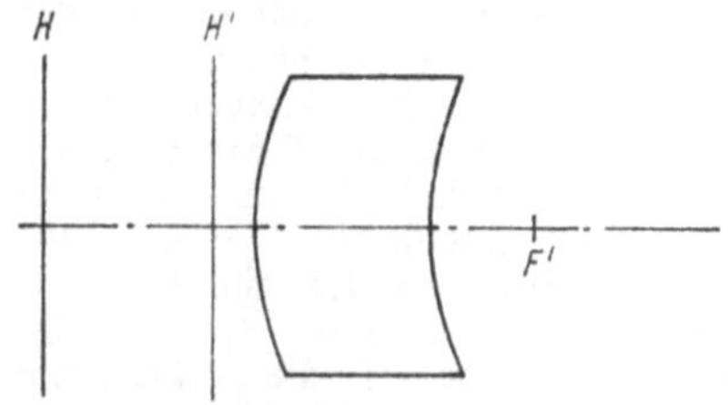

Abb. 2.85. Hoeghscher Meniskus

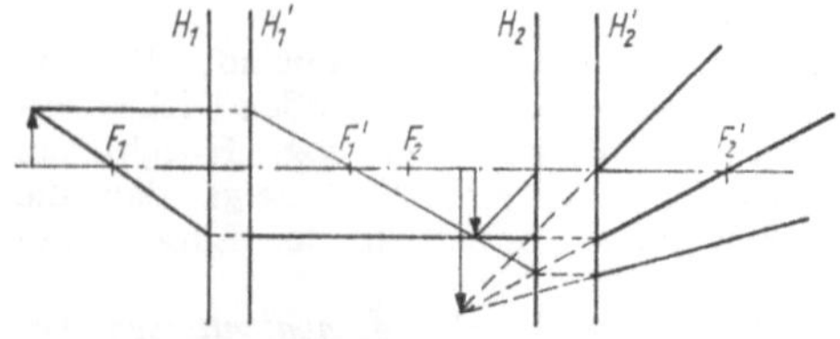

Abb. 2.86. Folge aus zwei dicken Linsen

$d = 0$ dar. Sie werden für das paraxiale Gebiet durch zusammenfallende Hauptebenen symbolisiert. Zwei zusammenfallende dünne Linsen haben nach (2.53), (2.54) die Brechkraft

$$F' = F_1' + F_2'. \tag{2.71}$$

Linsenfolgen sind ähnlich wie Flächenfolgen zu behandeln. Es fallen nur im allgemeinen die Hauptebenen der Teilabbildungen (der dicken Linsen) nicht zusammen (Abb. 2.86).

2.4.5. Brennweitenmessung

Die Abbildungsgleichung ermöglicht die Messung der Brennweite von Sammellinsen, wenn ein Objekt auf einem Schirm abgebildet wird sowie Objekt- und Bildweite gemessen werden können. Das Verfahren ist ungenau, weil zum einen die Einstellung auf beste Bildschärfe unsicher ist und zum anderen a und a' von den Hauptpunkten aus zu messen sind, deren Lage unbekannt ist.

Das Besselsche Verfahren eignet sich gut für dünne Sammellinsen. Objekt- und Auffangebene (z. B. eine Mattscheibe) sollen den festen Abstand e haben. Die Linse wird so angeordnet, daß auf der Auffangebene ein Bild entsteht. Nach Abb. 2.87 ist $-a + a' = e$. Aus der Abbildungsgleichung folgt

$$a = -\frac{e}{2} \pm \frac{1}{2}\sqrt{e(e - 4f')}.$$

Daraus ist abzulesen, daß $e \geqq 4f'$ sein muß und die Abbildung für die zwei Objektweiten

$$a_1 = -\frac{e}{2} + \frac{1}{2}\sqrt{e(e - 4f')},$$
$$a_2 = -\frac{e}{2} - \frac{1}{2}\sqrt{e(e - 4f')} \tag{2.72}$$

möglich ist. Ist also die Linse so aufgestellt, daß die Objektweite a_1 realisiert ist, dann entsteht nach ihrem Verschieben um $v = a_1 - a_2$ zum zweiten Male ein Bild auf dem Schirm. Aus (2.72) ergibt sich durch Subtraktion und Umformen

$$f' = \frac{e^2 - v^2}{4e}. \tag{2.73}$$

Auch beim Besselschen Verfahren ist die Genauigkeit durch das Vernachlässigen der Linsendicke und die Unsicherheit des Einstellens auf beste Bildschärfe begrenzt.

Messung mit dem Kollimator. Ein Kollimator enthält ein optisches System, in dessen Brennebene ein Objekt angeordnet ist, das ins Unendliche abgebildet wird. Als Objekt dienen zwei Strichmarken mit dem Abstand $2y$. Der Prüfling bildet die Strichmarken in seiner bildseitigen Brennebene ab. Nach Abb. 2.88 gilt wegen der Ähnlichkeit der schraffierten Dreiecke $|2y|/f_K' = |2y'|/f_{Pr}'$. Der Abstand $2y'$ wird mittels eines

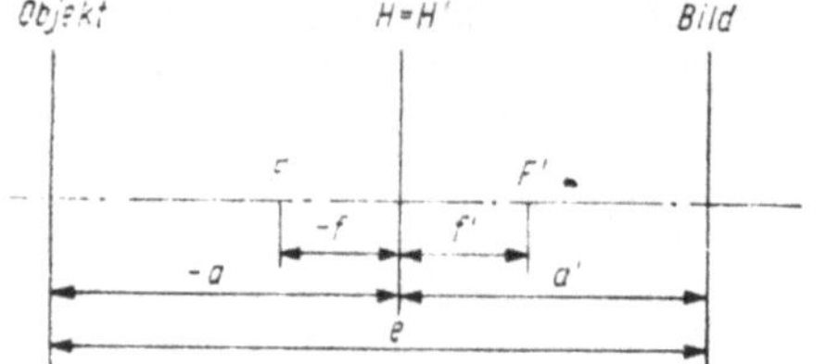

Abb. 2.87. Zum Besselschen Verfahren der Brennweitenmessung

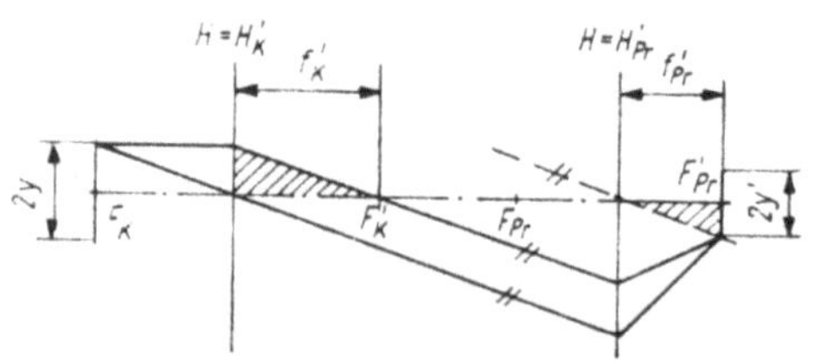

Abb. 2.88. Brennweitenmessung mit Hilfe des Kollimators

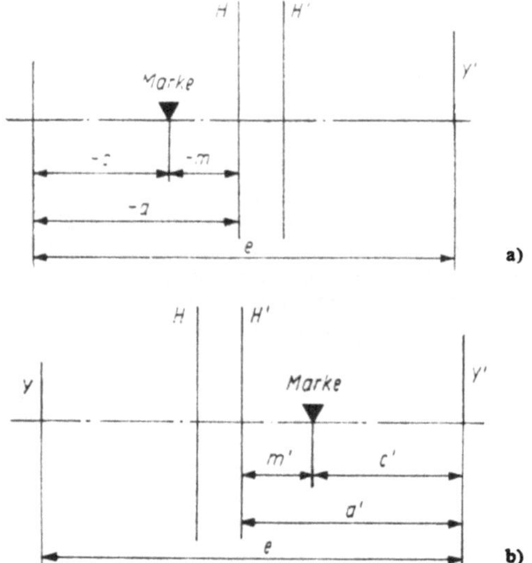

Abb. 2.89. Brennweitenmessung mit der Umschlagmethode

Mikroskops mit Okularmikrometer gemessen. Diese Methode eignet sich für dicke Sammellinsen und für sammelnde optische Systeme.

Messung mit der Umschlagmethode. Diese Methode ermöglicht die Bestimmung der Brennweite und der Hauptebenenlage für dicke Sammellinsen und sammelnde optische Systeme.

Das optische System ist an einer beliebigen Stelle mit der Marke M versehen (Abb. 2.89). Es wird so längs der optischen Achse verschoben, daß das Objekt auf die in der festen Entfernung e stehende Auffangebene abgebildet wird. Der Abbildungsmaßstab β' und die Größe c sind zu messen. Darauf wird das optische System um 180° gedreht (H und H' vertauschen ihre Lage) und das Objekt damit abgebildet. Der Abbildungsmaßstab bleibt erhalten, die Größe c' ist zu messen.

Es gilt $a = c + m$, $a' = c' + m'$ und $m' = -m$. Aus $\beta' = a'/a$ folgt damit zunächst

$$m = -m' = \frac{c' - c\beta'}{1 + \beta'}. \qquad (2.74)$$

Die Abbildungsgleichung ergibt mit $a' = a\beta'$ bzw. $a = a'/\beta'$

$$f' = \frac{a}{\dfrac{1}{\beta'} - 1} = \frac{a'}{1 - \beta'}. \qquad (2.75)$$

Einsetzen von $a = c + m$ bzw. $a' = c' + m'$ und Anwenden von (2.74) führt auf

$$f' = \frac{(c + c')\,\beta'}{1 - \beta'^2}. \qquad (2.76)$$

Die bisher angegebenen Methoden eignen sich nicht für Zerstreuungslinsen. Man paart deshalb die Zerstreuungslinse mit einer Sammellinse bekannter Brennweite, so daß ein sammelndes System entsteht und mißt dessen Brennweite. Die Brennweite einer Linse ergibt sich rechnerisch, wenn die Krümmungsradien mit einem Sphärometer und die Dicke mit einem Feintaster gemessen werden. Allerdings muß auch die Brechzahl ausreichend genau bekannt sein.

2.4.6. Spezielle Linsen

Bei zentrierten asphärischen Linsen ist mindestens eine der beiden Flächen asphärisch. Mit einer asphärischen Fläche, deren Meridiankurve nach (2.52) berechnet ist, und einer geeigneten sphärischen Fläche läßt sich die punktförmige Abbildung eines Achsenpunktes über das paraxiale Gebiet hinaus realisieren. Für eine unendliche Objektschnittweite gibt es gemäß Abschn. 2.4.1 zwei mögliche Linsenformen, die elliptisch-konzentrische Linse (Abb. 2.90) und die plan-hyperbolische Linse (Abb. 2.91). Asphärische Linsen werden in Kondensoren, Signaloptik und anderen optischen Systemen eingesetzt. Der umfassenden Einführung stehen gegenwärtig noch fertigungstechnische und damit ökonomische Probleme im Wege.

Fresnellinsen. Wir gehen zunächst auf die Möglichkeit ein, die Linse als Ganzes in einem Schnitt wie die Anordnung aus Dispersionsprismen zu behandeln (Abb. 2.92). Für das paraxiale Gebiet bilden die Flächen des Prismas, die die Tangentialebenen an den Linsenflächen darstellen, einen sehr kleinen Winkel miteinander. Wir können (2.17) für die Ablenkung am Keil ansetzen $\delta = (n - 1)\,\gamma$. Bei einer dünnen Linse ist nach Abb. 2.93 mit ausreichender Näherung

$$\delta = -\sigma + \sigma' = -\frac{h}{a} + \frac{h}{a'}, \qquad \gamma_1 = \frac{h}{r_1}, \qquad \gamma_2 = -\frac{h}{r_2}$$

zu setzen, womit aus (2.17)

$$\frac{1}{a'} - \frac{1}{a} = (n - 1)\left(\frac{1}{r_1} - \frac{1}{r_2}\right)$$

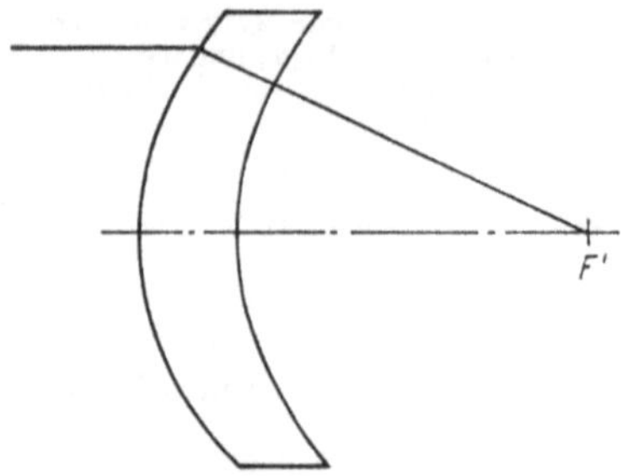

Abb. 2.90. Asphärische Linse mit elliptischer und konzentrischer Fläche

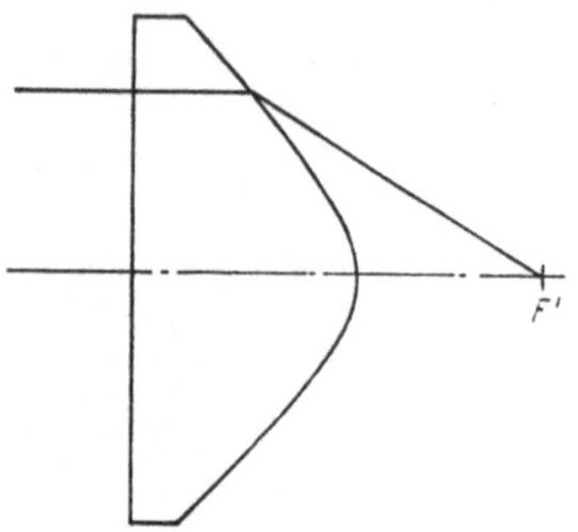

Abb. 2.91. Asphärische Linse mit Planfläche und hyperbolischer Fläche

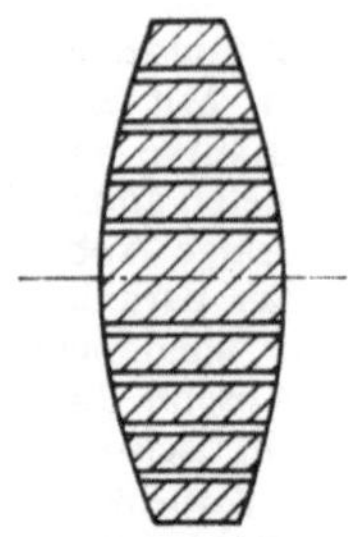

Abb. 2.92. Linse als Anordnung aus Dispersionsprismen

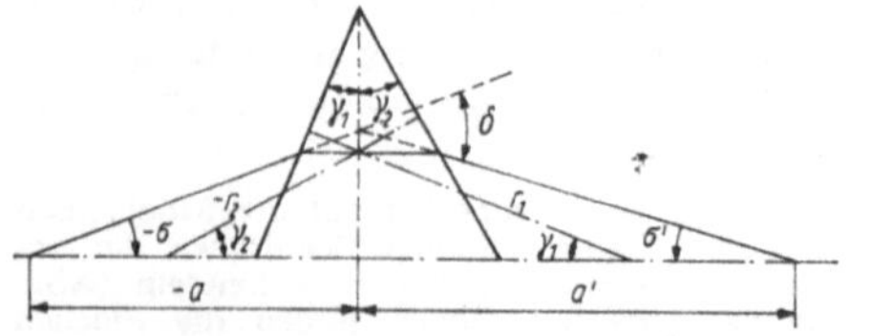

Abb. 2.93. Linse im paraxialen Gebiet als Keil

hervorgeht. Der Vergleich mit (2.68) zeigt, daß auf der rechten Seite dieser Gleichung die Brechkraft der dünnen Linse steht und sie damit die Abbildungsgleichung für dünne Linsen ist.

Die Fresnellinse könnten wir im Meridionalschnitt formal so auffassen, daß wir die Linse nach Abb. 2.91 in Ringzonen zerlegen, die wir in eine Ebene zurückschieben (Abb. 2.94). Die Strahlenvereinigung würde sich aber dabei verändern, weil die Brechung zwar um den gleichen Winkel, aber an anderen Stellen vor sich gehen würde (die Schnittweiten werden verändert). Besser ist es, wir betrachten die Fresnellinse im Meridionalschnitt als eine Anordnung aus Dispersionsprismen mit unterschiedlich brechenden Winkeln (Abb. 2.95).

Fresnellinsen grober Struktur und mit Stufen aus Ausschnitten von Kugelflächen wurden früher als Scheinwerfer- und Signaloptik eingesetzt. Heute dienen als Werkstoffe Plaste und die Stufen sind sehr fein (bis 0,05 mm herab). Deshalb ist es notwendig, die Flanken als Kegelausschnitte zu fertigen.

Die Abb. 2.95 kennzeichnet die Verhältnisse für eine Zone.
Es gilt

$$\varepsilon_2 = \gamma, \quad \delta = \varepsilon_2' - \gamma, \quad \tan\delta = \frac{h}{s_2'},$$

$$n \sin\varepsilon_2 = \sin\varepsilon_2'.$$

Aus diesen Gleichungen ergibt sich

$$\tan\gamma_k = \frac{\dfrac{h_k}{s_2'}}{n\sqrt{1 + \left(\dfrac{h_k}{s_2'}\right)^2} - 1}. \tag{2.77}$$

Die Fresnellinse mit diesen Flankenneigungen vereinigt sämtliche meridionalen Teilbündel in einem kleinen Bereich der optischen Achse. Je breiter die Stufe ist, desto breiter ist der Bereich der optischen Achse, auf die sich das Licht verteilt (Abb. 2.96). Die brechenden Flächen, die Wirkflanken, müssen durch Flächen verbunden werden, die eine Lichtstreuung hervorrufen. Sie werden Störflanken genannt.

Es ist zu beachten, daß es sich bei der Fresnellinse nicht um eine punktförmige optische Abbildung handelt, bei der wegen des Satzes von Malus eine kugelförmige Wellenfläche vorliegen muß. Bei der Fresnellinse wird die Wellenfläche in Ringe aufgeteilt. In Abb. 2.96 ist deutlich zu erkennen, daß der Lichtweg von einer achssenkrechten Ebene bis zum „Bildpunkt" für die einzelnen Zonen auch dann nicht konstant wäre, wenn die Wirkflanken infinitesimal klein gewählt würden. Fresnellinsen werden bevorzugt in Kondensoren, Schreibprojektoren und in Suchern von photographischen Kameras eingesetzt.
Spiegellinsen bestehen aus einer brechenden und einer reflektierenden Fläche. Das Licht wird zweimal gebrochen und einmal reflektiert (Abb. 2.97). Die Spiegelfläche ist zwar dadurch geschützt, aber es können störende Reflexe auftreten (Vorderreflex, Nebenreflexe durch mehrfache Reflexionen im Glas). Der Einsatz für Scheinwerferspiegel erfordert deshalb die Anwendung von asphärischen Flächen, durch die die störenden Reflexe vermeidbar sind.

Zylinderlinsen werden durch zwei brechende Zylinderflächen gebildet, dere Achsen parallel zueinander verlaufen (Abb. 2.98). Zylinderlinsen stellen nichtzentrierte Bauelemente dar. Sie haben

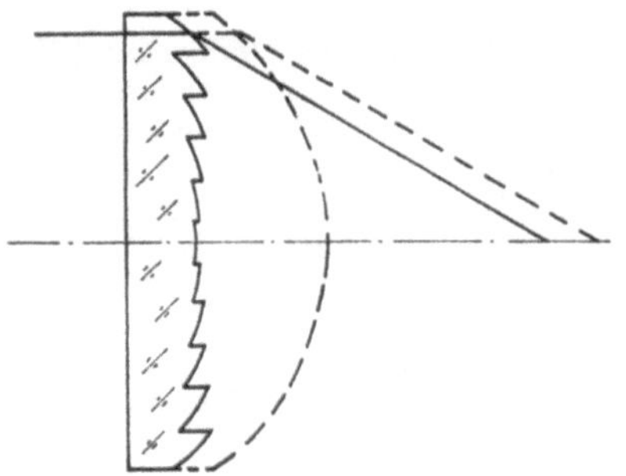

Abb. 2.94. Fresnellinse als Anordnung aus Teilen der Linsenfläche

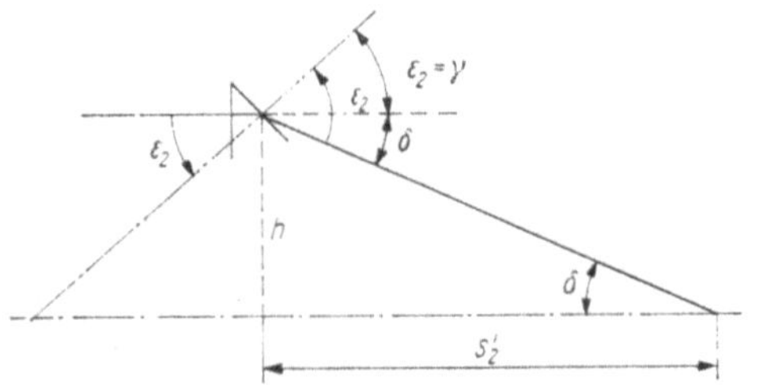

Abb. 2.95. Eine Zone der Fresnellinse als Dispersionsprisma

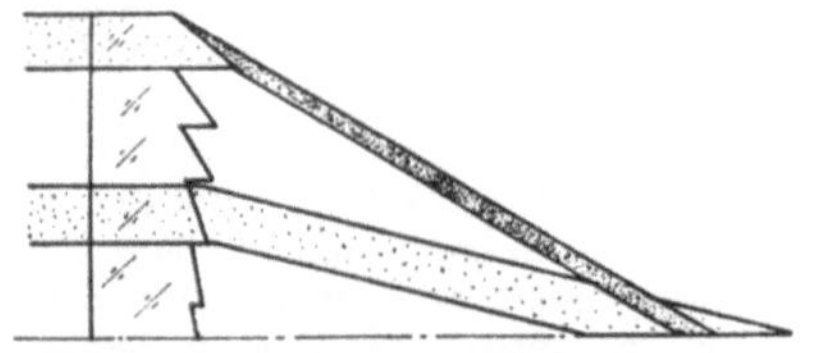

Abb. 2.96. Strahlenvereinigung an der Fresnellinse

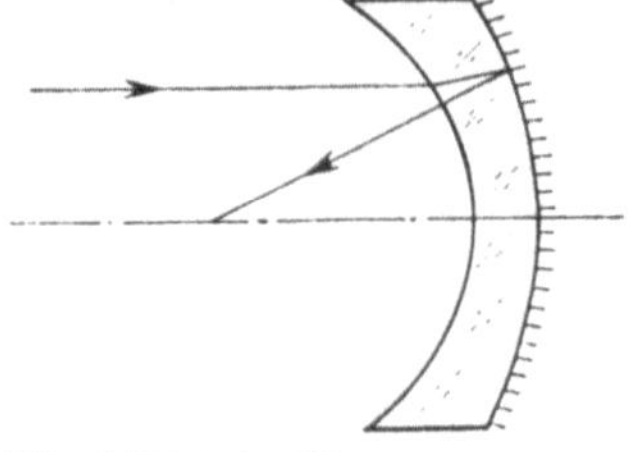

Abb. 2.97. Spiegellinse

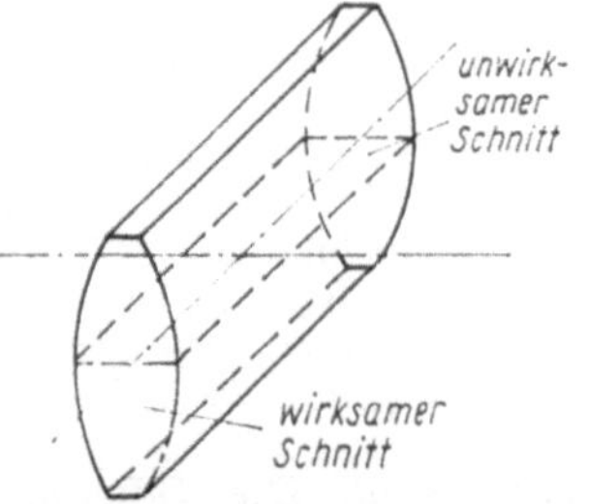

Abb. 2.98. Zylinderlinse

zwei ausgezeichnete Schnitte. Im Wirkschnitt verlaufen die Strahlen wie im Meridionalschnitt einer zentrierten Linse. Im unwirksamen Schnitt verhält sich die Zylinderlinse wie eine planparallele Platte. Daraus folgt, daß die geeignet berechnete Linse (mindestens eine Fläche kein Kreiszylinder) das Licht eines Parallelbündels längs einer sog. Bildlinie verteilt (Abb. 2.99).

2.5. Blenden und Abbildungsfehler

2.5.1. Öffnungsblende

Beim direkten Sehen ohne optische Hilfsmittel bestimmt die Augenpupille den Öffnungswinkel der Strahlenkegel und damit den Lichtstrom, der in unser Auge gelangt. Nach (1.14) ergibt sich mit der Fläche der Augenpupille $A_2 = \pi \varrho_p^2$ und $\varrho_p/r \approx \sin u$ (Abb. 2.100) für den vom Auge erfaßten Lichtstrom

$$\Phi = \pi I \Omega_0 \sin^2 u.$$

Bestimmend für den Lichtstrom ist also der Sinus des halben Öffnungswinkels.
Ähnlich wie das Auge haben alle optischen Systeme eine Öffnung, die den Lichtstrom begrenzt. Bereits die Fassungen von Linsen, Spiegeln und Prismen stellen Öffnungen dar, die wir als *Blenden* bezeichnen. Außerdem enthalten die meisten optischen Systeme weitere Blenden.

Öffnungsblende. Wir gehen vom einfachsten Fall einer Linse ohne zusätzliche Blende aus und bilden Punkte der optischen Achse ab. Die Linsenfassung bestimmt in Abb. 2.101 (unendliche Objektweite) den *objektseitigen Durchmesser*, in Abb. 2.102 (endliche Objektweite) den *objektseitigen Öffnungswinkel* $2u$ des abbildenden Bündels. In beiden Abb. ist der bildseitige Öffnungswinkel $2u'$ durch die Linsenfassung festgelegt. Eine Blende mit dieser Eigenschaft heißt *Öffnungsblende* oder *Aperturblende*.
Die Öffnungsblende kann auch vor der Linse stehen (Abb. 2.103). Sie wird dann durch die Linse ebenfalls abgebildet. Das bildseitige Blendenbild als zur Öffnungsblende konjugiert erfüllt theoretisch im Bildraum dieselbe Funktion wie eine an ihrer Stelle stehende Blende. Es wird als *Austrittspupille* bezeichnet.
Die Verhältnisse lassen sich ohne Änderung in der Wirkung umkehren, d. h., die Öffnungsblende kann hinter der Linse angeordnet sein (Abb. 2.104). Ihre Abbildung in den Objektraum ergibt als objektseitiges Blendenbild die *Eintrittspupille*.
Zwei Linsen oder mehrlinsige optische Systeme haben oftmals eine Mittelblende innerhalb des Systems (Abb. 2.105). Die Eintrittspupille ist dann ebenfalls das objektseitige Bild, die Austrittspupille das bildseitige Bild der Öffnungsblende.
Neben dem objektseitigen und dem bildseitigen Öffnungswinkel werden zur quantitativen Be-

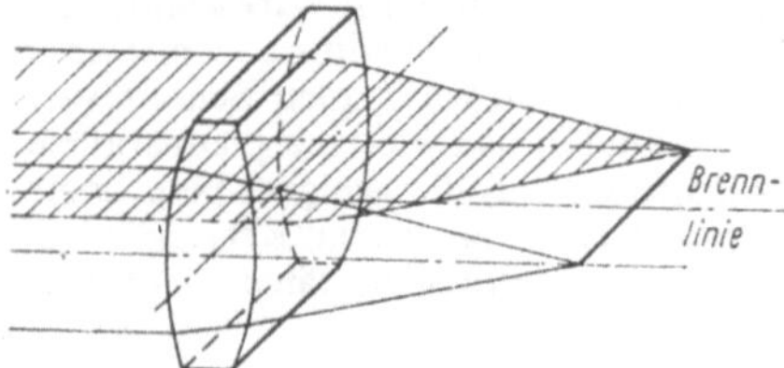

Abb. 2.99. Abbildung durch eine Zylinderlinse

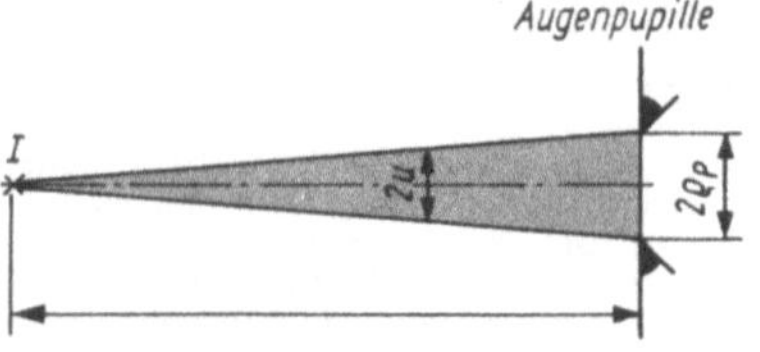

Abb. 2.100. Öffnungswinkel beim direkten Sehen

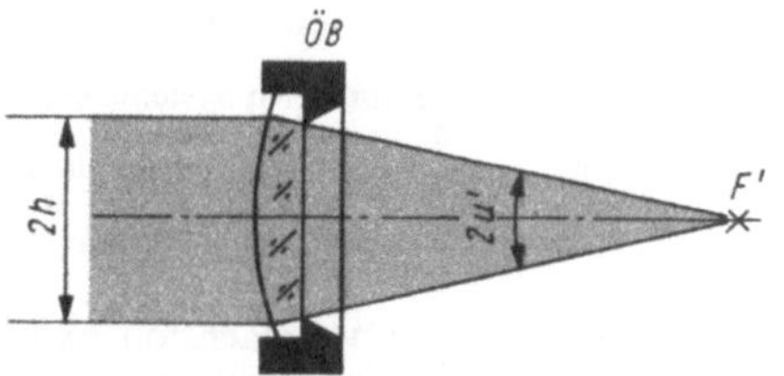

Abb. 2.101. Linsenfassung als Öffnungsblende, unendliche Objektweite

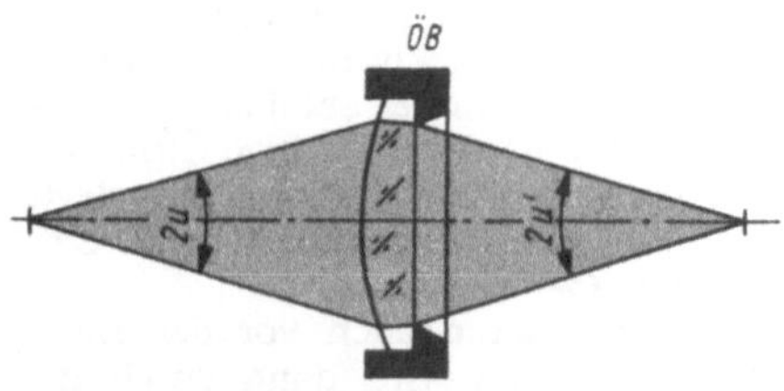

Abb. 2.102. Linsenfassung als Öffnungsblende, endliche Objektweite

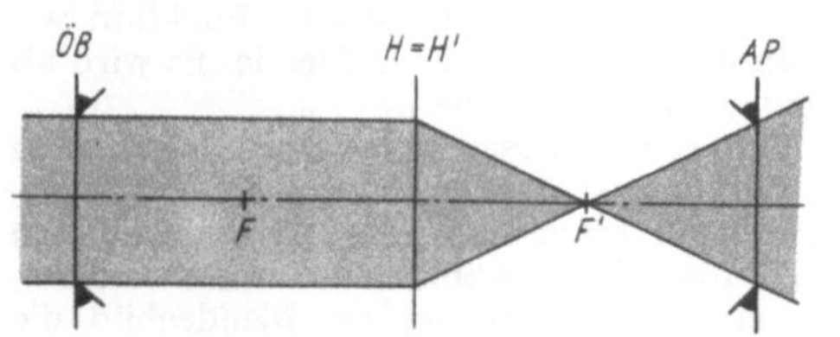

Abb. 2.103. Öffnungsblende als Vorderblende

schreibung der Öffnungsbegrenzung bei endlicher Objektweite die *numerische Apertur*

$$A = n \sin u \tag{2.78}$$

(n = Brechzahl des Stoffes vor dem optischen System) sowie bei unendlicher Objektweite die *Blendenzahl* $k = f'/2\varrho_p$ und das *Öffnungsverhältnis* $K = 2\varrho_p/f'$ verwendet. (Mit ϱ_p bezeichnen wir den Radius der Eintrittspupille, mit ϱ_p' den Radius der Austrittspupille.)

Zur Bestimmung der Eintrittspupille kann verwendet werden, daß sie bei unendlicher Objektweite das objektseitige Blendenbild mit dem kleinsten Durchmesser ist; bei endlicher Objektweite das objektseitige Blendenbild ist, das vom Achsenpunkt des Objektes unter dem kleinsten Winkel erscheint.

2.5.2. Feldblende

Für die Abbildung außeraxialer Punkte ist außer der Öffnungsblende, die den Öffnungswinkel bzw. den Durchmesser des Lichtbündels bestimmt, stets noch eine weitere Blende wirksam. Diese wird als *Feldblende* bezeichnet und legt den Ausschnitt der Objektebene fest, der abgebildet wird. Bei der Projektion von Diapositiven stellt z. B. die innere Berandung des Dias die Feldblende dar, die damit in der Objektebene liegt. Abb. 2.106 enthält ein analoges Beispiel. Die Feldblende wird mit dem Objekt in die Bildebene abgebildet, so daß der Bildrand scharf begrenzt ist. Das bildseitige Bild der Feldblende wird als *Austrittsluke* bezeichnet. Der Strahl, der von einem Objektpunkt aus durch die Mitte der Eintrittspupille geht, stellt den Symmetriestrahl des abbildenden Bündels dar; er heißt *Hauptstrahl*. Die vollständige Untersuchung einer geometrisch-optischen Abbildung erfordert, neben dem Verlauf der abbildenden Strahlen auch den Verlauf der Hauptstrahlen zu untersuchen. Abb. 2.107 enthält für ein Beispiel die äußersten Hauptstrahlen. Sie bilden im Objektraum den *objektseitigen Feldwinkel* $2w$, im Bildraum den *bildseitigen Feldwinkel* $2w'$ miteinander. Bei der photographischen Abbildung befindet sich die Feldblende in der Ebene des Films, also in der Bildebene. Ihr objektseitiges Bild wird als *Eintrittsluke* bezeichnet. Auch in diesem Falle ist das Bildfeld scharf begrenzt. Abb. 2.108 zeigt ein entsprechendes Beispiel. Die Abb. 2.109 entspricht einem allgemeineren Fall. Die Feldblende steht am Ort des Zwischenbildes. Die Austrittsluke fällt mit dem Bild, die Eintrittsluke mit dem im Unendlichen liegenden Objekt zusammen. Das Bildfeld ist scharf begrenzt. Der Durchmesser der Feldblende wird in Millimetern angegeben und *Feldzahl* genannt. Die Eintrittsluke läßt sich bestimmen, indem das objektseitige Blendenbild gesucht wird, das vom Achsenpunkt der Eintrittspupille aus unter dem kleinsten Winkel erscheint.

Telezentrischer Strahlenverlauf. Die Öffnungsblende kann sich auch in der bildseitigen Brenn-

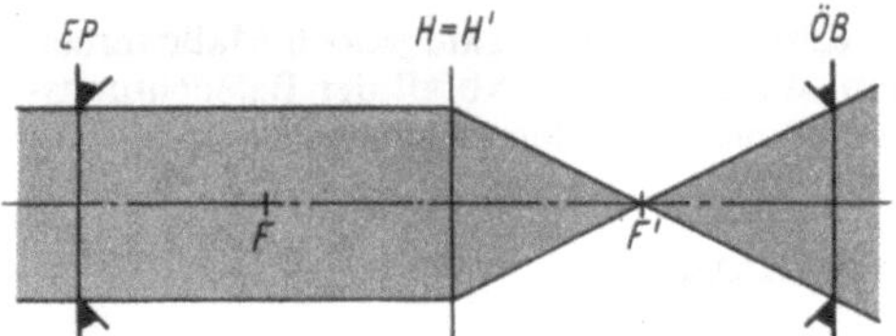

Abb. 2.104. Öffnungsblende als Hinterblende

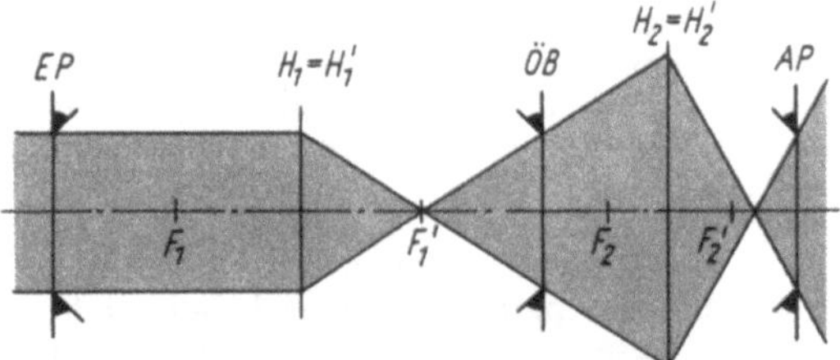

Abb. 2.105. Öffnungsblende als Mittelblende

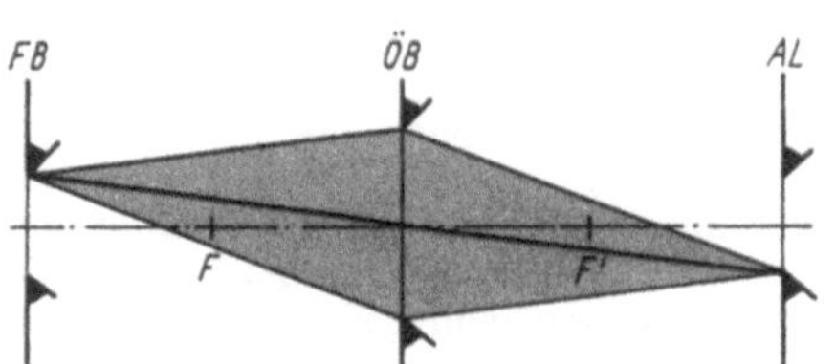

Abb. 2.106. Feldblende in der Objektebene

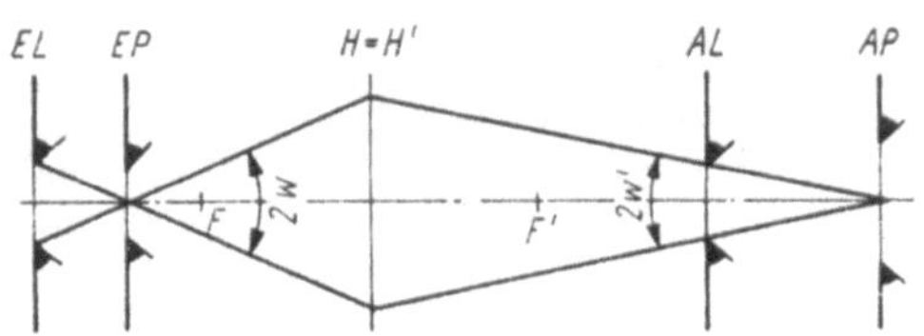

Abb. 2.107. Zur Definition der Feldwinkel

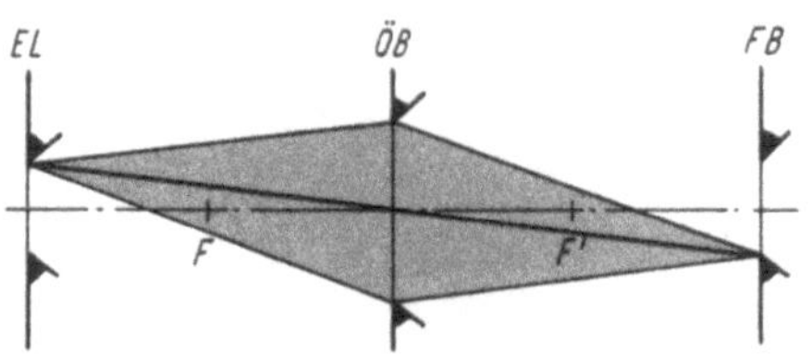

Abb. 2.108. Feldblende in der Bildebene

ebene befinden. Die Eintrittspupille liegt dann im Unendlichen, und die Hauptstrahlen verlaufen objektseitig achsparallel. Dieser Hauptstrahlenverlauf wird als *objektseitig telezentrisch* bezeichnet (Abb. 2.110). Optische Systeme mit telezentrischem Strahlenverlauf haben den Vorteil, daß eine kleine achsparallele Verschiebung des Objektes nur eine geringe Unschärfe des Bildes hervorruft, aber die durch den Durchstoßpunkt des Hauptstrahls repräsentierte Bildgröße unverändert bleibt. Telezentrische Systeme werden deshalb z. B. als Objektive in Meßprojektoren und Meßmikroskopen verwendet.

Bei objektseitig telezentrischem Strahlenverlauf ist die Eintrittsluke das objektseitige Blendenbild mit dem kleinsten Durchmesser.

2.5.3. Abschattung

Randabschattung durch Abschattblenden. Wird in der Abb. 2.110 die Linsenfassung verkleinert, dann kann sie von der Seite her in das von der Eintrittspupille hindurchgelassene Bündel hineinragen (Abb. 2.111). Der Symmetriestrahl des Bündels ist nicht mehr der Hauptstrahl sondern der durch den Mittelpunkt des Kreiszweiecks gehende Schwerstrahl. Deshalb muß bei telezentrischem Strahlenverlauf Randabschattung vermieden werden. Randabschattung zeigen die meisten Photoobjektive, wenn sie mit dem maximalen Öffnungsverhältnis benutzt werden.

Randabschattung durch die Feldblende tritt ein, wenn die Feldblende nicht in der Objektebene oder einer zu dieser konjugierten Ebene liegt. Abb. 2.112 läßt erkennen, daß das Objektfeld in drei Bereiche gegliedert ist. Für die Abbildung der inneren Kreisfläche entsteht keine Abschattung. Es schließt sich eine Ringzone an, in der in nach außen wachsendem Maße Randabschattung vorliegt, aber der Hauptstrahl ist in den abbildenden Bündeln vorhanden. Der äußere Rand dieser Ringzone begrenzt theoretisch das Objektfeld, weil er den äußersten Hauptstrahlen zugeordnet ist. Außerhalb des Objektfeldes besteht eine Ringzone, die zwar noch abgebildet wird, aber nur mit sehr geringer Helligkeit (Abb. 2.113). Die Randabschattung durch die Feldblende verursacht eine stetige Abnahme der Helligkeit am Feldrand, der demnach nicht scharf begrenzt ist. Diese Erscheinung kann beim holländischen Fernrohr beobachtet werden.

Natürliche Abschattung. Auch ohne Randabschattung nimmt die Beleuchtungsstärke in der Bildebene eines optischen Systems nach außen hin ab. Die Austrittspupille und die Bildebene sind beide um den Winkel $\varepsilon_1 = \varepsilon_2 = w'$ gegenüber dem Hauptstrahl geneigt (Abb. 2.114). Die Entfernung der Austrittspupille bis zur Bildebene ist längs des Hauptstrahls um den Faktor $1/\cos w'$ größer als längs der optischen Achse. Nach dem photometrischen Grundgesetz (1.23) ist die Beleuchtungsstärke dem Quadrat des Abstandes der leuchtenden und der beleuchteten Fläche umgekehrt proportional sowie dem Ko-

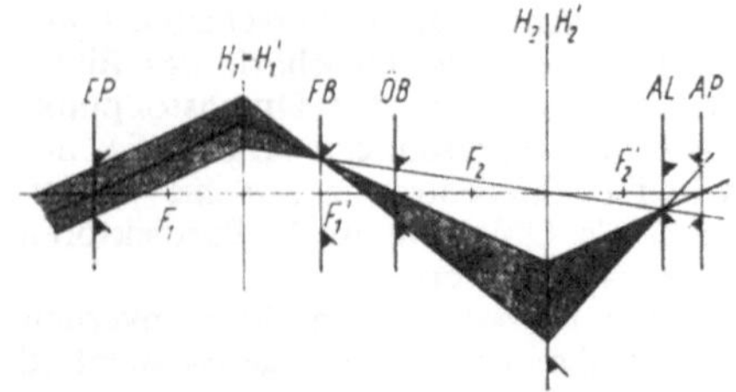

Abb. 2.109. Feldblende am Ort des Zwischenbildes

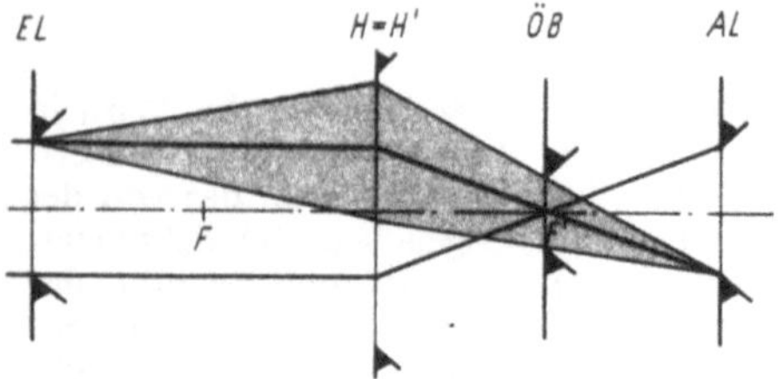

Abb. 2.110. Objektseitig telezentrischer Strahlenverlauf

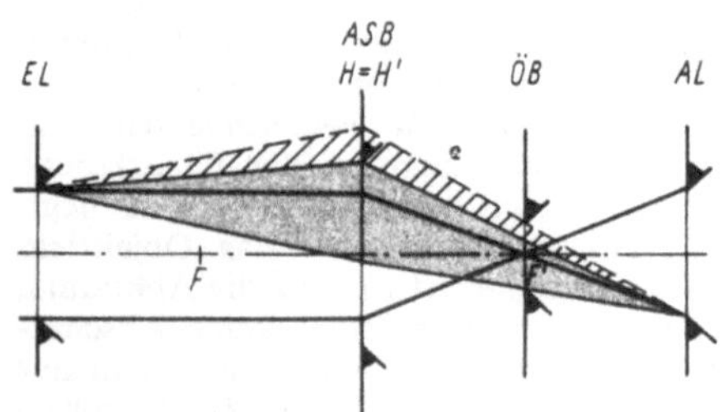

Abb. 2.111. Wirkung einer Abschattblende

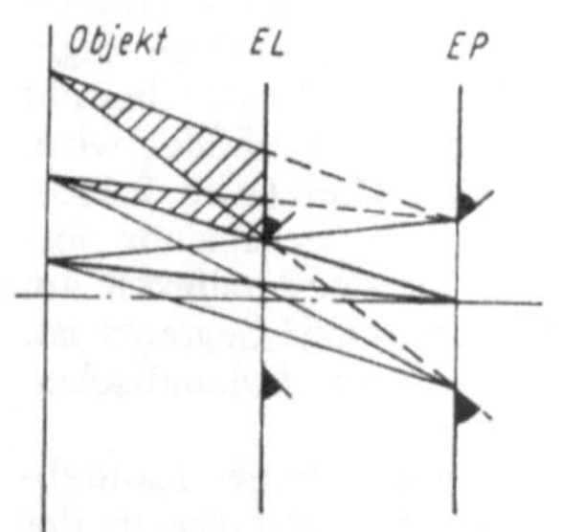

Abb. 2.112. Randabschattung durch die Feldblende

sinus von ε_1 und ε_2 proportional. Deshalb gilt insgesamt

$$E = E_0 \cos^4 w'. \qquad (2.79)$$

Die Abnahme der Beleuchtungsstärke nach dem $\cos^4 w'$-Gesetz wird als natürliche Abschattung (auch natürliche Vignettierung) bezeichnet. Sie stört besonders bei Weitwinkelobjektiven.

In der technischen Optik sind jedoch Maßnahmen bekannt, durch die der Abfall der Beleuchtungsstärke gemindert werden kann.

2.5.4. Öffnungsfehler

Abbildungsfehler. Die Behandlung der optischen Abbildung mit den Beziehungen für das paraxiale Gebiet ermöglicht einen schnellen Überblick über den prinzipiellen Strahlenverlauf im optischen System. Die Gleichungen sind verhältnismäßig einfach und rechnerisch leicht auszuwerten. In der Praxis ist es jedoch nicht möglich, mit flach und achsnahe verlaufenden Lichtstrahlen abzubilden. Im allgemeinen gehen sowohl das Objektfeld als auch die Öffnung der Bündel über das paraxiale Gebiet hinaus, d. h., es wird ein ausgedehntes Objektfeld mit weit geöffneten Bündeln abgebildet. Dabei treten *Abweichungen* von der paraxialen Abbildung auf, die als *Abbildungsfehler* bezeichnet werden. Im allgemeinen sind die Strahlenbündel im Bildraum nicht homozentrisch und ergeben kein dem Objekt ähnliches Bild. Die Abweichung $\Delta y' = \hat{y}' - y'$ eines Strahldurchstoßpunktes mit der Koordinate $\hat{y}'$ vom Gaußschen Bildpunkt mit der Koordinate y' heißt *meridionale Querabweichung.* Entsprechend ist die *sagittale Querabweichung* $\Delta x' = \hat{x}' - x'$ definiert (Abb. 2.115).

Abbildungsfehler dritter Ordnung. Der Lichtweg zwischen einem Objektpunkt und einem Punkt des Bildraums läßt sich als Potenzreihe darstellen, die nach den Potenzen der Richtungskosinus der Lichtstrahlen fortschreiten (*Winkeleikonal*). Bei einem zentrierten optischen System hängt das Winkeleikonal nur von den geraden Potenzen der Richtungskosinus ab. SEIDEL hat in das Winkeleikonal statt der Richtungskosinus die Durchstoßkoordinaten der Lichtstrahlen in der Eintritts- oder Austrittspupillenebene (x_p, y_p bzw. x_p', y_p') eingeführt. Aus dem *Seidelschen Eikonal* lassen sich die Querabweichungen berechnen, womit man eine analytische Darstellung der Abbildungsfehler erhält. Die meridionale Querabweichung für einen in der y-z-Ebene liegenden Objektpunkt hängt von den Produkten $y^n y_p^m$ ab ($n + m$ = ungerade Zahl $\geqq 3$). Für $n + m = 3$ erhält man die Näherung für das Seidelsche Gebiet, in dem die fünf Seidelschen Abbildungsfehler (*Abbildungsfehler dritter Ordnung*) auftreten (Tab. 2.2). Die weiteren Überlegungen gelten für die Abbildung mit monochromatischem Licht. Für Achsenpunkte ($y = 0$) ist nur der *Öffnungsfehler* vorhanden. Für kleine Felder wirkt sich zusätzlich die *Koma* stark aus. Bei größeren Feldern stören auch die übrigen Feldfehler. Die *Verzeichnung* ist unabhängig von

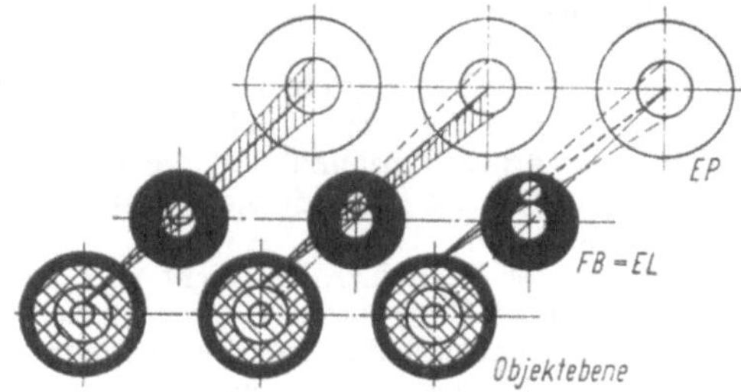

Abb. 2.113. Randabschattung durch die Feldblende

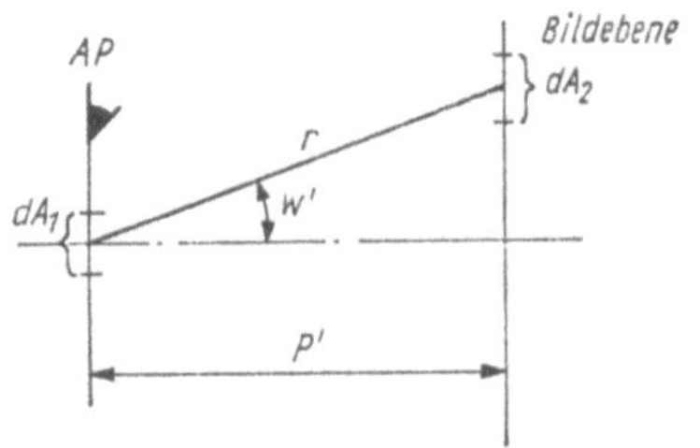

Abb. 2.114. Zur natürlichen Randabschattung

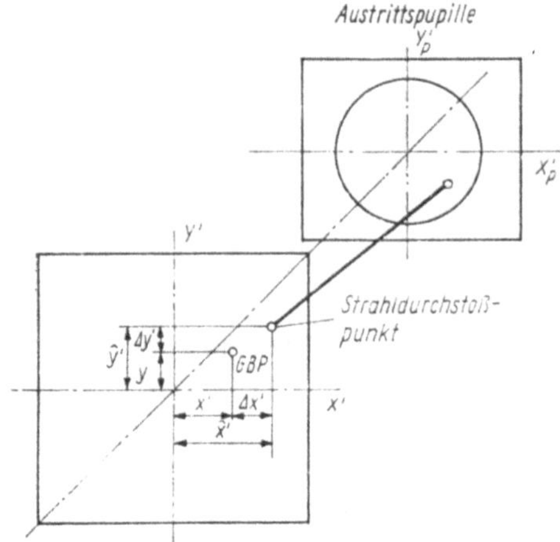

Abb. 2.115. Meridionale und sagittale Querabweichung

Tabelle 2.2. Abhängigkeit der Querabweichung durch die Abbildungsfehler dritter Ordnung von Feld- und Öffnungswinkel

	Potenz des Feldwinkels n	Potenz des Öffnungswinkels m
Öffnungsfehler	0	3
Koma	1	2
Astigmatismus	2	1
Bildfeldwölbung	2	1
Verzeichnung	3	0

der Öffnung der Bündel bei großen Feldern vorhanden. Aus der Tab. 2.2 sind zwei Grenzfälle für das Wirken und damit für die Notwendigkeit der Korrektion der Abbildungsfehler in optischen Systemen abzulesen:

Optische Systeme, die ein kleines Feld mit großer Öffnung abbilden sollen, müssen hinsichtlich Öffnungsfehler und Koma korrigiert sein; optische Systeme, die ein großes Feld mit kleiner Öffnung abbilden sollen, müssen hinsichtlich Astigmatismus, Bildfeldwölbung und Verzeichnung korrigiert sein.

Die optischen Systeme werden nicht nur über das paraxiale Gebiet sondern auch über das Seidelsche Gebiet hinaus benutzt. Zwischen den Querabweichungen und den Strahlkoordinaten des Objektraums besteht dann ein hochgradig nichtlinearer Zusammenhang. Deshalb stellt die Korrektion der optischen Systeme eine mit großem rechentechnischen Aufwand verbundene nichtlineare Optimierung dar, die heute nur noch mit elektronischen Rechenanlagen ökonomisch zu bewältigen ist.

Der Öffnungsfehler ist die Abweichung von der Punktförmigkeit der Abbildung, die bei der Abbildung von Punkten der optischen Achse mit weit geöffneten Bündeln auftritt.

Der Öffnungsfehler einer Sammellinse läßt sich nachweisen, wenn durch das Ausblenden einzelner Zonen Strahlenbündel verschiedener Einfallshöhe erzeugt werden (Abb. 2.116). Die Randstrahlen haben eine kürzere Schnittweite als die achsnahen Strahlen.

Die Abweichung der Schnittweite $\hat{s}'$ von der paraxialen Schnittweite s' stellt die *sphärische Längsabweichung* $\Delta s' = \hat{s}' - s'$ dar. (Sphaira, gr. = Kugel. Der Öffnungsfehler wird auch als *sphärische Aberration* bezeichnet, obwohl er auch bei asphärischen Flächen auftritt.) In der Gaußschen Bildebene entsteht ein Zerstreuungskreis mit dem Radius r', der wegen $y' = 0$ mit der sphärischen Querabweichung $\Delta y' = \hat{y}' - y'$ identisch ist. Der Öffnungsfehler einer Sammellinse hängt von der Linsenform und ihrer Stellung im Strahlengang ab. Die Abbn. 2. 117a, b enthalten dieselbe sphärische Plankonvexlinse; in Abb. 2.117a mit der Planfläche, in Abb. 2.117b mit der gekrümmten Fläche dem weit entfernten Objekt zugekehrt. Der geringere Öffnungsfehler im zweiten Fall ist zu erkennen. Der in Abb. 2.117 dargestellte Versuch läßt sich verallgemeinern, so daß daraus folgender Schluß zu ziehen ist:

Eine sphärische Linse bildet mit kleinem Öffnungsfehler ab, wenn die stärker gekrümmte Fläche der größeren Schnittweite zugekehrt ist. (Die Brechungen sollten möglichst auf beide Flächen gleich verteilt sein.)

Korrektion des Öffnungsfehlers. Eine Zerstreuungslinse führt ebenfalls Öffnungsfehler ein.

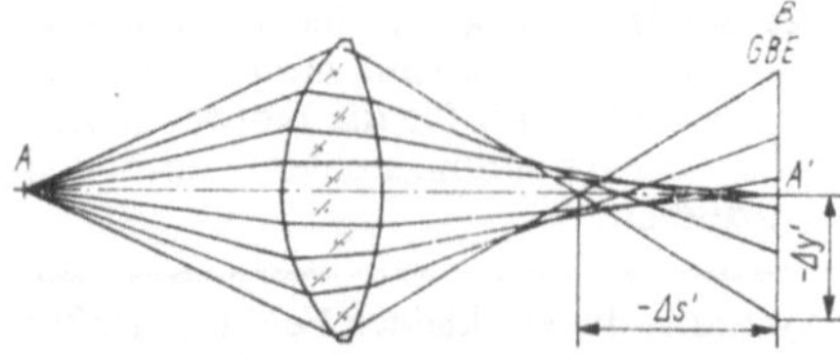

Abb. 2.116. Öffnungsfehler einer Sammellinse

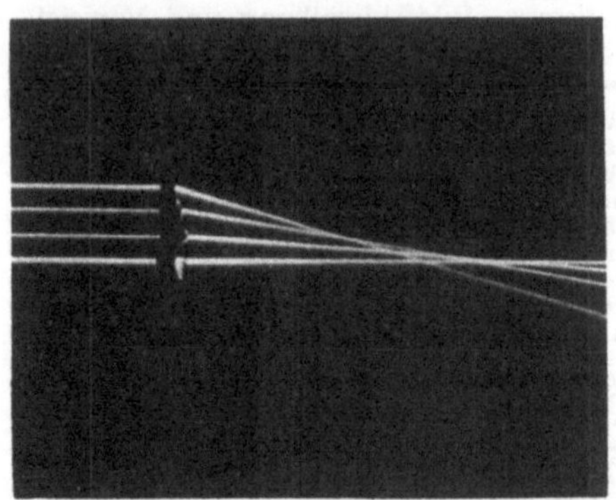

a)

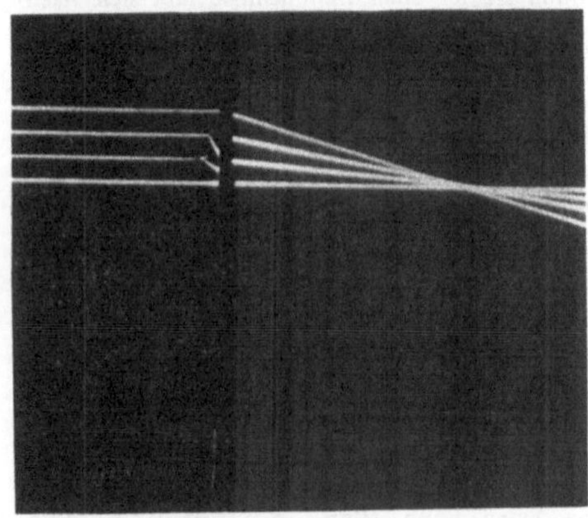

b)

Abb. 2.117. Öffnungsfehler einer Plankonvexlinse:
a) Planfläche der größeren Schnittweite zugekehrt,
b) Planfläche der kleineren Schnittweite zugekehrt

Das Vorzeichen der sphärischen Längsabweichung ist aber demjenigen bei der Sammellinse entgegengesetzt. Deshalb ist es möglich, durch geeignete Kombination einer Sammellinse und einer Zerstreuungslinse den Öffnungsfehler so zu korrigieren, daß die sphärische Längsabweichung für eine endliche Einfallshöhe (z. B. für den Randstrahl) verschwindet (Abb. 2.118). Das Maximum der verbleibenden sphärischen Längsabweichung heißt *Zonenfehler*.

2.5.5. Feldfehler

Feldfehler sind Abbildungsfehler, die bei der Abbildung außeraxialer Objektpunkte auftreten. Die Feldfehler dritter Ordnung sind die Koma, der Astigmatismus, die Bildfeldwölbung und die Verzeichnung.

Verzeichnung. Der Feldfehler, der nicht von der Öffnung der Bündel abhängt, ist die Verzeichnung. Diese erzeugt deshalb keine Zerstreuungsfigur in der Gaußschen Bildebene. Sie bewirkt keine Abweichung von der Punktförmigkeit, sondern von der Ähnlichkeit der Abbildung.

In einem optischen System ohne Randabschattung stellt der von einem Objektpunkt aus durch die Mitte der Öffnungsblende gehende Hauptstrahl den Symmetriestrahl des abbildenden objektseitigen Bündels dar. Der Durchstoßpunkt des Hauptstrahls durch eine achssenkrechte Ebene kann als Markierung der Bildgröße angesehen werden. Das gilt auch, wenn in der Bildebene eine um den Hauptstrahl verteilte Zerstreuungsfigur den Bildpunkt zu ersetzen hat.

Ein optisches System bildet im allgemeinen auch die Öffnungsblende sowohl in den Objektraum (Eintrittspupille) als auch in den Bildraum (Austrittspupille) mit Öffnungsfehler ab. (Das gilt auch, wenn das optische System für die Objektebene hinsichtlich des Öffnungsfehlers korrigiert ist.) Dadurch schneidet der Hauptstrahl die optische Achse objekt- und bildseitig in Punkten, die von der Objektgröße abhängen. Nach Abb. 2.119 ist für zwei Objekthöhen

$$\tan \hat{\sigma}_{p_1} = -\frac{\hat{y}_1}{\hat{p}_1}, \quad \tan \hat{\sigma}_{p_2} = -\frac{\hat{y}_2}{\hat{p}_2}$$

und

$$\tan \hat{\sigma}_{p_1}' = -\frac{\hat{y}_1'}{\hat{p}_1'}, \quad \tan \hat{\sigma}_{p_2}' = -\frac{\hat{y}_2'}{\hat{p}_2'}.$$

Daraus folgt mit der Definition des verallgemeinerten Abbildungsmaßstabs $\hat{\beta}' = \hat{y}'/\hat{y}$

$$\hat{\beta}_1' = \frac{\hat{p}_1' \tan \hat{\sigma}_{p_1}'}{\hat{p}_1 \tan \hat{\sigma}_{p_1}} \tag{2.80a}$$

$$\hat{\beta}_2' = \frac{\hat{p}_2' \tan \hat{\sigma}_{p_2}'}{\hat{p}_2 \tan \hat{\sigma}_{p_2}}. \tag{2.80b}$$

Der verallgemeinerte Abbildungsmaßstab hängt also im allgemeinen von der Hauptstrahlneigung und damit von der Objektgröße ab. Nur für $\hat{\beta}_1' = \hat{\beta}_2'$ ist der Abbildungsmaßstab konstant. Das ist erfüllt, wenn

$$\frac{\tan \hat{\sigma}_p'}{\tan \hat{\sigma}_p} = \text{const} \tag{2.81}$$

und

$$\frac{\hat{p}_1'\hat{p}_2}{\hat{p}_1\hat{p}_2'} = \text{const} \tag{2.82}$$

ist. (2.81) heißt *Tangensbedingung*.

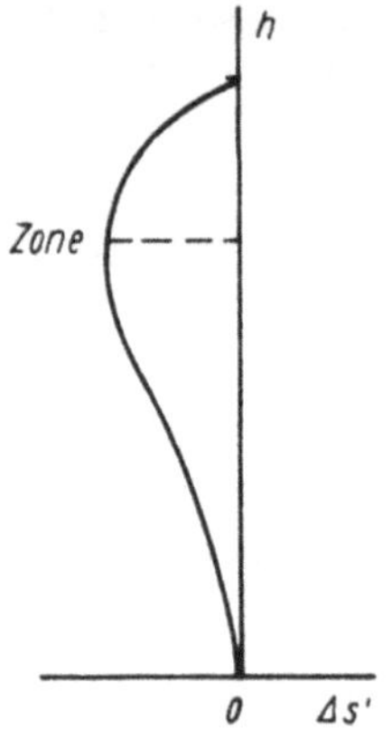

Abb. 2.118. Sphärische Längsabweichung bei korrigiertem Öffnungsfehler

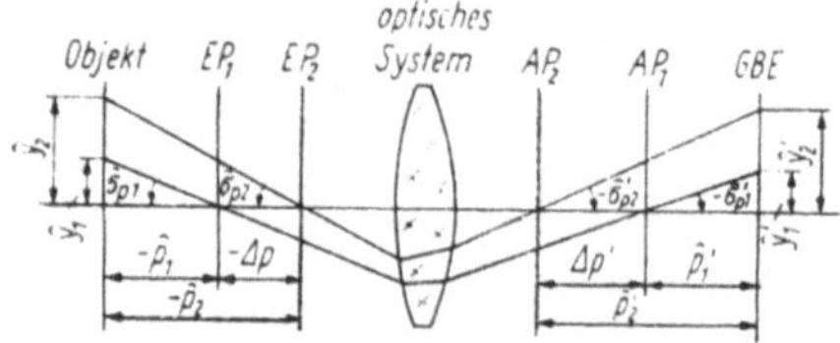

Abb. 2.119. Zur Ableitung der Tangensbedingung

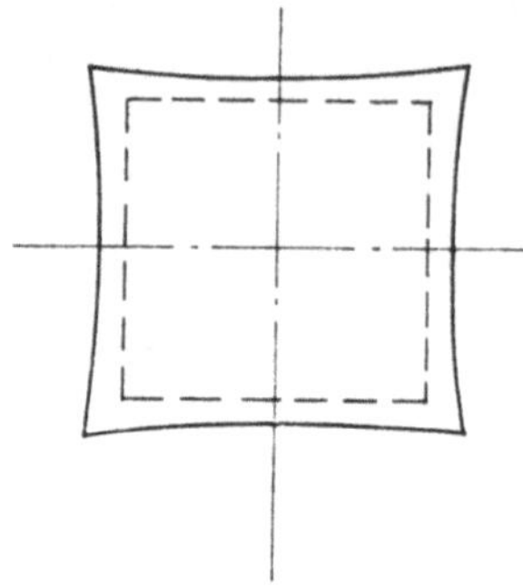

Abb. 2.120. Kissenförmige Verzeichnung

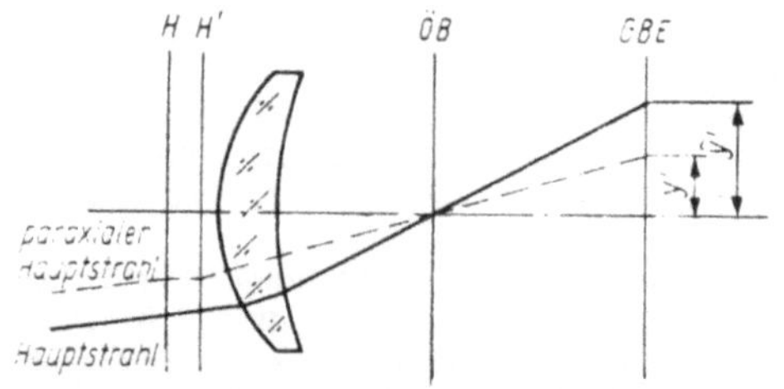

Abb. 2.121. Entstehung der kissenförmigen Verzeichnung

In einem optischen System, in dem (2.81), (2.82) nicht erfüllt sind, hängt der Abbildungsmaßstab von der Objektgröße ab. Es gilt:

Die Abweichung des durch die Durchstoßpunkte des Hauptstrahls in der Objekt- und Bildebene festgelegten Abbildungsmaßstabs $\bar{\beta}'$ vom paraxialen Abbildungsmaßstab β' ist die *Verzeichnung.*

Kissenförmige Verzeichnung liegt vor, wenn der Abbildungsmaßstab $\bar{\beta}'$ mit der Objektgröße *zunimmt* (Abb. 2.120). Sie entsteht bei einer Sammellinse mit bildseitiger Öffnungsblende (Abb. 2.121).

Tonnenförmige Verzeichnung liegt vor, wenn der Abbildungsmaßstab $\bar{\beta}'$ mit der Objektgröße *abnimmt* (Abb. 2.122). Sie entsteht bei einer Sammellinse mit objektseitiger Öffnungsblende (Abb. 2.123).

Verzeichnungsfrei ist eine dünne Sammellinse, deren Fassung als Öffnungsblende wirkt (öffnungsfehlerfreie Abbildung der Öffnungsblende in sich selbst, damit (2.82) erfüllt; keine Ablenkung des Hauptstrahls, damit (2.81) erfüllt).
Bei einem symmetrisch zur Öffnungsblende aufgebauten optischen System ist für alle Objekthöhen $\bar{p} = -\bar{p}'$, so daß (2.82) erfüllt ist. Wird es außerdem mit dem Abbildungsmaßstab $\beta' = -1$ benutzt, so ist $a' = -a$, und es gilt die Tangensbedingung (2.81). Ein derartiges optisches System ist also verzeichnungsfrei.

Astigmatismus. Wir betrachten die Abbildung durch eine dünne Einzellinse, deren Fassung als Öffnungsblende wirkt. Der Hauptstrahl geht durch die Mitte der Linse, und die Abbildung ist verzeichnungsfrei. Analog zum paraxialen Gebiet für die Abbildung von Achsenpunkten betrachten wir für die Abbildung von außeraxialen Punkten das hauptstrahlnahe Gebiet. Wir untersuchen also den Verlauf von hauptstrahlnahen Lichtstrahlen. Dabei beschränken wir uns auf hauptstrahlnahe Meridional- und Sagittalbüschel. Die Einfallswinkel zweier symmetrisch zum Hauptstrahl liegender Meridionalstrahlen sind von den Einfallswinkeln zweier symmetrisch zum Hauptstrahl liegender Sagittalstrahlen verschieden. Die Folge davon ist, daß der bildseitige Schnittpunkt mit dem Hauptstrahl für hauptstrahlnahe Meridional- und Sagittalstrahlen verschieden ist (Abb. 2.124).

Das Auseinanderfallen des meridionalen und des sagittalen Bildortes, repräsentiert durch die Schnittpunkte hauptstrahlnaher Büschel mit dem Hauptstrahl, wird als *Astigmatismus* bezeichnet.

Der Name hängt damit zusammen, daß durch die Ausdehnung des sagittalen Büschels am meridionalen Bildort und die Ausdehnung des meridionalen Büschels am sagittalen Bildort Bildlinien

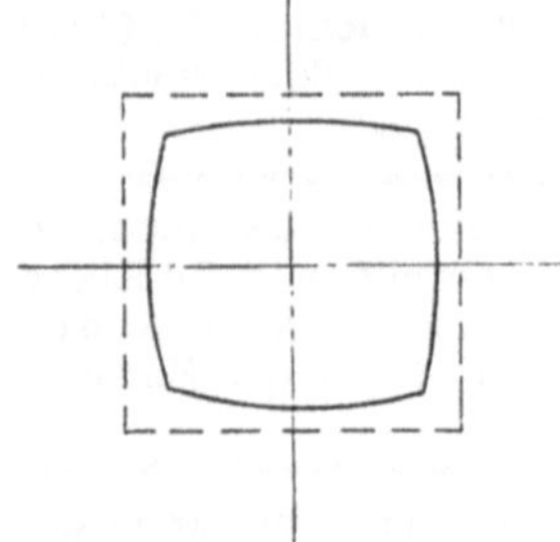

Abb. 2.122. Tonnenförmige Verzeichnung

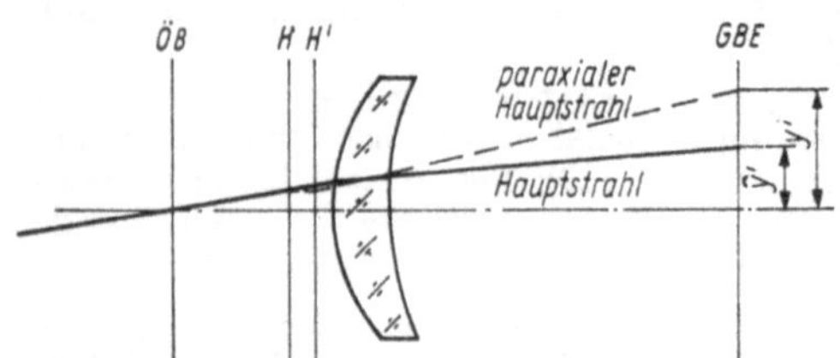

Abb. 2.123. Entstehung der tonnenförmigen Verzeichnung

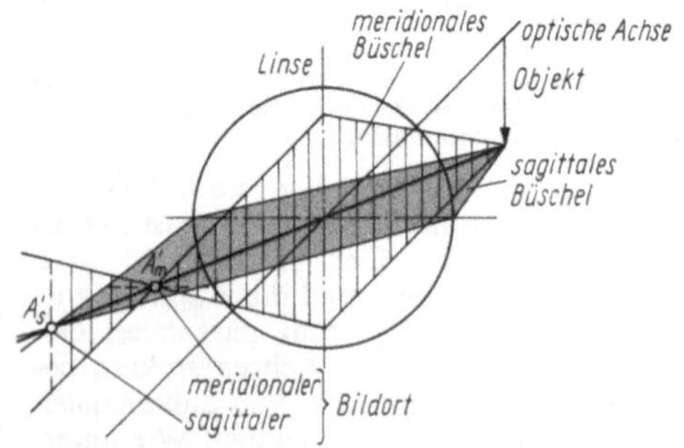

Abb. 1.24. Astigmatismus einer Sammellinse (Öffnung der Büschel übertrieben groß angenommen)

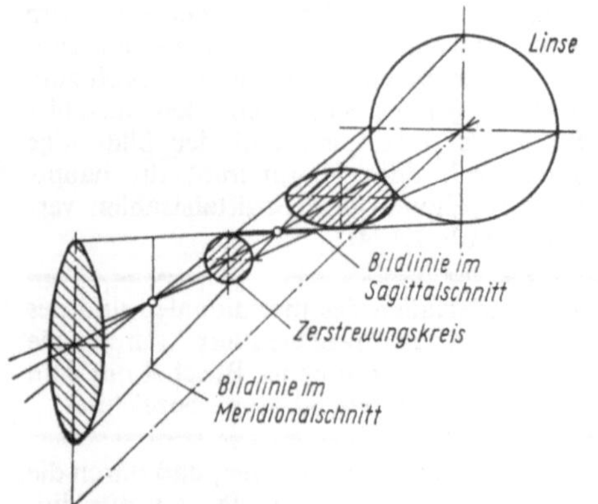

Abb. 2.125. Zerstreuungsfiguren bei Astigmatismus in verschiedenen Auffangebenen

entstehen (Abb. 2.124). Es tritt also eine Abweichung von der Punktförmigkeit auf. Verschieben wir eine zum Hauptstrahl senkrechte Auffangebene von der Linse weg, dann geht die Zerstreuungsfigur von einer Ellipse in die meridionale Bildlinie, in einen Zerstreuungskreis, in die sagittale Bildlinie und schließlich wieder in eine Ellipse über (Abb. 2.125).

Der Astigmatismus ist im allgemeinen auch vorhanden, wenn die Öffnungsblende nicht mit der Sammellinse zusammenfällt. Bei bestimmten Linsenformen läßt er sich mit einer geeigneten Lage der Öffnungsblende korrigieren. In optischen Systemen ist die Korrektion des Astigmatismus durch die Kombination von Sammel- und Zerstreuungslinsen möglich.

Bildfeldwölbung. Der Abstand des meridionalen und des sagittalen Bildortes ist von der Hauptstrahlneigung abhängig. Für Punkte der optischen Achse ist er Null, mit der Objekthöhe wächst er bei der Sammellinse an.

Das von den Punkten einer achssenkrechten Ebene mit hauptstrahlnahen Büscheln erzeugte Bild besteht aus zwei gekrümmten Bildschalen, einer *meridionalen* und einer *sagittalen Bildschale* (Abb. 2.126). Im Auseinanderfallen der Bildschalen drückt sich offenbar der Astigmatismus aus, der deshalb auch als *Zweischalenfehler* bezeichnet wird. Die Krümmung der Bildschalen ist die Folge des Abbildungsfehlers *Bildfeldwölbung*. Selbst bei der Korrektion des Astigmatismus bleibt die Bildschale im allgemeinen gekrümmt. Diese astigmatismusfreie Bildschale wird als *Petzvalschale* bezeichnet. Eine ebene Petzvalschale im Seidelschen Gebiet wird durch die Erfüllung der *Petzvalbedingung* erreicht, die die geeignete Auswahl der Brechzahlen der Linsen vorschreibt. In Abb. 2.127 ist das Bild dargestellt, das durch eine Sammellinse von dem in Abb. 2.128 dargestellten Objekt erzeugt wird. Ein hinsichtlich Astigmatismus und Bildfeldwölbung korrigiertes optisches System wird als Anastigmat bezeichnet. Die Photoobjektive stellen z. B. Anastigmate dar.

Koma. Schließlich können wir die Abbildung eines außeraxialen Objektpunktes mit weit geöffneten Bündeln betrachten. Für die einzelnen Strahlen des meridionalen Büschels ist die bildseitige Schnittweite auf dem Hauptstrahl in ähnlicher Weise von der Einfallshöhe abhängig wie beim Öffnungsfehler. Durch das Fehlen der Rotationssymmetrie im schrägen Büschel ist die Strahlenvereinigung jedoch nicht symmetrisch zum Hauptstrahl. Es entsteht die *meridionale Koma* (Abb. 2.129).

Die Strahlen, die dem meridionalen Büschel nicht angehören, werden als *windschief* bezeichnet. Sie schneiden den Hauptstrahl im Bildraum nicht. Ein weit geöffnetes schräges Bündel erzeugt in jeder Auffangebene die schweifförmige Zer-

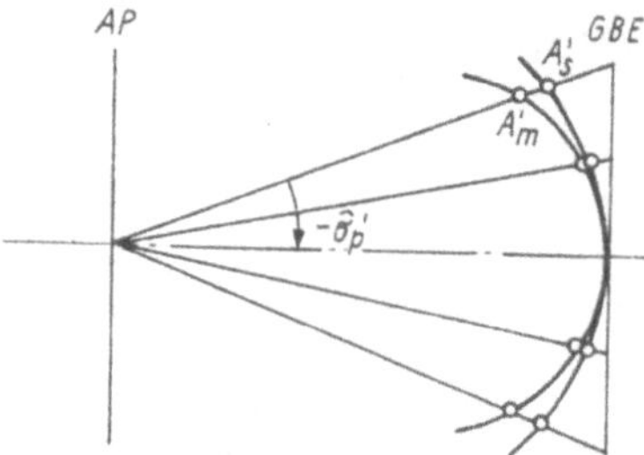

Abb. 2.126. Bildfeldwölbung

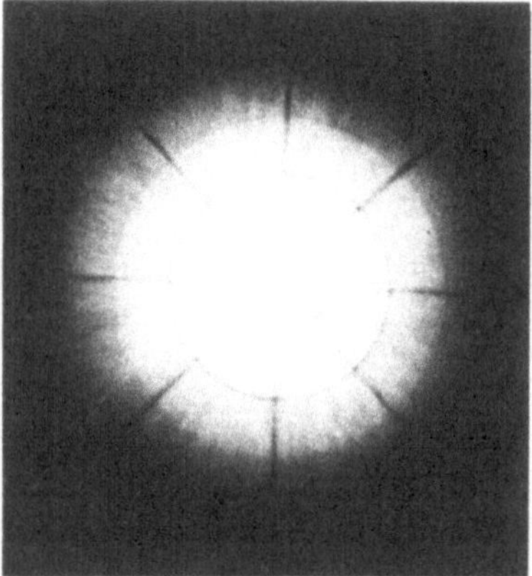

Abb. 2.127. Einfluß von Astigmatismus und Bildfeldwölbung auf die Abbildung des Objektes nach Abb. 2.128

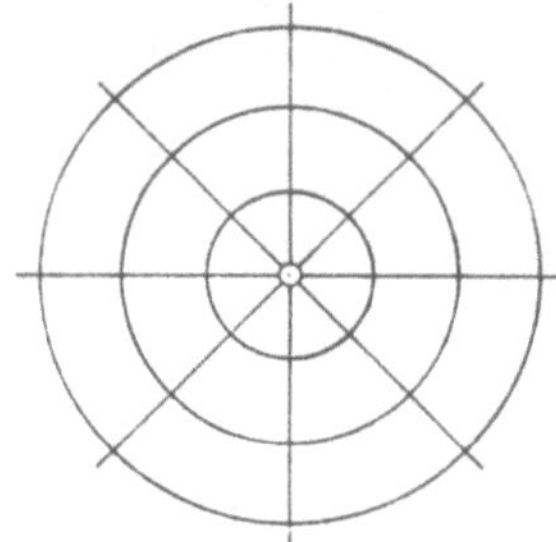

Abb. 2.128. Objekt zur Demonstration von Astigmatismus und Bildfeldwölbung

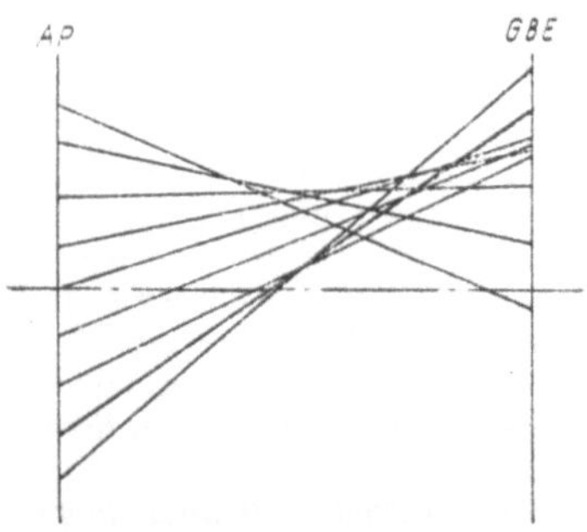

Abb. 2.129. Meridionale Koma

streuungsfigur, die dem Abbildungsfehler den Namen gegeben hat (Abb. 2.130, koma, lat. = Schweif). Die *Koma* wird demnach sowohl durch eine meridionale wie auch durch eine sagittale Querabweichung beschrieben.

Die Abweichung von der Punktförmigkeit, die durch die unsymmetrische Strahlenvereinigung bei der Abbildung außeraxialer Punkte mit weit geöffneten Bündeln entsteht, ist die Koma.

Im Seidelschen Gebiet läßt sich die Zerstreuungsfigur der Koma so verstehen, daß die Strahlen für jede Zone der Linse Zerstreuungskreise ergeben, deren Mittelpunkte aber radial verschoben sind. Die Komafigur entsteht durch das Überlagern der Zerstreuungskreise (Abb. 2.131). In speziellen Fällen lassen sich die mit der Brechung oder Reflexion des Hauptstrahls verbundenen Abbildungsfelder Koma, Astigmatismus und Verzeichnung gleichzeitig durch die geeignete Lage der Öffnungsblende korrigieren. Die Blende wird dann *natürliche Blende* genannt.

Beispiele sind das symmetrisch zur Öffnungsblende aufgebaute optische System, das mit dem Maßstab $\beta' = -1$ abbildet, und der sphärische Hohlspiegel, bei dem die natürliche Blende in der Ebene des Krümmungsmittelpunktes steht (Abb. 2.132).

Abbesche Sinusbedingung. Nach Tab. 2.2 hängt die Koma dritter Ordnung linear von der Objektgröße ab. Sie ist der Feldfehler, der sich bereits bei der Abbildung kleiner Objekte auswirkt. ABBE hat gefunden, daß ein öffnungsfehlerfreies System ein kleines achssenkrechtes Flächenelement, das in der Umgebung der optischen Achse liegt, auch ohne Koma abbildet, wenn die *Sinusbedingung*

$$ny \sin \hat{\sigma} = n'y' \sin \hat{\sigma}' \tag{2.83}$$

erfüllt ist. Es wird dann als *Aplanat* bezeichnet. Wegen

$$\beta' = \frac{y'}{y} = \frac{n \sin \hat{\sigma}}{n' \sin \hat{\sigma}'}$$

ist die Forderung nach Gültigkeit der Sinusbedingung damit gleichbedeutend, daß der Abbildungsmaßstab unabhängig von der Strahlneigung ist. Eine brechende Kugelfläche hat drei *aplanatische Punkte*:

den Scheitelpunkt, den Krümmungsmittelpunkt und den Punkt mit der Schnittweite

$s = (n + n')/nr$.

Die Abbesche Sinusbedingung steht in engem Zusammenhang mit dem Energieerhaltungssatz. Den Lichtstrom, der von einem achssenkrechten Flächenelement ausgeht und vom optischen Sy-

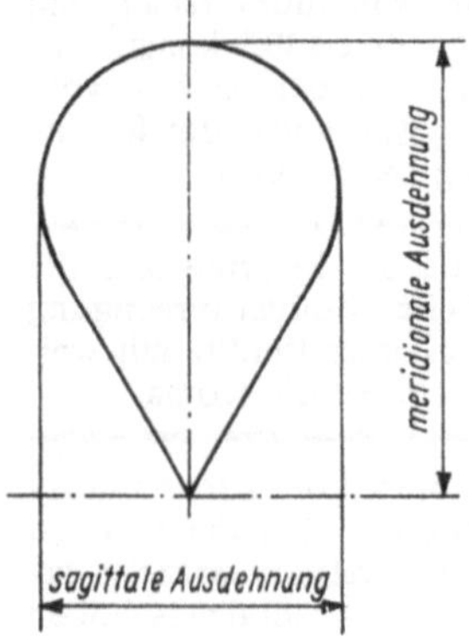

Abb. 2.130. Zerstreuungsfigur durch Koma

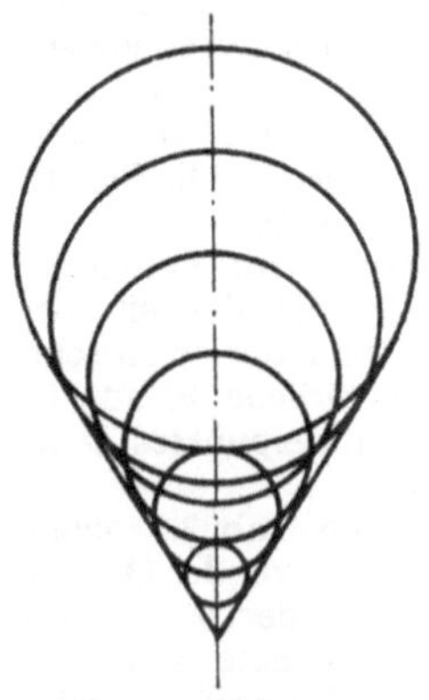
Abb. 2.131. Entstehung der Zerstreuungsfigur durch Koma 3. Ordnung

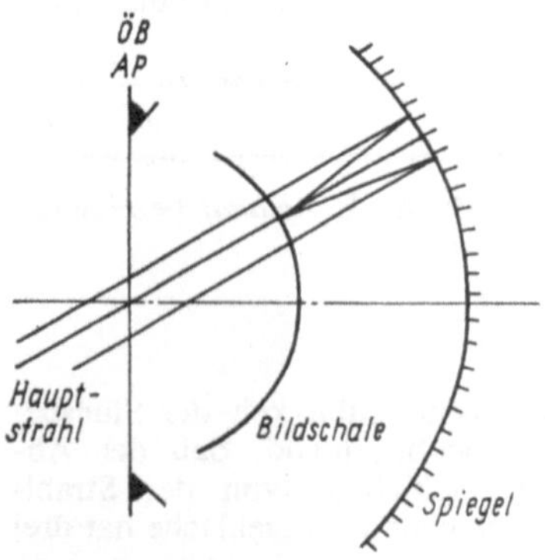

Abb. 2.132. Natürliche Blende des sphärischen Hohlspiegels

stem erfaßt wird, berechnen wir mit dem photometrischen Entfernungsgesetz (1.24)

$$\Phi = L \int \int \frac{dA_1 \cos \varepsilon_1 \, dA_2 \cos \varepsilon_2}{r^2} \, \Omega_0 .$$

Nach Abb. 2.133 ist $\cos \varepsilon_1 = 1 = \cos \varepsilon_2 = 1$, $r^2 = p^2$, $\int dA_1 = A_1$, $r_p = p \tan \sigma \approx p \sin \sigma$ zu setzen. Aus $dA_2 = 2\pi r_p \, dr_p$ ergibt sich $dA_2 = 2\pi p^2 \sin \sigma \cos \sigma \, d\sigma$, also

$$\Phi = 2\pi L A_1 \Omega_0 \int_0^u \sin \sigma \cos \sigma \, d\sigma = \pi L A_1 \Omega_0 \sin^2 u .$$

Für den Fall, daß sich zwischen Objekt und optischem System ein Stoff mit der Brechzahl n befindet, erhöht sich der Öffnungswinkel gemäß dem Brechungsgesetz, und es gilt

$$\Phi = \pi L A_1 \Omega_0 n^2 \sin^2 u . \tag{2.84}$$

Der Lichtstrom ist wegen des Energieerhaltungssatzes bei Vernachlässigung von Reflexions- und Absorptionsverlusten objekt- und bildseitig gleich ($\Phi = \Phi'$). Außerdem gilt bei quadratischen oder kreisförmigen Flächenelementen $A_1 \sim y^2$, $A_1' \sim y'^2$, so daß

$$\pi L y^2 \Omega_0 n^2 \sin^2 u = \pi L' y'^2 \Omega_0 n'^2 \sin^2 u' \tag{2.85}$$

gelten muß.
Die Leuchtdichten sind im Objekt und im Bild gleich, wenn die Abbesche Sinusbedingung $ny \sin u = n'y' \sin u'$ erfüllt ist.

2.5.6. Farbfehler

Die Abhängigkeit der Brechzahl von der Farbe führt bei der Abbildung mit polychromatischem Licht mit optischen Systemen, die brechende Flächen enthalten, zu weiteren Abbildungsfehlern. Diese werden *Farbfehler* genannt.
Der Farblängsfehler einer brechenden Fläche ist bereits im paraxialen Gebiet vorhanden. Nach der Abbeschen Invarianten (2.39) hängt die paraxiale Schnittweite von der Brechzahl und damit von der Wellenlänge des Lichtes ab. Das gilt naturgemäß auch für die Folge aus zwei brechenden Flächen, also für die Linse. Bei Sammellinsen ist die paraxiale Schnittweite für violettes Licht kleiner als für rotes Licht. Längs der optischen Achse entsteht bei der Abbildung mit weißem Licht ein Spektrum (Abb. 2.134). Bei einer Zerstreuungslinse ist die Schnittweite für violettes Licht größer als für rotes Licht, so daß mit einer geeigneten Kombination aus Sammel- und Zerstreuungslinse der Farblängsfehler korrigiert werden kann. Bei einer vorgegebenen positiven Brechkraft des zweilinsigen Systems muß die Zerstreuungslinse einen kleineren Brechkraftbetrag haben als die Sammellinse, deshalb ist sie aus Glas mit einer größeren Dispersion herzustellen (Abb. 2.135).
Korrektion des Farblängsfehlers mit zwei dünnen Linsen. Im Folgenden kennzeichnen wir die

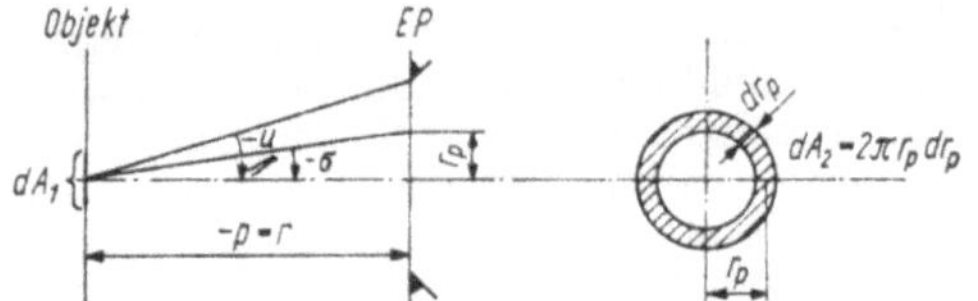

Abb. 2.133. Zur Berechnung des Lichtstroms

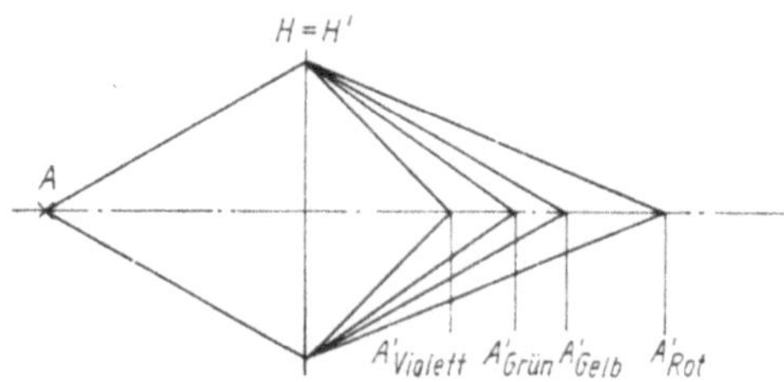

Abb. 2.134. Farblängsfehler einer Sammellinse

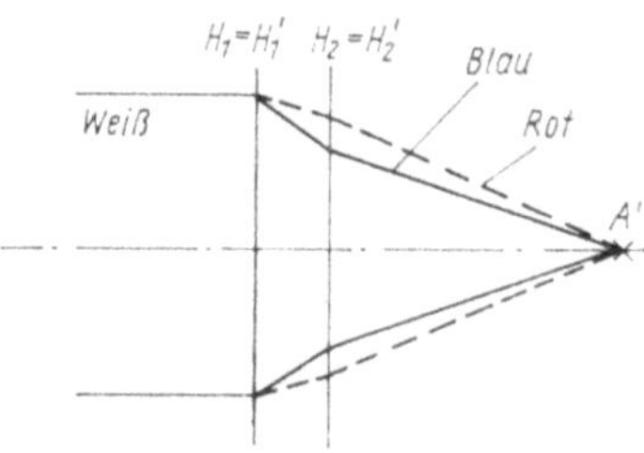

Abb. 2.135. Korrektion des Farblängsfehlers mit zwei Linsen

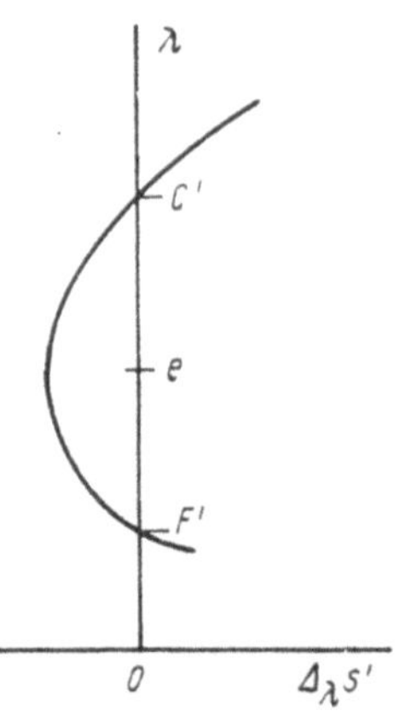

Abb. 2.136. Korrektion des Farblängsfehlers für zwei Farben

Größen für rotes Licht durch den Index C' (Spektrallinie des Kadmiums), für blaues Licht durch den Index F' (Kadmiumlinie) und für die mittlere Farbe ohne Index (z. B. für die grüne Quecksilberlinie e). Wir gehen von zwei dünnen zusammenfallenden Linsen aus, deren Brechkräfte nach (2.68) mittels

$$F_1' = (n_1 - 1)\left(\frac{1}{r_{11}} - \frac{1}{r_{12}}\right),$$

$$F_2' = (n_2 - 1)\left(\frac{1}{r_{21}} - \frac{1}{r_{22}}\right) \tag{2.86}$$

zu berechnen sind. Die Gesamtbrechkraft beträgt

$$F' = F_1' + F_2'. \tag{2.87}$$

Für rotes bzw. blaues Licht ist mit (2.86)

$$F'_{C'} = \frac{n_{1C'} - 1}{n_1 - 1} F_1' + \frac{n_{2C'} - 1}{n_2 - 1} F_2',$$

$$F'_{F'} = \frac{n_{1F'} - 1}{n_1 - 1} F_1' + \frac{n_{2F'} - 1}{n_2 - 1} F_2'$$

zu setzen.

Die objektseitige Schnittweite sei unendlich, so daß im betrachteten Fall die Forderung nach gleichen Schnittweiten für die Linien C' und F' auf die Forderung nach gleichen Brechkräften führt. Aus $F'_{C'} = F'_{F'}$ folgt

$$\frac{n_{1F'} - n_{1C'}}{n_1 - 1} F_1' + \frac{n_{2F'} - n_{2C'}}{n_2 - 1} F_2' = 0.$$

Wir führen die sog. Abbesche Zahl $\nu = (n - 1)/(n_{F'} - n_{C'})$ ein und erhalten

$$\frac{F_1'}{\nu_1} + \frac{F_2'}{\nu_2} = 0. \tag{2.88}$$

Daraus ist wegen $\nu > 0$ bei optischen Gläsern abzulesen, daß eine Sammel- und eine Zerstreuungslinse zu kombinieren sind. Aus (2.87), (2.88) sind die Brechkräfte der beiden Linsen zu berechnen.

Dichromat, *Achromat*. Die Korrektion des Farblängsfehlers mit zwei dünnen zusammenfallenden Linsen auf der Grundlage von (2.87), (2.88) ergibt ein optisches System, bei dem die paraxiale Schnittweite für Farbenpaare gleich ist (Abb. 2.136). Deshalb bezeichnen wir es als *Dichromat*. Weiter gilt:

Ein *Achromat* ist ein Dichromat, bei dem der Öffnungsfehler und die Abweichung von der Sinusbedingung korrigiert sind.

Es ist auch möglich, die paraxiale Schnittweite für drei Farben (*Trichromat*) oder mehrere Farben (*Polychromat*) zu korrigieren.

Farbfehler des Hauptstrahls. Die paraxiale Abbildung der Öffnungsblende ist im allgemeinen mit Farblängsfehlern verbunden. Daraus ergibt sich eine Wellenlängenabhängigkeit der Durchstoßkoordinate des Hauptstrahls in der Gaußschen Bildebene der Hauptfarbe, also der Bildgröße. Dieser Abbildungsfehler ist der Farbfehler des Hauptstrahls.

Farbige Variation der geometrisch-optischen Fehler. Die Abweichungen durch die geometrisch-optischen Abbildungsfehler sind zusätzlich wellenlängenabhängig. Besondere Bedeutung haben die farbigen Variationen des Öffnungsfehlers (*Gaußfehler*) und die Farbkoma. Ein Trichromat, der hinsichtlich Öffnungsfehler, Gaußfehler und der Abweichung von der Sinusbedingung korrigiert ist, wird als *Apochromat* bezeichnet.

3. Wellenoptik

3.1. Interferenz

3.1.1. Kohärenz

Im Abschn. 1.1.2 konnten wir darauf verweisen, daß eine wesentliche Seite des Lichtes sein Charakter als elektromagnetische Welle ist. Der experimentelle Beweis des Wellencharakters ist möglich, wenn Interferenzerscheinungen nachweisbar sind, also die Überlagerung zweier Lichtbündel auch Dunkelheit ergeben kann.
Zwischen den elektromagnetischen Wellen großer Wellenlänge, wie sie bei den Rundfunkwellen vorliegen, und den Lichtwellen bestehen drei wesentliche Unterschiede, die wir herausarbeiten müssen.
Abmessungen der Quellen. Zwischen der Wellenlänge der elektromagnetischen Wellen und den geometrischen Abmessungen der Sender besteht ein direkter Zusammenhang. Deshalb sind die offenen Schwingkreise, die Dipole, zur Erzeugung von Rundfunkwellen mit Wellenlängen von z. B. 300 m von makroskopischer Größe. Die Lichtwellen haben jedoch Wellenlängen in der Größenordnung von $\lambda = 10^{-7}$ m. Die strahlenden Dipole müssen demnach atomare Abmessungen haben. Als Sender für Lichtwellen sind Atome und Moleküle anzunehmen, so daß für die Lichtausstrahlung die Gesetze der Mikrophysik gelten. Daraus folgt auch die im Abschn. 1.1.3 hervorgehobene Bedeutung des Quantencharakters des Lichtes.
Kontinuierliche und spontane Emission. Die Rundfunksender strahlen eine Trägerwelle aus, die mit den Schallfrequenzen moduliert wird. Die Trägerwelle ist eine linear polarisierte Welle mit einer über längere Zeiten praktisch konstanten Frequenz und Amplitude, die in sich zusammenhängend ist. Das wird durch die kontinuierliche Energiezufuhr zur Sendeantenne erreicht, die einen einzigen strahlenden Dipol darstellt.
Bei der Lichtausstrahlung ist stets eine Vielzahl an strahlenden atomaren Dipolen notwendig, damit eine registrierbare Lichtenergie entsteht. Die Energiezufuhr zu den einzelnen Atomen eines leuchtenden Gases, z. B. mittels eines elektrischen Feldes, ist völlig statistisch verteilt. Die Einzelatome strahlen die Anregungsenergie *spontan*, d. h. ebenfalls nach statistischen Gesetzen ab. Die Ausstrahlungszeit kann z. B. in der Größenordnung von 10^{-8} s liegen. In dieser Zeit legt die Lichtwelle den Weg $s = ct = 3 \cdot 10^8 \cdot 10^{-8}$ m $= 3$ m zurück.
Das von einem leuchtenden Gas ausgestrahlte natürliche Licht besteht also aus einer Vielzahl kurzer Wellenzüge, die eine statistisch verteilte Phase und Schwingungsebene haben. Natürliches Licht stellt keinen zusammenhängenden Wellenzug dar. Es ist deshalb nicht interferenzfähig und wird *inkohärent* genannt.
Quasimonochromasie. Durch Fourierzerlegung läßt sich zeigen, daß die Länge einer Welle und das in ihr vorhandene Wellenlängenintervall (seine spektrale Breite) umgekehrt proportional sind. Ein sehr langer Wellenzug ist nahezu *monochromatisch*, d. h., seine spektrale Breite ist so gering, daß ihm praktisch eine Wellenlänge zugeordnet werden kann. Ein kurzer Wellenzug hat eine merkliche um die Schwerpunktwellenlänge λ_0 verteilte spektrale Breite $\Delta\lambda$. Für einen Wellenzug mit einigen Dezimeter Länge gilt jedoch $\Delta\lambda \ll \lambda_0$, er wird deshalb als *quasimonochromatisch* bezeichnet.
Strahlen die verschiedenen Atome Wellen ungleicher Wellenlänge ab, dann besteht das Licht aus einem Gemisch kurzer Wellenzüge unterschiedlicher Schwerpunktwellenlängen, es ist *polychromatisch.*
Kohärentes Licht. Nur ein einzelner, durch einen spontanen Ausstrahlungsvorgang entstandener Wellenzug hat demnach die Eigenschaft, zusammenhängend und linear polarisiert zu sein sowie eine geringe spektrale Breite zu haben. Er kann als kohärent bezeichnet werden. Das läßt sich auch folgendermaßen formulieren:

Das Licht ist kohärent, das zur gleichen Zeit von demselben Punkt der Lichtquelle ausgestrahlt wird.

Die bei der Interferenz von Wellen auftretende Intensität hängt von der Phasendifferenz der Wellen ab. Eine zeitlich konstante Intensität ist nur möglich, wenn die Phasendifferenz zeitlich konstant ist. Bei inkohärenten Wellen ist das nicht der Fall, die Phasendifferenzen sind statistisch verteilt; Interferenzen sind nicht beobachtbar.
Kohärente Lichtwellen mit zeitlich konstanter Phasendifferenz lassen sich erzeugen, indem jeder einzelne Wellenzug geteilt und mit sich selbst überlagert wird.

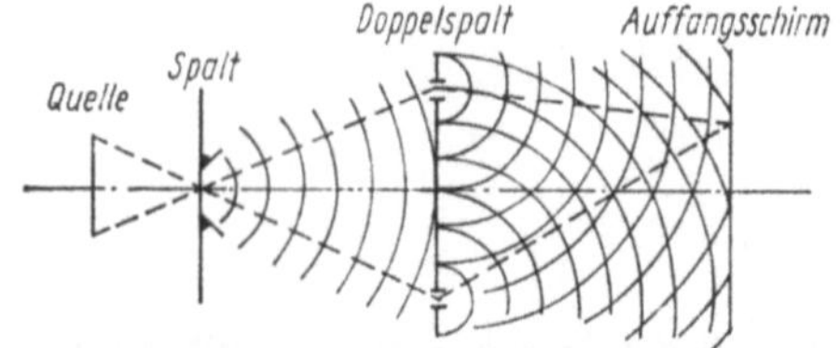

Abb. 3.1. Schema des Youngschen Interferometers

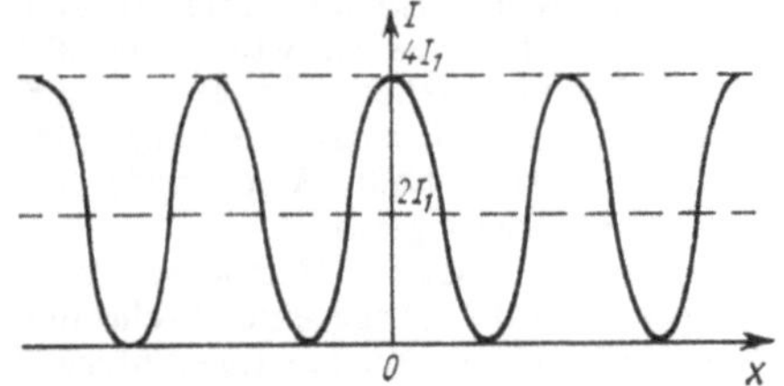

Abb. 3.2. Intensitätsverteilung im Interferenzbild

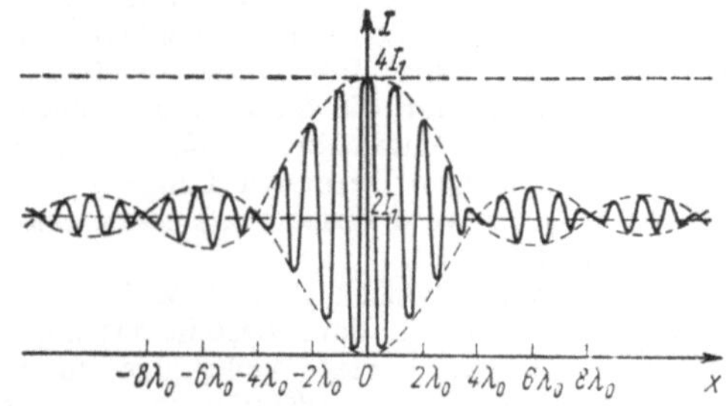

Abb. 3.3. Intensitätsverteilung im Interferenzbild bei Beleuchtung mit quasimonochromatischem Licht

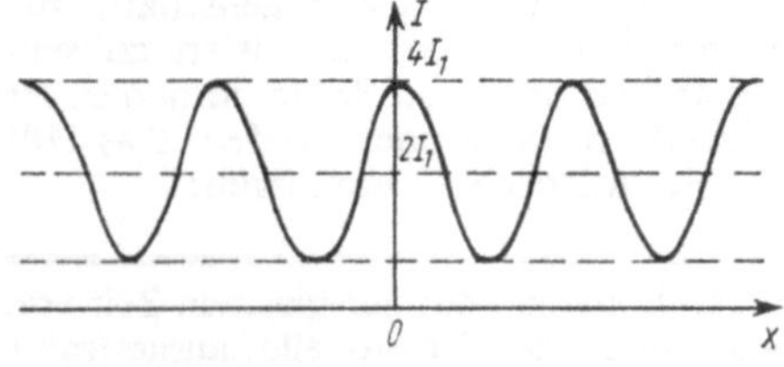

Abb. 3.4. Intensitätsverteilung im Interferenzbild bei Beleuchtung mit partiell-kohärentem Licht

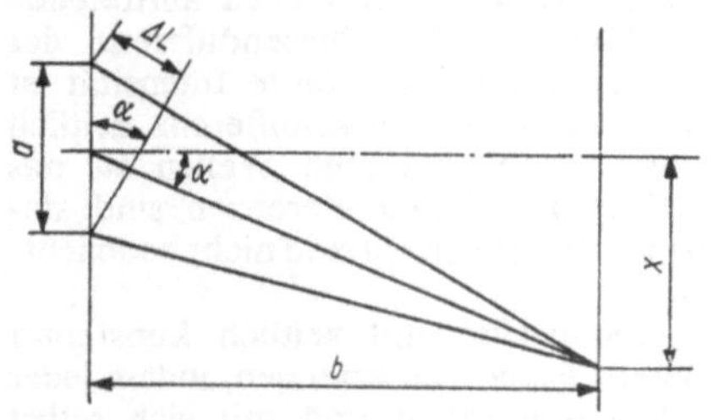

Abb. 3.5. Zur Berechnung der optischen Wegdifferenz

Vom geschichtlichen Standpunkt aus war es von großer Bedeutung, daß FRESNEL diesen Grundgedanken erstmalig bewußt experimentell umgesetzt hat. Bei den früheren Versuchen, den Wellencharakter des Lichtes durch Interferenzversuche nachzuweisen, wurde der Kohärenz keine Beachtung geschenkt, so daß sie zum Scheitern verurteilt waren.

3.1.2. Youngsches Interferometer

THOMAS YOUNG, geb. 1773 in Milverton, Somerset, gest. 1829 in London. YOUNG studierte in London, Edinburgh und Göttingen; 1801 bis 1804 Professor für Physik in London. Bekannt durch Arbeiten über die Akkommodation des Auges, akustische Schwebungen, Farblehre, elastische Kräfte und Altertumskunde.

Das Youngsche Interferometer beruht auf der Beugung des Lichtes an feinen Öffnungen (Abb. 3.1). Ein Spalt beleuchtet den Schirm, der zwei feine Spalte enthält. Auf einer Auffangebene wird die Interferenzerscheinung beobachtet. Die Entfernungen Beleuchtungsspalt – Schirm und Schirm – Auffangebene werden groß gegenüber dem Spaltabstand gewählt. An den beiden feinen Spalten wird das Licht so gebeugt, daß zwei Zylinderwellen entstehen, die sich überlagern (Abb. 3.1).

Linienförmige Quelle, monochromatisches Licht. Der Beleuchtungsspalt soll zunächst so schmal sein, daß er als Linie anzusehen ist. Das Licht habe eine sehr geringe spektrale Breite, es sei also praktisch nahezu monochromatisch. Die Zylinderwellen haben in der Spaltebene gleiche Phase. Sie stammen von dem gleichen Lichtquellenelement her und sind zueinander kohärent. Bis zu den einzelnen Punkten des Auffangschirms entstehen infolge des optischen Wegunterschieds Phasendifferenzen. Die Überlagerung der Zylinderwellen ergibt das Interferenzbild mit der Intensitätsverteilung, die im Bild 3.2 dargestellt ist.

Linienförmige Quelle, quasimonochromatisches Licht. Lichtwellen sind niemals exakt monochromatisch, sondern höchstens quasimonochromatisch. Die spektrale Breite wirkt sich im Youngschen Interferometer so aus, daß die Stellen minimaler Intensität für die einzelnen Wellenlängen nicht zusammenfallen. Die völlige Auslöschung wird verhindert, und es entsteht ein Interferenzbild nach Abb. 3.3. Das Licht ist *zeitlich partiell-kohärent.*

Spaltförmige Quelle, monochromatisches Licht. Die einzelnen Punkte eines Beleuchtungsspaltes strahlen inkohärent zueinander. An einer Stelle des Auffangschirms überlagern sich Wellenpaare, deren Teilwellen vom gleichen Punkt der Lichtquelle kommen und kohärent zueinander sind. Die Paare, die von verschiedenen Punkten der Lichtquelle stammen, sind inkohärent zueinander.

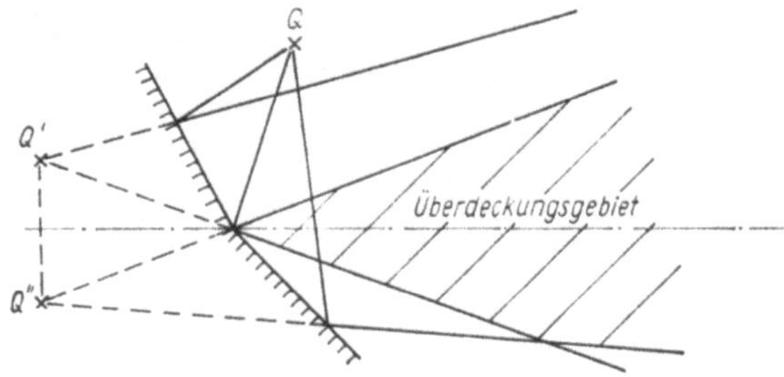

Abb. 3.6. Fresnelscher Spiegel

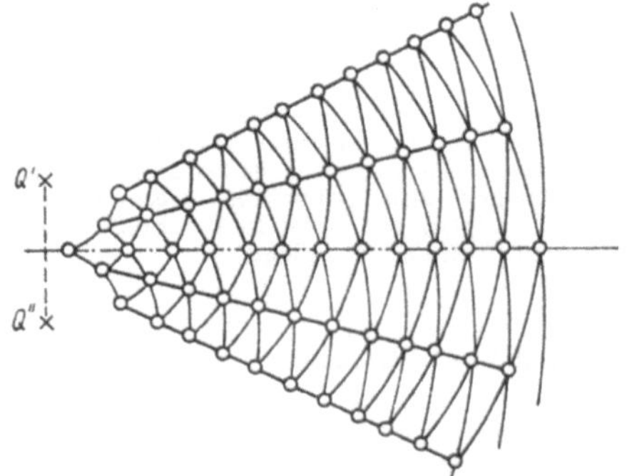

Abb. 3.7. Überlagerung des Lichtes am Fresnelschen Spiegel

Es überlagern sich an jeder Stelle des Auffangschirms kohärente und inkohärente Anteile. Das Licht ist *räumlich partiell-kohärent*. Die Phasendifferenz für einen Punkt des Auffangschirms ist für die von den einzelnen Lichtquellenpunkten ausgehenden Wellenpaare unterschiedlich. Die Intensität hat den in der Abb. 3.4 dargestellten Verlauf.

Wellenlängenmessung. Wegen $b \gg a$ und $b \gg x$ gilt nach Abb. 3.5

$$\tan\alpha = \frac{x}{b}, \quad \tan\alpha \approx \sin\alpha = \frac{\Delta L}{a}, \quad \text{also}$$

$$\Delta L = \frac{ax}{b}. \tag{3.1}$$

Nehmen wir den Grenzfall monochromatischen Lichtes und der linienförmigen Lichtquelle an, dann ergeben sich für $\Delta L = (2k + 1)\,\lambda/2$, ($k = 0, 1, 2, \ldots$), die dunklen Interferenzstreifen. Diese liegen also an den Stellen

$$x = (2k + 1)\frac{\lambda b}{2a}. \tag{3.2}$$

Daraus läßt sich bei bekannter Geometrie des Interferometers die Wellenlänge berechnen. Auf dieser Basis hat YOUNG erstmalig die Wellenlänge von Lichtwellen gemessen.

3.1.3. Fresnelscher Spiegel und Fresnelsches Biprisma

Einer der ersten und der geschichtlich wichtigsten Versuche, Interferenzerscheinungen durch Überlagerung kohärenter Wellenzüge zu erzeugen, ist der *Spiegelversuch* von FRESNEL.

Zwei ebene, schwarze Glasspiegel stoßen in einer geradlinigen Kante aneinander, so daß keiner der beiden Spiegel an dieser Kante hervorragt. Die beiden Spiegel sind um einen sehr geringen Winkel (nur wenige Minuten) gegeneinander geneigt. In einem Abstand von wenigen Zentimetern von der gemeinsamen Spiegelkante dicht vor den Spiegelflächen ist ein feiner Spalt so aufgestellt, daß er der gemeinsamen Spiegelkante genau parallel ist. Der Spalt wird von der Rückseite durch eine starke Lichtquelle so beleuchtet, daß das durch den Spalt gehende Licht beide Spiegel trifft und von diesen reflektiert wird (Abb. 3.6). Die von den beiden Spiegeln reflektierten Strahlenbündel verhalten sich so, als ob sie von zwei virtuellen Spiegelbildern herrührten. Sie haben gegenüber zwei beliebigen Lichtquellen die fundamental andere Eigenschaft, kohärentes Licht auszusenden.

Die beiden Strahlenbüschel durchkreuzen sich in dem ihnen gemeinsamen Gebiet ähnlich, wie die beiden Wellensysteme bei dem Versuch mit den Wasserwellen (Bd. I). In Abb. 3.7 ist die Überlagerung so dargestellt, als ob die Wellensysteme von den virtuellen Lichtquellen unmittelbar herkämen. Die ausgezogenen Kreise deuten die Wellenberge an. Es entsteht eine Schar von Hyperbeln, längs deren stets Wellenberg mit Wellenberg und ebenfalls Wellental mit Wellental zusammenfallen. Dazwischen liegen Hyperbeln, längs deren stets ein Wellenberg des einen Systems mit einem Wellental des zweiten Systems zusammenfällt. Auf einem in das gemeinsame Strahlengebiet gebrachten weißen Schirm müssen daher abwechselnd helle und dunkle Streifen (Interferenzstreifen) auftreten; und zwar muß genau in der Mitte des gemein-

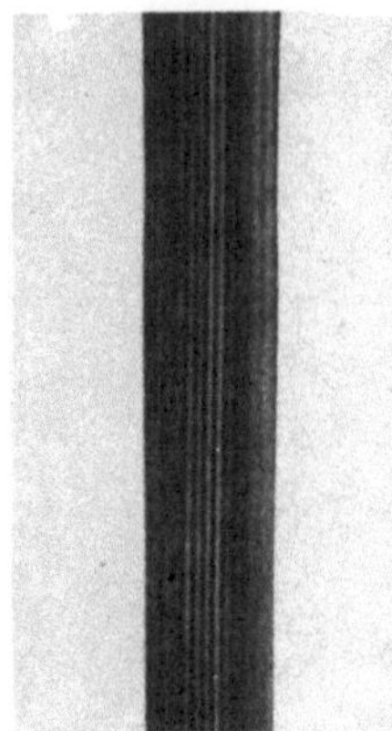

Abb. 3.8. Interferenzstreifen beim Fresnelschen Spiegelversuch

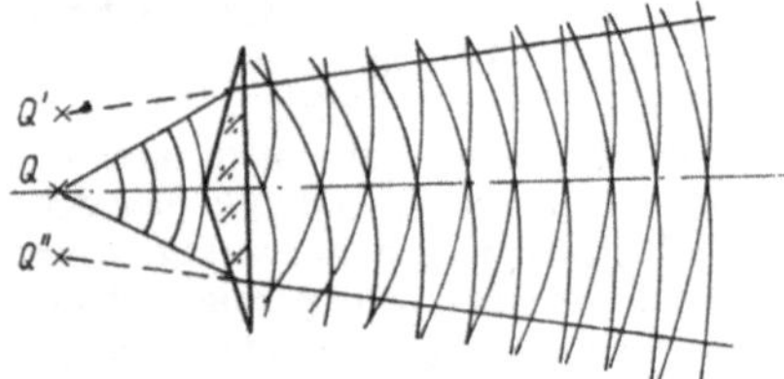

Abb. 3.10. Fresnelsches Biprisma

samen Gebietes auf der Mittelsenkrechten der Verbindungsstrecke der virtuellen Lichtquellen ein heller Streifen liegen.
Das Experiment zeigt auf dem weißen Schirm einen von beiden Lichtquellen gleichzeitig beleuchteten hellen Lichtfleck, der in seinem mittleren Teil von lotrechten hellen und dunklen Streifen durchschnitten wird (Abb. 3.8). Die hellen Streifen entsprechen denjenigen Punkten, die gleichzeitig derselben Phase beider Lichtbündel angehören, während in den dunklen Streifen die Phase beider Lichtbündel entgegengesetzt ist. Die auf dem Schirm beobachteten hellen und dunklen Streifen sind die Durchschnittslinien des Schirmes mit der konfokalen Hyperbelschar, die wir bei den Wasserwellen (Bd. I) auch unmittelbar beobachten können.
Farbige Interferenzstreifen. Verwenden wir quasimonochromatisches Licht, z. B. das gefilterte grüne Licht einer Quecksilberlampe, so ist das Streifensystem grün und schwarz, verwenden wir aber weißes Licht, so sind die Streifen farbig. Dies rührt daher, daß das Streifensystem für jede Wellenlänge eine andere Breite hat, die verschiedenen einfarbigen Erscheinungen sich also überlagern. Lassen wir das Interferenzstreifensystem so auf den Spalt eines Spektroskopes fallen, daß die Streifen den Spalt unter einem rechten Winkel schneiden, so beobachten wir die auf der Farbtafel I (im Anhang) dargestellte Abb. 3.9 eines von dunklen gekrümmten Streifen durchzogenen Spektrums, aus dem unmittelbar hervorgeht, daß die Wellenlänge des Lichtes um so größer ist, je näher es dem roten Ende des Spektrums liegt. Liegen die Interferenzstreifen sehr nahe beieinander, so beobachten wir nur die farbigen Ränder der Streifen. Wenn dagegen die Entfernung der Streifen voneinander groß wird, so löst sich jeder helle Streifen in ein vollkommenes Spektrum auf.

Fresnelsches Biprisma. Der Fresnelsche Spiegelversuch stellt an die Versuchsanordnung sehr hohe Anforderungen. Die beiden Spiegel müssen an der Kante genau zusammenstoßen und dürfen nicht windschief zueinander stehen. Daher ist es einfacher, Interferenzerscheinungen mit dem Fresnelschen Biprisma zu erzeugen. Dieses ist ein gleichschenkliges, sehr stumpfes Doppelprisma (Abb. 3.10) hinter dem die Lichtquelle angeordnet ist. Die beiden virtuellen Lichtquellen, die kohärentes Licht aussenden, entstehen also durch die Brechung des Lichtes an den Teilprismen. Sonst ist die Erscheinung dieselbe wie beim Fresnelschen Spiegel.

3.1.4. Farben dünner Blättchen

Die bunte Färbung der Seifenblasen, das bunte Schillern einer auf Wasser ausgebreiteten dünnen Ölschicht, die Anlauffarben des Stahls oder das Auftreten von Farben an den Sprungstellen farblosen Glases sind auf die Interferenz des Lichtes zurückzuführen.

Taucht man einen aus Draht hergestellten, rechteckigen Rahmen von etwa 5 cm Länge und Breite in eine Seifenlösung und zieht ihn dann heraus, so treten auf dem innerhalb des Rahmens aufgespannten Seifenwasserhäutchen waagerechte, parallele, farbige Streifen auf, wenn man den Rahmen senkrecht hält. Man beobachtet, daß die Streifen sich langsam abwärts bewegen und ihre gegenseitige Entfernung vergrößern, während der obere Teil des Seifenwasserhäutchens dünner und dünner wird und schließlich zerreißt. Unmittelbar vor dem Zerreißen wird der obere Teil farblos durchsichtig. Er erscheint im durchfallenden Licht hell, im auffallenden Licht dunkel. Beleuchtet man das Seifenwasserhäutchen mit gelbem Natriumlicht, so sind die Streifen gleichfarbig hell und dunkel. Sie treten in großer Zahl und mit großer Schärfe auf.
Legt man zwei vollkommen ebene Spiegelglasplatten von 20 cm Länge und 5 cm Breite so aufeinander, daß sie einander an der kürzeren Kante vollkommen berühren, an der anderen kurzen Kante durch ein dünnes Stück Papier oder einen Streifen Aluminiumfolie voneinander getrennt sind, so entsteht zwischen den Spiegelglasplatten ein dünner, keilförmiger Luftzwischenraum, der bei Beleuchtung mit weißem Licht besonders an dem Ende, an dem die Platten unmittelbar zusammenliegen, farbig gestreift erscheint. Bei Beleuchtung mit Natriumlicht erscheint der ganze Luftzwischenraum vom einen bis zum anderen Ende mit parallelen hellen und dunklen Linien durchsetzt. Legt man auf eine ebene Spiegelglasplatte eine schwach konvexe Linse, z. B. ein Brillenglas von 4 m Brennweite, so ist der Berührungspunkt der Linse mit der Spiegelglasplatte von einem System konzentrischer, buntgefärbter kreisförmiger Ringe umgeben. Bei der Beleuchtung mit Natriumlicht entsteht ein System von zahlreichen hellen und dunklen Ringen (Abb. 3.11).

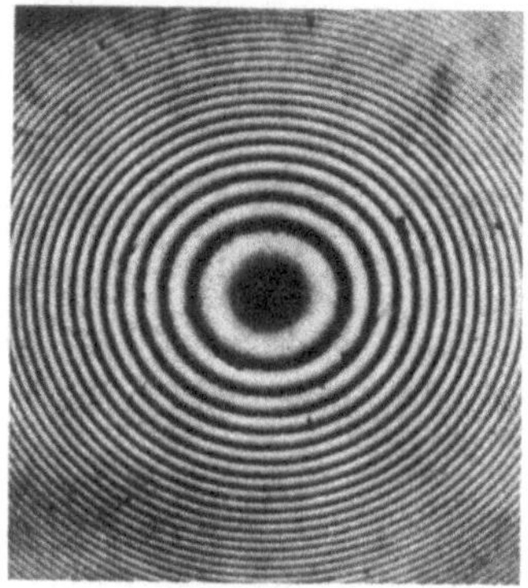

Abb. 3.11. Newtonsche Ringe

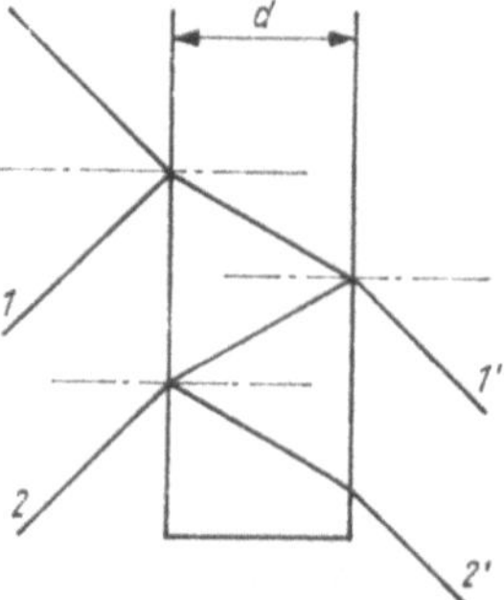

Abb. 3.12. Entstehung der Farben dünner Blättchen

Das allen derartigen Erscheinungen Gemeinsame ist das Auftreten von farbigen oder hellen und dunklen Interferenzstreifen, wenn Licht auf ein dünnes Blättchen eines Stoffes trifft, dessen Brechzahl von der Umgebung verschieden ist, deshalb werden die Erscheinungen *Farben dünner Blättchen* genannt. Die dritte Erscheinung ist zuerst von NEWTON (1676) beobachtet und wissenschaftlich untersucht worden; deshalb nennt man diese Erscheinung *Newtonsche Ringe*. Die beschriebenen Versuche lassen sich folgendermaßen erklären:

Ein paralleles Lichtstrahlenbündel falle auf eine dünne planparallele Schicht oder Lamelle. Dann tritt sowohl an der Vorderseite wie auch an der Rückseite der Lamelle eine Teilung des Strahlenbündels in einen reflektierten und einen durchgehenden Teil ein. Die beiden von der Vorder- und Hinterseite reflektierten Teile des Strahlenbündels sowie auch seine durch die Schicht hindurchgehenden Teile können miteinander interferieren.

Ein einem parallelen Strahlenbündel angehörender Lichtstrahl trifft die Vorderseite einer Lamelle nahezu senkrecht. (In Abb. 3.12 ist der Lichtstrahl schräg auffallend gezeichnet, damit die einzelnen Teile des Strahles getrennt erscheinen.) An den Grenzflächen tritt teils Reflexion, teils Brechung ein. Es entstehen zwei Systeme von Lichtstrahlen, von denen das eine in den ursprünglichen Stoff zurückgeht, das andere in den hinter der Lamelle liegenden Stoff eintritt. Es genügt, die beiden Strahlen *1* und *2* im vorderen und die beiden Strahlen *1'* und *2'* im hinteren Luftraum zu betrachten, weil diese die übrigen an Intensität weit übertreffen. Beträgt der Wegunterschied zwischen *1'* und *2'* eine halbe Wellenlänge oder ein ungeradzahliges Vielfaches derselben, so löschen sich die beiden Teilbündel bei gleicher Intensität vollständig aus. Die Lamelle erscheint an dieser Stelle im durchfallenden Licht dunkel. Die Lichtintensitäten sind aber verschieden, so daß nur eine Schwächung des Lichtes eintritt.

Bei senkrechtem Einfall der Lichtstrahlen beträgt der optische Wegunterschied $\Delta L = 2dn$. Hieraus folgt, daß an allen Stellen, an denen die optische Lamellendicke dn eine viertel Wellenlänge oder ein ungeradzahliges Vielfaches derselben ist, die Lamelle im durchscheinenden Licht dunkel sein muß. Ebenso unterscheiden sich bei senkrechtem Einfall die beiden in den vorderen Stoff reflektierten Lichtstrahlen um die Wegdifferenz $2dn$. Wenn diese daher ein ungeradzahliges Vielfaches einer halben Wellenlänge ist, wenn also die optische Lamellendicke ein ungeradzahliges Vielfaches einer Viertel Wellenlänge beträgt, so müßte die Lamelle auch im reflektierten Licht dunkel erscheinen.

Hieraus würde folgen, daß die Lamelle an allen Stellen, in denen sie im durchscheinenden Licht dunkel ist, auch im auffallenden Licht dunkel sein müßte. Das widerspricht aber der Beobachtung.

Die Lamelle ist an den Stellen im auffallenden Licht hell, an denen sie im durchfallenden Licht dunkel ist. Es muß also noch ein anderer Umstand bei der Erscheinung eine wichtige Rolle spielen.

In Band II ist bereits gezeigt worden, daß elektromagnetische Wellen bei Reflexion an einer metallischen Wand (optisch dichterer Stoff) einen *Phasensprung* erleiden. Die Interferenz an dünnen Platten zeigt, daß dies auch für Lichtwellen gilt. Der Teil des Lichtes, der in die Lamelle eintritt, erfährt keine Phasenumkehr, ebensowenig das austretende Licht *1'*; es verläßt die Lamelle ohne Phasenverschiebung. Der an der Unterseite gespiegelte Teil erfährt (an dem optisch dünneren Stoff) keine Phasenumkehr; er wird an der Oberseite nochmals ohne Phasenumkehr an dem optisch dünneren Stoff reflektiert und geht ohne Phasenumkehr (Strahl *2'*) in den hinteren Luftraum weiter. Für den durchgehenden Teil des Lichtes gilt also unverändert die oben abgeleitete Beziehung, daß die Lamelle im durchfallenden Licht an denjenigen Stellen dunkel ist, an denen die optische Dicke dn der Lamelle ein ungeradzahliges Vielfaches einer viertel Wellenlänge beträgt.

Anders verhalten sich die in den vorderen Stoff reflektierten Teile des Lichtes. Der Lichtstrahl wird am optisch dichteren Stoff teilweise reflektiert, wobei er eine Phasenumkehr, d. h. eine Gangverschiebung um eine halbe Wellenlänge, erfährt. Der Lichtstrahl, der von der Reflexion am optisch dünneren Stoff herrührt, erfährt keine Phasenumkehr. Wäre an dieser Stelle die Lamelle unendlich dünn, so würde hier wegen der Phasenumkehr von *1* eine vollständige Auslösung mit dem Bündel *2* erfolgen; der Dicke $d = 0$ entspräche demnach eine dunkle Stelle der Lamelle im auffallenden Licht. Tritt nun durch den Wegunterschied $\Delta L = 2dn$ noch eine

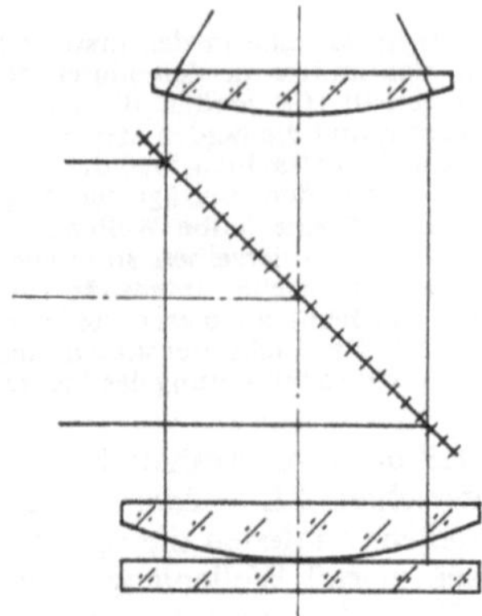

Abb. 3.13. Schema zur Beobachtung Newtonscher Ringe

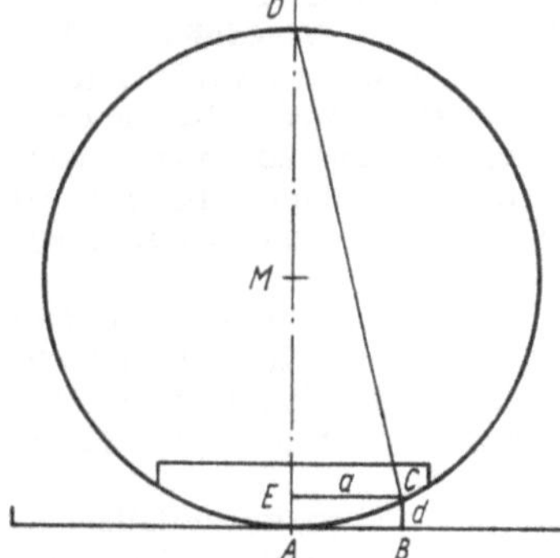

Abb. 3.14. Zur Ableitung von (3.3) (*d* übertrieben groß angenommen)

Verschiebung um eine ganze Wellenlänge oder um ein Vielfaches einer ganzen Wellenlänge ein, so ändert sich an der Erscheinung nichts. Hieraus folgt: An den Stellen, an denen die optische Dicke *dn* der Lamelle ein Vielfaches einer halben Wellenlänge oder, was dasselbe sagt, ein geradzahliges Vielfaches einer viertel Wellenlänge beträgt, tritt eine Auslöschung der reflektierten Teile des Bündels ein, d. h., die Lamelle erscheint an diesen Stellen im auffallenden Licht dunkel.

Die beobachtete Tatsache, daß die Lamelle an den Stellen im auffallenden Licht dunkel erscheint, an denen sie im durchfallenden Licht hell ist und umgekehrt, beweist die Annahme, daß die Lichtwellen bei der Reflexion am optisch dichteren Stoff eine Phasenumkehr erfahren.

Die Newtonschen Ringe, die sich zwischen einer Konvexlinse und einer ebenen Spiegelglasplatte bilden, sind bei Tageslicht nur undeutlich zu erkennen; man sieht nur den mittleren Teil. Die Färbung der Ringe läßt keine scharfe Messung zu. Betrachtet man aber die Newtonschen Ringe im monochromatischen Licht, z. B. mit der in Abb. 3.13 dargestellten Anordnung, so sieht man den Zwischenraum zwischen der Linse und der Glasplatte bis zum Rande der Linse hin mit schwarzen Ringen durchsetzt. Die Ringe können mit einer Lupe betrachtet und mit einem auf die untere Linse aufgelegten Maßstab gemessen werden. Dem Abstand zweier dunkler Ringe entspricht ein Dickenunterschied der zwischen der Unterlagsplatte und der Linse liegenden Luftschicht (nur diese kommt für die Interferenzerscheinung in Betracht) von einer halben Wellenlänge. Der Unterschied der Durchmesser des μ-ten und ν-ten Ringes entspricht also, da die Brechzahl gleich 1 gesetzt werden kann, einem Dickenunterschied der Luftschicht von

$$\Delta d = (\nu - \mu)\frac{\lambda}{2}.$$

Zwischen dem Radius *a* eines Ringes, der Dicke *d* der Luftschicht an dieser Stelle und dem Krümmungsradius *r* der Linse besteht, wenn *r* gegen *a* so groß ist, daß $a^2/r^2 \ll 1$ gesetzt werden kann, der Zusammenhang

$$d = \frac{a^2}{2r}. \tag{3.3}$$

Nach dem Kathetensatz ist $AE : AC = AC : AD$ (Abb. 3.14). Wegen der Kleinheit des Winkels *ADC* können wir *AC* durch *a* ersetzen. Hieraus folgt $d : a = a : 2r$, also Gl. (3.3).

Es ist

$$\Delta d = \frac{a_\nu^2 - a_\mu^2}{2r} = (\nu - \mu)\frac{\lambda}{2};$$

daraus kann, da *a*, *r*, ν und μ meßbar sind,

$$\lambda = \frac{a_\nu^2 - a_\mu^2}{r(\nu - \mu)}$$

berechnet werden.

Ist die Wellenlänge λ bekannt, so kann man den Krümmungsradius *r* berechnen.

Newtonsche Ringe im durchgehenden Licht. In Abb. 3.15 ist eine Versuchsanordnung schematisch dargestellt, mit der man im weißen Licht erzeugte farbige Newtonsche Ringe zugleich im reflektierten und im durchgelassenen Licht vergrößert abbilden kann. Mit einer starken Lichtquelle und dem Kondensor wird mit annähernd parallelem Licht unter einem spitzen Winkel beleuchtet. Auf den beiden Schirmen S_1 und S_2 entstehen vergrößerte reelle Bilder der farbigen Newtonschen Ringe. Diese haben auf dem Schirm S_1 eine dunkle, auf dem Schirm S_2 eine helle Mitte. Die Mitten werden von einigen Ringen umgeben, von denen besonders die innersten stark gefärbt sind. Auf dem Schirm S_1 ist der Innenrand des ersten Ringes blau, der Außenrand rot gefärbt, während auf dem Schirm S_2 die Farbenfolge umgekehrt ist.

Wir schalten dicht vor den Schirm S_1 eine aus einer roten und einer blauen Hälfte zusammengesetzte Glasplatte.

Dann entsteht das in Abb. 3.16 dargestellte Bild: Die Zahl der Ringe wird wesentlich größer als ohne farbige Platte und die Ringe sind in der roten Hälfte weiter voneinander entfernt als in der blauen Hälfte. Aus dem Verhältnis der einander entsprechenden Ringdurchmesser kann man das Verhältnis der Wellenlängen des roten und blauen Lichtes berechnen. Zugleich gibt der Versuch die Erklärung dafür, warum die bei der Benutzung weißen Lichtes auftretenden farbigen Newtonschen Ringe und auch alle anderen Interferenzerscheinungen nur in der Nähe der Mitte deutlich sind und schon in geringer Entfernung von der Mitte verblassen und weiter außen vollständig verschwinden. Wir müssen nur beachten, daß

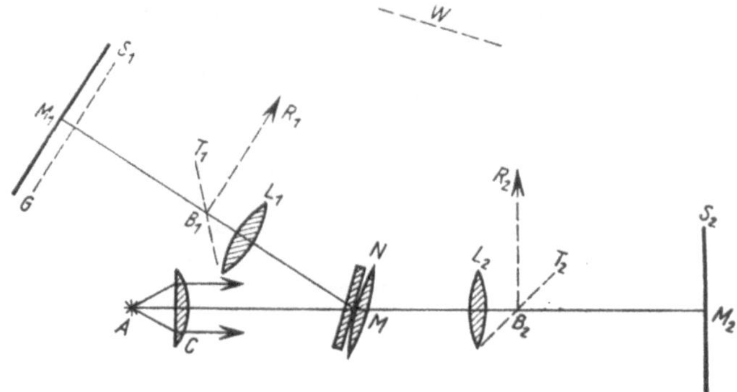

Abb. 3.15. Anordnung zur Beobachtung Newtonscher Ringe in Auflicht und Durchlicht

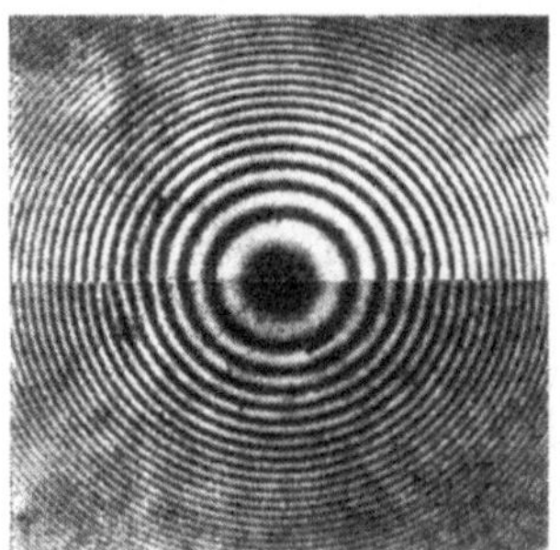

Abb. 3.16. Newtonsche Ringe in rotem und blauem Licht

jeder einzelnen Farbe ein ganz bestimmtes Ringsystem entspricht, und daß die Ringhalbmesser von Farbe zu Farbe wechseln. In der Nähe der Mitte, also an der dünnsten Luftschicht, liegen die den verschiedenen Farben entsprechenden Ringsysteme noch getrennt voneinander. In größerer Entfernung von der Mitte, also an Stellen dickerer Luftschicht, überlagern sich die Ringsysteme aller Farben und erzeugen so wieder Weiß. Ähnliches gilt für alle Interferenzerscheinungen mit weißem Licht.

Evaporographie. Eine Anwendung der Farben dünner Blättchen zum Strahlungsnachweis im infraroten Bereich verdankt man M. CZERNY. Ein Zelluloidhäutchen von 0,1 μm Dicke trägt auf der der Strahlung zugewandten Seite eine feine Rußschicht, auf der anderen Seite wird eine sehr dünne Paraffinölschicht niedergeschlagen, so daß Farben dünner Blättchen entstehen.

In Gebieten auffallender Strahlung erwärmt sich das Häutchen, das Paraffin verdampft teilweise, und die Farben ändern sich. Damit dieser Vorgang hinreichend schnell vor sich geht, grenzt die Ölschicht an einen luftverdünnten Raum von etwa $^1/_{100}$ Torr. Bei etwa 1,5 bis 10 μm Wellenlänge ist dieses Verfahren der infrarotempfindlichen Photoplatte überlegen.

Die Fizeausche Erscheinung zeigt sich bei Newtonschen Ringen, wenn sie mit Natriumlicht erzeugt werden: Mit wachsender Schichtdicke tritt periodisch eine Verstärkung und eine Verminderung der Deutlichkeit der Interferenzringe ein. Diese Beobachtung wurde schon von FIZEAU gemacht. Die Erscheinung ist darin begründet, daß das Natriumlicht nicht homogen ist, sondern aus zwei einander sehr nahe liegenden Komponenten besteht, deren Wellenlängen 589,6 und 589,0 nm betragen. Erst in der Gegend des 500sten Ringes wird also beim Natriumlicht die eine Komponente dort einen hellen Streifen erzeugen, wo die andere einen dunklen erzeugt, worauf sich dann in der Gegend des 1000sten Ringes die beiden Ringsysteme wieder gegenseitig verstärken. Besser als bei den Newtonschen Ringen, die in größerer Entfernung vom Berührungspunkt einander immer näher und näher rücken und daher nur bei starker Vergrößerung getrennt wahrgenommen werden können, beobachtet man den Wechsel von Schärfe und Unschärfe bei keilförmigen Schichten.

Es hat sich gezeigt, daß auch mit nahezu monochromatischem Licht, also mit Licht schmaler Spektrallinien, die Interferenz bei großen Gangunterschieden periodischen Wechsel von Schärfe und Unschärfe der Interferenzlinien erkennen läßt. Daraus ist zu schließen, daß die Spektrallinien aus dicht beieinander liegenden Komponenten bestehen, die mit Prismenspektrographen nicht getrennt werden können. Interferometer mit hohen Gangunterschieden sind ein wichtiges Hilfsmittel zur „Feinzerlegung" von Spektrallinien.

3.1.5. Interferenzen gleicher Dicke

Man bezeichnet Interferenzstreifen, die wie die Newtonschen Ringe den Stellen gleicher Dicke zugeordnet sind, als *Interferenzstreifen gleicher Dicke.* Die zu den Newtonschen Ringen führende Überlagerung der interferierenden Wellen erfolgt in dem Raumteil, dessen Dicke sich ändert; daher sieht man die Ringe nur dann scharf, wenn man das Auge auf sie akkommodiert.

In Abb. 3.17 ist die Entstehung der Interferenzen gleicher Dicke nochmals veranschaulicht. Das Auge, das auf den Punkt D akkommodiert, empfängt die an der Oberfläche und die an der Unterfläche reflektierte Teilwelle. Beide Teilwellen sind kohärent, so daß sie auf der Netzhaut interferieren. Die Intensität der im Punkt D wahrgenommenen Interferenzerscheinung hängt vom optischen Wegunterschied der Teilwellen ab. Dieser entsteht durch die unterschiedlichen Lichtwege über die Punkte BD und ACD. In Abb. 3.18 ist die Lichtquelle weit entfernt, so daß Parallelbündel einfallen. Es gilt

$$\Delta L = n(AC + CD) - BD.$$

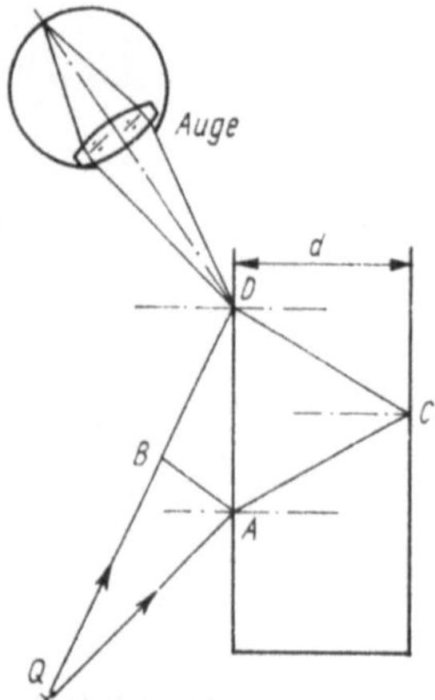

Abb. 3.17. Visuelle **Beobachtung** von Streifen gleicher Dicke

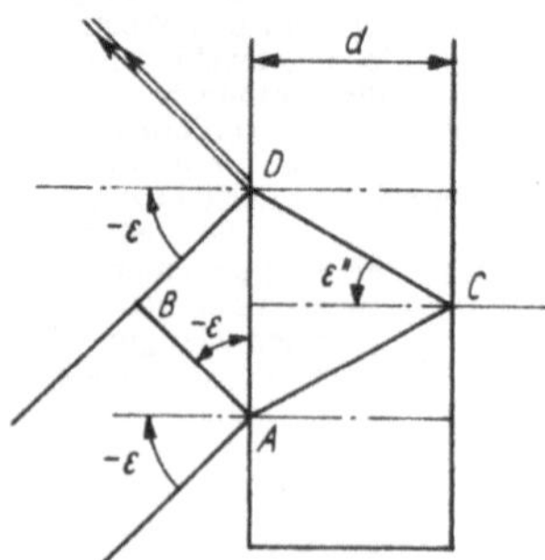

Abb. 3.18. Zur Berechnung des optischen Wegunterschieds

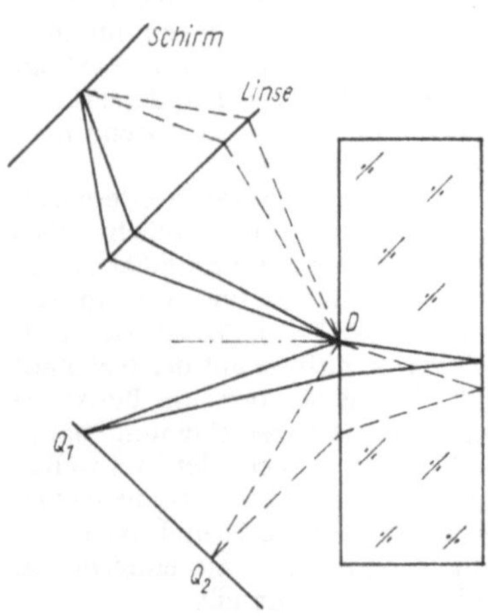

Abb. 3.19. Projektion von Kurven gleicher Neigung

In den Dreiecken der Abb. 3.18 ist abzulesen:

$$AC = CD = \frac{d}{\cos \varepsilon''},$$

$$BD = AD \sin \varepsilon = 2d \tan \varepsilon'' \sin \varepsilon.$$

Daraus ergibt sich mit dem Brechungsgesetz $\sin \varepsilon = n \sin \varepsilon''$ und $1 - \sin^2 \varepsilon'' = \cos^2 \varepsilon''$

$$\Delta L = 2nd \cos \varepsilon''. \tag{3.4}$$

Mit $\cos \varepsilon'' = \sqrt{1 - \sin^2 \varepsilon''} = \sqrt{1 - \frac{1}{n^2} \sin^2 \varepsilon}$ geht daraus

$$\Delta L = 2d\sqrt{n^2 - \sin^2 \varepsilon} \tag{3.5}$$

hervor.

Der Versuch schließt die Voraussetzung, daß die beiden Teilbündel einander sehr nahe liegen, dadurch ein, daß die reflektierten Strahlen in die kleine Pupille des beobachtenden Auges eintreten müssen. Wichtig ist die Frage, wie sich die Verhältnisse gestalten, wenn wir diese Voraussetzung fallenlassen. Wir denken uns zu dem Zweck das Auge durch einen Schirm und eine Sammellinse ersetzt (Abb. 3.19). Die beiden von Q_1 ausgehenden Strahlen einer ausgedehnten Lichtquelle verhalten sich so wie die beiden entsprechenden Strahlen in Abb. 3.17.
Soll nun von *D* ein weiter geöffnetes Lichtbündel von der Linse in einem Punkt vereinigt werden, so müssen andere Punkte der Lichtquelle, z. B. Q_2, dabei mitwirken. Die von Q_2 ausgehenden Strahlen fallen unter einem anderen Einfallswinkel ε auf die Platte, folglich ist ihr Wegunterschied verändert. Würden sich daher die von Q_1 ausgehenden Bündel auslöschen, so könnten gerade die von Q_2 ausgehenden Bündel durch Interferenz ein Intensitätsmaximum erzeugen. Hieraus folgt, daß die Streifen gleicher Dicke bei weit geöffneten Strahlenbüscheln an Schärfe verlieren.

3.1.6. Interferenzen gleicher Neigung

In Gl. (3.5) für den Wegunterschied zweier durch eine Platte zur Interferenz gebrachten Teilbündel kommt außer der Plattendicke *d* noch der Einfallswinkel ε vor; es ist also auch ε von Einfluß auf die Interferenzkurven. In der Tat verschieben sich die Newtonschen Ringe, wenn man bei der Beobachtung mit dem Auge hin und her geht, jedoch ist dieser Einfluß von untergeordneter Bedeutung, der Einfluß von *d* überwiegt stark. Wendet man aber eine sehr gut planparallele Platte an, bei der *d* unveränderlich ist, so können Interferenzkurven auftreten, wenn der Einfallswinkel der Lichtbündel sich von Punkt zu Punkt ändert. Auf die so entstehenden Kurven gleicher Neigung hat LUMMER 1884 zuerst hingewiesen, nachdem sie von HAIDINGER 1849 zufällig beobachtet, aber nicht weiter erklärt und untersucht worden waren.
Im Gegensatz zu den Kurven gleicher Dicke werden die *Kurven gleicher Neigung* mit dem auf Unendlich akkommodierten Auge beobachtet. Zur

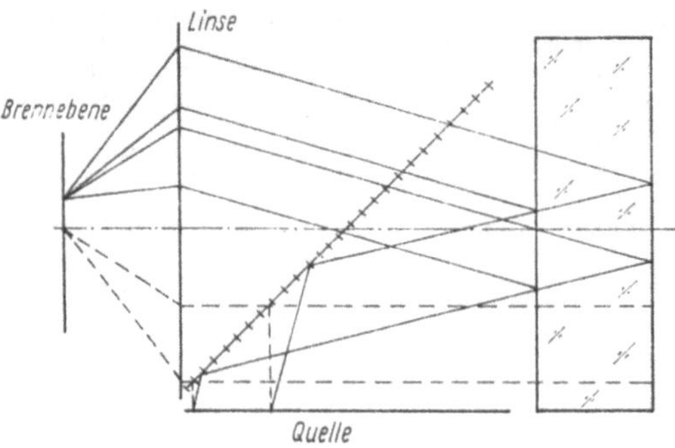

Abb. 3.20. Erzeugung von Ringen gleicher Neigung

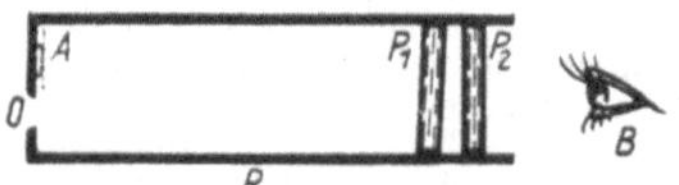

Abb. 3.21. Brewstersche Streifen

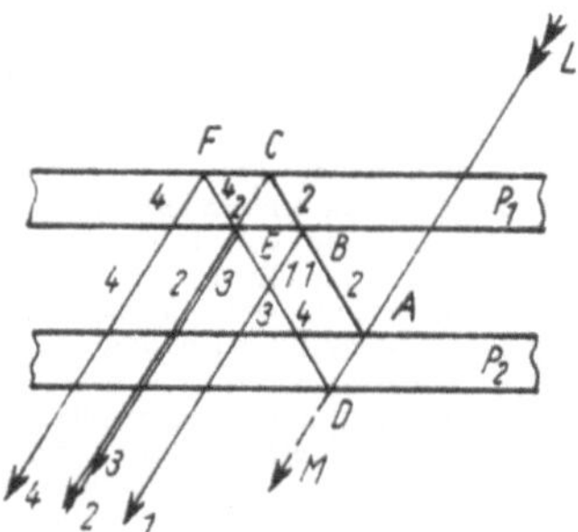

Abb. 3.22. Entstehung der Interferenz an zwei Platten

Erklärung ihrer Entstehung diene Abb. 3.20, die auch zugleich eine schematische Anordnung darstellt, mit der sie beobachtet werden können. Eine ausgedehnte Lichtquelle beleuchtet die sehr gut planparallele Platte über eine teildurchlässige Platte. Die von der planparallelen Platte ausgehenden Teilbündel werden mit einer etwa 50 cm entfernten Sammellinse so auf dem Schirm vereinigt, daß Strahlen gleicher Neigung an der gleichen Stelle zur Interferenz kommen. Ist die Platte absolut planparallel, so entsteht auf dem Schirm ein System von Interferenzkurven gleicher Neigung, im vorliegenden Fall sind es Kreise. Man kann die Ringe gleicher Neigung auch mit dem auf Unendlich akkommodierten Auge beobachten; denn dieses wirkt ebenso wie die Kombination aus Linse und Schirm. Die Entstehung der *Ringe gleicher Neigung* (Lummer-Haidingersche-Ringe) ist von der Öffnung der Linse unabhängig und erfordert eine ausgedehnte Lichtquelle, im Gegensatz zu den Ringen gleicher Dicke.

Im Mittelpunkt der Kreise werden alle Bündel vereinigt, die von den einzelnen Lichtquellenpunkten aus senkrecht auf die planparallele Platte treffen. Das Aufspalten jedes Bündels in je einen an der Vorderfläche und an der Rückfläche der Platte reflektierten Anteil bewirkt, daß das Licht aus zueinander kohärenten Bündelpaaren besteht. Alle Bündelpaare haben wegen (3.5) die gleiche optische Wegdifferenz, ergeben also an der gleichen Stelle auch die gleiche Interferenzintensität.

Diese ist wegen $d = \text{const}$ und $n = \text{const}$ nur vom Einfallswinkel ε abhängig.

Man kann die Ringe gleicher Neigung auch dann beobachten, wenn man mit einem auf Unendlich eingestellten Auge durch eine vollkommen planparallele Platte nach einer ausgedehnten einfarbigen Lichtquelle blickt. Der Mittelpunkt der Ringe ist dann der Fußpunkt des vom Auge auf die Platte gefällten Lotes. Je nach der Phasenverschiebung der beiden die Platte senkrecht verlassenden Komponenten erscheint die Mitte dunkel oder hell. Verschiebt man die Platte zwischen dem Auge und der Lichtquelle, so ändert sich das Aussehen der Mitte, wenn geringe Dickenunterschiede vorhanden sind, und zwar entspricht einem Wechsel von Dunkel und Hell immer der Dickenunterschied von einer viertel Wellenlänge. Wenn eine Platte vollkommen planparallel ist, so sind die Lummerschen Kurven vollkommene Kreise. Umgekehrt kann man aus der Vollkommenheit der Kreise auf die Vollkommenheit der Platte schließen, da sich schon geringe Dickenunterschiede durch eine starke Verzerrung der Kreise bemerkbar machen. Aus diesem Grunde bieten die Kurven gleicher Neigung ein außerordentlich empfindliches Mittel zur Untersuchung planparalleler Platten.

3.1.7. Interferenzen an zwei Platten

Zerschneidet man eine planparallele Spiegelglasplatte in der Mitte und setzt ihre beiden Teile, unter einen sehr kleinen Winkel gegeneinander geneigt, in ein innen geschwärztes Rohr ein, das am Ende eine Öffnung hat, so sieht ein Beobachter, der durch das Rohr nach dem hellen Himmel blickt, neben der Öffnung noch ein Bild der Öffnung, das von dunklen und gefärbten Interferenzstreifen durchzogen ist, die der Schnittkante der verlängerten Ebenen der beiden Platten parallel laufen (Abb. 3.21). Die Streifen sind um so enger, je größer der Winkel ist, unter dem die Platten gegeneinander geneigt sind. Der Versuch gelingt nur dann, wenn die beiden Platten aus demselben Stück Glas geschnitten und damit genau gleich dick sind.

Zur Erklärung betrachten wir zuerst Abb. 3.22, bei der angenommen ist, daß die beiden Platten einander parallel sind. Ein Lichtstrahl erfährt an jeder Grenzfläche eine Spaltung in einen hindurchgehenden und einen reflektierten Teil. Der durchgehende Teil wird gebrochen; da jedoch die Brechung für die folgende Betrachtung unwesentlich ist, ist sie in der Abbildung vernachlässigt

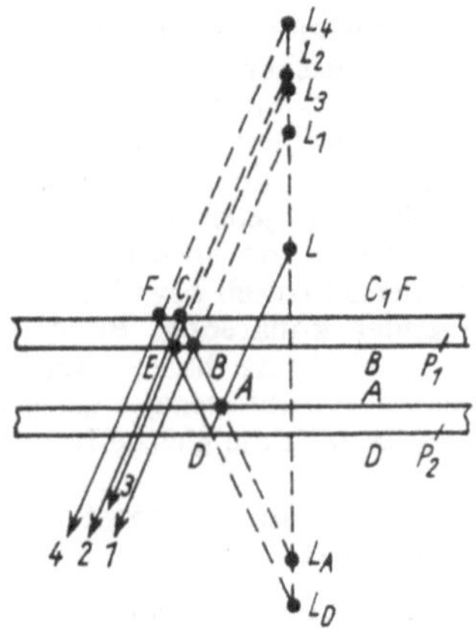

Abb. 3.23. Erklärung der Interferenz an parallelen Platten

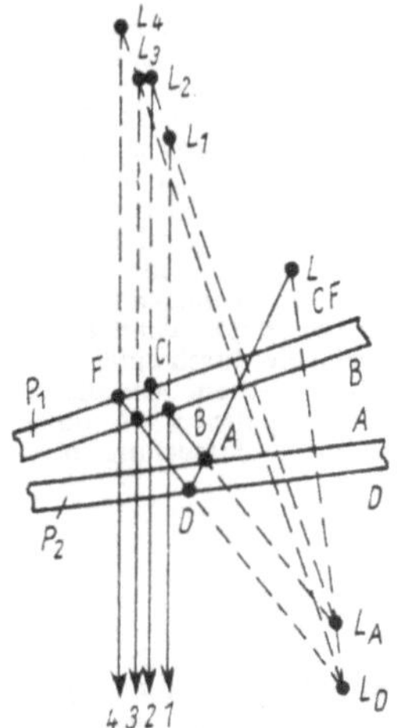

Abb. 3.24. Erklärung der Interferenz an geneigten Platten

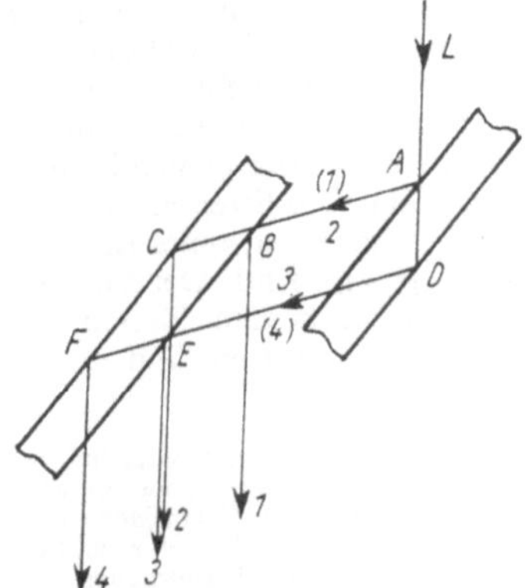

Abb. 3.25. Jaminsches Interferometer

worden. Von allen durch wiederholte Reflexionen erzeugten Komponenten des auffallenden Lichtstrahles beachten wir nur die vier Komponenten, die in Abb. 3.22 gezeichnet sind, da nur diese zu dem seitlichen Bild in der Beobachtung von Abb. 3.21 einen Beitrag liefern. Der unmittelbar durchgehende Strahl erzeugt das direkt gesehene Bild der Öffnung, bleibt daher auch unberücksichtigt.

Bei schrägem Auffall des Lichtstrahles fallen die beiden Komponenten *1* und *4* weit auseinander; sie können allerdings von einem auf Unendlich akkommodierten Auge mit den übrigen Strahlen wieder auf der Netzhaut vereinigt werden. Die beiden Strahlen *2* und *3* fallen vollständig zusammen. Wenn die beiden vollkommen planparallelen Platten einander genau parallel aufgestellt wären, so würden die beiden Komponenten *2* und *3* ohne Gangunterschied austreten. Die beiden Strahlen *1* und *4* haben einen großen Gangunterschied zu *2* und *3*.

In Abb. 3.23 sind dieselben Verhältnisse noch einmal gezeichnet, mit dem Unterschied jedoch, daß ein Lichtpunkt dargestellt ist, dessen Spiegelbilder gezeichnet worden sind. Durch die Reflexion an den beiden Flächen der zweiten Platte kommen die Spiegelbilder L_A und L_D zustande, und von diesen erzeugen die Flächen der ersten Platte die vier Spiegelbilder L_1, L_2, L_3 und L_4, von denen die Strahlen auszugehen scheinen, die den oben angegebenen vier Komponenten entsprechen. Sind nun die beiden Platten genau gleich dick und einander parallel, so fallen die Spiegelbilder L_2 und L_3 vollständig zusammen. Anders werden aber die Verhältnisse, wenn die beiden Platten gegeneinander geneigt sind. Dann entstehen, wie Abb. 3.24 zeigt, auch die vier Spiegelbilder L_1, L_2, L_3 und L_4; aber die beiden Spiegelbilder L_2 und L_3 fallen nicht zusammen, sondern sie liegen voneinander getrennt dicht nebeneinander. Da die sie erzeugenden Bündel, als von derselben Lichtquelle kommend, kohärent sind, so müssen die von ihnen ausgehenden Lichtbündel in genau derselben Weise zu Interferenzlinien Veranlassung geben, wie die beiden Spiegelbilder beim Fresnelschen Spiegelversuch. Die von L_2 und L_3 (scheinbar) ausgehenden Strahlen *2* und *3* sind einander parallel. Wenn diese in ein auf Unendlich eingestelltes Auge eintreten und auf einem Punkt der Netzhaut vereinigt werden, so muß das Auge die Interferenzstreifen unmittelbar sehen. Denken wir uns neben dem betrachteten Lichtquellenpunkt einen zweiten oder mehrere andere Lichtpunkte, so liegen auch ihre Bilder so wie L_2 und L_3.

Die von ihnen ausgehenden Bündel erzeugen auf demselben Punkt der Netzhaut des auf Unendlich eingestellten Auges genau dieselbe Interferenzerscheinung wie die Spiegelbilder des vorhin betrachteten Punktes. Aus diesem Grund kann die Öffnung des in Abb. 2.21 abgebildeten Rohres ziemlich groß sein, jedoch nicht so groß, daß auch das Interferenzbild, das mit dem auf Unendlich eingestellten Auge beobachtet wird, in die Öffnung fällt; denn dann wird das Interferenzbild vom Licht der hellen Öffnung überdeckt.

Eine Abänderung dieses Versuches ist in Abb. 3.25 schematisch dargestellt. Bei dieser von JAMIN 1858 angegebenen Anordnung werden die beiden interferierenden Bündel *2* und *3* auf einem Teil ihres Weges räumlich voneinander getrennt. Wenn man nun in den Gang eines dieser Bündel einen durchsichtigen Körper einschaltet, dessen Brechzahl von Luft verschieden ist, so verändert dieser die Wellenlänge des Lichtes, und dadurch ändert sich auch die Lage des Interferenzstreifen. Mit der Jaminschen Anordnung kann man z. B. die Änderung der Brechzahl der Luft mit der Temperatur oder dem Druck sehr genau messen.

3.1.8. Michelson-Interferometer

Eine der wichtigsten Anordnungen zur Erzeugung von Interferenz ist das Interferometer nach MICHELSON, dessen Aufbau in Abb. 3.26 dargestellt ist.
(ALBERT ABRAHAM MICHELSON, geb. 1852 in Strelno bei Poznan, Professor in Chicago, gest. 1931; Nobelpreis für Physik 1907.)

Ein Lichtbündel fällt auf eine ebene, halbdurchlässig versilberte Glasplatte unter 45° und wird in den durchgehenden Teil *1* und den reflektierten Teil *2* zerlegt. Teil *1* fällt auf den Spiegel S_1, Teil *2* auf den Spiegel S_2, beide unter rechtem Winkel; daher wird jeder Teil in sich selbst reflektiert. Auf ihrem Rückweg treffen beide Bündel wieder auf die Glasplatte, und jeder von ihnen wird wieder in zwei Teile zerlegt. Von diesen beachten wir aber nur die beiden Teile, die in der Abb. 3.26 durch ausgezogene Linien dargestellt sind; die beiden anderen Teile, die durch gestrichelte Linien wiedergegeben sind, gehen wieder zur Lichtquelle zurück.

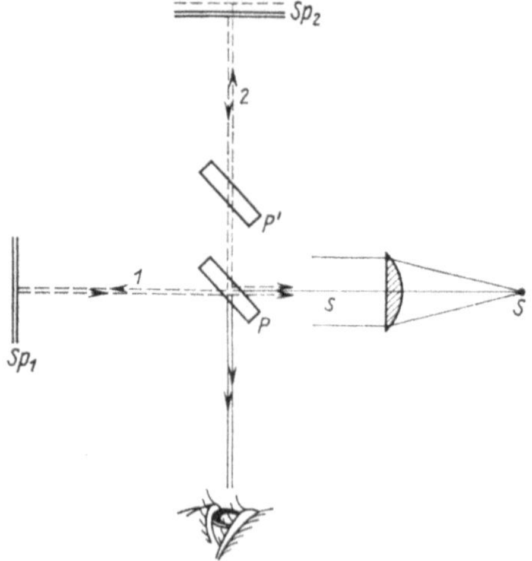

Abb. 3.26. Versuch von A. A. MICHELSON

Sind die Abstände der beiden Spiegel von der Glasplatte einander gleich, so haben die beiden Lichtbündel *1* und *2* gleiche Wege zurückgelegt, da in den Weg des Bündels *2* eine Platte eingeschaltet wird, die die gleiche Dicke wie die erste Platte hat. Die sich überlagernden Bündel *1* und *2* haben also keine Phasenverschiebung und verstärken sich. Eine Verstärkung tritt auch dann ein, wenn sich die Abstände der Spiegel von der Glasplatte um ein geradzahliges Vielfaches einer viertel Wellenlänge, die Gangunterschiede der Lichtwellen also um ein geradzahliges Vielfaches einer halben Wellenlänge voneinander unterscheiden. Dagegen löschen sich die beiden Bündel aus, wenn der Unterschied der Abstände der beiden Spiegel von der Glasplatte ein ungeradzahliges Vielfaches einer viertel Wellenlänge ist. Einem (nahezu) auf Unendlich eingestellten Auge, das von den Lichtbündeln *1* und *2* getroffen wird, erscheint demnach das Gesichtsfeld abwechselnd hell und dunkel, wenn einer der beiden Spiegel verschoben wird, und zwar erfolgt ein Wechsel zwischen Hell und Dunkel bei der Verschiebung eines Spiegels um eine viertel Wellenlänge.

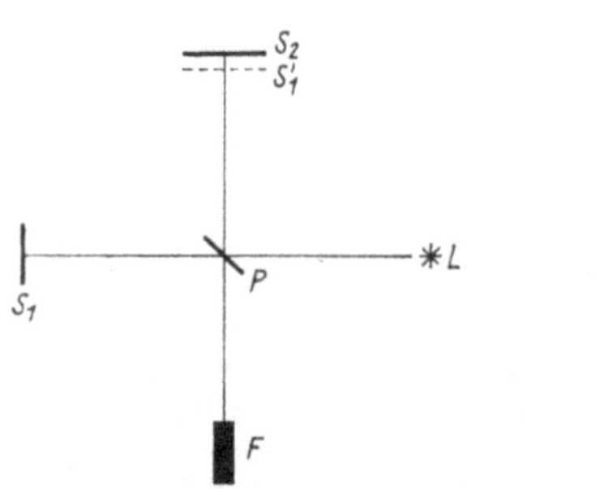

Abb. 3.27. Ersatzschema des Michelson-Interferometers

Das Gesichtsfeld erscheint natürlich nicht gleichmäßig hell oder dunkel, sondern zeigt bei genau zentrischer Aufstellung des Interferometers konzentrische Kreise; denn die Lichtquelle ist ausgedehnt, und deshalb fallen viele parallele Strahlenbündel unter verschiedenen Neigungen auf die Teilerplatte. Es entstehen demnach Kreise gleicher Neigung.

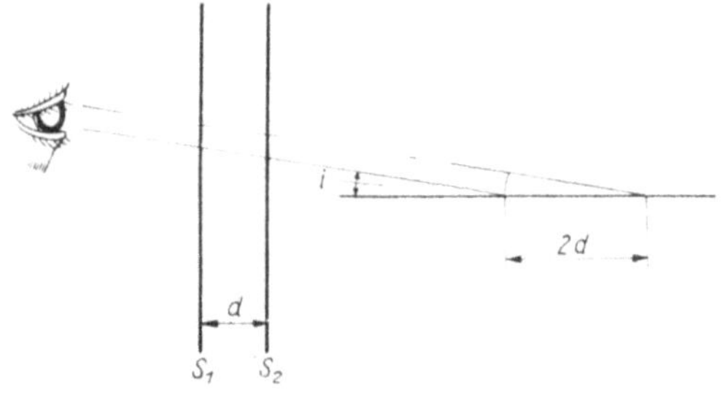

Abb. 3.28. Wirkungsweise des Michelson-Interferometers

Sie wird technisch angewendet z. B. zur Kontrolle der Zusammensetzung von Abgasen.
Sowohl die Brewstersche wie die Jaminsche Anordnung eignen sich dazu, die Interferenzstreifen zu projizieren, da die Lichtquelle räumlich ausgedehnt sein kann.

Man kann sich die Wirkungsweise dieses Interferometers am besten so veranschaulichen, daß man sich den einen Arm in die Richtung des anderen gedreht denkt (in Abb. 3.27 S_1 nach S_1'). Stehen die beiden Spiegelebenen parallel, dann kann man die oben beschriebenen Interferenzerscheinungen ohne weiteres als die einer plan-

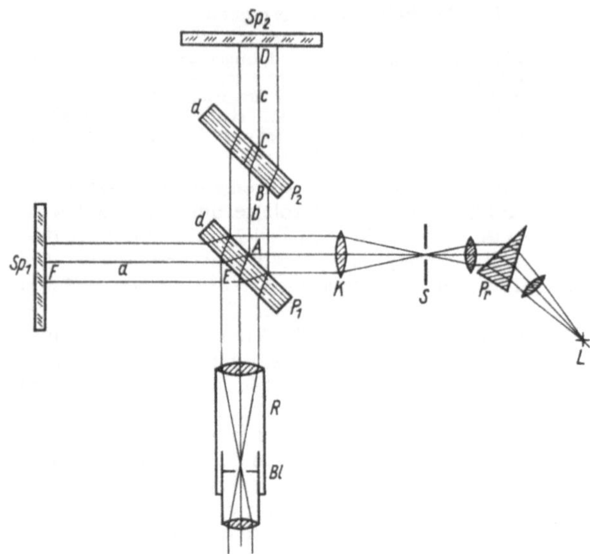

Abb. 3.29. Vollständiges Michelson-Interferometer

parallelen Platte erkennen. Der Abstand zwischen den beiden parallelen Flächen S_1 und S_2 ist gleich d; blickt man unter dem Winkel ε, so sind die beiden Spiegelbilder der Lichtquelle um $2d$ voneinander entfernt (Abb. 3.28). Verstärkung tritt ein, wenn die Beziehung besteht

$$2d \cos \varepsilon = m\lambda, \quad m \text{ ganzzahlig.}$$

Wird S_2 bewegt, während S_1 bei feststehender Lichtquelle fest bleibt, so erscheinen neue Interferenzstreifen für eine Verrückung Δt von einer halben Wellenlänge. Erscheinen somit N neue Streifen, dann gilt

$$\lambda = 2\frac{\Delta t}{N}.$$

Hieraus folgt, daß man mit dieser Versuchsanordnung die absolute Messung einer Wellenlänge vornehmen kann, indem man z. B. den Spiegel S_1 mittels einer Mikrometerschraube parallel zu sich selbst um einen meßbaren Betrag verschiebt und gleichzeitig die Anzahl der Helligkeitswechsel des Gesichtsfeldes beobachtet.

Nach großen experimentellen Schwierigkeiten ist es MICHELSON gelungen, zuerst zusammen mit MORLEY und dann mit BENOÎT in Breteuil die Länge des Urmetermaßstabes (Bd. I) in Wellenlängen auszuwerten.
In Abb. 3.29 ist die Versuchsanordnung in etwas größerer Vollständigkeit noch einmal abgebildet. MICHELSON benutzte als Lichtquelle elektrische Funken zwischen Kadmiumspitzen. Das Kadmiumlicht wurde spektral zerlegt, und aus dem Spektrum wurde durch den Spalt z. B. die rote Kadmiumlinie ausgesondert. Das vom Spalt ausgehende Licht wurde durch die Kollimatorlinse parallel gemacht. Die weitere Anordnung entspricht der bereits beschriebenen. In der Zwischenbildebene eines Fernrohres entsteht das Interferenzbild. Die zweite planparallele Platte hat den Zweck, den Glasweg in der Teilerplatte zu kompensieren. Der Gangunterschied der beiden interferierenden Anteile ist demnach gleich dem Unterschied der beiden in Luft zurückgelegten Wege.

Das Prinzip der Messung beruht darauf, die Anzahl der auftretenden Verdunklungen und Aufhellungen zu zählen, wenn der eine Spiegel um eine meßbare Strecke verschoben wird. Die Versuchsanordnung ist im einzelnen ziemlich kompliziert, und zur Ausmessung des Meters müssen Zwischenstufen eingeschaltet werden, da es nicht gelingt, Wellen von einem Meter Kohärenzlänge zu erzeugen. Die Versuchsergebnisse sind:

Rote Kadmiumlinie $1 \text{ m} = 1553164{,}1\ \lambda_R$,

Grüne Kadmiumlinie $1 \text{ m} = 1966249{,}7\ \lambda_G$,

Blaue Kadmiumlinie $1 \text{ m} = 2083372{,}1\ \lambda_B$,

bei 760 Torr in trockener Luft (CO_2-Gehalt 0,03 Vol.-%) bei 15 °C der Wasserstoffskala. Dies sind die genauesten Messungen, die bis dahin überhaupt ausgeführt worden sind. (Unsicherheit erst in der achten Dezimalstelle.)

Der Vergleich der roten Cd-Linie mit dem Meter ist seit MICHELSON noch achtmal mit verschiedenen Methoden wiederholt worden.
Die von FABRY, PEROT und BENOÎT im Jahre 1906 gefundene Beziehung $1 \text{ m} = 1553164{,}13\lambda_{\text{Cd-rot}}$ in Normalluft ist durch die Generalkonferenz für Maß und Gewicht im Jahre 1927 als provisorische Definition des Meters durch eine Lichtwellenlänge anerkannt worden (Bd. I). Das Mittel aller Vergleiche stimmt mit dem Wert von FABRY, PEROT und BENOÎT genau überein. Die Abweichungen der einzelnen Resultate vom Mittelwert liegen innerhalb $\pm 3 \cdot 10^{-7}$ und sind hauptsächlich durch die Ungenauigkeiten der verschiedenen

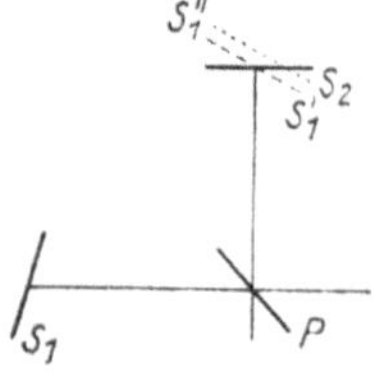

Abb. 3.30. Geneigte Spiegel beim Michelson-Interferometer

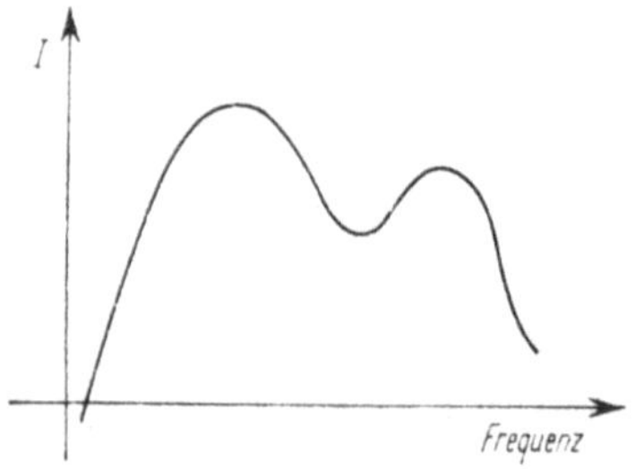

Abb. 3.31. Intensität in der H_α-Linie nach MICHELSON

Meterprototypen bestimmt, die den Messungen zugrunde liegen.
Gewöhnlich werden die verwandten Spiegel um einen geringen Winkel geneigt. Wiederum gilt dann obige Beziehung für eine kleine Änderung der Neigung, nämlich

$$\lambda = 2\frac{\Delta t}{N}.$$

Schließt die eine Spiegelebene mit der anderen (wenn man sich die Arme, wie oben erwähnt, zusammenfallend denkt) einen Winkel ein, so erscheinen die Interferenzen einer keilförmigen Platte. Ist z. B. die eine Platte gegen die andere um eine lotrechte Achse etwas verdreht (Abb. 3.30), so erhält man eine Schar von oben nach unten verlaufender gerader Interferenzstreifen, deren Abstand um so kleiner ist, je stärker die Neigung der Platten gegeneinander ist. Ist hierbei z. B. der Abstand der Spiegelmitten von der Teilerplatte gleich, so herrscht dort der Gangunterschied Null, man sieht im weißen Licht dort den zentralen Interferenzstreifen, um den sich (nahezu) symmetrisch die Farbenerscheinungen gruppieren. Wird nun der eine Arm durch irgendeine Ursache etwas verlängert oder verkürzt, so ist jetzt die Stelle gleicher Armlänge nicht mehr in der Mitte des Spiegels, sondern rechts oder links davon, wie man aus Abb. 3.30 sieht, in der die neue Stellung punktiert angegeben ist. Jetzt erscheint der zentrale Streifen an einer anderen Stelle des Spiegels. Ist die Neigung der beiden Spiegelebenen so, daß etwa je 3 Streifen auf beiden Seiten des zentralen Streifens zu sehen sind (daß also nach gedachtem Zurückdrehen des einen Armes in die Richtung des anderen das linke Ende des einen Spiegels um 6 Wellenlängen näher ist als das rechte), so bedeutet die Verschiebung des zentralen Streifens um eine Streifenbreite, daß der eine Arm seine Länge um eine Lichtwellenlänge geändert hat. Da es nicht schwierig ist, eine Streifenbreite von etwa 5 mm zu erzielen, so bedeutet dies eine vergrößerte Aufzeichnung der Längenänderung um das 10^4fache. Durch Beobachtung mit einem Fernrohr, besonders aber durch photographische Registrierung kann man noch Verschiebungen von Tausendstel Streifenbreiten, also Längenänderungen von 10^{-7} cm (und dies unter Umständen auf eine Länge von mehreren Metern entsprechend relativen Längenänderungen von 10^{-11}) feststellen. Eine Anwendung dieser Methode stellt der später zu behandelnde Michelsonsche Interferenzversuch dar.

Ist bei der letzten Anordnung die Lichtquelle nicht vollkommen monochromatisch, so fallen die Interferenzstreifen der einen Wellenlänge zwischen die der anderen. Nachdem der Wegunterschied um einen gewissen Betrag vergrößert worden ist, fallen sie jedoch wieder zusammen. Man erhält also, wenn man das Verhältnis der Unterschiede von maximaler und minimaler Intensität in Abhängigkeit von der Verschiebung der Platten aufträgt, z. B., Abb. 3.31. Diese stellt den Intensitätsverlauf der Linie H_α nach Messungen von MICHELSON dar; aus dem Kurvenverlauf erkennt man, daß diese Linie zusammengesetzt ist, sie stellt ein *Dublett* dar.

3.1.9. Interferenzspektroskopie

Zur genaueren Untersuchung einzelner Spektrallinien bedient man sich der Interferenz ihres Lichtes bei hohen Gangunterschieden. Man kann mit diesem Hilfsmittel noch Spektrallinien „feinzerlegen“, deren Auflösung in einzelne Komponenten mit einem gewöhnlichen Spektroskop unmöglich ist. Diese Art der Untersuchung nennt man Interferenzspektroskopie; sie geht auf FIZEAU (1862) zurück, wurde aber erst von A. A. MICHELSON (1892) allgemeiner ausgebildet.

Bei allen bisherigen Versuchen, bei denen die Interferenz des Lichtes durch eine in den Strahlengang eingestellte Platte erzeugt wurde, haben wir angenommen, daß nur das an der Vorderseite und das an der Hinterseite der Platte einmal reflektierte Licht zur Interferenz kommt, wenn die Interferenzstreifen im reflektierten Licht beobachtet werden (Abb. 3.18 bis 3.20). Wir betrachteten nur den unmittelbar hindurchgehenden Strahl und den nach je einmaliger Reflexion an der Vorder- und Hinterseite der Platte zurückkehrenden Strahl. Dagegen haben wir die Bündel unbeachtet gelassen, die durch mehrfache Reflexion an den Plattenflächen abgespalten werden. In der Tat genügten diese Vereinfachungen bisher auch, da die Intensität der mehrfach reflektierten Bündel gegenüber der Intensität der ersten beiden verschwindend gering war. Die Verhältnisse ändern sich aber wesentlich, wenn durch passende Anordnung dafür gesorgt wird, daß die mehrfach reflektierten Teilbündel noch einen meßbaren Betrag haben.

Interferometer von Perot und Fabry (1897). Zwei etwas keilförmige (etwa 0,5°), ebene Glasplatten werden auf einer Seite teildurchlässig verspiegelt, so daß zwar noch ein Teil des Lichtes durch die Silberschicht hindurchgeht, daß aber der reflektierte Bestandteil einen großen Prozentsatz der Gesamtenergie des Lichtes ausmacht. Die beiden Glasplatten werden mit ihren verspiegelten Seiten einander so gegenübergestellt, daß sie eine genau planparallele Luftplatte mit der Dicke d bilden (Abb. 3.32).

Auf die beiden Platten treffe eine ebene Welle unter dem Winkel ε. In die Abb. 3.32 sind nur die Wellennormalen eingezeichnet. Die Reflexion

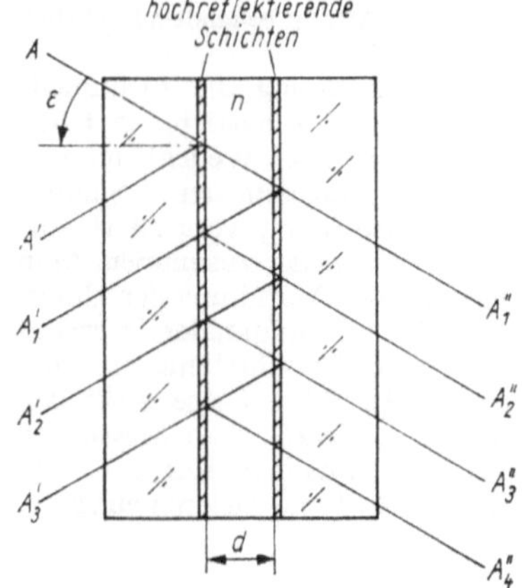

Abb. 3.32. Erzeugung von Mehrfachbündeln

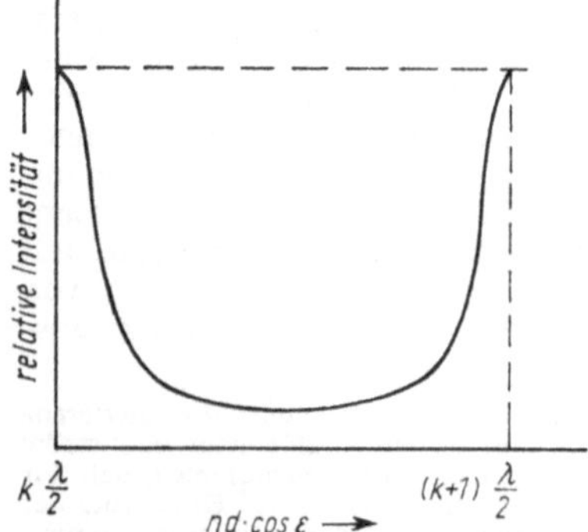

Abb. 3.33. Intensität bei der Interferenz unendlich vieler Bündel

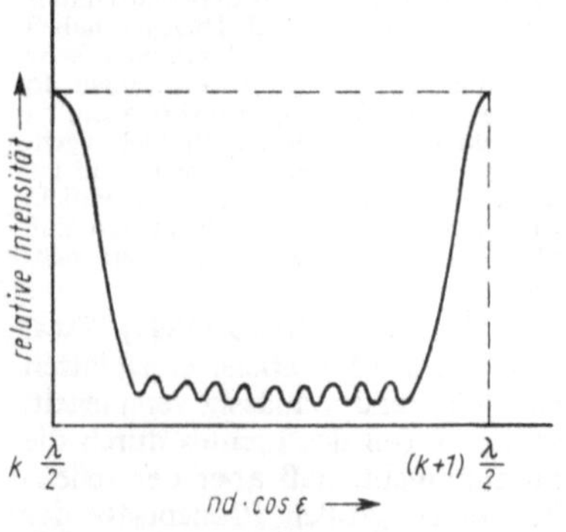

Abb. 3.34. Intensität bei der Interferenz endlich vieler Bündel

an den nichtverspiegelten Flächen und die Brechung wurde nicht berücksichtigt, weil sie die prinzipiellen Aussagen nicht beeinflussen. An den verspiegelten Flächen teilt sich die Welle bei jedem Auftreffen in einen reflektierten und einen hindurchgehenden Anteil. Durch das große Reflexionsvermögen der einander zugekehrten Plattenoberflächen wird die Welle innerhalb der Luftschicht vielfach reflektiert. So entstehen die reflektierten Teilwellen A', A_1', A_2', ... und die hindurchgelassenen Teilwellen A_1'', A_2'', A_3'', ..., die sämtlich kohärent zueinander sind.

Wir untersuchen nur das hindurchgehende Licht. Zwischen zwei aufeinander folgenden Teilwellen A_K'' und A_{K+1}'' besteht die konstante optische Weglängendifferenz, die nach (3.4) aus

$$\Delta L = 2nd \cos \varepsilon$$

folgt (n = Brechzahl des Stoffes zwischen den Platten).

Die Teilbündel gleicher Richtung werden mit einer Sammellinse in einem Punkt der Brennebene vereinigt und kommen dort zur Interferenz (die Anordnung entspricht derjenigen der Abb. 3.20).

An den Stellen der Brennebene, für die $\Delta L = k\lambda$, also

$$nd \cos \varepsilon = k\frac{\lambda}{2}, \quad k = 0, 1, 2, \ldots \tag{3.6}$$

ist, entstehen die Interferenzmaxima (Ringe gleicher Neigung). Bei sehr großer Bündelanzahl, theoretisch bei unendlich vielen Bündeln, entstehen scharfe und intensitätsstarke Ringe auf dunklem Untergrund (Abb. 3.33).

Bei endlicher Bündelanzahl p erhält man zwischen den Hauptmaxima noch Nebenmaxima und Minima (Abb. 3.34). Der Abstand des ersten Minimums vom Hauptmaximum beträgt

$$nd \cos \varepsilon = \left(k + \frac{1}{p}\right)\frac{\lambda}{2}. \tag{3.7}$$

Auflösungsvermögen. Zwei benachbarte Wellenlängen ergeben je ein Ringsystem, das man als getrennt wahrnehmbar, d. h. als auflösbar, ansieht, wenn ein Hauptmaximum der Wellenlänge λ gerade noch mit dem ersten Nebenmaximum der Wellenlänge $\lambda + \Delta\lambda$ zusammenfällt (Abb. 3.35). Aus

$$k\frac{\lambda}{2} = \left(k + \frac{1}{p}\right)\frac{\lambda + \Delta\lambda}{2}$$

folgt unter Vernachlässigung der kleinen Größe $\Delta\lambda/p$ für das Auflösungsvermögen

$$\left|\frac{\lambda}{\Delta\lambda}\right| = pk. \tag{3.8}$$

Das Auflösungsvermögen bei der Interferenz von Mehrfachbündeln ist der Bündelanzahl und der Ordnung der Interferenzmaxima proportional. Bei $n = 1$, $d = 2$ mm und $\lambda = 400$ nm liegt nach (3.6) in der Mitte ($\varepsilon = 0$) ein Maximum der Ord-

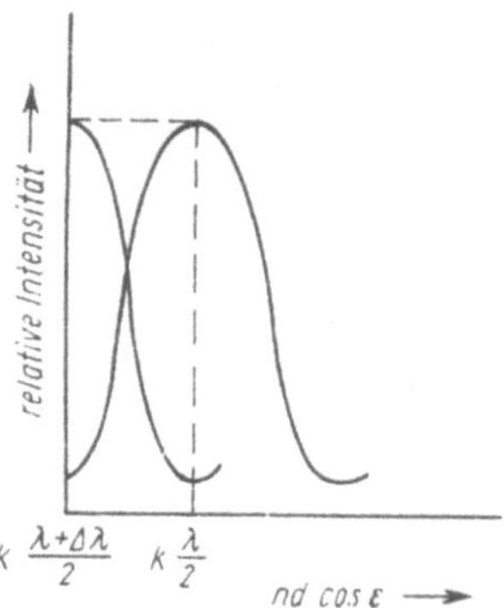

Abb. 3.35. Zur Definition des Auflösungsvermögens

Abb. 3.36. Fabry-Perot-Interferometer

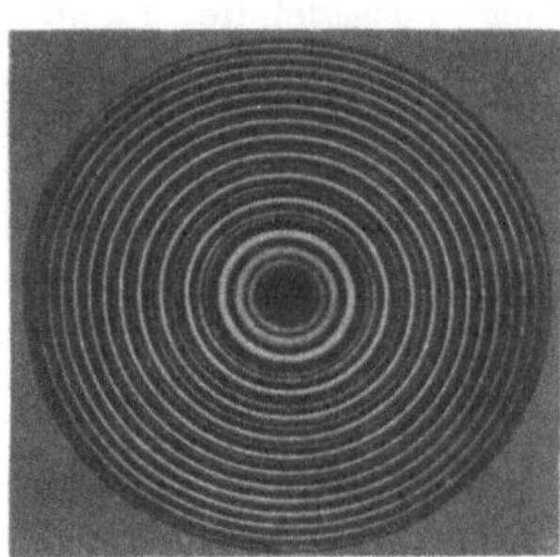
Abb. 3.37. Interferenzringe beim Fabry-Perot-Interferometer

nung $k = 10^4$. Mit $p = 50$ ergibt sich das Auflösungsvermögen zu $5 \cdot 10^5$. Es können also Wellenlängenunterschiede von $\Delta\lambda = 8 \cdot 10^{-4}$ nm getrennt werden.

Abb. 3.36 zeigt eine praktische Ausführungsform. Der Abstand der Glasplatten wird durch Ringe aus Invar bestimmt. Abb. 3.37 zeigt die Aufnahme einer Heliumlinie. Man sieht deutlich die Teile der Ringsysteme der verschiedenen Ordnungen. Diese Heliumlinie erweist sich in ihrer Feinstruktur als ein Triplet (Gruppe von 3 Linien). Um die für solche Untersuchungen hinreichende Schärfe zu erhalten, mußte z. B. im vorliegenden Fall das heliumhaltige Entladungsrohr mit flüssigem Wasserstoff gekühlt werden. Durch Hintereinanderschaltung von zwei Interferometern hat man noch größeres Auflösungsvermögen erreicht. Abb. 3.38 gibt eine Anschauung von der erreichbaren Auflösung (Maßstab beachten!).
Die Feinstruktur der Spektrallinien wird durch vielerlei Ursachen bewirkt. Ein Grund für die Linienaufspaltung ist die Tatsache, daß die Atome, aus denen sich ein Element zusammensetzt, nicht völlig gleichartig sind, sondern aus mehreren Atomarten, Isotopen, bestehen, die sich durch ein etwas unterschiedliches Atomgewicht voneinander unterscheiden und daher feinste Verschiebungen in der Lage ihrer Spektrallinien bedingen (Hyperfeinstruktur).
Um Längenvergleichsmessungen mit höchstmöglicher Genauigkeit durchführen zu können, hat man Isotopenlampen gebaut, deren Füllung nur aus einer einzigen Atomart besteht.

Lummer-Gehrcke-Platte. LUMMER hat in Gemeinschaft mit GEHRCKE (ERNST GEHRCKE, 1878 bis 1959, 1926 bis 1946 Direktor der früheren Physikalisch-Technischen Reichsanstalt, Berlin, 1946 bis 1950 Professor an der Universität Jena) 1902 ein Interferenzspektroskop angegeben, bei dem die mehrfache Reflexion eines Lichtbündels im Innern einer planparallelen Glasplatte zur Erzeugung von Interferenzen hohen Gangunterschiedes benutzt wird. Der wesentliche Bestandteil dieses Gerätes ist eine vollkommen ebene, planparallele Glasplatte (Abb. 3.39).
Fällt ein Lichtbündel durch das Prisma in das Innere der Glasplatte, so trifft es die ebenen Begrenzungsflächen unter einem Winkel, der dem Grenzwinkel der Totalreflexion nahe ist; daher treten auf beiden Seiten parallele Lichtstrahlen fast streifend aus der Glasplatte aus; ihr Gangunterschied ist nach (3.5) $\Delta L = 2d\sqrt{n^2 - \sin^2 \varepsilon}$, wenn d die Plattendicke, n ihre Brechzahl und ε der in Luft gemessene Einfallswinkel ist. Alle aus einer Seitenfläche austretenden Strahlenbündel werden durch die Sammellinse vereinigt und zur Interferenz gebracht. (Die Linse kann das Objektiv eines Beobachtungsfernrohres sein.)
Die Theorie des Lummerschen Interferenzspektroskopes stimmt fast vollständig mit der des Fabry-Perot-Interferometers überein; der Kunstgriff, daß die mehrfachen Reflexionen innerhalb der Glasplatte fast unter dem Winkel der

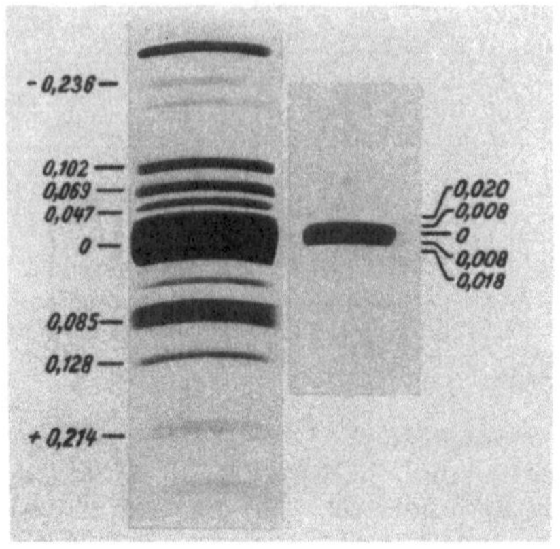

Abb. 3.38. Feinstruktur der grünen Hg-Linie 546,1 nm. Zahlenangaben in Zehntel nm. Nichtbezifferte Linien sind Nachbaranordnungen. Man beachte, daß der Abstand der beiden Na-D-Linien im gleichen Maßstab 47 cm betragen würde (Aufnahme von LAU).

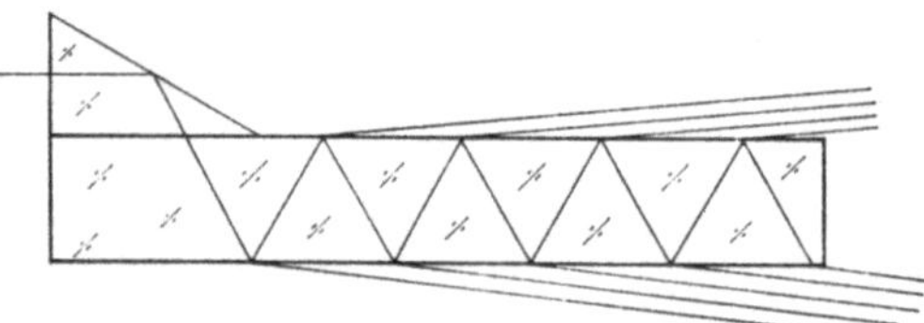

Abb. 3.39. Lummer-Gehrcke-Platte

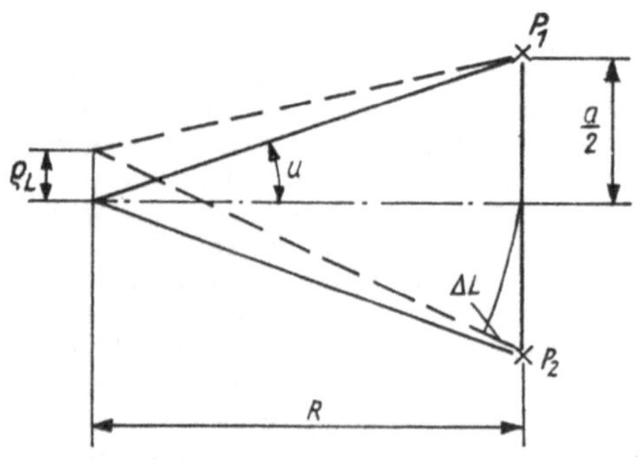

Abb. 3.40. Zur Kohärenzbedingung

Totalreflexion erfolgen, bewirkt, daß jede Reflexion nur mit einem sehr geringen Intensitätsverlust verbunden ist, und daß daher außerordentlich zahlreiche Reflexionen auftreten. Viele Parallelbündel kommen zur Interferenz, und die Intensitätsverteilung im Interferenzbild weist deshalb scharfe Maxima auf, feinste scharfe Linien auf fast völlig dunklem Untergrund.

Dispersionsgebiet. Wir betrachten Bündel von

Mit diesem Vorzug bei sehr hohem Auflösungsvermögen ist der Nachteil der schwierigen Herstellung der Lummer-Gehrcke-Platte verbunden, da die Flächen auf etwa ein Hundertstel der zu untersuchenden Wellenlänge eben geschliffen sein müssen. Auch muß jede elastische Beanspruchung vermieden und die Temperatur auf mindestens 0,01 K konstant gehalten werden.

der Wellenlänge λ_1, die den optischen Wegunterschied $k\lambda_1$ haben und sich damit zur maximalen Intensität verstärken. Ein weiteres Bündel soll die wenig von λ_1 verschiedene Wellenlänge λ_2 und den optischen Wegunterschied $(k + 1)\,\lambda_2$ haben. Es interferiert ebenfalls zur maximalen Intensität. Die den beiden Bündeln zugeordneten Interferenzringe fallen nach (3.6) an die gleiche Stelle, wenn $k\lambda_1 = (k + 1)\,\lambda_2$ ist, woraus

$$\lambda_1 - \lambda_2 = \Delta\lambda = \frac{\lambda_2}{k} \tag{3.9}$$

folgt. Es ist dann nicht zu entscheiden, ob ein Interferenzring zur k-ten Ordnung der Wellenlänge λ_1 oder zur $(k + 1)$-ten Ordnung der Wellenlänge λ_2 gehört.

Eine eindeutige Wellenlängenmessung ist nicht möglich. Deshalb muß

$$\Delta\lambda < \frac{\lambda}{k}$$

sein. Das Intervall $\Delta\lambda$ wird als *Dispersionsgebiet* bezeichnet.

Kohärenzbedingung. Eine ausgedehnte Lichtquelle mit dem Radius ϱ_L beleuchtet einen zu ihr parallelen Schirm (Abb. 3.40). Das von einem Punkt der Quelle ausgehende Licht ist kohärent. Wir betrachten zwei zur Mittelsenkrechten auf der Quelle symmetrische Punkte des Schirms. Zwei enge von der Mitte der Quelle ausgehende Bündel haben den optischen Wegunterschied $\Delta L = 0$. Die vom Rand ausgehenden engen Bündel haben den optischen Wegunterschied $\Delta L = (a\varrho_L)/R$. Die von der Mitte der Quelle und die vom Rand der Quelle stammenden Wellen sind nahezu gleichphasig, wenn $\Delta L \ll \lambda/2$ ist. Daraus folgt $(a\varrho_L)/R \ll \lambda/2$ oder

$$2\varrho_L \tan u \ll \frac{\lambda}{2}. \tag{3.10}$$

(3.10) ist die *Kohärenzbedingung*. Bereiche der Lichtquelle mit der Größe ϱ_L können bezüglich der beobachtbaren Interferenz als kohärent angesehen werden.

Weitwinkelinterferenz. Auch Bündel mit großer Öffnung sind interferenzfähig, vorausgesetzt, daß die Lichtquelle so klein ist, daß der optische Wegunterschied der äußersten Strahlen geringer ist als $\lambda/4$.

Unter diesen Bedingungen hat E. SCHRÖDINGER Interferenzen bei Öffnungen von nahe 60° gefunden und P. SELENYI gelang es, solche bei fast 180° nachzuweisen.

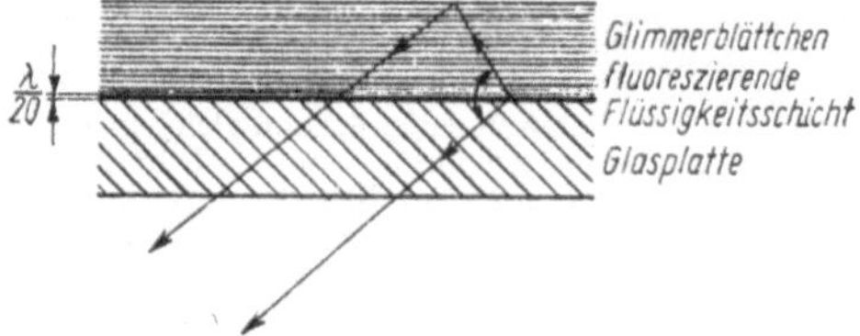

Abb. 3.41. Weitwinkelinterferenz nach SELENYI

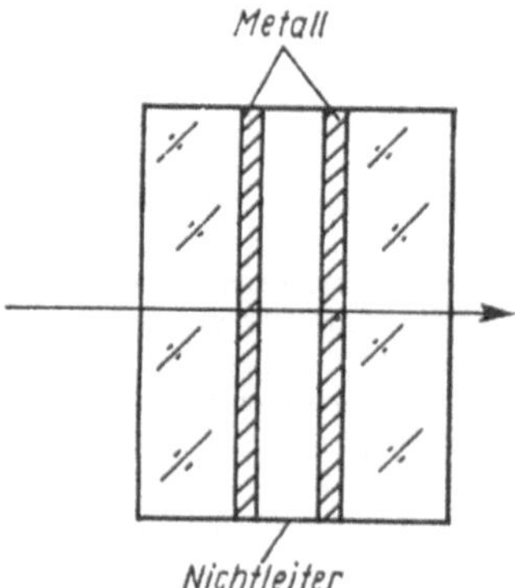

Abb. 3.42. Interferenzfilter

SELENYI benutzte eine selbstleuchtende fluoreszierende Flüssigkeitshaut zwischen einer Glasplatte und einem Glimmerplättchen und beobachtete die Interferenz zwischen dem unmittelbaren und dem an der Glimmeroberfläche reflektierten Licht (Abb. 3.41).

Bei den dargestellten klassischen Methoden der Interferenzspektroskopie mit hohen Gangunterschieden ist wegen des begrenzten Dispersionsgebietes die Koppelung mit einem Prismen- oder Gitterspektrographen notwendig. Dieser erzeugt eine Vordispersion. Im Bild des Spektrographenspaltes erscheint ein Ausschnitt aus dem gesamten Interferenzbild (beim Fabry-Perot-Interferometer aus den Haidingerschen Ringen). Die Spektrallinie wird gewissermaßen direkt räumlich aufgelöst.

Die Spektrallinie kann aber auch zunächst zeitlich aufgelöst und anschließend graphisch dargestellt werden. Das Interferometer besteht dann aus einem Fabry-Perot-Etalon (Anordnung mit festem Plattenabstand), zwischen dessen Platten die Brechzahl der Luft durch eine Druckänderung variiert wird. Am Ort der Interferenzringe, die sich dadurch radial verschieben, befindet sich eine zu den Ringen konzentrische Meßblende. Die zeitliche Variation des Strahlungsflusses wird photoelektrisch gemessen und aufgezeichnet. Bei entsprechender Zuordnung von Brechzahl (und damit Wellenlänge) und Strahlungsfluß entsteht das Profil der Spektrallinie.

Eine Methode zur Untersuchung des Spektrums einer Strahlungsquelle, die für größere Spektralbereiche anwendbar und besonders auch für Infrarot geeignet ist, ist die *Interferenzspektroskopie mittels Fourier-Transformation.* Diese beruht auf der Interferenz zweier Bündel mit zeitlich langsam veränderlicher optischer Wegdifferenz ΔL. So kann z. B. der Strahlungsfluß $\Phi_e(\Delta L)$ am Ausgang eines Michelson-Interferometers photoelektrisch registriert werden. Die Fourier-Transformierte von $\Phi_e(\Delta L)$ ist bis auf eine additive Konstante die Strahldichte $L_e(1/\lambda)$; es ist also

$$L_e(1/\lambda) = \int_0^\infty \Phi_e(\Delta L) \cos \frac{2\pi\,\Delta L}{\lambda}\, d(\Delta L).$$

Die Entwicklung der Laser hat weitere Methoden der Interferenzspektroskopie mit sich gebracht. Auf diese wird später kurz eingegangen werden.

Interferenzfilter, die beim Auftreffen von polychromatischem Licht quasimonochromatisches Licht hindurchlassen, sind als Fabry-Perot-Etalons anzusehen. Sie bestehen im einfachsten Fall aus einer dünnen Schicht zwischen verspiegelten Glasplatten (Abb. 3.42). Bei senkrechtem Lichteinfall entstehen sehr viele interferenzfähige Teilbündel. Über die gesamte Filterfläche ist die Intensität konstant. Sie hat schmale Maxima in den einzelnen Ordnungen. Die unerwünschten Ordnungen werden mittels eines zusätzlichen Absorptionsfilters unterdrückt. So können z. B. *Linieninterferenzfilter* hergestellt werden, die bei 5 nm Halbwertsbreite eine Durchlässigkeit von 30% haben.

Anstelle der Metallschichten können auch Systeme aus nichtabsorbierenden $\lambda_0/4n$-Schichten mit abwechselnd hoher und niedriger Brechzahl zur Reflexionserhöhung der Grenzflächen dienen (λ_0 = Vakuumwellenlänge). So ist z. B. mit 2 Schichten das Reflexionsvermögen $R = 0{,}64$; mit 5 Schichten $R = 0{,}98$; mit 10 Schichten $R = 0{,}99$ zu erreichen.

Interferenzfilter ohne Absorption bestehen aus einer nichtleitenden $\lambda_0/2n$-Schicht, die beiderseits von mehreren nichtleitenden $\lambda_0/4n$-Schichten eingeschlossen wird. Es werden z. B. Zinksulfid- und Kryolith-Schichten verwendet. Mit insgesamt 15 Schichten konnten z. B. Filter hergestellt werden, die bei 520 nm die Halbwertsbreite 6 nm und 80% Durchlässigkeit haben.

Interferenzfilter sind auch für den infraroten Bereich möglich. Sie enthalten i. allg. Germanium, das im Infraroten gut durchlässig ist und eine große Brechzahl hat (in der Größenordnung $n = 4$).
Heute werden auch die Fabry-Perot-Etalons bevorzugt mit dielektrischen Mehrfachschichten und nicht mit Metallschichten hergestellt.

3.2. Beugung

3.2.1. Huygens-Fresnelsches Prinzip

Einfache Beugungsversuche. Im Bd. I wurde ein Versuch beschrieben, bei dem ebene Wellen einer Wasseroberfläche auf einen mit einer kleinen Öffnung versehenen Schirm treffen.
An der Öffnung trat Beugung auf; die Öffnung verhielt sich wie das Zentrum einer kreisförmigen Welle. Auch mit Lichtwellen müssen Beugungsversuche möglich sein.
Die erste Beobachtung der Beugung des Lichtes hat GRIMALDI beschrieben, 1665, ohne eine Erklärung geben zu können. Die erste wellentheoretische Erklärung hat THOMAS YOUNG gegeben. 1815 veröffentlichte FRESNEL, 1788 bis 1827, die erste seiner klassischen optischen Arbeiten; er hat durch seine hervorragenden experimentellen und theoretischen Untersuchungen zum Sieg der Wellentheorie des Lichtes am meisten beigetragen.

Wir beschreiben einige Versuche:

1. Wir verwenden eine möglichst punktförmige Lichtquelle. In einer Entfernung von etwa 1 m stellen wir einen Schirm mit einer Öffnung auf, die mit einer spitzen Nadel in den Schirm gebohrt ist, und fangen das durch diese Öffnung gehende Licht auf einem in 1 m Abstand dahinter aufgestellten weißen Schirm auf. Wir beobachten, daß der erzeugte Lichtfleck bedeutend größer ist, als er nach der geometrischen Zeichnung sein müßte, und daß er verwaschene Ränder hat. Diese Erscheinung erinnert vollkommen an die Wasserwellen, die durch den Spalt im Schirm hindurchgehen.

2. Blickt man durch eine mit einer Nähnadel durch ein Stück Papier gestochene enge Öffnung nach einer punktförmigen Lichtquelle, so sieht man die Lichtquelle größer als bei unmittelbarer Beobachtung. Außerdem erscheint sie von mehreren, zum Teil farbigen, kreisförmigen Ringen umgeben.

3. Blickt man durch einen engen Spalt nach einer punktförmigen Lichtquelle, so beobachtet man eine starke Verbreiterung der Lichtquelle senkrecht zum Spalt, nicht aber in der Spaltrichtung. In der Verbreiterung beobachtet man einige helle und dunkle, dem Spalt parallel laufende, teilweise farbige Linien. Verwendet man einen keilförmigen Spalt, so liegen diese Linien am breiten Ende des Spaltes eng aneinander, am engen Ende weit voneinander. Etwaige Unregelmäßigkeiten an den Rändern des Spaltes verraten sich in verstärktem Maß durch Unregelmäßigkeiten im Beugungsbild. Diese Linien entstehen durch die Interferenz der gebeugten Wellen.
Abb. 3.43 ist in natürlicher Größe die photographische Aufnahme des Beugungsbildes eines keilförmigen Spaltes mit geraden Rändern. Sie wurde in einfarbigem Licht der Wellenlänge $\lambda = 460$ nm aufgenommen. Der Spalt war 24,17 m von der Lichtquelle mit etwa 1 mm Durchmesser entfernt. Die photographische Platte hatte von dem Spalt die Entfernung 15,47 m. Der geometrische Schatten des Spaltes ist durch gestrichelte Linien in das Lichtbild eingetragen. Man sieht, wie die Lichtschattengrenze gegenüber dem geometrischen Schatten weit verschoben ist und Interferenzlinien auftreten, die um so weiter auseinanderrücken, je kleiner die Breite des Spaltes ist (ARKADIEW).

4. Betrachtet man die Lichtquelle direkt, hält aber unmittelbar vor das Auge einen etwa 0,2 mm dicken Draht, oder blickt man mit einer Lupe nach dem mit ausgestrecktem Arm gehaltenen Draht, so sieht man in dem verwaschenen Schattenraum des Drahtes mehrere, den Rändern des Drahtes parallele, helle und dunkle Streifen. Der mittlere Teil des Schattens, also derjenige Teil, der nach der geometrischen Zeichnung am dunkelsten sein müßte, ist hell, und die schwarzen Linien treten von der Mitte aus nach beiden Seiten in entsprechend gleichen Abständen auf. Die letzte Erscheinung kann auch objektiv dargestellt werden, indem man den Schatten des dünnen Drahtes auf einem weißen Schirm auffängt, der in etwa 2 m Entfernung aufgestellt ist. Auch hierbei ist gerade die Mitte des Schattens hell.

Das Huygens-Fresnelsche Prinzip. Die beschriebenen Erscheinungen, die unter dem Namen Beugung des Lichtes zusammengefaßt werden, sind vom Standpunkt der geometrischen Optik unerklärlich, können aber im Rahmen der Wellenoptik mit Hilfe des schon im Bd. I behandelten *Huygensschen Prinzips* gedeutet werden. Dieses lautet:

In jeder Welle kann jeder Punkt als Mittelpunkt eines neuen Elementarwellensystems angesehen werden. Die aus den Elementarwellen entstehende Welle ist mit der ursprünglichen Welle identisch.

HUYGENS faßte das nach ihm benannte Prinzip folgendermaßen (Abb. 3.44): Ist M der Mittelpunkt eines Wellensystems und hat sich die Welle bis zu dem Kreise K_1 ausgebreitet, so kann man jeden Punkt des Kreises als Mittelpunkt von kreisförmig sich ausbreitenden Elementarwellen auffassen. Die durch Superposition aller Elementarwellen entstehende Welle ist dann der einhüllende Kreis K_2 aller Elementarwellen. Dieser ist identisch mit dem Kreise, der denselben Mittelpunkt M wie die ursprüngliche Welle und einen Radius hat, der gleich der Summe der Radien des Kreises K_1 und der eines Elementarkreises ist.

Bei der Aufstellung des Prinzips wurde HUYGENS durch die Analogie zwischen der Ausbreitung des Lichtes und der Schallwellen geleitet. Er verglich auch die durch einen Stein hervorgerufenen Wasserwellen mit der Störung des Äthers durch eine Lichtquelle. Jedes von einem „Stoß" getroffene Ätherteilchen wird zu einer kleinen Folgelichtquelle, so wie jedes von einer Wellenbewegung erfaßte Wasserteilchen wieder als Störungszentrum aufgefaßt werden kann. HUYGENS dachte dabei noch nicht unmittelbar an einen Schwingungsvorgang, überhaupt an keinen periodischen Vorgang, sondern nur an die Fortpflanzung der Gleichgewichtsstörung, wobei aber nach HUYGENS die von den Ätherteilchen empfangenen Stöße in unregelmäßiger Folge vor sich gehen können.

Wir haben schon die Fruchtbarkeit des Huygensschen Prinzips für Reflexion und Brechung kennengelernt. Am eindrucksvollsten ist jedoch die Tatsache, daß HUYGENS eine einfache Erklärung der kurz vorher von BARTOLINUS entdeckten Doppelbrechung geben konnte. Das Huygenssche Prinzip ist in seiner ursprünglichen Form deshalb nicht völlig zufriedenstellend, weil es nicht erklären kann, warum die Ausbreitung der Energie nicht auch in gleichem Maße in rückwärtiger Richtung erfolgt. Diese

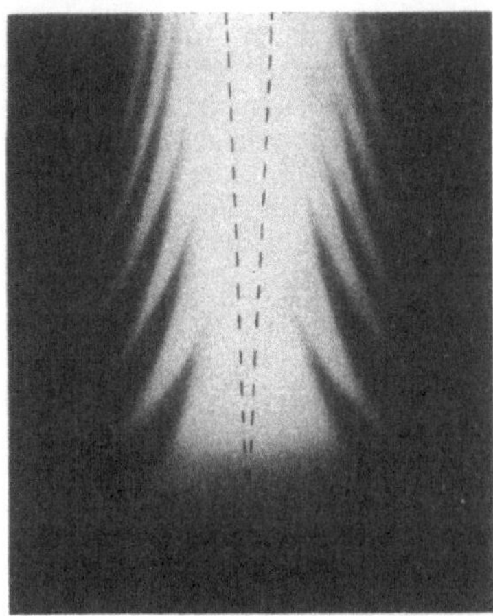

Abb. 3.43. Beugung an einem keilförmigen Spalt

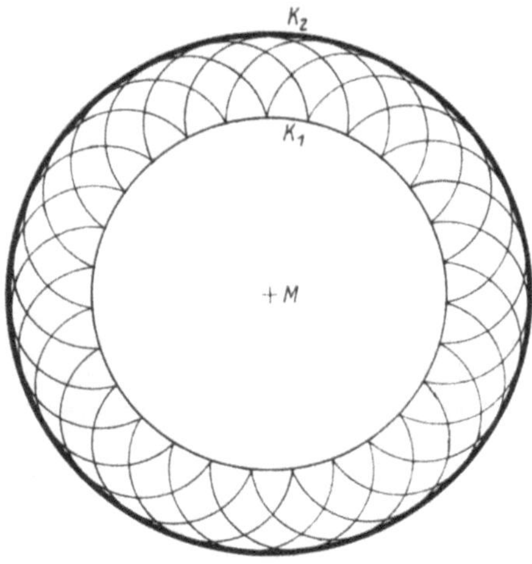

Abb. 3.44. Zum Huygensschen Prinzip

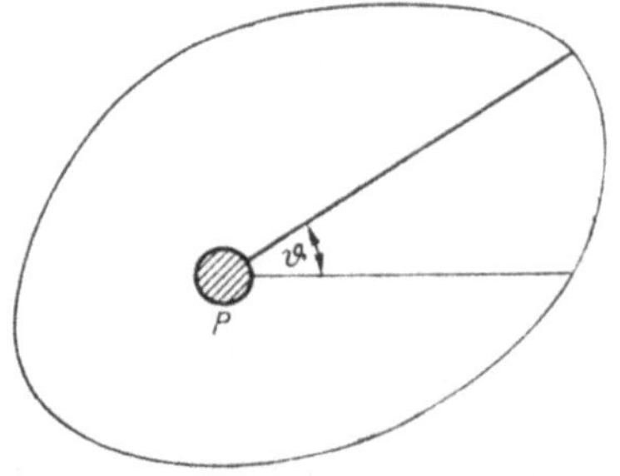

Abb. 3.45. Ausbreitung der Energie von einem Punkt aus

Fragestellung wurde von KIRCHHOFF und VOIGT aufgegriffen, und zwar handelt es sich um die Lösung folgender Aufgabe: Es sei der Wert einer skalaren Funktion Φ, die der Wellengleichung (Bd. I)

$$\Delta\Phi = \frac{1}{v^2}\,\frac{\partial^2\Phi}{\partial t^2}$$

genügt, auf dem Rand der geschlossenen Fläche A zur Zeit $t = 0$ gegeben. Gesucht wird der Wert von Φ im Bereich P zur Zeit $t + r/v$, wobei r die (veränderliche) Entfernung des kleinen Bereichs P vom Rand und v die Ausbreitungsgeschwindigkeit der Störung bedeuten. Mit rein mathematischen Methoden gelangt man zu folgendem Ergebnis: Jedes Element einer Wellenfront sendet Wellenzüge aus, die proportional sind zu $1 + \cos\vartheta$ (Abb. 3.45). Die Maximalamplitude A_m liegt also in Richtung der Ausbreitung ($\vartheta = 0$).
Abb. 3.46 zeigt die Amplitudenverhältnisse, wobei r das Verhältnis der Amplitude in Richtung Φ zur Maximalamplitude bedeutet. Die dargestellte Kurve ist eine Kardioide mit der Gleichung

$$\cos^2\frac{\Phi}{2} = \frac{A}{A_m}.$$

Durch diese Überlegungen sind sämtliche Folgerungen aus dem Huygensschen Prinzip gesichert.
Das Huygenssche Prinzip der einhüllenden Flächen ist von FRESNEL ergänzt und in eine Form gebracht worden, die es erst vollständig zur Geltung brachte. FRESNEL verband das Huygenssche Prinzip mit dem Prinzip der Interferenz: Der Punkt P (Abb. 3.47) wird offenbar beeinflußt durch alle Elementarwellen, deren Mittelpunkte auf dem Kreise K_1 liegen. Will man den Schwingungszustand aus den Huygensschen Elementarwellen ableiten, so muß man alle die Schwingungszustände superponieren, die jede einzelne Elementarwelle in einem gegebenen Augenblick im Punkt P hat. Mit anderen Worten: Man muß die Schwingungszustände im Punkt P für alle Elementarwellen addieren.
Eine vollkommene Lösung dieser Aufgabe ist nur mit Hilfe der Integralrechnung möglich. Da die exakte Lösung nicht einfach ist, vereinfachen wir die Aufgabe durch die Annahme, der Mittelpunkt M der ursprünglichen Welle sei soweit entfernt, daß wir den zu berücksichtigenden Kreis K_1 als gerade Linie auffassen können. Diese Vereinfachung ist vollkommen einwandfrei, wenn wir ebene Wellen voraussetzen. Das heißt im geometrisch-optischen Modell, wir benutzen nur parallele Lichtstrahlen.
Mit dieser Vereinfachung können wir nach Abb. 3.48 annehmen, daß sich die ebene Wellenfront W_0 in Richtung ihrer Normalen ausbreitet, sie sei zu einem bestimmten Zeitpunkt bis W ge-

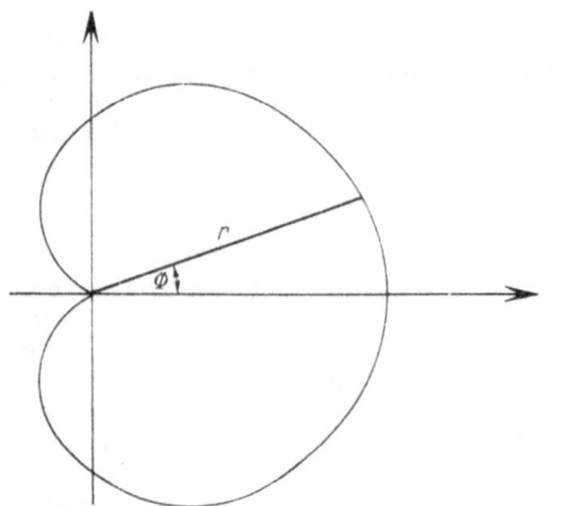

Abb. 3.46. Amplituden beim Huygens-Fresnelschen Prinzip

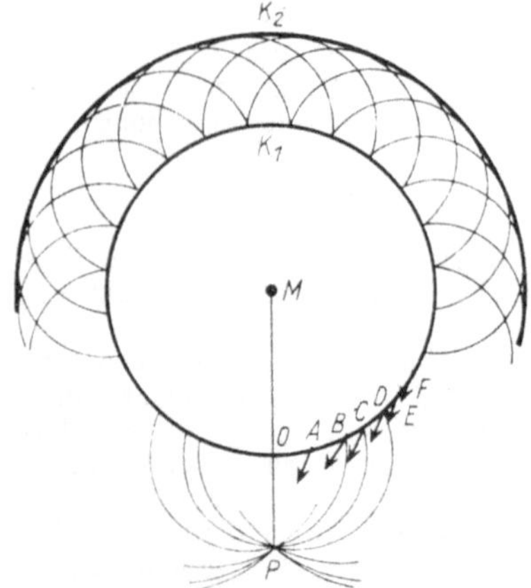

Abb. 3.47. Einhüllende beim Huygens-Fresnelschen Prinzip

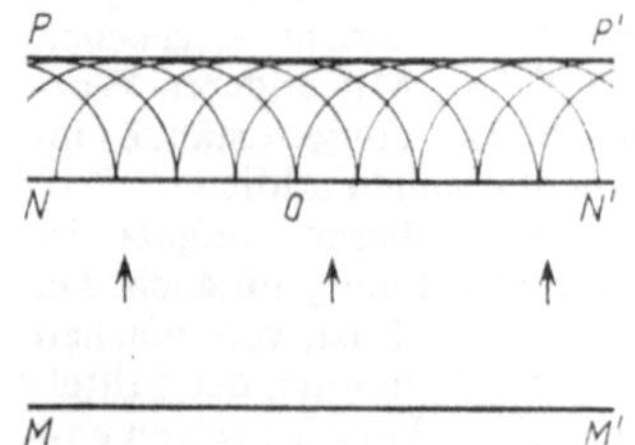

Abb. 3.48. Ebene Wellenfront

kommen. Nach dem ursprünglichen Huygensschen Prinzip ist nun jeder Punkt der Wellenfläche W der Mittelpunkt einer kreisförmigen Elementarwelle, und W_1 ist die an alle Elementarwellen gelegte gemeinsame Tangentialebene.

Wir wollen nun an Hand von Abb. 3.49a den Schwingungszustand eines vor W im Abstand a liegenden Punktes P untersuchen. Zu dem Zweck fällen wir von P das Lot auf W. P_0 nennen wir den Pol des Punktes P. Ferner ziehen wir Geraden derart, daß die Strecke von P bis zur Wellenfläche W von Gerade zu Gerade um $\lambda/2$ anwächst. Symmetrisch liegende Geraden bilden Kegelmäntel, deren Spuren auf der Wellenfläche Kreise darstellen (Abb. 3.49b). Der Radius des ersten Kreises folgt nach dem Satz von Pythagoras aus

$$r_1{}^2 = \left(a + \frac{\lambda}{2}\right)^2 - a^2 = a\lambda + \frac{\lambda^2}{4}.$$

Wir vernachlässigen $\lambda^2/4$ gegen $a\lambda$ und erhalten

$$r_1 = \sqrt{a\lambda}.$$

Entsprechend gilt für den n-ten Kreis $r_n = \sqrt{n a \lambda}$. Die Flächeninhalte der Kreise betragen

$$A_1 = \pi r_1{}^2 = \pi a\lambda \ldots A_n = \pi n a\lambda.$$

Die Kreisringe haben also sämtlich dieselbe Fläche wie der erste Kreis:

$$A = A_{n+1} - A_n = \pi(n + 1)\, a\lambda - \pi n a\lambda = \pi a\lambda.$$

Wir wollen jedes dieser kreisförmigen bzw. kreisringförmigen Flächenstücke eine *Fresnelsche Zone* nennen. Alle Fresnelschen Zonen besitzen demnach eine gleiche Zahl gleich großer Flächenelemente, d. h., von jeder Fresnelschen Zone gehen gleich viele Elementarwellen aus. Wir beachten nun ferner, daß jeder folgende Kreis um den Betrag einer halben Wellenlänge weiter von P entfernt ist als jeder vorhergehende. Gehen daher von allen Punkten der ebenen Welle W Elementarwellen mit gleichen Schwingungsphasen aus, so treffen sie in P nicht mit gleichen Schwingungsphasen ein, sondern jedem Punkt der einen Zone, z. B. der n-ten Zone, entspricht ein Punkt der folgenden, der $(n + 1)$-ten Zone, von dem Wellen ausgehen, die im Punkt P gerade in entgegengesetzten Schwingungsphasen ankämen. Wären demnach auch die Amplituden dieser Elementarwellen gleich, so wären in P alle Elementarwellen gleich, so würden in P alle Elementarwellen der ersten Zone durch alle Elementarwellen der zweiten ausgelöscht werden. Ebenso würden sich die von der dritten und vierten Zone und gleichfalls die von je zwei folgenden Zonen herkommenden Elementarwellen auslöschen. Im Punkt P würde ständig Dunkelheit herrschen.

Nun nimmt aber die Amplitude der Schwingungen bei Ausbreitung der Elementarwellen ab. Ohne auf das Gesetz der Abnahme im einzelnen einzugehen, können wir behaupten, daß die Amplitude einer Welle gleich dem arithmetischen Mittel der Amplituden zweier unmittelbar benachbarten Wellen ist. Daher können wir auch sagen: Die Wirkung aller Elementarwellen einer

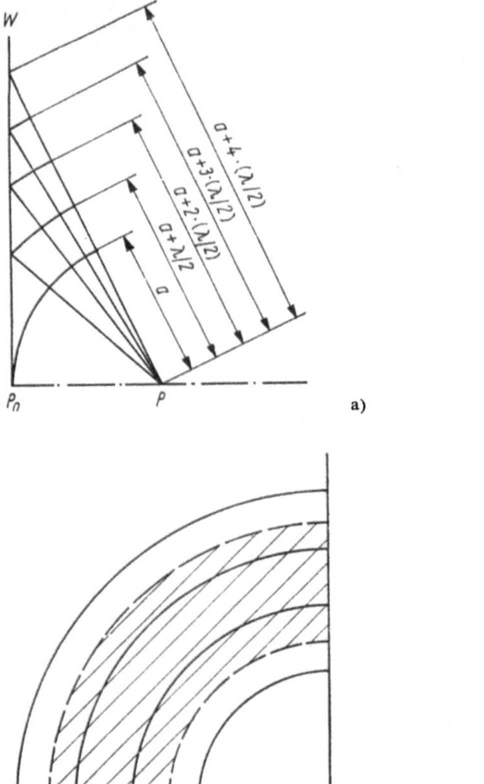

Abb. 3.49. a) Zur Beugung ebener Wellen, b) Zur Beugung ebener Wellen (Fresnelsche Zonen)

Fresnelschen Zone wird durch die Wirkung der beiden Hälften der unmittelbar benachbarten Zonen aufgehoben. In Abb. 3.49b sind eine Zone und die beiden Hälften der ihr benachbarten Zonen durch Schraffur hervorgehoben. Die Gesamtwirkung dieser schraffierten Teile auf den Punkt *P* ist demnach gleich Null.
Nennen wir die Wirkung einer beliebigen Zone z_n, wobei *n* die Ordnungszahl einer Zone ist, so ist die Gesamtwirkung aller Zonen der unbegrenzten ebenen Welle *W*

$$z = z_1 - z_2 + z_3 - z_4 + z_5 - z_6 + \dots$$

Diesen Ausdruck können wir umformen in

$$z = \tfrac{1}{2}z_1 + (\tfrac{1}{2}z_1 - z_2 + \tfrac{1}{2}z_3) + (\tfrac{1}{2}z_3 - z_4 + \tfrac{1}{2}z_5) + \dots$$

Jeder einzelne Klammerausdruck wird aber Null; daher vereinfacht sich die Gesamtwirkung auf $z = \frac{1}{2}z_1$, denn bei einer unendlich ausgedehnten ebenen Welle werden die letzten Glieder der Reihe für *z* immer kleiner und streben der Grenze Null zu. Wir erhalten somit das wichtige Ergebnis:

Alle Elementarwellen, die nach dem Huygensschen Prinzip von allen Punkten einer unendlich ausgedehnten ebenen Welle ausgehen, wirken auf einen vor der ebenen Welle liegenden Punkt so, wie die Hälfte der ersten Elementarzone, die den Pol des Punktes umgibt.

Hieraus ergibt sich dann aber auch sofort die Gültigkeit des Huygensschen Prinzips in seiner ursprünglichen Form für unbegrenzte ebene Wellen. Wir müssen uns hier auf die Mitteilung beschränken, daß die Herleitung dieses Prinzips für unbegrenzte Wellen anderer Form im wesentlichen nach dem Vorbild der obigen Ableitung erfolgt; jedoch können wir die strenge Ableitung hier nicht geben.

3.2.2. Fresnelsche Beugung

Erklärung der Beugungserscheinungen. Daß sich die Beugungserscheinungen auf Grund des Huygensschen Prinzips quantitativ gut erklären lassen, wurde bereits im Band I gezeigt. Insbesondere hatten wir dort mittels der auf diesem Prinzip beruhenden Theorie der Fresnelschen Elementarzonen die Verhältnisse bei Beugung ebener Wellen an einem kleinen kreisförmigen Schirm, bzw. an einer kleinen kreisförmigen Öffnung untersucht und bereits auf die Allgemeingültigkeit dieser Ergebnisse für alle Arten von Wellen hingewiesen. Wir wollen nunmehr die speziell für Lichtwellen zutreffenden Erscheinungen noch etwas ausführlicher studieren.
Hierzu müssen wir noch bemerken, daß die Fresnelschen Elementarzonen eine anschauliche und einfache Berechnung von Beugungsbildern gestatten, die aber nur angenähert richtig ist. Die strenge Theorie der Beugung erfordert sehr weitgehende mathematische Hilfsmittel, und zwar schon in den einfachsten Fällen, liefert aber keine von den hier besprochenen in wesentlichen Punkten abweichenden Ergebnisse.

Kleiner kreisförmiger Schirm. Eine ebene Welle falle auf eine kleine kreisförmige Scheibe. Geometrisch würde sich hinter dem Schirm ein zylindrischer Schattenraum bilden; in Wirklichkeit beobachten wir aber, daß die Mitte des geometrischen Schattens immer hell ist, wenn der Schirm klein ist (einige Lichtwellenlängen Durchmesser) im Vergleich zu der Entfernung zwischen ihm und der Auffangfläche. Das war nach dem oben gewonnenen Ergebnis auch zu erwarten: Ein hinter dem Schirm befindlicher axialer Punkt *P* muß danach die gleiche Beleuchtung erfahren, als wirke nur die Hälfte der ersten, dem Rande des Schirmes benachbarten Fresnelschen Elementarzone.

Das Licht breitet sich also auch hinter dem Schirm aus. Das geschieht natürlich bei jedem Schirm von beliebiger Größe, doch kann man zeigen, daß nach *P* um so weniger Lichterregung gelangt, je größer der Schirmradius gegenüber der Wellenlänge ist. Die Schattenbildung ist also in der gleichen Entfernung um so deutlicher, je

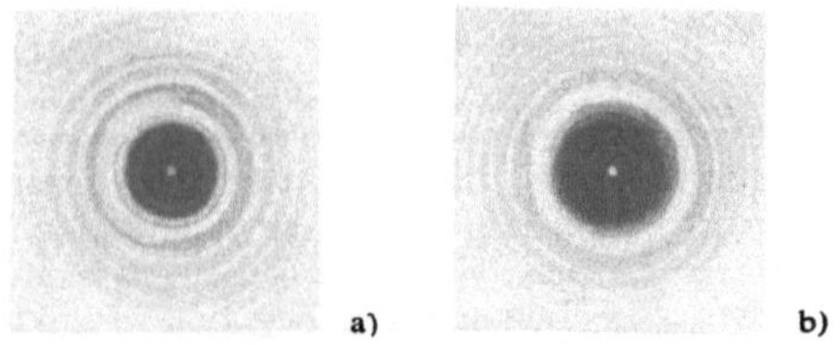

Abb. 3.50. Beugung an einem kleinen Schirm

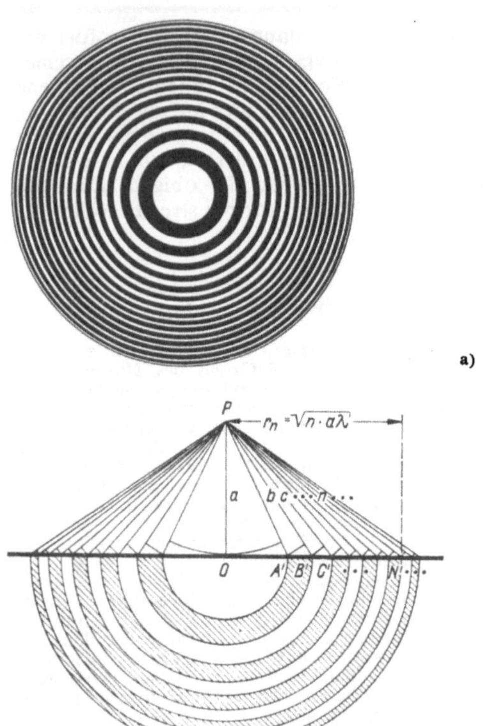

Abb. 3.51. a) Vergrößertes Bild einer Zonenplatte, b) Konstruktion einer Zonenplatte

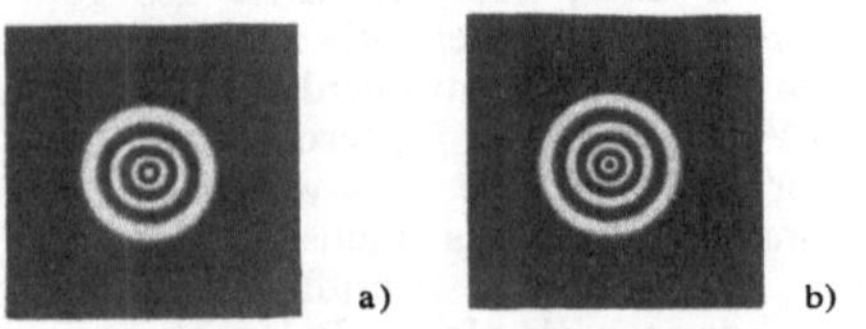

Abb. 3.52. Beugung an einer kleinen Öffnung

größer der Schirm ist. Umgekehrt ist die Beugungsfigur, zu der noch eine Reihe kreisförmig um P angeordneter Ringgebiete wechselnder Beleuchtung gehören, um so deutlicher, je kleiner der Scheibenradius und je größer der Abstand ist.

In Abb. 3.50 sind die photographischen Aufnahmen der Schatten zweier kleiner Metallschirme wiedergegeben. Die Durchmesser der Schirme waren so bemessen, daß der erste eine, der zweite zwei Fresnelsche Elementarzonen faßte. In beiden Bildern ist der weiße Fleck in der Mitte bemerkbar, der also beweist, daß in der Mitte des geometrischen Schattens gebeugtes Licht vorhanden ist.

Nehmen wir das kleine Scheibchen fort, so wissen wir, daß P die gleiche Beleuchtung erfährt, als wirke nur die Hälfte der ersten, den Pol des Punktes umgebenden Fresnelschen Elementarzone. Da nun die Fresnelschen Elementarzonen untereinander gleichen Flächeninhalt haben und die in P erhaltene Lichtintensität dieser Flächengröße proportional sein muß, folgt (nach wie vor unter der Voraussetzung, daß der Schirmdurchmesser sehr klein ist), daß sich an der Helligkeit in P nichts ändert; gleichgültig, ob das Schirmchen vorhanden ist oder nicht. Verwenden wir statt des bisher benutzten Scheibchens einen Schirm, der die Eigenschaft besitzt, jede zweite Fresnelsche Zone abzublenden, so wird jetzt sogar eine stark vermehrte Lichtintensität in P erreicht. Ein solches in Abb. 3.51 a wiedergegebenes Schirmchen wirkt daher wie eine Sammellinse. Auf Grund der Huygens-Fresnelschen Vorstellungen ist ein solches Verhalten auch leicht zu verstehen; denn entsprechend der Konstruktion dieses auch als *Zonenplatte* bezeichneten Schirmes (Abb. 3.51 b) werden ja nur Lichtwellen von solchen Zonen hindurchgelassen, die im Punkt P eine Verstärkung durch Interferenz hervorrufen. (Wie aus den vorstehenden Erörterungen ersichtlich, weist die Zonenplatte wie eine gewöhnliche Linse Farbabweichung auf, da ja die „Brennweite" einer Zonenplatte von der Wellenlänge abhängt.)

Kleine kreisförmige Öffnung. Bringen wir in ein paralleles Lichtbündel einen großen Schirm mit einer kleinen kreisförmigen Öffnung, so beobachten wir ein System von konzentrischen Ringen gebeugten Lichtes mit einer Mitte, die je nach der Entfernung der Öffnung von der Auffangwand entweder hell oder dunkel erscheint. (Die Entfernung werde wieder als groß gegenüber dem Öffnungsdurchmesser angesehen; letzterer betrage wieder einige Lichtwellenlängen.)

In Abb. 3.52 sind Beugungsfiguren wiedergegeben, die man von den durch kleine Öffnungen hindurchgegangenen Lichtkegeln erhalten hat. Im ersten Bild war die Öffnung so bemessen, daß sie sieben Fresnelsche Elementarzonen umfaßte, im zweiten, daß sie acht Elementarzonen umfaßte. Im ersten Bild ist daher die Mitte der Beugungsfigur hell, im zweiten dunkel.

Die Aufnahmen in Abb. 3.50, 52 wurden von ARKADIEW in einfarbigem Licht der Wellenlänge $\lambda = 460$ nm gemacht; der Abstand der punktförmigen Lichtquelle von dem Schirm bzw. von der Öffnung war 27,77 m, der Abstand der photographischen Platte von dem Schirm bzw. von der Öffnung war 11,7 m. Zur Erklärung dieser Erscheinungen dient die Abb. 3.53.

Die Öffnung in dem sonst undurchlässigen Schirm ist stark vergrößert gezeichnet. Sie ist nach dem Vorbild der Abb. 3.49 in Fresnelsche Zonen ein-

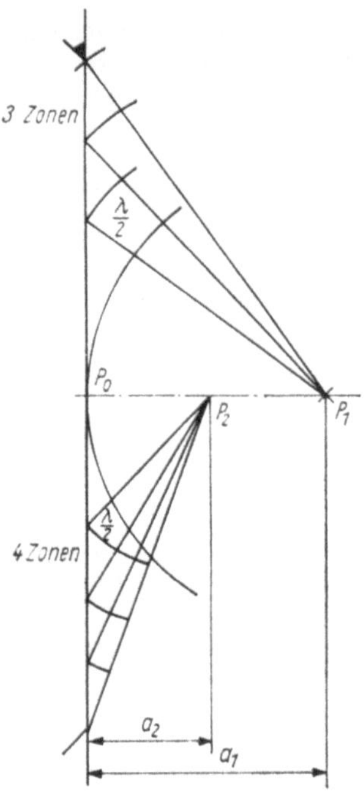

Abb. 3.53. Zur Beugung an einer kleinen Öffnung

geteilt, so daß für P_1 drei und für P_2 vier Zonen wirksam werden. Der Betrag der Amplitude kann in der Öffnung und in den Punkten P_1, P_2 als gleich angesehen werden.

In P_1 überlagern sich die Wellen so, daß sich die zwei Anteile mit dem optischen Wegunterschied $\lambda/2$ auslöschen; es bleibt die Wirkung einer Fresnelschen Zone übrig (Helligkeit in P_1). In P_2 heben sich die beiden Paare mit $\lambda/2$ Wegunterschied auf (Dunkelheit in P_2).

Verschieben wir den Auffangschirm parallel zur Lochebene, dann erhalten wir in Punkten P, für die eine ungerade Anzahl von Fresnelschen Zonen wirkt, Helligkeit; in Punkten P, für die eine gerade Anzahl von Fresnelschen Zonen wirkt, Dunkelheit.

Hieraus kann man schließen, daß auch die seitlich von P liegenden Punkte abwechselnde Helligkeit und Dunkelheit zeigen müssen, und daraus folgt dann weiter, daß der mittlere Punkt von mehreren hellen und dunklen Kreisen umgeben sein muß. Wir wollen die Lichtverteilung in den seitlichen Punkten nicht berechnen, weil wir eine den Ringen verwandte Erscheinung am Rande eines geradlinig begrenzten Schirmes noch näher untersuchen werden.

Schmaler geradliniger Schirm (*dünner Draht*). Wir können den Querschnitt des kreisförmigen Schirmes (Abb. 3.53) auch als Querschnitt eines schmalen geradlinigen Schirmes betrachten, der sich senkrecht zur Ebene der Zeichnung unbegrenzt weit erstreckt. Dann gehen die Fresnelschen Elementarzonen in schmale geradlinige Streifen über, die dem Schirm parallel sind. Diese Elementarzonen haben aber nicht mehr gleiche Flächen, sondern die Flächengröße nimmt mit wachsender Zahl der Phasensprünge langsam ab.

Diese Abnahme der strahlenden Fläche wirkt in der gleichen Weise verkleinernd auf die Lichterregung, welche die einzelnen Zonen einem Punkt im geometrischen Schatten des Schirmes hinter der Mitte des Schirmes zusenden, wie die Abnahme der Amplituden der einzelnen Erregungen von den Elementarzonen, von der wir oben gesprochen haben. Sind wie dort z_0, z_1, z_2 die Erregungen, die von den Elementarzonen im betrachteten Punkt ankommen, so nehmen hier die z sowohl wegen der wachsenden Entfernungen, als auch wegen der abnehmenden Flächengrößen mit wachsender Ordnungszahl der Elementarzonen langsam ab. Wir dürfen wie dort die Annahme machen, daß die Erregung z_n das arithmetische Mittel der Erregungen der Nachbarzonen ist. Jeder Punkt hinter der Mitte des Schirmes wird daher so beleuchtet, als ob nur je die erste Hälfte der beiden ersten, links und rechts liegenden Elementarstreifen auf ihn wirke; die Wirkung der übrigen Elementarstreifen hebt sich in derselben Weise auf, wie es bei dem kleinen kreisförmigen Schirm abgeleitet worden ist (Abb. 3.51).

Schmale geradlinige Öffnung (*dünner Spalt*). Ein schmaler Spalt verhält sich im wesentlichen so wie eine kleine Öffnung. Denken wir uns, der Querschnitt der kreisförmigen Öffnung (Abb. 3.53) sei ein senkrechter Durchschnitt durch die Spaltöffnung, so können wir die an diese Figur angeknüpften Überlegungen im wesentlichen auf die Vorgänge beim Spalt anwenden.

Die Fresnelschen Elementarzonen sind Rechtecke, deren lange Seiten dem Spalte parallel sind. Wie bereits beschrieben, haben diese Elementarzonen ungleiche Flächen, diese nehmen mit wachsender Ordnungszahl ab. Die Lichterregung in einem Punkt P hinter der Mitte des Spaltes, die der Flächengröße der Elementarzonen in erster Näherung proportional ist, nimmt also mit wachsender Ordnungszahl der aussendenden Elementarzonen ab. Die Lichterregung, die von der ersten Elementarzone ausgeht, überwiegt alle übrigen. In jedem Fall bleibt die Mitte hinter dem Spalt hell. Je nachdem, ob die erste Elementarzone allein, oder die beiden ersten, drei ersten usw. zur Lichterregung beitragen – diese Fälle können bei kleiner werdendem Abstand a des Punktes P vom Spalt eintreten –, geht diese in Punkten P beobachtete Helligkeit durch ein Maximum bei einer, ein Minimum bei zwei, ein zweites Maximum bei drei Elementarzonen usw. hindurch. An die Mitte schließen sich seitlich in abwechselnder Folge dunkle und helle Streifen an. (Der Fall eines unendlich fernen Aufpunktes P wird später behandelt.)

Babinetsches Theorem. Nach einem nach seinem Entdecker benannten Satz sieht das Beugungsbild einer Öffnung in einem Schirm im wesentlichen genau so aus wie das Beugungsbild eines Schirmes, der dieselbe Gestalt wie die Öffnung hat; z. B. ist das Beugungsbild eines Haares (Abb. 3.54) dasselbe wie das eines Spaltes von derselben Breite wie die Haardicke. Dies gilt auch für mehrere beugende Öffnungen. Es ist das Beugungsbild von Löchern irgendwelcher Form und gegenseitiger Lage dasselbe wie das von frei in einer Ebene aufgestellten Schirmen derselben Gestalt und Lage (Abb. 3.55).

Die große Bedeutung des Theorems von BABINET liegt darin, daß man damit die Beugung an Öffnungen auf die Beugung an Schirmen zu-

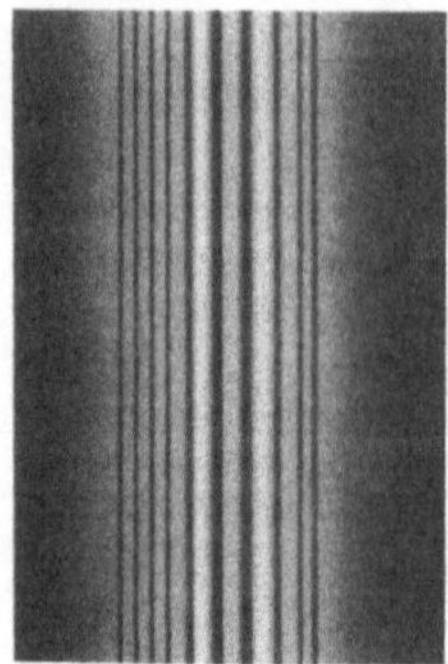

Abb. 3.54. Beugung an einem Haar

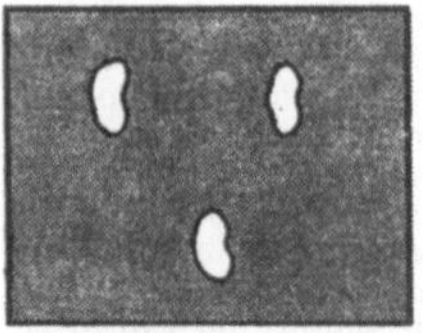

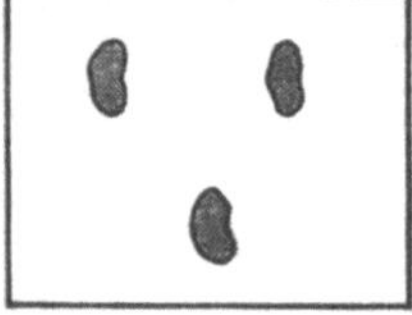

Abb. 3.55. Strukturen mit gleichen Beugungsbildern

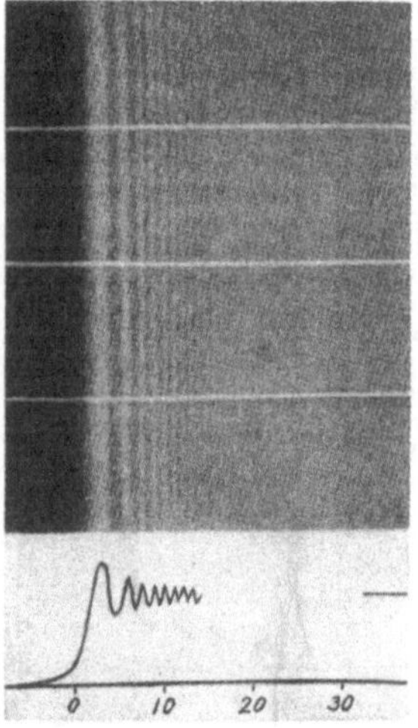

Abb. 3.56. Beugung an verschieden gekrümmten Körpern

rückführen kann und umgekehrt und daß man deshalb die Berechnung bzw. Beobachtung nur für die eine Art von beugenden Objekten durchzuführen braucht.

Beugung an der Kante. Auch am Rand eines gegen die Wellenlänge großen Schirmes treten Beugungserscheinungen auf, und zwar zeigt sich, daß der Raum außerhalb des geometrischen Schattens dunklere und hellere Interferenzstreifen aufweist, die dem Rand des Schirms parallel sind und deren Helligkeitsunterschied mit wachsendem Abstand von der Schattengrenze immer kleiner wird. Für den Abstand der dunklen Streifen außerhalb des geometrischen Schattens gilt:

$$x_n = \sqrt{a\lambda(n - \tfrac{1}{4})}, \quad n = 2, 4, 6 \ldots$$

a ist der Abstand des betrachteten Punktes im Raum von der Schirmebene. Innerhalb der Schattengrenze ist der Abstand der Interferenzstreifen enger und der Intensitätsunterschied zwischen Helligkeit und Dunkelheit vermindert sich sehr viel rascher.

In Abb. 3.56 ist die photographische Aufnahme des Schattens vom Rande verschiedener Körper in divergentem Licht wiedergegeben. Die oberste der vier untereinander gestellten Abbildungen ist der Schatten vom Rande einer scharfen Rasiermesserklinge, die zweite ist der Schatten vom Rande eines 7,8 mm dicken Glasstabes, die beiden anderen sind Schatten von Körpern, deren Krümmungshalbmesser 40 m war. In allen vier Fällen erscheinen die Beugungsstreifen in denselben Abständen. Die Aufnahme wurde im Licht der Wellenlänge $\lambda = 460$ nm gemacht, das von einem dem beugenden Rande parallelen Spalt herkam. Der Abstand Lichtquelle – beugender Körper war $r = 24{,}17$ m, der Abstand beugender Körper – photographische Platte war $a = 15{,}47$ m. Unter die Bilder ist die theoretisch berechnete Helligkeitsverteilung eingezeichnet (ARKADIEW).

Weißes Licht. Bei den bisherigen Überlegungen haben wir die Voraussetzung gemacht, daß die Lichtquelle einfarbig ist. Nun ist aber die Breite der Beugungsstreifen von der Wellenlänge abhängig. Im besonderen haben wir bei der Kante festgestellt, daß der Abstand der Streifen von der geometrischen Schattengrenze von der Wellenlänge abhängt. Wenn wir gemischtes, z. B. weißes Licht anwenden, so entstehen für jede Farbe besondere Beugungsstreifen, und diese überlagern sich. Daher erscheinen auch die Beugungsstreifen ebenso wie die übrigen Interferenzstreifen bei Anwendung weißen Lichtes farbig, und zwar ist jeder helle Streifen auf der Innenseite blau, auf der Außenseite rot begrenzt. In größeren Entfernungen folgen die Streifen dicht aufeinander, und die einzelnen Komponenten mischen sich zu Weiß.

Messung der Wellenlänge durch Beugung an einem Draht. Der Fall der Beugung von Licht an einem Draht hat insofern noch eine praktische Bedeutung, als er uns gestattet, mit einfachen Mitteln die Wellenlänge des Lichtes näherungsweise zu bestimmen. Es wirken nämlich die beiden Ränder des schmalen Schirmes oder die beiden seitlichen Berührungslinien eines parallelen Lichtbündels mit einem zylindrischen Draht so, als ob diese Ränder kohärente Lichtquellen wären; also wirkt jede Seite auf einen im Schatten des Schirmes oder des Drahtes liegenden Punkt wie die Hälfte der ersten, dem Rand unmittelbar anliegenden geradlinigen Fresnelschen Elementarzone.

Die Kreisfläche (Abb. 3.57) stelle den Querschnitt des Drahtes dar, dessen Durchmesser d mit einer Meßschraube bestimmt werden kann. Der Draht wird von links her in der Richtung von den parallelen Lichtstrahlen einer spaltförmigen Lichtquelle getroffen. Von den Rändern R_1 und R_2 des Drahtes gehen zwei Lichtwellensysteme in den geometrischen Schatten des Drahtes über, die, da sie von derselben Lichtquelle ausgehen, kohärent sind. Sie

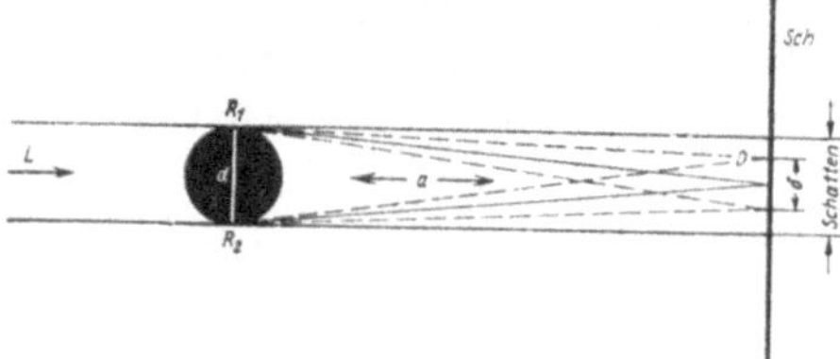

Abb. 3.57. Beugung am Draht

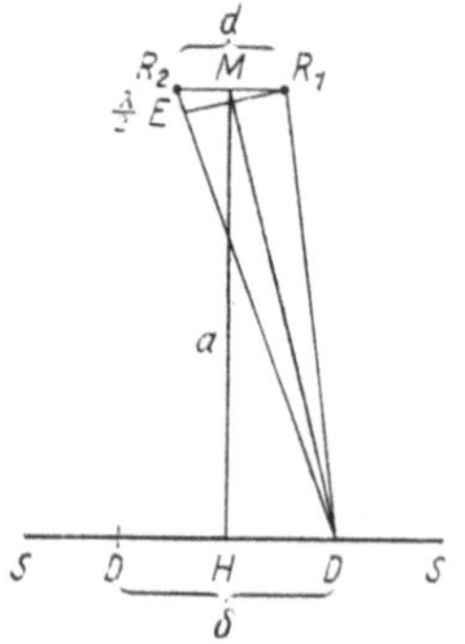

Abb. 3.58. Zur Beugung am Draht

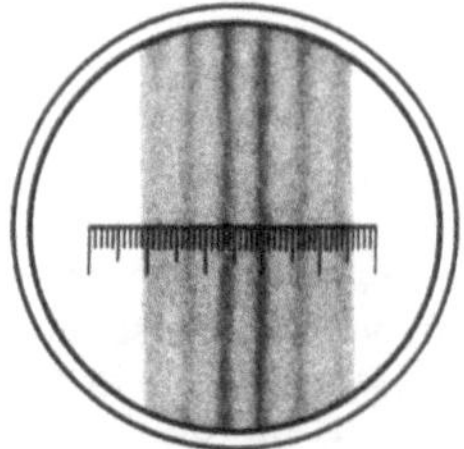

Abb. 3.59. Ausmessung der Interferenzstreifen

stimmen in ihrer Wellenlänge und Schwingungsphase vollkommen überein. Daraus folgt, daß die Mitte des Schattens auf dem Schirm hell sein muß, denn die Mitte hat von den beiden Rändern gleichen Abstand, so daß hier die Lichtwellen mit gleicher Phase zusammentreffen. Im Punkt D entsteht ein dunkler Streifen, wenn sein Abstandsunterschied von den beiden Drahträndern eine halbe Wellenlänge oder ein ungerades Vielfaches einer halben Wellenlänge ist. Wir bezeichnen den Abstand je zweier benachbarter dunkler Streifen mit δ, also den Abstand des mittleren hellen Streifens vom ersten dunklen Streifen mit $\delta/2$, den Abstand des Schirmes vom Draht mit a, die Dicke des Drahtes mit d und die Wellenlänge des Lichtes mit λ. Ziehen wir (Abb. 3.58) um D mit DR_1 den Kreis, der DR_2 in E schneidet, so ist $R_2E = \lambda/2$. Wegen der großen Entfernung des Schirmes von R_1 und R_2 können wir R_1E als gerade, auf R_2D senkrechte Strecke ansehen; daher können wir R_1R_2E als rechtwinkliges Dreieck betrachten. Wir ziehen noch MD. Aus der Gleichheit der Winkel ergibt sich $\triangle R_1R_2E \sim \triangle MDH$. Hieraus folgt $R_1R_2 : R_2E = MD : DH$, und da wir (wegen der großen Entfernung des Schirmes von den Lichtquellen im Vergleich zum Abstand der Streifen) $MD = MH$ setzen können,

$$\lambda = \frac{d\delta}{a}.$$

Abb. 3.59 zeigt das Beugungsbild auf einen mit einem Maßstab versehenen Schirm projiziert. Von den entstehenden Streifen ist nur der mittlere reinweiß, während die von der Mitte weiter entfernten Streifen farbige Ränder zeigen. Um diese Erscheinung zu untersuchen, betrachten wir die Streifen gleichzeitig durch ein in der oberen Hälfte rot, in der unteren Hälfte blau gefärbtes Glas. Wir sehen, daß die beiden Streifensysteme jetzt aus roten und schwarzen bzw. blauen und schwarzen Streifen bestehen. Die roten Streifen haben einen größeren Abstand voneinander als die blauen, weil die Wellenlänge des roten Lichtes größer ist als die des blauen. Durch Überlagerung der Systeme der verschiedenen Farben entsteht bei größerer Entfernung von der Mitte Weiß mit farbigen Rändern.

3.2.3. Fraunhofersche Beugung an Öffnungen

Fraunhofersche Beugung. Betrachten wir die Beugung einer ebenen Welle und Aufpunkte im Unendlichen, dann liegt *Fraunhofersche Beugung* vor. Die unendlich fernen Aufpunkte können ins Endliche verlagert werden, wenn die Beugungserscheinung in die Brennebene einer Sammellinse abgebildet wird. Es ergibt sich die in Abb. 3.60a schematisch dargestellte Versuchsanordnung. Parallelbündel werden durch die Linse im gleichen Punkt der Brennebene vereinigt und zwar im Durchstoßpunkt des Knotenpunktstrahls. Die Beugungserscheinung kann auch mit einem auf Unendlich eingestellten Fernrohr beobachtet werden.

Beugung am Einzelspalt. Die beugende Öffnung sei ein feiner Spalt konstanter Breite in einem undurchlässigen Schirm. Abb. 3.60b zeigt die photographische Aufnahme des Beugungsbildes. Die Mitte des Beugungsbildes ist hell, weil innerhalb des ungebeugt durch den Spalt hindurchgehenden Lichtbündels keine Phasendifferenzen vorhanden sind.

Bei den gebeugten Bündeln fällen wir vom Rand des Spaltes auf die Strahlrichtung die Normale (Abb. 3.61). Die Phasendifferenzen über ein schräges Parallelbündel hinweg entstehen durch die Wegunterschiede zwischen der Ebene des Spaltes und der Normalen. Hat der Randstrahl vom Spalt bis zur Normalen den Weg λ, dann gibt es zu jedem engen Teilbündel in der einen Bündelhälfte eines in der anderen Bündelhälfte mit dem Wegunterschied $\lambda/2$. Die engen Teilbündel löschen einander paarweise aus, so daß für die Richtung $\sin\alpha = \lambda/d$ Dunkelheit entsteht. Analog sind die Fälle mit einem ganzzahligen Vielfachen der Wellenlänge für den Weg für den Randstrahl zu betrachten (Abb. 3.62). Es gilt also für die *Nullstellen* der Intensität

$$\sin\alpha = k\frac{\lambda}{d}, \quad k = 1, 2, 3 \ldots \qquad (3.11)$$

Zwischen den Nullstellen befinden sich *Nebenmaxima*, deren Intensität nach außen rasch ab-

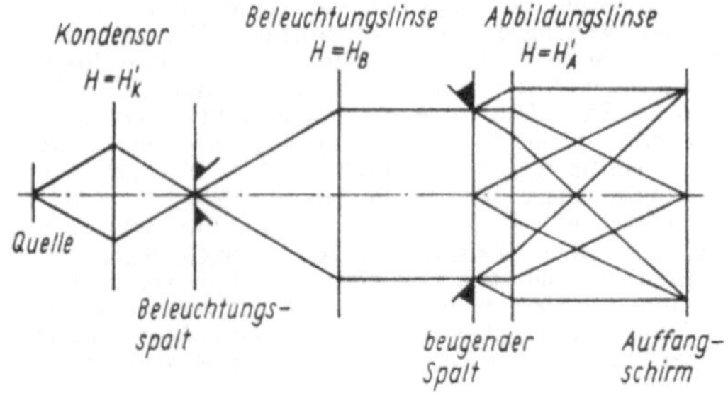

a)

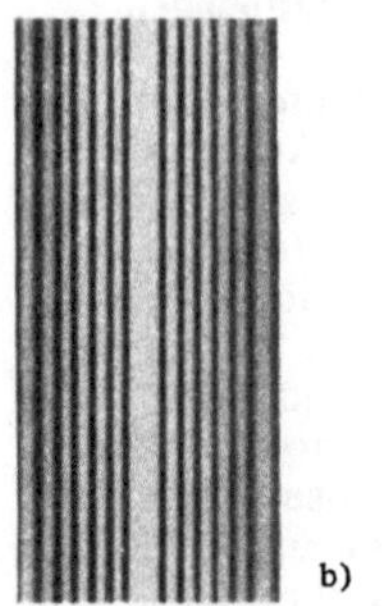

b)

Abb. 3.60. a) Anordnung zur Erzeugung Fraunhoferscher Beugung, b) Fraunhofersche Beugung am Einzelspalt

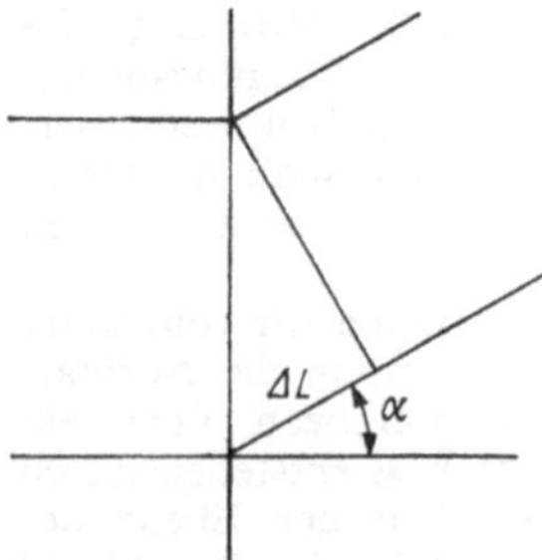

Abb. 3.61. Optische Wegdifferenzen im gebeugten Bündel

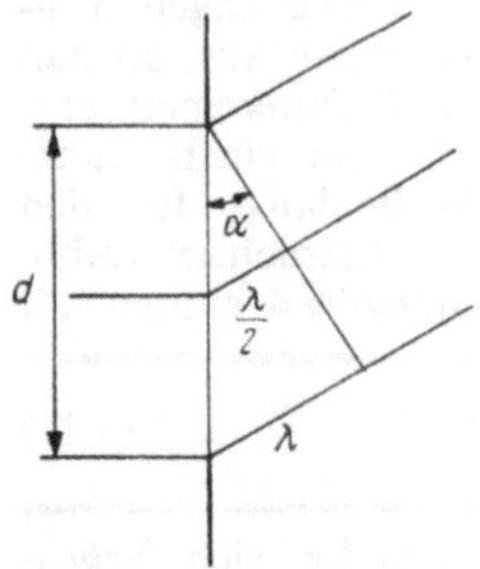

Abb. 3.62. Zur Ableitung der Gl. (3.11)

nimmt (Abb. 3.63). Das liegt daran, daß sich mit wachsendem Beugungswinkel immer größere Anteile des Bündels gegenseitig auslöschen.

Beugung am Kreis. Die Fraunhofersche Beugung an einer kreisförmigen Öffnung läßt sich quantitativ nicht so anschaulich behandeln wie die Beugung am Spalt. Das Beugungsbild besteht verständlicherweise aus hellen und dunklen Ringen. Qualitativ entspricht der radiale Verlauf dem Bild 3.63. Ohne Beweis sei hier noch die praktisch wichtige Beziehung für den *Radius der ersten Nullstelle* angegeben:

$$r' = 0{,}61\,\frac{\lambda f'}{\varrho_m}. \tag{3.12}$$

(f' ist die Brennweite der abbildenden Linse, ϱ_m der Radius der Öffnung.)

Beugung am Doppelspalt (Abb. 3.64). Wenn der Schirm zwei gleiche parallele Spalte mit der Breite d hat, deren Mittellinien den Abstand g voneinander haben, so erzeugt einerseits jeder Spalt ein Beugungsbild, andererseits treten die beiden Strahlenbündel, die von den verschiedenen Spalten ausgehen, miteinander in Interferenz. Für die *zusätzlichen Nullstellen* gilt

$$\sin\alpha = \frac{2k+1}{2}\,\frac{\lambda}{g}, \quad k = 0, 1, 2 \ldots \tag{3.13}$$

Das durch Zusammenwirken der beiden Spalte erzeugte Interferenzbild überlagert das Interferenzbild, das jeder einzelne Spalt erzeugt; daher beobachtet man, daß das im vorigen Abschnitt besprochene Beugungbild von einer Reihe heller und dunkler Streifen durchsetzt ist, die durch dieses Zusammenwirken beider Spalte entstehen (Abb. 3.65).

Der Doppelspalt erzeugt also das gleiche Bild wie der einfache Spalt, nur überlagert sich, falls $g \gg d$, ein neues Muster, das viel feiner ist und das durch die Zusammenwirkung der beiden Spalte erzeugt wird. Abb. 3.66a zeigt die Lichtintensität des Beugungsbildes eines Doppelspaltes; die gestrichelte Kurve gibt den Intensitätsverlauf der einfachen Spaltöffnung an.

Michelsons Methode zur Bestimmung des Winkelabstandes von Doppelsternen und des Sterndurchmessers. Beobachtet man zwei nahe beieinander gelegene, nahezu gleichstarke Lichtquellen in einer zur Spaltöffnung senkrechten Richtung, so verursacht jede Lichtquelle ein entsprechendes Interferenzstreifensystem. Beobachtet man durch einen Doppelspalt und verändert die Breite des Spaltes g so, daß die Helligkeitsmaxima des ersten Systems mit den Helligkeitsminima des zweiten Systems zusammenfallen, dann verschwindet die Interferenzerscheinung, und für den Winkelabstand δ der beiden Lichtquellen gilt (für kleine Winkel) die Beziehung $\delta = \lambda/2g$. Für große g kann das Auflösungsvermögen einer solchen Anordnung sehr beträchtlich werden.

Man kann auf diese Weise, wenn man über dem Objektiv eines Fernrohres zwei gegeneinander verschiebbare Spalte anbringt, durch Drehung der Verbindungslinie der

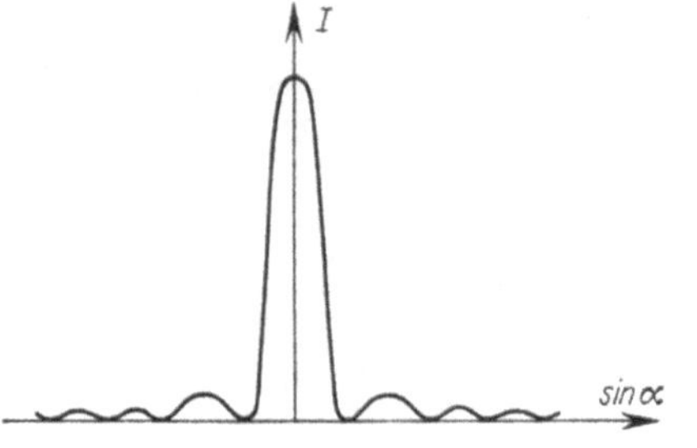

Abb. 3.63. Intensität im Beugungsbild des Spaltes

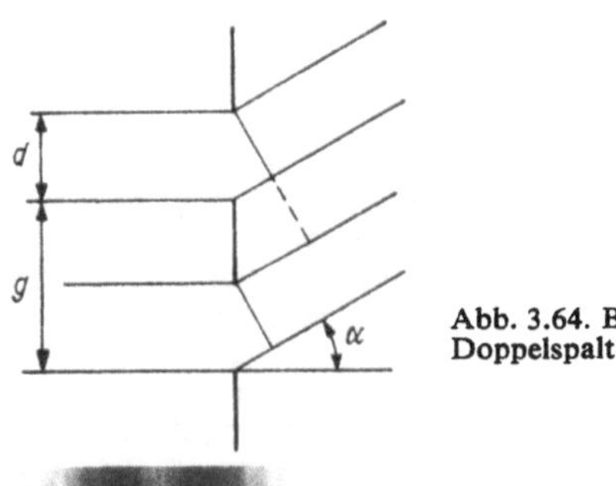

Abb. 3.64. Beugung am Doppelspalt

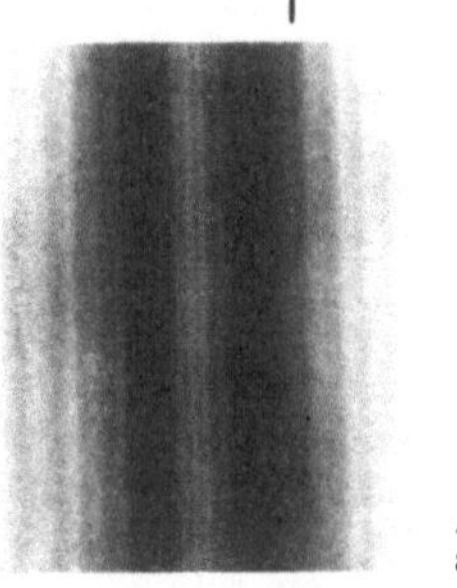

Abb. 3.65. Beugungsbild am Doppelspalt

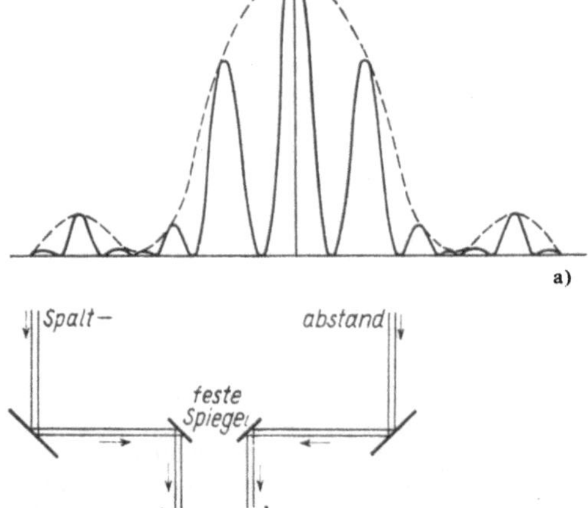

Abb. 3.66. a) Intensität im Beugungsbild des Doppelspaltes, b) Zur Bestimmung von Sterndurchmessern nach MICHELSON

Spalte um die Fernrohrachse und durch Änderung des Abstandes der Spalte bis zum Verschwinden der Interferenzstreifen sowohl die Richtung der Verbindungslinie von Doppelsternen als auch ihren *Winkelabstand* bestimmen, wenn ihre Helligkeit nicht allzusehr voneinander verschieden ist. Durch Vergrößerung von g (bis zu 17 m) kann das Auflösungsvermögen noch gesteigert werden, man kommt so zu der in Abb. 3.66b wiedergegebenen Anordnung. Auch eine ausgedehnte Lichtquelle (z. B. ein kleines Kreisscheibchen) gibt durch die Überlagerung der den einzelnen Punkten seiner Oberfläche zukommenden Interferenzsysteme mit wachsendem Spaltabstand ein Verschwinden der Interferenzstreifen; aus der dann gerade bestehenden Spaltentfernung läßt sich ebenfalls der *Winkeldurchmesser* des Scheibchens bestimmen. Auf diese Weise gelang es zuerst 1919 ANDERSON, einige Doppelsternsysteme aufzulösen, und MICHELSON und PEASE, den Durchmesser einiger Fixsterne zu bestimmen. Man hat auch versucht, diese Methode auf die Größenbestimmung sehr kleiner Teilchen im Mikroskop anzuwenden.

Mehrere Spalte. Bei mehr als zwei Spalten gleicher Breite und gleichen Abstands erhalten wir ebenfalls ein Beugungsbild, das sich dem Intensitätsprofil des Einzelspaltes unterordnet. Die Intensitätsverteilung besteht aus Haupt- und Nebenmaxima. Die Abb. 3.67 zeigt die Intensität innerhalb der ersten Nullstellen des Beugungsbildes des Einzelspaltes wie sie sich bei drei, sechs und zehn Spalten ergibt. Es prägen sich in immer stärkeren Maße schmale Helligkeitsmaxima aus, zwischen denen schwache Nebenmaxima einen geringen Lichtschleier erzeugen.

3.2.4. Beugung am Gitter

Eine regelmäßige Anordnung von Bereichen, in denen die Amplitude und die Phase des Lichtes so beeinflußt wird, daß das Licht gebeugt wird, stellt ein *Beugungsgitter* dar. Eines der einfachsten Beispiele für ein Beugungsgitter ist die regelmäßige Anordnung von durchlässigen Spalten in einem sonst undurchsichtigen Schirm (*Liniengitter*). Der Abstand der Mitten zweier Spalte ist die Gitterkonstante g.

In der Abb. 3.68 wurde angenommen, daß die Spaltbreite sehr klein gegen die Gitterkonstante ist. In diesem Fall ist die Bedingung für die Lage der Hauptmaxima aus der Abb. 3.68 ersichtlich. Es gilt

$$g \sin \alpha = m\lambda, \quad m = 0, \pm 1, \pm 2, \ldots \tag{3.14}$$

Im allgemeinen ist die Spaltbreite nicht gegenüber der Gitterkonstanten zu vernachlässigen. Dadurch wird die Intensität in den einzelnen Ordnungen m durch die Intensitätskurve des Einzelspaltes beeinflußt (Abb. 3.69). Es ist möglich, daß einzelne Ordnungen ausfallen (Abb. 3.70).

Ein Beugungsgitter wird dadurch hergestellt, daß man entweder in eine Spiegelglasplatte oder in eine ebene, spiegelnde Platte eine Reihe feiner, paralleler Furchen mit dem Diamanten einer Teilmaschine einritzt. Das durch die Glasplatte hindurchgehende oder von der Platte reflektierte Licht wird an den Furchen gebeugt. Durch die zwischen den geritzten Stellen der Glasplatte liegenden Teile, die Balken, geht das Licht wie durch feine Spaltöffnungen hindurch; an den zwischen den Ritzen der spiegelnden Platte liegenden Teile findet eine

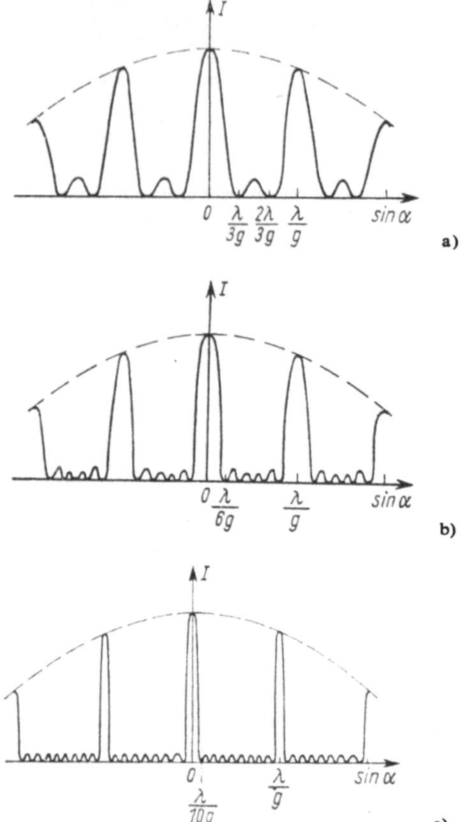

Abb. 3.67. a) Intensität im Beugungsbild dreier Spalte, b) Intensität im Beugungsbild von sechs Spalten, c) Intensität im Beugungsbild von zehn Spalten

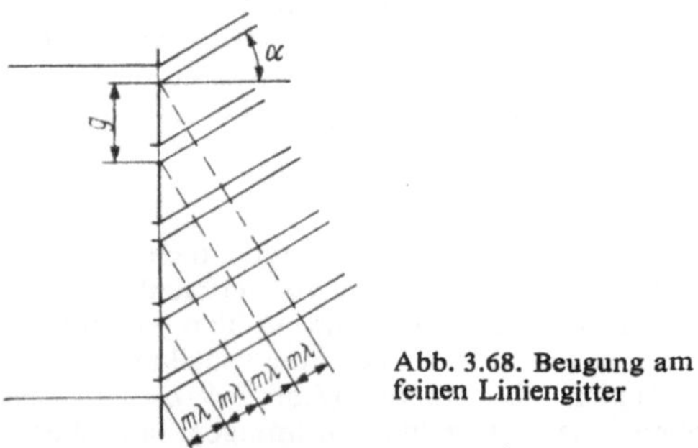

Abb. 3.68. Beugung am feinen Liniengitter

regelmäßige Reflexion des Lichtes statt, als ginge das Licht von einer Lichtquelle hinter dem Spiegel durch eine Spalte hindurch.

Die Herstellung eines Beugungsgitters ist bei Benutzung einer guten Teilmaschine mit größter Genauigkeit durchführbar. Die besten Gitter sind die von ROWLAND in Baltimore (1882) auf Spiegelmetall hergestellten, bei denen auf 1 engl. Zoll bis 20000 Linien kommen, so daß der Abstand je zweier benachbarter Linien, die Gitterkonstante, $g = 0{,}00127$ mm beträgt.

Sehr gute auf Glas geritzte Gitter wurden schon von NOBERT (Barth bei Stralsund) hergestellt, der bis 400 Striche auf das Millimeter erzielte. ROWLAND hatte 3 Teilmaschinen gebaut; die erste zog selbsttätig bis zu 1700 Linien auf das Millimeter, die andere, fehlerfreier, 20000 auf den Zoll, die dritte 16000 oder einen ganzzahligen Teil davon auf den Zoll. Ein natürliches Beugungsgitter stellt eine Perlmuttfläche dar, die an der Oberfläche fein gefurcht ist. Bei Reflexionsgittern läßt sich mit einer geeigneten Furchenform erreichen, daß fast die gesamte Intensität in einer Ordnung konzentriert wird (z. B. *Echelette*-Gitter von WOOD).

Beugungsspektren. In Abb. 3.71 ist die Lage der 5 ersten Beugungsstreifen für blaues Licht mit der Wellenlänge $\lambda_b = 400$ nm (auf der linken Seite) und für rotes Licht mit der Wellenlänge $\lambda_r = 700$ nm (auf der rechten Seite) unter Benutzung eines Gitters mit der Gitterkonstanten $g = 0{,}005$ mm gezeichnet. Die Beugungsstreifen liegen so, wie es unterhalb des Schirmes noch einmal besonders eingezeichnet ist.

Wird weißes Licht angewendet, so muß für jede Wellenlänge ein Streifensystem auftreten, dessen einzelne Streifen zwischen den durch gleiche Zahlen bezeichneten blauen und roten Streifen liegen (Abb. 3.71). Das erste Beugungsbild bildet eine Aufeinanderfolge aller Farben von Blau bis Rot, d. h. also ein vollständiges *Spektrum.* Das soll durch die in der unteren Reihe der Abb. 3.71 gezeichneten Rechtecke angedeutet werden.

Das erste Spektrum (auf jeder Seite) ist sowohl vom nullten Maximum, wie auch von den anderen vollständig getrennt; das blaue Ende liegt nach der Mitte, das rote nach außen. Das Spektrum zweiter Ordnung greift mit seinem roten Ende zum Teil über das blaue Ende des Spektrums dritter Ordnung. Das Spektrum dritter Ordnung greift mit seinem roten Ende sogar schon über das Spektrum fünfter Ordnung über. Im Spektrum vierter Ordnung kommt also überhaupt keine reine Farbe mehr vor, da es zum Teil vom dritten, zum Teil vom fünften Spektrum überlagert wird. Diese Überlagerungen treten bei den Spektren höherer Ordnung in noch stärkerem Maße auf; daher erscheint der Schirm in weiterem Abstand von der Mitte weiß.

Zugleich erkennen wir aus Abb. 3.71, daß die Spektren um so länger sind, je höher ihre Ordnung ist. Daher sind die einzelnen Farben der Spektren um so mehr voneinander getrennt (aufgelöst) je höher ihre Ordnung ist. Beschränken wir uns auf das erste Spektrum eines Gitters mit nicht zu kleiner Gitterkonstante, so können wir Sinus und Tangens gleichsetzen; es sind also die Wellenlängen der auf dem ebenen Schirm entstehenden Farben dem Abstand vom nullten Beugungsstreifen proportional. Kennen wir die Wellenlänge irgendeiner Farbe und bringen wir auf dem Schirm eine proportionale Teilung an, so können wir an ihr alle übrigen Wellenlängen ablesen. Ein Spektrum dieser Art heißt ein

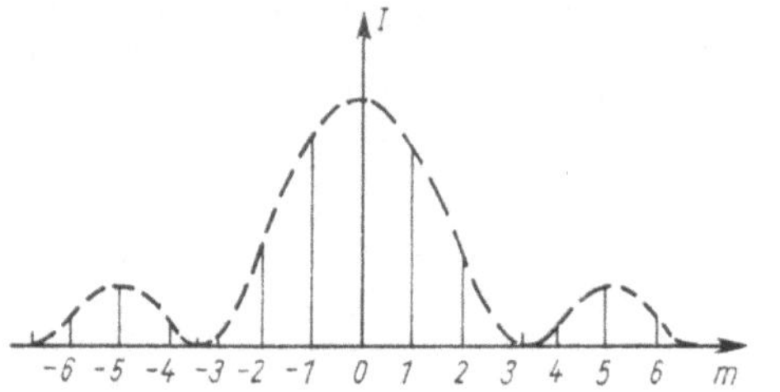

Abb. 3.69. Intensität im Beugungsbild des Liniengitters mit stückweise konstanter Durchlässigkeit

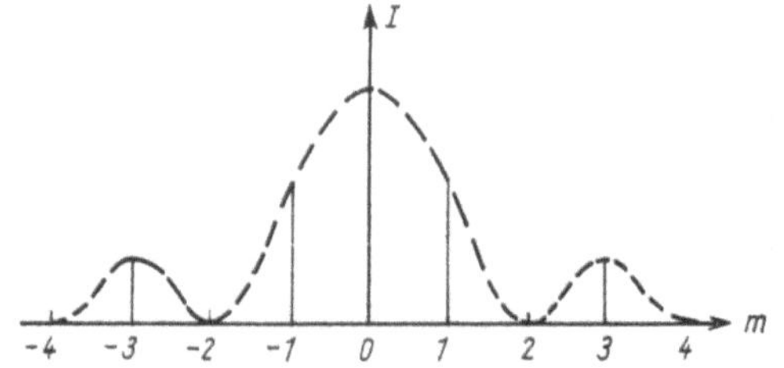

Abb. 3.70. Ausfall der geraden Ordnungen

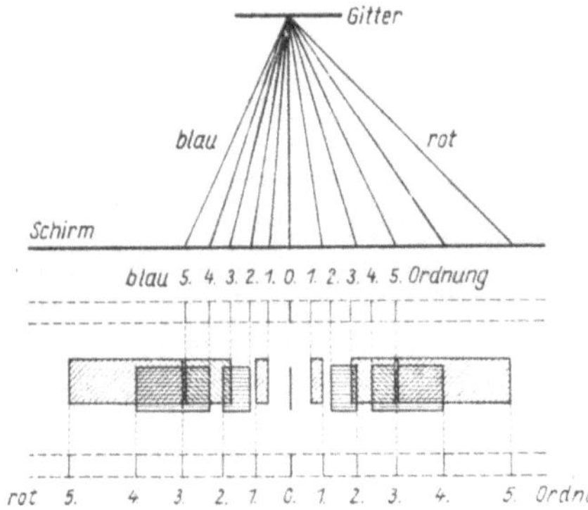

Abb. 3.71. Gitterspektren bei Fraunhoferscher Beugung

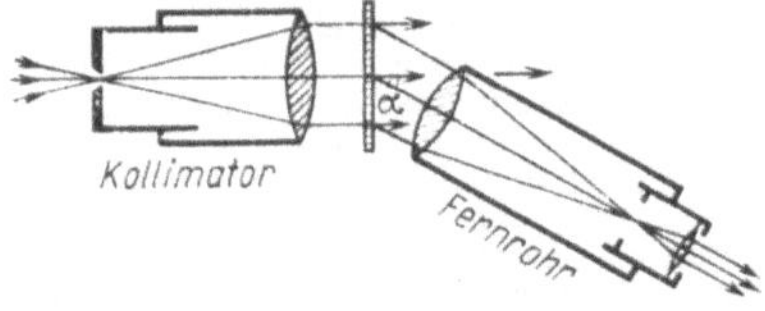

Abb. 3.72. Schema des Gitterspektroskops

normales Spektrum. Im prismatischen Spektrum ist das Blau viel länger auseinandergezogen als im Beugungsspektrum, während im Rot die Wellenlängen viel enger nebeneinander liegen (siehe Farbtafel I).

Das Gitterspektroskop (Abb. 3.72) besteht aus einem Kollimator, einem Beugungsgitter und einem Fernrohr, mit dem z. B. das Beugungsspektrum erster Ordnung beobachtet werden kann. Anstelle des Fernrohrs ist auch eine photographische Kamera einzusetzen, so daß ein *Spektrograph* entsteht.

Konkavgitter. Im Glas wird das Licht teilweise absorbiert. Das gilt besonders für ultraviolettes Licht. Für dieses sind besonders die *Rowlandschen Konkavgitter* geeignet. Diese stellen konkave Spiegel dar, bei denen die Sehne gleichmäßig geteilt ist.

Die Konkavgitter bedürfen einer besonderen Aufstellung. In Abb. 3.73 bedeutet GG das Konkavgitter, A seinen Krümmungsmittelpunkt. Über AM als Durchmesser ist ein Kreis mit dem Mittelpunkt C gezeichnet worden. Auf dem Umfang dieses Kreises ist ein Spalt angebracht, der durch eine Lichtquelle beleuchtet wird. Der Spalt wird durch den Spiegel in O abgebildet, daher kann man O als nulltes Beugungsspektrum ansehen. Das Spektrum erster Ordnung A liegt nun so, daß $\sin\alpha = \lambda/g$ ist. Nun ist der Winkel AOM ein rechter, also ist auch

$$\sin\alpha = \frac{AO}{AM} = \frac{AO}{d},$$

wenn d der Krümmungshalbmesser des Konkavgitters ist. Aus den beiden Gleichungen folgt

$$\frac{AO}{d} = \frac{\lambda}{g}, \quad \text{also} \quad AO = \lambda\frac{d}{g}.$$

AO ist also proportional der Wellenlänge λ. Denkt man sich AO durch den Bogen des Kreises ersetzt, so ergibt sich, daß man auf dem Kreis unmittelbar eine Wellenlängenskala anbringen kann, daß also in A ein normales Beugungsspektrum entsteht. Stellt man bei A eine gekrümmte photographische Platte auf, so erhält man auf dieser ein Normalspektrum. Die Ableitung enthält Vereinfachungen und Vernachlässigungen, führt aber auf das richtige Ergebnis, daß in A ein scharfes normales Beugungsspektrum entsteht.

Bedeutung der Messungen mit dem Beugungsgitter. Die Bedeutung der Beugungsgitter liegt vor allem darin, daß aus der Bestimmung der Gitterkonstanten, den Abmessungen des Spektroskops und der erhaltenen Spektren, also aus sehr genau auszuführenden Längenmessungen, direkt mit großer Genauigkeit die Wellenlänge der Spektrallinien gemessen werden kann. Ein weiterer Vorteil liegt darin, daß man durch Anwendung von Reflexionskonkavgittern die Zwischenschaltung von Linsen vermeiden, die Strahlen also vollkommen im Vakuum verlaufen lassen kann, wodurch es gelingt, in Wellenlängengebiete vorzudringen, die sonst wegen der Absorption unzugänglich wären. Tatsächlich hat man auch fast den ganzen Bereich des elektromagnetischen Spektrums in dieser Weise untersucht und so hauptsächlich die Wellenlängenangaben gewonnen. Für Präzisionsmessungen im sichtbaren und nahe angrenzenden Gebieten gewinnen heute die Interferometer immer mehr an Bedeutung.

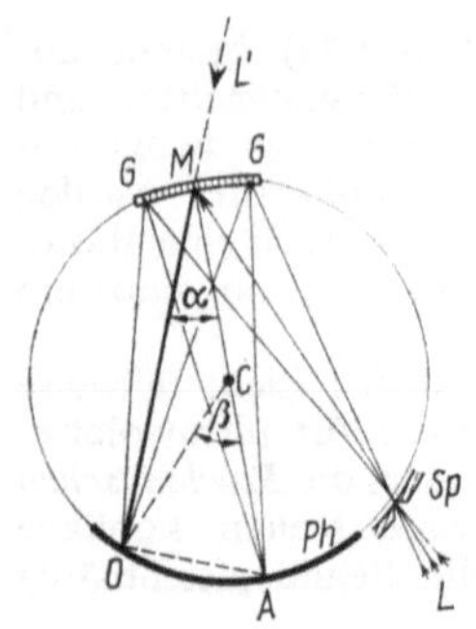

Abb. 3.73. Rowland-Kreis

Beugung bei schrägem Einfall. Man kann dadurch, daß man die Wellen fast streifend auf ein Gitter auffallen läßt, auch bei großer Gitterkonstante eine gute Trennung der Ordnungen in der Reflexion erhalten. Dieses Verfahren gestattet, z. B. unter Ausnutzung der Totalreflexion der Röntgenstrahlen, deren Spektrum mit gewöhnlichen Glasgittern zu untersuchen (Abb. 3.74). Die auf diese Weise möglichen, sehr exakten Wellenlängenbestimmungen sind von beträchtlicher Bedeutung, da sie eine nur von Längen- und Dichtemessungen abhängige Bestimmung der Loschmidtschen Zahl und der Elementarladung gestatten. Im Bild 3.75 ist $AD = g \sin \alpha_0$, $BC = g \sin \alpha$, also $\Delta L = g(\sin \alpha - \sin \alpha_0)$. Daraus folgt mit $\Delta L = m\lambda$ für die Maxima

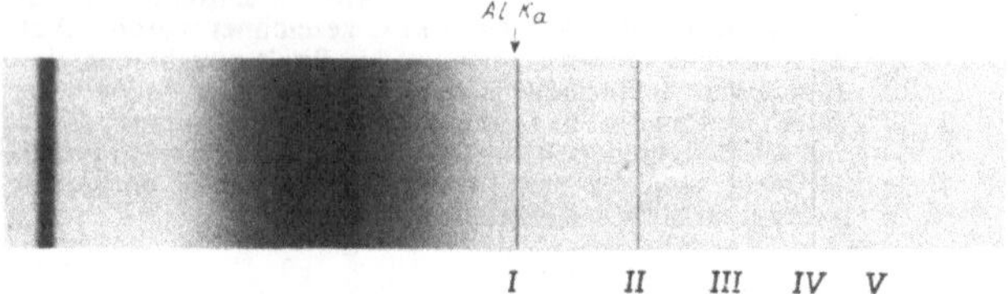

Abb. 3.74. Aufnahme einer Aluminiumröntgenlinie (K_λ: $\lambda = 0{,}8333$ nm) mit Glasgitter in fünf Ordnungen nach BÄCKLIN. Die schwächeren Linien links der I. Ordnung der Al-Linie rühren von der Oxidkathode her.

$$g(\sin \alpha - \sin \alpha_0) = m\lambda, \quad m = 0, \pm 1, \pm 2, \ldots \tag{3.15}$$

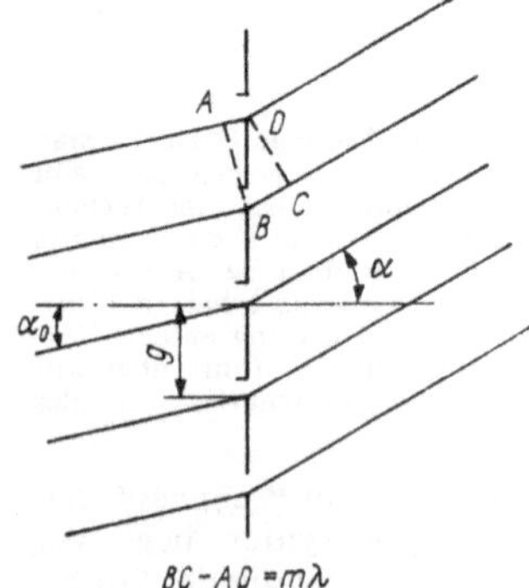

Abb. 3.75. Zur Beugung schräg einfallender ebener Wellen am Gitter

Das Stufengitter. Aus den im Anschluß an Abb. 3.71 angestellten Überlegungen folgt, daß die Beugungsspektren höherer Ordnung breiter sind als diejenigen niederer Ordnung. Nun sind aber die Beugungsspektren höherer Ordnung sehr lichtschwach; ferner liegen sie, wenn man Beugungsgitter mit einer großen Spaltzahl und mit kleiner Gitterkonstante verwendet, sehr weit seitlich. Bei einem Rowlandschen Gitter mit sehr großer Strichdichte kommt das dritte Spektrum überhaupt nicht mehr zustande, weil der Ausdruck $\sin \alpha = k \frac{\lambda}{g}$ für $k = 3$ einen Wert ergibt, der größer als Eins ist. Aus diesen beiden Gründen scheitert die Ausnutzung der Beugungsspektren höherer Ordnung. Von der Überlegung ausgehend, daß die Beugungsspektren höherer Ordnung durch Strahlenbündel großen Gangunterschiedes erzeugt werden, hat MICHELSON das *Stufengitter* hergestellt.

Zum Verständnis betrachten wir zuerst Abb. 3.76. Wenn zwei kohärente parallele Strahlenbündel durch die Spalte gehen, so werden sie durch die Sammellinse auf dem Schirm zu dem Beugungsbild nullter Ordnung in A vereinigt. Legt man nun auf den einen Spalt eine planparallele Glasplatte, so erzeugt sie eine optische Wegdifferenz $L = d(n - 1)$, wenn n die Brechungszahl des Glases ist. In A kommen nunmehr zwei Strahlenbündel mit dem Gangunterschied L zur Interferenz und erzeugen ein Bild, das mit einem Beugungsbild hoher Ordnung übereinstimmt.

Das Stufengitter (Abb. 3.77) besteht aus mehreren übereinander geschichteten Glasplatten mit genau gleicher Dicke, von denen aber jede gegen die vorhergehende um denselben kleinen Betrag zurücksteht. Hierdurch erfährt nun jedes der kohärenten parallelen Strahlenbündel eine Gangverzögerung, die der optischen Dicke der durch-

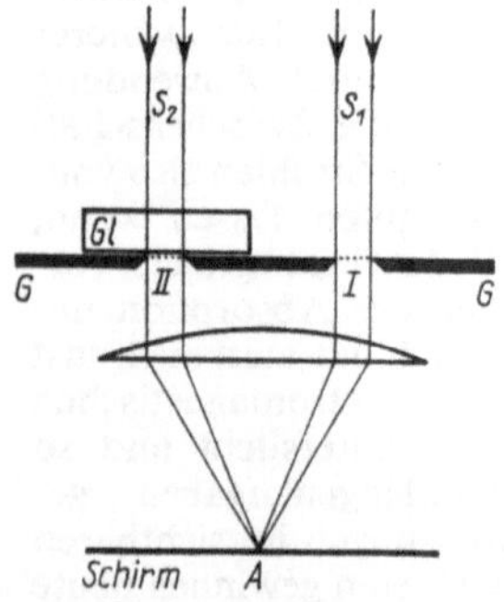

Abb. 3.76. Zur Erklärung des Stufengitters

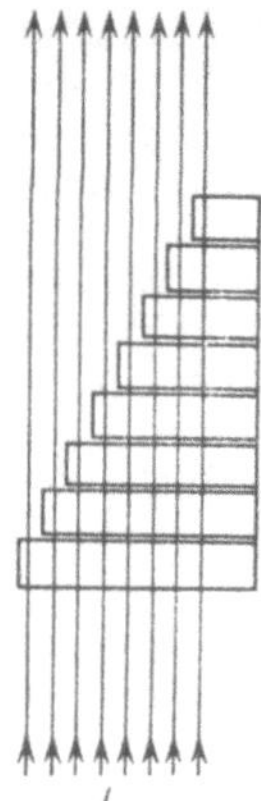

Abb. 3.77. Stufengitter

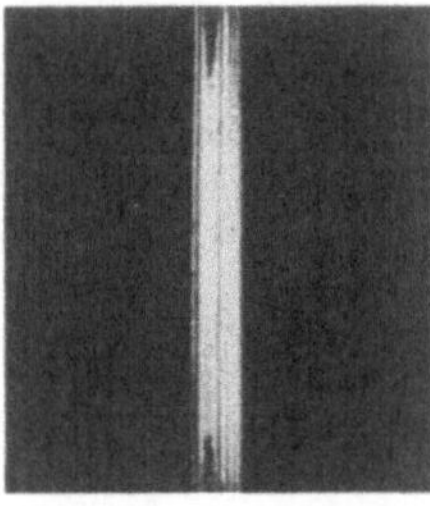

Abb. 3.78. Grüne Hg-Linie ($\lambda = 546{,}1$ nm) mit Stufengitter aufgelöst (1 mm $\mathrel{\hat{=}}$ 0,005 nm)

laufenen Glasscheibe entspricht. Die Strahlenbündel treten mit gleichen Gangunterschieden aus. Werden sie durch eine Sammellinse vereinigt, so entsteht ein lichtstarkes Interferenzbild, das einem Beugungsspektrum von sehr hoher Ordnungszahl – etwa der 10000sten – gleich ist. Abb. 3.78 zeigt die Aufnahme der grünen Quecksilberlinie mit einem Stufengitter.

Auflösungsvermögen. Auch für Beugungsgitter gilt die Gl. (3.8). Während aber bei den FABRY-PEROT-Interferometern die Ordnung k der Interferenz sehr groß, die Anzahl der Bündel aber relativ klein ist ($p < 60$), ist beim Beugungsgitter die Ordnung k klein (etwa 2 bis 3), die Anzahl der interferierenden Bündel groß (z. B. 10^5).

3.2.5. Beugung an Raumgittern

Raumgitter. Im Beugungsgitter haben wir eine beugende Struktur – es soll dies eine allgemeine Bezeichnung für beugende Löcher, Schirme u. a. sein – kennengelernt, die linear bzw. eindimensional angeordnet sind. Eine zweidimensionale Anordnung erhalten wir, wenn wir zwei Liniengitter gekreuzt aufeinander legen. Nach unseren bisherigen Überlegungen ist zu erwarten, daß eine regelmäßige räumliche Beugungsstruktur ähnlich zu behandeln ist. In der Lichtoptik spielen Raumgitter eine Rolle in der Holographie. Wir werden außerdem sehen, daß sie sowohl in der Erforschung der Röntgenstrahlen als auch in der Untersuchung von Kristallstrukturen von Bedeutung sind.

Für die Maxima der Beugungserscheinung gilt nach (3.15) bei schrägem Lichteinfall auf ein Liniengitter

$$g(\sin\alpha - \sin\alpha_0) = m\lambda.$$

Haben wir eine zweidimensionale Beugungsstruktur (*Kreuzgitter*), so kann man sich dieses im einfachsten Fall aus einer periodischen Wiederholung eines Punktgitters in der Ebene hergestellt denken. Wir lassen nun schräg auf das Flächengitter einen Strahl auftreffen. Hinter der Gitterebene wird an denjenigen Punkten Verstärkung eintreten, an denen die Wegdifferenz von allen Öffnungen ein ganzzahliges Vielfaches einer Wellenlänge beträgt. Es gilt also, wenn α_0 und α die auf die Gitterspur der x-Achse bezogenen Winkel, β_0 und β die entsprechenden Winkel gegen die Spur der y-Achse bedeuten und bei gleicher Gitterkonstante g in der x- und y-Richtung,

$$g(\sin\alpha - \sin\alpha_0) = m_1\lambda,$$
$$g(\sin\beta - \sin\beta_0) = m_2\lambda.$$

Die Kombination dieser beiden Gleichungen liefert eine zweifache Mannigfaltigkeit von Spektren, wie sie in Abb. 3.79 dargestellt ist. Ist λ = const, das Licht also monochromatisch, so bekommt man im Beugungsbild Punkte.

Wir betrachten eine räumliche Anordnung von Streuzentren (Gitterpunkten, Abb. 3.80), wobei wir uns auf den Fall beschränken, daß der Gitterabstand in allen drei Dimensionen den gleichen Wert g hat. Wir erhalten für die Interferenzmaxima drei Gleichungen:

$$\begin{aligned} g(\sin\alpha - \sin\alpha_0) &= m_1\lambda, \\ g(\sin\beta - \sin\beta_0) &= m_2\lambda, \\ g(\sin\gamma - \sin\gamma_0) &= m_3\lambda. \end{aligned} \tag{3.16}$$

Quadriert man und berücksichtigt, daß $\sin^2\alpha + \sin^2\beta + \sin^2\gamma = 1$ und $\sin^2\alpha_0 + \sin^2\beta_0 + \sin^2\gamma = 1$; ersetzt man ferner die Beugungswinkel durch die Eintrittswinkel (es gilt z. B. $\sin\alpha = \sin\alpha_0 + m_1\lambda/g$), so ergibt die Addition

$$1 = 1 + 2(m_1\sin\alpha_0 + m_2\sin\beta_0 + m_3\sin\gamma_0)\frac{\lambda}{g} + (m_1^2 + m_2^2 + m_3^2)\frac{\lambda^2}{g^2}.$$

Es ist also

$$\lambda = -2g\,\frac{m_1\sin\alpha_0 + m_2\sin\beta_0 + m_3\sin\gamma_0}{m_1^2 + m_2^2 + m_3^2}.$$

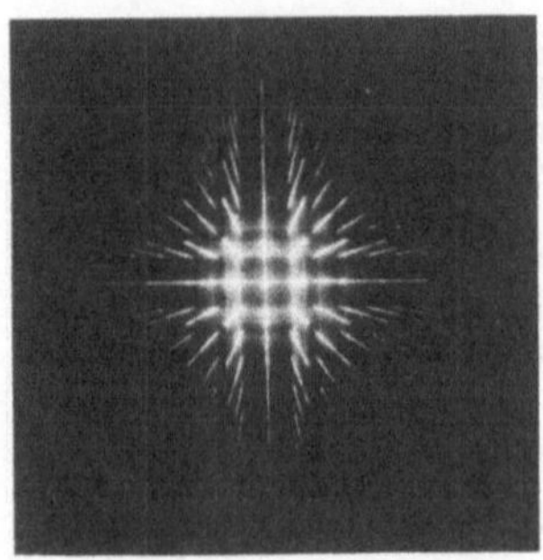

Abb. 3.79. Beugungsspektren weißen Lichtes am Kreuzgitter

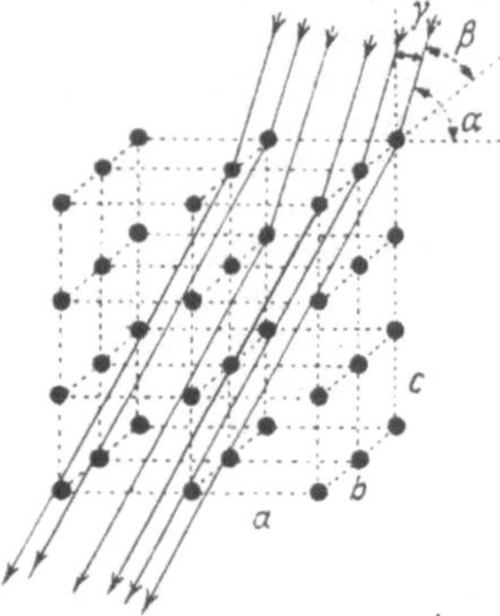

Abb. 3.80. Beugung der Röntgenstrahlung am Raumgitter

Da nun m_1, m_2, m_3 kleine ganze Zahlen sind (denn die Spektren höherer Ordnung sind schwach), so sieht man, daß die Wellenlänge für einen gegebenen Einfallswinkel einen oder wenige bestimmte Werte haben muß, wenn ein Interferenzmaximum eintreten soll.

Das vom Raumgitter gebeugte Licht enthält also nicht alle Wellenlängen nebeneinander, sondern nur ganz bestimmte Wellenlängen. Das bei gegebenem Einfallswinkel in eine bestimmte Richtung gebeugte Licht hat eine ganz bestimmte Wellenlänge. Ist 2ϑ der Winkel zwischen einfallendem und gebeugtem Bündel, so gilt

$$\cos 2\vartheta = \sin \alpha_0 \sin \alpha + \sin \beta_0 \sin \beta + \sin \gamma_0 \sin \gamma,$$

und daraus folgt mit Hilfe der Eingangsgleichungen

$$\sin \vartheta = \frac{\lambda}{2g} \sqrt{m_1^2 + m_2^2 + m_3^2}.$$

Die Richtung ϑ, in der bei einem Raumgitter ein Interferenzmaximum zu finden ist, hängt von den Kantenlängen a, b, c und den drei Richtungswinkeln der Gitterachsen ab.

Die an bestimmten Stellen auftretenden Maxima entsprechen demnach im allgemeinen verschiedenen Wellenlängen. Benutzt man weißes Licht, so werden aus diesem ganz bestimmte schmale Wellenlängenbereiche im Beugungsbild ausgewählt. Die Abb. 3.81 zeigt solche Bilder, die mit Röntgenstrahlen bei der Beugung an Kristallgittern erhalten wurden (*Laue-Diagramme*).

Die sog. Reflexion der Röntgenstrahlen. Das Raumgitter kann auch als Aufeinanderfolge von Ebenen, die von Gitterpunkten besetzt sind, aufgefaßt werden.

Sir WILLIAM HENRY BRAGG, der Vater, geb. am 2. 7. 1862 in Westward, Cumberland, 1885 Professor der Mathematik und Physik an der Universität Adelaide, Australien; ab 1909 in Leeds, seit 1915 Professor am University College in London, gest. 1944. WILLIAM LAWRENCE BRAGG, der Sohn, geb. 31. 3. 1890 in Adelaide, 1914 Dozent am Trinity College in Cambridge, seit 1919 Professor der Physik an der Victoria-University of Manchester; beide erhielten 1915 den Nobelpreis für Physik.

Auf eine Folge von Ebenen des Abstandes d (Abb. 3.82) fällt ein paralleles einfarbiges Lichtbündel unter dem Neigungswinkel α gegen die Ebenen auf. Dann findet an den eingelagerten Punkten der Ebenen Beugung statt. Die stärkste Lichtwirkung einer einzelnen Ebene liegt in der Richtung des nach dem Reflexionsgesetz abgelenkten Strahls. Fassen wir nun zwei aufeinanderfolgende Ebenen ins Auge, die von zwei Strahlen in den Endpunkten des Abstandes $A_0A_1 = d$ getroffen werden, so erleiden beide Strahlen diese Reflexion.

In dem gesamten Bündel, das aus den Ebenen austritt, hat (unter der Voraussetzung, daß die Brechzahl für Röntgenstrahlen gleich Eins ist) der zweite Strahl gegen den ersten eine Phasenverzögerung von

$$BA_1 + A_1C = 2A_1C = 2A_0A_1 \sin \alpha = 2d \sin \alpha.$$

Die Wellen stören sich also durch Interferenz nur dann nicht, wenn diese Phasendifferenz ein ganzzahliges Vielfaches der Wellenlänge ist. Die Reflexion der Schichtenfolge muß somit bevorzugte Neigungswinkel aufweisen, unter denen mit besonderer Stärke ein einfallendes Bündel regelmäßig zurückgeworfen wird. Für diese Winkel gilt die *Braggsche Reflexionsbedingung*

$$2d \sin \alpha = k\lambda, \quad k = 1, 2, 3 \ldots \qquad (3.17)$$

Je größer die Zahl der Schichten ist, desto monochromatischer ist das reflektierte Licht, indem bereits Wellen sehr benachbarter Wellenlängen durch Interferenz ausgelöscht werden; ähnlich wie auch ein ebenes Gitter umso schärfere Linien gibt, je mehr Striche es hat.

Beim Auftreffen weißen Lichtes auf ein Raumgitter (bzw. eine regelmäßige Folge paralleler

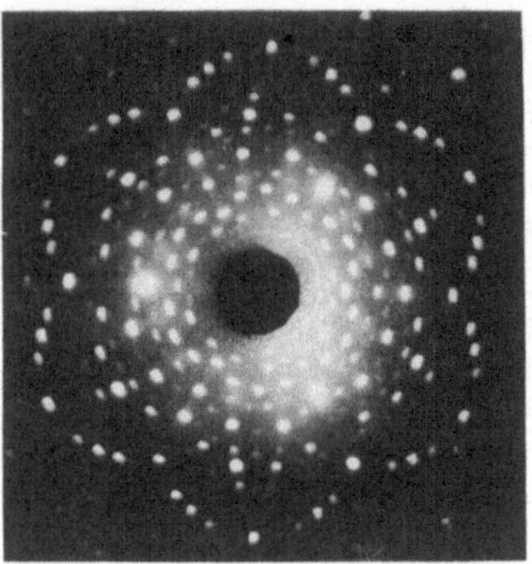

a)

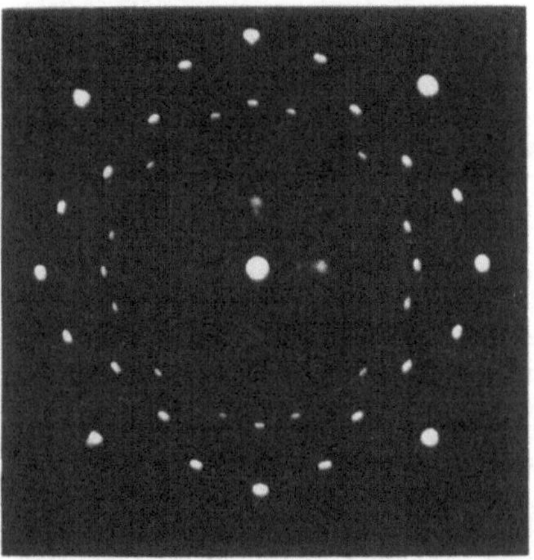

b)

Abb. 3.81. Interferenzbilder mit Röntgenstrahlen (Durchstrahlung in Richtung der Hauptachse); a) Quarz, b) Sylvin; kubisches Gitter

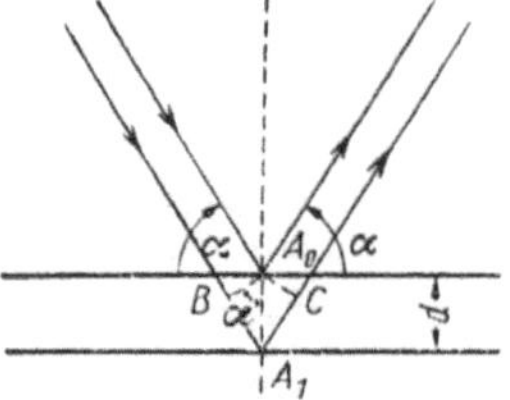

Abb. 3.82. Reflexion am Raumgitter

Schichten) wird bei einem gegebenen Einfallswinkel nur eine bestimmte Farbe der nach (3.17) bestimmten Wellenlänge reflektiert. Läßt man einfarbiges Licht auffallen, so erhält man Reflexion nur bei einem bestimmten Winkel, dem *Glanzwinkel*. Sie tritt bei Röntgenstrahlen infolge ihres Eindringvermögens in das Innere der Stoffe bei jeder Reflexion an Kristallflächen ein, wie die beiden BRAGGS gezeigt haben.

Es läßt sich nachweisen, daß diese Bedingung identisch ist mit der Braggschen Reflexionsbedingung. Es bildet nämlich immer eine Netzebene (Bd. I) des Kristalls die Mittelebene zwischen dem einfallenden und dem möglichen gebeugten Strahl.

3.2.6. Röntgenspektroskopie

Kristalle als Gitter. Röntgenstrahlen kann man nicht mit denselben Methoden wie sichtbares und ultraviolettes Licht spektroskopisch analysieren (d. h. mit Prismen- oder Gitterspektrographen), weil ihre Wellenlängen zu klein sind, nämlich in der Größenordnung 10^{-8} cm und darunter. Wie aus (3.15) für das Beugungsgitter zu entnehmen ist, muß die Gitterkonstante von derselben Größenordnung wie die Wellenlänge sein. Ist sie zu groß, dann lassen sich die Beugungsbilder nicht vom zentralen Bild trennen, wenn man nicht fast streifende Inzidenz benutzt. Prismen kommen für die Zerlegung der Röntgenstrahlen nicht in Betracht, weil die Brechzahl der Stoffe für Röntgenstrahlen praktisch gleich Eins ist. Es war deshalb ein wissenschaftlich äußerst fruchtbarer Gedanke, daß uns die Natur in den Kristallen regelmäßige Anordnungen von Gittern zur Verfügung stellt, bei denen die Gitterkonstante mit der Wellenlänge der Röntgenstrahlen vergleichbar ist. Er wurde 1912 von v. LAUE ausgesprochen.

MAX von LAUE, geb. 1879 in Pfaffendorf bei Koblenz, gest. 1960 in Berlin; Schüler von MAX PLANCK, Prof. für Theoretische Physik in Zürich, Frankfurt/Main und Berlin; 1914 Nobelpreis für Physik. Auch bedeutende Arbeiten über Relativitätstheorie, Supraleiter, Materiewellen und Geschichte der Physik.

Ein Lieblingsgedanke der Mathematiker und Mineralogen war, daß die Symmetrie der Kristalle durch die regelmäßige Anordnung der Moleküle im Raum hervorgerufen würde. Nachdem man die Zahl der Moleküle je Masseneinheit für die einzelnen Stoffe zu berechnen gelernt hatte (Bd. I, Loschmidtsche Zahl), konnte man sich auch eine Vorstellung von der Größenordnung ihres Abstandes machen. Denken wir uns einen Würfel von 1 cm Kantenlänge, z. B. aus Kupfer, und die Atome alle in gleicher Entfernung voneinander fest im Raum angeordnet, so können wir den gesamten Würfel so in kleine Würfel mit der Kantenlänge a zerlegen, daß sich in jedem dieser Würfel je ein Kupferatom befindet. Ist N_L die Loschmidtsche Zahl der Atome im Grammatom, A die relative Atommasse, ϱ die Dichte des Stoffes, dann ist A/ϱ das Volumen des Grammatoms und $A/\varrho N_L$ das des Elementarwürfels. Es ist also $a = \sqrt[3]{A/\varrho N_L}$. Für Kupfer würde also z. B. gelten $A = 63{,}57$ g/mol; $N_L = 6{,}06 \times 10^{23}\,\text{mol}^{-1}$; $\varrho = 8{,}9\,\text{g/cm}^3$. Daraus folgt bei der angenommenen Art der Anordnung der Atome die Kantenlänge $a = 2{,}3 \cdot 10^{-8}$ cm. Für andere Stoffe ergeben sich ähnliche Zahlen, auch wenn man andere Anordnungen der Atome, die ja nicht immer der oben angenommenen regelmäßigen würfelförmig abgrenzbaren Verteilung entsprechen müssen, annimmt. Umgekehrt läßt sich die Loschmidtsche Zahl mit großer Genauigkeit bestimmen, wenn a spektroskopisch gemessen wird.

Ist die Anordnung der Atome wirklich so regelmäßig, wie es nach der äußeren Regelmäßigkeit der Kristalle der Fall zu sein scheint, so müssen

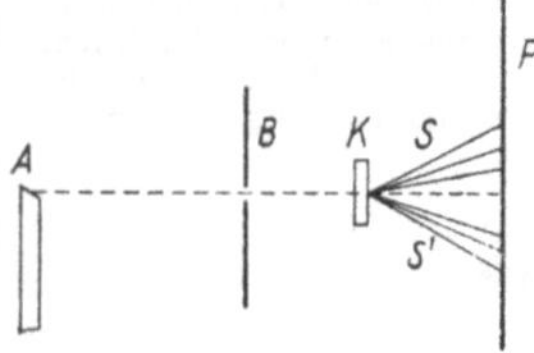

Abb. 3.83. Anordnung zur Beugung der Röntgenstrahlen nach V. LAUE, FRIEDRICH und KNIPPING

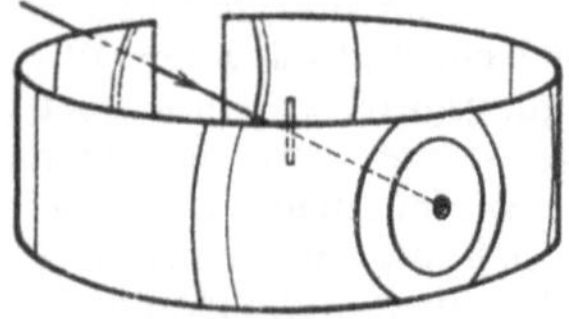

Abb. 3.84. Anordnung zur Röntgenspektroskopie nach DEBYE-SCHERRER

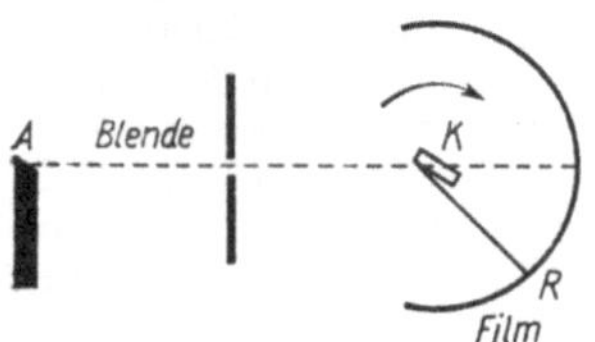

Abb. 3.85. Anordnung zur Drehkristallmethode

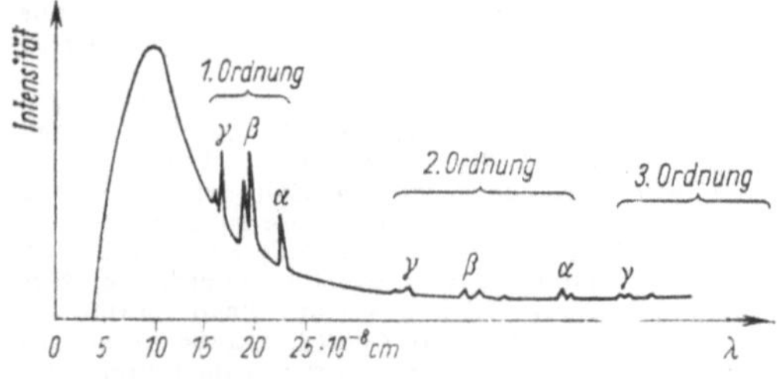

Abb. 3.86. Drehkristallaufnahme mit Ionisationskammer, Kalkspat, L-Serie des Wolframs (40 kV)

beim Durchgang durch den Kristall, durch das räumliche Gitter, Beugungserscheinungen auftreten. Auf dem gleichen Prinzip wie bei Licht, mit dem Unterschied der Anwendung eines räumlichen, statt eines flächenhaften Gitters, beruht die von FRIEDRICH und KNIPPING 1912 auf Anregung von LAUE getroffene Anordnung (Abb. 3.83). Die Röntgenstrahlen durchsetzen nach Ausblendung eines möglichst schmalen Bündels durch Bleiblenden eine Kristallplatte, hinter der sich in nicht zu großem Abstand eine photographische Platte befindet. In Abb. 3.81 haben wir bereits eine der ersten gelungenen Aufnahmen kennengelernt, bei deren Herstellung ein dünnes Plättchen aus Kaliumchlorid in der Richtung der kristallographischen Achse durchstrahlt wurde. In der Mitte ist die Schwärzung durch den unabgelenkten Strahl zu sehen. Um sie herum liegt eine Anzahl viel schwächerer Flecke, die Beugungsbilder, die in vielzähliger Symmetrie verteilt sind (entsprechend der durchstrahlten Kristallklasse).

Die Punkte, die auf einer Geraden durch die Mitte liegen, entsprechen zum Teil den Spektren verschiedener Ordnungen; ihre Intensität nimmt nach außen entsprechend steigender Ordnungszahl rasch ab. Die einzelnen Fleckengruppen entsprechen verschiedenen Wellenlängen des Röntgenlichtes.

Röntgenspektrometer. Als praktisch besonders fruchtbar hat sich die im Abschn. 3.2.5 behandelte Betrachtungsweise von BRAGG erwiesen. Die Wellenlängenabhängigkeit des Glanzwinkels kann nämlich unmittelbar zur spektralen Zerlegung der Röntgenstrahlen benutzt werden. Das durch mehrere hintereinander gestellte Spalte aus Blei ausgeblendete Strahlenbündel trifft auf eine Kristallfläche. Das „reflektierte" Bündel enthält für jede Stellung des Kristalls zum einfallenden Strahl nur die nach der Braggschen Beziehung (3.17) möglichen Wellenlängen. Dreht man den Kristall, so nimmt der Reflexionswinkel die verschiedensten Werte an, und man erhält auf einem kreisförmig gebogenen Film nebeneinander die Spaltbilder der einzelnen Wellenlängen (Abb. 3.84). Wie beim Gitterspektrum des sichtbaren Lichtes können sich Linien verschiedener Ordnung überdecken. Statt der photographischen Platte kann man auch eine mit Spalt versehene Ionisationskammer benutzen, die so mitgedreht wird, daß das reflektierte Bündel stets auf den Eintrittsspalt trifft.

Will man auf diese Weise die spektrale Zusammensetzung des Röntgenlichtes bestimmen, so müssen der Gittertyp und der Gitterabstand der Atome des Kristalls bekannt sein. Umgekehrt kann man bei bekannter Wellenlänge den Reflexionswinkel zur Bestimmung der Netzebenenabstände benutzen.

Abb. 3.85 zeigt die prinzipielle Anordnung dieser sog. *Drehkristallmethode*, Abb. 3.86 eine Aufnahme mit Ionisationskammer und selbstaufzeichnendem Elektroskop (A. H. COMPTON). Man erkennt in der Abb. deutlich den kontinuierlichen Untergrund mit der kurzwelligen scharfen Grenze sowie den durch die Absorption im Glas der Röhre hauptsächlich bedingten Abfall nach größeren Wellenlängen. Überlagert ist die Eigenstrahlung des als Antikathode benutzten Wolframs. In ihr sind mehrere Linien der L-Serie zu erkennen. Um die wesentlich kurzwelligeren Linien der K-Serie zu erhalten, muß man minde-

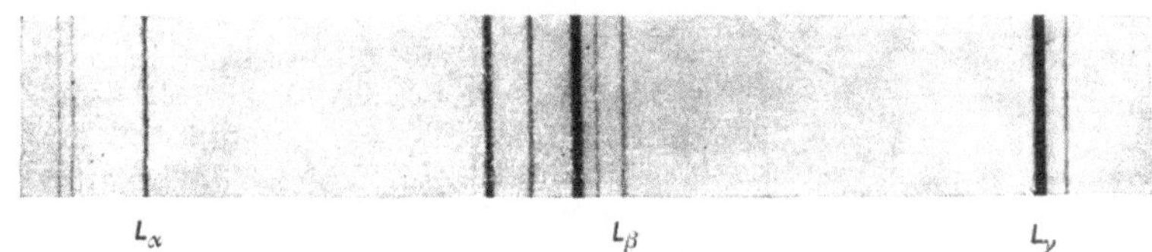

Abb. 3.87. Teil eines mit Drehkristall aufgenommenen Röntgenspektrums des Ytterbiums (L-Serie)

Abb. 3.88. Röntgenspektrograph für Drehkristallaufnahmen mit abnehmbarem Vakuumgehäuse

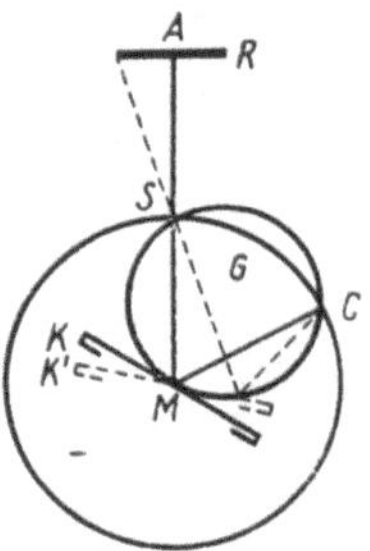

Abb. 3.89. Fokussierung bei der Drehkristallmethode

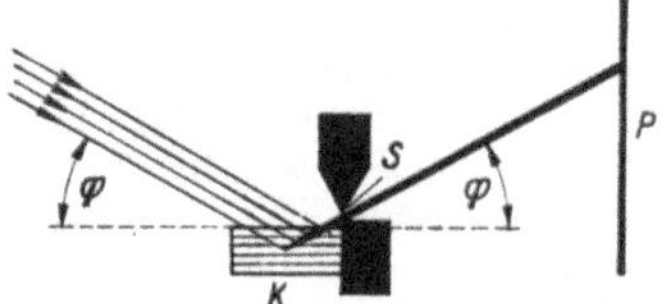

Abb. 3.90. Methode von SEEMANN

stens eine Spannung von 75 kV zur Beschleunigung der Elektronen in der Röntgenröhre benutzen.

Heute verwendet man für die Röntgenspektroskopie Gitter, photoelektrische Empfänger und die photographische Schicht (MAURICE DE BROGLIE 1913). Die Ionisationskammer wird vor allem verwendet, wenn genaue Intensitätsmessungen auszuführen sind.
Abb. 3.87 ist eine Aufnahme, die nach dem Drehkristallverfahren hergestellt wurde. Abb. 3.88 zeigt einen der gebräuchlichen Spektrographen. Man arbeitet entweder mit einem schmalen, durch Bleiblenden begrenzten Strahlenbündel oder aber – zur Erzielung größerer Intensitäten – mit divergenten Bündeln. In diesem Fall muß der Film eine bestimmte Lage haben; Film und Eintrittsspalt müssen auf einem Kreis liegen, dessen Mittelpunkt der Drehpunkt an der Oberfläche des Kristalls ist (Abb. 3.89). Dann werden auch bei divergentem Licht jeweils bei entsprechender Stellung des Kristalls nach einer bestimmten Stelle des Films nur Strahlen einer bestimmten Wellenlänge reflektiert. Es wird z. B. in der Stellung K (Abb. 3.89) der ausgezogene Strahl nach dem Punkt C reflektiert, in der Stellung K' der punktierte. Beide erfüllen für die gleiche Wellenlänge die Braggsche Bedingung, da alle Peripheriewinkel über der Sehne SC gleich sind, und der Winkel KMK' gleich dem Winkel zwischen dem ausgezogenen und punktierten Strahl ist.

Man kann das Braggsche Prinzip noch in anderer Weise anwenden. Abb. 3.90 demonstriert das Prinzip der *Lochkameramethode* von SEEMANN. Der Spalt liegt hinter dem Kristall. Man vermeidet auf diese Weise Linienverbreiterung, die durch tieferes Eindringen besonders der härteren Strahlung in den Kristall hervorgerufen wird. Sehr durchdringende Strahlung kann man direkt durch den Kristall gehen lassen und die Reflexion an den inneren Netzebenen benutzen (in Abb. 3.91 durch die kurzen Striche dargestellt). Nach dieser Methode wurde die Wellenlänge der γ-Strahlen des Radiums bestimmt.

Debye-Scherrer-Methode. Statt den Kristall zu drehen, kann man auch gepreßtes Pulver genügend feiner Kristalle benutzen, die vollkommen unregelmäßig liegen. Man hat dann gleichzeitig alle möglichen Lagen der reflektierenden Kristallflächen. Man preßt ein Stäbchen von etwa 1 mm Dicke und 10 mm Länge, das in die Achse eines zylindrisch gebogenen Films gestellt wird, und richtet den fein ausgeblendeten Strahl auf das Stäbchen. Überall, wo für eine auffallende Wellenlänge die Braggsche Beziehung erfüllt ist, tritt eine ihr entsprechende Reflexion auf. Um möglichst nach allen Richtungen Reflexionen zu haben, wird das Stäbchen während der Aufnahme um seine Achse gedreht. Die gebeugte

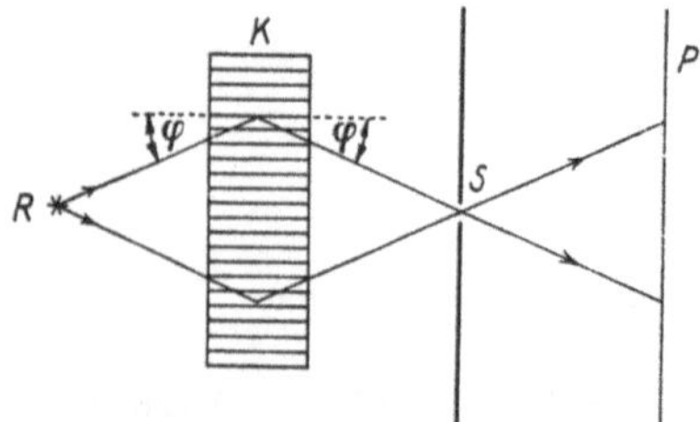

Abb. 3.91. Durchstrahlungsmethode von RUTHERFORD und ANDRADE

so tritt der Wechsel der Intensität am stärksten hervor, wenn der Einfallswinkel bei jedem Spiegel 55° beträgt (Abb. 3.94, bei $n = 1{,}5$).
Durch die Reflexion an der Glasplatte wird das Lichtbündel so beeinflußt, daß es sich in zwei aufeinander senkrechten Richtungen verschieden verhält. Man nennt diese Veränderung des Lichtes *Polarisation*. Das Element, das die Polarisation bewirkt, heißt *Polarisator*; das Element, mit dem man die Polarisation feststellt und ihre Ebene bestimmt, heißt *Analysator* (im beschriebenen Versuch der zweite Spiegel).

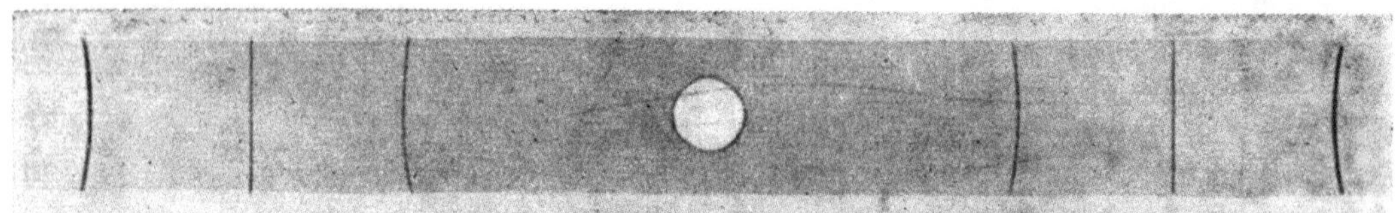

Abb. 3.92. Pulverdiagramm von Molybdändraht mit Chrom-Antikathode nach der Debye-Scherrer-Methode

Strahlung bildet einen Kegel mit dem doppelten Reflexionswinkel als Öffnungswinkel und mit der Richtung der einfallenden Strahlung als Achse (Abb. 3.84). In der Abb. 3.92 sind die Schnittkurven dieser Kegel mit dem Film zu sehen.

3.3. Polarisation

3.3.1. Polarisation durch Reflexion an Dielektrika

Polarisation durch Reflexion. Folgender Versuch gibt uns über eine weitere Eigenschaft des Lichtes Aufschluß (Abb. 3.93). Ein paralleles Lichtstrahlenbündel trifft schräg auf eine an der Hinterseite geschwärzte Glasplatte. Der in das Glas eintretende Teil des Lichtes wird an der Rückseite absorbiert, und nur der an der Vorderseite der Glasplatte reflektierte Teil des Lichtes bleibt der Beobachtung zugänglich. Läßt man das reflektierte Licht auf eine zweite, hinten geschwärzte Glasplatte fallen, so findet eine nochmalige Reflexion des Lichtes statt. Dreht man die zweite reflektierende Glasplatte um den auf sie treffenden Lichtstrahl als Achse der Reihe nach in die durch die Abb. 3.93a bis d dargestellten Lagen, so wechselt die reflektierte Intensität viermal. Sie erreicht den höchsten Wert, wenn die Einfallsebenen an den beiden Platten zusammenfallen (wie in Abb. 3.93a und c); sie nimmt den kleinsten Wert an, wenn die beiden Einfallsebenen senkrecht aufeinander stehen (wie in Abb. 3.93b und d).
Läßt man die Lichtwellen unter verschiedenen Einfallswinkeln auf die beiden Glasplatten fallen,

Man muß zu diesem Versuch Spiegel aus Glas oder aus anderen nichtmetallischen Stoffen benutzen. Mit Spiegeln aus Metallen, zu denen auch die Quecksilberamalgamspiegel gehören, ist keine vollständige lineare Polarisation erzielbar.
Die Polarisation des Lichtes wurde von E. L. MALUS (1775 bis 1812) entdeckt, der auch den Namen dafür geprägt hat. MALUS beobachtete, als er im Jahre 1808 eines Abends durch einen Kalkspat nach den Fenstern des Palais Luxembourg in Paris sah, daß bei einer bestimmten Stellung das Kalkspates nur ein Bild zu sehen war. Er wiederholte die Versuche mit anderen Lichtquellen, deren Licht an Glasplatten und an Wasser reflektiert wurde. Er schloß daraus ebenfalls auf eine „Seitlichkeit" des Lichtes. FRESNEL (1821) und ARAGO stellten auf Grund von Versuchen fest, daß zwei zueinander senkrecht polarisierte Lichtwellen nicht miteinander interferieren können. Daraus zog FRESNEL den Schluß, daß die Schwingungen in der Lichtwelle *transversaler* Natur sind. Er fand auch, das transversale Schwingungen zu Schwingungen verschiedener Art, z. B. zu elliptischen, zusammengesetzt werden können. Er begründete die Zirkularpolarisation und erklärte damit die Drehung der Schwingungsebene des Lichtes im Quarz. Ferner deutete er die Doppelbrechung mit der nichtsphärischen Form der Wellenfläche des Lichtes.

Polarisations- und Schwingungsebene. Die Bedeutung der Entdeckung der Polarisation besteht darin, daß damit der *transversale* Charakter der Lichtwellen bewiesen wurde. Zur Erklärung des Verhaltens des polarisierten Lichtes muß man annehmen, daß eine „seitliche Verschiedenheit" vorhanden ist. Die Lichtschwingungen verlaufen in einer bestimmten Ebene, die durch die Richtung des Strahls und eine Richtung senkrecht zu ihm gegeben ist. Eine solche senkrecht zur Ausbreitungsrichtung vorhandene Schwingung, in der die Änderung ähnlich erfolgt wie bei den Teilchen eines schwingenden Seiles ist aber eine transversale Schwingung.
Wir haben in Bd. II kennengelernt, daß die elektromagnetische Strahlung eines Dipols pola-

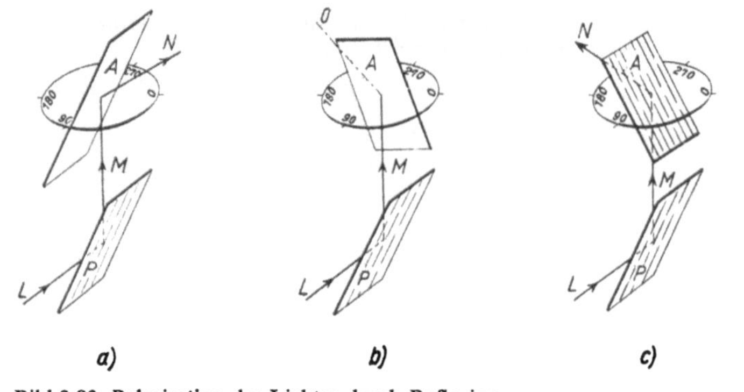
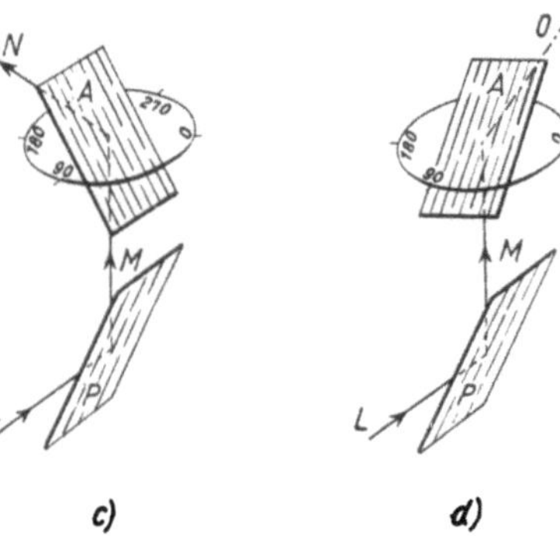

Bild 3.93. Polarisation des Lichtes durch Reflexion

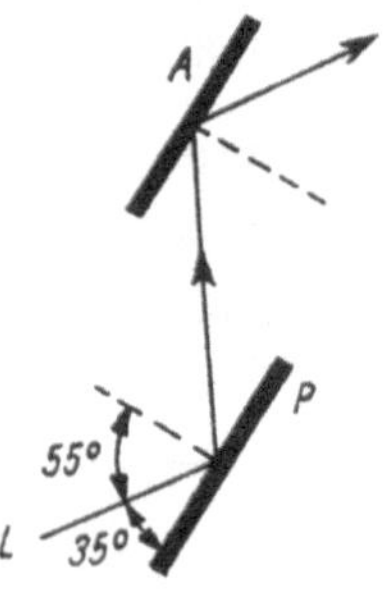

Bild 3.94. Einfallswinkel für die Reflexion von linear polarisiertem Licht ($n = 1{,}5$), Schwingungsebene senkrecht zur Einfallsebene

risiert ist, d. h., daß die elektrische Feldstärke in größerer Entfernung vom Dipol nur in einer Ebene schwingt. Man müßte in Analogie dazu erwarten, daß auch das Licht, das von einem atomaren Dipol ausgeht, polarisiert ist. „Natürliches" Licht erweist sich jedoch als nicht polarisiert. Der Grund dafür liegt in der Struktur des natürlichen Lichtes, die wir bereits mehrfach erörtert haben. Wir müssen jedoch aus der Interferenzfähigkeit des kohärenten Lichtes bei größeren Gangunterschieden schließen, daß die einzelnen Wellenzüge, aus denen das natürliche Licht besteht, polarisiert sind.

Wie von FRESNEL gezeigt wurde, sind kohärente Wellenzüge nur dann interferenzfähig, wenn sie die gleiche Schwingungsrichtung haben. Wäre diese aber im Verlauf der Welle willkürlich verschieden, so könnten stabile Interferenzen größeren Gangunterschieds nicht auftreten. Die Schwingungsebenen der verschiedenen Einzelwellenzüge hingegen liegen gegeneinander ganz willkürlich, wenn die Lichtquelle nicht durch ein äußeres elektrisches oder magnetisches Feld beeinflußt wird. Im Mittel ist also keine Ebene bevorzugt, das natürliche Licht ist nicht polarisiert.

Indem man ähnliche Versuche wie die Polarisation des Lichtes mit elektrischen Wellen großer Wellenlänge anstellte (Bd. II), bei denen man die Lage des elektrischen Feldstärkevektors feststellen kann, wurde für die reflektierte Welle gefunden:

Die elektrische Feldstärke schwingt senkrecht zur Einfallsebene, die magnetische Feldstärke schwingt in der Einfallsebene (Abb. 3.95).

Man ist übereingekommen, als Schwingungsrichtung einer Lichtwelle die Schwingungsrichtung der elektrischen Feldstärke zu bezeichnen. Man sagt also, die reflektierte Welle schwinge senkrecht zur Einfallsebene. Konsequent sollte man nun auch als Polarisationsebene die Schwingungsebene der elektrischen Feldstärke bezeichnen und demgemäß sagen, die reflektierte Welle sei senkrecht zur Einfallsebene polarisiert. Leider bezeichnet man aber die Schwingungsebene der magnetischen Feldstärke als Polarisationsebene. Diese Bezeichnungsweise stammt noch aus der Theorie des elastischen Äthers, in der die Unterscheidung von Schwingungs- und Polarisationsebene keine Bedeutung hatte. Weil die Wirkung der elektrischen Feldstärke für die optischen Erscheinungen besonders wesentlich ist, verwenden wir im Folgenden bevorzugt den Begriff der Schwingungsebene zur Beschreibung des Polarisationszustands.

Fresnelsche Formeln. FRESNEL hat die Frage beantwortet, welcher Bruchteil der auf eine Grenzfläche zwischen zwei isotropen, nichtferromagnetischen Stoffen fallenden Lichtintensität reflektiert wird bzw. eindringt.

In einer Lichtwelle, wie in jeder elektromagnetischen Welle, schwingen die elektrische Feldstärke $\boldsymbol{E}$ und die magnetische Feldstärke $\boldsymbol{H}$ senkrecht zueinander und in Phase. Für ihre Beträge gilt nach Bd. II

$$H = n\sqrt{\frac{\varepsilon_0}{\mu_0}}\,E. \tag{3.18}$$

Die Größe n ist die Brechzahl des durchstrahlten Stoffes. Wir betrachten zunächst senkrechten Lichteinfall und nehmen an, daß die elektrische Feldstärke senkrecht zur Zeichenebene schwingt (Abb. 3.96). Das reflektierte Licht kennzeichnen wird durch einen, das gebrochene Licht durch

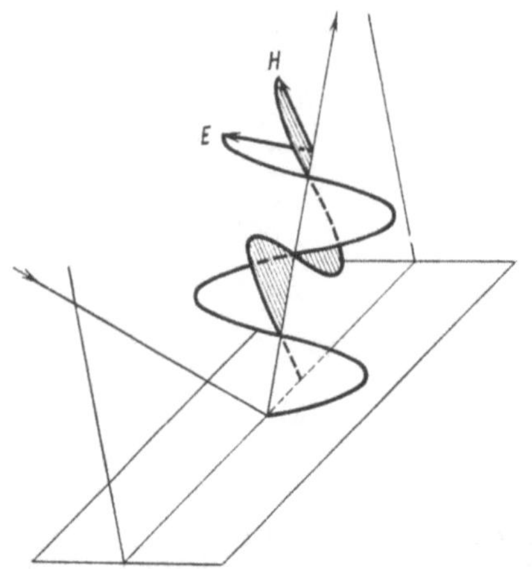

Bild 3.95. Elektrische und magnetische Feldstärke im reflektierten linear polarisierten Licht

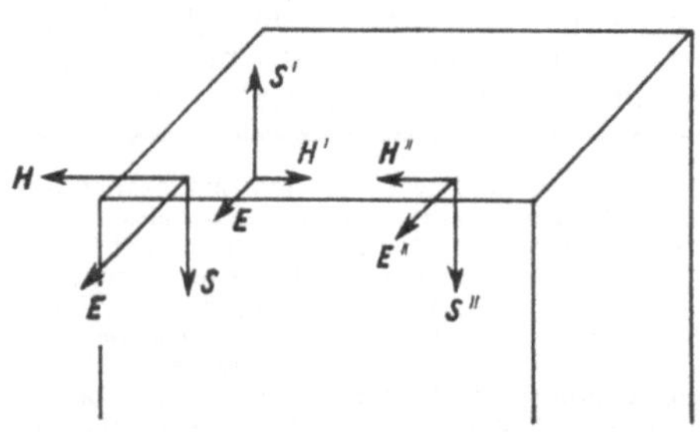

Abb. 3.96. Vektoren im einfallenden, reflektierten und gebrochenen Licht

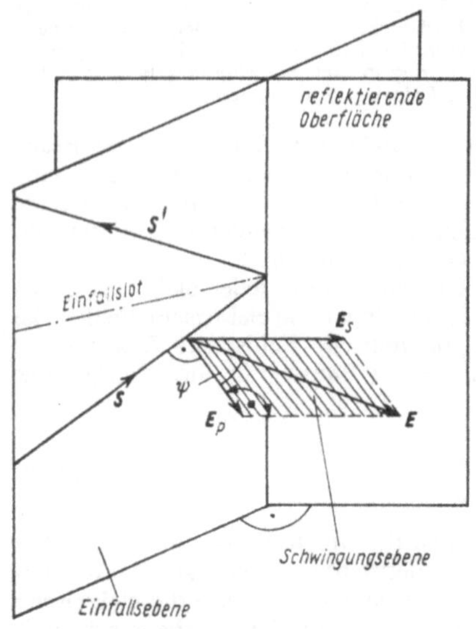

Abb. 3.97. Vektoren bei schräg einfallender Lichtwelle an der Grenzfläche

zwei Striche. Die Stetigkeit der Tangentialkomponenten der Feldstärken erfordert

$$E + E' = E'' \quad \text{und} \quad H - H' = H'' \quad \text{bzw.}$$

$$n(E - E') = n''E''$$

($-H'$ entsteht durch die Richtungsumkehr der Welle). Auflösen der Gl. nach E' bzw. E'' ergibt

$$E' = \frac{n - n''}{n + n''} E, \tag{3.19}$$

$$E'' = \frac{2n}{n + n''} E. \tag{3.20}$$

Für $n < n''$ hat E' das entgegengesetzte Vorzeichen von E, es tritt ein *Phasensprung* von 180° auf (Reflexion am optisch dichteren Stoff). Bei der Reflexion am optisch dünneren Stoff entsteht kein Phasensprung.

Wegen der Darstellung einer ebenen Welle durch $E = A \cos\left[\omega\left(\frac{s}{c} - t\right)\right]$ lassen sich in der Gl. (3.19) die Kosinusfunktionen kürzen. Die Intensität der Welle ist dem Quadrat der Amplitude proportional. Deshalb gilt

$$R = \left(\frac{E'}{E}\right)^2 = \left(\frac{A'}{A}\right)^2 = \left(\frac{n - n''}{n + n''}\right)^2. \tag{3.21}$$

Das *Reflexionsvermögen* R ist das Verhältnis aus der reflektierten und der einfallenden Intensität. Die *Durchlässigkeit* D ist das Verhältnis aus der hindurchgelassenen und der einfallenden Intensität.

Der Energieerhaltungssatz erfordert $R + D = 1$, so daß

$$D = 1 - R = \frac{4nn''}{(n + n'')^2} \tag{3.22}$$

ist.

Bei schrägem Lichteinfall ist die Ableitung etwas komplizierter. Die Endbeziehungen werden übersichtlich, wenn man sie für die senkrecht und die parallel zur Einfallsebene schwingenden Komponenten getrennt aufschreibt (Abb. 3.97). Es ist

$$R_s = \frac{\sin^2(\varepsilon'' - \varepsilon)}{\sin^2(\varepsilon'' + \varepsilon)}, \tag{3.23}$$

$$R_p = \frac{\tan^2(\varepsilon'' - \varepsilon)}{\tan^2(\varepsilon'' + \varepsilon)} \tag{3.24}$$

und

$$D_s = \frac{\sin 2\varepsilon \cdot \sin 2\varepsilon''}{\sin^2(\varepsilon'' + \varepsilon)}, \tag{3.25}$$

$$D_p = \frac{\sin 2\varepsilon \cdot \sin 2\varepsilon''}{\sin^2(\varepsilon'' + \varepsilon) \cdot \cos^2(\varepsilon'' - \varepsilon)}. \tag{3.26}$$

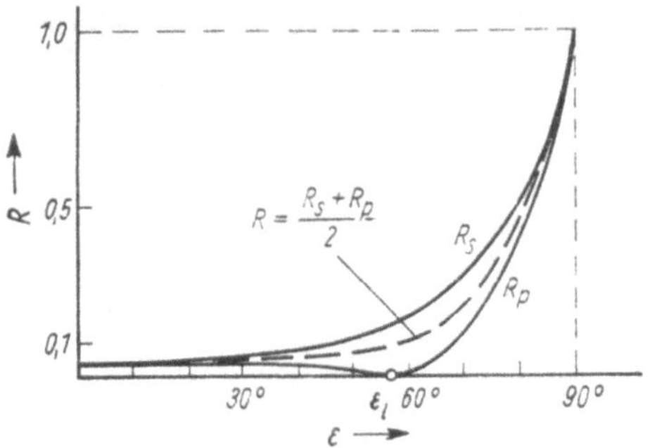

Abb. 3.98. Reflexionsvermögen als Funktion des Einfallswinkels

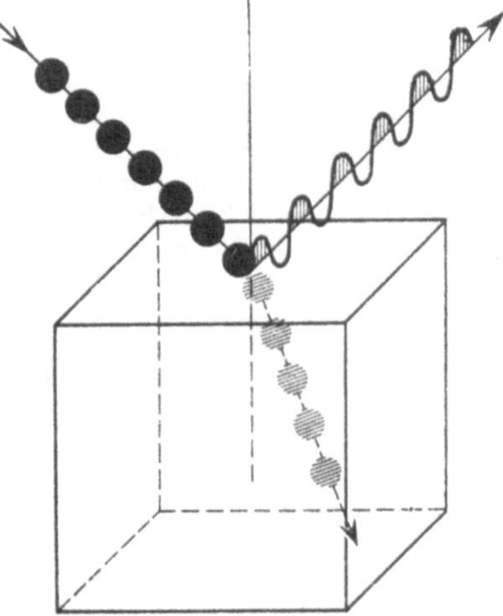

Abb. 3.99. Zum Brewsterschen Gesetz

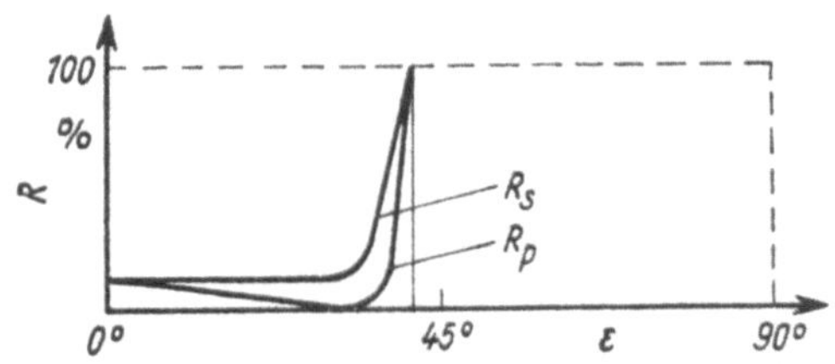

Abb. 3.100. Reflexionsvermögen bei „innerer“ Reflexion

Auch bei schrägem Lichteinfall entsteht bei der Reflexion am optisch dichteren Stoff ein Phasensprung von 180°.

Abb. 3.98 enthält die Darstellung von R_s und R_p als Funktion des Einfallswinkels ε. Beide Komponenten sind gleich für $\varepsilon = 0$ [entsprechend Gl. (3.21)] und für $\varepsilon = 90°$; für alle anderen Einfallswinkel ist $R_p < R_s$. Bei $\varepsilon = \varepsilon_l$ wird $R_p = 0$. Beim Einfall von natürlichem Licht gilt für das gesamte Reflexionsvermögen (Abb. 3.98)

$$R = \frac{R_s + R_p}{2}. \tag{3.27}$$

FRESNEL hat die Gl. (3.19 bis 3.26) aus der elastischen Lichttheorie abgeleitet. In der Tat sind die Voraussetzungen der elektromagnetischen Lichttheorie nicht wesentlich, um jene Gleichungen zu gewinnen. Es genügt die Voraussetzung der Stetigkeit der tangentiellen Komponente der elektrischen Feldstärke, die Gültigkeit des Energiesatzes und die Tatsache, daß die räumliche Energiedichte der Lichtstrahlung dem Quadrat der Brechzahl proportional ist.

Das Brewstersche Gesetz. Unter der Voraussetzung

$$\varepsilon'' + \varepsilon = \frac{\pi}{2} \tag{3.28}$$

folgt aus (3.24), daß der parallel zur Einfallsebene schwingende Anteil des Lichtes nicht reflektiert wird. Daher steht die Schwingungsebene der reflektierten Lichtwelle senkrecht zur Einfallsebene, d. h., das reflektierte Licht ist linear polarisiert. Da nach dem Brechungsgesetz $n \sin \varepsilon = n'' \sin \varepsilon''$ ist, folgt aus (3.28)

$$\tan \varepsilon_l = \frac{n''}{n}. \tag{3.29}$$

Man nennt ε_l den *Polarisations-* oder *Brewsterschen Winkel* (Abb. 3.99). Die Polarisation durch Reflexion ist zwar im Sichtbaren heute von geringem praktischem Wert, aber hat Bedeutung im Ultraroten (Reflexion an Selen). Praktisch erreicht man durch Reflexion unter dem Brewsterschen Winkel keine vollständige lineare Polarisation, weil die Oberfläche des Glases durch das Polieren, durch Verunreinigungen und durch Spannungen verändert ist.

Drehung der Schwingungsebene. Fällt ein linear polarisiertes Bündel auf die Grenzfläche zweier Stoffe, und zwar so, daß die elektrische Feldstärke einen beliebigen Winkel mit der Einfallsebene bildet, so kann man sich die Welle in die zwei Komponenten senkrecht und parallel zur Einfallsebene zerlegt denken. Beide Komponenten werden nach den Fresnelschen Formeln reflektiert. Nach der Reflexion weisen ihre Amplituden unterschiedliche Beträge auf. Daher gibt das Zusammensetzen der Teilbündel zwar wieder eine linear polarisierte Welle, aber da der Betrag der Intensitäten bei der Reflexion verschieden stark geschwächt wird, ist die Schwingungsebene des reflektierten Lichtes von der Einfallsebene weggedreht, d. h., die Schwingungsebene der elektrischen Feldstärke bildet nicht den Winkel 90°, sondern einen kleineren Winkel mit der Einfallsebene.
Das durchgelassene Bündel wird im Gegensinn gedreht. Bei teilweise linear polarisiertem Licht spricht man vom *Polarisationsgrad*

$$\alpha = \frac{R_s - R_p}{R_s + R_p}.$$

Beim Glasplattensatz, der vor dem einfachen Spiegel den Vorteil hat, die Richtung des Lichtes nicht zu verändern, erreicht man einen Polarisationsgrad von 40 bis 50%.

Innere Reflexion. Die Fresnelschen Formeln gelten auch für den Fall des Auftreffens eines Lichtstrahls aus einem dichteren auf einen dünneren Stoff, z. B. aus Glas auf Luft. Wie aus der Darstellung dieses Falles für ein Verhältnis der Brechzahlen von 3 : 2 in Abb. 3.100 ersichtlich ist, entsprechen die Verhältnisse denen der äußeren Reflexion, solange der Grenzwinkel der Totalreflexion

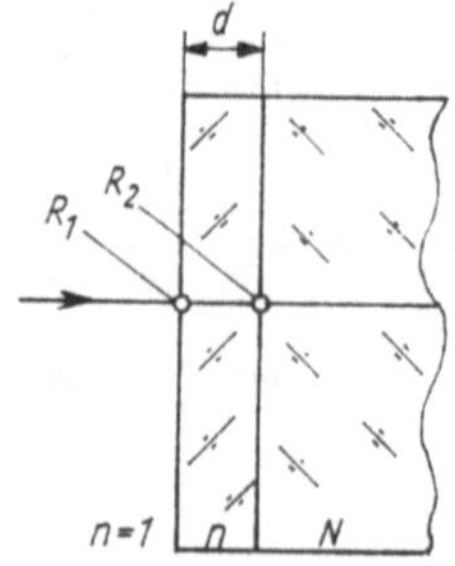

Abb. 3.101. Entspiegelung mit einer Einfachschicht

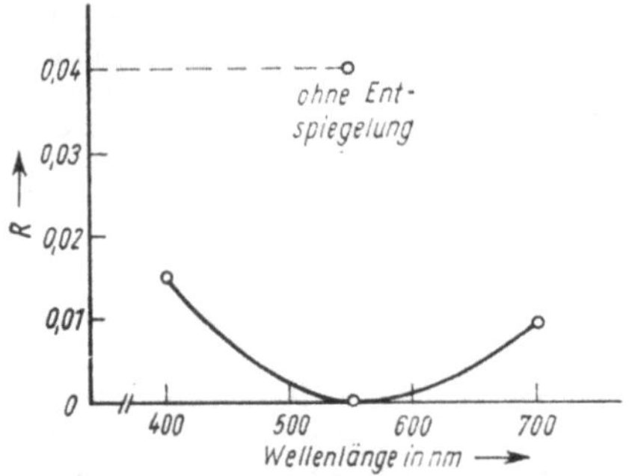

Abb. 3.102. Reflexionsvermögen als Funktion der Wellenlänge bei Entspiegelung

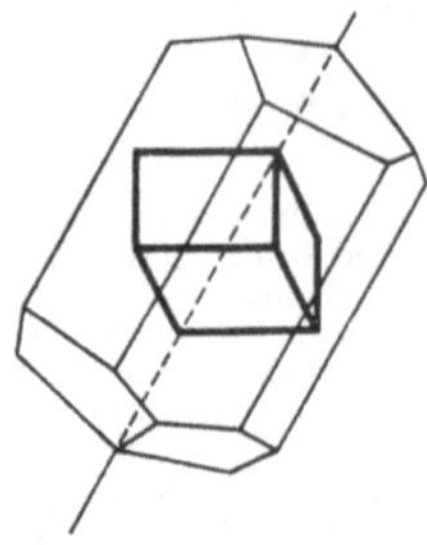

Abb. 3.103. Gewöhnliche Form eines Kalkspatkristalls mit eingezeichnetem Rhomboeder

Abb. 3.104. Doppelbrechung des Kalkspats

nicht erreicht wird. Selbstverständlich ändert sich auch der Brewstersche Winkel, denn die Bedingung (3.28) ergibt $\varepsilon_t = 90° - 57° = 33°$. Für $\varepsilon = 41°$ wird die Grenze der Totalreflexion erreicht (Abb. 3.100).

Entspiegelung. Das Reflexionsvermögen an den Oberflächen optischer Bauelemente, die in Durchlicht benutzt werden, wie z. B. Linsen und Prismen, ist im allgemeinen unerwünscht. Es führt besonders zu folgenden Nachteilen:

- Bei optischen Linsensystemen entstehen zwischen den einzelnen Flächen Mehrfachreflexionen. Zur Bildebene gelangt Streulicht, das den Bildkontrast herabsetzt.
- Besonders lichtstarke Reflexe können zu Nebenbildern oder Lichtflecken im Bild führen.
- Das in Objektrichtung reflektierte Licht geht für die Abbildung verloren.

Eine optische Oberfläche kann durch das Aufdampfen einer oder mehrerer dünner Interferenzschichten entspiegelt werden. Das an den Grenzflächen reflektierte Licht interferiert bei geeignet gewählten optischen Parametern zur minimalen Intensität. Für die Einfachschicht (Abb. 3.101) sind zur Auslöschung einer Wellenlänge bei senkrechtem Lichteinfall die Amplitudenbedingung $\sqrt{R_1} = \sqrt{R_2}$ und die Phasenbedingung $\delta = (2z + 1)\,\pi$, $z = 0, 1, 2, \ldots$, zu erfüllen (δ = Phasendifferenz zwischen der direkt reflektierten und der einmal in der Schicht hin- und hergegangenen Welle). Nach (3.21) geht die *Amplitudenbedingung* in $n = \sqrt{N}$ über. Die *Phasenbedingung* führt wegen $\Delta L = 2nd$ auf

$$d = \frac{2z + 1}{4}\,\frac{\lambda_0}{n}$$

(λ_0 = Vakuumwellenlänge).

Abb. 3.102 zeigt die Reflexionsminderung mit einer Einfachschicht der Dicke $d = \lambda_0/(4n)$ auf Glas ($N = 1{,}5$) bei senkrechtem Lichteinfall.

Die Entspiegelung mit Interferenzschichten setzt nicht nur Reflexe und Streulicht herab. Wegen des Energiesatzes erhöht sich die Durchlässigkeit des optischen Systems. Bei mehreren Glas–Luft-Flächen kann der Intensitätsgewinn beachtlich sein (z. B. 30% bei Prismenfeldstechern).

3.3.2. Doppelbrechung

Klopft man auf ein Stück Kalkspat ($CaCO_3$), so zeigt es Spaltbarkeit nach drei zueinander geneigten Richtungen, wobei einzelne Spaltstücke Rhomboeder sein können (Abb. 3.103). Die Verbindungslinie der beiden stumpfen Ecken fällt mit der kristallographischen Hauptachse des Kalkspates zusammen. Sie wird auch *optische Achse* genannt. Jede durch die Hauptachse gelegte oder ihr parallele Ebene heißt ein *Haupt-*

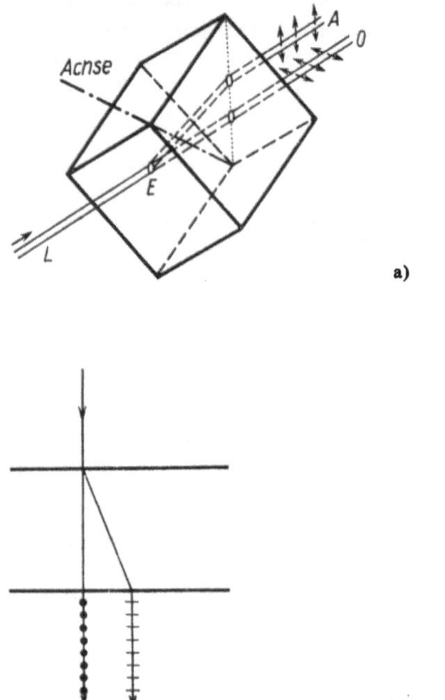

Abb. 3.105. Zerlegung eines Lichtbündels in ein ordentliches und ein außerordentliches Bündel (die Pfeile in Teilbild a deuten die Schwingungsrichtung an)

schnitt. Legt man ein Kalkspatrhomboeder auf bedrucktes Papier, so sieht man die Schrift doppelt (Abb. 3.104), deshalb wird der Kalkspat auch *Doppelspat* genannt. Bringt man nach Abb. 3.105 ein Kalkspatrhomboeder so in den Gang eines schmalen, parallelen Lichtbündels, daß dieses die vordere Begrenzungsfläche des Rhomboeders senkrecht trifft, so wird das Licht im Kalkspat in zwei einander parallele Strahlenbündel zerlegt. Das eine dieser Strahlenbündel geht durch den Kalkspat ungebrochen hindurch, während das zweite Bündel beim Eintritt in den Kalkspat eine Ablenkung erfährt, die beim Austritt aus dem Kalkspat um den gleichen Betrag in entgegengesetzter Richtung erfolgt, so daß demnach die beiden getrennten Strahlenbündel den Kalkspat als zwei parallele Strahlenbündel verlassen (Abb. 3.105). Das Strahlenbündel, das sich so verhält wie jedes Strahlenbündel, das eine planparallele Glasplatte unter einem rechten Winkel trifft, das also dem Brechungsgesetz für isotrope Stoffe gehorcht, heißt *ordentliches* Bündel; das Strahlenbündel, das infolge der zweimaligen Ablenkung gegen das ursprüngliche Bündel verschoben ist, wird *außerordentliches* Bündel genannt. Für das außerordentliche Bündel gilt also das Brechungsgesetz nicht in der gewohnten Form. Dreht man ein Kalkspatrhomboeder um einen unter rechtem Winkel einfallenden Lichtstrahl, so bleibt der ordentliche

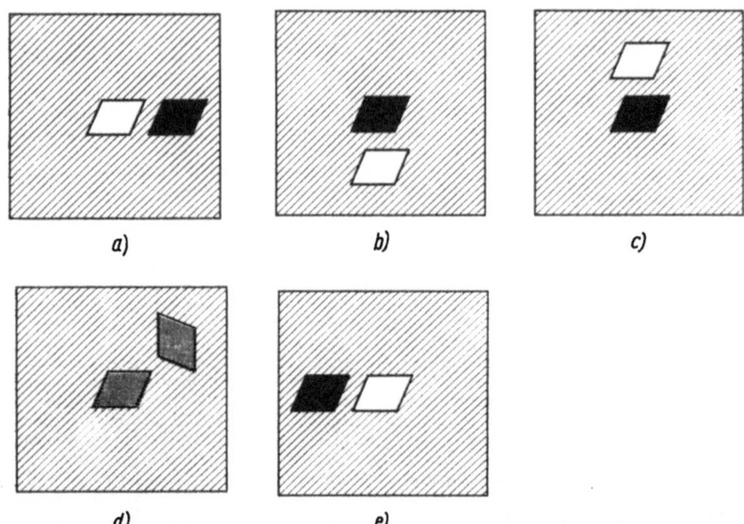

Abb. 3.106. Änderung der Intensität im ordentlichen und außerordentlichen Bündel beim Drehen eines Analysators um die Bündelachse des ordentlichen Bündels

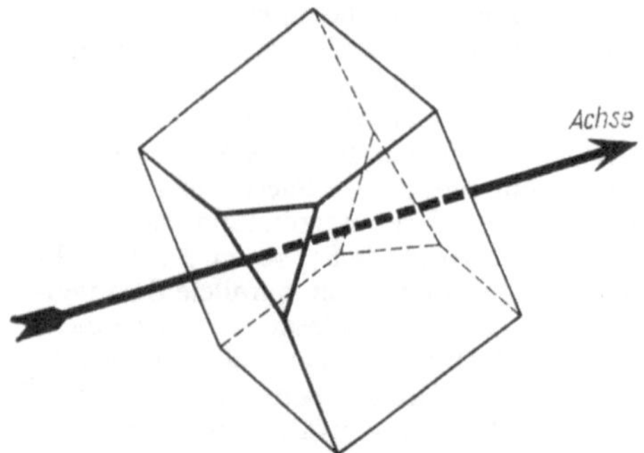

Abb. 3.107. Optische Achse des Kalkspats

Strahl immer an seiner Stelle, während sich der außerordentliche Strahl im Kreise um den ordentlichen dreht.
Die Brechung und die Versetzung des außerordentlichen Strahles im Kalkspat erfolgt immer in der Ebene des Hauptschnittes, und zwar so, daß er mit der optischen Achse einen größeren Winkel einschließt als der ordentliche Strahl. Er liegt also beim Austritt aus dem Rhomboeder von dessen stumpfer Ecke weiter entfernt als der ordentliche Strahl. Der Winkel, den der ordentliche und der außerordentliche Strahl beim senkrechten Auftreffen des Lichtes miteinander im Kalkspat bilden, ist immer derselbe. Deshalb entfernt sich der außerordentliche Strahl vom ordentlichen um so mehr, je dicker das Rhomboeder ist. Die Intensität der beiden den Kalkspat verlassenden Strahlenbündel ist gleich und je die Hälfte der des einfallenden Bündels. Untersucht man die beiden Strahlenbündel mittels eines Analysators, so findet man, daß die beiden Wellen senkrecht zueinander linear polarisiert sind.

Es ändern sich demgemäß die Intensitäten der beiden Bündel beim Drehen des Analysators stets in entgegengesetzter Richtung. Nach jeweils einer Drehung um 90° ist das Bild des einen Bündels ganz verschwunden, das des anderen am hellsten; in je einer Zwischenlage sind beide Bilder gleich hell (Abb. 3.106).

Die elektrische Feldstärke des ordentlichen Strahles steht senkrecht, die des außerordentlichen parallel zum Hauptschnitt.

Fällt ein paralleles Lichtbündel geneigt auf die vordere Fläche des Kalkspatrhomboeders, so wird das Strahlenbündel ebenfalls in zwei Teile zerlegt, aber beide Teile werden gebrochen. Aus dem Einfallswinkel und dem Brechungswinkel kann man die Brechzahl für beide Bündel bestimmen.
Das Ergebnis ist:

Die Brechzahl für den ordentlichen Strahl beträgt unabhängig vom Einfallswinkel 1,65 (für 589 nm). Die Brechzahl für den außerordentlichen Strahl ändert sich mit dem Einfallswinkel von 1,48 bis 1,65.

Den größten Wert hat die Brechzahl des außerordentlichen Strahles dann, wenn er den Kalkspat parallel zur Hauptachse durchläuft, den kleinsten Wert, wenn er den Kalkspat in einer zur optischen Achse senkrechten Richtung durchläuft.
Schneidet man die stumpfen Ecken eines Kalkspatrhomboeders so ab, daß die Begrenzungsebenen auf der optischen Achse senkrecht stehen (Abb. 3.107), so erfährt ein auf diese Platte senkrecht auffallendes, also mit der optischen Achse zusammenfallendes Bündel keine Zerlegung.
Wellenflächen in doppelbrechenden Kristallen. Da der ordentliche Strahl eine vom Einfallswinkel unabhängige Brechzahl hat, können wir annehmen, daß die Ausbreitungsgeschwindigkeit des Lichtes im ordentlichen Bündel nach allen Richtungen die gleiche ist. Da sich aber die Brechzahl für den außerordentlichen Strahl mit dem Einfallswinkel ändert, so muß auch die Ausbreitungsgeschwindigkeit für das außerordentliche Bündel in den verschiedenen Richtungen verschieden sein. Sie ist in der Richtung der optischen Achse am kleinsten, in einer Ebene senkrecht dazu am größten. Innerhalb dieser Ebene aber ist die Ausbreitungsgeschwindigkeit des Lichtes nach allen Richtungen gleich.

Nach HUYGENS können wir uns dies folgendermaßen klarmachen: Wir denken uns im Inneren eines großen Kalkspatstückes einen einzelnen Punkt als Erregungszentrum einer optischen Welle. Die Lichtwelle breitet sich um diesen Punkt als Mittelpunkt in zweierlei Weise aus. Der dem ordentlichen Strahl zukommende Teil hat nach einer sehr kurzen Zeit nach allen Richtungen die gleiche Wegstrecke zurückgelegt; er ist also an der Oberfläche einer um das Erregungszentrum als Mittelpunkt geschlagenen Kugel angekommen. Der zweite Teil, der dem außerordentlichen Strahl entspricht, hat nach den verschiedenen Richtungen verschiedene Geschwindigkeiten. In der Richtung der optischen Achse stimmt die Geschwindigkeit des außerordentlichen Strahles mit der des ordentlichen Strahles überein. In der Richtung senkrecht dazu ist aber die Geschwindigkeit des außerordentlichen Strahles im Verhältnis 1,65 : 1,48 größer, da seine Brechzahl in dieser Richtung nur 1,48 beträgt. Entsprechende Berechnungen für andere Richtungen aus den zugehörigen Brechzahlen des außerordentlichen Strahles zeigen, daß der außerordentliche Strahl die Oberfläche eines in der optischen Achse verkürzten Rotationsellipsoides erreicht. Die Umdrehungsachse fällt mit der Hauptachse des Kalkspates zusammen. Die so aus Kugel und Rotationsellipsoid zusammengesetzte Fläche wird *Fresnelsche Wellenfläche* genannt; sie ist in Abb. 3.108 in ein Kalkspatrhomboeder in richtiger Lage eingezeichnet. Man hat sich beide Hälften ergänzt zu denken, so daß das Rotationsellipsoid die Kugel vollständig umschließt.
Anwendung des Huygensschen Prinzips. Es sei ZZ (Abb. 3.109) die Begrenzungsebene eines Kalkspat-

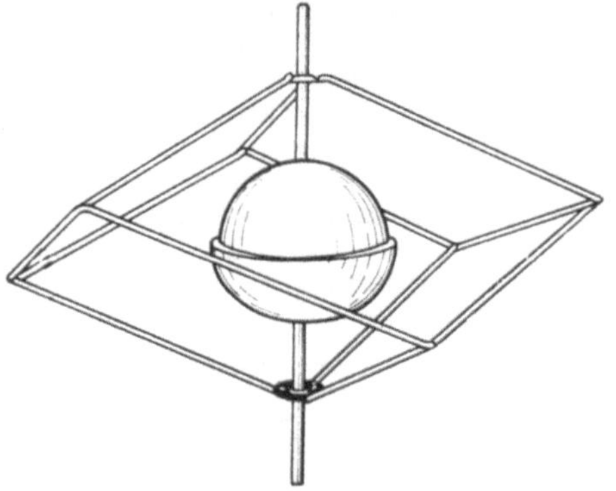

Abb. 3.108. Wellenflächen der ordentlichen (obere Hälfte) und der außerordentlichen (untere Hälfte) Welle

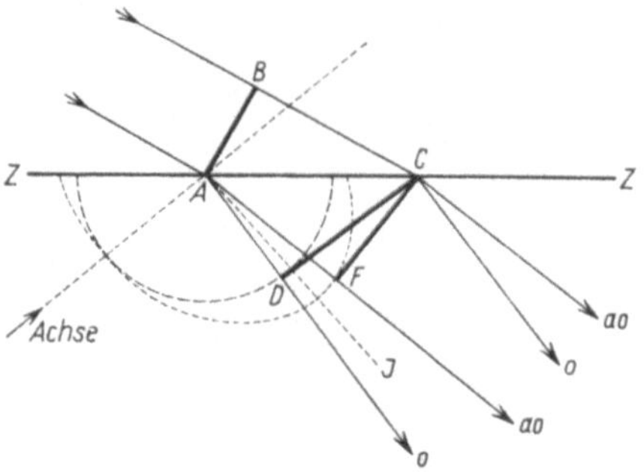

Abb. 3.109. Richtung des ordentlichen und außerordentlichen Strahls nach dem Huygensschen Prinzip

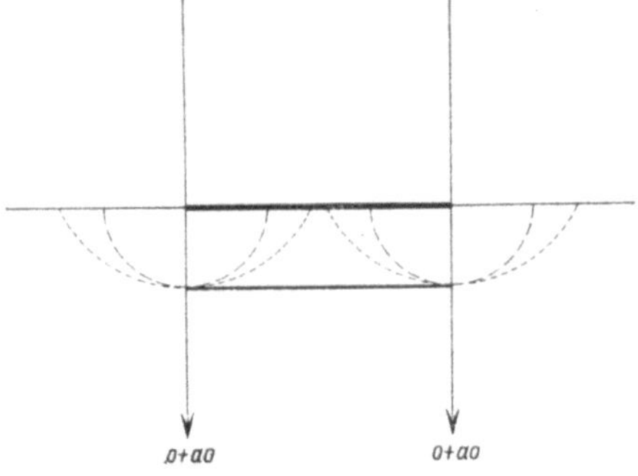

Abb. 3.110. Einfache Brechung parallel zur optischen Achse

stückes gegen Luft. Ein aus der Luft auf die Kalkspatplatte fallendes, paralleles Strahlenbündel trifft mit dem der Begrenzungsfläche zunächst benachbarten Teil die Begrenzungsfläche in *A* zu der Zeit, zu welcher der von *ZZ* am weitesten entfernte Teil des Strahlenbündels noch in *B* ist, also die Begrenzungsfläche noch nicht erreicht hat. *A* wird der Mittelpunkt von zwei Elementarwellen, die sich mit verschiedenen Geschwindigkeiten im Kalkspat ausbreiten und von denen sich die eine, die dem ordentlichen Strahl zukommt, kugelförmig, die andere ellipsoidisch ausbreitet. Die optische Achse des Kalkspates ist durch die gestrichelte Linie angegeben. Wenn der dem Punkt *B* entsprechende Teil des Strahlenbündels die Begrenzungsfläche *ZZ* in *C* erreicht, hat sich die dem ordentlichen Strahl von *A* aus zukommende Wellenfläche zu einer Kugel ausgebreitet, die durch den gestrichelten Kreis in der Abbildung dargestellt ist. Das Verhältnis des Halbmessers zu der Strecke *BC*, also das Verhältnis der Ausbreitungsgeschwindigkeiten der ordentlichen Welle im Kalkspat und der einfallenden Lichtwelle in Luft beträgt 1 : 1,65. Die der Kugel entsprechende Frontwelle wird gefunden, indem von *C* aus an die Kugel die Tangentialebene *CD* gelegt wird. Die Richtung des ordentlichen Strahles, die durch den Pfeil *o* angegeben ist, steht auf *CD* senkrecht.

Die dem außerordentlichen Strahl von *A* aus entsprechende Elementarwelle ist durch die gestrichelt gezeichnete Ellipse dargestellt, deren große Achse *J* auf der optischen Achse des Kalkspates senkrecht steht. Die dem außerordentlichen Strahl zukommende Frontwelle wird gefunden, indem man von *C* aus an das Umdrehungsellipsoid die Tangentialebene *CF* legt.

Die Richtung des außerordentlichen Strahles, die durch den Pfeil *ao* angegeben ist, steht auf der Frontwelle *CF* nicht mehr senkrecht, da die Tangentialebene an das Ellipsoid im allgemeinen nicht senkrecht zum Radiusvektor ist. Beim außerordentlichen Strahl muß also zwischen einer *Strahlgeschwindigkeit* in Richtung *ao* und einer *Normalgeschwindigkeit* senkrecht zur Wellenfläche *CF* unterschieden werden.

Aus der Abbildung ergibt sich, daß bei einer Veränderung des Einfallswinkels der Strahlen die Brechzahl für den ordentlichen Strahl unverändert bleibt, da das Verhältnis von *AD* zu *BC* unverändert bleibt. Für den außerordentlichen Strahl dagegen ändert sich die Brechzahl mit der Änderung des Einfallswinkels, da die Tangente *CF* an die Ellipse eine von Winkel zu Winkel sich ändernde Lage einnimmt. Hieraus folgt, daß sich auch das Verhältnis von *AF* zu *BC* mit dem Einfallswinkel ändert. Dieses Verhältnis bekommt dann den größten Wert 1 : 1,48, wenn der Berührungspunkt der Tangente in die Richtung *AJ* fällt, wenn also der im Kalkspat verlaufende Strahl senkrecht auf der optischen Achse des Kalkspates steht. In diesem Fall ist der Richtungsunterschied der beiden Strahlen *o* und *ao* am größten.

Eine Lichtwelle, die im Kalkspat in der Richtung der optischen Achse läuft, geht unzerlegt durch die Grenzfläche (Abb. 3.110), aber auch (bei geänderter Begrenzungsfläche) bei nicht senkrechtem Einfall, wenn der gebrochene Strahl in Richtung der optischen Achse verläuft.

Von Interesse ist noch der besondere Fall, daß das einfallende Lichtbündel die Begrenzungsebene des Kalkspates normal trifft, wie in Abb. 3.111. Man erkennt, daß beim außerordentlichen Strahl die Strahlenrichtung nicht senkrecht zur Wellenfläche steht. Das ist auch der Grund, warum der außerordentliche Strahl nicht dem üblichen Brechungsgesetz gehorcht.

Sehr wichtig ist folgender Fall: Trifft das Licht senkrecht zur optischen Achse auf die Grenzfläche, so erfolgt ebenfalls keine Trennung der Wellen. Sie brauchen aber verschiedene Zeiten zum Durchlaufen des Kristalls, bekommen also gegeneinander einen Phasenunterschied (Abb. 3.112).

Optisch einachsige und zweiachsige Kristalle. Nur die Kristalle des regulären Systems sowie die amorphen Körper brechen das Licht einfach. Alle Kristalle, die zwei verschiedenwertige kristallographische Achsen haben, die also im tetragonalen (quadratischen) oder im hexagonalen System kristallisieren, verhalten sich ähnlich wie der Kalkspat. Ist das Rotationsellipsoid der Fresnelschen Wellenfläche ein im Sinne der

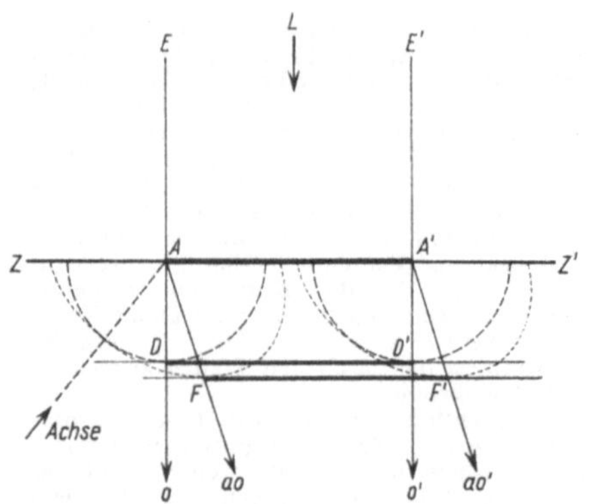

Abb. 3.111. Senkrechter Lichteinfall, Brechung des außerordentlichen Strahls

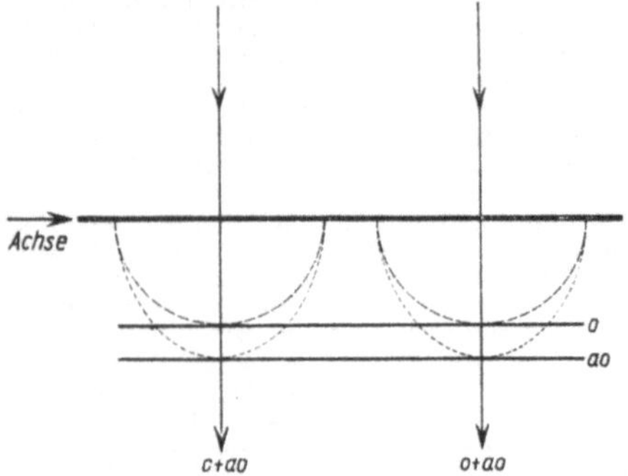

Abb. 3.112. Aufspaltung bei senkrecht zur optischen Achse verlaufenden Wellen

a)

b)

Abb. 3.113. Wellenflächen bei positiv (a) und negativ (b) einachsigen Kristallen

optischen Achse verlängertes Rotationsellipsoid, d. h., ist die ordentliche Welle die schnellere, so heißen die Kristalle *positiv einachsig*. Kristalle, die sich wie Kalkspat verhalten, bei dem die ordentliche Welle die langsamere ist (größere Brechzahl), werden *negativ einachsig* genannt (Abb. 3.113).

Die Kristalle, die weder quadratisch noch hexagonal kristallisieren, die also drei ungleich-

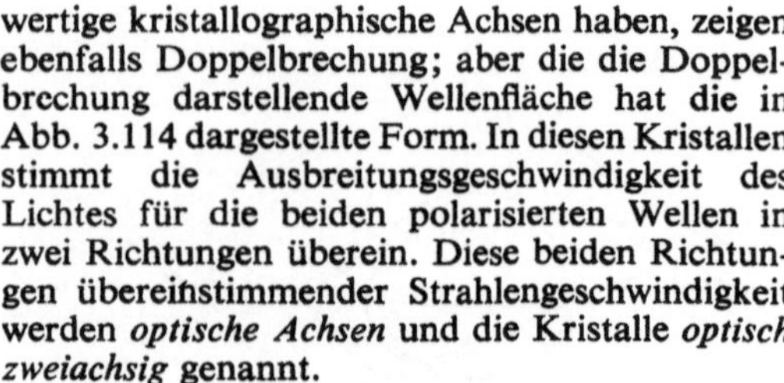
wertige kristallographische Achsen haben, zeigen ebenfalls Doppelbrechung; aber die die Doppelbrechung darstellende Wellenfläche hat die in Abb. 3.114 dargestellte Form. In diesen Kristallen stimmt die Ausbreitungsgeschwindigkeit des Lichtes für die beiden polarisierten Wellen in zwei Richtungen überein. Diese beiden Richtungen übereinstimmender Strahlengeschwindigkeit werden *optische Achsen* und die Kristalle *optisch zweiachsig* genannt.

Konische Refraktion. Die Wellenfläche eines zweiachsigen Kristalles ist eine Fläche 4. Ordnung und besteht aus zwei Schalen, entsprechend den Ausbreitungsgeschwindigkeiten der ordentlichen und außerordentlichen Wellen. Jede vom Mittelpunkt O der Fläche gezogene Gerade schneidet die Fläche (im allgemeinen) in zwei Punkten, und die Tangentialebenen an die Schalen in diesen Punkten stellen die den Strahlen entsprechenden Wellenflächen, ihre Normalen die Wellennormalen dar.

Nun gibt es, wie die Abb. 3.115 zeigt, vier besondere Punkte P, in denen sich die beiden Schalen durchdringen; ein Mittelpunktstrahl OP, eine *sekundäre Achse* oder *Strahlenachse*, schneidet die Wellenfläche nur in diesen singulären Punkten P. Die Wellenfläche hat an diesen Punkten trichter- oder nabelförmige Einbuchtungen; die Normalenrichtung ist nicht eindeutig festgelegt, sondern es lassen sich zu jedem dieser singulären Punkte unendlich viele Tangentialebenen an die Fläche legen.

Wir wollen nun einen besonderen Hauptschnitt der Wellenfläche betrachten, nämlich den mit der größten und der kleinsten Ausbreitungsgeschwindigkeit; wir wollen ihn die X-Y-Ebene nennen (Abb. 3.115). Der Kristall möge senkrecht zu einer optischen Achse geschliffen sein und habe die Dicke AB.

Eine unpolarisierte Lichtwelle treffe den Kristall in O. Dann werden sich die senkrecht zur X-Y-Ebene polarisierten Anteile dieser Welle längs der Richtung OA ausbreiten und den Kristall ohne Ablenkung verlassen.

Die senkrecht hierzu, in der X-Y-Ebene polarisierten Wellen verlaufen in der Richtung AB und verlassen nach Brechung parallel zu OA den Kristall.

Da nun aber in der einfallenden Welle Schwingungen nach allen möglichen Richtungen vorhanden sind und die Schnittfläche des Kristalls mit der Wellenfläche ein Kreis ist (in der Abbildung punktiert gezeichnet, da er aus der Ebene nach oben und nach unten heraustritt), so bilden die Strahlen im Kristall einen Kegelmantel mit der Spitze in O und nach dem Austritt den Mantel eines Zylinders. Denn in dem dargestellten Fall gibt es unendlich viele

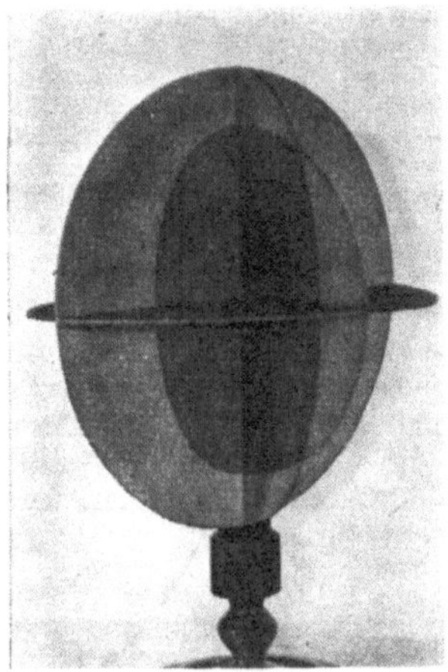

Abb. 3.114. Optisch zweiachsiger Kristall (Wellenflächen)

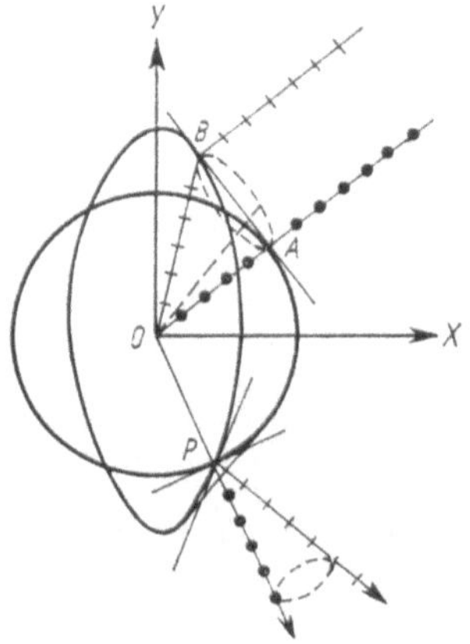

Abb. 3.115. Konische Refraktion

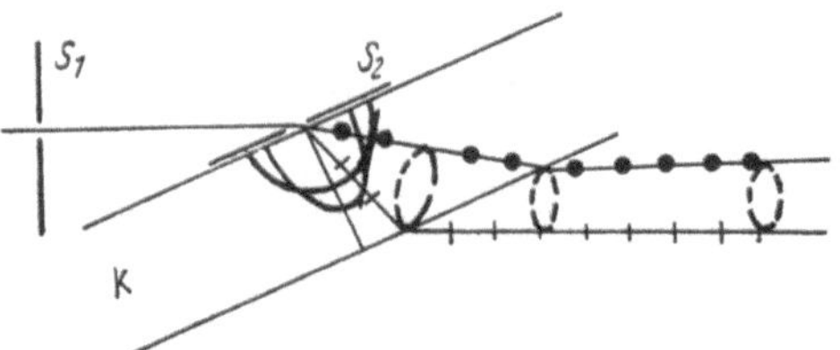

Abb. 3.116. Innere konische Refraktion

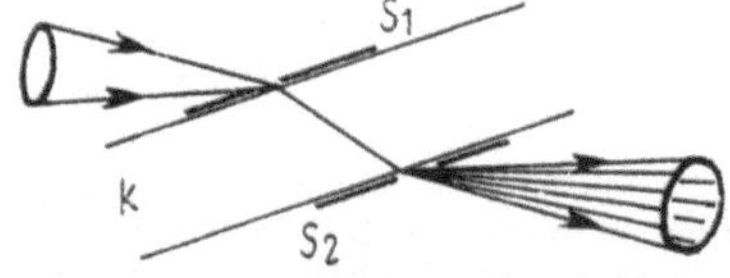

Abb. 3.117. Äußere konische Refraktion

Normalenrichtungen und zu jeder Schwingungsrichtung der einfallenden Welle gehört eine entsprechende Richtung auf dem Kegelmantel. Dabei durchlaufen alle diese Strahlen den Kristall mit der gleichen Geschwindigkeit und bilden nach ihrem Austritt einen Lichthohlzylinder.

In der praktischen Versuchsanordnung beleuchtet man eine parallel geschliffene Kristallplatte durch einen Spalt S_1 und läßt den Lichtstrahl durch einen zweiten, verschiebbaren Spalt S_2 unmittelbar in den Kristall eintreten. Gewöhnlich beobachtet man, wie bei der allgemeinen Doppelbrechung, zwei Strahlen. Erst wenn man durch vorsichtiges Hin- und Herschieben des Spaltes S_2 die geeignete Stellung gefunden hat, beobachtet man den Lichtzylinder, die Erscheinung der *inneren konischen Refraktion* (Abb. 3.116) (W. HAMILTON, H. LLOYD, W. VOIGT).

Bei der *äußeren konischen Refraktion* (Abb. 3.115, 117) betrachtet man einen Strahl in Richtung einer sekundären optischen Achse OP. Zu jedem solcher Strahlen gehören unendlich viele Normalen und Wellenflächen, und daher breitet sich das Licht nach außen in Form eines Lichtkegels aus. Die Versuchsanordnung ist in Abb. 3.117 gezeigt: Das konvergente Strahlenbündel fällt durch einen ersten Spalt S_1 auf den Kristall und verläßt ihn durch einen zweiten Spalt S_2. Vorteilhafterweise gestaltet man beide Spaltöffnungen verschiebbar.

3.3.3. Polarisation durch Doppelbrechung und Beugung

Nicolsches Prisma. Die beiden aus einen Kalkspat austretenden Lichtwellen sind senkrecht zueinander linear polarisiert. Gelingt die räumliche Trennung des ordentlichen und außerordentlichen Bündels, so muß sich der Kalkspat besonders gut als Polarisator eignen.

Eine räumliche Trennung und gleichzeitig ein genügendes Feld erhält man durch eine von W. NICOL angegebene Anordnung. (WILLIAM NICOL, 1768 bis 1851, Lehrer der Physik in Edinburgh.)

Von einem verlängerten Kalkspatrhomboeder (Abb. 3.118), das durch Spaltung entstanden ist, wird von den Endflächen so viel abgeschliffen, daß die neuen Endflächen mit den Längskanten einen Winkel von 68° bilden (statt 71° bei dem Spaltungsstück). Dann wird das so veränderte Kalkspatstück durch eine Ebene, die senkrecht zu dieser neuen Endfläche und senkrecht zu der das Kalkspatstück diagonal zerlegenden Hauptebene steht, diagonal durchschnitten. Nachdem die Schnittflächen eben geschliffen und poliert sind, werden die beiden Stücke in genau derselben Anordnung, die sie ursprünglich hatten, mit einer dünnen Schicht von Kanadabalsam wieder zusammengekittet. Dieser hat eine Brechzahl, die kleiner als die des Kalkspates ist. Daher kann an dieser Schicht eine Totalreflexion des Lichtes eintreten, wenn der Einfallswinkel den Grenzwinkel der Totalreflexion überschreitet. Die Winkel sind so berechnet, daß der ordentliche Strahl unter einem Einfallswinkel auf die Balsamschicht trifft, der größer ist als der Grenzwinkel der Totalreflexion; daher wird er seitlich aus dem

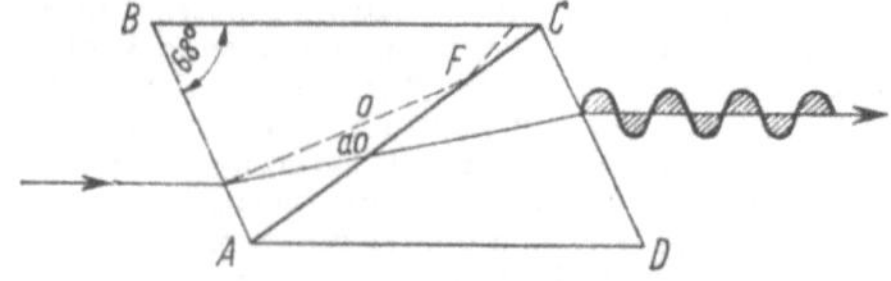

Abb. 3.118. Nicolsches Prisma

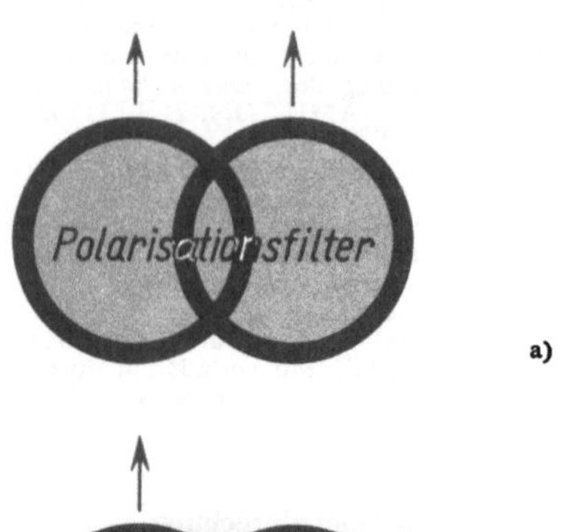

Abb. 3.119. Polarisationsfilter a) parallel, b) gekreuzt

Kalkspatprisma heraus reflektiert. Der Einfallswinkel des außerordentlichen Strahles ist kleiner als der Grenzwinkel der Totalreflexion; er geht daher durch die Balsamschicht hindurch und verläßt das Nicolsche Prisma mit einer geringen seitlichen Verschiebung in derselben Richtung, in der er auf das Prisma gefallen ist. Das Nicolsche Prisma war vor Erfindung der handlicheren, billigeren und mit größerem Feld herstellbaren Polarisationsfilter der am meisten verwendete Polarisator. Das Licht erfährt, abgesehen von der geringen seitlichen Verschiebung und der beabsichtigten Polarisation, keinerlei störende Veränderung (Färbung oder dergleichen). Die Intensität des polarisierten Lichtes ist geringer als die des auffallenden, da der andere polarisierte Teil des Lichtes entfernt ist, und da auch an den Grenzflächen eine Schwächung durch Reflexion eintritt. Gegenüber den Polarisationsfiltern hat das Nicolsche Prisma den Vorteil, für alle Farben gleich gut zu wirken.

Polarisationsfilter. Wie bereits in Bd. II gezeigt, kann eine elektrische Welle polarisiert werden, indem man sie durch ein aus parallelen Drähten gebildetes Gitter hindurchgehen läßt. Nur die senkrecht zu den Gitterdrähten schwingende Komponente der elektrischen Feldstärke wird durchgelassen. Man kann einen ähnlichen Versuch mit Licht ausführen, wenn es gelingt, genügend kleine Gitterabstände herzustellen. Derartige Versuche mit infrarotem Licht sind bereits in Bd. II besprochen worden. Für sichtbares Licht gelingt dies durch gitterartige Strukturen, bei denen Aufschwemmungen dichroitischer Kristalle, die einer Richtkraft unterworfen werden (z. B. durch magnetische oder elektrische Ausrichtung), in ein erstarrendes Mittel (z. B. Gelatine) eingebettet sind (z. B. als Polaroidfilter im Handel).

Außerdem kommen in der Natur Kristalle vor, z. B. *Turmalin*, die, wie schon in Bd. II erwähnt, ausgerichtete Dipole enthalten und eine ähnliche Wirkung zeigen können. Besonders vollkommen tritt sie bei Kristallen des *Herapathit*, eines Perjodids des Chininsulfates ein, die man plattenförmig zu züchten gelernt hat.

Zuerst angegeben von dem Engländer HERAPATH, 1852; neuerdings ist sein Verfahren wieder aufgenommen worden, und es gelang in Jena große Kristalle zu gewinnen.

Abb. 3.119 zeigt zwei Polarisationsfilter (*Herotare*), wie sie im Handel erhältlich sind. Das durch ein derartiges Filter hindurchgehendeLicht ist linear polarisiert (bei den Herotaren ist die Polarisation im Rot nicht ganz vollkommen). Setzt man zwei solche fast farblose Filter hintereinander, so kann man bei paralleler Orientierung der Schwingungsrichtung des Lichtes ungehindert hindurchsehen (Abb. 3.119a). Dreht man ein Filter gegen das andere, so nimmt die hindurchgelassene Lichtintensität ab. Bei senkrechter Stellung der Schwingungsrichtungen sinkt sie fast auf Null (Abb. 3.119b). Die „Weißdurchlässigkeit" paralleler und gekreuzter Herapathitscheiben verhält sich ungefähr wie 0,36 : 0,001 6.
Eine der kristallographischen Hauptachse parallel geschnittene Turmalinplatte wirkt dadurch als Polarisator, daß in ihr, wie im Kalkspat, eine Zerlegung des Lichtes in den ordentlichen und den außerordentlichen Strahl stattfindet. Der Turmalin absorbiert aber schon bei geringer Dicke der Platte den ordentlichen Strahl in allen Richtungen vollkommen; der außerordentliche Strahl wird in Richtung der Achse ebenfalls fast vollständig absorbiert, senkrecht zur Achse aber weniger, so daß er in dieser Richtung, allerdings wesentlich geschwächt, austreten kann. Infolge der meist vorhandenen Eigenfärbung der Kristalle ist das austretende Licht gefärbt. Die Herotare sind dadurch ausgezeichnet, daß die Absorption für beide Strahlen sehr verschieden ist (mit Ausnahme des langwelligen Rot) und die Kristalle farblos sind. Die Eigenschaft eines Kristalles, den ordentlichen Strahl anders zu absorbieren als den außerordentlichen, heißt *Dichroismus*, da durch die (meist auch für verschiedene Wellenlängen) verschiedene Absorption der Kristall je nach der Schwingungsrichtung des durchgehenden Lichtes verschieden gefärbt erscheint, wenn er nicht zu dick ist.

Abb. 3.120. Unterdrückung der Reflexion durch ein Polarisationsfilter

Die Polarisationsfilter finden vielfältige Anwendung. Die Abb. 3.120 zeigt, wie die durch Spiegelung von Flächen (nicht metallischer Art!) entstehende polarisierte Strahlung durch ein Polarisationsfilter verschluckt werden kann. Umgekehrt kann man, was für manche optische Anordnungen erwünscht ist, das Auftreten reflektierter Strahlen an einer spiegelnden Glasfläche durch Anwendung polarisierten Lichtes unter Umständen vermeiden. Es ist gelungen, diese Filter zur Erzeugung plastischer Wirkungen beim Film zu verwenden. Ferner sind Versuche unternommen worden, die Blendung durch Scheinwerfer beim Autofahren mit Hilfe von Polarisationsfiltern zu verringern. Scheinwerfer- und Windschutzscheiben tragen unter 45° geneigte Filter, so daß die Filter bei entgegenkommenden Wagen gekreuzt sind.

Polarisationsgeräte. Alle Geräte mit denen man polarisiertes Licht herstellen und untersuchen kann, bezeichnet man als Polarisationsgeräte. Sie bestehen aus dem *Polarisator* und dem *Analysator*. Mit dem ersten wird das Licht polarisiert, mit dem letzteren wird sein Polarisationszustand festgelegt. Man nennt Analysator und Polarisator *gekreuzt*, wenn die Intensität ein Minimum hat, *parallel*, wenn die Intensität ein Maximum hat. Die Intensität ist im Minimum gleich Null, wenn die beiden Teile des Polarisationsgerätes das Licht vollständig linear polarisieren.

Bilden die Polarisationsebenen einen von 0° und 90° verschiedenen Winkel miteinander, so wird das im Polarisator polarisierte Licht durch den Analysator nur teilweise hindurchgelassen. Beträgt die Intensität bei parallelen Polarisatoren I_0, und schließen die beiden Polarisatoren den Winkel φ miteinander ein, so ist, wie MALUS zuerst zeigte, die Intensität I des den Analysator verlassenden Lichtes

$$I = I_0 \cos^2 \varphi.$$

Es ist nämlich das auf den Analysator auftreffende Licht in zwei Komponenten nach dem Parallelogrammgesetz zu zerlegen. Da die Intensität dem Quadrat der Amplitude proportional ist (Bd. I), folgt die quadratische Abhängigkeit.

Polarisation bei der Beugung. Schon ARAGO stellte fest, daß das Licht bei der Beugung teilweise polarisiert wird. Beispielsweise sind von einem Gitter gebeugte polarisierte Lichtwellen in ihrer Schwingungsebene im allgemeinen verändert.

Tyndalleffekt. JOHN TYNDALL, 1820 bis 1893, studierte von 1848 bis 1850 in Marburg bei BUNSEN, 1851 in Berlin bei MAGNUS, seit 1853 Professor der Physik an der Royal Institution und an der Bergwerksschule in London, der Nachfolger von MICHAEL FARADAY; seinerzeit berühmt wegen seiner glänzenden Experimentierkunst und allgemeinverständlicher, fesselnd geschriebener Darstellung aus der Physik; er war auch ein Förderer des Bergsteigersports in den Alpen.

Die Polarisation des Lichtes bei seiner Streuung in trüben Stoffen beruht auf der Reflexion und der Beugung. Geht Licht durch ein trübes Mittel (verdünnte Milch, eine mit Wasser verdünnte alkoholische Lösung von Mastix, feinen Rauch), so wird es seitlich gebeugt und gestreut. Dadurch wird der Weg des Lichtes sichtbar (*Tyndall-Phänomen*).

LORD RAYLEIGH hat gezeigt (JOHN WILLIAM STRUTT, später LORD RAYLEIGH, 1842 bis 1919, Professor der Physik in London, 1904 Nobelpreis für Physik):

Die Intensität I des gestreuten Lichtes ist umgekehrt proportional der vierten Potenz der Wellenlänge λ, wenn die streuenden Teilchen klein gegen λ sind.

$$I = \frac{C}{\lambda^4}. \tag{3.30}$$

Es wird demnach im gestreuten weißem Licht sehr viel mehr Blau enthalten sein als Rot, es wird also das gestreute Licht bläulich, das hindurchgegangene rötlich erscheinen.

Auch die sorgfältigst gereinigten Substanzen sind „trüb", was auf Schwankungserscheinungen u. a., z. B. durch die molekulare Struktur der Stoffe, zurückzuführen ist. Die Wellenlänge des eingestrahlten Lichtes wird unter Umständen bei der Streuung etwas geändert (RAMAN-Effekt).

Das in einem trüben Mittel gebeugte Licht ist *polarisiert*. Schüttet man z. B. eine kleine Menge einer alkoholischen Mastixlösung in einen langen, mit Wasser gefüllten Glastrog und schickt ein paralleles helles weißes Strahlenbündel durch das Wasser hindurch, so leuchtet die Trübung in der Richtung senkrecht zum Lichtbündel mit bläulicher Farbe auf. Das hindurchgegangene Licht, auf einem Schirm aufgefangen, ist rötlich (Abb. 3.121).

Beobachtet man das gestreute Licht mit einem Analysator, so findet man, etwa bei Betrachtung senkrecht zum Lichtbündel, daß das gestreute Licht in der durch einen Strahl und die Beobachtungsrichtung gelegten Ebene fast vollständig polarisiert ist (Abb. 3.122). Bei trüben Medien mit eingebetteten isolierenden Teilchen liegt das

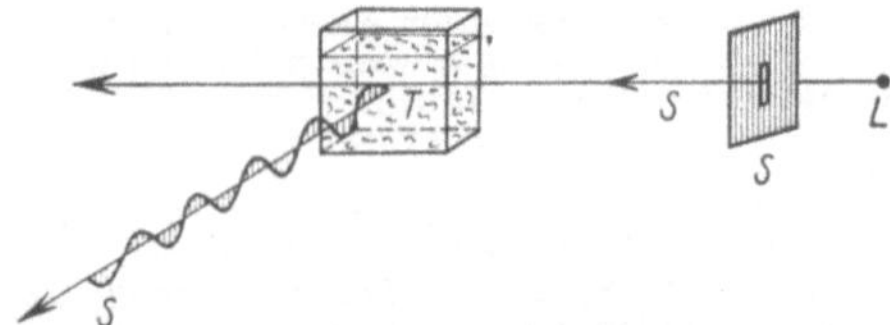

Abb. 3.121. Polarisation durch einen trüben Stoff

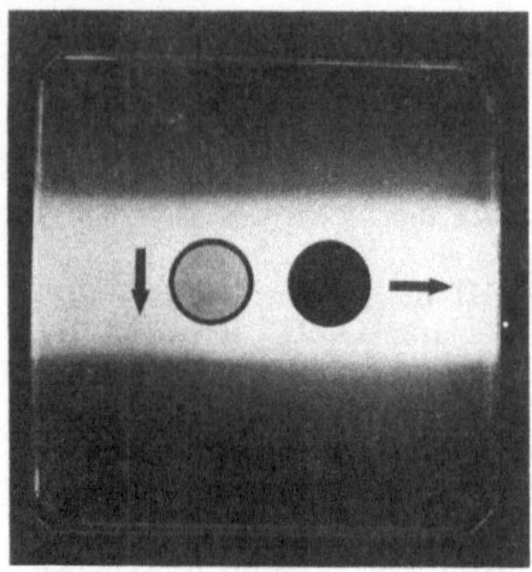
Abb. 3.122. Polarisation beim Tyndalleffekt (mit Mastixteilchen getrübtes Wasser), seitlich durch einen Analysator betrachtet

Maximum der Polarisation bei 90° zur Strahlrichtung, bei trüben Medien mit metallischen Teilchen (Ag, Au, Pt) jedoch bei 110° bis 120°.

Polarisation des Himmelslichtes. In der Luft befinden sich viele kleinste Staubteilchen, Wassertröpfchen usw., die das Sonnenlicht streuen. Da die Streuung proportional $1/\lambda^4$ ist, werden aus dem direkten Strahlengang vorwiegend die kürzeren Wellenlängen abgelenkt, die längeren (roten) durchgelassen (*Morgenrot* und *Abendrot*). Aus demselben Grund kann man mit infrarotem Licht sehr viel besser bei Dunst photographieren als mit sichtbarem Licht. Ebenso sieht der von einer Zigarette direkt aufsteigende Rauch bläulich aus, während der ausgeatmete Rauch, der aus wesentlich gröberen Teilchen besteht, weißlich ist. Auch die nach den vorhergehenden Ausführungen über den *Tyndalleffekt* zu erwartende Erscheinung einer Polarisation des Himmelslichtes läßt sich leicht beobachten. Man braucht dazu nur durch ein Nicolsches Prisma oder ein Polarisationsfilter den blauen Himmel anzusehen und diese vor dem Auge zu drehen. Die Polarisation sollte auf einem von der Sonne um 90° entfernten größten Kreis am stärksten und hier vollständig sein. In Wirklichkeit beobachtet man ein komplizierteres Verhalten. Man findet nämlich keine vollständige Polarisation und vor allem, daß es Stellen am Himmel gibt, an denen überhaupt keine Polarisation festzustellen ist. Diese sog. *neutralen Punkte* liegen über und unter der Sonne in 10° bis 25° Abstand von ihr; zwei weitere liegen etwas über dem der Sonne diametral gegenüberliegenden Punkt (in dem allein die Polarisation verschwinden sollte). Theoretisch kann man diese Anomalien durch wiederholte Streuung erklären. Die Ursache für die blaue Farbe des Himmels sind die statistischen Dichteschwankungen der Luft (RAYLEIGH) infolge der Wärmebewegung. Aus der Intensität des diffusen blauen Himmelslichtes kann man deshalb die Loschmidtsche Zahl berechnen.

3.3.4. Interferenz polarisierter Lichtwellen

Wird ein Lichtbündel, wie beim Kalkspat, in zwei zueinander senkrecht polarisierte Strahlenbündel zerlegt, so erfährt jede Welle durch die Kristallplatte infolge der verschiedenen Ausbreitungsgeschwindigkeiten des Lichtes eine Phasenverschiebung gegen die andere. Durch eine passend gewählte Dicke der Kalkspatplatte kann man erreichen, daß beim Austritt aus der Platte die Phase der ordentlichen Welle eine halbe Wellenlänge größer ist als die der außerordentlichen.

Trotzdem zeigen sich niemals Interferenzstreifen oder Interferenzringe, die den Beugungserscheinungen oder den Newtonschen Ringen ähnlich sind. Hieraus folgt:

Zwei zueinander senkrecht polarisierte Lichtwellen interferieren nicht miteinander.

Nachdem FRESNEL und ARAGO festgestellt hatten, daß zwei rechtwinklig zueinander polarisierte Wellen unter keinen Umständen interferieren, zog FRESNEL 1821 daraus den Schluß, daß die Lichtschwingungen nur Transversalschwingungen sein können.

Wenn man die beiden Komponenten der Wellen nach dem Durchgang durch einen doppelbrechenden Kristall in dieselbe Schwingungsebene bringt, so sind Interferenzerscheinungen zu erwarten.

Beobachtungen im monochromatischen Licht. Interferenzen treten auf, wenn man z. B. ein dünnes Gipsblättchen zwischen den Polarisator und den Analysator eines Polarisationsgerätes einschiebt. Bringen wir zwischen gekreuzte Polarisatoren ein dünnes Gipsblättchen, so geht im allgemeinen wieder Licht hindurch. Wenden wir paralleles monochromatisches Licht an und drehen das Gipsblättchen, so erhalten wir bei einer bestimmten Stellung größte Helligkeit. Drehen wir den Analysator, so wird das Gesichtsfeld wieder dunkel. Das Gipsblättchen ist eine achsenparallele Platte eines zweiachsigen Kristalls. Die Tatsache der Zweiachsigkeit kann hier außer Betracht bleiben.

Da es senkrecht durchstrahlt wird, tritt hier der in Abb. 3.112 wiedergegebene Fall ein. Ordentliche und außerordentliche Wellen werden nicht getrennt, erhalten aber gegenseitig eine Phasenverschiebung. Diese muß also der Grund obiger Erscheinung sein.

In Abb. 3.123 stellen die beiden Vertikalebenen die Begrenzung des Kristallblättchens dar; das Achsenkreuz im Eintrittspunkt der Lichtwelle gibt die Schwingungsrichtungen der beiden Wellen im Inneren des Kristalls an (Diagonalstellung). Es wird in der Kristallplatte in zwei Wellen zerlegt. Die Komponenten haben gleiche Amplituden. Bei einer anderen Neigung (Abb. 3.124) sind die Amplituden der Komponenten für die eine Welle durch $A \sin \varphi$ und für die zweite Welle durch $A \cos \varphi$ bestimmt, wenn A die Amplitude der einfallenden Welle und φ den Winkel, den die Schwingungsebene des einfallenden Lichtes mit der Schwingungsebene der zweiten Welle bildet, bedeuten.

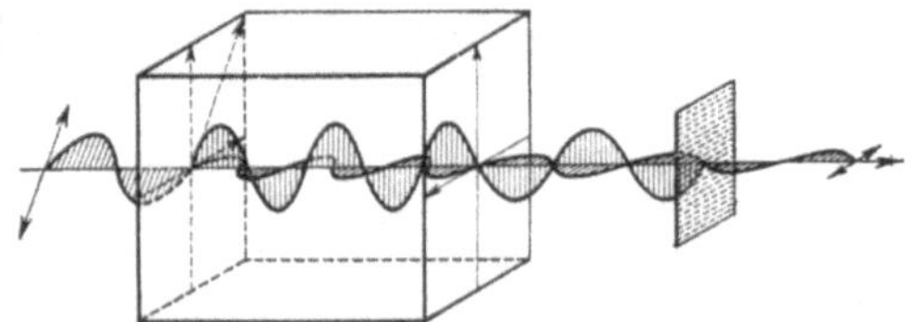

Abb. 3.123. Durchgang einer linear polarisierten Lichtwelle durch ein Gipsblättchen

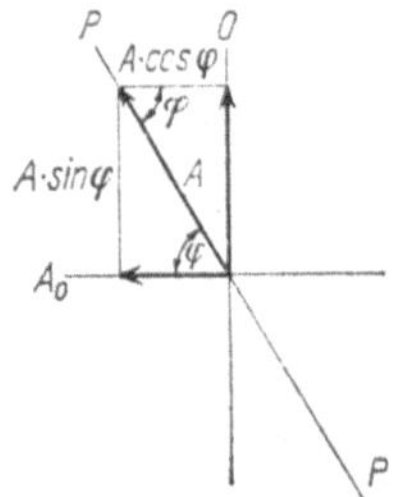

Abb. 3.124. Zerlegung der Amplitude im Polarisator

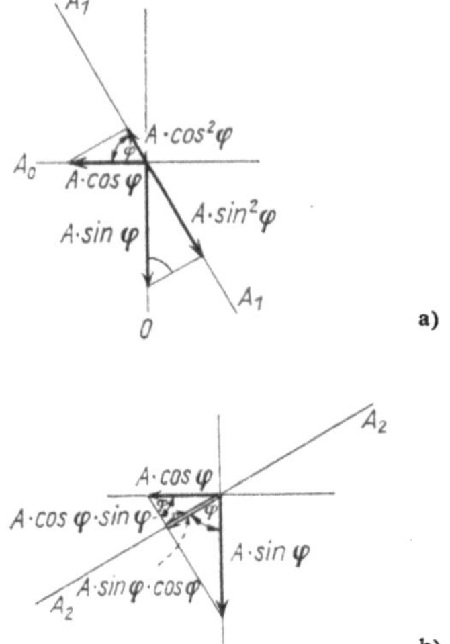

Abb. 125. a) Nochmalige Zerlegung der Amplitude durch den Analysator nach Durchlaufen eines $\lambda/2$-Blättchens, b) Nochmalige Zerlegung bei einem um 90° gedrehten Analysator

Die Ausbreitungsgeschwindigkeiten, also auch die Wellenlängen der beiden Komponenten, sind im Gipsblättchen voneinander verschieden. In Abb. 3.123 ist angenommen, daß die eine Welle innerhalb des Gipsblättchens 2,5 Wellenlängen, die andere 3 Wellenlängen durchläuft. Zwischen beiden Wellen entsteht ein Gangunterschied von einer halben Wellenlänge ($\lambda/2$-Blättchen). Um diesen Gangunterschied zu berücksichtigen, ist in Abb. 3.125, die sich auf die aus dem Gipsblättchen austretenden Wellen beziehen, der Amplitude $A \sin\varphi$ das entgegengesetzte Vorzeichen gegeben wie in Abb. 3.123.

Verläßt die aus den beiden Komponenten bestehende Welle das Gipsblättchen, so beobachtet man nichts Besonderes, da die beiden Komponenten senkrecht zueinander polarisiert sind. Durchsetzt die Welle einen Analysator A_1A_1 (Abb. 3.125a), dessen Schwingungsebene mit der des Polarisators übereinstimmt, so wird jede einzelne Komponente durch den Analysator nochmals in zwei neue Komponenten zerlegt, von denen nur die in der ursprünglichen Ebene schwingenden Wellen mit den Amplituden $A \cos^2\varphi$ und $A \sin^2\varphi$ hindurchgehen können, während die beiden anderen Komponenten im Analysator verschwinden. Die beiden hindurchgehenden Komponenten sind aber um eine halbe Wellenlänge gegeneinander verschoben (sie haben nach Abb. 3.125a entgegengesetzten Richtungssinn) und löschen sich bei gleicher Amplitude ($\varphi = 45°$) vollständig aus.
Dreht man den Analysator um 90°, so treten die beiden anderen Teilkomponenten mit den Amplituden $A \cos\varphi \sin\varphi$ und $A \sin\varphi \cos\varphi$ (Abb. 3.125b), deren Schwingungsebenen senkrecht zu den eben beschriebenen stehen, allein durch den Analysator; und da diese (sie haben in Abb. 3.125 denselben Richtungssinn) keine Phasenverschiebung gegeneinander haben, summieren sie sich in ihren Wirkungen, d. h., das Licht verläßt bei $\varphi = 45°$ den Analysator mit der Schwingungsweite $2A \sin\varphi \cos\varphi = A \sin 2\varphi = A \sin 90° = A$ also mit einer Intensität, die es ohne Gipsblättchen bei parallelen Polarisatoren hätte. Durch die im Gipsblättchen hervorgebrachte Phasenverschiebung wird erreicht, daß für $\varphi = 45°$ das Licht bei gekreuzten Polarisatoren, also bei der Stellung, bei der das Licht ohne dazwischengeschaltetes Gipsblättchen ausgelöscht würde, ungeschwächt hindurchgeht.

Farbenerscheinungen im polarisierten Licht. Läßt man in der Diagonalstellung nicht einfarbiges, sondern weißes Licht durch das mit dem Gipsblättchen versehene Polarisationsgerät hindurchgehen, so beträgt die optische Wegdifferenz für einen ganz bestimmt gefärbten Teil des Lichtes, der je nach der Dicke des Gipsblättchens verschieden ist, ein ungeradzahliges Vielfaches, für einen anderen Teil genau ein geradzahliges Vielfaches einer halben Wellenlänge. Bei gekreuzten Polarisatoren geht also ein ganz bestimmter Bestandteil, z. B. das grüne Licht, unverändert hindurch. Dagegen gehen diejenigen Wellen, die eine hiervon nur wenig verschiedene Wellenlänge haben, geschwächt hindurch, ein anderer Teil des zusammengesetzten Lichtes wird teilweise oder vollständig ausgelöscht. Dann erscheint das Gipsblättchen in der Farbe des durchgehenden, in unserem Beispiel grünen Lichtes.
Wird der Analysator (oder auch der Polarisator) um 90° gedreht, während das Gipsblättchen seine Lage beibehält, so werden diejenigen Teile ausgelöscht, die bei der vorigen Stellung hindurchgingen, während die Teile, die vorhin ausgelöscht waren, jetzt hindurchgehen. Daher erscheint das Gipsblättchen in dieser neuen Stellung der Polarisatoren in der Komplementärfarbe: im angegebenen Beispiel purpurrot. Dreht man das Gipsblättchen zwischen den beiden Teilen des Polarisationsgerätes, so ändert sich die Farbe des Gipsblättchens nicht, aber die Leuchtkraft, die Sättigung der Farbe wird geringer, weil die

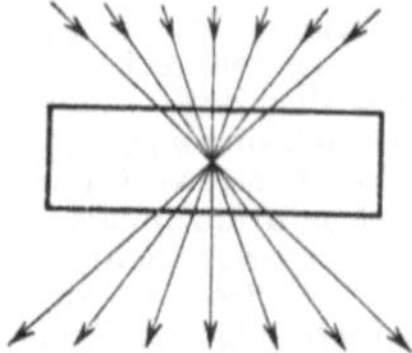

Abb. 3.126. Verschiedene Lichtwege in der Kristallplatte bei der Beleuchtung mit konvergentem Licht (Brechung vernachlässigt)

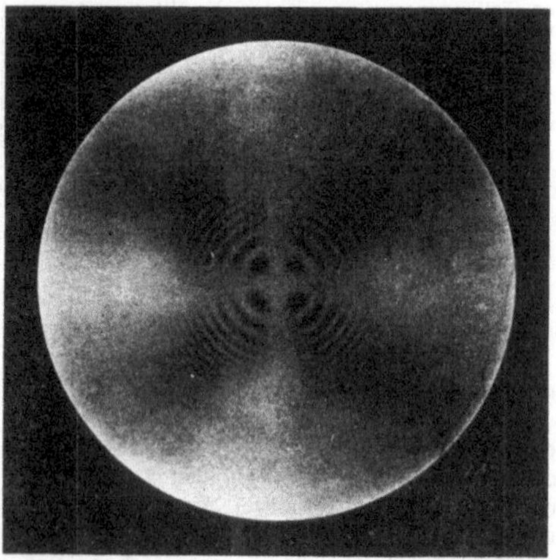

a)

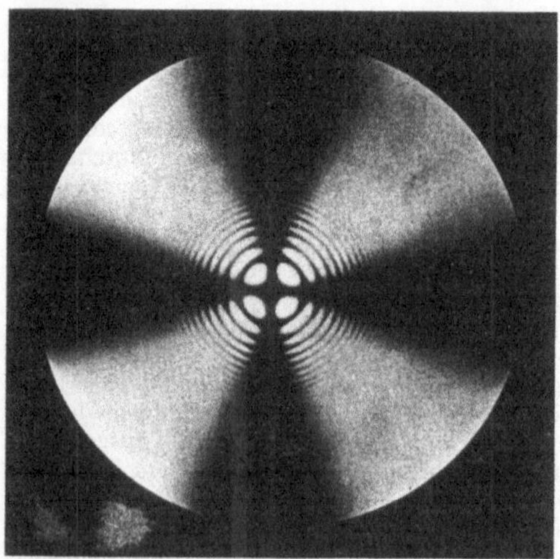

b)

Abb. 3.127. Senkrecht zur optischen Achse geschnittene Platte eines einachsigen Kristalls a) zwischen parallelen Polarisatoren, b) zwischen gekreuzten Polarisatoren

Schwingungsrichtung im Gipsblättchen nicht um genau 45° von der Schwingungsrichtung in den Polarisatoren abweicht.

Ändert man die Dicke des Gipsblättchens, so wird die Art der Farbe geändert. Ein Gipsblättchen, das aus verschieden dicken Teilen besteht, zeigt zwischen den Polarisatoren die mannigfaltigsten Farben; man kann daher durch passende Anordnung von verschieden dicken Gipsblättchen farbenprächtige Abbildungen (z. B. Schmetterlinge) herstellen, die aber nur im Polarisationsgerät ihre Farben zeigen.

Ähnlich verhält sich jedes dünne Blättchen eines doppelbrechenden Stoffes, das parallel zur Achse geschnitten ist und senkrecht zwischen die Polarisatoren gebracht wird. Zerlegt man die hindurchgehenden Wellen durch ein Prisma, so erkennt man im Spektrum schwarze Streifen, die denjenigen Wellenlängen entsprechen, die durch Interferenz ausgelöscht worden sind.

Am reinsten sind die Erscheinungen mit einachsigen Kristallen zu erhalten. Zweiachsige zeigen für jede Farbe eine etwas andere Normalstellung, so daß im weißen Licht mit Gips- oder Glimmerblättchen keine vollkommene Dunkelheit zu erreichen ist. Sie werden aber der bequemen Herstellbarkeit halber gern benutzt.

Dreht man das Gipsblättchen zwischen den Polarisatoren um eine Achse, die auf dem Lichtstrahl senkrecht steht, so wird der Weg, den der Lichtstrahl im Gipsblättchen zurücklegt, um so größer, je mehr das Gipsblättchen aus seiner normalen Lage gedreht wird. Daraus folgt, daß durch diese Drehung die Phasenverschiebung innerhalb des Blättchens, also auch die Farbe des hindurchgegangenen Lichtes, verändert wird. Durch Anwendung konvergenten Lichtes hat man die Möglichkeit, gleichzeitig verschiedene Kristalldicken zu benutzen (Abb. 3.126).

Die einzelnen Strahlen eines konvergent einfallenden Lichtbündels, das dann divergent von der vorderen Begrenzungsfläche einer aus einem doppelbrechenden Stoff geschnittenen Platte ausgeht, durchsetzen die Platte unter verschiedenen Winkeln, legen also innerhalb der Platte verschieden lange Wege zurück; daher ruft eine solche Platte nach den verschiedenen Richtungen nicht gleiche Farben, sondern mehr oder weniger verschieden gefärbte Ringe hervor. Der einfachste Fall ist der, daß man eine aus einem optisch einachsigen Kristall, z. B. Kalkspat, senkrecht zur optischen Achse geschnittene Platte in einen polarisierten Lichtkegel bringt und das hindurchgehende Licht mit dem Analysator untersucht. Bei parallelen Polarisatoren entsteht das in Abb. 3.127a, bei gekreuzten Polarisatoren das in Abb. 3.127b dargestellte Ringsystem, das von einem weißen oder schwarzen rechtwinkligen Kreuz durchsetzt ist. Von den beiden Balken des Kreuzes fällt der eine mit der

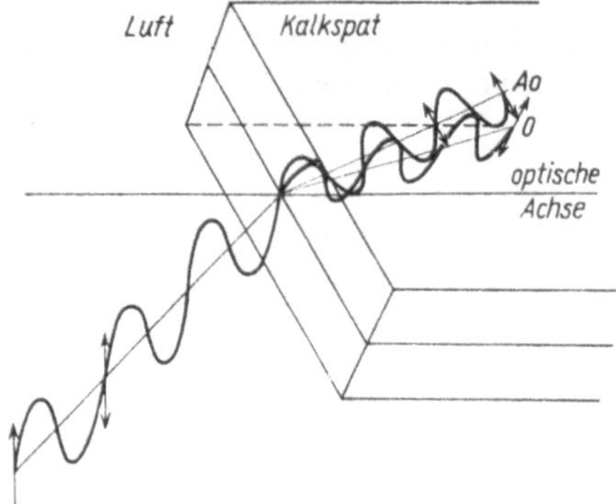

Abb. 3.128. Modell zur Erklärung der Interferenzbilder bei einem einachsigen Kristall zwischen Polarisator und Analysator

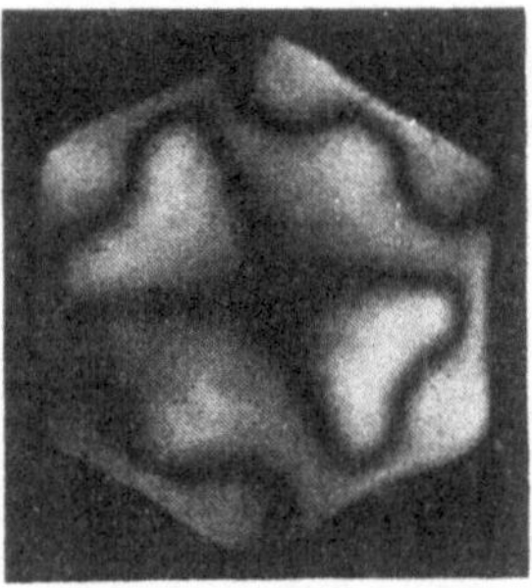

Abb. 3.129. Spannungsdoppelbrechung in einem schnell gekühlten Glas

Schwingungsebene des einfallenden Lichtes zusammen, der andere steht darauf senkrecht. Bei einfarbigem Licht besteht das Ringsystem aus hellen und dunklen Ringen; bei polychromatischem, z. B. bei weißem Licht sind die Ringe gefärbt wie die Newtonschen Farbenringe.

Zur Erklärung der Erscheinung legen wir das in Abb. 3.128 dargestellte Modell zugrunde.

Die auf den Kalkspat einfallende Lichtwelle sei linear polarisiert. Beim Eintritt in den Kalkspat entsteht durch Doppelbrechung die ordentliche Welle ($n = 1{,}65$) und die außerordentliche Welle (n zwischen 1,65 und 1,48). Die ordentliche Welle schwingt senkrecht zur Einfallsebene, die außerordentliche in der Einfallsebene.

Die Amplitude der beiden Komponenten richtet sich nach dem Winkel, den die Schwingungsebene der einfallenden Welle mit der Einfallsebene bildet. Wir denken uns den Kristall um die optische Achse gedreht, damit die Einfallsebene in alle möglichen Lagen kommt; doch soll die Schwingungsebene der einfallenden linear polarisierten Lichtwelle unverändert in der Zeichenebene bleiben:

– *Ist die Einfallsebene senkrecht*, so fällt sie mit der Schwingungsebene der einfallenden Welle zusammen; daher tritt in den Kalkspat nur die außerordentliche Welle ein, während die ordentliche Welle die Intensität Null hat. Die einfallende Lichtwelle geht also durch die Kalkspatplatte als außerordentliche Welle unzerlegt mit voller Amplitude hindurch. Für alle polarisierten Wellen mit zur Schwingungsebene senkrechter Einfallsebene verhält sich demnach die Kalkspatplatte wie ein einfach brechender Stoff.

– *Ist die Einfallsebene waagerecht*, so steht sie auf der Schwingungsebene der einfallenden Welle senkrecht; daher tritt in den Kalkspat nur die ordentliche Welle, und zwar mit voller Amplitude ein, während die außerordentliche Welle fehlt. Demnach verhält sich auch für alle Wellen mit zur Schwingungsebene paralleler Einfallsebene die Kalkspatplatte wie ein einfach brechender Stoff. Da also in der senkrechten und in der waagerechten Einfallsebene keine Zerlegung in Komponenten eintritt, so ist in diesen Ebenen das Feld bei parallelen Polarisatoren hell (helles Kreuz, Abb. 3.127a), bei gekreuzten Polarisatoren dunkel (schwarzes Kreuz, Abb. 3.127b).

– *Für jede andere Einfallsebene* tritt eine Zerlegung der einfallenden Welle in zwei Komponenten ein; je nach dem Winkel, den diese mit der Achse bilden, haben sie nach dem Durchlaufen der Kalkspatplatte einen Phasenunterschied erhalten. Wenn die Schwingungsebenen dieser beiden Komponenten durch den Analysator wieder gleichgemacht werden, gelangen sie zur Interferenz wie die Komponenten beim Gipsblättchen. Aus diesem Grund entsteht in jeder Richtung eine bestimmte Färbung. Alle die Wellen aber, die mit der Achse denselben Winkel bilden, zeigen dieselbe Farbe; denn da ihre Komponenten gleich großen Phasenunterschied haben, ordnen sich die Farben ringförmig an. Die Sättigung der Farben ist am größten für diejenigen Einfallsebenen, die mit den Ebenen des Polarisators und des Analysators einen Winkel von 45° bilden; denn für diese Einfallsebenen haben die beiden Komponenten $A \sin \varphi$ und $A \cos \varphi$ gleiche Amplituden $(A\sqrt{2})/2$; während die Amplituden um so stärker voneinander verschieden sind, je stärker sich die Einfallsebenen der Vertikal- oder der Horizontalebene nähern; daher werden die Farben nach diesen Richtungen zu immer blasser.

Die ganze Erscheinung heißt *Achsenkreuz einachsiger Kristalle*. Zweiachsige Kristalle erzeugen ähnliche Figuren, doch soll hierauf nicht eingegangen werden. Die Abbildungen 3.127 a, b vermitteln einen Eindruck von den Polarisationserscheinungen bei einachsigen Kristallen, die zu den prächtigsten in der gesamten Optik gehören.

Doppelbrechung durch Spannungszustände isotroper Stoffe. Die Doppelbrechung beruht auf der Richtungsabhängigkeit der Ausbreitungsgeschwindigkeit des Lichtes. Daher tritt stets dann Doppelbrechung ein, wenn die normale isotrope Struktur eines Körpers durch äußere Einflüsse geändert wird. Glasplatten werden doppelbrechend, wenn man sie einem einseitigem Druck aussetzt oder nach Erwärmung plötzlich, aber ungleichmäßig abkühlt. Betrachtet man derartige gespannte oder rasch gekühlte Gläser zwischen Polarisatoren, so treten oft recht merkwürdige Figuren auf, aus deren Gestalt man einen Schluß auf die inneren Spannungen ziehen kann (Abb. 3.129). Gläser für optische Systeme werden vor dem Schleifen zu Linsen und ebenso Prismen mit dem Polarisationsgerät untersucht; sie dürfen keinerlei farbige Streifen oder Kurven zeigen. Man hat auch umgekehrt versucht, sich über Spannungszustände Aufklärung zu verschaffen, indem man ein Modell des zu untersuchenden Stoffes aus Glas oder Plaste herstellt und es unter den Bedingungen der Spannung, für die es beansprucht werden soll, im polarisierten Licht betrachtet (Abb. 3.130).

Untersuchung von Gesteinen und Mineralien. Polarisationsgeräte werden auch zur Untersuchung von Mineralien und Gesteinen verwandt. Zu dem Zwecke wird ein „*Dünnschliff*" zwischen den Polarisator und den Analysator gebracht und dann in parallelem oder konvergentem Licht betrachtet. Aus der Art der Doppelbrechung kann man oft einen sicheren Schluß auf die Art des Minerals oder die Zusammensetzung des Gesteins ziehen.

Haidingersche Büschel. Man kann bei einiger Übung das polarisierte Licht direkt mit dem Auge erkennen. Blickt man durch einen Polarisator gegen eine gleichmäßig

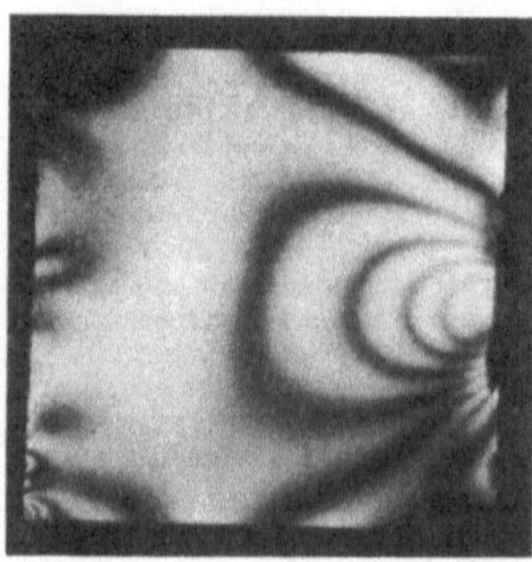

Abb. 3.130. Spannungsdoppelbrechung zur Untersuchung von Werkstücken

beleuchtete Fläche, so tritt innerhalb des Auges für einige Augenblicke eine eigentümliche Figur auf, die etwa einem dunklen, gelblichen Kreis entspricht, der in seinem Innern zwei bläuliche Aufhellungen zeigt (sog. Haidingersche Büschel).

3.3.5. Elliptisch und zirkular polarisiertes Licht

Stellen wir Größe und Richtung der elektrischen (oder magnetischen) Feldstärke in einer Welle durch einen Pfeil von bestimmter Länge und Richtung dar, so bewegt sich der Endpunkt P dieses Pfeils in einer linear polarisierten Welle auf einer Geraden von stets derselben Richtung harmonisch hin und her und schreitet zugleich in der Ausbreitungsrichtung der Welle mit konstanter Geschwindigkeit vorwärts. Er durchläuft also im Raum eine Sinuslinie, die in einer Ebene liegt. Während für natürliches, d. h. unpolarisiertes Licht diese Ebenen für die einzelnen Wellenzüge regellos gegeneinander verdreht sind (d. h. gedreht um die Strahlrichtung als Achse), haben wir es bei linear polarisiertem Licht mit einer festen Ebene zu tun.

Wir haben in der Akustik gezeigt, daß mehrere Schwingungsvorgänge nach dem Gesetz der Addition von Vektoren zusammenzusetzen sind (vgl. hierzu die Ausführungen über die Bildung der Lissajousfiguren in Bd. I).

Wir erinnern uns, daß zwei senkrecht zueinander linear polarisierte Wellen nicht miteinander interferieren können, daß aber eine Wechselwirkung eintritt, sobald zwei unter einem bestimmten Winkel zueinander schwingende linear polarisierte Wellen in dieser Richtung eine gemeinsame Komponente haben. Betrachten wir z. B. zwei linear polarisierte Wellen, die senkrecht zueinander schwingen (Abb. 3.131), dann ergibt die Zusammensetzung eine Schraubenlinie auf einem Kreiszylinder. Die Ganghöhe der Schraubenlinien ist gleich der Wellenlänge. Licht dieser Art nennt man *zirkular polarisiert*. Es stellt einen Sonderfall des *elliptisch polarisierten Lichtes* dar. Wenn nämlich der Punkt P auf einem senkrecht zur Ellipse stehenden Strahl umläuft, dann haben die beiden addierten Vektoren jeweils einen beliebigen Gangunterschied, und der Punkt P durchläuft die Ellipsenebene wiederum mit konstanter Geschwindigkeit in seiner vorwärtsschreitenden Bewegung, d. h., er durchläuft eine Schraubenlinie auf einem elliptischen Zylinder, wobei die Ganghöhe dieser Schraubenlinie gleich der Wellenlänge ist.

Die elliptische Polarisation ist der allgemeine Fall; zirkulare und lineare Polarisationen sind Sonderfälle davon.

Elliptisch polarisiertes Licht können wir uns entstanden denken aus der Überlagerung von zwei senkrecht zueinander linear polarisierten Wellen. Je nach der Phasendifferenz der beiden Wellen erhalten wir alle möglichen speziellen Fälle. Für eine Phasendifferenz eines geradzahligen Vielfachen einer Viertelschwingung, also $\delta = (2z)/(\pi/2)$, entsteht linear polarisiertes Licht. Zirkular polarisiertes Licht entsteht dann, wenn der Phasenunterschied der Komponenten ein ungeradzahliges Vielfaches einer Viertelschwingung, also $\delta = (2z - 1)/(\pi/2)$ beträgt und die Amplituden A_x und A_y der beiden linear polarisierten Wellen gleich groß sind. Umgekehrt kann man bei der Überlagerung von zwei in entgegengesetztem Drehsinn zirkular polarisierten Wellen linear polarisiertes Licht erhalten.

Wir können uns dies durch eine einfache geometrische Konstruktion verständlich machen. Analytisch verfahren wir folgendermaßen: In zwei linear polarisierten Wellen schwinge z. B. der elektrische Vektor in der x- bzw. y-Richtung, werde also dargestellt durch

$$x = A_x \sin \omega t; \qquad y = A_y \sin (\omega t + \delta).$$

Zerlegen wir den Ausdruck für y in $A_y (\sin \omega t \cos \delta + \cos \omega t \sin \delta)$, so können wir aus den beiden Gleichungen t eliminieren. Wir erhalten dann die Beziehung

$$\sin^2 \delta = \frac{x^2}{A_x^2} + \frac{y^2}{A_y^2} - 2\frac{xy}{A_x A_y} \cos \delta, \qquad (3.31)$$

die die Lage des Endpunktes des elektrischen Vektors festlegt, der aus der Überlagerung entsteht. Für $\delta = 0$ wird hieraus

$$\frac{x^2}{A_x^2} + \frac{y^2}{A_y^2} - 2\frac{xy}{A_x A_y} = 0, \quad \text{d. h.} \quad y = \frac{A_y}{A_x} x.$$

Dies ist aber die Gleichung einer durch den Koordinatenanfangspunkt gehenden Geraden. Für $\delta = \pi/2$ erhalten wir

$$\frac{x^2}{A_x^2} + \frac{y^2}{A_y^2} = 1.$$

Das ist die Gleichung einer Ellipse, die für $A_x = A_y$ in die Gleichung eines Kreises übergeht.

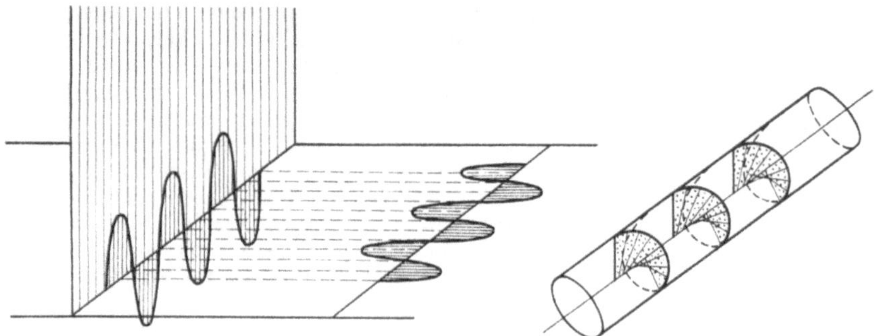

Abb. 3.131. Addition senkrecht zueinander schwingender linear polarisierter Wellen

Erzeugung und Analyse von elliptisch polarisiertem Licht. Die einfachste Methode zur Herstellung von elliptisch polarisiertem Licht besteht in folgendem: Parallel gebündeltes Licht geht durch einen Polarisator, den es linear polarisiert verläßt. Dann läuft es durch eine Kristallplatte, die es in zwei Teilbündel zerlegt, die senkrecht zueinander polarisiert sind und eine Phasendifferenz besitzen, die von der Plattendicke abhängt. Diese überlagern sich zu elliptisch polarisiertem Licht. Zirkular polarisiert ist das Licht, wenn die Intensitäten der beiden Teilbündel gleich groß sind und wenn die Phasendifferenz 90°, d. h. der Gangunterschied $\lambda/4$ ist. Eine Kristallplatte, die diesen Gangunterschied erzeugt, ist das *$\lambda/4$-Blättchen* oder *Viertel-Wellen(längen)blättchen.*

Als $\lambda/4$-Blättchen ist ein achsenparalleles Glimmerblättchen von 0,032 mm Dicke brauchbar. Der Gangunterschied beträgt hier gerade für den hellsten gelbgrünen Anteil des Sonnenspektrums eine Viertel-Wellenlänge; er ist für rotes Licht etwas kleiner, für blaues Licht etwas größer, aber die Differenzen sind so gering, daß man mit hinreichender Annäherung auch weißes Licht verwenden kann.

Wenn man ein Viertel-Wellenlängenblättchen in ein linear polarisiertes Lichtbündel so einschaltet, daß seine Hauptschwingungsrichtung des polarisierten Lichtes um 45° geneigt ist, so wird das linear polarisierte Licht in zirkular polarisiertes verwandelt. Legt man zwei Viertel-Wellenlängenblättchen aufeinander, so wird in dem zweiten das zirkular polarisierte Licht wieder in linear polarisiertes verwandelt, dessen Schwingungsebene auf der Schwingungsebene des eintretenden Lichtstrahlenbündels senkrecht steht. Ein drittes Viertel-Wellenlängenblättchen verwandelt dieses Licht wieder in zirkular polarisiertes Licht; doch ist die Umdrehungsrichtung der kreisförmigen Schwingung entgegengesetzt zu der Umdrehungsrichtung des zirkular polarisierten Lichtes, das durch die Einschaltung eines Viertel-Wellenlängenblättchens erzeugt war.

Kompensatoren von Babinet und Soleil. Zur Erzeugung von elliptisch polarisiertem Licht mit beliebiger Lage der Achsen und beliebigem Achsenverhältnis, sowie zu dessen Analyse benutzt man eine von BABINET angegebene, dann von SOLEIL verbesserte Baugruppe. Sie besteht aus zwei Quarzkeilen, die aufeinander gelegt sind (Abb. 3.132), so daß sie sich zu einer planparallelen Platte ergänzen. Sie sind so geschliffen, daß die eine Kristallachse parallel, die andere senkrecht zur Kante liegt. Durch Verschieben der Keile gegeneinander kann die Plattendicke kontinuierlich geändert werden.

Die Wirkungsweise beruht darauf, daß senkrecht zueinander polarisierte Wellen bzw. die beiden Komponenten einer elliptisch polarisierten Welle in dem einen Keil als ordentliche und außerordentliche Welle verlaufen, in dem anderen Keil ihre Rollen aber vertauschen. Wenn ein sehr dünnes Bündel bei *m* durch die Vorrichtung hindurchgeht, erleidet es deshalb keine Veränderung, aber wenn es rechts oder links hindurchgeht, wirken die Keile mit der Differenz ihrer Dicken, und zwar nach beiden Seiten im entgegengesetzten Sinn. Fällt auf den Kompensator ein dünnes Bündel von linear oder elliptisch polarisiertem Licht auf, so wird es im ersten Keil in zwei senkrecht zueinander polarisierte Bündel zerlegt, die im Keil eine Phasenverschiebung bekommen, die dann im zweiten Keil zum Teil wieder rückgängig gemacht wird. Insgesamt resultiert deshalb eine Phasenverschiebung, die von den Keildicken an der Stelle abhängt, an der die Keile von dem Bündel durchsetzt werden. Wir können also auf diese Weise jeden beliebigen Phasenunterschied herstellen. Wir können aber auch umgekehrt einen ursprünglich vorhandenen Phasenunterschied aufheben, der zwischen zwei senkrecht zueinander polarisierten Wellen vorhanden ist, und können so elliptisch polarisiertes Licht in linear polarisiertes verwandeln.

Die Benutzung des Babinetschen Kompensators beschränkt sich auf Bündel von sehr kleinem Querschnitt. Diesen Nachteil vermeidet der von SOLEIL angegebene Kompensator. Eine planparallele Platte von variabler Dicke wird von zwei gegeneinander verschiebbaren Quarzkeilen gebildet, bei denen die Kristallachse parallel zur Kante verläuft. Dazu kommt eine zweite Platte, die aus Quarz geschliffen ist, so daß die Kristallachse senkrecht zu den Kanten der Keile liegt (Abb. 3.133).

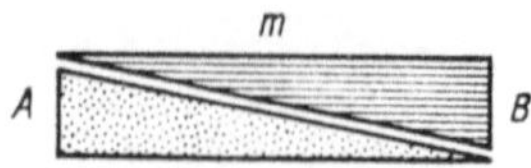

Abb. 3.132. Kompensator von BABINET

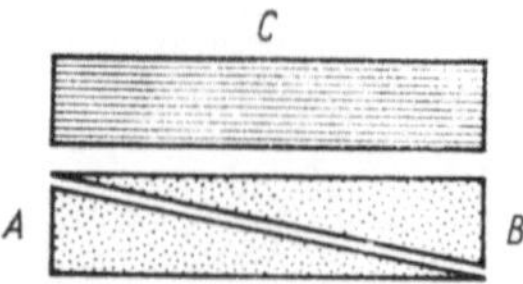

Abb. 3.133. Kompensator von SOLEIL

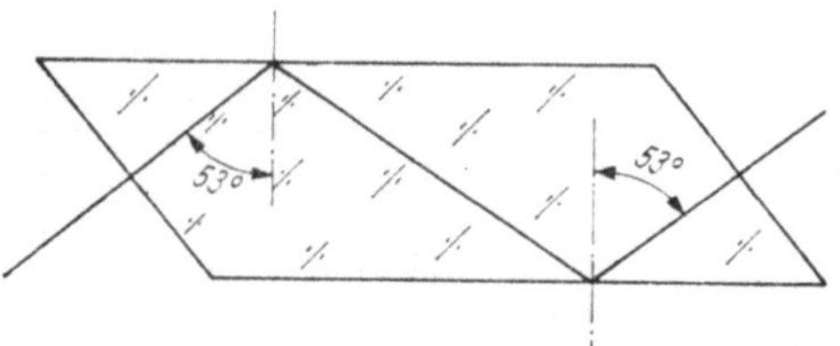

Abb. 3.134. Fresnelsches Parallelepiped

Das Fresnelsche Parallelepiped. Fällt linear polarisiertes Licht, dessen Ebene in Abb. 3.134 unter einem Winkel von 45° zur Zeichenebene liegen soll, auf die Diagonalfläche eines Parallelepipeds, wobei der Einfallswinkel etwa 54° betragen möge, dann wird das reflektierte Licht elliptisch polarisiert. Wir können uns nach den obigen Ausführungen das linear polarisierte Licht aus zwei im Gegensinne umlaufenden zirkular polarisierten Schwingungen zusammengesetzt denken; bei der Reflexion entsteht zwischen beiden Wellen eine Phasendifferenz von 45°, d. h., im Inneren des Parallelepipeds breitet sich eine elliptisch polarisierte Welle aus.

Erfolgt im Inneren eine zweite Reflexion, so entsteht ein weiterer Phasensprung von 45°, so daß die Phasenverschiebung 90° beträgt. Da die Wellen gleiche Amplituden haben, ist das austretende Licht zirkular polarisiert.

Es sei noch bemerkt, daß bei langen elektrischen Wellen – entsprechend einer Brechzahl von nur 0,11 – ein Phasensprung von 90° schon bei einmaliger Totalreflexion erzeugt werden kann.

FRESNELS Anregung zur Erzeugung zirkular polarisierten Lichtes ist heute von geringer praktischer Bedeutung im Sichtbaren, spielt dagegen für das langwellige infrarote Gebiet eine Rolle.

3.3.6. Drehung der Schwingungsebene

Drehung der Schwingungsebene in Quarz. Bringt man eine Quarzplatte, die senkrecht zur optischen Achse, also auch senkrecht zur kristallographischen Hauptachse geschnitten ist, zwischen gekreuzte Polarisatoren, so wird das Gesichtsfeld aufgehellt. Bei Anwendung weißen Lichtes ist die Quarzplatte gefärbt. Dreht man den Analysator, so verändert sich die Farbe der Quarzplatte, und die Helligkeit des Lichtes nimmt ab, ohne jedoch wieder Null zu werden.

Bei einfarbigem Licht tritt nur ein Wechsel von Hell und Dunkel ein. Bringt man zwischen die gekreuzten Polarisatoren eine Quarzplatte, so wird das Feld aufgehellt. Man kann durch eine geeignete Drehung des Analysators wieder vollständige Dunkelheit des Feldes erreichen. Da eine senkrecht zur Achse geschnittene Platte eines doppelbrechenden Kristalls im parallelen, monochromatischen Licht keine Aufhellung ergibt, und das Licht in dieser Richtung wie durch einen isotropen Körper hindurchgeht (Abb. 3.112), handelt es sich um eine bisher nicht behandelte Erscheinung. Sie erklärt sich in folgender Weise:

Die Schwingungsebene des Lichtes wird gedreht, wenn es durch eine Quarzplatte hindurchgeht.

Man muß den Analysator nachdrehen, um Auslöschung zu bekommen. Wie man an (≈ bis 3 mm) dünnen Quarzplatten feststellen kann, gibt es zwei Arten Quarz, die sich in ihrer Kristallstruktur spiegelbildlich zueinander verhalten. Sie drehen die Schwingungsebene in verschiedenem Umlaufsinn. Wenn der Quarz die Schwingungsebene rechts dreht, so wird er „*Rechtsquarz*" genannt, dreht er die Schwingungsebene nach links, so heißt er „*Linksquarz*". Die meisten in der Natur vorkommenden wasserhellen Quarze sind Rechtsquarze, während der Rauchtopas meist links dreht.

Die Drehung der Schwingungsebene im Quarz ist für verschiedenfarbiges Licht verschieden stark. Sie ist am geringsten für langwelliges, am größten für kurzwelliges Licht (Abb. 3.135). Die Drehung der Schwingungsebene ist der Dicke der Quarzplatte proportional. Bei einer Quarzplatte von 1 mm Dicke sind die Drehungswinkel der Schwingungsebene: für Rot 15°, Gelb 21°, Grün 27°, Blau 33°, Violett 51°.

Aus der Wellenlängenabhängigkeit des Drehungswinkels folgt die Färbung der Quarzplatte in weißem Licht unmittelbar. Wenn man z. B. zwischen die gekreuzten Polarisatoren eine Quarzplatte von 1 mm Dicke einschaltet und den Analysator um 15° dreht, so wird das rote Licht ausgelöscht, während die übrigen Teile des Lichtes mehr oder weniger ungeschwächt hindurchgehen. Das Feld muß demnach in der Komplementärfarbe Grünblau erscheinen. Dreht man den Analysator um 21°, so wird das gelbe Licht ausgelöscht, und die Platte erscheint blau. Bei der Drehung um 27° wird das grüne Licht ausgelöscht, das Feld wird purpurrot usw. Das durchgehende Licht ändert demnach seine Farbe in der Reihenfolge grün, blau, rot, gelbrot, gelb. Bei weiterer Drehung wiederholen sich die Farben in derselben Reihenfolge. Verwendet man eine Quarzplatte von mehreren Millimetern Dicke, so erscheint die Färbung der Platte weniger gesättigt, da sich einzelne Teile des

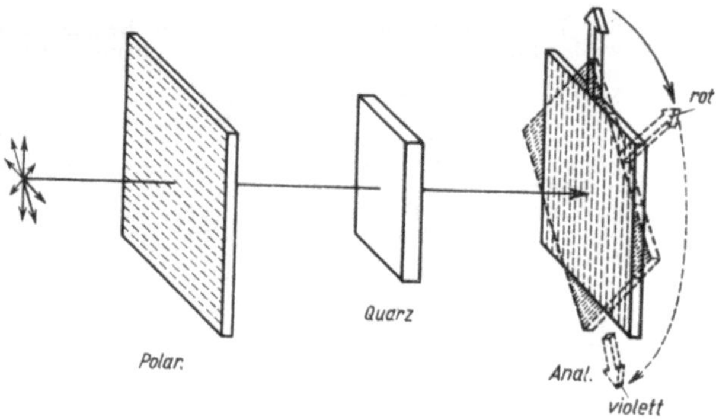

Abb. 3.135. Drehung der Schwingungsebene

Abb. 3.136. Schema eines Polarimeters

Spektrums überdecken; diese erzeugen matte Mischfarben ähnlich wie bei Interferenzerscheinungen, wenn man die Schicht zu dick nimmt. Der Winkel, um den die Schwingungsebene durch eine 1 mm dicke Platte eines festen Stoffes gedreht wird, heißt das *Drehvermögen* α. Der Unterschied der Drehungen für die verschiedenen Spektralfarben wird ***Rotationdispersion*** genannt (Tab. III im Anhang).

Außer Quarz drehen noch andere feste Körper und reine Flüssigkeiten die Schwingungsebene. Von den einachsigen Kristallen ist besonders Zinnober bemerkenswert. Auch einige reguläre Kristalle (z. B. $NaClO_3$) zeigen diese Erscheinung, und zwar in allen Richtungen. Auch an zweiachsigen Kristallen konnte man die Drehung beobachten. Die drehenden Kristalle gehören stets Kristallklassen (oder Hemiedrien) ohne Symmetriezentrum an und meist solchen Unterabteilungen, bei denen eine Rechtsform und eine Linksform möglich sind. Besonders groß ist die Drehung für flüssige Kristalle (Bd. I), bei denen das Drehvermögen für die D-Linie bis zu 17000° betragen kann. Auch Lösungen können die Schwingungsebene drehen.

Drehung der Schwingungsebene durch eine Zuckerlösung. Füllt man eine an beiden Enden durch planparallele Glasplatten geschlossene Glasröhre mit einer Zuckerlösung und schaltet diese Röhre in den Gang des polarisierten Lichtes ein, dann wird die Schwingungsebene gedreht. Die Größe der Drehung ist der Länge der Röhre und der Konzentration der Zuckerlösung proportional.

Die Drehung der Polarisationsebene durch eine Zuckerlösung kann dadurch nachgewiesen werden, daß man ein paralleles, polarisiertes Strahlenbündel durch ein etwa 1 m langes, mit konzentrierter Zuckerlösung gefülltes Glasrohr leitet, wobei man die Zuckerlösung durch Spuren einer Mastixlösung trübt. Jedes Trübungsteilchen wirkt als Analysator; daher erscheint das Glasrohr wie mit einer hellen Schraubenlinie durchsetzt. Schaltet man vor das Glasrohr eine dünne Quarzplatte ein, so ist die Schraubenlinie in verschiedenen Azimuten gefärbt.

Das Drehvermögen einer Flüssigkeit oder eines in einer inaktiven Flüssigkeit gelösten drehenden Stoffes wird gemessen durch die *spezifische Drehung* $[\alpha]$, die in folgender Weise definiert wird:

Ist q die Anzahl Gramm des Stoffes in 100 cm³ Lösung, l die Länge der Flüssigkeitssäule in Dezimetern und α der Drehwinkel in Grad, dann gilt

$$[\alpha] = \frac{100\alpha}{lq}. \tag{3.32}$$

Die spezifische Drehung des in Wasser gelösten Rohrzuckers ist für Natriumlicht $[\alpha]_D = 66{,}5°$; d. h., der Drehwinkel α_D, den eine l dm lange Schicht der Lösung erzeugt, die in 100 cm³ Lösung z Gramm Rohrzucker enthält, beträgt $\alpha_D = 0{,}665°\, lz$. Die Drehung ist wellenlängenabhängig und temperaturabhängig, weshalb man in der Zuckerindustrie 20 °C als Vergleichstemperatur festgelegt hat.

Man kann die Drehung der Schwingungsebene einer Zuckerlösung von gegebener Länge l zur Messung der Konzentration (gelöste Zuckermasse z in 100 cm³ Lösung) benutzen. Für Natriumlicht ergibt sich $z = 1{,}503\alpha_D/l$.

Polarimeter. Geräte zur Messung der Zuckerkonzentration werden „*Saccharimeter*" genannt (saccharum, lat. = Zucker). Sie bestehen im wesentlichen aus einer Lichtquelle, einem Polarisator und einem mit einem Teilkreis versehenen Analysator, zwischen die ein mit der Zuckerlösung gefülltes Rohr eingesetzt werden kann. Abb. 3.136 zeigt schematisch ein von MITCHERLICH angegebenes Polarimeter (E. MITCHERLICH, 1794 bis 1863, bedeutender Chemiker). Die Einstellung des Analysators auf völlige Dunkelheit ist unsicher. Deshalb wurden Bauelemente entwickelt, die eine schärfere Einstellung ermöglichen.

Die Doppelquarzplatte von SOLEIL (N. SOLEIL, 1798 bis 1878, französischer Physiker) ist aus einer rechts- und einer linksdrehenden Quarzplatte von 3,75 mm Dicke in einer scharfen Trennlinie zusammengekittet. Eine 3,75 mm dicke Quarzplatte dreht gelbgrünes Licht etwa um 90°; Natriumlicht wird um 81,5° gedreht. Schaltet

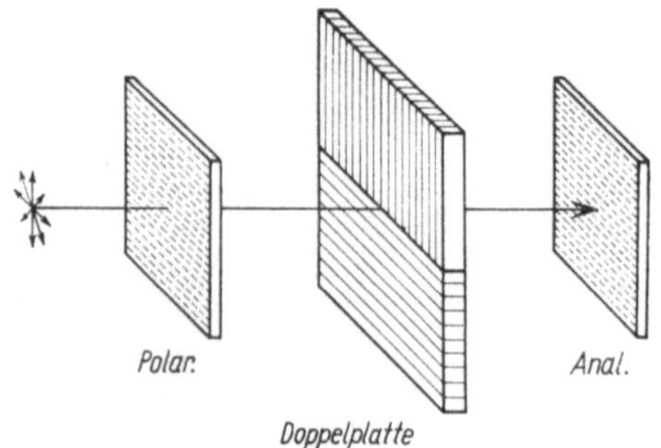

Abb. 3.137. Polarimeter mit Doppelquarzplatte

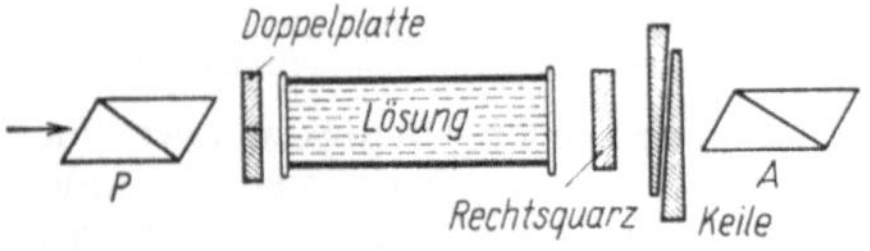

Abb. 3.138. Schema eines Polarimeters mit Quarzkompensator

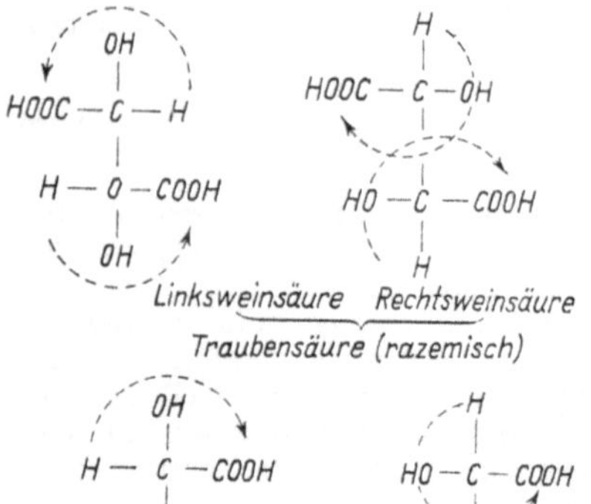

OH
HOOC — C — H
H — C — COOH
OH

H
HOOC — C — OH
HO — C — COOH
H

Linksweinsäure Rechtsweinsäure
Traubensäure (razemisch)

OH
H — C — COOH
H — C — COOH
OH

H
HO — C — COOH
HO — C — COOH
H

Mesoweinsäure (inaktiv)

Abb. 3.139. Ebene Projektion der in Tetraederecken angeordnet zu denkenden Atomgruppen der Weinsäure

man die Doppelquarzplatte nach Abb. 3.137 zwischen zwei parallele Nicols, so wird das gelbgrüne Licht vollständig ausgelöscht, und das Feld erscheint bei Benutzung gelb-grünen Lichtes dunkel. Benutzt man weißes Licht, so erscheint das gesamte Feld in der Komplementärfarbe (einem rötlichen Violett). Dreht man den Analysator um einen geringen Betrag, so wird bei Beleuchtung mit gelbgrünlichem Licht das Feld hell; bei weißem Licht erscheint die eine Hälfte rötlich, die andere blau. Dieser Farbunterschied der beiden Feldhälften ist leicht zu erkennen; man kann deshalb scharf auf die rötlich-violette gleiche Färbung, den empfindlichen Farbton, der beiden Feldhälften einstellen. Darin liegt die Bedeutung der Doppelquarzplatte von SOLEIL bei Benutzung weißen Lichtes. Bei Benutzung einfarbigen Lichtes bietet sie keine Vorteile.

Statt den Analysator zu drehen, wendet man auch einen *Quarzkeilkompensator* an. Dieser besteht aus einer planparallelen Platte von Rechtsquarz und zwei entgegengesetzt zueinander gestellten, gleichen keilförmigen Platten aus Linksquarz. Wenn man die beiden keilförmigen Linksquarze aufeinanderlegt, so wirken sie wie eine planparallele Platte aus Linksquarz. Verschiebt man die Keile gegeneinander, so wird die Plattendicke geändert. Man kann es nun so einrichten, daß dieser Doppelkeil aus Linksquarz dieselbe Dicke wie der Rechtsquarz hat. In diesem Falle heben sich die Wirkungen auf. Verschiebt man aber die beiden Keile gegeneinander, so wird dadurch eine Drehung der Schwingungsebene bewirkt. Man kann demnach auch durch geeignete Stellung der Quarzkeile eine Drehung der Schwingungsebene aufheben (Abb. 3.138).

Aufbau optisch aktiver Körper. Die Drehung der Schwingungsebene ist darauf zurückzuführen, daß der Aufbau der Elementarbereiche in den Kristallen bzw. schon der der Moleküle (z. B. in Flüssigkeiten und Lösungen) eine schraubenförmige Struktur zeigt, soweit die für die Ausbreitung des Lichtes innerhalb dieser Körper maßgebenden Resonatoren in Betracht kommen. Je nach dem Windungssinn der Schrauben gibt es rechts- oder linksdrehende Stoffe. Bisweilen treten Stoffe gleicher chemischer Konstitution in drei Formen auf, einer rechtsdrehenden (d-Form, von dexter, lat. = rechts), einer linksdrehenden (l-Form, von laevus, lat. = links) und einer nichtdrehenden (razemischen, von racemus, lat. = Weinbeere) Form. Das Auftreten der optischen Aktivität ist bei organischen Verbindungen meist an das Vorhandensein eines asymmetrischen Kohlenstoffatoms gebunden, d. h. eines Kohlenstoffatoms, dessen vier Valenzen mit vier verschiedenen Atomgruppen verbunden sind, wie es z. B. beim *Amylalkohol*

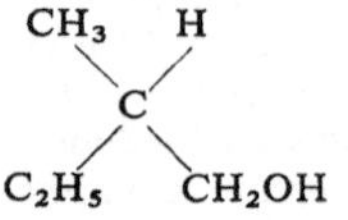

$$\begin{array}{ccc} CH_3 & & H \\ & C & \\ C_2H_5 & & CH_2OH \end{array}$$

der Fall ist. Denkt man sich das zentrale Kohlenstoffatom in die Mitte eines Tetraeders versetzt, so sind die obigen Gruppen in zwei verschiedenen Weisen auf die Ecken des Tetraeders verteilbar, die sich miteinander nicht zur Deckung bringen lassen. Die razemische Substanz besteht aus einer Mischung beider Komponenten in gleicher Menge, so daß sich ihre Drehungen aufheben. Bei der Weinsäure, deren Molekül zwei drehende Gruppen enthält, ist auch noch eine Kompensation durch verschiedenen Drehungssinn innerhalb des Moleküls möglich. Auch diese Form, die *Mesoweinsäure*, ist bekannt (Abb. 3.139).

Asymmetrische Si- bzw. Ge-Atome geben ebenfalls Anlaß zu optischer Aktivität. Auch hat man in neuerer Zeit diese Eigenschaft bei oktaedrisch (nicht tetraedrisch wie im obigen Beispiel des Amylalkohols) gebauten Molekülen gefunden und merkwürdigerweise auch bei einigen Verbindungen (wie Inosit), die überhaupt kein asymmetrisches Atom, sondern nur einen räumlich asymmetrischen Aufbau aufweisen. Bestimmte Spaltpilze haben die Fähigkeit, aus einem razemischen Gemisch nur eine Form auszuwählen.

Diese Überlegungen hat man durch Versuche mit Metallwendeln geprüft. Eine große Anzahl gleicher Wendeln mit gleichem Drehungssinn wurde in einen Kasten gefüllt und so das Modell eines optisch aktiven Körpers hergestellt. Schickte man durch den Kasten elektromagnetische Wellen entsprechender Wellenlänge, so konnte die Drehung ihrer Polarisationsebene festgestellt und auch quantitativ in Übereinstimmung mit der zu erwartenden Größe gefunden werden.

Zusammensetzung zweier zirkular-polarisierter Schwingungen. So wie man das zirkular polarisierte Licht durch Zusammensetzen zweier senkrecht zueinander linear polarisierter Wellen herstellen kann, kann man auch zwei zirkular polarisierte Wellen wieder zusammensetzen. Wenn die beiden Wellen gleiche Amplituden und entgegengesetzten Drehungssinn haben, so entsteht linear polarisiertes Licht (Bd. I). Das Azimut des so entstehenden linear polarisierten Lichts, d. h. die Lage der Schwingungsebene, hängt davon ab, an welchen Punkten sich die beiden zirkularen Schwingungen überlagern.
Wenn die beiden zirkularen Schwingungen dieselbe Frequenz haben, so überlagern sie sich stets an zwei einander gegenüberliegenden Endpunkten desselben Durchmessers. Dieser Durchmesser legt das Azimut der linearen Schwingung fest.
Wenn die Frequenz der einen, z. B. der rechts drehenden zirkularen Welle etwas kleiner, also die Geschwindigkeit etwas größer ist als die der links drehenden Welle, dann verschiebt sich das Azimut bei jeder Drehung im Sinne der höherfrequenten Welle um einen kleinen Betrag. Es tritt eine allmähliche Drehung der Schwingungsebene des linear polarisierten Lichts ein. Dieser Fall kommt in der Natur nicht ohne weiteres vor, weil die verschiedenen Frequenzen der beiden Wel- unterschiedliche Farbe bedingen würden. Durch Einwirkung starker magnetischer Felder kann ein derartiger Unterschied hervorgerufen werden.

Erklärung der Drehung der Schwingungsebene. Nach FRESNELS Vorgehen erklären wir die Drehung der Schwingungsebene folgendermaßen:
Geht ein linear polarisiertes Strahlenbündel in der Richtung der optischen Achse durch eine senkrecht zur optischen Achse geschnittene Quarzplatte hindurch, so wird das linear polarisierte Licht in zwei entgegengesetzt drehende, zirkular polarisierte Lichtwellen mit derselben Frequenz zerlegt. Die rechts drehende Welle bewegt sich langsamer in Richtung der Lichtwelle vorwärts als die links drehende. Die Drehung der Schwingungsebene in Quarz und in allen festen Stoffen, die kristallinen Aufbau haben, wird auf den Bau der einzelnen Kristallbausteine zurückgeführt. Die Drehung der Schwingungsebene in amorphen und flüssigen Stoffen führt man auf eine Verschiedenheit im Bau der einzelnen Moleküle zurück. Gestützt wird diese Annahme dadurch, daß man aus der Lage von Unregelmäßigkeiten im Kristallaufbau auf das optische Verhalten schließen kann, während bei den amorphen Stoffen Unregelmäßigkeiten nicht auftreten können. Es gibt eine Reihe von Stoffen, die in ihrem chemischen Verhalten vollkommen gleich sind, die sich aber durch das optische Verhalten voneinander unterscheiden, z. B. Rohrzucker und Invertzucker, Rechts- und Linksweinsäure u. a. In diesen Stoffen bilden die einzelnen Atome in gleicher Weise Moleküle, aber die Anordnung der Atome in den Molekülen ist verschieden.

3.3.7. Polarisation bei der Metallreflexion

Reflexion an metallischen Oberflächen. Treffen Lichtwellen auf eine Metallfläche, so werden sie im allgemeinen viel stärker reflektiert als an Dielektrika. Aber das Licht dringt nur bis zu einem Bruchteil einer Wellenlänge in das Metall ein; denn infolge der Anwesenheit freier Elektronen ist die Absorption sehr groß.
Auch die Metallreflexion läßt sich durch die Fresnelschen Formeln beschreiben, nur muß man das optische Verhalten der Metalle durch zwei Größen kennzeichnen, von denen die eine die Brechzahl, die andere ein Maß für die Absorption darstellt. Beide Größen gehen in Form einer komplexen Brechzahl in die Gleichungen ein.
Trifft linear polarisiertes Licht schräg auf eine Metalloberfläche, so werden die beiden Komponenten $\boldsymbol{E}_s$ und $\boldsymbol{E}_p$ mit einem Phasenunterschied reflektiert und ergeben *elliptisch polarisiertes* Licht (Abb. 3.140). Abb. 3.141 zeigt die Abhängigkeit des Reflexionsvermögens vom Einfallswinkel für beide Komponenten. Wie die Erfahrung zeigt – und wie auch aus den Fresnelschen Formeln gefolgert werden kann –, ist ein großes Reflexionsvermögen verbunden mit starker Absorption. Da diese Eigenschaft stark von der Wellenlänge abhängt, bietet sich hierdurch die Möglichkeit, bestimmte Wellenlängen auszusondern (Reststrahlmethode von RUBENS).

Große Spiegelteleskope werden heute meist mit Aluminium (oder Aluminium-Magnesium) belegt, da diese Metalle im Gegensatz zu Silber auch im Ultravioletten stark reflektieren und chemisch widerstandsfähiger sind. Silber zeigt eine außergewöhnlich hohe Durchlässigkeit für das nahe Ultraviolett bei etwa 300 nm (Abb. 3.142). Ein ähnliches Verhalten zeigt Natrium bei etwa 200 nm. Diese Metalle können in dünnen Schichten als Filter für diese Wellenlängenbereiche benutzt werden.

Der Winkel, bei dem das größte Maß elliptischer Polarisation auftritt, nennt man den *Haupteinfallswinkel H*. Zwei Wellen, die parallel und senkrecht zur Einfallsebene schwingen, erhalten bei Reflexion unter dem Haupteinfallswinkel H den Gangunterschied $\lambda/4$. Wenn eine linear polarisierte Welle unter dem Haupteinfallswinkel reflektiert wird und ihre Schwingungsrichtung mit der Einfallsebene den Winkel von 45° bildet, bekommen ihre beiden Komponenten parallel und senkrecht zur Einfallsebene einen Gangunterschied von $\lambda/4$ und verschieden große Amplituden A_p und A_s. Hebt man die Phasendifferenz auf, so setzen sich die beiden Komponenten wieder zu einer linear polarisierten Welle zusammen, die jedoch nicht mehr unter 45° gegen die Einfallsebene schwingt, sondern mit ihr den Winkel A bildet. H und A hängen ab von der Brechzahl und dem Absorptionskoeffizienten des Metalls für die betreffende Wellenlänge. Die Messung von A und H ermöglicht es deshalb, jene beiden Stoffkonstanten zu bestimmen. Eine zweite, der Messung zugängliche Größe, ist also das *Hauptazimut A*.

Hierin liegt die große Bedeutung „metalloptischer" Untersuchungen für die Theorie der Vorgänge in Metallen. Nicht nur die mathematischen Beziehungen zwischen

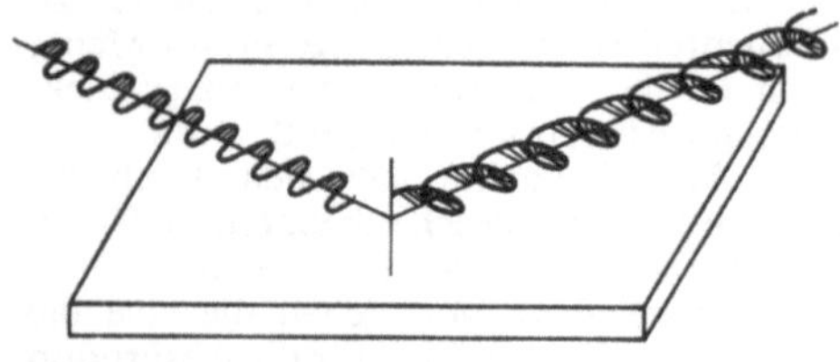

Abb. 3.140. Metallreflexion

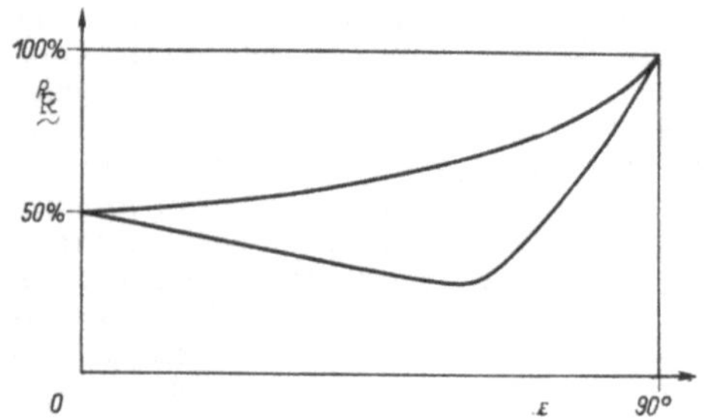

Abb. 3.141. Reflexionsvermögen einer Metalloberfläche

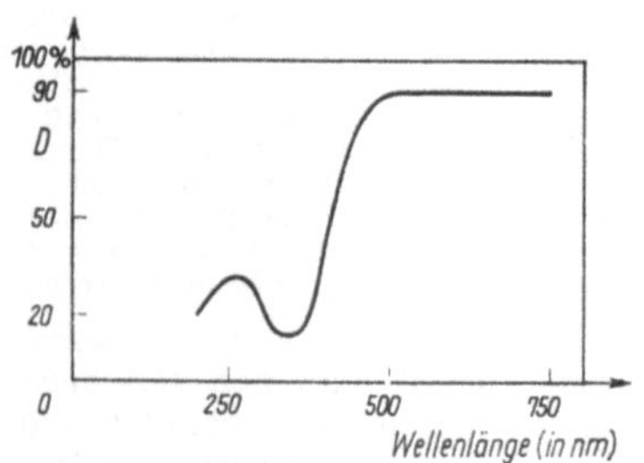

Abb. 3.142. Selektive Reflexion von Silber

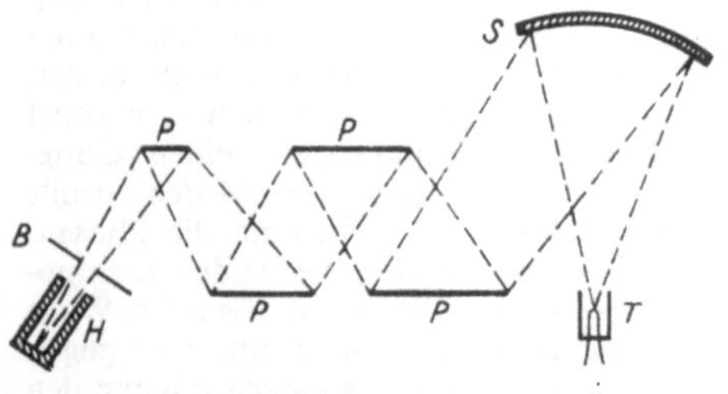

Abb. 3.143. Reststrahlen (H = Hohlraumstrahler, B = Blende, P = Reflexionsplatten, S = Hohlspiegel, T = Thermoelement)

Haupteinfallswinkel und Absorptionsvermögen, sondern auch die Meßmethoden sind kompliziert und können hier nicht besprochen werden. Von allgemeiner Wichtigkeit zur Bewertung der Meßergebnisse ist aber folgendes: Die Vorgänge, die man bei den Reflexionsmessungen erfaßt, spielen sich an der Oberfläche (oder genauer gesagt, in einer sehr dünnen Oberflächenschicht) ab. Die Oberfläche eines jeden Metalls unterscheidet sich aber in ihren physikalischen Eigenschaften von denen des eigentlichen Metalls, wie es im Innern vorliegt, in mancherlei Hinsicht: Adsorbierte Gase, Wasserhaut, Oxidation, Änderungen durch Schleifen und Polieren und dgl. kommen dabei in Betracht. Es ist deshalb experimentell sehr schwierig, alle diese Störungsquellen auszuschalten.

Reststrahlen. Starke Absorption ist mit metallischer Reflexion verbunden. Eine elektromagnetische Welle wird in der Nachbarschaft einer Resonanzstelle, also in der Nähe der Eigenschwingungen der Elektronen und Ionen eines Stoffes, erzwungene Schwingungen besonders hoher Amplitude verursachen, wobei den Elektronen eine höhere (meist im Ultravioletten gelegene) Frequenz entspricht als den schweren Ionen, deren Eigenschwingungen im allgemeinen im infraroten Gebiete liegen.

Erreicht in der Nähe einer Ioneneigenfrequenz die Reflexion fast den Betrag Eins, so ist sie für andere Wellenlängen erheblich geringer. Nach dem Vorschlage von RUBENS (HEINRICH RUBENS, geb. 1865 in Wiesbaden, gest. 1922 in Berlin. Schüler von KUNDT, von 1896 Prof. für Physik in Berlin. Bekannt durch höchste Präzisionsmessungen, besonders im infraroten Gebiet) läßt man die Strahlung einer geeigneten Lichtquelle, z. B. des Auerstrumpfes (Gasglühstrumpf) oder des Nernststiftes (Glühstift aus seltenen Erden), die beide reichlich Wärmestrahlen aussenden, an dem zu untersuchenden Körper mehrmals reflektieren; dann ändert sich für die Eigenschwingung die Intensität der reflektierten Strahlung fast gar nicht, während alle anderen Wellenlängen geschwächt werden. In dem mehrfach reflektierten Strahlenbündel tritt also nur die Eigenstrahlung mit merklicher Intensität auf; für alle anderen Wellenlängen ist die Intensität praktisch gleich Null.

Man nennt nach RUBENS die so ausgesonderten Strahlen, die nach mehrmaliger Reflexion übrigbleiben, *Reststrahlen* (Abb. 3.143). Mit dieser Methode gelingt es also, ohne merkliche Schwächung der Strahlungsenergie der ausgezeichneten Bereiche sehr langwellige Wärme-(Infrarot-)-Strahlung auszusondern, d. h., eine homogene Strahlung zu gewinnen in einem Bereich, der einer prismatischen Zerlegung wegen des Fehlens geeigneter durchsichtiger Stoffe völlig unzugänglich ist. Auch lassen sich auf diesem Wege Näherungswerte für die Eigenfrequenzen geeigneter Körper gewinnen.

In Tab. 3.1 sind die Ergebnisse RUBENS' und seiner Mitarbeiter für einige Stoffe aufgeführt.

Die Quarzlinsenmethode. RUBENS hat zusammen mit WOOD ein sehr leistungsfähiges Verfahren zur Aussonderung sehr langwelliger Wärmestrahlung ausgearbeitet, die *Quarzlinsenmethode.*

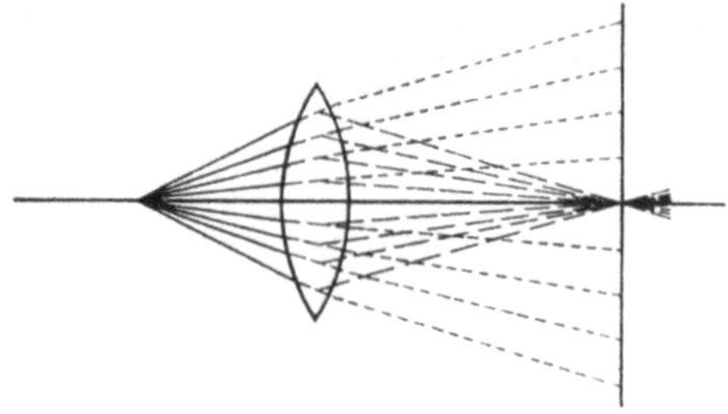

Abb. 3.144. Zur „Farbabweichung" einer Quarzlinse

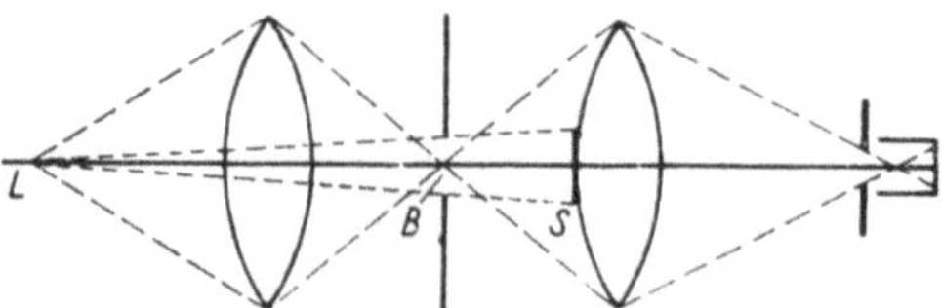

Abb. 3.145. Quarzlinsenmethode nach RUBENS und WOOD

Tabelle 3.1. Eigenschwingungen bei einigen Kristallen

Stoff	Wellenlänge in μm	Stoff	Wellenlänge in μm
$CaCO_3$	6,56	KCl	63,4
SiC	12	KBr	82,6
ZnS	30,9	KJ	94,7
CaF_2	31,6	AgBr	112,7
NaCl	52	TlJ	151,8

Quarz hat für Wellen im fernen Infrarot (> 50 μm) eine sehr große Brechzahl; diese ist dagegen in den Gebieten kürzerer Wärmewellen, im Sichtbaren und Ultravioletten, erheblich kleiner. Da nun die Brechkraft

$$F' = (n - 1)\left(\frac{1}{r_1} - \frac{1}{r_2}\right)$$

einer dünnen Linse von der Brechzahl abhängt, so ist sie auch von der Wellenlänge abhängig. Die Brennpunkte für verschiedene Wellenlängen liegen dann weit auseinander. Ein Objektpunkt kann innerhalb der größeren Brennweite f_k für kurzwellige Strahlen, aber außerhalb der kleineren Brennweite f_l für die langwelligen Wärmestrahlen liegen. Während diese also ein reelles Bild des Objektes liefern, ist das Bild der kurzwelligeren Strahlen virtuell (Abb. 3.144).

Bei einer Quarzlinse, die beispielsweise für sichtbares Licht eine Brennweite von 27 cm, für die langwelligen Wärmestrahlen dagegen eine solche von nur 12 cm hat, kann der Fall eintreten, daß die von einer Lichtquelle L (Abb. 3.145) ausgehenden Wellen durch die Linse so unterschiedlich gebrochen werden, daß die Gesamtheit der kurzwelligen Strahlen zerstreut wird und nur die sehr langwelligen Wärmestrahlen (> 50 μm) im Bildpunkt gesammelt werden. Damit ist in einfacher Weise eine Aussonderung dieser Strahlung erzielt worden.

Bei der praktischen Ausführung (Abb. 3.145) benutzt man eine zweite gleichartige Linse, um die langwellige Strahlung möglichst rein zu erhalten. Eine Vorsatzblende S fängt achsennahe kurzwellige Strahlung ab.

Nach diesem Verfahren gelang es RUBENS und WOOD, aus der Strahlung des Auerstrumpfes und des Quecksilberbogens Wärmestrahlen bis zu Wellenlängen von 420 μm (≙ etwa 0,5 mm) auszusondern. Diese Infrarotstrahlung ist langwelliger als die kürzesten, auf rein elektrischem Wege erzeugten, elektromagnetischen Wellen von etwa 80 μm = 0,08 mm (GAGOLEWA-ARKADIEWA; Bd. II).

3.3.8. Polarisation der Röntgenstrahlen

Sekundäre Wellenstrahlung. Stellt man in den Weg des primären von der Antikathode einer Röntgenröhre kommenden Röntgenstrahles einen Körper, z. B. ein Metallstück, so bildet dieses den Ausgangspunkt von Röntgenstrahlen, die nach allen Richtungen des Raumes ausgehen und die man mit einer vor den primären Strahlen durch einen dicken Bleipanzer geschützten Ionisierungskammer oder mit einer photographischen Platte nachweist.

Die sekundäre Wellenstrahlung ist, wie Schwächungsmessungen oder ihre spektrale Zerlegung zeigen, aus zwei Komponenten zusammengesetzt. Erstens enthält sie die primär auffallende Strahlung, die an den Atomen des bestrahlten Körpers gestreut wird, wie etwa Licht in Milch (*Streustrahlung*). Zweitens tritt eine für den bestrahlten Stoff je nach dem Element, aus dem es besteht, die sog. *charakteristische* oder *Eigenstrahlung* auf. Diese Strahlung steht in Analogie zu der beim Licht beobachteten Fluoreszenz, bei der ein mit kurzwelligem Licht bestrahlter Stoff (z. B. Uranglas oder eine Lösung von Natriumfluoreszin) ein für ihn charakteristisches Licht von bestimmter spektraler Zusammensetzung aussendet (meist größere Wellenlänge als der des erregenden Lichtes). Auch die charakteristische Röntgenstrahlung ist langwelliger als die erregende Primärstrahlung. Sie wird auch *Fluoreszenzstrahlung* genannt. Ihre Wellenlänge fällt gesetzmäßig mit steigender Ordnungszahl des bestrahlten Elementes; sie zeichnet sich durch große Homogenität aus, bildet also im wesentlichen einfarbiges (monochromatisches) Röntgenlicht oder eine Mischung von wenigen, scharf definierten Wellenlängen.

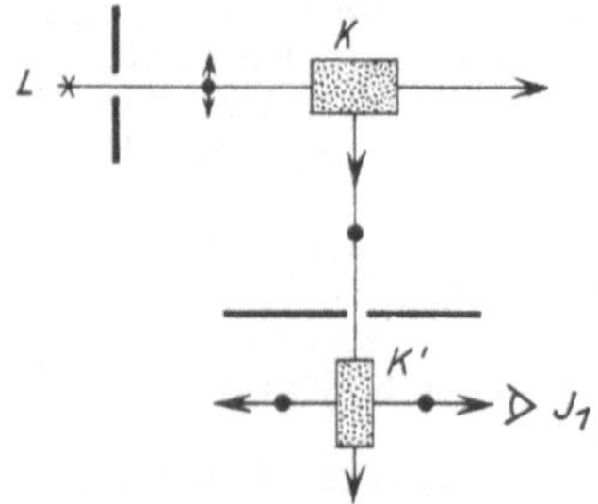

Abb. 3.146. Bestimmung der Polarisation von Streustrahlung in einem trüben Stoff (● ≙ Vektor der elektrischen Feldstärke senkrecht zur Zeichenebene)

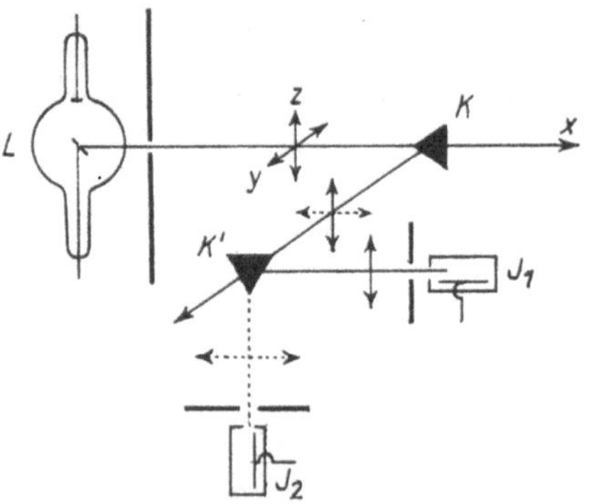

Abb. 3.147. Nachweis der Polarisation von Röntgenstrahlen (nach BARKLA)

Nachweis der Polarisation von Röntgenstrahlung. Die Röntgenstrahlen durchsetzen die Stoffe genauso wie das Licht einen trüben (und gleichzeitig fluoreszierenden) Stoff (Tyndall-Phänomen). Die Trübung wird durch die Atome und Moleküle verursacht, deren Ausdehnung (Größenordnung 10^{-7} bis 10^{-8} cm) nicht klein gegen die Wellenlänge der Röntgenstrahlung ist. Dabei tritt, wie beim sichtbaren Licht, eine Polarisation der gestreuten Strahlung ein, deren Nachweis durch BARKLA bedeutungsvoll für die Erkenntnis der transversalen Wellennatur der Röntgenstrahlen gewesen ist (BARKLA, C. G., 1877 bis 1944, 1909 Prof. der Physik in London, 1913 in Edinburgh. Nobelpreis für Physik 1917).

Wir wollen zunächst den der Barklaschen Versuchsanordnung analogen optischen Versuch betrachten: Von einer Lichtquelle L (Abb. 3.146) geht Licht durch eine Schicht eines trüben Stoffes K (z. B. einen Trog, der eine Mastixemulsion enthält). Das gestreute Licht ist in der durch Strahl- und Beobachtungsrichtung gelegten Ebene polarisiert. Die Schicht K dient als Polarisator. Mit dem so gestreuten und polarisierten Licht wird eine zweite Schicht bestrahlt, die gegen das primäre Licht geschützt ist. Das von dieser Schicht gestreute Licht zeigt ein Maximum der Intensität in der Richtung, die der ursprünglichen Richtung LK parallel ist. Senkrecht dazu ist die Intensität des gestreuten Lichtes ein Minimum. Die Schicht K wirkt also als Analysator. Den gleichen Versuch kann man mit Röntgenstrahlen machen, indem L durch eine Röntgenröhre, K und die zweite Schicht durch Kohle- oder Paraffinblöcke, und das Auge durch eine Ionisationskammer ersetzt werden (Abb. 3.147). Man wählt Kohle, weil die Eigenstrahlung der Kohle bereits in Luft absorbiert wird, so daß nur die Streustrahlung wirksam bleibt. Zum Nachweis der Strahlung bringt man eine Ionisationskammer nach J_1 oder in die dazu senkrechte Richtung oberhalb oder unterhalb des Blockes K'. Wie beim Licht findet man ein Maximum bei J_1 und ein Minimum senkrecht dazu.

An Hand von Abb. 3.147 soll das Ergebnis gedeutet werden. Die Streustrahlung hat offenbar ihre Ursache im Mitschwingen der Elektronen. Hierbei ist zu beachten, daß in der Schwingungsrichtung die Intensität der Ausstrahlung Null ist (Bd. II, Strahlungsdiagramm). In Abb. 3.147 ist LK die Richtung des primären unpolarisierten Strahles, den wir aus zwei senkrecht zueinander polarisierten gleich starken Strahlen gebildet denken können, deren elektrische Feldstärke in den Richtungen y und z schwingt. Innerhalb von K werden die Elektronen durch diese Feldstärken in den Richtungen y und z in Bewegung gesetzt, und diese rufen so die Streustrahlung hervor. Beobachtet man in Richtung y, so geben die in Richtung y schwingenden Elektronen bzw. die y-Komponente ihrer Bewegung keine Intensität nach dieser Richtung. Die in Richtung z schwingenden Elektronen hingegen strahlen maximal nach y $(=KK')$. Die Strahlung in Richtung KK' ist also in der xy-Ebene polarisiert, ihre elektrische Feldstärke steht senkrecht auf dieser Ebene in der Richtung z. Trifft diese polarisierte Strahlung auf K', so setzt sie die Elektronen in Richtung z in Bewegung. Die tertiäre Streustrahlung dieses Körpers hat also in Richtung z keine Intensität, senkrecht dazu in der Richtung x $(=K'J_1)$ aber ihre maximale Intensität. Die in Richtung z verschwindende Intensität beweist also die vollständige Polarisation der Streustrahlung und die transversale Natur der Strahlung. Schon die Bremsstrahlung der primär von der Röntgenröhre kommenden Strahlung erweist sich als polarisiert. Dies ist verständlich, da die auf die Antikathode aufprallenden und in ihr absorbierten Elektronen trotz der Ablenkung im Mittel doch eine Vorzugsrichtung bei der Absorption in Richtung des auftreffenden Kathodenstrahls haben. Senkrecht zu dieser Richtung hat also die elektrische Feldstärke der Strahlung größere Werte als in dieser Richtung. Die charakteristische Strahlung (Fluoreszenzstrahlung) sowohl bei Erregung durch Kathodenstrahlen als auch bei Erregung durch primäre Röntgenstrahlen ist nicht polarisiert. Nur unter besonderen Bedingungen, bei stark asymmetrischer Bindung der strahlenden Atome ist, wie J. STARK (1930) zeigte, eine Polarisation und Asymmetrie der Intensität der charakteristischen Strahlung merklich.

3.4. Dispersion

3.4.1. Grundlagen der Dispersion

Spektrum (spektrum, lat. = Erscheinung, Gespenst). Fällt ein durch eine kreisförmige Blende begrenztes Bündel paralleler Sonnenstrahlen in einem dunklen Zimmer auf einen weißen Schirm, so entsteht auf dem Schirm ein runder weißer Fleck. Bringt man in den Strahlengang ein Glasprisma (Abb. 3.148), so daß die Strahlen das Prisma ungefähr symmetrisch durchsetzen, so tritt außer der Ablenkung des Strahlenbündels eine fächerförmige Ausbreitung des gebrochenen Strahlenbündels ein. Der weiße Fleck auf dem Schirm verschwindet, und statt dessen entsteht oberhalb der ursprünglich beleuchteten weißen Stelle ein Farbenband, dessen oberes Ende violett und dessen unteres Ende rot ist. Der violette Teil des Strahlen-

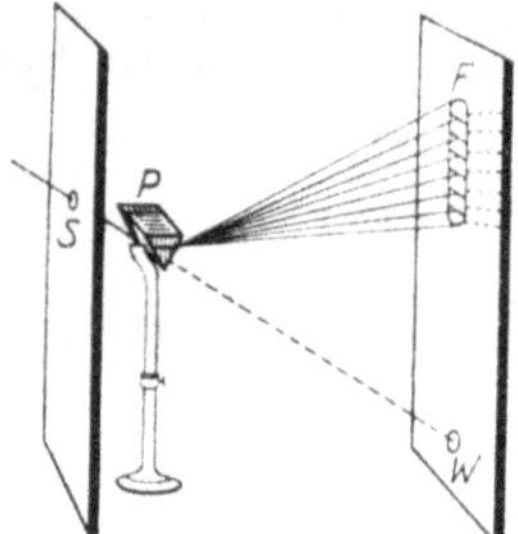

Abb. 3.148. Zerlegung weißen Lichtes

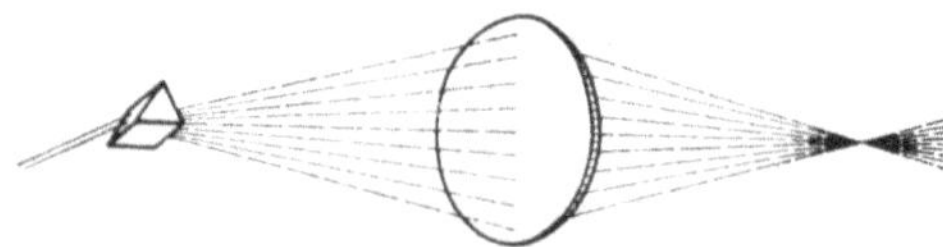

Abb. 3.149. Vereinigung des kontinuierlichen Spektrums zu weißem Licht

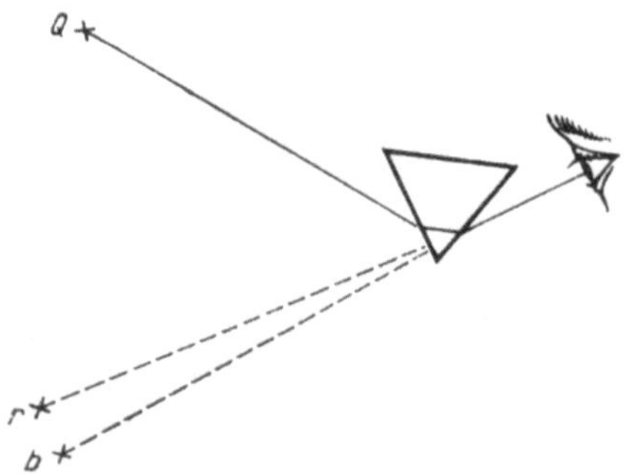

Abb. 3.150. Betrachtung einfarbiger Lichtquellen durch ein Prisma

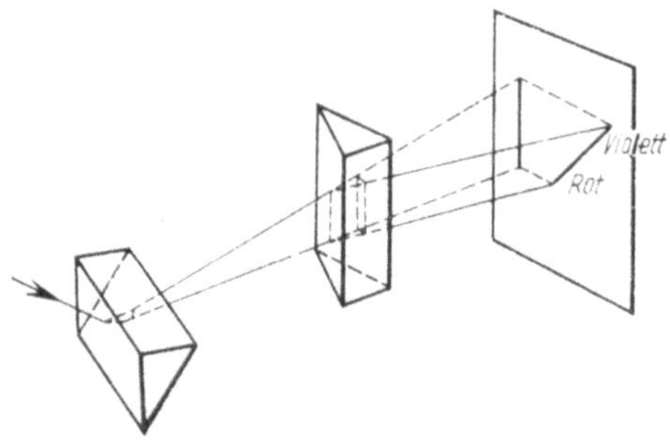

Abb. 3.151. Methode der gekreuzten Prismen

fächers ist also am stärksten, der rote Teil am schwächsten durch das Prisma abgelenkt. Zwischen den beiden äußersten Farben treten viele verschiedene Farben auf, deren Zahl wegen der allmählichen Übergänge nicht genau angebbar ist (Versuche haben ergeben, daß wir im Spektrum etwa 160 Farbtöne voneinander unterscheiden können). Es ist üblich, sechs Farben, Rot, Orange, Gelb, Grün, Blau, Violett, hervorzuheben. Das gesamte Farbband wird *Spektrum* genannt.

Nähert man dem Prisma ein Blatt Papier, auf das man das Spektrum fallen läßt, so beobachtet man, daß unmittelbar hinter dem Prisma nur die äußersten Ränder des Strahlenfächers gefärbt sind und daß die Mitte weiß ist. Die Farben treten um so klarer hervor, je weiter entfernt vom Prisma der Strahlenfächer untersucht wird.

Dispersion. Daß das ursprüngliche weiße Sonnenlicht aus den Spektralfarben zusammengesetzt ist, hat NEWTON durch Wiedervereinigung des spektralen Farbbandes mittels einer Linse nachgewiesen. Bei dem Durchgang durch das Prisma findet also eine Zerlegung des weißen Lichtes statt. Man bezeichnet diesen Vorgang als *Dispersion* des Lichtes (dispergere, lat. = zerstreuen).

Die Brechzahl des Glases ist für rotes Licht kleiner als für violettes Licht.

Dadurch erklärt sich auch, daß unmittelbar hinter dem Prisma nur die Ränder des Strahlenbündels gefärbt sind, während die Mitte weiß ist. In der Mitte des Strahlenbündels sind nämlich die einzelnen Teile noch nicht völlig getrennt; vielmehr durchkreuzen sich verschiedene Farben und erzeugen so das weiße Licht.

Durch Vereinigung der farbigen Bestandteile des Farbenfächers kann man wieder Weiß erzeugen. Läßt man zu diesem Zweck die farbigen Bündel auf eine Reihe kleiner Spiegel fallen, die so gedreht werden, daß die reflektierten farbigen Bündel denselben Fleck eines weißen Schirmes gleichzeitig beleuchten, so erscheint dieser Fleck weiß. Die Vereinigung kann auch durch einen großen Hohlspiegel oder durch eine große Sammellinse vorgenommen werden. Die Vereinigung durch eine große Sammellinse (Abb. 3.149) ist besonders lehrreich; sie zeigt, daß tatsächlich die Vereinigungsstelle der Strahlen weiß ist, daß aber jenseits der Vereinigungsstelle die Strahlen wieder dispergieren, und zwar in einer Anordnung, die derjenigen der Farben vor der Vereinigungsstelle entgegengesetzt ist. Betrachtet man eine einfarbige, z. B. eine blaue Lichtquelle Q (Abb. 3.150) durch ein Prisma, so sieht man sie in der Verlängerung b des gebrochenen Lichtstrahls, ebenso sieht man die Lichtquelle in der Richtung r, wenn sie nur rotes Licht aussendet. Eine weiße Lichtquelle sieht man deshalb zu einem zwischen r und b liegenden farbigen Band auseinandergezogen.

Eine ausgedehnte weiße Lichtquelle, z. B. das Fenster oder ein weißes Blatt Papier, sehen wir durch ein Prisma wieder weiß, und nur an den Randteilen beobachten wir auf der einen Seite einen roten, auf der anderen Seite einen blauen Saum. Das kommt daher, daß sich die inneren Teile der von einzelnen Flächenstücken der ganzen Lichtquelle herrührenden Farbbänder überlagern, und dadurch wieder Weiß entsteht.

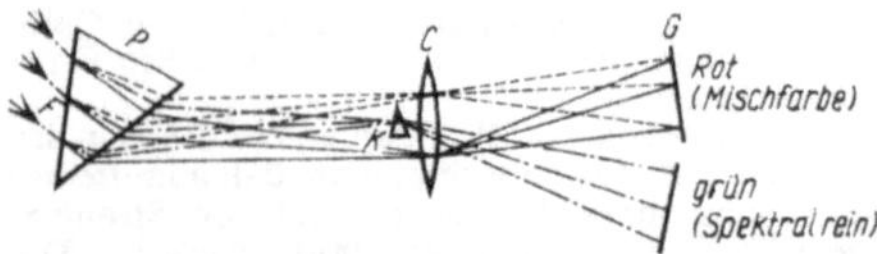

Abb. 3.152. Entstehung der Komplementärfarbe durch Ablenken einer Spektralfarbe aus dem kontinuierlichen Spektrum

Tabelle 3.2. Komplementärfarben

abgelenkter Teil	Mischfarbe des Restes
rot	blaugrün
orange	eisblau
gelb	ultramarinblau
grün	purpur
eisblau	orange
ultramarinblau	gelb
violett	grüngelb

Kreuzung der Spektren. Um zu untersuchen, ob die Spektralfarben noch weiter zerlegbar sind, hat NEWTON die Lichtfächer durch ein zweites Prisma mit senkrecht zu dem ersten angeordneter brechender Kante treten lassen. Das doppelt abgelenkte Spektrum hat die gleiche Breite wie vorher, ist aber schräg vom Roten zum Blauen geneigt (Abb. 3.151). Mithin zeigt dieser Versuch, daß die einzelnen Spektralfarben nicht zerlegbar, sondern homogen sind.

Mischfarben. Wenn man mittels eines schmalen Prismas *K* mit kleinem brechenden Winkel das grüne Licht seitlich ablenkt (Abb. 3.152), dann erscheint die ursprünglich weiße Fläche in der aus dem Rest des Spektrums entstehenden Mischfarbe Rot. Solche Mischfarben haben für unsere Empfindung im allgemeinen dieselben Farbwerte, wie wir sie auch im Spektrum finden. Als Mischfarbe, die im Spektrum nicht vorkommt, tritt durch Mischen von Rot und Violett Purpur auf.

Komplementärfarben. In der geschilderten Weise kann man durch Verschieben des schmalen Prismas *K* längs des reinen Spektrums jeden Teil der Strahlen seitlich ablenken (Tab. 3.2).

Vereinigt man den abgelenkten Teil wieder mit der Mischfarbe des Restes, so erhält man wieder Weiß. Je zwei in der Tabelle nebeneinanderstehende Farben ergänzen sich zu Weiß; daher heißen die Farben paarweise *Ergänzungsfarben* oder *Komplementärfarben* (complere, lat. = ausfüllen, vollständig machen).

Trotz der gleichen Empfindungswerte verhalten sich die reinen Spektralfarben physikalisch verschieden von den Mischfarben. Wenn man nämlich den das Bild auffangenden Schirm nicht in *G* aufstellt, sondern weiter entfernt, so tritt wieder ein Zerfall in die einzelnen Bestandteile ein.

Es gelingt auch, einzelne Teile des gesamten Spektrums paarweise zu Weiß zu vereinigen. Diese Teile sind dann reine Ergänzungsfarben. Sie ordnen sich paarweise genau wie in der obigen Tabelle. Das Weiß aber, das durch die Vereinigung von nur zwei reinen Ergänzungsfarben entsteht, ist physikalisch nicht identisch mit dem Weiß des Sonnenlichtes, sondern der Eindruck „weiß" beruht auf einer Eigentümlichkeit unseres Auges; denn eine Zerlegung durch ein Prisma oder ein Spektralgerät bringt wieder nur die beiden ursprünglichen Farbenanteile, nicht das gesamte Spektrum hervor.

Mit Ausnahme des Gebietes zwischen 500 und 560 nm genügen die Wellenlängen λ_1 und λ_2 dieser beiden reinen Farben der Formel $(\lambda_1 - 559)(498 - \lambda_2) = 424$, so daß sich die zu einer reinen Farbe gehörige reine Ergänzungsfarbe berechnen läßt.

Eine Farbe kann also in mannigfacher Weise zustande kommen; das Auge vermag diese Verschiedenheit nicht zu entdecken, es kann die Farben nicht analysieren, wie das geübte Ohr einen Klang analysieren kann. Dafür sind die Spektralgeräte notwendig.

Anomale Dispersion. Für die im sichtbaren Gebiet durchsichtigen Stoffe nimmt die Brechzahl mit der Wellenlänge ab, wir sprechen von normaler Dispersion. Es gibt aber auch Stoffe, bei denen die Brechzahl mit höherer Frequenz fällt oder allgemein, bei denen die Dispersionskurve Maxima und Minima zeigt. Man nennt diese Erscheinung *anomale Dispersion.*

Die beiden Bezeichnungen normal und anomal sind allerdings willkürlich gewählt, weil es für jeden Stoff gewisse, wenn auch nicht sehr ausgedehnte Wellenlängenbereiche gibt, in denen seine Dispersion anomal ist.

Die anomale Dispersion ist zuerst von LE ROUX 1861 am Joddampf beobachtet worden; CHRISTIANSEN (1871) und wenig später KUNDT haben diese Erscheinung genauer untersucht. Da die anomale Dispersion in den Wellenlängenbereichen auftritt, in denen der betreffende Stoff stark absorbiert, muß man sehr dünne Prismen benutzen. So z. B. hat CHRISTIANSEN seine Beobachtungen mit Hilfe von Prismen angestellt, deren brechende Winkel nur etwa 1° betrugen. Man stellt solche Prismen her, indem man eine Lösung des Stoffes – CHRISTIANSEN untersuchte eine alkoholische Lösung von Fuchsin – zwischen zwei unter sehr kleinem Winkel aufeinandergelegte Glasplatten bringt.

CHRISTIANSEN erhielt für Fuchsinlösung die folgenden Werte der Brechzahl:

Violett	Blau	Grün	Gelb	Rot
1,374	1,338	–	1,516	1,450.

Links und rechts von Grün ist die Dispersion normal, *n* nimmt mit zunehmender Wellenlänge ab. Aber im Grün muß *n* offenbar ansteigen, da es sich nicht sprunghaft ändern kann; es muß also den in Abb. 3.153 schematisch gezeichneten Verlauf haben.

KUNDT fand, daß alle Stoffe mit Oberflächenfarben, besonders solche mit metallischem Glanz, eine starke anomale Dispersion zeigen. Diese Stoffe absorbieren in Lösung ein fast scharf begrenztes Spektralgebiet; in der Nähe des Absorptionsgebietes tritt die Abweichung vom normalen Verhalten besonders stark hervor. Das zeigte sich auch beim Fuchsin, dessen alkoholische Lösung schon in sehr dünnen Schichten das Grün fast vollständig absorbiert. Das Fuchsin hat in festem Zustand einen ausgeprägten grüngoldenen Metallglanz, der darin seinen Grund

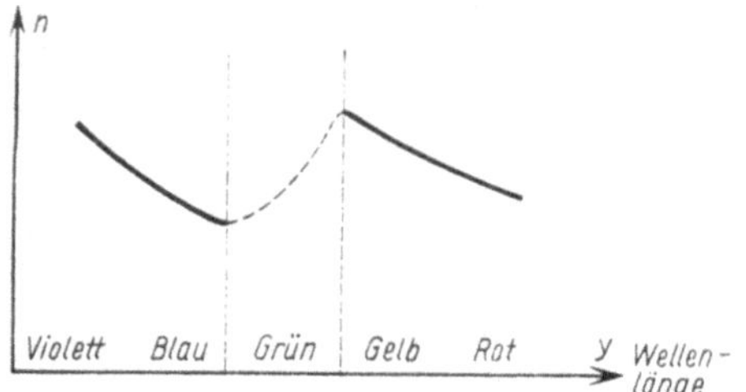

Abb. 3.153. Anomale Dispersion (schematisch)

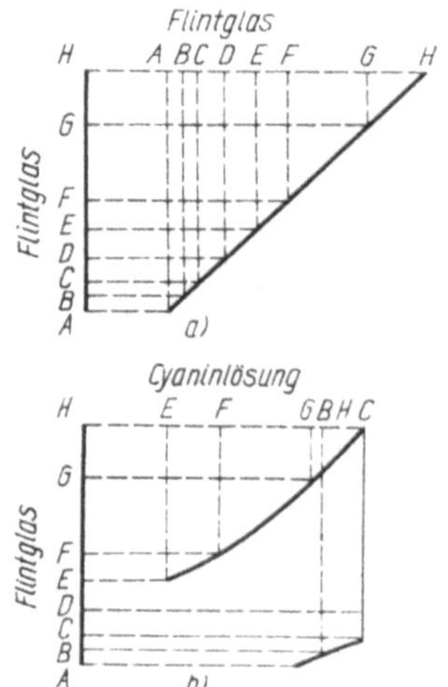

Abb. 3.154. Spektren bei gekreuzten Prismen

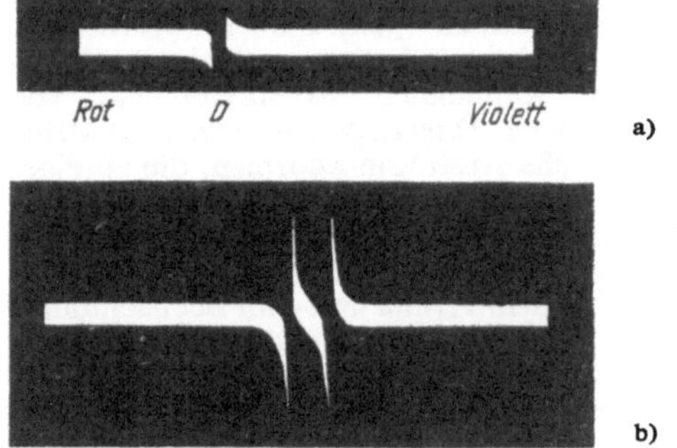

Abb. 3.155. a) Anomale Dispersion des Natriumdampfes, b) Größere Dispersion (nach BECQUEREL)

hat, daß die grüngelben Strahlen, die stark absorbiert werden, auch sehr stark reflektiert werden. Bei seinen Untersuchungen benutzte KUNDT die *Methode der gekreuzten Prismen.* Weißes Licht *L* (Abb. 3.151) fällt auf das Prisma *I* mit der waagerechten brechenden Kante; durch dieses wird es in einen in lotrechter Ebene ausgebreiteten Farbfächer zerlegt, der auf dem lotrechten Schirm das Spektrum *AH* hervorriefe, wäre nicht in den Strahlengang das Prisma *II* mit der lotrechten brechenden Kante gestellt worden. Dieses bricht das Licht nochmals. Wenn das Prisma *II* aus demselben Stoff besteht wie das Prisma *I*, so wird der violette Teil des Farbfächers, der sonst nach *H* kommen würde, am stärksten, der rote Teil, der den Punkt *A* erzeugen würde, am schwächsten abgelenkt; daher entsteht auf dem Schirm das schrägliegende, geradlinige Spektrum (Abb. 3.154a). Besteht jedoch das zweite Prisma aus einem anderen Stoff als das erste, so entsteht durch Zusammenwirkung der beiden Prismen nur dann ein geradliniges Spektrum, wenn die Brechzahlen der beiden Stoffe für alle Teile des Spektrums einander proportional sind. Ist dies aber nicht der Fall, so entsteht ein krummliniges Spektrum. So ergäbe sich z. B. durch die Kreuzung zweier Prismen, von denen das eine aus Kronglas, das andere aus Flintglas besteht, ein krummliniges Spektrum.

In Abb. 3.154b ist das anomale Spektrum dargestellt, das entsteht, wenn ein Flintglasprisma mit einem Prisma aus konzentrierter Cyaninlösung gekreuzt wird. Das der D-Linie nahe Gebiet wird von Cyanin vollständig absorbiert.

KUNDT stellt ferner außerordentlich dünne, keilförmige Metallschichten her, mit denen er die Brechzahlen der Metalle für verschiedene Spektralgebiete bestimmen konnte. Hierbei stellte er fest, daß die Brechzahlen der Metalle, z. B. von Silber, Gold, Kupfer, für Natriumlicht kleiner als Eins sind (z. B. im Gelb für Ag = 0,27; Au = 0,58; Cu = 0,65); ferner, daß ihre Brechzahlen (besonders für langwelliges Licht) und ihre elektrische Leitfähigkeit in einer einfachen Beziehung zueinander stehen.

Er beobachtete weiterhin die durch Abb. 3.155 dargestellte Erscheinung, die auftritt, wenn man in den Strahlengang des Spektrums einer weißen Lichtquelle eine viel Natriumdampf enthaltende Bunsenflamme stellt. Die durch die Absorption des Lichtes in glühendem Natriumdampf erzeugte dunkle D-Linie zeigt Verzerrungen infolge der anomalen Dispersion des Lichtes. Die Natriumflamme wirkt als Prisma mit waagerechter brechender Kante, man hat also die Versuchsanordnung der gekreuzten Prismen. Die Brechzahl ist für das längerwellige Licht sehr groß, für das kürzerwellige dagegen kleiner als Eins.

Allgemein gilt: Die ausgezeichneten Stellen der Dispersionskurve mit anomalen Verlauf liegen stets dort, wo die Gebiete starker Absorption liegen.

Mit sehr dünnen Prismen kann man auch in dem Gebiet der anomalen Dispersion, in dem die

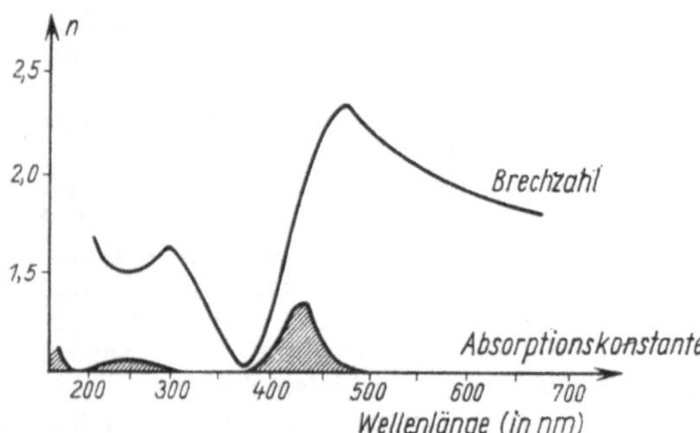

Abb. 3.156. Zusammenhang zwischen anomaler Dispersion und Absorption

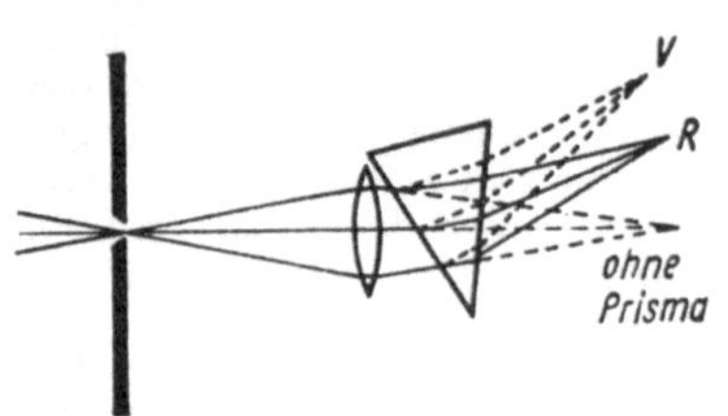

Abb. 3.157. Fraunhofersche Anordnung

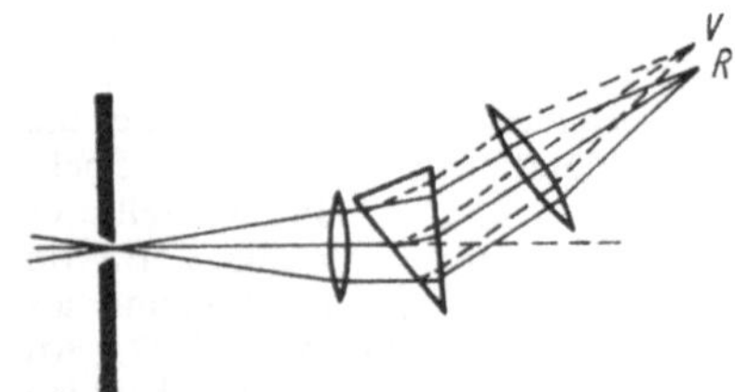

Abb. 3.158. Abgewandelte Fraunhofersche Anordnung

Tabelle 3.3

λ/nm	n	λ/nm	n
399	1,24	535	1,95
413	1,15	589	2,64
434	1,04	671	2,34
461	0,83	703	2,30
486	1,05		

Absorption sehr stark ist, die Brechzahl messen. Für festes Fuchsin hat PFLÜGER die Zahlen der Tab. 3.3 erhalten.

Den Zusammenhang zwischen anomaler Dispersion und Absorption zeigt die Abb. 3.156 für festes Nitrosodimethylanilin (WOOD).

Die Absorptionsgebiete und demgemäß die Gebiete anomaler Dispersion können auch im Infrarot und im Ultraviolett liegen. So hat z. B. Steinsalz ein solches Gebiet in der Gegend von 600 μm.

3.4.2. Spektren

Reinheit des Spektrums. Durch die von FRAUNHOFER zuerst angegebene Anordnung kann man ein reineres Spektrum erhalten, ohne seine Intensität zu gering zu machen (Abb. 3.157). Der wesentliche Gedanke ist dabei, das runde Loch durch einen der brechenden Kante des Prismas parallelen Spalt zu ersetzen. So kommt ein auf einem Schirm auffangbares Spektrum zustande, das seiner Entstehung nach aus aufeinanderfolgenden einzelnen farbigen Bildern des Spaltes besteht.

Verwendet man statt des geradlinigen Spaltes einen Spalt von irgendeiner anderen Form, so haben auch die einzelnen Teilbilder des Spektrums die veränderte Gestalt des Spaltes. Vollkommener noch ist die ebenfalls von FRAUNHOFER angegebene, durch Abb. 3.158 dargestellte Anordnung: Das aus dem Spalt austretende Licht wird durch einen Kollimator parallel gemacht. Unmittelbar hinter dem Kollimator wird das Prisma so angeordnet, daß die parallelen Strahlen das Prisma symmetrisch, also mit dem kleinsten Wert der Ablenkung, durchsetzen. Nachdem die Strahlen durch das Prisma abgelenkt und spektral zerlegt worden sind, wird das Licht mit einem Fernrohrobjektiv in dessen Brennebene vereinigt. Die einzelnen Spaltbilder sind dann wieder zu einem reinen Spektrum angeordnet. Der Vorteil dieser Anordnung liegt darin, daß alle gleichfarbigen Anteile das Prisma unter denselben Bedingungen durchlaufen, also auch dieselbe Ablenkung und Zerlegung erfahren, während bei der Anordnung von Abb. 3.157 die einzelnen Strahlen das Prisma konvergent, also unter verschiedenen Winkeln, durchlaufen.

Spektralgeräte. Die optischen Geräte zur Untersuchung der Spektren bezeichnet man als *Spektroskope*, wenn sie der visuellen Betrachtung dienen, als *Spektrometer*, wenn mit ihnen Wellenlängen im Spektrum gemessen werden sollen (z. B. von einzelnen Spektrallinien). Werden die Spektren objektiv registriert, z. B. durch photographische Aufnahmen, so spricht man von *Spektrographen*. *Taschenspektroskope* sind kleine und handliche Ausführungsformen, die zu einer ersten Übersicht über das Aussehen von Spektren bei spektroskopischen Arbeiten nützlich sind. Die Prismen-Spektralgeräte bestehen aus dem Kollimator, dem Prisma und dem Beobachtungsfernrohr. Der Kollimator enthält an dem der Lichtquelle zugekehrten Ende den durch eine Mikrometerschraube verstellbaren Spalt (Abb. 3.158). Um die Ablenkung des Lichtes zu vergrößern, verwendet man oft auch mehrere Prismen hintereinander. Bei den Spektrographen ist in der Brennebene eines Photoobjektivs eine photographische Platte angebracht.

Das erste Spektroskop haben KIRCHHOFF und BUNSEN gebaut. In der Abb. 3.159 ist *P* das Prisma, *A* das Kollimatorrohr mit dem Spalt, *B* das Beobachtungsrohr, *C* das Skalenrohr, das an dem dem Prisma zugewandten Ende eine Sammellinse und an dem abgewandten Ende eine Skala *S* enthält. Das Skalenrohr ist so befestigt, daß die Strahlen, die von der beleuchteten Skala ausgehen, an der Vorderfläche des Prismas reflektiert werden und dann in

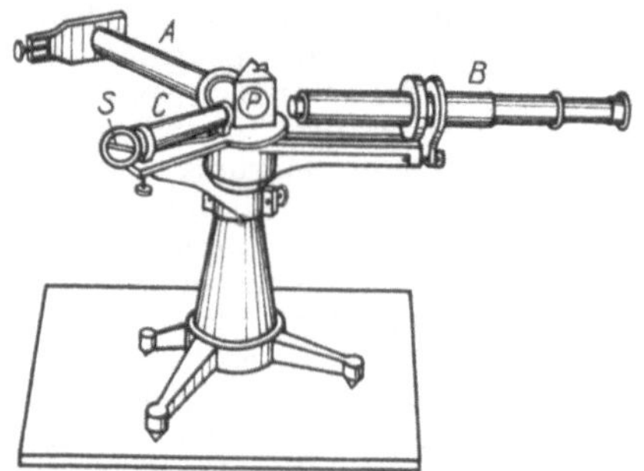

Abb. 3.159. Spektroskop älterer Bauart

Tabelle 3.4. Auflösungsvermögen einiger Spektralgeräte

	Auflösungsvermögen	Ordnung
Flintglasprisma ($b = 100$ mm)	10000	–
Liniengitter ($p = 100000$)	300000	3
Stufengitter (40 Stufen, je 1 cm dick)	400000	10000
Lummer-Gehrke-Platte (1 cm dick, 20 cm lang)	800000	40000
Luftplatte (20 cm dick)	7000000	800000

Tabelle 3.5. Einige Fraunhofersche Linien

A	759,38 nm	O	C_2	517,27 nm	Mg
a	718,45	H_2O	*F*	486,13	H_β
B	686,72	O	*G*	430,77	Ca
C	646,28	H_α	*h*	410,17	H_γ
D_1	589,59	Na	*H*	396,85	Ca
E	527,0	Fe	*K*	393,37	Ca

das Beobachtungsfernrohr gelangen. Der Beobachter sieht demnach das Spektrum und die Skala übereinander und kann so die Lage der einzelnen Teile des Spektrums messen.

Auflösung prismatischer Spektren. Man kann zwei sehr dicht nebeneinander liegende Spektrallinien nicht einfach dadurch trennen, daß man die Vergrößerung bei der Betrachtung oder Aufnahme des Spektrums beliebig hoch steigert. Denn jede Spektrallinie hat wegen der beugenden Wirkungen der Öffnungen eine endliche Breite, die um so kleiner ist, je größer die Öffnungen sind. Man hat also zwei Möglichkeiten zur Steigerung des Auflösungsvermögens: Anwendung großer Linsen und Prismen oder Vergrößerung der Dispersion (gewöhnlich erreicht durch eine größere Anzahl von Prismen, wobei man meist nicht über drei hinausgeht). Der erste Weg ist naturgemäß begrenzt.

Berücksichtigt man die Beugung und Dispersion, so erhält man für das Auflösungsvermögen

$$\left|\frac{\lambda}{\mathrm{d}\lambda}\right| = b\,\frac{\mathrm{d}n}{\mathrm{d}\lambda},$$

b ist die Basislänge des Prismas.

Mit einem Flintglasprisma ($n = 1{,}65$) von 1 cm Basislänge kann man z. B. die beiden Komponenten der D-Linie ($\Delta\lambda = 0{,}6$ nm) gerade noch trennen.

Tab. 3.4 gibt eine Übersicht über das Auflösungsvermögen der einzelnen Spektralgeräte bei einer Wellenlänge von 500 nm. Mit steigender Wellenlänge wird das Auflösungsvermögen der Prismengeräte schlechter.

Monochromator (mónos, gr., = allein; chróma, gr., = Farbe). Bringt man an Stelle der photographischen Platte einen Spalt, so kann man aus dem polychromatischen Licht einer Lichtquelle einen beschränkten Spektralbereich aussondern. Diese Geräte sind meist dazu eingerichtet, verschiedene Spektralgebiete in der Weise durch einen feststehenden Spalt auszublenden, daß die Prismen zwangsläufig so gedreht werden, daß die gewünschte Wellenlänge sie im Minimum der Ablenkung durchsetzt.

Außer den Prismenmonochromatoren sind auch Gittermonochromatoren üblich.

Fraunhofersche Linien (JOSEPH VON FRAUNHOFER, 1787 bis 1826, Schöpfer der deutschen Präzisionsoptik, von 1823 an Professor in München, berühmt durch die Entdeckung der Spektrallinien; Arbeiten über Beugung und Verbesserungen an den Fernrohren). Wenn man das Spektrum des Sonnenlichtes genau untersucht, so beobachtet man, daß das Spektrum von einer großen Zahl dunkler Linien durchsetzt wird, die der Richtung des Spaltes parallel sind. Man beobachtet ferner, daß diese Linien eine unveränderliche Lage haben, wobei es einerlei ist, ob der Spalt mit direktem Sonnen- oder diffusen Tageslicht beleuchtet wird.

Die dunklen Linien wurden 1814 von FRAUNHOFER im Sonnenspektrum entdeckt (Farbtafel I im Anhang Abb. 3.160). Man bezeichnet die stärksten dieser Linien mit Buchstaben. Abb. 3.161 ist eine Wiedergabe der von FRAUNHOFER ausgeführten Zeichnung dieser Linien. Tab. 3.5 gibt die Wellenlängen der wichtigsten an. Sie sind als Absorptionslinien zu deuten, die dadurch zustande kommen, daß das kontinuierliche, aus den tieferen Schichten kommende Licht durch glühende Gase zum Teil absorbiert wird. (In Tab. 3.5 sind auch die Elemente angegeben, denen die betreffenden *Fraunhoferschen Linien* ihren Ursprung verdanken.) Die Gase vermögen also nicht nur, wie unten gezeigt wird, Licht ganz bestimmter Wellenlängen auszusenden (*Emissionsspektren*), sondern auch Strahlung ganz bestimmter Wellenlängen zu absorbieren (*Absorptionsspektren*).

So rührt, wie sich experimentell zeigen läßt (Abb. 3.162), die D-Linie im Sonnenspektrum vom Natrium her. Ihre Wellenlänge stimmt genau mit dessen gelber Emissionslinie überein. Eine der D-Linie sehr benachbarte Linie (D_3) stammt vom Helium. (An dieser Linie wurde das

Abb. 3. 161. Ausschnitt aus dem Spektrum des Sonnenlichtes mit Fraunhoferschen Linien

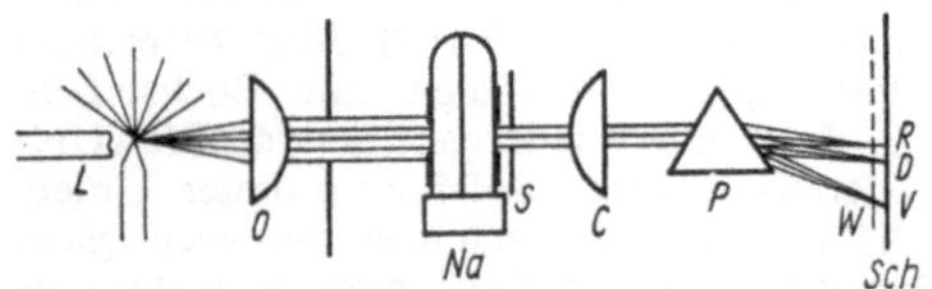

Abb. 3.162. Umkehrung der Natriumlinie nach KIRCHHOFF

Element Helium 1868 von dem englischen Astronomen JOHN NORMAN LOCKYER, 1836 bis 1920, Direktor des South Kensington Laboratory, im Lichte der Sonnenprotuberanzen als ein vom Natrium verschiedenes Element erkannt; erst 26 Jahre später konnte RAMSAY an derselben Linie zeigen, daß Helium auch auf der Erde vorkommt.) Mit Vervollkommnung der optischen Hilfsmittel ist die Zahl der bekannten Fraunhoferschen Linien auf viele Tausende gewachsen. (Allein im Sichtbaren auf über 20000). Einige derselben sind irdischen Ursprungs (z. B. A, a, B) und rühren von Absorptionen in der Atmosphäre her (manche sind abhängig vom Feuchtigkeitsgehalt, „Regenbanden"). (Linien irdischen Ursprungs zeigen nämlich keine Farbverschiebung infolge des Dopplereffektes (Bd. I), den solare Linien infolge der Achsendrehung der Sonne aufweisen müssen.)

Umkehr der Spektrallinien. Wenn man mit demselben Prisma das reine Sonnenspektrum und unmittelbar darunter das Emissionsspektrum eines glühenden Gases erzeugt, so fallen die hellen Linien des Emissionsspektrums stets mit einigen Fraunhoferschen Linien zusammen. Insbesondere fällt die gelbe Natriumlinie mit der Fraunhoferschen D-Linie genau zusammen.
KIRCHHOFF beobachtete 1859, als er zufällig eine mit Kochsalz gefärbte Weingeistflamme vor den Spalt des Spektralgerätes hielt, während Sonnenlicht den Spalt beleuchtete, daß die D-Linie besonders dunkel und scharf wurde, während er erwartete, daß die D-Linie sich als besonders helle gelbe Linie auszeichnen würde. Auf Grund dieser Beobachtung schloß er, daß das helle Sonnenlicht durch die gelbe Natriumflamme eine teilweise Absorption erfahren müßte, und zwar gerade in dem Teil des Lichtes, das die Natriumflamme selbst auszusenden vermag. Diese Tatsache verallgemeinerte KIRCHHOFF zu dem Satz:

Ein glühendes Gas absorbiert von den Strahlen einer heißeren Lichtquelle einen Teil derjenigen Strahlen, die es selbst aussendet.

Zum experimentellen Nachweis des Kirchhoffschen Satzes dient die Anordnung nach Abb. 3.162. *L* ist eine kleine Bogenlampe, deren Lichtstrahlen durch das sammelnde Objektiv *P* parallel austreten. *Na* ist eine Natriumdampflampe. Durch den Kollimator *C* wird ein reelles Spaltbild auf dem Schirm *Sch* erzeugt. Durch das unmittelbar hinter dem Kollimator stehende Flintglasprisma *P* wird auf *Sch* ein reines Spektrum entworfen, das kontinuierlich ist, wenn man die Natriumlampe zur Seite rückt. Wird dagegen die Natriumlampe in der abgebildeten Weise in den Gang der Lichtstrahlen gebracht, so erscheint im gelben Teil des Spektrums eine dunkle Linie, die Absorptionslinie des Natriumdampfes, die mit der gelben Emissionslinie des glühenden Natriumdampfes (Fraunhofersche D-Linie) zusammenfällt. Verdeckt man *O* mit einem undurchsichtigen Blatt Papier, so verschwindet natürlich das gesamte Spektrum; aber an der Stelle der dunklen D-Linie tritt jetzt die helle Natriumlinie auf. Schaltet man bei der Darstellung der dunklen Linie unmittelbar vor dem Schirm *Sch* den mit einen schmalen Ausschnitt versehenen weißen Schirm *W* so ein, daß nur der Teil der Strahlen durch den schmalen Ausschnitt hindurchgeht, der der dunklen D-Linie zukommt, so sieht man auf dem dahinterstehenden (durchscheinenden) Schirm die D-Linie als dunkle gelbe Linie. Diese ist also nicht absolut schwarz, sondern noch gelb, aber in ihrer Intensität geschwächt; sie erschien nur dunkel im Vergleich mit den übrigen, nicht teilweise absorbierten Teilen des Spektrums.
Der durch Abb. 3.162 dargestellte Versuch heißt die „Umkehrung" der Natriumlinie. Es ist gelungen, außer der Natriumlinie auch andere Emissionsspektren umzukehren und demnach auch bei diesen die Gültigkeit des Kirchhoffschen Satzes nachzuweisen.
Auf Grund der Umkehrung der Emissionsspektren lassen sich die Fraunhoferschen Linien im Sonnenspektrum folgendermaßen erklären: Die Sonne besteht aus einem Kern von sehr hoher Temperatur, der ein kontinuierliches Spektrum aussendet; dieser Kern (Photosphäre) ist von einer Schicht glühender Gase umgeben, welche diejenigen Lichtwellen teilweise absorbieren, die sie selbst auszusen-

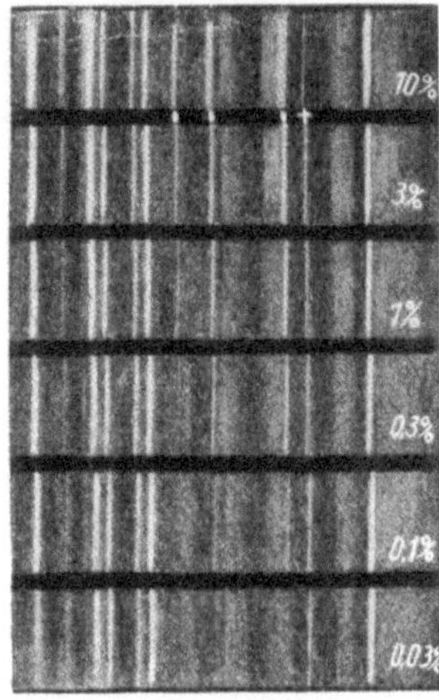

Abb. 3.163. Eichskala: Zinn + % Kadmium. Verglichen wird die Zinnlinie (+) 365,6 nm mit den drei Linien des Kadmiumtripletts (|): 361,5 nm, 361,3 nm, 361,1 nm nicht getrennt; 346,8 nm, 346,6 nm nicht getrennt; 340,4 nm

den vermögen. Daraus folgt, daß in der Sonnenhülle (Chromosphäre, auch Atmosphäre) alle die Stoffe in glühend gasförmigem Zustand vorhanden sind, deren Emissionsspektren mit den einzelnen Gruppen der Fraunhoferschen Linien übereinstimmen. Da nun die Emissionsspektren vieler auf der Erde vorkommenden Stoffe mit Teilen der Fraunhoferschen Linien übereinstimmen, so folgt ferner, daß in der Chromosphäre der Sonne alle jene auf der Erde vorkommenden Stoffe vorhanden sind. Über die chemische Zusammensetzung des Sonnenkernes können wir aus dem Sonnenspektrum keine Aussage machen.
Daß die Sonne von einer sehr dicken Hülle glühender Gase umgeben ist, folgt noch daraus, daß man bei einer Verfinsterung der eigentlichen Sonnenscheibe, also des Sonnenkernes, das Emissionsspektrum der Chromosphäre allein erhält. Hierbei treten die Wasserstofflinien und Heliumlinien besonders stark hervor. Sie gehören den obersten Schichten der Chromosphäre an.

Linienspektren. Es gibt Lichtquellen, die nur Licht eines schmalen Frequenzbereichs aussenden, z. B. färbt Natriumsalz eine Bunsenflamme gelb. Eine Untersuchung des Natriumlichtes mit stark auflösenden Geräten zeigt, daß die D-Linie aus zwei nahe benachbarten Linien besteht, die die Wellenlängen $D_1 = 589{,}5932$ nm und $D_2 = 588{,}9965$ nm (in trockener Luft von 15 °C bei 760 Torr) haben. Auch bei elektrischen Gasentladungen sowie bei Bogen- und Funkenentladungen zwischen Elektroden aus verschiedenen Metallen treten für die einzelnen Stoffe charakteristische Spektren auf, die aus einer mehr oder weniger großen Zahl von Linien bestehen (Linienspektren, siehe Farbtafel I), welche die quasimonochromatischen Bilder des Spaltes im Licht der betreffenden Wellenlänge darstellen.
Es ist das Verdienst von BUNSEN und KIRCHHOFF, 1859 die fundamentale Tatsache entdeckt zu haben:

Jedes Element sendet unter konstanten Bedingungen ein ganz bestimmtes und nur für dieses Element charakteristisches Spektrum aus.

BUNSEN und KIRCHHOFF wurden so nicht nur die Begründer der modernen Atomforschung, sondern sie schufen auch durch die Anwendung der Erkenntnisse auf die Strahlung der Gestirne die Grundlage für unsere heutige Kenntnis vom stofflichen Aufbau des Weltalls. Aus den im Spektrum auftretenden Linien eines Elementes kann eindeutig auf sein Vorhandensein in der leuchtenden Lichtquelle geschlossen werden. Man nennt diese Methode die *Spektralanalyse.*

Die ersten vier Spektren auf der Farbtafel I sind Spektren von Alkali- oder Erdalkalisalzen, die als Perlen in einer Platindrahtöse in der Bunsenflamme verdampft wurden. Darunter sind einige Spektren von Gasentladungen abgebildet. Die chemische Emissionsspektralanalyse ist heute zu einer eigenständigen Disziplin ausgebaut worden und für industrielle Zwecke von großer Bedeutung. Die Nachweisgenauigkeit für ein Element beträgt bei der qualitativen Analyse im allgemeinen einige Zehntel μg. Unter gewissen Bedingungen kann man aus der Stärke der Linien sogar quantitative Angaben über die Zusammensetzung einer Probe machen, wofür in Abb. 3.163 ein Beispiel gegeben wird. Sie zeigt ein Spektrogramm, in dem untereinander die Spektren von Zinn-Kadmium-Legierungen mit stetig abnehmenden Kadmium-Gehalt aufgenommen sind. Durch Vergleich mit der Aufnahme einer solchen Legierung unbekannter Zusammensetzung kann deren Kadmiumgehalt ermittelt werden.

Als Lichtquellen benutzt man Geißlerröhren (Spektrallampen; Bd. II), den Lichtbogen zwischen Kohle- oder Graphitelektroden, die in Bohrungen die Proben enthalten, oder den Bogen zwischen Metallelektroden. Auch mit Funken hat man gute Erfolge erzielt. Nur noch selten werden Flammen verwandt.
Zum Vergleich dient vor allem das Eisenspektrum mit seinen außerordentlich vielen, über das ganze Spektrum verteilten Linien.
Kontinuierliche Spektren. Das Spektrum glühender fester Körper enthält alle Wellenlängen des sichtbaren Spektralgebietes. Es ist kontinuierlich. (Die emittierenden Atome bzw. Moleküle eines Festkörpers können nicht frei schwingen, sie treten in vielfache Wechselbeziehungen zueinander. Hierdurch verlaufen die Schwingungen mehr oder minder stark gedämpft, und es treten Frequenzänderungen ganz unregelmäßiger Art auf, so daß ein lückenloses Frequenzband ausgestrahlt wird.)
Absorptionsspektren. Hält man in den Gang der Strahlen, die durch einen Spektrographen hindurchgehen, oder an irgendeine Stelle des Strahlenganges ein farbiges Glas, so verschwindet aus dem Spektrum ein Teil, das farbige Glas absorbiert einen Teil der Spektralfarben, ein anderer Teil wird hindurchgelassen. Das Gemisch des

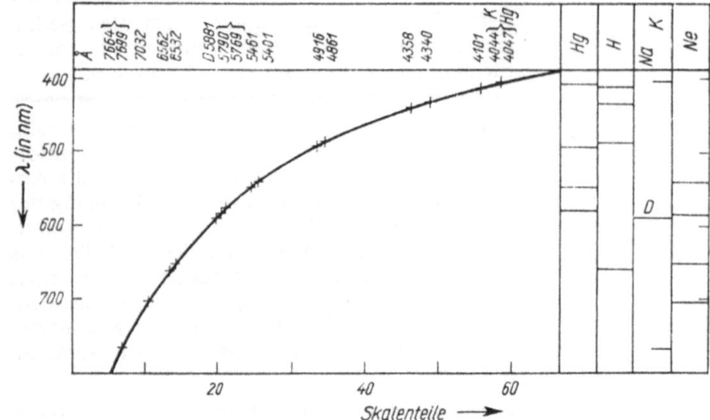

Abb. 3.164. Beispiel der Eichkurve eines Spektrographen, rechts die Linien von bekannten Wellenlängen von leuchtenden Gasen und Metalldämpfen (Zahlenangaben über der Kurve in 10^{-10} m)

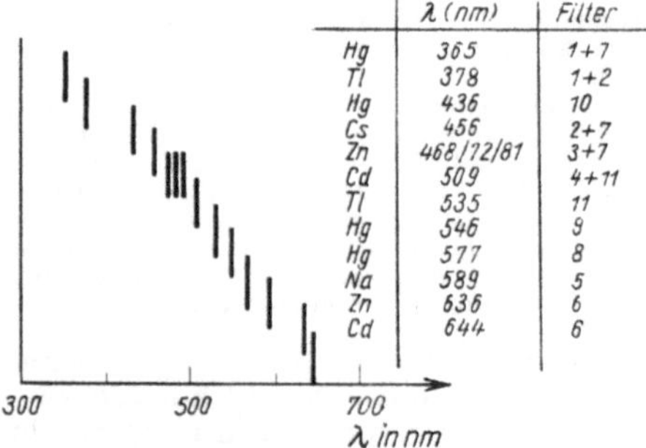

Abb. 3.165. Herstellung einfarbigen Lichtes durch Filterung des Lichtes von Metalldampflampen.
Filter: 1) Schott VG 2; 2) GG 2; 3) GG 5; 4) GG 8; 5) OG 2; 6) RG 1; 7) BG 12; 8) Zeiss A; 9) Zeiss B; 10) Zeiss C; 11) Agfa 44

hindurchgelassenen Teiles der Spektralfarben erzeugt in unserem Auge den Eindruck der Körperfarbe des gefärbten Glases. Das durch Absorption des weißen Lichtes in dem farbigen Körper veränderte Spektrum heißt das *Absorptionsspektrum* des Körpers. Das Absorptionsspektrum vieler Stoffe ist sehr charakteristisch, so daß man es zu ihrem Nachweis benutzen kann. Auf der Farbtafel I ist das Absorptionsspektrum des Neodyms abgebildet, das dieses in den meisten seiner Verbindungen zeigt.

Mikrowellen-Spektroskopie. In diesem Zusammenhang ist noch eine andere Methode der Erzeugung und Untersuchung von Absorptionsspektren zu erwähnen. Im Gegensatz zur optischen Spektroskopie beruht sie auf der Absorption durch Gase unter Aufnahme von Energie aus hochfrequenten Wechselfeldern, die im Wellenlängengebiet von etwa 10 cm bis 1 mm mit elektrotechnischen makroskopischen Oszillatoren erzeugt werden (Bd. II). Das zu untersuchende Gas befindet sich in einem einige Meter langen Hohlrohrleiter; die elektrische Welle wird nach dem Durchgang gleichgerichtet und das empfangene Signal nach Verstärkung einem Kathodenstrahloszillographen zugeleitet. Die Entwicklung dieser Methode war erst möglich, nachdem man gelernt hatte, ungedämpfte Wellen im Mikrowellenbereich herzustellen und zu analysieren (CLEETON und WILLIAMS 1934, und andere amerikanische und sowjetische Forscher). Der grundsätzliche Fortschritt besteht darin, daß man äußerst kleine Energiedifferenzen im Termschema der Moleküle messen kann.

Eichung eines Spektrographen. Man kann mit Hilfe bekannter Frequenzen ein Spektralgerät eichen, wenn man die Lage der Linien eines bekannten Stoffes bestimmt und auf diese Weise einer jeden Stelle der Skala eine bestimmte Frequenz zuordnet, indem man sich graphisch (Abb. 3.164) oder durch mathematische Interpolation den Zusammenhang zwischen Wellenlänge und Skala darstellt. Für genaue Messungen muß man ein sehr linienreiches Spektrum verwenden, z. B. das des Lichtbogens zwischen Eisenelektroden. Einige Zahlenangaben über Spektren siehe Tab. IV im Anhang.

Herstellung quasimonochromatischen Lichtes. Wie beim Monochromator kann man bei jedem Spektrum durch einen Spalt einen beschränkten Frequenzbereich ausblenden. Manchmal ist nochmalige prismatische Zerlegung und Ausblendung erforderlich. Für diese Zwecke eingerichtete meist mit einer Wellenlängenteilung versehene Geräte nennt man *(Doppel-)Monochromatoren.* Eine andere Möglichkeit, die aber nur ganz bestimmte Frequenzen zu erhalten ermöglicht, besteht in der Verwendung einer Lichtquelle, die nur Licht einer einzigen Frequenz aussendet. Eine solche vielbenutzte Quelle ist die mit Kochsalz gefärbte Spiritus- oder Bunsenflamme. Man läßt ein mit einer Kochsalzlösung getränktes Stück Asbest oder Magnesiastäbchen

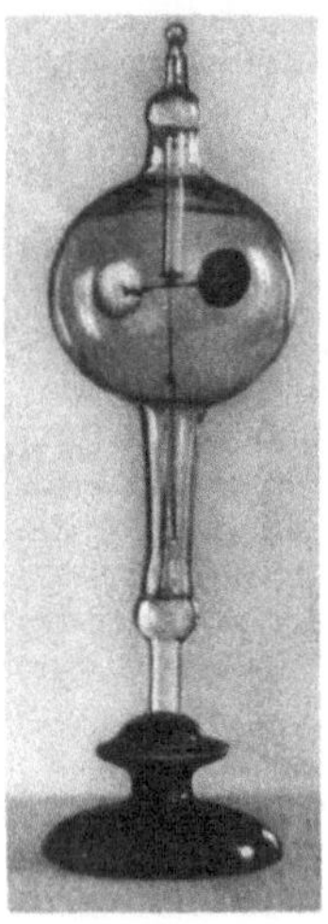

Abb. 3.166. Lichtmühle

3.4.3. Infrarotes und ultraviolettes Licht

Wärmestrahlen. Die Sonne sendet uns außer dem Licht auch Wärme in Form von Strahlung zu, wobei diese Wärmestrahlen ebenso wie die Lichtstrahlen den leeren Raum durchdringen. Zerlegt man das Sonnenlicht in ein Spektrum, so findet man auch noch jenseits des Roten, im *Infraroten*, Energiestrahlung, wenn man zum Nachweis ein für Wärmestrahlung empfindliches Gerät benutzt, z. B. ein Thermoelement oder ein Bolometer. Die in Form von Wärmestrahlung auffallende Energie wird absorbiert und in einen elektrischen Strom bzw. eine Stromänderung umgewandelt.

Man kann zum Nachweis dieser Strahlung das *Crookessche Radiometer* oder die *Lichtmühle* benutzen (Abb. 3.166). Dieses Gerät besteht aus einer leicht drehbaren Achse mit vier Flügeln, die sich in einem stark luftverdünnten Raum drehen können. Jeder Flügel ist auf der einen Seite mit Ruß geschwärzt, die andere Seite ist blank poliert. Von der auffallenden Wärmestrahlung nehmen die geschwärzten Flächen erheblich mehr Energie auf als die blanken, die die auffallenden Licht- und Wärmestrahlen größtenteils reflektieren. Die geschwärzten Flächen sind daher wärmer als die polierten, so daß auffallende Gasmoleküle beim Stoß eine größere Energie erhalten und so durch ihren Rückstoß nach dem Impulserhaltungssatz auch einen größeren Rückimpuls auf das Gestell ausüben als auf der Gegenseite. Deshalb dreht sich bei auffallender Strahlung die Lichtmühle im Sinne der Strahlung.

Da die Wärmestrahlung schon durch Glas in dünnen Schichten merklich absorbiert wird, benutzt man zur Untersuchung des Infrarotspektrums vorteilhafterweise ein Steinsalzprisma.

Bringt man die Lichtmühle in das von einem solchen Prisma entworfene Spektrum, so stellt man fest, daß ihre Winkelgeschwindigkeit im Bereich des roten Anteils des Spektrums besonders groß ist. Die Drehung wird jedoch

Abb. 3.167 Abb. 3.168

Abb. 3.167. Aufnahme von der Zugspitze gegen Garmisch-Partenkirchen und München auf gewöhnlicher Platte (sie entspricht dem Bildeindruck, den wir bei unmittelbarer Beobachtung haben)

Abb. 3.168. Aufnahme von der Zugspitze auf ultrarotempfindlicher Platte

von der Flamme bespülen. In der Hitze werden die verdampfenden Natriumatome zum Leuchten erregt und geben ein gelbes Licht, das aus zwei eng benachbarten Frequenzen besteht (den D-Linien im Sonnenspektrum entsprechend). Heute verwendet man die gleichmäßigeren und weit lichtstärkeren elektrischen Entladungen in Edelgasen und in Metalldämpfen (Na, K, Cd, Hg usw.).

Als Filter benutzt man Glas- bzw. Quarzküvetten die mit geeigneten Flüssigkeiten gefüllt sind oder Filtergläser. Durch eine Kombination mehrerer Glasfilter kann man die gewünschten Linien aussondern. Die Abb. 3.165 zeigt für einige Schottfilter die Wellenlängenbereiche, in denen die Filter durchlässig bzw. undurchlässig sind.

noch schneller, wenn man die Lichtmühle in das Gebiet jenseits des Roten, in das Gebiet der Wärmestrahlung hineinbewegt. Näheres über diese Wärmestrahlung und über ihre physikalischen Eigentümlichkeiten wird später ausgeführt.

Man kann sich auch der photographischen Platte bedienen, die für Infrarot bis zu 1,3 μm hergestellt werden kann. Man kann mit derartigen Platten sehr viel weiter in die Ferne photographieren als mit gewöhnlichen Platten (Abb. 3.167, 3.168). Auch den lichtelektrischen Effekt und den Sperrschichtphotoeffekt verwendet man. Zum qualitativen Nachweis der infraroten Strahlen genügt ein Thermometer mit langem, schmalem, geschwärztem Thermometergefäß. (Auf diese Weise gelang W. HERSCHEL 1800 die Entdeckung des Infrarot im Sonnenlicht.)

In allen Teilen des Spektrums erhält man eine Erwärmung, die der spektralen Energiedichte an der betreffenden Stelle proportional ist. So kann man auch in ultravioletten und infraroten Gebieten die Strahlungsintensität quantitativ feststellen. Verwendet man als Lichtquelle einen glühenden festen Körper, so ist die spektrale Energiedichte des infraroten Lichtes sogar sehr viel größer als die des sichtbaren oder des ultravioletten Lichtes. Glas absorbiert das längerwellige Infrarot; weiter durchlässig, bis etwa 16 bzw. 21 μm, sind Prismen und Linsen aus Steinsalz und Sylvin, für sehr große Wellenlängen ist Quarz nochmals durchlässig. Schwarzes Papier ist ebenfalls für Infrarot durchlässig.

Eine besonders langwellige Strahlung ist die von RUBENS und v. BAYER (1911) und NICHOLS und TEAR (1925) beobachtete Strahlung der Quecksilberlampe mit $\lambda = 342$ μm bzw. 420 μm (ca. 0,4 mm).

Infrarotstrahler werden zur Trocknung, z. B. zum Einbrennen der Lackierung in Autokarosserien, verwendet. Mit Infrarotblinkzeichen von 100-Watt-Scheinwerfern (30 cm Durchmesser) erreicht man einwandfreie Nachrichtenübertragung bis 20 km. Flugzeuge können von der Erde aus an ihrer eigenen Wärmestrahlung bis zu 35 km Entfernung festgestellt werden.

Fast jede thermische Lichtquelle sendet ein praktisch lückenloses Infrarotspektrum aus. Für Zwecke der physikalischen Untersuchung kommt es also vornehmlich auf die Isolierung eines scharf bestimmten Wellenlängenbereichs an. Dazu können die Methode der Reststrahlen, die Quarzlinsenmethode, Beugungsgitter und Interferometer dienen.

Ultraviolette Strahlen. Bekanntlich übt blaues Licht auf die nicht vorbehandelte photographische Platte eine stärkere Wirkung aus als rotes oder gelbes Licht. Die chemische Wirksamkeit des Lichtes hängt somit stark von seiner Wellenlänge ab und erreicht im Violetten ein Maximum. Ähnlich wie sich nun das Spektrum noch jenseits des Roten ausdehnt, finden wir auch jenseits des Violetten noch wirksame Strahlung, die *ultraviolette Strahlung*. Man kann die Wirkung dieser unsichtbaren Strahlung leicht durch lichtempfindliches Papier nachweisen, das im Infraroten fast gar nicht, im Roten und Gelben wenig, im Violetten stark und am schnellsten und stärksten im Ultravioletten geschwärzt wird.

Eine andere Möglichkeit des Nachweises dieser Strahlung ist durch die Eigentümlichkeit fluoreszierender Körper gegeben: Gewisse Stoffe, z. B. Sidotblende, Willemit und Uranglas haben die Eigenschaft, bei auffallendem Licht in einem charakteristischen Eigenlicht zu strahlen, das um so stärker ist, je kurzwelliger das betreffende Licht ist. Am stärksten ist jedoch die Wirkung bei Bestrahlung mit ultraviolettem Licht.

Glas absorbiert einen Teil des ultravioletten Lichtes, und zwar von etwa 340 nm an. Für kürzere Wellenlängen ist Uviolglas (Schott-Jena) durchlässig; um noch weiter (bis etwa 200 nm) zu kommen, muß man Prismen und Linsen aus Quarz verwenden (zuerst 1852 von STOKES verwendet, der auch die Fluoreszenz des Uranglases benutzte). Durchlässigkeit bis 185 nm erreicht man mit Flußspat (gelegentlich auch noch mit Quarz).

Verwendet man einen Schirm mit fluoreszierendem Stoff und entwirft das Spektrum auf diesen Schirm, so kann man die *Fluoreszenzstrahlung* im gesamten ultravioletten und violetten Gebiet leicht nachweisen.

Neuerdings sind stark nickelhaltige Gläser im Handel (Ultraviolettfilter, Schwarzglas), die fast nur ultraviolettes Licht durchlassen. Sie werden vielfach benutzt, um ungestört vom Licht der erregenden Lichtquelle Fluoreszenzerscheinungen zu beobachten (Analysenquarzlampe). Gewisse Gebiete des Ultraviolett werden ferner von Chlor- oder Bromgas durchgelassen. Die ultravioletten Strahlen wirken auch biologisch, und zwar ist bei gleicher eingestrahlter Intensität das Gebiet von 320 bis 280 nm heilkräftig, während die kürzerwelligen Strahlen zerstörend auf das Gewebe wirken. Da Glas auch die längerwelligen Strahlen absorbiert, so ist Uviolglas (für Fenster z. B.) zu benutzen, wenn man die ultravioletten Strahlen des Tageslichtes nützen will. Die ultravioletten Strahlen scheinen noch dadurch biologisch bedeutsam zu sein, daß sie offenbar ihre Energie, ähnlich wie bei der Phosphoreszenz, auf bestimmte lebenswichtige Stoffe im Organismus übertragen.

V. SCHUMANN wies (1893) nach, daß die Absorption des kurzwelligen Lichtes in der Gelatine der Photoplatte und in der Luft ein weiteres Vordringen nach kürzeren Wellen sehr erschwert. Es gelang ihm, in einem Vakuumspektrographen auf photographischem Wege (mit Flußspatoptik und gelatinefreien Trockenplatten) noch ultraviolettes Licht des Wasserstoffspektrums von der Wellenlänge $\lambda = 120$ nm $= 1{,}2 \cdot 10^{-5}$ cm nachzuweisen (Schumann-Ultraviolett). Im Hochvakuum konnte (1920) LYMAN vermittels eines Gitterspektrographen Spektrallinien von Helium der Wellenlänge $\lambda = 60$ nm $= 6 \cdot 10^{-6}$ cm nachweisen und messen.

Jetzt ist man bis etwa 10 nm vorgedrungen. Man benutzt wegen der Absorption zur Zerlegung des kurzwelligen Ultraviolett meist nicht Prismen, sondern Reflexionsgitter. Hiermit ist der An-

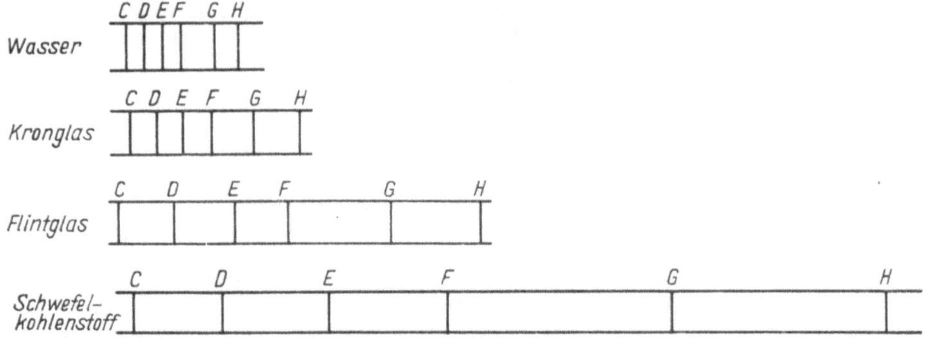

Abb. 3.169. Länge der Spektren bei verschiedenen Stoffen

Tabelle 3.6. Brechzahlen einiger Gläser in Abhängigkeit von der Wellenlänge. Abbesche Zahlen.

Linie Wellenlänge (in nm)	A′ 768,2	C′ 643,8	e 546,1	F′ 480,0	h 404,7	ν_e
Borkron BK 7 BK 518/639	1,51135	1,51460	1,51859	1,52272	1,53015	63,87
Kron K 14 K 526/584	1,51838	1,52192	1,52634	1,53094	1,53935	58,35
Schwerkron SK 16 SK 622/600	1,61368	1,61778	1,62287	1,62816	1,63778	60,01
Lanthankron SSK 10 LaK 696/533	1,68512	1,69013	1,69649	1,70320	1,71555	53,29
Tiefflint LLF 8 TF 535/448	1,52555	1,53008	1,53584	1,54203	1,55370	44,84
Kurzflint KzFS 3 KzF 577/517	1,56786	1,57227	1,57773	1,58344	1,59398	51,72
Lanthanschwerflint LaSF 834/299	1,81116	1,82103	1,83427	1,84896	1,87824	29,87
Flint F 11 F 625/357	1,61035	1,61670	1,62507	1,63421	1,65231	35,70
Schwerflint SF 10 SF 734/281	1,71286	1,72198	1,73430	1,74809	1,77595	28,12

schluß an die Röntgenstrahlen gegeben, deren langwellige Grenze bis etwa 15 nm reicht.

Ultraviolettstrahler. Der am meisten gebrauchte Ultraviolettstrahler ist die Quecksilberlampe mit Quarzgehäuse. Daneben können auch die Kohlelichtbogen, der Eisenbogen und Magnesiumlicht für die Erzeugung sehr kurzwelliger ultravioletter Strahlung dienen. Da Glas nur für langwelliges UV etwas durchlässig ist, muß man mit Quarz oder Flußspat arbeiten. Für das äußerste UV genügen auch diese Mittel nicht mehr, sondern man muß Reflexionsgitter im Vakuum verwenden.

3.4.4. Kennzahlen der Dispersion

Die Entstehung der prismatischen Spektren ist auf die Abhängigkeit der Brechzahl von der Farbe zurückzuführen. In der Tab. 3.6 sind die Brechzahlen für einige Gläser in Abhängigkeit von der Wellenlänge enthalten. Die Wellenlänge wird durch eine Auswahl an Fraunhoferschen Linien festgelegt.
In Abb. 3.169 sind für gleiche brechende Winkel der Prismen und die Stoffe Wasser, Kronglas, Flintglas sowie Schwefelkohlenstoff die Spektren so übereinander gezeichnet, daß die Linie C in allen Spektren an derselben Stelle liegt. Man erkennt, daß die Länge des Spektrums vom Prismenwerkstoff abhängt.

Für die Ablenkung des Lichtes durch einen Keil gilt $\delta = (n - 1)\,\gamma$. Für zwei Wellenlängen λ_1 und λ_2 beträgt die Differenz der Ablenkung $\delta_1 - \delta_2 = (n_{\lambda_1} - n_{\lambda_2})\,\gamma$; sie ist also der Brechzahldifferenz für die ausgewählten Wellenlängen proportional.

Hauptdispersion. Die Grenzen des hellen Teils eines prismatischen Spektrums von weißem Licht liegen etwa bei den Wellenlängen der F′-Linie und der C′-Linie des Cadmiums. Deshalb wird die Brechzahldifferenz $n_{F'} - n_{C'}$ als *Hauptdispersion* bezeichnet.

Abbesche Zahl. Bei der Behandlung des Farblängsfehlers im Abschn. 2.5.6 hatte sich ergeben, daß die chromatische Längsabweichung einer dünnen Linse der Abbeschen Zahl umgekehrt proportional ist. Die *Abbesche Zahl*

$$\nu = \frac{n_e - 1}{n_{F'} - n_{C'}} \tag{3.33}$$

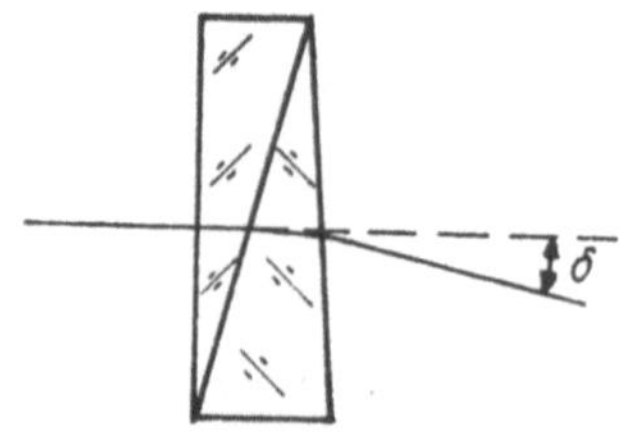

Abb. 3.170. Dichromatisches Keilpaar

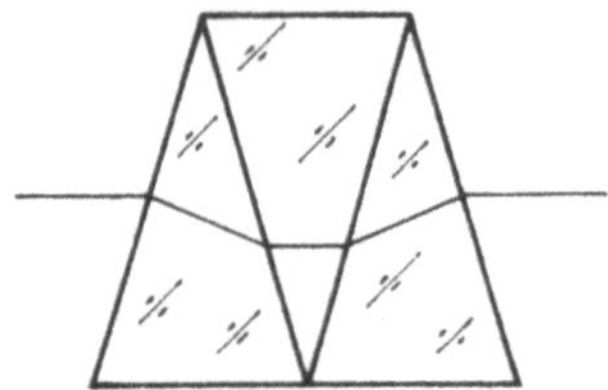

Abb. 3.171. Geradsichtige Keilanordnung

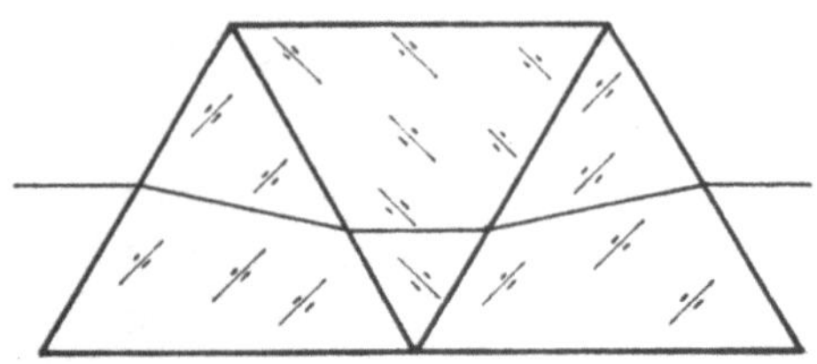

Abb. 3.172. Geradsichtprismen

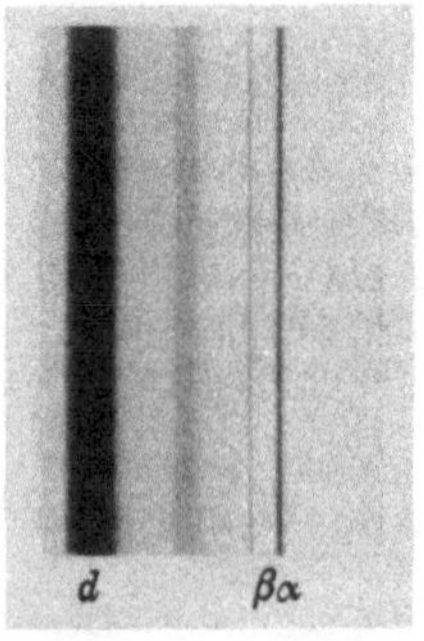

Abb. 3.173. Brechung von Röntgenstrahlen an Quarz (Mo, K_α- und K_β- Linie, d = direkter Strahl)

stellt deshalb eine wichtige Kennzahl zur Beschreibung der Dispersion von Werkstoffen für optische Systeme dar.

Relative Teildispersion. Die Differenz der Ablenkung des Keils für einen Ausschnitt aus dem Spektrum bezogen auf die Differenz der Ablenkung für den Bereich der Hauptdispersion beträgt $(\delta_{\lambda_3} - \delta_{\lambda_4})/(\delta_{F'} - \delta_{C'}) = (n_{\lambda_3} - n_{\lambda_4})/(n_{F'} - n_{C'})$. Die Größe

$$\vartheta_{\lambda_3,\lambda_4} = \frac{n_{\lambda_3} - n_{\lambda_4}}{n_{F'} - n_{C'}} \tag{3.34}$$

heißt *relative Teildispersion.*

Dichromatischer Keil (auch *achromatischer Keil* genannt). Die Ablenkung des Keils ist seine Hauptfunktion. Die Aufspaltung des Lichtes in die Spektralfarben kann dabei störend wirken. Ein System aus zwei Keilen mit unterschiedlichen Gläsern und entgegengesetzt liegenden brechenden Winkeln γ_1 und γ_2 läßt sich jedoch so berechnen, daß die Ablenkung für zwei Farben gleich ist.

Aus den Forderungen $\delta_{F'} = \delta_{C'}$ und $n_e = (\delta_{e_1} - 1)\gamma_1 - (n_{e_2} - 1)\gamma_2$ ergeben sich die Keilwinkel

$$\gamma_1 = \frac{\delta_e}{(n_{F_1'} - n_{C_1'})(\nu_1 - \nu_2)},$$

$$\gamma_2 = \frac{\delta_e}{(n_{F_2'} - n_{C_2'})(\nu_1 - \nu_2)}.$$

In Abb. 3.170 ist ein dichromatisches Keilpaar abgebildet.

Geradsichtprisma. Drei gleiche Keile, von denen die äußeren gleiche Brechzahl haben, in der Anordnung nach Abb. 3.171 können so berechnet werden, daß das Licht flüchtend, d. h. ohne Ablenkung, durch sie hindurchgeht. Aus

$$\delta = (n_1 - 1)\gamma - (n_2 - 1)\gamma + (n_1 - 1)\gamma = 0$$

folgt

$$n_2 = 2n_1 - 1.$$

Für $n_1 = 1{,}5$ wird also $n_2 = 2$, die äußeren Keile müssen aus Kronglas, der mittlere Keil aus Flintglas sein.

Die Anordnung aus Keilen hat für spektroskopische Zwecke eine zu kleine Farbaufspaltung. Geradsichtprismensätze bestehen i. allg. aus drei oder fünf Prismen (Abb. 3.172). Sie werden i. allg. für Handspektroskope eingesetzt.

Brechzahl für Röntgenstrahlen. Für Wellen mit Wellenlängen unter 10 nm ist die Brechzahl der meisten Stoffe etwas kleiner als Eins ($1 - n \approx 1{,}2 \cdot 10^{-5}$). Der Grenzwinkel der Totalreflexion für den Übergang von Luft in einen Stoff liegt nur wenige Minuten unterhalb von 90°. Totalreflexion kann also nur bei fast streifenden Einfall der Wellen auftreten.

Auch im Gebiet der Röntgenstrahlen ist Dispersion vorhanden. Es lassen sich deshalb prismatische Spektren erzeugen. Abb. 3.173 zeigt das Spektrum, das mit Röntgenstrahlen an einer Quarzkante mit streifendem Austritt erzeugt wurde.

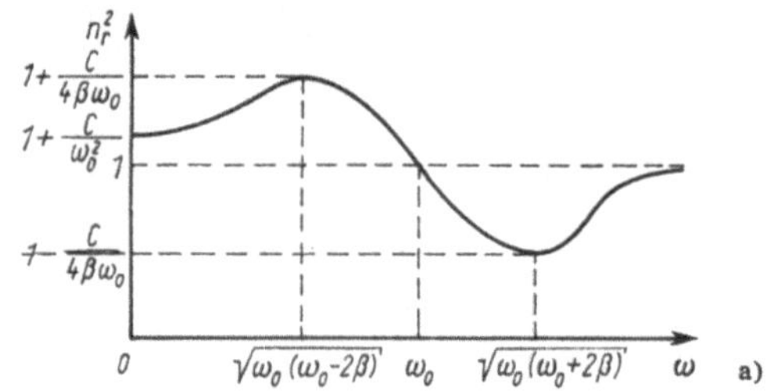

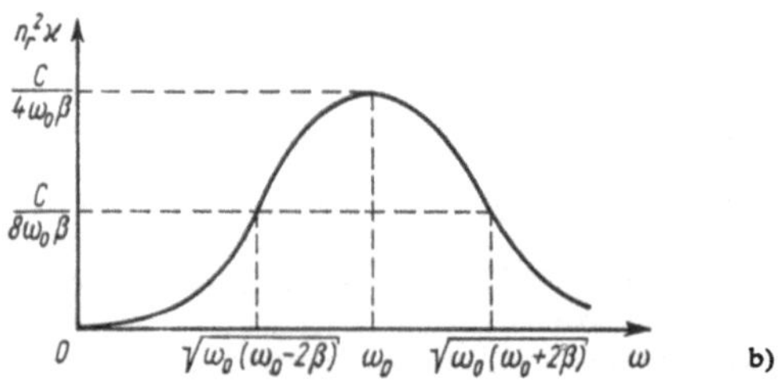

Abb. 3.174. a) Quadrat der Brechzahl als Funktion der Kreisfrequenz, b) Absorptionskonstante als Funktion der Kreisfrequenz

3.4.5. Grundzüge der Dispersionstheorie

Wir haben im Bd. II aus der elektromagnetischen Lichttheorie die Maxwellsche Beziehung $n^2 = \varepsilon$ gefolgert. Da ε eine Stoffkonstante ist, müßte auch n eine Konstante sein. Dispersion, also die Abhängigkeit der Brechzahl von der Wellenlänge, könnte nicht auftreten. Wie erklärt sich dieses Versagen der Maxwellschen Theorie? Wie schon im Bd. II betont wurde, ist die Maxwellsche Beziehung für die meisten Stoffe nur im Gebiet sehr großer Wellenlängen einigermaßen erfüllt und gilt nach den Messungen von BOLTZMANN nur für Gase auch im Gebiet der Lichtwellen.
Die Maxwellsche Theorie geht von einer stetigen Raumerfüllung aus. Diese Annahme ist aber bei der atomistischen Struktur der Stoffe nicht erfüllt. Daher kann die Maxwellsche Beziehung auch nur dann einigermaßen zutreffen, wenn entweder die Wellenlänge sehr groß ist gegenüber den atomaren Dimensionen oder die Raumverteilung in erster Annäherung als stetig angesehen werden kann.

Zum Verständnis der Dispersion betrachten wir eine elektromagnetische Welle, die durch einen nicht leitenden Stoff hindurchgeht. Von diesem Stoff nehmen wir modellmäßig an, daß er aus Atomen besteht, die im Mittel elektrisch neutral sind und ein relativ schwach gebundenes Elektron haben (Valenzelektron). An der Stelle eines Atoms kann die elektrische Feldstärke, die eine harmonische Welle mit einer Wellenlänge, die sehr groß gegen die Atomabmessungen ist, erzeugt, durch $E = E_0 \cos \omega t$ beschrieben werden. Auf das Elektron wirkt die Kraft $F_E = -eE$. Nehmen wir an, daß das Elektron quasielastisch gebunden ist ($F = -Dx$) und eine gedämpfte Schwingung ausführt, dann kann seine Bewegung bei kleinen elektrischen Feldstärken durch die Schwingungsgleichung

$$m\ddot{x} + 2m\beta\dot{x} + m\omega_0^2 x = -eE \tag{3.35}$$

beschrieben werden. Die Dämpfung ist proportional der Geschwindigkeit angenommen worden; $\omega_0 = \sqrt{D/m}$ ist die Kreisfrequenz der freien ungedämpften Schwingung.
Der Atomrumpf und das Elektron bilden ein elektrisches Dipolmoment $p = -ex$. Sind N Dipole in der Volumeneinheit, dann beträgt die dielektrische Polarisation des Stoffes $P = -Nex$. Damit ergibt sich aus (3.35)

$$\ddot{P} + 2\beta\dot{P} + \omega_0^2 P = \frac{Ne^2}{m} E. \tag{3.36}$$

Der Lösungsansatz $P = \varepsilon_0\chi E$($\chi = \varepsilon - 1$ ist die elektrische Suszeptibilität) ergibt

$$\dot{P} = -\varepsilon_0\chi\omega E_0 \sin \omega t, \; \ddot{P} = -\varepsilon_0\chi\omega^2 E_0 \cos \omega t.$$

Darin kann $\sin \omega t = \cos(\omega t - 90°) = j \cos \omega t$ gesetzt werden $\left(\text{wegen } j = e^{j\frac{\pi}{2}}\right)$. Damit führt der Lösungsansatz auf

$$n^2 = \varepsilon = 1 + \chi = 1 + \frac{Ne^2}{\varepsilon_0 m} \frac{1}{\omega_0^2 - \omega^2 - 2j\beta\omega}. \tag{3.37}$$

Ohne Dämpfung ist die Brechzahl reell. Die Elektroneneigenkreisfrequenz ω_0 ist wegen der geringen Elektronenmasse groß. Sie liegt im UV, so daß $\omega_0^2 - \omega^2$ im sichtbaren Gebiet positiv ist und von rot bis violett abnimmt. Die Brechzahl nimmt im sichtbaren Gebiet mit der Frequenz zu, wenn die Absorption vernachlässigt werden kann (normale Dispersion).
Bei Berücksichtigung der Absorption ist die Brechzahl komplex. Wir setzen

$$n = n_r(1 + j\varkappa). \tag{3.38}$$

Die Brechzahl n ist in die reelle Brechzahl n_r und die Absorptionskonstante $n_r\varkappa$ zerlegt. Quadrieren und Gleichsetzen von Real- und Imaginärteil entsprechend (3.38) ergibt

$$n_r^2 = 1 + \frac{Ne^2}{\varepsilon_0 m} \frac{\omega_0^2 - \omega^2}{(\omega_0^2 - \omega^2)^2 + 4\omega^2\beta^2}, \tag{3.39}$$

$$n_r^2\varkappa = \frac{Ne^2}{\varepsilon_0 m} \frac{\omega\beta}{(\omega_0^2 - \omega^2)^2 + 4\omega^2\beta^2}. \tag{3.40}$$

Die Abb. 3.174a, b enthalten n_r^2 bzw. $n_r^2\varkappa$ als Funktionen der Kreisfrequenz. Im Bereich relativ starker Absorption $\sqrt{\omega_0(\omega_0 - 2\beta)} \leqq \omega \leqq \sqrt{\omega_0(\omega_0 + 2\beta)}$ nimmt die Brechzahl mit der Kreisfrequenz ab (anomale Dispersion).

Im allgemeinen enthält ein Stoff nicht nur ein im Feld mitschwingendes Elektron, sondern mehrere Elektronen unterschiedlicher Eigenfrequenzen und andere mitschwingende Ladungen wie z. B. Ionen. Die Eigenfrequenzen der Ionenschwingungen liegen wegen der gegenüber Elektronen wesentlich größeren

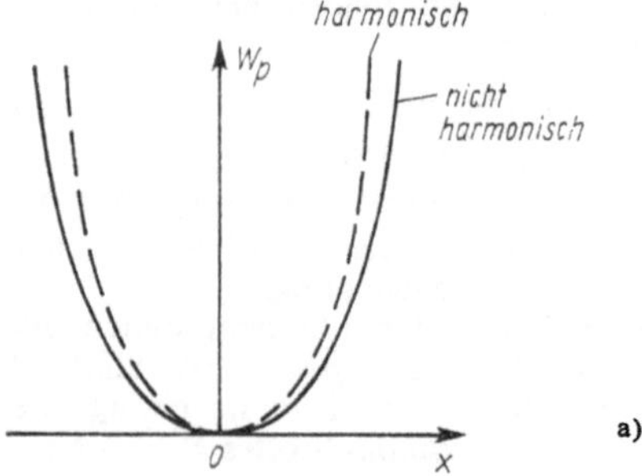

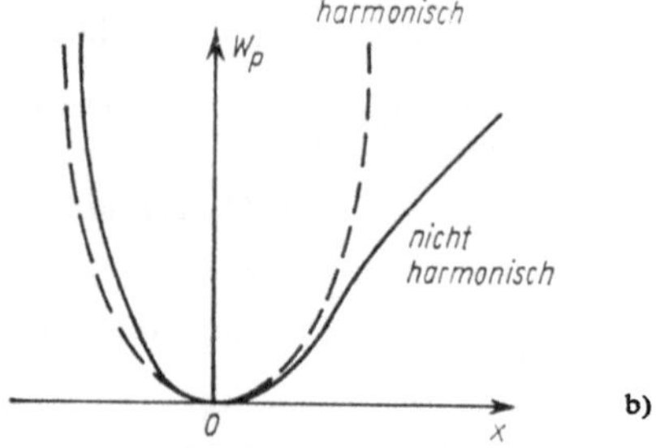

Abb. 3.175. Potentialkurve

Masse der Ionen unterhalb der Elektronenfrequenzen. Bei optischen Gläsern genügt es oftmals, im Ultravioletten eine Elektroneneigenschwingung, im Infraroten eine Ioneneigenschwingung anzunehmen. Die Gebiete anomaler Dispersion liegen dann außerhalb des sichtbaren Gebietes und die Brechzahl sinkt nicht wie in Abb. 3.174a unter Eins ab. Für die Brechzahl gilt im sichtbaren Gebiet die Näherungsformel, die aus (3.39) folgt

$$n^2 = A_0 + \frac{\lambda_i^4 A_i}{\lambda^2 - \lambda_i^2} + \frac{\lambda_e^4 A_e}{\lambda^2 - \lambda_e^2}.$$

(A_0, A_i, A_e empirische Konstanten; λ_i, λ_e den Ionen- bzw. Elektroneneigenschwingungen entsprechende Wellenlängen).

Allgemein ergibt sich bei Berücksichtigung mehrerer Eigenschwingungen die KETTELER-HELMHOLTZ-*Dispersionsformel*

$$n^2 = n_\infty^2 + \sum_K \frac{\lambda_K^4 A_K}{\lambda^2 - \lambda_K^2}. \tag{3.41}$$

3.4.6. Nichtlineare Optik

Die im Abschn. 3.4.5. skizzierte Dispersionstheorie ging davon aus, daß die elektrische Feldstärke der Lichtwelle sehr klein gegenüber der atomaren Feldstärke ist. Dadurch konnte die Elektronenschwingung als harmonisch angesetzt werden, und zwischen der dielektrischen Polarisation und der elektrischen Feldstärke bestand ein linearer Zusammenhang (lineare Wellenoptik).

Die heute mit Laserlichtquellen erzielbare Energiedichte ist so groß, daß die elektrische Feldstärke mit der atomaren Feldstärke vergleichbar sein kann.

Die Schwingungen der Elektronen erhalten eine so große Amplitude, daß sie als nichtlinear anzusetzen sind. Wir beschränken uns wieder auf ein mitschwingendes Elektron und untersuchen nur den Einfluß der niedrigsten nichtlinearen Terme. Bei Stoffen mit Inversionssymmetrie (z. B. bei kubischen Kristallen) muß die potentielle Energie der quasielastischen Kraft symmetrisch gegenüber einem Vorzeichenwechsel der Koordinate sein (Abb. 3.175a). Das Kraftgesetz muß also

$$F = -Dx(1 - D_3x^2), \quad D_3x^2 \ll 1$$

lauten. In den Stoffen ohne Inversionssymmetrie ist ein Kraftgesetz

$$F = -Dx(1 - D_2x), \quad D_2\,|x| \ll 1$$

möglich (Abb. 3.175b). Die Dämpfung soll vernachlässigt werden.

Die Gleichungen für die dielektrische Polarisation lauten:

$$\ddot{P} + \omega_0^2 P\left(1 - \frac{\beta}{\omega_0^2} P^2\right) = CE \tag{3.42}$$

bzw.

$$\ddot{P} + \omega_0^2 P\left(1 + \frac{\alpha}{\omega_0^2} P\right) = CE \tag{3.43}$$

mit

$$C = \frac{Ne^2}{m}, \quad \beta = \frac{D_3\omega_0^2}{N^2e^2}, \quad \alpha = \frac{D_2\omega_0^2}{Ne}.$$

Die Lösung ist mit den Ansätzen

$$P = P_1 \cos \omega t + P_3 \cos 3\omega t \quad \text{bzw.}$$

$$P = P_0 + P_1 \cos \omega t + P_2 \cos 2\omega t,$$

$$(P_0 \ll P_1, P_2 \ll P_1, P_3 \ll P_1),$$

möglich und ergibt für das kubische Kraftgesetz

$$P = \varepsilon_0(\chi_1 E + \chi_3 E^3) \tag{3.44}$$

mit

$$\chi_1 = \frac{C}{(\omega_0^2 - \omega^2)\,\varepsilon_0} \times \left[1 - \frac{3}{4}\frac{\beta C^2 E_0^2}{(\omega_0^2 - 9\omega^2)(\omega_0^2 - \omega^2)^2} + \frac{3}{4}\frac{\beta C^2 E_0^2}{(\omega_0^2 - \omega^2)^3 - \frac{1}{4}CE_0^2}\right] \tag{3.45a}$$

$$\chi_3 = \frac{\beta C^3}{\varepsilon_0(\omega_0^2 - 9\omega^2)(\omega_0^2 - \omega^2)^3}; \tag{3.45b}$$

für das quadratische Kraftgesetz

$$P = \varepsilon_0(\chi_0 + \chi_1 E + \chi_2 E^2) \tag{3.46}$$

mit

$$\chi_0 = -\frac{1}{2}\,\frac{\alpha C^2 E_0^2}{\varepsilon_0 \omega_0^2(\omega_0^2 - \omega^2)^2} \times \left[1 - \frac{\omega_0^2}{(\omega_0^2 - 4\omega^2)}\right], \quad (3.47\,\text{a})$$

$$\chi_1 = \frac{C}{\varepsilon_0(\omega_0^2 - \omega^2)}, \quad (3.47\,\text{b})$$

$$\chi_2 = -\frac{\alpha C^2}{\varepsilon_0(\omega_0^2 - \omega^2)^2(\omega_0^2 - 4\omega^2)}. \quad (3.47\,\text{c})$$

Im Falle des kubischen Kraftgesetzes folgt aus

χ_1, daß normale Dispersion mit einer intensitätsabhängigen Brechzahl (Faktor E_0^2) entsteht; aus

χ_3, daß die dritte Harmonische mit normaler Dispersion entsteht.

Im Falle des quadratischen Kraftgesetzes folgt aus

χ_0, daß eine Gleichpolarisation eintritt, deren Stärke von der Intensität abhängt; aus

χ_1, daß normale Dispersion vorliegt bei intensitätsunabhängiger Brechzahl; aus

χ_2, daß die zweite Harmonische mit normaler Dispersion auftritt.

Die von uns skizzierte Ableitung sollte nur dazu dienen, das Prinzip des Entstehens verschiedener nichtlinearer Effekte zu erkennen. Quantitativ sind die Ergebnisse nicht vollständig. Wir haben z. B. eine linear polarisierte Welle konstanter Amplitude und Ausbreitungsrichtung vorausgesetzt, nicht die Lösung der Maxwellschen Gleichungen vorgenommen sowie die Dämpfung und die Wechselwirkung der schwingenden Teilchen vernachlässigt. Letzteres wird aber bei Flüssigkeiten und festen Stoffen eine grobe Näherung sein. Trotzdem gibt unsere Ableitung die Elektroneneffekte qualitativ richtig wieder. Wir weisen aber noch darauf hin, daß die Gleichung

$$P = \varepsilon_0 \sum_k \chi_k E^k \quad (3.48)$$

i. allg. tensoriell zu schreiben ist.

3.4.7. Effekte der nichtlinearen Optik

Die atomare elektrische Feldstärke, die auf ein Elektron wirkt, liegt in der Größenordnung von 10^8 V/cm. Die gleiche Größenordnung hat das Verhältnis aufeinander folgender Suszeptibilitätskonstanten in (3.48). Die experimentelle Beobachtung der nichtlinearen optischen Effekte erfordert Lichtquellen hoher Intensität, wie sie nur mit den Lasern zur Verfügung stehen. Während die Effekte zweiter Ordnung gut beobachtbar sind, erfordern die Effekte dritter Ordnung im Experiment einigen Aufwand.

Man unterscheidet *Elektroneneffekte*, die bei nahezu reiner Wechselwirkung mit Elektronenschwingungen auftreten und *Elektronen-Schwingungseffekte*, bei denen die Wechselwirkung mit Molekül- und Gitterschwingungen hinzukommt. Die Schwingungseffekte stellen die wesentlichen Effekte dritter Ordnung dar. Es handelt sich um den induzierten und inversen Raman-Effekt sowie um die induzierte Brillouinstreuung. Diese Effekte lassen sich nur im Rahmen der Atomphysik behandeln, so daß wir an dieser Stelle auf Einzelheiten verzichten müssen.

Die wichtigsten Elektroneneffekte sind die Harmonischen-Erzeugung, die Erzeugung von Summen- und Differenzfrequenzen, die Abhängigkeit der Brechzahl von der Intensität und die daraus folgende Selbstfokussierung. Davon wollen wir wegen der generellen Bedeutung der Phasenanpassung für die nichtlineare Optik die Bildung der zweiten Harmonischen etwas ausführlicher behandeln.

Zweite Harmonische. Zur Erzeugung der zweiten Harmonischen muß eine Pumpwelle hoher Feldstärke mit der Kreisfrequenz ω und der Vakuumwellenlänge λ_0 in einen Stoff ohne Inversionszentrum eingestrahlt werden. Wir nehmen an, daß die Pumpwelle bei $z = 0$ durch $E = E_0 \cos \omega t$ beschrieben wird (Abb. 3.176). An der Stelle z gilt $E = E_0 \cos[\omega(t - z/c)]$. In einer dünnen Schicht an der Stelle z wird die 2. Harmonische erzeugt. Die Pumpwelle und die 2. Harmonische haben infolge der Dispersion unterschiedliche Phasengeschwindigkeiten c_2 bzw. c, also auch verschiedene Brechzahlen n_2 bzw. n. Die von verschiedenen Orten z ausgehenden Wellen sind dadurch an der Stelle l phasenverschoben. In der Entfernung l vom Ursprung lautet die Gleichung für die Feldstärke der 2. Harmonischen:

$$dE_2 = E_{02} \cos\left[2\omega\left(t - \frac{l - z}{c_2} - \frac{z}{c}\right)\right] dz.$$

Daraus geht mit $\omega/c = (2\pi n)/\lambda_0$ und $\omega/c_2 = (2\pi n_2)/\lambda_0$

$$dE_2 = E_{02} \cos\left(2\omega t - \frac{4\pi n_2}{\lambda_0} l + \frac{4\pi \,\Delta n}{\lambda_0} z\right) dz \quad (3.49\,\text{a})$$

hervor. Die Überlagerung aller Teilwellen ergibt die Feldstärke

$$E_2 = E_{02} \int_0^l \cos\left(2\omega t - \frac{4\pi n_2}{\lambda_0} l + \frac{4\pi\,\Delta n}{\lambda_0} z\right) dz,$$

bzw. mit

$$l_{\text{Ph}} = \frac{\lambda_0}{2\Delta n} \quad (3.49\,\text{b})$$

$$E_2 = \frac{1}{\pi} E_{02} l_{\text{Ph}} \sin\frac{\pi l}{l_{\text{Ph}}} \cos\left[2\omega t - \frac{2\pi}{\lambda_0} l(n_1 + n_2)\right]. \quad (3.50)$$

In Abständen der sog. Phasenkohärenzlänge l_{Ph} ist die Amplitude der 2. Harmonischen Null, weil sich die von den einzelnen Elementen dz ausgehenden Teilwellen auslöschen (Abb. 3.177).

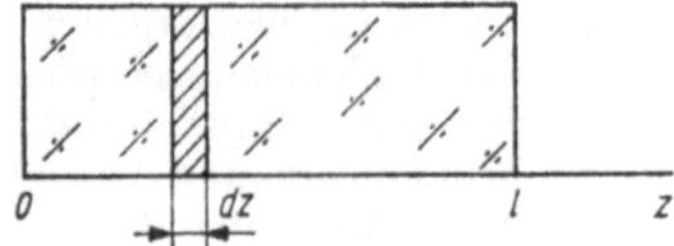

Abb. 3.176. Zur Ableitung der Phasenkohärenzlänge

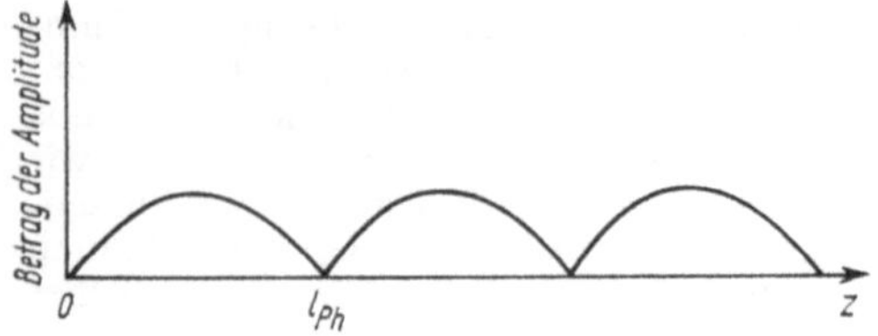

Abb. 3.177. Phasenkohärenzlänge

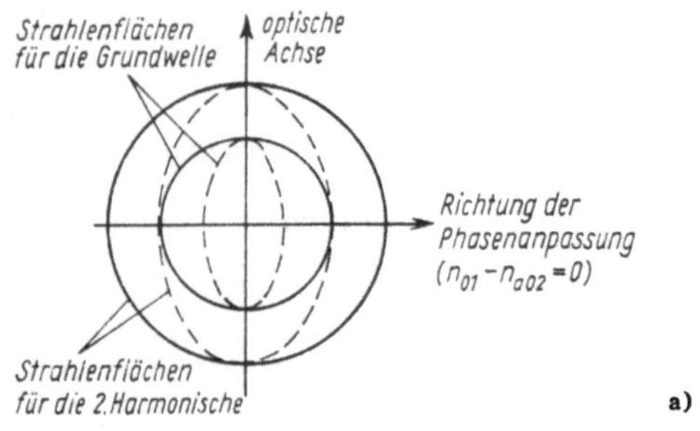

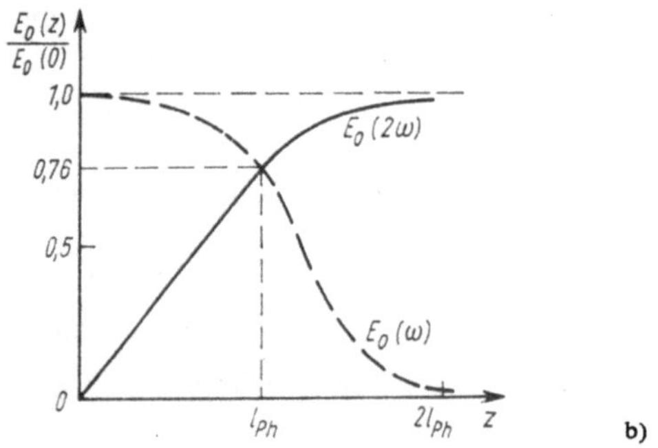

Abb. 3.178. a) Phasenanpassung, b) Amplituden der Grundwelle und der 2. Harmonischen

Der Einfluß der Dispersion läßt sich beseitigen, wenn die *Phasenanpassungsbedingung* $\Delta n = 0$ erfüllt ist. Das ist bei isotropen Stoffen mit normaler Dispersion nicht möglich. In einem optisch einachsigen Kristall, bei dem sich die Indexellipsoide der außerordentlichen Welle mit der Kreisfrequenz 2ω und der ordentlichen Welle mit der Kreisfrequenz ω schneiden, stimmen die Brechzahlen für die dadurch festgelegte Ausbreitungsrichtung überein (Abb. 3.178a enthält den Grenzfall, bei dem sich die Indexellipsoide berühren). Es liegt *Phasenanpassung* (engl.: phase oder index matching) vor, und die 2. Harmonische wird mit merklicher Intensität erzeugt. Geeignete Kristalle sind z. B. KDP (Kaliumdihydrogenphosphat) und Lithiumniobat ($LiNbO_3$). Bisher haben wir angenommen, daß die Pumpwelle in jeder Schicht konstant ist. Aus Gründen der Energieerhaltung nimmt jedoch die Amplitude der Pumpwelle ab, so daß schließlich eine Sättigung eintritt (Abb. 3.178b).

FRANKEN u. a. haben 1961 mit einem Rubinlaser in Quarz Feldstärken von etwa 10^5 V/cm erreicht. Weil sich aber in Quarz keine Phasenanpassung erreichen läßt, war die Ausbeute hinsichtlich der 2. Harmonischen gering (etwa 10^{11} Photonen pro Impuls aus 10^{19} Photonen). Mit Phasenanpassung in einem ADP-Kristall konnte TERHUNE eine 2. Harmonische mit etwa 20% der Intensität der Pumpwelle erzeugen.

Beim Einstrahlen von zwei Wellen in einen Stoff mit merklicher nichtlinearer Polarisation kann je nach der Phasenanpassung die *Summen-* oder *Differenzfrequenz* entstehen. Damit lassen sich aus sichtbarem Licht ultraviolettes oder infrarotes Licht gewinnen.

Effekte dritter Ordnung können in allen Stoffen auftreten, auch in Stoffen mit Inversionszentrum. Heute wird die vollständige Umwandlung in die 3. Harmonische in sehr guter Näherung erreicht.

Nach (3.45a) ergibt sich als Effekt dritter Ordnung eine *Abhängigkeit der Brechzahl von der Intensität* der Pumpwelle. Eine genauere Untersuchung zeigt, daß die Brechzahl mit der Intensität anwächst.

Eine Folge der intensitätsabhängigen Brechzahl ist die *Selbstfokussierung* eines Laserbündels. Unter bestimmten Voraussetzungen ist die elektrische Feldstärke in einem Laserbündel radial nach einer Gaußfunktion von der Entfernung von der Symmetrieachse abhängig (*Gaußsches Bündel*). Das hat in einem nichtlinearen Stoff zur Folge, daß die Brechzahl im Zentrum des Bündels größer ist als in den Außenzonen. Die äußeren Anteile werden dadurch gewissermaßen nach der Mitte zu gebrochen. Das Laserbündel schnürt sich ein. In Wechselwirkung zwischen dem Einschnüren und der Verbreiterung durch die Beugung bildet sich nach einer bestimmten Strecke (z. B. zwischen 100 und 1000 cm bei Leistungen im MW-Bereich) ein dünner Lichtfaden, der allerdings noch in sich strukturiert ist. Diese Erscheinung wird auch als Selbsteinfang des Laserbündels bezeichnet.

3.4.8. Optische Erscheinungen in der Atmosphäre

Das Licht erfährt bei seinem Durchgang durch die Atmosphäre und durch die darin schwebenden Körperchen; Wasserdampf, Nebeltröpfchen, Staub, Eiskristalle; eine Reihe merkwürdiger Veränderungen, die über den Ort, über die Form, Größe und Farbe der lichtaussendenden Körper mancherlei Täuschungen bewirken; auch

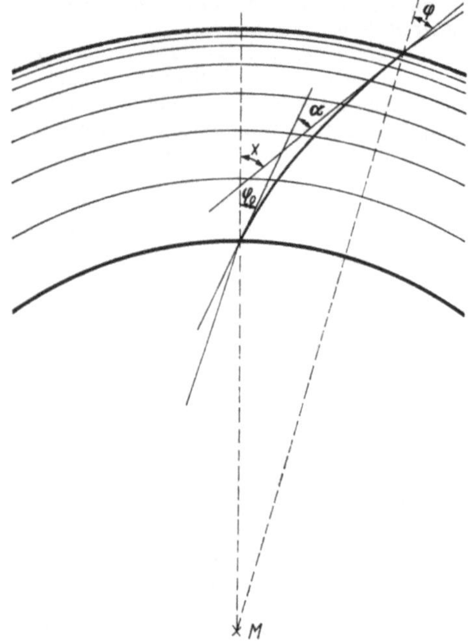

Abb. 3.179. Zur Lichtbrechung in der Atmosphäre

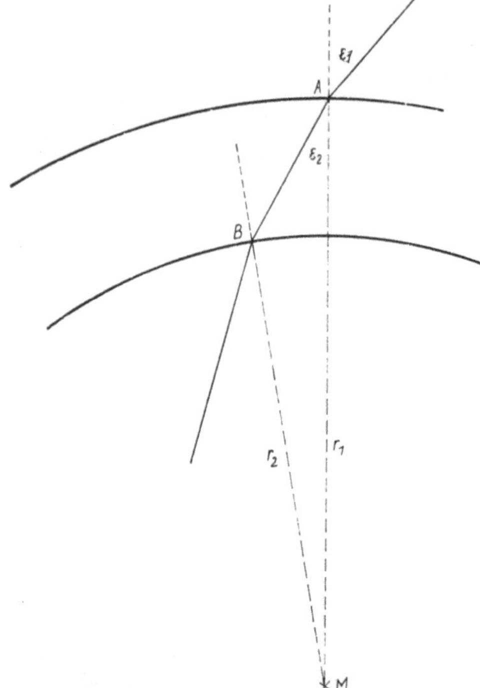

Abb. 3.180. Richtungsänderung eines einfallenden Lichtstrahls

verursachen sie die mannigfachen Färbungen und Helligkeitsverschiedenheiten des Himmels.
Alle Veränderungen des Lichtes, wie Reflexion, Brechung, Dispersion, Beugung, Polarisation, können auch in der Atmosphäre hervorgerufen werden; daher weisen die optischen atmosphärischen Erscheinungen eine große Mannigfaltigkeit auf.

Lichtbrechung in der ungetrübten Lufthülle. Mit zunehmender Höhe nimmt die Dichte der Luft ständig ab und mit ihr die Brechzahl, die unter normalen Bedingungen des Druckes und der Temperatur von $n_L = 1{,}000293$ in Meereshöhe bis auf $n_L = 1$ an der Grenze der Atmosphäre sinkt. Nimmt man an, daß die Dichte in jeder zur Erdoberfläche konzentrisch gelegenen Kugelschale einen konstanten Betrag hat, so läßt sich die Brechung an einer solchen Schicht durch die Gleichung

$$\mathrm{d}x = \frac{\mathrm{d}n}{n} \tan \varphi \tag{3.51}$$

darstellen (Abb. 3.179); denn nach dem Brechungsgesetz gilt für die einzelne Brechung

$$n \sin \varphi = (n - \mathrm{d}n) \sin (\varphi - \mathrm{d}x)$$
$$\approx n \sin \varphi - \mathrm{d}n \sin \varphi + n \cos \varphi \, \mathrm{d}x .$$

Da $\alpha + \varphi_0 = x$ ist, so läßt sich bei Berechnung des Winkels x aus obiger Gleichung die gesamte Ablenkung bestimmen, die ein Lichtstrahl erleidet. Für jede einzelne Schicht gilt die Beziehung

$$n_1 \sin \varepsilon_1 = n_2 \sin \varepsilon_2 .$$

Andererseits gilt (Abb. 3.180)

$$r_1 \sin \varepsilon_1 = r_2 \sin \varepsilon_2 .$$

So ergibt sich, daß der Ausdruck $rn \sin^2 \varepsilon$ einen konstanten Wert hat, somit gleich ist $r_0 n_0 \sin^2 \varepsilon_0$, seinem Werte an der Erdoberfläche. Damit läßt sich die obige Gleichung auswerten; allerdings ist die Lösung nicht in geschlossener Form, sondern nur in Form einer unendlichen Reihe darstellbar. BESSEL u. a. haben Tabellen berechnet, aus denen man die für die Astronomie wichtige Lösung berechnen kann.
Diese Tabellen geben für die beobachtete Zenitdistanz eines Sternes die Refraktion an.
Da unser Auge eine Lichtquelle in der geradlinigen Rückwärtsverlängerung des das Auge treffenden Lichtstrahls sucht, erscheint dem Beobachter das Gestirn (in S') höher stehend, als es in Wirklichkeit ist (Abb. 3.181). Die im Winkelmaß ausgedrückte scheinbare Hebung ε der beobachteten Sonne oder des beobachteten Gestirns heißt *atmosphärische Strahlenbrechung* oder *atmosphärische Refraktion.* Sie ist um so größer, je tiefer das beobachtete Gestirn am Himmel steht. Die atmosphärische Refraktion, die ein am Horizont stehendes Gestirn erfährt, heißt *Horizontalrefraktion*; sie beträgt annähernd 0,5°. Die atmosphärische Strahlenbrechung für

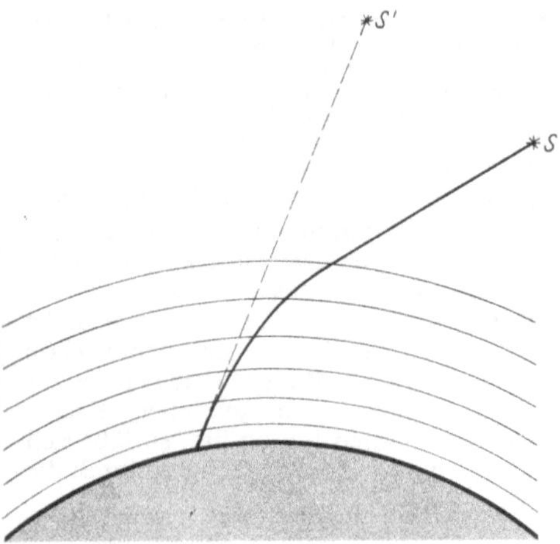

Abb. 3.181. Richtungsänderung eines Sehstrahls

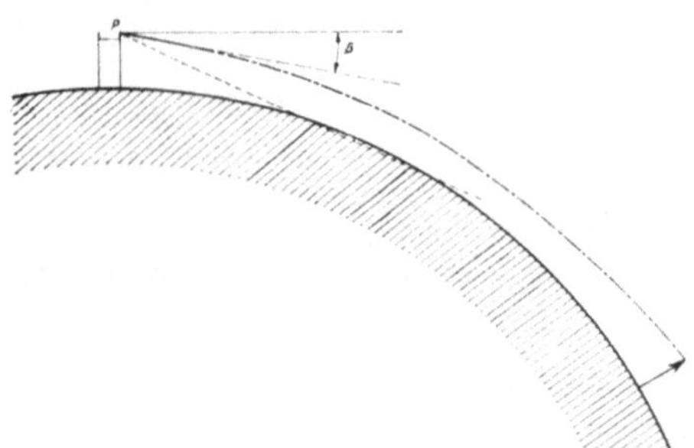

Abb. 3.182. Hebung von Gegenständen am Horizont durch Brechung des Lichtes

Abb. 3.183. Aufnahme im Schlierenverfahren

verschiedene Höhenwinkel ist in Tab. II (Anhang) zusammengestellt.

Einfluß der Brechung bei Beobachtung irdischer Gegenstände (terrestrische Refraktion). Auch bei der Beobachtung irdischer Objekte spielt die Brechung bzw. Krümmung eines Lichtstrahles in der Lufthülle, durch die ein Gegenstand gehoben erscheint, eine Rolle (Abb. 3.182). Als Maß der scheinbaren Hebung des Horizontes dient der Winkel β, den die Horizontale am Standpunkt des Beobachters mit der Tangente an den gekrümmten Lichtstrahl in P bildet. Unter normalen Bedingungen nimmt die Brechzahl der Luft allmählich mit der Höhe ab. Sind aber die Luftschichten an der Erdoberfläche besonders stark abgekühlt, so ist die Änderung der Brechzahl besonders stark ausgeprägt, die Lichtstrahlen sind stärker gekrümmt, und man erblickt sonst nicht sichtbare Gegenstände, wie ferne Inseln oder weit entfernte Küsten (Kimmung). Sind dagegen die unteren Luftschichten stärker erwärmt, so wächst der Winkel β, und der Horizont verengt sich. Die zusammengedrückte Form der auf- und untergehenden Sonne und des Mondes ist zum großen Teil darauf zurückzuführen, daß das Licht vom unteren Sonnenrand stärker gebrochen wird als dasjenige vom oberen Sonnenrand.

Da die Brechzahl der Luft von deren Dichte abhängt und bei hoher Temperatur kleiner ist als bei niedriger Temperatur, wird auch die Richtung eines Lichtstrahles in heißen aufsteigenden Luftströmen, z. B. über einem Schornstein, an einer von der Sonne bestrahlten Wand oder an der von der Sonne beschienenen Erdoberfläche, abgelenkt. Die aufsteigenden Luftströme pflegen ihre Form und Lage unregelmäßig zu verändern und geben somit Anlaß zu einer als *Schlieren* bezeichneten Erscheinung. Die durch einen solchen Luftstrom betrachteten Gegenstände erscheinen verzerrt und flimmernd. Abb. 3.183 zeigt, wie diese Erscheinung ganz allgemein zur Kenntlichmachung von Dichteschwankungen herangezogen werden kann (*Schlierenverfahren*). In gleicher Weise beruht auch das Funkeln der Fixsterne (*die Szintillation*) auf der durch die sich ändernde Luftdichte verursachten schwankenden Brechung der Lichtstrahlen. Die praktisch ebenen Wellenflächen des Sternlichtes erhalten Unebenheiten, deren mittlere Größe etwa 100 cm^2 und deren Krümmungsradius einige tausend Meter beträgt. Da jeder Krümmung divergierende bzw. konvergierende Strahlen entsprechen, entstehen starke Helligkeitsschwankungen.

Luftspiegelungen. Luftspiegelungen sind die Folge anomaler Dichtegradienten in der Lufthülle. Man unterscheidet Spiegelungen nach oben (Abb. 3.184), besonders auf Meeren und in Gebirgen sichtbar, und Spiegelungen nach unten, die in der Wüste besonders häufig beobachtet werden (Abb. 3.185). Luftspiegelungen sind durch eine Umkehrschicht in der Lufthülle bedingt.

Bei der Spiegelung nach oben liegt diese Schicht oberhalb, bei der Spiegelung nach unten unterhalb des Beobachters. Außer dem gespiegelten erreicht natürlich auch das direkte Licht das

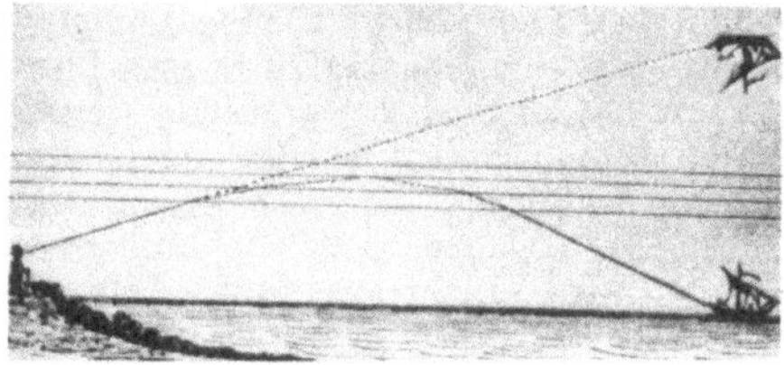

Abb. 3.184. Luftspiegelung auf dem Meer

Abb. 3.185. Luftspiegelung in der Wüste

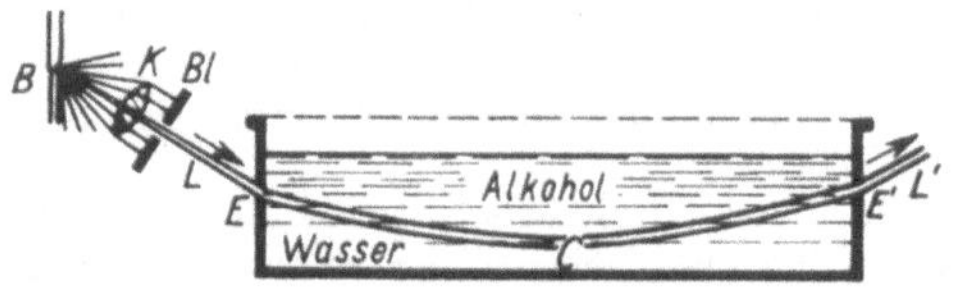

Abb. 3.186. Gekrümmter Lichtstrahl (mit Alkohol überschichtetes Wasser)

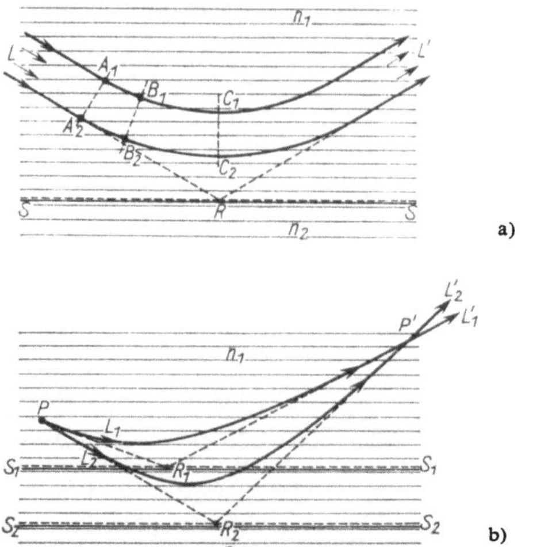

Abb. 3.187. a) „Reflexion" durch Krümmung der Lichtstrahlen, b) Doppelbild durch Krümmung der Lichtstrahlen

Auge. Die Verhältnisse werden durch den in Abb. 3.186 wiedergegebenen Versuch dargestellt. Der Lichtstrahl wird gekrümmt. Ist die Krümmung so stark, daß er nach Erreichung eines tiefsten Punktes wieder nach oben geht, so erfährt er scheinbar eine Totalreflexion, und die heiße Luftschicht wirkt wie ein Spiegel. Infolge dieser scheinbaren Reflexion kann dann ein Beobachter Gegenstände, die über der Erdoberfläche liegen, noch einmal im scheinbaren Spiegelbild unter der spiegelnden Luftschicht sehen. Eine solche Reflexion kann das Vorhandensein einer ausgedehnten Wasserfläche vortäuschen (*Fata Morgana*). Tritt der durch Abb. 3.187a veranschaulichte Fall ein, so entstehen unter dem unmittelbar gesehenen Gegenstand zwei dicht untereinander liegende Spiegelbilder, von denen das oberste umgekehrt zum Gegenstand erscheint und das darunterliegende aufrecht ist. Beide Spiegelbilder sind von oben nach unten stark zusammengedrückt. Durch den in Abb. 3.187b dargestellten Versuch, bei dem (wie in Abb. 3.186) die Luftspiegelung durch eine Flüssigkeitsschichtung von Weingeist und Wasser nachgeahmt ist, kann man das Vorhandensein der beiden Spiegelbilder und ihre Verzerrung nachweisen. Auch in der Nähe der Küsten kann man an heißen Sommertagen oft eine ähnliche Erscheinung beobachten. Dies ist der Fall, wenn eine den Grund des Meeres (besonders beim Wattenmeer) nur dünn bedeckende Wasserschicht sehr stark erwärmt wird; diese bewirkt dann wieder eine starke Erwärmung der unmittelbar darüber befindlichen Luftschicht. Da gleichzeitig durch den stark entwickelten Wasserdampf eine weitere Verdünnung der Luft bewirkt wird, tritt die Luftspiegelung besonders an windstillen Tagen auf. Man hat dann den Eindruck, als wäre der Meeresspiegel gehoben; durch die scheinbare Totalreflexion der stark verdünnten Luftschicht entstehen Spiegelbilder der am Lande befindlichen Gegenstände.

Schließlich bildet sich manchmal in größeren Höhen eine stark verdünnte Luftschicht von großer Ausdehnung aus. Dann tritt hier in ähnlicher Weise eine Totalreflexion nach vorhergegangener Brechung ein, und man beobachtet am Himmel das Spiegelbild der auf der Erde befindlichen Gegenstände. In vereinzelten Fällen kann man auf diese Weise Gegenstände sehen, die wegen der Erdkrümmung unmittelbar überhaupt nicht gesehen werden können.

Das diffuse Tageslicht, die Dämmerung; Licht der Gestirne. Das Sonnenlicht wird von den Körpern auf der Erdoberfläche, von der Luft und von den darin schwebenden Körperchen, wie Wassertröpfchen, Wolken, Staubteilchen, reflektiert und gebeugt. Die Beleuchtung der Erde ist dann gleichmäßig diffus und erzeugt nicht so tiefe Schatten, wie sie bei unmittelbarer Sonnenbeleuchtung entstehen. Nach dem Gesetz von RAYLEIGH ist die

Intensität I des an den in der Luft enthaltenen Molekülen und kleinen Teilchen (wie Ruß und Staub) gestreuten Lichtes proportional der vierten Potenz der Frequenz ν. Somit ergibt sich als Maß für die Schwächung eines die Lufthülle durchdringenden Lichtbündels

$$\alpha = \text{const}\ \nu^4; \qquad (3.52)$$

man nennt α den *Extinktionskoeffizienten.* Daher läßt sich die Intensitätsschwächung $\mathrm{d}I$ einer Lichtwelle beim Durchtritt durch eine Schicht der Höhe $\mathrm{d}h$ in der Atmosphäre durch die Gleichung

$$-\mathrm{d}I = \alpha I\, \mathrm{d}h$$

beschreiben.
Ist I_0 die Intensität an der Grenze der Lufthülle, die von der Erdoberfläche aus gemessen in der Höhe h_0 liege, so gilt

$$I = I_0\, \mathrm{e}^{-\alpha(h_0 - h)}. \qquad (3.53)$$

Die Intensität ist noch mit dem *Trübungsfaktor* $\tau(h)$ nach F. LINKE zu multiplizieren, wenn die Luft stark dunsthaltig ist oder viel Wasserdampf enthält, so daß sich als Schwächungsformel für die Strahlung der Sonne der Ausdruck

$$I = \tau(h)\, I_0\, \mathrm{e}^{-\alpha(h_0 - h)} \qquad (3.54)$$

ergibt. Beobachtungen der Strahlengrößen in verschiedenen Höhen führen nach Extrapolation auf die Strahlung außerhalb der Atmosphäre und damit auf den Wert der Solarkonstanten.
Die Schwächung ist um so größer, je geringer die Höhe ist. Da das Sonnenlicht als allgemeine Himmelshelligkeit auftritt und das gestreute Tageslicht bedingt, erscheint der Himmel um so dunkler, in je größere Höhen man aufsteigt. Auf dem Monde, bei dem keine Lufthülle das unmittelbare Sonnenlicht schwächt, erscheint der Himmel ständig schwarz. Solange noch Sonnenstrahlen Luftteile beleuchten, die wir sehen können, ist der Himmel nicht vollständig dunkel. Die Zeit nach Sonnenuntergang oder vor Sonnenaufgang, während der das indirekte Licht zu uns kommt, heißt *Dämmerung.* Aus der Dauer der Dämmerung kann man berechnen, in welcher Höhe über der Erdoberfläche noch Teilchen sind, die das Sonnenlicht streuen. Die Dämmerung dauert um so länger, je flacher die Sonnenbahn den Horizont schneidet; daher ist bei uns die Dämmerung im Sommer länger als im Winter. Aus demselben Grunde ist die Dämmerung in höheren Breiten länger als in der Gegend des Äquators.
Das Licht des Mondes und der Planeten ist reflektiertes Sonnenlicht, dagegen sind die Fixsterne selbstleuchtend. Das folgt aus dem Spektrum der Fixsterne. Das Spektrum des Mondlichts und des Lichts der Planeten stimmt im wesentlichen mit dem Sonnenspektrum überein, während i. allg. jeder Fixstern ein ihm eigentümliches Spektrum hat. Nach den Spektren hat man die Fixsterne in verschiedene Klassen eingeteilt, die unterschiedlichen Temperaturen der Sterne entsprechen. Die „weißesten" (heißesten) Fixsterne zeigen fast nur ein Helium-Spektrum, die „weniger weißen" (heißen) ein Wasserstoff-Spektrum, dann vorherrschend das Calcium-Spektrum, schließlich ein dem Sonnenspektrum ähnliches, bis bei den roten (den am wenigsten heißen) Fixsternen nur wenige Reste des kontinuierlichen Spektrums beobachtet werden. Man schätzt die zugehörigen Temperaturen von 25000 K für die „weißesten" bis 3000 K für die rötlichen Fixsterne.

Die blaue Farbe des Himmels. Morgenrot, Abendrot, Polarisation des Himmelslichtes. Die blaue Farbe des Himmels wird darauf zurückgeführt, daß in der atmosphärischen Luft kleinste Körperchen schweben, deren Durchmesser kleiner als 0,00035 mm ist. Diese haben die Eigenschaft, die kurzwellige Strahlung stärker zu beugen und zu streuen, als die langwellige Strahlung [siehe (3.30)]. Sehr wahrscheinlich spielen auch die Moleküle in der Luft selbst die Rolle solcher das Licht streuenden Teilchen. Auch an Dichteschwankungen wird Licht gestreut. Daraus erklärt sich auch die rote Farbe der auf- und untergehenden Sonne. Beim tiefen Stande der Sonne muß das Sonnenlicht eine sehr dicke Luftschicht, welche der Erde dicht anliegt und daher viel kleinste Staubteilchen und Wassertröpfchen enthält, durchdringen. Es bleibt vorwiegend die langwellige rote Strahlung übrig, während die andere Strahlung auf ihrem langen Wege durch die Atmosphäre infolge der Beugung und Streuung an den kleinen Stoffteilchen ausgeschieden werden. Die rote Strahlung der auf- und untergehenden Sonne beleuchtet die dem Horizont nahen Teile des Himmels und erzeugt das Morgen- und Abendrot, das auch noch beobachtet werden kann, wenn die Sonne schon unter dem Horizont steht. Auch die rot gefärbten Säume der Wolken am Morgen- und Abendhimmel beim tiefen Stand der Sonne entstehen auf diese Weise. Die blaue Farbe trüber Medien (verdünnte Milch, dünnes Milchglas oder feiner, trockener Rauch) im auffallenden und ihre rote Farbe im durchfallenden Licht erklären sich auf gleiche Weise.
Daß das blaue Himmelslicht gestreutes und gebeugtes Licht ist, beweist die Polarisation des Himmelslichts. Diese kann man beobachten, wenn man durch ein Nicolsches Prisma nach einer Stelle des Himmels sieht und das Prisma vor dem Auge dreht. Von dem Polarisationszustand des an einem trüben Medium gebeugten Lichts kann man sich auch durch einen Versuch überzeugen. Schüttet man z. B. eine kleine Menge einer weingeistigen Mastixlösung in einen längeren mit Wasser gefüllten Glastrog und schickt ein paralleles Strahlenbündel durch das Wasser hindurch, so leuchtet die Trübung senkrecht zum Lichtstrahl mit blauer Farbe auf. Betrachtet man dieses Licht durch ein Nicolsches Prisma und dreht dieses, so erweist es sich als fast vollständig polarisiert.

Wenn die in der Atmosphäre schwebenden Körperchen die angegebene Größe wesentlich überschreiten, so spielt die Beugung eine geringe Rolle, und es werden alle Teile des Sonnenlichts in merklich gleicher Stärke reflektiert und diffus gestreut; daher erscheint der Himmel weißlich, wenn sich durch Kondensation des Wasserdampfes schon kleine Tröpfchen gebildet und sich diese durch Zusammenfließen zu Tropfen vereinigt haben. Auch die weiße Farbe des Nebels ist auf das Vorhandensein kleiner Wassertröpfchen zurückzuführen.

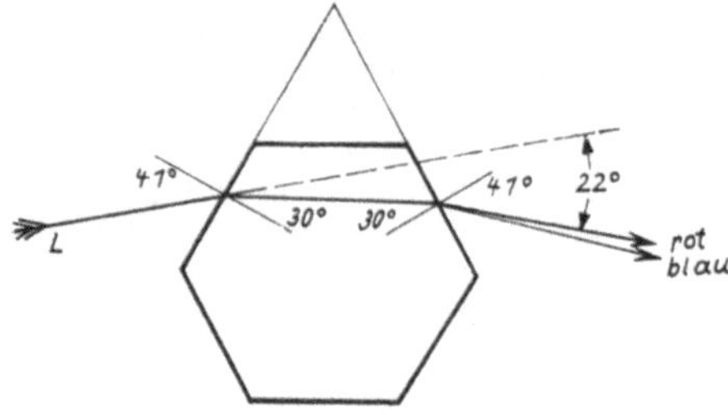

Abb. 3.188. Brechung durch Eiskristalle

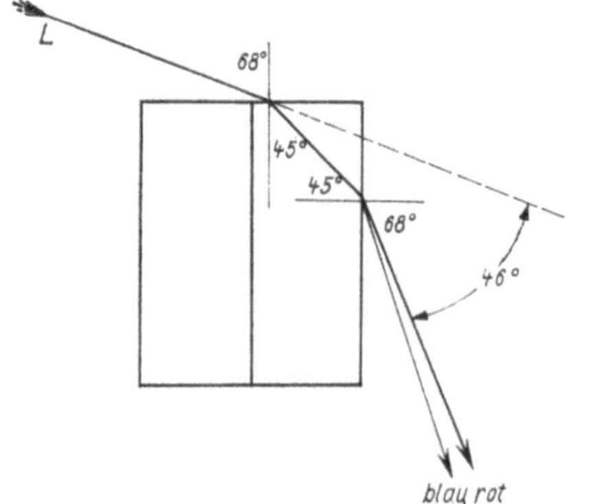

Abb. 3.189. Brechung durch Eisnadeln

Unter sehr seltenen ungewöhnlichen Umständen nehmen Sonne und Mond Blaufärbung an. Die gelblich-rote Färbung der aufgehenden und untergehenden Sonne und des Mondes wird durch Rayleighsche Streuung bedingt, die gleichzeitig die Bläue des Himmels verursacht. Bei einer gewissen Teilchengröße kehren sich jedoch die Verhältnisse um, weil die Schwächung nicht eine monotone Funktion der Wellenlänge ist, sondern für einzelne Bezirke Maxima und Minima aufweist. So können dann bei gewisser Größe der Teilchen und unter der Bedingung, daß diese Teilchen sehr zahlreich in der Atmosphäre vorhanden sind, Umkehrerscheinungen hervorgerufen werden. Bei den über ganz Europa sichtbaren Blaufärbungen von Sonne und Mond im September 1950 waren allem Anschein nach ausgedehnte Waldbrände in Nordamerika die Ursache einer Anhäufung feinster Teilchen in den oberen Schichten der Atmosphäre und damit der ungewöhnlichen Farberscheinungen.

Höfe um Sonne und Mond. Die Höfe um Sonne und Mond sind reine Beugungserscheinungen. Die Höfe um die Sonne werden nicht so oft beobachtet, wie die um den Mond, weil die große Helligkeit des Sonnenlichts keine unmittelbare Betrachtung der Sonne und der der Sonne nahen Teile des Himmels gestattet; das Auge wird geblendet. Dagegen beobachtet man die Höfe um den Mond oft, besonders am Abend klarer Tage. Der Mond erscheint in einem bläulichen, kreisförmigen Feld, das von einem rötlich-gelben Kreis umsäumt ist. An diesen schließen sich nach außen oft eine oder mehrere Farbenfolgen von Blau bis Rot von geringerer Breite an. Während die erste Farbenfolge annähernd mit der Folge der Spektralfarben übereinstimmt, ist die Farbenfolge der äußeren Ringe von der spektralen Folge vollständig verschieden. Hieraus folgt schon, daß die Erscheinung nicht auf Dispersion, sondern auf der Interferenz der Lichtwellen beruht.

Diese Erscheinung stimmt dem Anschein nach vollständig mit den farbigen Höfen überein, die sich um eine entfernte Gasflamme zu bilden scheinen, wenn man sie vom dunklen Zimmer aus durch ein schwach beschlagenes (z. B. angehauchtes) Fenster betrachtet. Auch wenn die zwischen dem Auge und der punktförmigen Lichtquelle befindliche Glasscheibe schwach bestäubt ist, treten solche Ringe auf; besonders schön, wenn der Staub recht gleichmäßig ist, d. h. aus Stoffteilchen von annähernd gleicher Größe besteht. Beim Anhauchen der Glasplatte erscheinen die Ringe zuerst mit großem Halbmesser und farbenprächtig, der Halbmesser nimmt dann allmählich ab, und die Farben verschwinden mehr und mehr. Die Wassertröpfchen oder Staubteilchen wirken ähnlich wie ein Beugungsgitter. So wie die Interferenzstreifen beim Beugungsgitter um so weiter voneinander abstehen, je kleiner die Gitterkonstante ist, so sind auch die farbigen Bögen um so größer, je kleiner die beugenden Staub- oder Wasserteilchen sind. Bei ungleich großen Stoffteilchen lagern sich verschiedenartige Beugungsringe übereinander und stören gegenseitig die Reinheit der Farben. Hieraus erklärt es sich auch, daß die Mondhöfe besonders an Abenden klarer Tage auftreten; denn dann tritt eine schwache Kondensation des in der Luft vorhandenen Wasserdampfes in Form kleinster Tröpfchen von annähernd gleicher Größe ein. Bei fortschreitender Kondensation werden die Wassertröpfchen größer und ungleichmäßig, der Hof wird kleiner und geht dann allmählich in ein weißliches, kreisförmiges Feld über.

Farbige Ringe um Sonne und Mond. Wesentlich verschieden von den Höfen sind die farbigen Ringe, die sich um Sonne und Mond in immer gleichen Abständen bilden. Die Ringe haben meistens den mittleren Radius von 22°, seltener den Radius von 46°; die Innenseite der Ringe ist stets rot, die Außenseite blau gefärbt.

Sie werden durch die Dispersion des Lichtes in den kleinen Eiskristallen erklärt, die sich bei der Kondensation des Wasserdampfes in den höchsten Luftschichten bilden. Die Eiskristalle haben die Form regelmäßiger, sechsseitiger Säulen mit ebenen Endflächen.

Wenn ein Lichtstrahl (Abb. 3.188) auf die eine Seitenfläche eines sechsseitigen Eiskristalls unter dem Einfallswinkel von 41° auffällt, so wird er (da die Brechzahl des Eises 1,31 ist) unter 30° in den Eiskristall gebrochen und verläßt ihn in umgekehrter Winkelfolge wieder. Der Strahl wird dabei um 22° abgelenkt. Gleichzeitig erfährt das Licht eine spektrale Zerlegung. Von dem aus einem Eiskristall austretenden Spektrum tritt aber nur ein enges Bündel in das Auge eines Beobachters; daher erscheint dem Beobachter ein einzelner Eiskristall nur in einer einzigen, ganz bestimmten Farbe. Da das blaue Licht eine stärkere Brechung erfährt als das rote, ist der Winkelabstand, den die scheinbar blau gefärbten Eiskristalle von der Sonne haben, etwas größer als der den scheinbar rot gefärbten Eiskristallen zukommende Winkel. Aus diesem Grunde erscheint der Innenrand des Farbenkreises rot, der Außenrand blau. Der den Mond umgebende Farbenring mit dem mittleren Radius von 46° wird durch die Brechung und Dispersion des Lichtes erklärt, das auf

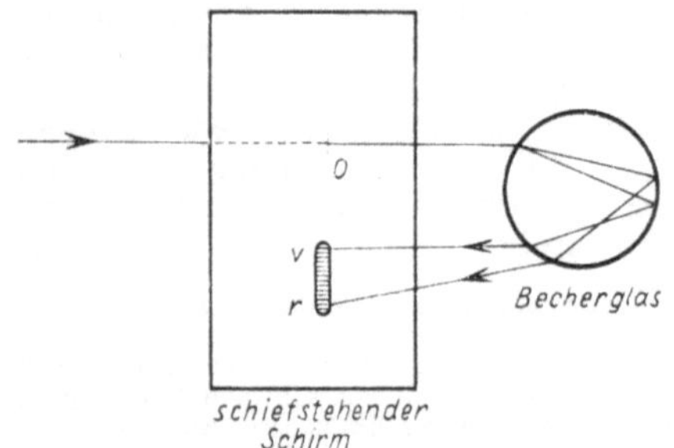

Abb. 3.190. Anordnung zur Erklärung des Regenbogens

die ebene Endfläche einer sechsseitigen Eisnadel fällt und aus einer Seitenfläche austritt. Für diesen Fall ist der Strahlenverlauf in Abb. 3.189 abgebildet. Der Einfallswinkel beträgt 68°, der Brechungswinkel im Eis 45°, woraus sich die Ablenkung von 46° ergibt. Auch hier ist der Ablenkungswinkel für blau etwas größer als für rot, daher erscheint auch hier der Innenrand des Ringes rot, der Außenrand blau.

Halos. Manchmal treten noch weiße Ringe auf, die ihre Ursachen in der Reflexion des Lichtes an den Flächen der Eiskristalle haben. In vereinzelten Fällen setzen sich an diese Ringe waagerechte Lichtstreifen an und geben zu scheinbaren Anschwellungen der Ringe links und rechts von der Sonne und dem Mond Veranlassung (Nebensonnen und Nebenmonde). Diese waagerechten Lichtstreifen werden auf die Reflexion des Lichtes an den ebenen Endflächen flacher, blättchenförmiger Eiskristalle zurückgeführt, die sich in vollkommen ruhiger Luft waagerecht stellen.

Der Regenbogen. Der Regenbogen entsteht, wenn eine Wolke, die sich in Tropfen auflöst, von der Sonne beschienen wird. Der Regenbogen ist ein Teil eines Kreises, dessen Mittelpunkt der Gegenpunkt der Sonne ist, d. h. der Punkt am Himmel, der, vom Beobachter aus gerechnet, der Sonne gerade gegenüberliegt (gewissermaßen der Schatten des Beobachters). Der Hauptregenbogen hat auf seiner Außenseite einen ziemlich scharfen roten Rand; nach innen zu folgen dann die Farben in annähernd spektraler Folge bis zum Blau; daran schließen sich gewöhnlich noch mehrere Farbenfolgen an (sekundäre Regenbögen). Der äußere Radius des Hauptregenbogens ist stets 42,5°; die Farbenfolge im einzelnen ist bei fast jedem Regenbogen verschieden. Der Regenbogen muß eine Interferenzerscheinung sein; denn wäre er nur eine Dispersionserscheinung, so müßte eine einzige spektrale Farbenfolge auftreten. Betrachtet man einen lichtstarken Regenbogen durch ein einfarbig rotes Glas, so sieht man eine Reihe abwechselnd heller und dunkler Kreisbögen ähnlich den Beugungskreisen, die sich bilden, wenn das Licht einer punktförmigen Lichtquelle (weit entfernte Bogenlampe oder Sonnenlicht) durch eine enge, kreisförmige Blende hindurch auf einen weißen Schirm fällt.

Der Nebenregenbogen hat stets einen inneren Radius von 51°; er ist an der Innenseite ziemlich scharf begrenzt und rot gefärbt. Die Farben folgen nach außen zuerst in annähernd spektraler Folge bis zum Blau; dann schließen sich meistens noch mehrere sekundäre Bögen von wechselnder Zahl, Breite und Farbe nach außen an. Der Nebenregenbogen erscheint ebenfalls, durch ein einfarbiges Glas betrachtet, als ein System heller und dunkler Ringe. Die Erscheinung stimmt in ihrem Aussehen mit den Beugungskreisen überein, die sich um den Schatten einer kreisförmigen, undurchsichtigen Scheibe bilden, die in das Licht einer entfernten punktförmigen Lichtquelle gestellt wird.

Erklärung: Der Rogenbogen tritt nur auf, wenn die Sonnenstrahlen auf eine sich in Tropfen auflösende Regenwolke fallen. Um die Vorgänge bei der Entstehung des Regenbogens zu veranschaulichen, untersuchen wir zunächst den Verlauf eines auf eine Wasserkugel (oder einen Wasserzylinder) fallenden parallelen Lichtbündels: Wir leiten (Abb. 3.190) ein paralleles (einfarbiges) Strahlenbündel auf die Rückseite eines mit einem schmalen Spalt versehenen weißen Schirmes und grenzen so ein schmales Strahlenbündel ab, das auf die Wandung eines mit Wasser gefüllten zylindrischen Gefäßes fällt.

Wir können das Wassergefäß leicht heben und senken und dadurch den Einfallswinkel des Strahlenbündels auf das den Tropfen darstellende Wassergefäß beliebig verändern. Wir beobachten, daß die auffallenden Lichtstrahlenf zum Teil an der Vorderfläche des Tropfens reflektiert werden, zum Teil gebrochen in den Tropfen eindringen. Der gebrochene Teil des Lichtes wird an der Rückseite des Tropfens wieder teilweise reflektiert, teilweise tritt er gebrochen aus dem Tropfen aus. Der an der Rückseite reflektierte Teil des Lichtes erfährt eine nochmalige teilweise Reflexion, verläßt den Tropfen und trifft den Schirm in *vr*.

Zunächst betrachten wir nur diesen letzteren Teil. Lassen wir den Strahl senkrecht auf den Tropfen fallen, so wird er teilweise unter rechtem Winkel reflektiert, teilweise tritt er ohne Richtungsveränderung in den Tropfen ein und verläßt ihn wieder in derselben Richtung. Wird der Tropfen gesenkt, so senkt sich auch der austretende Strahl; es bildet der austretende mit dem eintretenden Strahl einen spitzen Winkel, der beim weiteren Senken zuerst rasch, dann langsam größer und zuletzt wieder kleiner wird. Das Strahlenbündel erleidet also eine vom Einfallswinkel abhängige Ablenkung, die aber nie über einen gewissen, größten Betrag hinausgeht, der für rotes Licht 42,5° beträgt. Dieser Fall tritt ein, wenn der Einfallswinkel des Lichtes 59,5° beträgt. Hieraus folgt, daß ein Lichtbündel (von rotem Licht), das den ganzen Tropfen beleuchtet, den Schirm nur in einer scharf begrenzten Zone trifft, deren Begrenzungsstrahlen mit der ursprünglichen Strahlenrichtung das Supplement von 42,5° bilden. Wird daher ein einzelner kugelförmiger Tropfen von parallelen (roten) Lichtstrahlen getroffen, so verlassen die durch zweimalige Brechung und einmalige Reflexion nach rückwärts gehenden Strahlen den Tropfen innerhalb eines Lichtkegels mit dem halben

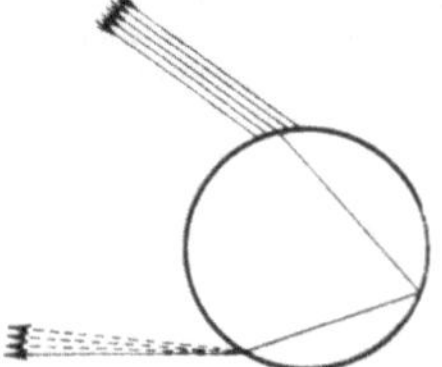

Abb. 3.191. Große Intensität in der Nähe des gebrochenen Grenzstrahls

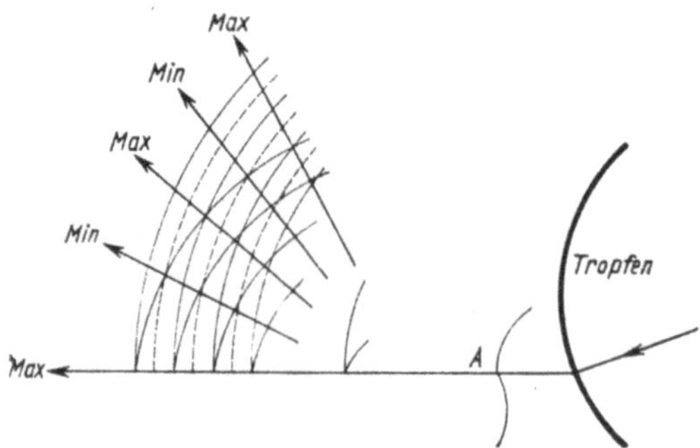

Abb. 3.192. Wellenflächen des aus dem Regentropfen austretenden einmal reflektierten Lichtes

Abb. 3.193. Helligkeitsmaxima und -minima im Regenbogen

Öffnungswinkel von 42,5°. Für Licht kürzerer Wellenlängen ist der Öffnungswinkel des Lichtkegels etwas kleiner (für blaues 41°).

In der Nähe dieses Grenzwinkels überlagern sich innerhalb weniger Bogenminuten viele Strahlen, so daß dieser Grenzstrahl besonders hell ist, wie schon DESCARTES zeigte (Abb. 3.191). Es erscheinen also alle Tropfen, die auf einem Kreis mit dem Öffnungswinkel 42,5° liegen, besonders hellrot leuchtend, die auf einem Kreis von 41° Öffnungswinkel liegenden blau leuchtend.
Diesen durch reine Brechung hervorgerufenen Erscheinungen überlagern sich aber noch Interferenzerscheinungen. Dies hängt, wie AIRY zeigte, mit der besonderen Form der Wellenfront zusammen, die sich ausbildet, wenn das Licht nach zweimaliger Brechung und einmaliger Reflexion den Tropfen verläßt. In Abb. 3.192 ist der Verlauf der Wellen gezeichnet. Der horizontal den Tropfen verlassende Strahl stellt den Grenzstrahl dar. Man sieht bei *A*, daß der oberhalb des horizontalen Strahles liegende Teil der Wellenfläche einem divergenten, der unterhalb desselben befindliche einem konvergenten Strahlenbündel angehört. Betrachtet man den weiteren Verlauf der Wellenflächen, so zeigt sich eine Überlagerung, die, wie in Abb. 3.192 gezeigt, zu Interferenzerscheinungen Anlaß gibt (Wellenberge ausgezogen, Wellentäler gestrichelt), so daß also nicht nur in der Richtung des Grenzstrahles, sondern auch in mehreren an ihn anschließenden Richtungen größere Helligkeit auftritt.

Der betrachtete Lichtkegel ist nach außen hin scharf begrenzt, er verhält sich also gerade so, als wäre er durch ein kreisförmiges Loch in einem undurchsichtigen Schirme abgeblendet. Daher tritt an den Rändern auch dieselbe Beugungserscheinung auf, wie bei einer durch einen scharfen Rand begrenzten kreisförmigen Öffnung. Es entstehen Lichtmaxima und -minima in abwechselnder Folge, deren Abstände von dem Rande abgemessen immer kleiner und deren Helligkeitsunterschiede immer geringer werden. Das beleuchtete Feld geht allmählich in allgemeine Helligkeit über. In Abb. 3.193 sind die Helligkeiten der Beugungserscheinung als Ordinaten einer Kurve aufgetragen: der Punkt *A* entspricht der geometrischen Schattengrenze, also beim Regenbogen der Grenze der größten Ablenkung, d. h. beim roten Licht einem Gesichtswinkel von 42,5°, beim blauen Licht einem Gesichtswinkel von 41°. Der Abstand der einzelnen Lichtmaxima voneinander hängt erstens von der Wellenlänge des Lichtes, zweitens aber auch von der Tropfengröße ab. Die Abstände sind der Lichtwellenlänge direkt proportional, sie sind ferner um so größer, je kleiner die Regentropfen sind.

Wollen wir den durch weißes Sonnenlicht erzeugten Regenbogen auf Grund der bisherigen Betrachtungen aus seinen Elementen aufbauen, so müssen wir das durch Abb. 3.193 dargestellte Beugungsbild für jede einzelne Farbe und für eine bestimmte Tropfengröße entwerfen und dann die einzelnen Bilder so aufeinanderlegen, daß der Punkt *A* jedes Bildes dem seiner Farbe entsprechenden größten Ablenkungswinkel zugeordnet wird; der Punkt *A* muß also z. B. für rotes Licht bei 42,5°, für blaues bei 41° liegen. Dadurch entsteht ein äußerst mannigfaltiges Farbengemisch, das nur in der Nähe des äußersten Randes reines Rot enthält, dem sich nach innen zu allmählich immer andere Farben beimischen, während gleichzeitig die Helligkeit der roten Komponente abnimmt. An der Stelle, an der das erste Maximum für blau liegt, nähert sich die Mischfarbe dem blauen Farbton; aber es entsteht nicht das reine spektrale Blau. In weiterem Abstand vom Rand wird das Farbengemisch immer regelloser; die Aufeinanderfolge der Farben in den sekundären Bögen wechselt mannigfach, bis ein vollkommenes Gemisch aller Komponenten Weiß erzeugt.
Da der größte Ablenkungswinkel für jede Farbe unveränderlich ist, erscheint uns die Grenze des Hauptregenbogens immer unter demselben Winkel; da aber die Abstände der Intensitätsmaxima jeder einzelnen Farbe von der Tropfengröße abhängen, wechselt das Aussehen und die Farbenfolge, besonders bei den Folgebögen, von einem Regenbogen zum anderen.
Wenn der Tropfendurchmesser kleiner als 0,1 mm wird, treten die einzelnen Beugungsmaxima so weit auseinander, daß sie sich für alle Farben trotz des verschiedenen Beginnes des Beugungsbildes (*A* in Abb. 3.193) auch schon im ersten Maximum zum großen Teil überdecken: die Farbenstreifen werden gleichzeitig breiter und matter. Bei einer in Nebelwolken vorhandenen so kleinen Tropfengröße entsteht statt des farbigen Regenbogens der weiße Nebelbogen.
Der Nebenregenbogen entsteht durch den Teil des Strahlenbündels, der dort, wo in Abb. 3.190 der austretende Strahl eingezeichnet ist, noch einmal, also insgesamt zweimal reflektiert wird. Der zum Grenzstrahl gehörige Einfallswinkel beträgt 72°. Zu den Dispersions-

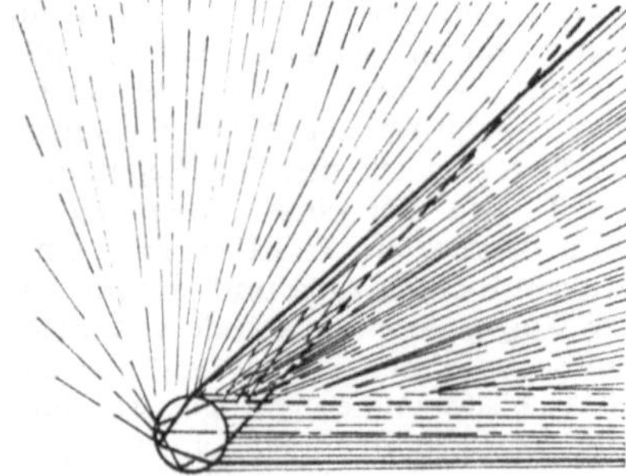

Abb. 3.194. Die dunkle Lichtzone

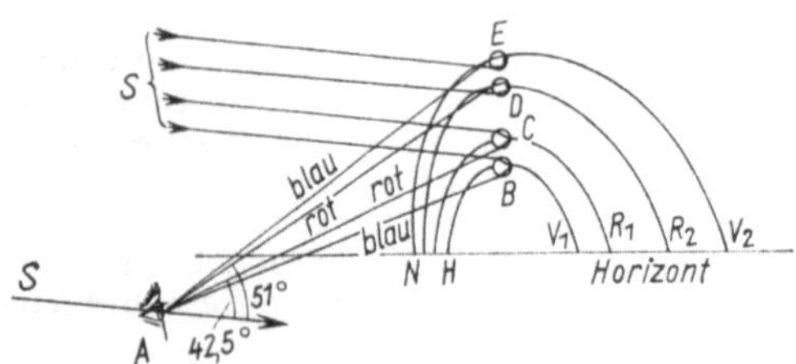

Abb. 3.195. Zur Entstehung des Regenbogens (Haupt- und Nebenbogen)

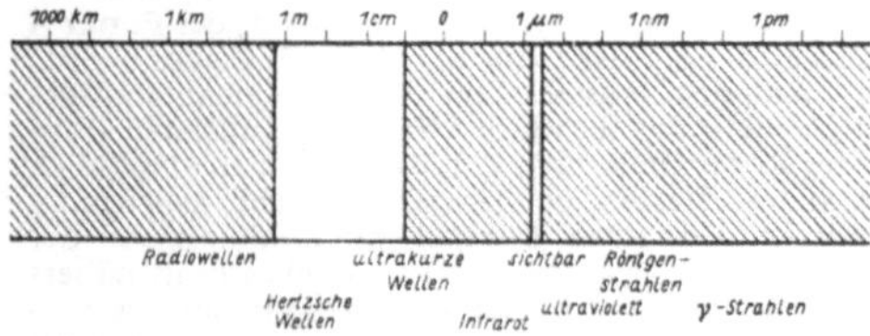

Abb. 3.196. Die beiden „Fenster“ durch unsere Lufthülle ins Weltall

erscheinungen kommen wie beim Hauptregenbogen Beugungserscheinungen hinzu.

Wenn wir den Tropfen mit einem Strahlenbündel (roten Lichts) voll beleuchten, so bildet die Gesamtheit aller Strahlen, die im Innern des Tropfens zweimal reflektiert werden, einen hohlen Lichtkegel mit dem halben Öffnungswinkel von 51°. Dieser Strahlenkegel verhält sich genau so, wie ein Strahlenbündel, in dessen Gang eine kreisförmige, undurchsichtige Scheibe gesetzt ist. Gerade so wie hier der Schattenrand von einer Anzahl von Beugungsringen umgeben ist, deren Abstände immer kleiner und deren Intensitäten immer geringer werden, ist auch die innere Grenze des hohlen Lichtkegels, der von der Gesamtheit aller nach zweimaliger innerer Reflexion aus dem Tropfen austretenden Strahlen gebildet wird, von Beugungsringen eingefaßt, deren Intensitätskurve im wesentlichen mit der von Abb. 3.193 übereinstimmt. Der Punkt *A* dieser Kurve entspricht für rotes Licht dem kleinsten Ablenkungswinkel von 51°; für Strahlen geringerer Wellenlänge ist der kleinste Ablenkungswinke größer. Die Abstände der Beugungsstreifen hängen von der Wellenlänge des Lichtes und von der Tropfengröße ab. Die Zusammensetzung des Nebenregenbogens aus seinen Elementen erfolgt genau so, wie wir es beim Hauptregenbogen beschrieben haben. Bei großen Tropfen erhält man einen schmalen Nebenregenbogen mit gesättigten Farben, der außen nur von wenigen sekundären Bögen eingerahmt ist. Bei geringerer Tropfengröße werden die Farbenzonen breiter und matter, die Folgebögen zahlreicher. Bei Nebeltropfen wird der Nebenregenbogen zu einem weißen Nebennebelbogen.

Wir befinden uns im Freien stets unterhalb des die beiden Regenbögen erzeugenden Strahlenbündels; daher kommt für die Bildung des Hauptregenbogens nur der Teil des Strahlenbündels in Betracht, der in die obere Hälfte des Tropfens eintritt, dagegen für die Bildung des Nebenregenbogens nur der Teil, der in die untere Hälfte eintritt.

Zeichnen wir für jede dieser Hälften nur die in Betracht kommenden Teile des Bündels, so entsteht das in Abb. 3.194 dargestellte Bild. Die Gesamtheit aller in Betracht kommenden Strahlen läßt eine Zone zwischen sich frei, die überhaupt kein Licht erhält; diese Zone liegt (bei rotem Licht) zwischen den Öffnungswinkeln 42,5° und 51°; daher erscheint auch der zwischen den beiden Regenbögen liegende Teil einer Regenwolke wesentlich dunkler als die außerhalb dieses Streifens liegenden Teile der Wolke. In derselben Abb. 3.194 sind diejenigen Strahlen des gesamten Strahlenbündels, die die Begrenzung der dunklen Lichtzone, also auch die scharfen Ränder der Regenbögen bilden, durch stärkere Linien dargestellt.

Aus Abb. 3.195 erkennt man, wie die Gesamtheit aller Regentropfen einer Regenwolke zu der subjektiven Zusammensetzung der ganzen Erscheinung beiträgt. In das Auge *A* tritt immer nur ein engbegrenztes Strahlenbündel aus jedem einzelnen Tropfen ein; jeder einzelne Tropfen erscheint nur in einer seinem Sehwinkel entsprechenden Farbe. Die unter dem Sehwinkel von 42,5° erscheinenden Regentropfen sind rot, sie bilden die äußere Grenze des Hauptbogens. An diese schließen sich der Reihe nach die Tropfen mit grüner und blauer Färbung. In derselben Weise erscheinen die unter dem Sehwinkel von 51° gesehenen Regentropfen rot, sie bilden die innere Grenze des Nebenregenbogens; an diese schließen sich die Regentropfen mit den anderen Färbungen an. Zwischen beiden Regenbögen entsteht die verhältnismäßig dunkle Zone.

Die Durchlässigkeit der Lufthülle für elektromagnetische Wellen. Die Durchlässigkeit unseres „Luftpanzers“ für die Strahlen des gesamten elektromagnetischen Spektrums ist auf zwei Bereiche beschränkt: das Sichtbare und das für die Radioastronomie wichtige Gebiet der Kurzwellen von etwa 3 m bis 1 mm (Abb. 3.196). Das Gebiet der Durchlässigkeit dehnt sich nach beiden Seiten über die vom Auge wahrgenommene Strahlung aus: Wärmestrahlen dringen bis zur Erdoberfläche vor, und längerwelliges Ultraviolett erreicht wenigstens Berghöhen. Der größte Teil der ultravioletten Strahlen wird schon in der Ionosphäre absorbiert, d. h. in Höhen von etwa 60 bis 400 km.

4. Optische Instrumente und Systeme

4.1. Wellenoptische Abbildung

4.1.1. Beugungsbegrenzte optische Systeme

In den Abschnitten 2.3 und 2.4 haben wir die optische Abbildung im Rahmen der geometrischen Optik behandelt. Mit dem Strahlenmodell kann die Konzentration von Lichtstrahlen in so engen Bereichen untersucht werden, daß diese als Bildpunkte erscheinen. Eine Eigenschaft der idealen geometrisch-optischen Abbildung ist entsprechend Abschn. 2.3.1. die Punktförmigkeit.

Vom physikalischen Standpunkt aus ist jedoch die Vereinigung von Lichtstrahlen in einem Punkte nicht real. Strenggenommen gilt die geometrisch-optische Näherung nur außerhalb der Bildpunkte und des geometrischen Schattens bei kleinen Wellenlängen gut. Außerdem wird es nicht immer möglich sein, den Einfluß der Beugung an der Öffnungsblende auf die Abbildung zu vernachlässigen. Diese Hinweise begründen die Notwendigkeit, die Abbildung auch wellenoptisch zu untersuchen. Es wird Eigenschaften der optischen Abbildung geben, die nur mit dem Wellenmodell zu behandeln sind.

Wir können *drei Grenzfälle* angeben, bei denen nur die wellenoptische Theorie der Abbildung zu Ergebnissen führt, die experimentell zu bestätigen sind:

- Bei optischen Systemen mit sehr kleiner Öffnung (kleines Öffnungsverhältnis bzw. kleine numerische Apertur) tritt der Einfluß der geometrisch-optischen Abbildungsfehler, die die Punktförmigkeit der Abbildung stören, gegenüber der Beugung zurück. Die Beugungserscheinungen sind im Bild deutlich erkennbar.
- Bei optischen Systemen mit großer Öffnung, die hinsichtlich der geometrisch-optischen Abbildungsfehler so gut korrigiert sind, daß sie geometrisch-optisch nahezu punktförmig abbilden, werden bereits schwach ausgeprägte Beugungseffekte wirksam.
- Es gibt Bauelemente, wie z. B. die Fresnelsche Zonenplatte und die Hologramme, bei denen die Konzentration des Lichtes in der Umgebung von Bildpunkten ausschließlich durch die Beugung an geeigneten Strukturen erreicht wird. Grundsätzliches über Hologramme werden wir im Abschn. 4.1.3. behandeln.

Die ersten beiden Beispiele stellen die „*beugungsbegrenzten optischen Systeme*" dar. Diese beruhen zwar auch auf der Brechung und Reflexion des Lichtes, die Bildeigenschaften sind jedoch nur wellenoptisch zu berechnen.

Beispiele für beugungsbegrenzte optische Systeme sind sehr stark abgeblendete Photoobjektive und asphärische Linsen, die geometrisch-optisch punktförmig abbilden. Es gibt aber auch Mikro- und Fernrohrobjektive, die für ein kleines Feld nahezu beugungsbegrenzt sind (Abb. 4.1a). Moderne beugungsbegrenzte Systeme für größere Objektfelder sind die Objektive für die Photolithographie (Abb. 4.1b, Herstellung von Mikrostrukturen für integrierte Schaltkreise in der Mikroelektronik).

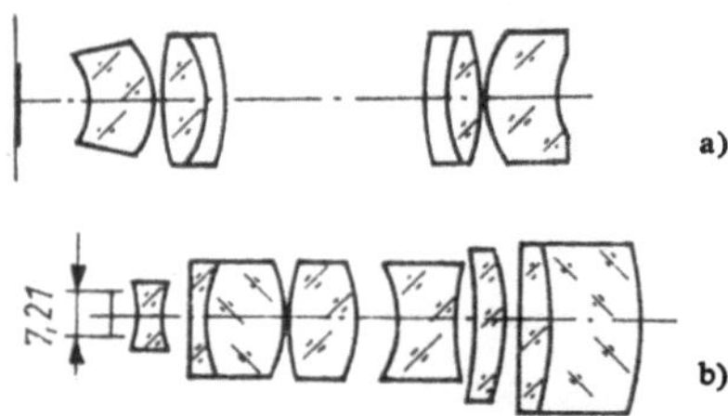

Abb. 4.1. a) Modernes Mikroobjektiv, Abbildungsmaßstab $\beta' = -10$, num. Apertur 0,25, b) Objektiv für die Photolithographie, Abbildungsmaßstab $\beta' = -1/6$, num. Apertur 0,25

Die wellenoptische Theorie der Abbildung geht davon aus, daß von jedem reellen Objektpunkt eine divergente Kugelwelle ausgesendet wird. Im optischen System werden die Wellenflächen transformiert, und das Licht wird gebeugt (Abb. 4.2). Liegt die Öffnungsblende vor dem optischen System, dann bildet dieses die Beugungserscheinung ab (bei unendlicher Objektweite handelt es sich um Fraunhofersche, sonst um Fresnelsche Beugung).

Bei einer Hinterblende erzeugt ein sammelndes beugungsbegrenztes System zunächst eine kon-

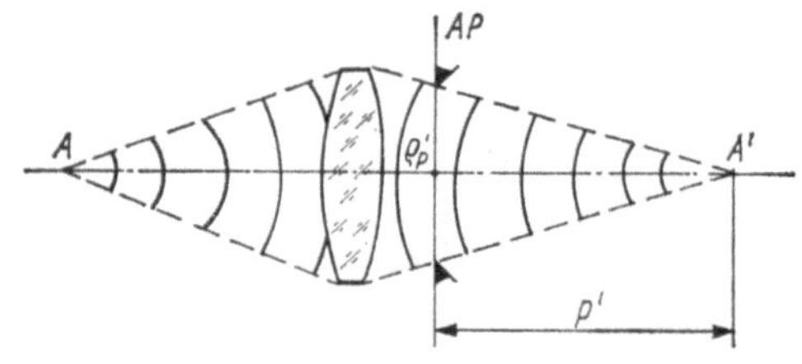

Abb. 4.2. Transformation der Wellenflächen

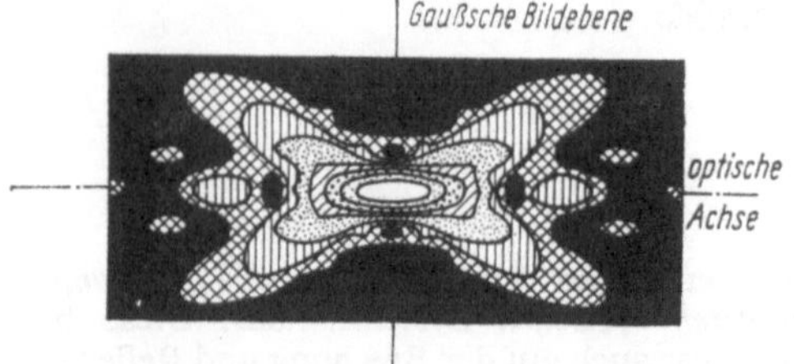

Abb. 4.3. Intensität im Bildraum eines beugungsbegrenzten optischen Systems. Die relative Intensität ist im schwarzen Gebiet < 1%; sie nimmt entsprechend der Grautönung zu bis auf 100% im Gaußschen Bildpunkt

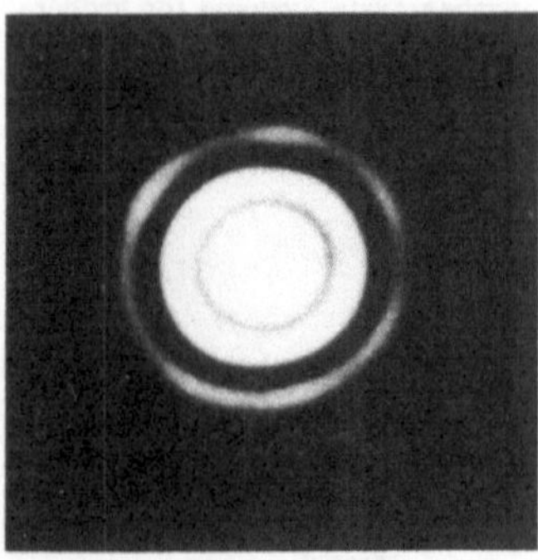

Abb. 4.4. Beugungsbild eines Punktes bei kreisförmiger Öffnungsblende

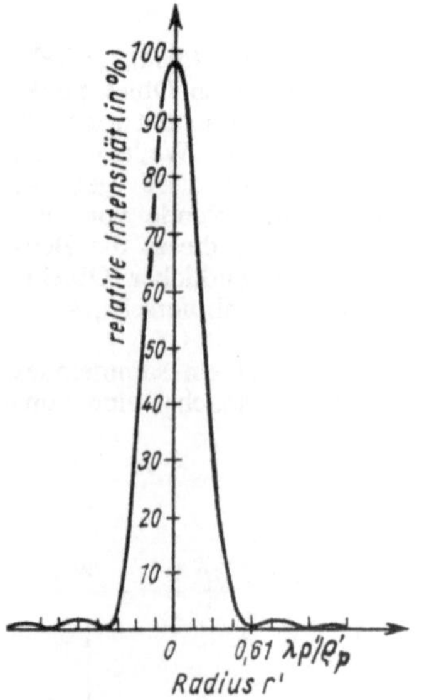

Abb. 4.5. Normierte Intensität in der Gaußschen Bildebene

vergente Kugelwelle, die an der Öffnungsblende gebeugt wird (Fresnelsche Beugung). Bei diesen Überlegungen wird die Beugung grundsätzlich nur an den öffnungsbegrenzenden Blenden betrachtet; die Einflüsse weiterer Blenden auf das Beugungsbild werden vernachlässigt.

Wir beschränken uns auf die Untersuchung der Abbildung von Achsenpunkten, weil daran die prinzipiellen Probleme erkennbar und die Ergebnisse übersichtlich sind. Im allgemeinen verwendet man folgende Näherungen, die hier nur qualitativ genannt werden können:

- Die Beugung wird an der Austrittspupille angenommen.
- Der bildseitige Öffnungswinkel ist nicht zu groß.
- Die betrachteten Punkte des Bildraumes liegen in der Umgebung des Gaußschen Bildpunktes.
- Die Objektweite ist groß (Systeme mit großer Bildweite und kleiner Objektweite werden in umgekehrter Richtung untersucht).

Unter diesen Voraussetzungen erhalten wir im Bildraum die Intensitätsverteilung, die für ein beugungsbegrenztes System in der Abb. 4.3 schematisch dargestellt ist. In der Gaußschen Bildebene ergibt sich das Fraunhofersche Beugungsbild der kreisförmigen Öffnung, das wir in Abschn. 3.2.3 behandelt haben. Es besteht aus dem zentralen Beugungsscheibchen und intensitätsschwachen Beugungsringen (Abb. 4.4). Die auf die Intensität im Gaußschen Bildpunkt normierte Intensität in der Gaußschen Bildebene ist in Abb. 4.5 angegeben.

Die erste Nullstelle der Intensität hat den Radius

$$r' = 0{,}61 \frac{\lambda p'}{\varrho_p'}. \tag{4.1}$$

(Die Bedeutung der Größen ist Abb. 4.2 zu entnehmen.) Für Photoobjektive kann oft $p' \approx f'$, $\varrho_p' \approx \varrho_p$, $\varrho_p = f'/2k$ (k = Blendenzahl) gesetzt werden, so daß sich

$$r' = 1{,}22 \lambda k \tag{4.2}$$

ergibt (Abb. 4.6 für $\lambda = 500$ nm).

Auflösungsvermögen. Bei zwei inkohärent zueinander strahlenden Objektpunkten addieren sich die Intensitäten der beiden Beugungsbilder im Bildraum. Für die Gaußsche Bildebene ist die Addition in der Abb. 4.7a durchgeführt worden. Aus der Intensitätsverteilung kann nur dann auf das Vorhandensein zweier Objektpunkte geschlossen werden, wenn die Einsattelung zwischen den Maxima genügend ausgeprägt ist. Erfahrungsgemäß darf das Hauptmaximum des einen Beugungsbildes höchstens mit der ersten Nullstelle des zweiten Beugungsbildes zusammenfallen. Die Intensität in der Einsattelung beträgt dann 73% derjenigen des Maximums (Abb. 4.7b). Als *Auflösungsvermögen* wird die auflösbare Strecke r' verwendet, so daß bei beugungsbegrenzten Systemen

$$r' = 1{,}22 \lambda k$$

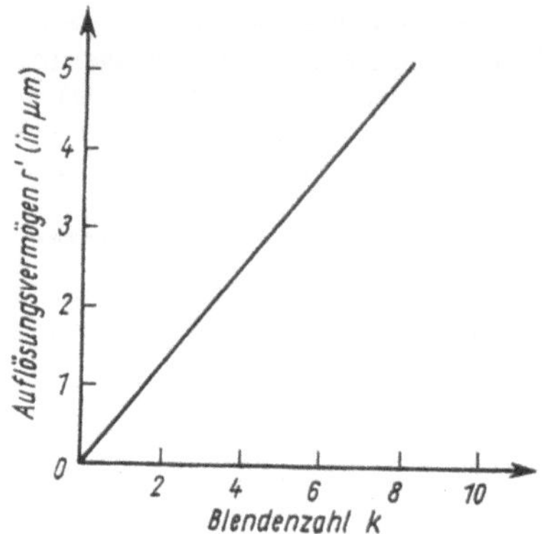

Abb. 4.6. Radius der ersten Nullstelle als Funktion der Blendenzahl (λ = 500 nm)

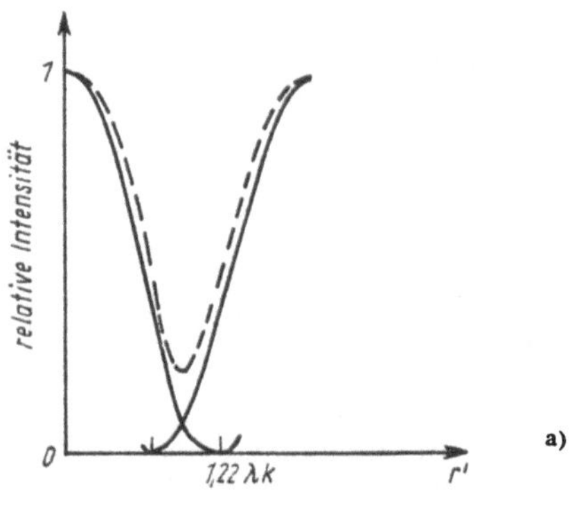

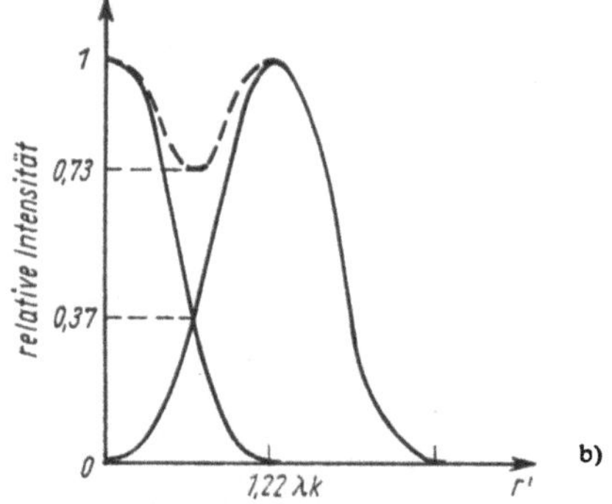

Abb. 4.7. a) Addition der Beugungsbilder zweier inkohärent strahlender Objektpunkte, b) Intensität bei gerade noch aufgelösten Punkten

ist. Abb. 4.6 enthält deshalb gleichzeitig das Auflösungsvermögen.

Wellenoptische Abbildungstiefe. Längs der optischen Achse ändert sich die auf die Intensität im Gaußschen Bildpunkt normierte Intensität nach der Funktion

$$i = \left(\frac{\sin v}{v}\right)^2 \quad \text{mit} \quad v = \frac{\pi b'}{8\lambda k^2}. \tag{4.3}$$

b' ist die Entfernung vom Gaußschen Bildpunkt. Eine Verschiebung der Auffangebene aus der Gaußschen Bildebene heraus bringt also einen Intensitätsabfall im Achsenpunkt mit sich. Ein Abfall auf 80% wird i. allg. nicht wahrgenommen, so daß aus $i = 0{,}8$ für die zulässige Verschiebung angenähert

$$b' = \pm 2\lambda k^2 \tag{4.4}$$

folgt. Die Größe b' wird als *wellenoptische Abbildungstiefe* bezeichnet. Die paraxial zugeordnete Strecke b im Objektraum ist die wellenoptische Schärfentiefe. Der Bereich $2|b'|$ ist zugleich die auf Grund der Beugung vorhandene Einstellunsicherheit auf die Gaußsche Bildebene. Abb. 4.8 enthält b' als Funktion von k für λ = 500 nm.

4.1.2. Wellenaberrationen

Beim Vorliegen von Resten an Abbildungsfehlern kann die bildseitige Wellenfläche von der Kugelform abweichen. So erzeugt z. B. der Öffnungsfehler eine *asphärische Wellenfläche*, weil die Normalen der Wellenfläche, die Lichtstrahlen, die optische Achse für die einzelnen Einfallshöhen in unterschiedlichen Punkten schneiden (Abb. 4.9).

Für den Gaußschen Bildpunkt bestehen zwischen der Bezugskugel W_0 und der Wellenfläche W optische Wegunterschiede, die zu Phasendifferenzen zwischen den interferierenden Wellen führen, die von den Elementen der Austrittspupille ausgehen. Dadurch wird die Intensität gegenüber derjenigen bei beugungsbegrenzten Systemen herabgesetzt. Außerdem gibt es einen Punkt der optischen Achse, für den die Abweichung der Wellenfläche W von einer um diesen Punkt geschlagenen Vergleichskugel W_0' im Durchschnitt am kleinsten ist (Abb. 4.9). Das ist die Stelle maximaler Intensität beim Vorliegen von Öffnungsfehler.

Optische Wegunterschiede, die zu Phasendifferenzen zwischen den in einem Punkt des Bildraumes interferierenden Teilwellen führen, heißen *Wellenaberrationen.*

Definitionshelligkeit. Das Verhältnis aus der Intensität, die in einem Achsenpunkt vorhanden ist, und derjenigen, die eine in diesem Punkt

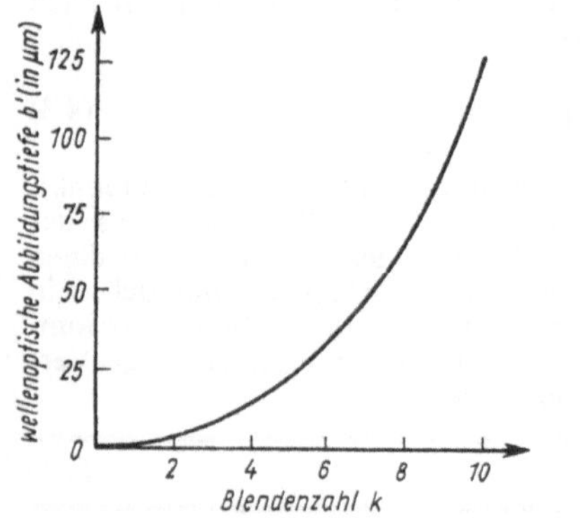

Abb. 4.8. Wellenoptische Abbildungstiefe als Funktion der Blendenzahl ($\lambda = 500$ nm)

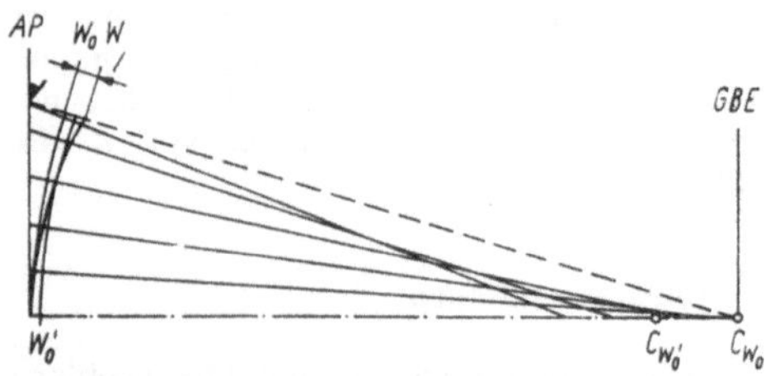

Abb. 4.9. Wellenaberrationen durch eine asphärische Wellenfläche; W – Wellenfläche, W_0 – Bezugskugel um GBP, W_0'– Bezugskugel mit geringster mittlerer quadratischer Abweichung von der Wellenfläche

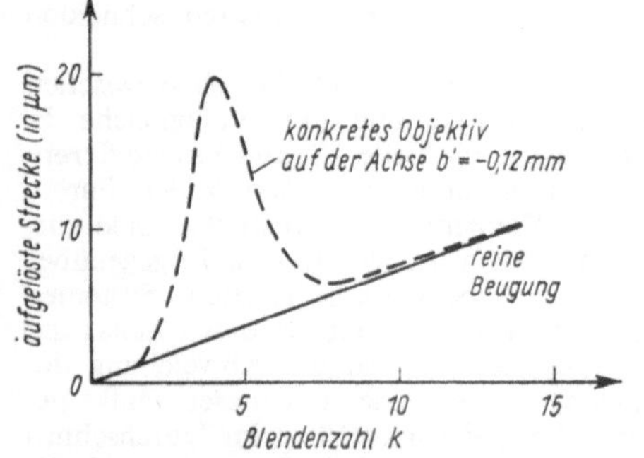

Abb. 4.10. Auflösungsvermögen eines Photoobjektivs

konvergierende Kugelwelle erzeugen würde, ist die *Definitionshelligkeit*.

Bei kleinen Wellenaberrationen hängt die Definitionshelligkeit nur von der mittleren quadratischen Abweichung der Wellenfläche von der Bezugskugel ab. Der Punkt maximaler Definitionshelligkeit ist durch das Minimum der mittleren quadratischen Deformation der Wellenfläche gekennzeichnet.

Wellenaberrationen bewirken eine Verlagerung des Punktes maximaler Definitionshelligkeit gegenüber dem Gaußschen Bildpunkt und ein Absinken der Definitionshelligkeit unter den Maximalwert Eins.

Die Abnahme der Definitionshelligkeit durch Wellenaberrationen ist mit einer Verbreiterung der Intensitätsverteilung sowohl senkrecht wie auch parallel zur optischen Achse verbunden. Daraus ergibt sich eine *Abnahme der Auflösung* (Zunahme des Auflösungsvermögens) und eine *Zunahme der wellenoptischen Abbildungstiefe* gegenüber beugungsbegrenzten optischen Systemen. Abb. 4.10 enthält das Auflösungsvermögen in der Umgebung der optischen Achse als Funktion der Blendenzahl k für ein Photoobjektiv, das auf die Stelle maximaler Definitionshelligkeit für die Blendenzahl $k = 1{,}5$ fokussiert ist ($b' = -0{,}12$ mm, $\lambda = 587{,}6$ nm). Abb. 4.11 zeigt den Verlauf der Definitionshelligkeit längs der Achse.

Auch bei der Abbildung außeraxialer Objektpunkte treten i. allg. Wellenaberrationen auf. Abweichungen von kugelförmigen Wellenflächen erzeugen außer dem Öffnungsfehler die Koma und der Astigmatismus. Die Bildfeldwölbung verlagert den Punkt maximaler Definitionshelligkeit aus der Gaußschen Bildebene heraus, die Verzeichnung innerhalb der Gaußschen Bildebene. Die Definitionshelligkeit ist dann für außeraxiale Bildpunkte zu erweitern.

Beugungsbegrenzte optische Systeme für große Felder sind nur sehr schwer zu berechnen. Die Abb. 4.12 zeigt für die optischen Systeme aus Abb. 4.1 die Abnahme der Definitionshelligkeit im Bildfeld.

Die Definitionshelligkeit stellt ein *Gütekriterium* dar, das heute sehr große praktische Bedeutung hat. Die Korrektion der optischen Systeme mit Rechenanlagen wird nach dem Kriterium zunehmender Definitionshelligkeit gesteuert.

4.1.3. Grundzüge und Anwendungen der Holographie

Die *Holographie* stellt ein wellenoptisches Abbildungsverfahren dar. Photographische Schichten, das Auge und andere Empfänger registrieren von optischen Wellenfeldern nur die Intensität. Weil diese vom Absolutquadrat der Amplitude abhängt, sind es sog. „quadratische" Empfänger. Die Information über die Phasenbeziehungen der Wellen geht dabei verloren. Der vollständige Rückschluß aus einem Bild auf das Objekt, die *Rekonstruktion des Objektes*, erfordert jedoch die Kenntnis der Amplituden- und Phasenverteilung. Die Lösung dieses Problems ist mit der Holographie möglich.

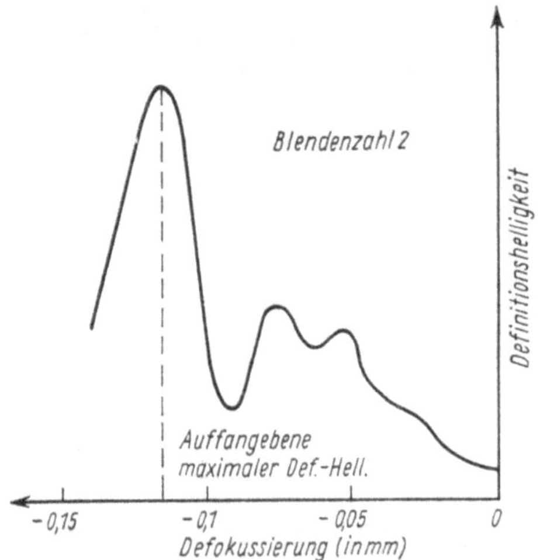

Abb. 4.11. Definitionshelligkeit in Achsenpunkten eines Photoobjektivs

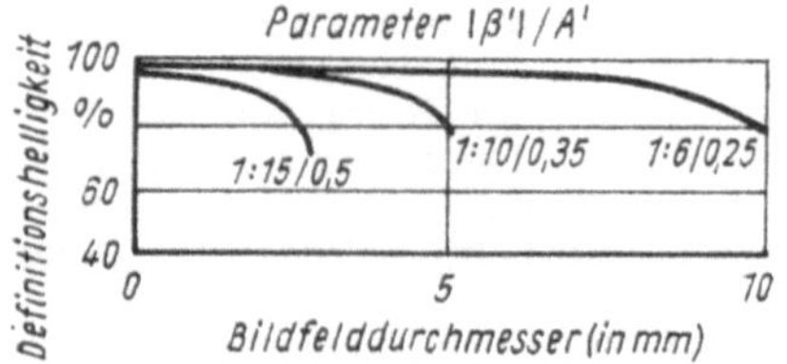

Abb. 4.12. Definitionshelligkeit im Bildfeld beugungsbegrenzter optischer Systeme

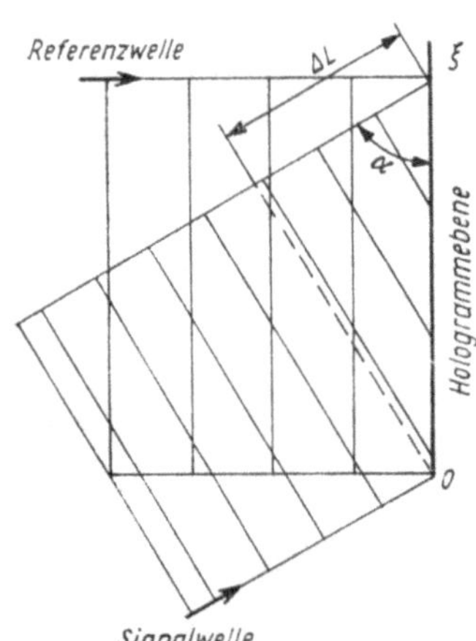

Abb. 4.13. Zur Erzeugung des holographischen Gitters

Die *Holographie* ist ein Verfahren, mit dem Informationen, die ein Wellenfeld trägt, interferenzoptisch in einer Beugungsstruktur, dem *Hologramm*, gespeichert und durch Beugung am Hologramm rekonstruiert werden können.

Das Hologramm kann auch berechnet und synthetisch hergestellt werden.

Die Grundaufgabe der Holographie läßt sich übersichtlich am Beispiel des holographischen Gitters erläutern.

Holographische Gitter. Wir stellen uns die Aufgabe, die Phasenverteilung einer ebenen Welle, die wir *Signalwelle* nennen, innerhalb einer schräg dazu angeordneten Ebene zu registrieren. Diese Forderung läuft darauf hinaus, daß wir die Einfallsrichtung der Welle in einer Ebene speichern, denn nur von ihr hängt die Phasenverteilung ab.

Wir bringen die Signalwelle mit einer zu ihr kohärenten Welle gleicher Amplitude, die senkrecht auf die Ebene trifft und die wir *Referenzwelle* nennen, zur Interferenz. Die Intensität bei der Interferenz zweier Wellen gleicher Amplitude beträgt $I = 2I_1(1 + \cos\delta_{12})$, wobei I_1 die Intensität ist, die eine Welle allein erzeugen würde, und δ_{12} die Phasendifferenz zwischen den Wellen ist. Nach Abb. 4.13 ist die Phasendifferenz ortsabhängig. Sie beträgt wegen $\Delta L = \xi\cos\alpha$

$$\delta_{12} = \frac{2\pi}{\lambda_1}\,\xi\cos\alpha\,.$$

(λ_1 Wellenlänge bei der Aufnahme.) Für die Intensität ergibt sich

$$I = 2I_1\left[1 + \cos\left(\frac{2\pi}{\lambda_1}\,\xi\cos\alpha\right)\right].$$

An Stellen $\xi_{Max} = (k\lambda_1)/\cos\alpha$, k ganzzahlig, liegen die Maxima $I_{Max} = 4I_1$; an Stellen $\xi_{Min} = \lambda_1(k + 0{,}5)/\cos\alpha$ liegen die Minima $I_{Min} = 0$. Auf einer photographischen Schicht mit einer der Intensität proportionalen Schwärzung entsteht ein *Sinusgitter* mit der Gitterkonstanten $g = \lambda_1/\cos\alpha$ (Abb. 4.14a), in dem die Phasenlage der Signalwelle in Form der Schwärzungsverteilung gespeichert ist. Dieses Sinusgitter bezeichnen wir als *Hologramm* der Signalwelle.

Auf das Hologramm schicken wir zur *Rekonstruktion* eine ebene Welle der Wellenlänge λ_2. Ohne Beweis sei angegeben, daß am Sinusgitter mit der Gitterkonstanten g nur Intensität in die Richtungen

$$\cos\alpha' - \cos\alpha_0 = \frac{m\lambda_2}{g}, \quad m = 0, \pm 1,$$

gebeugt wird (Abb. 4.14b). Außer der null-ten Ordnung entstehen also nur die Ordnungen

$$\cos\alpha' = \cos\alpha_0 \pm \frac{\lambda_2}{g} = \cos\alpha_0 \pm \frac{\lambda_2}{\lambda_1}\cos\alpha\,.$$

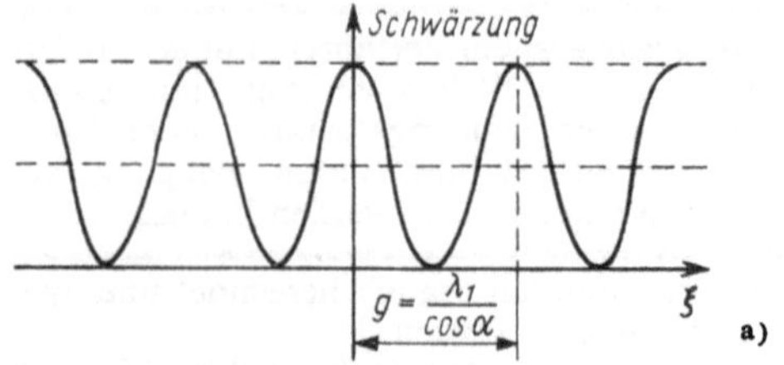

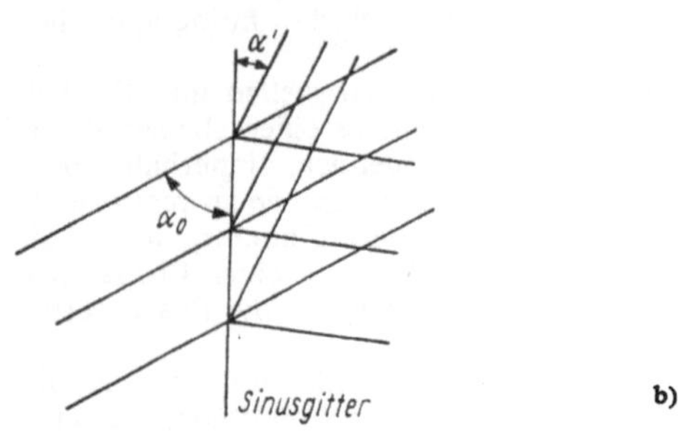

Abb. 4.14. a) Schwärzung beim holographischen Sinusgitter, b) Beugungsrichtungen beim Sinusgitter

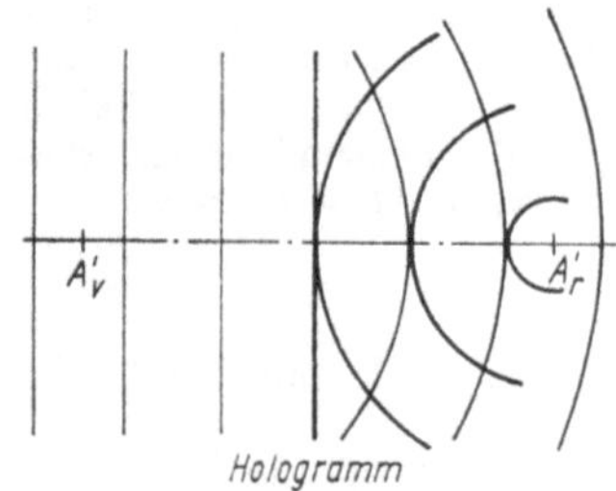

Abb. 4.15. Rekonstruktion des Objektpunktes

Für $\lambda_1 = \lambda_2$ gilt:

1) Einstrahlen der Rekonstruktionswelle in Richtung der Referenzwelle ($\cos\alpha_0 = 0$) rekonstruiert die Richtung der Signalwelle ($\cos\alpha' = \cos\alpha$) und eine weitere Welle ($\cos\alpha' = -\cos\alpha$).

2) Einstrahlen der Rekonstruktionswelle in Richtung der Signalwelle ($\cos\alpha_0 = \cos\alpha$) rekonstruiert die Richtung der Referenzwelle ($\cos\alpha' = 0$) und eine weitere Welle ($\cos\alpha' = \cos 2\alpha$).

Die Rekonstruktion von Signal- und Referenzwelle sind reziprok.

Für $\lambda_1 \neq \lambda_2$ ergibt sich eine Änderung der Richtung der rekonstruierten Signalwelle; sie wird z. B. für $\lambda_2 > \lambda_1$ vergrößert.

Das holographische Sinusgitter entstand durch das Einstrahlen einer ebenen Welle konstanter Amplitude (leeres Objekt). Enthält die Signalwelle zusätzliche Amplituden und Phaseninformationen, dann ist das Sinusgitter entsprechend moduliert. Deshalb wird von *Trägerfrequenzholographie* gesprochen.

Das Verhältnis aus der Intensität in einer Beugungsordnung und des einfallenden Lichtes wird als *Beugungseffektivität* bezeichnet. Beim Sinusgitter beträgt sie maximal 6,25 %. Das hängt auch damit zusammen, daß wir bisher ein Amplitudenhologramm angenommen haben. Höhere Beugungseffektivitäten werden mit Hologrammen erreicht, die nur die Phase der Rekonstruktionswelle beeinflussen. Solche *Phasenhologramme* entstehen z. B. aus Amplitudenhologrammen durch Bleichverfahren.

Geradeaushologramm eines Punktes. Bei der Erzeugung eines Geradeaushologramms haben die Signal- und die Referenzwelle im wesentlichen gleiche Richtung. Eine Kugelwelle und eine dazu kohärente ebene Referenzwelle ergeben ein Hologramm, das eine ringförmige Struktur hat und bei dem die Gitterkonstante nach außen abnimmt (analog zur Fresnelschen Zonenplatte).

Die Rekonstruktion mit einer ebenen Welle liefert ein reelles und ein virtuelles Bild des Punktes (Abb. 4.15). Es lassen sich so auch Hologramme von räumlichen Strukturen mit mehreren Signalwellen erzeugen, deren Rekonstruktion ein echt räumliches Bild der Struktur ergibt. Das reelle und das virtuelle Bild, die beim Geradeaushologramm in gleicher Richtung liegen, lassen sich trennen, wenn die Referenzwelle schräg auf die Hologrammebene trifft.

Die Bildspeicherung im Hologramm wird als *redundant* bezeichnet. Die Information ist in der gesamten Hologrammfläche verteilt, so daß die Rekonstruktion auch mit Teilen des Hologramms gelingt.

Synthetische Hologramme. Die experimentelle Aufnahme des Hologramms hat den Nachteil, daß Referenz- und Signalwelle kohärent zueinander sein müssen. Deshalb konnte sie erst nach der Entwicklung der Laser effektiv durchgeführt werden. Hologramme von relativ einfachen Strukturen lassen sich aber mit Rechenanlagen berechnen. Dazu werden die Amplituden- und Phasenverteilung in der Hologrammebene berechnet. Die Aufzeichnung erfolgt meistens in Form der *binären Hologramme*, bei denen durch z. B. Plotter Schwarz-Weiß-Verteilungen in die photographische Schicht eingeschrieben werden. Das Hologramm besteht aus einer Matrix aus Elementarzellen (Abb. 4.16a). Jede Zelle enthält eine Öffnung, deren Größe ein Maß für die Amplitude und deren Lage ein Maß für die Phase ist. Bei der Rekonstruktion entstehen die null-te Ordnung und mehrere Beugungsordnungen (Abb. 4.16b). Auch synthetische Phasenhologramme sind möglich, womit z. B. die Intensität in den Ordnungen beeinflußbar ist.

Je nach der Entfernung des Objektes vom Hologramm spricht man von *Bildfeldhologrammen* (Objekt nahe des Hologramms), *Fraunhofer-Hologrammen* (Objekt weit weg) und *Fourier-Hologrammen* (Objekt im Unendlichen). Letztere sind für die synthetische Holographie am günstigsten. Einige Anwendungen der Holographie werden wir später andeuten.

Hier sei nur noch auf die *Hologramm-Interferometrie* verwiesen. Wichtige Verfahren sind:

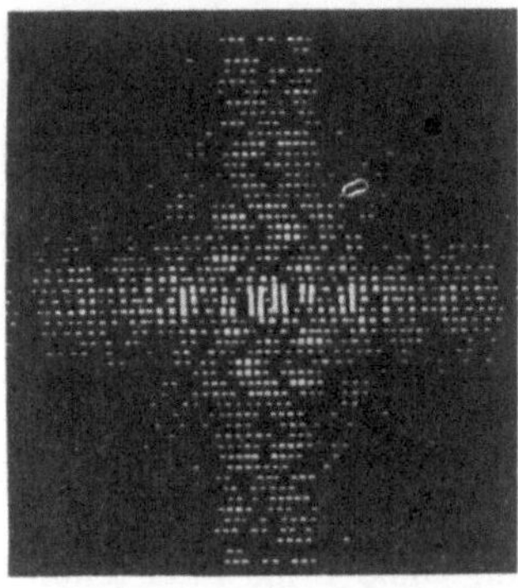

a)

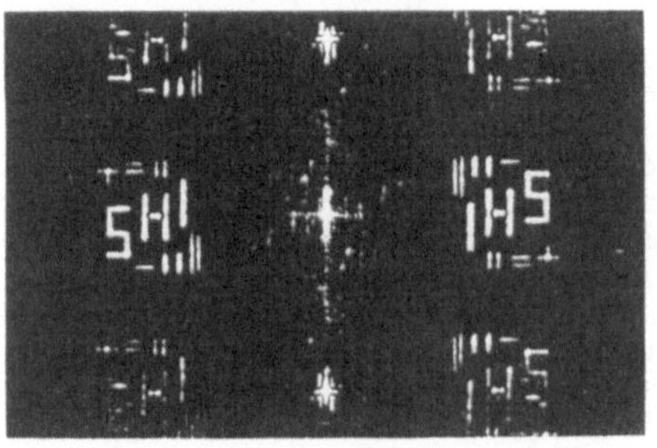

b)

Abb. 4.16. a) Binäres synthetisches Hologramm, b) Rekonstruktion mit dem Hologramm von a)

Vom Objekt wird ein Hologramm aufgenommen, aber zunächst nicht entwickelt. Nach einer kleinen Deformation oder Verlagerung des Objektes wird nochmals das Hologramm belichtet. Bei der Rekonstruktion erscheint das Objekt mit Interferenzstreifen bedeckt, aus denen auf die Veränderung des Objektes zwischen den beiden Aufnahmen geschlossen werden kann.
Das Hologramm kann auch nach der ersten Belichtung entwickelt und wieder an die gleiche Stelle des Strahlengangs gebracht werden. Die Veränderungen des Objektes sind dann ständig durch die variable Verlagerung der Interferenzstreifen zu beobachten.
Ein Hologramm ist geeignet, als Vergleichsfläche für interferometrische Prüfverfahren eingesetzt zu werden. So ist es z. B. möglich, mit einer Abwandlung des Michelson-Interferometers eine asphärische Linsenfläche, die als ein Interferometerspiegel dient, mit einem anstelle des zweiten Spiegels wirkenden synthetischen Hologramm zu vergleichen, das also das berechnete Normal bildet.
Holographie ist auch mit *nichtoptischen Wellen* möglich. Sie stellt sogar den Ausgangspunkt der Entwicklung der Holographie dar. Um 1948 herum hatte sich GABOR die Aufgabe gestellt, die Auflösung elektronenmikroskopischer Aufnahmen zu erhöhen. Er wollte ein Beugungsbild der Elektronenbündel, in dem die Amplituden und Phasen der Materiewellen gespeichert waren, als beugende Struktur für Lichtwellen verwenden und so das Objektwellenfeld mit einem veränderten Maßstab rekonstruieren. GABOR erhielt 1971 für seine Arbeiten zur Holographie den Nobelpreis.
Erst nach der Erfindung der Laser konnten 1962 LEITH und UPATNIEKS an der Universität Michigan die Ideen GABORS zu praktisch brauchbaren Ergebnissen führen.

4.2. Brillen und Lupen

4.2.1. Fehl- und Alterssichtigkeit

Das optische System des Auges wurde bereits in Abschn. 1.3.1. behandelt. Es besteht aus der Hornhaut und der Augenlinse. Ein rechtsichtiges Auge wird als *emmetropes* Auge bezeichnet (én, gr. = Vorsilbe, die zur Verstärkung des in der nächsten Silbe bezeichneten Begriffs dient; metron, gr. = Maß; ops, gr. = Auge; emmetrop = im richtigen Maße sehend). Ein emmetropes Auge fokussiert im entspannten Zustand achsparallel einfallende Strahlen in der Netzhautgrube. In dieser liegt also der bildseitige Brennpunkt des optischen Systems des Auges. Mit dem entspannten Auge werden weit entfernte Objekte scharf gesehen.

Nach LISTING können die brechenden Flächen des Auges annähernd durch eine Kugelfläche *B* (Abb. 4.17) ersetzt werden, deren Krümmungsmittelpunkt *C* in der Nähe der hinteren Fläche der Linse liegt. Man kann daher den Verlauf eines parallel mit der Augenachse in das Auge eintretenden Lichstrahles dadurch zeichnen, daß man den parallelen Strahl bis zum Schnittpunkt mit der Kugelfläche zieht und diesen Punkt mit der Netzhautgrube verbindet. Das so „vereinfachte" Auge wird *reduziertes Auge* genannt. Alle Lichtstrahlen, die durch den Krümmungsmittelpunkt *C* der Kugelfläche gehen, verändern beim Durchgang durch das Auge ihre Richtung nicht. Der Punkt *C* wird *Knotenpunkt* des reduzierten Auges genannt.
Linsenkrümmung. Die stärkste Brechung erfahren die Lichtstrahlen beim Eintritt in die Hornhaut. Die durch die Kristallinse hervorgerufene Ablenkung ist nur gering. Die Kristallinse hat vorwiegend die Aufgabe eines korrigierenden Organes. An ihr greift ein ringförmiger Muskel, der *Ziliarmuskel* an, durch dessen Tätigkeit ihre Krümmung vergrößert werden kann.
Der mittlere Krümmungsradius der vorderen Linsenfläche eines normalen jugendlichen Auges schwankt zwischen 10,4 mm bei nicht zusammengezogenen Ziliarmuskel und etwa 5,7 mm bei voller Anpassung. Bei größerer Krümmung der Kristallinse werden die Strahlen stärker abgelenkt. Parallele Strahlen werden dann schon vor der Netzhaut vereinigt, während Strahlen, die divergent in das Auge eintreten, auf der Netzhaut vereinigt werden können. Das Auge kann folglich auch von Objekten im Endlichen deutliche, reelle Bilder auf der Netzhaut erzeugen.
Anpassung. Die Fähigkeit des Auges, seine Brennweiten der Entfernung der beobachteten Objekte anzupassen, heißt Anpassungsvermögen oder *Akkommodation*. Die Änderung der Brennweite der Linse beim Akkommodationsvorgang beruht aber nicht allein auf der Änderung der Krümmung, besonders der vorderen Fläche, vielmehr spielt dabei noch nach GULL-

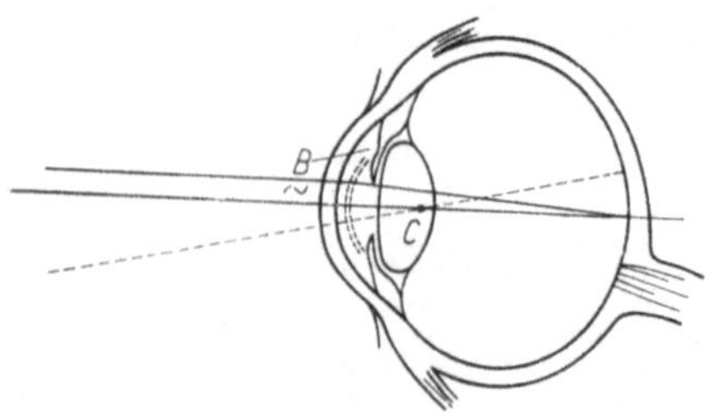

Abb. 4.17. Reduziertes Auge nach LISTING

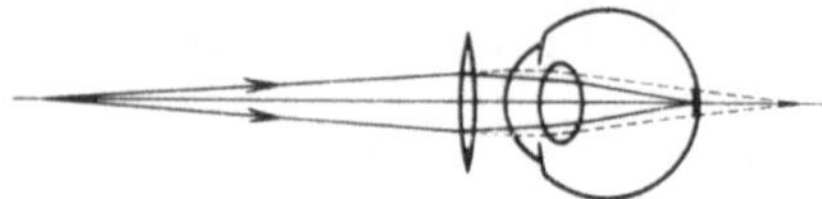

Abb. 4.18. Strahlenverlauf bei übersichtigem Auge, gestrichelt ohne Brille, ausgezogen mit Brille

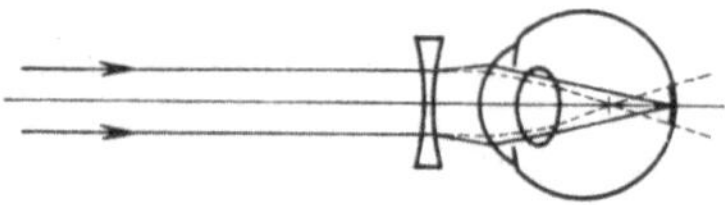

Abb. 4.19. Strahlenverlauf bei kurzsichtigem Auge, gestrichelt ohne Brille, ausgezogen mit Brille

STRANDS Untersuchungen der Bau der Kristalllinse eine Rolle. Der Körper der Linse ist nämlich nicht homogen, sondern besteht aus einer großen Zahl feinster Häutchen, die wie Schalen einer Zwiebel übereinanderliegen und in der Linsenkapsel zusammengehalten werden. Die Brechzahl dieser Häutchen nimmt von außen nach innen zu. Beim Akkommodationsvorgang verschieben sich die Häutchen gegenseitig. Dabei verdicken sich die inneren Schichten verhältnismäßig stärker als die äußeren, und dadurch ändert sich die mittlere Brechzahl der Linse um den erheblichen Betrag von 1,409 bei Akkommodationsruhe bis 1,426 bei größter Anspannung.

Fernpunkt. Ein rechtsichtiges Auge vereinigt Strahlen, die aus dem Unendlichen kommen, auf der Netzhaut, wenn das Auge nicht akkommodiert; es erzeugt von unendlichen fernen Dingen scharfe Bilder auf der Netzhaut. Der Fernpunkt eines normalen Auges liegt im Unendlichen. Ein rechtsichtiges Auge ohne Akkommodation ist immer auf den Fernpunkt eingestellt.

Nahpunkt. Ein jugendliches rechtsichtiges Auge vermag die Kristallinse so umzuformen, daß es noch von Objekten, die 10 cm vor dem Auge liegen, scharfe Bilder auf der Netzhaut erzeugt. Der am nächsten liegende Punkt, auf den das Auge noch einstellen kann, wird der Nahpunkt genannt. Bei der Akkommodation auf sehr nahe Entfernung wird der Ziliarmuskel so angestrengt, daß er schmerzt. Infolge der Gewöhnung des Auges an 20 bis 30 cm beim Lesen und Schreiben empfinden wir die Anstrengung des Ziliarmuskels bei dieser Nähe nicht. Die Entfernung von 25 cm heißt *deutliche Sehweite*.

Übersichtigkeit. Ist das Auge zu kurz, so schneiden sich die Strahlen statt auf der Netzhaut erst hinter ihr (Abb. 4.18). Dies ist entweder angeboren oder ein Wachstumsfehler und meist erblich. Das Bild der Objekte wird auf der Netzhaut dann unscharf. Durch Vorsetzen einer Sammellinse wird (Abb. 4.18) die Konvergenz der Strahlen vergrößert, so daß auf der Netzhaut ein scharfes Bild entsteht. Ohne Brille muß schon im jugendlichen Alter für die Ferne und mehr noch für die Nähe stark akkommodiert werden. Die Folgen sind Kopfschmerz, rasche Ermüdung, vor allem beim Nahesehen. Es müssen also Brillen mit Sammellinse (Plusgläser) dauernd (zum Schauen in die Ferne und in die Nähe) getragen werden.

Alterssichtigkeit. Im Alter läßt infolge von Verhärtungserscheinungen die Akkommodationsfähigkeit nach. Daher können stark divergente eintretende Strahlen nicht mehr auf der Netzhaut vereinigt werden, sondern vereinigen sich erst hinter ihr, weil die Brennweite der Augenlinse nicht mehr klein genug gemacht werden kann. Abhilfe bringen Brillen mit Sammellinsen (Plusgläser), die aber nur beim Nahesehen zu tragen sind.

Kurzsichtige Augen werden *myop* genannt (myo, gr. = ich schließe zu, verenge die Augen; Kurzsichtige drücken die Augenlider zum deutlicheren Sehen zusammen). Von einem myopen Auge wird ein Parallelbündel vor der Netzhaut vereinigt (Abb. 4.19). Auf der Netzhaut entsteht ein Zerstreuungskreis. Von Objekten, die dem Auge näher liegen, werden scharfe Bilder auf der Netzhaut erzeugt. Das Auge braucht nicht mehr oder nur weniger zu akkommodieren. Der Fernpunkt des kurzsichtigen Auges liegt im Endlichen, und zwar meist in geringem Abstand vom Auge. Der Nahpunkt kurzsichtiger Augen kann bei hochgradiger Kurzsichtigkeit bis auf wenige Zentimeter an das Auge herangerückt sein. Die Brillen kurzsichtiger Personen haben Zerstreuungslinsen (Minusgläser), damit der Vereinigungspunkt der Lichtstrahlen weiter nach hinten verschoben wird, die Strahlen also schon stärker divergent in das Auge eintreten (Abb. 4.19).

Die Ursache der Kurzsichtigkeit ist ein zu langes Auge. Das kann die Folge sein von Krankheiten und Ernährungsstörungen, vor allem im Kindheitsalter (Adrenalin-Mangel). Die Anlage ist meist erblich. Die Minusgläser sind dauernd zu tragen, gerade auch im Kindheitsalter beim Nahesehen, um den sonst verkümmerten Akkommodationsmuskel wieder zu üben und der schlechten

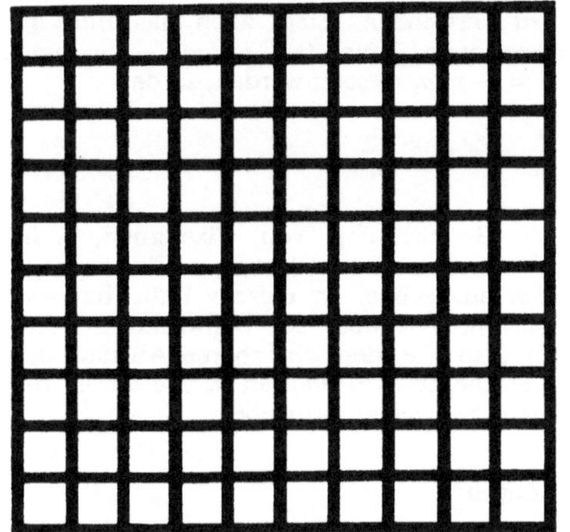

Abb. 4.20. Gitter zum Prüfen des Astigmatismus des Auges

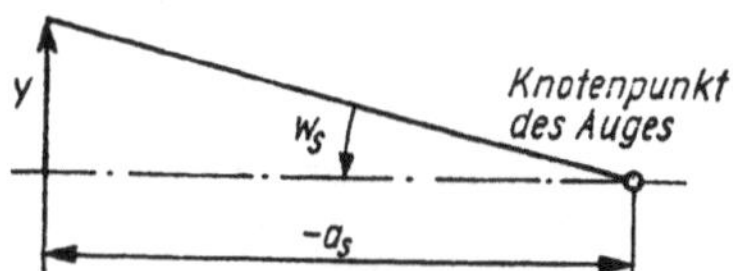

Abb. 4.21. Sehwinkel und Sehweite

Haltung beim Lesen (gekrümmter Rücken) vorzubeugen.

Die Kurzsichtigkeit kann nicht durch angestrengte Akkommodation überwunden werden, da durch die Zusammenziehung des Ziliarmuskels die Krümmung der Kristallinse stets vergrößert, aber nie verkleinert werden kann. Tragen Kurzsichtige keine Brillen, so kann durch das Anpassungsbestreben des Auges, die Netzhaut dem Vereinigungspunkt der Strahlen näher zu rücken, eine ernste Schädigung, selbst eine Loslösung der Netzhaut verursacht werden. Die negative Brennweite der Brillen Kurzsichtiger muß um so kleiner sein, je kurzsichtiger die Augen sind. Die Brillengläser werden durch die *Brechkraft* in *Dioptrien* gekennzeichnet ($F' = 1/f'$; $1\,\text{dpt} = 1/\text{m}$). Sammellinsen haben eine positive, Zerstreuungslinsen eine negative Dioptriezahl.

Abbildungsfehler des Auges. Der Öffnungsfehler des Auges ist sehr gering, da die Iris die Randstrahlen abblendet. Viel ausgeprägter ist der Farbortsfehler, besonders deutlich erkennbar in der Dunkelheit, wenn man einen leuchtenden Punkt scharf ins Auge faßt; er scheint von einem farbigen Saum umgeben. Beobachtet man z. B. eine Kerzenflamme aus der Nähe durch ein Kobaltglas, so erscheint sie violettblau mit einem schmalen Saum, aus größerer Entfernung jedoch rot mit blauem Rand.

Astigmatismus ist ziemlich weit verbreitet. Zur Prüfung betrachte man das in Abb. 4.20 dargestellte Gitterkreuz mit einem Auge aus so großer Entfernung, daß die Einzelheiten gerade noch schwach zu erkennen sind. Dreht man das Gitter, so ergibt es für viele Augen eine bestimmte Stellung, in der die eine Gruppe der parallelen Geraden deutlicher als die andere erscheint. Läßt man das Gitter in dieser Stellung und nähert ihm das Auge bis auf deutliche Sehweite, so erscheint die vorher verschwommene Liniengruppe deutlich, die andere verwischt. Diese Erscheinung tritt bei einem astigmatischen Auge auf, bei dem die brechenden Flächen nicht vollkommen kugelförmig gekrümmt sind. Der Astigmatismus läßt sich durch Brillen mit astigmatisch abbildenden Linsen beheben. Bei diesen ist der sphärischen Linse eine Zylinder- oder Torusfläche überlagert.

Astigmatismus sphärischer Brillengläser. Beim Gebrauch jeder gewöhnlichen Brille wirkt der Astigmatismus schiefer Bündel störend. Der Träger sieht aber durch die Brille die Dinge nur scharf, wenn er durch die Mitte der Gläser in der Richtung ihrer Achse blickt. Dreht er bei ruhig gehaltener Brille das Auge in seiner Höhlung, so treten nur noch schiefe Bündel mit astigmatischer Verzeichnung durch die Brille in sein Auge. Oft kann man beobachten, daß Kurzsichtige beim scharfen Zusehen absichtlich schief durch das Brillenglas blicken. Das ist ein Zeichen, daß die Augen dieser Kurzsichtigen astigmatisch sind. Durch die Erfahrung haben sie sich den schiefen Fixierblick angewöhnt, weil in dieser Stellung der Astigmatismus der schiefen Bündel gerade den Astigmatismus ihrer Augen aufhebt oder doch auf einen kleinen Betrag herabdrückt. Es gibt Brillengläser, die den Astigmatismus schiefer Bündel vermindern und ganz vermeiden. Man erreicht das durch den Gebrauch sog. „durchgebogener" Gläser, indem man für Kurzsichtige nicht bikonkave, sondern konvexkonkave, für Weitsichtige nicht bikonvexe, sondern konkavkonvexe Linsen verwendet. Solche Menisken (méniskos, gr. = Möndchen) bezeichnet man als punktuell abbildend. *Punktalgläser* wurden erstmalig von M. V. ROHR im ZEISS-Werk berechnet. Sie stellen also geeignet durchgebogene Menisken mit sphärischen Flächen dar. Für stark übersichtige und linsenlose Augen sind Gläser mit asphärischen Flächen nötig; diese heißen Katralgläser. Beim Gebrauch müssen diese Gläser zum Augendrehpunkt immer dieselbe vorgeschriebene Lage haben.

4.2.2. Vergrößerung

Sehwinkel. Sehweite. Der Winkel, unter dem die von zwei Punkten ausgehenden Strahlen in das Auge eintreten, wird *Sehwinkel* genannt. Die Entfernung des Objektes vom Auge wird in diesem Zusammenhang als *Sehweite* bezeichnet (Abb. 4.21). Die Größe des Netzhautbildes wird allein durch den Sehwinkel bestimmt. Alle Objekte, die unter dem gleichen Sehwinkel gesehen werden, erscheinen uns unabhängig von ihrer linearen Größe und ihrer Entfernung gleich groß. Deshalb wird der Sehwinkel auch als *scheinbare Größe* bezeichnet.

Aus rechnerischen Gründen verwendet man jedoch den Tangens des Sehwinkels als scheinbare Größe. Für Objekte und Bilder, die im Unendlichen liegen, ist nur die scheinbare Größe zur Charakterisierung ihrer Ausdehnung geeignet.

Für Objekte oder Bilder, die im Endlichen liegen, ergibt sich für die scheinbare Größe nach Abb. 4.21:

$$\tan w_s = -\frac{y}{a_s}. \qquad (4.5)$$

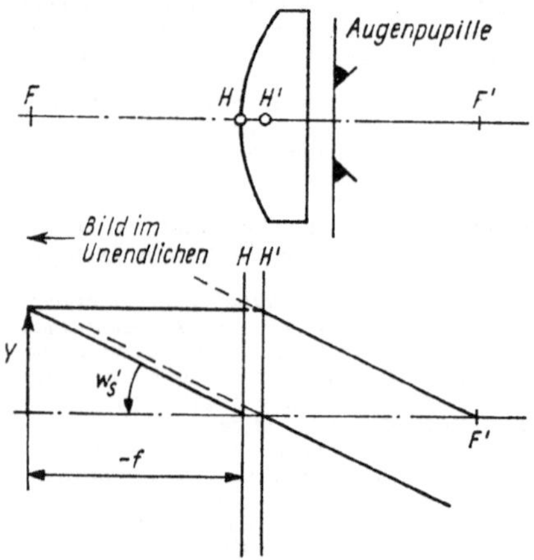

Abb. 4.22. Lupe mit Normalvergrößerung

Vergrößerung. Bei Objekten, die im Endlichen liegen, ist die Vergrößerung der scheinbaren Größe entweder durch das Annähern an das Auge oder durch die Erzeugung eines linear vergrößerten Bildes mittels optischer Hilfsmittel möglich. Die Annäherung an das Auge ist mit der Entfernung des Nahpunktes begrenzt. Um aber nicht ständig angestrengt akkommodieren zu müssen, geht man von einer Annäherung höchstens bis in die deutliche Sehweite aus.
Ist die scheinbare Größe auch in der deutlichen Sehweite noch zu gering, dann muß sie mit einer Lupe oder einem Mikroskop vergrößert werden. Das ist unbedingt notwendig, wenn der Sehwinkel unter den physiologischen Grenzwinkel von 1′ sinkt.
Als Vergrößerung wird definiert:

Die *Vergrößerung* Γ' ist das Verhältnis der scheinbaren Größe mit optischem Instrument $\tan w_s'$ und der scheinbaren Größe des Objektes $\tan w_s$ in einer vorzugebenden Sehweite.

Es ist also

$$\Gamma' = \frac{\tan w_s'}{\tan w_s}. \tag{4.6}$$

Bei der Lupe und beim Mikroskop verwendet man als Bezugssehweite zur Bestimmung der scheinbaren Größe des Objektes im allgemeinen die deutliche Sehweite $a_s = -250$ mm.
Objekte, die zwar noch als im Endlichen liegend angenommen werden können, an die aber eine Annäherung nicht möglich ist, werden mit dem Fernrohr beobachtet. Es ist dann aber notwendig, als Bezugssehweite die wahre Objektsehweite zu verwenden. Liegt auch das Bild im Endlichen, dann kann $\tan w_s = -y/a_s$ und $\tan w_s' = -y'/a_s'$ gesetzt werden, so daß

$$\Gamma' = \frac{y'}{y}\frac{a_s}{a_s'} = \beta'\frac{a_s}{a_s'}$$

wird.
Bei der Beobachtung von Fixsternen, z. B. Doppelsternen, sind die *Objekt- und Bildweite als unendlich* anzusehen. In diesem Falle hat das Fernrohr die Aufgabe, den Sehwinkel zu vergrößern, also z. B. den scheinbaren Abstand der beiden Sterne. In (4.6) sind $\tan w_s$ und $\tan w_s'$ für unendliche Sehweiten anzugeben.

4.2.3. Lupen

Zur *einstufigen* Vergrößerung naher Objekte, d. h. durch Abbilden mit einem optischen System, kann man Lupen, Lesegläser oder einfache Mikroskope verwenden. Im einfachsten Fall bestehen diese optischen Instrumente aus einer Sammellinse.
Bei der *Lupe* und dem *Leseglas* ist die freie Öffnung des optischen Systems so groß, daß sie als Feldblende wirkt. Das Bildfeld ist also nicht scharf begrenzt. Die Augenpupille stellt die Austrittspupille dar. Die Lupe wird dicht vor das Auge gehalten und mit starrem Auge angewendet. Das Leseglas hält man weit vom Auge entfernt und blickt hindurch (*blickendes Auge*: Drehung des Augapfels).

Hohe Vergrößerungen erfordern – wie wir noch sehen werden – kleine Brennweiten. Diese lassen sich nur mit so stark gekrümmten Linsen erreichen, daß deren Durchmesser sehr klein wird. Die freie Öffnung wirkt als Eintrittspupille und die Augenpupille als Austrittsluke. Wir übersehen durch die Linse hindurch nur dann ein ausreichendes Objektfeld, wenn wir den Kopf hin- und herbewegen (*schauendes Auge*, Schlüsselloch-Beobachtung). Dieser Fall der einstufigen Abbildung wird beim *einfachen Mikroskop* realisiert, das aber nur noch historische Bedeutung hat.

Lupe mit Normalvergrößerung (vom franz. loupe; dieses Wort bedeutet in der Medizin in Anlehnung an das lat. lupus = Wolf, „Wolfsgeschwulst“, das ist eine kreisförmige Geschwulst unter der Haut). Die Lupe wird ohne Akkommodation benutzt, wenn das Bild im Unendlichen, das Objekt also in der objektseitigen Brennebene liegt. Als Vergleichssehweite dient die deutliche Sehweite, als Vergleichsgröße also die scheinbare Objektgröße $\tan w_s = y/250$ mm. Nach Abb. 4.22 ist die scheinbare Bildgröße durch $\tan w_s' = y/f'$ gegeben. Aus (4.6) folgt

$$\Gamma_N' = \frac{250}{f'/\text{mm}}. \tag{4.7}$$

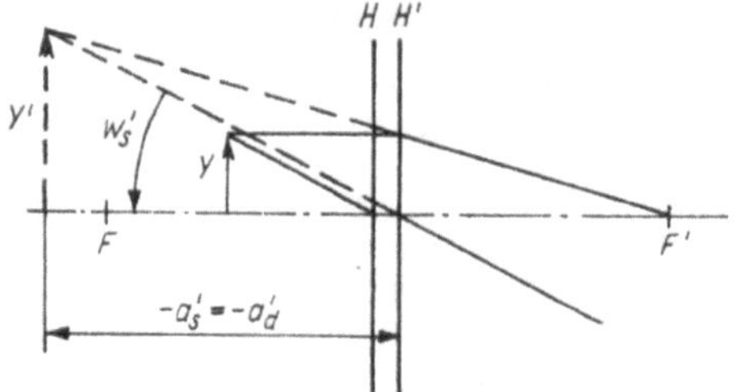

Abb. 4.23. Lupe mit Bild in der deutlichen Sehweite

Abb. 4.24. Photographische Kamera

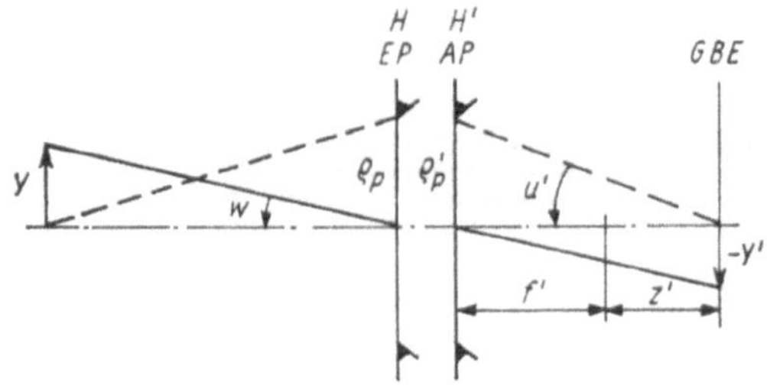

Abb. 4.25. Hauptebenen und Pupillen beim Photoobjektiv

Diese für $a_s' = \infty$ berechnete Vergrößerung stellt die Normalvergrößerung der Lupe dar. Einsetzen der Brechkraft der Lupe $F' = 1/f'$ in Dioptrien (m^{-1}) ergibt $\Gamma_N' = 0{,}25F'/\mathrm{dpt}$.

Bild in der deutlichen Sehweite. Ohne anstrengende Akkommodation kann die Lupe dem Objekt so weit genähert werden, daß das Bild in der deutlichen Sehweite entsteht (Abb. 4.23). Es ist $\tan w_s' = y'/250\,\mathrm{mm}$ und damit $\Gamma' = y'/y = \beta'$. Daraus folgt mit $a' \approx a_s'$ und entsprechend (2.75) mit $a' = f'(1 - \beta')$, also $\beta' = \dfrac{250}{f'/\mathrm{mm}} + 1$

$$\Gamma' = \Gamma_N' + 1\,. \tag{4.8}$$

Die Vergrößerung erhöht sich durch die geringere Bildweite gegenüber der Normalvergrößerung um Eins.

Allgemein ist es also für hohe Vergrößerung notwendig, Linsen mit kleinen Brennweiten zu verwenden. Das übersehbare Feld wird dadurch stark eingeschränkt.

Verantlupen. Lupen mit geringeren Vergrößerungen ermöglichen die Betrachtung eines größeren Objektfeldes mit einem blickenden Auge (ähnlich wie beim Leseglas). Die Sehstrahlen müssen sich dann im Augendrehpunkt schneiden. Die Abbildungsfehler der Lupe sind so zu korrigieren, daß das Bild in jeder Drehstellung verzeichnungs- und astigmatismusfrei ist. Auf diese Forderung der Korrektion in bezug auf den Augendrehpunkt hat zuerst A. GULLSTRAND hingewiesen. Bei C. ZEISS in Jena wurden die entsprechenden Lupen von M. v. ROHR berechnet (*Verantlupen*).

4.3. Photo- und Projektionsoptik

4.3.1. Photographische Abbildung

Die photographische Kamera ist ein optisches Gerät, mit dem ein reelles optisches Bild auf einer lichtempfindlichen Schicht erzeugt wird, die zunächst in latenter Form wesentliche Eigenschaften des Objektes speichert.

Die wesentlichen Bestandteile der photographischen Kamera sind das lichtdichte Gehäuse, das Objektiv, die Filmaufnahme und -führung, das Suchersystem, der Verschluß sowie die Irisblende (Abb. 4.24).

Das Photoobjektiv ist ein optisches System, mit dem ein Ausschnitt der Einstellebene (Objektebene) in die Auffangebene (Bildebene) abgebildet wird. Im paraxialen Gebiet fällt die Auffangebene für ein unendlich fernes Objekt mit der Brennebene zusammen, und der Abbildungsmaßstab ist $\beta' = 0$. Für Objekte, die im Endlichen liegen, ist nach (2.60) $\beta' = -f/z$ und $z' = -\beta' f'$. Die *optische Kameralänge* z', also die Entfernung des paraxialen Bildpunktes vom Brennpunkt, wird durch Verschieben des Objektivs eingestellt. Im allgemeinen sind auf diese Weise *Normalaufnahmen* möglich, für die $0 < |\beta'| \leq 0{,}1$ gilt. *Nahaufnahmen* mit $0{,}1 < |\beta'| \leq 1$ erfordern Zwischenringe, die zwischen Objektiv und Kameragehäuse angebracht werden.

Die Öffnungsblende befindet sich i. allg. innerhalb des Objektivs und ist als Irisblende einstellbar. Bei den meisten Photoobjektiven liegt die Eintrittspupille in der Nähe der Hauptebene H, die Austrittspupille in der Nähe der Hauptebene H', so daß der Abbildungsmaßstab der Pupillen $\beta_p' \approx 1$ ist. Wir verwenden im weiteren die Näherung $\beta_p' = 1$ (Abb. 4.25).

Der Lichtstrom beträgt entsprechend (2.84) $\Phi' = \pi L A_1' \Omega_0 n'^2 \sin^2 u'$. Daraus ergibt sich mit $n' = 1$ die Beleuchtungsstärke in der Umgebung der optischen Achse $E' = \Phi'/A_1' = \pi L \Omega_0 \sin^2 u'$. Mit guter Näherung kann $\sin u' = \varrho_p'/(f' + z')$

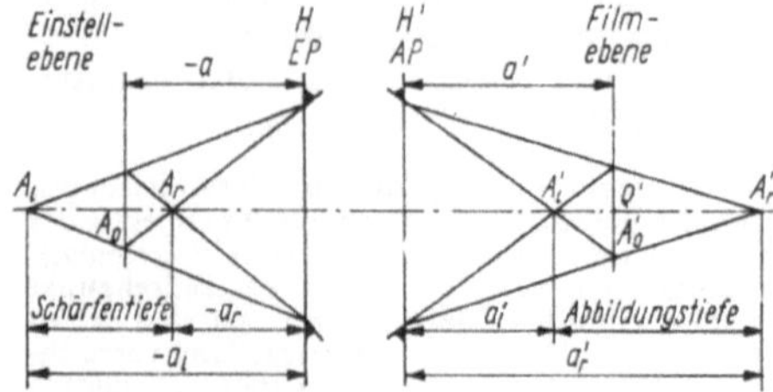

Abb. 4.26. Abbildungs- und Schärfentiefe

gesetzt werden (Abb. 4.25), woraus mit $\varrho_p' = \varrho_p$, $z' = -\beta' f'$ und der Blendenzahl $k = f'/(2\varrho_p)$

$$\sin u' = \frac{1}{2k(1 - \beta')}$$

folgt. Für die Beleuchtungsstärke erhalten wir

$$E' = \pi L \Omega_0 \frac{1}{4k^2(1 - \beta')^2}. \tag{4.9}$$

Die Blendenzahlreihe der Photoobjektive (k = 1; 1,4; 2; 2,8; 4; 5,6; ...) ist so aufgebaut, daß jede Stufe einer Halbierung der Beleuchtungsstärke entspricht.

Aus (4.9) folgt weiter, daß bei Nahaufnahmen ($\beta' \neq 0$) mit gleicher Blendenzahl und Schwärzung die Belichtungszeit gegenüber Fernaufnahmen ($\beta' = 0$) um den Faktor $(1 - \beta')^2$ zu vergrößern ist.

Die Feldblende befindet sich bei photographischen Kameras als Maske in der Filmebene. Sie bestimmt das Bildformat und ermöglicht eine scharfe Feldbegrenzung. Der objektseitige Feldwinkel ergibt sich bei $z' = 0$ aus der halben Bildfelddiagonalen y' mittels (Abb. 4.25)

$$\tan w = -\frac{y'}{f'}. \tag{4.10}$$

Objektwinkel $2w \approx 50°$ können i. allg. als ausreichend angesehen werden. Sie werden bei den *Standardobjektiven* erreicht, bei denen die gesamte Bildfelddiagonale etwa gleich der Brennweite ist ($|2y'| \approx f'$). (Für das Kleinbildformat 24 × 36 mm² ergäbe sich $f' \approx 43$ mm; die Standardobjektive haben i. allg. 50 mm Brennweite.) Objektive, für die $f' > 2{,}5|y'|$ ist, werden als *Fernobjektive*; Objektive, für die $f' < 1{,}8|y'|$ ist, werden als *Weitwinkelobjektive* bezeichnet.

Bei den meisten Photoobjektiven wirken von einer bestimmten Bildhöhe an Linsenfassungen als Abschattblenden, wenn sie mit voller Öffnung benutzt werden. Die natürliche Abschattung gemäß (2.79) ist besonders bei Weitwinkelobjektiven zu beachten.

4.3.2. Schärfentiefe und Perspektive

Schärfen- und Abbildungstiefe. Wir legen ein Photoobjektiv zu Grunde, das auf eine endliche Entfernung eingestellt ist. Licht, das von axialen Objektpunkten A_r bzw. A_l ausgeht, die sich vor oder hinter der Einstellebene befinden, erzeugt in der Filmebene Zerstreuungskreise (Abb. 4.26). Wenn die Zerstreuungskreise so klein sind, daß sie beim Betrachten der evtl. nachvergrößerten Photographie nicht aufgelöst werden, dann scheint ein in die Tiefe ausgedehntes Gebiet auf der Photographie abgebildet zu sein.

Der Bereich des Objektraums, für den die Zerstreuungskreise den zulässigen Durchmesser nicht überschreiten, ist die *Schärfentiefe*. Der zur Schärfentiefe konjugierte Bereich des Bildraumes heißt *Abbildungstiefe* (Abb. 4.26).

Diese geometrisch-optisch definierte Abbildungstiefe ist bei Photoobjektiven i. allg. der Hauptanteil. Erst bei sehr kleinen Blendenzahlen wäre der wellenoptische Anteil gemäß Abschn. 4.1.1 zu berücksichtigen.

Durch Abblenden wird die Abbildungstiefe vergrößert, weil der kleinere Öffnungswinkel denselben Zerstreuungskreis erst bei einer größeren Entfernung des Konvergenzpunktes von der Filmebene mit sich bringt. Mit Hilfe der Ähnlichkeit von Dreiecken läßt sich zeigen, daß die Schärfentiefe von $a_r = a_0/(m + 1)$ bis $a_l = a_0/(m - 1)$ reicht, wobei $m = a_0/a$ ist (Abb. 4.26). Die Größe a_0 ist die Entfernung der Einstellebene, von der an die Schärfentiefe bis ins Unendliche reicht ($m = 1$ ergibt $a_l = \infty$, sog. Naheinstellung auf Unendlich). Bei Kleinbildaufnahmen nimmt man als im Negativ zulässigen Zerstreuungskreisdurchmesser 0,033 mm an. Unter bestimmten Voraussetzungen kann dann mit $a_0 = -1200 f'/k$ gerechnet werden. (Beispiel: $f' = 50$ mm, $k = 2$ ergibt $a_0 = -30$ m, so daß bei $a = -15$ m die Schärfentiefe von $a_r = -10$ m bis $a_l = -30$ m reicht.)

Perspektive. Beim direkten Betrachten von Objekten, die in der Tiefe gestaffelt sind, erscheint uns der Raum in einer bestimmten *Perspektive.* Diese ist vom Verhältnis der Sehwinkel hintereinander liegender Objekte abhängig. Das *Perspektivitätszentrum* als Schnittpunkt aller Sehstrahlen ist beim Beobachten mit einem starren Auge die Mitte der Augenpupille, beim Beobachten mit einem bewegten Auge der Augendrehpunkt.

Eine Photographie als Gesamtheit von Bildpunkten und Zerstreuungsfiguren stellt die *perspektivische Darstellung* des Objektraumausschnitts dar, der durch den Schärfentiefenbereich und den Objektwinkel begrenzt ist. Beim Betrachten der Photographie gewinnen wir einen *perspektivischen Eindruck.* Dieser kann nur natürlich sein, wenn die Verhältnisse der Sehwinkel denjenigen beim Betrachten des Objektes gleich sind. Dazu ist eine ganz bestimmte, vom Betrachtungsabstand abhängige, Nachvergröße-

a) b) c)

Abb. 4.27. Perspektivischer Eindruck a) tiefenrichtig, b) tiefenverlängert, c) tiefenverkürzt

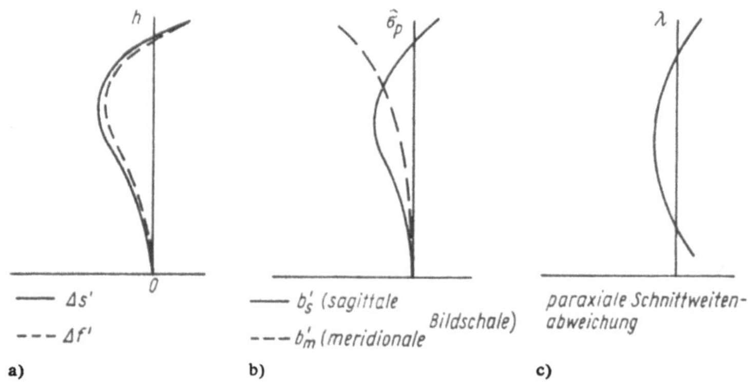

Abb. 4.28. Korrektionsdarstellungen für einen Anastigmaten a) Öffnungsfelder und Sinusbedingung, b) Astigmatismus und Bildfeldwölbung, c) Farblängsfelder

Abb. 4.29. Schnittbild eines Tessars

rung v notwendig. Für Normalaufnahmen, die in der deutlichen Sehweite betrachtet werden, gilt für *natürlichen* perspektivischen Eindruck ungefähr

$$v = \frac{250}{f'/\text{mm}}.$$

Bei der Kleinbildaufnahme mit einem Standardobjektiv $f' = 50$ mm wäre also fünffache Nachvergrößerung notwendig (auf das Format $12 \times 18\ \text{cm}^2$). Bei geringerer Nachvergrößerung entsteht ein *tiefenverlängerter*, bei höherer Nachvergrößerung ein *tiefenverkürzter* perspektivischer Eindruck (Abb. 4.27).

4.3.3. Photoobjektive

Ein Photoobjektiv für ein vorgegebenes Bildformat ist zunächst durch seine Brennweite und die kleinste einstellbare Blendenzahl charakterisiert. Die Brennweite bestimmt nach (4.10) auch den Feldwinkel. Der *Korrektionszustand* bezüglich der Abbildungsfehler ist entsprechend Abschn. 2.5 durch die Bezeichnungen Achromat, Aplanat und Anastigmat zu beschreiben. *Achromate* kommen nur bei sehr langbrennweitigen Photoobjektiven zur Anwendung. *Aplanate* sind heute kaum noch im Gebrauch. Die meisten modernen Photoobjektive stellen *Anastigmate* dar, bei denen alle Abbildungsfehler für eine relativ große Öffnung und ein großes Bildfeld ausreichend korrigiert sind.

Abb. 4.28 zeigt die Korrektionsdarstellungen für einen Anastigmaten. Der Aufbau der Photoobjektive hängt weitgehend vom Charakter, von der maximalen Öffnung, vom Feldwinkel und von den Anforderungen an die Bildgüte ab. Hervorgehoben seien folgende Beispiele:

Das Tessar ist wegen seiner Bildgüte bei relativ geringem Aufwand als Standardobjektiv besonders bekannt geworden (heute bis $k = 2{,}8$ hergestellt, Abb. 4.29).

Das Flektogon ist ein Weitwinkelobjektiv mit gegenüber der Brennweite großem Abstand zwischen der letzten Linse und der Bildebene. Das wird mit dem Aufbau aus einem zerstreuenden Meniskus und einem sammelnden Grundobjektiv erreicht (Abb. 4.30). Der große Abstand ist bei Spiegelreflexkameras zur Unterbringung des Klappspiegels notwendig.

Die Sonnare eignen sich als Fernobjektive (Abb. 4.31), weil sie mit nicht zu großen Baulängen herstellbar sind. Die eigentlichen *Teleobjektive* sind heute selten. Sie be-

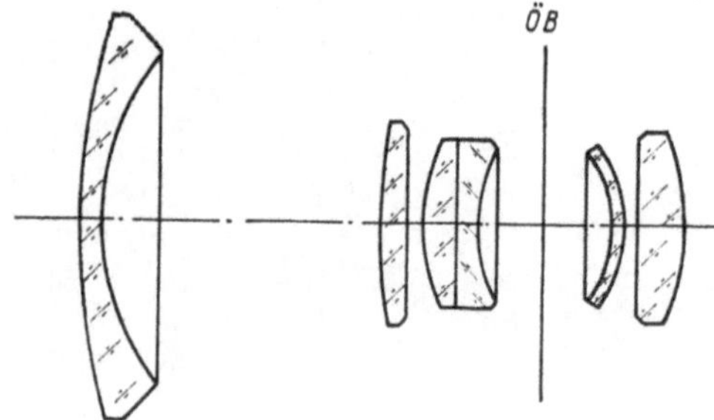

Abb. 4.30. Schnittbild eines Flektogons

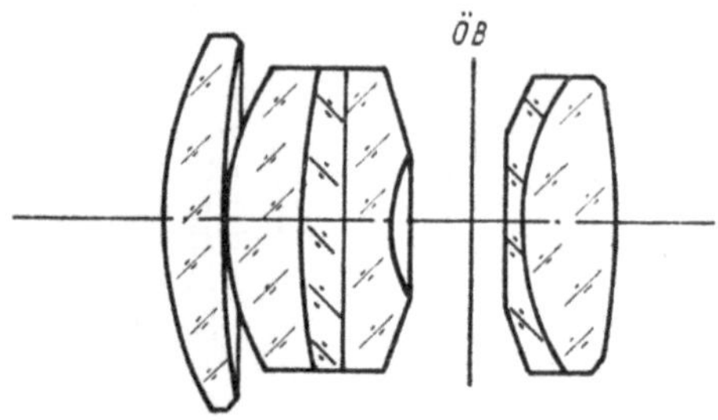

Abb. 4.31. Schnittbild eines Sonnars

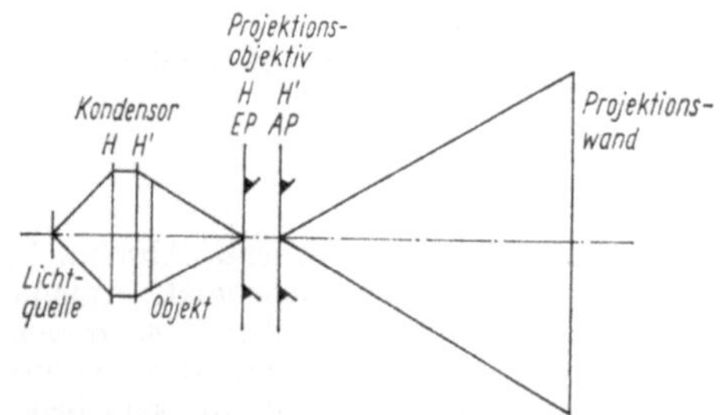

Abb. 4.32. Optikschema eines Bildwerfers

stehen aus einem sammelnden und einem zerstreuenden Glied, wodurch eine gegenüber der Brennweite kleine Entfernung zwischen letzter Linse und Bildebene möglich ist.

Pankratische Objektive sind Objektive mit stetig veränderlicher Brennweite. Dazu sind Linsengruppen verschiebbar angeordnet.

4.3.4. Bildwerfer

Bildwerfer dienen der Projektion von ebenen Objekten.

Der Bildwerfer ist aus der laterna magica hervorgegangen. Der deutsche Jesuit ATHANASIUS KIRCHER hat von 1646 ab als erster angegeben, wie man mit einem als Kondensor dienenden Hohlspiegel und einer Projektionslinse durch Sonnen- und Kerzenlicht vergrößerte Bilder an die Wand werfen kann. Die zu entwerfenden Bilder wurden auf den Spiegel selbst gemalt. Etwa 1653 hat in Löwen der Mathematiker ANDREAS TACQUET mit KIRCHERs Projektor „daß V. Martinus gantze Reise auß China ins Niederland vorgestellet". Das dürfte der erste Lichtbildervortrag gewesen sein. Die nachweislich erste richtige Zauberlaterne mit auswechselbaren, auf ebene Glasplatten gemalten Bildern und einem zweilinsigen Objektiv führte – wahrscheinlich durch TACQUET angeregt – der in Leyden studierende Däne THOMAS WALGENSTEIN von 1658 an in vielen Städten vor und erregte damit ungeheures Aufsehen.

Das Diaskop stellt einen Bildwerfer dar, bei dem das Diapositiv durchstrahlt wird. Sein Optikschema besteht aus der Projektionslampe, dem Kondensor, dem Projektionsobjektiv und der Projektionswand (Abb. 4.32). Für den Abbildungsmaßstab der Projektion gilt i. allg. $|\beta'| \gg 1$. Aus (1.27) und (4.9) ergibt sich dann für die reflektierte Leuchtdichte einer vollständig diffus reflektierenden Projektionswand

$$L_\varrho = \frac{\varrho L}{4k^2\beta'^2}. \tag{4.11}$$

Ein helles Bild wird mit einer Projektionslampe großer Leuchtdichte und einem Projektionsobjektiv mit kleiner Blendenzahl erreicht.

Der Kondensor (condensáre, lat. = verdichten) ist notwendig, damit bei nicht zu großer Lichtquelle jeder Punkt des Diapositivs (des Objektfeldes der Projektion) mit einem Lichtbündel abgebildet wird, das die gesamte Eintrittspupille des Objektivs ausfüllt. Nur dann wird die Blendenzahl des Objektivs wirklich wirksam. Der Kondensor bildet die Lichtquelle in die Eintrittspupille ab. Er ist oftmals zweilinsig, teilweise mit einer asphärischen Fläche, oder dreilinsig (Abb. 4.33).

Das Projektionsobjektiv kann im Prinzip als umgekehrt benutztes Photoobjektiv angesehen werden. Bildweite a' und Abbildungsmaßstab $\beta' = y'/y$ sind nach (2.75) durch

$$a' = f'(1 - \beta')$$

verknüpft. Bei vorgegebenen Format des Diapositivs und der Projektionswand (β' = const) erfordert also eine größere Projektionsentfernung ein Objektiv mit größerer Brennweite. Die Verstellung des Objektivs aus der Lage für unendliche Bildweite folgt aus $z = -f/\beta'$.

Bei Episkopen wird das vom undurchsichtigen Objekt mehr oder weniger diffus reflektierte Licht zur Projektion verwendet. Es steht also nach (1.27) nur ein Bruchteil der Leuchtdichte der Projektionslampen zur Verfügung. Episkope erfordern deshalb Lichtquellen sehr hoher Leuchtdichte, die über Hohlspiegel das Objekt beleuchten. Projektionsobjektive sehr großer relativer Öffnung und einen völlig verdunkelten Raum. Episkope und *Epidiaskope*, die ein Episkop und ein Diaskop in einem Gehäuse vereinen, werden heute nur noch selten angewendet.

Schreibprojektoren, wie z. B. der Polylux, müssen ein sehr großes Objektfeld abbilden. Die Ausleuchtung dieses Feldes ist günstig lösbar, wenn der Kondensor aus zwei miteinander verbundenen Fresnellinsen besteht. Die abschattende Wirkung der Störflanken ist im Bild bei genauerem Hinsehen deutlich erkennbar.

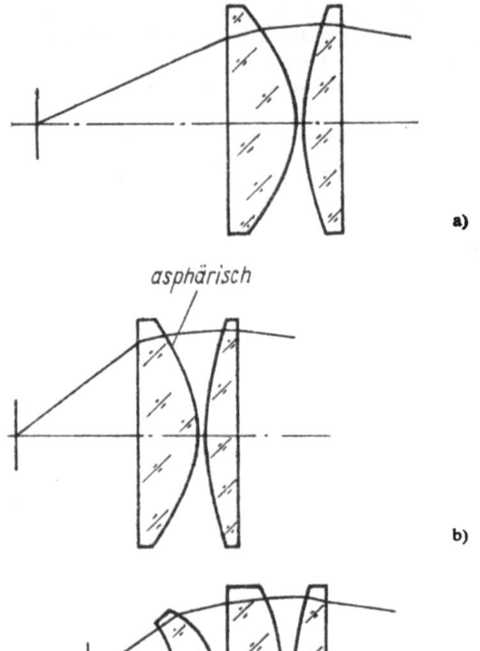

Abb. 4.33. Kondensorformen a) zwei sphärische Plankonvexlinsen, b) mit asphärischer Fläche, c) drei sphärische Linsen mit aplanatischem Meniskus

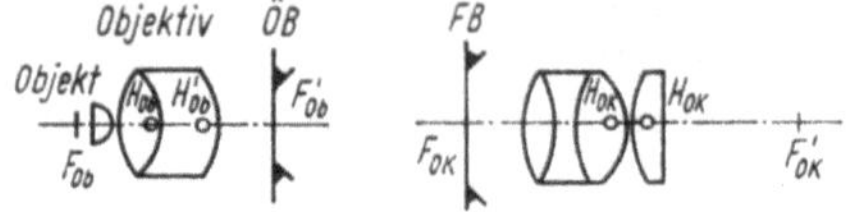

Abb. 4.34. Optikschema des zusammengesetzten Mikroskops

4.4. Mikroskop

4.4.1. Zusammengesetztes Mikroskop

Paraxiale Abbildung. Die Vergrößerung des einfachen Mikroskops ist der Brennweite umgekehrt proportional. Starke Vergrößerungen erfordern also eine sehr kleine Brennweite, womit das überschaubare Objektfeld ebenfalls sehr klein würde. Diese Nachteile lassen sich mit der zweistufigen Abbildung des *zusammengesetzten Mikroskops* vermeiden.

Das erste sammelnde optische System, das *Objektiv*, erzeugt ein reelles Zwischenbild des Objektes. Dieses wird mit einem zweiten sammelnden optischen System, dem *Okular*, wie mit einer Lupe betrachtet. Das Objektiv bildet ein gegenüber seiner Brennweite kleines Objektfeld mit weit geöffneten Bündeln ab. Für den Abbildungsmaßstab gilt $|\beta_{Ob}'| > 1$. Das Okular bildet das große Feld des Zwischenbildes mit kleiner Öffnung ab, denn die Größe der Austrittspupille ist durch die hinter ihm liegende Augenpupille gegeben.

Nach (2.54) gilt für die Brennweite der zweistufigen Abbildung

$$f' = -\frac{f_{Ob}' f_{Ok}'}{t} \quad \text{mit} \quad t = e_1' - f_{Ob}' - f_{Ok}'$$

$$(\text{bei } f_{Ok}' = -f_{Ok}). \qquad (4.12)$$

Mit einer ausreichend großen optischen Tubuslänge t erreicht man mit nicht zu kleinen Brennweiten von Objektiv und Okular die erforderliche kleine Gesamtbrennweite (Abb. 4.34).

Nach oben ist die optische Tubuslänge durch die Forderung nach Beobachtungsmöglichkeiten im Sitzen am Tisch begrenzt. Bei den einzelnen Herstellern der Mikroskope wird die mechanische Tubuslänge konstant gehalten. Die *mechanische Tubuslänge* ist der Abstand des oberen Tubusrandes von der Anschraubfläche des Objektivs. Auch für den Abstand von F_{Ok} bis zur Anschlagfläche des Okulars (oberer Tubusrand) wird ein fester Wert eingehalten (13 mm beim VEB Carl Zeiss JENA). Die mechanische Tubuslänge beträgt z. B. beim VEB Carl Zeiss JENA und bei Opton 160 mm, Leitz wählt 170 mm.

Das Auge braucht nicht zu akkommodieren, wenn sich das Zwischenbild in der objektseitigen Brennebene des Okulars befindet. Das Okular wird mit der Normalvergrößerung benutzt (Abb. 4.35a). Das Endbild kann auch in die deutliche Sehweite gebracht werden, wobei die Vergrößerung nach Gl. (4.8) (Abb. 4.35b) einzusetzen ist.

Bündelbegrenzung. Für die meisten Anwendungen ist es vorteilhaft, *objektseitig telezentrischen Strahlenverlauf* anzustreben. Die *Öffnungsblende* liegt dann in der bildseitigen Brennebene des Objektivs, die *Eintrittspupille* im Unendlichen und die *Austrittspupille* hinter dem Okular. An die Stelle der Austrittspupille ist beim Beobachten die Augenpupille zu bringen (Abb. 4.36).

Zur *scharfen Feldbegrenzung* wird die Feldblende in der Zwischenbildebene angebracht. Die Eintrittsluke fällt mit der Objektebene, die *Austrittsluke* mit der Bildebene zusammen (Abb. 4.36).

Die Abbesche Sinusbedingung für die Abbildung am Objektiv lautet $ny \sin u = n'y' \sin u'$, woraus mit $n' = 1$, $y'/y = \beta_{Ob}'$ und $A = n \sin u$ (numerische Apertur)

$$\sin u' = \frac{A}{\beta_{Ob}'} \quad \text{folgt.}$$

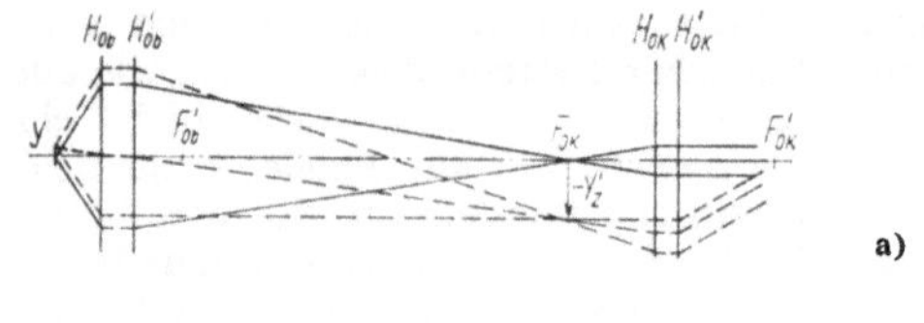

a)

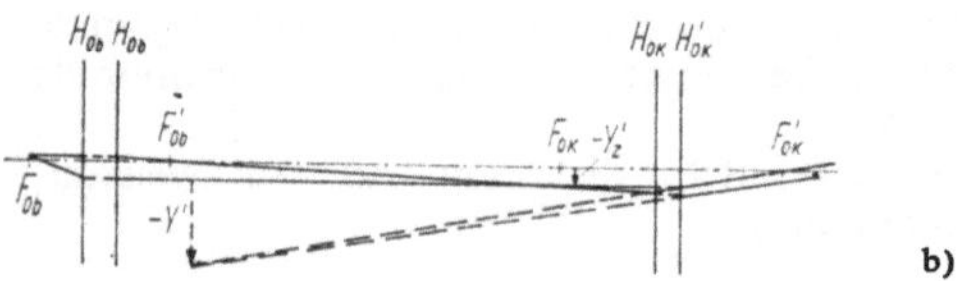

b)

Abb. 4.35. a) Strahlengang im Mikroskop (Endbild im Unendlichen), b) Strahlengang im Mikroskop (Endbild in der deutlichen Sehweite)

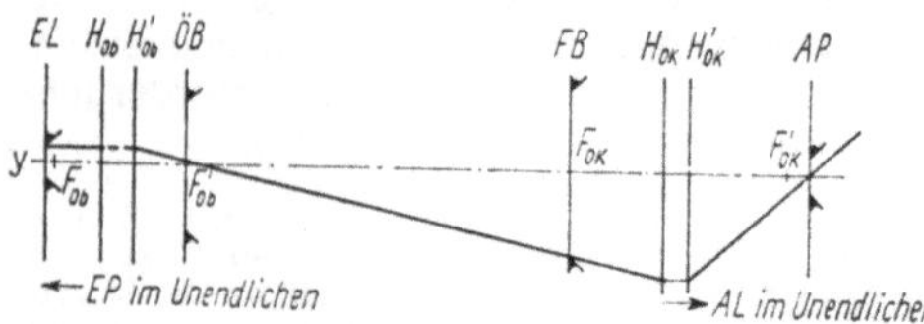

Abb. 4.36. Öffnungs- und Feldbegrenzung im Mikroskop

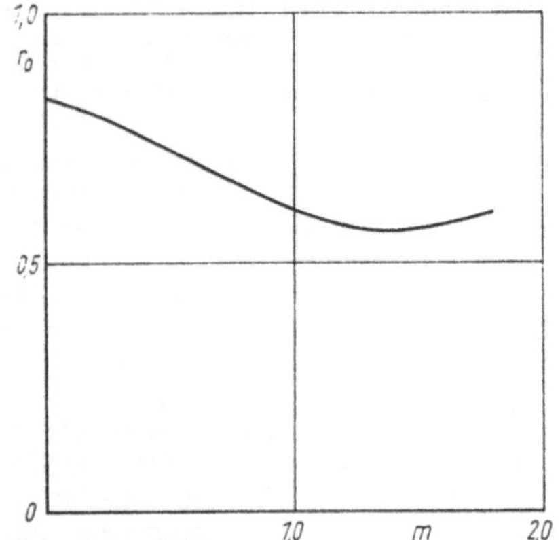

Abb. 4.37. Auflösungsvermögen als Funktion des Kohärenzparameters

Der Quotient A/β_{Ob}' variiert bei Mikroobjektiven wenig, so daß allgemein mit bildseitigen Öffnungswinkeln von einigen Grad gerechnet werden kann.

Die Vergrößerung des Mikroskops folgt aus

$$\Gamma' = \frac{250}{f'/\mathrm{mm}}. \tag{4.13}$$

f' ist die aus (4.12) berechnete Gesamtbrennweite. Weil f_{Ob}', f_{Ok}' und t positiv sind, ist f' negativ. Die negative Vergrößerung bedeutet, daß das Endbild höhen- und seitenvertauscht ist.

Die Vergrößerung folgt auch aus dem Abbildungsmaßstab des Objektivs und der Vergrößerung des Okulars. Es gilt

$$\Gamma' = \beta_{Ob}' \Gamma_{Ok}'. \tag{4.14}$$

Normalvergrößerung. Wegen der unendlichen Bildweite schreibt sich die Abbesche Sinusbedingung für die Abbildung am Gesamtmikroskop $A = -\varrho_p'/f'$. Eliminiert man f' nach (4.13), dann ergibt sich für den Durchmesser der Austrittspupille

$$2\varrho_p'/\mathrm{mm} = -\frac{500A}{\Gamma'}. \tag{4.15}$$

Beim Mikroskop spricht man von der *Normalvergrößerung* Γ_N', wenn die Austrittspupille 1 mm Durchmesser hat. Es ist also

$$\Gamma_N' = -500A. \tag{4.16}$$

Bei $2\varrho_p' = 0{,}5$ mm liegt die *förderliche Vergrößerung* vor

$$\Gamma_f' = -1000A. \tag{4.17}$$

Auflösungsvermögen. Benachbarte Objektpunkte, die inkohärent zueinander strahlen, werden trotz der Beugung aufgelöst, wenn ihr geometrisch-optisches Bild in der Zwischenbildebene nach (4.1) den Abstand $r' = (0{,}61\lambda p')/\varrho_p'$ hat. Mit $\sin u' = p'/\varrho_p'$ und $\sin u' = A/\beta_{Ob}'$, also $p'/\varrho_p' = A/\beta_{Ob}'$ ergibt sich daraus die im Objekt *auflösbare Strecke* $r = r'/\beta_{Ob}'$ zu

$$r = 0{,}61\,\frac{\lambda}{A}.$$

Inkohärente Beleuchtung liegt z. B. bei selbstleuchtenden Objekten vor.

Allgemeiner beträgt das Auflösungsvermögen

$$r = r_0\,\frac{\lambda}{A}, \tag{4.18}$$

wobei der Faktor r_0 von der Kohärenz des Lichtes in der Objektebene, von der Objektstruktur und den geometrischen Verhältnissen der beleuchtenden Bündel abhängt. Für zwei Objektpunkte und gerade partiell-kohärente Beleuchtung ist r_0 in Abb. 4.37 dargestellt. Der *Kohärenzparameter*

$$m = \frac{A_{Bel}'}{A} \tag{4.19}$$

ist gleich Null für kohärente Beleuchtung und geht gegen Unendlich für inkohärente Beleuchtung. Inkohärente Beleuchtung ergibt sich also auch mit großen Beleuchtungsaperturen $A_{Bel}' = n' \sin u'_{Bel}$.

Für einige andere Objektstrukturen und kohärente Beleuchtung werden wir r_0 in Abschn. 4.4.4 angeben.

Schärfentiefe. Analog zum Photoobjektiv existiert auch beim Mikroskop ein *Schärfentiefenbereich*, der sowohl durch die nichtaufgelösten Zerstreuungskreise wie auch durch die wellenoptische Verbreiterung der Intensitätsverteilung

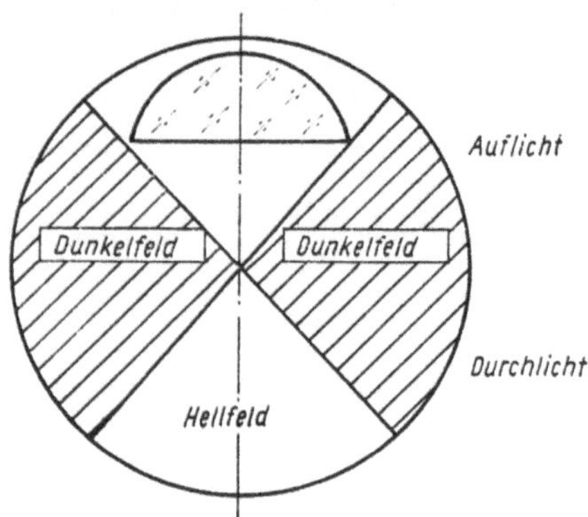

Abb. 4.38. Beleuchtungsarten

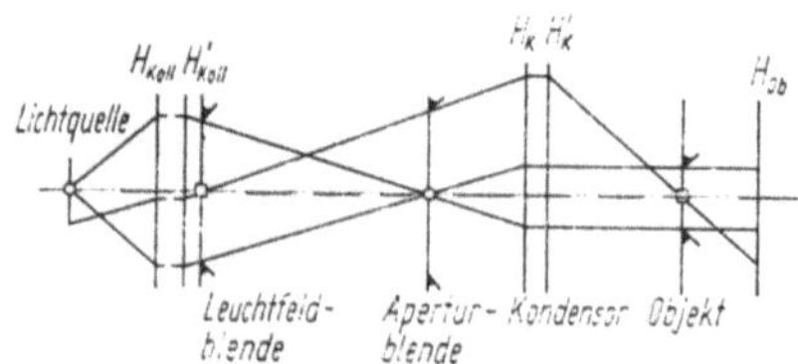

Abb. 4.39. Optikschema des Köhlerschen Beleuchtungssystems

längs der optischen Achse entsteht. Der geometrisch-optische Anteil der Schärfentiefe beträgt

$$b_r/\text{mm} = -b_l/\text{mm} = \frac{125 w_s'}{A\,|\Gamma'|}. \qquad (4.20)$$

w_s' ist der Winkel, unter dem der Durchmesser der nichtaufgelösten Zerstreuungskreise in der Zwischenbildebene erscheint. Der wellenoptische Anteil ergibt sich aus (4.4) nach Umrechnung auf die objektseitigen Größen des Mikroskops zu

$$b_r = -b_l = \frac{\lambda}{2A^2}. \qquad (4.21)$$

Für $w_s' = 4'$, $\lambda = 500\,\text{nm}$ und $|\Gamma'| = 500\,\text{A}$ (Normalvergrößerung) ist insgesamt ($b_{\text{geom.}} + b_{\text{wellenopt.}}$)

$$b_r/\mu\text{m} = -b_l/\mu\text{m} = \frac{0{,}55}{A^2}.$$

Diese Größe ist zugleich die Einstellunsicherheit auf die Ebene fester Schärfe.

4.4.2. Beleuchtung im Mikroskop

Beleuchtungsarten. Im Mikroskop ist i. allg. eine besondere Beleuchtung des Objektes notwendig. Bei schwachen Vergrößerungen genügt es, das Licht des Himmels oder einer Lichtquelle über einen ebenen oder konkaven Spiegel auf das Objekt zu lenken. Stärkere Vergrößerungen erfordern jedoch die künstliche Beleuchtung über speziell an das abbildende System angepaßte Beleuchtungssysteme. Damit sind dann auch die Beleuchtungsbedingungen variierbar, wodurch verschiedene Mikroskopierverfahren realisiert werden können. Da die Fläche des Bildes Γ'^2, der Lichtstrom A^2 proportional sind, ist die Lichtstärke in der Austrittspupille $(A/\Gamma')^2$ proportional. Das kennzeichnet noch einmal die Bedeutung großer numerischer Aperturen bei starken Vergrößerungen für ein helles Bild.

Grundsätzlich wird zwischen *Durchlicht-* und *Auflichtbeleuchtung* sowie *Hell-* und *Dunkelfeldbeleuchtung* unterschieden. Abb. 4.38 demonstriert die vier Kombinationsmöglichkeiten dieser Beleuchtungsarten schematisch.

Köhlersches Beleuchtungsverfahren. Wir gehen von *Hellfeldbeleuchtung in Durchlicht* aus. Das objektfreie Feld ist gleichmäßig hell. Sichtbar werden die Absorption, Streuung und Beugung des Lichtes im Objekt durch Kontrastwirkungen.

Das Beleuchtungssystem sollte folgende *Forderungen* erfüllen:

Das *Objektfeld* ist gleichmäßig auszuleuchten. Dazu ist es notwendig, daß die Beleuchtungsapertur A_{Bel}' für alle Punkte des Objektfeldes gleich ist.

Es darf nur das abzubildende *Objektdetail* beleuchtet werden, weil sonst erhöhtes Streulicht entsteht.

Die *Beleuchtungsapertur* muß der Objektivapertur angepaßt werden können. Sämtliches direktes Licht wird erfaßt, wenn $m = A_{\text{Bel}}'/A = 1$ ist. Oft genügt es, $m = 0{,}75$ zu wählen. Das Licht ist dann partiell-kohärent (Abb. 4.37). Die Beleuchtungsapertur ist mit nicht zu großen Lichtquellen auszuleuchten, weil nur so ausreichende Leuchtdichten möglich sind.

Sämtliche Forderungen erfüllt das *Köhlersche Beleuchtungssystem* (KÖHLER 1893, Abb. 4.39). Die Lichtquelle wird zunächst mit einem sammelnden optischen System, dem *Kollektor*, in eine als Aperturblende (Öffnungsblende) wirkende Irisblende abgebildet. Die Aperturblende befindet sich in der objektseitigen Brennebene eines zweiten sammelnden optischen Systems, des *Kondensors*. Dieser bildet die Blende und damit die Lichtquelle ins Unendliche ab. Die Austrittspupille der Beleuchtung, die zugleich die Eintrittspupille des weiteren Teils des Mikroskops ist, liegt im Unendlichen, so daß auch der telezentrische Strahlenverlauf verwirklicht ist.

Dicht hinter dem Kollektor steht eine weitere Irisblende, die *Leuchtfeldblende*, die der Kondensor in die Objektebene des Mikroskops abbildet.

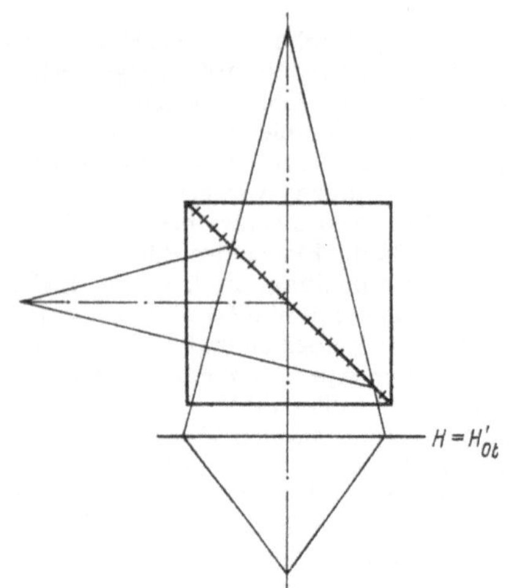

Abb. 4.40. Auflichtbeleuchtung mit Teilungswürfel

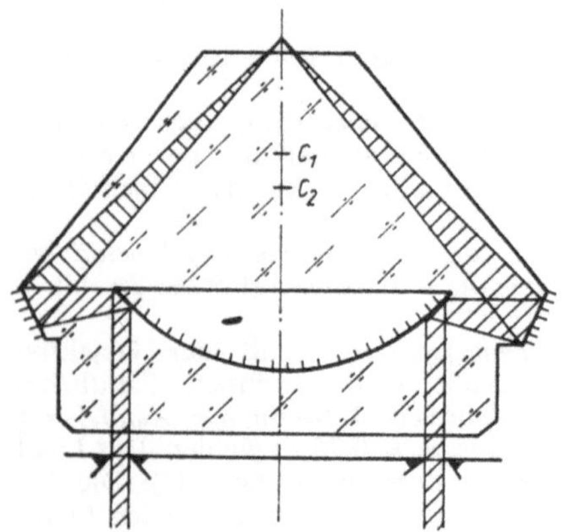

Abb. 4.41. Kardioidkondensor

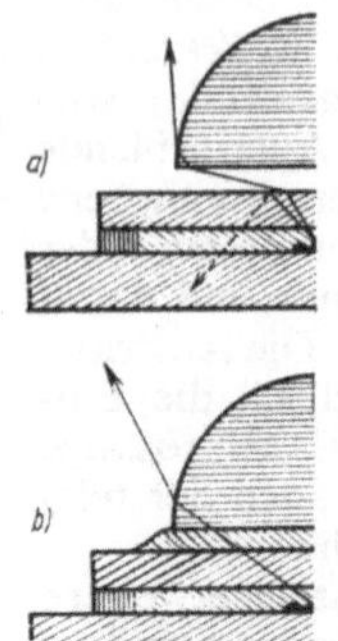

Abb. 4.42. Wirkung der homogenen Ölimmersion

Es sind also zwei miteinander verflochtene Abbildungsketten vorhanden:

- Lichtquelle — Aperturblende — Eintrittspupille des Mikroskops (unendlich ferne Ebene) — Brennebene des Mikroobjektivs — Austrittspupille des Okulars;
- Leuchtfeldblende — Objektebene — Zwischenbildebene — Endbild (unendlich ferne Ebene).

Gleichmäßige Beleuchtung wird durch die Abbildung der Aperturblende durch den Kondensor ins Unendliche erreicht. Die Einstellbarkeit der Aperturblende gewährleistet die Änderung des Verhältnisses m. Die Größe des beleuchteten Objektfeldes wird mit der Leuchtfeldblende eingestellt.

In Auflicht werden vorwiegend undurchsichtige Objekte beleuchtet, so daß mit reflektiertem' gestreutem und gebeugtem Licht abgebildet wird. Das Beleuchtungssystem wird seitlich an den Tubus angebracht. Es wird durch das Mikroobjektiv, das gleichzeitig als Kondensor wirkt, von oben beleuchtet. Abb. 4.40 zeigt schematisch ein Beispiel. Das Köhlersche Beleuchtungssystem ist in etwas modifizierter Form auch für die Auflicht-Beleuchtung verwendbar.

Dunkelfeld. Beim Dunkelfeldverfahren wird das Objekt so beleuchtet, daß das direkte Licht am Objektiv vorbeigeht. Das objektfreie Feld ist dunkel, und nur das am Objekt gestreute und gebeugte Licht dient der Beobachtung.

Eine Möglichkeit zur Dunkelfeld-Durchlicht-Beleuchtung bietet der *Kardioidkondensor* (Abb. 4.41). Die äußeren reflektierenden Kugelflächen-Ausschnitte nähern einen Ausschnitt aus einer Rotationskardioide an (Gleichung der Meridiankurve $r = \varrho(1 + \cos\varphi)$). Der Kondensor bildet aplanatisch ab. Zwischen Kondensor und Objekt ist eine Flüssigkeit einzubringen, um Totalreflexion zu vermeiden.

Immersion. Die numerische Apertur wird um den Faktor n vergrößert, wenn zwischen Deckglas und Frontlinse des Mikroobjektivs eine Öl-Immersion, z. B. aus Zedernholzöl, gebracht wird. Bei *homogener Immersion* haben das Deckglas, das Immersionsöl und die Frontlinse gleiche Brechzahl (Abb. 4.42). Auch die Beleuchtungsapertur läßt sich mit einer Immersion zwischen Kondensor und Objektträger erhöhen.

4.4.3. Objektive und Okulare

Objektive. Mit einem Mikroobjektiv wird i. allg. ein kleines Feld mit weit geöffneten Bündeln abgebildet. Es müssen deshalb der Öffnungsfehler korrigiert und die Sinusbedingung erfüllt sein. Die Beleuchtung mit polychromatischem Licht erfordert die Korrektion des Farblängsfehlers und des Farbfehlers des Hauptstrahls (*Achromate*) oder zusätzlich noch des Gaußfehlers (*Apochromate*). Die heute teilweise angestrebten großen Bildfelddurchmesser und die Mikrophotographie verlangen ein geebnetes Bildfeld, also die Beseitigung der Bildfeldwölbung (*Planachromate* und *-apochromate*).

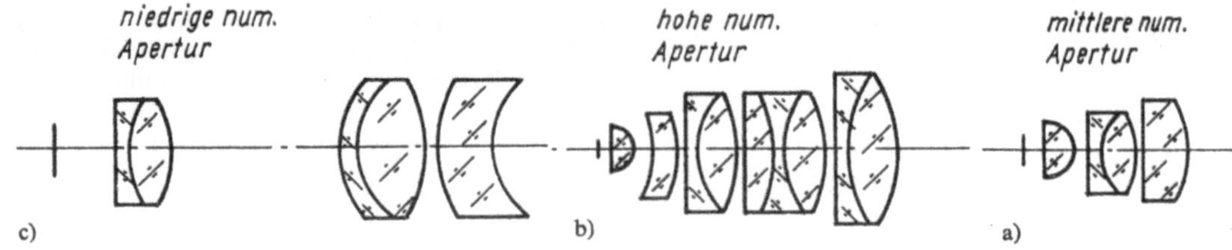

Abb. 4.43. a) Achromat, b) Apochromat, c) Planachromat

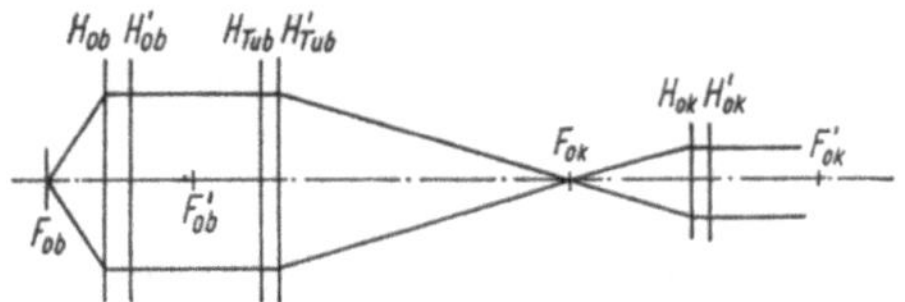
Abb. 4.44. Objektiv mit unendlicher Bildweite und Tubuslinse

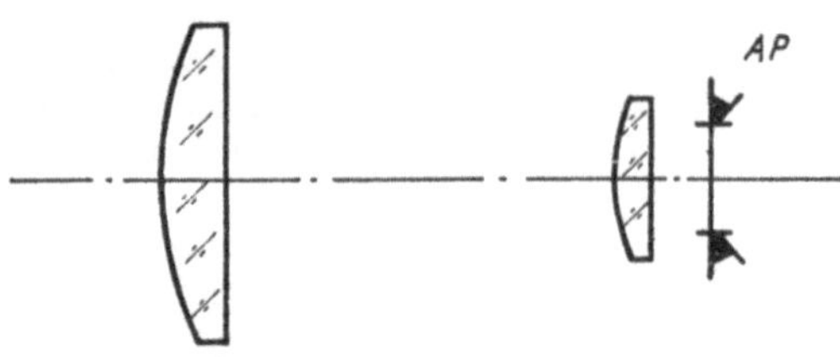

Abb. 4.45. Huygenssches Okular aus Feld- und Augenlinse

Der Aufbau der Mikroobjektive wird stark durch die numerische Apertur bestimmt. Die Farbfehler-Korrektion ist oftmals nur mit Gläsern oder Kristallen (z. B. Fluorite) außergewöhnlichen Dispersionsverhaltens möglich. Für viele Objektivtypen ist die dicke Plankonvexlinse nach AMICI charakteristisch, mit der die Divergenz der Bündel herabgesetzt wird. Planobjektive enthalten dicke Menisken, mit denen die Bildfeldebnung erreicht wird. Die Abb. 4.43 enthalten einige Beispiele für Mikroobjektive.

In wachsendem Maße werden *Objektive mit unendlicher Bildweite* verwendet. In den bildseitigen Parallelstrahlengang können Filter und Planplatten eingesetzt werden, ohne die Bildgüte zu beeinflussen. Die Objektive mit unendlicher Bildweite sind nur im Zusammenhang mit einer Tubuslinse zu verwenden, die das Bild in der Zwischenbildebene entwirft (Abb. 4.44). Die Vergrößerung ergibt sich aus $\Gamma' = \Gamma_{\text{Ob}}'\Gamma_{\text{Ok}}' f_{\text{Tub}}'/$ 250 mm.

Okulare. Das Okular bildet das große Feld des Zwischenbildes mit engen Bündeln ab. Deshalb sind besonders der Astigmatismus, die Verzeichnung und der Farbfehler des Hauptstrahls zu korrigieren.

Bei Okularen mit größerer Brennweite liegt das Zwischenbild so weit vor dem Hauptpunkt H_{Ok}, daß sich die divergenten Hauptstrahlen noch weit von der optischen Achse entfernen. Dadurch ist der Aufbau aus einer *Feldlinse*, die in der Nähe des Zwischenbildes steht und vorwiegend den Hauptstrahlenverlauf beeinflußt sowie der eigentlich vergrößernden augenseitigen Linse nahegelegt (Abb. 4.45).

Das Huygenssche Okular besteht aus zwei Plankonvexlinsen, deren Planflächen dem Auge zugekehrt sind (Feld- und Augenlinse). Das Zwischenbild entsteht zwischen den Linsen (Abb. 4.45).

Wegen der unendlichen Bildweite läuft die Forderung nach korrigiertem Farbfehler des Hauptstrahls darauf hinaus, daß die Brennweite des Okulars unabhängig von der Farbe ist. Die Brechkraft bei zwei Linsen beträgt nach (2.53, 2.54)

$$F' = F_F' + F_A' - e_1'F_F'F_A'. \qquad (4.22)$$

Bei dünnen Linsen oder Plankonvexlinsen hängt die Brechkraft linear von der Brechzahl ab. Deshalb gilt z. B.

$$\frac{dF_F'}{d\lambda} = \frac{dn_F}{d\lambda}\frac{F_F'}{n_F - 1}.$$

Aus (4.22) folgt die Gleichung

$$\frac{dF'}{d\lambda} = \frac{dn_F}{d\lambda}\frac{F_F'}{n_F - 1} + \frac{dn_A}{d\lambda}\frac{F_A'}{n_A - 1} - e_1'F_F'F_A' \times \left(\frac{dn_F}{d\lambda}\frac{1}{n_F - 1} + \frac{dn_A}{d\lambda}\frac{1}{n_A - 1}\right) = 0,$$

also mit $dn_F/(n_F - 1) = 1/\nu_F$, usw.,

$$\frac{F_F'}{\nu_F} + \frac{F_A'}{\nu_A} - e_1'F_A'F_F'\left(\frac{1}{\nu_F} + \frac{1}{\nu_A}\right) = 0. \qquad (4.23)$$

Für gleiche Gläser in beiden Linsen geht diese Gl. über in

$$e_1' = \frac{F_A' + F_F'}{2F_A'F_F'} \quad \text{bzw.} \quad e_1' = \frac{f_A' + f_F'}{2}. \qquad (4.24)$$

Der Abstand von Feld- und Augenlinse muß demnach gleich dem arithmetischen Mittel aus ihren Brennweiten sein.

Aus (4.22), (4.23) und der Forderung nach einer dem Auge günstig zugänglichen Austrittspupille ergeben sich die Daten des Optikschemas.

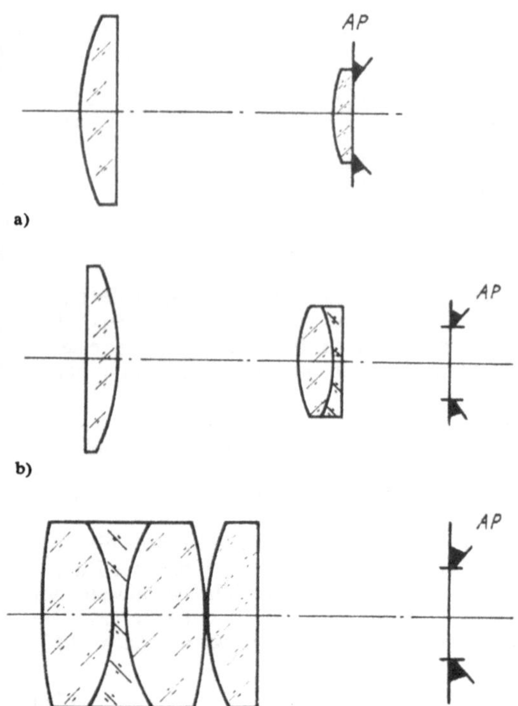

Abb. 4.46. a) Ramsden-Okular, b) Kellner-Okular, c) orthoskopisches Okular

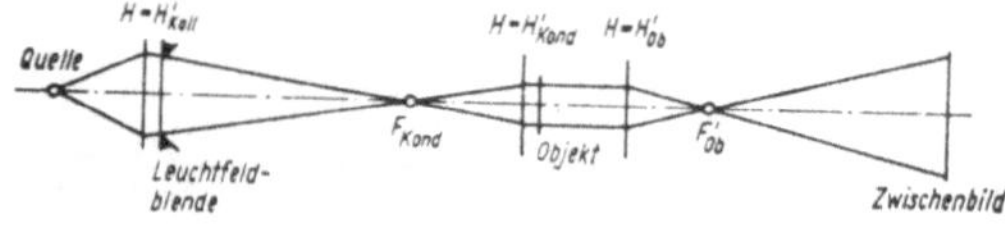

Abb. 4.47. Köhlersche Beleuchtung mit punktförmiger Lichtquelle

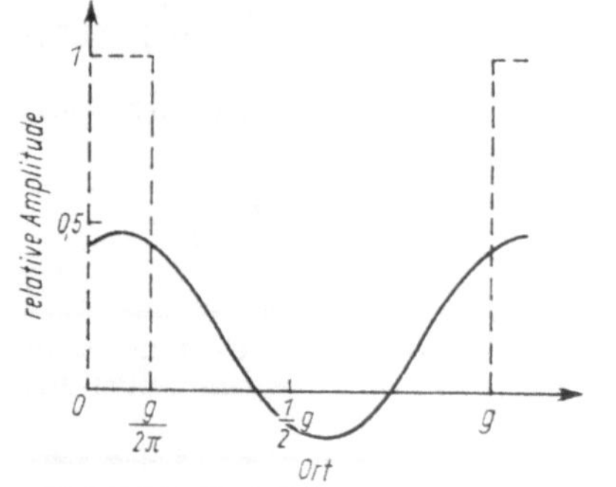

Abb. 4.48. Bild des Amplitudengitters an der Grenze der Auflösung

Ramsden-Okular (JESSE RAMSDEN, 1735 bis 1800, der Schwiegersohn und Geschäftsnachfolger von JOHN DOLLOND. Das Okular wurde 1783 angegeben). Das Huygens-Okular hat den Nachteil, daß die Zwischenbildebene nicht direkt zugänglich ist und dort angebrachte Marken bzw. Maßstäbe beim Okularwechsel mitgewechselt werden müssen. Beim *Ramsden-Okular*, das der Sonderfall des Huygensschen Okulars für $e_1' = f_A' = f_F'$ ist, fallen Feldlinse und Zwischenbild zusammen (Abb. 4.46a).

Kellner-Okular. Die Zwischenbildebene kann vor dem Okular liegen, wenn der Grundtyp so abgewandelt wird, daß die Augenlinse zweilinsig ist. So entsteht das *Kellner-Okular*, das die Vorteile des Huygensschen und des Ramsden-Okulars verbindet, allerdings mit höherem Aufwand (Abb. 4.46b).

Orthoskopisches Okular. Bei hohen Vergrößerungen, also kleinen Okularbrennweiten, ist die Feldlinse entbehrlich. Andererseits ist mehr Aufwand für die Korrektion der Abbildungsfehler erforderlich. Ein Beispiel ist das oft verwendete *orthoskopische Okular* (Abb. 4.46c).

4.4.4. Abbesche Theorie des Mikroskops

ERNST ABBES Veröffentlichung „Beiträge zur Theorie des Mikroskops und der mikroskopischen Wahrnehmung", die in SCHULTZES Archiv für mikroskopische Anatomie IX (1873) erschien, stellt die erste geschlossene Arbeit zur Theorie des Mikroskops dar. In ihr ist auch die wellenoptische Theorie der kohärenten mikroskopischen Abbildung skizziert.

Wir gehen von einem Mikroskop mit gerader Köhlerscher Hellfeldbeleuchtung aus. Das Licht soll kohärent sein, so daß wir den theoretischen Grenzfall der punktförmigen Lichtquelle annehmen müssen. Die Aperturblende des Kondensors ist dann unnötig, und das Objekt wird mit einem kohärenten achsparallelen Bündel beleuchtet (Abb. 4.47).

Ohne Objekt tritt an der Feldbegrenzung in der Objektebene Beugung auf. Das Beugungsbild entsteht in der bildseitigen Brennebene des Objektivs. Es enthält ein steiles, schmales Hauptmaximum und wenig ausgeprägte Nebenmaxima. Im Zwischenbild interferiert das Licht ohne Phasendifferenzen, so daß das Bildfeld gleichmäßig hell ist.

Als Objekt benutzen wir zunächst ein *Liniengitter*, in dem nur die Amplitude des Lichtes örtlich periodisch veränderlich ist. Das Licht wird am Objektgitter gebeugt. In der bildseitigen Brennebene des Objektivs erhalten wir die einzelnen Beugungsordnungen des Gitters. Dieses Beugungsbild wird als *primäres Bild* bezeichnet. Wenn das Licht sämtlicher Beugungsordnungen zum Zwischenbild gelangt, dann entsteht ein völlig objekttreues Bild (*sekundäres Bild*).

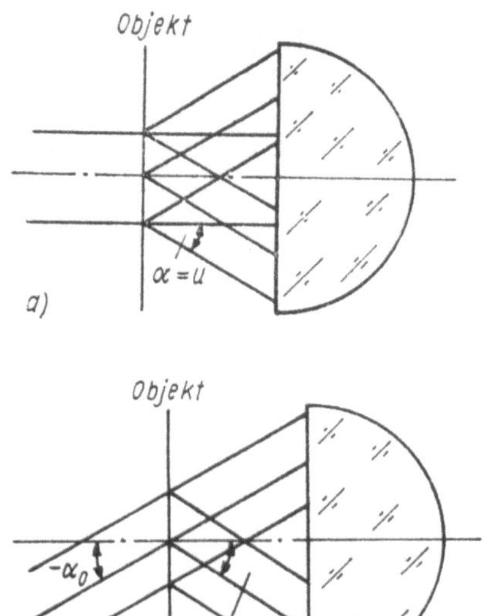

Abb. 4.49. a) Auflösung bei gerader, b) bei schräger Hellfeldbeleuchtung

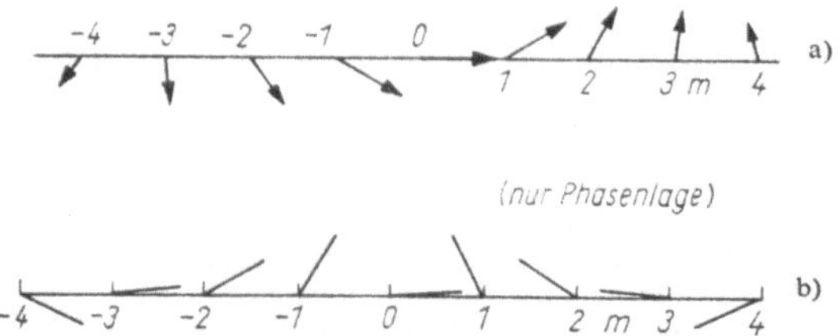

Abb. 4.50. Phasenlage in den Ordnungen a) beim Amplitudengitter, b) beim Phasengitter

Das Abblenden der Beugungsordnungen bis auf die nullte Ordnung wirkt sich im Zwischenbild so aus, als wäre nur das am Feldrand gebeugte Licht vorhanden. Das sekundäre Bild ist gleichmäßig hell; das Objekt wird nicht aufgelöst.
Zur Auflösung des Objektes sind mindestens die ersten Beugungsordnungen notwendig. Das Bild ist aber nicht objekttreu. (Das Bild einer stückweise konstanten Amplitudenverteilung wird zur Sinusverteilung, Abb. 4.48).
Nach (3.15) gilt für die Beugung am Gitter

$$\sin\alpha - \sin\alpha_0 = m\frac{\lambda}{g}, \quad m = 0, \pm 1, \pm 2 \ldots$$

Gerade Beleuchtung bedeutet $\sin\alpha_0 = 0$. Die Gitterkonstante stellt die im Objekt auflösbare Strecke $g = r$ dar, und der Winkel α ist dem halben Öffnungswinkel u gleich. Es gilt also mit

$\sin u = A$ (bei $n \neq 1$ ist $n \sin u$ zu setzen)

$$r = \frac{\lambda}{A}.$$

Damit wird in (4.18) $r_0 = 1$.
Bei schräger Hellfeldbeleuchtung (Abb. 4.49) genügt es, daß die nullte und eine der ersten Ordnungen vom Öffnungswinkel erfaßt werden ($\alpha_0 = -\alpha = -u$). Es wird $r_0 = 0{,}5$, die auflösbare Strecke also halbiert.
Mit wachsender Anzahl an Beugungsordnungen, die das sekundäre Bild aufbauen, wird das Bild objekttreuer.
Phasengitter. Die Überlegungen gelten auch bei der Abbildung eines Phasengitters, bei dem sich nur die Phase des Lichtes örtlich periodisch ändert. Das ist z. B. bei einer periodischen Brechzahlverteilung oder Dickenänderung der Fall. Das Phasengitter ist jedoch nicht sichtbar.
Das primäre Bild des Phasengitters unterscheidet sich in zweierlei Hinsicht vom primären Bild des Phasengitters:
Die Amplituden in den Beugungsordnungen sind sehr schwach. In den Beugungsordnungen ist die Phase um 90° gedreht, in der nullten Ordnung nicht (Abb. 4.50).

Die skizzierten Grundzüge der Abbeschen Theorie sind auch bei der Abbildung nichtperiodischer Objekte gültig. Das sekundäre Bild entsteht durch die Interferenz der am Objekt gebeugten Lichtbündel. Die Amplituden- und Phasenverteilung im primären Bild enthält die Objekteigenschaften in verschlüsselter Form. Sie bestimmt letztlich die Bildstruktur. Durch Eingriffe in das primäre Bild ist die Variation der Bildstruktur möglich. So läßt sich z. B. durch das Ausblenden der nullten Ordnung das *Dunkelfeldverfahren* realisieren. Weil dann die zusätzliche Phasendrehung der Beugungsordnungen gegenüber der nullten Ordnung beim Phasengitter unwirksam wird, ist das Phasengitter im Dunkelfeld sichtbar.

4.4.5. Mikroskopierverfahren

Die Möglichkeiten, in *Durchlicht, Auflicht, Hell-* und *Dunkelfeld* zu beobachten, haben wir bereits behandelt. Eine besondere Variante der Dunkelfeldbeleuchtung ist die *Ultramikroskopie*. Zur Erkennung sehr kleiner Teilchen hat sich eine 1903 von SIEDENTOPF und ZSIGMONDI angegebene Anordnung bewährt: In Abb. 4.51 sei *O* das zu beobachtende Objekt, z. B. eine Flüssigkeit in einer Küvette in der kleine Körperchen schwebend treiben. *L* bedeutet einen sehr engen, horizontal verlaufenden Spalt, der von links beleuchtet wird, so daß ein schmales Strahlenbündel hindurchgeht, das durch die Sammellinse schwach konvergent gemacht wird. Hierdurch wird das Objekt *O* in einer sehr dünnen, waagerechten Schicht intensiv durchstrahlt. Die in der Flüssigkeit schwebenden kleinen Körperchen beugen das Licht. Ein Teil des Lichtes geht in das Objektiv des Mikroskops *M*. Das gebeugte Licht kann auf dunklem Gesichtsfeld beobachtet werden. In dem vom Strahlenbündel durchsetzten Teil des Körpers erscheinen einzelne kleine Lichtpünktchen und geben Kunde davon, daß an der betreffenden Stelle ein Körperchen vorhanden ist, das das Licht beugt. Die beobachteten hellen Pünktchen sind keine wirklichen Bilder der Körper, sondern Interferenzfiguren, die nur das Vorhandensein, aber nicht die Form

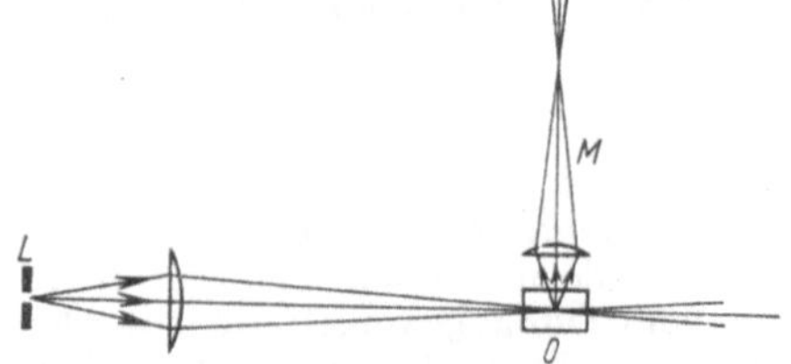

Abb. 4.51. Schema des Ultramikroskops

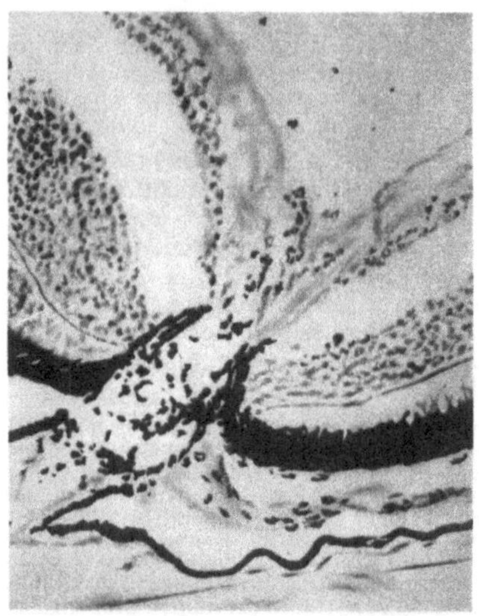

a)

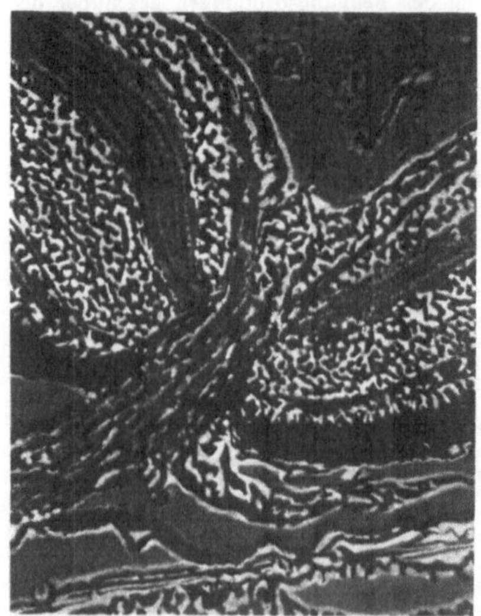

b)

Abb. 4.52. Lebistes Kopf, frontal, Retina, Sehnerveintritt. Abbildungsmaßstab etwa 350 : 1; a) in Hellfeldbeleuchtung, b) mit Phasenkontrastverfahren

des Teilchens angeben. Unter gewissen Bedingungen kann man aber aus der Form der Interferenzfigur auf die Form und die Beschaffenheit der Teilchen schließen.
Aus der Helligkeit der Beugungsscheibchen läßt sich ein Schluß auf die Größe der Beugungsteilchen ziehen: die Stärke des Streulichtes erreicht bei homogenen Kolloiden bei einem Teilchendurchmesser von etwa $\lambda/4$ Maximum, nimmt also bei gröberen und noch feineren Teilchen ab. Bei den feinsten noch bemerkbaren Partikeln (von etwa $0{,}1\lambda$) ist die Stärke des Streulichtes dem Quadrat des Teilchenvolumens proportional.
Mit dem Ultramikroskop können noch Teilchen bis zur Größe von 4 nm wahrgenommen werden. Die Grenze ist dadurch bedingt, daß noch kleinere Teilchen, auch bei der intensivsten Beleuchtung, keine hinreichende Menge gebeugten Lichtes in das Mikroskop senden.
Das Ultramikroskop ist besonders für die Kolloidchemie von Bedeutung.

Das Phasenkontrastverfahren wurde von ZERNIKE entwickelt.

F. ZERNIKE, geb. 1888 in Amsterdam, Professor für mathematische Physik an der Rijks-Universität Groningen, Holland; Nobelpreis 1953.

Es eignet sich besonders für *Phasenobjekte* bzw. für Objekte, die auch Phasenstrukturen enthalten. Es beruht darauf, die Amplituden- und Phasenverhältnisse im primären Bild des Phasenobjektes denjenigen eines Amplitudenobjektes weitgehend anzupassen. Dazu dienen *Phasenplättchen* in der bildseitigen Brennebene des Mikroobjektivs, die die nullte Ordnung schwächen und in der Phase drehen. Bei einem Liniengitter wäre entsprechend Abschn. 4.4.4 die Phase um 90° zu drehen ($\lambda/4$-Plättchen).
Praktisch muß mit ausgedehnten Lichtquellen beleuchtet werden. Es hat sich als zweckmäßig erwiesen, die Aperturblende von Phasenkontrastmikroskopen ringförmig auszubilden und ringförmige Phasenplatten zu verwenden. Für schwache Phasenobjekte sind z. B. $\lambda/4$-Plättchen mit 75% Lichtschwächung gut geeignet. Abb. 4.52 enthält ein Beispiel für die Wirkung des Phasenkontrastverfahrens.
Interferenzmikroskope stellen eine Kombination aus Interferometer und Mikroskop dar. So ist z. B. die Anordnung nach LINNIK (Abb. 4.53) ein MICHELSON-Interferometer mit zwei Mikroobjektiven.
Bei der Erzeugung von *Interferenzen gleicher Neigung* zeigen sich Höhenunterschiede im Objekt durch Hell-Dunkel- oder Farbkontrast an. Mit einer kleinen Neigung des Vergleichsspiegels sind *Interferenzlinien gleicher Dicke* möglich, die das Bild als Höhenlinien überdecken. Höhenunterschiede sind dadurch leicht auszumessen.
TOLANSKY konnte mit Hilfe von Interferenzen mit Mehrfachbündeln (ähnlich dem FABRY-PEROT-Interferometer) Höhenunterschiede von 2 nm abtasten.
Polarisationsmikroskope enthalten im Beleuchtungssystem und hinter dem Objektiv Polarisa-

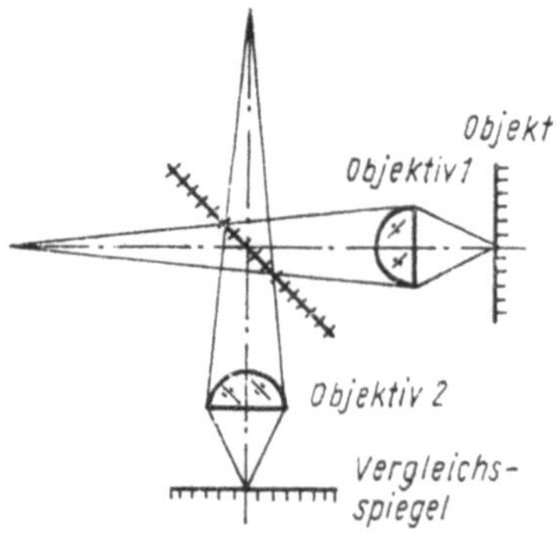

Abb. 4.53. Schema des Interferenzmikroskops nach LINNIK

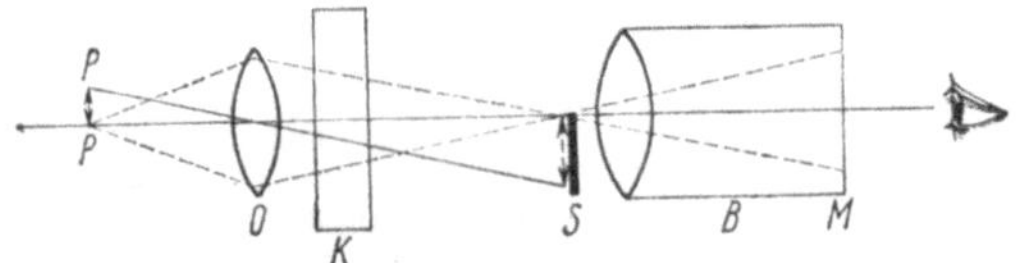

Abb. 4.54. Zum Schlierenverfahren

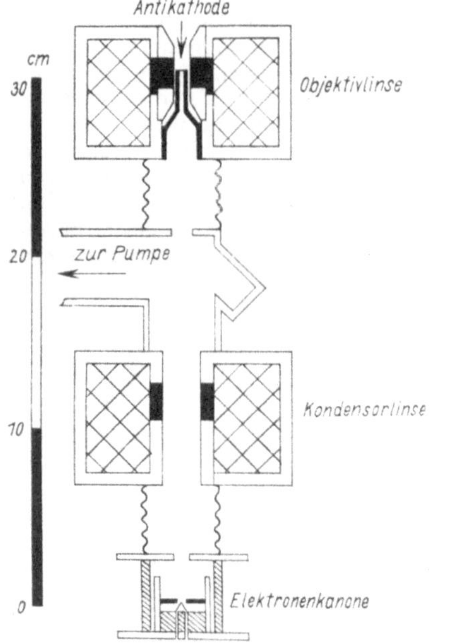

Abb. 4.55. Röntgenschattenmikroskop

tionsfilter. Die Interferenz der den Analysator verlassenden senkrecht zueinander polarisierten Lichtwellen im Bild zeigt die Änderung des Polarisationszustandes im Objekt an. In Auflicht werden vor allem Metalloberflächen, in Durchlicht Kristalle oder verspannte Gläser beobachtet.

Die Holographie beginnt auch in die mikroskopische Abbildung Einzug zu halten. Bei den rein holographischen Verfahren wird das Objekt bei der Aufnahme des Hologramms und bei der Rekonstruktion mit einer stark divergenten Welle beleuchtet. Durch Abbildungsfehler, die Eigenschaften des Laserlichtes und der Aufzeichnungsstoffe ist jedoch die Auflösung stärker begrenzt als bei der herkömmlichen Mikroskopie.
Erfolgreicher sind die Verfahren, bei denen ein Hologramm des Zwischenbildes aufgenommen wird. Damit gelingt es, wesentlich größere Schärfentiefen als bei der konventionellen Mikroskopie zu erreichen, so daß die hochauflösende Abbildung mit ausreichender Tiefendarstellung möglich wird.
Fluoreszenzmikroskopie. Viele Stoffe und auch Lebewesen können durch Bestrahlung mit kurzwelligen, z. B. mit ultraviolettem Licht, zu Fluoreszenzleuchten angeregt werden. Dadurch läßt sich in vielen Fällen ein Einblick in den Feinbau dieser Körper ohne Einfärbung gewinnen. Bei nicht fluoreszierenden Körpern kann dieses Verfahren allerdings nur nach Zugabe von fluoreszierender Lösung, z. B. von Rhodamin, angewandt werden, wodurch (in stark verdünnter Lösung) zuweilen auch die Feinuntersuchung äußerst kleiner Lebewesen ermöglicht wird.
Schlierenverfahren. Gelegentlich wird in der Mikroskopie auch das Schlierenverfahren angewandt, das in seiner ursprünglichen Form von TOEPLER herrührt. In der Abb. 4.54 ist die Toeplersche Anordnung wiedergegeben. Der leuchtende Gegenstand *PP* wird durch das Objektiv *O* abgebildet, das reelle Bild wird jedoch durch eine Blende *S* vollkommen abgefangen. Ein inhomogener Stoff wird einen Teil der Strahlen an der Blende vorbeileiten. Daher wird die Mattscheibe *M* in der Beobachtungskammer *B* mehr oder weniger aufgehellt. Auf der Mattscheibe entsteht ein Schlierenbild, d. h., unregelmäßige Aufhellungen wechseln mit Stellen größerer Dunkelheit ab.

4.4.6. Röntgenmikroskopie

Bei der Verwendung der sehr kurzwelligen Röntgenstrahlen müßte sich das Auflösungsvermögen der Mikroskope um mehrere Größenordnungen steigern lassen. Da aber die Brechzahl für Röntgenstrahlen bei den meisten Stoffen nur sehr wenig von 1 abweicht, wären außerordentlich kleine Krümmungsradien erforderlich, um praktisch verwendbare Brennweiten zu erhalten. Beispielsweise hat der Ausdruck $n - 1$ für die K_α-Linie des Mo ($\lambda = 708 \cdot 10^{-11}$ cm) bei Glas bzw. bei Quarz die Werte $-1{,}6 \cdot 10^{-6}$ bzw. $-1{,}8 \cdot 10^{-6}$, ist also in beiden Fällen kaum von Null verschieden. Zudem sind die meisten Stoffe für Röntgenstrahlen optisch dünner als Luft oder das Vakuum, so daß die Strahlen vom Einfallslot weggebrochen werden; daher könnte nur bei streifendem Einfall eine merkliche Ablenkung erzielt werden. Wenn auch der Betrag der Brechung mit zunehmender Ordnungszahl wächst, steigt doch in noch stärkerem Maße die Absorption des Röntgenlichts an. Nimmt man also für $n - 1$ eine Größenordnung von 10^{-5} an, so wäre die Brennweite einer Linse 10^5mal so groß wie ihr Krümmungsradius. Bei so außerordentlich kleinem Krümmungsradius ist aber das Auflösungsvermögen gering.

a)

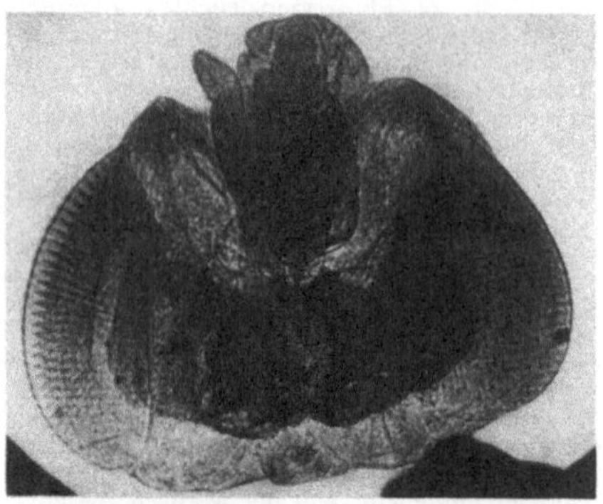

b)

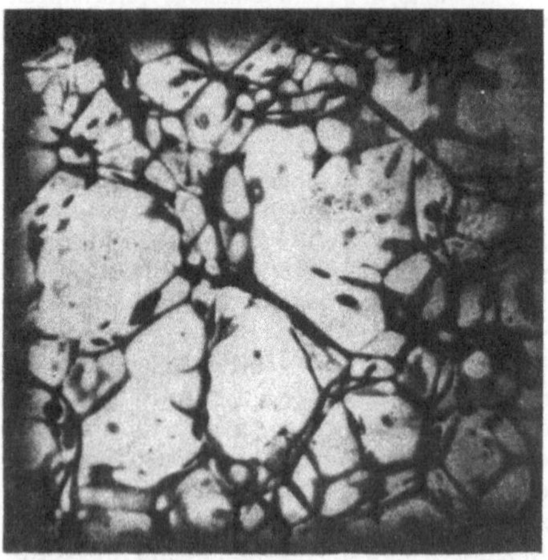

c)

Abb. 4.56. Aufnahmen mit dem Röntgenstrahl-Schattenmikroskop, a) Taufliege, b) Kopf einer Taufliege, c) Al-Sn-Legierung

Indessen hat man doch in mannigfacher Weise versucht, eine Röntgenmikroskopie zu entwickeln, trotz der großen Erfolge des Elektronenmikroskops, dessen Entwicklungsmöglichkeiten noch nicht die theoretische Grenze erreicht haben. Elektronenstrahlen sind aber ihrer zerstörenden Wirkung wegen auf lebendes Gewebe für biologische und medizinische Zwecke nicht in allen Fällen brauchbar; Metalle können nur in sehr dünnen Schichten durchstrahlt werden. Hingegen haben Röntgenstrahlen ein sehr hohes und kennzeichnendes Durchdringungsvermögen und eignen sich zur Beobachtung auch lebenden Gewebes.

Röntgenstrahlen werden beim Durchgang durch Stoffe geschwächt. Bei nicht zu harter Strahlung wird die Absorption durch das Gesetz

$$I = I_0 \, e^{-\mu d}$$

wiedergegeben, wobei I_0 die Intensität der einfallenden (monochromatischen), I die der geschwächten durchtretenden Strahlung, d die Schichtdicke und μ die von der Beschaffenheit der durchstrahlten Schicht abhängige *Schwächungszahl* bedeuten. μ ist von der Dichte ϱ, der Ordnungszahl z des Elementes, sowie von der Wellenlänge λ abhängig. Nach HILDENBRAND gilt

$$\mu = \varrho(z\lambda)^3.$$

Aus dieser Beziehung folgt, daß in Geweben sehr harte Strahlen nur sehr wenig geschwächt werden und daher auch keine kontrastreichen Bilder liefern können. Sehr weiche Strahlen werden dagegen schon durch eine dünne Luft- oder Wasserschicht sehr stark geschwächt. Dennoch lassen sich durch Beobachtungen der Absorptionskanten Schlüsse über den Feinbau von Geweben ziehen, ja sogar Analysen durchführen (Feinanalyse von Tonen nach WOLF v. ENGELHARDT).

Von praktischer Bedeutung ist die *Schattenmikroskopie*, die zuerst von MANFRED v. ARDENNE vorgeschlagen wurde. Sie stellt eine Verbesserung der Mikroradiographie dar, bei der der Gegenstand in unmittelbarer Berührung mit einer photographischen Platte durchstrahlt und das Bild optisch nachvergrößert wird. Diesem Verfahren ist durch die Feinkörnigkeit der benutzten lichtempfindlichen Emulsion eine Grenze gesetzt (Auflösungsgrenze bei etwa 1 μm), hat jedoch in den Händen ENGSTRÖMS bedeutende Erfolge in medizinisch-anatomischen Fragen aufweisen können und sich zudem auch in der Metallographie bewährt.

Bei dem Röntgenstrahl-Schattenmikroskop wird der Schatten des Objektes auf die in einer gewissen Entfernung angeordnete Platte geworfen. Hierdurch läßt sich ein sehr hohes Auflösungsvermögen (0,05 μm) erzielen, eine Grenze ist dem Verfahren jedoch wie beim Lichtmikroskop durch die Beugung gesetzt.

In der Abb. 4.55 ist der grundsätzliche Aufbau eines Röntgenmikroskops gezeigt, die Leistungsfähigkeit wird durch die Abb. 4.56 erwiesen. Das Gerät eignet sich besonders für biologische und medizinische Zwecke und für die Untersuchung von Stoffen nicht zu kleiner Ordnungszahl.

Man hat in dem Abtastmikroskop (H. H. PATEE) das Mikroradioverfahren dadurch zu verbessern gesucht, daß das Absorptionsbild nicht auf der photographischen Platte entsteht; die durch den durchstrahlten Gegenstand mehr oder weniger geschwächten Röntgenstrahlen lösen in einem Kristall lichtelektrische Wirkungen aus. Nach Verstärkung dieses Photostromes läßt sich

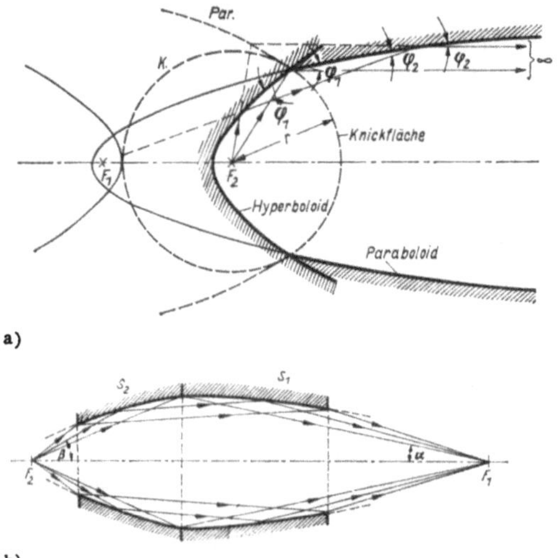

Abb. 4.57. Spiegelanordnungen für die Röntgenoptik

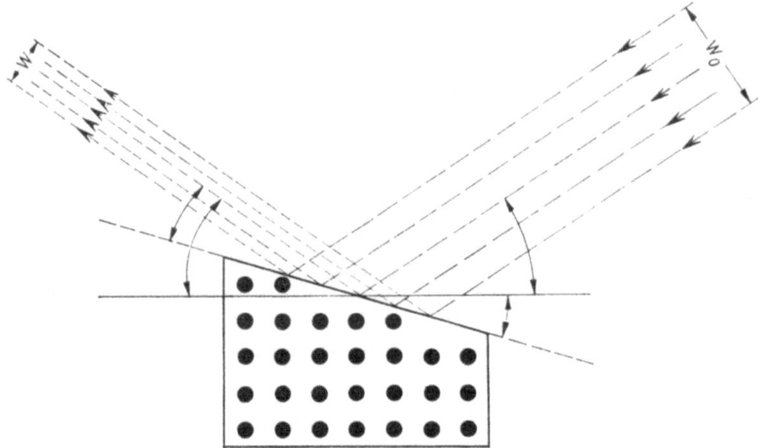

Abb. 4.58. Reflexion von Röntgenstrahlen an Netzebenen

dann nach den Grundsätzen der Fernsehtechnik ein vergrößertes Bild des Gegenstandes auf dem Leuchtschirm einer Braunschen Röhre entwerfen.

Diese und andere Verfahren, beispielsweise mittels Zonenplatten, stehen noch am Anfang der Entwicklung, ebenso die Bemühungen, mit doppeltreflektierenden Spiegelanordnungen (KIRKPATRIK und BAER u. a.) scharfe Abbildungen mit hohem Auflösungsvermögen zu erzielen.
Luft und Vakuum sind für Röntgenstrahlen optisch dichter als die meisten anderen Stoffe, daher sind die Bedingungen für Totalreflexion im Bereiche der Röntgenoptik gegeben. Der Grenzwinkel der Totalreflexion ist äußerst klein, so daß mit nahezu streifend einfallendem Strahlenbündel gearbeitet werden muß.
Die nähere theoretische Untersuchung dieser Abbildungsart, die sich auf Arbeiten von SCHWARZSCHILD stützen konnte, zeigte, daß eine auch nur annähernde Gültigkeit der Sinusbedingung bei Verwendung nur eines Spiegels völlig unmöglich ist. Daher verwendet man z. B. Anordnungen nach Art der Abb. 4.57 und gelangt zu etwa 100facher Vergrößerung. Wie wir oben gesehen haben, kann man nach BRAGG die Beugung der Röntgenstrahlen an Kristallgittern auch auffassen als Reflexion an den Netzebenen des Kristalls. FANKUCHEN hat gezeigt, wie man ein erhebliches Ansteigen der Intensität des reflektierten Strahlenbündels durch zweckmäßiges Anschleifen der Kristalloberfläche erreichen kann (Abb. 4.58). Eine brauchbare Abbildung nach diesem Verfahren ist aber, wie H. TRURNIT und W. HOPPE gezeigt haben, nur bei der Verwendung doppelt gekrümmter Spiegel möglich. Eine von ihnen vorgeschlagene Anordnung wird durch Abb. 4.59 (siehe S. 194) erläutert.
Die Leistungsfähigkeit derartiger Röntgenmikroskope wird vor allem beeinträchtigt durch geringe Intensität, durch Störungen im Kristallaufbau (Wachstumsstörungen) und durch die endliche Bandbreite der Spektrallinien. Die Grenze der Auflösungsfähigkeit dieser Anordnung dürfte bei etwa 1 μm liegen. Die Bedeutung der Röntgenoptik wird vor allem in der Beobachtung lebenden Gewebes und auf dem Gebiete der Stoffuntersuchung liegen, da ja für Röntgenlicht praktisch alle Stoffe durchlässig sind.

4.5. Fernrohr

4.5.1. Astronomisches Fernrohr

Fernrohre werden als *teleskopische* oder *afokale* Systeme bezeichnet. Sie haben die Eigenschaft, ein paralleles Lichtbündel in ein paralleles Lichtbündel mit verändertem Querschnitt zu verwandeln.

Astronomisches oder Keplersches Fernrohr.

Das nach KEPLER benannte Fernrohr aus zwei Konvexlinsen ist von KEPLER in einer 1611 erschienenen Schrift über Optik beschrieben, aber von ihm selbst nie hergestellt und gebraucht worden. Es wurde zuerst von dem Jesuitenpater CHRISTIAN SCHEINER 1615 gebaut.

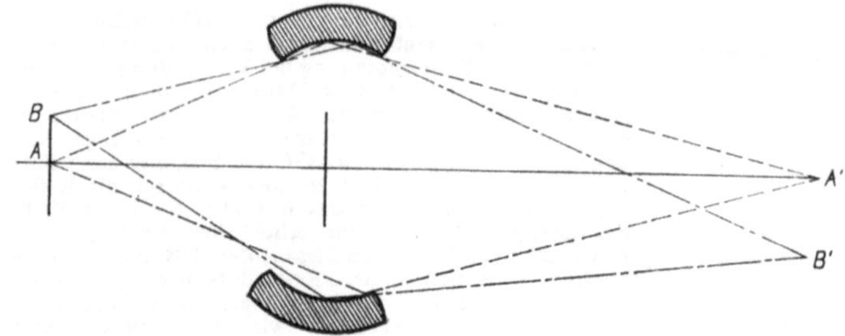

Abb. 4.59. Anordnung nach TRURNIT und HOPPE

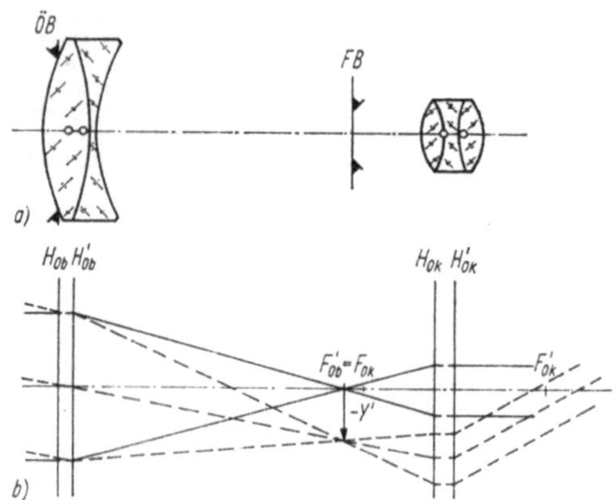

Abb. 4.60. Strahlengang im astronomischen Fernrohr

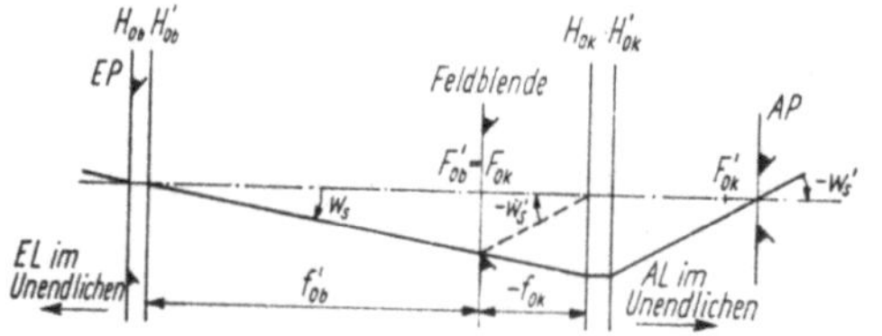

Abb. 4.61. Hauptstrahlenverlauf im astronomischen Fernrohr

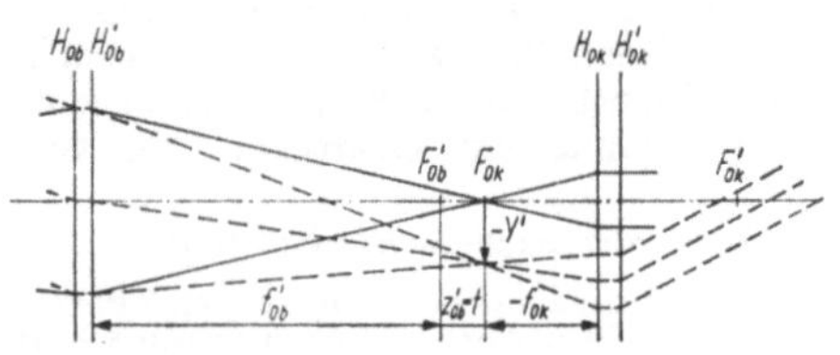

Abb. 4.62. Einstellung auf endliche Objektweite und unendliche Bildweite

Dieser gibt auch schon an, daß man aus drei Linsen ein Fernrohr zusammensetzen kann, das sich zur Beobachtung irdischer Dinge deshalb gut eigne, weil man damit die Dinge aufrecht sieht.

Astronomische Fernrohre bilden zweistufig ab. Das sammelnde Objektiv erzeugt vom unendlich fernen Objekt ein reelles Zwischenbild in seiner bildseitigen Brennebene, die zugleich die objektseitige Brennebene des Okulars ist. Das sammelnde Okular wirkt wie eine Lupe mit Normalvergrößerung; es bildet das Zwischenbild in das Unendliche ab. Das optische Intervall $t = \overline{F_{Ob}'F_{OK}}$ ist also gleich Null (Abb. 4.60).
Die freie Öffnung des Objektivs wirkt i. allg. als *Öffnungsblende*. Die Austrittspupille ist demnach um $z_{OK}' = f_{OK}'^2/f_{Ob}'$ vom bildseitigen Brennpunkt des Okulars entfernt und dem Auge zugänglich. Die *Feldblende* wird zur scharfen Feldbegrenzung in der Zwischenbildebene angebracht. Abb. 4.61 enthält den Hauptstrahlenverlauf und die Lage der Pupillen und Luken.
Vergrößerung. Zur Berechnung der Vergrößerung des astronomischen Fernrohrs ist zu beachten, daß $\tan w_s = -y_{Ob}'/f_{Ob}'$ und $\tan w_s' = y_{Ob}'/f_{OK}'$ ist (Abb. 4.61). Aus (4.6) folgt

$$\Gamma' = -\frac{f_{Ob}'}{f_{OK}'}. \tag{4.25}$$

Wegen $f_{Ob}' > 0$, $f_{OK}' > 0$ ist $\Gamma' < 0$, das Bild also höhen- und seitenvertauscht.
Nach Abb. 4.61 ist die Vergrößerung auch durch

$$|\Gamma'| = \frac{\varrho_P}{\varrho_P'}$$

gegeben. Diese Gl. wird zur experimentellen Bestimmung der Vergrößerung genutzt, indem eine quadratische Blende bekannter Seitenlänge direkt vor das Objektiv gesetzt und ihre Bildgröße gemessen wird.
Endliche Objektweite. Bei der Betrachtung von Objekten, die im Endlichen liegen, sollte das Okular so verstellt werden, daß das Zwischenbild

Abb. 4.63. Spiegelfernrohr von HERSCHEL

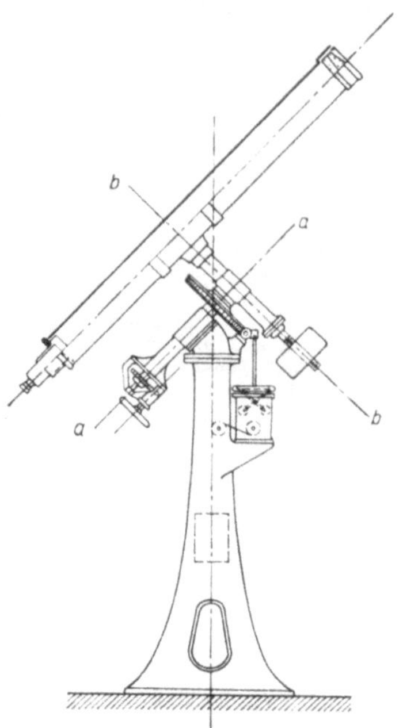

Abb. 4.64. Parallaktisch aufgestelltes Fernrohr

wieder in seiner objektseitigen Brennebene entsteht (Abb. 4.62). Mit $\tan w_S' = y_{Ob}'/f_{OK}'$ und $\tan w_s = -y_{Ob}'/(f_{Ob}' + t)$ ergibt sich für die Vergrößerung

$$\Gamma' = -\frac{f_{Ob}'}{f_{OK}'}\left(1 + \frac{t}{f_{Ob}'}\right).$$

Auflösungsvermögen. Beim astronomischen Fernrohr wird als Maß für das Auflösungsvermögen der objektseitig auflösbare Winkel σ verwendet. Nach (4.2) beträgt die im Zwischenbild auflösbare Strecke $r' = 1{,}22\lambda k$ ($k = 1/K$ ist die Blendenzahl des Objektivs). Nach Abb. 4.61 gilt $\sigma \approx \tan \sigma = r'/f_{Ob}'$, so daß

$$\sigma = 1{,}22 \frac{\lambda k}{f'_{Ob}} \tag{4.26}$$

wird.

Ein kleiner objektseitig aufgelöster Winkel wird erreicht, wenn die Blendenzahl des Objektivs klein und die Brennweite groß ist.

Bei einem Schulfernrohr des VEB Carl Zeiss JENA hat die Eintrittspupille den Durchmesser $2\varrho_p = 63$ mm. Bei $\lambda = 516{,}4$ nm löst es den Winkel $\sigma \approx 2''$ auf. Das ist allerdings der theoretische Wert, der vor allem durch Luftunruhe praktisch nicht erreicht wird (zum Vergleich: Der scheinbare Äquatordurchmesser des Neptun beträgt 2,4″).

Früher mußte das Auflösungsvermögen vor allem durch große Brennweiten erreicht werden. Daher hat man Spiegelteleskope mit beträchtlichen Abmessungen gebaut. Berühmt ist das große Spiegelfernrohr von HERSCHEL, mit dem er u. a. den Planeten Uranus entdeckte (Abb. 4.63).
Die vier größten Linsenobjektive haben die Fernrohre des Yerkes-Observatoriums in Williams Bay, Wisconsin, USA, der Lick-Sternwarte auf dem Mount Hamilton in Kalifornien, der Sternwarte von Meudon bei Paris und des Astrophysikalischen Observatoriums in Paris. Das erste hat einen Durchmesser von 102 cm und eine Brennweite von 19 m, das zweite 91 cm Durchmesser und 18 m Brennweite, das dritte 83 cm Durchmesser und 16 m Brennweite, das vierte 80 cm Durchmesser und 12 m Brennweite.

Fixsterne werden auch mit dem größten Fernrohr nur als Beugungsbild eines punktförmigen Objektes abgebildet. Ihre *scheinbare Helligkeit* wird jedoch im Verhältnis der Objektivfläche (Fläche der Eintrittspupille) zur Fläche der Augenpupille vergrößert. Für die Erhöhung der scheinbaren Helligkeit eines Fixsterns ist damit das Quadrat der Vergrößerung bestimmend. Eine weitere Verbesserung der Sichtbarkeit von Fixsternen im Fernrohr tritt durch die geringere Umfeldleuchtdichte bei starken Vergrößerungen ein.

Parallaktisch aufgestelltes Fernrohr. Die Fernrohre werden in den Sternwarten meist in der in Abb. 4.64 dargestellten Weise aufgestellt. Das Fernrohr ist um die Achse *aa* und die Achse *bb* drehbar, kann daher in alle Richtungen (nach Deklination und Rektaszension, Bd. I) eingestellt werden. Die Achse *aa* steht der Erdachse parallel; sie heißt Polarachse des Fernrohrs. An ihr greift ein Uhrwerk an, das sie in 24 Sternstunden einmal entgegen dem Drehungssinn der Erde, also mit der Bewegungsrichtung der Sterne dreht. Hat man nun einen Stern im Fernrohr eingestellt, so bleibt dieser im Fernrohr dauernd sichtbar (parallaktische Aufstellung.)
Fernrohre im Gerät. Für den Einsatz von Fernrohren in Geräten geben wir zwei Beispiele an:

Goniometer. (Abb. 4.65a zeigt den schematischen Grundriß, Abb. 4.65b die praktische Ausführung). Das Goniometer dient zur Messung des Winkels, den zwei Flächen (z. B. eines Kristalles oder eines Prismas) miteinander

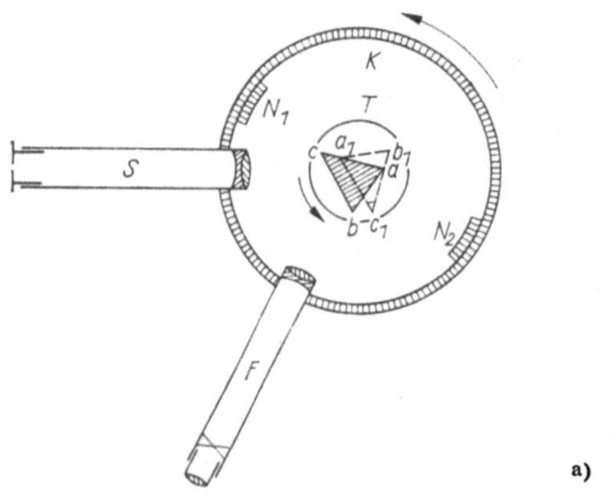

Abb. 4.65. Goniometer a) Schema, b) Ausführungsform

bilden. Das Goniometer besteht aus einem Teilkreis *K*, in dessen Mitte ein Tisch *T* drehbar angebracht ist. Mit diesem ist ein mit einer Nullmarke oder einem Nonius *N* versehener, drehbarer (in Abb. 4.65a nicht gezeichneter) Arm fest verbunden, an dem man die Drehung des Tischs ablesen kann. Ferner ist ein mit einem Spalt und einer Sammellinse versehener *Kollimator S*, an einem drehbaren Arm angebracht, dessen Drehungsachse mit der Achse des Tisches und der Mitte des Teilkreises zusammenfällt. Die Drehung dieses Armes kann auch am Teilkreis abgelesen werden. Der Spalt des Kollimators hat eine solche Stellung zur Linse, daß die in den Spalt eintretenden Lichtstrahlen den Kollimator als paralleles Lichtstrahlenbündel verlassen. Außerdem befindet sich an der Achse des Goniometers, um diese drehbar, ein mit einem Fernrohr *F* versehener Arm, dessen Drehung ebenfalls am Teilkreis ablesbar ist. Das Fernrohr wird so eingestellt, daß man dann, wenn das Fernrohr und das Kollimatorrohr in gerader Linie stehen, durch das Fernrohr ein deutliches Bild des Spaltes sieht. Meist enthält das Fernrohr ein Fadenkreuz zur genauen Festlegung der Richtung.
Um einen Winkel eines Prismas mit dem Reflexgoniometer zu messen, setzt man (Abb. 4.65a) das Prisma *abc* so auf das Tischchen *T*, daß die Kante *c* des Prismas mit der Drehungsachse des Goniometers parallel ist. Ein durch den Kollimator geleitetes Lichtstrahlenbündel fällt auf die Fläche *bc* des Prismas und wird hier reflektiert. Das Fernrohr *F* wird dann so aufgestellt, daß der zurückgeworfene Lichtstrahl gerade auf das Fadenkreuz fällt. Man dreht nun das Tischchen mit dem Prisma so, daß die zweite Prismenfläche *ac* den durch das Kollimatorrohr fallenden Lichtstrahl in das Fernrohr spiegelt. Die neue Stellung des Prismas ist punktiert angedeutet. Der am Teilkreis abgelesene Drehungswinkel ist das Supplement des zu bestimmenden Prismenwinkels. (Das Wort collimare ist irrigerweise auf Grund einer falsch gelesenen Cicero-Stelle von dem Wort „collineare" (= in gerade Linie bringen) gebildet worden. Das Rohr müßte also eigentlich „Kollineator" heißen. Ursprünglich wurde das Hilfsfernrohr größerer Fernrohre Kollimator genannt.)
Stereokomparator. Die stereoskopischen Methoden haben durch die Arbeiten von PULFRICH wissenschaftliche und technische Bedeutung erlangt. Das Prinzip seines Stereokomparators ist folgendes: Zwei genau parallel nebeneinander befindliche Fernrohre zeigen unendlich weit entfernte Objekte an derselben Stelle des Gesichtsfeldes, nahe Gegenstände aber an verschiedenen Stellen, da schon die Entfernung der Fernrohre voneinander merklich verschiedene Standpunkte ergibt. Betrachtet man umgekehrt mit zwei parallel gestellten optischen Systemen zwei Bildebenen, so scheint ein Punkt dann im Unendlichen zu liegen, wenn er auf beiden Bildern an einer analogen Stelle des Gesichtsfeldes liegt. Ist er aber in einem Bild etwas verschoben eingezeichnet, so scheint er im Raum zu schweben, und zwar in um so größerer Nähe, je stärker die Verschiebung ist. Betrachtet man z. B. zwei sonst gleiche Aufnahmen des Sternhimmels, die zu verschiedenen Zeiten aufgenommen worden sind, im Stereoskop, so erkennt man die geringste inzwischen eingetretene Verschiebung sofort an dem Heraustreten des betreffenden Sternes. Die Bedeutung dieser Methode für die Entdeckung und Überwachung der kleinen Planeten sowie der Auffindung von Eigenbewegungen der Fixsterne ist klar. Auch die Änderung von Sternhelligkeiten ist durch die Unschärfe des betreffenden Objektes sofort auffallend. Bringt man in einem Sehrohr eine feste und im anderen eine bewegliche Marke an und betrachtet etwa eine Landschaft, so kann man durch Verschiebung der Marke diese über den einzelnen verschieden entfernten Objekten scheinbar schweben sehen. Ist die Verschiebung der Marke meßbar, so kann aus dem Abstand der Objekte und der Vergrößerung die Entfernung berechnet, u. U. direkt abgelesen werden. Man kann in gleicher Weise stereoskopische Aufnahmen (z. B. Luftbildaufnahmen oder astronomische Aufnahmen der Mondoberfläche, die mit einem gewissen Zeitunterschied hergestellt sind) genau und in Ruhe ausmessen und so außerordentlich genaue und bequeme geodätische Vermessungen vornehmen.

4.5.2. Holländisches Fernrohr

Auch *holländische* oder *Galileische Fernrohre* sind in ihrer Grundform afokale Systeme mit zweistufiger Abbildung. Die optische Tubuslänge beträgt $t = 0$.

Das besonders früher nach GALILEI benannte Fernrohr ist nicht von diesem zuerst hergestellt worden. Die Erfindung wird einem der holländischen Brillenmacher ZACHARIAS JANSEN 1604 oder FRANZ LIPPERSHEY in Middelburg zugeschrieben. Dieser suchte am 2. 10. 1608 um einen niederländischen Schutzbrief nach. Von der Erfindung hatte GALILEI gehört, und er machte darauf selbst Versuche mit der Zusammenstellung zweier Linsen; es gelang ihm, im Mai 1609 ein Fernrohr zusammenzusetzen. GALILEIS Hauptverdienst besteht in der Verbesserung des Fernrohres. Die von ihm gebauten Rohre übertrafen weit die anderen seiner Zeit und gestatteten feine astronomische Beobachtungen, die damals gewaltiges Aufsehen erregten und zu außerordentlich wichtigen Aufschlüssen über die Himmelskörper führten.

Das holländische Fernrohr besteht aus einem sammelnden Objektiv und einem zerstreuenden Okular. Die zusammenfallenden Brennpunkte

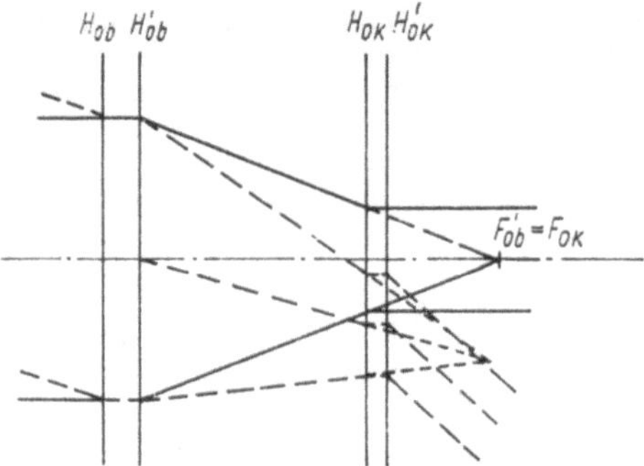

Abb. 4.66. Strahlengang im holländischen Fernrohr

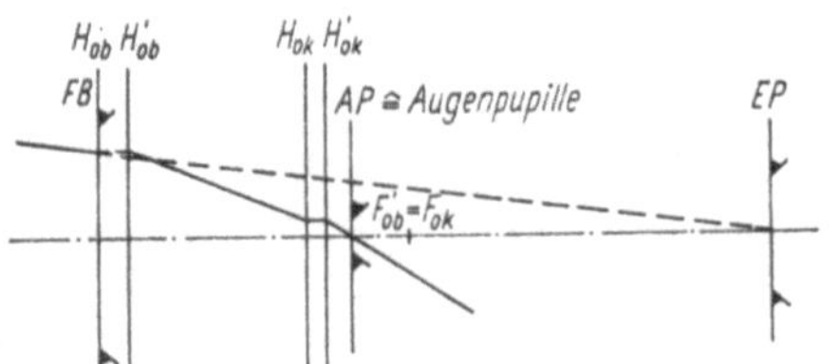

Abb. 4.67. Hauptstrahlenverlauf im holländischen Fernrohr

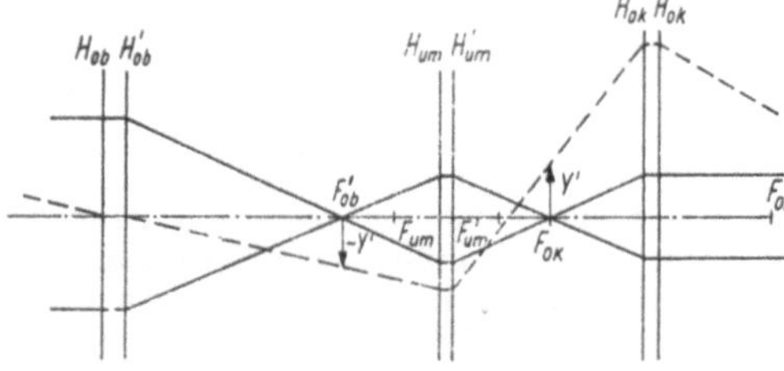

Abb. 4.68. Terrestrisches Fernrohr mit Umkehrlinse

Abb. 4.69. Prismenfeldstecher

F_{Ob}' und F_{OK} liegen hinter dem Okular (Abb. 4.66). Das Objektiv würde ohne Okular ein Zwischenbild in seiner bildseitigen Brennebene erzeugen. Das Okular wandelt aber die Bündel bereits vor ihrer Vereinigung in Parallelbündel um.

Beim holländischen Fernrohr mit visueller Benutzung ist die Augenpupille die ***Austrittspupille***. Die *Eintrittspupille* liegt weiter hinter dem Okular als die Augenpupille. Die freie Objektivöffnung wirkt als Feldblende, so daß das Bildfeld nicht scharf begrenzt ist (Abb. 4.67). (Beim blickenden Auge tritt der Augendrehpunkt an die Stelle der Augenpupille.)

Die Vergrößerung ergibt sich wie beim astronomischen Fernrohr aus $\Gamma' = -f_{Ob}'/f_{OK}'$. Sie ist positiv, das Bild also höhen- und seitenrichtig.

Holländische Fernrohre werden wegen ihrer kurzen Baulänge (es ist $e_1' = f_{Ob}' - |f_{OK}'|$) i. allg. als Theatergläser eingesetzt und als *Doppelfernrohre* gestaltet. Der Augenabstand von etwa 50 bis 60 mm bestimmt den maximalen Durchmesser der freien Objektivöffnung. Die Forderung nach ausreichendem Objektfeld schränkt demzufolge die Vergrößerung ein. So hat z. B. bei $\Gamma' = 7$ und 56 mm freiem Objektivdurchmesser die Austrittsluke nur 8 mm Durchmesser.

4.5.3. Erdfernrohre

Terrestrische oder Erdfernrohre stellen Keplersche Fernrohre dar, bei denen die Höhen- und Seitenvertauschung des Bildes aufgehoben wird (terra, lat., = Erde).

Das terrestrische Fernrohr mit *Umkehrlinse* wurde bereits um 1611 von KEPLER beschrieben. Das Umkehrsystem wird am einfachsten mit dem Abbildungsmaßstab $\beta' = -1$ benutzt, so daß der bildseitige Brennpunkt des Objektivs objektseitig des Umkehrsystems, der objektseitige Brennpunkt des Okulars bildseitig in der doppelten Brennweite liegen muß (Abb. 4.68). Die Baulänge des Keplerschen Fernrohrs verlängert sich um die vierfache Brennweite des Umkehrsystems ($e' = f_{Ob}' + f_{OK}' + 4f_{um}'$). Durch die große Baulänge kann sich der Hauptstrahl weit von der optischen Achse entfernen, so daß am Ort der beiden Zwischenbilder Feldlinsen notwendig sein können.

Terrestrische Fernrohre älterer Bauart sind zur Verringerung der Länge beim Transport ausziehbar gestaltet. Heute werden Fernrohre mit Umkehrlinsen vorwiegend als Zielfernrohre eingesetzt.

Prismenfernrohr. Die Bildumkehr ist auch mit Umkehrprismen möglich, z. B. mit dem ***Porroschen Prismensatz*** (Abb. 4.69).

Die Verwendung der Umkehrprismen ist schon 1850 von dem italienischen Ingenieur GNAZIO PORRO (meist in Paris lebend) entdeckt worden, und bald darauf hat man in Paris die Herstellung von Prismenfernrohren versucht, aber infolge der durch mangelhafte Glasschmelzen und ungenügende Genauigkeit des Schliffes verursachten Mißerfolge wieder aufgegeben. So ist diese Erfindung bald gänzlich in Vergessenheit geraten. 1893 hat E. ABBE

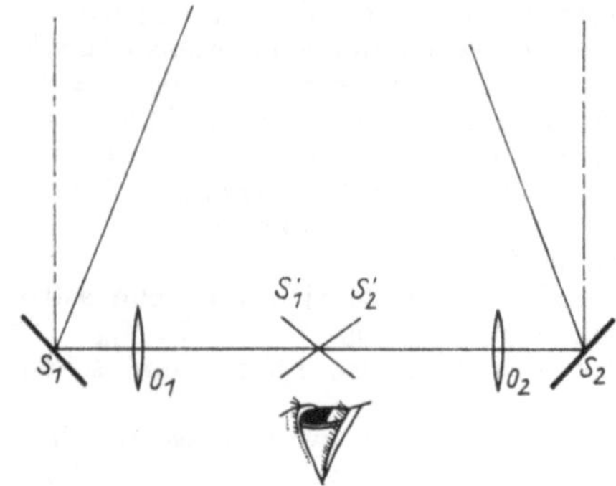

Abb. 4.70. **Entfernungsmesser**

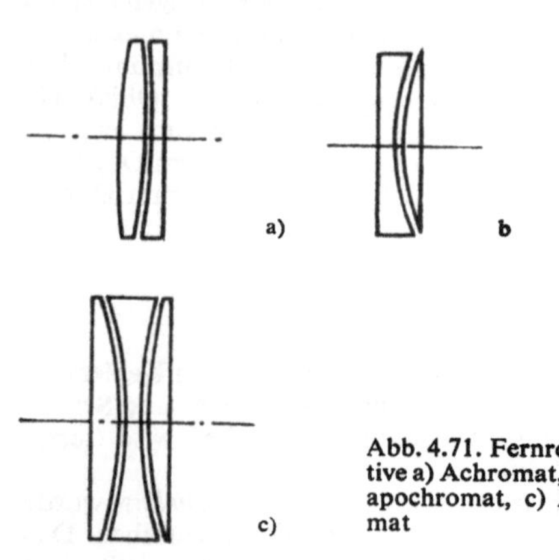

Abb. 4.71. Fernrohrobjektive a) Achromat, b) Halbapochromat, c) Apochromat

das Prismenrohr erneut erfunden, und in den Zeißschen Werkstätten sind dann die ersten brauchbaren Prismenfernrohre hergestellt worden. Von den Porroschen Versuchen erfuhr ABBE erst durch das deutsche Patentamt, das sie wieder ans Licht zog und ihretwegen eine Patenterteilung ablehnte.

Die in das Objektiv eintretenden Lichtstrahlen werden an den beiden Kathetenflächen eines rechtwinkligen Prismas total reflektiert. Sie kehren danach in entgegengesetzter Richtung und parallel zu den einfallenden Strahlen verschoben wieder zurück und treffen auf ein zweites total reflektierendes Prisma, dessen Kante rechtwinklig zur Kante des ersten Prismas steht. Die Strahlen werden noch einmal durch zweimalige Reflexion in ihrer Richtung umgekehrt und gehen dann in ursprünglicher Richtung, aber parallel verschoben durch das Okular des Fernrohrs.
Bei den beiden Reflexionen im ersten Prisma werden die Strahlen in ihrer Lage zueinander so vertauscht, daß die oberhalb der optischen Achse und parallel zu ihr eintretenden Strahlen nach unten liegen. Infolge der Reflexionen im zweiten Prisma findet in der gleichen Weise eine Vertauschung der Lagen links – rechts statt. Daher kommt das ohne die beiden totalreflektierenden Prismen in umgekehrter Lage erscheinende Bild des Objektes in eine Lage, die mit der des Objektes übereinstimmt. Das Prismenfernrohr wird oft als zweifaches Fernrohr zum gleichzeitigen Gebrauch mit beiden Augen (*binokular*) gebaut (spezielles Operngläs von VEB Carl Zeiss JENA oder *Feldstecher*).

Da die in das Fernrohr eintretenden Strahlen eine seitliche Verschiebung erfahren, kann man es so einrichten, daß die Objektive weiter auseinanderstehen als die Okulare. Die Folge davon ist, daß ein durch das binokulare Prismenfernrohr schauender Beobachter eine Landschaft so betrachtet, als wären seine Augen weiter auseinandergerückt. Dieser Umstand begünstigt eine Erhöhung der Plastik der betrachteten Landschaft. In den *Scherenfernrohren* wird die Entfernung der Objektive besonders weit gemacht.
Periskop. Das Periskop dient zum Betrachten eines nicht unmittelbar sichtbaren Gegenstandes.
In der Abb. 4.70 ist ein *Entfernungsmesser* einfachster Bauart dargestellt. Er besteht aus zwei gleichen optischen Systemen *1* und *2*, deren jedes ein Spiegelpaar S_1 und S_2, sowie ein Objektiv O umfaßt.
Liegt der anvisierte Gegenstand im Unendlichen, so decken sich die beiden Bilder; schließen aber die Sehstrahlen einen von Null verschiedenen Winkel ein, so erscheinen die beiden Bilder gegeneinander verschoben. Durch Drehung eines der Spiegel lassen sich die Bilder wieder zur Deckung bringen, und aus dem Betrag der Drehung und der bekannten Grundlinie S_1S_2 läßt sich die Entfernung berechnen bzw. an einer Teilung ablesen.

4.5.4. Objektive und Okulare

Objektive. Fernrohrobjektive von visuell benutzten Fernrohren bilden ein kleines Feld mit großer Öffnung und mit polychromatischem Licht ab. Deshalb müssen der Öffnungsfehler und der Farblängsfehler korrigiert werden. Die Sinusbedingung muß ebenfalls erfüllt sein.
Es gibt infolgedessen Achromate, Halbapochromate und Apochromate als Linsenobjektive (Abb. 4.71). Für große Durchmesser (etwa ab 1 m) sind Linsensysteme zu schwer und instabil. Die großen astronomischen Fernrohre enthalten aus diesem Grunde *Spiegelobjektive*. Durch die Rückläufigkeit des Strahlengangs bei Spiegeln sind Maßnahmen zu treffen, um das bildseitige Bündel vom objektseitigen zu trennen. Die Spiegelfernrohre nach GREGORY, CASSEGRAIN und NEWTON bestehen aus einem parabolischen *Hauptspiegel* und einem Fangspiegel. Dieser ist bei GREGORY elliptisch, bei CASSEGRAIN hyperbolisch und bei NEWTON eben.

Für die *Astrophotographie* wird ein größeres Objektfeld benötigt. Geeignet sind Photoobjektive mit großer Brennweite, die aber nur eine ausreichende Bildgüte gewährleisten, wenn sie nicht zu große Öffnungsverhältnisse haben (z. B. Tessare, Sonnare).

Schmidt-Spiegel. Eine wesentliche Verbesserung der optischen Eigenschaften der Spiegelteleskope hat eine Konstruktion von SCHMIDT gebracht

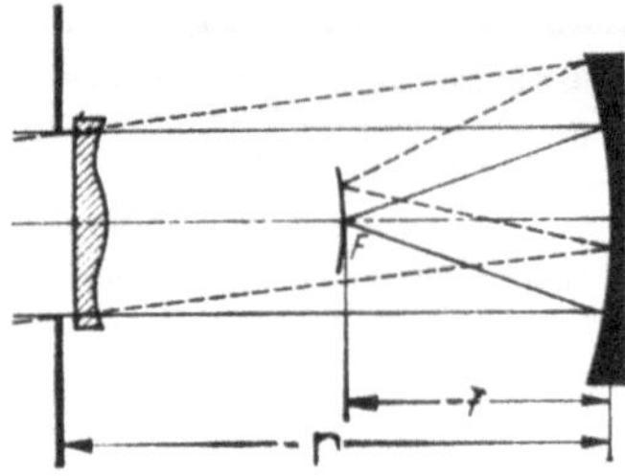

Abb. 4.72. Schmidt-Spiegel

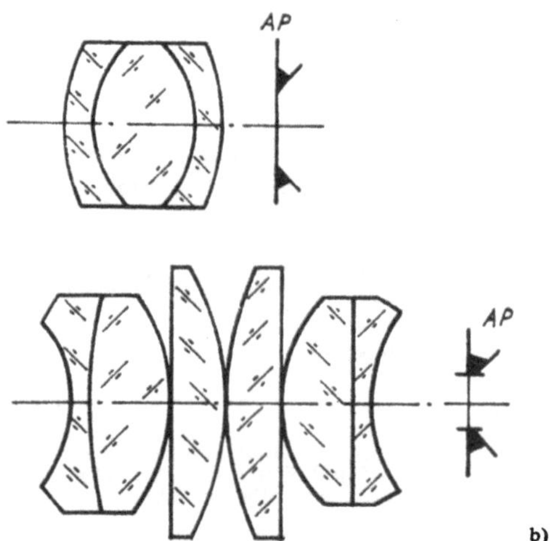

Abb. 4.73. a) Monozentrisches Okular, b) Feldstecher-Okular

(Schmidt-Spiegel der Sternwarte Hamburg-Bergedorf; 1931). Sie beruht darauf, daß ein Kugelspiegel mit einer im Abstand des Kugelradius vor dem Spiegel angebrachten Aperturblende eine von Koma, Verzeichnung und Astigmatismus völlig freie Abbildung bewirkt. Die Bildfläche ist eine zum Spiegel konzentrische Kugelschale, die durch den Brennpunkt F des Kugelspiegels verläuft (Abb. 4.72), und folglich leicht gewölbt ist. Um ein möglichst großes Öffnungsverhältnis (bis zu 1 : 1,4 und darüber) zu erzielen, ordnet man in der Blende eine Korrektionsplatte an (eine asphärische dünne Planplatte), durch die die sphärische Aberration behoben wird. Wegen seiner Vorzüge hat der Schmidt-Spiegel für astrophysikalische Forschungen, insbesondere in der Astrophotographie, aber auch in Kameras und in der Fernsehprojektion weite Verbreitung gefunden. Einen Spiegel von 260 cm Durchmesser hat das Mount-Wilson-Observatorium in Kalifornien. Ein noch größeres Instrument mit einem Spiegeldurchmesser von etwas über 5 m ist seit 1949 auf dem unweit davon gelegenen Mt. Palomar aufgestellt. In den letzten Jahren wurde in Leningrad ein 6 m-Spiegel hergestellt.

Okulare. In astronomischen Fernrohren werden die im Abschn. 4.4. beschriebenen *Huygens-*, *Ramsden-* und *orthoskopischen Okulare* ebenfalls eingesetzt. Den Vorteil der weitgehenden Reflexfreiheit hat das aus drei miteinander verkitteten Linsen bestehende *monozentrische Okular* (Abb. 4.73 a).

Feldstecher-Okulare bilden ein relativ großes Feld ab. Dadurch kommt der Astigmatismus- und Bildfeldwölbung-Korrektion größere Bedeutung zu. Es hat sich aber gezeigt, daß bewegte Objekte perspektivisch natürlicher wahrgenommen werden, wenn die Verzeichnung nicht nach der Tangensbedingung korrigiert ist. Abb. 4.73 b zeigt ein Beispiel für ein Feldstecherokular.

4.6. Grundlagen der optischen Übertragungstheorie

4.6.1. Inkohärente Übertragung

Wir kehren noch einmal zur wellenoptischen Theorie der Abbildung zurück. Dabei geht es uns um die Darstellung einiger allgemeiner Aspekte bei der Abbildung ausgedehnter Objekte durch optische Systeme, die mit der Anwendung der Fouriertransformation im Zusammenhang stehen. Wegen der kürzeren Schreibweise der Gleichungen betrachten wir nur eindimensionale Objekte, d. h., die Objekteigenschaften sind in x-Richtung konstant und ändern sich nur in y-Richtung.

Linienbildverwaschungsfunktion. Das Objekt soll eine Amplitudenstruktur darstellen, deren einzelne Punkte inkohärent zueinander strahlen. Die Leuchtdichte bezeichnen wir in diesem Abschnitt mit $B(y)$. Wir normieren die Koordinaten so, daß für die paraxiale Abbildung $x' = x$, $y' = y$ gilt. Bei Vernachlässigung von Beugung, von Abbildungsfehlern und von Lichtverlusten ist die Leuchtdichte in der Bildebene gleich der Leuchtdichte in der Objektebene

$$B'(y') = B(y).$$

Das Bild einer infinitesimalen Objektlinie wäre eine infinitesimal feine Linie.

Durch die Beugung des Lichtes an der Öffnungsblende und durch Wellenaberrationen entsteht von jedem Punkt der Linie eine Beugungsfigur. Wegen der Inkohärenz überlagern sich die Leuchtdichten der gegeneinander verschobenen Beugungsfiguren zum Bild der Objektlinie.

Einfache Verhältnisse liegen nur vor, wenn die Beugungsfiguren aller Punkte gleich sind. Ein Gebiet der Objektebene mit dieser Eigenschaft wird *isoplanatisch* genannt. Wir beschränken die

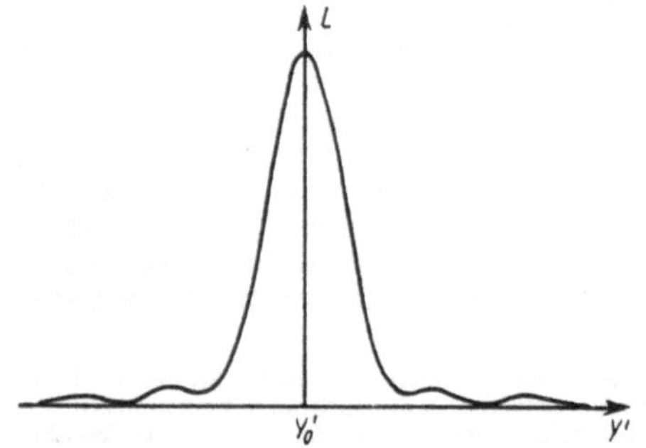

Abb. 4.74. Linienbildverwaschungsfunktion eines beugungsbegrenzten Systems

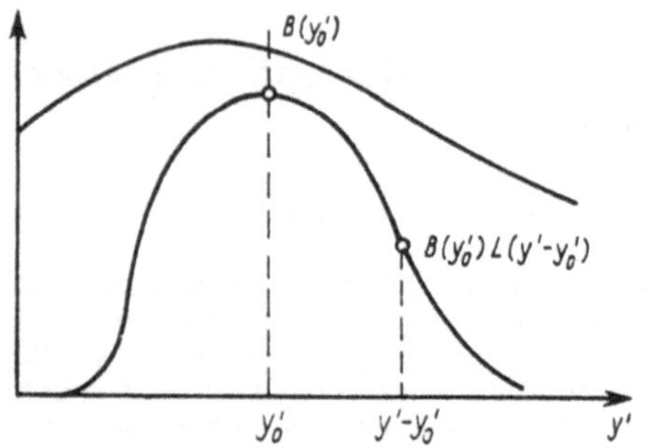

Abb. 4.75. Faltung der Leuchtdichte mit der Verwaschungsfunktion

weiteren Ausführungen auf Objekte, die in einem isoplanatischen Gebiet liegen.

Die Leuchtdichteverteilung im Bild einer infinitesimal feinen Objektlinie mit der Koordinate $y_0 = y_0'$ wird als ***Linienbildverwaschungsfunktion*** $L(y' - y_0')$ bezeichnet (Abb. 4.74).

Faltungsintegral. Ein ausgedehntes Objekt im isoplanatischen Gebiet kann aus parallel zueinander verschobenen Objektlinien aufgebaut werden. Durch die Verwaschung der Bildleuchtdichte tragen an der Stelle y' Anteile der Objektleuchtdichte zur Bildleuchtdichte bei, die von außerhalb der Stelle y' befindlichen Linien ausgehen. Es handelt sich um die Überlagerung von Anteilen der Form $B'(y') = B(y_0')\,L(y' - y_0')$, (Abb. 4.75). Die Beleuchtungsstärke $dE'(y')$ ist dem Lichtstrom $d\Phi'(y')$ und dieser der Größe $\Omega_0 B'(y')\,dy_0'$ proportional ($\Omega_0 = 1$ sr). Es gilt (C = Proportionalitätsfaktor):

$$E'(y') = C\Omega_0 \int_{-\infty}^{\infty} B(y_0')\,L(y' - y_0')\,dy_0'. \qquad (4.27)$$

Das Integral wird als ***Faltungsintegral*** bezeichnet. Bei eindimensionalen Objekten gilt also:

Die Beleuchtungsstärke in der Bildebene ergibt sich aus der Faltung der Objektleuchtdichte mit der Linienbildverwaschungsfunktion.

Als *Modellbeispiel* verwenden wir ein Kosinusgitter mit der Leuchtdichte (Abb. 4.76b)

$$B(y_0') = \tfrac{1}{2}B_0(1 + \cos 2\pi R y_0'). \qquad (4.28)$$

Es hat wegen $B_{\text{Min}} = 0$ den Kontrast $K' = (B_{\text{Max}} - B_{\text{Min}})/(B_{\text{Max}} + B_{\text{Min}}) = 1$. Die Größe R mit der Einheit mm^{-1} gibt die Anzahl der Perioden pro Längeneinheit an. Sie wird als ***Ortsfrequenz*** bezeichnet. Die Linienbildverwaschungsfunktion sei konstant im Bereich $y_0' - y_1'$ und $y_0' + y_2'$, sonst null (Abb. 4.76a). Ihre Breite betrage also $y_1' + y_2' = y_L'$. Aus (4.27) folgt mit (4.28)

$$E'(y') = \tfrac{1}{2}B_0 C\Omega_0 L \int_{y_0'-y_1'}^{y_0'+y_2'} (1 + \cos 2\pi R y_0')\,dy_0'.$$

Ausrechnen des Integrals und Anwenden von $\sin\alpha - \sin\beta = 2\sin\frac{\alpha-\beta}{2}\cos\frac{\alpha+\beta}{2}$ ergibt (Abb. 4.76b):

$$E'(y') = \frac{1}{2}B_0 C\,\Omega_0 L y_L' \times \left\{1 + \frac{\sin\pi R y_L'}{\pi R y_L'}\cos\left[2\pi R\left(y_0' + \frac{y_2' - y_1'}{2}\right)\right]\right\}. \qquad (4.29)$$

Der Bildkontrast beträgt (Abb. 4.76c)

$$K' = \frac{\sin\pi R y_L'}{\pi R y_L'}. \qquad (4.30)$$

Für $y_L' \to 0$ ist der Kontrast $K' = 1$, also dem Objektkontrast gleich. Für $y_L' \neq 0$ nimmt der Kontrast mit der Ortsfrequenz ab. Er ist erstmalig für $\pi R y_L' = \pi$, also $R = 1/y_L'$ gleich null.

Wegen des Anteils $(y_2' - y_1')/2$ im Argument der Kosinusfunktion liegen die Maxima nicht an derselben Stelle wie im Objekt. Es tritt eine ***örtliche Phasenverschiebung*** des Bildes auf, die aber bei symmetrischen Linienbildverwaschungsfunktionen ($y_1' = y_2'$) verschwindet. Das Ergebnis lautet also:

Die Beugung und Wellenaberrationen bewirken im Bild eines Kosinusgitters eine von der Ortsfrequenz abhängige Kontrastminderung und eine örtliche Phasenverschiebung, die bei einer symmetrischen Linienbildverwaschungsfunktion wegfällt.

Optische Übertragungsfunktion. Die für ein Kosinusobjekt abgeleiteten Erkenntnisse lassen sich auf beliebige Objekte erweitern. Die Leuchtdichte eines periodischen Objektes ist als Fourierreihe darstellbar:

$$B(y_0) = \sum_{n=-\infty}^{\infty} B_n\,e^{2\pi i n R y_0}.$$

Sie wird damit als Überlagerung aus dem konstanten Anteil B_0 sowie Winkelfunktionen der Grundfrequenz R und der Oberfrequenzen nR aufgefaßt. Bei einem nichtperiodischen Objekt

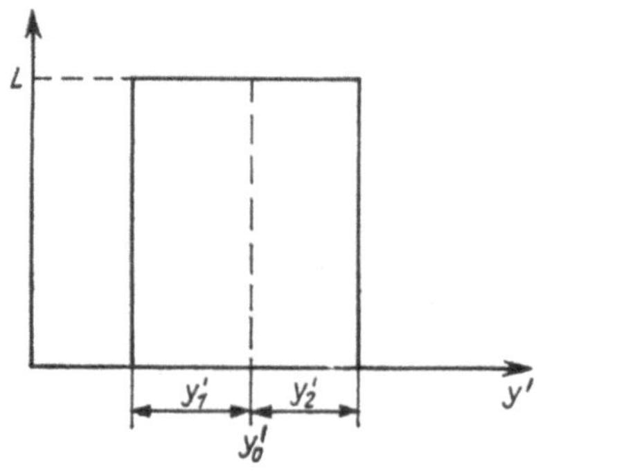

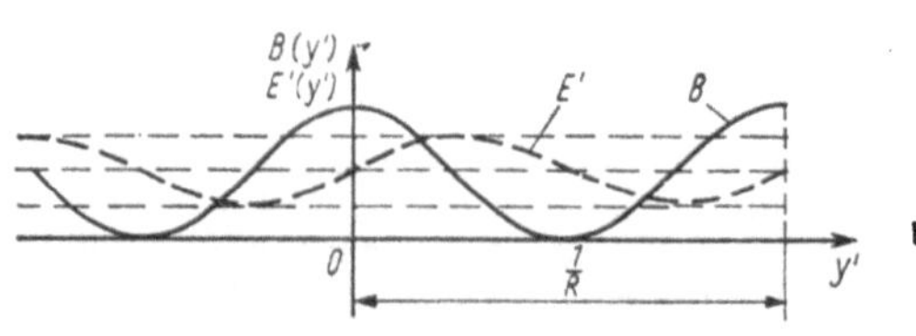

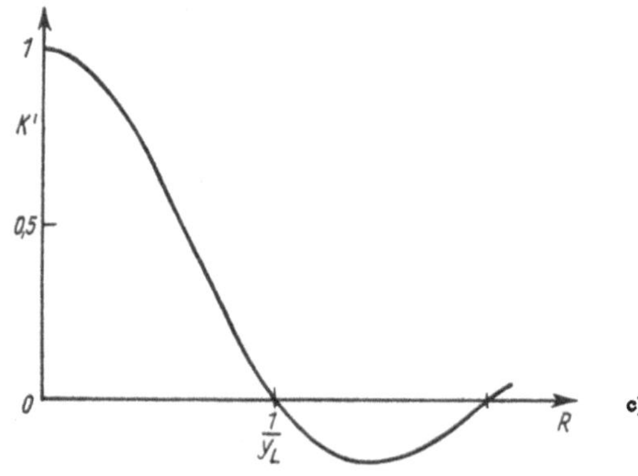

Abb. 4.76. a) „Kastenförmige" Modellverwaschungsfunktion, b) kosinusförmige Leuchtdichte im Objekt und Beleuchtungsstärke im Bild bei Abbildung durch ein System, dem die Verwaschungsfunktion nach a) zugeordnet ist, c) Kontrast im Bild

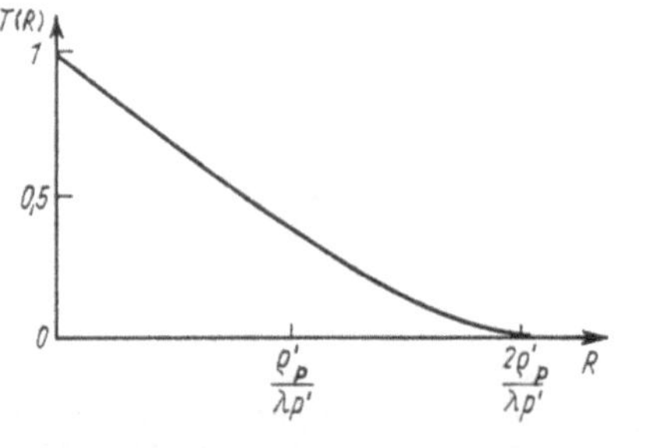

Abb. 4.77. Modulationsübertragungsfunktion eines beugungsbegrenzten Systems

tritt an die Stelle der Fourierreihe das Fourierintegral

$$B(y_0) = \int_{-\infty}^{\infty} \tilde{B}(R)\, e^{2\pi i R y_0}\, dy_0 .$$

Es werden also Sinus- und Kosinusfunktionen des gesamten kontinuierlichen Ortsfrequenzspektrums überlagert. $\tilde{B}(R)$ ist die Fouriertransformierte von $B(y_0)$. Führt man noch die Fouriertransformierte der Linienbildverwaschungsfunktion ein:

$$D(R) = \int_{-\infty}^{\infty} L(y' - y_0')\, e^{2\pi i (y' - y_0') R}\, d(y' - y_0'), \tag{4.31}$$

so erhält man aus dem Faltungsintegral (4.27) nach einiger Rechnung

$$\tilde{E}'(R) = D(R)\, \tilde{B}(R). \tag{4.32}$$

Die Fouriertransformierte der Beleuchtungsstärke im Bild ergibt sich aus der Fouriertransformierten der Objektleuchtdichte durch Multiplikation mit der Fouriertransformierten der Linienbildverwaschungsfunktion.

Die Funktion $D(R)$ erfaßt den Einfluß der Beugung und der Wellenaberrationen auf die optische Abbildung. Sie wird *optische Übertragungsfunktion* genannt. Sie läßt sich als komplexe Funktion in die Form

$$D(R) = T(R)\, e^{j\theta(R)} \tag{4.33}$$

bringen. Die *Modulationsübertragungsfunktion* $T(R)$ beschreibt die Kontrastabnahme für ein Sinusgitter der Ortsfrequenz R; die *Phasenübertragungsfunktion* $\theta(R)$ beschreibt die örtliche Phasenverschiebung für die Ortsfrequenz R.
In dem behandelten Modellfall ist nach (4.29)

$$T(R) = \frac{\sin \pi R y_L'}{\pi R y_L'}, \quad \theta = \pi R (y_2' - y_1').$$

Für den konkreten Fall des beugungsbegrenzten optischen Systems hat die Linienbildverwaschungsfunktion den Verlauf nach Abb. 4.74. Die Modulationsübertragungsfunktion für die Umgebung der optischen Achse ist in Abb. 4.77 dargestellt. In diesem Fall verschwindet die Phasenübertragungsfunktion. Der Kontrast verschwindet für

$$R_0 = \frac{2\varrho_p'}{\lambda p'} \quad \text{bzw.} \quad R_0 = \frac{1}{\lambda k} \tag{4.34}$$

Diese Ortsfrequenz hat Beziehung zum Auflösungsvermögen. Objektdetails mit einer größeren Ortsfrequenz werden nicht aufgelöst.

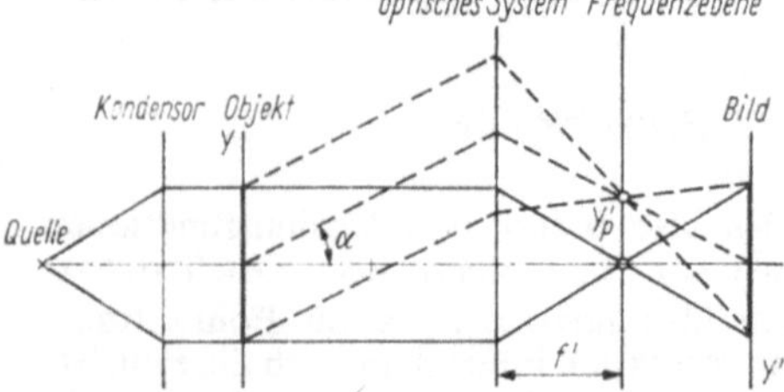

Abb. 4.78. Modell der kohärenten optischen Abbildung

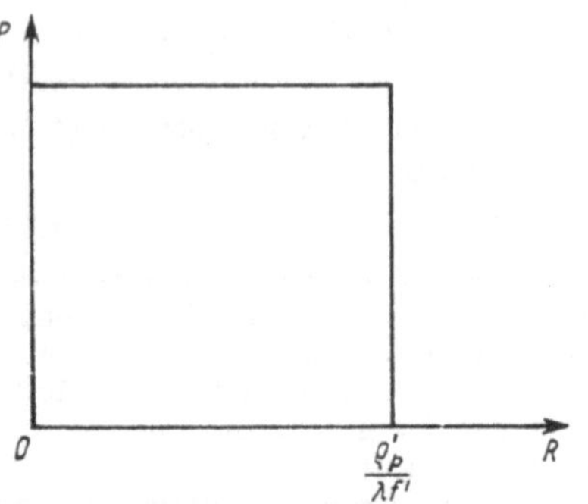

Abb. 4.79. Amplituden-Übertragungsfunktion (Pupillenfunktion) bei Beugungsbegrenzung

Die Bedeutung der optischen Übertragungstheorie liegt darin, daß die Abbildung statt im Raum der Ortskoordinaten im Ortsfrequenzraum untersucht werden kann. Dadurch ist die Übertragung der einzelnen Ortsfrequenzen als Kriterium für die Bildgüte anzusehen. Die Modulationsübertragungsfunktion ist eine Gütefunktion für die optischen Systeme. Ein Vorteil der Betrachtung im Ortsfrequenzraum besteht darin, daß sich die Übertragungsfunktionen einer linearen Abbildungskette aus optischen Systemen und Bauelementen multiplikativ zur gesamten Übertragungsfunktion zusammensetzen.

4.6.2. Kohärente Übertragung

Das Prinzip der kohärenten optischen Übertragung ist bereits bei der Behandlung der Abbeschen Theorie der mikroskopischen Abbildung angeklungen. Wir gehen von der Abbildung eines Kosinusgitters aus, das kohärent beleuchtet wird. Es soll in der doppelten Brennweite des optischen Systems stehen (Abb. 4.78). Am Objekt wird das Licht gebeugt. Wir beleuchten mit Parallelbündeln, so daß es sich um Fraunhofersche Beugung handelt. Bei dem Kosinusgitter entstehen die nullte und die beiden ersten Beugungsordnungen. Es gilt

$$\sin\alpha = 0; \quad \pm\frac{\lambda}{g}.$$

Die Größe

$$R = \frac{1}{g} = \frac{\sin\alpha}{\lambda}$$

stellt die Ortsfrequenz des Objektes dar. Wegen $\sin\alpha \approx \tan\alpha$ gilt auch

$$R = \frac{y_p'}{\lambda f'}.$$

Das gebeugte Licht wird in der bildseitigen Brennebene des optischen Systems vereinigt (Frequenzebene; primäres Bild). Es entstehen also bei $y_p' = 0$ die nullte Ordnung und bei $y_p' = \pm\lambda f' R$ die beiden anderen Ordnungen. Das Objekt wird aufgelöst, wenn der Radius der Öffnungsblende ϱ_p' so groß ist, daß die beiden Beugungsordnungen unbeschnitten hindurchgehen. Für die auflösbare Ortsfrequenz gilt

$$R_0 = \frac{\varrho_p'}{\lambda f'}. \tag{4.35}$$

Sie ist nur halb so groß wie bei inkohärenter Übertragung.

Ohne Eingriffe in das Beugungsbild und ohne Wellenaberrationen ist das Bild objekttreu. Bei einem beliebigen eindimensionalem Objekt sind mehr als zwei Beugungsordnungen vorhanden. Die Begrenzung der Öffnung und Wellenaberrationen beeinflussen das Licht so, daß ein Analogon zur Wirkung der Linienbildverwaschungsfunktion entsteht. Weil jedoch bei kohärentem Licht erst die Amplituden phasenbezogen zu addieren sind und aus der Gesamtamplitude die Beleuchtungsstärke folgt, ist zunächst die Verwaschung der Amplituden zu betrachten. Mit der Objektamplitudenfunktion $f(y)$, der Amplitudenverwaschungsfunktion $g(y' - y_0')$ und der Bildamplitudenfunktion $b'(y')$ erhält man

$$b'(y') = C \int_{-\infty}^{\infty} f(y_0')\, g(y' - y_0')\, dy_0'. \tag{4.36}$$

Die der Ableitung von (4.32) entsprechende Umformung mit den zugeordneten Fourierintegralen ergibt

$$\tilde{b}'(R) = \tilde{f}(R)\, P(\lambda f' R). \tag{4.37}$$

Als *Amplituden-Übertragungsfunktion* erscheint die Fouriertransformierte der Amplitudenverwaschungsfunktion, die auch *Pupillenfunktion* genannt wird. Die Pupillenfunktion erfaßt die Änderungen des Amplitudenbetrags und der Phase des Lichtes innerhalb der Austrittspupille. Für ein beugungsbegrenztes optisches System ist $P = 1$ innerhalb, $P = 0$ außerhalb der Austrittspupille (Abb. 4.79). Da die Gl. (4.37) charakteristisch für eine lineare Übertragung ist, gilt:

Bei der kohärenten Abbildung werden die Amplituden linear übertragen; die Intensitäten werden nichtlinear übertragen.

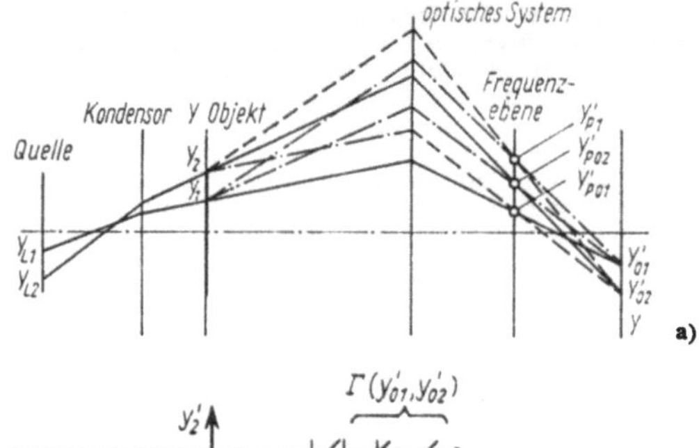

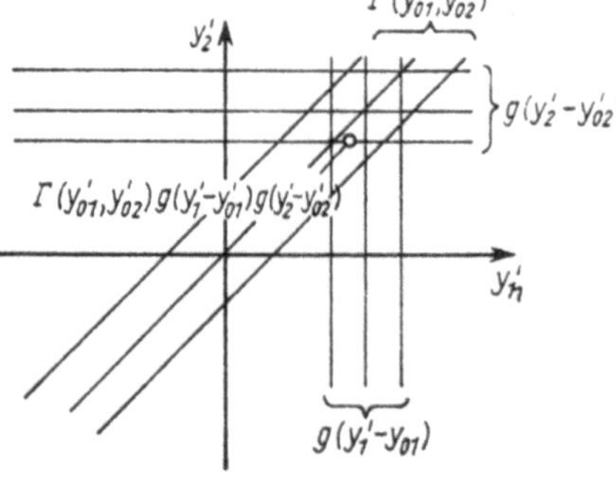

Abb. 4.80. a) Modell der partiell-kohärenten Abbildung, b) Faltung der Kohärenzfunktion mit dem Produkt aus zwei Verwaschungsfunktionen (die Geraden stellen Kurven konstanter Werte der Funktionen dar)

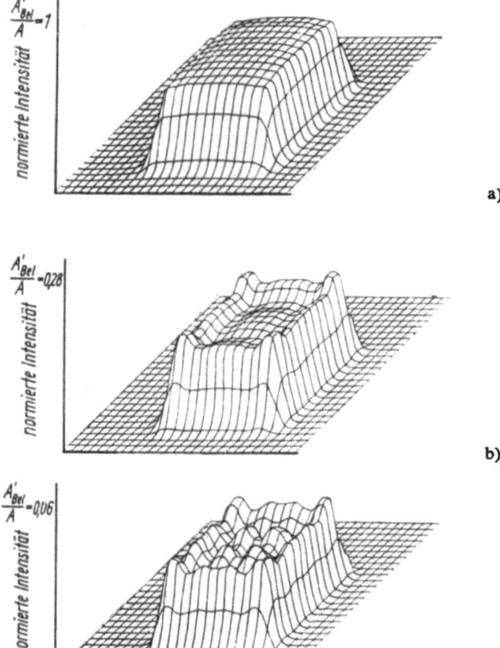

Abb. 4.81. Abhängigkeit der Bildbeleuchtungsstärke vom Kohärenzgrad

Innerhalb der Austrittspupille können *Ortsfrequenzfilter* eingeführt werden, die die Pupillenfunktion abändern. Es werden Amplituden-, Phasen- oder gemischte Filter verwendet. Mit der so entstehenden *Ortsfrequenzfilterung* werden Objektdetails hervorgehoben, abgeschwächt oder unterdrückt. Die kohärente Ortsfrequenzfilterung wird z. B. bei der optischen Zeichenerkennung angewendet.

4.6.3. Partiell-kohärente Übertragung

Der allgemeine Fall der optischen Übertragung liegt beim Beleuchten mit partiell-kohärentem Licht vor. Er ist besonders bei solchen Abbildungen vorhanden, bei denen die Abbildungsapertur größer ist als die Beleuchtungsapertur.

Wenn eine ausgedehnte Lichtquelle ein kosinusförmiges Objekt beleuchtet, dann ist das Licht partiell-kohärent. Die den einzelnen Lichtquellenpunkten zugeordneten Beugungsbilder sind in der Austrittspupille des optischen Systems seitlich gegeneinander verschoben (Abb. 4.80a).

Der Kohärenzgrad zwischen zwei Punkten des Objektes hängt von deren Koordinaten ab. Die Abhängigkeit des Kohärenzgrades von den Koordinaten eines Punktepaares wird im wesentlichen durch die Kohärenzfunktion $\Gamma(y_1, y_2)$ beschrieben. Ohne Eingriffe ist die Kohärenzfunktion im Bild gleich der Kohärenzfunktion im Objekt

$$\Gamma'(y_1', y_2') = \Gamma(y_1, y_2).$$

Die Begrenzung der Öffnung und Wellenaberrationen wirken auf die Amplituden in den den einzelnen Lichtquellenpunkten zugeordneten Beugungsbildern unterschiedlich ein, je nach ihrer Verschiebung. Deshalb gilt unter der Voraussetzung, daß die Amplituden-Verwaschungsfunktion g reell ist (Abb. 4.80b)

$$\Gamma'(y_1', y_2') = C \iint_{-\infty}^{\infty} \Gamma(y_{01}', y_{02}')\, g(y_1' - y_{01}') \times g(y_2' - y_{02}')\, \mathrm{d}y_{01}'\, \mathrm{d}y_{02}'.$$

Bei der partiell-kohärenten Abbildung wird also die Kohärenzfunktion linear übertragen. Die *Kohärenzübertragungsfunktion* ist aus der Pupillenfunktion mittels

$$K(R_1, R_2) = P(\lambda f' R_1)\, P(-\lambda f' R_2)$$

zu berechnen. (Bei komplexen Funktionen g bzw. P sind bei den Funktionen, die von y_2' abhängen, die Konjugiert-komplexen einzusetzen.)

Die Intensität wird nichtlinear übertragen. Sie hängt in komplizierter Weise vom Ortsfrequenzspektrum der Lichtquelle, von der Pupillenfunktion und den Amplituden in der Austrittspupille ab. Abb. 4.81 zeigt ein Beispiel.

Die Abbesche Theorie der mikroskopischen Abbildung zeichnet bereits die Fouriertheorie der optischen Abbildung vor. Eine spätere technische Anwendung ist das 1932 von ZERNIKE eingeführte Phasenkontrastverfahren, bei dem es sich offenbar um eine Ortsfrequenzfilterung handelt. Erst nach 1946, ausgehend von DUFFIEUX, entwickelte sich der systematische Ausbau der Fouriertheorie der inkohärenten Abbildung. Später wurde in wachsendem Maße die partiell-kohärente Abbildung untersucht. Ihr gehört auch heute noch die besondere Aufmerksamkeit in der Forschung.

Die Möglichkeiten der modernen Rechentechnik haben 1965 COOLEY und TUKEY mit einem speziellen Algorithmus zu einer sehr effektiven Berechnung von Fourierintegralen genutzt. Damit ist die numerische Behandlung der Fouriertheorie der optischen Abbildung für die Praxis mit vertretbarem Aufwand erschlossen worden.

5. Optik in bewegten Koordinatensystemen

5.1. Galileitransformation

5.1.1. Inertialsysteme in der Newtonschen Mechanik

In der Grundgleichung der Mechanik für einen Massenpunkt

$$F = m\ddot{r}$$

tritt nur die 2. Ableitung des Ortsvektors r nach der Zeit auf. Die Anwendung der Grundgleichung ist nur möglich bei eindeutiger Festlegung des Koordinatensystems, auf das die Bewegung des Punktes bezogen werden soll. In der klassischen Mechanik wird vorausgesetzt, daß die Zeitmessung allgemein gültig, also unabhängig von der Wahl des Koordinatensystems ist. Die Erfahrung hat gezeigt, daß ein im Fixsternhimmel ruhendes Koordinatensystem allen Forderungen der Mechanik, auch der Himmelsmechanik, gerecht wird. Schon KEPLER hat es benutzt, indem er die Bewegung der Planeten auf die Sonne bezog. Aus diesem Grunde darf man hinsichtlich der Belange der Mechanik von einer absoluten Orts- und Zeitbestimmung sprechen.
Weil die Bewegungsgleichungen nur die Beschleunigungen, nicht aber die Geschwindigkeiten enthalten, gibt es unendlich viele gleichwertige Koordinatensysteme. Hat nämlich ein beliebiges System gegenüber einem anderen System eine gleichförmig geradlinige Bewegung, so wird

$$r' = r - vt. \tag{5.1}$$

v ist die Geschwindigkeit des 2. Systems gegenüber dem Fixsternhimmel. Durch Differenzieren entsteht

$$\ddot{r}' = \ddot{r},$$

also

$$F' = F = m\ddot{r},$$

da die Masse in der klassischen Mechanik unveränderlich ist. Die Gesetze der Mechanik sind also in einem gleichförmig geradlinig bewegten Koordinatensystem unabhängig von dessen Bewegung. Man nennt die durch (5.1) gegebenen Transformation eine *Galilei-Transformation.* Es gilt also:

Die Bewegungsgleichungen der klassischen Mechanik sind invariant gegenüber einer Galilei-Transformation.

Alle Systeme, die aus dem absoluten Fixsternsystem durch eine Galilei-Transformation hervorgehen, sind vom Standpunkt der Mechanik gleichwertig. Man nennt sie *Fundamental-* oder *Inertialsysteme* und kann sie auch dadurch kennzeichnen, daß in einem solchen System das Trägheitsgesetz gilt:

Ein Körper, auf den keine Kräfte wirken ($F = 0$), bewegt sich mit gleichförmiger Geschwindigkeit auf gerader Bahn.

Deshalb ist es durch mechanische Messungen in keiner Weise möglich, etwas über den geradlinig-gleichförmigen Bewegungszustand eines Körpers oder eines mit ihm verbundenen Koordinatensystems zu erfahren. Von zwei Systemen, die sich geradlinig gegeneinander mit gleichförmigen Geschwindigkeiten bewegen, kann keines von dem anderen als ruhend ausgezeichnet werden. Man kann immer nur von dem Bewegungszustand in bezug auf ein anderes als ruhend angenommenes System sprechen, also nur von *relativen Bewegungen.* Daher faßt man den Erfahrungsinhalt dieser Ausführungen zu dem allgemeinen mechanischen Prinzip der *Relativität* zusammen und spricht vom *Galileischen Relativitätsprinzip.*
Additionstheorem der Geschwindigkeiten. Die Geschwindigkeiten addieren sich in der klassischen Mechanik vektoriell. Wirft z. B. ein mitbewegter Beobachter in einem fahrenden Zuge einen Ball mit der Geschwindigkeit u (relativ zu ihm gerechnet) in Richtung der Zugbewegung, so stellt ein am Bahndamm stehender Beobachter, für den sich der Zug mit der Geschwindigkeit v bewegt, eine Geschwindigkeit des Balles von $v + u$ fest.

Um die Anwendbarkeit auf den Energiesatz zu zeigen, sei ein Beispiel gegeben: Zwei vollkommen elastische Kugeln der Massen m_1 und m_2 sollen sich in dem einen System parallel zur X-Richtung mit den Geschwindigkeiten u_1 und u_2 bewegen. Sie sollen zusammenstoßen. Die Geschwindigkeiten sind nach dem Stoß v_1 und v_2. Es gilt (Energiesatz)

$$\frac{m_1 u_1^2}{2} + \frac{m_2 u_2^2}{2} = \frac{m_1 v_1^2}{2} + \frac{m_2 v_2^2}{2}.$$

Von einem mit der Relativgeschwindigkeit w gegen das erste, in dessen positiver X-Richtung bewegten System, sind nach dem oben angegebenen Additionssatz die Geschwindigkeiten $u_1 - w$, $u_2 - w$, $v_1 - w$, $v_2 - w$. Da nach dem Relativitätsprinzip der Energiesatz in den bewegten Systemen unverändert gilt, ist auch

$$\frac{m_1(u_1 - w)^2}{2} + \frac{m_2(u_2 - w)^2}{2}$$

$$= \frac{m_1(v_1 - w)^2}{2} + \frac{m_2(v_2 - w)^2}{2}.$$

Subtrahiert man beide Gleichungen, so folgt $m_1 u_1 + m_2 u_2 = m_1 v_1 + m_2 v_2$, also der Satz von der Erhaltung der Bewegungsgröße. Multipliziert man mit t und dividiert beiderseits durch $m_1 + m_2$, so erhält man

$$\frac{m_1 u_1 t + m_2 u_2 t}{m_1 + m_2} = \frac{m_1 v_1 t + m_2 v_2 t}{m_1 + m_2},$$

also den Satz von der Erhaltung des Schwerpunktes. Schreibt man obige Gleichung in der Form $m_1(u_1 - v_1) = -m_2(u_2 - v_2)$, so erhält man das Prinzip von Wirkung und Gegenwirkung. Die Relativität ist also tatsächlich eine Grundeigenschaft mechanischer Vorgänge.

Absolute Bewegung und Elektrodynamik. Viel günstiger scheinen sich für die Beurteilung der Frage, ob man durch physikalische Messungen

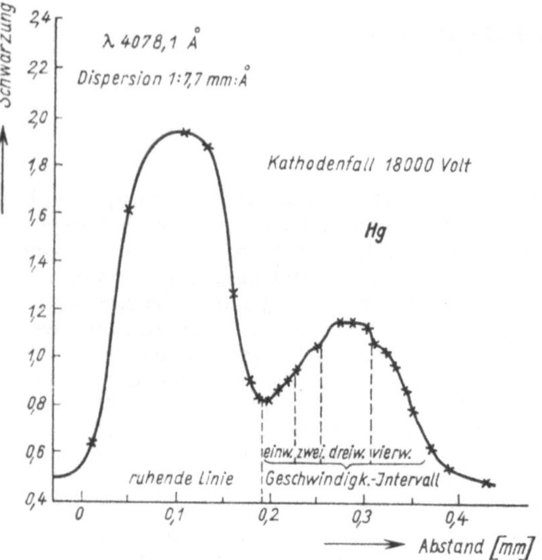

Abb. 5.1. Aufnahme des Doppler-Effektes der Hg-Linie 407,8 nm mit Mikrophotometer durchgemessen

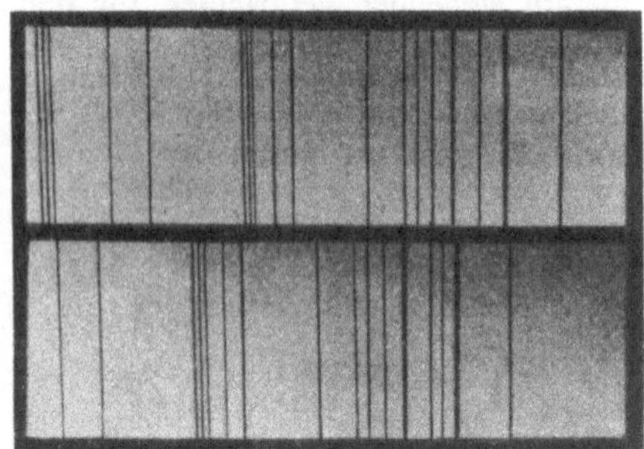

Abb. 5.2. Linienverschiebung durch Doppler-Effekt in einem Sternspektrum

eine Bewegung an sich, also eine absolute Bewegung, feststellen könnte, die Erscheinungen der Elektrodynamik darzubieten. Die Grundgleichungen der Elektrodynamik, die Maxwell-Lorentzschen Gleichungen

$$\operatorname{rot} \boldsymbol{H} = \dot{\boldsymbol{D}} + \boldsymbol{i}, \qquad \operatorname{rot} \boldsymbol{E} = -\dot{\boldsymbol{B}}$$

enthalten nur die ersten zeitlichen Ableitungen. Man stellte sich nun früher vor, die elektromagnetischen Erscheinungen spielten sich in dem unbeweglichen *Welt-Äther* ab, der als ihr Träger angesehen wurde. Offenbar ist die Annahme am einfachsten, diesen Äther auch gegenüber dem Fixsternhimmel als ruhend anzunehmen. Deshalb glaubte MAXWELL, man könne durch geeignete elektrodynamische, bzw. optische Versuche eine absolute Bewegung festlegen, bzw. nachweisen.

Es hat sich gezeigt, daß diese Frage außerordentlich verwickelt ist und die zur Prüfung herangezogenen Versuche in zwei Gruppen eingeteilt werden können, je nachdem ob die den betreffenden Bewegungszustand kennzeichnende Geschwindigkeit v zur Lichtgeschwindigkeit c linear (v/c) oder quadratisch $(v/c)^2$ auftritt. Deshalb gliedert man diese Erscheinungsgruppen in Effekte erster und Effekte zweiter Ordnung.

5.1.2. Doppler-Effekt. Aberration

Einfluß der Bewegung auf die Lichtfrequenz; Doppler-Effekt. Wie in Bd. I erläutert wurde, beeinflußt die Bewegung einer Schallquelle relativ zum Beobachter die von diesem wahrnehmbare Frequenz, wenn die Bewegungsgeschwindigkeit eine Komponente v in Richtung der Verbindungslinie zwischen Quelle und Beobachter hat. Qualitativ gilt dies für jede Art von Wellen, also auch für Lichtwellen. Die beobachtbare Frequenzänderung ist bis auf Größen zweiter Ordnung in v/c wie beim akustischen Doppler-Effekt gegeben durch $\Delta\nu = \pm\nu(v/c)$. Meßbare Änderungen treten wegen $c = 3 \cdot 10^{10}$ cm/s nur bei hinreichend großen Geschwindigkeiten v auf. Die Änderung $\Delta\lambda$ der Wellenlänge ergibt sich aus $\lambda\nu = c$ zu $\Delta\lambda = \mp\lambda(v/c)$. Es ist also zwar die prozentuale Wellenlängenänderung unter sonst gleichen Bedingungen für alle Linien dieselbe, aber die absolute Wellenlängenänderung ist um so kleiner, je kürzer die Wellenlänge der betreffenden Linie ist.

Doppler-Effekt an Kanalstrahlen. An irdischen Lichtquellen hat zuerst STARK (1905) einen Dopplereffekt beobachtet. Er benutzt dazu Kanalstrahlen (Bd. II), in denen lichtemittierende Atome oder Ionen mit großen Geschwindigkeiten durch eine Bohrung in der Kathode einer Entladungsröhre fliegen. Da diese zugleich das ruhende Gas, in dem sie sich bewegen, zur Lichtemission anregen, sieht man auf den Spektralaufnahmen neben den „ruhenden“ Spektrallinien mehr oder minder scharf, je nach der Homogenität der Kanalstrahlen hinsichtlich ihrer Geschwindigkeiten, „bewegte“ Linien. Abb. 5.1 gibt ein Beispiel für das Ergebnis der Analyse eines solchen Spektrogrammes mit einem Mikrophotometer. Die Entdeckung von STARK hat sich zugleich als sehr wertvoll für das Studium der Kanalstrahlen selbst erwiesen.

Dopplereffekt an bewegten Spiegeln. Ein Dopplereffekt tritt auch auf bei der Reflexion an einem bewegten Spiegel, und zwar ist er dann doppelt so groß wie für eine Lichtquelle, die sich mit der Spiegelgeschwindigkeit bewegen würde. Dieser Effekt ist von BELOPOLSKI (1895) und von GALITZIN nachgewiesen worden.

Doppler-Effekt an Sternen. Da sich die Fixsterne relativ zu unserem Planetensystem bewegen, und zwar z. T. mit großen radialen Geschwindigkeiten in der Größenordnung 10^2 km/s, beobachtet man an den Spektren ebenfalls Linienverschiebungen, die auf einen Doppler-Effekt zurückzuführen sind (Abb. 5.4). Für die Astronomie ist dadurch eine sehr wichtige Methode zur Bestimmung von Radialgeschwindigkeiten gegeben.

Abb. 5.2 und 5.3 zeigen derartige Spektrogramme mit den Emissionslinien des Eisens als Vergleichsspektrum.

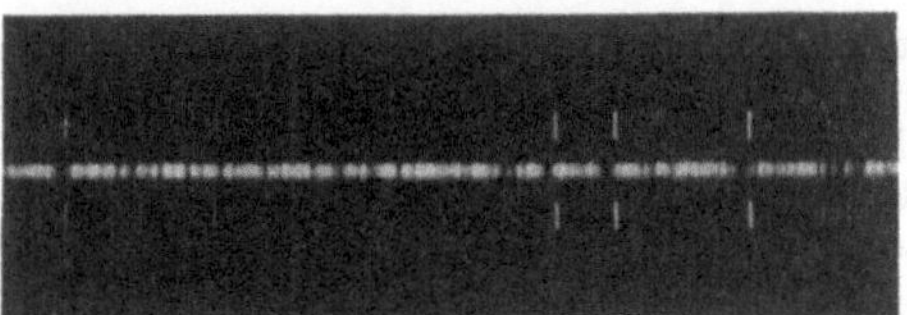

Abb. 5.3. Spektrum von α-Tauri im Bereich 420 bis 440 nm mit Rot-Verschiebung der Sternlinien gegenüber den Eisen-Vergleichslinien entsprechend einer radialen Fluchtgeschwindigkeit mit 55 km/s (nach GROTIAN, Potsdam)

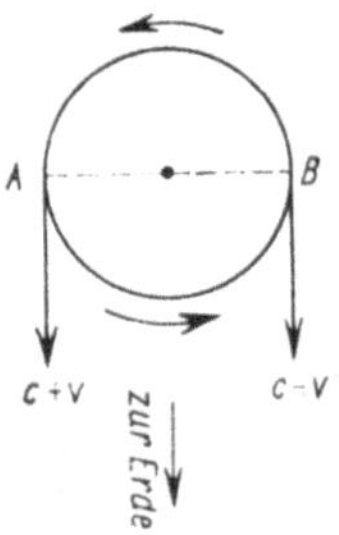

Abb. 5.4. Zur Lichtgeschwindigkeit bei Doppelsternsystemen

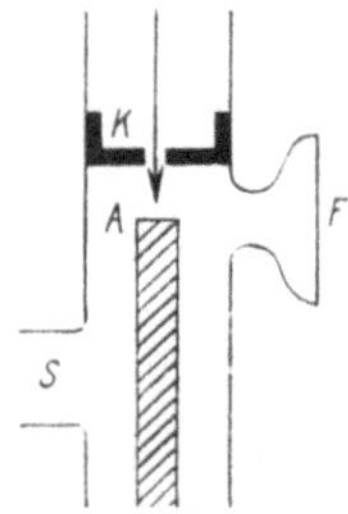

Abb. 5.5. Versuch von STARK zum Vergleich der Lichtausbreitung von ruhenden und bewegten Atomen. *K* Kathode, *A* Stab, *F* Fenster, *S* Saugstutzen

Man sieht deutlich, wie die Absorptionslinien des Eisens im Sternspektrum gegenüber den entsprechenden Emissionslinien des Vergleichsspektrums nach größeren Wellenlängen, also nach Rot verschoben sind.

Einfluß der Bewegung auf die Lichtgeschwindigkeit. Der Doppler-Effekt beweist einen Einfluß der relativen Bewegung der Lichtquelle zum Beobachter auf die Frequenz. Wird nun vielleicht die Ausbreitungsgeschwindigkeit durch die Bewegung beeinflußt? Es liegt zunächst nahe, diese Frage bejahend zu beantworten aufgrund der Überlegung, daß sich die Geschwindigkeit der Lichtquelle einfach zu der Lichtgeschwindigkeit, wie man sie bei ruhender Quelle feststellt, addieren könne. Alle Beobachtungen haben jedoch ergeben, daß die Geschwindigkeit des Lichtes unabhängig ist von der Bewegung der Lichtquelle relativ zum Beobachter.

Beobachtung an Doppelsternen. Die beiden Massen eines Doppelsternsystems bewegen sich nach den Grundgesetzen der Mechanik um ihren gemeinsamen Schwerpunkt in Keplerschen Ellipsenbahnen. Es ist nun gelungen, die bisherigen direkt oder spektroskopisch (aus den Verschiebungen der Spektrallinien durch den Doppler-Effekt) beobachteten Bewegungen auf Grund der Keplerschen Gesetze befriedigend darzustellen unter der Voraussetzung, daß die Lichtgeschwindigkeit durch die Bewegung der Sterne nicht beeinflußt wird. Würde nämlich die Lichtgeschwindigkeit relativ zum Stern den Wert c haben, so würde bei Beobachtung eines Doppelsternsystems, dessen Bahnebene in der Blickrichtung eines irdischen Beobachters liegt, die Lichtgeschwindigkeit relativ zu dem ruhend gedachten irdischen Beobachter im Punkt A (Abb. 5.4) gleich $c + v$, im Punkt B hingegen $c - v$ sein. Da von B aus das Licht also langsamer laufen würde, von A aus aber schneller, so würde man eine Verfrühung der Stellung in A beobachten, also Ungleichmäßigkeiten der Bahnbewegung. Unter Umständen würde sogar die Ankunftszeit des Lichtes von Punkt A mit der des Lichtes von B zusammenfallen. Die Zeit der Stellung des Doppelsterns in den Punkten A und B ist aber aus dem Maximum der Doppler-Effekte feststellbar. Beobachtungen an einem geeigneten System (β im Fuhrmann) zeigt, daß die Lichtgeschwindigkeit sicher um weniger als $2{,}5 \cdot 10^{-7}$ der Geschwindigkeit des Sternes im Durchschnitt auf dem Gesamtweg geändert sein könnte.

Beobachtungen an Kanalstrahlen. STARK hat senkrecht zur Bewegungsrichtung von (Wasserstoff-)Kanalstrahlen das emittierte Licht untersucht. Durch die durchbohrte Kathode K (Abb. 5.5) fliegen H-Atome (mit Geschwindigkeiten bis zu 10^6 m/s) gegen eine Metallfläche A. Außerdem befindet sich in diesem Raum ruhender Quecksilberdampf. Vor der Fläche A ist die Emission der bewegten H-Atome und die der ruhenden Hg-Atome zu beobachten. Bildet man diesen leuchtenden Raum tangential zur Fläche A auf den zur Fläche A senkrecht, d. h. parallel zu den Kanalstrahlen, gestellten Spalt eines Spektrographen ab, so werden die Spektrallinien in ihrer Längsausdehnung auf dem Spektrogramm durch die Fläche begrenzt. Würde die Lichtemission der H-Atome die seitliche Komponente von deren Bewegung beibehalten, so müßte eine Verlängerung der H-Linien über die Begrenzung hinaus (bei den Versuchsbedingungen etwa um 1,2 mm) eintreten. Die Beobachtungen zeigen keine solche Verlängerung. Die Strahlung der bewegten H-Atome ist also die gleiche wie die der ruhenden Hg-Atome; die Lichtausbreitung wird durch die Bewegung der Lichtquelle nicht beeinflußt.

Einfluß der Bewegung auf die Ausbreitungsrichtung; Aberration. BRADLEY beobachtete 1725 am Stern γ im Drachen eine mit der Jahreszeit wechselnde geringe Änderung seiner Stellung am Himmel. Die genauere Untersuchung zeigte, daß alle Fixsterne eine derartige, nur durch die Bewegung der Erde um die Sonne bedingte, scheinbare Lagenänderung erfahren, die *Aberration* genannt wird. Jeder Stern beschreibt während der jährlichen Bewegung der Erde scheinbar eine Ellipse, deren große Achse parallel der Ekliptik (Ebene der Erdbahn) liegt und stets die Ausdehnung von $\alpha = 20{,}47''$ hat. Für Sterne in der Ekliptik liegt die Bewegung auf einer Geraden. Für Sterne im Pol der Ekliptik ist sie ein Kreis. Die Verschiebung der Sterne liegt jeweils in der Richtung der Bahnbewegung der Erde. Die Erklärung für diese Erscheinung ist schon in Abschn. 1.2.3 gegeben worden. Ein Lichtquant,

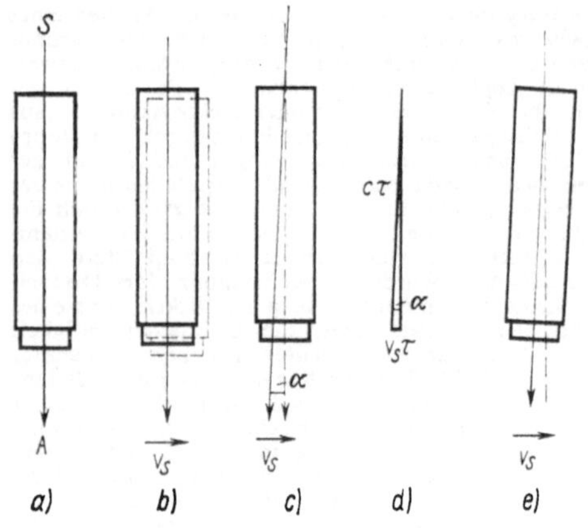

Abb. 5.6. Zur Aberration

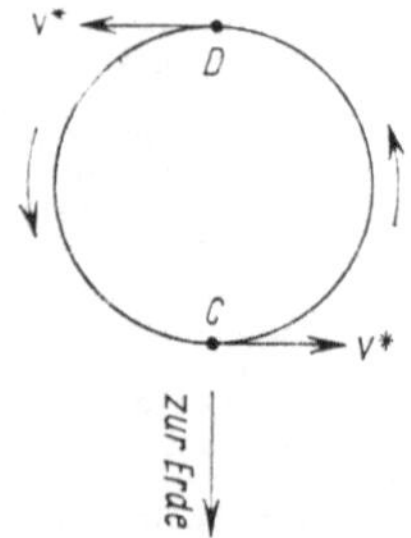

Abb. 5.7. Die Aberration ist unabhängig von der Relativgeschwindigkeit

das in das Fernrohr durch die Mitte des Objektivs eingetreten ist, durcheilt das Fernrohr mit der Geschwindigkeit c, während sich dieses mit der Geschwindigkeit v_s senkrecht dazu bewegt (Abb. 5.6). Hat das Licht das Fernrohr in der Zeit τ durcheilt, so hat sich das Fernrohr seitlich um $v_e\tau$ in die in Abb. 5.6b gestrichelt gezeichnete Stellung bewegt. Das Lichtquant tritt also nicht wie beim ruhenden Fernrohr (Abb. 5.6a) in der Mitte des Okulars aus, sondern seitlich davon. Relativ zum Fernrohr betrachtet erhält man also das in Abb. 5.6c gezeichnete Bild, wobei der Winkel α des Strahles mit der Fernrohrachse nach der in Abb. 5.6d gezeichneten Beziehung gegeben ist durch

$$\sin \alpha = \frac{v_s\tau}{c\tau} = \frac{v_s}{c}.$$

Hierbei ist angenommen, daß die Lichtgeschwindigkeit relativ zu dem System gilt, in dem das Fernrohr ruht, gemäß den späteren Ausführungen. Gegenüber der Annahme, daß die Lichtgeschwindigkeit gegen dasselbe System wie v gelte, besteht hier nur ein vernachlässigbarer Unterschied zweiter Ordnung.

Um diesen Winkel muß man also das Fernrohr neigen (und zwar, wie aus der Abb. 5.6e ersichtlich, in die Richtung der Bewegung), um das Bild des Sternes wieder in der Mitte des Gesichtsfeldes zu haben.

Auf diese Weise ist also die scheinbare Verschiebung der Sternörter von der Querkomponente v_s (senkrecht zur Beobachtungsrichtung) der Erdbewegung abhängig. Da die Erdbahngeschwindigkeit im Mittel 10^4 m/s (= 30 km/s) beträgt, folgt für $\alpha = 10^{-4} \mathrel{\hat{=}} 20{,}6''$. Die genaueren Werte (die Unsicherheit liegt hauptsächlich in der mittleren Bahngeschwindigkeit der Erde) ergeben $\alpha = 20{,}47''$. Die Aberration hängt somit nur von dem Verhältnis von Eigengeschwindigkeit v des Beobachters zur Lichtgeschwindigkeit c, also von v/c ab. Daher bleibt der Aberrationswinkel unverändert, falls man z. B. ein mit Wasser gefülltes Fernrohr verwendet. Es ist aber wichtig, sich darüber klar zu sein, daß die Aberration nur feststellbar ist, weil die Erde eine ungleichförmige Bewegung hat. Wäre die Bewegung der Erde geradlinig und gleichförmig, so würden zwar alle Sterne in ihrer Lage scheinbar verschoben sein gegenüber ihrer Stellung bei „ruhender" Erde, man könnte das aber nie feststellen, da man ihre Lage bei „ruhender" Erde nicht kennt. Die beobachtbare Verschiebung kommt erst durch die Ungleichförmigkeit der Bewegung herein. Die Aberration gehört also in eine Klasse mit den sonstigen, für ungleichförmige Bewegungen charakteristischen Erscheinungen, wie es z. B. der Foucaultsche Pendelversuch und ähnliche sind. Die Aberration ist demnach unabhängig von den Bewegungen der Sterne und daher auch nicht abhängig von der Relativitätsbewegung Stern – Erde. Dies beweisen die Beobachtungen an Doppelsternen, wie LENARD gezeigt hat. Sie geben normale Aberration. Wäre aber die Aberration abhängig von der Relativgeschwindigkeit, so müßten Doppelsternsysteme in den Stellungen C und D der Abb. 5.7 starke seitliche Abweichungen aufweisen, wovon nichts beobachtet wurde.

5.1.3. Mitführung

Einfluß der Bewegung des Stoffes; Mitführung. Bisher haben wir den Einfluß einer relativen Bewegung zwischen Lichtquelle und Beobachter betrachtet. Nun wollen wir untersuchen, ob eine Bewegung des Stoffes, in dem sich das Licht ausbreitet, einen Einfluß hat.

Wird Licht durch einen Stoff mit der Brechzahl n geschickt (z. B. fließendes Wasser), dessen Geschwindigkeit relativ zum Beobachter v ist, so ist die Lichtgeschwindigkeit, und zwar die Phasengeschwindigkeit der Lichtwellen, für diesen

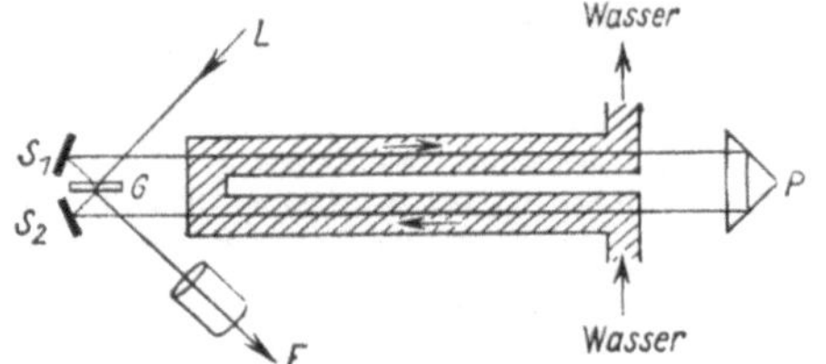

Abb. 5.8. Anordnung zur Bestimmung der Mitführung in bewegten Flüssigkeiten

Beobachter gegeben durch

$$c = \frac{c_0}{n} \pm \left(1 - \frac{1}{n^2}\right) v$$

$$= c_0 \left[\frac{1}{n} \pm \left(1 - \frac{1}{n^2}\right) \frac{v}{c_0}\right]. \qquad (5.2)$$

Der Ausdruck $1 - 1/n^2$ wird *Mitführungskoeffizient* (FRESNEL 1818) genannt. Hierbei ist folgendes zu beachten: Verwendet der Beobachter Licht der Frequenz ν, so ist für die Teilchen des bewegten Körpers die Frequenz je nach dem Eintritt, durch den Dopplereffekt geändert. Es muß also die Brechzahl n für diejenige Frequenz eingesetzt werden, die für den bewegten Körper gilt. Die experimentelle Bestimmung erfolgte zuerst durch FIZEAU (1851), dann durch MICHELSON und MORLEY (1886) und sehr genau durch ZEEMAN (1914).

Das Prinzip der Anordnung ist in Abb. 5.8 dargestellt: Das Licht einer Lichtquelle L trifft auf eine halbdurchlässige versilberte Platte G und wird dort in zwei Teile geteilt. Der eine Teil wird zum Spiegel S_1 reflektiert, von dort nach dem Prisma P und weiter nach zweimaliger Reflexion im Prisma auf den Spiegel S_2 geworfen, der es wieder zur Platte G reflektiert. Der andere Teilstrahl hat genau den umgekehrten Weg. Auf der Platte G vereinigen sich beide Teilwellen wieder, und ihre Überlagerung wird durch das Fernrohr F beobachtet, in dem die Interferenzstreifen (ähnlich denen im Michelsonschen Interferometer) sichtbar sind. Auf dem Weg zwischen Spiegel und Prisma gehen die Strahlen durch Röhren (bei ZEEMAN etwa 3 m lang), in denen Wasser fließt (etwa 5 m/s Geschwindigkeit).

Die Richtung des Wasserflusses ist so eingerichtet (Abb. 5.8), daß das Wasser auf der einen Seite die gleiche Richtung hat wie die Teilwelle, auf der anderen Seite aber der Teilwelle entgegenfließt. Durch die Mitführung wird also die eine Teilwelle beschleunigt, die andere verzögert, die Lichtwege ändern sich also, und die Interferenzstreifen verschieben sich (Größenordnung bei obigen Versuchen $\frac{1}{2}$ bis 1 Streifenbreite). Es ergab sich, daß die Beobachtungen (unter Berücksichtigung der erwähnten Wahl für n) sehr gut durch die Fresnelsche Formel wiedergegeben werden. Da n für Wasser etwa 4/3 ist, so ist $1 - 1/n^2 = 7/16$, also fast 0,5. Die Ausbreitungsgeschwindigkeit der Phasen der Lichtwellen wird also etwa um die halbe Strömungsgeschwindigkeit des Wassers geändert. ZEEMAN hat auch Versuche mit bewegten festen Körpern (Glas- und Quarzzylindern) gemacht und ebenfalls gute Übereinstimmung zwischen Experiment und Theorie gefunden.

Es ist zu beachten, daß es sich nicht um eine dem Mitführungskoeffizienten entsprechende teilweise Mitführung des Äthers handelt (wozu der aus früheren Zeiten stammende Name der Erscheinung verführen könnte), sondern um eine Änderung der Phasengeschwindigkeit, also gewissermaßen um eine Änderung der Brechzahl des Stoffes (abgesehen von der durch den Doppler-Effekt bedingten). Breitet sich das Licht mit der Lichtgeschwindigkeit c gegenüber dem Beobachter aus, so werden, wenn sich der Stoff mit der Geschwindigkeit v dem Licht entgegen bewegt, mehr Moleküle in der Zeiteinheit von der Lichtbewegung erfaßt als bei ruhendem Stoff. Die Überlagerung der von den einzelnen Molekülen des Stoffes ausgehenden elektromagnetischen gestreuten Elementarwellen ist es aber, die die verminderte Ausbreitungsgeschwindigkeit der Phasen im Stoff entsprechend der Brechzahl bewirkt. Die Bewegung hat also den Einfluß, als wäre der Stoff dichter geworden (bei sonst unveränderter Beschaffenheit der Moleküle), seine Brechzahl also gestiegen, die Phasengeschwindigkeit in ihm also herabgesetzt. Daß dies gerade nach der Fresnelschen Formel erfolgt, hat H. A. LORENTZ aus der Elektronentheorie der Dispersion 1895 abgeleitet. Es ist keine Ursache vorhanden, daran zu zweifeln, daß für die *Signalgeschwindigkeit* auch im bewegten Stoff im irdischen Laboratorium die Lichtgeschwindigkeit c relativ zu dem im bewegten Stoff ruhenden Beobachter gilt. Aber bei der Lichtausbreitung in einem Stoff behält die Wellenfront nicht immer die gleiche Phase bei (wie z. B. im Vakuum, wo die Phasengeschwindigkeit gleich der Signalgeschwindigkeit ist), sondern ändert ihre Phase fortwährend, so daß sie gewissermaßen über die langsamer fortschreitende Phasenbewegung hingleitet.

Daß Massen, wie sie uns im Laboratorium zur Verfügung stehen, den sog. Äther ihrer näheren Umgebung nicht in merklichem Betrag mitführen, hat O. LODGE untersucht, indem er Licht in sehr großer Nähe rotierender großer Stahlscheiben vorübergehen ließ in einer Interferenzanordnung, die der in Abb. 5.8 angegebenen im Prinzip gleich ist. Es zeigte sich kein merklicher Einfluß auf die Lichtgeschwindigkeit, auch nicht bei starker Elektrisierung und Magnetisierung der Scheiben. Eine etwaige Mitnahme des sog. Äthers ist so gering, daß die Lichtgeschwindigkeit sicher um weniger als $1^0/_{00}$ der Drehgeschwindigkeit beeinflußt wird.

Rolle der Mitführung bei den Versuchen über einen Bewegungseinfluß. Der in der Fresnelschen Formel angegebene Wert des Mitführungskoeffizienten ist insofern von großer Bedeutung, als dadurch bewirkt wird, daß der optische Effekt eines Versuches über den Einfluß der Bewegung auch bei Einschaltung eines Stoffes nicht geändert wird, außer in Größen zweiter Ordnung. die

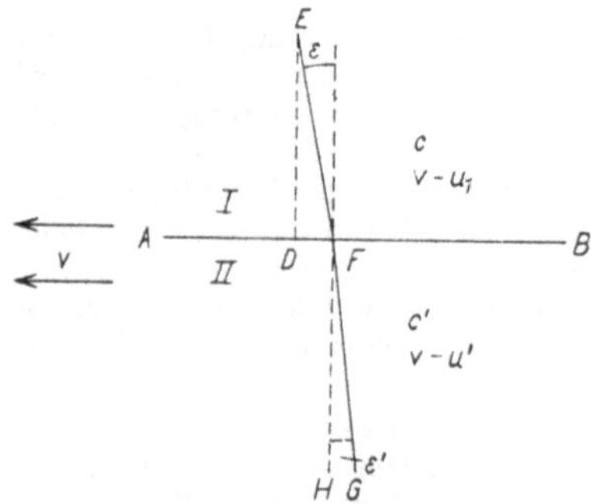

Abb. 5.9. Gültigkeit des Brechungsgesetzes für relative Strahlen

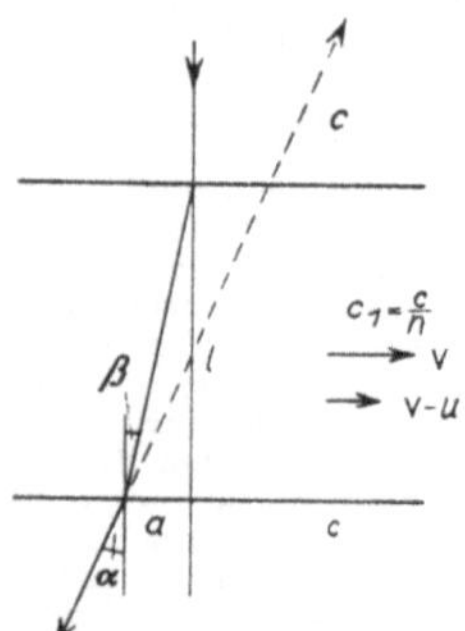

Abb. 5.10. Aberration im wassergefüllten Fernrohr

also proportional zu $(v/c)^2$ sind. Dies soll eingehender an einigen Beispielen betrachtet werden.

Es ist für diese Überlegungen zweckmäßig, für die Lichtausbreitung folgende Unterscheidungen zu treffen: Die Richtung der Wellennormalen, also die Ausbreitungsrichtung relativ zum ruhenden System, soll als „absoluter" Strahl bezeichnet werden. Der Weg des Lichtes im bewegten Stoff hingegen soll als „relativer" Strahl bezeichnet werden. So ist z. B. in Abb. 5.6c bzw. e die gestrichelte Linie der absolute Strahl, denn senkrecht zu ihm erstrecken sich die Wellenflächen des Lichtes. Der ausgezogene Strahl in diesen Abbildungen ist hingegen der relative Strahl, er stellt den Weg des Lichtes relativ zum Stoff dar. Die Mitführung bewirkt nun:

Alle optischen Gesetze für ruhende Stoffe bleiben in erster Näherung für die relativen Strahlen gültig.

(Das heißt unter Vernachlässigung aller Glieder, die von $(v/c)^2$ und höheren Potenzen abhängen.)

Als Beispiel sei das Brechungsgesetz gewählt. In Abb. 5.9 ist die Grenzfläche zweier Stoffe angegeben. Die gesamte Anordnung bewege sich parallel zur Grenzfläche mit der Geschwindigkeit v. Auf die Grenzfläche treffe eine Welle, deren Wellenflächen parallel zur Grenzfläche sind. (Der absolute Strahl steht senkrecht auf der Grenzfläche.)

Bis das Licht, das von einem Punkt ausgeht, die Grenzfläche trifft, hat sich diese so weiterbewegt, daß $\tan \varepsilon = u/c$ ist. Entsprechend gilt für den zweiten Stoff $\tan \varepsilon' = u'/c'$. Es ist also $\tan \varepsilon/\tan \varepsilon' = (uc')/(u'c)$. Unter Vernachlässigung von Größen zweiter Ordnung ist auch $\sin \varepsilon/\sin \varepsilon' = (uc')/(u'c)$. Das Brechungsgesetz lautet $\sin \varepsilon/\sin \varepsilon' = c/c'$. Seine Gültigkeit ist aus Erfahrung auch für bewegte Koordinatensysteme gesichert. Es muß also $c/c' = (uc')/u'c)$, also $u/u' = c^2/c'^2$ sein.
Geht das Licht in das Vakuum über, dann ist $u' = v$, $c' = c_0$ und $u/v = c^2/c_0{}^2$, also $u = (c^2 v)/c_0{}^2$. Die Geschwindigkeit, mit der die Phasenausbreitung des Lichtes an der Bewegung des Stoffes teilnimmt, ist $v - u = v - (c^2 v)/c_0{}^2$ bzw. $v - u = v(1 - 1/n^2)$. Dies ist der Fresnelsche Ausdruck.

Bei Anwendung von Fixsternlicht verlaufen demnach alle Versuche, die die Richtung betreffen, auf der bewegten Erde so, daß die Erde zu ruhen und das Licht des Fixsterns von einem um den Aberrationswinkel verschobenen Ort herzurühren scheint (Abb. 5.6). Dies erklärt auch den Versuch von AIRY (1871), der ein Fernrohr mit Wasser füllte und damit die Aberration bestimmte. Da sich das Licht im Wasser langsam ausbreitet, ist das Fernrohr (Abb. 5.10) schon um ein größeres Stück nach der Seite bewegt als bei Luftfüllung; man könnte daher erwarten, daß bei Wasserfüllung ein größerer Aberrationswinkel herauskommen würde. Die Versuche von AIRY zeigten, daß das nicht der Fall ist. Der Grund liegt darin, daß die Lichtbewegung seitlich mitgenommen wird, wobei die Verlangsamung in der Strahlrichtung gerade wieder unwirksam gemacht wird.
Es ist nämlich

(Abb. 5.10) $\tan \beta = \dfrac{u}{c_1} = \dfrac{a}{l} \approx \sin \beta$;

$$v - u = v\left(1 - \frac{1}{n^2}\right); \quad u = \frac{v}{n^2}.$$

Da $\dfrac{\sin \alpha}{\sin \beta} = n$, so ist $\sin \alpha = n \sin \beta = n \dfrac{u}{c_1} = \dfrac{n}{c_1}\dfrac{v}{n^2}$
$= \dfrac{v}{nc_1} = \dfrac{v}{c}$.

Theorem von Veltmann (1873). Wie zuerst VELTMANN und später ausführlicher H. A. LORENTZ gezeigt haben, bewirkt die Mitführung, daß auch bei Anwesenheit eines Stoffes eine gemeinsame gleichförmige Translationsbewegung von Lichtquelle, Stoff und Beobachter auf die optischen Erscheinungen keinen Einfluß erster Ordnung hat. Da bei allen praktisch ausführbaren Versuchen das Licht von einer Station zu einer zweiten und wieder zurücklaufen muß, hat man also stets einen geschlossenen Lichtweg. In Abb. 5.11 ist ein solcher angegeben.

In Ruhe beträgt die Zeit der Lichtausbreitung von A nach A:

$$t = \sum_1^k \frac{s_i}{c_i}.$$

Die Anordnung sei bewegt mit der Geschwindigkeit v in der Richtung $G - F$. Es ist $v - u = v(1 - 1/n^2)$. Infolge der Bewegung treten also relative Verschiebungen der

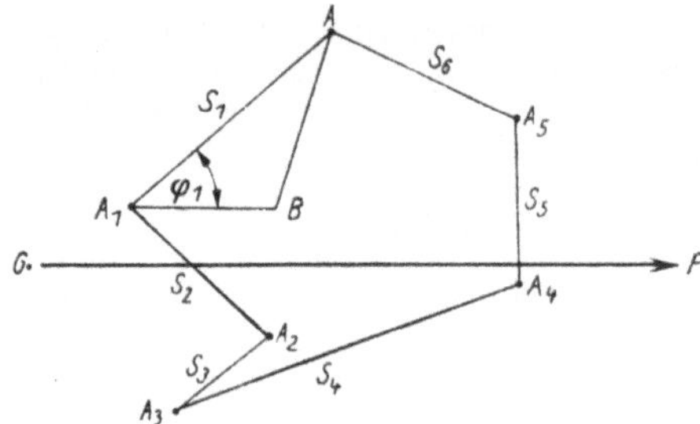

Abb. 5.11. Zum Theorem von VELTMANN

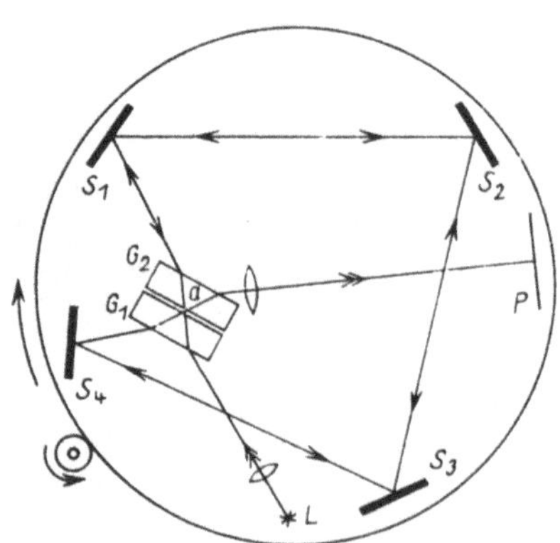

Abb. 5.12. Optischer Wirbelversuch von SAGNAC

Lichtstrahlen von der Größe u_1, u_2, ... in der Richtung $F - G$ ein. Da die relativen Strahlen durch die Bewegung in ihrer gegenseitigen Lage nicht verändert werden, durchlaufen sie also (relativ zum Stoff) ebenfalls das Polygon $A - A$. Wir betrachten die Strecke A–A_1. Die Lichtgeschwindigkeit relativ zum Stoff bei Bewegung sei c_1^*. Die Zeit zum Durchlaufen der Strecke A–A_1 ist t_1. Es ist $AA_1 = c_1^* t_1$; $A_1B = ut_1$; $AB = c_1 t_1$. Daraus folgt, wenn φ_1 der Winkel des Strahles mit der Bewegungsrichtung ist, da u_1 sehr klein gegen c_1 ist:

$$c_1^* = c_1 + u_1 \cos \varphi_1 .$$

Also ist $t_1 = \frac{s_1}{c_1^*} = \frac{s_1}{c_1 + u_1 \cos \varphi_1} = \frac{c_1}{s_1} \frac{1}{1 + \frac{c_1}{u_1} \cos \varphi_1}$.

Das gleiche gilt entsprechend für die anderen Strecken. Es ist also die Gesamtzeit zum Durchlaufen des Polygons im bewegten Zustand $\sum_1^k \frac{s_i}{c_i^*} = \sum \frac{s_i}{c_i} - \sum \frac{u_i}{c_i^2} s_i \cos \varphi_i$. Infolge des Fresnelschen Mitführungskoeffizienten ist aber $\frac{u_1}{c_1^2} = \frac{u_2}{c_2^2} = \dots$. Also wird

$$\sum \frac{s_i}{c_i^*} = \sum \frac{s_i}{c_i} - \frac{u_1}{c_1^2} \sum s_i \cos \varphi_i .$$

Für ein geschlossenes Polygon wird $\sum s_i \cos \varphi_i = 0$. Demnach folgt $\sum \frac{s_i}{c_i^*} = \sum \frac{s_i}{c_i}$; d. h., die Zeit bleibt unverändert.

Die Versuche von Sagnac und Harress. Ein Einfluß auf die Zeit, die ein Lichtstrahl zum Zurücklegen eines geschlossenen Weges benötigt, ist zu erwarten, wenn das Polygon eine Rotationsbewegung ausführt. Denn dann läuft die Lichtbewegung in der einen Richtung dauernd mit, in der anderen dauernd gegen die Bewegung des Systems.

In Abb. 5.12 ist das Prinzip dargestellt. Das Licht einer Lichtquelle L wird im Zwischenraum zwischen den beiden Glasplatten G_1 und G_2 an einer halbversilberten Fläche bei a in zwei Teile zerlegt, von denen einer über die Spiegel S_1, S_2, S_3, S_4 wieder zu diesem Punkt zurückkehrt, während der andere in der entgegengesetzten Richtung läuft. Die wieder vereinigten Strahlen treffen auf die photographische Platte P, auf der die Interferenzen aufgezeichnet werden. Es sei l ein in der Drehungsrichtung liegendes Strahlenstück in der Entfernung r vom Mittelpunkt, bei dem die Lineargeschwindigkeit der Drehung v ist. Dann wird für das in der Drehrichtung laufende Licht die Zeit zum Durcheilen dieser Strecke $t_1 = l/(c - v)$, für den entgegengesetzt laufenden Strahl aber $t_2 = l/(c + v)$. Der Zeitunterschied, der in Ruhe Null ist, wird also bei Drehung

$$t_1 - t_2 = \Delta t = \frac{l}{c - v} - \frac{l}{c + v} \approx \frac{2lv}{c^2} .$$

Die Zeitdifferenz Δt verursacht eine Verschiebung der Interferenzstreifen.

Beträgt die Wegdifferenz der Lichtstrahlen eine Wellenlänge, d. h., ist die Zeitdifferenz der Lichtstrahlen $\Delta t = T = \lambda/c$, so werden die Interferenzstreifen um eine Streifenbreite verschoben. In Streifenbreiten ausgedrückt ist die zu Δt gehörige Verschiebung $\Delta\lambda = (2lv)/(\lambda c)$. Man erhält einen Effekt erster Ordnung. Nimmt man von jedem durchlaufenden Wegstück l_i die Komponente in Drehrichtung, also $l_i \cos \psi_i$, wenn ψ_i den Winkel zwischen Radius und Strecke bezeichnet, so ergibt sich, da $v = r\omega$ (ω Winkelgeschwindigkeit) ist, $\Delta\lambda = (2\omega)/(lc) \cdot \sum l_i r_i \cos \psi_i$. Es ist aber $\sum l_i r_i \cos \psi_i = 2A$, worin A die umrandete Fläche bezeichnet. Damit wird $\Delta\lambda = \frac{4\omega A}{\lambda c}$, oder mit der Umdrehungszahl p in der Sekunde $\left(p = \frac{\omega}{2\pi}\right)$ ist $\Delta\lambda = \frac{8\pi p A}{\chi c}$.

SAGNAC führte diesen Versuch 1914 mit $p = 1$ bis $2\,\mathrm{s}^{-1}$, $A = 865\,\mathrm{cm}^2$, $\lambda = 436$ nm aus. Dadurch, daß man nicht die Streifenverschiebung mit dem Ruhestand vergleicht, sondern mit der Drehung in entgegengesetzter Richtung, wird die Wirkung verdoppelt und der formändernde Einfluß der Fliehkräfte unschädlich gemacht. Die Größenordnung der beobachteten Verschiebungen betrug 0,05 Streifenbreiten. Neuerdings sind die Versuche mit größerer Genauigkeit von POGANY wiederholt worden. Die nach obiger Formel berechneten Werte stimmten sehr gut mit den Versuchsergebnissen überein.

Nach dem Gesagten ist zu erwarten, daß es bei den Effekten erster Ordnung nicht darauf ankommt, ob das Licht einen Stoff durchläuft. Dann ist nämlich die Geschwindigkeit der beiden entgegenlaufenden Lichtstrahlen, wenn n die

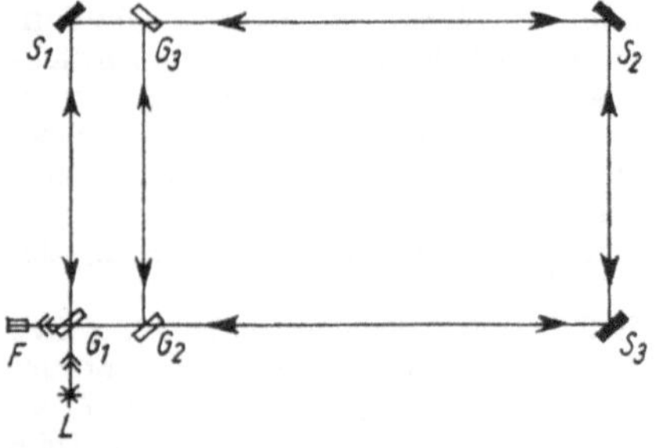

Abb. 5.13. Schema des Versuches von MICHELSON und GALE

Brechzahl des Stoffes ist, $c' = \frac{c}{n} \pm \left(1 - \frac{1}{n^2}\right) v$. Relativ zum bewegten Stoff ist also die Geschwindigkeit $c' \pm v = \frac{c}{n} \pm \frac{v}{n^2}$. Daher ist

$$\Delta t = \frac{l}{\frac{c}{n} - \frac{v}{n^2}} - \frac{l}{\frac{c}{n} + \frac{v}{n^2}} \approx \frac{2l \frac{v}{n^2}}{\frac{c^2}{n^2}} = \frac{2lv}{c^2}.$$

Man erhält also den gleichen Zeitunterschied wie ohne Stoff. Derartig technisch sehr schwierige Versuche sind von HARRESS (1912) und POGANY (1928) ausgeführt worden. Die angegebenen Formeln entsprechen sehr gut den Versuchsergebnissen.

MICHELSON und GALE haben 1925 versucht, die Erddrehung als Drehbewegung zu benutzen. Da p sehr klein ist, muß A sehr groß gemacht werden, um ein meßbares Ergebnis zu erzielen. Ferner kommt nur der zur Erdachse senkrechte Teil der aus technischen Gründen horizontalen Flächen (Rechteck von $340 \cdot 613\ m^2 = 2{,}4 \cdot 10^4\ cm^2$) zur Wirkung (geographische Breite $= 42°$). Eine weitere Schwierigkeit besteht darin, daß man die Erdrotation nicht beseitigen oder umdrehen kann, daß also eine Bezugslage für die Interferenzstreifen fehlt. Es wurde daher ein Hilfskreis gewählt (Abb. 5.13), dessen Fläche so klein ist, daß in ihm der Effekt vernachlässigt werden kann. Zur Vermeidung von Störungen muß der Lichtweg in evakuierten Röhren verlaufen. Die gefundene Verschiebung von 0,24 Streifenbreiten entspricht der nach der Sagnacschen Formel berechneten.

5.1.4. Elektrische und magnetische Effekte

Elektrische und magnetische Effekte erster Ordnung. Jede mit der Geschwindigkeit v bewegte elektrische Ladung ist mit einem der Größe v/c proportionalen Magnetfeld verbunden (Versuche von RÖNTGEN; ROWLAND und EICHENWALD). Das Magnetfeld, das bei Bewegungen von Ladungen entsteht, ist von einem relativ zur Erdoberfläche ruhenden Beobachter feststellbar und seiner Größe nach der Relativgeschwindigkeit gegen diesen Beobachter proportional. Wird andererseits ein magnetisches Feld bewegt, so bildet sich senkrecht zur Bewegungsrichtung und senkrecht zum Magnetfeld ein elektrisches Feld aus, dessen Feldstärke von der Relativgeschwindigkeit des Beobachters gegen das magnetische Feld abhängt.

Dieses elektrische Feld ist von H. A. WILSON (1904) und von W. WIEN (1914) experimentell festgestellt worden, wobei aus technischen Gründen, da es nur auf die Relativbewegung ankommt, das Magnetfeld relativ zur Erde ruhen gelassen und der Beobachter (Probekörper) bewegt wurde. WILSON ließ einen isolierten hohlen Zylinder, dessen Begrenzungsflächen metallisch belegt waren, in einem Magnetfeld rotieren. Infolge der Bewegung erhielten die Zylinderflächen eine elektrische Ladung. W. WIEN schickte durch ein magnetisches Feld von etwa $1{,}4 \cdot 10^6$ A/m leuchtende Wasserstoffkanalstrahlen einer Geschwindigkeit von etwa 500 km/s. Durch die Relativbewegung gegen das Magnetfeld überlagert sich dem Atomfeld ein elektrisches Feld. Dadurch wird das vom Atom ausgesandte Licht entsprechend dem Stark-Effekt in seiner Wellenlänge geändert.
Die Größe der beobachteten Änderung gibt umgekehrt ein Mittel an die Hand, die Stärke des auftretenden elektrischen Feldes zu messen. Die Versuche zeigen, daß die Größe des Feldes tatsächlich in der berechneten Weise $E \sim (vB)/c$ von der Relativgeschwindigkeit v abhängt, und zwar ist die Wirkung erster Ordnung in v/c.

Gleichzeitige Bewegung von Feld und Beobachter. Man kann die Versuche auch so anstellen, daß die Anordnung einschließlich des Beobachters bewegt ist. Im optischen Fall ist dann kein Effekt erster Ordnung feststellbar. H. A. LORENTZ zeigte, daß nach den Maxwellschen Gleichungen auch für elektrische und magnetische statische oder stationäre Felder infolge der Bewegung kein Einfluß erster Ordnung von v/c zu erwarten ist, da an den Feldern der Prüfkörper durch die Bewegung gerade die entgegengesetzten Wirkungen auftreten wie die zu erwartenden. Es ist danach z. B. nicht möglich, das Magnetfeld, das ein geladener Kondensator bei Bewegung erzeugt, nachzuweisen, wenn der Beobachter sich mit dem Kondensator mitbewegt, soweit Wirkungen erster Ordnung in Betracht kommen. Demnach besteht Analogie zu den optischen Verhältnissen. Bis jetzt ist ein derartiger Versuch allerdings noch nicht direkt, d. h. mit Bewegung relativ zur Erdoberfläche, ausgeführt worden.

Für elektromagnetische Wirkungen zeigt der Wiensche Versuch, daß ebenfalls die Relativbewegung maßgebend ist. Wir denken uns eine ruhende elektrische Ladung und daran ein magnetisches Feld (z. B. einen Stabmagneten) vorbeibewegt (Abb. 5.14). Die Ladung ist von ihrem Feld umgeben, die Feldstärke in einem Punkt sei $\boldsymbol{E}$. Der Magnet erzeugt in diesem Punkte des Raumes außer seinem Magnetfeld der Feldstärke $\boldsymbol{H}$ auch eine elektrische Feldstärke $\boldsymbol{E}'$, da er infolge seiner Bewegung von einem elektrischen Wirbelfeld umgeben ist. Das Feld in der Umgebung der Ladung ist also geändert. Nimmt man das elektrische Feld eines Atoms, so kann man diese Änderung an dem Starkeffekt bei der Lichtaussendung von diesem Atom feststellen. Außerdem üben die beiden

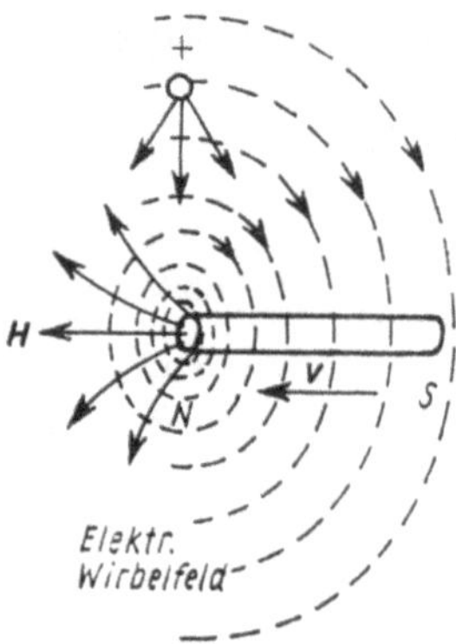

Abb. 5.14. Wirkungen zwischen bewegtem Magneten und ruhender Ladung

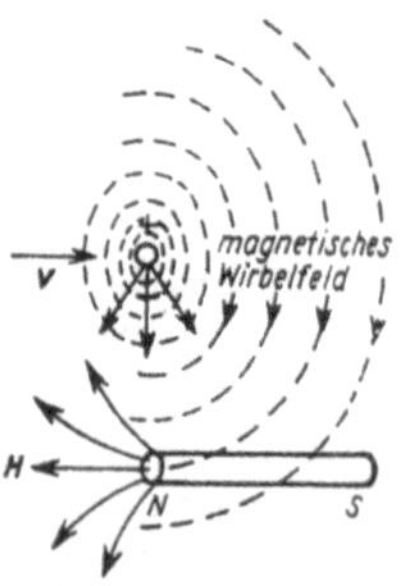

Abb. 5.15. Wirkungen zwischen bewegter Ladung und ruhendem Magneten

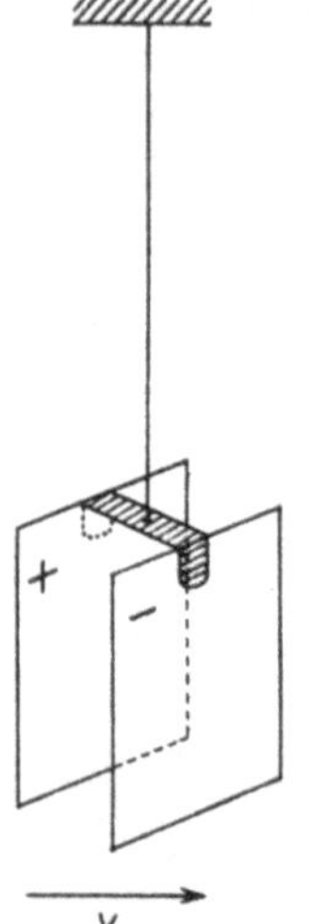

Abb. 5.16. Anordnung des Kondensator-Drehversuches

elektrischen Felder eine mechanische Wechselwirkung aufeinander aus. Das elektrische Feld des Magneten erteilt der Ladung eine Beschleunigung, die in der Abb. 5.14 nach vorn (in bezug auf die Zeichenebene) gerichtet ist. Nach dem Prinzip von Wirkung und Gegenwirkung erfährt der Magnet ein Drehmoment. Der Nordpol N des Magneten wird hinter die Zeichenebene gedrückt, der Sülpol nach vorn. Wir betrachten nun dieselbe Relativbewegung, der Magnetstab soll aber ruhen und die Ladung bewegt sein (Abb. 5.15). Diese ist dann von einem magnetischen Wirbelfeld umgeben, das sich dem Magnetfeld des Stabmagneten überlagert. An dem früher betrachteten Feldpunkt herrscht nun nicht die der unbeeinflußten Bewegung der Ladung der Feldstärke $\boldsymbol{E}$ zugehörige Magnetfeldstärke $\boldsymbol{H}'$, sondern infolge der Überlagerung der magnetischen Felder eine andere $\boldsymbol{H} + \boldsymbol{H}'$. Das ist aber nicht möglich, da ein elektrischer Strom ohne das zu ihm in richtiger Stärke gehörende Magnetfeld nicht bestehen kann. An der betreffenden Raumstelle ist also das elektrische Feld der Ladung geändert. Nimmt man das elektrische Feld eines Atoms, so kann man diese Änderung wiederum an dem auftretenden Starkeffekt feststellen. Dieses Ergebnis hat W. WIEN mit seinem Versuch auch quantitativ erhalten. Außerdem üben die beiden Magnetfelder aufeinander wieder eine mechanische Wechselwirkung aus. Das magnetische Feld der Kugel erteilt dem Magneten ein Drehmoment, der Nordpol des Magneten wird hinter die Zeichenebene gedrückt. Nach dem Prinzip von Wirkung und Gegenwirkung erhält also die Kugel nach vorn in bezug auf die Zeichenebene einen Antrieb. Man ersieht daraus, daß bei beiden oben betrachteten Bewegungen am gleichen Raumpunkt dieselben Feldverhältnisse herrschen. Die elektromagnetische Wechselwirkung ist ausschließlich durch die Relativbewegung bestimmt.

Der obige Fall war nun insofern ein Spezialfall, als wir angenommen haben, daß das eine System relativ zu einen hypothetischen Träger der elektromagnetischen Erscheinungen ruht. Wie ist es aber, wenn beide Systeme eine gemeinsame Geschwindigkeit gegenüber diesem Träger haben, wenn wir also die Beobachtung etwa in einem Eisenbahnzug anstellten? Nehmen wir an, die gemeinsame Bewegung erfolge bei der Anordnung von Abb. 5.14 von links nach rechts mit der Geschwindigkeit v. Dann hat der Magnet ein elektrisches Wirbelfeld, das entgegengesetzt dem in Abb. 5.14 gezeichneten ist. Die Ladung hat ein der vergrößerten Relativgeschwindigkeit gegen den sog. Äther entsprechend verstärktes magnetisches Wirbelfeld. Wie man sich auf Grund des Vorhergehenden leicht überlegt, heben sich die beiden Wirkungen wieder auf, so daß man wieder zu der gleichen Wechselwirkung kommt wie vorher. Dies gilt aber nur, wenn man sich auf Größen erster Ordnung beschränkt, wie LORENTZ gezeigt hat; infolge der endlichen Fortpflanzungsgeschwindigkeit der Änderungen der elektromagnetischen Kräfte ist die Einstellung an einem gewissen Raumpunkt von dieser Geschwindigkeit abhängig.

Der Kondensatordrehversuch. Bei elektrischen und magnetischen Versuchen sind auch Effekte zweiter Ordnung zu erwarten. Am empfindlichsten läßt sich eine (zuerst von FITZGERALD vorgeschlagene) Anordnung machen, bei der ein auf einen Plattenkondensator ausgeübtes Drehmoment bestimmt wird.

Ein Plattenkondensator sei so aufgehängt, daß die Drehachse parallel zur Plattenebene ist (Abb. 5.16). Die Projektion des Kondensators von oben gesehen zeigt Abb. 5.17. A sei die Fläche, d die Dicke, σ die Flächendichte des Kondensators. Wird dieser senkrecht zu seinen Feldlinien bewegt, so entsteht ein Magnetfeld. Die magnetische Energie W_m und die elektrische Energie W_e ergeben sich aus

$$W_m = \tfrac{1}{2}\,\mu\mu_0 H^2 A d, \qquad W_e = \tfrac{1}{2}\varepsilon\varepsilon_0 E^2 A d.$$

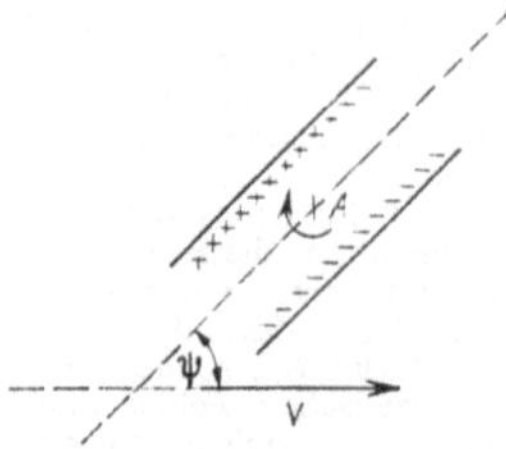

Abb. 5.17. Zum Kondensator-Drehversuch

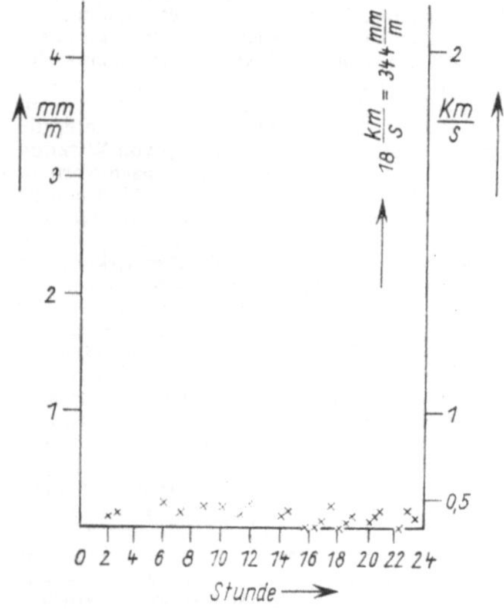

Abb. 5.18. Ergebnisse der Beobachtungen mit dem Kondensator-Drehversuch in 3500 m Höhe. x = beobachtete Ausschläge, rechts umgerechnet auf Geschwindigkeit des „Ätherwindes" (nach TOMASCHEK)

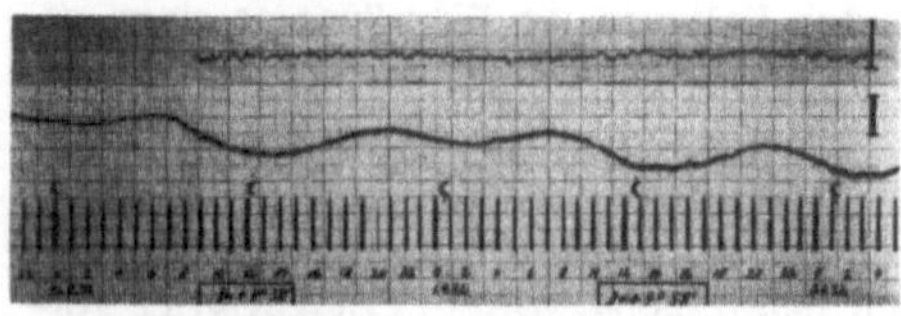

Abb. 5.19. Zeitliche Schwankungen der Schwerkraft (Photographische Registrierkurve nach TOMASCHEK-SCHAFFERNICHT)

Mit $H = v\sigma$, $E = U/d$, $\sigma = \varepsilon\varepsilon_0 U/d$ und $\varepsilon_0\mu_0 = 1/c^2$ erhält man

$$W_m = \varepsilon\mu W_e \frac{v^2}{c^2}.$$

Bildet die Kondensatorebene mit der Richtung der Geschwindigkeit den Winkel ψ (senkrecht zur Aufhängung), dann kommt der Faktor $\cos^2\psi$ hinzu, so daß für die Gesamtenergie

$$W = W_e\left(1 + \frac{v^2}{c^2}\varepsilon\mu\cos^2\psi\right)$$

gilt.

Das Magnetfeld hat das Bestreben, seine Richtung senkrecht zur Bewegungsrichtung und zum elektrischen Feld einzustellen. Weil die Arbeit gleich dem Produkt aus dem Drehmoment und dem Winkel ist, wird für das Drehmoment

$$L = -\frac{\mathrm{d}W}{\mathrm{d}\psi} = \varepsilon\mu W_e \frac{v^2}{c^2}\sin 2\psi - \left[1 + \frac{v^2}{c^2}\varepsilon\mu\cos^2\psi\right]\frac{\partial W_e}{\partial\psi}.$$

W_e hängt nicht von ψ ab, so daß das zweite Glied verschwindet. Man erhält für den Fall, daß die Plattenebene mit der Drehachse den Winkel χ bildet:

$$L = \varepsilon\mu W_e \frac{v^2}{c^2}\sin^2\chi\sin 2\psi.$$

Die Wirkung der Bewegung wird ein Maximum, wenn die Geschwindigkeit senkrecht zur Drehachse steht und mit der Plattenrichtung den Winkel 45° bildet.

Der Versuch ist mit direkter Bewegung gegenüber der Erdoberfläche wegen der großen experimentellen Schwierigkeiten noch nicht ausgeführt worden. Mit kosmischen Geschwindigkeiten wurde er zuerst von TROUTON und NOBLE 1904 ausgeführt. Mit wesentlich verbesserter Anordnung ist der Versuch mehrfach von TOMASCHEK (auch in 3500 m Höhe über dem Meer) und von FENNER ausgeführt worden.

Der Kondensatordrehversuch ist noch genauer als der im Abschn. 5.2.1 zu beschreibende Michelsonversuch. Das Ergebnis ist (Abb. 5.18), daß keine Wirkung, die auf einen sog. Ätherwind von mehr als 0,1 km/s hinwies, vorhanden ist.

Auf elektrischem Wege ist keine „Absolutbewegung" der Erde feststellbar.

Versuche über den Einfluß der Bewegung der Erde auf die Schwerkraft. Es wäre denkbar, daß zwar die elektromagnetischen Erscheinungen durch die Bewegung der Erde nicht beeinflußt werden, aber die Gravitation. Versuche sind von TOMASCHEK und SCHAFFERNICHT angestellt worden. Sie bestimmten die zeitlichen Schwankungen der Schwerkraft mit einer Genauigkeit bis zu 10^{-9} ihres Betrages. Abb. 5.19 zeigt eine photographische Registrierkurve (verkleinert) mit den täglichen Schwereschwankungen, die sich vollkommen durch den Einfluß des Mondes und der Sonne erklären lassen. Eine Beeinflussung der Schwerkraft durch die Bewegung der Erde im Weltraum, die sich in einer Schwankung der Schwereintensität mit Sternzeitperiode äußern müßte, ist ihrem Betrag nach sicher kleiner als 10^{-8}.

Auch in der Schwereintensität macht sich die kosmische Bewegung der Erde nicht bemerkbar.

5.2. Lorentztransformation

5.2.1. Michelsonversuch

Nach den klassischen Vorstellungen erfolgt die Lichtausbreitung und die elektromagnetische Kopplung der Felder durch den sog. Weltäther, den Vermittler der elektrischen und magnetischen Vorgänge. Um einen geladenen elektrischen Körper ist z. B. der Raum in einem besonderen, dem elektrischen Zustand; wir können jedem Raumpunkt eine bestimmte Größe dieses Zustandes, z. B. eine Feldstärke oder Energiedichte, zuordnen. Das bedeutet aber, daß die einzelnen Raumpunkte quantitativ angebbar voneinander verschieden sind. Es muß sich also irgendeine Substanz (jedoch masselos) im Raum befinden, die dieser verschiedenen Zustände fähig ist. Das Nächstliegende ist, und dies war auch historisch nach Erkenntnis der wellenartigen Ausbreitung des Lichtes die erste Stufe, den sog. Äther im „Raum" ruhend und diesen gleichmäßig von ihm erfüllt anzunehmen, wobei auch Körper wie die Erde durch diesen Äther ungehindert hindurchgehen. Damit hatte auch die Frage einen Sinn: Welche Bewegung hat in einem gegebenen Augenblick ein Körper auf der Erdoberfläche gegen diesen Äther, d. h., welche ist seine „absolute" Bewegung? Zweifellos bewegt sich die Erde im Weltraum. Sie hat eine Geschwindigkeit von rund 30 km/s auf ihrer Bahn um die Sonne; die Sonne hat wieder eine Geschwindigkeit von etwa 19 km/s gegen das nähere Fixsternsystem in der Richtung auf das Sternbild Herkules zu. Außerdem besteht eine Geschwindigkeit von mehreren hundert km/s gegenüber dem System der Sternhaufen. Wäre auch in einem gegebenen Augenblick die Bewegung der Erde gegenüber dem Äther Null, so müßte sie sich doch im Laufe eines Jahres wenigstens infolge der Bahnbewegung um die Sonne ändern. Man müßte also mindestens zu irgendeiner Jahreszeit eine Absolutgeschwindigkeit von 30 km/s an der Erdoberfläche erwarten können.

Stellt man einen elektromagnetischen Versuch auf der Erde an, so müßte ein Einfluß der Bewegung der Erde gegen den Äther entsprechend den Ausführungen des vorhergehenden Abschnitts feststellbar sein. Es gäbe dann im Laboratorium einen „Ätherwind", der entweder infolge der täglichen Bewegung der Erde, falls die Richtung des Ätherwindes nicht parallel zur Erdachse ist, oder durch die Jahresbewegung um die Sonne, falls die Richtung der Bewegung nicht parallel zur Achse der Ekliptik steht, veränderlich, also sicher zu einer Zeit ein meßbarer Betrag feststellbar sein müßte. Naturgemäß sind dies Versuche, bei denen Beobachter und Anordnung gleicherweise bewegt, relativ zueinander also in Ruhe sind. Für solche Anordnungen sind aber nur Wirkungen zu erwarten, bei denen der Effekt von $(v/c)^2$ abhängt. Daher ist es nicht verwunderlich, daß die sehr zahlreichen und mit größter Sorgfalt im Laufe des letzten Jahrhunderts durchgeführten Versuche, in denen nach einem Effekt erster Ordnung gesucht wurde, negativ verlaufen sind. Als beweisend bleiben nur diejenigen Versuche übrig, bei denen die Wirkung zweiter Ordnung ist. Die beiden wichtigsten Versuche solcher Art sind der *Michelson-Versuch* und der im Abschn. 5.1.4 beschriebene *Kondensatordrehversuch.*

Der Michelson-Versuch. Einen Effekt erster Ordnung festzustellen ist nicht möglich, wenn Lichtquelle, Gerät und Beobachter sich gemeinsam gleichförmig geradlinig bewegen und der Lichtweg geschlossen ist. Ist nämlich die in Richtung der Bewegung durchlaufene Strecke l, so sind die Lichtzeiten $l/(c \pm v)$ und die Differenz ihrer Summe gegenüber der bei Ruhe gültigen Laufzeit $2l/c$ gleich $\Delta t = (2l/c) \cdot (v^2/c^2)$, also klein von zweiter Ordnung. Wie schon MAXWELL 1878 bemerkte, bleiben für eine derartige Untersuchung nur Effekte zweiter Ordnung übrig. Diese Wirkungen sind, da v sehr viel kleiner als c ist, sehr viel geringer als die Effekte erster Ordnung und daher i. allg. nicht feststellbar. Man muß schon kosmische Geschwindigkeiten von einigen km/s zur Hilfe nehmen, um einen wahrnehmbaren Effekt zu erhalten. Das einfachste zur Verfügung stehende Gerät ist das Michelsonsche Interferometer. Es soll der Fall behandelt werden, daß das Interferometer in der Zeichenebene mit der Geschwindigkeit v in der Pfeilrichtung bewegt ist, daß also der eine Arm des Interferometers parallel zur Bewegungsrichtung, der andere senkrecht dazu steht (Abb. 5.20). Wir betrachten zunächst den in der Bewegungsrichtung liegenden Arm. Die Zeit zur Zurücklegung der Strecke G–S_1 ist mit $GS_1 = l$ gleich $l/(c - v)$, also länger als in Ruhe, da der Spiegel S_1 vor dem Licht wegläuft. Das am Spiegel nach G reflektierte Licht benötigt zur Zurücklegung der Strecke S_1–G die Zeit $l/(c + v)$. Die Gesamtzeit ist

$$t_p = \frac{l}{c - v} + \frac{l}{c + v}$$

$$= \frac{2lc}{c^2 - v^2} = \frac{2l}{c} \frac{1}{1 - \dfrac{v^2}{c^2}} \approx \frac{2l}{c}\left(1 + \frac{v^2}{c^2}\right)$$

$(v/c \ll 1)$. Aber auch die Zeit, die das Licht in dem senkrecht dazu stehenden Arm benötigt, wird gegenüber dem Ruhezustand geändert. Während der Zeit t_p ist nämlich der Punkt G der halbdurchlässigen Glasplatte, von einem an der Bewegung nicht teilnehmenden Beobachter

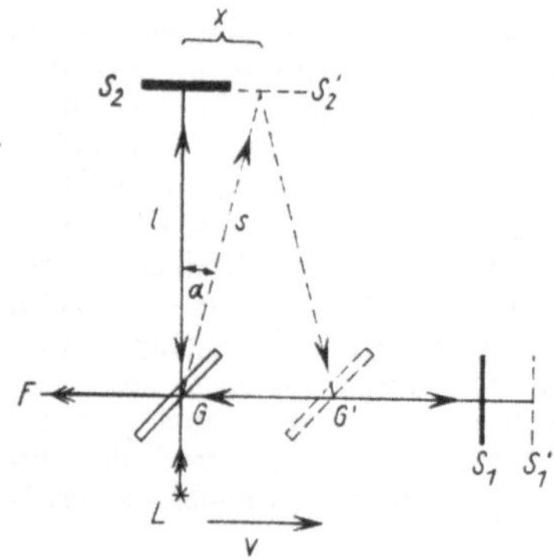

Abb. 5.20. Zum Michelsonschen Interferenzversuch (Absoluter Strahlengang gestrichelt)

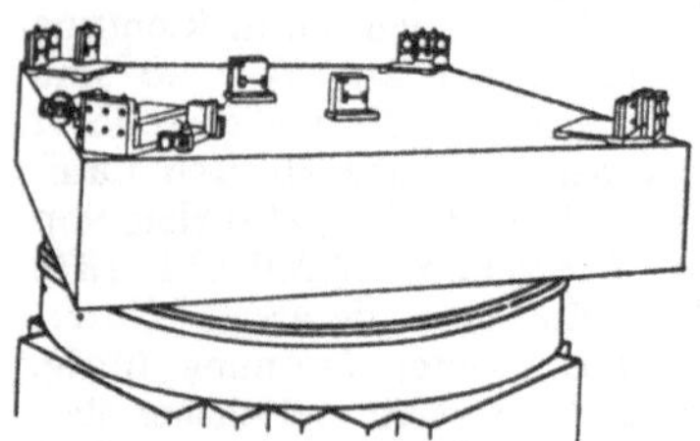

Abb. 5.21. Anordnung des Interferenzversuches von MICHELSON und MORLEY (1887)

aus beurteilt, nach G' gekommen. Da zum Entstehen der Interferenzstreifen Vereinigung im Punkt G des Interferometers notwendig ist, muß die Glasplatte so gestellt sein, daß die beiden Lichtstrahlen im Raumpunkt G' gleichzeitig ankommen. Das senkrecht laufende Licht beschreibt also ein gleichschenkliges Dreieck, dessen Scheitel in S_2 liegt und dessen Scheitelwinkel gleich dem doppelten Aberrationswinkel α ($\sin \alpha = v/c$) ist. Die Grundlinie GG' sei $2x$. Der vom Licht zurückgelegte Weg s ist also gegeben durch $s^2 = l^2 + x^2$; da $x = (vs)/c$ ist, wird

$$s^2 = l^2 + \left(\frac{v}{c}\right)^2 s^2,$$

$$\text{also} \quad s = \frac{1}{\sqrt{1 - \frac{v^2}{c^2}}} \approx l\left(1 + \frac{1}{2}\,\frac{v^2}{c^2}\right);$$

$$\text{also ist} \quad t_s = \frac{2l}{c}\left(1 + \frac{1}{2}\,\frac{v^2}{c^2}\right).$$

Die Differenz zwischen den Zeiten t_p und t_s beträgt

$$\Delta t = t_p - t_s = \frac{2l}{c}\left(1 + \frac{v^2}{c^2}\right) - \frac{2l}{c}\left(1 + \frac{1}{2}\,\frac{v^2}{c^2}\right) = \frac{l}{c}\,\frac{v^2}{c^2}.$$

Diese Zeitdifferenz bewirkt, daß sich die beiden Teilbündel mit einer anderen Phasendifferenz überlagern als in Ruhe. Das System der Interferenzstreifen verschiebt sich, wenn das Gerät bewegt wird. Ausgedrückt in Bruchteilen der Schwingungsdauer des Lichtes, also auch in Bruchteilen der Streifenbreite, ergibt sich

$$\delta = \frac{\Delta t}{\frac{\lambda}{c}} = \frac{l}{\lambda}\,\frac{v^2}{c^2}.$$

Wichtig ist der Fall, daß das Interferometer die Geschwindigkeit v ständig beibehält. Man hat dann nicht die Möglichkeit, die Lage der Interferenzstreifen mit dem Ruhezustand zu vergleichen. Man kann diese Schwierigkeit aber umgehen, wenn man das Interferometer drehbar einrichtet. Dreht man aus der oben angenommenen Ausgangsstellung um 45° weiter, so daß beide Arme um 45° gegen die Bewegungsrichtung quer stehen, so folgt schon aus Symmetriegründen, daß keine Zeitdifferenz zwischen den Teilstrahlen besteht. Man erhält also auf diese Weise den gewünschten Vergleich. Dreht man um 45° weiter (also insgesamt um 90°), so haben die beiden Arme ihre Rollen vertauscht, man erhält eine Streifenverschiebung nach der entgegengesetzten Seite gegenüber der Ausgangsstellung. Durch Drehung um 90° wird also der Effekt verdoppelt.

Man geht so vor, daß man das Gerät (Abb. 5.21) zu verschiedenen Tages- und Jahreszeiten dreht und nach einer etwaigen Verschiebung des Interferenzstreifen Ausschau hält. Hierbei muß die Verschiebung mit einer Periode von je einer halben Umdrehung erfolgen.

Die ersten Versuche wurden von A. A. MICHELSON 1880/81 im Physikalischen Institut der Universität Berlin, später in Potsdam unternommen. Die erwartete Streifenverschiebung für eine Geschwindigkeit von 30 km/s entsprechend der Bahngeschwindigkeit der Erde war 0,04 Streifenbreiten. Die beobachteten Verschiebungen (wohl größtenteils durch elastische und Wärmestörungen bedingt) betrugen nur 0,004 bis 0,015 Streifenbreiten. Mit größter Genauigkeit haben MICHELSON und MORLEY den Versuch im Juli 1887 in Cleveland wiederholt. Die optische Anordnung war auf einem Sandsteinblock aufgestellt, der auf Quecksilber schwamm, so daß während der Beobachtung das Gerät ohne störende Erschütterung gedreht werden konnte (Abb. 5.21). Durch mehrfache Reflexion betrug der Lichtweg 11 m. Es zeigten sich Streifenverschiebungen, die einem Ätherwind von 8 km/s entsprächen. Die Versuche sind weiterhin mit verbesserten Geräten von MORLEY und MILLER 1902 bis 1906 und dann mit der größten Sorgfalt von MILLER von 1921 an fortgesetzt worden. Eine Wiederholung des sehr schwierigen Experimentes haben unter teilweise veränderten technischen Bedingungen TOMASCHEK (1924), KENNEDY (1926 bis 1928), PICCARD und STAHEL (1926 bis 1928), ILLINGWORTH (1928), MICHELSON, PEASE und PEARSON (1929) und in technisch sehr vollkommener Weise JOOS (1930) durchgeführt. MILLER, der die umfassendsten Untersuchungen angestellt hat, kommt zu dem Schluß, daß ein Ätherwind von etwa 10 bis 11 km/s feststellbar sei, der etwa 5% einer „Absolutbewegung" der Erde von 208 km/s gegen einen Zielpunkt, der in der großen Maghellanschen Wolke etwa 7° vom Pol der Ekliptik entfernt bei RA = 5^h und D = −70° liegt. Von den anderen Beobachtern sind wesentlich geringere Effekte erhalten worden. Die Grenze der von ihnen beobachteten Verschiebungen entspricht etwa 1 bis 2 km/s. TOMASCHEK hat gezeigt, daß der Versuch auch mit Planeten- und Fixsternlicht in gleicher Weise verläuft wie mit irdischem Licht. Den Michelsonversuch bei direkter Bewegung relativ zur Erdoberfläche anzustellen, ist bisher wegen der technischen Schwierigkeiten (Störungen durch Erschütterungen, Temperaturänderungen u. dgl.) noch nicht gelungen.

Als Gesamtergebnis folgt:

Die Versuche mit dem Michelsonschen Interferometer zeigen, daß sicher nicht die gesamte, wahrscheinlich aber überhaupt keine „Absolutbewegung" der Erde feststellbar ist.

5.2.2. Lorentztransformation

Der Ätherwind. Die Aberration läßt sich widerspruchsfrei erklären durch die Annahme eines *ruhenden Äthers.* Damit steht der Versuch von LODGE im Einklang. Die Mitführungsversuche lassen die Deutung zu, daß der Äther wenigstens teilweise mitgenommen wird, hingegen zwingen der negative Ausfall des Michelsonversuches und des Kondensatordrehversuches zu dem Schluß, daß der Äther durch die Erde mitgenommen wird. Hiergegen spricht aber der positive Ausfall des MICHELSON-GALE-Versuches, der darauf hindeutet, daß der Äther die Drehbewegung der Erde nicht mitmacht. Bei einem ruhenden Äther müßte ein „Ätherwind" die Vorgänge bei den genannten Versuchen beeinflussen. Wie H. A. LORENTZ (1895) beweisen konnte, kann es jedoch keine solche Beeinflussung (Effekte) erster Ordnung, sondern nur zweiter Ordnung geben. Daher ist der Ausfall der Versuche zum Nachweis auf Wirkungen 2. Ordnung von grundsätzlicher Bedeutung. Diese zeigen eindeutig: Es gibt keinen Ätherwind; die Annahme eines ruhenden Äthers ist unzutreffend.

Es ergibt sich die Aufgabe, alle einander scheinbar widersprechenden Versuche von einem einzigen übergeordneten Gesichtspunkt zu betrachten und ihre Erklärung zu versuchen, d. h. die Ergebnisse der Messungen mit physikalischen Grundanschauungen in Übereinstimmung zu bringen. Die Lösung dieser Aufgabe gelang im Jahre 1904 POINCARÉ und LORENTZ, in erweiterter Form 1905 A. EINSTEIN durch eine einheitliche Darstellung der Elektrodynamik und Optik auf Grund zweier Hauptannahmen:

– Die Lichtgeschwindigkeit im Vakuum hat unabhängig vom Bewegungszustand immer den gleichen Wert c.

– Das Relativitätsprinzip ist ein allgemeines Naturgesetz.

Zur Beurteilung des zweiten Postulates müssen wir kurz auf das Wesen des Relativitätsprinzips, das bereits in der klassischen Mechanik von Bedeutung ist, näher eingehen. Die erste dieser Annahmen läßt sich im gewissen Sinne an der Erfahrung prüfen: Der Versuch von MICHELSON läßt ja keinen Unterschied der Lichtgeschwindigkeit in oder entgegen der Richtung des bewegten Beobachters erkennen. Zudem bleibt dieses Ergebnis auch für außerirdische Lichtquellen gültig, wie TOMASCHEK (auf Vorschlag LENARDS) bewies. Auch zwingen astronomische Beobachtungen an Doppelsternen (DE SITTER) zu dem gleichen Schluß. Indem man diese Grundannahme mit der zweiten, der allgemeinen Relativität aller Naturerscheinungen, vereinte, gelangte man zu folgender Fragestellung: Lassen sich unsere physikalischen Messungen für die oben beschriebenen Versuche, also z. B. Bestimmungen von Geschwindigkeiten oder genaue Raum- und Zeitmessungen, so gestalten, daß hierdurch bei Erfüllung obiger Grundforderungen die Widersprüche behoben werden? Der wesentliche neue Gedanke liegt offensichtlich darin, daß auch Zeitmessungen relativ werden, nicht nur Bestimmungen der Lage, wie in der klassischen Mechanik.

Ableitung der Lorentz-Transformation. Der Michelson-Versuch lehrt, daß sich das Licht in jedem gleichförmig geradlinig bewegten Koordinatensystem unabhängig von der Richtung mit konstanter Geschwindigkeit ausbreitet. Die von einem Punkt ausgehenden Lichtwellen sind in jedem Inertialsystem Kugelwellen. In zwei verschiedenen Inertialsystemen gilt für die Wellenflächen

$$x^2 + y^2 + z^2 - c^2t^2$$
$$\equiv x'^2 + y'^2 + z'^2 - c^2t'^2 \equiv 0.$$

Die Vorstellung von einer unabhängig vom Koordinatensystem ablaufenden „absoluten" Zeit muß damit ebenfalls aufgegeben werden.

Die bewegten Koordinatensysteme sollen zur Vereinfachung der Rechnung so gelegt werden, daß die Achsen parallel sind sowie die x- und x'-Achse zusammenfallen. Die Relativbewegung verlaufe in x- bzw. x'-Richtung (Abb. 5.22). Es gilt

$$x^2 - c^2t^2 \equiv x'^2 - c^2t'^2 \equiv 0, \tag{5.3}$$

$$y = y', \tag{5.4a}$$

$$z = z'. \tag{5.4b}$$

Der Ursprung O hat im System Σ' die Koordinate $-vt'$, der Ursprung O' im System Σ die

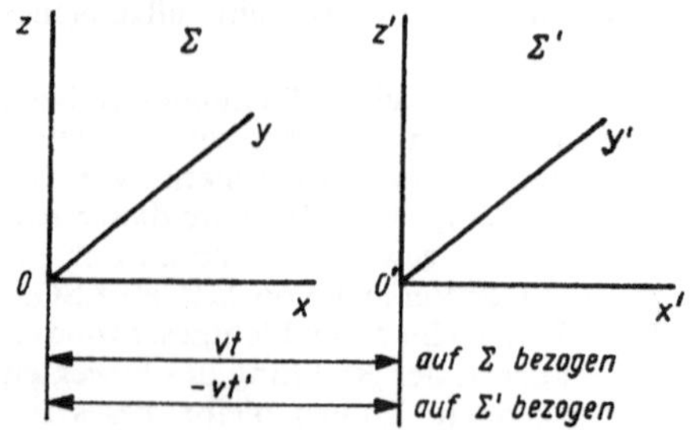

Abb. 5.22. Ruhendes und bewegtes System

Koordinate vt. Als einfachste Koordinaten-Transformation ist

$$x' = k(x - vt), \tag{5.5a}$$

$$x = k'(x' + v't') \tag{5.5b}$$

anzusehen (k und k' sind zu bestimmende Konstanten). Einsetzen von x' nach (5.5a) in (5.5b) und Umformen ergibt

$$t' = k\left[t - \frac{x}{v}\left(1 - \frac{1}{kk'}\right)\right]. \tag{5.6}$$

Aus (5.3) folgt mit (5.5a) und (5.6)

$$x^2 - c^2t^2 - k^2(x^2 - 2vxt + v^2t^2) + c^2k^2 \times \left[t^2 + \frac{x^2}{v^2}\left(1 - \frac{1}{kk'}\right)^2 - 2\frac{xt}{v}\left(1 - \frac{1}{kk'}\right)\right] \equiv 0. \tag{5.7}$$

Die Identität (5.7) ist nur erfüllt, wenn die Faktoren bei den Variablen einzeln verschwinden. Zur Bestimmung von k und k' genügen zwei der so entstehenden Gleichungen:

Faktor bei t^2: $k^2(c^2 - v^2) - c^2 = 0$ oder

$$k = \frac{1}{\sqrt{1 - \left(\frac{v}{c}\right)^2}}. \tag{5.8}$$

Faktor bei xt: $kk'(c^2 - v^2) - c^2 = 0$ oder mit (5.8)

$$k' = \frac{1}{\sqrt{1 - \left(\frac{v}{c}\right)^2}}. \tag{5.9}$$

Aus (5.5) folgen die Transformationsformeln für die x-Koordinaten:

$$x' = \frac{x - vt}{\sqrt{1 - \left(\frac{v}{c}\right)^2}}, \tag{5.10}$$

$$x = \frac{x' + vt'}{\sqrt{1 - \left(\frac{v}{c}\right)^2}}. \tag{5.11}$$

Die Zeittransformation ergibt sich aus (5.6), wenn (5.8) bis (5.11) angewendet werden:

$$t' = \frac{t - \frac{vx}{c^2}}{\sqrt{1 - \left(\frac{v}{c}\right)^2}}, \tag{5.12}$$

$$t = \frac{t' + \frac{vx'}{c^2}}{\sqrt{1 - \left(\frac{v}{c}\right)^2}}. \tag{5.13}$$

Die Gl. (5.4) und (5.10) bis (5.13) stellen die *Lorentz-Transformation* zwischen den speziell ausgewählten Koordinatensystemen dar.

Vorläufer dieser Theorie finden sich bei VOIGT (1887), C. NEUMANN, FITZGERALD. Am Ausbau sind RANCK, V. LAUE, SOMMERFELD, BOHR, HERGLOTZ und andere Theoretiker beteiligt.

Folgerungen. Die Relativitätstheorie führt zu einigen bemerkenswerten Folgerungen, die sich aus der Lorentz-Transformation ableiten lassen. Wir betrachten folgende:

Lorentz-Kontraktion. Ein Maßstab, der für einen relativ zu ihm ruhenden Beobachter die Länge l hat, hat für einen Beobachter, der sich relativ zu ihm mit der Geschwindigkeit v bewegt, die kleinere Länge

$$l' = l\sqrt{1 - \left(\frac{v}{c}\right)^2}. \tag{5.14}$$

FITZGERALD hatte die Annahme einer Kontraktion schon vorher zur Erklärung des negativen Ausfalls des Michelsonversuchs vorgeschlagen.

Zeit-Dilatation. Eine Uhr geht für einen Beobachter, zu dem sie sich relativ mit der Geschwindigkeit v bewegt, um den Faktor $1/\sqrt{1 - (v/c)^2}$ langsamer als für einen relativ zu ihr ruhenden Beobachter. Man kann ein Atom, das Licht mit bestimmter Frequenz aussendet, ebenfalls als Uhr auffassen und muß dann folgern, daß auch diese Uhr langsamer geht, wenn sie relativ zum Beobachter bewegt ist. Deshalb muß sich über den gewöhnlichen Doppler-Effekt, wie ihn STARK an Kanalstrahlen beobachtet hat, ein durch die Relativbewegung der emittierenden Atome gegen das zur Beobachtung dienende Spektralgerät bedingter Effekt überlagern. Dieser „quadratische“ Dopplereffekt ist von OTTING (1939) festgestellt worden.

Auch der Begriff der Gleichzeitigkeit zweier Ereignisse hat durch die Relativitätstheorie eine kritische Verschärfung erfahren. Es sind nämlich zwei Ereignisse, die in einem relativ zu einem

Beobachter ruhenden System an zwei verschiedenen Orten gleichzeitig stattfinden, nicht mehr gleichzeitig für einen relativ zu dem System bewegten Beobachter.

Additionstheorem der Geschwindigkeiten. Nach der klassischen Kinematik addieren sich die Geschwindigkeiten vektoriell (analog zum Kräfteparallelogramm). In der Relativitätstheorie ist der Zusammenhang komplizierter. Wenn sich das System Σ' gegenüber Σ mit der Geschwindigkeit v in x-Richtung bewegt und ein Massenpunkt in Σ' die Geschwindigkeit

$$u' = u_x' e_x' + u_y' e_y' + u_z' e_z'$$

hat, dann ergibt sich aus der Lorentz-Transformation für die Geschwindigkeitskomponenten in Σ:

$$u_x = \frac{u_x' + v}{1 + \frac{v}{c^2} u_x'}, \tag{5.15a}$$

$$u_y = u_y' \frac{\sqrt{1 - \left(\frac{v}{c}\right)^2}}{1 + \frac{v}{c^2} u_x'}, \tag{5.15b}$$

$$u_z = u_z' \frac{\sqrt{1 - \left(\frac{v}{c}\right)^2}}{1 + \frac{v}{c^2} u_x'}. \tag{5.15c}$$

Die resultierende Geschwindigkeit ist also stets kleiner als die Summe von v und u_x'. Hieraus folgt, daß es unmöglich ist, durch Addition zweier Geschwindigkeiten, die beide kleiner sind als die Lichtgeschwindigkeit c, diese zu überschreiten. Speziell für $u_x' = c$ ergibt sich $u_x = c$. Damit läßt sich auch der Fizeauesche Mitführungsversuch verstehen. Das Licht bewegt sich in einem Stoff, dessen Brechzahl n ist, mit der Geschwindigkeit $u = c/n$. Wenn dieser Stoff seinerseits mit der Geschwindigkeit v strömt, so beobachtet ein ruhender Experimentator die Geschwindigkeit

$$u' = \frac{v + \frac{c}{n}}{1 + \frac{v}{cn}}.$$

Für kleines v/c kann man dafür in voller Übereinstimmung mit dem Ergebnis von FIZEAU schreiben

$$u' = \left(v + \frac{c}{n}\right)\left(1 - \frac{v}{cn}\right) = \frac{c}{n} + v\left(1 - \frac{1}{n^2}\right).$$

5.2.3. Bewegte Masse

Aus der Lorentz-Transformation folgt, daß die Masse von der Geschwindigkeit abhängt. Die entsprechenden Beziehungen leiten wir mit Hilfe des elastischen Stoßes zweier Massen ab, die in Ruhe gleich groß sind. Gegeben sei das Koordinatensystem Σ', in dem der gemeinsame Massenmittelpunkt ruht und ein dagegen mit der Geschwindigkeit $-v$ bewegtes Koordinatensystem Σ. Es gilt für die Geschwindigkeiten:

	Σ		Σ'	
vor Stoß:	u_1	u_2	u'	$-u'$
während Stoß:	v	v	O	O
nach Stoß:	$-u_1$	$-u_2$	$-u'$	u'.

Die Erhaltungssätze für Masse und Impuls lauten

$$m_1 + m_2 = M \quad \text{und} \quad m_1 u_1 + m_2 u_2 = Mv.$$

Das Additionstheorem der Geschwindigkeiten (5.15) ist auf die Bewegung der Massen anzuwenden. Es ist

$$u_1 = \frac{u' + v}{1 + \frac{v}{c^2} u'}, \qquad u_2 = \frac{-u' + v}{1 - \frac{v}{c^2} u'}.$$

Einsetzen in den Impulssatz ergibt

$$m_1 \frac{u' + v}{1 + \frac{v}{c^2} u'} + m_2 \frac{-u' + v}{1 - \frac{v}{c^2} u'} = m_1 v + m_2 v.$$

Durch Umformen erhalten wir

$$\frac{m_1}{m_2} = \frac{1 + \frac{v}{c^2} u'}{1 - \frac{v}{c^2} u'} \tag{5.16}$$

Mit dem Additionstheorem der Geschwindigkeiten läßt sich die Hilfsformel

$$\sqrt{1 - \frac{u^2}{c^2}} = \sqrt{1 - \frac{u_x^2 + u_y^2 + u_z^2}{c^2}} = \frac{\sqrt{1 - \left(\frac{v}{c}\right)^2}\sqrt{1 - \frac{u'^2}{c^2}}}{1 + \frac{v}{c^2} u_x'} \tag{5.17}$$

ableiten. Aus (5.16) und (5.17) ergibt sich

$$\frac{m_1}{m_2} = \frac{\sqrt{1 - \frac{u_2^2}{c^2}}}{\sqrt{1 - \frac{u_1^2}{c^2}}}. \tag{5.18}$$

Für den Zusammenstoß einer bewegten Masse mit einer in Σ ruhenden Masse ($u_2 = 0$) ist $m_2 = m_0$ (Ruhemasse) und $m_1 = m$ (bewegte Masse). Die bewegte Masse ist also gemäß

$$m = \frac{m_0}{\sqrt{1 - \frac{u^2}{c^2}}} \tag{5.19}$$

von der Geschwindigkeit u abhängig.
Für kleines u ist also die Ruhemasse wirksam, für $u = c$ würde die Masse unendlich werden. Vor der Relativitätstheorie war bereits die Geschwindigkeitsabhängigkeit der Masse für Elektronen bekannt (Bd. II) und wurde elektromagnetisch gedeutet. Wesentlich ist, daß sie nach der Relativitätstheorie allgemein für jede träge Masse gilt.

5.2.4. Trägheit der Energie. Relativitätstheorie

Die Grundgleichung der Mechanik

$$\boldsymbol{F} = \frac{\mathrm{d}\boldsymbol{p}}{\mathrm{d}t} = \dot{\boldsymbol{p}} \tag{5.20}$$

bleibt auch in der speziellen Relativitätstheorie gültig. Der Impuls $\boldsymbol{p}$ ist aber

$$\boldsymbol{p} = m\boldsymbol{v} = \frac{m_0 \boldsymbol{v}}{\sqrt{1 - \left(\frac{v}{c}\right)^2}} \tag{5.21}$$

zu schreiben.
Es soll vorausgesetzt werden, daß die Kraft ein Potential hat. Die potentielle Energie folgt aus

$$W_\mathrm{p} = -\int_0^x F_x \,\mathrm{d}x,$$

und es ist

$$F_x = -\frac{\mathrm{d}W_\mathrm{p}}{\mathrm{d}x}.$$

Damit erhalten wir

$$\dot{p}_x = -\frac{\mathrm{d}W_\mathrm{p}}{\mathrm{d}x}$$

oder, nach Multiplikation mit $\frac{dx}{\mathrm{d}t}$,

$$m\frac{\mathrm{d}v}{\mathrm{d}t}\frac{\mathrm{d}x}{\mathrm{d}t} + v\frac{\mathrm{d}m}{\mathrm{d}t}\frac{\mathrm{d}x}{\mathrm{d}t} = -\frac{\mathrm{d}W_\mathrm{p}}{\mathrm{d}x}\frac{\mathrm{d}x}{\mathrm{d}t}. \tag{5.22}$$

Es gilt

$$\frac{\mathrm{d}m}{\mathrm{d}t} = \frac{\mathrm{d}m}{\mathrm{d}v}\frac{\mathrm{d}v}{\mathrm{d}t} = \frac{m_0 \frac{v}{c^2}}{\left[1 - \left(\frac{v}{c}\right)^2\right]^{3/2}}\frac{\mathrm{d}v}{\mathrm{d}t}. \tag{5.23}$$

Einsetzen von (5.23) in (5.22) und Umformen ergibt

$$\frac{m_0 v}{\left[1 - \left(\frac{v}{c}\right)^2\right]^{3/2}}\frac{\mathrm{d}v}{\mathrm{d}t} = -\frac{\mathrm{d}W_\mathrm{p}}{\mathrm{d}t}. \tag{5.24}$$

Es ist weiter

$$\frac{m_0 v}{\left[1 - \left(\frac{v}{c}\right)^2\right]^{3/2}}\frac{\mathrm{d}v}{\mathrm{d}t} = \frac{\mathrm{d}}{\mathrm{d}t}\frac{m_0 c^2}{\sqrt{1 - \left(\frac{v}{c}\right)^2}}. \tag{5.25}$$

Aus (5.24) folgt mit (5.25) und nach Integration der Energieerhaltungssatz in der Form

$$\frac{m_0 c^2}{\sqrt{1 - \left(\frac{v}{c}\right)^2}} + W_\mathrm{p} = \text{const}, \quad \text{bzw.}$$

$$mc^2 + W_\mathrm{p} = \text{const}. \tag{5.26}$$

Durch Reihenentwicklung erhält man für $v \ll c$ (nichtrelativistische Näherung)

$$m_0 c^2 + \frac{m_0 v^2}{2} + W_\mathrm{p} = \text{const}. \tag{5.27}$$

Demnach hat der Ausdruck

$$W_0 = m_0 c^2 \tag{5.28}$$

die Bedeutung der Energie der Ruhemasse m_0. Die Energie einer bewegten Masse beträgt

$$W = mc^2. \tag{5.29}$$

HASENÖHRL und MOSENGEIL hatten schon vorher die Entdeckung der Trägheit der strahlenden Energie gemacht.

Die Relativitätstheorie führt über die Erklärung der genannten Versuche hinaus zu einer Reihe bedeutsamer und von der Erfahrung bestätigten Folgerungen. Als bedeutungsvolles Ergebnis erwies sich die Invarianz der elektrodynamischen Grundgleichungen gegenüber Lorentz-Transformationen. Hierin liegt ihre überragende Bedeutung, denn es muß darauf hingewiesen werden, daß sie nicht den einzig möglichen Ausweg aus den Schwierigkeiten bietet. Es sind auch andere, logisch einwandfreie und widerspruchslose Erklärungsversuche unternommen worden. Sie vermögen aber keine grundlegend neuen Erkenntnisse zu verschaffen, haben auch nicht die Geschlossenheit der Relativitätstheorie. Diese ist also nicht nur die einfachste, sondern auch die erfolgreichste Deutungsmöglichkeit. Es muß aber darauf hingewiesen werden, daß sich die Relativitätstheorie als eine physikalische Hypothese nur mit physikalisch meßbaren Größen befassen darf und nur die Frage beantworten kann: Wie sind physikalische Messungen anzusetzen und zu bewerten, damit Übereinstimmung mit der Erfahrung erzielt wird?

Die allgemeine Relativitätstheorie. So bedeutend wie die Erfolge der speziellen Relativitätstheorie sind, so haftet ihr doch ein Mangel an: Sie gilt nur für gleichförmig geradlinige Translationsbewegungen. Daher waren EINSTEINS Bemühungen sogleich nach Aufstellung der speziellen Relativitätstheorie darauf gerichtet, diese Lücke durch eine umfassende *allgemeine Relativitätstheorie* zu schließen. Diese wurde im Jahre 1918 zum Abschluß gebracht und enthielt zugleich die Theorie der Gravitation. Eine ausführlichere Behandlung der allgemeinen Relativitätstheorie ist an dieser Stelle nicht möglich. Die Folgerungen, die an der Erfahrung geprüft werden können, die Ablenkung eines Lichtstrahls im Schwerefeld, die Rotverschiebung einer Spektrallinie auf einem dichten Fixstern gegenüber ihrer Lage auf der Erde und die Drehung der Planeten-Ellipsen, ihre Perihel-Drehung, konnten im großen und ganzen bestätigt werden.

6. Quantenoptik. Materiewellen

6.1. Lichtstrahlung

6.1.1. Klassische Theorie der Lichtausstrahlung

Im Band II wurde die Entstehung Hertzscher Wellen durch schwingende elektrische Dipole behandelt. Allgemein gilt, daß eine bewegte elektrische Ladung ein Magnetfeld erzeugt, dessen Stärke der Geschwindigkeit der Ladung proportional ist. Eine beschleunigte Ladung und damit auch eine auf einer geschlossenen Bahn umlaufende Ladung ist mit einem zeitlich veränderlichen Magnetfeld verbunden. Sie bewirkt die Abstrahlung einer elektromagnetischen Welle.
Für die elektromagnetischen Felder gelten die Maxwellschen Gleichungen (Bd. II):

$$\operatorname{rot} \boldsymbol{H} = \varepsilon\varepsilon_0 \dot{\boldsymbol{E}} + \boldsymbol{i} \tag{6.1}$$

$$\operatorname{rot} \boldsymbol{E} = -\mu\mu_0 \dot{\boldsymbol{H}}. \tag{6.2}$$

In Dielektrika ist die Leitungsstromdichte $\boldsymbol{i} = 0$. Aus (6.1) und (6.2) folgt

$$\operatorname{rot}\operatorname{rot} \boldsymbol{E} = -\Delta \boldsymbol{E} + \operatorname{grad}\operatorname{div} \boldsymbol{E} = -\varepsilon\varepsilon_0\mu\mu_0 \ddot{\boldsymbol{E}}.$$

Raumladungsdichten sollen nicht vorhanden sein, so daß $\operatorname{div} \boldsymbol{E} = 0$ ist und die *Wellengleichung*

$$\Delta \boldsymbol{E} = \varepsilon\varepsilon_0\mu\mu_0 \ddot{\boldsymbol{E}} \tag{6.3}$$

entsteht. Die analoge Gleichung gilt für die magnetische Feldstärke $\boldsymbol{H}$.
Die Größe

$$c = \frac{1}{\sqrt{\varepsilon\varepsilon_0\mu\mu_0}} \tag{6.4}$$

stellt die Geschwindigkeit der elektromagnetischen Welle dar. Für das Vakuum gilt $\varepsilon = \mu = 1$ und $c_0 = 1/\sqrt{\varepsilon_0\mu_0}$. Von der bei nichtferromagnetischen Dielektrika ($\mu \approx 1$) gültigen Näherung für die Brechzahl

$$n = \sqrt{\varepsilon} \tag{6.5}$$

haben wir bereits mehrfach Gebrauch gemacht. Als Lösungen der Wellengleichung (6.3) sind ebene Wellen und Kugelwellen möglich. Der *schwingende elektrische Dipol* mit dem Dipolmoment $p = Ql$ erzeugt in größeren Entfernungen ($r \gg \lambda$) den Betrag der elektrischen Feldstärke

$$E = \frac{\omega^2}{4\pi\varepsilon_0 c_0^2 r}\, e^{\frac{j\omega r}{c}}\, p \sin\vartheta$$

und den Betrag der magnetischen Feldstärke

$$H = \frac{c_0^2\,\varepsilon_0}{\omega^2}\ddot{E}.$$

Die Intensität, also der Betrag des Zeitmittelwertes des Poyntingvektors $\boldsymbol{S}$, beträgt für den sinusförmig schwingenden Dipol der Amplitude p_0

$$\bar{S} = \frac{\omega^4 p_0^2 \sin^2\vartheta}{32\pi^2\varepsilon_0 c_0^3 r^2}. \tag{6.6}$$

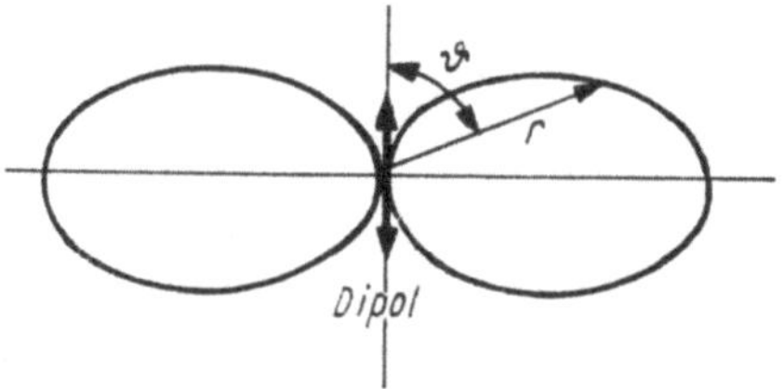

Abb. 6.1. Ausstrahlung des schwingenden Dipols

In Abb. 6.1 ist $\bar{S}$ in einem Polardiagramm dargestellt. (Bei großen Ladungsgeschwindigkeiten entsteht als relativistischer Effekt eine Verlagerung des Maximums von $\vartheta = 90°$ weg nach kleineren Winkeln.)
Die gesamte pro Zeiteinheit ausgestrahlte Energie, die Strahlungsleistung, ergibt sich zu

$$P = \frac{1}{3}\,\frac{\pi I_0^2}{\varepsilon_0 c_0}\left(\frac{l}{\lambda_0}\right)^2 \tag{6.7}$$

(l ist die Länge des Dipols, I_0 die der schwingenden Ladung zugeordnete Amplitude der Stromstärke).
Die *klassische Theorie der Lichtausstrahlung* geht von den gleichen Gesetzmäßigkeiten aus. Die ausgestrahlte Wellenlänge des schwingenden Dipols hängt mit seiner Länge zusammen (bei der Grundschwingung ist $l \approx \lambda_0/2$). Deshalb müssen infolge der kleinen Wellenlängen im optischen Bereich atomare Dipole angenommen werden.
Betrachtet man ein mit konstanter Winkelgeschwindigkeit ω auf einer Kreisbahn um den Kern umlaufendes Elektron, so ist diese Bewegung zwei senkrecht aufeinander stehenden Dipolschwingungen äquivalent. Die Winkelgeschwindigkeit entspricht der Kreisfrequenz der ausgestrahlten Lichtwelle, die wegen $\omega = v/r$ von dem Bahnradius abhängt.

Die Anwendung der klassischen Elektrodynamik auf die Lichtausstrahlung durch Atome und atomare Systeme muß unvollständig bleiben. Einmal ist sie abhängig von einem geeigneten Atommodell und zum anderen berücksichtigt sie nicht den Quantencharakter des Lichtes. Trotzdem konnten wir bereits wichtige Grundzüge der Dispersionstheorie und der nichtlinearen Optik damit verstehen.
Als erfolgreich hat sich die Kombination der Elektrodynamik mit der Quantentheorie erwiesen. Damit lassen sich die experimentellen Ergebnisse bei der Lichtausstrahlung theoretisch deuten. Der unmittelbare Vorgang der Entstehung von Lichtquanten aus anderen Erscheinungsformen der Materie oder der „Vernichtung" von Lichtquanten ist allerdings auf diesem Wege nicht zu verstehen. Ansätze dazu werden in der Quantenfeldtheorie bereitgestellt.

Wir werden in diesem Kapitel Erfolge und Grenzen der klassischen Theorie der Lichtausstrahlung sowohl für sich als auch in Verbindung mit der Quantentheorie kennenlernen. Das führt uns unmittelbar zu den Wechselbeziehungen zwischen der Optik und der Atomphysik.

6.1.2. Strahlungsgesetze

Der schwarze Körper. Wir denken uns einen Körper, der die gesamte auffallende Strahlungsenergie absorbiert, der also das Licht weder reflektiert noch hindurchläßt. Ein solcher Idealkörper erscheint uns in der Aufsicht und in der Durchsicht schwarz. Diesen Körper, der alle Strahlungsenergie absorbiert, nennen wir einen vollkommen *schwarzen Körper*. Die Absorption der Strahlung beruht darauf, daß die Energie der einen Körper treffenden Strahlung im Körper in Wärmeenergie umgesetzt wird. Hierdurch wird die Temperatur des absorbierenden Körpers erhöht. Man kann daher die Menge der absorbierten Energie messen, indem man die Temperaturerhöhung des Körpers mißt.

Nimmt man als Auffänger einen schwarzen Körper, so kann man durch die Temperaturerhöhung die auffallende Strahlungsenergie messen. Dazu kann entweder ein geschwärztes Thermometer oder ein geeignet geformtes Thermoelement dienen. Besonders Bolometer und Radiometer werden zur Strahlungsmessung benutzt.

Das Strahlungsgleichgewicht. Weicht die Temperatur eines Körpers von seiner Umgebung ab, so setzt von selbst ein Temperaturausgleich ein, der, wenn der Körper von Stoff umgeben ist, durch Konvektion (Bewegung größerer Stoffbezirke) oder durch Wärmeleitung (Energieübertragung in molekularen Dimensionen) stattfindet. Der Temperaturausgleich bleibt aber auch nicht aus, wenn man den Körper in ein vollkommenes Vakuum bringt und seine Verbindung mit der Umgebung auf das sorgfältigste so gestaltet, daß eine Übertragung durch Wärmeleitung nicht in Betracht kommt. Die Geschwindigkeit des Temperaturausgleichs hängt unter sonst gleichen Bedingungen von der Oberflächengröße und Oberflächenbeschaffenheit des Körpers ab. Der Austausch erfolgt durch elektromagnetische Wellen mit i. allg. ziemlich großer Wellenlänge, nur bei hohen Temperaturen liegt ein Teil derselben im Sichtbaren. Man nennt diese Art des Temperaturausgleichs *Wärmestrahlung*. Der strahlende Körper sei der Einfachheit halber als kugelförmig und homogen sowie in einem luftleeren Hohlraum befindlich angenommen, der allseitig von einer für Strahlen undurchlässigen Hülle begrenzt wird. Dann treffen die vom Körper ausgehenden elektromagnetischen Wellen die Hülle und geben an diese ihre Energie ganz oder teilweise ab, d. h., sie erwärmen die Hülle. Gleichzeitig strahlt die Hülle ihre Wärme in das Innere in der Form von elektromagnetischen Wellen aus, die den im Hohlraum befindlichen Körper treffen. Nach einiger Zeit hat der Körper die Temperatur der Hülle angenommen. Es herrscht Temperaturgleichgewicht. Von da an ist die vom Körper in der Zeiteinheit ausgestrahlte (emittierte) Energiemenge gleich der in der Zeiteinheit dem Körper eingestrahlten und von ihm aufgenommenen (absorbierten) Energiemenge.
Für den Endzustand ist es gleichgültig, welcher Art der Körper ist und welche physikalische Beschaffenheit seine Oberfläche hat. Wir sehen also nach dieser Darstellung das Temperaturgleichgewicht nicht als einen Ruhezustand an, sondern als einen Austausch der Energie des Körpers mit seiner Hülle derart, daß die Temperatur des Körpers unverändert bleibt (*Strahlungsgleichgewicht*).

Diese Darstellung wurde zuerst von dem französischen Geologen C. PREVOST, 1787 bis 1855, gegeben.

Ist der in der Hülle befindliche Körper ein vollkommen schwarzer Körper, so absorbiert er die gesamte auftreffende Strahlungsenergie und setzt sie in Bewegungsenergie seiner eigenen Moleküle und Atome um. Sein Reflexionsvermögen ist $R = 0$, seine Durchlässigkeit ist $D = 0$; sein Absorptionsvermögen ist $A = 1$.
Die vom Körper in der Zeiteinheit emittierte Strahlungsenergie (seine Strahlungsintensität oder Strahlungsleistung) hängt von seiner Temperatur ab; sie ist für die verschiedenen Wellenlängen verschieden; also muß auch die von ihm in der Zeiteinheit absorbierte Energie von denselben Faktoren abhängen, da sie ja im besprochenen Fall gleich der emittierten Strahlungsenergie ist.
Wir ersetzen den vollkommen schwarzen Körper in der Mitte der Hülle durch einen beliebigen anderen, z. B. durch eine Kugel mit farbiger Oberfläche. Dieser Körper absorbiert nur einen ganz bestimmten Bruchteil der ihm zugestrahlten Energie; sein Absorptionsvermögen sei $A = a$, wobei $a < 1$. Da nun dieser Körper in derselben Hülle ebenfalls eine gleichbleibende Temperatur annimmt, so folgt, daß auch hier beim Strah-

lungsgleichgewicht die aufgenommene Energie mit der im gleichen Zeitraum abgegebenen Energie übereinstimmt.

Diese Beziehung gilt nur unter der Voraussetzung, daß die vom Körper absorbierte Strahlung vollständig in Bewegungsenergie der schwingenden Moleküle des Körpers, also in Wärme umgewandelt wird und daß die Quelle der vom Körper ausgesandten Strahlung die dem Körper auf Grund seiner molekularen Bewegung innewohnende Wärmeenergie ist; im folgenden soll eine solche Strahlung *Temperaturstrahlung* genannt werden. Findet bei der Absorption der Strahlung eine Umwandlung in eine andere Energieform statt oder hat die ausgesandte Strahlung ihre Quelle in einer von Wärme verschiedenen Energieform, treten also z. B. bei der Strahlung Umwandlungen von chemischer Energie in Strahlung oder von strahlender Energie in chemische Prozesse ein, so hat obige Überlegung keine Gültigkeit mehr.

Kirchhoffs Satz von der Emission und Absorption der Strahlung. Ein vollkommen schwarzer Körper befinde sich im Mittelpunkt einer luftleeren, vollkommen schwarzen Hülle; dem Körper werde ständig Wärmeenergie zugeführt und die Hülle ständig abgekühlt, so daß trotz der gegenseitigen Strahlung sowohl die Temperatur T des Körpers wie auch die Temperatur T_0 der Hülle unverändert bleiben. Es werde etwa im Innern des Körpers eine mit Platinmohr geschwärzte Platindrahtspirale durch einen elektrischen Strom erhitzt und die Hülle in einem Wasserbad von unveränderlicher Temperatur gehalten. Da die Temperatur des im Mittelpunkt der Hülle befindlichen Körpers höher ist als die der Hülle, muß die vom Körper ausgesandte und durch Strahlung an die Hülle abgegebene Energie größer sein als die im gleichen Zeitraum von der Hülle ausgehende und im Körper absorbierte Energie. Nennen wir die ausgesandte Strahlungsleistung E und das Absorptionsvermögen des schwarzen Körpers A, so ist $E/A = F$ eine von der Frequenz ν der emittierten Strahlung sowie von der Temperatur des Körpers und der Hülle abhängige Funktion. Wir können schreiben

$$\frac{E}{A} = F(\nu, T, T_0).$$

Für den schwarzen Körper, der die gesamte auf ihn fallende Strahlungsenergie absorbiert, ist $A = 1$. Somit ergibt sich in diesem Fall die Gleichung $E = F(\nu, T, T_0)$. Vereinfachen wir unsere Betrachtung weiter dadurch, daß die Hülle auf den absoluten Nullpunkt abgekühlt sei, so wird

$$E = F(\nu, T).$$

Wir denken uns den im Innern der Hülle befindlichen schwarzen Körper durch einen Körper ersetzt, der nur einen Teil aller auf ihn treffenden Strahlung absorbiert. Im übrigen lassen wir die Anordnung unverändert. Wir sorgen also wieder dafür, daß der innere Körper die Temperatur T und die Hülle die Temperatur T_0 behält. Ist die vom Körper emittierte Strahlungsleistung e und sein Absorptionsvermögen a, wobei wir das Absorptionsvermögen wieder auf die gesamte den Körper treffende Strahlungsleistung als Einheit beziehen, so besteht die Gleichung

$$\frac{e}{a} = f(\nu, T, T_0).$$

Für den Fall, daß die Hülle die Temperatur des absoluten Nullpunktes, $T_0 = 0$, hat, vereinfacht sich die Gleichung zu $e/a = f(\nu, T)$.
Für einen anderen Körper, für den die entsprechenden Größen e_1 und a_1 lauten, besteht eine Gleichung $e_1/a_1 = f_1(\nu, T)$.
KIRCHHOFF hat in den Jahren 1859 und 1862 auf Grund der Hauptsätze der Thermodynamik theoretisch nachgewiesen, daß die beiden Funktionen f und f_1 für alle Körper übereinstimmen. Hieraus folgt, daß die für den schwarzen Körper mit F bezeichnete Funktion hiermit auch übereinstimmt, also eine universelle Funktion darstellt.
Wir erhalten das Kirchhoffsche Gesetz von der Emission und Absorption der Temperaturstrahlung:

$$\frac{e}{a} = \frac{e_1}{a_1} = E. \tag{6.8}$$

Der Quotient aus dem Emissionsvermögen und dem Absorptionsvermögen ist eine für alle Körper gleiche Funktion der Wellenlänge und der absoluten Temperatur, und diese Funktion ist gleich dem Emissionsvermögen des vollkommen schwarzen Körpers.

Der Kirchhoffsche Satz beruht auf den Hauptsätzen der Wärmelehre. Für einen Sonderfall läßt sich der Beweis leicht erbringen. Denken wir uns zwei Platten aus Stoffen mit den Emissionsvermögen e und e_1 und den Absorptionsvermögen a und a_1 so gegenübergestellt, daß alle Strahlungen, die von der einen Platte ausgehen, die andere Platte treffen, so darf sich bei ursprünglicher Gleichheit der Temperatur nach dem zweiten Hauptsatz der Thermodynamik keine Platte durch die Zustrahlungen gegenüber der anderen erwärmen. Die erste Platte strahlt nun der zweiten die Energie e zu, von der diese den Bruchteil $a_1 e$ absorbiert, während der Bruchteil $e(1 - a_1)$ reflektiert wird. Dieser zweite Bruchteil trifft rückwärts auf die erste Platte. Diese absorbiert den Anteil $e(1 - a_1)\,a$ und reflektiert den Anteil $e(1 - a_1)(1 - a)$. Dieser letzte Bruchteil strahlt nun wieder der zweiten Platte zu, und das Spiel von Absorption und Reflexion wiederholt sich fortgesetzt. Der von der ersten Platte der zweiten zugestrahlte und von dieser insgesamt absorbierte Energiebetrag ist also

$$ea_1 + ea_1(1 - a_1)(1 - a) + ea_1(1 - a_1)^2(1 - a)^2 + \ldots$$
$$= \frac{ea_1}{1 - (1 - a_1)(1 - a)}$$

Die zweite Platte strahlt der ersten den Energiebetrag e_1 zu, von dem die erste Platte den entsprechenden Betrag $a_1' = \dfrac{e_1 a}{1 - (1 - a_1)(1 - a)}$ absorbiert. Der Anteil

$e_1 - a_1$ wird also von der ersten Platte reflektiert; es muß das der Anteil sein, den die zweite Platte von ihrer eigenen Strahlung bei der wiederholten Hin- und Herreflexion absorbiert. Der Gesamtbetrag der Absorption der zweiten Platte ist daher

$$\frac{ea_1}{1-(1-a)(1-a_1)} + e_1 - \frac{e_1 a}{1-(1-a_1)(1-a)}.$$

Damit die Platte sich weder erwärmt noch abkühlt, müssen aufgenommene und ausgestrahlte Energie einander gleich sein. Es gilt also

$$\frac{ea_1 - e_1 a}{1-(1-a)(1-a_1)} + e_1 = e_1$$

oder

$$ea_1 = e_1 a \quad \text{und} \quad \frac{e}{a} = \frac{e_1}{a_1}.$$

Folgerungen. Wir formen die obigen Gleichung um und schreiben

$$e(\nu, T) = a(\nu, T)\, E(\nu, T).$$

Da $a(\nu, T) < 1$ ist, folgt:

Ein vollkommen schwarzer Körper hat ein größeres Emissionsvermögen als irgendein anderer Körper.

Bestimmen wir daher die Emission irgendeines Körpers bei einer gegebenen Temperatur und tragen ihre Werte als Ordinaten auf und als Abszissen die Wellenlängen, so muß diese Kurve ganz innerhalb derjenigen liegen, die für die Emission des schwarzen Körpers gilt.
Schreiben wir ferner

$$a = e/E$$

und wenden wir diese Gleichung für eine bestimmte unveränderliche Wellenlänge λ an, so können wir auch schreiben

$$a(T) = e(T)/E(T).$$

Hieraus folgt, daß für jeden endlichen und von Null verschiedenen Wert von e auch a einen endlichen und von Null verschiedenen Wert haben muß; denn der Fall $E = 0$ ist ausgeschlossen, weil die Emission des schwarzen Körpers immer größer als die eines anderen ist; der Fall $E = \infty$ ist auch ausgeschlossen, da die Emission bei einer endlichen Wärmezufuhr für keine Wellenlänge unendlich groß werden kann. Wir erhalten also:

Jeder Körper absorbiert bei reiner Temperaturstrahlung diejenige Strahlung, die er bei der gegebenen Temperatur aussendet.

Das Stefan-Boltzmannsche Gesetz.

JOSEF STEFAN, 1835 bis 1893, Professor der Physik in Wien, LUDWIG BOLTZMANN, 1844 bis 1906, Professor der theoretischen Physik, hauptsächlich in Wien, hatten wesentlichen Anteil am Ausbau der Gesetze der Temperaturstrahlung. Boltzmann ist auch einer der Begründer der kinetischen Gastheorie.

STEFAN fand 1878 das Gesetz über die Gesamtstrahlung des schwarzen Körpers:

Die Gesamtstrahlung eines vollkommen schwarzen Körpers ist proportional der vierten Potenz der absoluten Temperatur.

Es gelang BOLTZMANN, dieses Gesetz theoretisch abzuleiten, wobei er einerseits die Tatsache benutzte, daß die auf eine Fläche treffende elektromagnetische Strahlung einen Druck auf die Fläche ausübt (Strahlungsdruck, Bd. II) und weiterhin diesen Strahlungsdruck nach den Grundsätzen der Thermodynamik zur Arbeitsleistung nutzbar machte.

Bei der absoluten Temperatur T strahlt die Flächeneinheit des vollkommen schwarzen Körpers nach einer Seite (in den räumlichen Winkel 2π) die Gesamtleistung E_s aus, wobei also gilt

$$E_s = \sigma T^4. \tag{6.9}$$

Die genauen Beobachtungen von LUMMER und PRINGSHEIM (1897) sowie KURLBAUM (1898) zeigten, daß dieses Gesetz tatsächlich auch den sorgfältigsten Beobachtungen am vollkommen schwarzen Körper sehr genau genügt. (Hiermit ist auch ein Nachweis des Strahlungsdrucks erbracht.)

Es ergibt sich mit einer Unsicherheit von einigen Prozent (k = Boltzmannsche Konstante)

$$\sigma = \frac{2\pi^5 k^4}{15 c^2 h^3} = 5{,}67 \cdot 10^{-8} \frac{\mathrm{W}}{\mathrm{m^2 K^4}}$$

$$= 1{,}357 \cdot 10^{-12} \frac{\mathrm{cal}}{\mathrm{cm^2\, K^4}}.$$

Verwirklichung des vollkommen schwarzen Körpers. Schon KIRCHHOFF hatte folgende Überlegung angestellt: Wenn ein Raum von Körpern gleicher Temperatur allseitig umschlossen ist und durch diese Körper keine Strahlung hindurchdringen kann, so ist jedes Strahlenbündel im Innern des Raumes so beschaffen, als ob es von einem schwarzen Körper derselben Temperatur herkäme. Die Strahlung eines solchen Hohlraumes ist also unabhängig von der Beschaffenheit und der Gestalt der Körper und nur durch die Temperatur bedingt. Man kann also die Strahlung eines ideal schwarzen Körpers in beliebiger Annäherung herstellen, indem man einen Hohlraum auf möglichst gleichmäßige Temperatur bringt und seine Strahlung durch eine kleine Öffnung nach außen gelangen läßt.

Wir betrachten eine Hohlkugel (Abb. 6.2), z. B. aus Metall, die im Innern mit einem möglichst gut die Strahlen absorbierenden Überzug aus Ruß, Platinmohr oder dgl. bestrichen ist. Die Kugel hat bei O eine Öffnung, in die in der Richtung von S aus ein Strahlenbündel eintritt. Dieses Strahlenbündel trifft die Wandung der Hohlkugel zuerst bei A, wird hier zum Teil absorbiert, zum Teil aber reflektiert. Der reflektierte Teil trifft darauf die Wandung ein zweites Mal, wird hier wieder zum Teil absorbiert, zum Teil reflektiert. So wiederholt sich der Vorgang sehr

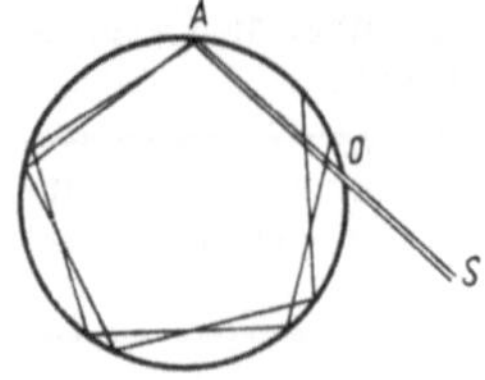

Abb. 6.2. Weg eines Lichtstrahls im Hohlraum

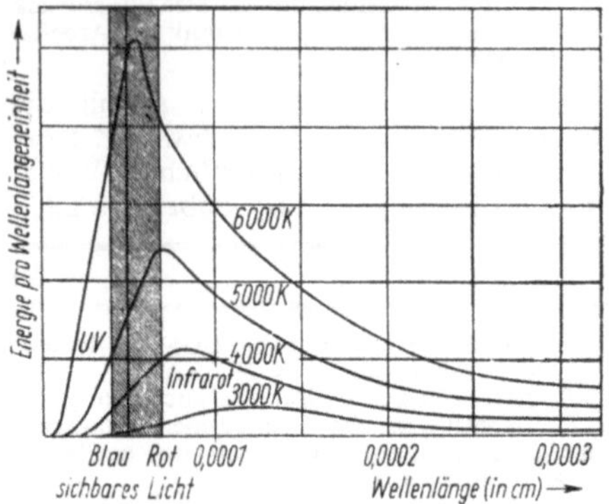

Abb. 6.3. Isothermen der Strahlungsintensität des schwarzen Körpers

oft, ehe ein Teil des Strahlenbündels die Öffnung wieder erreichen wird. Dieser Teil ist aber, da er nach einer geometrischen Reihe verringert ist, überhaupt nicht mehr wahrnehmbar.
Die reflektierten Teile nehmen nämlich ab wie

$$I\frac{I_R}{I}, \quad I\left(\frac{I_R}{I}\right)^2, \quad I\left(\frac{I_R}{I}\right)^3 \ldots,$$

so daß schon nach wenigen Reflexionen die gesamte Strahlung fast vollständig absorbiert worden ist, der Hohlraum also in der Tat wie ein vollkommen schwarzer Körper wirkt. Man erkennt den Unterschied zwischen der Schwärze eines solchen Hohlraums und gewöhnlicher schwarzer Farbe sehr gut schon dann, wenn man eine Zigarrenkiste außen und innen schwarz anmalt und in die eine Seitenwand der allseitig geschlossenen Kiste ein Loch macht; das Loch erscheint im Vergleich zu den äußeren Seitenwandungen tief schwarz.
Zur Verwirklichung des schwarzen Körpers benutzten LUMMER und PRINGSHEIM doppelwandige Glasgefäße, deren Zwischenraum durch den Dampf siedenden Wassers, durch Eis, flüssige Luft oder durch ein Flüssigkeitsbad auf überall gleichmäßiger Temperatur gehalten wurde. Für höhere Temperaturen nahmen sie ein im Inneren geschwärztes Porzellanrohr, das durch einen elektrischen Ofen gleichmäßig erhitzt wurde, oder sie verwandten ein Rohr, dessen aus Kohle bestehenden Wandungen unmittelbar durch einen durch die Wandungen geleiteten elektrischen Strom erhitzt wurden. Bei allen ihren Versuchen fanden sie das Stefan-Boltzmannsche Gesetz in voller Übereinstimmung mit den Beobachtungen. Bei allen Strahlungsmessungen ist zu beachten, daß nicht nur die zu messende Strahlungsquelle, sondern auch der Auffänger, dem die Strahlen zugesandt werden, Strahlen aussendet. Man muß demnach auch die Temperatur des Auffängers kennen und die dadurch bedingte Strahlung von der zu messenden Strahlung abziehen. Hat z. B. die Strahlungsquelle die absolute Temperatur T und der Auffänger die absolute Temperatur T', so hat man, wenn man das Stefan-Boltzmannsche Gesetz anwenden will, zu setzen

$$E_s = \sigma(T^4 - T'^4).$$

Ergebnisse der Untersuchungen am schwarzen Körper. Schon Beobachtungen etwa an einer mit verschiedenen Belastungen brennenden Glühlampe zeigen, daß bei höherer Temperatur nicht nur die Strahlungsleistung eines strahlenden Körpers größer wird, sondern daß auch die Farbe „weißer" bzw. bläulicher wird. Man hat sowohl experimentell als auch theoretisch sehr viel Mühe darauf verwandt, diese Gesetzmäßigkeiten zu ergründen. Es hat sich dabei gezeigt, daß allgemeine Gesetzmäßigkeiten nur für den vollkommen schwarzen Körper aufgestellt werden können. Ferner sei gleich im voraus bemerkt, daß die Gesetze nur für Strahlung ins Vakuum gelten. Ist der Strahler von einem Stoff mit der Brechzahl n umgeben, so sind die angegebenen Werte, wie KIRCHHOFF gezeigt hat, mit n^2 zu multiplizieren.
Die Messungen des Zusammenhanges zwischen Temperatur und Strahlungsleistung (Intensität) der für jedes Wellenlängengebiet zwischen λ und $\lambda + d\lambda$ ausgesandten Strahlung können auf zweierlei Weise vorgenommen werden. Entweder man läßt die Temperatur des Strahlers konstant und bestimmt für jedes Wellenlängengebiet den Energiestrom (die erhaltenen Kurven sind die *Isothermen* der Strahlung, Abb. 6.3, 6.4) oder man durchläuft eine Reihe von Temperaturen und mißt den Energiestrom in einem bestimmten, konstant gehaltenen Wellenlängenbereich als Funktion der Temperatur (*Isochromaten*, Abb. 6.5).
Der Inhalt der von den Kurven in Abb. 6.3 bedeckten Fläche stellt die Gesamtstrahlungsleistung E_s dar. Mah erkennt ihr starkes Anwachsen mit der Temperatur entsprechend dem Stefanschen Gesetz. Man sieht ferner auch, wie sich das Maximum der Strahlung bei steigender Temperatur nach kürzeren Wellenlängen verschiebt. Diese Energieverteilung ist in ihrem Verlauf insbesondere von KURLBAUM, LUMMER und PRINGSHEIM durch genaue Versuche bestimmt worden.
Das Wiensche Verschiebungsgesetz. Die Sätze der Thermodynamik lassen noch weitergehende Folgerungen zu, indem man nämlich nach W. WIEN der Strahlung auch eine Entropie zuschreiben muß.

(WILLY WIEN, 1864 bis 1928, o. Professor in Würzburg, seit 1920 in München, 1911 Nobelpreis, bedeutend durch seine Arbeiten über Hydrodynamik, Wärmestrahlung und Kanalstrahlen.) Behandelt man nun die Strahlung genau wie ein anderes thermodynamisches Gebilde, etwa ein ideales Gas, und führt mit ihr einen umkehrbaren Vorgang aus, so läßt sich hieraus die Abhängigkeit der Strahlungsentropie von der Energie und der Frequenz ν ermitteln.

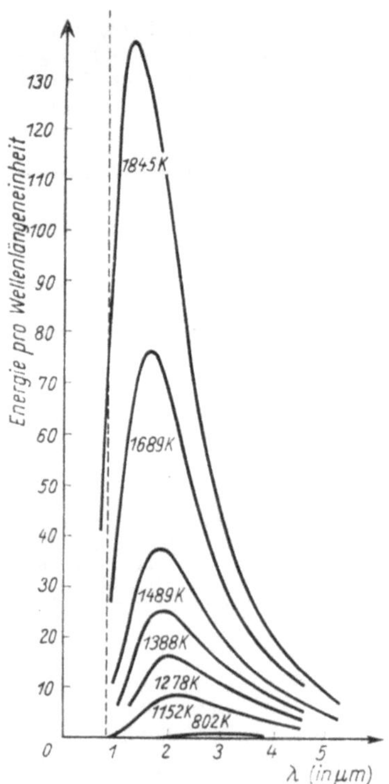

Abb. 6.4. Isothermen der Strahlungsintensität glühenden Platins

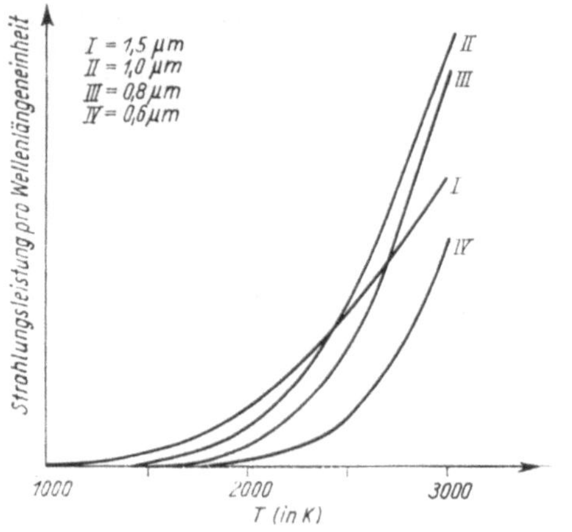

Abb. 6.5. Isochromaten der Strahlungsintensitäten des schwarzen Körpers

Auf Grund derartiger Überlegungen fand W. WIEN im Jahre 1893 das grundlegende Verschiebungsgesetz:

Die Wellenlänge des Gebietes höchster Strahlungsintensität eines schwarzen Körpers ist der absoluten Temperatur umgekehrt proportional.

Also:

$\lambda_{max} T = \text{const},$

bzw.

$$\lambda_{max} T = 0{,}2898 \text{ cm K}. \tag{6.10}$$

Das Maximum der Strahlung verschiebt sich also, wie schon Abb. 6.3 zeigte, nach kürzeren Wellenlängen bei steigender Temperatur. Erst bei etwa 4800 K rückt es ins Sichtbare ($\lambda_{max} = 760$ nm).

Strahlungsenergie im Bereich des Maximums. Die Ordinate des Maximums kann durch Verbindung des Stefanschen Gesetzes mit dem Wienschen erhalten werden.
Es ergibt sich

$$E_{max} = \text{const } T^5. \tag{6.11}$$

$$E_{max} = 2{,}04 \cdot 10^{-12} T^5 \text{ J cm}^{-3} \text{ s}^{-1}$$
$$= 0{,}487 \cdot 10^{-12} T^5 \text{ cal cm}^{-3} \text{ s}^{-1}.$$

Während also die gesamte Strahlungsintensität E_s mit der vierten Potenz der Temperatur steigt, wächst die Strahlungsintensität der emittierten maximalen Wellenlänge unter gleichzeitiger Verschiebung nach kürzeren Wellen mit der fünften Potenz.
Das Wiensche Verschiebungsgesetz ist durch Messungen von LUMMER und PRINGSHEIM genau geprüft worden (Ergebnisse s. Tab. 6.1).

Tabelle 6.1. Wiensches Verschiebungsgesetz

Temperatur T des schwarzen Körpers (in K)	λ_{max} (in μm)	$\lambda_{max} T$ (in μm K)
1460,4	2,04	2979
1259	2,35	2959
1094,5	2,71	2956
908,5	3,28	2980
723,0	4,08	2950
621,2	4,53	2814

6.1.3. Plancksches Strahlungsgesetz

Die Hauptsätze der Thermodynamik besitzen zwar uneingeschränkte Gültigkeit, sind aber so allgemein gehalten, daß man keine ins einzelne gehende und auf den Sonderfall passende Aussage erwarten darf. So ließen sich aus den grundlegenden Sätzen der Elektrodynamik und Thermodynamik bei Anwendung auf die Gesetzmäßigkeiten der Hohlraumstrahlung zwar weitgehende Folgerungen ziehen, aber die Hauptfrage nach dem Wesen und der kennzeichnenden Größe der universellen Funktion F konnte nicht berührt und daher auch nicht beantwortet werden.
Man muß deshalb hier wie auch in anderen Fällen ganz bestimmte Modellvorstellungen entwickeln die, ohne die Allgemeingültigkeit der gewonnenen Ergebnisse zu be-

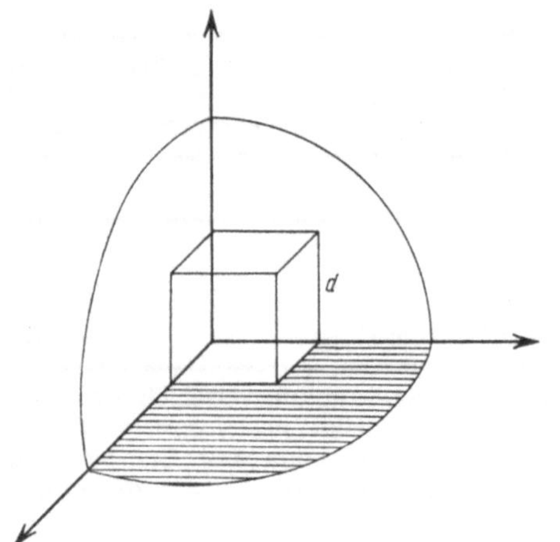

Abb. 6.6. Zum Strahlungsgesetz von RAYLEIGH-JEANS

einträchtigen, Einzelheiten der betrachteten Vorgänge zu erklären gestatten.
RAYLEIGH und JEANS schlugen vor, die Hohlraumstrahlung im Innern eines Würfels von der Kantenlänge d mit vollkommen spiegelnden Wändern zu untersuchen (Abb. 6.6). Nun wäre an sich in einem solchen leeren Raum jeder beliebige Strahlungszustand in einem (i. allg.) labilen Gleichgewichtszustand, denn nach dem Kirchhoffschen Gesetz wäre mit $A = 0$ auch $E = 0$ für jede Frequenz, d. h., jeder einmal vorhandene Strahlungszustand in jenem Würfel bliebe unverändert. Um aber den Zustand des Maximums der Entropie herzustellen, denken wir uns im Innern dieses Würfels ein Kohlestäubchen (PLANCK), d. h. einen Körper, der für alle Wellenlängen ein endliches Absorptionsvermögen besitzt. Dann muß sich im Laufe der Zeit der Höchstwert der Entropie des Systems einstellen, wobei die Zeitdauer dieses Vorganges völlig belanglos ist; daher können wir das Stäubchen beliebig klein wählen, so daß die hierdurch hervorgerufene Störung unter jede wahrnehmbare Grenze sinkt, denn die Strahlungsenergie wird dann von viel höherer Größenordnung sein als die Energieänderung des Stäubchens. Hierdurch haben wir uns aber die Aufgabe so wesentlich vereinfacht, daß die Lösung möglich ist, wobei die Beschaffenheit der Hülle für das Zustandekommen des thermodynamischen Gleichgewichtszustandes belanglos ist.
JEANS hat die Berechnung durchgeführt und fand für die spektrale Energiedichte:

$$\mathrm{d}E = 8\pi\nu^2\,\mathrm{d}\nu\,\frac{kT}{c^3} = \frac{8\pi kT}{\lambda^4}\,\mathrm{d}\lambda .$$

Dies ist die *Strahlungsformel* von RAYLEIGH-JEANS. Die gesamte Energiedichte

$$E = \int_0^\infty \mathrm{d}E = 8\pi \int_0^\infty \frac{kT}{\lambda^4}\,\mathrm{d}\lambda$$

würde bei jeder von Null verschiedenen Temperatur ins Unendliche wachsen, und die Strahlung hätte kein Maximum. Sie würde um so stärker sein, je kleiner die Wellenlänge ist. Diese Schlußfolgerungen stehen aber im denkbar schärfsten Widerspruch zur Erfahrung. Somit führen die klassischen Folgerungen zu einem völligen Zusammenbruch, einer „Ultraviolettkatastrophe“ (EHRENFEST).

Dieses Versagen klassischer Vorstellungen veranlaßte PLANCK auf Grund der Beobachtungsergebnisse, eine verbesserte Strahlungsformel aufzustellen (E_λ als Strahlungsdichte zwischen λ und $\lambda + \mathrm{d}\lambda$):

$$E_\lambda\,\mathrm{d}\lambda = \frac{c_1}{\lambda^5}\,\frac{1}{\mathrm{e}^{\frac{c_2}{\lambda T}} - 1}\,\mathrm{d}\lambda . \qquad (6.12)$$

c_1 und c_2 sind Konstanten von den Beträgen $c_1 = 3{,}741832 \cdot 10^{-16}\,\mathrm{W \cdot m^2}$ und $c_2 = 1{,}438\,\mathrm{cm \cdot K}$. Diese Formel gab zwar die bekannten Beobachtungstatsachen wieder, ließ sich aber nicht aus klassischen Vorstellungen ableiten.

Da nun die Anwendung der Grundsätze der Elektrodynamik und Thermodynamik zu so weittragenden und durch die Erfahrung in allen Fällen bestätigten Folgerungen wie dem Stefan-Boltzmannschen Gesetz und dem Wienschen Verschiebungsgesetz geführt hatte, ließ sich PLANCK bei seinen Forschungen von dem Gedanken leiten, daß nicht unzulässige Anwendung jener Hauptsätze oder Rechenfehler für den Mißerfolg verantwortlich gemacht werden können, sondern daß der Fehler nur in der unbedachten Benutzung des Gleichverteilungssatzes gesucht werden müßte. Damit brachen aber klassische, sonst durchaus bewährte Vorstellungen zusammen, und PLANCK wurde zum Begründer der ***Quantentheorie***, die sich in der Folge über den engen Rahmen der Strahlungslehre hinaus als kennzeichnend und wegweisend für die neuere physikalische Forschung und das physikalische Weltbild erwies.

Den Gedankengang, von dem aus PLANCK zum theoretischen Verständnis seines Strahlungsgesetzes gelangte, wollen wir kurz wiedergeben:
Wählen wir als Modell eines schwarzen Strahlers eine Gruppe von linearen harmonischen Oszillatoren, so läßt sich nach den Ergebnissen der Mechanik (Bd. I) die Energie durch die Gleichung (D = Federkonstante)

$$W = \frac{m}{2}v^2 + \frac{D}{2}s^2$$

darstellen.
Wir wollen als neue unabhängige Koordinate den Impuls $p = mv$ einführen und D aus $T = 1/\nu = 2\pi\sqrt{m/D}$ bestimmen:

$$D = 4\pi^2 m\nu^2 .$$

Wir erhalten

$$W = \frac{p^2}{2m} + 2\pi^2 m\nu^2 s^2$$

oder

$$\frac{p^2}{2mW} + \frac{2\pi^2 m\nu^2 s^2}{W} = 1,$$

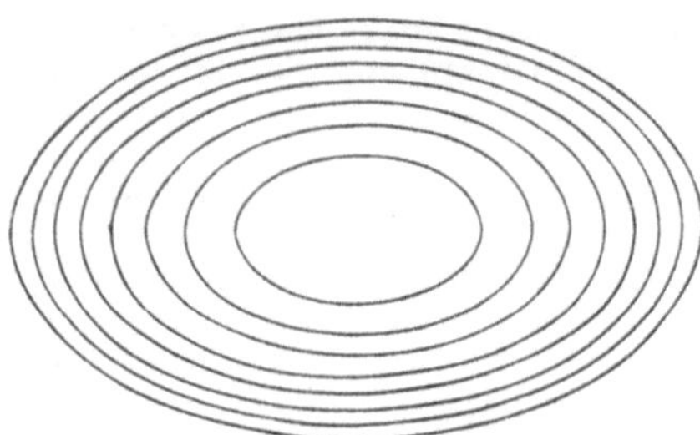

Abb. 6.7. Kurven gleicher Energie

d. h. die Gleichung einer Ellipse mit den Achsen

$$a = \sqrt{2mW} \quad \text{und} \quad b = \sqrt{\frac{W}{2\pi^2 m\nu^2}}$$

und dem Flächeninhalt $F = \pi ab = W/\nu$.

Nach klassischer Auffassung kann ein solcher Oszillator jede beliebige Energie annehmen, d. h., seine Energie stellt eine stetig veränderliche Größe dar, mithin wäre also die Größe F ebenfalls stetig veränderlich.

Nach den Grundlehren der von PLANCK begründeten *Quantentheorie* kann jedoch im atomaren Bereich ein Oszillator nicht jeden beliebigen Energiewert annehmen, sondern seine Energie ist auf eine Anzahl von bestimmten Werten $W_1, W_2, W_3, \ldots$ beschränkt und kann auch nur unstetig von dem einen zu dem anderen Werte übergehen. Dieses bedeutet, daß die möglichen Werte W bzw. F durch leere Stellen voneinander getrennt sind; d. h., die Energie ist im Gegensatz zum Gleichverteilungssatz nicht gleichmäßig verteilt (Abb. 6.7). Wir wollen weiter annehmen, diese Leerstellen hätten sämtlich die gleiche Größe h (Plancksches Wirkungsquantum). Dann folgt für den Unterschied zweier möglicher F-Werte

$$\frac{W_n}{\nu} - \frac{W_{n-1}}{\nu} = \mathrm{h}$$

oder, weil die Energie nur bis auf eine Konstante bestimmt ist,

$$W_n = n\,\mathrm{h}\nu.$$

Bei dem Modell des schwarzen Körpers können also die Resonatoren nur die Schwingungsenergien

$$0,\ \mathrm{h}\nu,\ 2\mathrm{h}\nu,\ 3\mathrm{h}\nu,\ \ldots$$

annehmen. PLANCK berechnete die Energie eines einzelnen Oszillators, die nach den obigen Ergebnissen von ν und T abhängt, zu (k = Boltzmannsche Konstante)

$$W_0 = \frac{\mathrm{h}\nu}{\mathrm{e}^{\frac{\mathrm{h}\nu}{kT}} - 1}.$$

Die Gesamtenergie der Strahlung beläuft sich somit nach dem Gedankengang von RAYLEIGH-JEANS auf

$$\mathrm{d}W = 8\pi \frac{\nu^2}{c^3}\,\mathrm{d}\nu \frac{\mathrm{h}\nu}{\mathrm{e}^{\frac{\mathrm{h}\nu}{kT}} - 1},$$

und die Energiedichte wird gleich

$$E_\nu\,\mathrm{d}\nu = \frac{\mathrm{h}\nu^3}{c^2} \frac{1}{\mathrm{e}^{\frac{\mathrm{h}\nu}{kT}} - 1}\,\mathrm{d}\nu = \frac{c}{8\pi}\,\mathrm{d}W$$

oder, auf die Wellenlänge umgeschrieben,

$$E_\lambda \mathrm{d}\lambda = \frac{\mathrm{h}c^2}{\lambda^5} \frac{1}{\mathrm{e}^{\frac{\mathrm{h}c}{\lambda kT}} - 1}\,\mathrm{d}\lambda = \frac{c_1}{\lambda^5} \frac{1}{\mathrm{e}^{\frac{c_2}{\lambda T}} - 1}\,\mathrm{d}\lambda. \tag{6.13}$$

Diese Formel stellt das berühmte *Plancksche Strahlungsgesetz* dar, das durch die genauesten Messungen bestätigt wurde.

Für gewisse Frequenz- bzw. Temperaturbereiche erhält man aus dem Planckschen Gesetz schon vorher bekannte Näherungsformeln. Wenn $\mathrm{h}\nu/kT \gg 1$ ist, kann man im Nenner den Subtrahenden (-1) vernachlässigen. Dies gibt das *Wiensche Strahlungsgesetz*

$$E_\nu\,\mathrm{d}\nu = \frac{\mathrm{h}\nu^3}{c^2}\,\mathrm{e}^{-\frac{\mathrm{h}\nu}{kT}}\,\mathrm{d}\nu, \tag{6.14}$$

das für das sichtbare Frequenzgebiet bis zu einer Temperatur von etwa 3000 K gilt. Logarithmiert man diese Formel, so erhält man $\ln E_\nu = a - \frac{b}{T}$, wobei a und b jeweils bei gleichem ν konstant sind. Logarithmische Isochromaten sind also gerade Linien. Wenn andererseits $\mathrm{h}\nu/kT \ll 1$, erhält man das *Rayleigh-Jeanssche Strahlungsgesetz*

$$E_\nu\,\mathrm{d}\nu = \frac{\nu^2}{c^2}\,kT\,\mathrm{d}\nu. \tag{6.15}$$

In der normalen Energieverteilung der schwarzen Strahlung kann man nach der Wellenlänge suchen, die dem Höchstwert der Strahlungsenergie entspricht; hierfür ergibt sich gemäß der Planckschen Formel die Bedingungsgleichung:

$$\frac{\mathrm{d}}{\mathrm{d}\lambda}\left[\frac{c_1}{\lambda^5} \frac{1}{\mathrm{e}^{\frac{c_2}{T\lambda}} - 1}\right] = 0.$$

Man erhält die Beziehung

$$\mathrm{e}^{-\beta} + \frac{\beta}{5} = 1$$

mit der Abkürzung

$$\beta = \frac{c_2}{\lambda_{\max} T}.$$

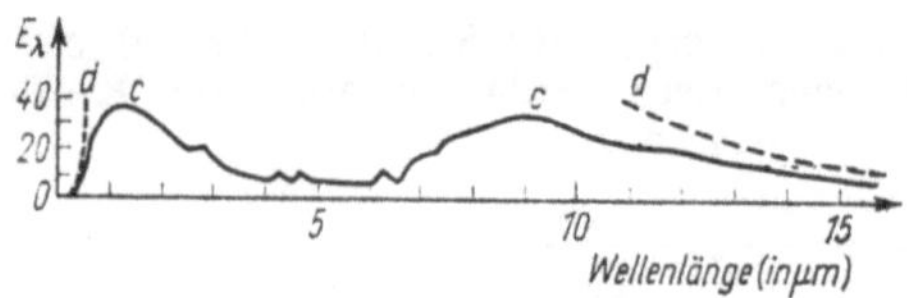

Abb. 6.8. Spektrale Strahlungsverteilung des Auerstrumpfes (*c*) und des schwarzen Körpers gleicher Temperatur (*d*)

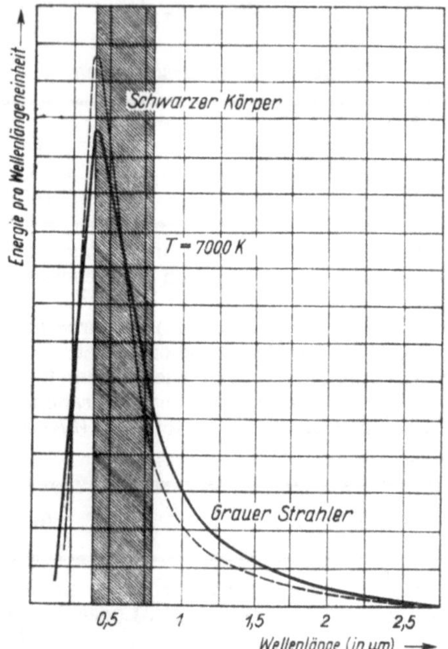

Abb. 6.9. Schwarzer und grauer Strahler

Die Wurzel dieser (transzendenten) Gleichung ist $\beta = 4{,}9651$, d. h., es gilt

$$\beta = \frac{c_2}{\lambda_{max} T} = \text{const},$$

mithin ist auch

$$\lambda_{max} T = \frac{c_2}{\beta} = \text{const}$$

in Übereinstimmung mit dem Wienschen Verschiebungsgesetz. Der Wert dieser Konstanten berechnet sich zu

$$\frac{c_2}{\beta} = \frac{1{,}438}{4{,}9651} = 0{,}288$$

in Übereinstimmung mit dem oben genannten Wert.

6.1.4. Nichtschwarze Körper

Verhalten nichtschwarzer Körper. Alle uns zugänglichen Stoffe haben ein Absorptionsvermögen a, das kleiner als Eins ist. Hat das Absorptionsvermögen für alle Wellenlängen den gleichen Wert, ist es also von der Wellenlänge unabhängig, so nennt man den Körper einen *grauen Strahler* (Bogenlampenkohle: $a \approx 0{,}8$, Kohlefaden: $a \approx 0{,}7$). Ist a für verschiedene Wellenlängen verschieden, so nennt man den Körper einen *Selektivstrahler*. Dieser ist also dadurch gekennzeichnet, daß er mindestens für einige Wellenlängengebiete weniger absorbiert (also auch weniger emittiert) als ein schwarzer Körper (Abb. 6.8, 6.9). Um bei einer bestimmten Wellenlänge λ die gleiche Helligkeit zu ergeben wie ein schwarzer Körper bei der Temperatur T_s, muß also ein grauer oder selektiv strahlender Körper eine höhere Temperatur T haben. Man bezeichnet T_s als *schwarze Temperatur* des Körpers bei der Wellenlänge λ. Im langwelligen, sichtbaren Gebiet beträgt für Pt z. B. am Schmelzpunkt der Unterschied 210 K; für den Krater des Kohlelichtbogens ist die schwarze Temperatur 3500 K, die wahre etwa 4000 K.

Die schwarze Temperatur eines Körpers stimmt nicht mit seiner wahren Temperatur überein, da man mit der schwarzen Temperatur die des schwarzen Körpers meint, der die gleiche Strahlung aussendet. Nach dem Kirchhoffschen Satz hat der schwarze Körper ein höheres Emissionsvermögen als jeder andere; aus diesem Grunde ist die schwarze Temperatur stets niedriger als die wahre Temperatur des Körpers, wie die obigen Beispiele zeigen.

Um die schwarze Temperatur eines Strahlers zu bestimmen, bohrt man in einen Probekörper eine Öffnung und erzeugt in dem Hohlraum Strahlung, deren Temperatur die wahre Temperatur des Körpers ist (Abb. 6.10, 6.11).

Für die Beurteilung der Strahlung spielt die Empfindlichkeitskurve des Auges eine entscheidende Rolle (Abschn. 1.3.2). So bezeichnet man als *Farbtemperatur* diejenige Temperatur, die ein schwarzer Körper haben müßte, um dem normalen Auge in der gleichen Farbe zu erscheinen wie der betreffende Strahler.

Die Farbtemperaturen einiger Lichtquellen betragen:

Hefnerkerze 1910 K
Doppelwendel-Wolframlampe 2750 K
Kohlefadenlampe 2088 K
Gasgefüllte Wolframlampe 2770 K
Vakuum-Wolframlampe 2580 K
Sonnenlicht 5600 K

Für graue Strahler ist die Farbtemperatur gleich der wahren Temperatur (nur die Flächenhelligkeit ist kleiner als die eines entsprechenden schwarzen Körpers). Die spektrale Empfindlichkeitsverteilung des Auges hat zur Folge, daß der sichtbare Anteil mit Temperaturerhöhung sehr stark steigt, namentlich vom Beginn der ersten Sichtbarkeit an, die für das vollkommen ausgeruhte Auge zu etwa 400 °C (sog. Grauglut), als schwache Rotglut zu etwa 630 °C angegeben wird. So fanden LUMMER und PRINGSHEIM,

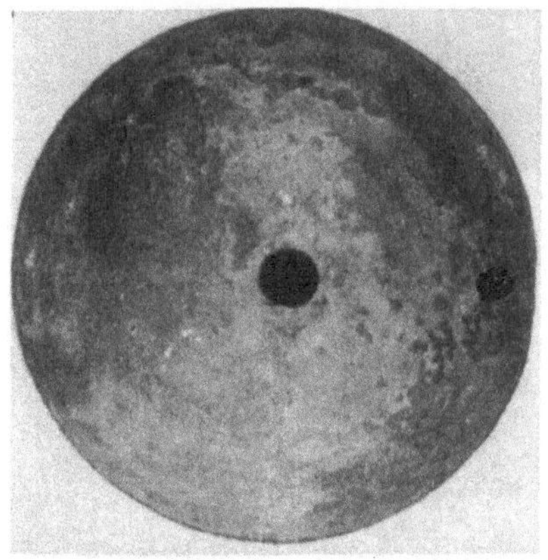

a)

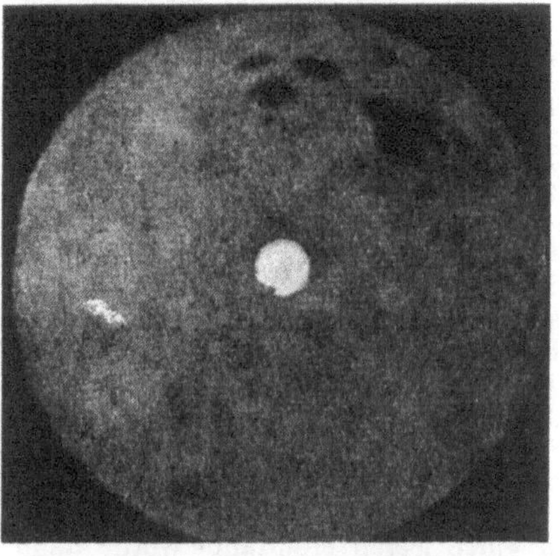

b)

Abb. 6.10. **Absorption und Emission des schwarzen Körpers**

a)

b)

Abb. 6.11. Graphitkreuz auf Platin, a) bei normaler Temperatur, b) bei hoher Temperatur, bei der Graphit stärker strahlt als das Platin

daß für das Auge die Gesamthelligkeit in der Nähe der Rotglut proportional mit der 30. Potenz der absoluten Temperatur und bei hoher Weißglut immer noch mit der 12. Potenz wächst (Abb. 6.12, 6.13).

Pyrometrie. Wegen starker Helligkeitsänderungen kann man durch Photometrieren die Temperatur eines glühenden Strahlers sehr genau messen. Man nennt die hierzu geeigneten Geräte *Strahlungspyrometer.*

Das sehr verbreitete Pyrometer von HOLBORN und KURLBAUM z. B. arbeitet in folgender Weise (Abb. 6.14): Der Glühfaden einer elektrischen Lampe, durch die hindurch man die zu messende Fläche betrachtet, wird bei Veränderung des Stromes so geheizt, daß er sich von der strahlenden Fläche nicht mehr abhebt. Dann ist die Emission des Fadens gleich der der Fläche. Die Eichung der Lampe erfolgt durch einen schwarzen Körper unter Zuhilfenahme des Schmelzpunktes geeigneter Stoffe zur Bestimmung der Temperatur des Hohlraumes. Bei zu großer Helligkeit der zu messenden Strahlung schwächt man diese durch geeichte Rauchgläser oder Filter. Die optischen Pyrometer liefern, wie aus der Eichung hervorgeht, die schwarzen Temperaturen.

Lichtquellen. Die meisten heute gebräuchlichen Lichtquellen sind Temperaturstrahler. In Kerzen und Petroleumflammen glüht der aus den Gasen ausgeschiedene feste Kohlenstoff; in den Glühlampen glühen feste Metalle, in den Bogenlampen (mit Reinkohlen) hauptsächlich der positive Krater (Bd. II, Lichtbogen). Bei letzteren überlagert sich allerdings schon das elektrisch angeregte Leuchten der Gase des Bogens, so daß sie, besonders die Dochtkohlenlampen, nicht mehr als reine Temperaturstrahler anzusehen sind. Wie die Abb. 1.80, 6.3 zeigen, beträgt der Anteil sichtbaren Lichtes bei den technisch erreichbaren Temperaturen nur einen geringen Teil der ausgestrahlten elektromagnetischen Energie. Für den Gebrauch als Lichtquelle ist ferner noch die spektrale Empfindlichkeitskurve des Auges wichtig (Abb. 1.38), nach der wir einen Energiebetrag gelbgrünen Lichtes heller empfinden als den gleichen Betrag roten oder blauen Lichtes. Wie Abb. 6.3 zeigt, wird der Anteil der ins Sichtbare fallenden Strahlung mit steigender Temperatur zunächst immer größer; wie oben ausgeführt, wächst sogar die visuell ausnützbare Energie ungefähr mit der zwölften Potenz an. Hieraus folgt das Bestreben, möglichst hohe Temperaturen der Lichtquellen zu erreichen, wodurch die Entwicklung unserer elektrischen Beleuchtung gegeben ist (Bd. II, Glühlampe).

Theoretisch würde man bei immer weiterer Temperatursteigerung ein Maximum der Ausbeute an sichtbarem Licht erreichen, wenn entsprechend dem Wienschen Verschiebungsgesetz das Maximum der Strahlung ungefähr im Gebiet der höchsten Augenempfindlichkeit liegt. Die entsprechende Temperatur ist für einen schwarzen Körper etwa 6000 K, die Lichtausbeute hierbei 18 lm/W. Bei noch weiterer Steigerung der Temperatur sinkt der Anteil der visuell sichtbaren Strahlung wieder, indem immer mehr Energie im kurzwelligen und ultravioletten Spektralgebiet ausgestrahlt wird.

Man kann den visuellen Nutzeffekt noch ein wenig verbessern, indem man Selektivstrahler verwendet, und zwar solche, die bei einer gegebenen Temperatur zwar weniger Energie aussenden als der schwarze Körper, die aber vorzugsweise diejenige Strahlung aussenden, die dem sichtbaren Teil des Spektrums zukommen. Derartige Verhältnisse bedingen die besonders hohe Wirtschaftlichkeit des Auerglühstrumpfes und lassen sich besonders dann erzielen, wenn man auf Temperaturstrahlung verzichtet und das Leuchten durch andere, nicht mit der statistischen Verteilung der Wärmebewegung verbundene Energieformen, z. B. durch in elektrischen Feldern beschleunigte Elektronen, hervorruft. So läßt sich die Gasentladung (Bd. II) in bestimmten Metalldämpfen, deren Hauptemissionslinien im sichtbaren Gebiet liegen, für Lichtquellen von hoher Wirtschaftlichkeit anwenden. Die Lichtausbeute der Natriumdampflampen (PIRANI) und der Quecksilber-Hochdrucklampen beträgt das Mehrfache derjenigen der gebräuchlichen Glühlampen (Tab. 1.2). Seitdem man gelernt hat, den Kathodenfall durch Anwendung von Glühkatoden auf wenige Volt herabzusetzen, ist es möglich, Gasentladungslampen direkt mit Netzspannung zu betreiben.

Durch Steigerung des Betriebsdruckes der Quecksilberhochdrucklampen konnte deren Lichtausbeute und Leuchtdichte erheblich gesteigert werden. Die Queck-

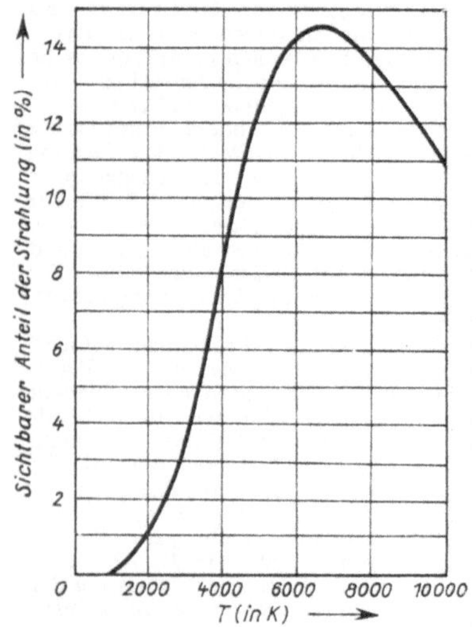

Abb. 6.12. Abhängigkeit der sichtbaren Strahlung des schwarzen Körpers von der Temperatur

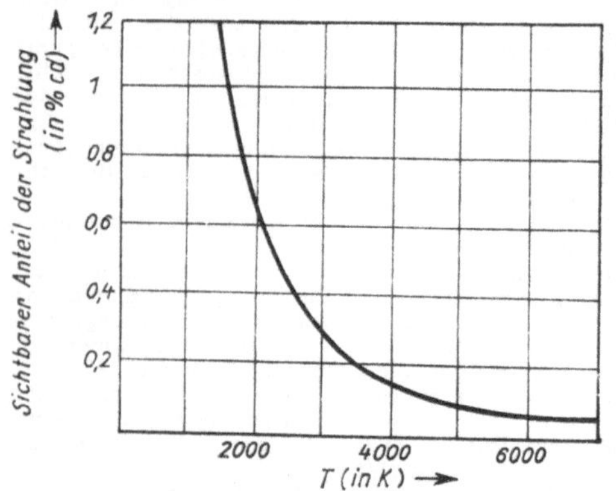

Abb. 6.13. Prozentuale Abhängigkeit der sichtbaren Strahlung des schwarzen Körpers von der Temperatur

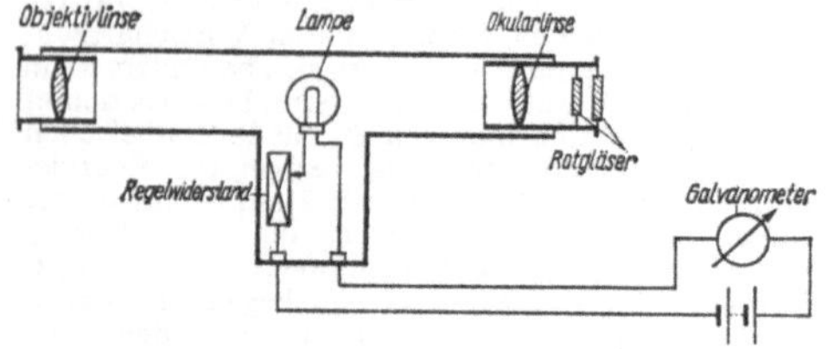

Abb. 6.14. Holborn-Kurlbaum-Pyrometer

silber-Höchstdrucklampen mit kurzem Elektrodenabstand und kugelförmigem Quarzkolben erreichen Leuchtdichten von 10000 bis 100000 Stilb bei Lichtausbeuten bis zu 60 lm/W (Abb. 6.15). Ähnlich gebaut sind die Xenonlampen, in denen das Edelgas Xenon als Füllgas dient und unter einem Druck von 10 at. steht. Das Xenonlicht entspricht dem Sonnenlicht, während die Quecksilberlampen in ihrem Spektrum prozentual zu wenig Rot aufweisen. Ihr blauweißes Licht wirkt kalt. Die Strahlung in diesen Lampen kommt zum größten Teil aus dem kontinuierlichen Gasspektrum.

Zur Ausnutzung der intensiven Ultraviolett-Strahlung (Resonanzlinien des Quecksilber) haben Quecksilber-Niederdruck-Entladungsröhren mit Glühkatoden für Betrieb an normalen Netzspannungen auf der Innenwand eine Schicht aus Leuchtstoffen (Kristallphosphore, z. B. Zinksilikat, Zink-Beryllium-Silikat) und erreichen damit Lichtausbeuten von etwa 50 lm/W. Diese Leuchtstofflampen verdrängen bereits vielfach die Glühlampen (Bd. II).

6.1.5. Masse und Impuls der Lichtstrahlung

Wir haben im Bd. II aus den Maxwellschen Gleichungen gefolgert, daß jede auf einen Körper treffende elektromagnetische Welle einen Druck p auf den Körper ausübt. p ist durch die Beziehung

$$p = 2S\cos^2\alpha$$

gegeben (S = Energiedichte, α = Einfallswinkel).

Wir denken uns nach LENARD einen aus vollkommen spiegelnden Wänden quaderförmig gestalteten leeren Hohlraum mit Strahlung erfüllt, und zwar möge durch ein Kohlestäubchen dafür gesorgt sein (PLANCK), daß sich das absolut stabile Gleichgewicht der schwarzen Strahlung mit dem höchstmöglichen Wert der Entropie des abgeschlossenen Systems einstellt (Abb. 6.16). Dem Hohlraum möge durch eine äußere Kraft eine Beschleunigung von links nach rechts erteilt werden. Die augenblickliche Geschwindigkeit sei v. Für einen leeren Hohlraum würde dann nach dem Grundgesetz der Mechanik $F = ma$ gelten, wobei m die Masse des nicht von Strahlung erfüllten Hohlraums bedeutet. Diese einfachen Verhältnisse werden jedoch durch die Strahlung verwickelt:

Trifft nämlich ein von links nach rechts laufender Wellenzug die vordere Begrenzungsfläche des Zylinders in dem Augenblick, in dem die Geschwindigkeit des Quaders v ist, so wird nach dem Dopplerschen Prinzip die Wellenlänge des Zuges vermindert, und zwar bei fliehender Auftrefffläche gemäß der Formel (Bd. I)

$$\Delta\lambda = +2\lambda\frac{v}{c}.$$

Damit ändert sich natürlich auch die Energiedichte der Strahlung, und zwar im umgekehrten Verhältnis, d. h., es gilt

$$\Delta S = -\text{const}\,\frac{2v}{c}.$$

Entgegengesetzt liegen die Verhältnisse bei der Reflexion des in Gegenrichtung von rechts nach links laufenden Wellenzuges an der hinteren, entgegenkommenden Fläche.

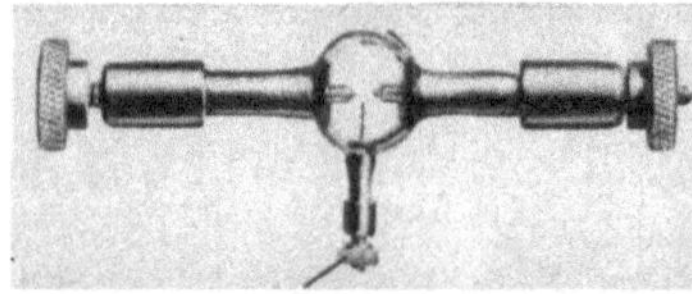

Abb. 6.15. Kugelförmige Quecksilber-Höchdrucklampe mit hoher Leuchtdichte (25000 Stilb), Betriebsdruck: 60 at., Leistungsaufnahme 200 Watt, Leuchtfeldabmessungen 2,5 × 1,4 mm. Z: Zündelektrode (ermöglicht Zündung unter vollem Betriebsdruck)

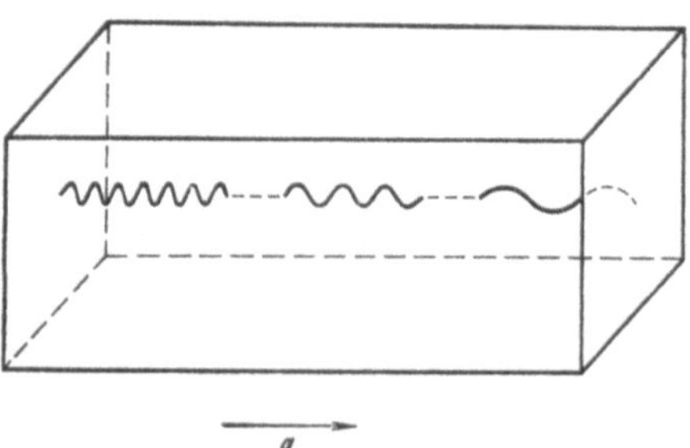

Abb. 6.16. Zur Masse der Strahlungsenergie

Da sich nun die gesamte Strahlungsenergie im Gleichgewichtszustand gleichmäßig so verteilen muß, daß die eine Hälfte in Richtung von rechts nach links, die andere in der Gegenrichtung strahlt, beträgt die Änderung der Energiedichte vor jeder Deckfläche

$$\Delta S = \mp \frac{Sv}{c},$$

wobei das Minuszeichen bei gleicher Bewegungsrichtung von Hohlraum und Strahlung gilt.
Da nun aber der Strahlungsdruck p der Energiedichte proportional ist, herrscht in dem Hohlraum ein Druckgefälle, und zwar ist die Hinterfläche dem größeren Druck ausgesetzt. Zur Überwindung dieses Druckunterschiedes ist also eine zusätzliche größere Kraftwirkung F_z erforderlich, um die Beschleunigung a aufrechtzuerhalten. Da nun hiernach

$$\Delta S = S\frac{\Delta v}{c}, \qquad a = \frac{\Delta v}{\Delta t}$$

gilt und Δv den Geschwindigkeitsunterschied innerhalb des Zeitintervalls Δt bedeutet, benötigt die Strahlung zur Durchquerung des Hohlraums von der Länge l die Zeit

$$\Delta t = \frac{l}{c}.$$

Mithin gilt auch

$$\Delta S = Sa\frac{\Delta t}{c} = S\frac{al}{c^2}$$

oder, da ΔS gleich dem Unterschied des Strahlungsdruckes von beiden Endflächen ist,

$$\Delta SA = F_z = Sa\frac{lA}{c^2} = V\frac{Sa}{c^2}.$$

Bezeichnen wir den gesamten Energieinhalt des Hohlraums mit W, so folgt

$$F_z = \frac{W}{c^2}a,$$

oder, da Kraft gleich Masse mal Beschleunigung ist,

$$m_{St} = \frac{W}{c^2}.$$

Somit muß man der Strahlung die (träge) Masse zuschreiben, deren Betrag gleich ist

$$m_{St} = \frac{W}{c^2}. \tag{6.16}$$

Infolgedessen kann man der Strahlung auch einen Impuls P_{St} zuordnen:

$$p_{St} = m_{St}c = \frac{W}{c}. \tag{6.17}$$

Nimmt man an, daß die Gln. auch für ein einzelnes Photon gelten, dann ist

$$m_{Ph} = \frac{h\nu}{c^2}, \qquad p_{Ph} = \frac{h}{\lambda}.$$

Die Erkenntnis, daß der Strahlung, also auch dem Licht, Masse und Impuls zugeschrieben werden müssen, stammt von HASENÖHRL (1904); FRITZ HASENÖHRL, 1874 bis 1915, von 1907 an Professor an der Universität Wien.

6.1.6. Quantencharakter des Lichtes

Der lichtelektrische Effekt. Fällt ultraviolettes Licht auf eine negativ geladene Metallplatte, so verliert diese nach den Untersuchungen von HALLWACHS ihre gesamte negative Ladung. LENARD wies nach, daß die aus dem Metall ausgelösten Ladungsträger Elektronen sind. Es zeigt sich, daß nicht nur ultraviolettes Licht diese Wirkung hervorrufen kann.
Nach den grundlegenden Untersuchungen von LENARD ist die kinetische Energie der austretenden Elektronen unabhängig von der Bestrahlungsstärke, nur die Zahl der ausgelösten Elektronen wächst mit der Intensität der Strahlung. Die kinetische Energie der Elektronen, also auch ihre Geschwindigkeit, hängt lediglich von der Wellenlänge der auslösenden Strahlung ab, indem bei praktisch augenblicklicher Wirkung (innerhalb weniger als 10^{-8} s) die Geschwindigkeit der austretenden Elektronen der Frequenz ν

der auffallenden Strahlung proportional ist. Jenseits einer nach der langwelligen Seite gelegenen *Grenzwellenlänge* ist der Effekt nicht zu beobachten. Hiervon vermag die klassische Deutung der Strahlung keine befriedigende Erklärung zu geben. Man würde schließen, daß ein Elektron in einem bestrahlten Metall durch die einfallende Strahlung in immer kräftigeren Schwingungen angeregt wird, bis es vermöge seiner Bewegungsenergie die Coulombschen Anziehungskräfte im Atomverband zu überwinden vermag. Nach dieser Auffassung würde jedoch der Vorgang eine gewisse Zeit in Anspruch nehmen. Die Geschwindigkeit des Elektrons müßte proportional der Bestrahlungsstärke sein. Eine Abhängigkeit von der Wellenlänge des Lichtes ist unerklärlich, und auch die Grenzwellenlänge ist nicht zu verstehen.

Ein von CLEMENS SCHAEFER angeführtes Beispiel zeigt besonders deutlich die Unzulänglichkeit der klassischen Auffassung: Ein lichtelektrisch besonders wirksames Alkalimetall, Natrium, werde durch einen Lichtstrom von 1 lm bestrahlt. Mehr als 90% der Strahlung werden reflektiert. Somit können nur insgesamt etwa 0,1 lm oder rund $0{,}8 \cdot 10^{-7}$ Ws/cm² s, photoelektrisch wirksam sein. Auf einer Strecke von etwa $2{,}3 \cdot 10^{-6}$ cm ist die Strahlung im Metall praktisch auf Null abgeklungen. Mithin beträgt der für die Wirkung in Frage kommende Raumteil $2{,}3 \cdot 10^{-6}$ cm³ oder etwa 10^{-6} g Natrium, das sind rund $6 \cdot 10^{16}$ Atome, denn die Dichte des Natriums ist nahezu 1 g/cm³ und seine relative Atommasse ist 23, d. h., in 23 g Na sind $6 \cdot 10^{23}$ Atome enthalten. Berücksichtigt man nun noch die Grenzwellenlängen, d. h. daß überhaupt nur der unter 500 nm Wellenlänge liegende Bruchteil der Strahlung wirksam sein kann, so kann ein Na-Atom günstigenfalls die Energie $\approx 4 \cdot 10^{-25}$ Ws/s aufnehmen.
Nun beträgt aber die Geschwindigkeit des von jener Grenzstrahlung ausgelösten Elektrons etwa 10^8 cm/s oder seine Energie $4 \cdot 10^{-19}$ Ws, mithin könnte das Elektron diese erst nach $\approx 10^6$ s oder nach mehr als 11 Tagen angesammelt haben. Die Wirkung erfolgt jedoch praktisch augenblicklich.

Ein Ausweg aus den sich hier ergebenden Schwierigkeiten bietet sich, wenn man nach EINSTEIN der Strahlung Quantencharakter zuschreibt. Nach dieser Auffassung soll sich von der Lichtquelle die Strahlung nicht, wie es die klassische Theorie annahm, in Form von Kugelwellen ausbreiten, sondern von einem strahlenden Atom soll sich ein *Photon*, von dem Energiebetrag $h\nu$ mit der Geschwindigkeit c ausbreiten.
Nach dem Vorgehen von EINSTEIN läßt sich die Grundgleichung für die lichtelektrische Wirkung angeben. Da das einfallende Photon außer der kinetischen Energie des Elektrons auch noch seine Austrittsarbeit W decken muß, lautet die vollständige Energiegleichung

$$\mathrm{h}\nu = \frac{m}{2} v^2 + W = eU + W. \qquad (6.18)$$

Diese Beziehung gilt auch für Röntgenstrahlen, wobei man aber infolge der viel größeren Energie der Strahlung die Austrittsarbeit vernachlässigen kann. Somit läßt sich für das Röntgengebiet (6.18) vereinfachend schreiben:

$$\frac{mv^2}{2} = eU = \mathrm{h}\nu. \qquad (6.19)$$

Andererseits erzeugen schnell bewegte Elektronen beim Aufprall auf ein Metall Röntgenstrahlen, wobei nach W. WIEN zwischen der Höchstgeschwindigkeit der auftreffenden Elektronen und der Kurzwellengrenze der Röntgen-(Brems-) Strahlung die Beziehung gilt

$$\mathrm{h}\nu = eU.$$

Somit haben die schnellsten, durch Röntgenstrahlen ausgelösten Elektronen die gleiche Geschwindigkeit wie die schnellsten Elektronen, die durch Aufprall jene Röntgenstrahlen erzeugen. Eine solche Schlußfolgerung aber steht wiederum im Widerspruch zur klassischen Schlußfolgerung und ist nur durch die Annahme von Lichtquanten verständlich. Denn bei der Ausbreitung der Strahlung auf Kugelflächen würde die Energie notwendigerweise zerstreut werden und könnte mithin nicht hinreichen, um jene schnellen Elektronen auszulösen.
Der Compton-Effekt. A. H. COMPTON ließ paralleles Röntgenlicht auf einen Streukörper fallen und untersuchte die an diesem Körper gebeugte Strahlung in Abhängigkeit vom Streuwinkel ϑ. Die Abb. 6.17 zeigt das Schema der Versuchsanordnung. Wird Licht einer Röntgenröhre an einem kleinen Körper S gestreut, so haben nach klassischer Deutung die gebeugten Strahlen nach allen Richtungen die gleiche Wellenlänge. Mithin würde man auch bei diesem Versuch zwar eine Abhängigkeit der Intensität der Streustrahlung von Streuwinkel ϑ, nicht aber eine Änderung der Wellenlänge erwarten. Der Versuch zeigt jedoch das unerwartete Ergebnis, daß die Streustrahlung deutlich eine vom Streuwinkel, aber nicht von der chemischen Natur des Streukörpers abhängige Wellenlänge hat. Man benutzt bei diesen Versuchen leichte Elemente als Streukörper (z. B. Kohlenstoff, Graphit oder Lithium), bei denen die Elektronen sehr locker gebunden sind, somit praktisch als frei betrachtet werden können. Die Abb. 6.18 zeigt die Versuchsergebnisse, deren Deutung nach klassischen Auffassungen nicht möglich ist. COMPTON und P. DEBYE zogen die Einsteinsche Vorstellung vom Photon heran, und es gelang ihnen, hierdurch die Erscheinung in allen Einzelheiten in Übereinstimmung mit der Erfahrung zu deuten. Nach diesen Vorstellungen handelt es sich bei dem Vorgang um einen regelrechten Stoß des mit der Masse $m = W/c^2$ versehenen Photons auf das Elektron. Wendet man auf diesen Vorgang die *klassischen Stoßgesetze* an (Abb. 6.19), so gelangt man zu folgenden Gleichungen (unter

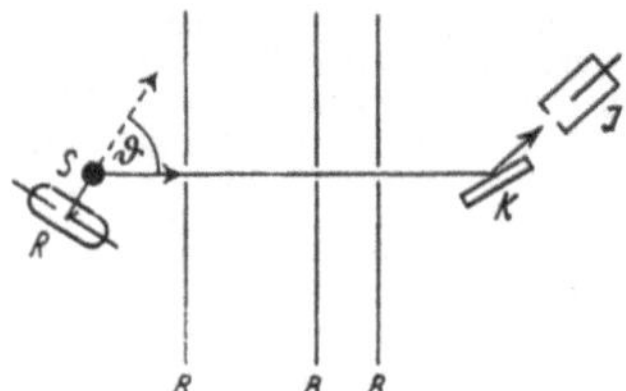

Abb. 6.17. COMPTONS Versuchsanordnung

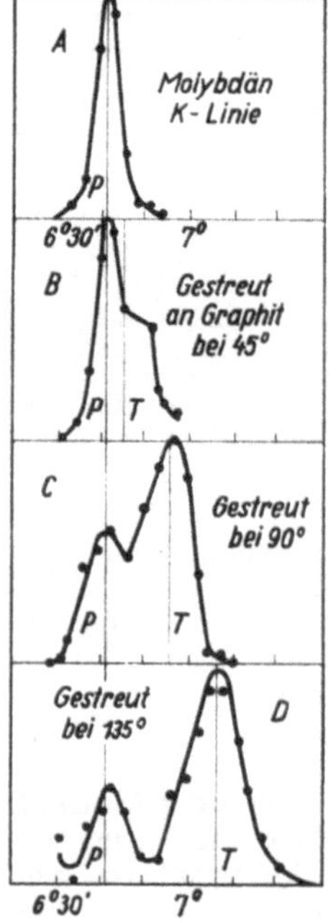

Abb. 6.18. Elektrometrisches Spektrum der Streustrahlung beim Compton-Effekt

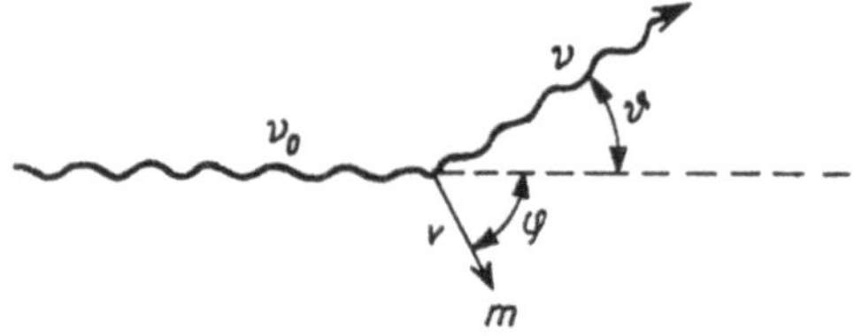

Abb. 6.19. Zusammenstoß eines Elektrons mit einem Lichtquant

Berücksichtigung der Massenveränderlichkeit des Elektrons mit der Geschwindigkeit v):

1. Energiesatz:

$$h\nu_0 = m_0c^2\left(\frac{1}{\sqrt{1-\frac{v^2}{c^2}}} - 1\right) + h\nu. \tag{6.20}$$

2. Impulssatz: In Stoßrichtung gilt

$$\frac{h\nu_0}{c} = \frac{m_0 v}{\sqrt{1-\frac{v^2}{c^2}}}\cos\varphi + \frac{h\nu}{c}\cos\vartheta \tag{6.21}$$

und senkrecht dazu

$$0 = \frac{m_0 v}{\sqrt{1-\frac{v^2}{c^2}}}\sin\varphi - \frac{h\nu}{c}\sin\vartheta. \tag{6.22}$$

Quadriert man (6.21) und (6.22), so fällt bei der Addition φ heraus. Man erhält

$$\frac{h^2\nu_0^2}{c^2} + \frac{h^2\nu^2}{c^2} - \frac{2h^2\nu_0\nu}{c^2}\cos\vartheta = \frac{m_0^2v^2}{1-\frac{v^2}{c^2}}. \tag{6.23}$$

Nunmehr läßt sich v mit Hilfe von (6.20) ausdrücken, und man erhält nach kurzer Zwischenrechnung

$$\frac{m_0^2v^2}{1-\frac{v^2}{c^2}} = m_0^2c^2\left\{\left[\frac{h}{m_0c^2}(\nu_0-\nu)+1\right]^2 - 1\right\}. \tag{6.24}$$

Hieraus ergibt sich weiterhin durch Vergleich von (6.23) und (6.24)

$$\nu = \frac{\nu_0}{1+\frac{h\nu_0}{m_0c^2}(1-\cos\vartheta)}$$

oder

$$\Delta\lambda = c\left(\frac{1}{\nu} - \frac{1}{\nu_0}\right) = \frac{h}{m_0c}(1-\cos\vartheta). \tag{6.25}$$

Hierin ist der konstante Faktor, die Compton-Wellenlänge,

$$\lambda_C = \frac{h}{m_0c} = \frac{6{,}625\cdot 10^{-27}}{9{,}1\cdot 10^{-28}\cdot 2{,}9979\cdot 10^{10}}$$
$$= 0{,}242\cdot 10^{-9}\ \text{cm}.$$

Mit diesem Ergebnis steht der experimentelle Befund in Übereinstimmung (Abb. 6.20), so daß auch hierdurch die Annahme von EINSTEIN eine starke Stütze findet.

Auch die Annahme in der gegebenen Herleitung, daß bei leichteren Elementen die locker gebundenen Elektronen praktisch als frei betrachtet werden können, findet durch diese Theorie ihre Bestätigung. Allerdings ist hierbei eine gewisse Mindestenergie der einfallenden Photonen eine notwendige Vorbedingung, d. h., es muß $h\nu_0$ groß sein gegen die doch stets vorhandene Bindungsenergie. Das ist aber nur bei harten Röntgenstrahlen der Fall, so daß z. B. im Sichtbaren keine dem COMPTON-Effekt ähnliche Wirkung zu erwarten ist und auch tatsächlich nicht nachgewiesen werden konnte.

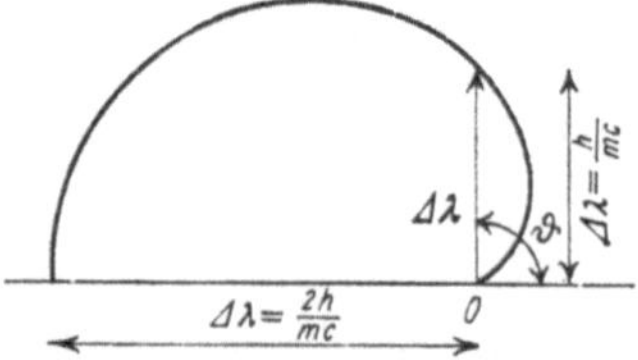

Abb. 6.20. Winkelabhängigkeit der Wellenlängenänderung beim Compton-Effekt

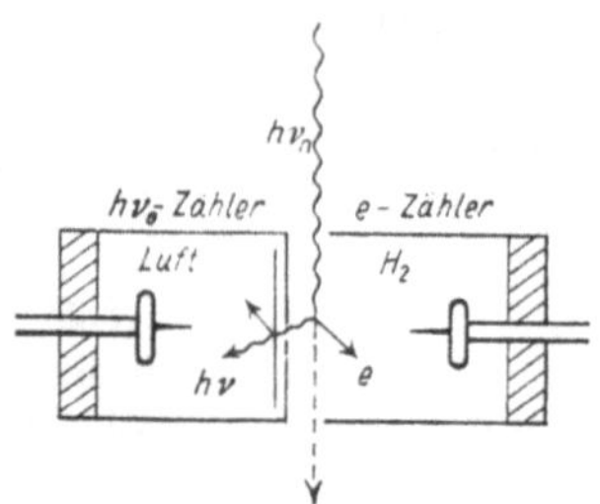

Abb. 6.21. Anordnung zur Feststellung der Gleichzeitigkeit der Quantenstreuprozesse (schematisch)

Nach unserer Herleitung müssen Ausstoß des Elektrons und Streuung des Photons gleichzeitige Vorgänge sein. Dies konnte durch einen Versuch von BOTHE und GEIGER gezeigt werden (Abb. 6.21) (WALTHER BOTHE, 1891 bis 1957, 1930 bis 1932 Professor an der Universität Gießen, seit 1932 an der Universität Heidelberg, 1954 Nobelpreis):

Ein mit H_2 gefülltes enges Gefäß wurde beiderseits von zwei Spitzenzählern umgeben; der eine war besonders für Elektronen, der andere für Röntgenstrahlen empfindlich. Wurde nun durch das Mittelgefäß ein Photonenstrahl hindurchgeschickt, so sollten, wenn die Deutung des COMPTON-Effekts den Tatsachen entspricht, beide Zähler gleichzeitig ansprechen. Auch diese Voraussage der Theorie wurde bestätigt.

6.2. Atomhülle und Spektren

6.2.1. Bohrsches Atommodell

Die Wechselwirkung des Lichtes mit Stoffen läßt sich nur behandeln, wenn der atomare Aufbau mit ausreichender Genauigkeit modelliert werden kann. Die Grundlage dazu bilden die Atommodelle.

Schon frühzeitig hatte man versucht, ein brauchbares Atommodell zu entwerfen. RUTHERFORD schloß aus seinem Versuch mit radioaktiven Strahlen, daß ein Atom aus einem winzigen, positiv geladenen Kern bestehen müsse, in dem sich fast die gesamte Masse des Atoms vereinigt und der von einer Elektronenwolke umgeben sei, wobei die Zahl der Elektronen gleich der Zahl der positiven Ladung des Kerns sein muß.

Selbstverständlich kann es sich bei dieser Vorstellung nicht um ruhende Elektronen handeln, denn diese müßten infolge der Coulombschen Anziehungskräfte in den Kern stürzen. Vielmehr müssen die Elektronen um den Kern kreisen, ähnlich wie die Planeten um die Sonne laufen. Man spricht daher von dem *Planetenmodell des Atoms.*

So sehr dieses Modell auch mit den Versuchen LENARDS und RUTHERFORDS hinsichtlich der überaus geringen Raumerfüllung des Atoms übereinstimmt, kann es doch unmöglich den wahren Sachverhalt – wenigstens vom klassischen Standpunkt aus – richtig wiedergeben; denn ein um den Kern umlaufendes Elektron wird beschleunigt und müßte Energie ausstrahlen. Es würde somit ständig Energie verlieren und schließlich in den Kern stürzen müssen. BOHR konnte zwar diese Schwierigkeit auch nicht lösen, jedoch durch gewaltsame, aber, wie die Folge erwies, überaus erfolgreiche Zusatzannahmen vermeiden. Wenn diese auch an sich völlig willkürlich und unbeweisbar sind, konnte doch BOHR durch folgerichtigen Ausbau seiner Theorie, durch geschickte Anwendung und Verknüpfung der Sätze der klassischen Mechanik und Elektrodynamik mit der Quantentheorie das Jahrhunderte alte Rätsel der Spektren lösen, eine Aufgabe, an der bis dahin alle Bemühungen gescheitert waren.

Auf der Grundlage des *Bohrschen Atommodells* konnten BOHR und seine Nachfolger, zu denen besonders SOMMERFELD zu rechnen ist, eine umfassende Theorie des Atombaus und der Spektrallinien entwickeln.

Wenn auch heute diese Bohrsche Theorie durch die weiterentwickelte Quantentheorie abgelöst wurde, so bleiben doch viele ihrer Ergebnisse unangetastet. Darum, und weil sie auch heute noch den anschaulichsten Weg zum Verständnis der Spektren liefert, werden wir sie hier in ihren Grundzügen betrachten.

Die Spektren. Eine Saite, eine Orgelpfeife oder eine Stimmgabel geben bei Erregung neben ihrem Grundton i. allg. die vollständige Reihe der harmonischen Obertöne, d. h., der von diesen Gebilden ausgehende Klang setzt sich zusammen aus den Tönen mit den Frequenzen

$\nu, 2\nu, 3\nu, 4\nu, \ldots$

Würde nun ein angeregtes Atom oder Molekül, von dem ein Linien- oder Bandenspektrum ausgeht, in ähnlicher Weise „schwingen“, wie jene akustischen Quellen, so müßten die Spektren neben einer Grundfrequenz ν_0 auch die harmonischen Oberfrequenzen

$2\nu_0, 3\nu_0, \ldots$

enthalten.

Schon die Prüfung eines einfachen Linienspektrums, das des Wasserstoffes (Abb. 6.22), zeigt, daß keine Spur einer solchen Regelmäßigkeit zu entdecken ist.

Bei verwickelt gebauten Spektren mit einem manchmal verwirrenden Linienreichtum sowie bei den Bandenspektren ist man zunächst versucht, jede Regelmäßigkeit zu leugnen; daher ist es nicht verwunderlich, wenn derartige Spektren zunächst alle Erklärungsversuche erschwerten. (Weitere Spektren sind in der Farbtafel I enthalten.)

BALMER (JOHANN JAKOB BALMER, 1825 bis 1898, Dozent in Basel) gelang es 1885 erstmalig, eine Regelmäßigkeit zwischen den Wellenlängen der Wasserstofflinien H_α, H_β, H_γ, ..., zu entdecken. Er fand, daß die Lage dieser Linien

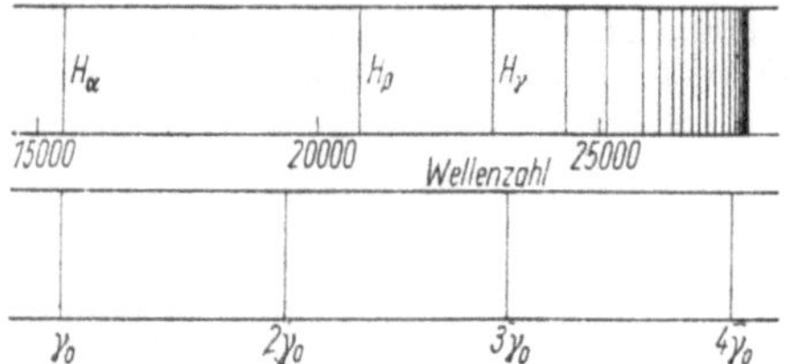

Abb. 6.22. Balmerserie (Wellenzahl in cm^{-1})

durch die Formel

$$\lambda = K_r \frac{n^2}{n^2 - 2^2}$$

dargestellt werden kann, wobei n die Reihe der ganzen Zahlen von 3 bis 16 durchläuft.
Damit wurden gemäß der damaligen Kenntnis sämtliche Linien dieser „*Serie*" mit großer Genauigkeit wiedergegeben.
Aus Zweckmäßigkeitsgründen benutzt man den Kehrwert der Wellenlänge, die *Wellenzahl* $\tilde{w} = 1/\lambda\ \text{cm}^{-1}$, zur Darstellung der Glieder der Folge und hat dann zu setzen

$$\tilde{w} = \frac{1}{K_r}\frac{n^2 - 2^2}{n^2} = R\frac{n^2 - 2^2}{2^2 n^2} = R\left(\frac{1}{2^2} - \frac{1}{n^2}\right). \tag{6.26}$$

Man nennt BALMER zu Ehren die durch diese Gleichung, die *Balmerformel*, dargestellte Linienfolge die *Balmerserie*; R, die *Rydbergkonstante*, hat den Wert $1{,}09678 \cdot 10^5\ \text{cm}^{-1}$. Die überraschend hohe „spektroskopische Genauigkeit", mit der die Balmerserie durch die Balmerformel wiedergegeben wird, zeigt Tab. 6.2 für die sichtbaren Linien des Wasserstoffes:

Tab. 6.2. Balmer-Serie

Linie	n	beobachtet λ (in 10^{-8} cm)	$\tilde{w}$ (in cm^{-1})	berechnet $\tilde{w}$ (in cm^{-1})	Unterschied
H_α	3	6562,80	15237,4	15237,44	0,04
H_β	4	4861,33	20570,5	20570,55	0,05
H_γ	5	4340,47	23039,0	23039,00	0,00
H_δ	6	4101,74	24379,9	24379,91	0,01
H_ε	7	3970,07	25188,5	25188,42	0,08

Diese glänzende Entdeckung BALMERS gab den Anstoß für erfolgreiche, oft aber überaus mühselige Bemühungen anderer Forscher, auch in anderen Spektren nach ähnlichen Gesetzmäßigkeiten zu suchen, die sich durch ähnliche einfache Beziehungen zwischen den Wellenzahlen der einzelnen Linien einer solche Serie ausdrücken ließen.
In dieser Hinsicht waren H. KAYSER, C. RUNGE, J. R. RYDBERG, W. RITZ, F. PASCHEN und TH. LYMAN besonders erfolgreich. Aber der eigentliche Antrieb zur Lösung des Gesamtfragenkreises konnte nur unter Führung einer allgemein gehaltenen, auf das Ganze gerichteten und angelegten Theorie erfolgen, und diese Leistung ist mit dem Namen BOHRS verbunden.

BOHR nimmt an, ein Elektron bewege sich auf seiner Planetenbahn genau entsprechend der klassischen Auffassung, nach der die Beziehung

$$\frac{Ze^2}{4\pi\varepsilon_0 r^2} = \frac{mv^2}{r} \tag{6.27}$$

gelten muß; Ze ist die (positive) Ladung des Kernes, r der Radius der Bahn, m die Masse und v die Geschwindigkeit des Elektrons. Dann sagt die Beziehung aus, daß die Coulombsche Anziehungskraft des Kernes gleich der Fliehkraft des Elektrons ist. Weiterhin nimmt er aber eine Auswahl unter den an sich möglichen Bahnen vor, indem er, den Forderungen der Quantentheorie gemäß, nur eine unstetige, sprunghaft veränderliche Folge als möglich, alle Zwischenbahnen aber als verboten ansieht. Denn offenbar besitzt das umlaufende Elektron eine aus potentieller und kinetischer Energie zusammengesetzte Energie W. Wäre nun der Bahnradius stetig veränderlich, so wäre es auch die Energie; dies ist aber nach den Forderungen der Quantentheorie unzulässig.
Drittens setzt BOHR *strahlungsfreie Bahnen* voraus; das umlaufende Elektron also, obwohl beschleunigt, soll im Gegensatz zu den Forderungen der klassischen Theorie bei seinem Umlauf nicht strahlen können, da ja hiermit wiederum eine allmähliche, stetige Energieabnahme verbunden wäre.
Da aber die Energie des Elektrons sich nur sprunghaft ändern kann, so muß die Ausstrahlung von Energie, die Emission einer Spektrallinie, mit einem Sprung der Elektronenenergie von einem höheren Wert W'' zu einem tieferen Wert W' oder aber mit einem Sprung des Elektrons von einer Bahn mit größerem Halbmesser, d. h. einer äußeren Bahn, nach einer inneren verbunden sein. BOHR wendet also die Gleichung

$$W_e'' - W_K' = h\nu \tag{6.28}$$

auf die Strahlung des Atoms an und trifft die Auswahl unter den möglichen Werten, indem er es einer „*Quanten-Bedingung*" unterwirft. Da h

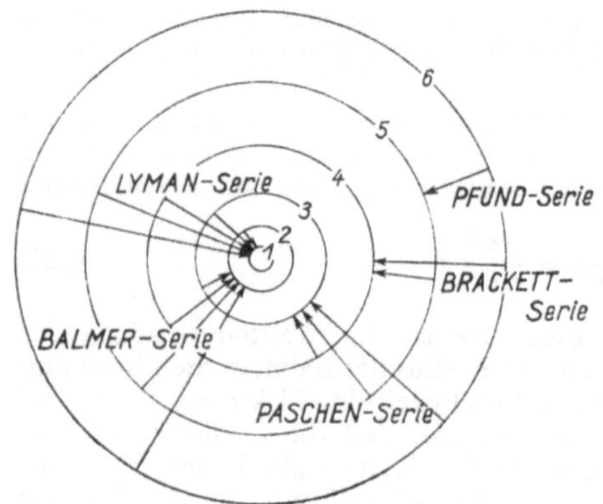

Abb. 6.23. Die Serien des Wasserstoffs

die Dimension einer Wirkung W s² hat, bietet sich als brauchbare Größe der Drehimpuls $|\boldsymbol{L}|$ an, denn es ist

$$|\boldsymbol{L}| = mvr.$$

Somit setzt BOHR, da nur die Gesamtbahn über einen vollen Umlauf von Bedeutung sein kann,

$$\int_0^{2\pi} |L|\,\mathrm{d}\varphi = \int_0^{2\pi} mvr\,\mathrm{d}\varphi = 2\pi mvr = n\,\mathrm{h},$$

$$n = 1, 2, 3, \ldots \tag{6.29}$$

Diese Gleichung, in Verbindung mit (6.27), gestattet aber nicht nur die Berechnung des Radius r und der Geschwindigkeit v, sondern damit auch die Bestimmung der Energie des Elektrons.

Man erhält nach Zwischenrechnung für die Gesamtenergie des Elektrons auf der n-ten Bahn den Wert

$$W_n = -\frac{mZ^2e^4}{8\varepsilon_0{}^2\,\mathrm{h}^2}\,\frac{1}{n^2}. \tag{6.30}$$

Die *Bohrsche-Frequenzbedingung* lautet damit

$$W_n'' - W_\mathrm{K}' = \mathrm{h}\nu = \mathrm{h}c\tilde{w}$$

oder

$$\tilde{w} = \frac{W'' - W'}{\mathrm{h}c} = \frac{mZ^2e^4}{8\varepsilon_0{}^2c\,\mathrm{h}^3}\left(\frac{1}{k^2} - \frac{1}{n^2}\right). \tag{6.31}$$

Für das Wasserstoffatom wird mit $Z = 1$ und $k = 2$

$$\tilde{w} = \frac{me^4}{8\varepsilon_0{}^2c\,\mathrm{h}^3}\left(\frac{1}{2^2} - \frac{1}{n^2}\right) = R\left(\frac{1}{2^2} - \frac{1}{n^2}\right).$$

Das ist die durch BALMER experimentell erhaltene Gesetzmäßigkeit.

Dieser Erfolg der Bohrschen Theorie ist um so größer, als der berechnete Wert für R dem spektroskopisch ermittelten mit beachtlicher Genauigkeit nahekommt. Berücksichtigt man die Mitbewegung des Kerns, d.h., setzt man in obige Formel anstelle der Masse m des Elektrons die reduzierte Masse (M = Kernmasse) (Bd. I)

$$\mu = \frac{mM}{m + M}$$

ein, so ist die Übereinstimmung noch erheblich größer.

In obiger Formel kann n, die Laufzahl, jeden Wert über 3 annehmen. In der Tat hat man in Sternspektren und in der Sonnenkorona die Balmerlinien bis zum 35. Glied verfolgen können, während im Jahre 1885 nur 14 Glieder der Reihe bekannt waren. Da der Ausdruck $1/n^2$, der *Laufterm*, mit zunehmendem n ständig weniger abnimmt, muß der Linienabstand immer geringer werden. Die Linien häufen sich und nähern sich ihrer Grenze, der *Seriengrenze*, die für $n = \infty$ erreicht wird. Für ihre Wellenzahl gilt

$$\tilde{w}_\infty = \frac{R}{k^2}.$$

Schon BALMER hatte eine über den Sonderfall des sichtbaren Wasserstoffspektrums hinausgehende Anwendung seiner Formel bei sinngemäßer Erweiterung vermutet. In der Tat läßt sich aus dem Bau obiger Formel schließen, daß der Ausdruck $1/k^2$, der unveränderliche oder *Fest-Term*, auch die Werte 1, $1/3^2$, $1/4^2$ ... annehmen könnte. Denn die Bohrsche Formel stellt eine Verallgemeinerung der Balmerformel dar. Diese entsteht mithin durch den Sprung eines Elektrons von der 3., 4., 5., ... Bahn auf die zweite. Nun müssen außerdem Übergänge von äußeren Bahnen sowohl auf die 1. als auch auf die 3., 4., 5. Bahn möglich sein und allen diesen Übergängen sollten bestimmte Serien des Wasserstoffspektrums entsprechen.

Diese sind in der Tat bekannt: PASCHEN entdeckte schon im Jahre 1908 im Ultraroten eine Reihe stärkerer Linien die obiger Gleichung mit $k = 3$ genügen. LYMAN 1916 eine Serie im äußersten Ultravioletten ($k = 1$), BRACKETT und PFUND endlich zwei weitere Serien im fernen Ultraroten (von denen allerdings nur einige wenige Linien beobachtet werden konnten) mit $k = 4$ bzw. 5 (Abbn. 6.23, 6.24).

Alle Serien haben die gleiche Konstante R, so daß für sämtliche Linien des Wasserstoffatoms die Formel

$$\tilde{w} = R\left(\frac{1}{k^2} - \frac{1}{n^2}\right) \quad k = 1, 2, 3, 4, 5 \tag{6.32}$$

gilt.

Die Ionisationsenergie. Die Gl. für die Energie eines auf der n-ten Bahn umlaufenden Elektrons des Wasserstoffatoms,

$$W = -\frac{me^4}{8\varepsilon_0{}^2\,h^2}\,\frac{1}{n^2},$$

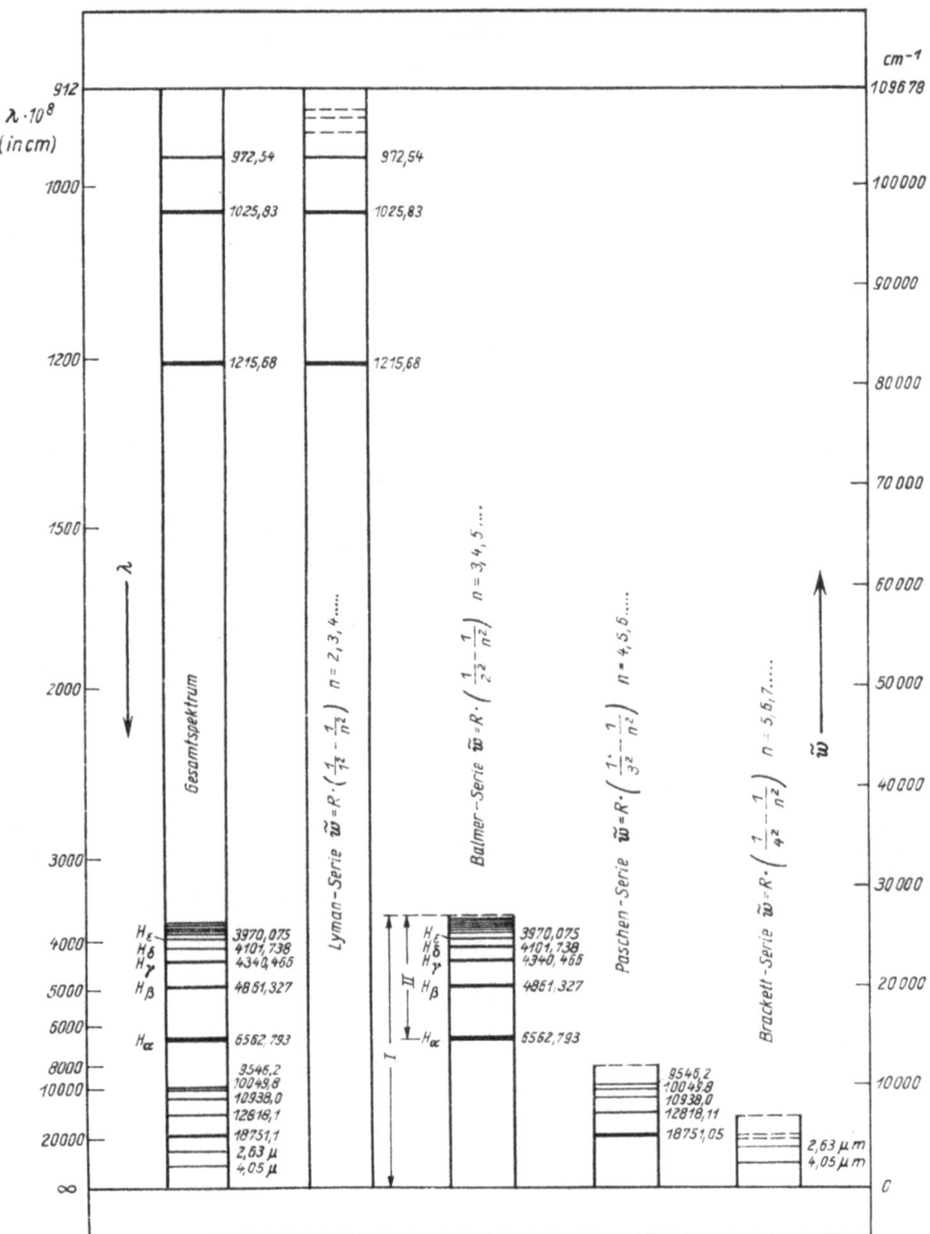

Abb. 6.24. Spektrum des Wasserstoffatoms

zeigt, daß ein Elektron im Grundzustand ($n = 1$) die kleinste Energie hat. Man muß offenbar dem Atom Energie zuführen, um das Elektron auf eine äußere Bahn zu „heben“, da ja beim Übergang von einer äußeren auf eine innere Bahn Energie in Form von Strahlung frei wird.

Wir fragen nach der Arbeit, die nötig ist, um das Elektron völlig vom Kern abzulösen, mit anderen Worten nach dem Betrag der *Ionisationsenergie*. Durch die Abtrennung des Elektrons entsteht aus dem neutralen Wasserstoffatom das positiv geladene Proton (Wasserstoffion oder Wasserstoffkern).

Wir erhalten durch Anwendung der Bohrschen Bedingung:

$$W_\mathrm{i} = W_\infty - W_1 = \frac{me^4}{8\varepsilon_0{}^2\,h^2}$$

oder

$$W_1 = \frac{me^4}{8\varepsilon_0^2 c\,\mathrm{h}^3}\,\mathrm{h}c = R\,\mathrm{h}c. \quad (6.33)$$

Die Ausrechnung ergibt

$W_1 = 2{,}1774 \cdot 10^{-18}$ Ws.

Nun gibt man in der Atomphysik Energiegrößen gewöhnlich in Elektronen-Volt (eV; Bd. II) an; da

$1\ \text{Ws} = 6{,}2415 \cdot 10^{18}$ eV

ist, so wird

$W_1 = 13{,}61$ eV.

Nach den besten Messungen beträgt die Ionisierungsenergie 13,54 eV; diese vorzügliche Übereinstimmung ist ein erneuter Beweis für die Leistungsfähigkeit der Bohrschen Theorie. Kreist das Elektron aber auf einer höheren, der n-ten Bahn, ist also das Atom bereits in einem „angeregten" Zustand, so ist natürlicherweise die Ionisierungsarbeit um den entsprechenden Energiebetrag ($W'_n - W_1$) kleiner. Wasserstoff ist das einzige Atom mit nur einem Elektron. Bei den anderen Elementen hat man dementsprechend eine Reihe von Ionisierungsspannungen oder Ablösearbeiten zu unterscheiden, und zwar einmal die des neutralen, nicht angeregten Atoms, des einmal ionisierten Atoms und so fort. Tab. 6.3 gibt die Ionisationsenergien (in eV) für die ersten acht Elemente wieder.

Tabelle 6.3. Ionisationsenergien

Elemente Ordnungs-zahlen	Symbol	I → II	II → III	III → IV	IV → V	V → VI	VI → VII	VII → VIII	VIII → IX
1	H	13,54							
2	He	24,48	54,16						
3	Li	5,37	75,3	121,9					
4	Be	9,30	18,12	153,1	216,6				
5	B	8,28	24,99	37,70	258,0	338,5			
6	C	11,24	24,28	47,55	64,1	390,1	487,4		
7	N	14,51	29,41	47,36	77,0	97,3	549,0	663	
8	O	13,57	34,75	54,8	77,5	113,3	137,3	735	867

6.2.2. Bohrsches Korrespondenzprinzip

Bei hohen Quantenzahlen (großen Wellenlängen) geht das Plancksche Strahlungsgesetz in die nach klassischen Gesichtspunkten abgeleitete Strahlungsformel von RAYLEIGH-JEANS über.

In ähnlicher Weise nähert sich auch beim Bohrschen Atommodell für hohe Quantenzahlen die Quantenfrequenz der klassischen Frequenz ν_{kl}. Es seien

$n, n' \gg 1$ und $n' - n = \Delta n = 1, 2, 3, \ldots;$

dann läßt sich die Bohrsche Frequenzbedingung vereinfacht schreiben:

$$\nu_{n',n} = \frac{me^4}{8\varepsilon_0^2\,\mathrm{h}^3}\left(\frac{1}{n^2} - \frac{1}{n'^2}\right) \approx \frac{me^4}{4\varepsilon_0^2\,\mathrm{h}^3}\,\frac{\Delta n}{n^3}.$$

Andererseits ist der Drehimpuls auf der n-ten Bahn

$$L_\varphi = \frac{n\,\mathrm{h}}{2\pi} = 2\pi\nu_{\text{kl}} m r_n^2;$$

es folgt

$$\nu_{\text{kl}} = \frac{n\,\mathrm{h}}{4\pi^2 m r_n^2}.$$

Wegen

$$r_n = \frac{\varepsilon_0 n^2\,\mathrm{h}^2}{\pi m e^2}$$

ergibt sich

$$\nu_{\text{kl}} = \frac{me^4}{4\varepsilon_0^2 n^3\,\mathrm{h}^3} \quad \text{sowie} \quad \nu_{\text{kl}} = \frac{\nu_{n',n}}{\Delta n}.$$

Das Atom strahlt bei hohen Quantenzahlen wie ein klassischer Rotator, der für $\Delta n = 1, 2, 3, \ldots$ die Reihe der harmonischen Schwingungen ausführt.

BOHR stellte nun in Weiterführung dieser allmählichen Angleichung von klassischer und Quantentheorie folgenden Grundsatz auf:

Das Atom strahlt in den Gebieten hoher Quantenzahlen mit der gleichen Frequenz wie ein harmonischer Rotator nach der klassischen Theorie, so daß sich die entstehenden Wellen auch bezüglich der Intensität und der Polarisation gleichen. Die auf klassischer Grundlage berechneten Werte sollen auch für kleine Quantenzahlen denen des Atommodells näherungsweise entsprechen, mit ihnen korrespondieren (*Bohrsches Korrespondenzprinzip*).

Mit Hilfe dieser Regel gelang es BOHR, Auswahlregeln für die Quantenzahlen festzulegen. Tritt z. B. eine Linie nach klassischer Auffassung überhaupt nicht auf, so hat sie auch in der Quantentheorie die Intensität Null.

Als Beispiel einfachster Art wollen wir den Umlauf eines Elektrons um seinen Kern auf einer elliptischen Bahn betrachten. Nach dem Satz von FOURIER läßt sich diese Bewegung als Summe harmonischer Schwingungen auffassen (Bd. I):

$x = \sum A_n \cos 2\pi n\nu t,$

$y = \sum A_n \sin 2\pi n\nu t.$

Wegen

$e^{jx} = \cos x + \mathrm{j} \sin x$

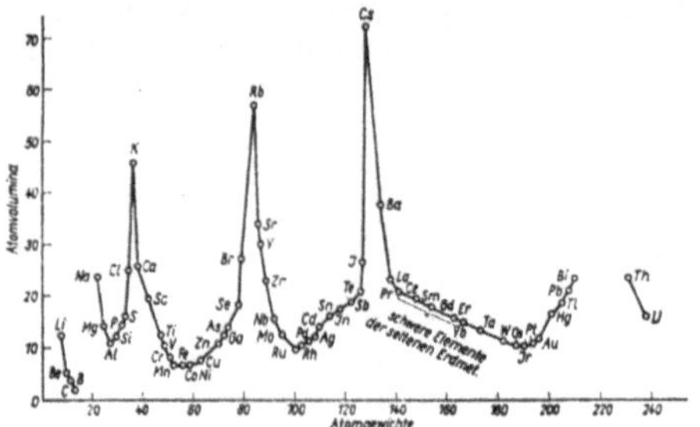

Abb. 6.25. Periodizität der Atomvolumina (nach dem Orginal von LOTHAR MEYER)

lassen sich beide Gleichungen zusammenfassen, und wir können für die Koordinate q schreiben:

$$q = x + jy = \sum A_n \, e^{2\pi j n \nu t}.$$

Hierbei ändert sich n von Glied zu Glied um eine Einheit, und kein Wert von n ist auszuschließen; d. h., für die Änderungsmöglichkeiten der Hauptquantenzahl n bestehen keinerlei einschränkende Regeln, sämtliche Werte von Δn sind zulässig.

6.2.3. Periodisches System der Elemente

Die Bohrsche Theorie hatte zur Deutung der Spektren *vier Quantenzahlen* eingeführt:

die Hauptquantenzahl n
($n = 1, 2, 3, \ldots$),
die Bahnimpulsquantenzahl l
($l = 0, 1, 2, \ldots, n - 1$),
die magnetische Quantenzahl m
($-l \leqq m \leqq +l$),
die Spinquantenzahl s
($s = \pm\frac{1}{2}$).

Die Bohrsche Theorie vermag nichts auszusagen über die Verteilung der Elektronen auf die möglichen Energiestufen. W. PAULI erschloß aber aus gewissen Eigentümlichkeiten der Heliumspektren folgendes Prinzip, das sich in der Folge von weitreichender Fruchtbarkeit erwies:

Innerhalb eines atomaren Systems können nicht zwei oder mehrere Elektronen in allen vier Quantenzahlen übereinstimmen (*Pauli-Prinzip*).

Hieraus ergibt sich, daß sich die Elektronen in „Schalen" anordnen müssen und daraus weiterhin ein Verständnis für das Periodensystem der Elemente. Das chemische Verhalten der Elemente, ihre Wertigkeit sowie ihre Spektren, die Atomvolumina, Schmelzpunkte, Ionisierungsspannungen, Ionenradien u. a. m. zeigen deutlich periodische Eigenschaften (Abb. 6.25). L. MEYER (1868) und D. MENDELEJEW (1869) ordneten die damals bekannten Elemente in ein nach Reihen und Spalten gegliedertes System ein, denn

„die Eigenschaften der Elemente sind periodisch abhängig von dem Atomgewicht" (MENDELEJEW).

Diese Anordnung hat sich so bewährt, daß auch heute noch die Elemente in entsprechender Weise angeordnet werden, naturgemäß vervollständigt durch die inzwischen entdeckten Elemente. Es muß bewundert werden, daß MENDELEJEW im Vertrauen auf sein System die Eigenschaften solcher damals noch unbekannter Grundstoffe mit verblüffender Sicherheit voraussagen konnte, wie folgende kleine Übersicht (nach MENDELEJEW) am Beispiel des 1886 von K. WINKLER entdeckten Germaniums zeigt:

	Tatbestand	Voraussage
Atommasse	72,59	72
Dichte	5,35	5,5
Oxid	GeO_2	(EkaSi) O_2
Dichte des Oxids	4,703	4,7

Bohrsche Theorie und Periodensystem. Im tiefsten Quantenzustand $n = 1$ gilt entsprechend dem Pauli-Prinzip

$$n = 1; \quad l = 0; \quad m = 0; \quad s = \begin{cases} +\frac{1}{2} \\ -\frac{1}{2} \end{cases};$$

d. h. aber, die innerste oder K-Schale kann nur 2 Elektronen aufnehmen. Für den folgenden Quantenzustand wird $n = 2$, und es ergeben sich folgende Möglichkeiten mit $l = 0$ und $l = 1$:

$l = 0;$

$m = 0;$

$s_1 = +\frac{1}{2}; \quad s_2 = -\frac{1}{2};$

$l = 1:$

$m_1 = -1;$

$s_3 = +\frac{1}{2}, \quad s_4 = -\frac{1}{2};$

$m_2 = 0;$

$s_5 = +\frac{1}{2}, \quad s_6 = -\frac{1}{2};$

$m_3 = +1;$

$s_7 = +\frac{1}{2}, \quad s_8 = -\frac{1}{2}.$

Mithin ist die zweite oder die L-Schale mit $2 + 6 = 8$ Elektronen abgesättigt. Für die dritte Stufe ergibt die entsprechende Berechnung folgende Möglichkeiten:

$n = 3;$

mit $l = 0$, $m = 0$ und 2 s-Werten: 2 Elektronen;

mit $l = 1$, $m = \begin{cases} -1 \\ 0 \\ +1 \end{cases}$ und je 2 s-Werten: 6 Elektronen;

mit $l = 2$, $m = \begin{cases} -2 \\ -1 \\ 0 \\ +1 \\ +2 \end{cases}$ und je 2 s-Werten: 10 Elektronen.

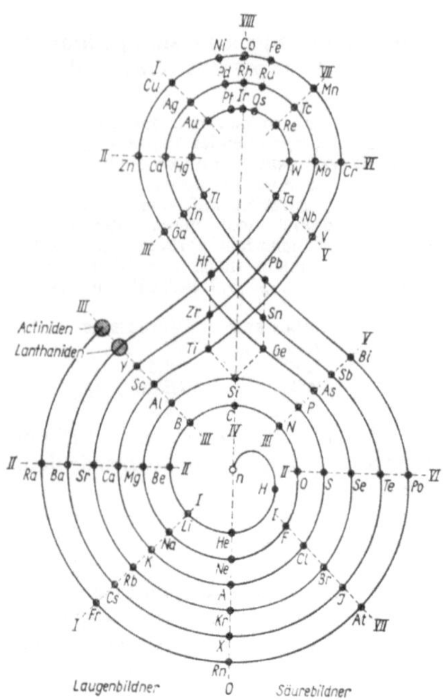

Abb. 6.26. Darstellung des Schalenaufbaus (nach P. KIPP)

Die abgesättigte dritte oder M-Schale kann somit $2 + 6 + 10 = 18$ Elektronen aufnehmen.

Führt man die Berechnung in gleicher Weise weiter, so lassen sich die Besetzungszahlen nach RYDBERG folgendermaßen darstellen:

Höchstbesetzungszahlen der Elektronenschalen

$n = 1$ K-Schale $2 \cdot 1^2 = 2$ Elektronen,

$n = 2$ L-Schale $2 \cdot 2^2 = 8$ Elektronen,

$n = 3$ M-Schale $2 \cdot 3^2 = 18$ Elektronen,

$n = 4$ N-Schale $2 \cdot 4^2 = 32$ Elektronen,

$n = 5$ O-Schale $2 \cdot 5^2 = 50$ Elektronen.

Denkt man sich nun einen hinreichend schweren Kern, dem Gelegenheit geboten ist, nach und nach Elektronen einzufangen, so müßte man annehmen, daß eine Schale nach der anderen, von innen nach außen fortschreitend, aufgebaut wird. Dies ist aber bei den äußeren Schalen nicht der Fall. Hat der Kern 18 Elektronen eingefangen, so sind wohl die K- und die L-Schale vollständig aufgefüllt, von der M-Schale aber nur die beiden inneren Ringe mit 8 Elektronen. Mit dem 19. Elektron – dem Alkalimetall Kalium entsprechend – wird aber nicht die M-Schale weiter vervollständigt, sondern der Bau der N-Schale begonnen, wie aus dem chemischen und physikalischen Verhalten dieses Elementes unmittelbar folgt (großes Atomvolumen, 1 Valenzelektron, niedrige Ionisierungsspannung, spektroskopischer Charakter, paramagnetisches Verhalten usw.). Erst beim 21. Elektron, dem Scandium entsprechend, beginnt die Auffüllung der äußeren M-Unterschale.

Ähnliches wiederholt sich bei Rubidium und beim Zäsium, besonders auffallend aber liegen die Verhältnisse bei den Seltenerdmetallen (Lanthaniden): Bis zum Element 57 (Lanthan) bleibt die äußere N-Schale leer, obwohl die O-Schale und sogar die P-Schale teilweise mit Elektronen besetzt sind. Erst vom 58. Element ab, dem Cer, füllt sich diese äußerste N-Schale auf, und zwar, da sie entsprechend

$$n = 4;\ l = 3;\ m = -3, -2, -1, 0, +1, +2, +3$$

14 Elektronen aufnehmen kann, durch die 14 folgenden Elemente der Seltenerdmetalle hindurch, d. h. bis zum Lutetium (71).

Alle Lanthaniden haben 1 Elektron in der dritten O-Unterschale und 2 Elektronen in der ersten P-Unterschale. Hierdurch erklärt sich der durchaus einheitliche chemische Charakter dieser Gruppe, denn das chemische Verhalten der Elemente ist durch die äußeren oder Valenzelektronen bedingt.

Feinheiten des Schalenbaus lassen sich u. a. aus der Kenntnis der Ionisierungsspannungen und aus dem chemischen und spektroskopischen Verhalten der Elemente gewinnen.

In der Abb. 6.26 ist eine Anordnung der Elemente nach natürlichen Gesichtspunkten nach KIPP dargestellt.

6.2.4. Anregungsbedingungen

Nach BOHRS Annahmen bewegen sich die Elektronen um den Kern und zwar im Gleichgewichts-(Grund)zustand so, daß ihre Energie ein Minimum wird. Ein Atom im Grundzustand strahlt nicht. Die zur Ausstrahlung benötigte Energie muß ihm von außen zugeführt, das Atom muß „angeregt" werden. Dies kann geschehen:

- durch hohe Temperatur,
- durch Bestrahlung,
- durch Elektronen- oder Ionenstoß.

Auch Moleküle können in gleicher Weise angeregt bzw. ionisiert werden. Im allgemeinen ist jedoch der Zusammenhalt des Moleküls nicht so fest, als daß man es wie etwa ein Stickstoff- oder Sauerstoffatom stufenweise ionisieren könnte, sondern das Molekül zerfällt bei Energiezufuhr in mehrere geladene oder neutrale Bestandteile (Tab. 6.4).

Anregung durch hohe Temperaturen. Bringt man ein Metallsalz in die Flamme eines Bunsenbrenners, so zeigt die Flammenfärbung – bei Natrium: gelb, Kupfer: grün, Kalium: blaßviolett, Kalzium: rot, Barium: grün, Lithium: tiefrot –, daß

Tabelle 6.4. Zerfall von Molekülen

Stoff	Gemessene Mindestspannung (in V)	Wahrscheinlicher Vorgang	Für den angegebenen Vorgang berechnete Mindestspannung (in V)
H_2	15,8	$H_2 \rightarrow H_2^+$	15,4
	18,0	$H_2 \rightarrow H^+ + H$	17,9
O_2	12,5	$O_2 \rightarrow O_2^+$	11,7
	20	$O_2 \rightarrow O^+ + O$	18,7
N_2	15,8	$N_2 \rightarrow N_2^+$	15,8
	24,5	$N_2 \rightarrow N^+ + N$	22,7
CH_4	14,5	$CH_4 \rightarrow CH_4^+$	–
	15,5	$CH_4 \rightarrow CH_3 + H$	–
H_2O	13,0	$H_2O \rightarrow H_2O^+$	–
	17,3	$H_2O \rightarrow OH^+ + H$	–
	19,2	$H_2O \rightarrow OH + H^+$	18,4
CO_2	19,6	$CO_2 \rightarrow CO + O^+$	19
	20,4	$CO_2 \rightarrow CO^+ + O$	19,7
	28,3	$CO_2 \rightarrow C^+ + O + O$	26,7

bei der nicht sehr hohen Flammentemperatur doch schon eine sehr lebhafte Anregung eintritt. Nun wird zwar durch die Flamme die Bewegungsenergie der Moleküle gesteigert, man kann aber berechnen, daß auch bei den höchsten erreichbaren Flammentemperaturen die mittlere kinetische Energie der Teilchen klein ist gegen die Anregungsarbeit, d. h. die Arbeit, die nötig ist, um ein Elektron auf eine höhere Bahn zu heben. Indessen lehrt die kinetische Gastheorie, daß es stets einige Moleküle mit ausnahmsweise sehr großen Geschwindigkeiten gibt (Maxwellsche Geschwindigkeitsverteilung; Bd. I), und diese können dann durch Stoß ihre Energie auf ein anderes Teilchen übertragen und es anregen. Da die leuchtende Flamme insbesondere für die Salze der Alkalien und Erdalkalien einen sehr empfindlichen Nachweis erlaubt und deshalb schon frühzeitig in der Spektralanalyse angewandt wurde, ist zu vermuten, daß die Anregungsarbeiten bei diesen Elementen besonders klein sind.

Bei anderen Stoffen, beispielsweise beim Wasserstoff, sind weit höhere Temperaturen erforderlich. Auch verbraucht der Zerfall des Moleküls in die Atome einen nicht unbeträchtlichen Energieanteil.

Bei sehr hohen Temperaturen kann unter Umständen vollständige Ionisation erfolgen; besonders eingehend hat EGGERT die thermische Dissoziation des Kalziumatoms untersucht, indem er auf diesen Vorgang die Gleichung des Massenwirkungsgesetzes und die Folgerungen der Thermodynamik, u. a. den Nernstschen Wärmesatz, anwandte (Bd. I). In der Gleichung

$$\log K_p = \frac{(p_{Ca^+})\ (p_{e^-})}{p_{Ca}} P$$

bedeuten K_p die Gleichgewichtskonstante, P den Gesamtdruck und p die Teildrücke. Die Wärmetönung Q des Vorganges ist gleich der Ionisationsenergie W_i des neutralen, nicht angeregten Kalziumatoms. Allgemein läßt sich für eine beliebige Atomart A schreiben

$$A + W_i = A^+ + e^-,$$

denn die durch den Stoß entstandenen Ionen und Elektronen werden danach streben, sich wieder zu neutralen Atomen zu vereinigen, und dieser Rekombinationsvorgang wird mit der thermischen Dissoziation im Gleichgewicht stehen. Führt man den Dissoziationsgrad α ein, so läßt sich bei einem Gesamtdruck p die Temperaturabhängigkeit des Gleichgewichts durch die Formel

$$K_p = \frac{\alpha^2}{1-\alpha^2} p = \left(\sqrt{\frac{2\pi m}{h^2}}\right)^3 (kT)^{\frac{5}{2}} e^{-\frac{eW_i}{kT}} \qquad (6.34)$$

ausdrücken (*Eggert-Saha-Formel*).

In Übereinstimmung mit der Erfahrung lehrt diese Formel, daß bei Flammentemperaturen der Dissoziationsgrad gering ist. Bei den an der Oberfläche und im Innern der Sterne herrschenden Temperaturen spielt dagegen die thermische Dissoziation eine sehr große Rolle, so daß unter Umständen die Atome ihre sämtlichen Elektronen verlieren können.

SAHA konnte mit Hilfe obiger Formeln eine Reihe astrophysikalischer Fragen lösen. Gewöhnlich wendet man bei diesen Fragen Gl. (6.34) des Massenwirkungsgesetzes in numerisch ausgewerteter Gestalt an; für das Beispiel (Ca) würde sie dann lauten:

$$\log K_p = -\frac{3 \cdot 10^4}{T} + \frac{5}{2} \log T - 6{,}6.$$

Anregung durch Photonen. Bestrahlt man ein neutrales Atom (oder Molekül) mit elektromagnetischen Wellen, so kann es durch Absorption in einen angeregten, energiereicheren Zustand übergehen, vorausgesetzt, daß die Strahlung genügend energiereich ist.

Im allgemeinen wird das Atom im Grundzustand sein, d. h., das Elektron wird im Falle atomaren Wasserstoffs auf der 1. Bahn ($n = 1$) sein. Zu dieser Stufe gehört aber die LYMAN-Serie, so daß Absorption nur bei Einstrahlung genügend kurzwelligen Lichtes eintritt, da die LYMAN-Serie im Ultravioletten liegt. Man wird also die LYMAN-Linien in Absorption beobachten, nicht aber die BALMER- oder anderen Linien des Wasserstoffs.

Ähnlich liegen die Verhältnisse auch bei anderen Atomen. Man hat also hierdurch ein Mittel an der Hand, um den Grundzustand eines Atoms und die dieser Energiestufe zugehörigen Linienfolgen zu ermitteln. Man nennt solche Linien *Resonanzlinien*, die also sowohl in Emission wie in Absorption zu beobachten sind.

Anregung durch Elektronenstoß. Tritt ein bewegtes Elektron in Wechselwirkung mit einem Atom oder Molekül, so sind drei Fälle möglich: Hat das Elektron eine so geringe Geschwindigkeit, daß seine kinetische Energie nicht hinreicht, um die Anregungsarbeit zu leisten, so kann es bei einem Zusammenstoß keine Energie abgeben, da ja das Atom nicht beliebig kleine Energiebeträge, sondern nur Quanten mit der Energie $h\nu$ aufnehmen oder abgeben kann. Der Stoß verläuft in diesem Falle ohne wechsel-

seitige Beeinflussung; daher spricht man von einem *elastischen Zusammenstoß*, wobei aber der Begriff Stoß nicht wörtlich als ein Zusammenprall aufzufassen ist, sondern nur eine Wechselwirkung zwischen dem Elektron und dem Atom ausdrücken soll.
Hat das Elektron eine ausreichend hohe Geschwindigkeit, so ist die Anregung (oder Ionisierung, bei Molekülen auch Dissoziation) möglich. Dann spricht man von einem *unelastischen Stoß*, da hierbei das stoßende Elektron Energie auf das gestoßene Teilchen überträgt. Für einen solchen Vorgang läßt sich die Energiegleichung in der Form

$$\Delta W = W_a - W_1 = \frac{m}{2} v^2 = \mathrm{h}\nu = eU$$

schreiben, wenn wir vom Grundzustand W_1 zum angeregten Zustand W_a übergehen und das Elektron die Beschleunigungsspannung U durchlaufen hat. Auch wenn ein Elektron die erforderliche Mindestenergie oder sogar ein Vielfaches davon hat, um ein Atom oder Molekül anzuregen oder zu ionisieren, erfolgt keineswegs stets die Bildung eines Ions oder eines angeregten Teilchens. Man darf nur von einer Wahrscheinlichkeit für die Ionisation sprechen, die mit wachsender Geschwindigkeit des stoßenden Elektrons – sofern es natürlich überhaupt die erforderliche Mindestenergie besitzt – linear ansteigt und bei etwa 2,5 bis dreifacher Ionisationsenergie ein Maximum durchläuft, dann aber langsam abfällt.
Die Wahrscheinlichkeit der Anregung ist meistens noch geringer, durchläuft jedoch ebenfalls einen Höchstwert. In jedem Fall sind aber sehr schnelle Elektronen wenig wirksam.
Schließlich gibt es noch eine dritte Möglichkeit der Wechselwirkung: den *überelastischen Stoß*. Trifft ein Elektron auf ein bereits angeregtes Teilchen, so vermag unter Umständen das angeregte Atom oder Molekül seinen Energieüberschuß auf das stoßende Elektron zu übertragen und demgemäß ohne Ausstrahlung in den Grundzustand überzugehen. Das stoßende Elektron setzt seinen Weg mit höherer Energie, also erhöhter Geschwindigkeit fort.
Derartige überelastische Stöße, die man auch *Stöße zweiter Art* oder Klein-Rosseland-Stöße nennt, spielen vor allem bei *metastabilen Zuständen* eine Rolle. Im allgemeinen wird ein angeregtes Atom, der Bohrschen Grundannahme gemäß unter Ausstrahlung der Überschußenergie in seinen Grundzustand zurückkehren. Es gibt jedoch auch Ausnahmezustände infolge einer Übergangsbehinderung des angeregten Elektrons, so daß eine Energieabgabe durch Strahlung nicht möglich ist. Solche Zustände sind zwar nicht, wie der Grundzustand, stabil, zeichnen sich aber durch wesentlich erhöhte Lebensdauer aus, so daß sie als metastabile Zustände gekennzeichnet werden. Während angeregte Atome i. allg. nur eine Lebensdauer von 10^{-8} s haben – vgl. die Kanalstrahlversuche von W. WIEN, Bd. II – kann die Lebensdauer metastabiler Zustände bis zu einigen Sekunden betragen. Trifft nun ein Elektron auf ein Atom in einem metastabilen Zustand, so kann das stoßende Elektron den Energieüberschuß übernehmen, und das angeregte Atom geht strahlungslos in seinen Grundzustand über.
Anregung durch Stoß von Ionen oder Atomen. Auch bei wechselseitigen Stößen von Atomen und Ionen ist eine Umwandlung kinetischer in Anregungsenergie möglich und beobachtet worden. Allerdings ist die Ausbeute meist sehr gering. So benutzte KIRCHSTEIN den Stoß positiver Natriumionen (Na^+), um Quecksilberdampf anzuregen; er beobachtete dabei die Emission der Resonanzlinien des Quecksilbers 253,65 nm bei äußerst geringer Anregungswahrscheinlichkeit ($1/50^5$ bei 50 V Beschleunigungsspannung).
Vorgänge dieser Art scheinen in Kanalstrahlen und bei der thermischen Anregung wichtig zu sein, wobei auch Stöße zweiter Art eine Rolle spielen.
Die Stoßversuche von Franck und Hertz. Anregungsspannungen lassen sich mit großer Genauigkeit nach einem von FRANCK und HERTZ angegebenen Verfahren bestimmen (Abb. 6.27). Unelastische Stöße zwischen Elektronen und Gasatomen oder Molekülen können eintreten, wenn ein Elektronenstrahl das Gas durchsetzt. Die Elektronen werden glühelektrisch erzeugt – mittels des Heizdrahtes H – und durch ein starkes Feld beschleunigt; sie haben die Geschwindigkeit

$$v = \sqrt{2 \frac{e}{m} U} .$$

Der Gasdruck wird so gering gehalten, daß bei der kleinen Entfernung zwischen dem Heizdraht H und dem Beschleunigungsgitter G keine Zusammenstöße zwischen Elektronen und Atomen erfolgen.
Das Gitter bildet die Vorderwand eines Faradaykäfigs K, so daß in dem feldfreien Raum K eine Änderung der Elektronengeschwindigkeit nur durch unelastische Zusammenstöße mit den Gasteilchen möglich ist. Daher wird die Längsausdehnung GG' des Käfigs so bemessen, daß sie groß ist gegenüber der mittleren freien Weglänge der Elektronen. Nach ihrer Durchquerung des Käfigs und dem Durchtritt durch das Abschlußgitter G' müssen die Elektronen ein Gegenfeld überwinden, bevor sie auf die Auffangplatte rechts gelangen können. Die Gegenspannung U' ist viel kleiner als die

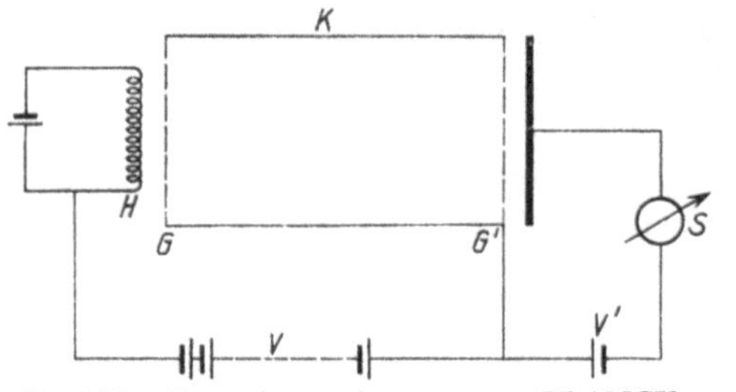

Abb. 6.27. Versuchsanordnung von FRANCK und HERTZ

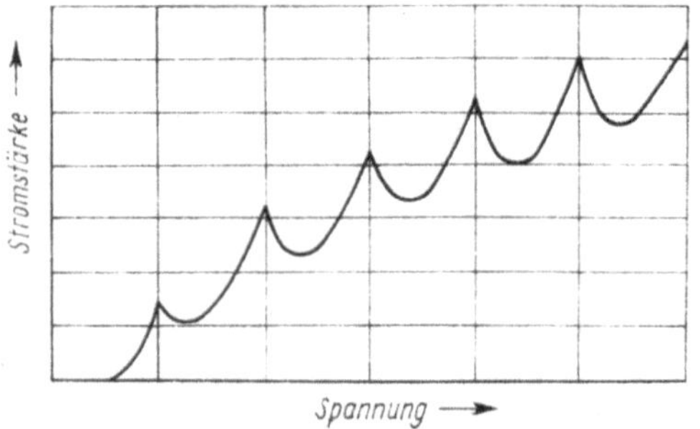

Abb. 6.28. Zum Stoßversuch von FRANCK und HERTZ

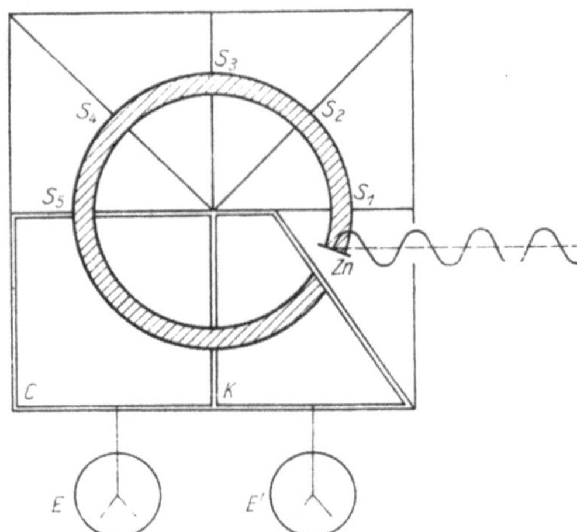

Abb. 6.29. Zum Ramsauer-Effekt

Beschleunigungsspannung U. Wird diese zunächst noch niedrig gehalten, so erlangen die Elektronen nur kleine Geschwindigkeiten und so geringe Energie, daß sie bei einem Zusammenstoß mit einem Gasteilchen keine Energie auf dieses übertragen können. Der Stoß verläuft elastisch und die Elektronen verlassen den Käfig ohne Geschwindigkeitseinbuße. Sie vermögen das schwache Gegenfeld zu überwinden. Ein in den Kreis eingeschaltetes Galvanometer S zeigt eine mit wachsender Spannung U zunehmende Stromstärke an.

Bei stetig weiterer Steigerung der Beschleunigungsspannung U kann jedoch der Punkt erreicht werden, bei dem die kinetische Energie des Elektrons gerade hinreicht, um das Elektron in einen energiereicheren Zustand zu bringen. Der Stoß ist nunmehr unelastisch, und das Stoßelektron verliert fast seine gesamte Bewegungsenergie. Es vermag demzufolge nicht mehr das Gegenfeld zu überwinden, und der Galvanometerstrom fällt plötzlich ab (Abb. 6.28). Das angeregte Atom wird seinen Energieüberschuß nicht behalten können, denn der angeregte Zustand ist nicht stabil; es wird in den Grundzustand unter Ausstrahlung, d. h. unter Energieabgabe, wieder zurückkehren. Dabei muß die Frequenz der ausgestrahlten elektromagnetischen Welle der Gleichung

$$h\nu = \frac{m}{2} v^2 = eU_R$$

genügen. Diese kritische Spannung, bei der erstmalig die Ausstrahlung einer Spektrallinie der Frequenz ν erfolgt, heißt die *Resonanzspannung*; sie liegt bei Quecksilber bei 4,9 V. Aus spektroskopischen Beobachtungen ermittelt man als Wellenlänge dieser Linie den Wert $\lambda_R = 253{,}65$ nm.

Da

$$U_R = \frac{h\nu}{e} = \frac{hc}{\lambda e}$$

aus den spektroskopischen Messungen berechnet werden kann, gestattet dieses Verfahren eine Prüfung der Methode und darüber hinaus eine Bestätigung der quantentheoretischen Forderungen.

Die Berechnung ergibt $U_R = 4{,}89$ V, also eine ausgezeichnete Übereinstimmung.

Bei abermaliger Erhöhung der Beschleunigungsspannung U wird auch nach einem unelastischen Zusammenstoß das Elektron noch einen Restbetrag seiner Energie behalten, da es ja seine Energie nur in Form von Quanten übertragen kann. Daher kann das Elektron wiederum die Gegenspannung überwinden, und der Galvanometerstrom steigt wieder an, und zwar so lange, bis das stoßende Elektron auch bei einem 2. Stoß seinen gesamten Energievorrat verliert, d. h. bis seine ursprüngliche Energie $2\,W_R$ beträgt.

Der Galvanometerstrom fällt abermals steil ab, steigt aber bei noch weiterer Erhöhung der Spannung U wieder an, bis der Wert $3\,U_R$ erreicht ist, usf. (Abb. 6.28). Diese Versuche von FRANCK und HERTZ haben deshalb nicht nur zur genauen Ermittlung der Anregungsspannungen der verschiedensten Gase und Dämpfe große Bedeutung, sondern sie bestätigen auch in besonders eindrucksvoller Weise die Voraussetzungen und Voraussagen der Quantentheorie.

Der Wirkungsquerschnitt von Gasatomen. LENARD hatte bei seinen klassischen Untersuchungen über den Durchgang von Kathodenstrahlung durch Materie gefunden, daß die tatsächliche Raumerfüllung des Atoms außerordentlich klein sein müsse, sehr viel kleiner jedenfalls,

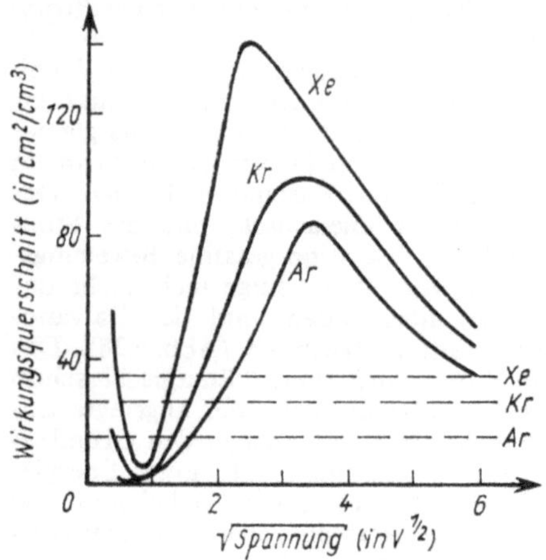

messers. Hieraus muß man schließen, daß die tatsächliche Raumerfüllung sowohl des Protons als auch des Elektrons unterhalb eines Durchmessers von $6 \cdot 10^{-12}$ cm liegen muß.

Der Ramsauer-Effekt. Bei sehr kleinen Geschwindigkeiten erhielt RAMSAUER (1921) das unerwartete Ergebnis, daß Argon für Elektronen von 0,4 Volt fast völlig durchlässig ist (Ramsauer-Effekt).

Die von ihm benutzte Anordnung ist in der Abb. 6.29 wiedergegeben. Aus einer Zinkplatte Zn werden lichtelektrisch Elektronen ausgelöst und durch ein Hilfsfeld beschleunigt. Durch ein homogenes, senkrecht zur Zeichenebene gerichtetes Magnetfeld werden sie gezwungen, Kreisbahnen zu beschreiben, wobei durch Schlitze $S_1, \ldots, S_5$ ein Bündel genau bestimmter Geschwindigkeit ausgeblendet wird. Endlich treten die

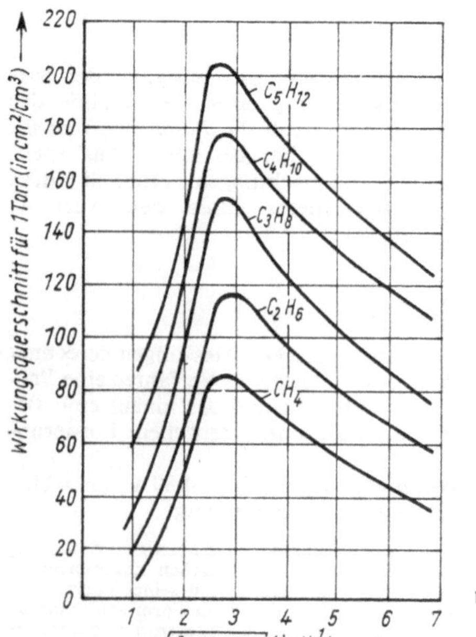

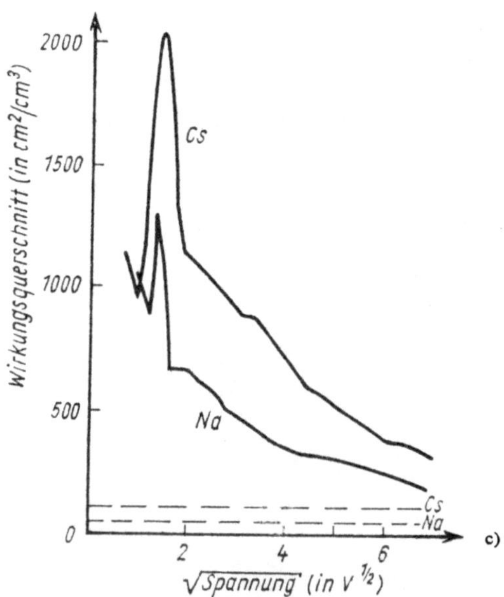

Abb. 6.30. a) Wirkungsquerschnitte verschiedener Edelgase, reduziert auf 0 °C, b) Wirkungsquerschnitte von Kohlenwasserstoffen, c) Wirkungsquerschnitte von Na- und Cs-Dämpfen, reduziert auf 0 °C

als man aus allgemeinen Überlegungen über den „Durchmesser" der Atome oder Moleküle (Bd. I) selbst für die leichtesten Stoffe hätte schließen können.

In Luft liegt bei sehr kleinen Geschwindigkeiten (etwa 10 V) der als undurchdringlich anzusehende Querschnitt noch etwa 30% oberhalb des aus den Folgerungen der kinetischen Gastheorie sich ergebenden Durchmessers der Moleküle. Bei allen Stoffen nimmt jedoch dieser „Wirkungsquerschnitt" mit steigender Geschwindigkeit der Elektronen mehr und mehr ab und beträgt nach den Messungen LENARDS bei einer Geschwindigkeit von $0{,}99c$ nur noch etwa $2{,}5 \cdot 10^{-8}$ des gaskinetischen Durch-

Elektronen in zwei vom Gehäuse isolierte Faradaykäfige C und K ein, die mit je einem Elektrometer E und E' verbunden sind. Das Gerät wird mit Gasen unter dem gewünschten Druck gefüllt; durch Änderung der magnetischen Feldstärke lassen sich Elektronen verschiedener Geschwindigkeit untersuchen.

Die auf ihrer Bahn längs des vorletzten Viertelkreises durch die Gasatome gestreuten Elek-

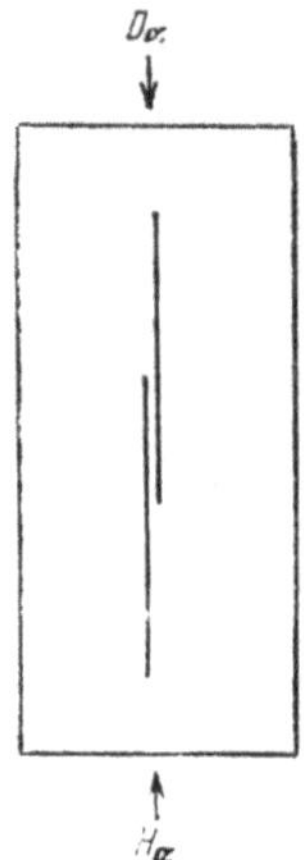

Abb. 6.31. Die H_α- und D_α-Linie, $\Delta\lambda = 1{,}4$ nm

tronen werden durch das erste Elektrometer E, die ohne Geschwindigkeitsverlust, also ohne Änderung ihrer Krümmungshalbmesser in K eintretenden Elektronen werden durch das 2. Elektrometer gezählt.

Sind in der Volumeinheit N Atome vorhanden und beträgt ihr Wirkungsquerschnitt q, so ist die Größe der Sperrschicht längs des Weges $\mathrm{d}x$ gleich $qN\,\mathrm{d}x$. Enthält der Kathodenstrahl n Elektronen in seiner Fortpflanzungsrichtung x, so ist die Abnahme durch die Beziehung

$$-\mathrm{d}n = (qN\,\mathrm{d}x)\,n$$

gegeben.

Mithin gilt die Gleichung

$$n = n_0\,\mathrm{e}^{-qNx},$$

wobei n_0 die Zahl der ursprünglich vorhandenen Elektronen bedeutet. Im obigen Versuch ist somit n_0 durch Summenbildung über beide Elektrometerausschläge zu ermitteln, während n durch das 2. Elektrometer gemessen wird. Die Abb. 6.30 zeigen einige von RAMSAUER und anderen gefundene Ergebnisse; man erkennt, daß besonders bei Edelgasen der Wirkungsquerschnitt stark geschwindigkeitsabhängig ist. Zum Vergleich ist bei einigen Gasen der gaskinetische Querschnitt mit eingetragen.

Unter gewissen Umständen kann eine mehr oder weniger vollständige Absorption von Elektronen in einem Gas durch die Bildung negativer Ionen stattfinden, besonders bei den „elektro-negativen“ Gasen Sauerstoff und den Halogenen. Aber auch Wasserstoff neigt zur Bildung negativer Ionen (H-); sie liefern sogar in der Sonnenatmosphäre den Hauptbeitrag zur kontinuierlichen Absorption (R. WILDT).

6.2.5. Linienspektren

Die wasserstoffähnlichen Spektren. Man wird ganz ähnliche Verhältnisse, wie sie beim Wasserstoffatom auftreten, bei allen Atomen erwarten dürfen, die nur ein äußeres Elektron besitzen.

So ist das Spektrum des schweren Wasserstoffs, des Deuteriums (D), dem des gewöhnlichen Wasserstoffs ganz ähnlich, nur ändert sich die für jede einzelne Atomart kennzeichnende RYDBERG-KONSTANTE. Wir fanden (bezogen auf das Wasserstoffatom)

$$R_\mathrm{H} = \frac{e^4 m}{8\varepsilon_0{}^2 c\,\mathrm{h}^3}\,\frac{1}{1+\dfrac{m}{M_\mathrm{H}}} = R_\infty\,\frac{1}{1+\dfrac{m}{M_\mathrm{H}}},$$

wobei m die Masse des Elektrons, M_H die Masse des Protons, des Wasserstoffkerns, bedeutet.

Nun ist der Kern des schweren Wasserstoffs fast doppelt so schwer wie der des Protons, folglich gilt mit guter Näherung

$$R_\mathrm{D} = R_\infty\,\frac{1}{1+\dfrac{m}{2M_\mathrm{H}}}.$$

Deshalb fallen z. B. auch die beiden Linien H_α und D_α nicht genau zusammen; in der Tat gelang die Entdeckung des schweren Wasserstoffs durch die Untersuchung eines mit dem schweren Anteil angereicherten Wasserstoffgemisches (Abb. 6.31) (UREY, BRICKWEDDE und MURPHY; 1932).

Die Spektren des ionisierten Heliums. Helium, das im periodischen System auf Wasserstoff folgende Element, hat die relative Atommasse 4 und die Kernladungszahl $Z = 2$, es hat im neutralen Zustand zwei Elektronen.

Das einfach ionisierte Heliumatom (He^+) muß stark wasserstoffähnliche Spektren aufweisen, und derartige Linienfolgen sind auch in Spektren weißer Sterne schon frühzeitig beobachtet worden. Sie wurden als Serien des Wasserstoffs angesehen, bis im Jahre 1913 die Bohrsche Theorie das richtige Verständnis für die Bildung dieser Linienfolgen ermöglichte.

Die Wellenzahlen dieser Linien lassen sich durch die Gleichung

$$\tilde{w} = 4R_{\mathrm{He}^+}\left(\frac{1}{k^2} - \frac{1}{l^2}\right)$$

darstellen, worin $R_{\mathrm{He}^+} = R_\infty\,\dfrac{1}{1+\dfrac{m}{M_\mathrm{He}}}$

die RYDBERG-Konstante für Helium $R_\mathrm{He} = 109\,722{,}403\ \mathrm{cm}^{-1}$ bedeutet.

Von diesen Serien sind bekannt die Folgen mit den Fest-Termen $k = 1$ bis 4 wie folgende Über-

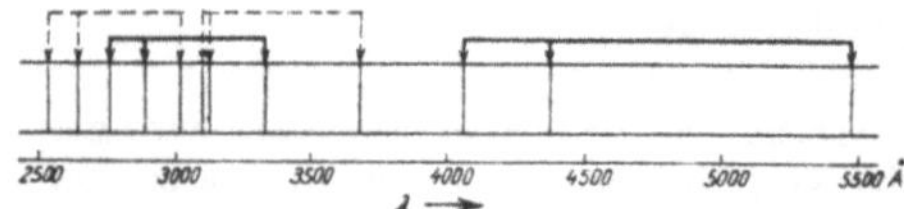

Abb. 6.32. Ausschnitt aus dem System der Triplettlinien des Quecksilbers

sicht zeigt:

Lyman I: $\tilde{w} = 4R_{\mathrm{He}}\left(\frac{1}{1^2} - \frac{1}{l^2}\right), \; l = 2, 3, 4, \ldots,$

Lyman II: $\tilde{w} = 4R_{\mathrm{He}}\left(\frac{1}{2^2} - \frac{1}{l^2}\right), \; l = 3\,4, 5, \ldots,$

Fowler: $\tilde{w} = 4R_{\mathrm{He}}\left(\frac{1}{3^2} - \frac{1}{l^2}\right), \; l = 4, 5, 6, \ldots,$

Pickering: $\tilde{w} = 4R_{\mathrm{He}}\left(\frac{1}{4^2} - \frac{1}{l^2}\right), \; l = 5, 6, 7, \ldots$

Die LYMAN-Serien liegen im fernen Ultravioletten, die beiden anderen reichen vom Sichtbaren bis ins Ultraviolette hinein. Da man die PICKERING-Serie auch in der Form

$$\tilde{w} = R\left[\frac{1}{2^2} - \frac{1}{\left(\frac{l}{2}\right)^2}\right]$$

schreiben kann, zeigt sich, daß für $l = 6, 8, 10$ die entsprechenden Linien dieser Folge fast genau mit Balmer-Linien zusammenfallen. Der tatsächlich vorhandene kleine Unterschied ist durch die voneinander abweichenden RYDBERG-Konstanten bedingt.

Andere wasserstoffähnliche Spektren. An sich müßten alle Elemente ähnliche Linienfolgen aufweisen, wenn es gelänge, diese Atome von allen ihren Elektronen bis auf ein einziges zu befreien. Die Beobachtung der entsprechenden Spektren stößt aber auf große Schwierigkeiten, denn wie schon die Heliumspektren zeigen, rücken die Linienfolgen mit zunehmender Kernladungszahl Z immer weiter ins Ultraviolette hinein. Es ist jedoch gelungen, zwei Linien von doppelt positiv geladenen Lithium-Atomen (Li^{++}) und eine zum dreifach positiv geladenen Beryllium-Atom (Be^{+++}) gehörige Linie im alleräußersten Ultraviolett zu beobachten (EDLEN und ERIKSON).

Einfache Linienspektren. Es ist gelungen, die mitunter sehr verwickelt gebauten Linienspektren fast aller Elemente in Folgen aufzulösen. Eine jede solche Folge oder Serie besteht aus sehr vielen Linien (theoretisch unendlich viele, praktisch immerhin noch 20, 30 und mehr beobachtbar), deren höhere Glieder sich nach kürzerer Wellenlänge hin zusammendrängen und die an der Seriengrenze einen Häufungspunkt besitzen.

In vielen Fällen greifen nun diese Folgen ineinander über, so daß zuweilen zusammengehörige Linien weit getrennt, Linien ohne inneren Zusammenhang dicht beieinander liegen; so kann das Gesamtspektrum eine scheinbar ganz regellose Linienanordnung zeigen, und eine Entwirrung wäre in vielen Fällen kaum möglich gewesen, wenn nicht die zu einer bestimmten Folge gehörigen Linien hinsichtlich ihrer Anregung bzw. im Gesamtspektrum bezüglich ihrer Stärke oder Breite oder ihres allgemeinen Aussehens sich als zusammengehörig erwiesen. Noch verwickelter werden die Verhältnisse dadurch, daß in vielen Fällen die Linien aus zwei oder mehreren Komponenten bestehen. Man kennzeichnet diesen Sachverhalt, indem man von Dublett-, Triplett-, allgemein von Multiplettlinien bzw. Folgen spricht. Hiervon geben die in der Abb. 6.32 gezeigten Triplettlinien des Quecksilbers eine anschauliche Vorstellung; man sieht, daß hier – wie auch in sehr vielen anderen Fällen – die Multipletts einander durchdringen, so daß der Nachweis ihrer inneren Zusammengehörigkeit ohne die Führung durch eine Theorie sehr schwierig ist.

Es wurde schon oben hervorgehoben, daß beim Wasserdampf (i. allg.) nur die Lymanserie in Absorption zu beobachten ist, da das Lymanniveau die Grundstufe des Wasserstoffatoms darstellt. In ähnlicher Weise hat man z. B. bei Alkalispektren Linien einer bestimmten Folge beobachtet, die vom nichtleuchtenden Dampf des betreffenden Metalls absorbiert werden.

Falls diese Linien in Emission beobachtet werden, so zeigen sie leicht *Selbstumkehr*; ein Beispiel hierfür bieten die D-Linien des Natriums.

Aus dem Kirchhoffschen Grundversuch ist bekannt, daß nichtleuchtender Natrium-Dampf die von einer Natriumflamme ausgehenden D-Linien absorbiert.

Herrscht in einem leuchtenden Gas oder Dampf ein Dichte- oder Temperaturgefälle, so ist an Stellen höherer Temperatur oder Dichte die Emission sehr stark und die Linienbreite beträchtlich. Gelangt diese Strahlung in Gebiete geringerer Dichte oder niedrigerer Temperatur des gleichen Dampfes, so wird sie absorbiert, aber nur – entsprechend den Bedingungen niedriger Temperatur und geringer Dichte – in einem eng begrenzten Bereich. Daher zeigt eine Spektrallinie in Selbstumkehr die in der Abb. 6.33 wiedergegebene Form: Die breite, helleuchtende Linie ist von einem dunkleren Strich durchzogen. Ganz allgemein hebt sich nun in allen Alkalispektren eine Folge heraus, die leicht in Emission und Absorption beobachtet werden kann und deren Linien in der eben beschriebenen Weise Selbstumkehr zeigen. Diese Folge wird als *Hauptserie* bezeichnet.

Funken- und Bogenspektren. Es ist schon betont worden, daß die einzelnen Linien des Spektrums einer Atomart ein ganz verschiedenes Aussehen haben können; sie unterscheiden sich durch ihre

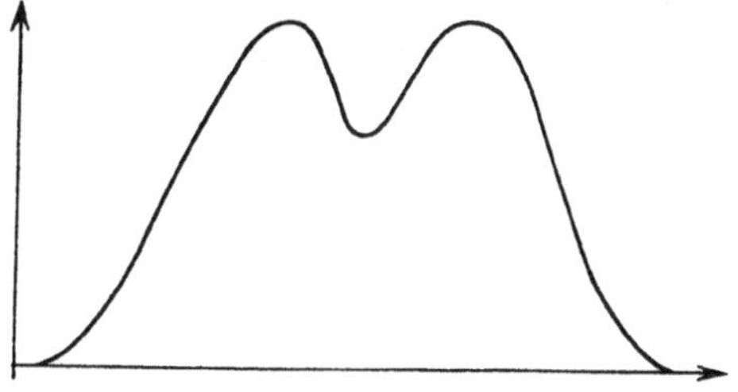

Abb. 6.33. Spektrallinien in Selbstumkehr

Breite, ihre mehr oder minder große Schärfe und zeigen auffällige Veränderungen bei Änderung des Druckes oder der Entladungsbedingungen (Gleichstrom, Hoch-Frequenz oder Kondensatorentladung, d. h. mit parallel zur Entladungsröhre geschalteter Kapazität).

Beobachtet man das Spektrum eines Metalls einmal im Lichtbogen, das andere Mal im Funken zwischen den betreffenden Metallelektroden, so zeigen beide ein nach Art und Zahl der Linien so völlig verschiedenes Aussehen, so daß man früher unmittelbar vom Funken- im Gegensatz zum Bogenspektrum sprach. Im Funken herrschen völlig andere Anregungsbedingungen als im Bogen. Während im Bogen meist neutrale Atome angeregt werden, überwiegen im Funken, besonders bei parallel eingeschalteter Kapazität, Ionen, und zwar auch mehrfach ionisierte Atome.

Im Vakuum-Funken (MILLIKAN und BOWEN) und im Spektrum explodierter Metalldrähte treten Linien auch höchst ionisierter Atome auf. Diese Linien liegen meist im äußersten Ultraviolett und können daher nur im Vakuumgitterspektrographen beobachtet werden.

Das Ritzsche Kombinationsprinzip. Von ganz außergewöhnlicher Bedeutung für die Enträtselung des gesetzmäßigen Zusammenhangs zwischen den von einer Atomart ausgesandten Spektrallinien hat sich ein schon vor der Aufstellung der Bohrschen Theorie von RITZ gefundenes Prinzip erwiesen: Nach diesem entspricht der sich durch Kombination (Addition, Subtraktion) der Wellenzahlen zweier Spektrallinien ergebenden Zahl meist wiederum eine Linie (*Ritzsches Kombinationsprinzip*). Die Richtigkeit dieses Prinzips läßt sich am Wasserstoffspektrum sofort prüfen: So läßt sich z. B. die erste Linie der Paschenserie als Differenz der Frequenzen für die Linien H_γ und H_α, die Linie H_γ als Summe der Frequenzen für die Linie H_α und der zweiten Linie der Paschenserie darstellen usf. (vgl. Abb. 6.23). Vom Standpunkt der Bohrschen Theorie erscheint das Ritzsche Kombinationsprinzip offensichtlich als notwendige Folgerung.

RYDBERG und RITZ konnten weiterhin ihren Beobachtungen eine Gesetzmäßigkeit von grundlegender Bedeutung entnehmen: Sie fanden, daß die Frequenz ν als Differenz zweier Größen oder Terme darstellbar ist

$$\nu = t - t'.$$

Offenbar ergibt sich hieraus in Verbindung mit dem Ritzschen Kombinationsprinzip die Möglichkeit, die Zusammengehörigkeit von Linien zu ermitteln.

Die Alkalispektren. Als Beispiel für die Anwendung der geschilderten Gesetzmäßigkeiten wollen wir etwas näher auf die Spektren der Alkalimetalle eingehen.

Bei den wasserstoffähnlichen, sehr einfach gebauten Spektren ließ sich die Wellenzahl jeder Linie als Differenz zweier Größen oder Terme, also in der Form

$$\tilde{w} = T_2 - T_1$$

darstellen. Nun haben die Alkalien, wie aus ihren chemischen und elektrochemischen Verhalten (hohe chemische Reaktionsfähigkeit und starker elektropositiver Charakter, Einwertigkeit, Nichtauftreten eines doppelt positiv geladenen Alkaliions bei der Elektrolyse usw.) hervorgeht, ein im Vergleich zu den übrigen sehr lose gebundenes Außenelektron.

Dies geht auch aus den Ionisierungsspannungen hervor, wie folgende Übersicht zeigt:

Li:	5,37 V,	Na:	5,09 V,	K:	4,32 V,
Rb:	4,19 V,	Cs:	3,86 V,		
Li^+:	75,3 V,	Na^+:	46,65 V,	K^+:	31,45 V,
Rb^+:	27,14 V,	Cs^+:	23,37 V.		

Daher ist zu vermuten, daß die Alkalispektren in wesentlichen Zügen dem des Wasserstoffs ähneln. Diese Ähnlichkeit hat in der Tat bei der Enträtselung dieser Spektren als Führer dienen können. Immerhin tritt bei den Alkaliatomen an Stelle des einfach positiv geladenen Protons der ebenfalls einfach positiv geladene Atomrumpf, zusammengesetzt aus dem Z-fach positiv geladenen Kern und der restlichen Elektronenwolke mit einer $(Z-1)$-fachen negativen Ladung. Wenn sich nun auch bei den Alkalien mehrere Serien, ähnlich wie beim Wasserstoff, unterscheiden lassen und sich diese, wie RYDBERG und RITZ fanden, wiederum als Differenz zweier Terme, dem Festterm T_k und dem Laufterm T_l darstellen lassen, so liegen doch bei den Alkalien die Verhältnisse nicht so einfach wie beim Wasserstoff. Denn bei diesem waren alle Folgen durch den Balmerterm R/k^2 darstellbar, der bei allen Serien den *Fest-* oder *Grenzterm* bildete.

Die Termfolge der Wasserstoffspektren entstand durch Veränderung der Laufzahl k von 1 bis 5. Bei den Alkalien ist die Darstellung durch einen für alle Folgen gemeinsamen Grenzterm nicht möglich, denn das Atomfeld ist nicht das einer Punktladung, sondern ist bedingt durch den Kern und die ihn umgebende Elektronenwolke. (Die Ladungs„schwerpunkte" des Kerns und der Elektronenwolke fallen nämlich nicht notwendigerweise zusammen).
Daher muß man jede Folge durch eine neue Konstante $q(l)$ kennzeichnen. Man bezeichnet nun die verschiedenen Werte für q der Reihe nach mit den Buchstaben s, p, d, f, ... und beginnt nach allgemeiner Übereinkunft die s-Folge mit der Laufzahl $l = 1$, die p-Folge mit $l = 2$ usf. Der verallgemeinerte Ausdruck für den Grenzterm lautet somit

$$T_k = \frac{R}{[k + q(l)]^2},$$

worin R die Rydbergkonstante bedeutet.

Die Serien der Alkalispektren und das Termschema. Es ist schon oben hervorgehoben worden, daß in den Alkalispektren sich eine Linienfolge auch in Absorption beobachten läßt und in Emission Selbstumkehr zeigt. Diese Folge gehört daher dem Grundzustand des Atoms an und wird als *Haupt-* oder *Prinzipalserie* (p) bezeichnet. Ihr veränderlicher Term läßt sich durch die Formel

$$T_{HS} = \frac{R}{(1 + s)^2},$$

die entsprechende Folge durch die Gleichung

$$\tilde{w} = \frac{R}{(1 + s)^2} - \frac{R}{(n + p)^2} \quad (n = 2, 3, \ldots)$$

darstellen.
Weiterhin beobachtet man in den Spektren zwei Folgen, deren Linien meist paarweise zusammenliegen, von denen die eine scharf, die andere verwaschen (diffus) erscheint. Man wird hiernach vermuten, daß beide zu dem gleichen Grenzterm gehören, sie werden als scharfe (II, s) bzw. diffuse (I, d) *Nebenserien* voneinander unterschieden und durch die Gleichungen

$$\tilde{w} = \frac{R}{(2 + p)^2} - \frac{R}{(n + d)^2} \quad (n = 3, 4, 5, \ldots), \tag{6.35a}$$

$$\tilde{w} = \frac{R}{(2 + p)^2} - \frac{R}{(n + s)^2} \quad (n = 2, 3, 4, 5, \ldots) \tag{6.35b}$$

dargestellt.
Schließlich hat BERGMANN eine weitere Folge im Ultraroten entdeckt; sie heißt auch *Fundamentalserie*, ihre Darstellung ist

$$\tilde{w} = \frac{R}{(3 + d)^2} - \frac{R}{(n + f)} \quad (n = 4, 5, 6, \ldots).$$

Trotz aller geschilderten Hilfsmittel wäre die Zuordnung der einzelnen Linien zu den entsprechenden Folgen ohne Führung durch eine Theorie wohl aussichtslos gewesen, wenn nach dem Ritzschen Kombinationsprinzip jeder Serienterm mit jedem anderen kombinieren könnte. Es hat sich aber gezeigt, daß die Zahl der möglichen Übergänge doch stark beschränkt ist: Im allgemeinen sind nur solche Übergänge möglich, bei denen sich die q-Zahlen um eine Einheit (± 1) ändern; insbesondere finden innerhalb der einzelnen Terme (der s, p-Terme) kaum Übergänge statt, sondern die s-Terme kombinieren nur mit den p-Termen, diese nur mit den s- und d-Termen, die d-Terme nur mit den p- und f-Termen usf. Somit lassen sich die genannten Serien in vereinfachter Schreibweise durch folgende Übersicht darstellen:

H.S.	$\tilde{w} = (1, s) - (n, p)$,	$n = 2, 3, 4, \ldots$,
II.N.S.	$\tilde{w} = (2, p) - (n, s)$,	$n = 2, 3, 4, \ldots$,
I.N.S.	$\tilde{w} = (2, p) - (n, d)$,	$n = 3, 4, 5, \ldots$,
B.S.	$\tilde{w} = (3, d) - (n, f)$,	$n = 4, 5, 6, \ldots$

Diese sehr einfachen und durchsichtigen Verhältnisse lassen sich nach GROTRIAN sehr übersichtlich in einem Termschema (Abb. 6.34, 35) überblicken. Diese Zusammenhänge zwischen den einzelnen Folgen sind nun verallgemeinerungsfähig und lassen sich auch anwenden in Fällen, bei denen keine einfachen Linien, sondern Dubletts, Tripletts usf. auftreten. Bereits bei den Alkalien liegen in Wirklichkeit die Verhältnisse verwickelter, indem keine einfachen Linien, sondern Doppellinien auftreten (z. B. die bekannten D-Linien des Natriums). Die Erfahrung zeigt, daß mit Ausnahme der s-Stufe alle Energiestufen aufgespalten sind, wobei man nach PASCHEN den niederen Term mit 1, den höheren Term mit 2 bezeichnet, so z. B. p_1 und p_2 usw. schreibt. Als Beispiel bringen wir das Termschema des Natriums (Abb. 6.35) und das schon erwähnte Triplett des Quecksilbers mit drei p-Stufen p_1, p_2, p_3:

$$\tilde{w} = \frac{R}{(1 + s)^2} - \frac{R}{(k + p_\nu)^2} \; (\nu = 1, 2, 3, \ldots).$$

Erst die Bohrsche Theorie konnte alle diese durch die Erfahrung gewonnenen Ergebnisse von einem höheren Gesichtspunkt aus deuten. Denn der oben erwähnte Grundsatz, wonach die Wellenzahl jeder Spektrallinie sich als Differenz zweier Terme darstellen läßt, findet in jener Theorie ihre Deutung durch die Bohrsche Frequenzbedingung

$$W_2 - W_1 = h\nu .$$

Auch in sehr verwickelten Fällen konnte die Bohrsche Theorie als Führer dienen, und sie hat auch die ersten Ansätze zur Erklärung der Feinstruktur und des Einflusses magnetischer und elektrischer Felder auf den Bau der Spektrallinien geliefert. Wir haben bei der Beschreibung der Alkalispektren die Bezeichnungsweise von PASCHEN benutzt, die heute meist durch die von RUSSELL und SAUNDERS ersetzt wird.

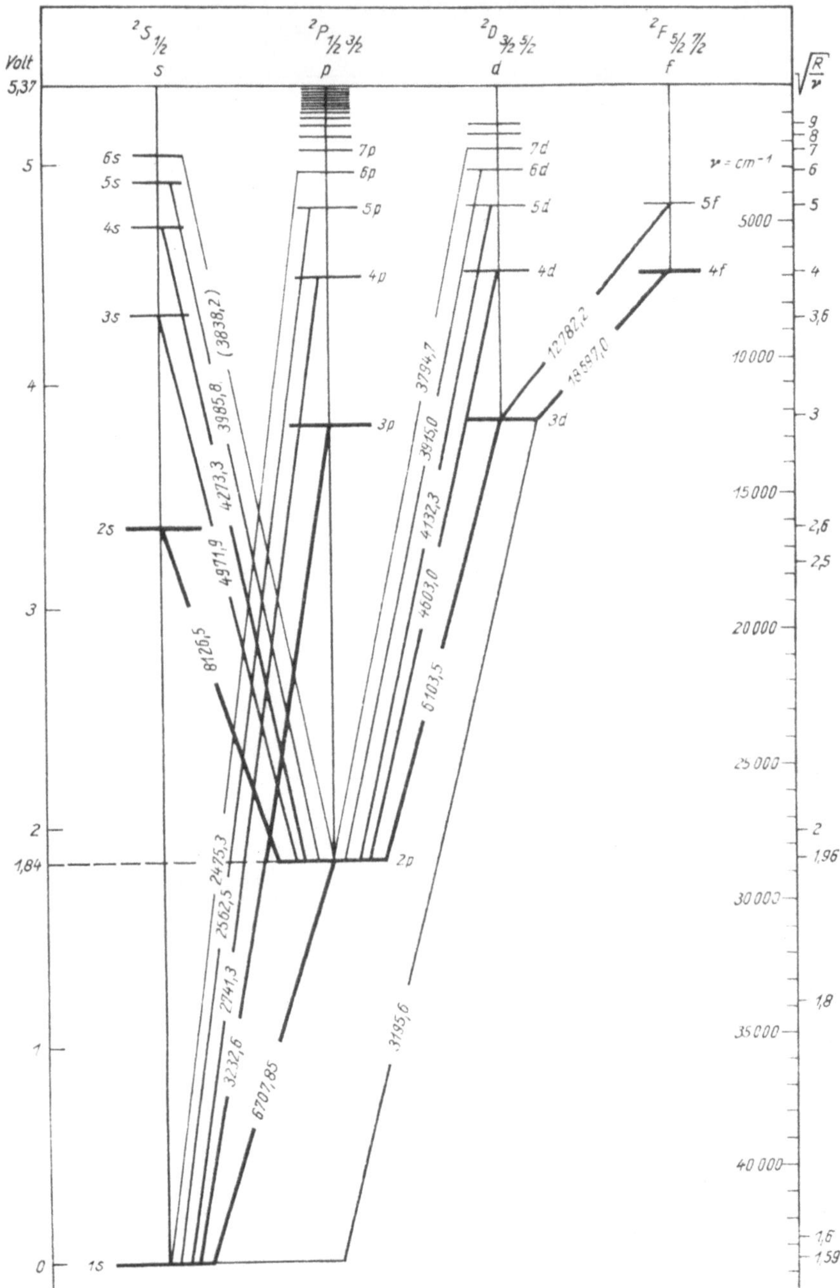

Abb. 6.34. Niveauschema des Lithiums I

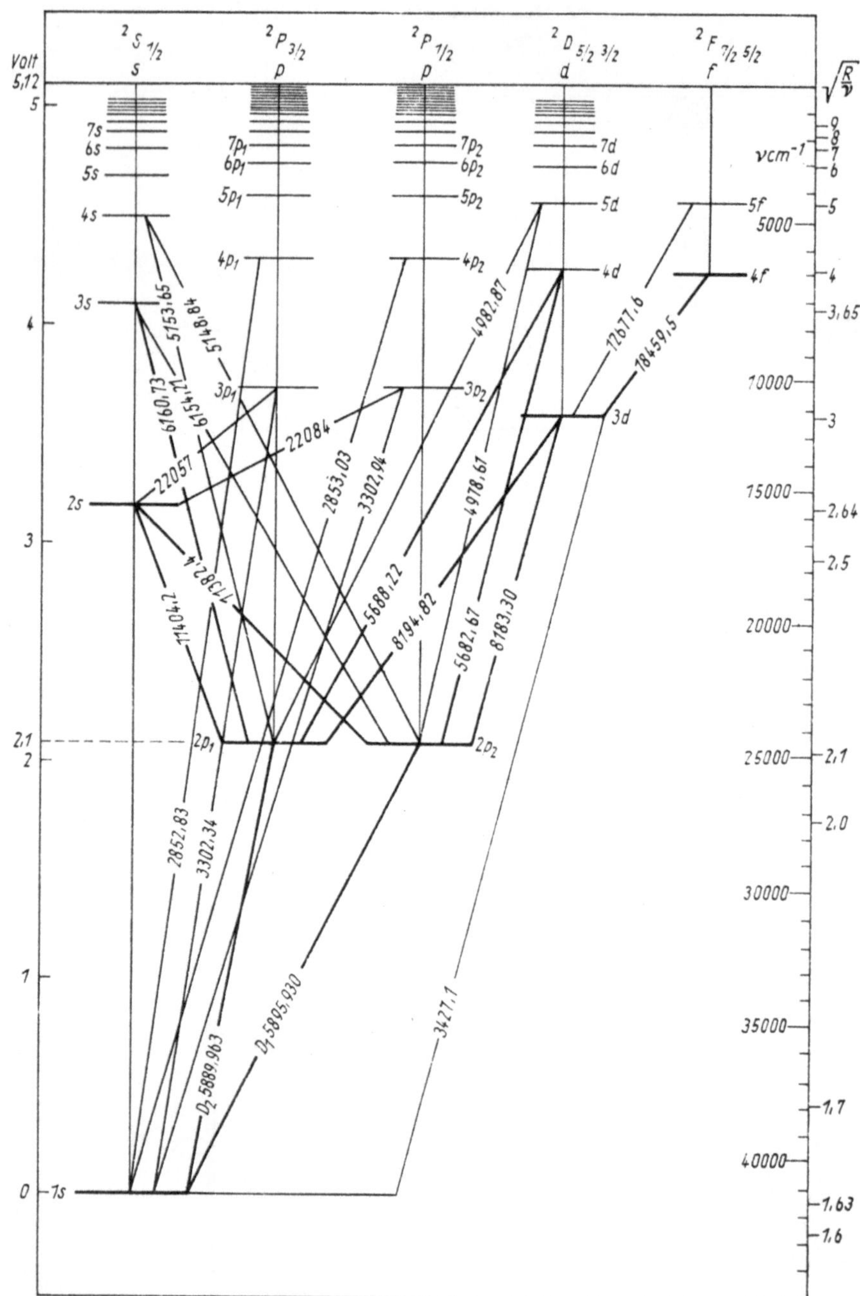

Abb. 6.35. Niveauschema des Natriums I

Tabelle 6.5. Termbezeichnungen nach PASCHEN und RUSSELL-SAUNDERS

	PASCHEN	RUSSELL und SAUNDERS
Einfache Terme	nS	$n\,^1S_0$
	nP	$n\,^1P_1$
	nD	$n\,^1D_2$
	nF	$n\,^1F_3$
Dublett-Terme	$n\mathfrak{s}$	$n\,^2S_{1/2}$
	$n\mathfrak{p}_1$ $n\mathfrak{p}_2$	$n\,^2P_{3/2}$ $n\,^2P_{1/2}$
	$n\mathfrak{d}_1$ $n\mathfrak{d}_2$	$n\,^2D_{5/2}$ $n\,^2D_{3/2}$
	$n\mathfrak{f}_1$ $n\mathfrak{f}_2$	$n\,^2F_{7/2}$ $n\,^2F_{5/2}$
Triplett-Terme	ns	$n\,^3S_1$
	np_1 np_2 np_2	$n\,^3P_2$ $n\,^3P_1$ $n\,^3P_0$
	nd_1 nd_2 nd_2	$n\,^3D_3$ $n\,^3D_2$ $n\,^3D_1$
	nf_1 nf_2 nf_2	$n\,^3F_4$ $n\,^3F_3$ $n\,^3F_2$

PASCHEN verwendet für Einfach-Linien große lateinische Buchstaben, für Dublettlinien kleine deutsche Buchstaben und für Triplettlinien kleine lateinische Buchstaben. Die entsprechende „Übersetzung" in die Russell-Saunderssche Bezeichnungsweise geht aus Tab. 6.5 hervor.

Spektrum des neutralen Heliumatoms. Im Heliumatom sind zwei gleichwertig gebundene Elektronen vorhanden, die nicht unterscheidbar sind. Das Heliumspektrum ist deshalb grundlegend verschieden von den „Einelektronenspektren". Das Termschema zerfällt in zwei Teilsysteme, in das Schema des *Para-* und des *Orthoheliums* (Früher glaubte man, es würde sich um zwei verschiedene Arten von Helium handeln).

Der Grundzustand gehört dem Termschema des Paraheliums an. Er stellt den tiefsten Term ($n = 1$) der S-Serie dar. Innerhalb jedes Teilschemas gibt es eine analoge Gliederung wie bei den Alkalitermen (S-, P-, D-, F-Terme). Im Schema des Orthoheliums fehlt der Term mit $n = 1$ in der S-Serie, und alle Terme liegen tiefer als die entsprechenden Terme des Paraheliums. Übergänge zwischen den beiden Teilschemata sind verboten. Die Spektren, die beiden Teilschemata zugeordnet sind, lassen sich wie bei den Alkalispektren zu einer Hauptserie, zwei Nebenserien und einer Bergmann-Serie ordnen.

Die Terme des Paraheliums werden auch als *Singuletterme*, die Terme des Orthoheliums als *Tripletterme* bezeichnet. Das Orthohelium hat nämlich außer bei den S-Termen eine Feinstruktur, die sich in einer Aufspaltung in Dreifachterme äußert.

Das Entstehen der Singuletterme und der Tripletterme ist im Rahmen der Bohrschen Theorie nicht zu erklären, folgt aber zwanglos aus dem Pauli-Prinzip bei der wellenmechanischen Behandlung (Schrödinger-Gleichung).

6.2.6. Kontinuierliche Spektren

Seit langem war bekannt, daß leuchtende Festkörper ein kontinuierliches Spektrum aussenden. Wir haben schon hervorgehoben, daß die Strahlungsquellen Hertzschen Dipolen ähneln müssen.

Ein Atom oder Molekül besteht aus elektrisch geladenen Teilchen, ist aber im neutralen Zustand ungeladen. Findet jedoch eine Verlagerung des Ladungsschwerpunktes der Elektronenhülle statt, so wirkt das Atom nicht neutral; aber seine inneren Kräfte werden den Gleichgewichtszustand wiederherzustellen versuchen. Das Atom wird zum Dipol, und bei der Wiederherstellung des Gleichgewichtes strahlt dieser atomare Dipol wie ein Hertzscher Sender elektromagnetische Wellen aus.

Ganz allgemein kann folgendes ausgesagt werden: Infolge der Wärmebewegung der atomaren Bausteine werden sich ständig Ladungsverschiebungen ergeben, wobei die Dipolachsen vollkommen ungeordnet im Körper liegen. Die Energie der hierbei entstehenden Wellenzüge ist gering. Man bezeichnet sie als Wärmewellen oder als den infraroten Teil des Spektrums. Wird ein Festkörper stärker erwärmt, so kann die Energie so hohe Beträge annehmen, daß unser Auge diese Strahlungsenergie als Licht empfindet. Augenfällig macht sich dies dadurch bemerkbar, daß beim Erwärmen ein Körper zunächst Grauglut aufweist und dann bei immer größerer Energie – d. h. Wärmezufuhr – allmählich Rot-, Gelb- und Weißglut annimmt. An das sichtbare Gebiet schließen sich energiereichere Strahlungen an, die ultraviolette Strahlung, die Röntgenstrahlung und die härteste Gamma-Strahlung.

Bei einem Festkörper entstehen nicht nur keine Vorzugsrichtungen der Dipolachse, sondern die Dipolmomente sind zufälligen Streuungen unterworfen. Die Schwingungen sind zum Teil stark gedämpft, so daß von reinen Sinusschwingungen keine Rede sein kann; daher erhält man von einem solchen Körper ein lückenloses Frequenzgemisch, das uns als weißes Licht erscheint. Im übertragenen Sinne spricht man daher z. B. auch von weißem Röntgenlicht und meint damit eine lückenlose Folge aller möglichen Frequenzen in einem weiten Frequenzintervall.

Im Gegensatz zu diesen Kontinua senden angeregte Gase, wie wir gesehen haben, i. allg. diskrete Frequenzen aus, sie emittieren Linienspektren, können aber auch sowohl als Atom als auch als Molekül unter gewissen Bedingungen kontinuierliche Spektralbereiche in Emission und Absorption zeigen. Sie erstrecken sich über weite Wellenbereiche bei Molekülgasen; so zeigen beispielsweise die Halogenwasserstoffe und Sauerstoff kontinuierliche Molekülspektren.

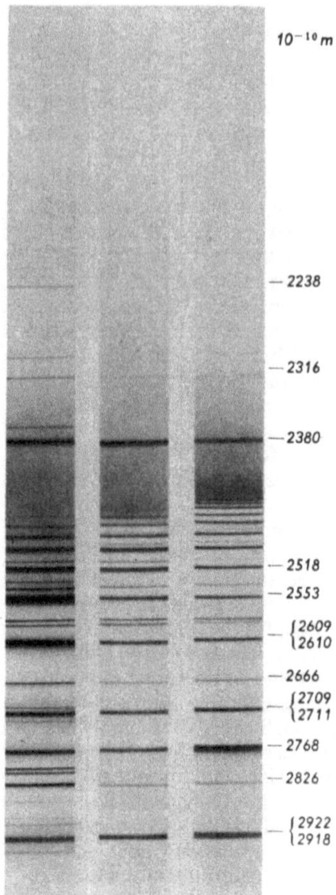

Abb. 6.36. Nebenserien-Grenzkontinuum des Thalliums in Emission nach KREFFT. Die Stromdichte nimmt von rechts nach links zu

Weiterhin können kontinuierliche Gasspektren in Entladungen auftreten; so beobachtet man in Spektren von Gasentladungen des Wasserstoffs, des Heliums, der Alkalien und der Erdalkalien anschließend an die Seriengrenze ein *Seriengrenzkontinuum*, dessen Intensität mit zunehmender Frequenz abnimmt (Abb. 6.36). Dieses Grenzkontinuum kann in Emission und Absorption beobachtet werden. Bei sehr hohem Druck und hoher Temperatur bilden die verbreiterten Linien ein Höchstdruckkontinuum. Das hat für die Lichttechnik bei den Quecksilber- und Xenon-Höchstdrucklampen große Bedeutung erlangt und tritt auch bei explodierenden Drähten auf.

6.2.7. Röntgenspektren

Die Entstehung der Röntgenstrahlen. Im Band II ist die Entstehung von Röntgenstrahlen beim Aufprallen eines Kathodenstrahls auf ein Hindernis bereits geschildert worden. Man erhält neben einer ein weites Spektralgebiet kontinuierlich überdeckenden *„weißen"* oder *Bremsstrahlung* auch eine aus einzelnen Linien bestehende, von der Beschaffenheit der Anti-Kathode abhängige und für sie spezifische *Eigen-, charakteristische oder Fluoreszenz-Röntgenstrahlung.* Die kontinuierliche Strahlung entsteht durch das plötzliche Abbremsen der bewegten Elektronen. Das schnell bewegte Elektron stellt einen Konvektionsstrom dar, dessen Magnetfeld fast augenblicklich zusammenfällt; daher entsteht nach dem Induktionsgesetz ein der zeitlichen Änderung der Induktion $\boldsymbol{B}$ proportionales elektrisches Feld, das infolge der sehr schnellen Änderung örtlich sehr stark ist. Auch dieses bricht mit seiner Ursache fast im Augenblick seiner Entstehung wieder zusammen, gibt so Anlaß zu einem neuen magnetischen Feld, das wiederum schnell zusammenbricht usf. Es entstehen elektromagnetische Wellen, deren Energie so groß ist, daß die Wellenlänge der Strahlung in das Röntgengebiet, d. h. etwa in das Gebiet von 10^{-10} bis 10^{-6} cm fällt.

Je höher die Beschleunigungsspannung der Elektronen ist, um so härter, durchdringender, kurzwelliger sind die Röntgenstrahlen.

Sehr weiche Röntgenstrahlen vermögen nicht die Glaswand des Entladungsgefäßes zu durchdringen und können daher nur in der Röhre selbst nachgewiesen werden. Mit einer in der Abb. 6.37 schematisch dargestellten Versuchsanordnung gelang es HOLWECK, bei Beschleunigungsspannungen von etwa 10 Volt sehr weiche Röntgenstrahlen von etwa $900 \cdot 10^{-8}$ cm Wellenlänge zu erzeugen. Da andererseits EDLEN durch eine starke Kondensator-Funkenentladung zwischen Kupferelektroden 18fach ionisierte Kupferatome erzeugen und damit das bekannte äußerste Ultraviolett bis zu einer Wellenlänge von nur $30 \cdot 10^{-8}$ cm ausdehnen konnte, können somit heute in dem Übergangsgebiet zwischen dem Ultraviolетten und den Röntgenstrahlen 4–5 Oktaven von beiden Seiten aus erreicht werden.

Die Länge des Bremsweges und damit die Bremszeit wird starken Schwankungen unterworfen sein, andererseits schwanken die Geschwindigkeiten der Elektronen in einem Kathodenstrahl um einen Mittelwert, daher kann auch die Energie der entstehenden Röntgenstrahlen keinen festen Wert haben, sondern verteilt sich lückenlos über einen weiten Bereich, d. h., es entsteht bei diesem Vorgang weißes Röntgenlicht. Die Eigenstrahlung dagegen besteht aus einzelnen scharfen Linien, geradeso wie ein Linienspektrum im Sichtbaren; man wird daher auch eine ähnliche Erzeugungsart annehmen dürfen. Nun

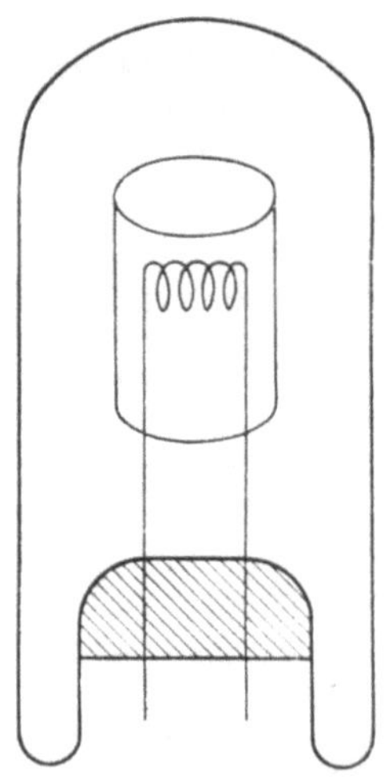

Abb. 6.37. Zur Erzeugung weicher Röntgenstrahlen

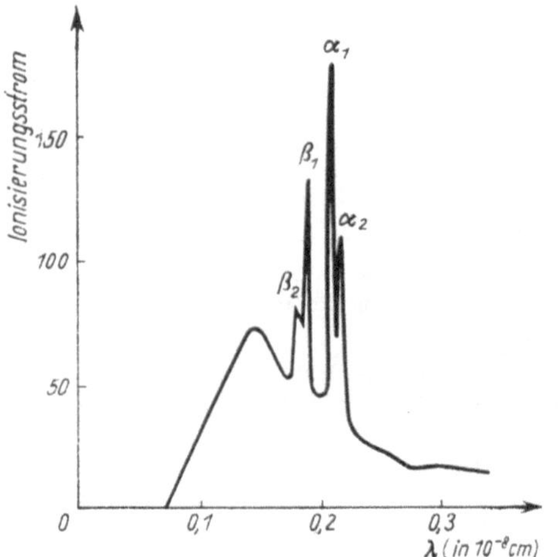

Abb. 6.38. Energieverteilung des Bremsspektrums mit überlagerter Eigenstrahlung. Gleiches Material wie in Abb. 6.39, aber bei 168 kV Maximalspannung ($\lambda_{min} = 0{,}073 \cdot 10^{-8}$ cm)

wurde ein Linienspektrum im Sichtbaren erzeugt, indem das Außen- oder Leuchtelektron des Atoms auf ein höheres Niveau gehoben wurde und in einem energieärmeren Zustand unter Emission einer Spektrallinie scharf bestimmter Frequenz zurückkehrte.
Röntgenstrahlen sind aber energiereicher und daher ist die bei Außenelektronen günstigstenfalls zur Verfügung stehende Energie unzureichend, um zu einer so kurzwelligen Strahlung Anlaß geben zu können. Die inneren Elektronen sind aber viel fester gebunden und können daher für die Erzeugung harter Röntgenstrahlen in Frage kommen. Die Bohrsche Theorie konnte zeigen, gestützt auf die chemischen Eigenschaften, insbesondere die sich im periodischen System der Elemente widerspiegelnden periodischen Eigenschaften der Atomarten, und fußend auf den Ergebnissen der Spektroskopie, daß sich die Elektronen nicht beliebig um den Kern gruppieren, sondern sich in Gruppen oder Schalen anordnen. Die benachbarten Schalen sind aber i. allg. voll besetzt, und daher kann bei Abtrennung eines Elektrons aus einer inneren Gruppe dieses nicht in einer der Nachbarschalen Platz finden, sondern muß in eine äußere Schale übergehen oder vollständig vom Atom entfernt werden. Im letzten Fall ist eine Ionisation, und zwar eine *Tiefenionisation* (KOSSEL) vorhanden.
Da das Atom das Bestreben hat, in seinen Grundzustand zurückzukehren, wird es beim Fehlen eines K-Elektrons die K-Schale zu ergänzen suchen, und da die Außenelektronen lockerer gebunden sind als die inneren, drängt ein beträchtliches Energiegefälle zu dieser Auffüllung. Auch für diesen Vorgang gilt die Bohrsche Frequenzbedingung:

$$W = h\nu$$

Es entsteht eine elektromagnetische Strahlung ganz bestimmter Frequenz, d. h. eine Spektrallinie im Röntgengebiet.
Da durch die Tiefenionisation ein K-, L-, M- usw. Elektron von dem Atom abgetrennt werden kann, werden sich mehrere Gruppen von einzelnen Strahlen bilden können. BARKLA hat in der Tat schon vor der Aufstellung der Bohrschen Theorie diese für jede Atomart charakteristischen Gruppen nachgewiesen. Er führte für die kurzwellige Gruppe die Bezeichnung K-Strahlung, für die längerwelligen die Namen L-, M-, N-Strahlungen ein.
Die spektrale Verteilung der kontinuierlichen Röntgenstrahlung. Im allgemeinen besteht die von der Röhre kommende Röntgenstrahlung aus einer kontinuierlichen Mannigfaltigkeit von Wellenlängen. Liegen aber in den betreffenden Wellenlängenbereichen die (K-, L-, M-) Gebiete der Eigenstrahlung des Metalls der Anti-Kathode, dann tritt diese neben der Bremsstrahlung auf (Abb. 6.38). Nach den Beobachtungen gilt folgende wichtige Gesetzmäßigkeit:

Das Bremsspektrum besitzt eine scharfe, genau bestimmte kurzwellige Grenze, deren Lage von der Höchstgeschwindigkeit der verzögerten Elektronen abhängt.

Die Messungen ergeben, daß der Zusammenhang zwischen maximaler Elektronengeschwindigkeit

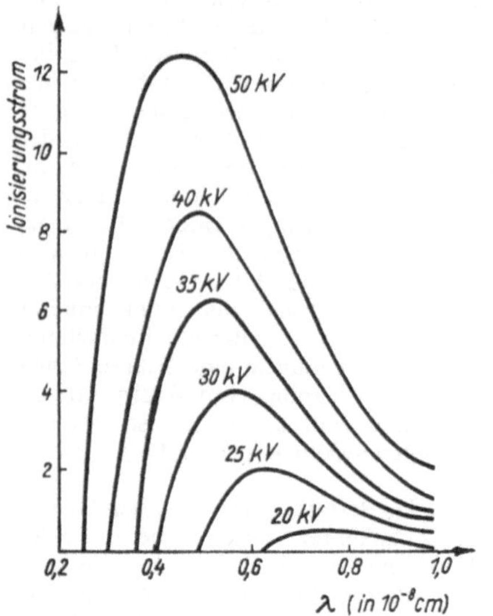

Abb. 6.39. Energieverteilung der Bremsstrahlung bei verschiedenen Spannungen

(also auch Elektronenenergie) und der Frequenz der kurzwelligen Grenze der Röntgenstrahlung durch die Gleichung

$$\mathrm{h}\nu = eU$$

ausgedrückt wird (W. WIEN, 1907).
Mit $\nu = c/\lambda$ und den Zahlenwerten der Konstanten erhält man

$$\lambda_{\min}/\mathrm{cm} = \frac{12399 \cdot 10^{-8}}{U/\mathrm{V}}. \tag{6.36}$$

Bei 12399 V Beschleunigungsspannung der die Bremsstrahlung erregenden Elektronen liegt also die kurzwellige Grenze bei 10^{-8} cm.
Gl. (6.36) ist so genau auswertbar, daß sie eine sehr gute Methode bildet, den Wert der Größe h zu bestimmen.
Umkehrung der Frequenzenergiebeziehung. Röntgenstrahlen vermögen aus Atomen (Photo)-Elektronen freizumachen, deren Geschwindigkeit wiederum durch die oben gegebene Beziehung bestimmt wird:

$$\frac{mv^2}{2} = eU = \mathrm{h}\nu.$$

Das heißt

Die schnellsten lichtelektrisch freigemachten Elektronen haben die gleiche Geschwindigkeit wie die schnellsten Elektronen, durch deren Bremsung oder Absorption die Röntgenstrahlung erzeugt wurde.

Intensität der Bremsstrahlung. Die Energieverteilung (gemessen mit einer Ionisationskammer) im Bremsspektrum zeigt Abb. 6.39. Die an die Kurven geschriebenen Spannungen sind die an der Röntgenröhre liegenden Spannungen. Die Intensität der Bremsstrahlung ist bei konstanter Elektronengeschwindigkeit proportional dem primären Elektronenstrom. Die Gesamtstrahlung steigt bei gleichem Elektronenstrom stark mit der Elektronengeschwindigkeit an (etwa quadratisch bis kubisch). Die spektrale Verteilung des kontinuierlichen Spektrums ist unabhängig vom Antikathodenmaterial, es steigt aber die Gesamtintensität, also auch die Intensität an jeder Spektralstelle, proportional mit der Ordnungszahl des Elementes, aus dem die Antikathode besteht, wenn die sonstigen Bedingungen konstant gehalten werden.
Absorption und Zerstreuung. Durchsetzt ein paralleles, monochromatisches Röntgenstrahlenbündel eine materielle Schicht der Dicke d, dann wird die auffallende Intensität I_0 auf den Wert $I = I_0\,\mathrm{e}^{-\mu d}$ geschwächt, wobei e die Basis der natürlichen Logarithmen und μ der *Schwächungskoeffizient* sind. μ hängt vom absorbierenden Stoff und der Wellenlänge der Röntgenstrahlung ab. Die Gesamtschwächung setzt sich zusammen aus der Absorption, die zur Fluoreszenzstrahlung, lichtelektrischen Elektronenstrahlung usw. führt, und der Streuung.

Hierzu kommen noch andere Energieverluste:
- Durch die Stoßwirkung des Photons auf Elektronen (Compton-Effekt)
- Durch Paarbildung.
- Durch den Kern-Photo-Effekt.

Die letzten beiden Wirkungen treten nur bei sehr kurzwelliger Strahlung auf.

Man kann also μ zerlegen in $\mu = \tau + \sigma$, wobei τ der *Absorptions-* und σ der *Streuungskoeffizient* genannt werden. Zweckmäßig bezieht man diese Koeffizienten auf die Masseneinheit, dividiert also durch die Dichte ϱ:

$$\frac{\mu}{\varrho} = \frac{\tau}{\varrho} + \frac{\sigma}{\varrho}. \tag{6.37}$$

Meist wird μ/ϱ, *der totale Massenabsorptionskoeffizient*, gemessen. Er bezeichnet die Schwächung, die ein Röntgenstrahlenbündel eines bestimmten Querschnittes beim Durchgang durch eine gewisse Masse des betreffenden Stoffes erleidet. Da es sich gezeigt hat, daß der Massenabsorptionskoeffizient eines Elementes unabhängig ist von dessen chemischer Bindung, daß die Absorption also eine Atomeigenschaft ist, wird auch oft der atomare Absorptionskoeffizient

$$\mu_{\mathrm{At}} = \frac{\mu}{\varrho}\,\frac{A}{N_{\mathrm{L}}},$$

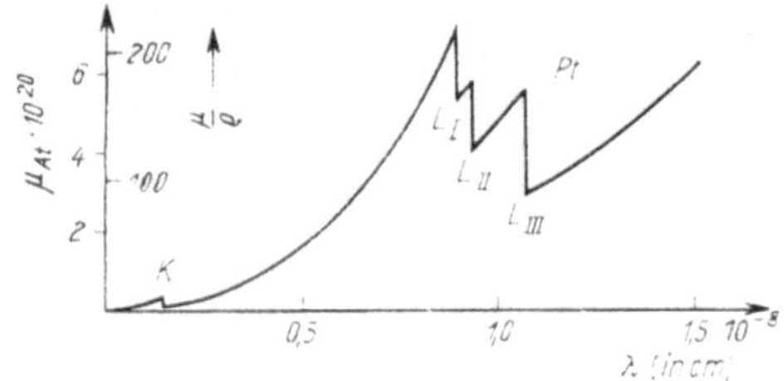

Abb. 6.40. Schwächung der Röntgenstrahlen in Platin ($Z = 78$) in Abhängigkeit von der Wellenlänge (nach COMPTON)

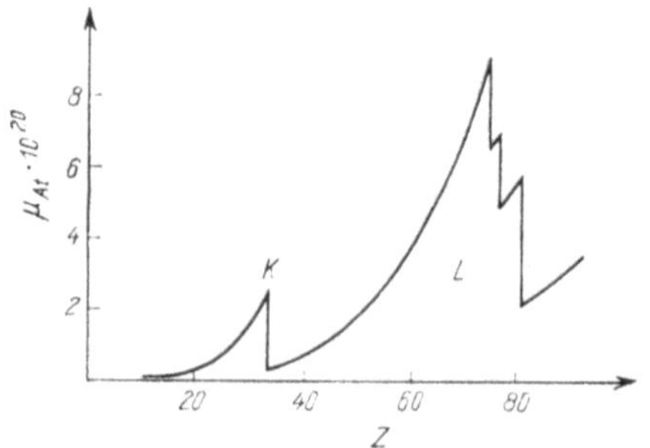

Abb. 6.41. Schwächung der Röntgenstrahlen von $1{,}0\cdot10^{-8}$ cm in Stoffen verschiedener Ordnungszahl Z (nach COMPTON)

wobei A die relative Atommasse und N_L die Loschmidtsche Zahl bedeuten, angegeben. Die Größe von μ/ϱ hängt sehr stark von der Wellenlänge ab. Abb. 6.40 gibt als Beispiel die Werte für Platin an. Sehr bemerkenswert ist, daß an den kurzwelligen Grenzen derjenigen Spektralgebiete, bei denen die K-, L- und M-Emission stattfindet, unstetige Änderungen des Absorptionskoeffizienten eintreten. Diese Absorptionssprünge werden demgemäß als K-Grenze usw. bezeichnet. Wie aus Abb. 6.40 ersichtlich, besteht die L-Grenze aus drei Stufen, die mit LI, LII, LIII bezeichnet werden.

Einen ähnlichen Verlauf zeigt die Abhängigkeit von μ_{At} von der Ordnungszahl, wie das für die Wellenlänge von $1{,}0\cdot10^{-8}$ cm in Abb. 6.41 dargestellt ist. Wichtig ist, daß nur die Einordnung der Elemente in der Reihenfolge der Ordnungszahlen (und nicht der relativen Atommassen) eine glatte Kurve gibt, wie besonders an der Reihe Fe, Co, Ni, Cu von RICHTMEYER und WARBURTON (1923) gezeigt wurde. Die Abb. 6.41 zeigt beim Übergang zu dem Element, dessen K-Grenze (bzw. LI-, LII-, LIII-Grenze) kleiner als $1\cdot10^{-8}$ cm wird, einen plötzlichen Sprung der Absorption.

Für die Elemente niedriger relativer Atommasse ist der Grenzwert von $\sigma/\varrho = 0{,}2$ (etwa bis $Z = 30$); für schwere Elemente steigt σ/ϱ bis zu 0,7. Wie aus den Zahlenangaben der Ordinaten unter Berücksichtigung der Gleichung (6.37) ersichtlich wird, hat die Streuung vor allem bei kleinen Wellenlängen und bei Stoffen niederer Ordnungszahl einen wesentlichen Anteil an der Energiebilanz der Gesamtabsorption. Sonst aber spielt die Absorption der Strahlung in den Atomen unter Aussendung von Elektronen aus diesen die Hauptrolle.

Innerhalb eines gleichmäßigen Anstiegsgebietes der Absorption wird die Absorption gut wiedergegeben durch $\tau/\varrho = CZ^4\lambda^3$. Elemente hoher Ordnungszahl absorbieren die Röntgenstrahlen der gleichen Wellenlänge außerordentlich viel stärker als solche niederer Ordnungszahl (vorausgesetzt, daß man sich nicht bei einem der Stoffe in der Nähe einer Absorptionsgrenze befindet).

Praktische Anwendung der Röntgenstrahlenabsorption. Auf dieser Tatsache beruht die Anwendung der Röntgenstrahlen zur medizinischen und technischen Durchleuchtung, die durch Beobachtung der Schattenwirkung der durchstrahlten Gegenstände (entweder auf einem Fluoreszenzschirm oder auf der photographischen Platte) ausgeführt wird. Wie bei jedem Schattenbild sind die Schatten um so schärfer begrenzt, je punktförmiger die Lichtquelle, je weniger ausgedehnt und je weiter sie entfernt ist.

Der im Röntgenbild auftretende Kontrast ist um so stärker, je größer der Unterschied der Absorptionskoeffizienten des Materials und des Störungskörpers ist. Nach den obigen Ausführungen kommt es also wesentlich auf den chemischen Aufbau der Stoffe an, stark absorbieren Stoffe mit hoher Ordnungszahl. Hierauf beruht die Schattenwirkung der Knochen in den Röntgenaufnahmen, wobei vor allem der Ca-Gehalt ($Z = 20$) wesentlich ist. Will man Organe, die sonst nicht hervortreten, im Röntgenbild hervorheben, so füllt man sie vor der Aufnahme mit Stoffen hoher Ordnungszahl ($BaSO_4$, Wismutbrei). Der Absorptionskoeffizient wächst ferner mit steigender Wellenlänge. Wegen der aus dem gleichen Grunde bei längeren Wellen auftretenden Schwächung muß man, um zu erträglichen Expositionszeiten zu kommen, eine mittlere Wellenlänge der Strahlung wählen, z. B. für medizinische Diagnostik den Wellenlängenbereich 0,48 bis $0{,}76\cdot10^{-8}$ cm, für Untersuchung von Metallen auf Fehlstellen benötigt man eine Primärspannung zur Erzeugung der Röntgenstrahlen bei Al (bis 10 cm Dicke) von etwa 100 kV, bei Eisen, Messing (bei 6 cm Dicke) etwa 200 bis 230 kV. In jüngster Zeit benutzt man zur Werkstoffprüfung in immer steigendem Maße die γ-Strahlen radioaktiver Präparate, die infolge ihrer kürzeren Wellenlänge noch wesentlich dickere Werkstücke zu durchdringen vermögen.

Feinbau der Röntgenspektren. Die von der Anti-Kathode einer Röntgenröhre ausgesandte Eigenstrahlung besteht aus einzelnen Linien, deren Wellenlängen z. B. nach der Drehkristallmethode sehr genau bestimmt werden können. Dazu braucht man nach der Braggeschen Beziehung nur bei bekanntem Netzebenenabstand d den Glanzwinkel ϑ zu messen. Der Glanzwinkel ist das Komplement zum Einfallswinkel. Der Netzebenenabstand ergibt sich aus der Kristallstruktur. Häufig verwendete Kristalle sind (mit ihren größten Netzebenenabständen)

Steinsalz: $d = 2{,}814\cdot10^{-8}$ cm,

Kalkspat: $d = 3{,}029\cdot10^{-8}$ cm,

Zucker: $d = 10{,}572\cdot10^{-8}$ cm.

Einen sehr großen Abstand hat die

Melissinsäure: $d = 73{,}5\cdot10^{-8}$ cm.

Die größte Wellenlänge, die theoretisch mit einem gegebenen Kristall meßbar wäre, ist die, für die der Glanzwinkel 90° ist; in erster Ordnung entspricht dies also dem Netzebenenabstand.

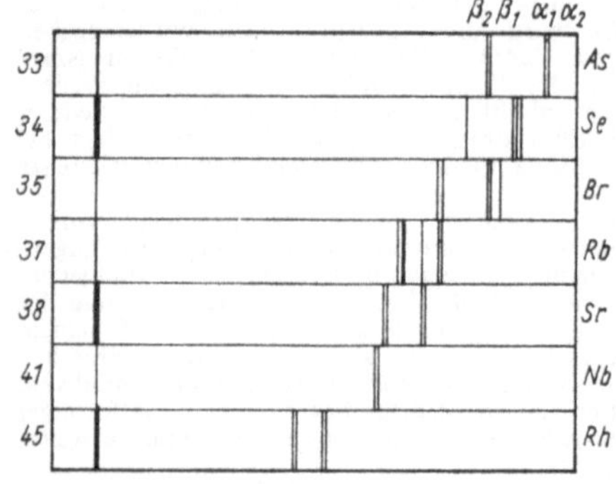

Abb. 6.42. K-Reihe

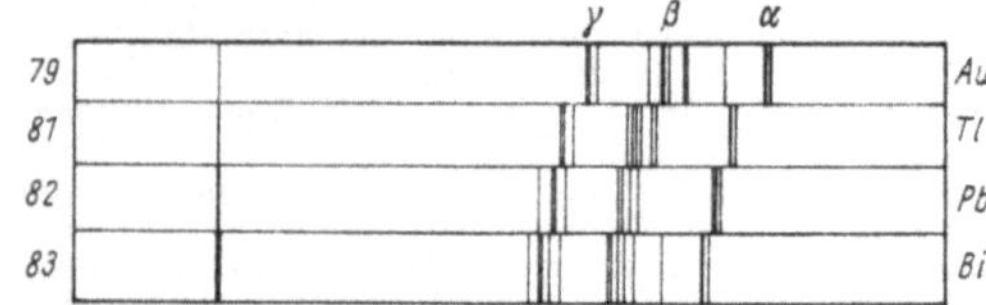

Abb. 6.43. L-Reihe

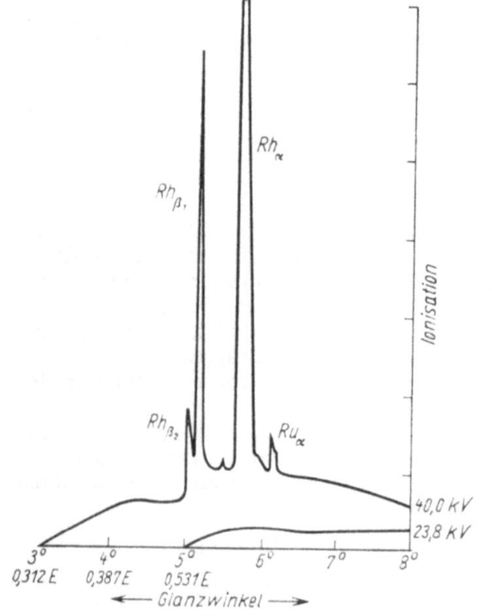

Abb. 6.44. Abhängigkeit der K-Emission von der Anregungsspannung (nach WEBSTER)

Da man praktisch aus Intensitätsgründen den Wert $\alpha = 60°$ nicht überschreitet, ist die größte meßbare Wellenlänge kleiner. Für langwellige Röntgenstrahlung benutzt man mechanisch geritzte Gitter.

Die Ergebnisse der Messungen sind folgende: Wie bereits aus den direkten Absorptionsmessungen geschlossen wurde, bestehen für jedes Element mehrere weit voneinander getrennte Gebiete der Emission, die von der kurzwelligen Seite her mit K, L, M, N, ... bezeichnet werden. Jedes dieser Gebiete besteht aus einer größeren Zahl von Linien, und zwar wächst die Anzahl der Linien von K nach den längerwelligen Gruppen hin. Im Gegensatz zu der großen Mannigfaltigkeit der optischen Spektren sind die Röntgenspektren, vor allem die kurzwelligen, für alle Elemente fast gleich gebaut. So besteht das K-Spektrum in der Hauptsache aus zwei Linien, der starken K_α-Linie sowie der schwächeren und kürzerwelligen K_β-Linie. Bei größerer Auflösung erweist sich jede dieser Linien als doppelt bzw. dreifach (der Wellenlänge nach von der langwelligen Seite her mit α_2, α_1, β_3, β_2, β_1 bezeichnet), s. Abb. 6.42. Die L-Reihe ist, wie Abb. 6.43 zeigt, schon wesentlich komplizierter, in ihr sind drei Hauptgruppen zu erkennen, die von der langwelligen Seite her durch die Hauptlinien α, β, γ charakterisiert sind. Die M-Reihen sind noch komplizierter und zeigen noch mehr individuelle Unterschiede.

Für die Erkenntnis vom Ursprung dieser Sepktren ist folgende Tatsache wichtig: Die Emissionsspektren der einzelnen Gruppen sind langwelliger als die entsprechenden Absorptionsgrenzen. Zur Erregung einer bestimmten Linie, z. B. einer K_α-Linie mit der Wellenlänge λ_α, genügt es nicht, die Spannung $U = h\nu/e$ anzulegen. Es hat zwar die auftretende kontinuierliche Strahlung diese kürzeste Wellenlänge, aber die Eigenstrahlung der K_α-Linie tritt noch nicht auf (Abb. 6.44). Erst wenn die Spannung so hoch ist, daß die Wellenlänge der K-Absorptionsgrenze emittiert werden kann, tritt plötzlich das ganze K-Spektrum auf. Das gleiche gilt unter Berücksichtigung der mehrfachen Absorptionsstufen für die L-Reihe und entsprechend auch für die anderen Reihen. Will man also das Emissionsspektrum einer dieser Reihen erhalten, so muß die Spannung mindestens so hoch sein, daß sie der entsprechenden Absorptionsgrenze genügt.
Wichtig ist ferner, daß die einzelnen Serien und auch bestimmte Linien der einzelnen Serien erst von bestimmten Ordnungszahlen an auftreten. Während man z. B. die K_α-Linie bis zu B ($Z = 5$) verfolgen konnte ($\lambda \approx 70 \cdot 10^{-8}$ cm), tritt die K_{β_1}-Linie erst bei Na ($Z = 11$) auf.

Die Serien der Röntgenspektren. Die Tiefenionisation eines Atoms kann durch schnell bewegte Elektronen, wie in einer Röntgenröhre, oder auch durch energiereiche Photonen erfolgen, wobei aber diese primäre anregende Röntgenstrahlung härter, kurzwelliger sein muß als die ausgelöste Strahlung. Ist durch die Tiefenionisation die K-Schale geöffnet worden, so sucht sie sich wieder zu schließen, wobei es äußerst unwahrscheinlich ist, daß diese Auffüllung von außen erfolgt. Vielmehr liegt es sehr viel näher, daß ein Elektron aus einer der benachbarten, der L- oder M-Schale, in die K-Schale übertritt,

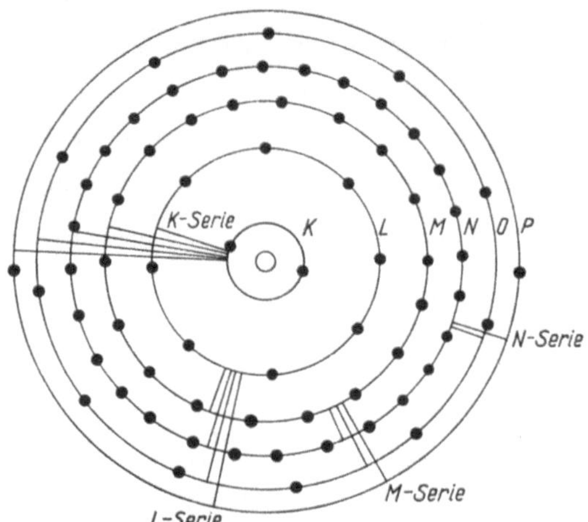

Abb. 6.45. Zur Entstehung der Röntgenserien

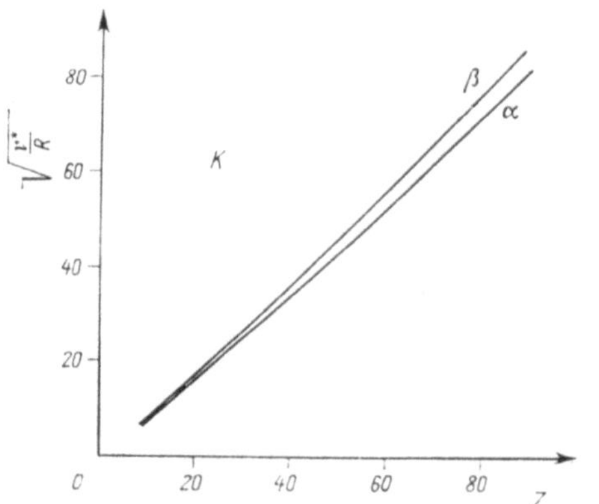

Abb. 6.46. $\sqrt{\frac{\tilde{w}}{R}}$-Werte der K-Serie als Funktion der Ordnungszahl Z

wobei die Linien der K-Serie:

K_α ... L → K

K_β ... M → K

K_γ ... N → K

ausgesandt werden.

Wird ein Elektron aus der L-Schale angeregt, so ist die dafür nötige Arbeit geringer als bei der K-Stufe, denn die Bindungsenergien der einzelnen Schalen $n = 1, 2, 3, \ldots$ sind gleich

$$W_n = \text{const}\, Z'^2 \frac{1}{n^2}$$

(Z' ist die effektive Kernladungszahl).

Entsprechendes gilt für die Anregung durch Entfernung eines Elektrons aus den M-, N-, ... Schalen (Abb. 6.45). Bei der K-Strahlung wird es am wahrscheinlichsten sein, daß ein Elektron aus der L-Schale die Lücke ausfüllt; weniger häufig werden die Übergänge M → K, N → K, ... stattfinden. Daher werden die K_α-Linien die stärksten Linien der K-Serie sein, und die Stärke der K-Linien nimmt in der Reihenfolge K_α, K_β, K_γ ab. Dagegen ist die „Fallenergie" im umgekehrten Verhältnis größer, so daß K_γ kurzwelliger ist als K_β und diese Linien härter sind als K_α. Die gleichen Gesetzmäßigkeiten gelten naturgemäß auch für die anderen Serien.

Beziehungen zwischen den Röntgenspektren der Elemente. Die Entstehung der Röntgenserie K, L, M, ... hat offenbar große Ähnlichkeit mit der Bildung der Lyman-, Balmer- und Paschen-Serie beim Wasserstoff. Da bei der Tiefenionisation ein Elektron vom Atom abgetrennt wird, wird nicht mehr die ganze Kernladungszahl Z wirksam, sondern bei der K-Serie nur die effektive Kernladung $Z' = Z - 1$ (in erster Näherung); bei der L-Serie wirken 9 Elektronen (2K- und 7L-Elektronen) abschirmend usw.

Wenden wir daher die beim Wasserstoff gewonnenen Ergebnisse auf die Röntgenserien an, so wird z. B. die K-Folge durch die Gleichung gegeben sein:

$$\tilde{w} = RZ'^2\left(\frac{1}{1^2} - \frac{1}{k^2}\right) \quad (k = 2, 3, 4, \ldots).$$

MOSELEY wählte für diese Röntgenserie die Form

$$\sqrt{\frac{\tilde{w}}{R}} = \text{const}\,(Z - A_K),$$

wobei A_K die „Abschirmungszahl" bedeutet, die also im vorliegenden Fall nahezu gleich 1 sein muß. Denn die in der betreffenden Schale verbleibenden Elektronen schirmen die Kernladung teilweise ab, so daß als wirksame Kernladung nur noch der Betrag $(Z - A_K)$ übrigbleibt.

Für die erste Linie der K-Serie, die K_α-Linie gilt somit:

$$\tilde{w}_{K_\alpha} = R(Z - A_K)^2 \cdot 0{,}75$$

bzw.

$$\sqrt{\frac{\tilde{w}}{R}} = \sqrt{0{,}75}\,(Z - A_K) \quad \text{oder}$$

$$\sqrt{\tilde{w}} = \text{const}\;(Z - A_K)\ldots,$$

d. h., es ergibt sich ein linearer Zusammenhang zwischen der Wurzel aus der Wellenzahl und der effektiven Kernladungszahl $Z' = Z - A_K$. Die Abb. 6.46 zeigt, wie genau diese Beziehung erfüllt ist, wobei sich für A_K in Übereinstimmung mit obiger Überlegung der Wert 1 ergibt.

Für die Wellenzahlen der Linien K_β und K_γ gelten entsprechende Beziehungen, mithin gibt es auch entsprechende „*Moseleysche Geraden*". Es ist genauer:

$$\tilde{w}_{K_\beta} = RZ'^2\left(1 - \frac{1}{9}\right) \quad \text{bzw.} \quad \tilde{w}_{K_\gamma} = RZ'^2\left(1 - \frac{1}{16}\right)$$

oder

$$\sqrt{\frac{\tilde{w}}{R}} = \sqrt{\frac{8}{9}}\,Z' = \sqrt{0{,}88}\,(Z - A_K)$$

bzw.

$$\sqrt{\frac{\tilde{w}}{R}} = \sqrt{\frac{15}{16}}\,Z' = \sqrt{0{,}94}\,(Z - A_K).$$

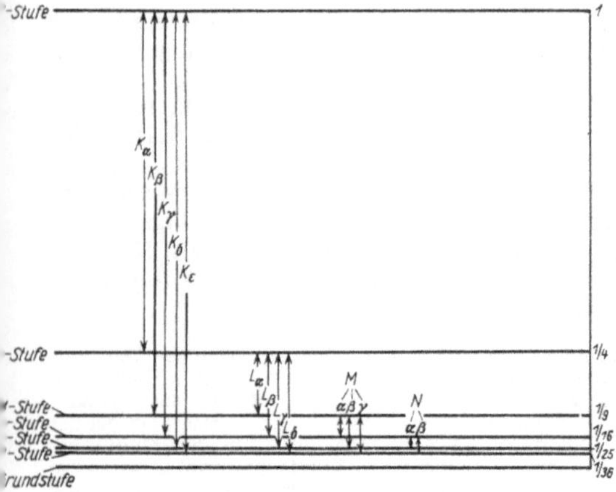

Abb. 6.47. Grotrian-Diagramm für die Röntgenspektren

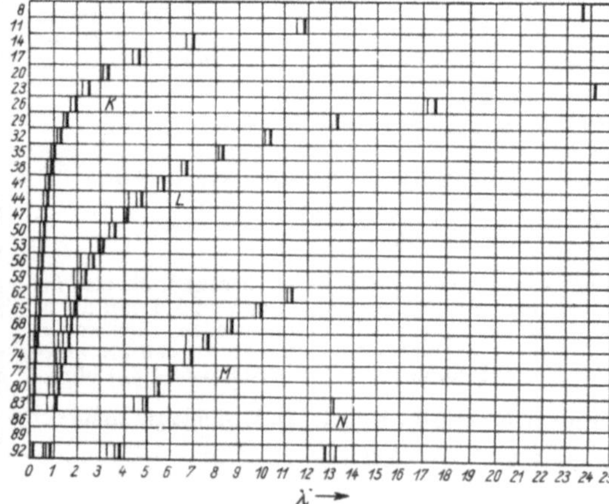

Abb. 6.48. Lage der wichtigsten Röntgenlinien der einzelnen Elemente (λ in 10^{-8} cm)

Für die Linien der höheren Serien gelten entsprechende Beziehungen, beispielsweise für die L-Serie:

$$\tilde{w}_L = RZ'^2\left(\frac{1}{2^2} - \frac{1}{k^2}\right) \quad (k = 3, 4, 5, \ldots)$$

oder

$$\sqrt{\frac{\tilde{w}_L}{R}} = \sqrt{\frac{1}{4} - \frac{1}{k^2}}\,(Z - A_L).$$

Da hier der Kern durch 2 K- und 7 L-Elektronen abgeschirmt wird, ist A_L erheblich größer (etwa 7,4 nach MOSELEY) als die Abschirmungszahl A_K der K-Serie. Die gebrochenen Zahlen ergeben sich aus der Tatsache, daß die „Ladungsschwerpunkte" des Kerns und der Restelektronen nicht zusammenfallen.

Aus der Abb. 6.47 ergibt sich wiederum die Gültigkeit des Ritzschen Kombinationsprinzips (KOSSEL); z. B. ergeben sich folgende Zusammenhänge:

$$K_\beta = K_\alpha + L_\alpha; \quad K_\gamma = K_\alpha + L_\beta; \quad L_\gamma = L_\alpha + M_\alpha.$$

Die allgemeinen Ergebnisse MOSELEYS werden durch die Abb. 6.48 verdeutlicht. Es zeigt sich, daß die Ordnungszahl maßgebend für die Reihenfolge der Elemente im periodischen System ist und (i. allg.) nicht die Atommasse, also beispielsweise $_{18}Ar^{39,944}$ vor $_{19}K^{39,096}$; $_{27}Co^{58,94}$ vor $_{28}Ni^{58,69}$ und $_{52}Te^{127,61}$ vor $_{53}J^{126,92}$ eingereiht werden muß. Auch ließen schon die ersten Aufnahmen Lücken im System klar erkennen und führten zur Entdeckung fehlender Elemente ($_{72}$Hf durch COSTER und HEVESY; $_{75}$Re durch NODDAK und TACKE).

Absorptionsspektren. Die Aufnahme der spektralen Absorption begegnet keinen Schwierigkeiten, und ihr photographisch oder ionometrisch festgestellter Verlauf entspricht dem aus den Intensitätsmessungen bekannten. Das Silber und das Brom der photographischen Schicht zeigen starke Absorption, so daß auf allen Aufnahmen, bei denen das kontinuierliche Spektrum genügend stark ausgeprägt ist, auch die Absorptionskanten des Ag und des Br sich durch Unstetigkeiten der Absorption zeigen (stärkere Absorption an der kurzwelligen Seite der Absorptionskante).

Energetisch ist das Einsetzen der starken Absorption verständlich; denn es wird der Teil der Anregungsenergie, der einer Strahlung entspricht, die die Absorptionskante nach kürzeren Wellen zu überschreitet, auch noch zu der Emission der charakteristischen Strahlung der der betreffenden Kante zugeordneten Reihe verbraucht (Abb. 6.49).

6.2.8. Wirkung elektromagnetischer Felder

Auch die stärksten bis jetzt erzeugbaren elektrischen und magnetischen Felder sind im Vakuum ohne Einfluß auf die Lichtausbreitung. Im stofffreien Raum überlagern sich demnach elektrische und magnetische Feldgrößen ohne gegenseitige Störung. Dagegen ist ein Einfluß elektromagnetischer Felder in stofferfüllten Räumen zu erwarten, weil Atome und Moleküle aus elektrisch geladenen Teilchen bestehen, die infolge ihrer Bewegung auch von magnetischen Feldern umgeben sind.

Die elektrische Doppelbrechung (*Elektro-optischer Kerr-Effekt*). Schickt man eine linear polarisierte Lichtwelle zwischen den Platten eines geladenen Kondensators hindurch, der z. B. mit Nitrobenzol erfüllt ist, so wird dieser Stoff unter dem Einfluß des Feldes doppelbrechend. Es entstehen zwei Komponenten, von denen die eine parallel, die andere senkrecht zum elektrischen Feld polarisiert ist. Die beiden Komponenten haben ungleiche Ausbreitungsgeschwindigkeit; nach dem Austritt aus der *Kerrzelle* ist der Lichtstrahl elliptisch polarisiert. Hat man den Analysator so eingestellt, daß das die Zelle durchsetzende Licht im feldlosen Zustand ausgelöscht wird, so entsteht bei Anlegen des Feldes Aufhellung. Dabei beträgt der Gangunterschied der beiden Wellen nach KERR (JOHN KERR,

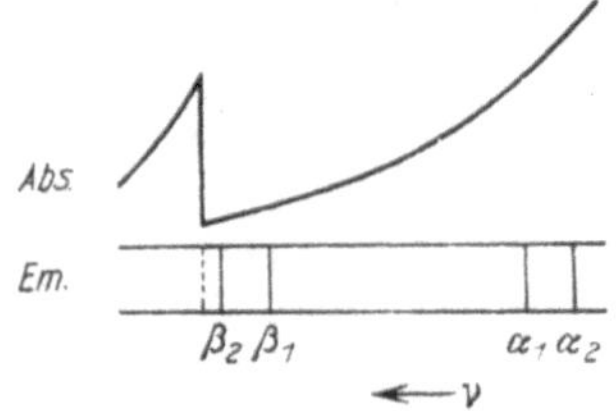

Abb. 6.49. Zusammenhang zwischen Absorption und Emission bei einer Röntgenserie

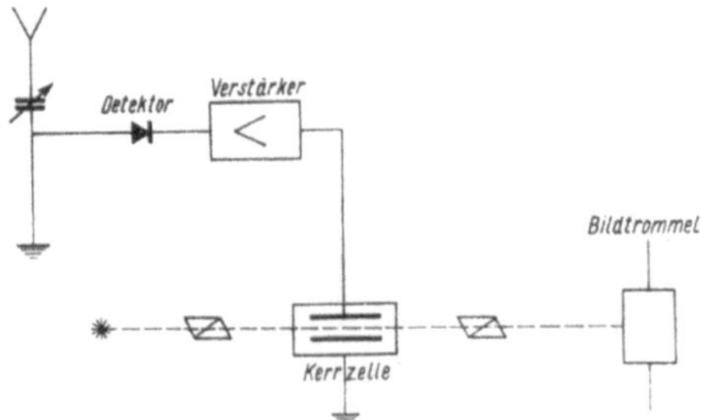

Abb. 6.50. Zum Kerr-Effekt

schottischer Physiker, 1824–1907):

$$m\lambda = KlE^2\lambda, \tag{6.38}$$

wobei l die Länge der durchsetzten Schicht in m angibt, die Feldstärke $\boldsymbol{E}$ in V/m gemessen wird und K in m/V² eine für den betreffenden Stoff charakteristische Größe, die *Kerr-Konstante*, bedeutet.

Man stellt sich nach LANGEVIN, BORN und GANS vor, daß durch das Feld eine dielektrische Polarisation entsteht, indem entweder die bereits vorhandenen elektrischen Dipole des Stoffes ausgerichtet werden oder das Feld induzierend auf neutrale Moleküle wirkt (Bd. II).

Da die Kerrzelle bis zu Frequenzen von etwa 10^8 Hz praktisch trägheitslos arbeitet, hat sie zur Untersuchung sehr schnell veränderlicher Vorgänge vielfach praktische Anwendung gefunden (z. B. Messung der Lichtgeschwindigkeit, Bestimmung der Abklingdauer leuchtender Atome oder lumineszierender Substanzen, bei Zeitschreibern für Messungen sehr hoher Geschwindigkeiten u. a.). Nach (6.38) ist die Aufhellung von der Feldstärke abhängig. So bietet sich die Möglichkeit, Schwankungen eines elektrischen Feldes praktisch trägheitslos in Lichtschwankungen zu übersetzen, wie die in der Abb. 6.50 gezeigte Schaltung erkennen läßt, wobei man die Lichtschwankungen z. B. auf einem lichtempfindlichen Film auffängt. Kerrzellen haben bei der Entwicklung des Bildfunks und des Fernsehens technische Bedeutung erlangt (KAROLUS). In diesen Zellen findet besonders Nitrobenzol Verwendung, weil dieses eine große Kerrkonstante hat ($K = 2{,}44 \cdot 10^{-12}$ m/V² für die Na-D-Linien bei 20 °C).

Die magnetische Doppelbrechung (*Cotton-Mouton-Effekt*). Da nach den Anschauungen LANGEVINS (Bd. II) ein Magnetfeld eine ähnliche polarisierende Wirkung auf die Moleküle ausübt wie ein elektrisches Feld, indem die Moleküle als magnetische Dipole durch ein äußeres Magnetfeld $\boldsymbol{H}$ beeinflußt werden, erhalten Stoffe wie Benzol, Toluol, Nitrobenzol u. a. auch im Magnetfeld Vorzugsrichtungen, d. h., sie werden ebenfalls doppelbrechend, wobei wie beim Kerr-Effekt ein Gangunterschied zwischen den beiden Wellen auftritt, der sich durch die Gleichung

$$m\lambda = ClH^2\lambda \tag{6.39}$$

ausdrücken läßt.

C heißt die *Cotton-Mouton-Konstante*; sie beträgt für Nitrobenzol bei $\lambda = 589{,}3$ nm und 19,5 °C, $C = 3{,}81 \cdot 10^{-14}$ m/A² (l in m, $\boldsymbol{H}$ in A/m gemessen).

Auch kolloidale Lösungen zeigen magnetische Doppelbrechung, besonders stark Eisenoxidsole (*Majorana-Effekt*). Da die Elektronen in den Atomen bzw. Molekülen bewegt sind und Konvektionsströme darstellen, so werden sie ebenfalls durch ein Magnetfeld beeinflußt (*Voigt-Effekt*) und können so eine zusätzliche in der Mehrzahl der Fälle jedoch äußerst schwache Doppelbrechung erzeugen.

Der magnetooptische Kerr-Effekt. An einem Metallspiegel reflektiertes linear polarisiertes Licht wird elliptisch polarisiert. KERR beobachtete 1877, daß bei der Reflexion an einem ferromagnetischen Metallspiegel in einem starken Magnetfeld noch eine Drehung und Verzerrung der Schwingungsellipse hinzutritt. Dieser Effekt ist der Magnetisierung des Spiegels proportional und strebt daher einem Sättigungswert zu.

Magnetische Drehung der Schwingungsebene (*Faraday-Effekt*). Im Jahre 1845 entdeckte FARADAY die erste Beziehung zwischen magnetischen und optischen Erscheinungen. Um den Faradayschen Versuch auszuführen, bringt man zwischen die durchbohrten Pohlschuhe eines starken Elektromagneten eine mit Schwefelkohlenstoff gefüllte Röhre oder nach FARADAY einen bleisilikathaltigen Glasstab, der an beiden Entflächen eben geschliffen und poliert ist (Abb. 6.51). Läßt man Licht seitlich durch die Öffnung der Polschuhe auf die Röhre fallen und schaltet in den Strahlengang je ein Nicolsches Prisma als Polarisator und Analysator ein, so ist bei gekreuzten Nicols und nicht erregten Magneten das Gesichtsfeld dunkel, hellt sich aber bei Stromfluß auf. Durch Drehung des Analysators kann man jedoch wieder Dunkelheit einstellen, d. h., die Schwingungsebene des einfallenden

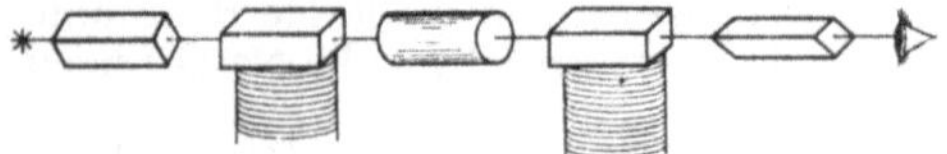

Abb. 6.51. Zum Faraday-Effekt

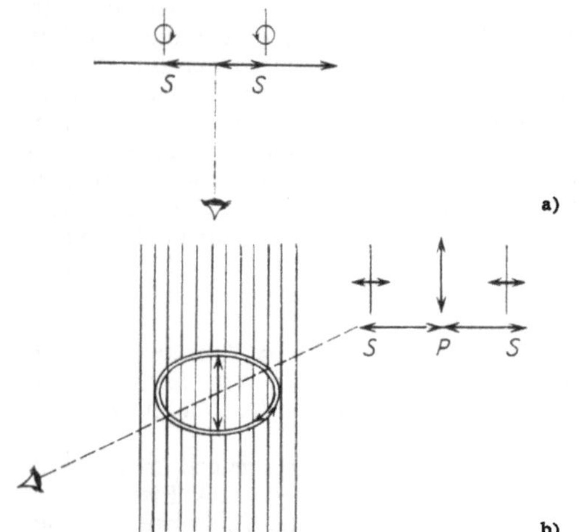

Abb. 6.52. Zeeman-Effekt. Beobachtung senkrecht zur Feldrichtung (a), in Feldrichtung (b)

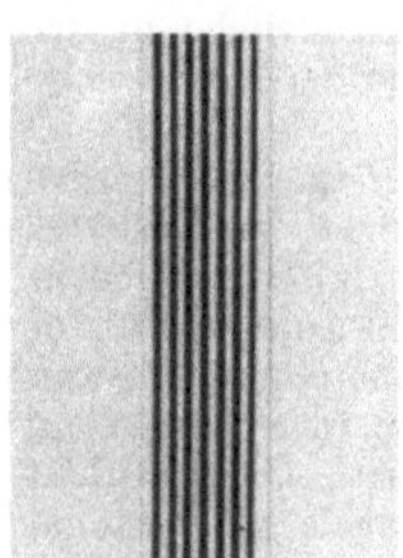

Abb. 6.53. Anomaler Zeeman-Effekt

Lichtes ist im Magnetfeld gedreht worden. Der Drehwinkel α ist dem Betrag der magnetischen Feldstärke H und der Schichtdicke d proportional:

$\alpha = VdH.$

Die frequenzabhängige Größe V heißt *Verdet-Konstante*. Für Schwefelkohlenstoff beträgt sie bei 589 nm und 20 °C $\alpha = 0{,}0527$ Winkelminuten/A. Stimmt wie beim Schwefelkohlenstoff der Drehsinn überein mit der Richtung des Stromes in den Spulen des Elektromagneten, so wird die Drehung positiv genannt. Eine positive Drehung zeigen z. B. auch Schwefel, Phosphor, Luft, Wasserstoff und sehr dünne Metallfolien (KUNDT). Die Verdet-Konstante hat für Bleisilikatglas recht beträchtliche Werte und besonders hohe für ferromagnetische Metalle. Eisen dreht z. B. die Schwingungsebene etwa 30000mal so stark wie Glas. Bemerkenswert ist ferner, daß beim Eisen die Drehung für rotes Licht stärker ist als für blaues; es liegt also eine anomale Drehungsdispersion vor. Im negativen Sinn drehen z. B. Eisenchloridlösungen und paramagnetische Salze.

Der Zeeman-Effekt. Ein um den Kern umlaufendes Elektron stellt einen Konvektionsstrom dar, der von einem Magnetfeld umgeben ist. Nun hat eine von einem Strom umflossene Fläche ein magnetisches Moment, sie verhält sich wie eine magnetische Doppelschicht; daher hat auch die von dem Elektron umlaufene Fläche ein magnetisches Moment M_H. Ein äußeres Magnetfeld bewirkt eine Änderung der Energie des Elektrons, die dem magnetischen Moment M_H der Doppelschicht, der Stärke H des äußeren Feldes und dem Cosinus des Winkels χ, den beide Felder miteinander bilden, proportional ist:

$$\Delta W = -M_H H \cos\chi = \frac{e}{m_e}\,\frac{\mu_0\,\mathrm{h} m H}{4\pi},$$

worin e/m_e die spezifische Ladung des Elektrons, h die Plancksche Konstante und m die „magnetische Quantenzahl" bedeuten. Erfahrungsgemäß ist $\Delta m = +1{,}0$ oder -1. Entsteht eine besimmte Spektrallinie von der Wellenzahl $\tilde{w}$ beim Übergang des Elektrons von der Energiestufe W' zur Stufe W, so gilt

$$\tilde{w} = \frac{W' - W}{\mathrm{h}c}.$$

Beide Stufen sind durch Einwirkung des äußeren Feldes folgendermaßen verändert worden:

$$W' = W_0' + \frac{\mu_0 e\,\mathrm{h}}{4\pi m_e}\,m'H$$

und

$$W = W_0 + \frac{\mu_0 e\,\mathrm{h}}{4\pi m_e}\,mH.$$

Es gilt also:

$$\tilde{w}_{-1} = \tilde{w}_0 - \frac{e}{m_e}\,\frac{\mu_0 H}{4\pi c},$$

$$\tilde{w}_0 = \tilde{w}_0,$$

$$\tilde{w}_{+1} = \tilde{w}_0 + \frac{e}{m_e}\,\frac{\mu_0 H}{4\pi c}.$$

Bemerkenswerterweise tritt in diesen Formeln das Plancksche Wirkungsquantum h nicht auf. Damit hängt zusammen, daß die Einwirkung des Magnetfeldes auch nach klassischer Auffassung verständlich ist und von LORENTZ vorhergesagt wurde. ZEEMAN gelang der Nachweis der Aufspaltung einer Spektrallinie im Magnetfeld in ein Triplett; daher nennt man diese Erscheinung den (*normalen*) *Zeeman-Effekt* und spricht auch vom *Lorentz-Triplett*.

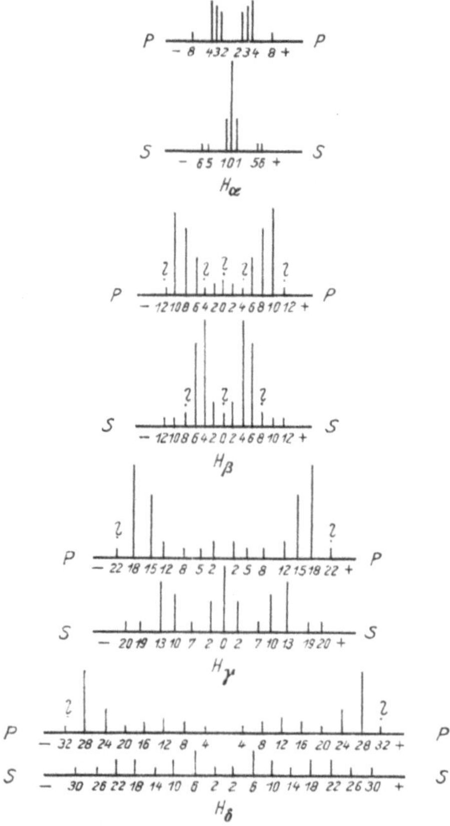

Abb. 6.54. Aufspaltungsbild der Wasserstofflinien beim Stark-Effekt

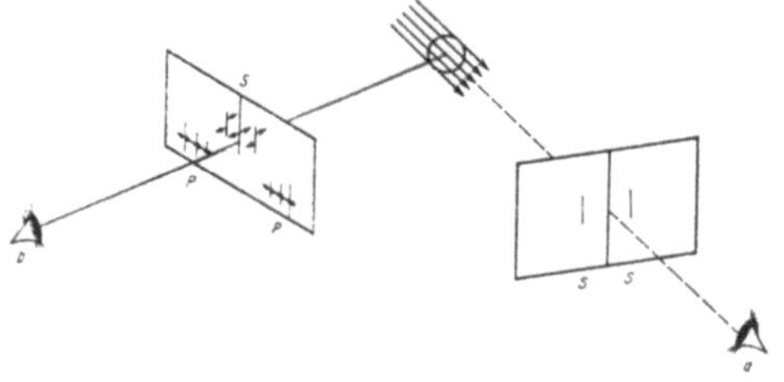

Abb. 6.55. Stark-Effekt

Dieses kann aber nur dann beobachtet werden, wenn die Feldlinien senkrecht zur Blickrichtung liegen (Quer- oder *transversaler Effekt*) (Abb. 6.52a). Betrachtet man die Erscheinung in Richtung der Feldlinie, so treten nur die beiden äußeren Linien auf (Längs- oder *longitudinaler Effekt*) (Abb. 6.52b).

Die Deutung ergibt sich nach den (klassischen) Vorstellungen von LORENTZ aus folgender Betrachtung: Wir sehen das umlaufende Elektron als Strahlungsquelle an, dessen Schwingungsrichtung wir in zwei linear polarisierte Komponenten, eine in Feldrichtung und eine senkrecht hierzu, zerlegen. Weiterhin können wir uns jede linear polarisierte Schwingung durch Überlagerung zweier entgegengesetzt umlaufender zirkularpolarisierter Schwingungen entstanden denken. Somit können wir die ursprüngliche Schwingung zerlegen in eine linear polarisierte Schwingung p in (oder parallel zur) Richtung des Feldes $\boldsymbol{H}$ und zwei zirkular polarisierte Schwingungen s mit entgegengesetzter Umlaufrichtung senkrecht hierzu.
Die p-Komponente in Feldrichtung wird durch das Magnetfeld nicht verändert. Daher beobachtet man zwar die der Frequenz ν_0 entsprechende feldfreie Linie bei Querbeobachtung; da jedoch ein Dipol in Richtung seiner Achse nicht strahlt (Bd. II), tritt diese Linie bei Längsbeobachtung nicht auf. Die s-Komponenten werden nach obiger Erwägung um den gleichen Betrag durch das äußere Feld beeinflußt, und zwar beschleunigt, bzw. verlangsamt. Mithin muß man diese beiden zirkular polarisierten Komponenten ν_{-1} und ν_{+1} bei Längsbeobachtung beobachten können (in Übereinstimmung mit der Erfahrung). Bei Querbeobachtung erscheinen jedoch diese Linien nur mit den in der Feldrichtung liegenden Komponenten, natürlich mit der gleichen Frequenz, aber linear polarisiert und außerdem die nicht beeinflußte (feldfreie) senkrecht hierzu polarisierte Null-Linie. Von den drei Linien des Tripletts schwingen somit die beiden seitlichen senkrecht zur Richtung der magnetischen Feldlinien, die mittlere parallel zum Felde (Abb. 6.52a).

Der anomale Zeeman-Effekt. Die eben beschriebene Aufspaltung bildet in Wirklichkeit eine seltene Ausnahmeerscheinung, sie kann z. B. beim Wasserstoff und an der Kadmiumlinie 468 nm beobachtet werden. In der Mehrzahl der Fälle beobachtet man eine Aufspaltung in eine weit größere Zahl von Linien (Abb. 6.53) und spricht dann von dem *anomalen Zeeman-Effekt*.
Man benötigt zur Beobachtung dieser Effekte starke Felder und Spektralgeräte sehr hohen Auflösungsvermögens. Man hat die magnetische Aufspaltung auch bei Bandenspektren und in Absorption beobachten können (*inverser Zeeman-Effekt*).
Dieser ist in neuerer Zeit besonders eingehend bei den Mikrowellen (im Millimeter- bis Dezimetergebiet) untersucht worden. Auch für die Physik der Sonne und der Fixsterne ist der *Zeeman*-Effekt von Bedeutung.
Der Paschen-Back-Effekt. Bei sehr starken Magnetfeldern vereinfacht sich die Aufspaltung, so daß – wie PASCHEN und BACK fanden (1912) – schließlich nur noch das normale Triplett verbleibt.
Der Stark-Effekt. Die Grundzüge der magnetischen Aufspaltung der Spektrallinien lassen sich klassisch deuten (LORENTZ); die Bohrsche Theorie führt beim normalen Zeeman-Effekt zu den gleichen Ergebnissen, versagt jedoch bei dem anomalen Zeeman-Effekt, der erst durch die Quantentheorie befriedigend geklärt werden konnte.
Läßt sich nach klassischer Auffassung die Beeinflussung der Lichtemission durch ein äußeres Magnetfeld verstehen, so ist nach der klassischen Theorie die Beeinflussung durch elektrische

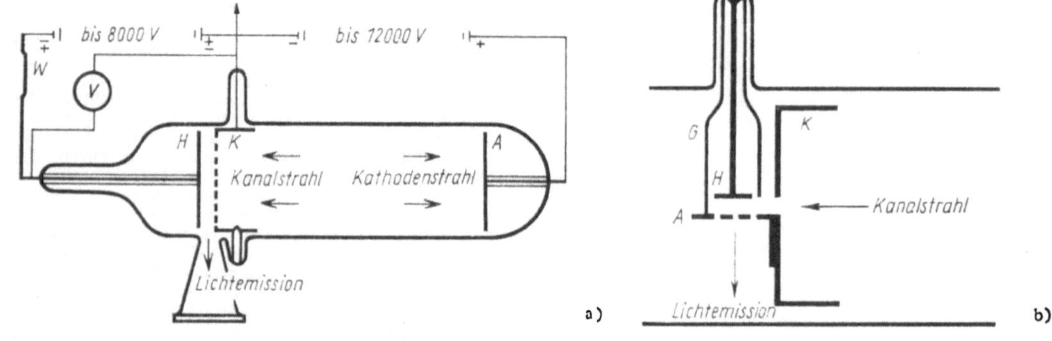

Abb. 6.56. Starksche Methoden zur Beobachtung des Stark-Effektes, a) Anordnung für Querbeobachtung, b) Anordnung für Längsbeobachtung

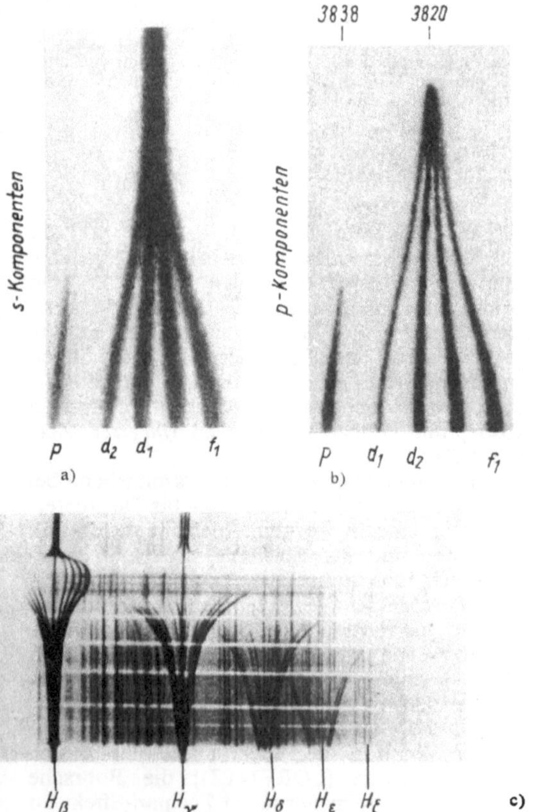

Abb. 6.57. Aufspaltungsbild von H im elektrischen Feld (Methode von STARK) bis 1,4 Millionen V/cm

Felder unverständlich. Trotzdem untersuchte JOHANNES STARK die Lichtausstrahlung in starken elektrischen Feldern und entdeckte trotz größter experimenteller Schwierigkeiten im Jahre 1913, daß das von Atomen ausgestrahlte Licht in seiner Wellenlänge geändert wird, wenn die Lichtquelle einem starken elektrischen Feld ausgesetzt wird (*Stark-Effekt*). Die einzelnen einfachen Linien des Spektrums zerfallen in mehrere scharfe Komponenten. Es ergeben sich dabei folgende Gesetzmäßigkeiten bei den Wasserstofflinien: Die Komponentenzahl wächst mit der Seriennummer der Linie. Das Aufspaltungsbild ist also für die H_β-Linie z. B. wesentlich komplizierter als für die H_α-Linie (Abb. 6.54). Bei transversaler Beobachtung (Abb. 6.55 bei b)) liegt der Vektor der elektrischen Schwingung eines Teiles der Komponenten parallel zum Feld (P-Komponenten), des übrigen Teiles senkrecht zum Feld (S-Komponenten). Im Longitudinaleffekt sind nur die S-Komponenten sichtbar (Abb. 6.55 bei a); sie sind unpolarisiert. Aufspaltung und Polarisation sind nach beiden Seiten der ungestörten Linie symmetrisch. Die Abstände der Komponenten vom Ort der ungestörten Linie lassen sich für alle Wasserstofflinien als ganze Vielfache eines bestimmten Wellenzahlintervalls darstellen. Die Aufspaltung wächst bis zu den Feldern von etwa 100000 V/cm proportional der Feldstärke (Abb. 6.57).

Methode von Stark. Durch eine gewöhnliche Gasentladung erzeugte Kanalstrahlen werden hinter der durchbohrten Kathode in ein sehr starkes elektrisches Feld geleitet. Die experimentelle Schwierigkeit besteht darin, dieses Feld trotz des Gasinhaltes der Röhre aufrechtzuerhalten, ohne daß die Entladung einsetzt. Dies gelang STARK dadurch, daß er die Elektroden des angelegten Feldes sehr nahe aneinander brachte. Dann tritt nach Bd. II keine merkliche Entladung auf. Abb. 6.56 zeigt Anordnungen zur Beobachtung des Quer- und des Längseffektes (Beispiel eines Bildes siehe Abb. 6.57).
Methode von Lo Surdo. Als aufspaltendes Feld kann schon die Feldstärke dienen, die in der gewöhnlichen Gasentladung im Kathodendunkelraum kurz vor der Kathode auftritt. Die Methode hat den Nachteil, daß das Feld und sein Verlauf nicht genau bekannt sind. Man kann umgekehrt das Aufspaltungsbild bekannter Linien zur Ausmessung des Feldes und seines Verlaufes benutzen.

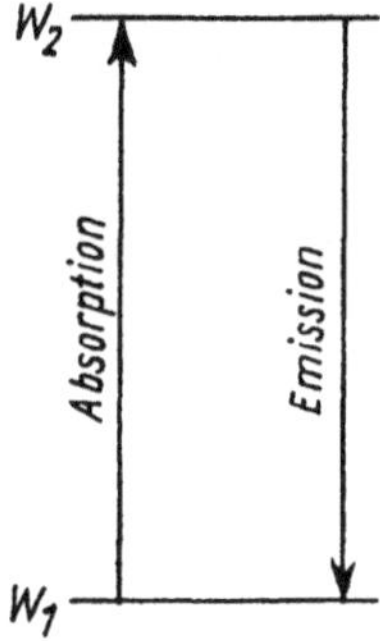

Abb. 6.58. Absorption und Emission

Die Bohrsche Theorie vermochte den Stark-Effekt zufriedenstellend zu erklären. Man muß hierzu die Bahn eines Elektrons im Felde zweier positiver Ladungen behandeln. Rückt man die eine Ladung ins Unendliche, so hat man die Grundlage für die mathematische Behandlung eines dem Atomfeld überlagerten homogenen elektrischen Feldes. Die Lösung dieser Aufgabe durch SCHWARZSCHILD und fast gleichzeitig auch von EPSTEIN zeigt die Leistungsfähigkeit der Bohrschen Theorie und ihre Überlegenheit über die klassischen Vorstellungen in besonders eindrucksvoller Weise.

6.3. Maser und Laser

6.3.1. Spontane und induzierte Emission

Wir haben im Abschn. 6.2 die Anregung höherer Elektronenniveaus und die Abgabe von Strahlungsenergie beim Übergang des atomaren Systems in niedrigere Zustände betrachtet. Im Vordergrund stand die Frage nach dem Entstehen der Spektren, besonders aber nach den Frequenzen der einzelnen Spektrallinien. Nun untersuchen wir den Übergang zwischen zwei Energieniveaus genauer. Dabei interessieren wir uns auch für die Intensität der Strahlung und die Faktoren, die auf die Breite der Spektrallinien einwirken.

Bei der Strahlungswechselwirkung mit atomaren und molekularen Systemen können drei Elementarvorgänge zwischen zwei Energieniveaus auftreten, die *Absorption*, die *spontane Emission* und die *induzierte Emission* (Abb. 6.58). Wir bezeichnen die Energie des oberen Niveaus mit W_2, die des unteren Niveaus mit W_1. Für alle drei Vorgänge gilt die grundlegende Beziehung

$$W_2 - W_1 = \mathrm{h}\nu .$$

Die Absorption eines Lichtquants ist möglich, wenn sich das Atom in einem Strahlungsfeld befindet, das Lichtquanten mit der Frequenz ν enthält. Es wird dann die Anregung eines Atoms auf die Energie W_2 eintreten. Die Absorption ist ein Vorgang, der statistischen Gesetzen unterliegt. Die Wahrscheinlichkeit $\ddot{U}_A$ für die Absorption eines Lichtquantes ist von der Anzahl der vorhandenen Lichtquanten abhängig, die sich im Modell der Lichtwelle durch die spektrale Energiedichte $w(\nu)$ ausdrückt (Energie pro Volumen- und Frequenzeinheit). Außerdem hängt sie von der für den speziellen Übergang charakteristischen atomaren Konstanten B_{12}, der Einsteinschen Übergangswahrscheinlichkeit, ab. Es gilt also

$$\ddot{U}_A = w(\nu)\, B_{12} .$$

Spontane Emission. Ein angeregter Zustand ist nicht stabil. Ein Atom geht i. allg. ohne äußere Einflüsse in den Zustand des Energieminimums über. Das kann in Form der spontanen Emission eines Lichtquants geschehen. Auch der spontane Übergang aus dem Niveau W_2 in das Niveau W_1 ist ein statistischer Vorgang, dessen Wahrscheinlichkeit aber nur von den speziellen atomaren Verhältnissen, d. h. von den speziellen, den Energieniveaus zugeordneten, atomaren Zuständen abhängt. Die Einsteinsche Übergangswahrscheinlichkeit

$$\ddot{U}_s = A_{21}$$

ist also konstant.

Mit der Übergangswahrscheinlichkeit hängt die *mittlere Lebensdauer des angeregten Zustandes*, die Verweilzeit T_{21}, durch

$$T_{21} = \frac{1}{A_{21}}$$

zusammen.

Es gibt atomare Zustände mit einer sehr großen Verweilzeit. In diesen *metastabilen Zuständen* kann das Atom also sehr lange verbleiben ohne Energie durch spontane Emission abzugeben.

Induzierte Emission. Der Übergang vom angeregten in den unteren Zustand kann auch durch ein äußeres Strahlungsfeld eingeleitet werden, das Lichtquanten mit der Frequenz ν enthält. Die Emission wird dann vom äußeren Strahlungsfeld induziert bzw. stimuliert. Die Übergangswahrscheinlichkeit bei induzierter Emission ist von der spektralen Energiedichte $w(\nu)$ und der Einsteinschen Übergangswahrscheinlichkeit für die induzierte Emission abhängig:

$$\ddot{U}_i = w(\nu)\, B_{21} .$$

Einsteinsche Beziehungen. EINSTEIN konnte durch Untersuchungen über das thermodynamische Gleichgewicht der Strahlung ableiten, daß zwischen den Größen A_{21}, B_{21}, B_{12} die Beziehungen

$$B_{12} = B_{21}$$

und

$$A_{21} = \frac{8\pi\, \mathrm{h}\nu^3}{c^3}\, B_{21}$$

bestehen. Mit Hilfe der Planckschen Strahlungsformel läßt sich noch angeben, daß

$$\delta = \frac{\dot{U}_i}{\dot{U}_s} = \frac{w(\nu)\,B_{21}}{A_{21}} = \frac{1}{e^{\frac{h\nu}{kT}} - 1}$$

ist.

Strenggenommen gelten die hier angegebenen Formeln für nichtentartete Zustände, d. h. für Energieniveaus, für die nur eine Zustandsfunktion existiert. Das genügt jedoch für unsere Betrachtungen.

Das Verhältnis δ wird auch als *Entartungsparameter* eines Strahlungsfeldes bezeichnet. Für $\lambda \approx 540$ nm ist bei Zimmertemperatur $\delta = 10^{-43}$; die induzierte Emission ist also gegenüber der spontanen Emission zu vernachlässigen.
Wir ziehen drei wesentliche Schlüsse:

1) Die Wahrscheinlichkeiten für die Absorption und für die induzierte Emission von Lichtquanten sind gleich.
2) Für $\delta \ll 1$ überwiegt die spontane Emission bei weitem die induzierte Emission. Das ist besonders bei hohen Frequenzen (also im optischen Bereich) und niedrigen Temperaturen der Fall.
3) Bei der induzierten Emission stimmen Richtung, Polarisation und Phase von induzierter Welle und induzierender Welle überein.

6.3.2. Intensität und Breite der Spektrallinien

Die gesamte in einer Spektrallinie vorhandene Strahlungsleistung wird auch als Intensität der Spektrallinie bezeichnet. Wenn sich die Atome bzw. Moleküle nicht gegenseitig beeinflussen, dann ist die Intensität für einen Übergang proportional der Anzahl N der Teilchen, die sich in dem Ausgangsniveau befinden, und der Photonenenergie. Es gilt also für die

Absorption: $P_A = N_1 B_{12}\, h\nu w(\nu)$,

spontane Emission: $P_s = N_2 A_{21}\, h\nu$,

induzierte Emission: $P_i = N_2 B_{21}\, h\nu w(\nu)$.

Dabei ist allerdings zu beachten, daß in Wirklichkeit die Terme der Atome eine spektrale Verbreiterung zeigen, die sich in einer spektralen Breite der Linien ausdrückt. Die Intensität folgt dann aus der Integration über die jedem Frequenzintervall zugeordnete spektrale Strahlungsleistung.
Natürliche Linienbreite. Wir haben bereits darauf hingewiesen, daß nach den Gesetzen der Quantentheorie eine Verbreiterung der Energieterme und damit der Spektrallinien vorhanden ist. Ein qualitativ richtiges Ergebnis dafür erhalten wir aber auch im Rahmen der klassischen Theorie der Lichtausstrahlung.

Wir nehmen an, daß das spontan strahlende Atom relativ zum Beobachter ruht und keinerlei äußeren Einflüssen unterliegt. Im klassischen Modell entspricht dem strahlenden Atom ein gedämpft schwingender Dipol. Aus (3.36) lesen wir für das Dipolmoment des frei schwingenden Dipols die Differentialgleichung

$$\ddot{p} + 2\beta\dot{p} + \omega_0^2 p = 0$$

ab. Für $\omega_0 \gg \beta$, was für die Lichtausstrahlung gültig ist, lautet die Lösung

$$p = p_m\, e^{-\beta t} \cos \omega_0 t.$$

Das bei $t = 0$ vorhandene Dipolmoment klingt exponentiell ab, und zwar in der Zeit

$$2\tau = \frac{1}{\beta}$$

auf den e-ten Teil. Die Größe τ hängt unmittelbar mit der Verweilzeit zusammen. Abb. 6.59a enthält die elektrische Feldstärke der ausgestrahlten Welle als Funktion der Zeit.
Die *Strahlungsleistung* ist dem Zeitmittelwert über eine Periode von p^2 proportional. Dieser beträgt wegen der langsamen Veränderlichkeit der Exponentialfunktion

$$\overline{p^2} = \tfrac{1}{2} p_m^2\, e^{-2\beta t}.$$

Für die Abnahme der Energie gilt:

$$W = W_0\, e^{-2\beta t}.$$

Mit Hilfe der Fouriertransformation ergibt sich aus dem Dipolmoment die Spektraldichte der Amplitude und daraus die spektrale Strahlungsleistung zu (Abb. 6.59a)

$$I = K \frac{1}{4\pi^2 \left(1 - \frac{\nu}{\nu_0}\right)^2 + \frac{1}{4\tau^2\nu^2}}.$$

Bei $\nu = \nu_0$ liegt das Maximum

$$I_0 = K\, 4\tau^2 \nu_0^2.$$

Aus $I/I_0 = 0{,}5$ ergibt sich das Frequenzintervall, bis zu dem die spektrale Strahlungsleistung auf den halben Maximalwert gesunken ist:

$$\nu_0 - \nu_{0,5} = \frac{1}{4\pi\tau}.$$

Es gilt also:

$$\tau\, \Delta\nu_{0,5} = \frac{1}{2\pi} = \text{const.}$$

Die allein durch *Strahlungsdämpfung* entstehende Breite der Spektrallinien wird als *natürliche Breite* bezeichnet. Das Produkt aus der Halbwertsbreite und der Abklingzeit der Energie auf den e-ten Teil ist konstant.

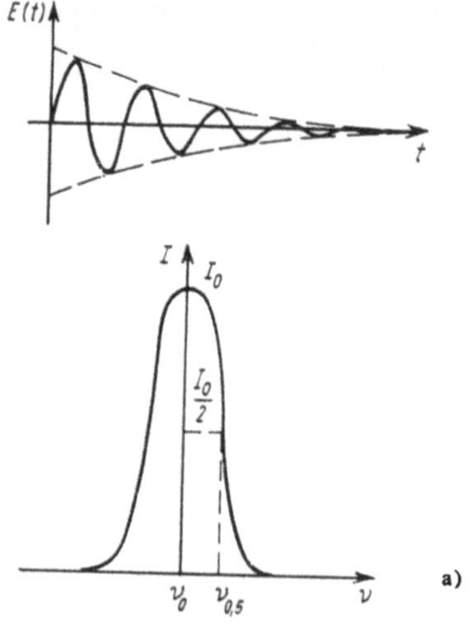

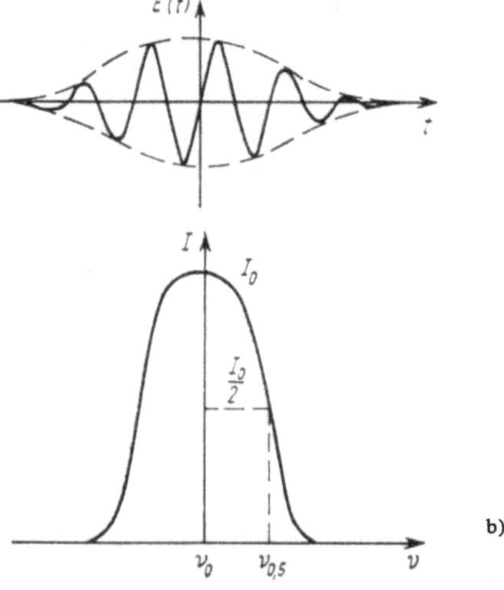

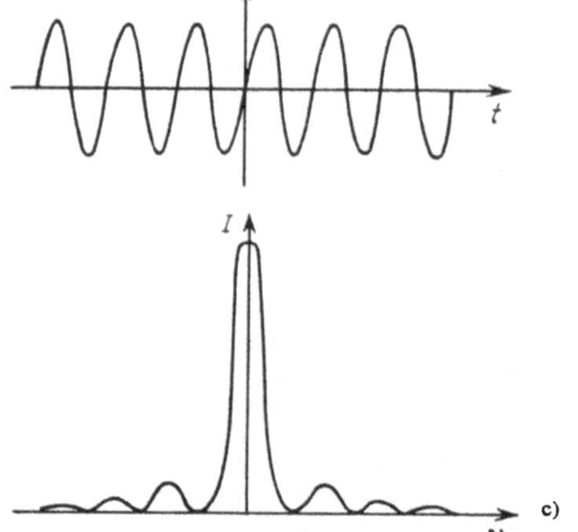

Abb. 6.59. Breite der Spektrallinien, a) Strahlungsdämpfung, b) Doppler-Verbreiterung, c) Stoßdämpfung

Für $\tau = 10^{-8}$ s ergibt sich $\Delta\nu_{0,5} \approx 0{,}5 \cdot 10^8$ Hz bzw. $\Delta\lambda_{0,5} = 4 \cdot 10^{-5}$ nm bei $\lambda_0 = 500$ nm. Diese natürliche Linienbreite ist kaum auflösbar; sie wird auch durch andere Effekte überdeckt.
Nimmt man an, daß die Zeit τ als Ausstrahlungszeit eines interferenzfähigen Wellenzuges anzusehen ist, so beträgt dessen Länge

$$L = c\tau.$$

(Bei $\tau = 10^{-8}$ s ergibt sich $L = 3$ m.) Diese Größe wäre also die bei natürlicher Breite der Spektrallinie maximale Kohärenzlänge.
Doppler-Breite. Die strahlenden Atome und Moleküle befinden sich nicht in Ruhe, sondern in ihrer thermischen Bewegung. Dadurch stellen sie Strahlungsquellen dar, die eine Relativbewegung zum Beobachter haben. Die Folge davon ist ein Doppler-Effekt. Die Maxwellsche Geschwindigkeitsverteilung und die unterschiedliche Bewegungsrichtung der strahlenden Atome bewirken eine spektrale Verbreiterung der Spektrallinien, die wir als Doppler-Breite bezeichnen.
Die Rechnung ergibt in erster Näherung, die hier ausreicht, für die spektrale Strahlungsleistung

$$I = I_0 \, e^{-\frac{Ac^2}{2RT}\left(\frac{\nu_0 - \nu}{\nu_0}\right)^2}.$$

A ist die relative Atommasse, *R* die Gaskonstante, *T* die absolute Temperatur. Die Fouriertransformierte einer Gaußfunktion ist wieder eine Gaußfunktion, so daß auch die Schwingung der ausgestrahlten Wellenzüge eine gaußförmige Amplitudenabnahme zeigen muß. Für die Halbwertsbreite, also die eigentliche Doppler-Breite, ergibt sich

$$\Delta\nu_{0,5} = \frac{2\nu_0}{c}\sqrt{\frac{2RT\ln 2}{A}}.$$

Abb. 6.59b zeigt die elektrische Feldstärke als Funktion der Zeit in einer Welle mit gaußförmiger Amplitudenverteilung und die resultierende Spektrallinie. Für die rote Cadmiumlinie ergibt sich bei $T = 573$ K die Doppler-Breite $\Delta\lambda_{0,5} = 5{,}2 \cdot 10^{-4}$ nm. Sie liegt also eine Größenordnung über der natürlichen Linienbreite.
Stoßbreite. In einem Gas sind die bewegten Atome nicht unabhängig voneinander. Es treten nach der kinetischen Gastheorie Zusammenstöße auf, deren Anzahl von der mittleren freien Weglänge der Atome, also vom Druck des Gases abhängt. Beim Stoß kann ein eingeleiteter Emissionsvorgang durch Energieabgabe an den anderen Partner verkürzt werden. Damit muß

nach unseren Erkenntnissen eine spektrale Verbreiterung der Linie verbunden sein.
Abb. 6.59c enthält den Modellfall eines abgebrochenen, sonst sinusförmigen Wellenzuges und die zugeordnete Form der Spektrallinie. In Wirklichkeit müssen wir von der natürlichen Dämpfung ausgehen, so daß der Wellenzug nach Abb. 6.59a abzubrechen wäre. Die spektrale Strahlungsleistung hat qualitativ denselben Verlauf wie bei der Strahlungsdämpfung. Für die Halbwertsbreite ergibt sich

$$\Delta\nu_{0,5} = 8\pi a^2 \varrho L \sqrt{\frac{RT}{\pi A^3}}$$

(πa^2 = Stoßquerschnitt, L = Loschmidtsche Zahl, ϱ = Dichte des Gases). Die Druckverbreiterung wird in Höchstdrucklampen zur Erzeugung eines Quasikontinuums genutzt.
Eine druckabhängige Linienverbreiterung tritt auch bereits auf, wenn die Zusammenstöße nicht den Ausstrahlungsvorgang beenden, aber die Phase der Welle sprunghaft ändern. Schließlich gibt es weitere Einflüsse auf die Breite der Spektrallinien, von denen vor allem der Stark-Effekt genannt werden muß.

6.3.3. Prinzip der Maser und Laser

Die bisher behandelten Strahlungsquellen beruhten auf der spontanen Emission. Sie senden kurze Wellenzüge mit statistisch verteilten Phasen aus. Die Länge der Wellenzüge hängt von der Verweilzeit ab und bestimmt die zeitliche Kohärenz bzw. die Kohärenzlänge. Bezüglich der räumlichen Kohärenz existieren nur sehr kleine Gebiete, für die das Licht als ausreichend partiellkohärent zu betrachten ist. Damit hängt zusammen, daß keine scharfe räumliche Bündelung der Lichtwellen vorliegt.
Völlig neuartige Strahlungsquellen konnten durch die Ausnutzung der induzierten Emission geschaffen werden. Zunächst beschränkte sich die experimentelle Realisierung auf den Mikrowellenbereich (MASER = microwave amplification by stimulatet emission of radiation). Später konnte auch der Bereich des Infrarot, des sichtbaren Gebietes und teilweise des Ultraviolett erschlossen werden (LASER = light amplification by stimulatet emission of radiation).

Der Maser wurde nahezu gleichzeitig (1954) von BASOW und PROCHOROW in der UdSSR sowie von GORDON, TOWNES und ZEIGER in den USA entwickelt. Über den ersten Laser hat MAIMAN 1960 berichtet.
BASOW, PROCHOROW und TOWNES wurde 1964 der Nobelpreis verliehen. Das allgemeine Prinzip ist beim Maser und beim Laser gleich, weshalb wir es einheitlich behandeln können. Grundlage ist die induzierte Emission, wodurch gewährleistet ist, daß die emittierten Wellenzüge mit gleicher Phase und gleicher Richtung wie die induzierende Welle entstehen. Zu ihrer effektiven Nutzung sind jedoch weitere Bedingungen zu erfüllen.

Besetzungsinversion. Gegeben sei ein atomares System mit zwei Energieniveaus W_1 und W_2. Im thermischen Gleichgewicht sind die beiden Zustände statistisch auf die einzelnen Atome verteilt. Die mittlere Besetzungszahl des oberen Niveaus sei N_2, die des unteren N_1. Die Verteilung beträgt nach der Boltzmann-Statistik

$$\frac{N_2}{N_1} = \mathrm{e}^{-\frac{\mathrm{h}\nu}{kT}}.$$

Es ist normalerweise $N_1 > N_2$, die angregten Atome sind in der Minderzahl.
Durch die Absorption von Lichtquanten mit der Energie hν werden obere Niveaus angeregt. Die Wahrscheinlichkeiten für die Absorption und die induzierte Emission im Einzelatom sind gleich. Da jedoch mehr Atome im unteren Niveau verbleiben, überwiegt die Absorption die induzierte Emission. Die durch das atomare System hindurchgehende Strahlung wird geschwächt.
Eine Verstärkung der Strahlung durch induzierte Emission setzt also voraus, daß das obere Niveau eine größere Besetzungszahl hat als das untere Niveau ($N_2 > N_1$). In diesem Falle spricht man von einer *Besetzungsinversion.* Wir werden später einige Möglichkeiten zur experimentellen Realisierung der Besetzungsinversion behandeln. Die Erzeugung mittels Lichteinstrahlung wird als *optisches Pumpen* bezeichnet. Im Prinzip ist dazu ein Termschema geeignet, bei dem ein Zwischenniveau mit besonders großer Lebensdauer aufgefüllt wird (Abb. 6.60).
Rückkoppelung durch Resonatoren. Vielfach müssen die Pumpwellen so eingestrahlt werden, daß sie – und damit auch die induzierten Wellen – über einen großen Winkelbereich verteilt sind. Dadurch tritt keine nennenswerte weitere Verstärkung der induzierten Wellen auf. Ein wesentliches Element der Maser und Laser ist deshalb der *Resonator*. Dieser besteht aus Elementen, die ein vielfaches Hin- und Herlaufen der induzierten Wellen im aktiven Stoff ermöglichen. Im einfachsten Fall wird der Resonator wie beim Fabry-Perot-Interferometer von zwei parallel zueinander stehenden Planspiegeln gebildet. Der Abstand der Spiegel beträgt ein ganzzahliges Vielfaches der halben Wellenlänge, so daß sich eine stehende Welle ausbilden kann, deren Intensität bis zu einem Sättigungswert ansteigt (Abb. 6.61a).
Die Laser-Strahlung kann aus dem Resonator ausgekoppelt werden, indem ein Spiegel geringfügig durchlässig ausgebildet wird. Es ist aber auch möglich, durch kurzzeitiges Öffnen eines optischen Schalters – in der Wirkung ähnlich wie der Verschluß einer photographischen Kamera – die Laserstrahlung auszukoppeln. Damit lassen sich kurze, hochintensive Impulse erzeugen (gütegeschalteter Laser).

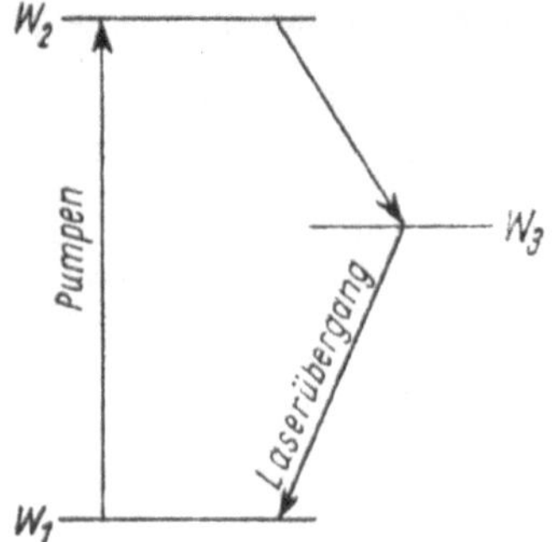

Abb. 6.60. Besetzungsinversion

An den Resonatorspiegeln wird das Licht gebeugt. Weil das gebeugte Licht seitlich aus dem Resonator heraustritt und aus dem weiteren Verstärkungsvorgang ausscheidet, spricht man von ***Beugungsverlusten***. Diese sind bei ebenen Spiegeln relativ groß und besonders bei Gaslasern störend. Deshalb sind weitere Resonatoren entwickelt worden, vor allem aus sphärischen Spiegeln. Vielfach wird der *konfokale* Resonator verwendet, bei dem die Brennpunkte der Konkavspiegel zusammenfallen (Abb. 6.61 b). Seine Beugungsverluste sind um mehrere Größenordnungen geringer als beim Resonator aus Planspiegeln.

Die einzelnen im Resonator möglichen Eigenschwingungen werden als *Moden* bezeichnet. Es gibt *axiale Moden*, bei denen die Schwingungsknoten längs der Achse des Resonators liegen und *transversale Moden*. Im sichtbaren Gebiet ist die Anzahl der axialen Moden sehr groß. Bei $\lambda = 500$ nm und der Resonatorlänge $L = 50$ mm liegt sie in der Größenordnung 10^5. Deshalb ist auch die Resonatorlänge stark bestimmend für die verstärkte Wellenlänge; sie muß im Betrieb sehr stabil eingehalten werden.
Die Moden bezeichnet man als TEM-Moden. Durch Indizes gibt man beim zylindrischen Resonator die Anzahl der kreisförmigen Knoten und der

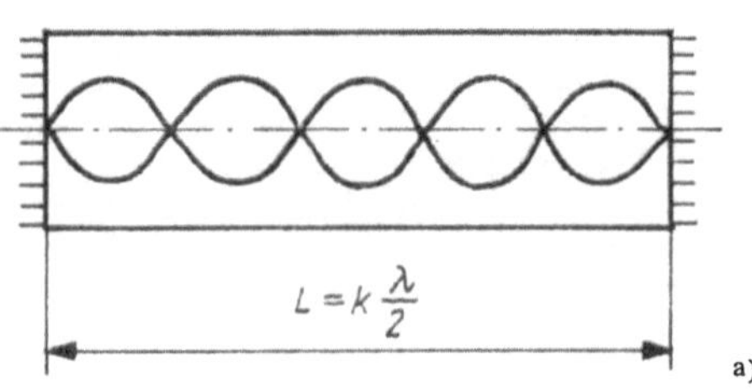

a)

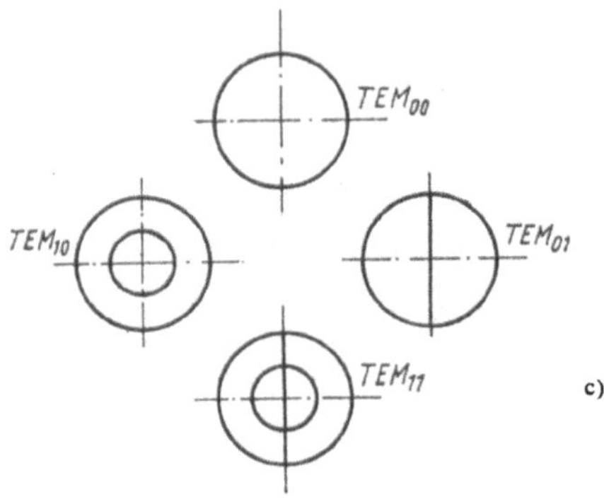

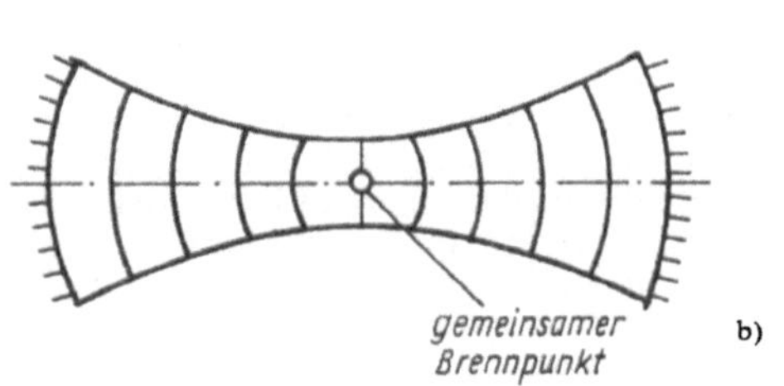

b)

c)

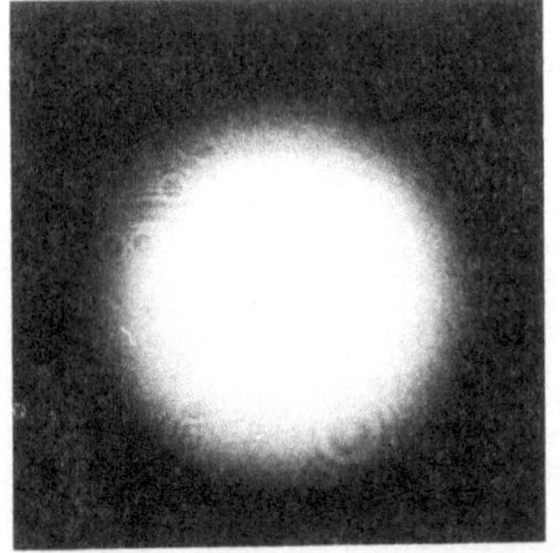

d)

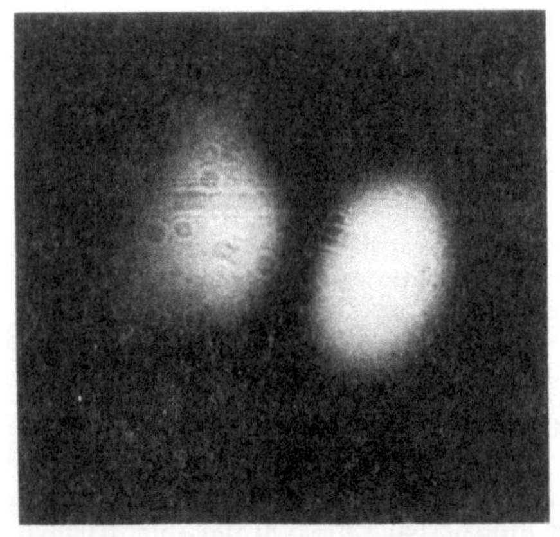

e)

Abb. 6.61. Resonator

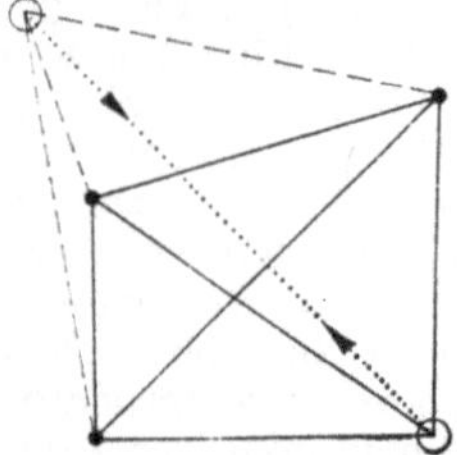

Abb. 6.62. Ammoniak-Molekül

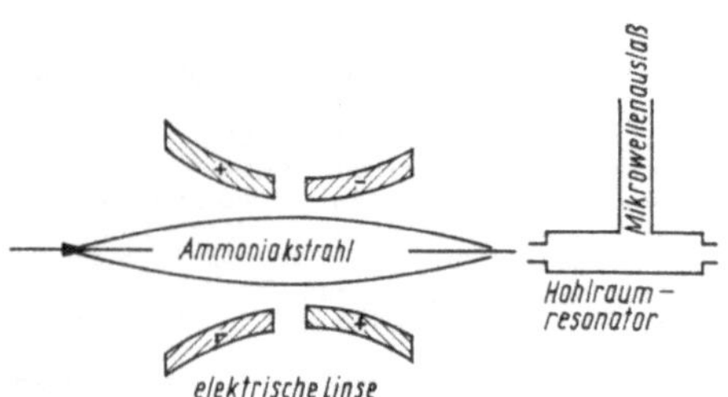

Abb. 6.63. Ammoniak-Maser

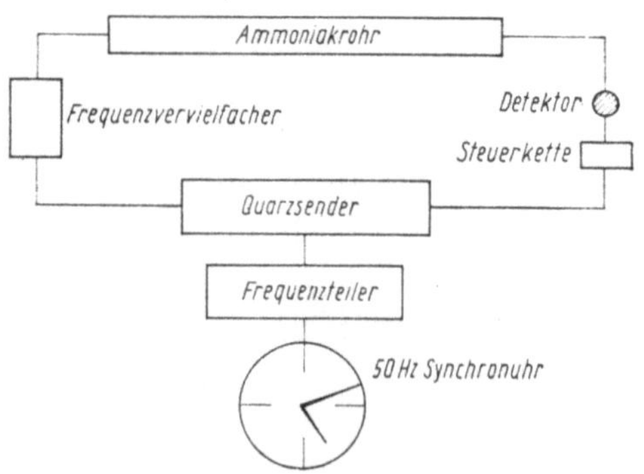

Abb. 6.64. Atomuhr

radial verlaufenden Knoten an (Abb. 6.61c). Der Laser, der in der Grundmode schwingt, hat eine gaußförmige Intensitätsverteilung über den Bündelquerschnitt hinweg (*Gaußsche Bündel*).

Der Resonator bestimmt die Linienbreite der Laserstrahlung, die innerhalb des ohne Resonator vorhandenen Linienprofils liegt (bei $\lambda = 700$ nm z. B. $\Delta\lambda \approx 10^{-3}$ nm).

6.3.4. Maser

Maser stellen die ersten Strahlungsquellen auf der Basis der induzierten Emission dar. Sie arbeiten im Mikrowellenbereich und werden besonders als rauscharme Quellen mit hoher Frequenzstabilität eingesetzt.

Die Entwicklung des Masers beinhaltete die Forderung, eine stationäre Besetzungsinversion zu erzeugen. Beim *Strahlmaser* dient dazu die räumliche Trennung der angeregten und der nichtangeregten Atome. Der erste arbeitsfähige Maser beruhte auf Ammoniak als aktiven Stoff. Das Ammoniakmolekül bildet eine flache Pyramide, bei der das Stickstoffatom zwei Gleichgewichtslagen einnehmen kann (Abb. 6.62). Der Übergang von der einen Lage zur anderen, die Inversion, führt zu einer Aufspaltung der Energiestufen für die Rotations- und Schwingungszustände des Moleküls. Die entsprechenden Linien werden in Inversionsdubletts aufgespalten. Der Übergang zwischen den beiden Energiestufen W_2 und W_1 ergibt eine sehr starke Absorptionslinie mit der Frequenz $\nu = 23870140$ Hz, das entspricht der Wellenlänge $\lambda = 1{,}25$ cm.

Im Maser müssen die Moleküle beider Energiestufen so voneinander getrennt werden, daß die Anzahl der Moleküle des oberen Niveaus die des unteren Niveaus überwiegt. Dies ist in einem inhomogenen elektrischen Feld infolge des quadratischen Stark-Effekts möglich. Wächst die elektrische Feldstärke von der Achse des Molekülstrahls aus radial linear an, dann können die Moleküle des oberen Niveaus zur Achse hin, die des unteren Niveaus von der Achse weg abgelenkt werden. Mit der Trennung ist eine Fokussierung der Molekülstrahlen des oberen Niveaus möglich (Abb. 6.63). Die Moleküle des oberen Niveaus werden auf den Eintrittsspalt des Resonators fokussiert. In diesem tritt die Wechselwirkung mit dem Strahlungsfeld ein. Ein Wechselfeld mit der Frequenz $\nu = 23{,}87$ GHz regt die invertierten Moleküle zur induzierten Emission an, so daß sie ihre Energie phasenrichtig an das äußere Feld abgeben. Es tritt die Verstärkung infolge des Maser-Effektes ein.

Im Frequenzbereich des Ammoniak-Masers spielt die spontane Emission als Rauschquelle keine Rolle. Lediglich eine geringe Anzahl an thermischen Photonen ist für das Rauschen verantwortlich. Die Maser-Strahlung hat eine geringe spektrale Breite (theoretisch etwa 10^{-2} Hz) und eine hohe Frequenzstabilität $\nu/\Delta\nu \approx 10^{12}$. Sie eignet sich deshalb zur Steuerung einer Quarzuhr (*Atomuhr*, s. Abb. 6.64, Ammoniakuhr; POUND, HERSCHBERGER, NORTON, LYONS).

Außer dem Ammoniakmaser gibt es noch andere Gasmaser und Festkörpermaser. Letztere arbeiten nach dem gleichen Prinzip wie Festkörperlaser, weshalb wir hier nicht darauf einzugehen brauchen.

6.3.5. Laser

Der Laser ist eine Lichtquelle, die auf der Grundlage der induzierten Emission strahlt. Dabei handelt es sich um eine Lichtquelle, die sich in verschiedener Hinsicht von den thermischen und

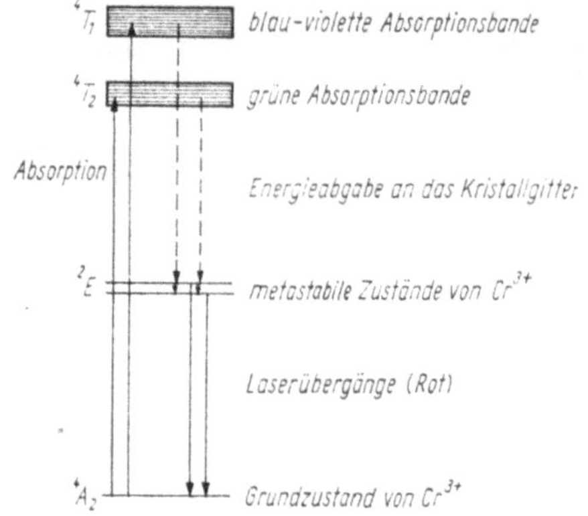

Abb. 6.65. Termschema des Rubinlasers

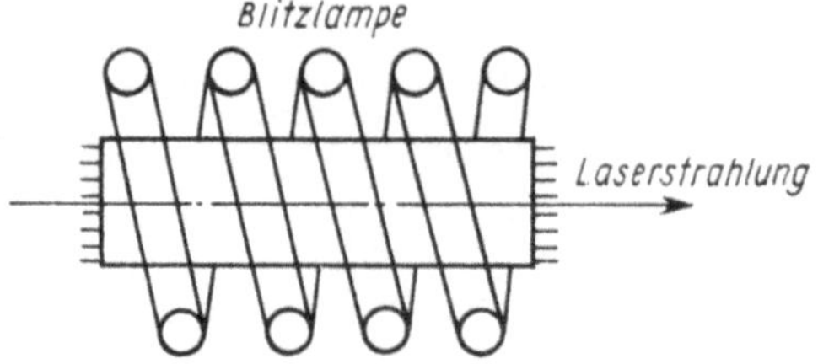

Abb. 6.66. Aufbau des Rubinlasers

anderen auf spontaner Emission beruhenden Lichtquellen unterscheidet. Die wichtigsten Eigenschaften sind:

1. Hohe zeitliche Kohärenz; es lassen sich z. B. Kohärenzlängen von 15 km und wesentlich darüber erzeugen.

2. Hohe räumliche Kohärenz, d. h. auch sehr geringe Divergenz der Laserbündel. So ist z. B. eine Divergenz von 30″ möglich, was einer Verbreiterung auf etwa 1,5 m in 10 km Entfernung bedeutet.

3. Große Intensität, besonders aber eine große spektrale Energiedichte. Diese kann z. B. 10^{15} W/(cm² nm) betragen. Mit einer Fokussierung der Laserbündel sind ohne weiteres Leistungsdichten von 10^{14} W/cm² zu erreichen; mit erhöhtem Aufwand auch 10^{16} W/cm².

4. Hohe Frequenzstabilität. Die relative Frequenzänderung beträgt bei stabilisierten Lasern nach mehreren Stunden höchstens $\Delta\nu/\nu \approx 10^{-9}$. Bei extrem stabilisierten Lasern ist $\Delta\nu/\nu \approx 10^{-12}$. Damit ist z. B. die Lichtgeschwindigkeit um zwei Zehnerpotenzen genauer meßbar als mit den im Abschn. 1.2 beschriebenen klassischen Methoden.

5. Vorwiegen des Quantenrauschens durch spontane Emission. Das thermische Rauschen hat im optischen Bereich nur eine untergeordnete Bedeutung (vgl. Abb. 6.73).

Es gibt Laser, die im Impulsbetrieb arbeiten und Laser, die kontinuierlichen Betrieb ermöglichen (Dauerstrichlaser bzw. CW-Betrieb). Es ist verständlich, daß bei Impulslasern die Erzeugung hoher Intensitäten gegenüber der Erzeugung von zeitlich kohärenten Wellen im Vordergrund steht. Man unterscheidet nach dem aktiven Stoff, in dem die Besetzungsinversion erzeugt wird, Festkörper-, Flüssigkeits-, Halbleiter- und Gaslaser.

Festkörperlaser enthalten mit Metallionen dotierte Kristalle oder Gläser. Der erste beschriebene Laser war ein Rubinlaser. An ihm wollen wir die Verhältnisse erläutern. Rubin besteht aus einem Aluminiumoxid-Kristallgitter (Al_2O_3), in das Cr^{3+}-Ionen eingelagert sind. Das interessierende Niveauschema zeigt Abb. 6.65. Im Prinzip handelt es sich um einen Drei-Niveau-Laser, bei dem aus einem Grundniveau Atome in das angeregte Niveau gepumpt werden und dieses über ein Zwischenniveau wieder abgebaut wird.

Aus dem Grundzustand $^4A_2$ des Cr^{3+} werden durch die Energie einer Blitzlampe Atome in die Absorptionsbanden $^4T_1$ und $^4T_2$ gebracht. Wegen der Bandenstruktur kann die Blitzlampe eine relativ große spektrale Breite haben. Die Wahrscheinlichkeit für die Rückkehr aus den Absorptionsbanden in den Grundzustand ist geringer als die für den strahlungslosen Übergang in die metastabilen Zustände ^2E des Cr^{3+}. Diese Niveaus haben eine große Lebensdauer, so daß bei genügend starkem Pumpen die Besetzungsinversion gegenüber dem Grundzustand erreichbar ist. Die induzierten Übergänge von ^2E nach $^4A_2$ liefern die rote Laserstrahlung (z. B. $\lambda = 694{,}3$ nm).

Die Energieabgabe an das Gitter erfordert eine Kühlung des Rubinstabes. Durch Verspiegeln der parallelen Stirnseiten des Rubins wird der Resonator gebildet (Abb. 6.66). Rubinlaser arbeiten vorwiegend im Impulsbetrieb. Weitere praktisch wichtige Festkörperlaser enthalten Neodymglas (Borsilikatglas mit Ne^{3+}-Ionen) oder Yttrium-Aluminium-Granat ($Y_3Al_5O_{12}$) mit Neodym-Ionen (YAG-Laser) u. a.

Gaslaser werden i. allg. nicht optisch, sondern durch eine Gasentladung gepumpt. Wir beschreiben das Prinzip des am häufigsten angewendeten und besonders gründlich untersuchten *Helium-Neon-Lasers*.

In einem Gasentladungsrohr befindet sich ein Gemisch aus Helium und Neon. Das Mischungsverhältnis kann z. B. 10 : 1 betragen. In Abb. 6.67 ist das Termschema dargestellt. Der He-Ne-Laser kann als Vier-Niveau-Laser angesehen werden. Dieser besteht aus einem Grundniveau, dem Pumpniveau (2 ^1S, 2 ^3S), einem Ausgangsniveau für die Lasertätigkeit (3s, 2s) und einem Zwischenniveau (3p, 2p). Dadurch, daß das Zwi-

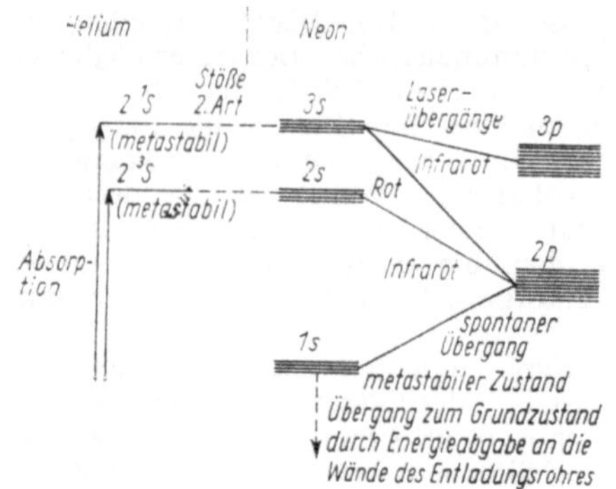

Abb. 6.67. Thermschema des Helium-Neon-Gaslasers

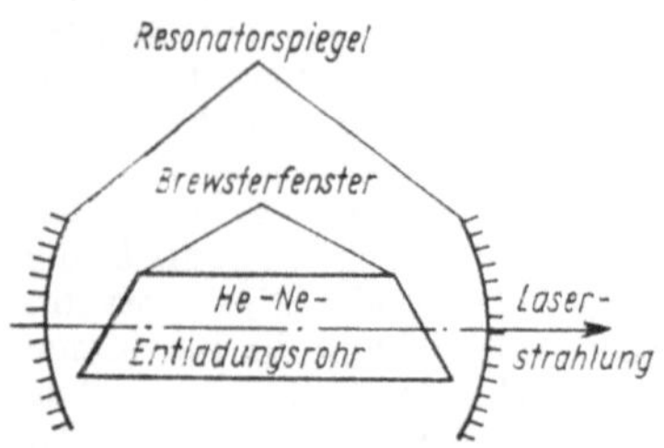

Abb. 6.68. Aufbau des Helium-Neon-Gaslasers

schenniveau eine gegenüber dem Laser-Ausgangsniveau kurze Lebensdauer hat (beim Ne etwa eine Größenordnung), wird sehr schnell eine Besetzungsinversion erreicht.

Durch die Absorption von elektrischer Energie werden die metastabilen Zustände $2\,^1S$ und $2\,^3S$ des Heliums angeregt. Diese liegen nur wenig höher als die 2s- und 3s-Niveaus des Neons, so daß die Energie leicht durch Stöße zweiter Art übertragen wird. Zwischen den 2s- und 3s-Niveaus sowie den 3p- und 2p-Niveaus entsteht die Besetzungsinversion. Der Übergang in den metastabilen Zustand 1s geht spontan vor sich. Der Grundzustand wird schließlich über Stöße mit der Wand des Entladungsrohrs erreicht.

Durch die Multiplett-Struktur der Laser-Terme ist theoretisch eine Vielzahl an Laser-Wellenlängen möglich. Diese liegen in folgenden Bereichen:

Übergang 3s – 3p: 2800 ... 4000 nm
(besonders stark 3390 nm),

Übergang 3s – 2p: 590 ... 730 nm
(besonders stark 632,8 nm),

Übergang 2s – 2p: 1100 ... 1500 nm
(besonders stark 1152,3 nm).

Der He-Ne-Gaslaser hat i. allg. einen konfokalen Resonator, so daß beim Ausblenden der Grundmode ein Gaußsches Bündel ausgestrahlt wird. Die Anordnung der Spiegel, die i. allg. aus dielektrischen Schichten bestehen, an den Enden des Gasentladungsrohrs begrenzt stark die Lebensdauer. Deshalb findet man oft Laser, bei denen die Resonatorspiegel außen liegen. Zur Erhaltung der Laser-Tätigkeit dürfen die Fenster des Entladungsrohrs höchstens Reflexionsverluste von 1% haben. Das ist nur möglich, wenn schräge Fenster so im Strahlengang stehen, daß der Einfallswinkel gleich dem Brewster-Winkel ist (3.29), (Abb. 6.68). Die senkrecht zur Einfallsebene schwingende Komponente geht ungeschwächt hindurch, die Laserstrahlung ist linear polarisiert.

Der He-Ne-Laser arbeitet im kontinuierlichen Betrieb mit Ausgangsleistungen von einigen mW im sichtbaren Gebiet. Seine zeitliche Kohärenz ist sehr gut (z. B. $\Delta\nu/\nu \approx 10^{-10}$).

Ein weiterer wichtiger Gaslaser ist der Kohlendioxid-Laser, der CO_2, N_2 und He enthält, im Infraroten arbeitet ($\lambda = 10{,}6\ \mu m$), besonders hohe Leistungen im kontinuierlichen Betrieb ermöglicht (bis zum kW-Bereich) und den höchsten Wirkungsgrad hat (bis etwa 30%).

Hohe Leistungen im sichtbaren Gebiet (etwa 1 W) auf mehreren Wellenlängen ermöglicht der Argon-Ionen-Laser (Ar^+-Laser). Die intensivste Linie liegt bei $\lambda = 488$ nm. Weiter gibt es Metalldampf-Laser, z. B. einen Cd-He-Laser.

Halbleiter-Laser. In einem Festkörper bestehen die erlaubten Energieniveaus aus Energiebändern. Das sind Bereiche mit einer Vielzahl sehr dicht beieinander liegender Niveaus. Die verschiedenen Bänder sind durch verbotene Bereiche voneinander getrennt (Bd. II). Das obere Energieband ist das Leitungsband, das darunter liegende das Valenzband. Ist das Leitungsband nicht mit Elektronen, das Valenzband aber voll besetzt, dann liegt ein Isolator vor.

Durch Dotieren des Nichtleiters mit Störatomen läßt sich ein Halbleiter herstellen. Geben die Störatome Elektronen an das Leitungsband ab (Donatoren), dann erhalten wir einen n-Halbleiter; nehmen sie Elektronen aus dem Valenzband auf (Akzeptoren), dann entsteht ein p-Halbleiter.

Die p — n-Diode besteht aus einem p- und einem n-Halbleiter, die sich an einer Fläche eng berühren. An dieser tritt ein Elektronenaustausch zwischen dem Leitungsband des n-Halbleiters und dem Valenzband des p-Halbleiters ein. Beim Stromfluß durch die Diode wächst die Austauschquote gegenüber dem thermischen Gleichgewicht entsprechend der Anzahl an zusätzlich vorhandenen Elektronen an. Die Energiedifferenz beim Übergang vom Leitungs- in das Valenzband kann in Form von Licht ausgestrahlt werden (*Lumineszenzdiode*).

Der *Injektionslaser* geht aus der Lumineszenzdiode hervor, wenn zwischen dem Leitungs- und dem Valenzband die Besetzungsinversion erzeugt wird. Dazu ist eine bestimmte Dotierung notwendig (Abb. 6.69). Der erste GaAs-Injektionslaser wurde 1962 hergestellt. Der GaAs-Laser besteht aus Gallium-Arsenit als Grundmaterial. Für die Donatoren wird Tellur, für die Akzeptoren Zink verwendet. Er strahlt bei $\lambda = 840$ nm. Der Injektionslaser wandelt unmittelbar elektrische Energie in Laser-Strahlung um, so daß sein Wirkungsgrad sehr gut ist. Die zeitliche und

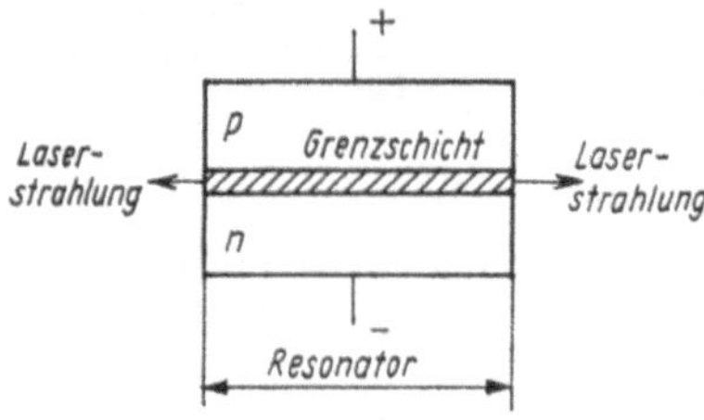

Abb. 6.69. Prinzip des Halbleiterlasers

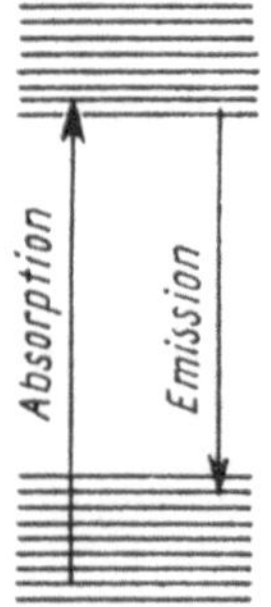

Abb. 6.70. Prinzip des Farbstofflasers

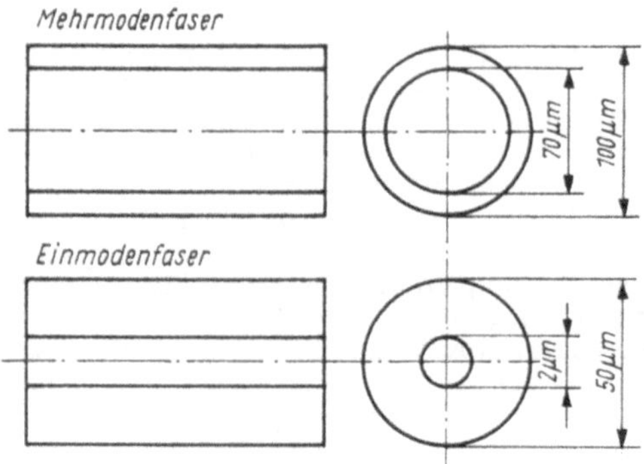

Abb. 6.71. Ein- und Mehrmodenfaser

räumliche Kohärenz sind nicht so gut ausgeprägt.

Farbstofflaser haben Bedeutung als durchstimmbare Laser erlangt, d. h. als Laser mit in relativ weiten Grenzen einstellbarer Wellenlänge. Der aktive Stoff besteht aus organischen Farbstoffen, die Moleküle aus vielen Atomgruppen enthalten. Der erste 1966 von SOROKIN und LONKORD entwickelte Farbstofflaser enthält Chloraluminiumphthalocyanin.

Auf das Elektronenschema der Farbstoffmoleküle ist eine große Anzahl an Schwingungsniveaus aufgebaut. Durch optisches Pumpen tritt die Besetzungsinversion vor allem zwischen den unteren Schwingungsniveaus des oberen Elektronenniveaus und den oberen Schwingungszuständen des unteren Elektronenniveaus ein. Bei genügend starkem Pumpen sind aber auch die anderen Niveaus an dem Vorgang beteiligt (Abb. 6.70).

Als Pumplichtquelle wird oftmals ein Rubinlaser verwendet. Ein kontinuierlich durchstimmbarer Resonator wurde von SOFFER und McFERLAND 1967 vorgeschlagen. Die Farbstoffküvette befindet sich in einem Resonator aus einem Planspiegel und einem schwenkbaren Reflexionsgitter. Dadurch wird die Wellenlänge der 1. Beugungsordnung verstärkt, die mit dem Beugungswinkel veränderlich ist.

6.3.6. Anwendungen der Laser

Wir können hier nur eine Auswahl an Laser-Anwendungen in ihren Grundzügen skizzieren bzw. andeuten. Es existiert bereits eine größere Anzahl an Spezialwerken über Laser; wir nennen z. B. [3] und die dort angegebene Literatur. Im allgemeinen wird bei den einzelnen Anwendungen eine der im Abschn. 6.3.5 genannten Eigenschaften der Laserstrahlung bevorzugt ausgenutzt. Wir gehen in der Reihenfolge zeitliche Kohärenz, hohe Intensität, räumliche Kohärenz vor.

Die zeitliche Kohärenz ist eine Voraussetzung für die Holographie (s. Abschn. 4.1.3). Die Interferometrie ist mit großen Gangunterschieden möglich. In Verbindung mit der Holographie ist die Anwendung auf rauhe Oberflächen und auf bewegte Objekte zu realisieren.

Bemerkenswert sind die Experimente zur Interferenz von Lichtbündeln, die von zwei voneinander unabhängigen Lasern ausgehen. Die Interferenzfähigkeit von Bündeln, die von zwei Lichtquellen ausgestrahlt werden, hängt vom Entartungsgrad der Wellenfelder ab. Für $\delta \ll 1$ (thermische Quellen) sind die Wellen nicht interferenzfähig, aber für $\delta \gg 1$, also für Laserbündel. RADLOFF konnte 1971 zeigen, daß auch bei sehr geringen Intensitäten das vollständige Interferenzbild auftritt, also der Wellencharakter des Lichtes nachweisbar ist.

Die optische Nachrichtenübertragung gehört zu den perspektivisch besonders aussichtsreichen Anwendungen des Lasers. Eine zeitlich kohärente Welle läßt sich modulieren und so zur Übertragung von Informationen verwenden. Für die Übertragung eines Kanals, z. B. eines Fernseh- oder Fernsprechkanals, wird eine bestimmte Bandbreite benötigt. Bei den hohen Frequenzen im optischen Bereich sind sehr viele Kanäle auf einer Trägerwelle unterzubringen. So sind z. B. ohne weiteres in der Größenordnung von 10^5 Fernseh- oder 10^8 Fernsprechkanälen mit einem Laserbündel übertragbar. Bei der Nachrichtenübertragung in der freien Atmosphäre wirkt die Streuung des Lichtes begrenzend auf die Reichweite ein. Die günstigsten Bedingungen sind im Infraroten gegeben. Vorteilhaft für die Ausbreitung ist die gute Bündelung der Laserstrahlung.

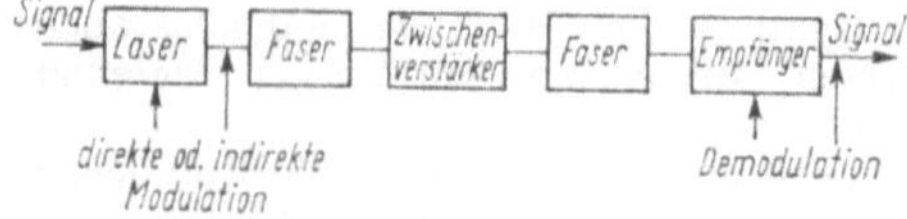

Abb. 6.72. Schema der optischen Nachrichtenübertragung

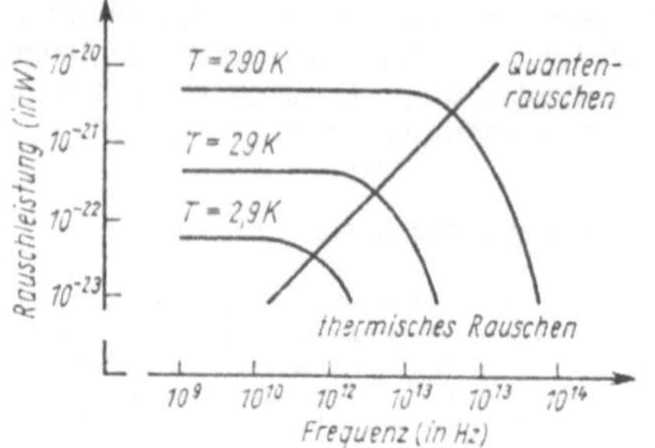

Abb. 6.73. Thermisches Rauschen und Quantenrauschen

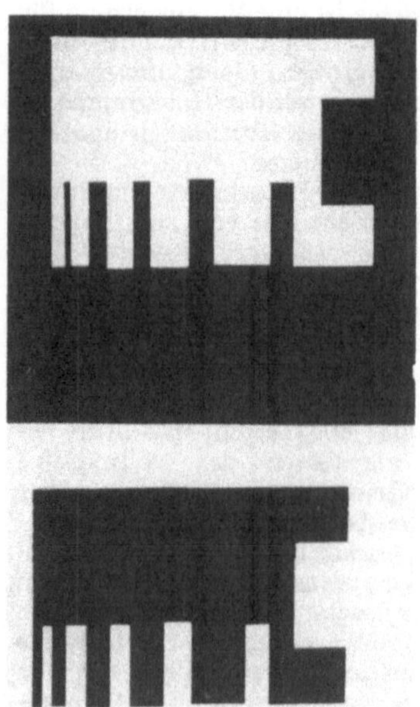

Abb. 6.74. Anwendung des Lasers zur Materialbearbeitung

Es wird angenommen, daß atmosphärische Laser-Übertragungssysteme für Entfernungen bis etwa 5 km einsatzfähig sind.

Für größere Entfernungen ist die Entwicklung von Übertragungsstrecken aus Lichtleitern zu erwarten. Vorrangige Bedeutung haben die Lichtleitkabel (Faseroptik, Abschn. 2.2.4). Zum Verständnis der „normalen" Glasfaser, bei der der Kern von einer dünnen Schicht niedrigbrechenden Stoffes überzogen ist, reicht die Kenntnis der Totalreflexion aus. Bei diesen *Mehrmoden-* oder *Multimoden*fasern (Abb. 6.71) schätzt man die übertragbare Bandbreite auf 30 MHz. Sie haben zunächst die größten Aussichten, zum Einsatz zu kommen, besonders in Form der inhomogenen Fasern. Die *Einmodefasern* (Abb. 6.71), bei denen der Kern sehr dünn ist, erlauben gegenüber der Mehrmodefaser 10^3 bis 10^4-fache Bandbreiten. Sie stellen Wellenleiter dar, deren Eigenschaften nicht geometrisch-optisch, sondern nur wellenoptisch beschreibbar sind. Die Gläser für Lichtleiter müssen sehr homogen sein und dürfen nur eine sehr geringe Absorption aufweisen (geringe Dämpfung). Trotzdem ist es nicht zu vermeiden, daß in gewissen Entfernungen Zwischenverstärker eingesetzt werden.

Die Modulation des Lichtes wird entweder außerhalb des Resonators mittels elektrooptischer Bauelemente (z. B. Kerr-Zelle) oder direkt bei der Entstehung der Laserstrahlung in Halbleiterlasern über die Veränderung des elektrischen Stromes vorgenommen. Abb. 6.72 stellt das Prinzip einer Übertragungsstrecke schematisch dar. Es ist noch zu beachten, daß bei Laserübertragungsstrecken das stark frequenzabhängige Quantenrauschen begrenzend auf die Signalerkennung einwirkt und die erforderliche Empfängerempfindlichkeit bestimmt (Abb. 6.73).

Die große Intensität der Laserstrahlung stellt die Basis für die nichtlineare Optik dar (Abschn. 3.4.6., 3.4.7). In der Biologie und in der Medizin wird sie in Verbindung mit einer guten Fokussierung zur eng begrenzten Erhitzung von Gewebeteilen genutzt (z. B. Anheften von abgelösten Netzhautteilen, Schädigung von Geschwülsten u. a.). An der Oberfläche von Werkstücken läßt sich mit einem Laserbündel eine kleine Stoffmenge verdampfen und für die spektroskopische Untersuchung bereitstellen.

Eine weitere Anwendung ist die Materialbearbeitung, bei der vor allem fokussierte Bündel von CO_2-Lasern eingesetzt werden. Es lassen sich kleine Bohrungen einbrennen. Technisch bereits in starkem Maße genutzt wird das Trennen von Werkstücken wie z. B. aus Glas, Textilstoffen und Papier. Abb. 6.74 zeigt ein Werkstück aus Federstahl, das mit einem Laser ausgeschnitten wurde.

Die räumliche Kohärenz, verbunden mit der geringen Divergenz, ist die Grundlage für meßtechnische Anwendungen. Dazu gehört die Entfernungsmessung. Wir konnten bereits darauf verweisen, daß die Entfernung Erde – Mond mit Hilfe von an Tripelspiegeln reflektierten Laserstrahlen bestimmt wurde (auch mit dem sowjetischen Mondfahrzeug LUNOCHOD auf 1 m genau). Laserstrahlen dienen auch als Hilfsmittel für Fluchtungsmessungen im Bauwesen und im Maschinenbau.

Die Fokussierung der Laserbündel auf kleinste Bereiche in der Größenordnung von 1 µm ermöglicht die Entwicklung von *optischen Speichern* mit großer Informationsdichte und geringer

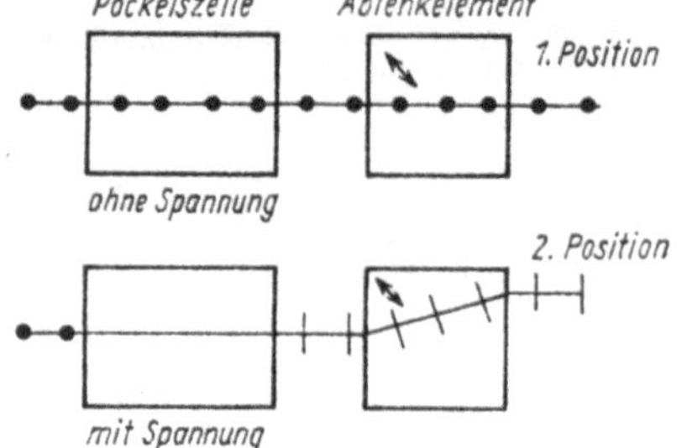

Abb. 6.75. Prinzip des optischen Speichers mit Parallelversetzung

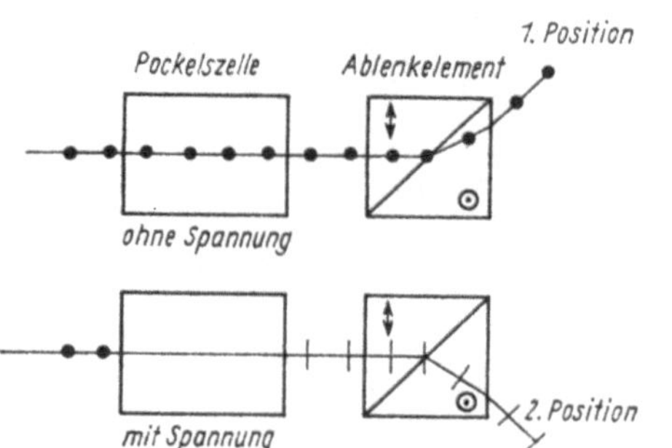

Abb. 6.76. Prinzip des optischen Speichers mit Winkelablenkung

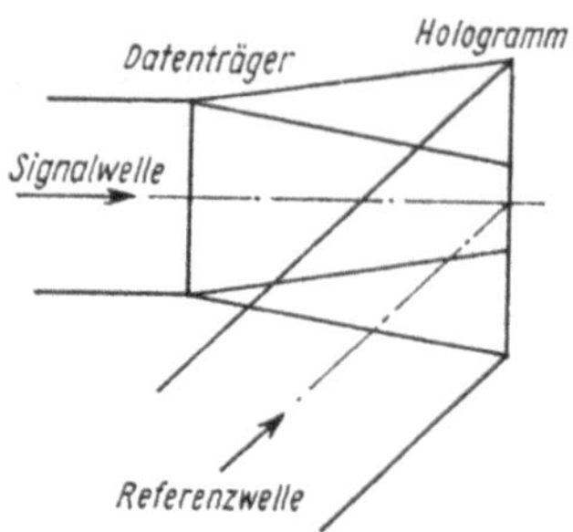

Abb. 6.77. Prinzip eines holographischen Speichers

Zugriffszeit. Das linear polarisierte Laserlicht wird mittels einer *Pockelszelle* moduliert. Diese besteht aus einem Kristall, an den ein longitudinales elektrisches Feld angelegt werden kann. Ohne Feld bleibt die Schwingungsrichtung des Lichtes erhalten; beim Anlegen des Feldes wird sie um 90° gedreht (Wirkung wie eine $\lambda/2$-Platte). Die Speicherpositionen werden entweder über Systeme aus parallelversetzenden Planparallelplatten (Abb. 6.75) oder über winkelversetzende Wollastonprismen angesteuert (Abb. 6.76). Gegenwärtig sind die optischen Speicher gegenüber anderen Speichern noch nicht konkurrenzfähig. Bisher unbefriedigend gelöst ist das Problem der löschbaren Speicher.

Bei den dargestellten Speichern muß die Datenmatrix bei der Speicherung und der Auslese genau gleich zum optischen System positioniert sein, außerdem treten leicht Fehler durch Staub, Kratzer u. a. auf. Deshalb ist man bestrebt, holographische Speicher zu entwickeln, bei denen die Information auf der gesamten Fläche des Hologramms gespeichert ist (räumlich redundante Speicherung, Abb. 6.77).

Kurze intensive Laserimpulse bis in den ps-Bereich hinein sind ein Mittel zur unmittelbaren Untersuchung oder Beeinflussung von chemischen Reaktionen im Einzelmolekül. Allgemein ist eine wesentliche Weiterentwicklung der Kurzzeitspektroskopie zu verzeichnen.

Eine Anwendung frequenzstabiler Laser ist die *hochauflösende Spektroskopie*. In einem molekularen Gas mit niedrigem Druck wird eine stehende Laserlichtwelle erzeugt. Bei Variation der Laserfrequenz über die Doppler-Breite einer molekularen Absorptionslinie hinweg erscheinen Intensitätsmaxima mit der natürlichen Linienbreite von weiteren Linien, die bei der herkömmlichen Spektroskopie nicht aufzulösen sind. Es können z. B. innerhalb der Doppler-Breite über 1000 weitere Linien mit einem Auflösungsvermögen von 10^9 getrennt werden.

Integrierte Optik. Die Einmodenfaser zur optischen Nachrichtenübertragung ist ein Beispiel für einen *Wellenleiter*. Die Optik der Wellenleiter, die wegen der Koppelungsmöglichkeit verschiedener Bauelemente auf einem gemeinsamen Träger auch als *integrierte Optik* bezeichnet wird, befindet sich gegenwärtig in der Entwicklung. Es besteht eine direkte Analogie zwischen dieser Mikrooptik und der Mikroelektronik. Die integrierte Optik ist zwar nicht unbedingt an den Einsatz des Lasers gebunden, aber dieser stellt die effektivste Strahlungsquelle dafür dar.

Ein ebener Wellenleiter besteht aus einem Substrat, auf den eine dünne lichtleitende Schicht und ein sog. Superstrat aufgebracht sind. Die Brechzahl des Lichtleiters muß kleiner sein als die Brechzahlen des Substrats und des Superstrats; seine Dicke liegt in der Größenordnung der Wellenlänge. Unter bestimmten Bedingungen kann sich parallel zu den Grenzflächen eine Welle ausbreiten, deren Amplitude zwar in der dünnen Schicht am größten ist, aber in den angrenzenden Stoffen nur allmählich abnimmt.

Innerhalb von Schichtsystemen lassen sich Halbleiterlaser und -empfänger, Lichtmodulatoren, Lichtkoppler, nichtlineare Stoffe u. a. integrieren. Damit sind eine Vielzahl von optoelektronischen und optischen Funktionen auf kleinstem Raum zu realisieren und z. B. auch logische Operationen möglich. Anwendungen der integrierten Optik werden u. a. in der Nachrichtenübertragung, in der Datenverarbeitung, in der komplexen Realisierung von Meß- und Steuerfunktionen sowie bei der Messung von Grenzflächen-Eigenschaften gesehen.

Es kann festgestellt werden, daß die Entwicklung des Lasers in vielen Teilgebieten neue Möglichkeiten eröffnet hat und neue Gebiete entstehen ließ. An der Ausarbeitung der Einzelheiten wird weiterhin umfassend gearbeitet. Das gilt auch für die Versuche, eine gesteuerte Kernfusion in Plasmen einzuleiten, die mittels Laserstrahlung auf höchste Temperaturen erhitzt werden, eine Aufgabe von außerordentlicher Tragweite.

6.4. Materiewellen

6.4.1. Prinzipien von MAUPERTUIS, HAMILTON, FERMAT

Nach dem Prinzip der virtuellen Verschiebungen (Bd. I) gilt für ein beliebiges System von Massenpunkten

$$\int_{t_0}^{t_1} dt \sum_{\nu} \left(m_\nu \frac{d^2x_\nu}{dt^2} - F_\nu\right) \delta x_\nu = 0, \qquad (6.40)$$

wobei sich das Summenzeichen auf alle Koordinaten und Punkte des Systems beziehen soll.
Ist das System konservativ, d. h., haben die wirkenden Kräfte ein Potential, so daß

$$F_\nu = -\operatorname{grad} W_{p\nu}$$

gilt, dann können wir den Integranden von (6.40) in der Form

$$\left(m_\nu \frac{d^2x_\nu}{dt^2} + \frac{\partial W_{p\nu}}{\partial x_\nu}\right) \delta x_\nu = 0 \qquad (6.41)$$

oder auch

$$m_\nu \frac{d^2x_\nu}{dt^2} \delta x_\nu = -\frac{\partial W_{p\nu}}{\partial x_\nu} \delta x_\nu = -\delta W_{p\nu}$$

schreiben. Da ferner

$$\frac{d\delta x}{dt} = \delta \frac{dx}{dt}$$

ist, ergibt sich aus (6.40) durch partielle Integration

$$\int_{t_0}^{t_1} dt \frac{d^2x}{dt^2} \delta x = \frac{dx}{dt}\Big|_{t_0}^{t_1} - \int_{t_0}^{t_1} dt \frac{dx}{dt} \frac{d\delta x}{dt}.$$

Setzen wir voraus, daß alle variierten Bahnen zu den Anfangs- und Endzeiten zusammenfallen (für $t = t_0$ und $t = t_1$), so ergibt sich schließlich

$$\int_{t_0}^{t_1} dt \frac{d^2x}{dt^2} \delta x = \frac{1}{2} \delta \int_{t_0}^{t_1} dt \left(\frac{dx}{dt}\right)^2. \qquad (6.42)$$

Da nun aber

$$\sum_{\nu} m_\nu \left(\frac{dx_\nu}{dt}\right)^2 = 2W_k$$

(W_k = kinetische Energie) und $\sum_{\nu} W_{p\nu} = W_p$ ist, folgt aus (6.41), (6.42) schließlich

$$\delta \int_{t_0}^{t_1} (W_k - W_p)\, dt = 0 \quad \text{bzw.} \quad \delta S = 0. \qquad (6.43)$$

Die Funktion S nennt man nach HAMILTON *Wirkungsfunktion.*

Somit besagt (6.43):

Unter allen möglichen, mit den äußeren Bedingungen eines mechanischen Systems verträglichen Bewegungsmöglichkeiten, die ein konservativen Kräften unterworfenes System aus einer festen Anfangs- in eine feste Endlage überführen, hat für die in der Natur wirklich eintretende Bewegung die Wirkungsfunktion einen Extremwert.

Bleibt für den Übergang zur virtuellen Bewegung der Energiesatz bestehen, so folgt aus diesem

$$\delta W_k + \delta W_p = 0.$$

Dem Hamilton-Prinzip läßt sich folgende Form geben:

$$\delta \int_{t_0}^{t_1} 2W_k\, dt = \delta \int_{t_0}^{t_1} mv^2\, dt = \delta \int_{t_0}^{t_1} mv \frac{dx}{dt}\, dt$$

$$= \delta \int_{t_0}^{t_1} mv\, ds = 0 \qquad (6.44)$$

(Prinzip der kleinsten Wirkung nach MAUPERTUIS).
Andererseits gilt für die geometrische Optik das Fermatsche Prinzip, das wir in der Eikonalgleichung (2.24) zusammenfassen konnten:

$$\delta \int n_i\, dl_i = 0$$

(dl_i = Wegelement, n_i = Brechzahl des Stoffes i). Wir werden später weitgehende Folgerungen aus diesen beiden Prinzipien ziehen.

6.4.2. de Broglie-Wellen

Vergleichen wir die Prinzipien von FERMAT und MAUPERTUIS,

$$\delta \int n_i\, dl_i = \delta \int \frac{c_0}{c_i}\, dl_i = 0 \quad \text{bzw.}$$

$$\delta \int m_i v_i\, ds_i = \delta \int p_i\, ds_i = 0$$

(c_0 = Vakuumlichtgeschwindigkeit, p_i = Impuls der Masse m_i), so können wir einerseits die Bewegung des Massenpunktes als dem Fermatschen Prinzip folgend ansehen, andererseits auch die Ausbreitung der Strahlung als in Übereinstimmung mit den mechanischen Grundgesetzen betrachten. Schreiben wir das Fermatsche Prinzip in der Form

$$\delta \int p_i\, dl_i = \delta \int \frac{h}{\lambda}\, dl_i,$$

so gibt der Vergleich

$$mv = \frac{h}{\lambda}. \qquad (6.45)$$

Wir können also den Schluß ziehen:

So wie der Strahlungsausbreitung eine Welle zugrunde liegt, kann auch jedem Masseteilchen eine Welle zugeordnet werden.

DE BROGLIE wurde durch Betrachtungen dieser Art zu der weitergehenden Annahme geführt, daß auch die Energie dieses Teilchens ebenso wie die Energie eines Photons durch die Beziehung

$$W = h\nu$$

gegeben sei.

Die Analogie zwischen den beiden grundlegenden Prinzipien der Mechanik und der geometrischen Optik hat übrigens schon HAMILTON bemerkt.

Die Wellenlänge der Materiewelle ist durch die Gleichung

$$\lambda = \frac{h}{mv} = \frac{h}{p} \tag{6.46}$$

gegeben.

Man kann dieses Ergebnis, das den herkömmlichen Denkgewohnheiten zu widersprechen schien, nach DUANE (nordamerikanischer Physiker 1872 bis 1935) auch auf einem anderen Wege erhalten: Ein Punktgitter mit der Masse M und der Gitterkonstante g (gleich dem Punktabstand) sei in gleichförmiger Bewegung in Richtung seiner Längsausdehnung mit der Geschwindigkeit v begriffen. Für einen ruhenden Beobachter hat diese Bewegung einen periodischen Charakter, und er würde ihr somit eine Frequenz n zusprechen, wobei diese durch die Gleichung

$$n = \frac{v}{g} = \frac{Mv}{Mg} = \frac{p}{Mg}$$

gegeben ist. Wäre aber für dieses Gebilde die Quantenbedingung gültig, so müßte für zwei verschiedene Geschwindigkeiten, bzw. zwei Energiestufen,

$$W_l = \frac{M}{2} u_l^2 \quad \text{und} \quad W_m = \frac{M}{2} u_m^2$$

die Gleichung

$$W_m - W_l = h\nu$$

gelten, d. h., die „Quantenfrequenz" ν ist gleich

$$\nu = \frac{W_m - W_l}{h} = \frac{p_m^2 - p_l^2}{2Mh}.$$

Nun verwischen sich bei hohen Laufzahlen l, m die Unterschiede zwischen klassischer und Quantenfrequenz. Für eine Frequenz $\nu_{m,l}$, für die $m = l + k$, $k \ll m, l$ gilt, kann man also angenähert $\nu_{l+k,l} = nk$ setzen und erhält aus

$$\nu_{l+k,l} = \frac{p_{l+k}^2 - p_l^2}{2Mh} = k\frac{p}{Mg} = k\frac{\frac{1}{2}(p_{l+k} + p_l)}{Mg}$$

$$= k\frac{p_{l+k} + p_l}{2Mg}$$

die Beziehung ($\bar{p}$ = Mittelwert des Impulses).

$$\Delta p = \bar{p}_{l+k} - \bar{p}_l = k\frac{h}{g}.$$

Wird ein Elektronenstrahl an dem Gitter reflektiert, so wird zwar die Energie eines Elektrons wegen der großen Gittermasse keine Änderung erleiden, wohl aber ändert sich der Impuls. Es gilt

$$\sin\alpha - \sin\alpha_0 = \frac{kh}{p_l g}.$$

Für eine auf das Gitter treffende Lichtwelle würde eine ganz entsprechende Beziehung gelten, nämlich

$$\sin\alpha - \sin\alpha_0 = \frac{k\lambda}{g}.$$

Das Elektron wird so gebeugt wie ein Photon mit der Wellenlänge $\lambda = h/p_l$.

Wir haben dem Photon Masse und Impuls zugeschrieben. Umgekehrt kann man nach obiger Schlußfolgerung dem bewegten Elektron, allgemeiner bewegten Teilchen, eine Materiewelle zuordnen, wobei nach den abgeleiteten Gleichungen die Beziehung

$$W_{St} = h\nu = m_{St}c^2 = p_{St}c$$

gelten muß. Für das bewegte Teilchen setzen wir

$$W = hn$$

und

$$p = \frac{W}{v} = \frac{hn}{v} = \frac{h}{\lambda}.$$

Man nennt die Größe

$$\lambda = \frac{h}{p} = \frac{v}{n} \tag{6.47}$$

die de *Broglie-Wellenlänge* des Teilchens.

Die de Broglie-Wellenlänge läßt sich z. B. für das Wasserstoffmolekül H_2 berechnen. Da sich die thermische Geschwindigkeit eines solchen Moleküls nach der kinetischen Theorie zu etwa $1{,}8 \cdot 10^5$ cm/s berechnet und seine Masse gleich $2 \cdot 1{,}6736 \cdot 10^{-24}$ g ist, folgt $\lambda = 10^{-8}$ cm (abgerundet). Die Wellenlänge stimmt demnach mit den Abmessungen des Moleküls überein. Auch für ein mit der Geschwindigkeit v bewegtes Elektron können wir die de Broglie-Wellenlänge berechnen. Nach der Gleichung

$$\frac{m}{2}v^2 = eU$$

oder

$$mv = \sqrt{2eUm}$$

gilt für die Wellenlänge des Elektrons

$$\lambda = \frac{h}{mv} = \frac{h}{\sqrt{2eUm}}.$$

Hat das Elektron die Feldstärke 1 V/cm durchlaufen, so wird seine Wellenlänge $\lambda = 1{,}226 \cdot 10^{-9}$ m.
Bei einem Feld von 300 V/cm beträgt die Wellenlänge $\lambda = 7 \cdot 10^{-9}$ cm. Dieses Ergebnis ist insofern von grundlegender Bedeutung, als die berechneten Wellenlängen mit denen von Röntgenstrahlen vergleichbar sind.
Betrachten wir ein Wasserstoffatom mit dem einen Elektron. Dessen Impuls ist gleich mv, seine de Broglie-Wellenlänge $\lambda = h/mv$. Fassen wir das Elektron als Materiewelle auf, so läuft diese im Atom um den Kern herum und kommt mit sich selbst zur Interferenz. Bei der selbstverständlichen Forderung der Eindeutigkeit (d. h., die Welle soll sich nicht selbst durch Interferenz auslöschen) kann sich die Phase der Welle höchstens um Vielfache von 2π ändern. Es gilt also (r = Radius der Kreisbahn)

$$2\pi r = n\lambda$$

oder

$$\oint \frac{ds}{\lambda} = n \quad \text{bzw.} \quad \oint h\frac{ds}{\lambda} = \oint mv\,ds = nh.$$

Bei Einführung von Polarkoordinaten gilt auch

$$\oint L_\varphi\,d\varphi = 2\pi mvr = nh.$$

Dies ist die Bohrsche Quantenbedingung (6.29), die sich damit als natürliche Folgerung der Annahme DE BROGLIES ergibt.

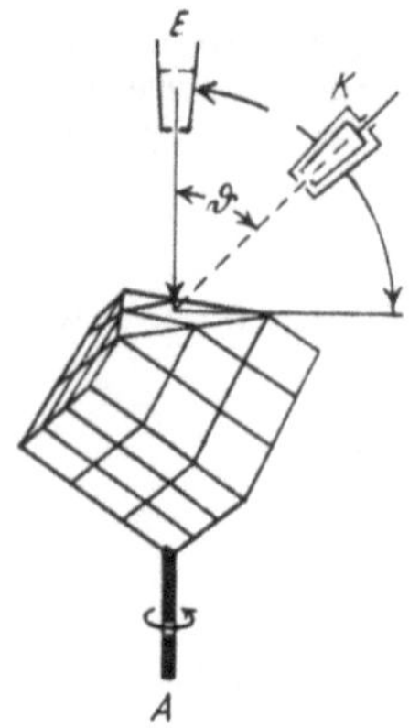

Abb. 6.78. Untersuchung der Elektronenreflexion an einer Einkristallfläche

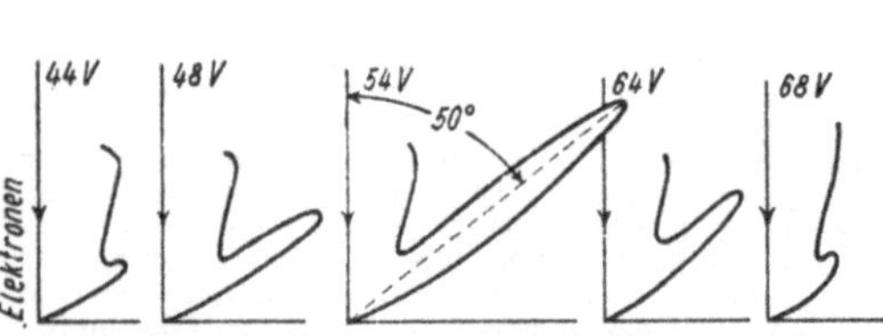

Abb. 6.79. Reflexion von Elektronen verschiedener Geschwindigkeiten an einer Einkristallfläche von Ni (Ebene 111)

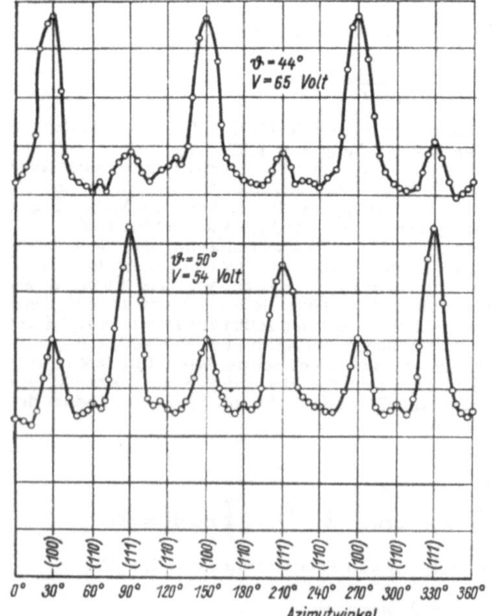

Abb. 6.80. Abhängigkeit der Streuung von Elektronen an einer Einkristallfläche von dem Azimut

Der Wellencharakter des Lichtes läßt sich durch Interferenzversuche nachweisen. Daher kann der Beweis von dem tatsächlichen Bestehen der von DE BROGLIE zunächst rein gedanklich angenommenen Materiewellen durch den Nachweis von Interferenz- oder Beugungserscheinungen erbracht werden. Die Beugung ist zuerst von DAVISSON und KUNSMAN, später von DAVISSON und GERMER nachgewiesen worden. Ihre Versuchsanordnung ist in der Abb. 6.78 dargestellt. Die durch eine Elektronenquelle *E* erzeugten und geeignet beschleunigten Elektronen werden durch Blenden begrenzt und treffen als scharfer Elektronenstrahl auf die Kristallfläche auf (in der Abb. 6.78 eine Oktaederfläche eines Nickel-Einkristalls). Die an der Fläche elastisch reflektierten Elektronen bilden keinen scharfen Strahl; ihre Verteilung hängt von dem Streuwinkel ϑ in gesetzmäßiger Weise ab. Da der Kristall um den einfallenden Strahl drehbar ist, kann man die gesamte räumliche Verteilung der Rückstrahlung ermitteln, indem man die reflektierten Elektronen in einen Faradaykäfig *K* treten läßt und den entstehenden Strom an einem Galvanometer abliest.

In der Abb. 6.79 sind die Versuchsergebnisse graphisch wiedergegeben. Besonders ist das scharfe Maximum für Elektronen bei einer Geschwindigkeit von 54 V für einen Streuwinkel von 50° auffallend.

Bei anderen Geschwindigkeiten ergeben sich andere Maximalwerte:

54 V	65 V	106 V	126 V	160 V
50°	44°	28°	28°	60°.

Nunmehr wird der Kristall um den einfallenden Strahl gedreht, d. h., man ermittelt die Abhängigkeit der Streuung vom Azimut φ. Die Versuchsergebnisse sind in der Abb. 6.80 wiedergegeben. Vor allem fällt die dreizählige Symmetrie auf, die dem Kristall eigen ist. (Die Normale der Oktaederfläche hat eine dreizählige Symmetrie, Bd. I).

Aus dem Vergleich von Laue-Diagrammen mit Röntgenstrahlen und mit Elektronenstrahlen ergibt sich:

Die Wellenlänge der Röntgenstrahlen stimmt mit der de Broglie-Wellenlänge der Elektronen überein.

Die de Broglie-Wellenlänge ist

$$\lambda = \frac{h}{m_0 v}. \tag{6.48}$$

Damit ist nachgewiesen, daß ein Elektronenstrahl ähnliche Eigenschaften aufweist wie eine elektromagnetische Welle.

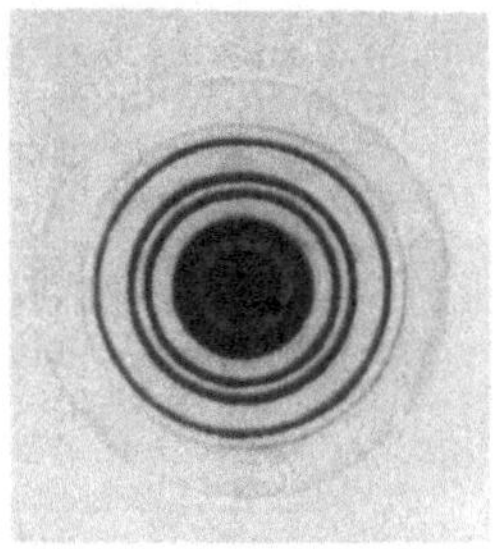

Abb. 6.81. Elektronenbeugung an Gold bei 220000 V (nat. Gr.)

Die Durchstrahlungsmethode. Man hat auch erfolgreich die Methoden von BRAGG und DEBYE-SCHERRER zum Nachweis von Interferenzen von Materiewellen angewandt. (PAUL HERMANN SCHERRER, geb. 1890, Prof. an der Eidg. Technischen Hochschule Zürich.) Man durchstrahlt entweder sehr dünnes Blattmetall (10^{-6} bis 10^{-7} cm Dicke) – dargestellt durch kathodische Zerstäubung auf Zelluloseazetat oder geeigneten Kristallen, die man durch Auflösen wieder entfernen kann – oder man bestäubt eine sehr dünne Folie mit geeignetem Pulver. Wieder wird ein scharfes Elektronenbündel um das entstehende Beugungsbild aufgenommen. Das Beugungsbild würde unverändert bleiben, wenn man Röntgenstrahlen mit der Wellenlänge $\lambda = \mathrm{h}/(m_0 v)$ verwenden würde.

Nun liegt der Einwand nahe, daß es sich bei diesen Versuchen gar nicht um Elektronenstrahlinterferenzen handele; die schnellen Elektronen könnten ja beim Aufprall auf die Metallschicht Röntgenstrahlen auslösen und diese die beobachtete Interferenz erzeugen. Dieser Einwand konnte jedoch von G. P. THOMSON widerlegt werden. (GEORGE PAGET THOMSON, geb. 1892, Sohn von J. J. THOMSON, Prof. d. Physik in London, Nobelpreis für Physik 1937.) Durch magnetische Beeinflussung läßt sich das gesamte Beugungsbild ablenken, d. h., es wird tatsächlich durch die Elektronen hervorgerufen.

Beugung an Gasstrahlen. DEBYE hat nachgewiesen, daß Röntgenstrahlen, durch einen Gasstrahl hindurchgeschossen, Beugungserscheinungen zeigen. Entsprechende Erscheinungen beobachteten MARK und WIERL beim Hindurchschießen von Elektronen durch Gasstrahlen. Aus dem Abstand der Beugungsringe läßt sich der Abstand der Atome in dem betreffenden Gasstrahl berechnen. Man erhält z. B. $3{,}14 \cdot 10^{-8}$ cm für Tetrachlorkohlenstoff.

Elektronenbeugung und Massenveränderlichkeit. Da nach der de Broglie-Gleichung

$$\lambda = \frac{\mathrm{h}}{p}$$

die Wellenlänge eines Elektrons von seiner Geschwindigkeit und seiner Masse ($p = mv$) abhängt, die Masse des Elektrons jedoch eine Funktion der Geschwindigkeit ist, läßt sich bei bekannter Geschwindigkeit die Massenveränderlichkeit durch Bestimmung der Wellenlänge prüfen. Derartige Bestimmungen sind durch genaue Ermittlung der Durchmesser von Beugungsringen an durchstrahltem Blattgold erfolgt (Abb. 6.81), wobei nach der schon benutzten Beziehung

$$n\lambda = n\lambda_R = 2d \sin\varphi$$

d mit Hilfe von Beugungserscheinungen mit Röntgenstrahlen ermittelt wurde. Auch bei mittelschnellen Elektronen konnte man die Formel für die Geschwindigkeitsabhängigkeit der Elektronenmasse bestätigen:

$$m = \frac{m_0}{\sqrt{1 - \left(\frac{v}{c}\right)^2}};$$

darüber hinaus aber auch die Plancksche Konstante h sehr genau ermitteln. Denn aus der Beziehung $\lambda = \mathrm{h}/(mv)$ folgt

$$\frac{\lambda v m_0}{\sqrt{1 - \left(\frac{v}{c}\right)^2}} = \mathrm{h}.$$

Da nun die spezifische Ladung e/m_0 des Elektrons genau bekannt ist, außerdem die Elementarladung e ebenfalls mit hoher Genauigkeit ermittelt werden konnte (Bd. II), folgt, daß man auch die Größe

$$\frac{\mathrm{h}}{e} = \frac{\lambda v}{\frac{e}{m_0}\sqrt{1 - \left(\frac{v}{c}\right)^2}}$$

sehr genau bestimmen kann (GNAN). Man erhält in der Tat eine sehr befriedigende Übereinstimmung mit anderen Präzisionsverfahren, z. B. mit dem von MILLIKAN mit Hilfe des lichtelektrischen Effekts gewonnenen Wert.

6.4.3. Elektronenoptik

Grundlagen. Es ist grundsätzlich unmöglich, über die durch die Beugung bedingte Grenze des Auflösungsvermögens des Mikroskops hinauszukommen. Jedoch ist es gelungen, mit Elektronen statt Licht eine Vergrößerung des Auflösungsvermögens zu erreichen und heute technisch weitgehend durchgebildete Elektronenmikroskope zu konstruieren.

Die Elektronenmikroskope beruhen darauf, daß die Geometrie der Bewegung eines Massenpunktes in einem aus einem Potential ableitbaren Kraftfeld (Bd. I) formal analog ist dem Verlauf der Lichtstrahlen in einem Stoff, dessen Brechzahl

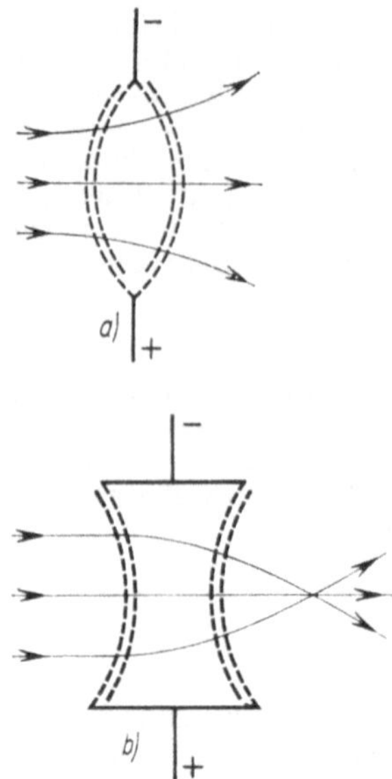

Abb. 6.82. Drahtnetze in Linsenform zur Ablenkung der Elektronenstrahlen

in bestimmter Weise räumlich veränderlich ist. Das gleiche gilt für die Bewegung eines elektrisch geladenen Teilchens in einem elektrostatischen Feld, besonders auch für die Bewegung von Elektronen. Man kann deshalb von Elektronenoptik in Analogie zur Lichtoptik sprechen.

Die Grundlagen der Elektronenoptik wurden hinsichtlich der magnetischen und elektrischen Linsen von H. BUSCH 1926/27 geschaffen. Seit 1931 setzte die praktische Entwicklung auf elektrischer Seite durch DAVISSON und CALBICK sowie BRÜCHE und JOHANNSON, auf magnetischer Seite durch KNOLL, RUSKA und Mitarbeiter ein. Die Abbildung durchstrahlter Schichten rührt von RUSKA und v. BORRIES her. Die theoretische Weiterentwicklung ist vor allem GLASER und SCHERZER zu verdanken.

Ebenso wie ein Lichtstrahl an der Grenze zwischen zwei Stoffen gebrochen wird, gilt dies auch für einen Elektronenstrahl, wenn er an eine Fläche kommt, an der sich das elektrische Feld sprunghaft ändert. Man stellt eine derartige Fläche durch zwei in kleiner Entfernung voneinander aufgestellte Drahtnetze her, zwischen denen ein endlicher Potentialunterschied durch Verbindung der beiden Netze mit den Polen einer Spannungsquelle besteht. Dann gilt ein dem optischen analoges Brechungsgesetz:

$$\frac{\sin \varepsilon}{\sin \varepsilon'} = \frac{\sqrt{U'}}{\sqrt{U}}, \qquad (6.49)$$

worin U und U' die den Geschwindigkeiten der Elektronen vor und hinter dem Doppelnetz entsprechenden Spannungen sind (Bd. II). Gibt man den Netzen sphärische Form, so kann man den optischen Linsen analoge elektrische Linsen aufbauen. Abb. 6.82 gibt dafür zwei Beispiele. In den Elektronenmikroskopen benutzt man jedoch nicht derartige Linsen, die unvollkommen sind und wegen des Durchgreifens des Feldes durch die Netzmaschen etwa optischen Linsen mit einer Oberflächenriffelung entsprächen. Als besser geeignet und herstellbar haben sich elektrische Felder erwiesen, die zwischen geeignet geformten Elektroden erzeugt werden. Der Übergang von dem einen zu dem anderen Potential erfolgt in einem größeren Raumteil stetig, und dementsprechend sind die Elektronenbahnen nicht geknickt, sondern stetig gekrümmt.

Außer elektrischen Feldern beeinflussen auch magnetische die Elektronenbahnen. Wenn sich diese Art Beeinflussung auch nicht ohne weiteres in bezug auf ihre Analogie zur Lichtoptik dem gleichen Schema wie die elektrische Optik unterwerfen läßt, so hat sie doch mit dieser zwei Eigenschaften gemein, die von grundsätzlicher und entscheidender Bedeutung für die Möglichkeit der Entwicklung einer Elektronenoptik (BUSCH 1927) sind:

1. Jedes elektrische oder magnetische Feld, das Rotationssymmetrie zu der Achse eines nicht zu breiten Bündels von Elektronenstrahlen hat, lenkt die von einem Punkt ausgehenden Bahnen gleichschneller Elektronen so ab, daß sie sich nach dem Durchlaufen des Feldes wieder angenähert in einem Punkt treffen. Dadurch wird also ein Punkt wieder angenähert in einen Punkt „abgebildet" analog der Abbildung durch Lichtstrahlen.

2. Man kann jedem Elektronenstrahl eine Materiewelle zuordnen. Ihre Wellenlänge hängt ab von der Geschwindigkeit des Elektrons nach der Beziehung

$$\lambda/\text{cm} = \sqrt{\frac{150}{U/\text{V}}} \cdot 10^{-8}, \qquad (6.50)$$

wobei im Nenner die Beschleunigungsspannung des Elektrons steht. Für hohe Beschleunigungsspannungen, d. h. für Elektronen von großer Geschwindigkeit, wird die Wellenlänge sehr klein. So ist z. B. für $U = 75$ kV $\lambda = 4{,}47 \cdot 10^{-10}$ cm, also 10^5mal kleiner als die Wellenlänge blauen Lichtes. Demgemäß stören Beugungserscheinungen erst bei der Abbildung von Objekten, die sehr viel kleiner als bei einer lichtoptischen Abbildung sein können. Dies ist der Grund, daß man elektronenoptisch ein viel größeres Auflösungsvermögen erzielen kann als lichtoptisch.

Das theoretisch zu erwartende Auflösungsvermögen kann bisher praktisch allerdings längst nicht erreicht werden. Dies liegt an der Unvollkommenheit der elektrischen und

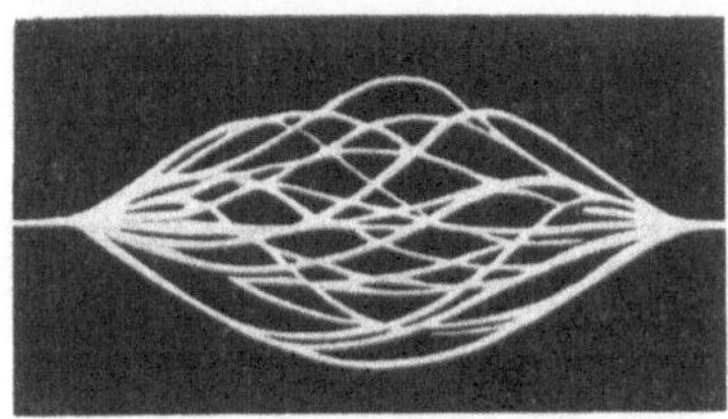

Abb. 6.83. Modell der Elektronenbahnen eines divergenten Bündels im longitudinalen Magnetfeld

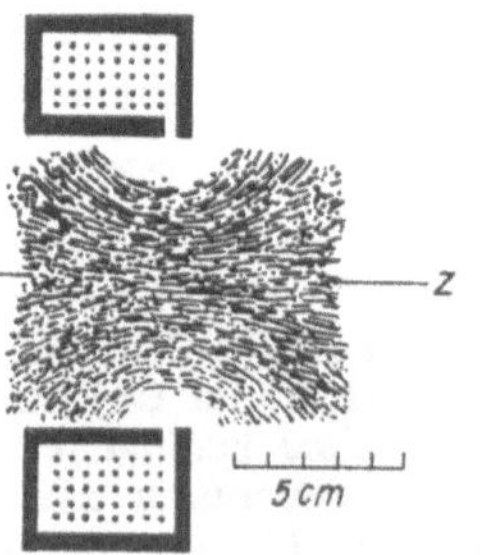

Abb. 6.84. Ausführungsform einer gekapselten magnetischen Linse nach RUSKA

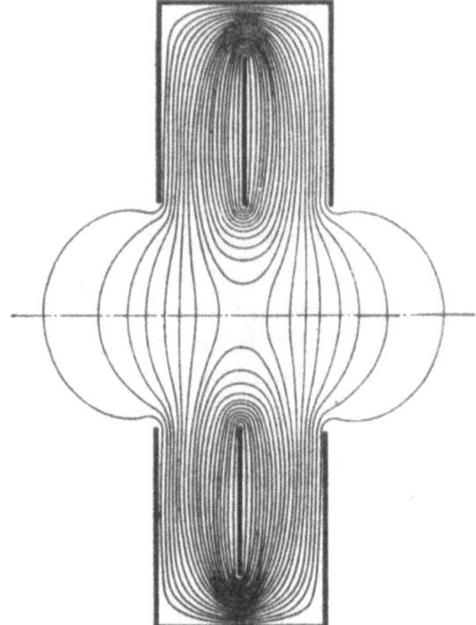

Abb. 6.85. Potentialfeld (Äquipotentiallinien) einer einfachen elektrischen Linse

magnetischen Linsen, die dazu zwingen, mit sehr kleiner Apertur zu arbeiten. Die elektronenoptischen Wellenlängen sind zwar rund 10^5mal kleiner als die lichtoptischen, die noch brauchbaren Aperturen müssen aber rund 10^3mal kleiner gewählt werden. Immerhin bleibt dann noch eine Vergrößerung des Auflösungsvermögens um einen Faktor von der Größenordnung 100.

Magnetische Linsen. Die einfachste Möglichkeit ist die Konzentration eines Elektronenstrahlbündels durch ein longitudinales Magnetfeld. Abb. 6.83 zeigt eine räumliche Darstellung der schon in Bd. II behandelten Verhältnisse. Die Elektronenbahnen gleichen einer schraubenförmig bewickelten Spindel. Um die Länge des Feldes im Vergleich zu seiner Querausdehnung zu vermindern (Annäherung an die „dünnen" Linsen der Optik), benutzt man Spulen nach Art der Abb. 6.84, in denen die Spule durch einen Eisenmantel abgekapselt ist und durch das Streufeld des Spaltes zur Wirkung kommt. Ebenso wie für eine optische Linse läßt sich auch für die „kurze" magnetische Linse, d. h. eine solche, deren Ausdehnung klein ist gegenüber dem Abstand Objekt-Bild, eine Brennweite angeben. Es ist

$$f' = 48{,}4\,\frac{U d q^2}{I^2 w^2},$$

worin U die Spannung, die die Elektronen durchlaufen haben, I der Spulenstrom, w die Windungszahl, d der Durchmesser der Spule, q ein von der Spaltform, der Polform und der Polgröße abhängiger Formfaktor bedeuten. Durch Änderung des Spulenstromes läßt sich also die Brennweite ändern.

Elektrische Linsen. Damit ein elektrisches Feld konzentrierend wirkt, müssen seine Feldlinien axialsymmetrisch zur Achse des Bündels geneigt sein, und zwar muß die Neigung um so größer sein, je größer der Abstand von der Achse ist. Das ist mit drei Lochblenden, deren äußere miteinander verbunden sind und die gegen die innere eine Spannung haben realisierbar. In der Abb. 6.85 sind wie üblich die Linien gleichen Potentials angegeben, so daß die Feldlinien senkrecht zu diesen Linsen verlaufen. Man sieht, wie mit zunehmender Entfernung von der Achse die radiale Neigung der (senkrecht zu den gezeichneten Linien zu denkenden) Feldlinien wächst. Man sieht aber auch, daß in der Mitte die Feldlinien wieder nach auswärts biegen. Eine solche Linse zeigt, unabhängig von der Vorzeichenwahl, sammelnde Eigenschaften, die als Differenzwirkung der sammelnden und zerstreuenden Kräfte zustande kommen.

Bei stark negativer Aufladung der Mittelblende können die Elektronen, wenn sie nicht genügende Geschwindigkeit haben, nicht durch die Linse hindurch, sie werden dann entsprechend der optischen Totalreflexion zurückgeworfen – Elektronenspiegel –.

Bei neueren Ausführungen sind die äußeren Blenden kegelförmig gebogen, man erhält dadurch eine Verbesserung der Abbildungseigenschaften.

Abb. 6.86 zeigt, wie in den neueren Braunschen Röhren durch Vorsetzen von Zylindern, die auf verschiedenen positiven Spannungen gegen die Kathode gehalten werden, eine scharfe Abbildung des Kathodenpunktes auf dem Leuchtschirm erzielt wird. Darunter ist die entspre-

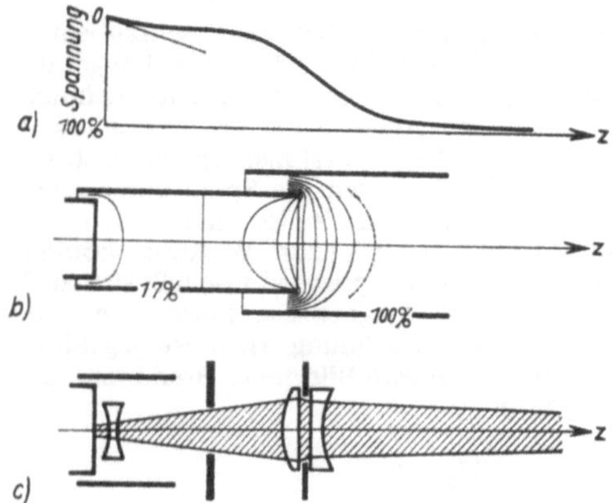

Abb. 6.86. Konzentrierung des Elektronenstrahles in einer Braunschen Röhre durch Zylinder verschiedenen Potentials
a) Spannungsverlauf auf der Achse, b) Potentialfeld, c) optisches Analogon

Abb. 6.87. Magnetisches Übermikroskop nach E. RUSKA und B. v. BORRIES (Länge des Mikroskops etwa 1 m; Spannung 80 kV)

chende Anordnung im optischen Fall gezeichnet, während oben der Spannungsverlauf auf dem Wege des Elektronenstrahls angegeben ist.

Abbildungsfehler. Wie beim optischen System treten auch hier Bildfehler auf. Der Farbabweichung entspricht eine Abweichung infolge der verschiedenen Geschwindigkeit der Elektronen. Verschieden schnelle Elektronen beschreiben etwas verschiedene Bahnen und treffen daher auf etwas andere Stellen des Schirmes, wodurch das Bild unscharf wird. Ferner treten Verzeichnung, Bildwölbung, Astigmatismus, Koma und Öffnungsfehler auf. Zu beachten ist, daß bei Magnetlinsen neuartige Fehler gegenüber der Lichtoptik auftreten, die auf der Tatsache beruhen, daß die Elektronen schraubenartige Bahnen um die optische Achse (die Richtung des Magnetfeldes) beschreiben. Man hat bereits gelernt, diese Fehler zu vermeiden, wie die Abbildungen 6.91, 6.93 zeigen.

Elektronenmikroskop.

An der Entwicklung des Elektronenmikroskopes waren V. ARDENNE, V. BORRIES, KNOLL, BOERSCH, BRÜCHE, MAHL und RUSKA maßgeblich beteiligt.

Das Auflösungsvermögen eines Lichtmikroskops ist durch die Lichtwellenlänge nach (4.18) begrenzt. Ferner ist die Ähnlichkeit des Bildes mit dem Objekt durch die Zahl der vom Objektiv aufgenommenen Beugungsmaxima bedingt. Für sichtbares Licht und Schrägbeleuchtung erhält man als Auflösungsvermögen 160 nm, durch Anwendung ultravioletten Lichtes kommt man bis zu 80 bis 100 nm.

Das Auflösungsvermögen des Elektronenmikroskops ist infolge der Abbildungsfehler begrenzt auf

$$r \approx \frac{\lambda}{2} \sqrt[4]{\frac{|f|}{\lambda}}\,.$$

r bedeutet den kleinsten noch trennbaren Abstand und f die objektseitige Brennweite des Objektivs. Der Wurzelausdruck ist bei den heutigen Elektronenmikroskopen etwa gleich 100. Das heute theoretisch erreichbare Auflösungsvermögen der üblichen Elektronenmikroskope liegt also nicht wie das des Lichtmikroskops in der Nähe der Wellenlänge, sondern bei etwa 100λ. Aber bei der Kleinheit von λ bei genügend hohen Elektronengeschwindigkeiten kann man doch Objekte von einigen Atomdurchmessern sehen.

Man ist bereits unter 10 nm in der Auflösung gelangt. Abb. 6.87 zeigt das Äußere eines magnetischen Elektronenmikroskops. Man benutzt als Strahlenquelle ein Glühkathodenrohr (Abb. 6.88), konzentriert das Kathodenstrahlbündel magnetisch auf das Objekt, bildet dieses durch eine magnetische Linse vergrößert ab und vergrößert es nochmals durch eine magnetische Linse.

Das Bild wird auf einem Leuchtschirm oder einer photographischen Platte aufgefangen. Das Objektiv hat eine Brennweite von 2,8 mm, die Projektionsspule eine solche von 1 mm. Der Druck im Mikroskop beträgt etwa 10^{-2} Pa. Man erreicht so direkt bis zu 30000fache Vergrößerung (Abb. 6.89) und kann durch weitere optische Vergrößerung, die hier noch möglich ist,

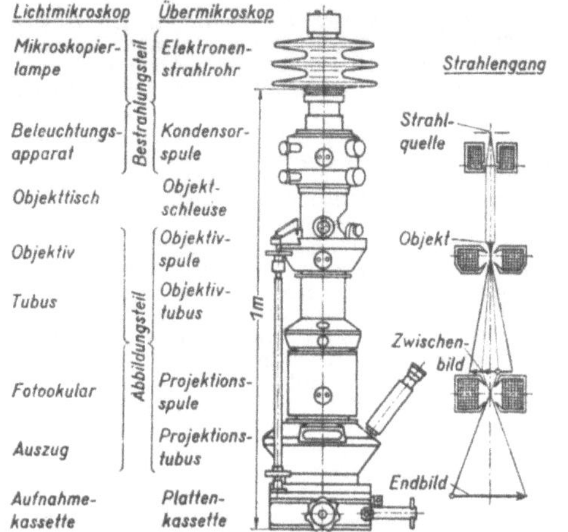

Abb. 6.88. Schematischer Vergleich zwischen Lichtmikroskop und Elektronenmikroskop

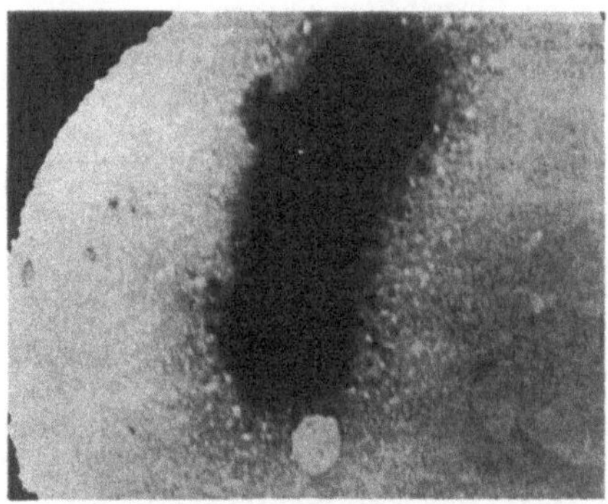

Abb. 6.89. Elektronenoptische Aufnahme von Staphylococcus aureus mit dem magnetischen Übermikroskop (RUSKA und V. BORRIES). 4/5 der natürlichen Größe der direkten elektronenoptischen Aufnahme. Spannung: 80000 V. Vergrößerung: 20400fach

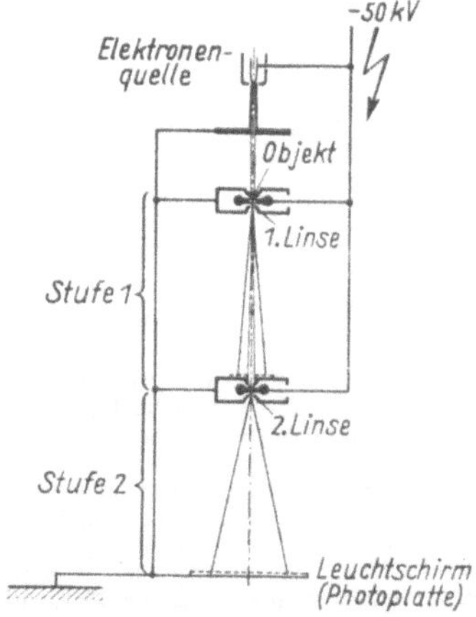

Abb. 6.90. Elektrostatisches Übermikroskop von MAHL

noch stärkere Vergrößerungen erhalten und nicht, wie beim Lichtmikroskop eine „leere" Vergrößerung, da das Auflösungsvermögen bei weitem noch nicht erreicht ist.

Abb. 6.90 zeigt die Ausführungsform eines Elektronenmikroskops mit elektrostatischen Linsen. Die erste Linse erzeugt ein reelles Bild von etwa 60facher Vergrößerung. Ein Teil dieses Bildes wird durch die zweite Linse mit einer 5000fachen Endvergrößerung auf die Platte abgebildet. Die elektrischen Linsen haben den Vorteil, daß ihre Brennweite nur vom Verhältnis Linsenspannung: Strahlspannung abhängig ist, so daß die Anforderungen an die Konstanz der Hochspannung kleiner sind als bei dem magnetischen Mikroskop, doch war die technische Entwicklung geeigneter Linsen schwieriger. Abb. 6.91 zeigt eine Aufnahme mit dem beschriebenen Gerät. Das Elektronenmikroskop spricht, abweichend vom Lichtmikroskop, auf Massenunterschiede im abgebildeten Objekt an. Das Bild zeigt andere Eigenschaften des Objektes als im Lichtmikroskop. Von den Punkten größerer Massendichte (= durchstrahlte Dicke × Dichte) werden die nahezu parallel auffallenden Elektronenstrahlen in einen größeren Winkelraum gestreut. Es kommen wegen der kleinen Apertur weniger Elektronen in das Objektiv, und der entsprechende Bildpunkt auf der Platte wird weniger bestrahlt als der einem durchlässigeren Objektpunkt zugeordnete Bildpunkt.

Ein weiterer Vorteil des elektronenmikroskopischen Bildes gegenüber dem mikroskopischen ist eine etwa tausendmal größere Schärfentiefe infolge der kleinen Eingangsapertur. Man hat durch zwei Aufnahmen unter Schwenkung des Objekts oder der Linsen auch stereoskopische Aufnahmen erzielt (V. ARDENNE).

Bildwandler. Eine weitere wichtige Anwendung findet die Abbildung durch Elektronenstrahlen bei der Umwandlung von unsichtbarem in sichtbares Licht. Während die Umwandlung kurzwelligen Lichtes in langwelliges Licht (z. B. Ultraviolett in sichtbares Licht) mit Fluoreszenz unmittelbar möglich ist, kann man nicht langwelliges Licht in kurzwelliges, z. B. infrarotes in sichtbares, verwandeln.

Eine Möglichkeit, langwelliges Licht als Schatten abzubilden, bietet die Auslöschung der Phosphore.

Hier kann der in Abb. 6.92 angegebene Weg beschritten werden. Das Objekt wird mit Hilfe der unsichtbaren Strahlung auf optischem Weg auf eine für diese Strahlung empfindliche Schicht abgebildet, die unter deren Einwirkung Photoelektronen aussendet. Die nach der Rückseite ausgesandten lichtelektrischen Elektronen – die Schicht muß sehr dünn und durchsichtig sein – werden beschleunigt und elektronenoptisch auf einem Leuchtschirm abgebildet, wo sie ein sichtbares Bild erzeugen.

Abb. 6.93 zeigt ein solches Bild. Auf die Bedeutung der Elektronenoptik für das Fernsehen kann hier nur hingewiesen werden.

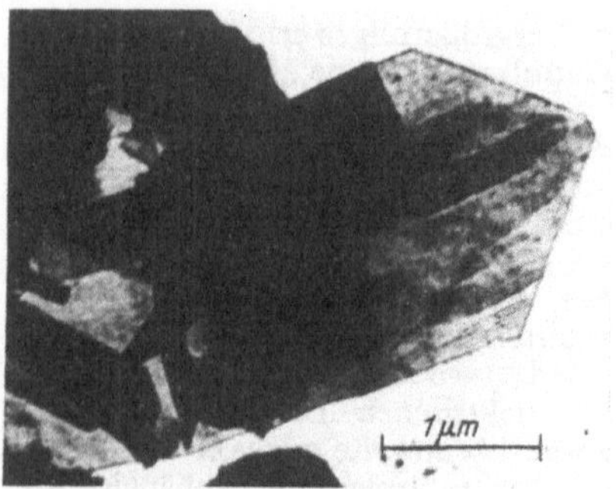

Abb. 6.91. Kristallblättchen von chemisch gefälltem Magnesium-Oxid (elektrostatische Vergrößerung 15000 : 1)

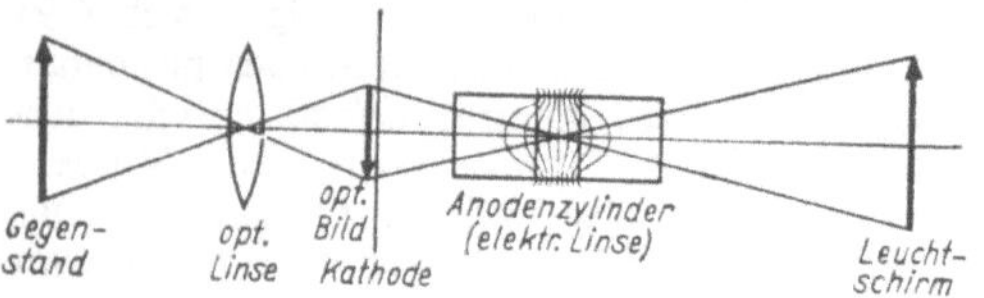

Abb. 6.92. Schema der elektronenoptischen Bildumwandlung

Abb. 6.93. Ultrarote Fernbeobachtung bei Tageslicht (nach SCHAFFERNICHT)

6.4.4. Schrödinger-Gleichung

Die wesentlichen Erfolge des Bohr-Sommerfeldschen-Atommodells sind:

1. Das Bohrsche Atommodell vermag selbst in einfachster Form – Kreisbahnen der Elektronen um den ruhenden Kern – Rechenschaft abzulegen über die Entstehung der Linienspektren.
2. Bei Berücksichtigung der Mitbewegung des Kerns stimmen Erfahrung und Theorie mit überraschender Genauigkeit überein (Rydberg-Konstante).
3. Bei Einführung von Kepler-Ellipsen (SOMMERFELD) vermag das Modell auch die Feinstruktur in großen Zügen zu erklären.
4. Ebenso vermag das Modell den normalen Zeeman- und den Stark-Effekt zu deuten.
5. Durch Einführung des Elektronenspins lassen sich die bis dahin noch bestehenden Unstimmigkeiten zwischen Theorie und Erfahrung bei der Feinstruktur der wasserstoffähnlichen Spektren und beim normalen Zeeman-Effekt, zu dem der Dublettcharakter der Alkalilinien und darüber hinaus die Multiplettstruktur der übrigen Spektren deuten.
6. Auch über die Entstehung und den Feinbau der Röntgenspektren gibt das Modell gewisse Auskunft.
7. Die Molekülspektren, die Bandenspektren mit ihrer geradezu verwirrenden Vielzahl von Linien, können zum Teil ebenfalls durch das Modell gedeutet werden.
8. Sodann vermag die Bohrsche Theorie das chemische und magnetische Verhalten der Atome zu erklären.
9. Die Versuche von STERN-GERLACH und EINSTEIN-DE HAAS über die magnetische Quantelung können durch das Modell ebenfalls in Übereinstimmung mit der Erfahrung gedeutet werden.
10. Endlich vermochte die Bohrsche Theorie – und dies bildet einen ihrer größten Triumphe – eine Erklärung der Anordnung der Elemente im Periodensystem zu geben, wenn hierbei als unabhängige Zusatzannahme das *Pauli-Prinzip* hinzugenommen wird.

Diese großen Erfolge wurden in wenigen Jahrzehnten erarbeitet. Trotzdem muß man aber bei vorurteilsfreier Prüfung anerkennen, daß das Bohrsche Atommodell nicht den wahren Sachverhalt in allen Einzelheiten wiedergeben kann, d. h., die Bohrsche Theorie versagt in mehreren Fällen:

1. Die Modellvorstellungen mit den erlaubten und verbotenen Bahnen sind undurchsichtig und unbefriedigend und entbehren jeder theoretischen Grundlage.
2. Die Auswahlregeln können nur durch Zusatzannahmen dem Modell gewissermaßen aufgezwungen bzw. mit Hilfe des Korrespondenzprinzips erraten werden.
3. Der Mechanismus der Strahlung bleibt vollkommen unerklärt, ganz abgesehen davon, daß die Bohrsche Theorie nichts über die Phase, die Amplitude und den Polarisationszustand der Strahlung auszusagen vermag.

Hinzu kommen noch innere Widersprüche des Modells:

4. Nach dem Modell muß k die Quantenzahl des Bahnimpulses sein. Nach der Erfahrung muß man jedoch $l = k - 1$ für den Bahnimpuls setzen. Das bedeutet u. a., daß auch Pendelbahnen zulässig sind, d. h. Bahnen, bei denen das Elektron durch den Kern hindurchtauchen müßte.
5. Für den Spin des Elektrons führt die Modellvorstellung zu physikalischen Unmöglichkeiten. Fassen wir das Elektron als eine mit der Winkelgeschwindigkeit ω rotierende Kugel auf, so ist der Drehimpuls gegeben durch

$$L_e = \frac{1}{2}\frac{h}{2\pi} = I\omega = \frac{2}{5}\,m_0 r_0{}^2\omega = \frac{2}{5}\,m_0 r_0{}^2\left(\frac{v}{r_0}\right),$$

und die Geschwindigkeit eines Äquatorpunktes wird

$$v = \frac{1}{2}\,\frac{h}{2\pi}\,\frac{5}{2m_0 r_0} = \frac{5h}{8\pi m_0 r_0}$$
$$\approx 500 \cdot 10^{10}\ \mathrm{cm\,s^{-1}} > 150c,$$

d. h. mehr als das 170fache der kritischen Geschwindigkeit c, ein Ergebnis, das mit den Folgerungen der Relativitätstheorie und allen Erfahrungen im krassen Widerspruch steht.
6. Bei Bandenspektren, bei der Wasserstoff-Feinstruktur, bei der magnetischen Linienaufspaltung u. a. gelangt man dadurch zur Übereinstimmung mit der Erfahrung, daß man z. B. für das Quadrat des Gesamtimpulses j^2 den Ausdruck $j(j+1)$ setzt. Hierfür vermag aber die Theorie gar keine Begründung zu geben.

7. Endlich versagt die Bohrsche Theorie vollkommen bei Mehr-Elektronen-Systemen. Während das Wasserstoffatom aus 2 Körpern, dem Proton mit einem umlaufenden Elektron, besteht, haben wir beim Heliumatom einen Kern und zwei Elektronen, d. h., die genaue Durchrechnung dieses Modells führt zum Dreikörperproblem, das in diesem Falle näherungsweise lösbar ist. Die Berechnung führt aber zu falschen Werten der Ionisationsspannung, und zwar gleichgültig, ob ein ebenes oder räumliches Modell zugrunde gelegt wird.

Aus allen diesen Gründen mußten die Bohrsche Theorie und das Bohrsche Modell aufgegeben werden und etwas Neues an die Stelle dieser älteren Quantentheorie treten. Diese neuere Entwicklung ist mit den Namen DE BROGLIE, HEISENBERG und SCHRÖDINGER verknüpft und gipfelt in der Entwicklung der Quanten- oder Wellenmechanik.

WERNER HEISENBERG, 1901 bis 1976, 1927 bis 1941 Professor an der Universität Leipzig, 1941 bis 1946 an der Universität Berlin und zugleich Direktor des Kaiser-Wilhelm-Instituts für Physik, dann ab 1946 Professor an der Universität Göttingen und Direktor des Max-Planck-Instituts für Physik, später in München; Nobelpreis für Physik 1932.
ERWIN SCHRÖDINGER, 1887 bis 1961, Professor in Stuttgart, Breslau, Zürich und Berlin, lebte seit 1938 in Dublin, zuletzt in Wien, erhielt 1933 den Nobelpreis für Physik.

Die Schrödinger-Gleichung. Breitet sich eine Größe S mit der Geschwindigkeit v wellenförmig aus, so läßt sich dieser Vorgang durch die Wellengleichung

$$\frac{\partial^2 S}{\partial t^2} = v^2 \, \Delta S$$

darstellen (Bd. I). Setzen wir

$$S = \psi \sin 2\pi \nu t,$$

wobei ψ die Amplitudenfunktion genannt wird, so werden

$$\frac{\partial S}{\partial t} = \psi \, 2\pi\nu \cos 2\pi\nu t,$$

$$\frac{\partial^2 S}{\partial t^2} = -\psi \, 4\pi^2\nu^2 \sin 2\pi\nu t.$$

Ferner wird z. B.

$$\frac{\partial^2 S}{\partial x^2} = \frac{\partial^2 \psi}{\partial x^2} \sin 2\pi\nu t.$$

Die Wellengleichung nimmt die Gestalt

$$v^2 \, \Delta\psi \sin 2\pi\nu t = -4\pi^2\nu^2 \sin 2\pi\nu t$$

oder

$$\Delta\psi + \frac{4\pi^2\nu^2}{v^2} \psi = 0$$

an. Da

$$m v_m = \frac{\mathrm{h}}{\lambda} = \frac{\mathrm{h}\nu}{v}$$

und

$$m v_m^2 = 2 W_k = 2(W - W_p)$$

gilt (v_m Geschwindigkeit der Masse m, W_k = kinetische, W_p = potentielle, W = Gesamtenergie), so erhält man

$$\Delta\psi + \frac{8\pi^2 m}{\mathrm{h}^2}(W - W_p)\,\psi = 0. \qquad (6.51)$$

(6.51) ist die *zeitunabhängige Schrödinger-Gleichung.* Sie bildet die Grundlage der Wellenmechanik. Sie muß angewendet werden, wenn die Abmessungen der Körper mit ihrer de Broglie-Wellenlänge größenordnungsmäßig übereinstimmen. So wie die geometrische Optik eine Näherung der Wellenoptik darstellt, die versagt, wenn die Körperabmessungen mit der Wellenlänge des Lichtes vergleichbar werden (Beugung, Interferenz), ebenso, folgerte SCHRÖDINGER, stellt die klassische Mechanik nur eine Näherung einer allgemeineren, umfassenderen und ausnahmslos gültigen Mechanik, der Wellenmechanik, dar, die bei sehr kleiner de Broglie-Wellenlänge in die klassische Mechanik übergeht, jedoch angewandt werden muß, wenn Körperabmessungen und de Broglie-Wellenlängen in derselben Größenordnung liegen.
Es haben ja auch nur geometrische Optik und klassische Mechanik die dargestellten gemeinsamen Züge, nicht aber Wellenoptik und klassische Mechanik.

Die Wellenlänge von Protonen, Wasserstoffmolekülen und Elektronen liegt in der Größenordnung der Wellenlänge von Röntgenstrahlen. Dagegen ist die de Broglie-Wellenlänge makroskopischer Körper außerordentlich klein; z. B. hat die bewegte Erdkugel die Wellenlänge

$$\lambda_{\text{Erde}} = \frac{\mathrm{h}}{m v_m} = \frac{6{,}625 \cdot 10^{-27}}{6 \cdot 10^{27} \cdot 3 \cdot 10^{6}} = 0{,}3 \cdot 10^{-60}\ \text{cm}.$$

Hier verliert also die Materiewelle ihre Bedeutung.
Die Herleitung der Schrödinger-Gleichung stellt eine Ähnlichkeitsbetrachtung dar. Die Berechtigung für dieses Verfahren kann nur aus der Erfahrung erschlossen werden, d. h., man muß die Leistungsfähigkeit prüfen und untersuchen, ob die mit der Wellengleichung erhaltenen Ergebnisse mit der Erfahrung übereinstimmen. Weiterhin wäre zu untersuchen, welche physikalische Bedeutung die in der Gleichung auftretende Größe ψ hat. Wir werden später diese Fragen klären, zunächst aber die Leistungsfähigkeit der Schrödinger-Gleichung in einigen einfachen Beispielen prüfen.
Die Einführung einer neuen Mechanik wäre überflüssig, falls die klassische Mechanik alle Bewegungsvorgänge mit vollkommener Genauigkeit beschreiben könnte. Dies ist aber durchaus nicht der Fall, wovon uns bereits das Bohrsche Atommodell eine Vorstellung geben konnte. Denn bei diesem erscheinen einige Energiewerte besonders ausgezeichnet – eben die, welche den Bohrschen Bahnen entsprechen –, und eine derartige Auszeichnung einzelner Energiewerte ist für die klassische Theorie vollkommen unerklärlich. So wie nun die Wellenoptik die geometrische als Grenzfall enthält, so soll nach der Auffassung von SCHRÖDINGER die neue Wellenmechanik als Erweiterung der alten klassischen diese als Sonderfall mit einschließen.

Die Schrödinger-Gleichung hat die Eigenart, daß i. allg., falls $W - W_p > 0$, für alle Energiewerte

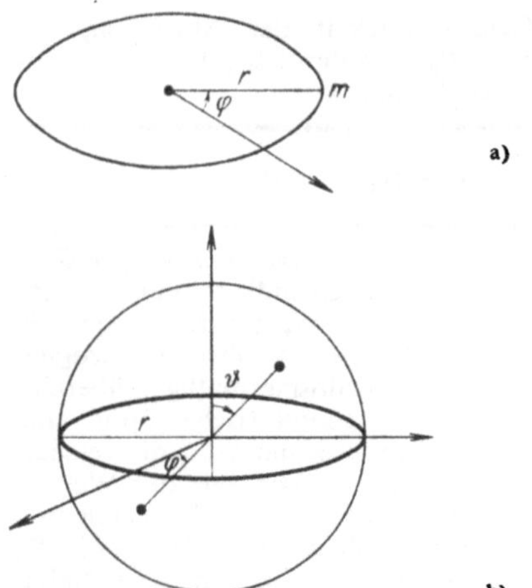

Abb. 6.94. Rotator mit a) fester Achse, b) freier Achse

endliche und stetige Lösungen vorhanden sind, daß aber bei negativen Werten von $W - W_p$ nur ganz bestimmten Werten der Energie, den Eigenwerten, endliche Lösungen entsprechen. Die diesen Werten entsprechenden ψ-Funktionen nennt man die Eigenfunktionen.

Um die Anwendung der Schrödinger-Gleichung zu erläutern, betrachten wir im folgenden einfache Beispiele:

Kräftefreier Massenpunkt. Die Schrödinger-Gleichung lautet (da $W_p = 0$)

$$\Delta\psi + \frac{8\pi^2 mW}{h^2}\psi = 0. \tag{6.52}$$

Gl. (6.52) ist von der Form

$$\frac{\partial^2\psi}{\partial x^2} + \frac{\partial^2\psi}{\partial y^2} + \frac{\partial^2\psi}{\partial z^2} +$$
$$4\pi^2\psi_x\psi_y\psi_z(C_x^2 + C_y^2 + C_z^2) = 0,$$

wenn man

$$\psi = \psi_x(x)\,\psi_y(y)\,\psi_z(z)$$

und

$$\frac{8\pi^2 m}{h^2} W = 4\pi^2(C_x^2 + C_y^2 + C_z^2)$$

setzt. Daher läßt sich (6.52) durch Trennung der Variablen lösen. Für jede Koordinate gilt

$$\frac{\partial^2\psi_x}{\partial x^2} + 4\pi^2 C_x^2\psi_x = 0.$$

Diese wird durch die Funktion

$$\psi_x = e^{2\pi j C_x x}$$

gelöst. Die vollständige Lösung von (6.52) lautet

$$\psi = e^{2\pi j(C_x x + C_y y + C_z z)}. \tag{6.53}$$

(6.52) ist also für jeden Wert von C, d. h. von W, lösbar. Ein kräftefrei bewegter Massenpunkt ist bezüglich seiner freien Translationsbewegung keiner Quantenbedingung unterworfen.

Rotator mit fester Achse. Auch hier wird $W_p = 0$. Das Gebilde wird dargestellt durch einen in einer Ebene um ein festes Zentrum in einer Kreisbahn umlaufenden Massenpunkt m (Abb. 6.94a). Die Umrechnung auf ebene Polarkoordinaten ergibt unter Berücksichtigung, daß r konstant ist und nicht von φ abhängt,

$$\Delta\psi = \frac{1}{r^2}\frac{\partial^2\psi}{\partial\varphi^2},$$

so daß wir die Schrödinger-Gleichung in der Form

$$\frac{\partial^2\psi}{\partial\varphi^2} + \frac{8\pi^2 mr^2 W}{h^2}\psi = 0 \tag{6.54}$$

oder, mit dem Trägheitsmoment $J = mr^2$,

$$\frac{\partial^2\psi}{\partial\varphi^2} + \frac{8\pi^2 JW}{h^2}\psi = \frac{\partial^2\psi}{\partial\varphi^2} + C\psi = 0 \text{ erhalten.}$$

Ist $W < 0$, also $C = -k^2$, so ergibt sich als Lösung von (6.54)

$$\psi = c_1\,e^{k\varphi} + c_2\,e^{-k\varphi}.$$

Da wir als Nebenbedingungen die Eindeutigkeit, Stetigkeit und Endlichkeit der Lösung für den gesamten Raum fordern müssen und die Lösung für $\varphi = \pm\infty$ über alle Grenzen wächst, ist die Annahme $W < 0$ unzulässig.

Ist dagegen W positiv, also $C = +k^2$, so ist die Lösung

$$\psi = c_1\,e^{jk\varphi} + c_2\,e^{-jk\varphi}$$

zwar überall endlich und stetig, aber nur für ganze Werte von k eindeutig; mithin kann W nur die Werte

$$W_n = \frac{h^2}{8\pi^2 J}n^2, \qquad n = \pm 1, \pm 2, \pm 3 \ldots, \tag{6.55}$$

annehmen.

Rotator mit freier Achse. In diesem Fall, der den Verhältnissen bei der Emission von Rotationsbandenspektren eines Moleküls entspricht, hängt bei festem r der Zustand des Gebildes von den beiden Veränderlichen ϑ und φ ab (Abb. 6.94b). Rechnet man $\Delta\psi$ auf räumliche Polarkoordinaten um, so erhält man für $r = \text{const}$

$$r^2\,\Delta\psi = \frac{1}{\sin\vartheta}\frac{\partial}{\partial\vartheta}\left(\sin\vartheta\frac{\partial\psi}{\partial\vartheta}\right) + \frac{1}{\sin^2\vartheta}\frac{\partial^2\psi}{\partial\varphi^2}.$$

In diesem Fall lautet die Schrödinger-Gleichung:

$$\frac{1}{\sin\vartheta}\frac{\partial}{\partial\vartheta}\left(\sin\vartheta\frac{\partial\psi}{\partial\vartheta}\right) + \frac{1}{\sin^2\vartheta}\frac{\partial^2\psi}{\partial\varphi^2} + \frac{8\pi^2 JW}{h^2}\psi = 0. \tag{6.56}$$

Die Eigenfunktionen dieser Gleichung stellen die Kugelflächenfunktionen dar, die durch zwei ganze Zahlen gekennzeichnet sind. Der Eigenwert von (6.56) muß der Forderung

$$W_n = \frac{h^2}{8\pi^2 J}n(n + 1) \tag{6.57}$$

genügen. Die ganzen Zahlen m und n müssen den Bedingungen $m = 0, \pm 1, \pm 2, \pm 3\ldots$ und $n \geqq m$ genügen, so daß jeder Energiewert W_n durch $2n + 1$ verschiedene Schwingungen erzielt werden kann (entartete Zustände).

Wesentlich an dem Ergebnis ist, daß die Wellenmechanik ohne jede Zusatzannahme den von der Erfahrung verlangten Energiewert liefert, im Gegensatz zum Bohrschen Ansatz. Schon bei diesem einfachen Beispiel erweist sich die Wellenmechanik leistungsfähiger als die Bohrsche Theorie.

Anwendung auf das Wasserstoff-Atom. SCHRÖDINGER prüfte die Leistungsfähigkeit seiner Gleichung zunächst am Wasserstoff-Atom mit dem als ruhend angenommenen Kern. Da die potentielle Energie durch

$$W_p = -\frac{e^2}{4\pi\varepsilon_0 r}$$

gegeben ist, nimmt die Schrödinger-Gleichung die Form an:

$$\Delta\psi + \frac{8\pi^2 m}{h^2}\left(W + \frac{e^2}{4\pi\varepsilon_0 r}\right)\psi = 0. \qquad (6.58)$$

Rechnet man $\Delta\psi$ auf räumliche Polarkoordinaten um, so erkennt man, daß sich (6.58) in zwei einander gleiche Ausdrücke aufspaltet, von denen der eine nur von r, der andere nur von ϑ und φ abhängt. Die Lösung läßt sich in der Form $\psi = F_1(r)\,F_2(\vartheta, \varphi)$ ansetzen. Man erhält aus der auf Polarkoordinaten umgerechneten Schrödinger-Gleichung zwei Gleichungen, von denen diejenige, die nur von ϑ und φ abhängt, nochmals mit einem Separationsansatz behandelt werden kann:

$$F_2(\vartheta, \varphi) = f_1(\vartheta)\,f_2(\varphi).$$

Die Rechnung zeigt, daß die Funktion f_2 der Gleichung

$$\frac{d^2 f_2}{d\varphi^2} + k^2 f_2 = 0$$

genügen muß (k^2 = const), und dies ist die Gl. (6.54) für den Rotator mit fester Achse. Die Lösung wird durch den Ausdruck

$$f_2 = \frac{1}{\sqrt{2\pi}}\,e^{jk\varphi}, \qquad k = 0, \pm 1, \pm 2, \pm 3 \ldots,$$

dargestellt. Die zweite Beziehung liefert (6.56) für den freien Rotator:

$$\frac{1}{\sin\vartheta}\frac{d}{d\vartheta}\left(\sin\vartheta\frac{df_1}{d\vartheta}\right) + \left(c - \frac{k^2}{\sin^2\vartheta}\right) f_1 = 0.$$

Während diese beiden Gleichungen die Energie W nicht enthalten, lautet die durch die erste Separation entstandene Beziehung für F_1:

$$\frac{d^2 F_1}{dr^2} + \frac{2}{r}\frac{dF_1}{dr} + \left[\frac{8\pi^2 m}{h}\left(W + \frac{e^2}{4\pi\varepsilon_0 r}\right) - \frac{C}{r^2}\right] F_1 = 0.$$

Differentialgleichungen, die ähnlich wie die Schrödinger-Gleichung physikalisch sinnvolle Lösungen bei geeignet festgelegten Randbedingungen nur für ganz bestimmte Werte der Veränderlichen, den Eigenwerten, haben, die also nur Eigenfunktionen als physikalisch sinnvolle Lösungen zulassen, sind auch aus der allgemeinen Schwingungslehre bekannt: Eine Saite, eine Platte, eine Glocke können nicht alle möglichen Schwingungsformen ausführen, sondern nur bestimmte. So ist auch (6.58) der Form nach völlig gleichwertig der Bewegungsgleichung einer schwingenden Flüssigkeitskugel, von der sich allseitig in den Raum hinaus Kugelwellen mit der Geschwindigkeit

$$v = h\nu\left[2m\left(W + \frac{e^2}{4\pi\varepsilon_0 r}\right)\right]^{-\frac{1}{2}}$$

ausbreiten. Hat W einen positiven Wert, so ist v reell, dagegen sind für negative Werte von W physikalisch sinnvolle Lösungen, die den Forderungen der Eindeutigkeit, ausnahmslosen Endlichkeit und Stetigkeit genügen, nur für ausgewählte Werte der Energie vorhanden, und zwar ergeben sich nach SCHRÖDINGER für diese Energiewerte die Ausdrücke

$$W_n = -\frac{me^4}{8\varepsilon_0^2 h^2}\frac{1}{n^2},$$

wobei n die Reihe der positiven ganzen Zahlen durchläuft. Dieser Ausdruck ist aber aus der Bohrschen Theorie bekannt, wobei n die Hauptquantenzahl ist. Die Energie ergibt sich also ohne künstliche Annahmen oder Voraussetzungen. Aber auch für andere in der Bohrschen Theorie vorkommende Quantenzahlen, für die Nebenquantenzahl l und die magnetische Quantenzahl $m \equiv k$ (vgl. Abschn. 6.2.3, wir verwenden vorübergehend k für die magnetische Quantenzahl, um Verwechslungen mit der Masse zu vermeiden), gibt die SCHRÖDINGER-Gleichung zwingend die durch die Erfahrung geforderten Werte.

Für den Rotator mit fester Achse hatten wir die Konstante

$$C = l(l + 1), \qquad l = 0, 1, 2, 3, \ldots,$$

gesetzt. Die Bedingung der Endlichkeit fordert den Zusammenhang

$$l \leqq n - 1.$$

Weiter muß k, die magnetische Quantenzahl, der Bedingung

$$-l \leqq k \leqq l$$

genügen. Demnach gilt:

Zu einem gegebenen Energiewert gehören mehrere Schwingungsmöglichkeiten, weil l nur der Bedingung $l \leqq n - 1$ unterworfen ist.

Das Verschwinden von ψ für bestimmte Werte von r, ϑ und φ kennzeichnet nun offenbar Knotenflächen, und zwar Knotenebenen und Knotenkugeln. Da aber nur die Gleichung für die Radialfunktionen die Energie enthält, bleibt für einen bestimmten zulässigen Energiewert die Möglichkeit verschiedener l-Werte offen, wobei l gleich der Zahl der Knotenebenen und Knotenkugeln ist. Für $n = 1$ ist nur der Wert $l = 0$ zulässig, mithin ist nur eine Schwingungsform möglich, die beim Fehlen von Knotenflächen sich durch Kugelsymmetrie auszeichnet. Für $n = 2$ sind die beiden Möglichkeiten $l = 0$ und $l = 1$ vorhanden, so daß allgemein gilt:

Jeder Hauptquantenzahl n sind insgesamt n^2 mögliche Schwingungsformen zugeordnet.

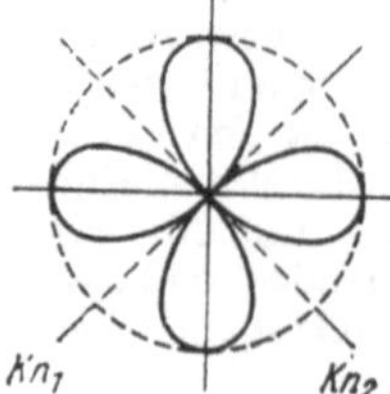

Abb. 6.95. Verteilung von ψ mit Knotenkegeln

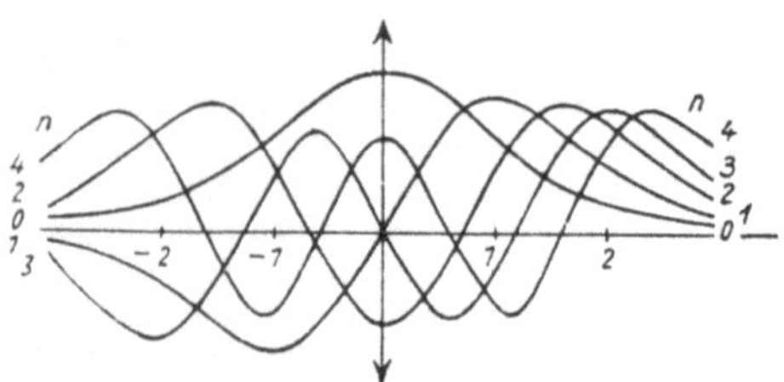

Abb. 6.96. Eigenfunktionen für die ersten fünf Eigenwerte des linearen Oszillators

Nach dem obigen Ergebnis gilt nämlich

$$l \geqq |m|, \qquad 0 \leqq l \leqq n - 1.$$

Da nun zu einem gegebenen Wert von n auch n-Werte für l gehören, ist die Anzahl der zulässigen Eigenfunktionen gleich

$$\sum_{l=0}^{n-1} (2l + 1) = n^2. \tag{6.59}$$

Die Abb. 6.95, 6.96 vermitteln eine Vorstellung einiger Schwingungsformen. Somit ergeben sich die bei der Bohrschen Theorie oftmals gewaltsam oder nur unter besonderen Zusatzannahmen erhältlichen Auswahlregeln zwangsläufig durch den mathematischen Ansatz, und dies zeigt besonders eindringlich die Überlegenheit der Wellenmechanik.

6.4.5. Heisenbergs Matrizenmechanik

Schon vor SCHRÖDINGER hatte HEISENBERG eine Verallgemeinerung der klassischen Mechanik vorgeschlagen, bei der er jedoch von anderen Grundvoraussetzungen ausging.

HEISENBERG nahm an, daß die Schuld an dem Versagen der Bohrschen Theorie der zugrunde gelegten Modellvorstellung zugeschrieben werden müsse. In der Tat ist zwar das Bohrsche Atommodell mit den Versuchsergebnissen von LENARD und RUTHERFORD im großen und ganzen im Einklang; es wird jedoch in keiner Weise durch unmittelbare Beobachtung gestützt, vielmehr tragen wir in das Modell sicherlich in vielen Punkten willkürliche und unzutreffende Vorstellungen aus der klassischen Mechanik mit hinein. Wir nehmen an, die Gesetze der klassischen Dynamik müßten auch in der Mikrophysik gültig bleiben, eine Annahme, die durch keinerlei Beobachtungstatsachen gestützt werden kann. Daher war HEISENBERG der Überzeugung, daß nur ein völliger Bruch mit allen Modellvorstellungen den tatsächlichen Verhältnissen des Atoms gerecht werden und den Weg zu einer neuen Mechanik weisen könnte, einer neueren und allgemeineren, die dann in ihrer Anwendung in der Makrophysik die klassische Mechanik enthalten müßte. Die Grundlage für einen solchen Neuaufbau konnten nur durch unmittelbare Beobachtung gewonnene Tatsachen bilden, nicht Modelle über Bahn, Geschwindigkeit und Lage einzelner Elektronen innerhalb des Atoms.

Der Beobachtung zugänglich sind lediglich die Frequenzen der von den Atomen ausgesandten Spektrallinien bzw. die damit im Zusammenhang stehenden Energiestufen, die durch die unmittelbare Beobachtung (z. B. nach der Methode von FRANCK und HERTZ) als gesichert gelten können. Da nun bei dieser Auffassung die Bestimmung eines Elektrons durch seine Bahn, d. h. seinen Ort, und seine Geschwindigkeit nicht möglich (weil unbeobachtbar) ist, können zu einer Behandlung des gesamten Fragenkreises auch nicht die althergebrachten Koordinaten herangezogen werden. Wir können diese nicht beobachten und könnten somit durch ihre Einführung Fehlerquellen einschleichen lassen, die uns zu falschen Schlüssen führen. Nun kann ein periodischer Vorgang nach den Ergebnissen der Schwingungslehre (Bd. I) durch eine Fourier-Reihe dargestellt werden. Da aber den Beobachtungen gemäß jeder Schwingungsvorgang im Atom durch zwei Zustände bzw. zwei Energiestufen gekennzeichnet wird – im Bohrschen Bild waren es die beiden Bahnen, nach der neuen Auffassung sind es die beiden beobachtbaren Energieniveaus –, genügt eine einfache Mannigfaltigkeit, wie sie eine einfache Fourier-Reihe darstellt, nicht zur Beschreibung der Vorgänge in der Quantenmechanik. Vielmehr muß den beiden Zuständen des Atoms gemäß eine zweifache unendliche Mannigfaltigkeit zur Erklärung herangezogen werden, d. h. eine unendliche Matrix.

HEISENBERGS Forderung, daß die klassische Mechanik als Sonderfall in der neuen enthalten sein müsse, ist erfüllt, ebenso wie dies bei SCHRÖDINGER bei der Wellenmechanik der Fall war.

Die Voraussetzung der Heisenbergschen Mechanik und insbesondere die mathematische Einkleidung seiner Gedanken scheinen von denen SCHRÖDINGERS außerordentlich verschieden zu sein. SCHRÖDINGER konnte indes zeigen, daß beide mathematisch gleichwertig sind, und diese Tatsache spricht erneut für den großen inneren Wahrheitsgehalt der neuen Gedanken, die trotz der so verschiedenartig anmutenden äußeren Form doch den gleichen wesentlichen physikalischen Inhalt darstellen.

Die physikalische Deutung der Wellenfunktion. Wir haben die Bohrsche Bahn eines Elektrons zu deuten versucht durch die Überlagerung der Materiewelle mit sich selber. Es scheint somit, als könnte sich durch Betrachtung der Überlagerungserscheinungen von Wellen eine Möglichkeit der anschaulichen Deutung der Wellenfunktion ergeben. Durch die Überlagerung zweier in gleicher Richtung fortschreitender Sinuswellen entsteht eine Schwebung. Die Wellenzüge mögen durch die Gleichungen

$$y = A \cos \frac{2\pi}{\lambda}(x - ct),$$

$$y' = A \cos \frac{2\pi}{\lambda'}(x - c't)$$

dargestellt werden. Ihre Zusammensetzung ergibt, wie in der Schwingungslehre gezeigt wird (Bd. I), unter den Voraussetzungen

$$\lambda' = \lambda - d\lambda, \qquad c' = c - dc$$

eine Schwebung, deren Gleichung sich in der Form

$$y + y' = Y = A' \cos \frac{2\pi}{\lambda}(x - ct) \tag{6.60}$$

schreiben läßt, wobei die zeitlich und örtlich veränderliche Amplitude A' gleich ist

$$A' = 2A \cos \left[\frac{\pi x \, d\lambda}{\lambda^2} - \pi t \, \frac{c d\lambda - \lambda \, dc}{\lambda^2}\right].$$

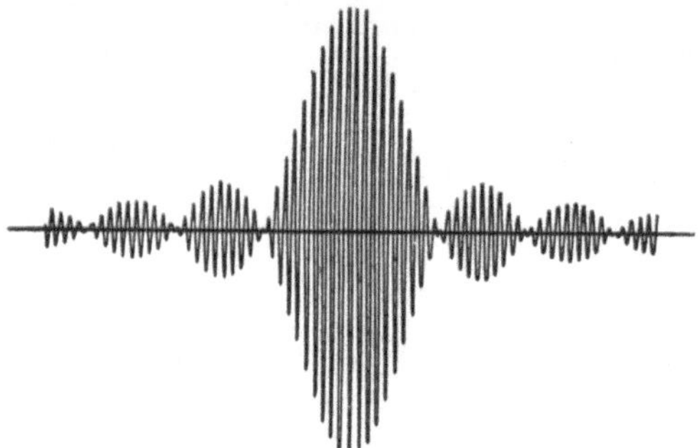

Abb. 6.97. Wellenpaket

Diese Schwebung oder *Wellengruppe* hat eine ihr eigentümliche Gruppen-Geschwindigkeit

$$v = c - \lambda \frac{dc}{d\lambda}. \qquad (6.61)$$

Die Wellenlänge λ der Wellengruppe ist im entsprechenden Verhältnis größer als die der Grundwellen. Eine solche Wellengruppe kann zwar sicherlich nicht als Abbildung eines Teilchens dienen; kein Ort der Gruppe ist ausgezeichnet, und die Gruppe schreitet mit bestimmter Geschwindigkeit v im Raum fort. Betrachtet man jedoch die durch Überlagerung sehr vieler Wellenzüge sich ergebenden Gruppen, so sieht man aus der Abb. 6.97, daß ein derartiges *Wellenpaket* sich tatsächlich durch ein ganz ausgesprochenes Maximum an einer bestimmten Stelle auszeichnet. Dieser Gruppe liegt die Darstellung zugrunde

$$\Psi = \int_{\lambda - d\lambda}^{\lambda} A \cos \frac{2\pi}{\lambda} (x - ct) \, d\lambda. \qquad (6.62)$$

Um also zu einer annähernden Ortsbestimmung eines Teilchens zu gelangen, muß man die Zusammensetzung unendlich vieler Wellen hinzuziehen, und diesbezüglich zeigt die Wellenmechanik auch in diesem Punkt ihre innere Verwandtschaft mit der Matrizenmechanik HEISENBERGS. So verlockend diese anschauliche Deutung erscheinen möge, so ist sie doch ebenfalls nicht durchführbar, weil auch das Wellenpaket nicht an einer Stelle verharrt, sondern sich durch stetige Eigenbewegung sozusagen auflöst: Das Wellenpaket zerfließt. Somit ist auch von dieser Seite aus die Möglichkeit der anschaulichen Deutung versperrt, und die Wellenmechanik muß genauso wie die Matrizenmechanik auf jede derartige Deutung verzichten.

Nun wird sich jedoch im Sinne der Heisenbergschen Auffassung für den Übergang zwischen zwei Energiestufen eine gewisse Wahrscheinlichkeit ergeben; mehr läßt sich den Beobachtungen nicht entnehmen, denn der Intensität einer ausgestrahlten Spektrallinie entspricht offenbar die Wahrscheinlichkeit jenes Übergangs.

Da die Intensität einer Linie aber eine der Beobachtung zugängliche Tatsache darstellt, ist die Deutung der Linienstärke als ein Maß jener Übergangswahrscheinlichkeit nicht nur möglich und zulässig, sondern erweitert in einwandfreier, zwingender Weise lediglich die Beobachtungsergebnisse. Diese physikalische Gleichbedeutung der beiden Darstellungsarten der neuen Mechanik führt dazu (M. BORN), auch die Wellenfunktion als ein Maß einer Wahrscheinlichkeit zu betrachten.

(MAX BORN, geb. 1882, Professor der theoretischen Physik, Bad Pyrmont, Nobelpreis für Physik 1954.) Da nun aber die Wellenfunktion i. allg. komplex ist, kann als Wahrscheinlichkeitsdichte der entsprechenden Korpuskel nur das Produkt $\psi\psi^*$, d. h. das Produkt der Wellenfunktion ψ mit ihrer konjugiert komplexen Funktion ψ^*, eine physikalische Bedeutung haben. BORN setzt die Wahrscheinlichkeit, das Teilchen im Volumenelement $d\tau$ anzutreffen, in der Form

$$\psi\psi^* \, d\tau \qquad (6.63)$$

an.

Die Materiewellen DE BROGLIES haben also nicht die Bedeutung, die Wellenpakete SCHRÖDINGERS zu sein. Wie die Quantenmechanik HEISENBERGS vermag auch die Wellenmechanik lediglich Wahrscheinlichkeitsaussagen zu machen, einzelne bestimmte Aussagen aber, z. B. über die Bahn, den Ort, die Geschwindigkeit einer Korpuskel, sind der Beobachtung entzogen, und für sie ist keine Deutungsmöglichkeit im Raum der neuen Überlegungen. Hierüber gibt ein grundlegendes, von HEISENBERG entdecktes Prinzip – die Ungenauigkeitsbeziehung – genauere Auskunft.

6.4.6. Heisenbergs Unschärferelation

Aus Abb. 6.97 erkennt man folgende grundlegende Beziehung: Je geringer das Frequenzintervall $\Delta\nu$ der zur Überlagerung gelangenden Grundwellen gewählt wird, um so größer wird unter sonst gleichen Bedingungen die Ausdehnung Δx der entstehenden Wellengruppe, d. h., es besteht die Beziehung

$$\Delta x = \frac{\text{const}}{\Delta\nu}.$$

Will man also im Sinne der ursprünglichen Auffassung DE BROGLIES die Materiewelle und die entsprechende Korpuskel nebeneinander betrachten – indem das Teilchen gewissermaßen vom Wellenpaket umflossen wird und sich mit dessen Gruppen-Geschwindigkeit mitbewegt oder indem man nach SCHRÖDINGER das Teilchen unmittelbar durch das Paket ersetzt –, so wird man sich bei der Zusammensetzung der Wellenzüge nicht auf eine Vorzugsrichtung beschränken dürfen (in obigem Beispiel die x-Richtung) und weiterhin (im Sinne obiger Ausführungen) den Frequenzbereich groß wählen: Alsdann schrumpft mit ständig größer werdendem $\Delta\nu$ der vom Paket eingenommene Raum mehr und mehr auf einen Raumpunkt zusammen.

Diese an sich naheliegende Schlußweise läßt sich jedoch nicht durchführen, wie folgende Überlegung zeigt:

Nach obiger Beziehung hat das Produkt $\Delta x \, \Delta\nu$ einen festen Wert, gleichgültig, wie breit oder wie schmal die Ausdehnung des Wellenpaketes auch gewählt werden möge. Übertragen wir dieses Ergebnis auf das mit dem Wellenpaket gekoppelte Teilchen, so ist dieses einerseits durch seine Masse m gekennzeichnet, andererseits wird aber – so wie die Wellenbewegung durch die Frequenz bestimmt ist – das Teilchen durch seine Geschwindigkeit v bzw. seinen Impuls p ausgezeichnet sein. Durch Erwägungen dieser Art gelangte HEISENBERG zur Aufstellung einer grundlegenden *Unschärferelation*:

$$\Delta x \, \Delta p \geqq h. \qquad (6.64)$$

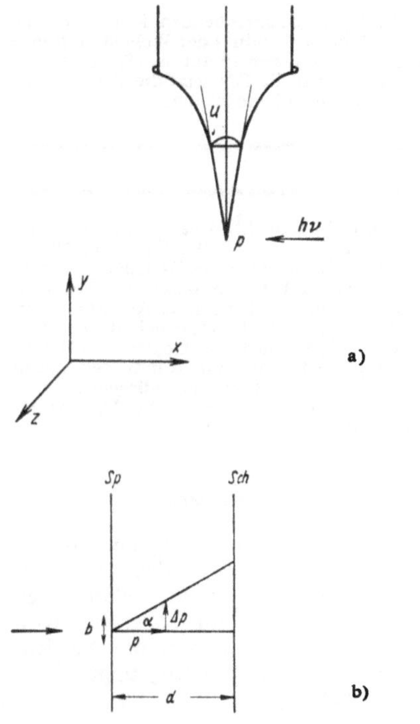

Abb. 6.98. Zur Heisenbergschen Ungenauigkeitsbeziehung

So wie in einem beliebigen Wellenpaket zwischen seiner Breitenausdehnung Δx und dem Frequenzbereich $\Delta \nu$ eine unüberwindbare Schranke durch die Beziehung

$$\Delta x \, \Delta \nu = \text{const.}$$

festgelegt ist, so muß nach den Anschauungen HEISENBERGS sich eine ähnliche Beziehung für die Bewegung eines stofflichen Teilchens ergeben. Die strenge Durchführung der Rechnung zeigt, daß in den die Bewegung des Teilchens bestimmenden Größen seiner Lage und seines Impulses das Produkt aus der Ungenauigkeit oder Unschärfe seiner augenblicklichen Lage (Δx) und der Unschärfe seines augenblicklichen Impulses (Δp) mindestens von der Größenordnung des Planckschen Wirkungsquantums h ist.

Durch diese grundlegende Beziehung wird also nur dem Produkt dieser beiden Größen eine Schranke auferlegt; die eine der beiden Größen könnte beliebig genau gemessen werden, aber nur auf Kosten der anderen. Aus der Unschärferelation folgt, daß die klassischen Modelle nicht auf die Erscheinungen in der Mikrowelt anwendbar sind. Die Relation ist Ausdruck der Eigenschaften der Mikroteilchen selbst.

HEISENBERG hat u. a. die folgenden zwei Beispiele einer genauen Prüfung unterzogen:

1. Will man die Lage eines Teilchens möglichst genau ermitteln, so würde man durch starke seitliche Bestrahlung seinen Ort in einem Mikroskop zu bestimmen suchen. Das Auflösungsvermögen eines Mikroskops wird durch die Formel

$$\Delta x \geqq \frac{\lambda}{\sin u}$$

bestimmt; d. h., nur unter dieser Bedingung kann das Teilchen von einem benachbarten gerade noch getrennt erkannt werden (Abb. 6.98a). Nun aber muß vom Teilchen Streulicht in das Objektiv reflektiert werden, d. h. es muß von einem Photon getroffen werden. Hierbei erfährt es infolge des Compton-Effekts eine Impulsänderung; die Richtungsänderung bleibt aber unbestimmt, da ja das gestreute Photon nur innerhalb des Öffnungswinkels $2u$ des Objektivs liegen muß, um erkannt zu werden. Mithin gilt für diese Impulsänderung

$$\Delta p = \frac{h\nu}{c} \sin u$$

Das Produkt dieser beiden Beziehungen für Δx und Δp ergibt in der Tat

$$\Delta x \, \Delta p \geqq h.$$

2. Wir nehmen an, die Geschwindigkeit v eines Teilchens m in einem Atomstrahl sei genau bekannt, mithin auch sein Impuls $p = mv$. Läßt man nun zwecks genauer Ortsermittlung das Teilchen durch einen Spalt S von der Breite b treten, so werden die Teilchen auf einem Auffangschirm ihre Spur in der Breite b unmittelbar aufzeichnen, d. h., es gilt $\Delta x = b$. Da aber die dem Teilchen zugeordnete Materiewelle an dem Spalt gebeugt wird, erscheint die Spur verwischt, und zwar mindestens um den Betrag des Hauptmaximums der Beugung. Aus der Abb. 6.98b ergibt sich somit für die Impulsänderung infolge des Durchtritts durch den Spalt der Betrag $\Delta p \geqq p \sin \alpha$, und, da nach den Gesetzen der Beugung $\lambda = b \sin \alpha$ (α = Beugungswinkel) gilt, wird

$$\Delta p \geqq p \frac{\lambda}{b} = \frac{h}{b},$$

also

$$\Delta x \, \Delta p \geqq h,$$

wie es die Ungenauigkeitsbeziehung verlangt.

Abschließend soll noch darauf hingewiesen werden, daß sich der Begriff „Materiewelle" historisch fest eingebürgert hat, aber inhaltlich nicht korrekt ist. Streng genommen handelt es sich um den Wellencharakter von Teilchen mit Ruhemasse, also um „Stoffwellen".

Mit dem Kapitel 6, besonders mit dem Abschn. 6.4, ist der Übergang von den Problemen der Optik zur Struktur der Materie und damit zum Bd. IV [6] unmittelbar gegeben. Die Ausführungen demonstrieren deutlich die Bedeutung der Optik für die Erkenntnis der Mikrowelt.

Die Anwendung der Heisenbergschen Unschärferelation auf die Abbildung im Mikroskop führt uns noch einmal zur optischen Abbildung zurück. Das erhellt zum Schluß erneut die Vielseitigkeit der zunächst rein geometrisch-optisch erscheinenden Problematik der optischen Abbildung. Neben psychologischen, physiologischen, mathematischen, kybernetischen und physikalischen Aspekten beinhaltet die optische Abbildung einen philosophischen Aspekt, der sich besonders auf Fragen der Erkenntnistheorie erstreckt. Aus der Tatsache, daß es Größenpaare gibt, die nicht gleichzeitig mit beliebiger Genauigkeit durch optische Messungen bestimmbar sind, folgt die Ungültigkeit des klassisch mechanischen Kausalitätsbegriffs in der Mikrophysik. In dieser ist die Kausalität auf Wahrscheinlichkeitsaussagen auszudehnen.

Tabellen

I. Verzeichnis von Formelzeichen

Zeichen	Bedeutung
a	Objektweite (von H aus gemessen)
a'	Bildweite (von H' aus gemessen)
a_s	Sehweite ohne Instrument
a_s'	Sehweite mit Instrument
b	Abstand von der Objektebene, Basislänge des Prismas
b'	Abstand von der Bildebene, komplexe Bildamplitude
c	Lichtgeschwindigkeit
d	Dicke
e	Abstand, Elementarladung
e'	bildseitiger Abstand
f	objektseitige Brennweite, Objektfunktion
f'	bildseitige Brennweite
g	Pfeilhöhe, Gitterkonstante, Amplituden-Verwaschungsfunktion
h	Höhe
h	Plancksches Wirkungsquantum
i	normierte Intensität, Betrag der elektrischen Stromdichte
j	imaginäre Einheit
k	Blendenzahl
l	Länge, geometrischer Lichtweg, Nebenquantenzahl
m	Masse, magnetische Quantenzahl
n	objektseitige Brechzahl, Hauptquantenzahl
$\mathbf{n}$	Einheitsvektor in Normalenrichtung
n'	bildseitige Brechzahl
p	Abstand Eintrittspupille – Objektebene, Impuls, Dipolmoment, Bündelanzahl
p'	Abstand Austrittspupille – Bildebene
q	Querschnitt, Fläche
r	Radius
s	objektseitige Schnittweite, Spinquantenzahl
$\mathbf{s}$	Einheitsvektor in Strahlrichtung
s'	bildseitige Schnittweite
t	Zeit, optische Tubuslänge
u	Geschwindigkeit, objektseitiger Öffnungswinkel
u'	bildseitiger Öffnungswinkel
v	Geschwindigkeit, Parallelversetzung, Nachvergrößerung
w	objektseitiger Feldwinkel, Energiedichte, Wellenzahl
w'	bildseitiger Feldwinkel
w_s	Sehwinkel ohne Instrument
w_s'	Sehwinkel mit Instrument
x	Querkoordinate
y	Querkoordinate
z	Objektweite (von F aus gemessen)
z'	Bildweite (von F' aus gemessen)
A	Objektpunkt, Betrag der Amplitude, relative Atommasse, Fläche, numerische Apertur
B	Leuchtdichte, Betrag der magnetischen Induktion
C	Krümmungsmittelpunkt, Kapazität, Cotton-Mouton-Konstante
D	Durchlässigkeit, optische Übertragungsfunktion, Betrag der elektrischen Verschiebung, Richtkraft pro Längeneinheit
E	Beleuchtungsstärke, Betrag der elektrischen Feldstärke
F	objektseitiger Brennpunkt, Kraft
F'	bildseitiger Brennpunkt
H	objektseitiger Hauptpunkt, Betrag der magnetischen Feldstärke
H'	bildseitiger Hauptpunkt
I	Lichtstärke, Intensität, elektrische Stromstärke
J	Trägheitsmoment
K	Kontrast, relative Öffnung, Kontrastübertragungsfunktion
K_m	photometrisches Strahlungsäquivalent
L	optische Weglänge, Induktivität, Leuchtdichte, Drehimpuls, Linienbildverwaschungsfunktion, Loschmidtsche Zahl
N	objektseitiger Knotenpunkt (Nodus), Teilchenanzahl
N'	bildseitiger Knotenpunkt
P	Betrag der dielektrischen Polarisation, Pupillenfunktion, Leistung
R	Reflexionsvermögen, Ortsfrequenz, Gaskonstante, Rydbergkonstante
S	Betrag des Poyntingvektors, Energiedichte
T	Modulationsübertragungsfunktion, absolute Temperatur
U	Spannung
$Ü$	Übergangswahrscheinlichkeit
V	Scheitelpunkt (Vertex), relative spektrale Empfindlichkeit des Auges, Verdet-Konstante
W	Arbeit, Energie
Z	Ordnungszahl
α	Beugungswinkel, Absorptionsgrad, Polarisationsgrad
α'	Tiefenmaßstab
β	Beugungswinkel, Dämpfungskonstante
β'	Abbildungsmaßstab
γ	Beugungswinkel, brechender Winkel des Prismas
γ'	Winkelverhältnis
δ	Phasendifferenz, Ablenkung, relative Teildispersion
ε	Einfallswinkel, relative Dielektrizitätskonstante
ε'	Reflexions- bzw. Brechungswinkel
ε''	Brechungswinkel
ε_0	dielektrische Grundkonstante
η	Wirkungsgrad
λ	Wellenlänge
μ	Permeabilität
μ_0	magnetische Grundkonstante
ν	Frequenz, Abbesche Zahl
ϱ	Radius, Dichte, Reflexionsgrad, Wahrscheinlichkeitsdichte
ϱ_P	Radius der Eintrittspupille
ϱ_P'	Radius der Austrittspupille
σ	objektseitiger Schnittwinkel mit der optischen Achse
σ'	bildseitiger Schnittwinkel mit der optischen Achse
τ	Transmissionsgrad
φ	Azimut, Zentriwinkel, Drehwinkel
χ	dielektrische Suszeptibilität
ψ	Wellenfunktion
ω	Kreisfrequenz
Γ	Kohärenzfunktion
Γ'	Vergrößerung
Θ	Phasenübertragungsfunktion
Φ	Lichtstrom
Ω	Räumlicher Winkel
Ω_0	Einheit des Raumwinkels

II. Atmosphärische Strahlenbrechung (Refraktion)

Scheinbare Höhe	Refraktion	Scheinbare Höhe	Refraktion
0°	34′54′	12°	4′25′
1°	24′25′	16°	3′32″
2°	18′19″	20°	2′37″
3°	14′15″	25°	2′3″
4°	11′39″	30°	1′40″
5°	9′47″	40°	1′9″
6°	8′23″	50°	48″
8°	6′30″	60°	33″
10°	5′16″	80°	10″

III. Brechzahlen. Drehung der Schwingungsebene in Quarz von 1 mm Dicke
Zahlenangaben für 20 °C

Fraunhofersche Linie	A	B	C	D	E	F	G	H
Wellenlänge in nm	760,8	686,7	656,3	589,3	527,0	486,1	430,8	396,8
Wasser	1,329	1,330	1,331	1,333	1,335	1,337	1,341	1,343
Alkohol	1,358	1,359	1,360	1,362	1,364	1,366	1,370	1,374
Benzol	1,491	1,495	1,496	1,501	1,508	1,513	1,524	1,534
Äther	1,349	1,350	1,351	1,353	1,355	1,357	1,361	1,364
Cassiaöl	1,586	1,592	1,596	1,604	1,619	1,634	1,665	1,701
Schwefelkohlenstoff	1,609	1,615	1,618	1,628	1,641	1,652	1,677	1,699
Leichtes Kronglas	1,510	1,512	1,513	1,515	1,519	1,521	1,527	1,531
Schweres Flintglas	1,735	1,741	1,743	1,752	1,762	1,772	1,792	1,811
Kalkspat								
ordentlich	1,650	1,653	1,654	1,658	1,663	1,668	1,676	1,683
außerordentlich	1,483	1,484	1,485	1,486	1,489	1,491	1,495	1,498
Quarz								
ordentlich	1,539	1,541	1,542	1,544	1,547	1,550	1,554	1,558
außerordentlich	1,548	1,550	1,551	1,553	1,556	1,559	1,564	1,568
Drehung in Quarz	12,7°	15,7°	17,3°	21,7°	27,6°	32,8°	42,6°	51,1°

Eine Rohrzuckerlösung, die in 100 cm³ Lösung x g Zucker enthält, dreht bei einer Schichtlänge von l cm die Polarisationsebene des Natriumlichtes um $\alpha = 0{,}0665\, x\, l°$.

IV. Wellenlängen ausgewählter Spektrallinien (in nm)

λ	Int.
Aluminium (Al)	
396,153	8
394,402	7
309,284	6
309,271	10
308,216	8
305,716	6
266,039	8
265,248	7
257,509	10
256,798	8
237,837	6
237,355	8
237,312	8
237,212	10
Cadmium (Cd)	
643,847	10
508,582	10
479,992	10
467,816	10
Wasserstoff (H)	
C 656,279 (H_α)	10
F 486,132 (H_β)	10
G′ 434,046 (H_γ)	8
h 410,174 (H_δ)	8
Helium (He)	
706,5179	5
667,8149	6
D_3 587,5623	10
501,5678	5
492,1926	5
471,3147	5
447,1480	6
438,7928	5
Quecksilber (Hg)	
579,066	10
576,960	10
546,072	10
491,604	7
435,834	10
407,783	7
404,656	10
390,640	6
366,323	6
365,483	7
365,015	10
334,148	6
313,184	7
313,155	7
312,566	8
296,764	8
253,652	10
Kalium (K)	
769,90	10
766,49	10
693,88	8
691,11	8
404,72	10
404,41	10
Lithium (Li)	
812,65	8
670,78	10
610,36	10
460,29	8
Natrium (Na)	
D_1 589,5932	8
D_2 588,9965	10
Na (Fortsetzung)	
568,82	5
568,26	5
Neon (Ne)	
724,517	8
703,241	6
692,947	8
671,704	5
667,828	6
659,895	6
650,653	8
640,225	10
638,299	7
633,443	7
626,650	8
614,306	8
607,434	7
597,553	8
594,483	7
588,190	8
585,249	10
540,056	8
Thallium (Tl)	
535,05	10
Zink (Zn)	
636,235	10
481,053	10
472,216	8
468,014	7
334,557	8
334,502	10
330,259	10
328,233	7
307,590	9
307,206	8
303,578	7

Bildkorrekturen

zu den Abbildungen

1.9. Es muß A_v' heißen (nicht A_v).
2.7. Es muß δ_1 heißen (nicht $-\delta_1$).
2.8. Die Pfeilspitzen bei δ müssen vom Strahl wegweisen.
2.15b. Die Pfeilspitze bei ε muß zum Einfallslot hinweisen.
2.23. Der Einfallswinkel muß größer als der Brechungswinkel sein.
2.24. Der Einfallswinkel muß größer als der Brechungswinkel sein.
2.50. Es muß $-z'$ heißen (nicht z').
2.51b. Es muß y' heißen (nicht $-y'$).
2.68. $y_1' = y_2$ steht an falscher Stelle.
2.73. Es muß $-\sigma_{n-1}' = -\sigma_n$ heißen (nicht $\sigma_{n-1}' = \sigma_n$).
2.95. Es muß $\varepsilon_2, \varepsilon_2', \varepsilon_2 = \gamma$ heißen (nicht $-\varepsilon_2, -\varepsilon_2', -\varepsilon_2 = \gamma$).
3.60a. Es muß $H = H_B'$ heißen (nicht $H = H_B$).
3.96. Bei H', S' muß es E' heißen (nicht E).
4.5. Das Maximum muß bei 100% liegen.
4.76. Es muß y_L' heißen (nicht y_L).
5.9. Es muß $\nu - u$ heißen (nicht $\nu - u_1$).
6.16. q in ν ändern.
6.27. V und V' in U und U' ändern.
6.34. $\nu = \mathrm{cm}^{-1}$ ändern in $\tilde{w}$ in cm^{-1}.
6.35. $\nu\ \mathrm{cm}^{-1}$ ändern in $\tilde{w}$ in cm^{-1}.
6.46. $\sqrt{\frac{\nu^*}{R}}$ ändern in $\sqrt{\frac{\tilde{\nu}^*}{R}}$.

Literatur

[1] Flügge, S.: Handbuch der Physik Bd. XXIV, Grundlagen der Optik. Berlin, Göttingen, Heidelberg: Springer-Verlag 1956.

[2] Sanders, J. H.: Die Lichtgeschwindigkeit, Einführung und Originaltexte, WTB Texte (Übersetzung aus dem Englischen). Berlin, Oxford, Braunschweig: Akademie-Verlag, Pergamon Press, Vieweg & Sohn 1970.

[3] Brunner, W.; Radloff, W.; Junge, K.: Quantenelektronik, Eine Einführung in die Physik des Lasers. Berlin: VEB Deutscher Verlag der Wissenschaften 1975.

[4] Grimsehl, E.: Lehrbuch der Physik, Bd. I: Mechanik · Akustik · Wärmelehre. Leipzig: BSB B. G. Teubner Verlagsgesellschaft 1981.

[5] Grimsehl, E.: Lehrbuch der Physik, Bd. II: Elektrizitätslehre. Leipzig: BSB B. G. Teubner Verlagsgesellschaft 1980.

[6] Grimsehl, E.: Lehrbuch der Physik, Bd. IV: Struktur der Materie. Leipzig: BSB B. G. Teubner Verlagsgesellschaft 1975.

[7] Haferkorn, H.: Optik (Physikalisch-technische Grundlagen und Anwendungen). 2. Aufl. Berlin: VEB Deutscher Verlag der Wissenschaften 1984.

Namenverzeichnis

Sachverzeichnis

Bildquellen

Klappauf, Einführung in die Farblehre. B. G. Teubner Verlagsgesellschaft, Leipzig: 1.41 – VEB Carl Zeiss JENA: 3.36, 3.37, 4.52 – Westphal, Physikalisches Wörterbuch, Springer-Verlag, Berlin: 3.52 – Physikalisches Institut der Universität Greifswald: 3.54 – Forschungsinstitut für magnetische Werkstoffe, Jena: 3.81 – Schleede-Schneider, Röntgenspektroskopie und Kristallstrukturanalyse Bd. 1. Walter de Gruyter u. Co., Berlin: 3.84 – Seemann-Laboratorium, Konstanz: 3.87, 3.88, 3.92, 3.173 – E. Gehrcke, Handbuch der physikalischen Optik, Bd. 1, J. A. Barth, Verlagsbuchhandlung, Leipzig: 3.156 – Warburg, Lehrbuch der Experimentalphysik für Studierende. Th. Steinkopff, Dresden und Leipzig: 3.159 – Gerlach-Schweitzer, Die chemische Emissionsspektralanalyse. Verlag L. Voß, Leipzig: 3.163 – Ergebnisse der exakten Wissenschaften. Springer-Verlag, Berlin: 3.183 – IHS Dresden: 4.16 – Leisegang, Naturwissenschaftl. Rundschrift 105–108 (1955) 3: 4.55, 4.56 – G. Hildebrand, Fortschr. d. Physik 2–18 (1956) 4: 4.57 – Handbuch der Experimentalphysik. Akad. Verlagsges. Geest & Portig, Leipzig. Bd. 24,2: 6.44, 6.48, Bd. 14: 5.1 – Archiv der Universität Greifwald: 6.3, 6.9, 6.10, 6.11 – Gehlhoff, Lehrbuch der technischen Physik Bd. II. J. A. Barth Verlagsbuchhandlung: 6.8 – Struktur der Materie in Einzeldarstellungen, Bd. VII, W. Grotrian, Graphische Darstellung der Spektren von Atomen und Ionen mit eins, zwei, drei Valenzelektronen 2. Teil. Springer-Verlag, Berlin: 6.23, 6.34, 6.35, Tafel III (abgewandelt) – Taschenbuch für Chemiker und Physiker (D'Ans und Lax) Springer-Verlag, Berlin: 6.30 – Finkelnburg, Kontinuierliche Spektren, Springer-Verlag, Berlin: 6.36 – Zeeman, Magneto-optische Untersuchungen, J. A. Barth Verlagsbuchhandlung, Leipzig: 6.53 – Experimentalphysik Bd. 21, 1927, Geest & Portig, Akademische Verlagsgesellschaft, Leipzig: 6.54 – TH Ilmenau: 1.1, 2,18, 2.43, 2.44, 2.117, 2.127, 2.128, 4.16, 4.24, 4.27, 4.65 b, 4.69, 4.81, 6.15, 6.74

Dipl.-Phys. Wolfgang SINGER und Dipl.-Phys. Rolf SYRBE, beide Leipzig

Repetitorium und Aufgabensammlung der Physik

Band 1

311 Seiten mit 98 Abbildungen und 1 Einstecktafel. 16,5 cm × 23 cm. Halbleinen 22,50 M
Bestell-Nr. 665 588 9 Bestellwort: Singer, Physik 1

Inhalt:
Mathematische Hilfsmittel · Mechanik · Thermodynamik · Anhang: Lösungen zu den Übungsaufgaben

Band 2

293 Seiten mit 103 Abbildungen. 16,5 cm × 23 cm. Halbleinen 21,50 M
Bestell-Nr. 665 666 2 Bestellwort: Singer, Physik 2

Inhalt:
Elektrodynamik · Schwingungen und Wellen · Anhang: Lösungen zu den Übungsaufgaben

Prof. Dr. W. WELLER und Prof. Dr. H. WINKLER, beide Leipzig

Grundkurs Klassische Physik

Band I. Mechanik

Teilchen und Systeme von Teilchen

292 Seiten mit 105 Abbildungen und 6 Tabellen · 14,2 cm × 20 cm
Halbleinen 14,50 M; Ausland 22,– DM
Bestell-Nr. 665 702 4
Bestellwort: Weller, Physik 1

Anerkanntes Hochschullehrbuch

Inhalt:

Einführung · Newtonsche Mechanik · Spezielle Relativitätstheorie, Relativistische Mechanik
Hamiltonsches Prinzip, Lagrangesche Gleichungen · Hamiltonsche Theorie

LEIPZIG

BSB B. G. TEUBNER VERLAGSGESELLSCHAFT

Prof. Dr. W. WELLER und Prof. Dr. H. WINKLER, beide Leipzig

Elektrodynamik

Elektromagnetisches Feld von Ladungen und Strömen im Vakuum

Ein Lehrbuch zur Theorie der Klassischen Physik
(Band II des Grundkurs Klassische Physik)

Mathematisch-Naturwissenschaftliche Bibliothek, Band 69

255 Seiten mit 93 Abbildungen und 2 Tabellen · 14,2 cm × 20 cm
Kartoniert 19,50 M; Ausland 19,50 DM
Bestell-Nr. 665 923 0
Bestellwort: Weller, Elektrodynamik

Anerkanntes Hochschullehrbuch

Inhalt:
Die Maxwellchen Gleichungen · Elektrostatik · Magnetfeld stationärer Ströme · Elektromagnetische Wellen · Elektromagnetische Felder beliebig zeitabhängiger Ladungen und Ströme, Ausstrahlung elektromagnetischer Wellen · Mechanik eines geladenen Teilchens im elektromagnetischen Feld in Hamiltonscher Formulierung · Die Maxwellchen Gleichungen in Viererschreibweise · Anhang

LEIPZIG

BSB B. G. TEUBNER VERLAGSGESELLSCHAFT

Tafel I

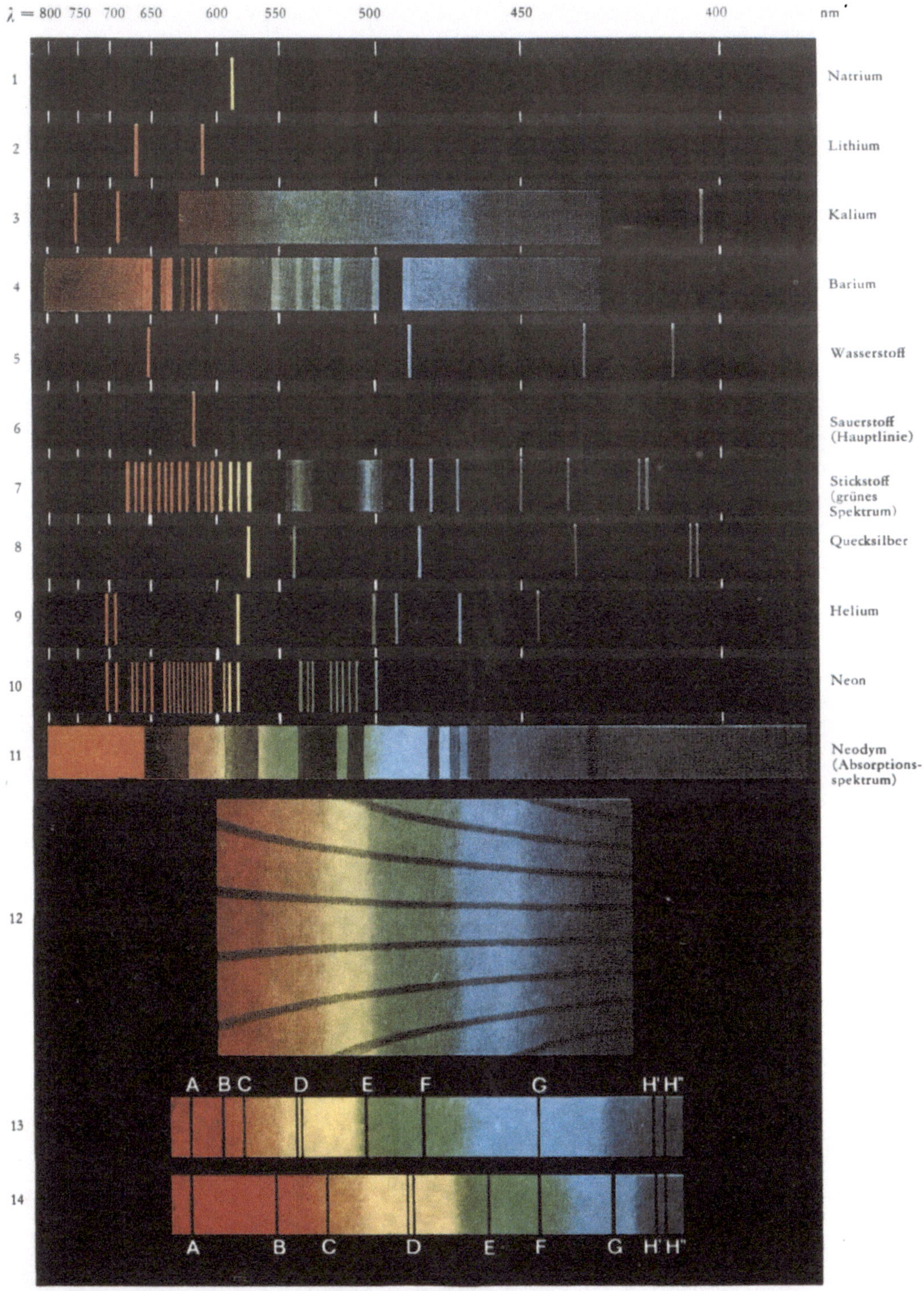

λ = 800 750 700 650 600 550 500 450 400 nm

1 Natrium

2 Lithium

3 Kalium

4 Barium

5 Wasserstoff

6 Sauerstoff (Hauptlinie)

7 Stickstoff (grünes Spektrum)

8 Quecksilber

9 Helium

10 Neon

11 Neodym (Absorptionsspektrum)

12

13 A B C D E F G H' H"

14 A B C D E F G H' H"

1 bis 10: Emissionsspektren; 11: Absorptionsspektrum; 12 (Abb. 3.9): Interferenzstreifen im Spektrum; 13 (Abb. 3.160 a): Fraunhofersche Linien im prismatischen Spektrum; 14 (Abb. 3.160 b): Fraunhofersche Linien im Beugungsspektrum

Tafel II

15

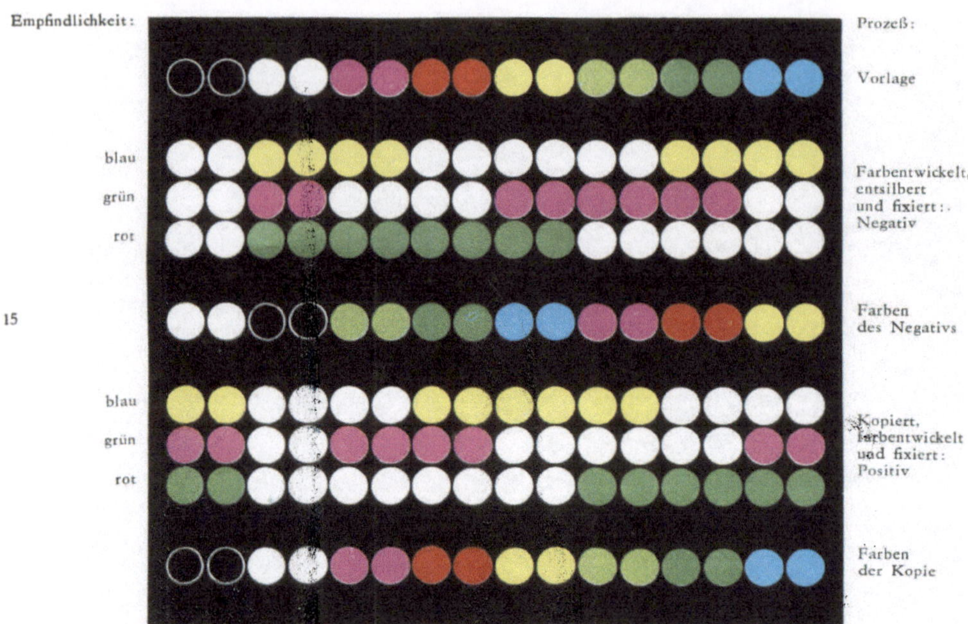

15 (Abb. 1.37): Prinzip der Mehrschichtenphotographie